陈希孺文集

高等数理统计学

陈希孺/编著

中国科学技术大学出版社

内 容 简 介

本书的定位是“基于测度论的数理统计学基础教科书”. 内容除预备知识外，主要是关于几种基本统计推断形式（点估计、区间估计、假设检验）的大小样本理论和方法，另有一章讲述线性模型的初步理论.

本书的最大特色是习题及其提示的安排，占了近半的篇幅. 其中除少量选摘自有关著作外，大半属作者自创，有很高的参考学习价值.

本书可作为高等学校数理统计专业的教材，也可供相关专业人员作为参考用书.

图书在版编目(CIP)数据

高等数理统计学/陈希孺编著. —合肥：中国科学技术大学出版社，2009.8(2020.4 重印)

(陈希孺文集)

ISBN 978-7-312-02281-4

Ⅰ. 高…　Ⅱ. 陈…　Ⅲ. 数理统计—高等学校—教材　Ⅳ. O212

中国版本图书馆 CIP 数据核字(2009)第 154997 号

出版　中国科学技术大学出版社

安徽省合肥市金寨路 96 号，230026

http://press.ustc.edu.cn

http://zgkxjsdxcbs.tmall.com

印刷　合肥市宏基印刷有限公司

发行　中国科学技术大学出版社

经销　全国新华书店

开本　710 mm×960 mm　1/16

印张　40.5

插页　1

字数　729 千

版次　2009 年 8 月第 1 版

印次　2020 年 4 月第 4 次印刷

定价　88.00 元

总　　序

陈希孺先生是我国杰出的数理统计学家和教育家，1934年2月出生于湖南望城，1956年毕业于武汉大学数学系，先后在中国科学院数学研究所、中国科学技术大学数学系和中国科学院研究生院工作，1980年晋升为教授，1997年当选为中国科学院院士，并先后当选为国际统计学会(ISI)的会员和国际数理统计学会(IMS)的会士. 陈先生的毕生精力都贡献给了我国的科学事业和教育事业，取得了令人瞩目的成就，做出了若干具有国际影响的重要工作，这些基本上反映在他颇丰的著述中：出版专著和教科书14部，统计学科普读物3部. 在陈先生的诸多著作中，教科书占据重要的位置，一直被广泛用作本科生和研究生的基础课教材，在青年教师和研究人员中也拥有众多读者，影响了我国统计学界几代人.

陈希孺先生多年来一直参与概率统计界的学术领导工作，尤其致力于人才培养和统计队伍的建设. 在经过“文革”十年的停顿，我国统计队伍十分衰微的情况下，他多次主办全国性的统计讲习班，带领、培养和联系了一批人投入研究工作，这对于我国数理统计队伍的振兴和壮大起到了重要作用. 陈先生在中国科学技术大学数学系任教长达26年之久，在教书育人和学科建设等方面做出了重要贡献. 中国科学技术大学概率统计学科及其博士点能有今天这样的发展，毋庸置疑，是与陈先生奠基性的工作以及一贯的悉心指导和关怀完全分不开的.

陈希孺先生是我十分敬重的一位数学家. 1983 年我国首批授予博士学位的 18 人中，就有 3 位出自他的门下，一时传为佳话. 令人扼腕浩叹的是，陈先生已于 3 年前过早地离开了我们. 我坚信，陈先生在逆境中奋发求学的坚强意志，敦厚的为人品格，严谨的治学态度，奖掖后学的高尚风范，连同他的大量著作，将会成为激励我们前行的一笔非常宝贵的精神财富.

这次出版的《陈希孺文集》，是在陈希孺先生的夫人朱锡纯先生授权下，由中国科学技术大学出版社编辑出版的. 该文集收集了陈先生在各个时期已出版的著述和部分遗稿，迄今最为全面地反映了陈先生一生的科研和教学成果，一定会对学术界和教育界具有重要的参考价值. 值得一提的是，中国科学技术大学出版社决定以该文集出版的经营收益设立“陈希孺统计学奖”，我想，这应该可以看做我们全体中国科学技术大学师生员工对为学校的发展做出贡献的老一辈科学家和教育家的一种敬仰和感念吧！

中国科学技术大学校长
中国科学院院士

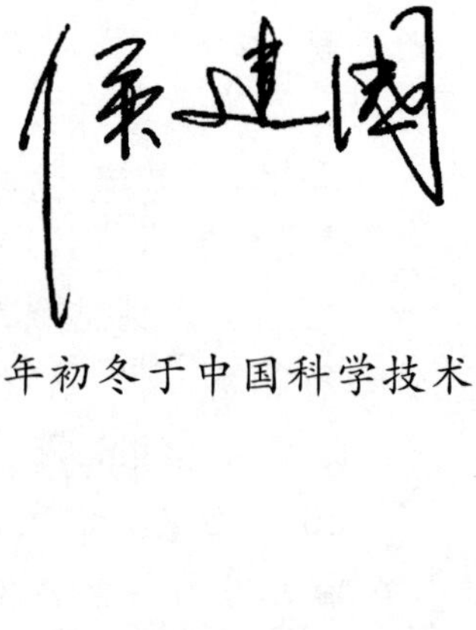

2008 年初冬于中国科学技术大学

序

十余年前，笔者写过一部《数理统计引论》，当时的意图是作为一本专著来写，充作教材的想法倒是第二位的．可因当时百废待兴，数理统计学的教学、参考用书都很缺乏，因此该书出版后颇被充作这一用途．由于该书包含了不少超出基础课范围以外的材料，用作教本殊有其不便之处．另外，习题也太少了一些，而作者一向主张，在打基础的阶段，应强调多做习题．

由于这些问题的存在，并考虑到随着学习数理统计及相近专业的青年人的队伍愈来愈扩大，这类教材今后的需要还会增加，多年来，笔者就有一个心愿，即按一本基础课教科书这个唯一的目标来重写这本书，并大大扩充其习题部分，其结果就是呈现在读者面前的这部书稿．

本书的定位是"基于测度论的数理统计学基础教科书"．内容除预备知识外，其主体是关于几种基本统计推断形式（点估计、区间估计、假设检验）的大小样本理论和方法，另有一章讲述线性模型的初步理论．凡是只宜在专门课程中展开讨论的内容，则一律不列入．这些看目次即可了然，故不在此细加说明了．

书中习题及提示占了近半的篇幅，从写作时间言，则占了四分之三以上．总计得题五百，若计小题，则不止千数．其中除少量选摘自有关著作外，大半属作者自创．有时一题之设，累日始成，可以说倾注了不少心力．这样做完全是因为，多做习题，尤其是多做难题，对掌握并熟练数理统计学基本的论证方法和技巧，有着不可替代的重要性．如果通过一门基础课的学习，只是记住了若干概念，背了几个定理，而未能在这方面有所长进，那就真是“入宝山而空返”了．技巧的熟练固非一日之功，但取法乎上，仅得乎中，必须在开始学基础课时就设定一个高目标．日后进入研究工作，克服难点的能力如何，相当一部分就取决于在这上面修为的深浅了．同时，经验表明，在打基础的阶段因忽视习题而导致素质上的缺陷，在日后不易弥补，或事倍功半．

笔者在学生时代及其后的几年中，对做习题未给予足够重视．当时误认为做题费时间，不增长新知识，不如多读些书，占得实地．以后试做研究工作，就日渐感到其不良后果，表现在碰到问题办法少，容易钻死胡同，克服难点的能力弱，以致对自己缺乏信心．对许多方法，都似雾里看花，似曾识面，而不能切实掌握和灵活运用．有如十八般兵器，样样都见过，但拿到手里，就使不动或很笨拙．欲以此克敌制胜，自难有成．以后稍明白了这一点，做了些亡羊之补，终究晚了一些，所谓“困而学之，又其次也”．“熟能生巧”，前人的经验不诬．而要达到“熟”，舍大量做题，无他捷径可循．几十年来，审了大量的杂志稿件，每见某些工作，由于未经深思，为一个并不难克服之点加上了若干不必需的繁复条件，从而使整个工作流于肤浅．这根子，大略也在于早先在习题上下的工夫不够，以致难以产生别出心裁的想法．

以本书的习题量，要求学员在课程时间范围内做完，恐不现实．但作者本意并非把这一组题全作为课内习题，而是把它作为“打基础”这个工作的一环，一两年、两三年完成都可以，有空就做一点．根据题的难易，将其分为三类：加“*”号的难度较大，加“◦”号的相对容易，教师可考虑作为课外作业；不加任何记号的，其难度介乎二者之间．对自学者、已经研究生毕业的青年教师和研究者，可利用这组题测试一下自己解题的能力如何．可能会有一种意见，认为这组题过于偏难．作为课程作业，这的确如此．但笔者觉得，从“打基础”，锻炼技巧和提高能力诸目标看，非做难题不行，这道理正如训练运动员要加大运动量，做高难动作，不然，在训练的过程中舒服了，就别指望出好成绩．何况，对一个有志于在将来搞基础研究的人，日后在研究工作中将碰到的难点，比起这些习题，又要高出若干个数量级．如果现在面对这种习题尚有畏难情绪，那又怎能指望在日后研究工作中能具备克服更大困难的能力和信心？

各题都有详细提示，大多数较难的题都给出了完整解答．这是因为，鉴于这些题的难度，需要有一个解答文本在，以作为依据．对读者而言，笔者切望这部分是备而不用、备而少用. 如碰到一个题一时做不出来,宁肯暂时搁一搁,也不要轻易翻看解答. 譬如登山,经过艰苦努力上了峰顶,自有其乐趣和成就感. 反之,如在未尽全力之前就任人抬上去,则不惟无益,实足以挫折信心.

以上就习题一事唠叨了半天,读者也许烦了,就此打住. 千言万语,归结到一点:希望大家多做题,做难题. "千里之行,始于足下",就从今日开始吧!

本书的出版,得到中国科学技术大学出版社的大力支持. 赵林城、方兆本和缪柏其诸位教授给了很多鼓励和帮助. 特别是吴耀华博士,在百忙中拨冗对稿件作了校阅,花费了不少的心力和时间. 对以上机构和同志,作者谨借此机会表示衷心的感谢. 书中不妥以至谬误之处,在所难免,尚祈广大读者和同行专家不吝指教.

陈希孺

1996 年除夕于北京

目　次

第 1 章

预 备 知 识

本章的内容有两个方面：一是构成一个统计问题的诸要素，一是**统计量**．前者描述了一个统计问题的提法中所涉及的种种概念，而统计问题的解决，则总要通过统计量的形式去表达．故此二者可以说是数理统计基础中的基础．

1.1 样本空间与样本分布族

数理统计学的任务，统而言之，是如何获得**样本**（观察或试验结果）和利用样本，以对事物的某些未知方面进行分析、推断以至作出一定的决策．对“如何收集样本”这个问题的研究，是数理统计学中两个重要分支学科——**试验设计**和**抽样调查**的任务，本书将不涉及这一方面．就是说，本书只讨论在已有样本的情况下怎样去进行统计分析的问题．

从数学上说，**样本空间**就是一个可测空间$(\mathscr{X},\mathscr{B})$，其中集合$\mathscr{X}$包含了随机元$X$的一切可能取值，$\mathscr{B}$是$\mathscr{X}$的某些子集构成的$\sigma$域．依$X$的概率分布而从$\mathscr{X}$中随机地抽出的一个元素$x$，就叫做样本．在许多常见的统计问题中，$X$是一个有限维（$k$维）随机向量，这时总是取$k$维欧氏空间$\mathbb{R}^k$或$\mathbb{R}^k$之一适当的Borel子集作为$\mathscr{X}$，而取$\mathscr{X}$的一切Borel子集作为$\mathscr{B}$．这样的样本空间称为**欧氏样本空间**．有了这个约定，我们就不必在每个场合下对样本空间进行仔细的界定了．

随机元X有一定的概率分布F．对数理统计学的问题，F总是未知的，或至少是部分未知的．可以把这个意思说成：F属于某个**分布族**$\mathscr{F}$，$\mathscr{F}$的具体含义要在特定的统计问题中作确切的界定．有时，$\mathscr{F}$表述了我们对某一特定问题在理论或经验上的了解，有时则仅仅是一种假定，实际上往往是二者兼而有之．例如，依中心极限定理及经验的积累，有一定理由认为F应近似于正态，但未必是严格正态，于是取$\mathscr{F}$为正态分布族也就包含有数学假定的成分．

在数理统计学上把分布F称为**样本分布**，而$\mathscr{F}$则称为**样本分布族**，也有称之为**总体分布**和**总体分布族**的．这二者其实是一个问题的两面：在统计上把随机元X称为总体，F是X的分布，自可称为总体分布．另一方面，样本x又是“依X的分布（即F）从$\mathscr{X}$中随机抽取”所得，故x也有分布F，称之为样本分布亦在理中．但是，在一个重要情况下这两个概念的通常理解有些差别，后面将要说明.

我们来解释一下概率分布的**负荷集**或称**支撑**(support)的概念. 设 F 是$\mathbb{R}^k$上的一个概率分布,$a\in\mathbb{R}^k$. 以 a 为中心、r 为半径的球体记为$S(a,r)$. 若对任何 $r>0$,$S(a,r)$为 F 正测度集,则称 a 为F 的一个负荷点或支撑点. 一切这样的 a 构成的集A,就称为 F 的负荷集或支撑. 容易证明 A 为闭集,故 $F(A)$有意义. 不难证明:$F(A)=1$(习题1),就是说,F 的全部概率都在集A 上. 这解释了"负荷"或"支撑"这种称谓的由来. 更一般一些,也可以把任一满足如下两条件的 Borel 集 B 称为F 的支撑:$B\subset A$,$F(B)=1$. 给出这个灵活性有其道理,见下. 关于负荷的概念也显然可推广到 F 为一般距离空间上的非负测度.

设有一个定义在 $\mathbb{R}^k$上的概率分布族 $\mathscr{F}$. 对 $F\in\mathscr{F}$,以 A_F记F 的支撑,则集 $A=\bigcup\limits_{F\in\mathscr{F}}A_F$ 称为$\mathscr{F}$的支撑. 若存在一个 Borel 集 A,它是每一个 $F\in\mathscr{F}$的支撑,则称 $\mathscr{F}$有**公共支撑**. 有公共支撑的一个最重要的情况如下:设分布族 $\mathscr{F}$定义于欧氏可测空间$(\mathscr{X},\mathscr{B})$,设 μ 为此空间上的一个 σ 有限的测度(对"测度",如无相反申明,概指非负测度),满足条件

$$\mu(C)=0 \quad\Rightarrow\quad F(C)=0,\text{对任何 } F\in\mathscr{F}.$$

则称 $\mathscr{F}$受控于 μ,可记为 $\mathscr{F}\ll\mu$. 依 Radon-Nikodym 定理,对每个 $F\in\mathscr{F}$相应地有一个定义于 $\mathscr{X}$的非负 Borel 可测函数 f,使 $\mathrm{d}F=f\mathrm{d}\mu$. 在统计上称 f 为分布F 对测度μ 的**密度**. 记

$$A(f)=\{x:x\in\mathscr{X},f(x)>0\}.$$

易证(习题 2):若 $A(f)=A$ 与 $F\in\mathscr{F}$ 无关,则 $\mathscr{F}$ 有公共支撑,它是 A 的某一子集.

我们来看几个简单例子. 设 $\mathscr{F}$ 为**一维指数分布族**

$$\mathrm{d}F_\theta(x)=\theta\mathrm{e}^{-\theta x}I(x>0)\mathrm{d}x,\quad \theta>0, \tag{1.1}$$

这里,I 是**指示函数**. 对每个 $\theta>0$,任何 $x\geqslant0$ 都是 F_θ的负荷点,而 $x<0$ 则不是. 故 F_θ的支撑是$A=\{x:x\geqslant0\}$,它与 θ 无关,因而是公共支撑. 按前述对支撑更一般的定义,也可以取 $\tilde{A}=\{x:x>0\}$ 作为支撑. 后者有一个好处,即突出了相应变量只取正值的性质.

另一个例子是**离散分布**. 设 F 是 $\mathbb{R}^k$上之一离散分布,则通常总是把集合$A=\{a:a\in\mathbb{R}^k,F(\{a\})>0\}$作为 F 的支撑,这也要按前述更一般的定义才行. 例如,若把 $\mathbb{R}^k$的一切有理点排列为 $a_1,a_2,\cdots$,而定义分布 F 为:$F(\{a_r\})=$

2^{-r} ($r=1,2,\cdots$). 则易见 $\mathbb{R}^k$ 中任一点都是 F 的负荷点，而按起初的定义 F 的支撑应是 $\mathbb{R}^k$，而不是 $A=\{a_1,a_2,\cdots\}$，这就不自然了. 但按后一定义，仍可取 F 的支撑为 $A=\{a_1,a_2,\cdots\}$，这就是我们要把支撑的定义略为推广的理由之一. 另一个理由是：若不这样做，则一些实质上有共同支撑的分布族，严格说来却是没有共同支撑.

现在让我们再回到样本空间与样本分布族的问题. 有一个特例值得讨论一下. 把随机元 X 记为 $(X_1,\cdots,X_n)$，相应地把样本 x 记为 $(x_1,\cdots,x_n)$. 假定 $X_1,\cdots,X_n$ 为 iid.(独立同分布). 取一个与 X_1 同分布的随机变量 $\widetilde{X}$. 则我们可以把 $x_1,\cdots,x_n$ 视为在完全同等的条件下对 $\widetilde{X}$ 所作的 n 次独立观察值. 若 $\widetilde{X}$ 有分布 $\widetilde{F}$，则 X 有分布 $F=\widetilde{F}^n=\widetilde{F}\times\cdots\times\widetilde{F}$，完全由 $\widetilde{F}$ 所决定. 故在这个结构中，可以取消 X 和 F 的地位，只要 $\widetilde{X}$ 和 $\widetilde{F}$ 就行. 这时，通常把 $\widetilde{X}$ 的分布 $\widetilde{F}$ 的族称为总体分布族，它决定了样本 x 的分布的族——样本分布族. 故在这个特例下，总体分布与样本分布有明确不同的含义. 相应地，通常就把 $x_1,\cdots,x_n$ 称为**“从总体(或变量)** $\widetilde{X}$ **中抽取的 iid.(或随机)样本”**. n 常称为 $x=(x_1,\cdots,x_n)$ 的**样本量**或**样本大小**，以后我们只用前一名称.

样本空间连同赋予其上的样本分布族，构成一个统计问题的基本要素，它的确定或指定，给予了问题一个确定的**统计模型**，也可称**概率模型**. 这样的规定派生出一个事实，即现代统计分析的理论、方法，乃至统计分析所得结果的解释，莫不依赖于概率论. 这对于现代统计学中的两大流派——**频率学派**(或**古典学派**)及 **Bayes 学派**都一样成立，只是对样本分布的意义的理解上有所不同而已. 说到这个样本分布族 $\mathscr{F}$(对 iid. 样本的情况也可以取总体分布族代替之)，按其结构的复杂性可以划分为以下几类：

1. 参数族

当 $\mathscr{F}$ 中的分布的一般数学形式已知，但包含若干个(通常为数甚少)未知**参数**时，称 $\mathscr{F}$ 为参数族. 形式上可以这样说：存在某一个维数 r 的欧氏空间 $\mathbb{R}^r$ 的一 Borel 子集 Θ，使 $\mathscr{F}$ 中的分布 F 可以与 Θ 中之点 θ 建立一一对应的关系. 这样，可以把 $\mathscr{F}$ 中的分布 F 记为 F_θ，θ 称为参数，而 Θ 称为**参数空间**. 为方便计，也可以把任何包含 Θ 的 Borel 集叫做参数空间. 通常总要设法取最小的 r，这时 r 可以称为所论统计模型的维数，故有一维统计问题(也称单参数统计问题)和多维统计问题(多参数统计问题)之别，这个维数当然不能与分布 F 本身的维数混为一谈.

很多在统计理论或应用中常见的参数分布族，读者当然都耳熟能详，诸如二

项、**Poisson**、**正态**、**指数**和 **Weibull** 分布族之类，在此也暂不一一列举了.

2. 非参数族

当 $\mathscr{F}$ 中的分布不能通过有限个未知参数去刻画时，$\mathscr{F}$ 称为非参数（分布）族. 例如，$\mathscr{F}$ 是一切一维对称分布；是一切其期望（或某阶矩）存在有限的一维分布；是一切处处连续的一维分布等等，都是非参数族的典型例子. 在这里，我们仍可以形式地把 $\mathscr{F}$ 写成 $F_\theta:\theta\in\Theta$，并称 Θ 为"参数空间"而 θ 为"参数"，只不过 θ 就是 F 本身，而 Θ 就是 $\mathscr{F}$ 而已. 这种形式的记法使我们在表述一个问题时不必一定要分参数和非参数两种情况去陈述.

如果一个统计模型中的样本分布族 $\mathscr{F}$ 是（非）参数性的，则该问题称为（**非**）**参数统计问题**. 研究非参数统计问题的统计学分支称为**非参数统计**，相应地当然也可以定义**参数统计**. 习惯上并不把参数统计作为统计的一个分支，狭义地说，也可以把 $\mathscr{F}$ 为正态分布族（或加上另一些常见的重要的参数族）时的统计问题定义为参数统计的内容.

3. 半参数族或部分参数族

这个名词产生较晚，约在 20 世纪 80 年代. 本来，据上述定义，任一指定的分布族 $\mathscr{F}$，必能归入"参数"或"非参数"两类之一，因而没有所谓"半参数族"存在的余地. 但是，如果不是只着眼于样本（或总体）的分布本身而是把注意力放在其某一重要特征上，则情况有所不同. 下面就一个近年来研究很多的模型来说明这一点.

考虑一个以 p $(p\geqslant1)$ 维变量 X 和一维变量 T 为自变量，一维变量 Y 为因变量的**均值回归模型**. 设回归函数，即给定 $X=x$ 和 $T=t$ 时 Y 的条件期望值，有形式

$$\mathrm{E}(Y\mid X=x,T=t)=\alpha+x'\beta+g(t),\tag{1.2}$$

其中，α 和 β 分别为一维及 p 维未知向量，g 为定义在某区间上的，其形式未知的函数. 可以要求 g 满足某些一般性条件，如连续，或二阶导数存在有界之类. 对这种模型，如按其分布去划分，应归入非参数一类，因 (X,T,Y) 的分布族并不能通过有限个参数去刻画之. 但是，由于在回归分析中我们主要重视的是作为该分布的一项特征——回归函数(1.2)，而(1.2)式可分为两部分：$\alpha+x'\beta$ 和 $g(t)$，前者是参数性的而后者是非参数性的，据这一点，把上述统计模型称为半参数（或部分参数）的. 将这个例子的精神加以类推，可以举出其他一些半参数的例子. 但是，"半参数"的概念难于用完全精确的语言加以界定，说到底，也没有这个必要. 因为，把一个统计模型归入何类，对其处理方法并没有多大的影响.

在本节的末尾我们要介绍一种在理论和应用上都很重要的样本或总体分布族——**指数型分布族**. 它包含了统计上最常见的一些分布族.

设有欧氏可测空间 $(\mathscr{X},\mathscr{B})$ 及其上的 σ 有限测度 μ. 设 $h\geqslant 0$ 和 $T_1,\cdots,T_k$ 都是定义在 $\mathscr{X}$ 上的 Borel 可测函数. 设 Θ 为一集合, $C>0$ 和 $Q_1,\cdots,Q_k$ 都是定义在 Θ 上的取有限实值的函数,满足条件

$$0<1/C(\theta)=\int_{\mathscr{X}}\exp\Big(\sum_{i=1}^{k}Q_i(\theta)T_i(x)\Big)h(x)\mathrm{d}\mu(x)<\infty,\ \theta\in\Theta. \tag{1.3}$$

令

$$\mathrm{d}F_\theta(x)=C(\theta)\exp\Big(\sum_{i=1}^{k}Q_i(\theta)T_i(x)\Big)h(x)\mathrm{d}\mu(x), \tag{1.4}$$

则称 $\{F_\theta,\theta\in\Theta\}$ 为一指数型分布族.

作为例子,容易看出统计上常用的几个分布族都是指数型,例如:

正态分布族: $X=(X_1,\cdots,X_n)$, $X_1,\cdots,X_n$ 为 iid., 公共分布为 $N(a,\sigma^2)$, 参数空间 $\Theta=\{\theta=(a,\sigma^2):-\infty<a<\infty,0<\sigma^2<\infty\}$ 为开半平面. 取 μ 为 $\mathbb{R}^n$ 中的 L 测度,易把 X 的密度写成(1.4)的形式,其中 $k=2$, 而

$$h(x)=1,\quad T_1(x)=\bar{x}=\sum_{i=1}^{n}x_i/n,\quad T_2(x)=-\sum_{i=1}^{n}x_i{}^2,$$

$$C(\theta)=(2\pi\sigma^2)^{-n/2}\exp(-na^2/(2\sigma^2)),$$

$$Q_1(\theta)=na/\sigma^2,\quad Q_2(\theta)=1/(2\sigma^2). \tag{1.5}$$

二项分布族: $X\sim B(n,\theta)$ $(0<\theta<1)$. 取 μ 为集 $\{0,1,\cdots,n\}$ 上的计数测度,易将 X 对 μ 的密度写成(1.4)的形式,其中 $k=1$, 而

$$h(x)=\binom{n}{x},\quad T_1(x)=x,\quad C(\theta)=(1-\theta)^n,$$

$$C_1(\theta)=\ln(\theta/(1-\theta)). \tag{1.6}$$

此表达方式当 $\theta=0$ 及 $\theta=1$ 时失效,而在二项分布原来的形式中,这两值都是允许的.

Poisson 分布族: $\mathscr{P}_\theta(X=i)=\mathrm{e}^{-\theta}\theta^i/i!$ $(i=0,1,2,\cdots,\theta>0)$. 即 μ 为集 $\{0,1,2,\cdots\}$ 上的计数测度,易将 X 对 μ 的密度写成(1.4)式的形式,其中 $k=1$, 而

$$h(x) = 1/x!,\ T_1(x) = x\ ,\ C(\theta) = e^{-\theta},\ Q_1(\theta) = \ln\theta. \tag{1.7}$$

此表达方式当 $\theta=0$ 时失效,而在 Poisson 分布原来的形式中,θ 可以取 0 为值.

参数空间 Θ 中每一元 θ 都满足(1.3)式,但 Θ 不一定包含了全部满足(1.3)式的 θ. 全部这样的 θ 构成一集 Θ_1,它是该指数族参数空间可能最大的扩充,称为该指数型分布族的**自然参数空间**. 以上所举诸例中的参数空间都是自然参数空间.

若按 $\mathrm{d}\nu = h\mathrm{d}\mu$ 引进测度 ν,则(1.4)式右边的 $h(x)\mathrm{d}\mu(x)$ 用 $\mathrm{d}\nu(x)$ 取代,因此不失普遍性不妨设 $h \equiv 1$. 保留这个 h 的意义在于:在应用上常见的指数型分布族或是(对 L 测度)绝对连续,或是离散的. 这时可取 $\mathrm{d}\mu = \mathrm{d}x$ 或 μ 为某可列集上的计数测度,这种取法就不可能排除函数 h. 在有些理论性的讨论中 μ 的具体形式不重要,这时取 $h \equiv 1$ 是方便的. (1.4)式的另一个有用的简化如下:取新参数 $\theta^* = (\theta_1^*, \cdots, \theta_k^*)$,其中 $\theta_i^* = Q_i(\theta)$,可以把(1.4)式写为

$$\mathrm{d}F_{\theta^*}(x) = C^*(\theta^*)\exp\Big(\sum_{i=1}^k \theta_i^* T_i(x)\Big)h(x)\mathrm{d}\mu(x),$$

把 θ^* 和 C^* 仍改回到 θ 和 C,得

$$\mathrm{d}F_\theta(x) = C(\theta)\exp\Big(\sum_{i=1}^k \theta_i T_i(x)\Big)h(x)\mathrm{d}\mu(x). \tag{1.8}$$

就是说,不失普遍性,可设(1.4)式中的 $Q_i(\theta)$ 就是 θ 的第 i 分量 θ_i. 当然,(1.4)和(1.8)式中的 θ 的含义不同. 常把(1.8)式称为指数型族的**自然形式**,通常在有关这个分布族的理论研究中,总是取这个自然形式作为出发点. 这个形式,除了较简单之外,还有一个优点,即(1.8)式中的"自然参数"θ 是取实值,而在原形式(1.4)式中则不必如此. 因此,自然形式下指数型族的自然参数空间 Θ 是 $\mathbb{R}^k$ 之一子集. 很容易证明:Θ 是一个凸集. 我们把这个事实的简单证明留给读者. 因此,若 θ 为一维,则自然参数空间必是一个区间,这区间可以是有限或无限,开、闭或半开半闭都有可能(习题 32).

由于 $\exp\Big(\sum_{i=1}^k \theta_i T_i(x)\Big) > 0$ 而 h 与 θ 无关,按前面提到的判别法,指数型分布族必有共同支撑. 这是指数型族的一个很好的性质. 由此可知,均匀分布族 $\{R(0,\theta), \theta > 0\}$ 以及一般的截尾型分布族都不可能是指数型的. 另一方面,有共同支撑的分布族也可以不是指数型. Cauchy 分布 $\{[1+(x-\theta)^2]^{-1}\pi^{-1}\mathrm{d}x,$

$-\infty<\theta<\infty\}$就是一例(习题 39).

指数型族的另一个优点是其良好的分析性质,见于下述定理:

定理 1.1　设 $a=(a_1,\cdots,a_k)$是指数型族(1.8)的参数空间 Θ 的一个内点,则函数

$$H(\theta)\equiv[C(\theta)]^{-1}=\int_{\mathscr{X}}\exp\Big(\sum_{i=1}^{k}\theta_i T_i(x)\Big)\mathrm{d}\nu(x),\quad \mathrm{d}\nu=h\mathrm{d}\mu \tag{1.9}$$

在 a 点连续,其在 a 点的任意阶偏导数皆存在且可以在积分号下求导.

证明　找 $c>0$ 使 2^k 个点$(d_1,\cdots,d_k)=(a_1\pm c,\cdots,a_k\pm c)$都在 Θ 内. 若 $b=(b_1,\cdots,b_k)$而$|b_i|<c,1\leqslant i\leqslant k$,则有

$$\exp((a_i+b_i)T_i(x))\leqslant\exp((a_i+c)T_i(x))$$
$$+\exp((a_i-c)T_i(x)),\quad 1\leqslant i\leqslant k,$$

于是有

$$\exp\Big(\sum_{i=1}^{k}(a_i+b_i)T_i(x)\Big)\leqslant\sum{}^{*}\exp\Big(\sum_{i=1}^{k}d_iT_i(x)\Big)\equiv G(x),$$

此处 $\sum^{*}$ 表示对$(d_1,\cdots,d_k)$ 求和且遍及上述 2^k 个点. 按 c 的取法知 $\int_{\mathscr{X}}G\mathrm{d}\nu<\infty$,因此由控制收敛定理知当 $b_i\to 0,1\leqslant i\leqslant k$ 时,有

$$\int_{\mathscr{X}}\exp\Big(\sum_{i=1}^{k}(a_i+b_i)T_i(x)\Big)\mathrm{d}\nu(x)\to\int_{\mathscr{X}}\exp\Big(\sum_{i=1}^{k}a_iT_i(x)\Big)\mathrm{d}\nu(x),$$

这证明了定理的前一结论.

为证后一结论,我们来讨论 H 对 θ_1 的一阶偏导数. 这个场合的证法很容易推广到一般的高阶混合偏导数的情形(用归纳法,设$\partial^r H(\theta)/(\partial\theta_1^{r_1}\cdots\partial\theta_k^{r_k})$对 $r\leqslant m$ 时已证,去证明它对 $r=m+1$ 也对). 其次,在考虑对 θ_1 的偏导数时 $\theta_2,\cdots,\theta_k$之值保持不变,故为方便计且不失普遍性,不妨设 $k=1$,并分别以 θ 和 a 记 θ_1及 a_1,T 记 T_1. 有

$$[H(a+b)-H(a)]/b=\int_{\mathscr{X}}\exp(aT(x))(\exp(bT(x))-1)b^{-1}\mathrm{d}\nu(x).$$

取 $c>0$ 充分小,使 $a\pm 2c\in\Theta$. 设 $0<|b|<c$,有

$$|\exp(bT(x))-1|/|b| = |T(x)|\exp(\tilde{b}T(x)),\quad |\tilde{b}|\leqslant |b| < c.$$

取常数 M,使 $|t|\leqslant Me^{ct}+Me^{-ct}$,对任何实数 t. 则由此与上式,并利用 $|\tilde{b}|<c$,有

$$\begin{aligned}&|\exp(bT(x))-1|/|b|\\&\quad\leqslant M\exp((\tilde{b}+c)T(x))+M\exp((\tilde{b}-c)T(x)),\end{aligned}$$

因此有

$$\begin{aligned}&|\exp(aT(x))(\exp(bT(x))-1)/b|\\&\leqslant M\exp((a+\tilde{b}+c)T(x))+M\exp((a+\tilde{b}-c)T(x))\\&\leqslant M\exp((a+2c)T(x))+2M\exp(aT(x))\\&\quad+M\exp((a-2c)T(x))\\&\equiv G(x).\end{aligned}$$

由 $a\pm 2c\in\Theta$,知 $\int_{\mathscr{X}} G\mathrm{d}\nu<\infty$. 于是由控制收敛定理,有

$$\begin{aligned}&\lim_{b\to 0}[H(a+b)-H(a)]/b\\&\quad=\lim_{b\to 0}\int_{\mathscr{X}}\exp(aT(x))[\exp(bT(x))-1]b^{-1}\mathrm{d}\nu(x)\\&\quad=\int_{\mathscr{X}}\exp(aT(x))\lim_{b\to 0}[\exp(bT(x))-1]b^{-1}\mathrm{d}\nu(x)\\&\quad=\int_{\mathscr{X}}T(x)\exp(aT(x))\mathrm{d}\nu(x),\end{aligned}$$

这证明了所要结果. 定理证毕.

注 1 若 θ 是自然参数空间的内点,则 $T_j(1\leqslant j\leqslant k)$ 的各阶矩都存在,且可通过在积分号下求导算出. 例如,在(1.9)式两边对 θ_1 求导,有

$$-C^{-2}(\theta)\partial C(\theta)/\partial\theta_1=\int_{\mathscr{X}}\exp\Big(\sum_{i=1}^{k}\theta_i T_i(x)\Big)T_1(x)\mathrm{d}\nu(x),$$

因此有 $\mathrm{E}_\theta T_1(X)=-[C(\theta)]^{-1}\partial C(\theta)/\partial\theta_1=-\partial\ln C(\theta)/\partial\theta_1$. 类似地,有 $\mathrm{Cov}(T_1(X),T_2(X))=-\partial^2\ln C(\theta)/(\partial\theta_1\partial\theta_2)$,等等.

注2 本定理很容易推广为下述较一般的形式:设 g 为定义于 $\mathscr{X}$ 的 Borel 可测函数. 令

$$G(\theta) = \int_{\mathscr{X}} g(x)\exp\Big(\sum_{i=1}^{k}\theta_i T_i(x)\Big)\mathrm{d}\nu(x). \tag{1.10}$$

以 Θ 记一切使上式中的积分存在有限的 θ 之集,而 a 为 Θ 之一内点,则 G 在 a 点连续,且 G 在 a 点的任意阶偏导数都存在并可通过在积分号下求导而算出. 事实上,若 g 非负,则引进新测度 $\mathrm{d}\zeta = g\mathrm{d}\nu$,即转化为定理 1.1 的情形. 一般情况可通过将 g 表为两个非负函数之差而证明.

注3 设积分(1.10)在 $\mathbb{R}^k$ 中某点 a 的邻域 V 内存在有限,则易见当 θ_j 取复值 $\theta_j = \alpha_j + \mathrm{i}\beta_j$ $(1\leqslant j\leqslant k)$时,该积分在复区域

$$U = \{(\theta_1,\cdots,\theta_k):(\alpha_1,\cdots,\alpha_k)\in V,\ -\infty<\beta_j<\infty,1\leqslant j\leqslant k\}$$

内也处处存在有限. 这是因为

$$\Big|\exp\Big(\sum_{j=1}^{k}(\alpha_j + \mathrm{i}\beta_j)T_j(x)\Big)\Big| = \exp\Big(\sum_{j=1}^{k}\alpha_j T_j(x)\Big),$$

仿照定理 1.1 的证法,略有点小的修改,容易证明:$G(\theta)$作为 k 个复变量 $\theta_1,\cdots,\theta_k$ 的函数,在 U 内处处连续,其各阶偏导数存在且可以在积分号下求导而得到. 因此,G 是 $\theta_1,\cdots,\theta_k$ 的解析函数,这个事实在后面有用.

1.2 统计决策理论的基本概念

要完整地描述一个统计问题,除了其统计模型——样本空间与样本分布族外,还必须明确以下两点:① 需要解决什么问题,即所得结论采取怎样的形式;② 用怎样的准则去判定不同的解法的优劣. Wald 于 1950 年创立的**统计决策**(又称**统计判决**)提供了阐释这些问题的一种方便的框架.

按 Wald 理论的观点,一个统计问题的完整描述,包含三个要素,其一就是上节讨论的样本空间和样本分布族,另外两个则分别针对我们刚才提出的两个问题,它们是:

1. 行动空间

或称**决策空间**,即对所提问题所有可能作出的结论或答案的总合 A. 例如,问题是通过对一批产品进行抽样检验以决定是否接受该批产品,可能的结论有两个:a_0——接收,a_1——拒收,于是 $A=\{a_0,a_1\}$,即行动空间仅由两个元素构成. 不论 a_0或 a_1都代表人们采取的一种决策或行动,因此在本例中,“行动空间”或“决策空间”的用词都甚属自然. 在有些例子中,所作结论或答案不一定立即牵涉具体的行动,但我们不必拘泥于这一点.

如果我们的问题是要通过从该批产品中抽样以估计其不合格品率,则行动空间 A 可取为闭区间$[0,1]$(点估计),或$[0,1]$区间的一切子区间之集(区间估计). 对前者而言,A 中的一元a 表示“用 a 去估计该批产品的不合格率”这个行动或决策,对后者有类似的解释. 又如,有 r 批产品,要通过抽样检验来对其不合格品率的高低定出一个次序,则行动空间 A 包含 $r!$个元,每个元都是$(1,2,\cdots,r)$的某一置换. 例如,$(i_1,i_2,\cdots,i_r)$表示这样一个结论:第 i_1批产品不合格品率最高,其次是第 i_2批,等等.

大多数常见的统计问题,其行动空间 A 不外乎这三种情况:① A 包含两个元素. 这种情况一般可解释或归结为有关参数 θ 的**假设检验**问题. 如在上例中,是否接受该批产品,取决于其不合格品率 θ 的值. 可以指定这样一个值 θ_0,当$\theta\leqslant\theta_0$时认为不合格品率足够小,以至认为接受该批产品有利. 若 $\theta>\theta_0$则反是. 于是,是否接受该批产品的问题归结为检验二项分布 $B(n,\theta)$中有关 θ 的假设$\theta\leqslant\theta_0$的问题. ② A 是欧氏空间中的一个区域. 这种情况一般可解释为有关参数 θ 的**点估计**或**区间估计**问题. ③ A 中包含有限个元,其数目大于2. 这种情况照理说在应用上出现很多,很重要,且往往在提法上比假设检验的提法更合理、更自然,但这种情况(称为多判决问题)在目前数理统计学中研究得比前两种情况少得多,大概是由于其在数学上不易处理因而难于得出深入的结果.

2. 损失函数

针对每一具体情况(即参数 θ 的具体值),各种可能的行动或决策,其优劣有差别. 如在上例中,真实的不合格品率为 θ,而我们采取 a 这个“行动”,即用 a 去估计θ,显然,$a=\theta$ 这个行动最好,a 离 θ 愈远就愈差. Wald 引进一个定义于$\Theta\times A$ 上的非负函数$L(\theta,a)$,以从数量上来刻画这个优劣程度. 注意 L 是代表因采取行动a 而带来的损失,故 $L(\theta,a)$愈小,行动 a 就愈好. 如在前例中,针对$A=\{a_0,a_1\}$和 $A=[0,1]$这两种情况,损失函数可分别取为

$$L(\theta,a)=\begin{cases}0, & \text{当 } \theta\leqslant\theta_0, a=a_0;\text{或 } \theta>\theta_0, a=a_1,\\ 1, & \text{当 } \theta\leqslant\theta_0, a=a_1;\text{或 } \theta>\theta_0, a=a_0.\end{cases}$$

$$L(\theta,a)=(\theta-a)^2.$$

前一个取法体现了假设检验中的两类错误并认为这两类错误的后果一样,后者是著名的平方损失函数,在点估计的理论中用得很多.

行动空间及损失函数,连同样本空间与样本分布族,就构成一个统计决策问题的完整提法(在 Bayes 统计中还需要规定 θ 的先验分布,以后再讨论这个问题). 关于 Wald 理论的简短评述见后.

1.2.1 (统计)决策函数及其风险函数

定义于样本空间 $\mathscr{X}$ 上而取值于行动空间上的函数 δ,称为是该统计决策问题的一个**决策函数**或称**判决函数**. 一旦根据某种考虑选定了这样一个决策函数 δ,则每当有了样本 x 时,算出 $\delta(x)$,它是 A 的一元,就用它作为我们所采取的行动或决策. 因此在 Wald 的理论中,解决一个统计问题,就是要选取一个适当的决策函数.

当真正的参数值为 θ,选用决策函数 δ,则当样本为 x 时,蒙受的损失为 $L(\theta,\delta(x))$. 此值愈小,δ 也就愈好. 但这个损失依赖于参数真值 θ 和样本 x,前者未知而后者为随机的,故需要寻找某种综合性指标以作为比较的标准. 目前在统计决策理论中惯用的指标是损失 $L(\theta,\delta(x))$ 的期望值

$$R(\theta,\delta)=\mathrm{E}_\theta(L(\theta,\delta(X)))=\int_{\mathscr{X}}L(\theta,\delta(x))\mathrm{d}P_\theta(x).$$

这里的记号 E_θ, P_θ 都是为了强调:计算期望和概率是在参数值为 θ 的条件下进行的. $R(\theta,\delta)$ 称为决策函数 δ 的**风险函数**,它就是当参数值为 θ 时,采用决策函数 δ 的平均损失. 风险愈小,决策函数就愈好. 设 δ_0 和 δ 为两个决策函数,如果

$$R(\theta,\delta_0)\leqslant R(\theta,\delta),\quad \text{对一切 } \theta\in\Theta, \tag{1.11}$$

则称 δ_0 **一致地优于** δ. 如果至少对一个 θ 上式成立严格的不等号,则称 δ_0 **严格地一致优于** δ. 这时,从风险尽可能小的角度看,就没有理由采用 δ,因为用 δ_0 有更好的效果(当然,在应用上还有别的考虑,如计算上的方便、直观上是否易于为应用者接受等,损失函数的选择及采用综合指标 $R(\theta,\delta)$ 的合理性也可能受到质疑). 假定存在这样一个决策函数 δ_0,使对任意的决策函数 δ 都成立(1.11)式,

则称 δ_0 为**一致最优**的.假如这种 δ_0 真正存在,则在风险尽可能小的原则下,它是最好的选择. 可惜的是,在任何有意义的统计决策问题中,这样的 δ_0 绝不可能存在.因此,为了通过风险函数去比较决策函数的优劣,还须建立较为松弛的比较准则,这个问题在以后有机会讨论.

为定义风险函数,需要积分 $\int_{\mathscr{X}} L(\theta,\delta(x))\mathrm{d}P_\theta(x)$ 有意义. 这须对 L 及 δ 加上一些可测性条件,例如:

1° 在行动空间中引进 σ 域 $\mathscr{B}_A$. $L(\theta,a)$ 作为 a 的函数,为 $\mathscr{B}_A$ 可测;

2° $\delta(x)$ 为 $\mathscr{B}_x$ 可测.

这两条,加上 L 非负的事实,就保证了上述积分有意义.

下面来介绍两个与风险函数的比较有关的重要概念.

容许性 一个决策函数 δ,如果存在着一决策函数 δ^*,其风险函数严格地一致优于 δ,则称 δ 是不可容许的,否则就是可容许的. 这名称的来由显然:若把"风险尽可能小"作为选择决策函数的唯一标准,则自然舍 δ 而用 δ^*. 不过,在现实中没有这么简单. 决策函数在直观上看的合理性,易于为实用者接受与否,计算上的难易等,都可与取舍有关,还有损失定得是否合理,以及风险(它是平均损失)作为衡量优良性的指标的合理性等,都可受到质疑.

在数理统计学中,讨论两类容许性问题:一是证明特定的决策函数为容许或否,一是寻求在一特定问题中全部可容许决策函数. 这是理论统计学中最困难的方面之一,至今进展有限并主要限于几类简单的参数估计模型中. 第 2、第 3 章中有些简短的讨论.

(决策函数的)**完全类**与**本质完全类** 设 J 为一类决策函数,$J_1 \subset J$. 若对任何 $\delta \in J - J_1$,必存在 $\delta_1 \in J_1$ 严格地一致优于 δ,则称 J_1 为(J 的)**完全子类**. 如果 J 就是全体决策函数的类,则 J_1 常称为**完全类**. 若在上文中将"严格地"一词删去,则 J_1 称为**本质完全子类**. Wald 决策理论的一个中心问题,就是在一定条件下,确定某种特定的决策函数类为完全或本质完全的. 这概念的直观解释无需再重复了.

1.2.2 随机化决策函数

前面定义的决策函数 δ 有以下性质:只要有了样本 x,就唯一地定了所要采取的行动 $a = \delta(x)$. 有时,在某种情况之下这样做不一定合适. 看一个例子:设某厂每月提供一商店某种产品若干. 双方约定:商店是否接受一批产品,全凭抽样检验的结果而定. 每批抽检 10 个产品,双方都同意:若其中不合格品数 $x=0$,则商店应接受该批产品;若 $x\geqslant 2$,则应拒收. 但对 $x=1$ 的情况双方有分歧:若此时判定接受该批产品,商店认为不利;若不接受,则厂家认为不利. 后经协商,双方同意这样做:当 $x=1$ 时掷一个铜板,若现正面,则接受该批产品,否则就拒收. 这样的决策函数称为**随机化**的,因为当某些样本 x 出现时,所应采取的行动还不能完全定下来,而是要通过一个(与 x 有关的)随机机制去确定之.

将本例的想法加以推广,就可以给出一般的随机化决策函数的定义. 设样本空间为$(\mathscr{X},\mathscr{B})$,行动空间为 A. 取 A 的某些子集构成的σ 域 $\mathscr{B}_A$. 所谓随机化决策函数,是指一个定义于 $\mathscr{X}\times\mathscr{B}_A$ 的函数 $\delta(x,B)$,满足以下的条件:对任何 $x\in\mathscr{X}$,$\delta(x,\cdot)$是 $\mathscr{B}_A$上的一个概率测度,每当有了样本 x,就依据这个概率分布从 A 中挑出一元a,作为采取的行动. 如果对一切 $x\in\mathscr{X}$,$\delta(x,\cdot)$的分布都退化到某一元 a_x(与 x 有关),则回到原来的情形. 这种情况可称为非随机化决策函数.

对随机化决策函数也可以定义其风险函数,要分两步走:第一步是在已有样本的条件下计算平均损失,它等于$\int_A L(\theta,a)\delta(x,\mathrm{d}a)$. 第二步就是把后者对 x 求平均. 由此得到

$$\begin{aligned}R(\theta,\delta) &= \mathrm{E}\Big(\int_A L(\theta,a)\delta(X,\mathrm{d}a)\Big)\\&= \int_{\mathscr{X}}\Big(\int_A L(\theta,a)\delta(x,\mathrm{d}a)\Big)\mathrm{d}P_\theta(x).\end{aligned}$$

为了第一步中的积分有意义,$L(\theta,\cdot)$必须是 $\mathscr{B}_A$可测的,这个要求在前面已提出过了. 要后一积分有意义,$\int_A L(\theta,a)\delta(\cdot,\mathrm{d}a)$ 应为 $\mathscr{B}_x$可测. 为达到这一点,应要求对任何 $B\in\mathscr{B}_A$,$\delta(\cdot,B)$为 $\mathscr{B}_x$可测. 因为,容易证明:对任何定义于 A 上的 $\mathscr{B}_A$可测非负函数f,积分 $g(x)\equiv\int_A f(a)\delta(x,\mathrm{d}a)$ 作为 x 的函数,为 $\mathscr{B}$ 可测. 事实上,这个结论当 f 为 $\mathscr{B}_A$中某集 B 的指示函数时成立(此即刚才对 δ 的补充假定). 于是可用测度论中的标准方法,由指示函数推到非负简单函数,再到一般的非负可测函数.

随机化决策函数在理论上的作用主要在于,在某些情况下为达到具有某种标准或优良性的解,须采用这种决策函数. 一个熟悉的例子是:当对离

散型分布的参数作假设检验时，为精确达到某一指定的检验水平，可能有必要实施随机化．我们前面举的例子就属于这种情况．实用上这种决策函数用得不多．

1.2.3 对决策函数理论的简短评论

Wald 的决策函数理论把几类常见的统计问题归纳到一个统一的框架之中，这一点是 Wald 在其著作中所声称的他建立这一理论的考虑．自那时以来近 50 年的统计学发展表明，虽然这个理论也产生了若干有一般性意义的结果，它并不能替代各分支的研究，如假设检验与参数估计．问题性质不同，所用方法也各有其特点，不是一个笼统的框架所能概括得了的．但是，决策函数理论有助于我们从更多的角度去审视原先的一些问题，因而丰富了研究内容．例如参数估计中的 Minimax 估计，容许性等概念，是依这个理论而导出的，并成为参数估计中重要的研究内容．决策函数理论对统计各分支的影响大小有别：对参数估计这个分支影响最大，而对像非参数统计等分支则甚小．

统计决策的理论通过引入损失函数，把统计问题的解答与经济上的得失直接挂上钩，这有助于使统计方法更切近于实用．但是，对这种提法也有一些争议．在一些问题中，特别是在其主要目的是为了科学研究和寻求知识的活动中，一个“行动”的后果不见得便于从经济上去衡量，例如通过实验去估计某一物理常数．即使在这种后果可合理地折算或归结为金钱的得失的场合，其得失的大小也往往难于确定．而且，拿损失的平均，即风险，作为决策函数优良性判据也可以有异议，因为平均值的作用要在大量重复中才能体现出来，而许多问题按其性质却是“一次性”的．由于统计决策理论有上述这些不尽如人意之点，有一种意见主张对统计问题采取“纯推断”的看法，即统计的目的是通过样本推断总体，即获得有关总体分布或其某种特征的知识．这种看法有两个困难：其一是有的问题不能从纯推断的角度着眼．举一个简单例子：设要通过抽样调查估计某批产品的市场容量 C，而高估或低估造成的经济上的后果有所不同，例如由高估造成的积压的损失，比低估所导致的利润减少的损失更大，这时就不能像在“纯推断”中那样力求把 C 估得尽量准确，而是要适当偏低一些，这一点在决策函数理论中可通过引进适当的损失函数去体现出来．另一个问题是：统计推断如要考虑优良性，就可能以至必须与某种实际上可解释为损失函数的东西联系起来．因此，不大可能把二者截然划开．例如，“在无偏估计中方差小者为优”这个原则，与平方损失关联．

1.3 统计量

设随机元 X 的样本空间是 $(\mathscr{X},\mathscr{B}_x)$，而 $(\mathscr{T},\mathscr{B}_T)$ 是一可测空间．定义在 $\mathscr{X}$ 上取值于 $\mathscr{T}$ 的可测函数 T（即 $T^{-1}(A)\equiv\{x:x\in\mathscr{X},T(x)\in A\}\in\mathscr{B}_x$ 对任何 $A\in\mathscr{B}_T$）称为（样本 x 的）一个**统计量**．统计量可以说是对样本的加工——把通常是一大堆杂乱无章的数据加工成少数几个有代表性的数字，它们集中地反映了样本中所包含的我们感兴趣的信息．在上述定义中要注意两个要点：一是统计量只依赖于样本而不依赖于任何未知的量，尤其是不能依赖于样本分布的参数．二是在谈到一个统计量 T 时，心目中必须有一个可测空间与之相关联．在绝大多数情况下 T 是一个有限维实向量，这时 $\mathscr{T}$ 为欧氏空间 $\mathbb{R}^m$ 或后者之一 Borel 子集，而 $\mathscr{B}_T$ 则总是取为 $\mathscr{T}$ 的一切 Borel 子集所构成的 σ 域．以后凡碰到这种情况，我们就不去对 $(\mathscr{T},\mathscr{B}_T)$ 作仔细的描述了．

有许多统计量是由估计总体分布的某种特征而产生，如样本均值、样本方差、样本矩、样本相关系数和样本回归系数之类，其命名就是该总体特征前加上"样本"两字．也有不少的统计量不是源出这一途径，它们也往往有其特定的名称．下面是几个例子．

例 1.1 设有 $(\mathscr{X},\mathscr{B}_x,P_\theta,\theta\in\Theta)$，$\Theta$ 为参数空间．设 $\{P_\theta,\theta\in\Theta\}$ 受控于 $\mathscr{B}_x$ 上某 σ 有限测度 μ．记 $p_\theta(x)=\mathrm{d}P_\theta(x)/\mathrm{d}\mu$，即 P_θ 对 μ 的 Radom-Nikodym 导数．每个样本 x 确定了一个定义于 Θ 上的函数 $l_x(\theta)=p_\theta(x),\theta\in\Theta$．定义 $T(x)=l_x$（称为**似然函数**），则 T 是一统计量．这里有必要指明 $(\mathscr{T},\mathscr{B}_T)$ 如何定．可以把 $\mathscr{T}$ 定义为 Θ 上一切实函数之集，而 $\mathscr{B}_T$ 是一切满足下述条件之集 A 的类：$A\subset\mathscr{T}$，$\{x:x\in\mathscr{X},l_x\in A\}\in\mathscr{B}_x$．易见 $\mathscr{B}_T$ 是一个 σ 域．

例 1.2 设样本 $x=(x_1,\cdots,x_n)\in\mathbb{R}^n$．把 $x_1,\cdots,x_n$ 按由小至大排列为 $x_{(1)}\leqslant x_{(2)}\leqslant\cdots\leqslant x_{(n)}$，$T(x)=(x_{(1)},\cdots,x_{(n)})$，或其一部分，例如 $x_{(1)},x_{(n)}$ 或 $(x_{(1)},x_{(n)})$，称为**次序统计量**．$x_{(1)}$ 和 $x_{(n)}$ 也常称为**极值统计量**．设 $0<p<1$，则 $x_{([(n+1)p])}$ 称为**样本 p 分位数**．若 n 为奇数，则 $x_{((n+1)/2)}$ 称为**样本中位数**．当 n 为偶数时，通常把样本中位数定义为 $[x_{(n/2)}+x_{(n/2+1)}]/2$．

一个统计特征量,若其计算可以从统计量 T 出发进行,自应比从原样本 X 出发要简单些,二者结果当然一样,其根据在于以下的引理.

引理 1.1 设 T 为由$(\mathscr{X},\mathscr{B}_x)$到$(\mathscr{T},\mathscr{B}_T)$的可测变换,$\mu$ 为 $\mathscr{B}_x$上的测度,而 μ^* 为其由变换 T 导出的测度(在 $\mathscr{B}_T$ 上). 则当 g 为 $\mathscr{T}$ 上的 $\mathscr{B}_T$ 可测函数时,$f(x)=g(T(x))$为 $\mathscr{X}$ 上的 $\mathscr{B}_x$ 可测函数,且对任何 $A\in\mathscr{B}_T$,有

$$\int_A g(t)\mathrm{d}\mu^* = \int_{T^{-1}(A)} f(x)\mathrm{d}\mu.$$

证明 前一断言由可测性定义容易得出. 后一断言,先取$g(t)=I_B(t)$的情况($B\in\mathscr{B}_T$),此时上式由 μ^* 的定义得出,然后用标准证法.

统计量 T 的可测函数 $g(T(x))$仍为统计量. 当然,原样本 x 的一个函数 $f(x)$不见得能表为 T 的函数——这表明:并非有了一个统计量 T 就可把原样本弃置不顾,这可能带来损失. 这问题更深层次的含义见 1.4 节. 下述定理指明 $f(x)$能通过 T 表出的条件.

引理 1.2 设 T 为空间 $\mathscr{X}$ 到可测空间$(\mathscr{T},\mathscr{B}_T)$的变换. 记 $\mathscr{B}=T^{-1}(\mathscr{B}_T)$,它是 $\mathscr{X}$ 的某些子集构成的 σ 域. 设 f 是 $\mathscr{X}$ 上的 $\mathscr{B}$ 可测函数,则存在 $\mathscr{T}$ 上的 $\mathscr{B}_T$ 可测函数 g,使 $f(x)=g(T(x))$($\forall x\in\mathscr{X}$).

证明 对指示函数 $f(x)=I_A(x)$的情况($A\in\mathscr{B}$),这由 $\mathscr{B}$ 的定义立即推出,用标准证法逐步推到一般情况.

引理 1.1 可用于证明指数型分布的一个有用的性质:

引理 1.3 设 X 的分布为指数型:

$$\mathrm{d}F_\theta(x) = C(\theta)\exp\Big(\sum_{i=1}^k \theta_i T_i(x)\Big)\mathrm{d}\mu(x),$$

则统计量 $T(X)=(T_1(X),\cdots,T_k(X))$的分布也是指数型. 更一般地,若 $X_1,\cdots,X_n$为 X 的 iid. 样本,则统计量 $T(X)=\Big(\sum_{j=1}^n T_1(X_j),\cdots,\sum_{j=1}^n T_k(X_j)\Big)$ 的分布也是指数型.

证明 只需证后一结论,因它包含了前一结论. 把$(X_1,\cdots,X_n)$的样本空间记为$(\mathscr{X}^n,\mathscr{B}_x{}^n)$,其中$(\mathscr{X},\mathscr{B}_x)$是 X 的样本空间. 统计量 T 是由$(\mathscr{X}^n,\mathscr{B}_x{}^n)$到$(\mathscr{T},\mathscr{B}_T)=(\mathbb{R}^k,\mathscr{B}_k)$的可测变换. 以 ν 记在此变换下,$\mu^n=\mu\times\cdots\times\mu$ 的导出测度,则对任何 $B\in\mathscr{B}_k$,有

$$P_\theta(T \in B) = \int \cdots \int_{T^{-1}(B)} C^n(\theta) \exp\left(\sum_{j=1}^{n} \sum_{i=1}^{k} \theta_i T_i(x_j)\right) d\mu^n(x_1, \cdots, x_n)$$

$$= \int_B C^n(\theta) \exp\left(\sum_{i=1}^{k} \theta_i t_i\right) d\nu(t), \quad t = (t_1, \cdots, t_k).$$

后一等号即依据引理 1.1. 上式证明了所要的结果.

1.3.1 抽样分布

统计量 T 的概率分布称为其**抽样分布**. 它取决于变换 $T(\cdot)$的形式以及 X 的分布 P_θ,可记为 P_θ^T. 为更清楚计,必要时可将 X 的分布记为P_θ^X. 这名称的来由,是因若 T 为有限维实向量,则当抽取 X 的 iid. 样本 $x_1, \cdots, x_n$ 时,$\{T(x_1), \cdots, T(x_n)\}$的经验分布函数以概率 1 一致地收敛于 T 的分布函数(Glivenko 定理). 就是说,T 的分布可通过多次重复抽样来逼近.

在频率学派统计学中,抽样分布有基本的重要性. 这是因为,概率的频率解释决定了:基于统计量 T 所作的统计推断,其性质以至其实施,都取决于 T 的抽样分布. 一个例子是假设检验. 当取定检验水平后,为确定拒绝域的临界值,需要计算检验统计量的分布. 检验的优良性要看其功效如何,后者也取决于检验统计量的分布.

从 1908 年 Student 发现 t 分布到 1928 年 Wishart 得到 χ^2 分布的多维推广——Wishart 分布这一段期间,寻求正态样本统计量的抽样分布的努力取得了显著的成功. 除此之外,有意义的结果就很少. 对付这个情况一般有两个方法:一是模拟,即在前面解释"抽样分布"名称来由时所说的做法. 一个熟知的例子是 Kolmogorov 统计量$\sup_x |F_n(x) - F(x)|$,其中 F_n 是样本的经验分布,F 为理论分布. 易证当样本系从分布 F 中抽出而F 在 $\mathbb{R}^1$处处连续时,此统计量之分布与 F 无关,因而取某一特定的分布 F(例如均匀分布 $R(0,1)$)来进行模拟就可以,所定分布的分位点就可以取为基于这个统计量的检验的临界点. 上述作法之可行关键在于该统计量的分布与 F 无关之事实. 另外的例子是在某些参数统计问题中,可选择适当的函数 $g(T,\theta)$,有时称为枢轴量,其分布与参数 θ 无关. 这时,通过模拟近似地确定 $g(T,\theta)$的分布,可用于解决有关的统计问题. 注意这里 g 与 θ 有关,因而 $g(T,\theta)$已不是统计量.

另一种广为使用的方法是找极限分布. 当样本量 n 固定时,统计量 T 的确切分布不易求得,但在许多情况下,当 $n \to \infty$时 T 的极限分布可以得到,且往往就是某些常见分布，如正态分布、χ^2分布之类. 比求极限分布更深一层的问题是**渐近展开**. 例如，把当样本量为 n 时统计量 T 的分布记为 $G_n(x)$，常见的一种渐近展开是按 $n^{-1/2}$的量级，有形式

$$G_n(x) = G(x) + G^{(1)}(x)/\sqrt{n} + G^{(2)}(x)/(\sqrt{n})^2 + \cdots,$$

其中 $G, G^{(1)}, G^{(2)}, \cdots$都与 n 无关. 此式的意义是：当 $n \to \infty$ 时

$$\begin{aligned}
&G_n(x) \to G(x),\\
&\sqrt{n}(G_n(x) - G(x)) \to G^{(1)}(x),\\
&(\sqrt{n})^2(G_n(x) - G(x) - G^{(1)}(x)/\sqrt{n}) \to G^{(2)}(x),\\
&\cdots.
\end{aligned}$$

第一个式子就是通常的极限定理，可称为“零阶逼近”. 如果第二式也成立，则表明可以把对 $G_n(x)$的逼近由 $G(x)$改进为 $G(x) + G^{(1)}(x)/\sqrt{n}$，其与 $G_n(x)$的差距有数量级 $o(1/\sqrt{n})$，此可称为“一阶逼近”或“渐近展开到 $n^{-1/2}$ 的一次方”. 以下各式的意义类推. 渐近展开能达到何种程度（$n^{-1/2}$的几次方）当然取决于条件——统计量的形式与总体分布的性质，且一般是很难证明的，目前只在样本均值这个特例有比较深入的结果，其他情况有一些零星的结果.

各种统计量分布的渐近展开的研究，是数理统计学大样本理论和概率论的热门研究课题. 然而，从实用的观点看，把统计量的分布 G_n展至 $n^{-1/2}$阶项或更高阶项，其意义很有限. 因为在取 G 作为 G_n的近似时，因 G 也是一个概率分布，用起来方便合理. 若取 $G + G^{(1)}/\sqrt{n}$，则它已不是一个分布，甚至可以取[0,1]以外的值，也可以不是非降的，用起来就有问题. 再则，只有当 n 非常大（大到多少不易确定）时，才能肯定 $G + G^{(1)}/\sqrt{n}$优于 G. 通常应用中样本量 n 并不一定很大，这时谁优谁次就难说了.

讲到抽样分布，我们顺便解释一下近十余年来风靡一时的所谓“Bootstrap”方法（国内有人译为“自助”法），它可以看成是模拟法与大样本法的一种结合. 假定总体分布为 F（未知），$X_1, \cdots, X_n$ 为抽自此总体的 iid. 样本，$T_n = T_n(X_1, \cdots, X_n)$为某统计量，$a(F)$为分布 F 的某种特征值（例如 F 的期望. $a(F)$可以是向量）. 设建立了某种枢轴量 $Q_n = Q(T_n(X_1, \cdots, X_n), a(F))$，其分布 G_n当$n \to \infty$时有极限分布 G. 为了逼近 G_n可以用 G，如上述. Bootstrap 法则着眼于模拟 G_n本身. 但样本 $X_1, \cdots, X_n$是从 F 中抽出的，$a(F)$是依 F 算

出的，F 不知，如何办？一个办法是用 $X_1,\cdots,X_n$ 的经验分布 F_n 代替未知的 F. 按 Glivenko 定理，当 n 很大时二者接近，以 F_n 为总体分布，从其中抽出 iid. 样本 $X_1^*,\cdots,X_m^*$（实际上，这就是以等概率从一个包含 n 元的总体$\{X_1,\cdots,X_n\}$中，有放回地抽出 m 个所得）. 又以 F_n 代 F 算特征 a 之值得 $a(F_n)$. 令 $Q_m^* = Q(T_m(X_1^*,\cdots,X_m^*),a(F_n))$，就以它的分布 G_m^* 作为 G_n 的近似. 由于 $X_1^*,\cdots,X_m^*$ 是从一已知的总体中抽样所得，它可以任意次重复模拟，即从总体 F_n 中抽出 N 组相互独立的 iid. 样本$(X_{1i}^*,\cdots,X_{mi}^*)$ $(i=1,\cdots,N)$，以之算出 Q_m^* 的 N 个值

$$Q_{mi}^* = Q(T_m(X_{1i}^*,\cdots,X_{mi}^*),a(F_n)),\quad 1\leqslant i\leqslant N,$$

再取$\{Q_{m1}^*,\cdots,Q_{mN}^*\}$的经验分布 $\widetilde{G}_m$ 去近似 G_m^*，即近似 G_n. 注意此处 m 和 n 不必相同：理由在于，因当 $n\to\infty$ 时 Q_n 有极限分布，故当 n 甚大时，G_n 基本上不依赖于 n.

取 $\widetilde{G}_m$ 作为 G_n 的近似有两种误差，一是 $\widetilde{G}_m$ 逼近 G_m^* 的误差. 注意因 $\widetilde{G}_m$ 的分布依赖于样本 $X_1,\cdots,X_n$，这误差本身就是随机的，但由于 N 可以取得非常大，这一误差可使之任意小，因而不是主要的. 另一个是 G_m^* 逼近 G_n 的误差. 在 G_n 有极限分布 G 及其他适当条件下，往往可证明（以概率 1）G_m^* 也依分布收敛于 G. 既然 G_n 和 G_m^* 都以 G 为极限，只要 n 和 m 都很大，这个误差也可使之任意小. m 可随意取，故关键在于要 n 很大.

我们来举一个简单的例子. 设 $X_1,\cdots,X_n$ 为抽自具非零有限方差 σ^2 的分布 F 的 iid. 样本，F 的期望记为 $a=a(F)$，而统计量 T_n 是样本均值 $\overline{X}_n$. 当 $n\to\infty$ 时，$\sqrt{n}[T_n-a(F)]$有极限分布 $N(0,\sigma^2)$. 按上述做法，此量的 Bootstrap 统计量为 $Q_m^*=\sqrt{m}(\overline{X}_m^*-\overline{X}_n)$，其中 $\overline{X}_m^*$ 为自$\{X_1,\cdots,X_n\}$的经验分布 F_n 中抽出的 iid. 样本 $X_1^*,\cdots,X_m^*$ 的算术平均. 在本例易证当 $n,m\to\infty$ 时，以概率 1，Q_m^* 的分布收敛于正态 $N(0,\sigma^2)$，故该分布可作为$\sqrt{n}[T_n-a(F)]$之近似. 设想我们要找 $a(F)$的区间估计，则可求由模拟得来的 Q_m^* 的（近似）分布的 $\alpha/2$ 和 $1-\alpha/2$ 分位点（当 α 很小时，也常称 $1-\alpha/2$ 分位点为“上 $\alpha/2$ 分位点”）c_1 和 c_2. 因

$$P(c_1\leqslant\sqrt{n}[T_n-a(F)]\leqslant c_2)\approx 1-\alpha,$$

得到总体期望 $a(F)$的区间估计$[\overline{X}_n-c_2/\sqrt{n},\ \overline{X}_n-c_1/\sqrt{n}]$，其置信系数近似于 $1-\alpha$.

注意,在本例中$\sqrt{n}[T_n - a(F)]$的极限分布与总体分布 F 的参数σ^2有关.因 F 未知,σ^2也未知,故若不用 Bootstrap 法而从极限分布 $N(0,\sigma^2)$出发去构造 a 的区间估计,则还得先设法估计 σ^2. 这在本例不难,但对更一般的情况,有可能极限分布以一种复杂的方式依赖 F,因而难于估计,且由于这估计的误差而导致的极限分布的误差也可能甚为显著. 或者,极限分布 G 虽存在但却是一种难于处理的复杂形式,在这些情况下,Bootstrap 法可作为一种替代的方法予以考虑. 更理想的情况是:由 G_m^* 作逼近比用G 作逼近在某种意义上更好. 这当然是一个要就具体模型去研究且是一个很复杂的问题.

Bootstrap 方法是美国统计学家 Efron 在 1979 年提出的(Ann. Statist., 1979:1～26),发表后引起很大反响,许多学者针对各种具体模型去探讨上述 $G_m^* - G$ 及$G_m^* - G_n$收敛于0 的条件及其速度. 在更复杂的非 iid. 情况(如线性回归),还需要经过适当处理去建立 Bootstrap 抽样所依据的 F_n. 大致可以说,几乎对每一个统计方法皆可设法建立相应的 Bootstrap 处理,故近年来翻开杂志,这种性质的文章很多.不过,这种方法的实际意义如何,现在作出一种结论恐还为时过早. 不论怎样,Efron 的文章是近几年来为数不多的、富有统计思想的工作之一,其受到广泛重视也不是偶然的.

1.3.2 正态样本统计量的抽样分布

这些分布是在数理统计学中有广泛应用的、著名的 χ^2分布、t 分布和F 分布. 与这些分布有关的内容在初等统计教科书中也是有的,为便于引用,此处简单地介绍一下其定义、分布的形式与若干有用的性质.这三个分布的定义如下:

χ^2分布 设 $X_1,\cdots,X_n$独立,X_i有分布$N(a_i,1)$ $(i=1,\cdots,n)$. 令 $\xi=\sum_{i=1}^{n} X_i{}^2$. 则$\xi$ 的分布称为**自由度n、非中心参数 δ** 的**非中心 χ^2分布**,记为 $\xi\sim\chi_{n,\delta}{}^2$. 此处 $\delta=\left(\sum_{i=1}^{n} a_i{}^2\right)^{1/2}\geqslant 0$. 当 $\delta=0$ 时称为**中心的**,并简记 $\chi_{n,0}{}^2$为 $\chi_n{}^2$.

t 分布 设 X,Y 独立,$X\sim\chi_n{}^2$, $Y\sim N(\delta,1)$. 令 $\xi=Y/\sqrt{X/n}$,则ξ 的分布称为**自由度n、非中心参数 δ** 的**非中心 t 分布**,记为 $\xi\sim t_{n,\delta}$. 当 $\delta=0$ 时称为**中心的**,并简记为 t_n. 注意,此处非中心参数可取$(-\infty,\infty)$内的任何值,不限于 $\delta\geqslant 0$.

F 分布 设 X,Y 独立,$X\sim\chi_n{}^2$, $Y\sim\chi_{m,\delta}{}^2$. 令 $\xi=m^{-1}Y/(n^{-1}X)$,则称 ξ 的分布为**自由度(m,n)**(注意,分子的自由度在前)、**非中心参数 δ** 的**非中心 F**

分布,记为 $\xi \sim F_{m,n,\delta}$. 当 $\delta=0$ 时称为**中心的**,并简记为 $F_{m,n}$.

为求这些分布的具体形式,关键在于 χ^2 分布. 一旦定出了 χ^2 分布的形式,t 分布和 F 分布就易由商的密度公式,通过常规的演算得到.

为算 $\chi_{n,\delta}{}^2$ 的密度,首先要明确:这密度只依赖于 n 和 δ. 为证之,需要以下有用的简单引理:

引理 1.4 设 $X_1,\cdots,X_n$ 独立,$X_i \sim N(a_i,\sigma^2)$ $(1\leqslant i\leqslant n)$. 作正交变换 $Y_i = \sum_{j=1}^{n} c_{ij}X_j$ $(1\leqslant i\leqslant n)$,则 $Y_1,\cdots,Y_n$ 独立,$Y_i \sim N(b_i,\sigma^2)$ $(1\leqslant i\leqslant n)$. 就是说:**独立正态等方差变量,经正交变换后仍保有这些性质**.

证明 记 $X=(X_1,\cdots,X_n)'$,$Y=(Y_1,\cdots,Y_n)'$,$C=(c_{ij})$,则 $Y=CX$. 按假定,X 有概率密度 $(\sqrt{2\pi}\sigma)^{-n}\exp(-\|x-a\|^2/(2\sigma^2))$,其中 $a=(a_1,\cdots,a_n)'$. 因正交阵行列式绝对值为 1,由密度变换公式知,Y 有概率密度 $(\sqrt{2\pi}\sigma)^{-n}\exp(-\|y-b\|^2/(2\sigma^2))$,其中 $b=Ca$,这证明了本引理.

现回到 χ^2 分布的定义 $\xi=\sum_{i=1}^{n} X_i{}^2$,$X_1,\cdots,X_n$ 独立而 $X_i\sim N(a_i,1)$ $(1\leqslant i\leqslant n)$. 作正交方阵 C,其第一行为 $(a_1/\delta,\cdots,a_n/\delta)$. 令 $Y=(Y_1,\cdots,Y_n)'=CX$,$X=(X_1,\cdots,X_n)'$. 按引理 1.4,有 $Y_1,\cdots,Y_n$ 独立,$Y_i\sim N(b_i,1)$ $(1\leqslant i\leqslant n)$,且 $b=(b_1,\cdots,b_n)'=Ca$,$a=(a_1,\cdots,a_n)'$. 按 C 的取法,有 $b_2=\cdots=b_n=0$,$b_1=\delta$. 因 $\xi=\sum_{i=1}^{n} X_i{}^2=\sum_{i=1}^{n} Y_i{}^2$,而后者的分布只依赖于 n 和 δ,故 ξ 的分布只依赖于 n 和 δ.

上述变换也提供了计算 $\chi_{n,\delta}{}^2$ 的概率密度的方法. 记 $Z=\sum_{i=2}^{n} Y_i{}^2$,则 $\xi=Y_1{}^2+Z$,其中 $Y_1{}^2$ 与 Z 独立而 $Z\sim\chi_{n-1}{}^2$. 因 $Y_1\sim N(\delta,1)$,易算出 $Y_1{}^2$ 有密度

$$
\begin{aligned}
g(x) &= (2\sqrt{2\pi})^{-1}x^{-1/2}\exp(-(\sqrt{x}-\delta)^2/2) \\
&\quad + \exp(-(\sqrt{x}+\delta)^2/2))I(x>0) \\
&= (2\sqrt{2\pi})^{-1}\mathrm{e}^{-\delta^2/2}\mathrm{e}^{-x/2}x^{-1/2}(\mathrm{e}^{\delta\sqrt{x}}+\mathrm{e}^{-\delta\sqrt{x}})I(x>0) \\
&= (\sqrt{2\pi})^{-1}\mathrm{e}^{-\delta^2/2}\mathrm{e}^{-x/2}\sum_{i=0}^{\infty}\frac{1}{(2i)!}\delta^{2i}x^{i-1/2}I(x>0).
\end{aligned}
$$

只要求出 Z 的密度,就可以用独立和的密度公式算出 ξ 的密度. 为此记 $\chi_n{}^2$ 的分布函数为 $K_n(x)$. 依定义,$K_n(x)=0$ 当 $x\leqslant 0$,而当 $x>0$ 时,有

$$K_n(x) = (\sqrt{2\pi})^{-n}\int_{\|t\|\leqslant\sqrt{x}} e^{-\|t\|^2/2}dt_1\cdots dt_n.$$

变换到球坐标,得

$$K_n(x) = c_n\int_0^{\sqrt{x}} e^{-r^2/2} r^{n-1}dr,$$

其中 c_n 为常数. 利用 $K_n(\infty)=1$ 定出

$$c_n = [2^{n/2-1}\Gamma(n/2)]^{-1},$$

其中 Γ 为 Gamma 函数:$\Gamma(a) = \int_0^\infty e^{-x}x^{a-1}dx\ (a>0)$. 由上定出 $K_n(x)$,因而得出 $\chi_n{}^2$ 的密度函数

$$k_n(x) = [2^{n/2}\Gamma(n/2)]^{-1}e^{-x/2}x^{n/2-1}I(x>0). \qquad (1.12)$$

最后,按和的密度公式,定出 ξ 的密度函数为

$$\begin{aligned} k_{n,\delta}(x) &= \int_0^x k_{n-1}(x-y)g(y)dy \\ &= e^{-\delta^2/2}e^{-x/2}\sum_{i=0}^\infty \frac{1}{i!}(\delta^2/2)^i[2^{i+n/2}\Gamma(i+n/2)]^{-1}x^{i+n/2-1}, \qquad (1.13) \end{aligned}$$

当 $x>0$ 时;当 $x\leqslant 0$ 时,$k_{n,\delta}(x)$ 为 0. 此处利用了 Gamma 函数与 Beta 函数的关系:

$$\begin{aligned} \int_0^x y^a(x-y)^b dy &= x^{a+b+1}\int_0^1 t^a(1-t)^b dt \\ &= x^{a+b+1}B(a+1,b+1) \\ &= x^{a+b+1}\Gamma(a+1)\Gamma(b+1)/\Gamma(a+b+2). \end{aligned}$$

利用(1.12)和(1.13)两式及商的密度公式,就不难得出 $t_{n,\delta}$ 和 $F_{m,n,\delta}$ 的表达式. 设 X,Y 独立,$X>0$,分别有密度 f_1 和 f_2,则商 Y/X 有密度 $\int_0^\infty tf_1(t)f_2(tx)dt$. 逐项积分,化归 Gamma 函数并稍加整理,得 $t_{n,\delta}$ 的密度为

$$h_{n,\delta}(x) = \frac{n^{n/2}}{\sqrt{\pi}\Gamma\left(\frac{n}{2}\right)} e^{-\delta^2/2}(n + x^2)^{-(n+1)/2} \cdot \sum_{i=0}^{\infty} \Gamma\left(\frac{n+i+1}{2}\right)\frac{(\delta x)^i}{i!}\left(\frac{2}{n+x^2}\right)^{i/2}. \tag{1.14}$$

当 $\delta=0$ 时，得到常见的自由度 n、中心 t 分布密度：

$$h_n(x) = [\sqrt{n\pi}\Gamma(n/2)]^{-1}\Gamma((n+1)/2)(1+x^2/n)^{-(n+1)/2}. \tag{1.15}$$

$F_{m,n,\delta}$的密度为

$$f_{m,n,\delta}(x) = e^{-\delta^2/2}\sum_{i=0}^{\infty}\frac{(\delta^2/2)^i}{i!} n^{n/2} m^{m/2+i} \cdot \frac{\Gamma\left(\frac{1}{2}(m+n)+i\right)}{\Gamma\left(\frac{n}{2}\right)\Gamma\left(\frac{m}{2}+i\right)} \frac{x^{m/2-1+i}}{(n+mx)^{(m+n)/2+i}} I(x>0). \tag{1.16}$$

当 $\delta=0$ 时，得到常见的中心 F 分布密度公式：

$$f_{m,n}(x) = \frac{\Gamma((m+n)/2)}{\Gamma(m/2)\Gamma(n/2)} n^{n/2} m^{m/2} x^{m/2-1} \cdot (n+mx)^{-(m+n)/2} I(x>0). \tag{1.17}$$

在统计推断中常用到这些分布的分位点，$\chi_{n,\delta}{}^2$ 的 $1-\alpha$ **分位点**，即 $\chi_{n,\delta}{}^2$ 的**上 α 分位点**，记为 $\chi_{n,\delta}{}^2(\alpha)$，记号 $t_{n,\delta}(\alpha)$和 $F_{m,n,\delta}(\alpha)$有类似的意义. 当 $\delta=0$ 时，略去上述记号中的 δ. 依大数律，当 $n\to\infty$ 时，$\chi_n{}^2/n$ 依概率收敛于 1. 由此可知 $\lim\limits_{n\to\infty} t_n(\alpha) = u_\alpha$，$\lim\limits_{n\to\infty} F_{m,n}(\alpha) = \chi_m{}^2(\alpha)/m$. 又因 $t_n{}^2 \sim F_{1,n}$，考虑到分布 t_n关于 0 对称，易得当 $0<\alpha<1/2$ 时，有 $t_n(\alpha) = [F_{1,n}(2\alpha)]^{1/2}$.

正态样本的一些重要统计量的抽样分布都归入这几个分布. 以下是几个例子：

1° 设 $X_1,\cdots,X_n$ 是从正态 $N(a,\sigma^2)$中抽出的 iid. 样本. 分别以 $\bar{X}$和 s^2记样本均值 $\sum\limits_{i=1}^{n} X_i/n$ 及样本方差

$$s^2 = \sum_{i=1}^{n}(X_i - \bar{X})^2/(n-1) \quad (n \geqslant 2),$$

则 $\overline{X}$与 s^2独立,且 $\overline{X} \sim N(a,\sigma^2/n)$,$(n-1)s^2/\sigma^2 \sim \chi_{n-1}{}^2$. 证明:只需作正交变换 $Y=CX$,其中 $X=(X_1,\cdots,X_n)'$,C 为 n 阶正交阵,其第一行各元都是 $1/\sqrt{n}$. 注意到 $(n-1)s^2 = \sum_{i=2}^{n} Y_i{}^2$ 而 $\overline{X}=Y_1/\sqrt{n}$,用引理 1.1 即得.

2° 样本同 1°,令 $\xi=\sqrt{n}(\overline{X}-b)/s$, 其中 b 为常数. 按 1°的结果及 t 分布的定义,易见 $\xi \sim t_{n-1,\delta}$,其中 $\delta=\sqrt{n}(a-b)/\sigma$. ξ 称为**自由度 $n-1$ 的一样本 t 统计量**. "一样本"的含义是:样本 $X_1,\cdots,X_n$ 全是从一个总体 $N(a,\sigma^2)$ 中抽出的.

3° 设 $X_1,\cdots,X_m$ 和 $Y_1,\cdots,Y_n$ 分别是从正态总体 $N(a_1,\sigma^2)$ 和 $N(a_2,\sigma^2)$ 中抽出的 iid. 样本,且 $X_1,\cdots,X_m,Y_1,\cdots,Y_n$ 全体独立. 令

$$\xi = \sqrt{\frac{mn}{m+n}}(\overline{Y}-\overline{X}-b)/s,$$

其中 $s = \left\{(m+n-2)^{-1}\left[\sum_{i=1}^{m}(X_i-\overline{X})^2+\sum_{j=1}^{n}(Y_j-\overline{Y})^2\right]\right\}^{1/2}$, 则

$$\xi \sim t_{m+n-2,\delta}, \quad \delta = \sqrt{\frac{mn}{m+n}}(a_2-a_1-b)/\sigma. \tag{1.18}$$

为了证明,记 $Z=(X_1,\cdots,X_m,Y_1,\cdots,Y_n)'$, $W=(W_1,\cdots,W_{m+n-2})$. 作 $m+n$ 阶正交方阵 C,其第一、第二行分别是 $(1/\sqrt{m},\cdots,1/\sqrt{m},0,\cdots,0)$ 和 $(0,\cdots,0,1/\sqrt{n},\cdots,1/\sqrt{n})$,作正交变换 $W=CZ$. 按 C 的取法,有

$$(m+n-2)s^2 = \sum_{i=3}^{m+n} W_i{}^2, \quad \overline{Y}-\overline{X} = W_2/\sqrt{n}-W_1/\sqrt{m}.$$

据引理 1.1 知 $W_1,\cdots,W_{m+n}$ 独立,因而按上式知 $\overline{Y}-\overline{X}$与 s 独立. 由 C 的取法知 $W_i \sim N(0,\sigma^2)$ $(3 \leqslant i \leqslant m+n)$. 于是 $(m+n-2)s^2/\sigma^2 \sim \chi_{m+n-2}{}^2$. 又 $\overline{Y}-\overline{X} \sim N(a_2-a_1,(m^{-1}+n^{-1})\sigma^2)$,故 $\sqrt{\frac{mn}{m+n}}(\overline{Y}-\overline{X}-b) \sim N\left(\sqrt{\frac{mn}{m+n}}(a_2-a_1-b),\sigma^2\right)$,按 t 分布的定义即得(1.18)式.

本例中的 ξ 称为**两样本 t 统计量**,因为其定义涉及从两个不同总体中抽出的样本.

4° 样本同 3°,令

$$\xi = \frac{1}{m-1}\sum_{i=1}^{m}(X_i - \bar{X})^2 \Big/ \left[\frac{1}{n-1}\sum_{j=1}^{n}(Y_j - \bar{Y})^2\right],$$

它称为 F **统计量**. 按 1°中之结果及 F 分布的定义,有 $\xi \sim F_{m-1,n-1}$.

1.3.3 幂等方阵与 χ^2 分布的关系

三大分布中,χ^2 分布是基本的,t 分布和 F 分布都基于它. 为了以后的应用,下面再介绍 χ^2 分布的几点与幂等方阵相关联的特殊性质.

方阵 A 称为**幂等**的,若 $A^2 = A$(因而 $A^n = A$,对一切自然数 n). 今后在谈到幂等方阵时,总假定它是对称的,这时容易证明:方阵 A 为幂等的充要条件是:存在正交阵 P,使

$$PAP' = \begin{pmatrix} I_r & 0 \\ 0 & 0 \end{pmatrix},$$

右边是一个分块矩阵,I_r 是 r 阶单位阵. 这也可以表为:(对称)方阵为幂等的充要条件是其特征根只能为 0 或 1. 由上式知,r 即特征根 1 的重数,为 A 的秩. 另一方面,又有

$$r = \mathrm{tr}\begin{pmatrix} I_r & 0 \\ 0 & 0 \end{pmatrix} = \mathrm{tr}(PAP') = \mathrm{tr}(AP'P) = \mathrm{tr}(A).$$

此处 $\mathrm{tr}(A)$ 是方阵 A 的迹,即其主对角元之和(上式推导中用到了易证的事实 $\mathrm{tr}(AB) = \mathrm{tr}(BA)$). 因此,**幂等方阵的秩与迹相同.**

现设 $X_1, \cdots, X_n$ 独立,$X_i \sim N(a_i, 1)$ $(1 \leqslant i \leqslant n)$,$X = (X_1, \cdots, X_n)'$.

1° 设 A 为 n 阶对称方阵,则 $Y = X'AX$ 服从(中心或非中心)χ^2 分布的充要条件为:A 是幂等阵. 当此条件成立时 $Y \sim \chi_{r,\delta}{}^2$,此处 r 为 A 的秩 $\mathrm{rank}(A)$,而 $\delta^2 = a'Aa$,$a = (a_1, \cdots, a_n)'$.

充分性容易. 取正交阵 P,使 $PAP' = \begin{pmatrix} I_r & 0 \\ 0 & 0 \end{pmatrix}$. 令 $PX = Z = (Z_1, \cdots, Z_n)'$. 按引理 1.4 知,$Z_1, \cdots, Z_n$ 独立,$Z_i \sim N(b_i, 1)$ $(1 \leqslant i \leqslant n)$,而 $b = (b_1, \cdots, b_n)' = \mathrm{E}Z = P(\mathrm{E}X) = Pa$. 有

$$Y = X'AX = X'P'PAP'PX = Z'(PAP)'Z = \sum_{i=1}^{r} Z_i{}^2,$$

因此 $Y \sim \chi_{r,\delta}{}^2, \delta^2 = \sum_{i=1}^{r} b_i{}^2 = b'\begin{pmatrix} I_r & 0 \\ 0 & 0 \end{pmatrix} b = b'PAP'b = a'Aa$.

必要性要用到特征函数(另参见习题 18). 找正交阵 P,使 PAP'为对角形 $\mathrm{diag}(\lambda_1, \cdots, \lambda_n)$. 则 $Y = \sum_{i=1}^{n} \lambda_i Z_i{}^2$, Z 的定义如前. 如此,问题归结为证明:只要 λ_i中至少有一个非 0 非 1,则 Y 不能有 χ^2分布. 因 $Z_i \sim N(b_i, 1)$,易算出 $\lambda_j Z_j{}^2$有特征函数 $(1 - 2\mathrm{i}\lambda_j t)^{-1/2} \exp\left(\dfrac{\mathrm{i}\lambda_j t}{1 - 2\mathrm{i}\lambda_j t} b_j{}^2\right)$(此处 $\mathrm{i}^2 = -1$),而 Y 有特征函数

$$f_Y(t) = \prod_{j=1}^{r} (1 - 2\mathrm{i}\lambda_j t)^{-1/2} \exp\left(\sum_{j=1}^{n} \frac{\mathrm{i}\lambda_j t}{1 - 2\mathrm{i}\lambda_j t} b_j{}^2\right).$$

另一方面,分布 $\chi_{r,\delta}{}^2$有特征函数 $(1 - 2\mathrm{i}t)^{-r/2} \exp\left(\dfrac{\mathrm{i}t}{1 - 2\mathrm{i}t} \delta^2\right)$. 比较二者可知,除非每个 λ_j都为 0 或 1,二者不可能相同,这证明了所要结果.

2° 对 X 的假定同 1°. 设 A_1, A_2都是 n 阶对称方阵,$A_3 = A_1 - A_2$为半正定但非 0 方阵,又 $Y_i \equiv X'A_iX \sim \chi_{n_i, \delta_i}{}^2 (i = 1, 2)$,则 $n \equiv n_1 - n_2 > 0, \delta^2 \equiv \delta_1{}^2 - \delta_2{}^2 \geqslant 0, Y_3 \equiv Y_1 - Y_2 \sim \chi_{n,\delta}{}^2$且 Y_2与 Y_3独立,$A_2 A_3 = 0$.

事实上,按假定及 1°知,A_1为幂等,$\mathrm{rank}(A_1) = n_1$,故存在正交阵 P,使 $PA_1P' = \begin{pmatrix} I_{n_1} & 0 \\ 0 & 0 \end{pmatrix}$. 记 $PA_2P' = \begin{pmatrix} B & C \\ C' & D \end{pmatrix}$. 由 $A_2 \geqslant 0$ 及 $A_1 - A_2 \geqslant 0$ 知 $D = 0$,因而 $C = 0$,故 $PA_2P' = \begin{pmatrix} B & 0 \\ 0 & 0 \end{pmatrix}$. 由假定,$A_2$为幂等且有秩 n_2,故 B 有同一性质,因此存在 n_1阶正交阵 Q_1,使 $Q_1BQ_1{}' = \begin{pmatrix} I_{n_2} & 0 \\ 0 & 0 \end{pmatrix}$. 记 $Q = \begin{pmatrix} Q_1 & 0 \\ 0 & I_{n-n_1} \end{pmatrix}$,则 Q 为 n 阶正交阵,且

$$QPA_1P'Q' = \begin{pmatrix} I_{n_1} & 0 \\ 0 & 0 \end{pmatrix}, \quad QPA_2P'Q' = \begin{pmatrix} I_{n_2} & 0 \\ 0 & 0 \end{pmatrix},$$

$R = QP$ 仍为正交阵. 令 $Z = (Z_1, \cdots, Z_n)' = RX$,则 $Z_1, \cdots, Z_n$独立正态方差 1,而 $X'A_iX = \sum_{j=1}^{n_i} Z_j{}^2 (i = 1, 2)$. 因而 $Y_3 = X'(A_1 - A_2)X = \sum_{j=n_2+1}^{n_1} Z_j{}^2$. 因

$A_1-A_2\neq 0$,必有 $n_1>n_2$. 这证明了 $Y_3\sim\chi_{n,\delta}{}^2$, $n=n_1-n_2$. 至于 δ,按 1° 应有

$$\delta^2=(\mathrm{E}X)'(A_1-A_2)(\mathrm{E}X)$$
$$=(\mathrm{E}X)'A_1(\mathrm{E}X)-(\mathrm{E}X)'A_2(\mathrm{E}X)=\delta_1{}^2-\delta_2{}^2,$$

$\delta_1{}^2\geqslant\delta_2{}^2$是因为 $A_1-A_2\geqslant 0$. 又因 Y_2只与 $Z_1,\cdots,Z_{n_2}$有关,Y_3只与 $Z_{n_2+1},\cdots,Z_{n_1}$有关,故 Y_2,Y_3独立. 最后,由于$(RA_2R')(RA_3R')=0$且 R 为正交阵,故 $A_2A_3=0$.

3° X 的假定同 1°,$A_1,\cdots,A_m$都是n 阶对称方阵,$X'X=\sum\limits_{i=1}^{m}X'A_iX$,则命题"$X'A_iX$ $(1\leqslant i\leqslant m)$各有 χ^2 分布且相互独立"成立的充要条件为:$\sum\limits_{i=1}^{m}\mathrm{rank}(A_i)=n$. 当这条件成立时,有 $X'A_iX\sim\chi_{n_i,\delta_i}$, $n_i=\mathrm{rank}(A_i)$, $\delta_i{}^2=a'A_ia$.

为证充分性,记 $Y_i=X'A_iX$. 由 $\mathrm{rank}(A_i)=n_i$知

$$Y_i=\sum_{j=1}^{n_i}\pm\left[b_{j1}^{(i)}X_1+\cdots+b_{jn}^{(i)}X_n\right]^2,$$

每项系数可为 1 或 -1. 作矩阵 B,各行依次为$(b_{11}^{(1)},\cdots,b_{1n}^{(1)})$,$\cdots$,$(b_{n_m1}^{(m)},\cdots,b_{n_mn}^{(m)})$. 则有

$$X'X=\sum_{i=1}^{m}Y_i=X'B'\Delta BX\quad\Rightarrow\quad B'\Delta B=I_n,$$

此处 Δ 为 n 阶对角阵,对角元为 1 或 -1. 因 B 的行列式不为 0,知 $\Delta=(B')^{-1}B^{-1}>0$,故 Δ 的对角元只能为 1,即 $\Delta=I_n$,而由 $B'B=I_n$知 B 为正交阵. 作正交变换 $Z=BX$,则 $Z\sim N(b,I_n)$,$b=Ba$,而

$$Y_i=\sum_{j=c_{i-1}+1}^{c_i}Z_j{}^2,\quad c_0=0,\quad c_i=n_1+\cdots+n_i,\quad 1\leqslant i\leqslant m,$$

这证明了 $Y_1,\cdots,Y_m$独立,$Y_i\sim\chi_{n_i,\delta_i}{}^2$,$\delta_i{}^2=a'A_ia$.

为证必要性,设 $Y_1,\cdots,Y_m$独立,$Y_i\sim\chi_{n_i,\delta_i}{}^2$,则 A_i为半正定,再由 $X'X=X'\left(\sum\limits_{i=1}^{m-1}A_i\right)X+X'A_mX$,根据 2°,知 $\mathrm{rank}\left(\sum\limits_{i=1}^{m-1}A_i\right)+\mathrm{rank}(A_m)=n$. 由于

$X'(\sum_{i=1}^{m-1} A_i)X$ 服从 χ^2 分布，反复运用 2°，即得 $\sum_{i=1}^{m} \mathrm{rank}(A_i) = n$.

1.4 统计量的充分性

设 X 的样本空间是 $(\mathscr{X},\mathscr{B})$，其分布族为 $\{P_\theta,\theta\in\Theta\}$，$\Theta$ 是参数空间．将样本 X 加工成统计量 $T=T(X)$，原有的一大堆数据 X 简化为极少数的几个指标 T．这样做的过程有可能使原包含在 X 中的、有关参数 θ 的信息损失掉一些．我们自然希望损失愈少愈好．如果毫无损失，就称 T 是**充分统计量**．

例如，设 $X=(X_1,\cdots,X_n)$ 是从正态总体 $N(0,1)$ 中抽出的样本．令 $T_1(X)=X_1$．当 $n>1$ 时，统计量 T_1 想必不是充分的，因为由 X"加工"成 T_1 白白地丢掉 $n-1$ 个样本．若 $T_2(X)=\bar{X}$，则其充分性如何就不是一眼能回答了．下文将看到，T_2 是充分的．

充分统计量总存在，例如 $T(X)=X$ 即为其一．但统计量之引进是为简化样本，而 $T(X)=X$ 没有这个作用．由此可见，愈是简化而仍能保持充分的统计量，就愈是难得而有用．这只在很少的几种情况下才存在，然而这几种情况——其中包括正态样本——是应用上最常见的．

上面所给的充分统计量的描述性定义中涉及"样本所含的有关参数 θ 的信息"这个概念，而这个概念无法在数学上严格定义——诚然，在统计学中有某些这种定义，如著名的 Fisher 信息量（见 2.2 节），但这种信息量都是针对某种特定问题设计的（如 Fisher 信息量是针对点估计的方差），且其存在需要一定条件，并非对任何样本分布族都有意义，而充分统计量的定义则应是一般的．因此，先给样本的信息下一个数量的定义再去定义充分统计量是不成的．

让我们来从定性的角度考察这个问题．获得样本 X 可以看成一个分两步走的过程：第一步是得到统计量 T，第二步是在已有 T 的条件下获取 X．从统计上说，第一步是在 T 的样本空间 $(\mathscr{T},\mathscr{B}_T)$（样本分布即统计量 T 的抽样分布）中抽取样本 T；第二步是"在已有 T 的条件下"获取 X．那么，样本分布就是在给定 T 的条件下 X 的条件分布 $X|T$．如果 $X|T$ 和参数 θ 有关，则这第二步也能提供有关 θ 的一些信息（不论多少），这正是将 X 加工成 T 时所损失掉的信息，

这时 T 就不是充分的. 反之,若 $X|T$ 与 θ 无关,则这第二步不包含 θ 的任何信息,就是说,在得到 T 的基础上再去获取 X 已没有什么用了,这时统计量 T 就是充分的.

由此可对充分统计量下一个言简意赅的定义:**若条件分布 $X|T$ 与 θ 无关,则称 T 是充分统计量**. 进一步的讨论需要对条件分布给一个严格的数学定义并考察其一些基本性质,这个内容在基于测度论的概率论著作中都有仔细的讨论. 先看几个不需要有关条件分布的高深理论的例子.

例 1.3　两点分布样本 $X=(X_1,\cdots,X_n)$, $X_1,\cdots,X_n$ iid.,设

$$P_\theta(X_1=1)=1-P_\theta(X_1=0)=\theta,\quad 0\leqslant\theta\leqslant 1,$$

$T(X)=\sum_{i=1}^n X_i$ 服从二项分布:$P_\theta(T=t)=\binom{n}{t}\theta^t(1-\theta)^{n-t}(t=0,1,\cdots,n)$. 给定 t 的条件下,事件 $\{X_i=x_i, i=1,\cdots,n\}$ 的条件概率为

$$\begin{aligned}
&P(X_i=x_i,1\leqslant i\leqslant n\mid T=t)\\
&=\frac{P_\theta(X_i=x_i,1\leqslant i\leqslant n,T=t)}{P_\theta(T=t)}\\
&=\begin{cases}\theta^t(1-\theta)^{n-t}\Big/\left[\binom{n}{t}\theta^t(1-\theta)^{n-t}\right]=1\Big/\binom{n}{t}, & \\ & \text{当 } x_i=0 \text{ 或 } 1,1\leqslant i\leqslant n,\text{且}\sum_{i=1}^n x_i=t,\\ 0, & \text{其他},\end{cases}
\end{aligned}$$

这个条件分布与 θ 无关,于是按上述定义,T 是充分统计量. 这个结果的直观意义是:如果对一个事件(其概率为 θ)进行 n 次独立观察(观察其是否发生),则有关 θ 的信息全包含在事件总的出现次数 t 之内,这 t 次出现在 n 次观察中的那几次无关紧要.

类似地,对 Poisson 总体,有

$$\mathscr{P}_\theta(X=i)=(i!)^{-1}\mathrm{e}^{-\theta}\theta^i,\quad i=0,1,2,\cdots,\quad \theta\geqslant 0$$

的样本 $X_1,\cdots,X_n$, $T(X)=\sum_{i=1}^n X_i$ 也是充分统计量.

例 1.4　正态样本 $X_1,\cdots,X_n\sim N(\theta,1)$, $T(X)=\sum_{i=1}^n X_i$, T 是充分统计量. 此处总体有连续分布,直接计算条件分布 $X|T$ 不好办. 为此,我们作一个

正交变换 $Y=(Y_1,\cdots,Y_n)'=CX$，其中正交阵 C 的第一行为 $(1/\sqrt{n},\cdots,1/\sqrt{n})$，则 $Y_1=T/\sqrt{n}$，$Y_i\sim N(0,1)$ $(2\leqslant i\leqslant n)$，且 $Y_1,\cdots,Y_n$ 独立. 这表明：在给定 T 即 Y_1 的条件下，$(Y_2,\cdots,Y_n)$ 的条件分布(因而 $(Y_1,\cdots,Y_n)$ 的条件分布)与 θ 无关. 由于变换 C 与 θ 无关，可推出 $X|T$ 也与 θ 无关. 这证明了 T 的充分性.

类似地，对从指数分布族{密度为 $\theta e^{-\theta x}I(x>0)$}中抽出的样本 $X_1,\cdots,X_n$，$T=\sum_{i=1}^{n}X_i$ 也是充分统计量. 证明的方法：作一适当线性变换 $Y=CX$，C 满秩，第一行为 $(1,\cdots,1)$.

例 1.5　正态样本 $X_1,\cdots,X_n\sim N(0,\sigma^2)$（参数为 $\theta=\sigma^2>0$），$T(X)=\sum_{i=1}^{n}X_i^2$ 为充分统计量. 为了证明，转到球坐标 $(r,\varphi_1,\cdots,\varphi_{n-1})$. 易见 r 与 $(\varphi_1,\cdots,\varphi_{n-1})$ 独立，故给定 T，即给定 r 时，$(\varphi_1,\cdots,\varphi_{n-1})$ 的条件分布与 $(\varphi_1,\cdots,\varphi_{n-1})$ 的无条件分布同，而后者与 σ^2 无关(有密度 $c_n\sin^{n-2}\varphi_1\sin^{n-3}\varphi_2\cdots\sin\varphi_{n-1}$，$0\leqslant\varphi_1<2\pi$，$0\leqslant\varphi_i<\pi$，$2\leqslant i\leqslant n-1$，$c_n$ 为只与 n 有关的常数). 这证明了所要结果.

从以上诸例看出，用直接求条件分布的方法去证明统计量的充分性比较麻烦，且只能施用于较简单的例子. 后面将要证明一个易于应用的简单判别法，即 Fisher 的**因子分解定理**. 首先要做些准备工作，即有关条件概率的一些知识.

1.4.1　条件期望和条件概率

设随机元取值于可测空间 $(\mathscr{X},\mathscr{B}_x)$，其概率分布为 P，$T=T(X)$ 为统计量，取值于可测空间 $(\mathscr{T},\mathscr{B}_T)$. T 的概率分布，即基于 P 经变换 $T(\cdot)$ 在 $\mathscr{B}_x$ 上导出的分布，记为 P^*. 设 $f(X)$ 为取实值的 Borel 可测函数，$E|f(X)|<\infty$(或 f 非负也可以).

在上述记号与假定下，若定义于 $\mathscr{T}$ 上的 Borel 可测函数 g 满足条件

$$\int_{T^{-1}(A)}f(x)\mathrm{d}P(x)=\int_A g(t)\mathrm{d}P^*(t),\quad \text{对任何 } A\in\mathscr{B}_T,\tag{1.19}$$

则称 $g(t)$ 是给定 T 时 $f(x)$ 的**条件期望**. 此处 $T^{-1}(A)=\{x:T(x)\in A\}$ 是集 A 在变换 T 之下的原像.

适合(1.19)式的 g 必存在. 因若记(1.19)式左边为 $\nu(A)$，则 ν 是 $\mathscr{B}_T$ 上的

有限测度,且由 P^* 的定义有 $P^*(A)=P(T^{-1}(A))$,故当 $P^*(A)=0$ 时 $P(T^{-1}(A))=0$,这说明 $\nu\ll P^*$. 因此按 Radon-Nikodym 定理,$g(t)=\mathrm{d}\nu(t)/\mathrm{d}P^*$ 满足(1.19)式. 这样的 g 不必唯一,但如有两个 g_1 和 g_2 都满足(1.19)式,则必有 $P^*(\{t:g_1(t)\neq g_2(t)\})=0$,故满足(1.19)的 g 可确定到相差一个零测集.

条件期望也可以对 $f(X)$ 为多维或 $f(X)$ 取复值时加以定义. 若上述条件期望记为 $\mathrm{E}(f(X)\mid T)$(若要突出表明是指条件期望在 $T=t$ 时之值,可记为 $\mathrm{E}(f(X)\mid T=t)$ 或就简记为 $\mathrm{E}(f(X)\mid t)$),则

$$\mathrm{E}((f_1(X),\cdots,f_m(X))\mid T)=(\mathrm{E}(f_1(X)\mid T),\cdots,\mathrm{E}(f_m(X)\mid T)),$$

$$\mathrm{E}((f_1(X)+\mathrm{i}f_2(X))\mid T)=\mathrm{E}(f_1(X)\mid T)+\mathrm{i}\,\mathrm{E}(f_2(X)\mid T).$$

以下总假定 f 为一维实函数.

1.4.2 条件期望的性质

每一个有关积分的性质,都有一个与之相应的、条件期望的性质.这根源于(1.19)式.

以下提到的函数 $f,f^*,f_i(i=1,2,\cdots)$ 都定义在 $\mathscr{X}$ 上,为 $\mathscr{B}_x$ 可测,且 $\mathrm{E}|f(X)|,\mathrm{E}|f^*(X)|,\mathrm{E}|f_i(X)|$ 等都有限.

1° f 非负 $\Rightarrow \mathrm{E}(f(X)\mid T)$ 非负 a.s..

2° 若 $c_1,\cdots,c_n$ 都是常数,则

$$\mathrm{E}\Big(\sum_{i=1}^{n}c_if_i(X)\mid T\Big)=\sum_{i=1}^{n}c_i\mathrm{E}(f_i(X)\mid T)\quad \text{a.s..}$$

由1°,2°知:

3° $f_1\leqslant f_2\Rightarrow \mathrm{E}(f_1(X)\mid T)\leqslant \mathrm{E}(f_2(X)\mid T)$ a.s..

4° $0\leqslant f_n\uparrow f\Rightarrow \mathrm{E}(f_n(X)\mid T)\uparrow \mathrm{E}(f(X)\mid T)$ a.s..

5° $f_n\geqslant 0, f=\liminf\limits_{n\to\infty} f_n\Rightarrow \mathrm{E}(f(X)\mid T)\leqslant \liminf\limits_{n\to\infty}\mathrm{E}(f_n(X)\mid T)$ a.s..

6° $|f_n|\leqslant f^*, f_n\to f$(a.s.或 in pr.) $\Rightarrow$

$$\mathrm{E}(f_n(X)\mid T)\to \mathrm{E}(f(X)\mid T)\quad (\text{a.s.或 in pr.}).$$

7° $\mathrm{E}(\mathrm{E}(f(X)\mid T))=\mathrm{E}(f(X))$.

8° $\mathrm{E}(h(T(X))f(X)\mid T)=h(T)\mathrm{E}(f(X)\mid T)$ a.s..

9° $\mathrm{E}(\mathrm{E}(f(X)\mid T_1,T_2)\mid T_1)=\mathrm{E}(f(X)\mid T_1)$.

其中 1°~3°和 7°~9°是从条件期望的定义直接推出. 4°~6°则使用测度论中相应的定理可得证,例如 4°. 记 $g_n(T)=\mathrm{E}(f_n(X)|T)$, $g(T)=\mathrm{E}(f(X)|T)$. 依 3°,可知 $g_1\leqslant g_2\leqslant\cdots$ a.s.. 故 $g_n\uparrow$某 $\mathscr{B}_T$ 可测函数 h,依条件期望定义(1.19)式,对任何 $A\in\mathscr{B}_T$,有

$$\int_A g_n(t)\mathrm{d}P^* = \int_{T^{-1}(A)} f_n(x)\mathrm{d}P.$$

因 $f_n\uparrow f$ 而 $g_n\uparrow h$,按单调收敛定理,由上式令 $n\to\infty$ 得 $\int_A h(t)\mathrm{d}P^* = \int_{T^{-1}(A)} f(x)\mathrm{d}P$,再按(1.19)式,后者就是 $\int_A g(t)\mathrm{d}P^*$,于是 $\int_A h(t)\mathrm{d}P^* = \int_A g(t)\mathrm{d}P^*$ 对任何 $A\in\mathscr{B}_T$,这证明了 $h=g$ a.s.,从而证明了 4°. 5°和 6°的证明完全类似.

性质 7°反映了求 $f(X)$的期望分两步走的做法,是一个有用的技巧. 8°的直观意义是:由于在给定 T 时 $h(T)$也给定了,它(在给定 T 的条件下)起一个常数的作用,可以提出来. 性质 9°也有明显的直观解释.

1.4.3 条件概率

用前面的记号,取 $f(x)=I_B(x)$ $(B\in\mathscr{B}_x)$. 则 $\mathrm{E}(f(X)|T)$称为在给定 T 的条件下,B 的**条件概率**,记为 $P(B|T)$. 由前述条件期望性质,立即得到条件概率如下的一些性质:

1° $B_1\subset B_2\Rightarrow P(B_1|T)\leqslant P(B_2|T)$ a.s..

2° 若 $B_1,B_2,\cdots$两两无公共点,则

$$P\left(\bigcup_{i=1}^{\infty} B_i \mid T\right) = \sum_{i=1}^{\infty} P(B_i \mid T) \quad \text{a.s.}, \tag{1.20}$$

$$B_n\uparrow B \text{ 或 } B_n\downarrow B \quad\Rightarrow\quad P(B_n|T)\uparrow \text{或}\downarrow P(B|T) \quad \text{a.s.}.$$

3° $P(\mathscr{X}|T)=1$ a.s., $P(\varnothing|T)=0$ a.s..

由这些性质看出,固定 t 时,$P(B|T)$作为 $\mathscr{B}_x$ 上的集函数,类似于概率测度,但还不是真正的概率测度,因为 1°~3°这些性质,都有一个"a.s."的尾巴,即不是对每个 T 值成立,而是有一个其 P^* 测度为 0 的例外集. 比如说,(1.20)式的例外集与$\{B_i\}$有关. 这样,当面对 T 的一个具体值 t 而要回答 $P\left(\bigcup_{i=1}^{\infty} B_i \mid T=t\right)$ 是否等于

$\sum_{i=1}^{\infty} P(B_i \mid T = t)$时，就需要知道这个值 t 是否在上述例外集内，而这是无法知道的. 所幸的是，在$(\mathscr{X},\mathscr{B}_x)$是欧氏样本空间这个重要的特例之下，我们可以适当选择 $P(B|T)$（因它只决定到一个 P^* 零测集，有选择的余地），使得 1°～3°这些性质中那个"a.s."尾巴可以去掉. 这就得到所谓"**正则条件概率**"的定义：设 $P(B,t)$ $(t \in \mathscr{T})$定义于 $B \in \mathscr{B}_x$，满足以下两条件：

a. 对固定的 $t \in \mathscr{T}$，$P(\cdot,t)$是 $\mathscr{B}_x$上的概率测度；

b. 对固定的 $B \in \mathscr{B}_x$，$P(B,T) = P(B|T)$.

可以证明：当$(\mathscr{X},\mathscr{B}_x)$为欧氏样本空间时，满足这两个条件的$P(B,t)$必存在（证明可参见陈希孺《数理统计引论》第 36～38 面）.

正则条件概率 $P(B,t)$有以下性质：

1° $\mathrm{E}(f(X) \mid T) = \int_{\mathscr{X}} f(x)P(\mathrm{d}x,t)$.

更严密一些：若 $\mathrm{E}|f(X)| < \infty$，则存在 P^* 零测集 N，使当 $t \overline{\in} N$ 时，$\int_{\mathscr{X}} | f(x) | P(\mathrm{d}x,t) < \infty$，且若令 $g(t) = \int_{\mathscr{X}} f(x)P(\mathrm{d}x,t)$ 当 $t \overline{\in} N$，$g(t)=0$ 当 $t \in N$，则 $g(T)$是一个 $\mathrm{E}(f(X)|T)$.

证明简单：先由 $P(B,t)$的定义推出 1°当 $f(x) = I_B(x)(B \in \mathscr{B}_x)$时成立，然后用测度论的标准方法，推到 f 为简单函数、非负函数及一般可积函数的情形.

2° 若统计量 T 的值域空间$(\mathscr{T},\mathscr{B}_T)$为$(\mathbb{R}^m,\mathscr{B}_m)$，$\mathscr{B}_m$为 $\mathbb{R}^m$中一切 Borel 集构成的 σ 域，则存在 P^* 零测集 N，使当 $t \overline{\in} N$ 时有 $P(A_t,t) = 1$，其中 $A_t = \{x:T(x) = t\}$. 这个性质的直观意义很清楚：既然给定了 $T(x) = t$，等于说限制了 x 必须在A_t内，故后者的条件概率应为 1.

为了证明结论，先指出：对任何 $A \in \mathscr{B}_m$，有

$$I_A(t) = P(T^{-1}(A),t) \quad \text{a.s.}. \tag{1.21}$$

这只要直接去验证 $I_A(t)$满足 $E(T^{-1}(A)|t)$的条件就可以：对任何 $C \in \mathscr{B}_m$，有

$$\begin{aligned}\int_C I_A(t)\mathrm{d}P^* &= P^*(A \cap C) = P(T^{-1}(A \cap C)) \\ &= P(T^{-1}(A) \cap T^{-1}(C)).\end{aligned}$$

(1.21)式的例外集与 A 有关，记为 $N(A)$. 以$\mathscr{F}$记一切形如

$$\{(t_1,\cdots,t_m):t_i < a_i,1 \leqslant i \leqslant m\}, \quad a_1,\cdots,a_m \text{ 为有理数} \tag{1.22}$$

的集的类,而 $N=\bigcup_{A\in\mathscr{F}}N(A)$. 则 $P^*(N)=0$,且(1.21)式当 $t\overline{\in}N$ 时成立. 固定 $t\overline{\in}N$,(1.21)式两边都是 $\mathscr{B}_m$ 上的概率测度,且二者在一切形如(1.22)式的集上取相同值,由此可知

$$I_A(t)=P(T^{-1}(A),t),\quad 对一切\ A\in\mathscr{B}_m,\quad t\overline{\in}N.$$

特别取 $A=\{t\}$,得到 $P(A_t,t)=1$ 当 $t\overline{\in}N$. 这证明了所要的结果.

条件期望和条件概率的定义初一看觉得很抽象且不易理解. 事实上,它不过是把初等概率论中常见的情况——离散分布和连续分布下的定义,直接推广而来,关键是(1.19)式. 我们留给读者去验证:初等情况下按初等概率论所定义的条件期望都满足(1.19)式. 由于(1.19)式以概率1决定了 g,它自然也就取作条件期望的定义了.

一般的条件期望概念只是一种理论上的工具,在其定义中没有包含算法. 求条件期望(或分布、概率)往往很难,需要技巧,有时要凭直观"看"出其解,必要时再用定义(1.19)式去验证它,这无一定之规可循. 举几个例子.

例 1.6 设有一维 iid. 样本 $X_1,\cdots,X_n$, $\mathrm{E}|X_1|<\infty$,统计量 $T=\sum_{i=1}^{n}X_i$,要求 $\mathrm{E}(X_1|T)$. 因 $X_1,\cdots,X_n$ 为 iid.,按对称性考虑,应有 $\mathrm{E}(X_1|T)=\cdots=\mathrm{E}(X_n|T)$,而其和为 T. 故 $\mathrm{E}(X_1|T)=T/n=\bar{X}$. 读者可验证一下:这个从直观得出的解符合条件期望的严格定义.

例 1.7 设有正态样本 $X_1,\cdots,X_n\sim N(a,\sigma^2)$,统计量 $T=\sum_{i=1}^{n}X_i$,要求 $\mathrm{E}(X_1{}^2|T)$. 令 $S=\sum_{i=1}^{n}X_i{}^2$. 按上例同样的考虑,有 $\mathrm{E}(X_1{}^2|T)=\mathrm{E}(S|T)/n$. 作正交变换 $Y=(Y_1,\cdots,Y_n)'=C(X_1,\cdots,X_n)'$,正交阵 C 的第一行为 $(1/\sqrt{n},\cdots,1/\sqrt{n})$. 有

$$S=\sum_{i=1}^{n}X_i{}^2=\sum_{i=1}^{n}Y_i{}^2=T^2/n+\sum_{i=2}^{n}Y_i{}^2.$$

按引理 1.1 知,T 与 $\sum_{i=2}^{n}Y_i{}^2$ 独立,且 $Y_i\sim N(0,\sigma^2)$ $(i=2,\cdots,n)$,由此知 $\mathrm{E}(S|T)=T^2/n+(n-1)\sigma^2$. 故

$$\mathrm{E}(X_1{}^2\mid T)=T^2/n^2+(1-1/n)\sigma^2.$$

例 1.8 设 $X_1,\cdots,X_n$ 是从具密度 $e^{-x}I(x>0)$ 的总体中抽出的 iid. 样本，统计量 $T=\min\limits_{1\leqslant i\leqslant n}X_i$，求 $E(X_1\mid T)$.

给定了 $T=\min\limits_{1\leqslant i\leqslant n}X_i$ 之值后，X_1 有两种可能：一是 $X_1=T$，这有 $1/n$ 的可能性；另一种是 $X_1\neq T$，这时 X_1 的分布相当于把指数分布 $e^{-x}I(x>0)$ 限制在 $x>T$ 时的条件分布，因而有密度 $e^{T-x}I(x>T)$. 由以上分析得

$$\begin{aligned}E(X_1\mid T)&=T/n+(n-1)n^{-1}\int_{-\infty}^{\infty}xe^{T-x}I(x>T)dx\\&=T/n+(n-1)n^{-1}(T+1)\\&=T+(n-1)/n.\end{aligned}$$

1.4.4 充分统计量的定义和因子分解定理

有了条件概率的一般理论，就可以给出充分统计量的严格定义. 设 X 的样本空间为 $(\mathscr{X},\mathscr{B}_x)$，分布族 $\{P_\theta,\theta\in\Theta\}$. T 为取值于可测空间 $(\mathscr{T},\mathscr{B}_T)$ 的统计量. 若存在定义于 $\mathscr{B}_x\times\mathscr{T}$ 的函数 $P(A,t)$，使对任何 $A\in\mathscr{B}_x$ 及 $\theta\in\Theta$ 有 $P(A,T)=P_\theta(A|T)$，则称 T 是(分布族 $\{P_\theta,\theta\in\Theta\}$ 或参数 θ 的)一个充分统计量. 这里重要的是 $P(A,t)$ 不依赖 θ，因此给定 T 时，条件概率函数已不再依赖 θ. 据前面的分析，这就是充分性要求的实质所在.

例 1.9 设 $X_1,\cdots,X_n$ 是从一维分布 F 中抽出的 iid. 样本，这里对 F 没有任何限制，即本例中 $\{P_\theta,\theta\in\Theta\}$ 是一切形如 $F\times F\times\cdots\times F$($n$ 重直积)的 n 维分布的族. 记 $T=(X_{(1)},\cdots,X_{(n)})$，即 $(X_1,\cdots,X_n)$ 的次序统计量，T 是一个充分统计量. 为了证明，要找出满足定义中条件的 $P(A,t)$.

对 $\mathbb{R}^n$ 中任一点 $a=(a_1,\cdots,a_n)$，经置换可得出 $n!$ 个点 $(a_{i_1},\cdots,a_{i_n})$，其中 $(i_1,\cdots,i_n)$ 是 $(1,\cdots,n)$ 的一个可能的置换. 注意当 $a_1,\cdots,a_n$ 不全相异时，这 $n!$ 个点中会有相同的，这时要计及点的重数. 例如 $n=3$，$a=(1,1,2)$，置换可得 3 个不同点，重数都是 2. 现设 A 为 $\mathbb{R}^n$ 中的 Borel 集，$t\in\mathscr{T}$，其中 $\mathscr{T}=\{(t_1,\cdots,t_n):-\infty<t_1\leqslant t_2\leqslant\cdots\leqslant t_n<\infty\}$. 定义

$$P(A,t)=(n!)^{-1}\quad(A\text{ 中包含由 }t\text{ 置换而得的点的个数，计及重数}).\tag{1.23}$$

我们留给读者去验证：这样定义的 $P(A,t)$ 确实满足充分性定义中的一切条件. 由于 $P(A,t)$ 与未知的分布 F 无关，这就证明了次序统计量 T 的充分性.

直接用定义去验证统计量的充分性是困难的，所幸的是，有一个便于使用且涵盖面很广的充分性判别法，即下面的**因子分解定理**. 仍如前，设 X 有样本空间 $(\mathscr{X},\mathscr{B}_x)$，分布族 $\{P_\theta,\theta\in\Theta\}$. 统计量 T 取值于可测空间 $(\mathscr{T},\mathscr{B}_T)$.

定理 1.2 设分布族 $\{P_\theta,\theta\in\Theta\}$ 受控于 $\mathscr{B}_x$ 上的 σ 有限测度 μ，记 $f(x,\theta)=\mathrm{d}P_\theta(x)/\mathrm{d}\mu$，即 P_θ 对 μ 的 Radon-Nikodym 导数. 则 T 为充分统计量的充要条件是：对每个固定的 θ，$f(x,\theta)$ 有形式

$$f(x,\theta)=g(T(x),\theta)h(x)\quad \text{a.e.}\mu, \tag{1.24}$$

其中对每个固定的 $\theta\in\Theta$，$g(\cdot,\theta)$ 是 $\mathscr{B}_T$ 可测函数，而 h 为 $\mathscr{B}_x$ 可测的非负函数. 又(1.24)式的例外集可以与 θ 有关.

由(1.24)式看出：$f(x,\theta)$ 被分解为两个因子：一个因子(h)与 θ 无关，另一个虽与 θ 有关但通过 T. 这是“因子分解定理”名称的由来. 这个分解形式与充分性定义联系起来看，也大致可以看出本定理成立之理由所在.

这个定理的证明较繁，而证明的细节对理解其应用以及本书以后的部分并无关系，因此我们把它的证明放在本章附录中，初学者可略去不顾. 现在先举几个例子说明其应用.

例 1.10 再考察例 1.9. 现在设 $X_1,\cdots,X_n$ 所来自的总体分布族 $\{F\}$ 受控于 σ 有限测度 μ，则样本 $(X_1,\cdots,X_n)$ 的分布族 $\{F\times\cdots\times F\}$ 受控于 σ 有限测度 $\mu\times\cdots\times\mu$. 记 $f(x)=\mathrm{d}F(x)/\mathrm{d}\mu$，则 $(X_1,\cdots,X_n)$（对 $\mu\times\cdots\times\mu$）有密度 $f(x_1)\cdots f(x_n)$. 注意此处 f 起着参数 θ 的作用. 因为 $f(x_1)\cdots f(x_n)=f(x_{(1)})\cdots f(x_{(n)})$，可知若取 $h\equiv 1$，则(1.24)式成立. 依定理 1.2 得出次序统计量的充分性.

注意这里得出的结果比例 1.8 略弱一些，因为在例 1.8 中未假定总体分布族 $\{F\}$ 受控.

例 1.11 设样本 $X_1,\cdots,X_n$ 抽自总体分布族 $\{F_\theta,\theta\in\Theta\}$（$\theta$ 为实向量参数）. 设 $\{F_\theta,\theta\in\Theta\}$ 受控于 σ 有限测度 μ，记 $f_\theta(\cdot)=\mathrm{d}F_\theta(\cdot)/\mathrm{d}\mu$，则样本 $(X_1,\cdots,X_n)$ 有密度 $f_\theta(x_1)\cdots f_\theta(x_n)$. 固定 x，把它看作 $\theta(\in\Theta)$ 的函数，称为**似然函数**. 依因子分解定理立即得出：似然函数作为一个统计量是充分的（在此不要有误解，以为似然函数依赖参数 θ，怎么能算是统计量. 实际上，似然函数 $l_x(\cdot)$ 作为一个“函数”完全由样本 x 决定）.

本例的结果可算作是对所谓“似然原则”的一个诠释. 似然原则是指：一切的统计推断完全基于似然函数. 更具体地说，如果两个样本 x 和 y 有同一的似

然函数或相差一常数因子,则基于 x 或 y 应作出相同的推断. 由于似然函数有充分性,这个原则应当认为是合理的.

但是,似然原则通常的含义,要比上述解释更广一些,即由不同模型导致的似然函数也应服从这个原则. 举一个例子. 设一个事件的概率 θ 未知,我们设计两个试验来对它进行推断:

a. 预定独立观察 10 次,设事件出现了 2 次,似然函数为 $c_1\theta^2(1-\theta)^8$.

b. 逐次独立地观察至事件出现 2 次为止,设到停止时进行了 10 次观察. 按负二项分布,似然函数为 $c_2\theta^2(1-\theta)^8$. 以上 c_1,c_2都是常数.

这两个不同试验(不同模型:一为二项分布,一为负二项分布)导致只相差一常数因子的似然函数,因此按似然原则,应作出对 θ 的相同推断(例如,用同一数值去估计 θ,同时接受或同时拒绝有关 θ 的假设等). 这看起来虽非不能接受,但并不是没有提出异议的余地,因为试验机制不同,同一结果的含义就未必一定相同. 实际上,在通常频率学派的理论下,根据某种(在该学派下)合理的标准,基于上述试验结果是可以而且应该作出不同的推断的.

例 1.12 设总体分布族为指数型分布族(1.4)式,$X_1,\cdots,X_n$ 为抽自此总体的 iid.样本. 令

$$T(X) = \Big(\sum_{j=1}^{n} T_1(X_j),\cdots,\sum_{j=1}^{n} T_k(X_j)\Big), \tag{1.25}$$

则由定理 1.2 立见:T 为充分统计量. 这个结果包含了很多常见情况,例如例 1.3 和 1.4,都是本例的特例. 进一步的例子如:

若 $X_1,\cdots,X_n \sim N(a,\sigma^2)$,参数 $\theta=(a,\sigma^2)$,以 $\bar{X}$和 s^2 分别记样本均值和样本方差,则$(\bar{X},s^2)$为充分统计量.

若 $X_1,\cdots,X_m \sim N(a,\sigma^2)$,$Y_1,\cdots,Y_n \sim N(b,\sigma^2)$,且合样本$(X_1,\cdots,X_m,Y_1,\cdots,Y_n)$全体独立,此处参数 $\theta=(a,b,\sigma^2)$. 记 $s^2 = (m+n-2)^{-1}\Big[\sum_{i=1}^{m}(X_i-\bar{X})^2 + \sum_{j=1}^{n}(Y_j-\bar{Y})^2\Big]$,则$(\bar{X},\bar{Y},s^2)$为充分统计量.

若总体分布有密度

$$f_\theta(x) = h(a,b)x^a\exp(-bx^c)I(x>0),$$

$$\theta=(a,b),\quad a>-1,\quad b>0, \tag{1.26}$$

而 $c(>0)$ 为已知常数，$h(a,b)=cb^{(a+1)c}\Big/\Gamma\left(\dfrac{a+1}{c}\right)$. 这可转化为(1.4)式的形式，若 $X_1,\cdots,X_n$ 为抽自此总体的样本，则 $\left(\sum\limits_{i=1}^{n}\ln X_i,\sum\limits_{i=1}^{n}X_i^{\,c}\right)$ 是充分统计量. 也可以不转化为(1.4)式而直接利用定理 1.2 得，$\left(\prod\limits_{i=1}^{n}X_i,\sum\limits_{i=1}^{n}X_i^{\,c}\right)$ 是充分统计量. 这二者当然没有本质区别，因为容易证明：若 T 是充分统计量，而 $T^*=G(T)$ 是 Borel 可测的一一对应变换，则 T^* 也是充分的.

(1.26)式包括了一些常见的分布，如当 $c=1$ 时，得到 **Gamma 分布**或称 **Pearson Ⅲ型分布**，当 $a=c-1$ 时得到在可靠性统计分析中有用的 **Weibull 分布**.

统计量(1.25)式是 k 维的，而 k 与样本量 n 无关. 这标志着指数型分布族一个很良好的性质，是其优越性的本质所在，是一些统计问题在指数型总体下有圆满解决的根本理由所在. 如以前曾指出的，对统计量有两方面的要求：一是简化；二是尽少丧失信息. 前一要求就是维数低，把原来维数很大(n 个，因此为 n 维)的数据简化为少数几个. 后一要求即充分性. 若只顾一头，则很易达到，如取样本本身不动作为统计量，则保持了充分性，但毫未简化，而此二者在指数型总体下可以得兼. 可以证明：若总体分布族有共同支撑，则只有当它是指数型分布族时，才能具有其维数不随样本量 n 而上升的充分统计量.

例 1.13 设总体分布为均匀分布族 $R(0,\theta)$ $(\theta>0)$，即(对 L 测度)有密度 $\theta^{-1}I(0<x<\theta)$. 设 $X_1,\cdots,X_n$ 为自此总体中抽出的样本，则据定理 1.2，易知 $T=\max\limits_{1\leqslant i\leqslant n}X_i$ 是充分统计量. 如果总体分布为 $R(\theta_1,\theta_2)$ $(-\infty<\theta_1<\theta_2<\infty)$，则 $(\min\limits_{1\leqslant i\leqslant n}X_i,\max\limits_{1\leqslant i\leqslant n}X_i)$ 为充分统计量.

本例中的总体分布族非指数型，但具有其维数不随样本量 n 上升的充分统计量，这与刚才提到的结果不矛盾，因为本例中的总体分布族并无公共支撑.

1.4.5 统计决策理论与充分性

有了样本 X，据以算出统计量 $T=T(X)$，然后就只凭 T 去作统计推断. 这相当于把原先的统计模型Ⅰ：$\{(\mathscr{X},\mathscr{B}_x),P_\theta,\theta\in\Theta\}$ 简化为模型Ⅱ：$\{(\mathscr{T},\mathscr{B}_T),P_\theta^*,\theta\in\Theta\}$. 这个简化是否会带来损失呢？充分性理论告诉我们：若 T 是充分统计量，则不会有损失，因为当 T 充分时，由 X 简化为 T 并不损失信息. 但由于“信息”这个概念并无严格的界定，我们对这个说法还觉得有些不甚了然. Wald 的统计决策理论提供了一个更精确的、数量化的阐释.

决策函数理论在评价一个统计决策的优劣时,完全基于其风险函数. 以此,前述"由模型Ⅰ转化为模型Ⅱ并无损失"这个命题,在此可精确地表述为:不论你在模型Ⅰ之下采用怎样的一个决策函数 $\delta(x)$,其风险为 $R(\theta,\delta)$,总能在模型Ⅱ之下找到一个决策函数 $\delta^*(t)$,使其风险 $R^*(\theta,\delta^*)$满足

$$R^*(\theta,\delta^*) \leqslant R(\theta,\delta), \quad 对一切\ \theta \in \Theta. \tag{1.27}$$

有时把这个结论称为**充分性原则**.

为了证明,以 $L(\theta,a)$记损失函数,$(A,\mathscr{B}_A)$记行动空间. 取任一随机化决策函数 $\delta=\delta(x,D)$,它定义于 $\mathscr{X}\times\mathscr{B}_A$. 对固定的 x,$\delta(x,\cdot)$是 $\mathscr{B}_A$上的概率测度,而对固定的 $D\in\mathscr{B}_A$,$\delta(\cdot,D)$为 $\mathscr{B}_x$可测. 按 1.2 节,决策函数 δ 有风险函数

$$R(\theta,\delta) = \int_{\mathscr{X}}\left[\int_A L(\theta,a)\delta(x,\mathrm{d}a)\right]\mathrm{d}P_\theta(x).$$

针对 δ,在模型Ⅱ之下采用随机化决策函数 δ^* 如下:

$$\delta^*(t,D) = \int_{\mathscr{X}}\delta(x,D)P(\mathrm{d}x,t),$$

这里 $P(\cdot,\cdot)$定义于 $\mathscr{B}_x\times\mathscr{T}$,是给定 T 的条件下 X 的正则条件概率测度. 由于 T 是充分统计量,$P(\cdot,\cdot)$可取得与参数 θ 无关. 注意在此正则条件概率之存在是一假定,我们已知它在$(\mathscr{X},\mathscr{B}_x)$上为欧氏样本空间时成立. 对非欧氏样本空间,这是一个技术性的假定,应当不影响结论的实质. 实际上,正则条件概率不存在的例子都是很人为的.

所定义的 δ^* 满足随机化决策函数定义中的两个条件,这很容易验证. 现往证 δ^* 的风险函数 $R^*(\theta,\delta^*)$与 $R(\theta,\delta)$重合. 事实上,有

$$\begin{aligned}
R^*(\theta,\delta^*) &= \int_{\mathscr{T}}\left[\int_A L(\theta,a)\delta^*(t,\mathrm{d}a)\right]\mathrm{d}P_\theta^*(t) \\
&= \int_A L(\theta,a)\int_{\mathscr{T}}\delta^*(t,\mathrm{d}a)\mathrm{d}P_\theta^*(t) \\
&= \int_A L(\theta,a)\int_{\mathscr{T}}\left[\int_{\mathscr{X}}\delta(x,\mathrm{d}a)P(\mathrm{d}x,t)\right]\mathrm{d}P_\theta^*(t) \\
&= \int_A L(\theta,a)\int_{\mathscr{X}}\delta(x,\mathrm{d}a)\int_{\mathscr{T}}P(\mathrm{d}x,t)\mathrm{d}P_\theta^*(t).
\end{aligned} \tag{1.28}$$

因被积函数都非负，以上改变积分次序是可以的．依条件概率定义，有

$$\int_{\mathscr{T}} P(\mathrm{d}x, t)\mathrm{d}P_\theta^*(t) = P_\theta(\mathrm{d}x) = \mathrm{d}P_\theta(x).$$

以此代入(1.28)式，即见 $R^*(\theta,\delta^*)$与前面 $R(\theta,\delta)$的表达式重合，由此证明了所要的结果．

上述论证中的一个重要之点是允许使用随机化决策函数．可以举例证明：若只局限于使用非随机化的决策函数，则上述结论不再成立．就是说，即使 T 为充分统计量，也可能出现这种情况：在原模型Ⅰ中能做到的事情，在简化模型Ⅱ中已不能做到了．这个现象初一看觉得有点难于理解：既然由 X 简化为 T 不损失信息，为何用 X 能做到的，用 T 就不能做了？问题是这样的：对一个 $t\in\mathscr{T}$，考虑集合 $A_t=\{x:T(x)=t\}$．如果回到样本空间$(\mathscr{X},\mathscr{B}_x)$去看问题，即采用 X，则在集合 A_t内各个不同的点 x，可采取不同的行动 $\delta(x)$，而简化到 T 则等于说对 A_t内任一个 x 必须采取同一行动，这个限制有可能造成损害．或反过来看：以$(\mathscr{T},\mathscr{B}_T)$为基础，基于原样本 x 的决策函数，相当于基于简化样本 t 的随机化决策函数．而即使在同一模型下，随机化决策函数能做到的事情，非随机化决策函数不一定可做到．例如在离散分布参数的假设检验中，用随机化检验可以确切达到所给定的检验水平，而用非随机化检验有时就做不到．

附录　因子分解定理的证明

先写出几条需要的记号及简单事项．

a．设$(\mathscr{X},\mathscr{B}_x)$为可测空间，$\nu,\mu$都是 $\mathscr{B}_x$上的测度，μ 为 σ 有限．若 $\nu\ll\mu$，则存在 Radon-Nikodym 导数 $f_1(x)=\mathrm{d}\nu(x)/\mathrm{d}\mu$，它是 $\mathscr{B}_x$可测且

$$\int_A f_1(x)\mathrm{d}\mu = \nu(A),\quad A\in\mathscr{B}_x. \tag{A1}$$

现设 $\mathscr{B}$ 为 $\mathscr{B}_x$的子 σ 域，则 ν,μ 也是 $\mathscr{B}$ 上的测度且仍有 $\nu\ll\mu$．若 μ 相对于 $\mathscr{B}$ 仍为 σ 有限(这不总是成立．例如，考虑$(\mathbb{R}^1,\mathscr{B}_1)$，即一维欧氏空间及其 Borel 子

集构成的 σ 域,μ 为 Lebesgue 测度. μ 相对于 $\mathscr{B}_1$ 是 σ 有限的. 但若取 $\mathscr{B}$ 为由两个集 $\varnothing$ 和 $\mathbb{R}^1$ 构成的 σ 域,则 $\mathscr{B}\subset\mathscr{B}_1$,但 μ 相对于 $\mathscr{B}$ 已不是 σ 有限的),则可算出另一个 Radon-Nikodym 导数 $f_2(x)=\mathrm{d}\nu(x)/\mathrm{d}\mu$(相对于 $\mathscr{B}$),这与 f_1 不同:f_2 是 $\mathscr{B}$ 可测因而也是 $\mathscr{B}_x$ 可测,但 f_1 只是 $\mathscr{B}_x$ 可测,不必是 $\mathscr{B}$ 可测. 但当(A1)式中的 f_1 改为 f_2 时,该式只对 $A\in\mathscr{B}$ 成立而不必对一切 $A\in\mathscr{B}_x$ 成立. 为了区分这二者,可以把 f_1 记为 $\mathrm{d}\nu/\mathrm{d}\mu(\mathscr{B}_x)$,$f_2$ 记为 $\mathrm{d}\nu/\mathrm{d}\mu(\mathscr{B})$.

b. 若 $\{\mu_n,n\geqslant1\}$ 为 $\mathscr{B}_x$ 上的一串非零有限测度,则可找到 $\mathscr{B}_x$ 上的概率测度 μ,使对任何集 $A\in\mathscr{B}_x$,有

$$\mu(A)=0\quad\Leftrightarrow\quad\text{对一切 } n,\text{有 } \mu_n(A)=0.\tag{A2}$$

证明 取 $\mu=\sum_{n=1}^{\infty}[2^n\mu_n(\mathscr{X})]^{-1}\mu_n$.

c. 设 $\{P_\theta,\theta\in\Theta\}$ 是空间 $(\mathscr{X},\mathscr{B}_x)$ 上的一个测度族,受控于同一空间上的 σ 有限测度 μ,则必存在 Θ 的一个至多可列集 $\{\theta_1,\theta_2,\cdots\}$,使对任何 $A\in\mathscr{B}_x$ 有

$$\{P_{\theta_i}(A)=0\text{ 对一切 } i\geqslant1\}\quad\Leftrightarrow\quad\{P_\theta(A)=0\text{ 对一切 }\theta\in\Theta\}.\tag{A3}$$

证明 可设 μ 为有限测度,不然可以用由

$$\mu^*(A)=\sum_{n=1}^{\infty}[2^n\mu(A_n)]^{-1}\mu(A\cap A_n)$$

所定义的 μ^* 取代 μ,此处 $\bigcup_{n=1}^{\infty}A_n=\mathscr{X}$,且 $\mu(A_n)<\infty\ (n\geqslant1)$.

以 $\mathscr{F}$ 记一切形如 $\sum_{i=1}^{\infty}c_iP_{\theta_i}$ 的测度族,其中常数 $c_i>0$ 且和为 1. 显然 $\mathscr{F}\ll\mu$. 对 $Q\in\mathscr{F}$ 以 q 记其对 μ 的 Radon-Nikodym 导数. 往证:存在 $Q_0\in\mathscr{F}$,使

$$\{Q_0(A)=0\}\quad\Leftrightarrow\quad\{Q(A)=0,\text{对一切 } Q\in\mathscr{F}\}.\tag{A4}$$

记

$$\mathscr{M}=\{C:C\in\mathscr{B}_x;\exists\, Q\in\mathscr{F}\text{ 使 } Q(C)>0\text{ 且 } q(x)>0\text{ a.e.}\mu\text{ 于}C\text{ 上}\},\tag{A5}$$

$$a=\sup_{C\in\mathscr{M}}\mu(C).$$

$\mathscr{M}$ 非空,因任取 $\theta\in\Theta$,记 $Q=P_\theta$. $C=\{x:\mathrm{d}P_\theta(x)/\mathrm{d}\mu>0\}$ 属于 $\mathscr{M}$. 找一串

$\{C_i\}\subset\mathscr{M}$,其中 C_i 相应的测度记为 Q_i(在定义(A5)式中,每个 $C\in\mathscr{M}$ 联系到某个 $Q\in\mathscr{F}$),使 $\mu(C_i)\to a$ 当 $i\to\infty$,不妨设 $q_i(x)=\mathrm{d}Q_i(x)/\mathrm{d}\mu$ 在 C_i 上处处大于 0,否则从 C_i 中去掉那些使 $q_i(x)=0$ 的 x 即可. 记 $C_0=\bigcup\limits_{i=1}^{\infty}C_i$,$Q_0=\sum\limits_{i=1}^{\infty}Q_i/2^i$,有 $Q_0\in\mathscr{F}$,且

$$q_0(x)=\mathrm{d}Q_0(x)/\mathrm{d}\mu=\sum_{i=1}^{\infty}q_i(x)/2^i>0,\quad 对任何\ x\in C_0,$$

以及 $Q_0(C_0)>0$,故 $C_0\in\mathscr{M}$. 往证此 Q_0 满足(A4)式. 为此,设 $Q_0(A)=0$. 任取 $Q\in\mathscr{F}$,记 $C=\{x:q(x)>0\}$. 由 $Q_0(A\cap C_0)\leqslant Q_0(A)=0$ 及 q_0 在 C_0 上大于 0 知,$\mu(A\cap C_0)=0$,故 $Q(A\cap C_0)=0$. 又因 q 在 $\mathscr{X}-C$ 上为 0,故有 $Q(A\cap(\mathscr{X}-C_0)\cap(\mathscr{X}-C))=0$. 所以为证 $Q(A)=0$,只需证

$$Q(E)\equiv Q(A\cap(\mathscr{X}-C_0)\cap C)=0. \tag{A6}$$

因若(A6)式不对,则有 $\mu(E)>0$. 取 $D=C_0\cup E$,有 $\mu(D)>\mu(C_0)$. 另一方面,$D\in\mathscr{M}$,从而与 $\mu(C_0)=\sup\limits_{C\in\mathscr{M}}\mu(C)$ 矛盾. 为证 $D\in\mathscr{M}$,注意 $E\in\mathscr{M}$,此因 $Q(E)>0$ 而 q 在 C 上处处大于 0. 取 $\widetilde{Q}=(Q+Q_0)/2$,有 $\widetilde{Q}\in\mathscr{F}$,$\tilde{q}(x)=\mathrm{d}\widetilde{Q}(x)/\mathrm{d}\mu=[q(x)+q_0(x)]/2>0$ 于 D 上,且 $\widetilde{Q}(D)\geqslant Q_0(C_0)/2>0$,故由 $\mathscr{M}$ 的定义知 $D\in\mathscr{M}$. 如前指出,这产生矛盾,从而证明了(A6)式,因而(A4)式成立. 设 $Q_0=\sum\limits_{i=1}^{\infty}c_iP_{\theta_i}$,则$\{\theta_i,i\geqslant1\}$适合(A3)式,从而证明了所要的结果.

定理 1.2 的证明　找适合(A3)式的一串$\{\theta_i\}\subset\Theta$. 令 $\lambda=\sum\limits_{i=1}^{\infty}2^{-i}P_{\theta_i}$,则

$$\{\lambda(A)=0\}\iff\{P_\theta(A)=0,对一切\ \theta\in\Theta\}.$$

$\{P_\theta,\theta\in\Theta\}$受控于 λ. 记

$$F(x,\theta)=\mathrm{d}P_\theta(x)/\mathrm{d}\lambda(\mathscr{B}_x).$$

先证明:T 为充分统计量的充要条件为:存在 $g(t,\theta)$,使对任何 $\theta\in\Theta$,$g(\cdot,\theta)$为 $\mathscr{B}_T$ 可测,且

$$F(x,\theta) = g(t(x),\theta) \quad \text{a.e.}\lambda, \tag{A7}$$

例外集可依赖 θ.

先设 T 为充分统计量,则存在不依赖于 θ 的条件概率 $P(A|t)$,满足

$$\int_B P(A \mid t)\mathrm{d}P_\theta^*(t) = P_\theta(A \cap T^{-1}(B)), \quad A \in \mathscr{B}_x, B \in \mathscr{B}_T,$$

P_θ^* 是 P_θ 经 T 导出的测度. 按引理 1.1,上式等价于

$$\int_{A_0} P(A \mid t(x))\mathrm{d}P_\theta(x) = P_\theta(A \cap A_0),$$

$$A \in \mathscr{B}_x,\ A_0 \in T^{-1}(\mathscr{B}_T) \equiv \mathscr{B}_0 \subset \mathscr{B}_x. \tag{A8}$$

由(A8)式及 λ 的定义,有

$$\int_{A_0} P(A \mid t(x))\mathrm{d}\lambda(x) = \lambda(A \cap A_0), \quad A \in \mathscr{B}_x, A_0 \in \mathscr{B}_0, \tag{A9}$$

这表明:即使取 λ 为 $\mathscr{B}_x$ 上的概率测度,$P(A|t)$ 仍为给定 T 时的条件概率. 记 $q_\theta(x) = \mathrm{d}P_\theta(x)/\mathrm{d}\lambda(\mathscr{B}_0)$. 因 q_0 为 $\mathscr{B}_0$ 可测,按引理 1.2,它可表为 $q_\theta(x) = g(t(x),\theta)$ 的形式,且固定 θ 时 $g(\cdot,\theta)$ 为 $\mathscr{B}_T$ 可测. 现证也有

$$q_\theta(x) = g(t(x),\theta) = \mathrm{d}P_\theta(x)/\mathrm{d}\lambda(\mathscr{B}_x). \tag{A10}$$

为此只需证

$$P_\theta(A) = \int_A g(t(x),\theta)\mathrm{d}\lambda(x), \quad \theta \in \Theta, A \in \mathscr{B}_x. \tag{A11}$$

任取 $A \in \mathscr{B}_x$,在(A8)式中取 $A_0 = \mathscr{X}$,有

$$P_\theta(A) = \int_{\mathscr{X}} P(A \mid t(x))\mathrm{d}P_\theta(x).$$

又由(A9)式,有 $P(A|t(x)) = P_\lambda(A|t(x)) = \mathrm{E}_\lambda(I_A(X)|t(x))$,故

$$P_\theta(A) = \int_{\mathscr{X}} \mathrm{E}_\lambda(I_A(x) \mid t(x))\mathrm{d}P_\theta(x).$$

此积分的被积函数为 $\mathscr{B}_0$ 可测,故由 $g(t(x),\theta)$ 的定义,有

$$P_\theta(A) = \int_{\mathscr{X}} \mathrm{E}_\lambda(I_A(x) \mid t(x))g(t(x),\theta)\mathrm{d}\lambda(x)$$

$$= \int_{\mathscr{X}} \mathrm{E}_\lambda(g(t(x),\theta)I_A(x) \mid t(x))\mathrm{d}\lambda(x)$$

$$= \int_A g(t(x),\theta)\mathrm{d}\lambda(x),$$

第二步用了条件期望的性质 8°. 这证明了(A11)式,因而(A10)式. 由(A10)式及$F(x,\theta)$的定义,得(A7)式.

反过来,设(A7)式成立,往证 T 的充分性. 对固定的 $A\in\mathscr{B}_x$ 和 $\theta\in\Theta$,定义测度 ν:

$$\nu(C) = P_\theta(A \cap C), \quad C \in \mathscr{B}_x,$$

则有

$$\mathrm{d}\nu(x)/\mathrm{d}P_\theta(\mathscr{B}_0) = P_\theta(A \mid t(x)).$$

因此有

$$\begin{aligned}\mathrm{d}\nu(x)/\mathrm{d}\lambda(\mathscr{B}_0) &= (\mathrm{d}\nu(x)/\mathrm{d}P_\theta)(\mathscr{B}_0)(\mathrm{d}P_\theta(x)/\mathrm{d}\lambda)(\mathscr{B}_0)\\ &= P_\theta(A \mid t(x))g(t(x),\theta).\end{aligned} \tag{A12}$$

另一方面,易见 $\mathrm{d}\nu(x)/\mathrm{d}P_\theta(\mathscr{B}_x)=I_A(x)$. 由此及(A10)式((A10)式之成立是因$F(x,\theta)$的定义及(A7)式)得

$$\begin{aligned}\mathrm{d}\nu(x)/\mathrm{d}\lambda(\mathscr{B}_x) &= (\mathrm{d}\nu(x)/\mathrm{d}P_\theta)(\mathscr{B}_x)(\mathrm{d}P_\theta(x)/\mathrm{d}\lambda)(\mathscr{B}_x)\\ &= I_A(x)g(t(x),\theta),\end{aligned}$$

故又有

$$\begin{aligned}\mathrm{d}\nu(x)/\mathrm{d}\lambda(\mathscr{B}_0) &= \mathrm{E}_\lambda(\mathrm{d}\nu(X)/\mathrm{d}\lambda(\mathscr{B}_x) \mid t(x))\\ &= \mathrm{E}_\lambda(I_A(X)g(t(x),\theta) \mid t(x))\\ &= g(t(x),\theta)P_\lambda(A \mid t(x)).\end{aligned}$$

此式与(A12)式比较,得

$$P_\lambda(A \mid t(x))g(t(x),\theta) = P_\theta(A \mid t(x))g(t(x),\theta) \quad \text{a.e.}\lambda. \tag{A13}$$

由 λ 的定义,知(A13)式也 a.e. P_θ成立. 由(A10)式知 $P_\theta(\{x:g(t(x),\theta)=0\})=0$,故由(A13)式得

$$P_\lambda(A \mid t(x)) = P_\theta(A \mid t(x)) \quad \text{a.e.}\, P_\theta$$

对任何 $\theta \in \Theta$ 成立，而 $P_\lambda(A|t(x))$ 与 θ 无关，这证明了 T 的充分性.

为完成定理 1.2 的证明，只需证(A7)式等价于定理 1.2 中给出的条件. 先设(A7)式成立，即有(A10)式. 因为 $\lambda \ll \mu$，记 $h(x) = \mathrm{d}\lambda(x)/\mathrm{d}\mu(\mathscr{B}_x)$，则

$$\begin{aligned} f(x,\theta) &= \mathrm{d}P_\theta(x)/\mathrm{d}\mu(\mathscr{B}_x) \\ &= (\mathrm{d}P_\theta(x)/\mathrm{d}\lambda)(\mathscr{B}_x)(\mathrm{d}\lambda(x)/\mathrm{d}\mu)(\mathscr{B}_x) \\ &= g(t(x),\theta)h(x) \quad \text{a.e.}\,\mu, \end{aligned}$$

因而 a.e. P_θ.

第 2 章

无偏估计与同变估计

本章及下一章讨论的主题是从 Wald 的统计决策理论的观点去研究参数的**点估计**. 设随机元 X 的样本空间为$(\mathscr{X},\mathscr{B}_x)$,分布族为$\{P_\theta,\theta\in\Theta\}$,$g(\theta)$是定义在参数空间上的已知函数,取实数值或实向量值. 要构作一个适当的统计量$\hat{g}(x)$,使当有了样本 x 时,就用 $\hat{g}(x)$去估计 $g(\theta)$. 因为 $g(\theta)$和 $\hat{g}(x)$都是欧氏空间 $\mathbb{R}^m$ 的一个点,这样的估计就叫做点估计. 作为点估计这种特定用途的统计量 $\hat{g}$,通常就称为**估计量**.

设给定了损失函数 $L(\theta,a)$,定义在 $\Theta\times\mathbb{R}^m$上. 它反映了当真参数值为 θ(因而被估计函数值为 $g(\theta)$)而用 a 去估计 $g(\theta)$时所受的损失. 假定 L 非负,且对固定的 θ,$L(\theta,a)$作为 a 的函数是 Borel 可测,这时估计量 $\hat{g}$ 的风险为

$$R(\theta,\hat{g}) = \mathrm{E}L(\theta,\hat{g}(X)) = \int_{\mathscr{X}} L(\theta,\hat{g}(x))\mathrm{d}P_\theta(x).$$

按 Wald 理论的观点,风险愈小,估计量愈佳. 如果能找到某个估计量 $\hat{g}_0$,其风险一致地(即对一切 $\theta\in\Theta$ 同时)达到最小,则这个 $\hat{g}_0$就是最佳的估计量. 但这种 $\hat{g}_0$一般不存在,于是只好把要求放低一些,这有两种做法:

1° 限制可以采用的估计量的类,然后在这个类中找一个估计量,其风险一致地达到最小;

2° 对风险函数不要求它一致地达到最小,而是提出某种综合性指标,然后找一个估计量,使这个综合指标达到最小.

这两个方面的研究,就构成了 Wald 理论下点估计的内容. 这里面有些非数学的问题. 如在第一种做法中,限制估计量的类是通过提出某种要求,凡是不符合这要求的估计,一律不予考虑. 这种原则既要有其数学上的严格表达,也要切合实际. 这后一点就与问题的应用背景有关. 对第二种做法也有同样的问题.

从数学的角度说,第二种做法因为只涉及一个单一的数量指标,原则上说解是存在的(当然也有些条件),但在许多情况下要求出这种解并非易事. 至于第一种做法,则解的存在性仍是问题,且只是在某些较简单的情况下才存在.

本章讨论第一种做法. 所涉及的限制原则有两个:其一是**无偏性**,另一是**同变性**.

2.1 风险一致最小的无偏估计

称 $\hat{g}$ 是 g 的一个**无偏估计**,如果

$$E_{\theta}(\hat{g}(X)) = g(\theta), \quad \theta \in \Theta. \tag{2.1}$$

也可以考虑随机化的估计 $\hat{g}(x,\cdot)$. 对每个 $x \in \mathscr{X}$,它是 $\mathbb{R}^m$ 中的 Borel 集所构成的 σ 域 $\mathscr{B}_m$ 上的概率测度. 这时无偏性的意义是

$$E_{\theta}\left(\int_{\mathbb{R}^m} a\hat{g}(X,\mathrm{d}a)\right) = g(\theta), \quad \theta \in \Theta.$$

在各种准则中,无偏性可能是点估计中使用得最多的. 究其原因,数学上较易实现和处理是其一. 从应用的角度看,若一个估计量要在同一模型下被重复使用,而其各次误差的后果可以正负相消,则这个原则是最理想的. 但在一次性使用中,这原则的合理性就可以质疑. 但不论如何,一般人在直观上恐怕都倾向于能接受这样的观点:一个没有系统误差的估计总是更可靠一点. 事实上,考虑这样一种极端的情况:$\hat{g}(x)$是一个无偏估计,而 $\hat{g}_1(x) = \hat{g}(x) + c$ 是另一个估计,$c(\neq 0)$为常数. 则在平方损失下二者的风险,即均方误差,分别是 $\mathrm{Var}_{\theta}(\hat{g}(X))$和 $\mathrm{Var}(\hat{g}(X)) + c^2$,后者更大一些. 当然,这里偏差 c 是一常数,不是一般的情况.

现在假定损失函数 $L(\theta,a)$满足条件:对固定的 θ,$L(\theta,a)$作为 a 的函数是**凸函数**. 属于这种情况的最重要的例子是平方损失 $\| g(\theta) - a \|^2$,或更一般的二次型损失$[g(\theta) - a]'A[g(\theta) - a]$,其中 A 是 m 阶正定方阵. 在这个假定下去寻找在 $g(\theta)$的无偏估计类中,风险一致最小的估计.

首先我们指出:采用随机化估计不会带来什么好处. 为证明这一点,需用到下面著名的不等式:

Jensen 不等式 设 X 为 m 维随机向量,f 为定义在 $\mathbb{R}^m$ 上的凸函数,$\mathrm{E}X$ 存在有限,则

$$\mathrm{E}f(X) \geqslant f(\mathrm{E}X). \tag{2.2}$$

当 f 为**严凸**时,(2.2)式中的等号当且仅当 $P(X=\mathrm{E}X)=1$ 时才成立.

证明　$y=f(x)$是 $\mathbb{R}^{m+1}$中的一个凸曲面,而点$(\mathrm{E}X,f(\mathrm{E}X))$在此曲面上.由凸集论中周知的事实,存在一个过此点的平面,使上述曲面全在此平面的上方.若以 $y=f(\mathrm{E}X)+c'(x-\mathrm{E}X)$记此平面的方程,则有 $f(x)\geqslant f(\mathrm{E}X)+c'(x-\mathrm{E}X)$,因而

$$\mathrm{E}f(X)\geqslant f(\mathrm{E}X)+c'\mathrm{E}(X-\mathrm{E}X)=f(\mathrm{E}X), \tag{2.3}$$

这证明了(2.2)式.若 f 为**严凸**的,则除非 $x=\mathrm{E}X$,总有 $f(x)>f(\mathrm{E}X)+c'(x-\mathrm{E}X)$,因而只有在 $P(X=\mathrm{E}X)=1$ 时,(2.3)式才成立等号.

现设随机化估计 $\hat{g}(x,\mathrm{d}a)$是 $g(\theta)$的一个无偏估计.基于 $\hat{g}$,作一个非随机化估计 $\hat{g}_1$:

$$\hat{g}_1(x)=\int_{\mathbb{R}^m}a\hat{g}(x,\mathrm{d}a),$$

则由 $\hat{g}$ 的无偏性推出 $\hat{g}_1$的无偏性.且由 Jensen 不等式,有

$$L(\theta,\hat{g}_1(x))\leqslant\int_{\mathbb{R}^m}L(\theta,a)\hat{g}(x,\mathrm{d}a),$$

因此

$$\begin{aligned}R(\theta,\hat{g}_1)&=\mathrm{E}(L(\theta,\hat{g}_1(X)))\\&\leqslant\mathrm{E}\Big(\int_{\mathbb{R}^m}L(\theta,a\Big)\hat{g}(X,\mathrm{d}a))\\&=R(\theta,\hat{g}).\end{aligned}$$

这说明:每有一个无偏的随机化估计 $\hat{g}$,则必可找到一个非随机化估计 $\hat{g}_1$,其风险总不比 $\hat{g}$ 的风险大.因此,在寻找最小风险估计时不用去考虑随机化估计.注意 L 为凸的假定,不然这个结论就不成立.

现设有一个充分统计量 T.对任一无偏估计 $\hat{g}(x)$,考虑条件期望 $h(t)=\mathrm{E}_\theta(\hat{g}(X)\mid T=t)$.由 T 的充分性,此条件期望与 θ 无关,因而 $h(t)=h(t(x))$可作为 $g(\theta)$的一个估计.它是无偏的,因

$$\mathrm{E}_\theta(h(t(X)))=\mathrm{E}_\theta(\mathrm{E}_\theta(\hat{g}(X)\mid T))=\mathrm{E}_\theta(\hat{g}(X))=g(\theta),$$

且由 L 的凸性,用 Jensen 不等式,易得 $R(\theta,\hat{g})\geqslant R(\theta,h)$.就是说,在寻找 $g(\theta)$的无偏一致最小风险估计时,只需考虑基于充分统计量 T 的无偏估计就行了.在某种特殊情况下,基于 T 的无偏估计只有唯一的一个,那么,这个估计也就是

$g(\theta)$的无偏估计中风险一致最小的. 这个考虑引导出统计量的**完全性**的概念.

完全性 分布族$\{P_\theta,\theta\in\Theta\}$称为是完全的,若对任何满足条件

$$\mathrm{E}_\theta f(X)=\int_{\mathscr{X}} f(x)\mathrm{d}P_\theta(x)=0,\quad 对一切\ \theta\in\Theta \tag{2.4}$$

的 f,必有

$$f(x)=0\quad \text{a.e.}\ P_\theta,\quad 对一切\ \theta\in\Theta. \tag{2.5}$$

注意,此处的前提是(2.4)式对一切$\theta\in\Theta$成立,结论(2.5)式也是对一切$\theta\in\Theta$. 对一个固定的θ,由$\mathrm{E}_\theta f(X)=0$并得不出$f(x)=0$ a.e. P_θ. 另外,分布族的完全性要求"(2.4)式⇒(2.5)式"这个命题对任何 f 成立,而不只是某个或某些特定的 f(参见下面"有界完全性").

为何这个性质会称为完全性? 我们把(2.4)式写成稍微不同的形式就可以理解. 设$\{P_\theta,\theta\in\Theta\}\ll\mu$,$\mu$ 是 $\mathscr{B}_x$ 上的 σ 有限测度. 记 $p_\theta(x)=\mathrm{d}P_\theta(x)/\mathrm{d}\mu$,则(2.4)式可写为

$$\int_{\mathscr{X}} f(x)p_\theta(x)\mathrm{d}\mu(x)=0,\quad 对一切\ \theta\in\Theta.$$

在正交函数理论中,把这个式子解释为 f 与 p_θ(关于测度 μ)正交. "(2.4)式⇒(2.5)式"的意思,现在可解释为:若一函数 f 与函数系($p_\theta,\theta\in\Theta$)正交,则 f 必为 0. 在正交函数论中把这种函数系称为完全的,此处不过是借用了这种说法.

若 T 为统计量,取值于$(\mathscr{T},\mathscr{B}_T)$,$\{P_\theta,\theta\in\Theta\}$在变换 T 之下的**导出分布族**记为$\{P_\theta^T,\theta\in\Theta\}$. 若后者是完全分布族,则称**统计量 T 是完全的**. 一句话:说统计量 T 是完全的,是指对任何 f 有

$$\{\mathrm{E}_\theta f(T(X))=0,对一切\ \theta\in\Theta\}\Rightarrow\{f(T(X))=0\ \text{a.e.}\ P_\theta,对一切\ \theta\in\Theta\}.$$

2.1.1 有界完全性

若在(2.4)和(2.5)式中,加上"f 有界"的限制,就得到分布族$\{P_\theta,\theta\in\Theta\}$为**有界完全**的定义. 类似地,若统计量 T 的导出分布族为有界完全,称 T 为**有界完全统计量**.

所以,有界完全性是完全性的弱化. 这个概念在数学上有意思,但在统计理论中不如完全性那么有用. 事实上,要举一个有界完全而非完全的例子,也不是显然易得的,虽则这种例子的确存在(习题 6).

完全性概念的一个出人意表的应用,是证明变量的独立性,见于下面的定理.

Basu 定理　设 T 是 $X\sim\{P_\theta,\theta\in\Theta\}$ 的充分且有界完全的统计量,而 $f(x)$ 的分布与 θ 无关. 则对任何 $\theta\in\Theta$, $T(x)$ 与 $f(x)$ 独立.

证明　取 $B\in\mathscr{B}_f$, $a\equiv P_\theta(f^{-1}(B))$ 与 θ 无关. 由 T 充分,知 $\varphi(t)\equiv P_\theta(f^{-1}(B)\mid T=t)$ 与 θ 无关. 因 $0\leqslant\varphi\leqslant 1$, φ 为有界. 记 $\psi(t)=\varphi(t)-a$,则

$$
\begin{aligned}
\mathrm{E}_\theta(\psi(T)) &= \mathrm{E}_\theta(\varphi(T(x)))-a \\
&= \mathrm{E}_\theta(P_\theta(f^{-1}(B)\mid T))-a \\
&= P_\theta(f^{-1}(B))-a=a-a=0,
\end{aligned}
$$

对任何 $\theta\in\Theta$. 由 T 的有界完全性知

$$\psi(T)=0\quad \text{a.s. } P_\theta^T,\quad 对任何\ \theta\in\Theta,$$

即 $\varphi(T)=a$ a.s. P_θ^T,对任何 $\theta\in\Theta$,现有

$$
\begin{aligned}
P_\theta(f^{-1}(B)\cap T^{-1}(C)) &= \int_C P_\theta(f^{-1}(B)\mid T=t)\mathrm{d}P_\theta^T(t) \\
&= a\int_C \mathrm{d}P_\theta^T(t)=aP_\theta^T(C)=aP_\theta(t^{-1}(C)) \\
&= P_\theta(f^{-1}(B))P_\theta(T^{-1}(C)),
\end{aligned}
$$

对任何 $B\in\mathscr{B}_f$, $C\in\mathscr{B}_T$, $\theta\in\Theta$,这证明了定理的断言.

在本定理能用的场合,用它去证明有关变量的独立性,往往比用其他方法简省很多. 本书习题中有一些这方面的例子,例如习题 7.

可以举例证明,本定量之逆不真:由 $f(x)$ 与 $T(x)$ 独立(P_θ,对任何 $\theta\in\Theta$),推不出 $f(x)$ 的分布与 θ 无关(习题 7).

2.1.2　Lehmann-Scheffe 定理

回到找风险一致最小无偏估计的问题. 容易看出:若 T 是完全统计量,则基于 T 的无偏估计,如果存在,必定(以概率 1)是唯一的. 事实上,若 $g_1(T)$ 和 $g_2(T)$ 都是 $g(\theta)$ 的无偏估计,记 $g=g_1-g_2$. 则 $\mathrm{E}_\theta(g(T))=0$ 对一切 $\theta\in\Theta$. 因而由 T 的完全性,有 $g(T)=0$ a.e. P_θ,对一切 $\theta\in\Theta$,即 $g_1(T)$ 和 $g_2(T)$ 以概率 1 相等.

总结以上的讨论,得到以下的基本定理,它是求无偏一致最小风险估计的主要工具:

定理 2.1(Lehmann-Scheffe) 若损失函数 $L(\theta,a)$ 当 θ 固定时是 a 的凸函数,而 T 是充分且完全的统计量,则当存在着 $g(\theta)$ 的一个只依赖于 T 的无偏估计 $\hat{g}(T)$ 时,它必是 $g(\theta)$ 的一个无偏一致最小风险估计. 如果 $L(\theta,a)$ 是 a 的严凸函数,则这种估计是唯一的.

例 2.1 考虑例 1.3. 我们已经知道,统计量 $T=\sum_{i=1}^{n} X_i$ 是充分的. 易证它也是完全的. 事实上 T 有二项分布 $B(n,\theta)$, 故由 $\mathrm{E}_\theta f(T)=0$,有

$$\sum_{i=0}^{n} f(i)\binom{n}{i}\theta^{i}(1-\theta)^{n-i}=0,\quad 0\leqslant\theta\leqslant 1.$$

记 $a_i=f(i)\binom{n}{i}$, $u=\theta/(1-\theta)$, 则有 $\sum_{i=0}^{n} a_i u^i=0, 0<u<\infty$. 由此推出 $a_0=\cdots=a_n=0$,即 $f(0)=\cdots=f(n)=0$,因而 $f(T)=0$ a.e. P_θ^T(P_θ^T 为 T 的分布). 这证明了 T 的完全性.

由 $\mathrm{E}_\theta(T/n)=\theta$ 知, T/n 是 θ 的一无偏估计. 按定理 2.1,在(严)凸假定下, T/n 就是 θ 的(唯一)无偏一致最小风险估计.

按照这个方法,在寻找无偏一致最小风险估计时要解决两个问题:

1° 找到一个充分且完全的统计量 T.

2° 找到一个基于 T 的、$g(\theta)$ 的无偏估计 $\hat{g}(T)$.

解第二个问题要先看出 $g(\theta)$ 的一个无偏估计 $\hat{h}(X)$,然后计算 $\mathrm{E}_\theta(\hat{h}(X)|T)$. 由 T 的充分性,这条件期望只与 T 有关,记为 $\hat{g}(T)$,它就是 $g(\theta)$ 的一个无偏估计. 为便于求条件期望的推导,可以找一个尽量简单的 $\hat{h}(X)$,这往往比较容易,但相反的例子也有. 至于第二步求条件期望,则一般比较复杂,并无一定的方法可循. 同时还应当注意:有时,基于 T 的 $g(\theta)$ 的无偏估计根本就没有. 如在例 2.1,若 $g(\theta)=(1+\theta)^{-1}$,则 $g(\theta)$ 的无偏估计不存在,因若 $\hat{g}(T)$ 是这样一个估计,记 $a_i=\hat{g}(i)\binom{n}{i}$,应有

$$\sum_{i=1}^{n} a_i\theta^{i}(1-\theta)^{n-i}=(1+\theta)^{-1},\quad 0\leqslant\theta\leqslant 1,$$

这不可能,因左边是 θ 的多项式,而右边不是.

至于找充分完全统计量的问题,则这种统计量只在很少几个情况下才存在.所幸的是,这包括了应用上最常见的几种情形.

2.1.3 指数型分布族

定理 2.2 设样本分布族为指数型分布族的自然形式(1.8),且其自然参数空间 Θ 作为 $\mathbb{R}^k$ 的子集有内点,则统计量 $T=(T_1(X),\cdots,T_k(X))$ 是完全的.

前面(例 1.11)已证明过 T 的充分性(没有 Θ 有内点的要求),故 T 为充分完全的. 定理 2.2 的证明见本章附录. 应当注意的是:"Θ 作为 $\mathbb{R}^k$ 的子集有内点",这个条件不可少,反例显然.

这个定理与定理 2.1 结合,可以证明一些常见的估计,都是凸损失下的无偏一致最小风险估计. 如例 1.3~1.5 中为估计 θ 或 σ^2,T/n 都是这种估计. 另一个重要例子是:设 $X_1,\cdots,X_n$ 是抽自正态总体 $N(\mu,\sigma^2)$ 的 iid. 样本,此处 $\Theta=\{\theta=(\mu,\sigma^2):-\infty<\mu<\infty,\sigma^2>0\}$ 为上半平面,样本$(X_1,\cdots,X_n)$的密度是

$$\prod_{i=1}^{n}(\sqrt{2\pi}\sigma)^{-n}\exp\left(-\frac{1}{2\sigma^2}\sum_{i=1}^{n}(x_i-\mu)^2\right)$$

$$=(\sqrt{2\pi}\sigma)^{-n}\exp(-n\mu^2/(2\sigma^2))\exp\left(\frac{n\mu}{\sigma^2}\bar{x}-\frac{1}{2\sigma^2}\sum_{i=1}^{n}x_i{}^2\right),$$

自然参数是 $\theta_1^*=n\mu/\sigma^2,\theta_2^*=-1/(2\sigma^2)$,而自然参数空间是

$$\Theta^*=\{(\theta_1^*,\theta_2^*):-\infty<\theta_1^*<\infty,\theta_2^*<0\},$$

它有内点. 因此,若记 $T_1=\bar{X},T_2=\sum_{i=1}^{n}X_i{}^2$,则按定理 2.2 及例 1.11,$T=(T_1,T_2)$ 是充分完全统计量. 由于 $\hat{g}_1(T)=T_1$ 和 $\hat{g}(T)=(T_2-nT_1{}^2)/(n-1)$ 分别是 μ 与 σ^2(它们都是自然参数的函数)的无偏估计,故按定理 2.1,在凸损失下,它们分别是 μ 与 σ^2 的无偏一致最小风险估计. 下面是一个较复杂的例子,这个例子是前苏联著名数学家 Колмогоров 在 1950 年作出的.

例 2.2 设 $X_1,\cdots,X_n$ 是从正态总体 $N(\mu,\sigma^2)$ 中抽出的样本. 给定常数 c,要在凸损失下求

$$g(\theta)=P_\theta(X_1>c)=1-\Phi\left(\frac{c-\mu}{\sigma}\right)$$

的无偏一致最小风险估计. 本例的一个实际解释如下:某产品的一项指标服从

正态分布 $N(\mu,\sigma^2)$. 为了产品合格,其指标值必须超过 c,要估计该产品的合格率.

记 $T=(\bar{X},s^2)$,其中 $s^2=\sum_{i=1}^{n}(X_i-\bar{X})^2$. 前已指出,$T$ 为充分完全统计量. 又 $\varphi(X_1)=I(X_1>c)$显然是一个无偏估计. 因此,据定理2.1知,所要求的解为

$$
\begin{aligned}
\hat{g}(T)&=\hat{g}(\bar{X},s^2)=P_\theta(X_1>c\mid\bar{X},s^2)\\
&=P_\theta\left(\frac{\sqrt{n}(X_1-\bar{X})}{\sqrt{n-1}s}>\frac{\sqrt{n}(c-\bar{X})}{\sqrt{n-1}s}\mid\bar{X},s^2\right)\\
&\equiv P_\theta(u>u_0\mid\bar{X},s^2).
\end{aligned}
\tag{2.6}
$$

注意当给定 $\bar{X}$和 s^2时,u_0是常数. 往证:

a. u 与$(\bar{X},s^2)$独立,因而 u 的条件分布就是其无条件分布.

b. u 的(无条件)分布密度(对 L 测度)为

$$
f_n(u)=\begin{cases}(1-u^2)^{n/2-2}/\mathrm{B}(1/2,n/2-1), & |u|<1,\\ 0, & |u|\geqslant 1,\end{cases}
\tag{2.7}
$$

这与 $\theta=(\mu,\sigma^2)$无关. 当然,这是由于$(\bar{X},s^2)$的充分性. 为了证明,作正交变换

$$
Y_1=\sqrt{n}\,\bar{X},\quad Y_2=\sqrt{n}(X_1-\bar{X})/\sqrt{n-1},
$$

$$
Y_j=\sum_{i=1}^{n}c_{ji}X_i,\quad 3\leqslant j\leqslant n.
$$

按引理1.4,有 $Y_1,\cdots,Y_n$独立,$Y_1\sim N(\sqrt{n}\mu,\sigma^2)$,$Y_i\sim N(0,\sigma^2)$ $(2\leqslant i\leqslant n)$,且

$$
\bar{X}=Y_1/\sqrt{n},\quad s^2=\sum_{i=2}^{n}Y_i^{\,2},\quad u=Y_2/s=Y_2\Big/\left(\sum_{i=2}^{n}Y_i^{\,2}\right)^{1/2}.
$$

故为证 a,b,只需证后两个变量独立,且 u 有密度(2.7)式. 不妨设 $\sigma^2=1$. 记 $Z=\sum_{i=3}^{n}Y_i^{\,2}$, $Y=Y_2$,则(Y,Z)的联合密度为

$$
(\sqrt{2\pi})^{-1}\mathrm{e}^{-y^2/2}\left[2^{(n-2)/2}\Gamma\left(\frac{n-2}{2}\right)\right]^{-1}\mathrm{e}^{-z/2}z^{(n-2)/2-1}I(z>0).
$$

在变换 $W_1=Y/(Y^2+Z)^{1/2}$, $W_2=Y^2+Z$ 下,逆变换为 $Y=W_1\sqrt{W_2}$, $Z=$

$W_2 - W_1{}^2 W_2$（$|W_1|<1, W_2>0$），Jacobi 为 $\sqrt{w_2}$，因此由密度变换公式得（W_1, W_2）的联合密度为 $c\mathrm{e}^{-w_2} w_2{}^{n/2-2}(1-w_1)^{n/2-2} I(|w_1|<1, w_2>0)$，这里 c 为一个与 n 有关的常数. 注意到

$$\begin{aligned}\int_{-1}^{1}(1-u^2)^{n/2-2}\mathrm{d}u &= 2\int_0^1 (1-u^2)^{n/2-2}\mathrm{d}u \\ &= \int_0^1 (1-v)^{n/2-2} v^{-1/2}\mathrm{d}v = \mathrm{B}(1/2, n/2-1),\end{aligned}$$

这一举证明了 a 和 b. 回到(2.6)式，得 $g(\theta)$ 的无偏一致最小风险估计为

$$\begin{aligned}\hat{g}(\bar{x}, s) &= \int_{u_0}^{1} f_n(u)\mathrm{d}u \\ &= \begin{cases} 2^{-1}\int_{u_0{}^2}^{1}\mathrm{B}(1/2, n/2-1, x)\mathrm{d}x, & 0 \leqslant u_0 \leqslant 1, \\ 1 - 2^{-1}\int_{u_0{}^2}^{1}\mathrm{B}(1/2, n/2-1, x)\mathrm{d}x, & -1 \leqslant u_0 \leqslant 0. \end{cases}\end{aligned}$$

此处 $\mathrm{B}(a, b, x) = [\mathrm{B}(a, b)]^{-1} x^{a-1}(1-x)^{b-1} I(0<x<1)$ 是带参数 a, b 的 B 分布.

这个例子之所以能解出，是利用了正态分布的独特性质，即其为指数型，又加上引理 1.4. 若换成另外的多参数分布就不好办了.

2.1.3 截尾分布族

给定常数 a, b ($-\infty \leqslant a < b \leqslant \infty$). 设 h 定义于 (a, b) 内，处处连续且大于 0. 可以定义以下几种类型的截尾分布族.

A. 单侧(或单边)上截尾族：有密度

$$f(x, \theta) = h(x) I(a < x < \theta) \Big/ \int_a^\theta h(u)\mathrm{d}u, \quad a < \theta < b,$$

此处要求 $\int_a^\theta h(u)\mathrm{d}u < \infty, a < \theta < b$.

B. 单侧下截尾族：有密度

$$f(x, \theta) = h(x) I(\theta < x < b) \Big/ \int_\theta^b h(u)\mathrm{d}u, \quad a < \theta < b,$$

此处要求$\int_\theta^b h(u)\mathrm{d}u < \infty$ $(a<\theta<b)$.

C. 双侧截尾族:有密度

$$f(x,\theta) = h(x)I(\theta_1 < x < \theta_2)\Big/\int_{\theta_1}^{\theta_2} h(u)\mathrm{d}u, \quad a < \theta_1 < \theta_2 < b.$$

设从上述总体中抽 iid. 样本 $X_1,\cdots,X_n$. 记

$$T_1 = \max_{1\leqslant i\leqslant n} X_i, \quad T_2 = \min_{1\leqslant i\leqslant n} X_i, \quad T = (T_1, T_2).$$

在情况 A 下,T_1是充分完全统计量. 在情况 B 下,T_2是充分完全统计量,这容易从定理 1.2 及直接利用完全性定义得出,我们留给读者作为练习. 在情况 C 下,T 为充分完全统计量,其充分性也是直接从定理 1.2 得出,完全性的证明较繁一些,现证明如下.

首先要求出(T_1,T_2)的密度函数 $f_\theta(t_1,t_2)$. 暂以 F 记总体分布函数,则当 $t_2\geqslant t_1$时,有

$$P_\theta(T_1 \leqslant t_1, T_2 \leqslant t_2) = P_\theta(T_1 \leqslant t_1) = F^n(t_1),$$

而当 $t_2<t_1$时,有

$$\begin{aligned} P_\theta(T_1 \leqslant t_1, T_2 \leqslant t_2) &= P_\theta(T_1 \leqslant t_1) - P_\theta(T_1 \leqslant t_1, T_2 > t_2) \\ &= F^n(t_1) - [F(t_1) - F(t_2)]^n. \end{aligned}$$

以

$$F(u) = \begin{cases} 0, & u \leqslant \theta_1, \\ \int_{\theta_1}^{u} h(v)\mathrm{d}v\Big/\int_{\theta_1}^{\theta_2} h(v)\mathrm{d}v, & \theta_1 < u < \theta_2, \\ 1, & u \geqslant \theta_2 \end{cases}$$

代入上式,得

$$\begin{aligned} f_\theta(t_1,t_2) &= \partial^2 P_\theta(T_1 \leqslant t_1, T_2 \leqslant t_2)/(\partial t_1 \partial t_2) \\ &= \begin{cases} n(n-1)h(t_1)h(t_2)\left[\int_{t_2}^{t_1} h(u)\mathrm{d}u\right]^{n-2}/H^n(\theta_1,\theta_2), \\ \qquad\qquad \theta_1 < t_2 < t_1 < \theta_2, \\ 0, \qquad\qquad 其他. \end{cases} \end{aligned} \tag{2.8}$$

此处 $H(\theta_1,\theta_2)=\int_{\theta_1}^{\theta_2}h(u)\mathrm{d}u$.

现设有统计量 $g(T)=g(T_1,T_2)$满足

$$\mathrm{E}_\theta g(T)=0,\quad a<\theta_1<\theta_2<b, \tag{2.9}$$

则记 $l(t_1,t_2)=n(n-1)h(t_1)h(t_2)\left[\int_{t_2}^{t_1}h(u)\mathrm{d}u\right]^{n-2}$，由(2.8)和(2.9)式,得

$$\iint_{\theta_1<t_2<t_1<\theta_2} g(t_1,t_2)l(t_1,t_2)\mathrm{d}t_1\mathrm{d}t_2=0,\quad a<\theta_1<\theta_2<b.$$

记 $g_+=\max(g,0)$，$g_-=-\min(g,0)$，则 $g_+\geqslant 0$，$g_-\geqslant 0$，$g=g_+-g_-$. 由上式得

$$\iint_{\theta_1<t_2<t_1<\theta} g_+(t_1,t_2)l(t_1,t_2)\mathrm{d}t_1\mathrm{d}t_2=\iint_{\theta_1<t_2<t_1<\theta} g_-(t_1,t_2)l(t_1,t_2)\mathrm{d}t_1\mathrm{d}t_2. \tag{2.10}$$

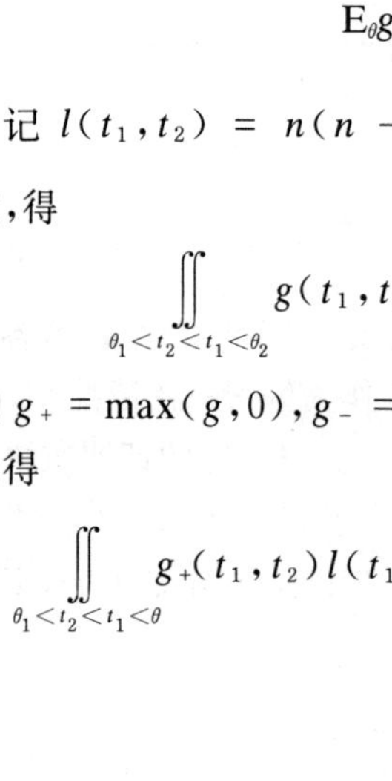

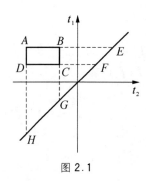

图 2.1

这就是说,(2.10)式两边的积分,只要积分区域是斜边落在第一象限分角线上的直角三角形,则必相等. 根据这一点不难证明:这个相等性可以拓展到如图2.1中那种形式的矩形 $ABCD$,这是因为:矩形 $ABCD$ 上的积分 = $\triangle AEH$ 上的积分 - $\triangle DFH$ 上的积分 - $\triangle BEG$ 上的积分 + $\triangle CFG$ 上的积分,而右边这四个积分全是0. 由此就推出

$$g_+(t_1,t_2)l(t_1,t_2)=g_-(t_1,t_2)l(t_1,t_2)\quad \text{a.e.}\,L,\quad a<t_2<t_1<b,$$

因为当 $a<t_2<t_1<b$ 时总有 $l(t_1,t_2)>0$,故 $g(t_1,t_2)=0$ a.e. L. 当 $a<t_2<t_1<b$. 这证明了 T 的完全性.

例 2.3 考虑 $h\equiv 1$ 的特例,即均匀分布族

A: $R(0,\theta)$, $\theta>0$;

B: $R(\theta,0)$, $\theta<0$;

C: $R(\theta_1,\theta_2)$, $-\infty<\theta_1<\theta_2<\infty$.

以 $X_1,\cdots,X_n$记从这些总体中抽出的iid.样本. 在凸损失下,θ 及θ_1,θ_2的无偏一

致最小风险估计分别是：

A：$\dfrac{n+1}{n}\max(X_1,\cdots,X_n)$；

B：$\dfrac{n+1}{n}\min(X_1,\cdots,X_n)$；

C： $\theta_1:(n-1)^{-1}[n\cdot\min(X_1,\cdots,X_n)-\max(X_1,\cdots,X_n)]$,

$\theta_2:(n-1)^{-1}[n\cdot\max(X_1,\cdots,X_n)-\min(X_1,\cdots,X_n)]$.

由此，在情况 C 下，算得总体期望，即区间(θ_1,θ_2)的中点$(\theta_1+\theta_2)/2$，其无偏一致最小风险估计是$[\max(X_1+\cdots+X_n)+\min(X_1,\cdots,X_n)]/2$. 在以往所见的几个例子中，总体期望的无偏一致最小风险估计都是样本均值$\bar{x}$，一般容易理所当然地认为$\bar{x}$应是总体期望的最好估计. 从本例我们看出，这并不总是成立，而要取决于总体分布如何.

对更一般的 h，也可以求出 θ_1,θ_2或其函数 $g(\theta_1,\theta_2)$的无偏一致最小风险估计，但对 g 要有一些假定，计算过程也复杂些(习题 64).

2.1.4 次序统计量、矩估计和 *U* 统计量

前面讨论的两种情况都是参数型的，现在来讨论一种非参数的情况，即总体分布族不能用有限个实参数去刻画的情况.

设有 k 个一维总体，分布分别为 $F_1,\cdots,F_k$. 从第 i 个总体中抽出 iid. 样本 $X_{i1},\cdots,X_{in_i}(1\leqslant i\leqslant k)$，并假定这 $n_1+\cdots+n_k$个样本全体独立. 假定 F_i所属的分布族为 $\mathscr{F}_i(1\leqslant i\leqslant k)$，则在本模型下，“参数”是$(F_1,\cdots,F_k)$，而“参数空间”则是 $\mathscr{F}_1\times\cdots\times\mathscr{F}_k$.

把 $X_{i1},\cdots,X_{in_k}$按由小到大排列，记为 $X_{i(1)},\cdots,X_{i(n_k)}$，则 $T=(X_{1(1)},\cdots,X_{1(n_1)};\cdots;X_{k(1)},\cdots,X_{k(n_k)})$称为**合样本**$(X_{11},\cdots,X_{1n_1};\cdots;X_{k1},\cdots,X_{kn_k})$的**次序统计量**. 当 $k=1$ 时回到例 1.2 的情形，这时我们用 n,F 和 $\mathscr{F}$ 分别代 n_1,F_1 和 $\mathscr{F}_1$.

例 1.9 证明：不论总体分布族如何，次序统计量 T 总是充分的(例 1.9 针对 $k=1$，但证法略加修改也适用于 $k>1$). 但 T 是否完全，则取决于 $\mathscr{F}_i$这些分布族. 总的精神是：$\mathscr{F}_i$中应包含有足够多的分布. 具体如何，有下面的定理：

定理 2.3 设每个 $\mathscr{F}_i(1\leqslant i\leqslant k)$，都满足以下条件：

(a) $F\in\mathscr{F}_i,G\in\mathscr{F}_i,0<p<1\Rightarrow pF+(1-p)G\in\mathscr{F}_i$；

(b) $F\in\mathscr{F}_i,S=(a,b)$而 $F(S)>0\Rightarrow F_S\in\mathscr{F}_i$.

此处 F_S 的定义是:对任一 Borel 集 A,$F_S(A)=F(S\cap A)/F(S)$,则次序统计量 T 是完全的.

定理的证明见本章附录.

适合定理条件(a),(b)的分布族 $\mathscr{F}$ 有:

一切一维分布族;

一切一维连续型分布(对 L 测度有密度)族;

一切一维离散型分布族;

一切其期望存在的一维分布族,或更一般地给定一个 Borel 可测函数 φ,一切使 $\int_{-\infty}^{\infty}|\varphi(x)|\mathrm{d}F(x)<\infty$ 的一维分布 F 的族.例如当 $|\varphi(x)|=|x|^r$ 时,得到一切其 r 阶矩有限的一维分布族;

给定 Borel 集 S,一切满足上面列举的条件之一且其支撑为 S 或其一子集的一维分布的族.

由此可见,这个定理包含了许多重要情况.但这些情况都不是参数型的,例如,我们留给读者证明:若 $\mathscr{F}$ 为一切正态分布的族,或指数分布族 $\{\theta e^{-\theta x}I(x>0),\theta>0\}$,则次序统计量不是完全的(习题 21).

例 2.4(矩估计)　给定自然数 r,以 $\mathscr{F}$ 记一切其 r 阶**原点矩** $\alpha_r(F)=\int_{-\infty}^{\infty}x^r\mathrm{d}F(x)$ 存在有限的一维分布族.$a_r=n^{-1}\sum_{i=1}^{n}X_i{}^r$ 称为**样本原点矩**,a_r 是 α_r 的无偏估计,且关于 $X_1,\cdots,X_n$ 对称,故只与次序统计量 T 有关.因此,在凸损失下,a_r 就是 α_r 的无偏一致最小风险估计.

对 $F\in\mathscr{F}$,r **阶中心矩** $\mu_r(F)=\int_{-\infty}^{\infty}(x-\alpha_1)^r\mathrm{d}F(x)$ 也存在有限.相应地,$m_r=n^{-1}\sum_{i=1}^{n}(X_1-\bar{X})^r$ 称为 **r 阶样本中心矩**.样本中心矩不必是同阶总体中心矩的无偏估计,但对于较小的 r,简单的调整可得到无偏估计.读者不难证明:$n(n-1)^{-1}m_2$ 和 $n^2(n-1)^{-1}(n-2)^{-1}m_3$ 分别是 μ_2 和 μ_3 的无偏估计,它们显然都只与 T 有关,因此在凸损失下,它们就是无偏一致最小风险估计.

对 $r\geqslant 4$ 调整就不能只是一个常数因子.例如,容易证明

$$\hat{g}=\frac{n(n+1)}{(n-1)(n-2)}m_4-\frac{3n(2n-3)}{(n-1)(n-2)(n-3)}m_2{}^2\tag{2.11}$$

是 μ_4 的一个无偏估计,因而也就是在凸损失下,μ_4 的无偏最小风险估计.

对 $k\geqslant 5$,调整就更为复杂,但总可以做到. 事实上,不难证明(习题 50):只要样本量 $n\geqslant k$,μ_k 的无偏最小风险估计一定存在,$n<k$ 时则不存在.

如果总体的某一特征可表为一些矩的函数,即有 $f(\alpha_{r_1},\cdots,\alpha_{r_k})$ 的形式(可以只考虑原点矩,因为中心矩可通过原点矩表出),则可以用其样本对应物,即 $f(a_{r_1},\cdots,a_{r_k})$ 去估计它. 这种估计在统计上就称为**矩估计**,在这个基础上适当调整也可称为矩估计. 这种估计是 K. Pearson 在 19 世纪末首先提出来的,是第一个沿用至今的有普遍意义的估计方法. 不过,Pearson 是循另外的途径得出这个方法的.

例如,在正态性检验中有时用到的所谓"偏度系数"$\mu_3/\mu_2^{3/2}$ 及"峰度系数"μ_4/μ_2^2(也有用 μ_4/μ_2^2-3 的,其目的是使对正态分布而言峰度系数为 0),分别可以用 $m_3/m_2^{3/2}$ 及 m_4/m_2^2 去估计之. 但是,对总体分布族

$$\mathscr{F}_k^* = \{\text{一维分布 } F:\alpha_k(F)<\infty,\mu_2(F)>0\},\quad k=3,4$$

而言,它们不是无偏的. 事实上,可以证明:相对于这分布族,偏度系数与峰度系数的无偏估计根本不存在(习题 51).

为引进 **U 统计量**的概念,先考察一个简单的例子.

例 2.5 设有一个一维分布 F. 为考察这个分布的散布度如何,从 F 中抽出两个 iid. 样本 X_1,X_2,计算 $|X_1-X_2|$. F 的散布度愈大,则 $|X_1-X_2|$ 愈倾向于取较大的值. 因此

$$\theta(F)=\mathrm{E}\,|X_1-X_2|=\iint_{-\infty}^{\infty}|X_1-X_2|\,\mathrm{d}F(X_1)\mathrm{d}F(X_2)$$

可作为衡量 F 的散布度的一个指标. 现设从 F 中抽出了 iid. 样本 $X_1,\cdots,X_n$,要据此估计 $\theta(F)$.

假定 $F\in\mathscr{F}$ 而 $\mathscr{F}$ 适合定理 2.3 中的条件,则次序统计量 $T=(X_{(1)}\leqslant\cdots\leqslant X_{(n)})$ 是充分完全统计量. 因为 $|X_1-X_2|$ 是 $\theta(F)$ 的一个无偏估计,故按定理 2.1 知

$$\begin{aligned}\mathrm{E}(|X_1-X_2||T)&=\frac{1}{n(n-1)}\sum_{1\leqslant i\neq j\leqslant n}|X_i-X_j|\\&=\sum_{i=1}^{n}(2i-n-1)X_{(i)}/[n(n-1)]\end{aligned}$$

是在凸损失下,$\theta(F)$ 的无偏一致最小风险估计.

这个例子可以立即推广为以下的一般模式:设 F 为一维分布,$\theta(F)$ 为其某

项特征，它有一个无偏估计 $f(X_1,\cdots,X_k)$，其中 $X_1,\cdots,X_k$ 为抽自 F 的 iid. 样本，现设从 F 中抽得了 iid. 样本 $X_1,\cdots,X_n$，要据以估计 $\theta(F)$. 假定 F 所属的分布族 $\mathscr{F}$ 满足定理 2.3 的条件，则据定理 2.1，在凸损失下

$$\begin{aligned}&\mathrm{E}(f(X_1,\cdots,X_k)\mid T)\\&\quad=(n(n-1)\cdots(n-k+1))^{-1}\sum{}^{*}f(X_{i_1},\cdots,X_{i_k})\end{aligned}\tag{2.12}$$

是 $\theta(F)$ 的无偏一致最小风险估计，此处 $\sum{}^{*}$ 表示求和范围为 $1\leqslant i_1,\cdots,i_k\leqslant n$ 且 $i_1,\cdots,i_k$ 互不相同.

(2.12)式右边称为样本 $X_1,\cdots,X_n$ 的、以 f 为核的 **U 统计量**. 这类重要的统计量是 Hoeffding 在 1948 年引进的(见 Ann. Math. Statist.,1948:293). 几十年来，它不仅受到统计学者的重视，也是纯概率学者的一个热门研究题目. 如果核 f 是 k 元对称函数，(2.12)式右边可简化为 $\binom{n}{k}^{-1}\sum\limits_{1\leqslant i_1<\cdots<i_k\leqslant n}f(x_{i_1},\cdots,x_{i_k})$. 总可以假定核为对称函数，因若 f 非对称，则可以用

$$f^{*}(x_1,\cdots,x_k)=(k!)^{-1}\sum{}^{*}f(x_{i_1},\cdots,x_{i_k})$$

去取代它，此处 $\sum{}^{*}$ 表示的求和遍及 $(1,2,\cdots,k)$ 的 $k!$ 个置换.

U 统计量的概念容易推广到多组样本的情况. 设有 k 个一维分布 $F_1,\cdots,F_k$. 从 F_i 中抽出 iid. 样本 $X_{i1},\cdots,X_{in_i}$ $(1\leqslant i\leqslant k)$，且 $N(=n_1+\cdots+n_k)$ 个样本全体独立. 以 $T=(X_{1(1)},\cdots,X_{1(n_1)};\cdots;X_{k(1)},\cdots,X_{k(n_k)})$ 记合样本次序统计量，即对每组样本 $X_{i1},\cdots,X_{in_i}$ 分别排序再合并起来. 设 $f(x_{11},\cdots,x_{1m_1};\cdots;x_{k1},\cdots,x_{km_k})$ 为 $m_1+\cdots+m_k$ 个变元的实函数，则

$$\begin{aligned}U_N&=\Big[\prod_{i=1}^{k}n_i(n_i-1)\cdots(n_i-m_i+1)\Big]^{-1}\\&\quad\cdot\sum{}^{*}f(X_{1i_{11}},\cdots,X_{1i_{1m_1}};\cdots;X_{ki_{k1}},\cdots,X_{ki_{km_k}})\end{aligned}\tag{2.13}$$

称为合样本 $(X_{11},\cdots,X_{1n_1};\cdots;X_{k1},\cdots,X_{kn_k})$ 的、以 f 为核的 U 统计量，$\sum{}^{*}$ 表示的求和范围为

$$1\leqslant i_{j1},\cdots,i_{jm_j}\leqslant n_j,\quad i_{j1}\cdots,i_{jm_j}\ \text{互不相同},\quad 1\leqslant j\leqslant k.$$

如果 f 关于每一组变元 $x_{j1},\cdots,x_{jm_j}$ 都对称，则(2.13)式中的常数因子可改为

$\left[\binom{n_1}{m_1}\cdots\binom{n_k}{m_k}\right]^{-1}$,而求和的范围可改为 $1\leqslant i_{j1}<\cdots<i_{jm_j}\leqslant n_j, 1\leqslant j\leqslant k$. 又如一组样本的情况,任一个核函数都可用一个对称的核函数去取代之.

设 $\theta(F_1,\cdots,F_k)=\mathrm{E}f(X_{11},\cdots,X_{1m_1};\cdots;X_{k1},\cdots,X_{km_k})$反映了这 k 个分布 $F_1,\cdots,F_k$的全体的某项特征,且 $F_1,\cdots,F_k$所属的分布族 $\mathscr{F}_1,\cdots,\mathscr{F}_k$满足定理2.3中的条件,则据定理 2.1 与 2.3,在凸损失下,由(2.13)式所定义的 U_N是 $\theta(F_1,\cdots,F_k)$的无偏一致最小风险估计. 我们来考察一个简单的例子.

例 2.6 设两个工厂生产的同一产品的某项质量指标分别以 X 和 Y 记. 设 X,Y 的分布分别为 F,G,它们都处处连续. 假定该项指标是愈大愈好,则

$$\theta(F,G)=P(Y>X)=\int_{-\infty}^{\infty}F(x)\mathrm{d}G(x)$$

可视为第二个工厂的产品的优良性的一种度量:若 $\theta(F,G)>1/2$,可视为第二厂的产品质量优于第一厂,若 $\theta(F,G)<1/2$ 则反之(注意因 F,G 都处处连续,有 $P(Y=X)=0$,故 $P(Y>X)+P(X>Y)=1$,因此当 $P(Y>X)<1/2$ 时,必有 $P(X>Y)>1/2$).

设从 F 和 G 中分别抽出 iid. 样本 $X_1,\cdots,X_m$和 $Y_1,\cdots,Y_n$,且这 $m+n$ 个样本全体独立,要据以估计 $\theta(F,G)$.

首先要找出 $\theta(F,G)$的一个无偏估计,这个估计愈简单愈好,以便于以后计算 U 统计量. 对本例,一个显然的无偏估计是 $I(Y_1>X_1)$. 以 T 记合样本次序统计量,有

$$\begin{aligned}U_N&=\mathrm{E}(I(Y_1>X_1)\mid T)\\&=(mn)^{-1}\sum_{i=1}^{m}\sum_{j=1}^{n}I(Y_j>X_i).\end{aligned}\tag{2.14}$$

为计算这个和,把全体 $m+n$ 个样本 $X_1,\cdots,X_m,Y_1,\cdots,Y_n$按由小到大排序成 $Z_1<\cdots<Z_{m+n}$,因分布连续,可以设 $Z_1,\cdots,Z_{m+n}$中没有相同的(在实际问题中,由于记录的有效数位有限,$Z_1,\cdots,Z_{m+n}$中可以出现相同的,这就碰到所谓"结"(tie)的问题,此处不深入这个细节). 注意 $Z_1,\cdots,Z_{m+n}$与以前提及的"合样本次序统计量"不同,后者是各组样本分开排序.

若 $Y_j=Z_{R_j}$,则称 Y_j(在合样本中)的**秩**为 $R_j(1\leqslant j\leqslant n)$. 不难看出:(2.14)式右边那个二重和等于 $R_1+\cdots+R_n-n(n+1)/2$,因此算出

$$U_N=\sum_{j=1}^{n}R_j/(mn)-(n+1)/(2m).\tag{2.15}$$

如果 F 和 G 所属的分布族都满足定理 2.3 中的条件，则在凸损失下，U_N 是 $P(Y>X)$ 的无偏一致最小风险估计.

以上我们总假定总体分布是一维的，但整个理论不难推广到总体分布为多维的情形. 关键的一点是把次序统计量的概念推广到多维的情形. 设 $X_1,\cdots,X_n$ 是一组 k 维样本，则称集合 $\{X_1,\cdots,X_n\}$ 是其次序统计量. 与通常不同之处是，此处 $X_1,\cdots,X_n$ 中如有相同的，则它们在集合中要重复出现. 这与以前所下的次序统计量定义的精神是一致的，因为，把样本排序也好，或看成一个集合也好，无非是要把其出现先后次序抹去(不妨设想 X_1 是第一个观察到的，等等). 这个定义自然推广到合样本情形，且每组分样本可以有不同的维数. 定理 2.3 及 U 统计量的定义，都平行地推广到这个情况.

作为一个例子，设有二维随机向量 (X,Y)，分布为 F，要估计 X,Y 的协方差 $\mathrm{Cov}(X,Y)$. 设 $(X_1,Y_1),(X_2,Y_2)$ 独立，都有分布 F，则

$$f((X_1,Y_1),(X_2,Y_2)) = X_1Y_1 - X_1Y_2$$

是 $\mathrm{Cov}(X,Y)$ 的一个无偏估计. 现若从 F 中抽出 iid. 样本 $(X_1,Y_1),\cdots,(X_n,Y_n)$，则 U 统计量

$$U_N = \frac{1}{n(n-1)}\sum{}^{*}(X_{i_1}Y_{i_1} - X_{i_1}Y_{i_2}) \tag{2.16}$$

是在凸损失下 $\mathrm{Cov}(X,Y)$ 的一个无偏一致最小风险估计. 此处要假定 F 所属的分布族 $\mathscr{F}$ 满足定理 2.3 的条件，例如，$\mathscr{F}$ 为其一切二阶矩都有限的二维分布族. (2.16)式中 $\sum^{*}$ 的求和范围为 $1\leqslant i_1,i_2\leqslant n,i_1\neq i_2$，不难算出

$$U_N = (n-1)^{-1}\sum_{i=1}^{n}(X_i-\overline{X})(Y_i-\overline{Y}), \tag{2.17}$$

即通常的样本协方差.

2.2 Cramer-Rao 不等式

沿用 2.1 节的记号. 若取损失函数为 $L(\theta,a)=[g(\theta)-a]^2$，则 $g(\theta)$ 的一

个无偏估计 $\hat{g}$ 的风险就是 $\mathrm{Var}_\theta(\hat{g}(x))$，而无偏一致最小风险估计就成为**无偏一致最小方差估计**，也常简称为**最小方差无偏估计**（Minimum Variance Unbiased Estimate，**MVUE**）.

求 MVUE 的另一种方法是：先对无偏估计的方差估计出一个不可逾越的下界，如果某个无偏估计的方差真达到了这个下界，那它就是 MVUE. 这样的下界首先由 Rao 和 Cramer 在 1945～1946 年间先后提出，故人们常称其结果为 **Cramer-Rao 不等式**，或简称 **C-R 不等式**.

2.2.1 单参数情况

设样本分布为 $f(x,\theta)\mathrm{d}\mu(x)$，$\mu$ 是样本空间 $(\mathscr{X},\mathscr{B}_x)$ 上的 σ 有限测度. 参数 $\theta\in\Theta$，Θ 是 $\mathbb{R}^1$ 上的一个有界或无界的开区间. 设 $f(x,\theta)$ 满足以下条件：

1° $f(x,\theta)>0$ 对一切 $x\in\mathscr{X}$，$\theta\in\Theta$.

2° $\partial f(x,\theta)/\partial\theta$ 对一切 $x\in\mathscr{X}$ 及 $\theta\in\Theta$ 存在，且

$$\int_{\mathscr{X}}\frac{\partial f(x,\theta)}{\partial\theta}\mathrm{d}\mu(x)=0.$$

定理 2.4（C-R 不等式） 设条件 1°，2° 成立. 若 $\hat{g}(X)$ 为 $g(\theta)$ 之一无偏估计，满足条件：

3° $\int_{\mathscr{X}}\hat{g}(x)f(x,\theta)\mathrm{d}\mu(x)$ 可在积分号下对 θ 求导.

则有

$$\mathrm{Var}_\theta(\hat{g}(X))\geqslant[g'(\theta)]^2/\mathrm{E}_\theta\left(\frac{\partial\ln f(X,\theta)}{\partial\theta}\right)^2. \tag{2.18}$$

条件 1° 要求样本分布族有公共支撑，这就排除了像均匀分布族 $\{R(0,\theta),\theta>0\}$ 这样的截尾分布族. 因为有 $\int_{\mathscr{X}}f(x,\theta)\mathrm{d}\mu(x)=1$ 对一切 θ，条件 2° 等于要求可在此积分号下对 θ 求导. 条件 3° 的性质与 1°，2° 不一样，1°，2° 与 $\hat{g}$ 无关而 3° 与 $\hat{g}$ 有关. 还要注意：由条件 3° 推出 $g'(\theta)$ 存在，故它出现在(2.18)式中是合理的.

为证(2.18)式，记 $S(x,\theta)=\partial\ln f(x,\theta)/\partial\theta$. 不妨设 $\mathrm{Var}_\theta(\hat{g}(x))$ 和 $\mathrm{E}S^2(X,\theta)$ 都有限，否则(2.18)式自然成立. 因此，注意到条件 2° 给出 $\mathrm{E}S(X,\theta)=0$，有

$$\begin{aligned}\mathrm{Cov}_\theta(\hat{g}(X),S(X,\theta)) &= \mathrm{E}_\theta(\hat{g}(X)S(X,\theta))\\ &= \int_{\mathscr{X}}g(x)\frac{\partial\ln f(x,\theta)}{\partial\theta}f(x,\theta)\mathrm{d}\mu(x)\end{aligned}$$

$$= \int_{\mathscr{X}} \hat{g}(x) \frac{\partial f(x,\theta)}{\partial \theta} \mathrm{d}\mu(x).$$

按条件 3°,此式等于

$$\partial \int_{\mathscr{X}} \hat{g}(x) f(x,\theta) \mathrm{d}\mu(x) / \partial \theta = g'(\theta).$$

用 Schwartz 不等式,有

$$\mathrm{Var}_\theta(\hat{g}) \mathrm{E}_\theta(S^2(X,\theta)) \geqslant [(g'\theta)]^2. \tag{2.19}$$

即(2.18)式,定理证毕.

从上述推导看出:若对某个 θ 值(2.18)式的分母为 0,则必有 $g'(\theta)=0$. 这时(2.18)式失去意义.

利用不等式(2.18)只能验证某一估计 $\hat{g}$ 是否为 MVUE,而不能作为寻找 MVUE 的工具. 还有一个限制:$g(\theta)$ 的每一个无偏估计必须都要满足 3°. 另外,有时 MVUE 存在,但其方差大于(2.18)式给出的界限. 由于这几个原因,此不等式在寻找 MVUE 中的作用是很有限的,但这不等式在统计学中尚有其他用处,不限于找 MVUE.

能满足本定理条件 1°~3° 的最重要例子,就是自然形式的单参数指数型分布族:

定理 2.5 若 $f(x,\theta) = C(\theta)\exp(\theta T(x))h(x)$,则条件 1°,2° 成立,且对 $g(\theta)$ 的任一无偏估计 $\hat{g}$,条件 3° 也成立.

证明 先设 $\hat{g}$ 非负. 令 $\mathrm{d}\nu(x) = h(x)\hat{g}(x)\mathrm{d}\mu(x)$,则

$$\int_{\mathscr{X}} f(x,\theta)\hat{g}(x)\mathrm{d}\mu(x) = \int_{\mathscr{X}} C(\theta)\exp(\theta T(x))\mathrm{d}\nu(x). \tag{2.20}$$

由定理 1.1 已证得 $C'(\theta)$ 在 $\theta \in \Theta$ 存在,于是定理 1.1 的证法只需略作调整即可用于(2.20)式右边的积分. 对一般的 $\hat{g}$,可表为两个非负函数之差,这证明了 3°. 取 $\hat{g} \equiv 1$ 就证明了 2°. 定理证毕.

指数型分布族不但能使定理 2.4 的条件 1°~3° 对 $g(\theta)$ 的任何无偏估计成立,它还是能使(2.18)式中等号成立的唯一的一个分布族. 事实上,从导出(2.19)式的过程(其关键一步可由不等式 $\mathrm{Cov}^2(\xi,\eta) \leqslant \mathrm{Var}(\xi) \cdot \mathrm{Var}(\eta)$)看出:为使(2.19)式(因而(2.18)式)成立等号,必须有

$$S(x,\theta) = a(\theta)\hat{g}(x) + b(\theta), \tag{2.21}$$

这里 $a(\theta)$,$b(\theta)$与 x 无关. 对 θ 积分,得

$$\ln f(x,\theta) = Q(\theta)\hat{g}(x) + R(\theta) + l(x), \tag{2.22}$$

这里 $Q(\theta) = \int_{\theta_0}^{\theta} a(u)\mathrm{d}u$,$R(\theta) = \int_{\theta_0}^{\theta} b(u)\mathrm{d}u$,$l(x)$ 只依赖 x. 记$C(\theta) = \mathrm{e}^{R(\theta)}$,$h(x) = \mathrm{e}^{l(x)}$,得

$$f(x,\theta) = C(\theta)\mathrm{e}^{Q(\theta)\hat{g}(x)}h(x),$$

这正好是单参数指数型分布,总结以上讨论得出:

定理 2.6 设样本分布族为单参数指数型分布族 $C(\theta)\exp(Q(\theta)T(x)) \cdot h(x)\mathrm{d}\mu(x)$,则当且仅当

$$g(\theta) = \mathrm{E}_\theta(aT(X) + b), \quad a,b \text{ 为常数}$$

时,$g(\theta)$有一个无偏估计,即 $aT(X) + b$,其方差达到不等式(2.18)给出的下界. 故 $aT(X) + b$ 就是$g(\theta)$的 MVUE.

总之:

1° 若样本分布族非指数型,则任何 $g(\theta)$的任何无偏估计,其方差不能处处(即对每个 $\theta\in\Theta$)达到 C-R 不等式中的下界(可在部分点达到,见习题 71).

2° 即使样本分布族为指数型 $C(\theta)\exp(Q(\theta)T(x))h(x)\mathrm{d}\mu(x)$,也不是任何$g(\theta)$都能找到无偏估计 $\hat{g}(X)$,使其方差处处达到 C-R 下界,唯有在 $g(\theta) = \mathrm{E}_\theta(aT(X) + b)$时才有,即 $aT(x) + b$.

这清楚地显示出 C-R 不等式在这个问题中作用之有限.

定理 2.6 的证明在细节上还有需要严谨化之处. 例如,(2.21)式并非处处成立,而是对每个 θ a.e.μ 成立,其例外集可与 θ 有关,因而对 a.e.μ 固定的 x,(2.22)式也不是对每个 $\theta\in\Theta$ 成立,而只是 a.e. L 成立等. 这些在统计上没有多大重要性,但在数学上则是麻烦的细节. 严格的证明可参看本书作者的《数理统计引论》第 114～117 面.

定理 2.6 表明:凡是能用 C-R 不等式法求出 MVUE 的情况,一定也可以用定理 2.1 解决. 当然,在这种情况下,C-R 法的好处是提供了 MVUE 的方差值. 定理 2.1 可用于一般的凸损失,而 C-R 法则不行.

一维正态总体 $N(\theta,1)$,指数分布 $\theta^{-1}\mathrm{e}^{-x/\theta}I(x>0)$,二项分布 $B(n,p)$及 Poisson 分布 $\mathscr{P}(\lambda)$中的参数 θ,p 和λ,是能用 C-R 法求 MVUE 的几个代表性例子,它们都满足定理 2.6 的条件. 对分布族$\{\theta^{-1}\mathrm{e}^{-x/\theta}I(x>0),\theta>0\}$,据定理

2.1,$g(\theta)=\theta^2$的 MVUE 也存在,就是 $\hat{g}(x)=x^2/2$,但这个估计达不到 C-R 下界(计算留给读者). 定理 2.6 也指出了达不到的原因.

C-R 不等式的推导只用到简单的 Schwartz 不等式,故可想见其结果应是比较粗糙. 有些学者研究了此不等式的精密化,其结果更为繁冗而用处不大,故不在此处介绍了(习题 77).

2.2.2 Fisher 信息函数

在(2.18)式中取 $g(\theta)=\theta$ 得出:θ 的任一无偏估计,其方差都不能小于 $I^{-1}(\theta)$,其中

$$I(\theta) = \mathrm{E}_\theta(\partial \ln f(X,\theta)/\partial\theta)^2. \tag{2.23}$$

当然,这都是在定理 2.4 的条件 1°～3°成立的前提下. 我们此处只是把这不等式作为一个由头以推出 $I(\theta)$这个量,一经推出,它就作为一个独立的实体而存在,不再问及原来那些条件了.

$I(\theta)$愈大,可能达到的方差下界就愈小. 方差愈小,反映 θ 更易于作出精度高的估计,或者说,样本 X 中包含 θ 的"信息量"愈多. 因此,可以把 $I(\theta)$作为样本所含信息量的一种度量,它称为 **Fisher 信息函数**.

举一个更直观的例子:设有正态总体 $N(\theta,\sigma^2)$,σ^2已知,设想 $\sigma^2=10^{-100}$,则观察一个样本 x 就能把 θ 估计到十分精确的程度,这时 x 所含的信息量很大. 反之,若 $\sigma^2=10^{100}$,则观察一个样本 x 只能对 θ 作出精度极低的估计,这时 x 所含的信息量很少. 本例 $I(\theta)=1/\sigma^2$,反映了刚才指出的事实.

Fisher 信息量 $I(\theta)$在点估计的大样本理论中有用,见 2.4 节.

我们注意到:$I(\theta)$不是一个常数而是与 θ 有关的. 直观上这反映了如下的事实,不同的 θ 值,其估计难易程度可以不一样. 例如二项分布 $B(n,\theta)$,θ 的 MVUE 为 x/n,其方差为 $\theta(1-\theta)/n$.θ 愈接近于 0 或 1,这方差愈小,反映当 θ 接近 0,1 时,它易于被估计得更精确. 本例 $I(\theta)=n/[\theta(1-\theta)]$,反映了这个事实.

有一个特例值得注意一下,设总体分布族为 $f(x,\theta)\mathrm{d}\mu(x)$,我们从该总体抽 iid. 样本 $X=(X_1,\cdots,X_n)$,以 $I_n(\theta)$记 X 的信息函数,则易见

$$I_n(\theta) = nI_1(\theta), \tag{2.24}$$

$I_1(\theta)$是一个样本 x_1的信息函数. 在这种模型下,我们总是把一个样本的信息函

数作为该模型的信息函数. 对不同的样本量,则用(2.24)式去计算整个样本的信息量. 我们注意到,信息量与样本量成比例,这是一个应有的事实,也说明了 Fisher 信息量定义的合理性.

2.2.3 多个参数的情况

设参数 $\theta=(\theta_1,\cdots,\theta_k)$ 为 $k(k\geqslant 1)$ 维,而我们要估计 θ 的一个 r 维向量函数 $g(\theta)=(g_1(\theta),\cdots,g_r(\theta))'$. 估计 $\hat{g}=(\hat{g}_1,\cdots,\hat{g}_r)$ 为无偏的定义与一维情况同,即 $\mathrm{E}_\theta\hat{g}=g(\theta)$ 或 $\mathrm{E}\hat{g}_j=g_j(\theta)$ $(1\leqslant j\leqslant r)$. 若 $\hat{g}_j$ 是 $g_j(\theta)$ 的 MVUE $(j=1,\cdots,r)$,则称 $\hat{g}=(\hat{g}_1,\cdots,\hat{g}_r)$ 是 $g(\theta)$ 的 MVUE. 我们可以证明 MVUE 的下述更强的性质:

定理 2.7 设 $\hat{g}$ 是 $g(\theta)$ 的 MVUE,且 $\mathrm{Var}_\theta(\hat{g}_j)<\infty$ 对任何 $\theta\in\Theta$, $j=1,\cdots,r$,则对 $g(\theta)$ 的任一无偏估计 $\hat{\delta}=(\hat{\delta}_1,\cdots,\hat{\delta}_r)$,若 $\mathrm{Var}_\theta(\hat{\delta}_j)<\infty$ 对任何 $\theta\in\Theta$ 及 $j=1,\cdots,r$,则有

$$\mathrm{Cov}_\theta(\hat{g})\leqslant\mathrm{Cov}_\theta(\hat{\delta}),\quad \text{对一切 } \theta\in\Theta. \tag{2.25}$$

定理的证明需要以下几个预备事实,它们本身也有独立的意义,特别是引理 2.1,它常作为判定某一估计不是 MVUE 的工具.

引理 2.1 设 $g(\theta)$ 为一维实函数, $\hat{g}$ 是其无偏估计, $\mathrm{Var}_\theta(\hat{g})<\infty$ 对任何 $\theta\in\Theta$. 则 $\hat{g}$ 为 $g(\theta)$ 的 MVUE 的充要条件是:对任何满足条件

$$\mathrm{E}_\theta\hat{\delta}_0=0,\quad \text{对一切 } \theta\in\Theta \tag{2.26}$$

的统计量 δ_0,必有

$$\mathrm{Var}_{\theta_0}(\hat{\delta}_0)<\infty \text{ 对某个 } \theta_0\in\Theta \ \Rightarrow\ \mathrm{Cov}_{\theta_0}(\hat{g},\hat{\delta}_0)=0 \text{ 对任何 } \theta_0\in\Theta. \tag{2.27}$$

证明 先设引理中的条件成立. 设 $\hat{\delta}$ 为 $g(\theta)$ 之一无偏估计,往证

$$\mathrm{Var}_\theta(\hat{g})\leqslant\mathrm{Var}_\theta(\hat{\delta}),\quad \text{对一切 } \theta\in\Theta. \tag{2.28}$$

事实上,取定 $\theta_0\in\Theta$. 设 $\hat{\delta}$ 为 $g(\theta)$ 之一无偏估计,若 $\mathrm{Var}_{\theta_0}(\hat{\delta})=\infty$,则 $\mathrm{Var}_{\theta_0}(\hat{g})\leqslant\mathrm{Var}_{\theta_0}(\hat{\delta})$ 自然成立. 若 $\mathrm{Var}_{\theta_0}(\hat{\delta})<\infty$,则 $\hat{\delta}_0\equiv\hat{\delta}-\hat{g}$ 满足(2.27)式左边及(2.26)式,故按(2.27)式,有 $\mathrm{Cov}_{\theta_0}(\hat{g},\hat{\delta}_0)=0$,因而

$$\mathrm{Var}_{\theta_0}(\hat{\delta})=\mathrm{Var}_{\theta_0}(\hat{g})+\mathrm{Var}_{\theta_0}(\hat{\delta}_0)\geqslant\mathrm{Var}_{\theta_0}(\hat{g}),$$

这对每个 $\theta_0\in\Theta$ 成立，因而证明了 $\hat{g}$ 是 $g(\theta)$ 的 MVUE.

反过来，设 $\hat{g}$ 是 $g(\theta)$ 的 MVUE，$\mathrm{Var}_\theta(\hat{g})<\infty$ 对任何 $\theta\in\Theta$，设 $\hat{\delta}_0$ 满足(2.26)式，则对任何常数 a，$\hat{g}+a\hat{\delta}_0$ 是 $g(\theta)$ 的无偏估计. 因此，据 $\hat{g}$ 为 $g(\theta)$ 的 MVUE 的事实，应有

$$\mathrm{Var}_\theta(\hat{g}+a\hat{\delta}_0)\geqslant \mathrm{Var}_\theta(\hat{g}),\quad 对一切\ \theta\in\Theta. \tag{2.29}$$

但若 $\mathrm{Var}_{\theta_0}(\hat{\delta}_0)<\infty$，则有

$$\mathrm{Var}_{\theta_0}(\hat{g}+a\hat{\delta}_0)=\mathrm{Var}_{\theta_0}(\hat{g})+2a\mathrm{Cov}_{\theta_0}(\hat{g},\hat{\delta}_0)+a^2\mathrm{Var}_{\theta_0}(\hat{\delta}_0). \tag{2.30}$$

如果 $\mathrm{Cov}_{\theta_0}(\hat{g},\hat{\delta}_0)\neq 0$，则取 $a=-\varepsilon\mathrm{Cov}_{\theta_0}(\hat{g},\hat{\delta}_0)$，并取 $\varepsilon>0$ 充分小时，由(2.30)式将得 $\mathrm{Var}_{\theta_0}(\hat{g}+a\hat{\delta}_0)<\mathrm{Var}_{\theta_0}(\hat{g})$，与(2.29)式矛盾. 这证明了(2.27)式，因而完成了本引理的证明.

引理 2.2　设 $\hat{g}_j$ 为 $g_j(\theta)$ 的 MVUE，且 $\mathrm{Var}_{\theta_0}(\hat{g}_j)<\infty$ $(1\leqslant j\leqslant r)$，则对任何常数 $c_1,\cdots,c_r$，$\sum_{j=1}^r c_j\hat{g}_j$ 为 $\sum_{j=1}^r c_jg_j(\theta)$ 的 MVUE.

证明　$\hat{g}\equiv\sum_{j=1}^r c_j\hat{g}_j$ 为 $\sum_{j=1}^r c_jg_j(\theta)$ 的无偏估计，方差有限. 设 $\hat{\delta}_0$ 满足(2.26)式，则因 $\hat{g}_j$ 为 $g_j(\theta)$ 的 MVUE，据引理 2.1，由 $\mathrm{Var}_{\theta_0}(\hat{\delta}_0)<\infty$ 推出 $\mathrm{Cov}_{\theta_0}(\hat{g}_j,\hat{\delta}_0)=0$ $(1\leqslant j\leqslant r)$，故 $\mathrm{Cov}_{\theta_0}(\hat{g},\hat{\delta}_0)=\sum_{j=1}^r c_j\mathrm{Cov}_{\theta_0}(\hat{g}_j,\hat{\delta}_0)=0$. 这样，对估计量 $\hat{g}=\sum_{j=1}^r c_j\hat{g}_j$ 成立(2.27)式，因而按引理 2.1，$\hat{g}$ 是 $\sum_{j=1}^r c_jg_j(\theta)$ 的 MVUE. 引理证毕.

现在回到定理 2.7 的证明. 设 $\hat{g}_j$ 为 $g_j(\theta)$ 的 MVUE，方差有限 $(1\leqslant j\leqslant r)$. 按引理 2.2，$\sum_{j=1}^r c_j\hat{g}_j$ 为 $\sum_{j=1}^r c_jg_j(\theta)$ 的 MVUE. 现若 $\hat{\delta}=(\hat{\delta}_1,\cdots,\hat{\delta}_r)'$ 为 $g(\theta)\equiv(g_1(\theta),\cdots,g_r(\theta))'$ 的无偏估计，则 $\sum_{j=1}^r c_j\hat{\delta}_j$ 为 $\sum_{j=1}^r c_jg_j(\theta)$ 的无偏估计，故应有

$$\mathrm{Var}_\theta\Big(\sum_{j=1}^r c_j\hat{g}_j\Big)\leqslant \mathrm{Var}_\theta\Big(\sum_{j=1}^r c_j\hat{\delta}_j\Big),\quad 对一切\ \theta\in\Theta. \tag{2.31}$$

由于 $\hat{g}_1,\cdots,\hat{g}_r$ 和 $\hat{\delta}_1,\cdots,\hat{\delta}_r$ 的方差都有限，上式可写为

$$c'\mathrm{Cov}_\theta(\hat{g})c\leqslant c'\mathrm{Cov}(\hat{\delta})c,$$

其中 $c=(c_1,\cdots,c_r)'$. 由于此式对任何 r 维向量 c 都成立,按定义即得(2.25)式. 定理证毕.

由定理 2.7,结合定理 2.1,得:

系 设 T 为一充分完全统计量,$\hat{g}$ 为基于 T 的、$g(\theta)$的无偏估计,且 $\hat{g}$ 各分量都有有限的方差,则在下述估计类中:

$$\varepsilon=\{\hat{\delta}:\hat{\delta}\text{ 为 } g(\theta)\text{ 的无偏估计,其各分量方差有限}\}$$

以 $\hat{g}$ 的协差阵 $\mathrm{Cov}(\hat{\delta})$一致地(对一切 $\theta\in\Theta$ 同时)达到最小.

注意在定义估计类 ε 时,不能只要求 $\hat{\delta}$ 无偏,因若 $\hat{\delta}$ 的某一分量方差无限,则 $\mathrm{Cov}_\theta(\hat{\delta})$没有意义,失去了比较的基础.

由定理 2.7 及其系,自然地提出问题:在估计类 ε 中协差阵最小能达到多少? 下面的多参数 C-R 不等式回答了这个问题.

定理 2.8 设样本分布族为 $f(x,\theta)\mathrm{d}\mu(x)$,参数 $\theta=(\theta_1,\cdots,\theta_k)$属于 $\mathbb{R}^k$ 中一开区域Θ,且满足以下条件:

1° $f(x,\theta)>0$,对任何 $x\in\mathscr{X},\theta\in\Theta$.

2° 对任何 $x\in\mathscr{X}$及 $\theta=(\theta_1,\cdots,\theta_k)\in\Theta$,$\partial f(x,\theta)/\partial\theta_j$存在$(1\leqslant j\leqslant k)$,且

$$\int_{\mathscr{X}}\frac{\partial f(x,\theta)}{\partial\theta_j}\mathrm{d}\mu(x)=0,\quad 1\leqslant j\leqslant k.$$

3° 记 $S_j(x,\theta)=\partial\ln f(x,\theta)/\partial\theta_j$,则

$$\mathrm{E}_\theta\mid S_i(X,\theta)S_j(X,\theta)\mid<\infty,\quad i,j=1,\cdots,k,\quad \theta\in\Theta,$$

且若记 $c_{ij}(\theta)=\mathrm{E}_\theta(S_i(X,\theta)S_j(X,\theta))$,则方阵

$$I(\theta)=(c_{ij}(\theta))_{i,j=1,\cdots,k}$$

是正定的.

则对 ε 中一个估计 $\hat{\delta}=(\hat{\delta}_1,\cdots,\hat{\delta}_r)$,如果可以在 $\int_{\mathscr{X}}\hat{\delta}_i(x)f(x,\theta)\mathrm{d}\mu(x)$ 积分号下对 $\theta_1,\cdots,\theta_k$ 求偏导数$(1\leqslant i\leqslant r)$,则

$$\mathrm{Cov}_\theta(\hat{\delta})\geqslant D(\theta)I^{-1}(\theta)D'(\theta),\quad \theta\in\Theta,\tag{2.32}$$

其中 $D(\theta)$为 $r\times k$ 矩阵,其(i,j)元为$\partial g_i(\theta)/\partial\theta_j$.

证明 记 $S(X,\theta)=(S_1(X,\theta),\cdots,S_k(X,\theta))'$. 按条件 2°有 $\mathrm{E}_\theta S(X,\theta)=0$ $(\theta\in\Theta)$. 按 3°,知 $\mathrm{Cov}_\theta(S)$存在且就是 $I(\theta)$. 由对施加在 $\hat{\delta}$ 上的条件知

$$\mathrm{Cov}_\theta(\hat{\delta}_i(x), \partial f(x,\theta)/\partial\theta_j) = \partial g_i(\theta)/\partial\theta_j,$$

由此推出

$$0 \leqslant \mathrm{Cov}_\theta\begin{pmatrix}\hat{\delta}\\ S\end{pmatrix} = \begin{pmatrix}\mathrm{Cov}_\theta(\hat{\delta}) & D(\theta)\\ D'(\theta) & I(\theta)\end{pmatrix}.$$

由此式及 $I^{-1}(\theta)$存在,立即得出(2.32)式. 这用到矩阵论中下述周知的事实:若分块对称方阵$\begin{pmatrix}A & B\\ B & C\end{pmatrix}$为非负定,其中 A,C 为方阵且 C^{-1}存在,则 $A-BC^{-1}B'\geqslant 0$. 证明如下:因$\begin{pmatrix}A & B\\ B & C\end{pmatrix}\geqslant 0$,可找到方阵$(E_1 \vdots E_2)$($E_1$的列数与 A 的列数同),使

$$\begin{pmatrix}A & B\\ B & C\end{pmatrix} = (E_1 \vdots E_2)'(E_1 \vdots E_2) = \begin{pmatrix}E_1'E_1 & E_1'E_2\\ E_2'E_1 & E_2'E_2\end{pmatrix},$$

因而

$$A - BC^{-1}B' = E_1'[I - E_2(E_2'E_2)^{-1}E_2']E_1$$

此处 I 为单位阵,因 $E_2(E_2'E_2)^{-1}E_2'$为幂等阵:

$$[E_2(E_2'E_2)^{-1}E_2']^2 = E_2(E_2'E_2)^{-1}E_2',$$

故必有 $E_2(E_2'E_2)^{-1}E_2'\leqslant I$,因而 $E_1'[I-E_2(E_2'E_2)^{-1}E_2']E_1\geqslant 0$,如所欲证.

关于(2.32)式中等号成立的条件问题,不作仔细讨论(方法与单参数情况相似,细节要繁琐一些),只把结论表述如下:

定理 2.9　若样本分布族为指数型(1.8)式,$\theta=(\theta_1,\cdots,\theta_k)\in\Theta$,$\Theta$ 为 $\mathbb{R}^k$ 中一区域. 若 $g(\theta)=(g_1(\theta),\cdots,g_r(\theta))'$,而

$$g_j(\theta) = \sum_{i=1}^k c_{ij}\mathrm{E}_\theta(T_i),\quad 1\leqslant j\leqslant r,\quad c_{ij}\text{ 为常数}, \tag{2.33}$$

则 $g(\theta)$的任一无偏估计满足(2.32)式(这包含了以下一些断言:$I^{-1}(\theta)$存在;$\partial g_j/\partial\theta_i$ ($1\leqslant j\leqslant r,1\leqslant i\leqslant k,\theta\in\Theta$)存在;对 $g(\theta)$的任一无偏估计 $\hat{g}$,$\hat{g}$ 的各分量方差有限),而使等号成立的唯一的无偏估计是 $\hat{g}=(\hat{g}_1,\cdots,\hat{g}_r)'$,其中

$$\hat{g}_j = \sum_{i=1}^k c_{ij}T_i,\quad 1\leqslant j\leqslant r.$$

反之,若 $D(\theta)=(\partial g_j/\partial\theta_i)_{1\leqslant j\leqslant r,1\leqslant i\leqslant k}$存在(即偏导数$\partial g_j/\partial\theta_i$存在)且对任何 $\theta\in$

Θ 有秩 r,则只有在 $f(x,\theta)$ 为指数型且 $g(\theta)$ 由(2.33)式定义时,其 MVUE 的协差阵才能使(2.32)式成立等号.

可以举例证明:若 $r>k$,或 $r\leqslant k$ 但 $D(\theta)$ 之秩小于 r,$g(\theta)$ 可以存在 MVUE 但其协差阵达不到(2.32)式所规定的下界.

例 2.7 设 $X_1,\cdots,X_n$ 是从正态总体 $N(\mu,\sigma^2)$ 中抽出的 iid. 样本,此处 $\theta=(\mu,\sigma^2)$,要估计 θ. 不难算出

$$D(\theta)=\begin{pmatrix}1 & 0\\ 0 & 1\end{pmatrix},\quad I(\theta)=\begin{bmatrix}n/\sigma^2 & 0\\ 0 & n/(2\sigma^4)\end{bmatrix}.$$

θ 的 MVUE 为 $\left(\bar{X},(n-1)^{-1}\sum_{i=1}^{n}(X_i-\bar{X})^2\right)$,其协差阵为 $\begin{bmatrix}n/\sigma^2 & 0\\ 0 & (n-1)/(2\sigma^4)\end{bmatrix}$,达不到(2.32)式规定的下界.

由定理 2.9 不难看出达不到下界的原因. 若把 $(X_1,\cdots,X_n)$ 的密度写成指数型自然形式,将有形式

$$C(\theta)\exp(\theta_1 T_1+\theta_2 T_2)\mathrm{d}\mu,\quad T_1=\bar{X},\quad T_2=\sum_{i=1}^{n}X_i{}^2,$$

有 $\mathrm{E}_\theta T_1=\mu$,$\mathrm{E}_\theta T_2=n\mu^2+n\sigma^2$. 由此看出:$\theta$ 的第一分量,即 μ,有(2.33)式的形式,故对它而言(2.32)式的下界达到了. 但 θ 的第二分量 σ^2 却不能表成(2.33)式的形式,因而对它来说(2.32)式的下界就达不到了.

与单参数情况平行,$I(\theta)$ 称为 Fisher 信息矩阵. 这个称呼的来由及根据与单参数情况也相似.

2.3 估计的容许性

这是一个很大很难的题目,本书只作很有限的讨论. 所涉及的内容与 C-R 不等式有些关系,故放在本章,也印证一下前面所讲的:C-R 不等式不只是用在求 MVUE 的问题,还有别的用处.

设给了样本空间 $(\mathscr{X},\mathscr{B}_x)$,分布族 $\{P_\theta,\theta\in\Theta\}$,待估函数 $g(\theta)$,损失函数

$L(\theta,a)$. 任一估计量 $\hat{g}$ 有一风险函数 $R(\theta,\hat{g})=\int_{\mathscr{X}} L(\theta,\hat{g}(x))\mathrm{d}P_\theta(x)$. 如果存在另一估计量 $\hat{\delta}$,使 $R(\theta,\hat{g})\geqslant R(\theta,\hat{\delta})$ 对一切 $\theta\in\Theta$,且不等号至少对 Θ 中一个 θ 值成立,则称 $\hat{g}$ 为**不可容许**的. 若不存在具有上述性质的估计量 $\hat{\delta}$,则称 $\hat{g}$ 是**可容许**的.

按 Wald 决策理论,风险愈小愈好. 因此当一个估计不可容许时,没有理由使用它. 但"风险最小"是一个可以争论的准则,且在实用中,习惯上以及使用方便上的考虑也起作用,因此,"不用不容许估计"就不是一个大家遵守的铁则.

先考察几个例子.

例 2.8　$X_1,\cdots,X_n$ 为抽自正态总体 $N(\theta,1)$ 的 iid. 样本,要估计 θ,参数空间为 $|\theta|<1$. 这在实用上可解释为一种根据理论或经验而有的知识,因而这类限制不能算是完全人为的. 取平方损失 $L(\theta,a)=(\theta-a)^2$. 前面已证明: $\bar{X}$ 是 θ 的 MVUE. 但这个估计显然不可容许,因为估计

$$\hat{\delta}(x)=\begin{cases}\bar{x}, & |\bar{x}|<1,\\ 1, & \bar{x}\geqslant 1,\\ -1, & \bar{x}\leqslant -1\end{cases} \tag{2.34}$$

一致地优于它.

例 2.9　$X_1,\cdots,X_n$ 为抽自正态总体 $N(\mu,\sigma^2)$ 的 iid. 样本,要估计 σ^2,参数空间为 $\Theta=\{(\mu,\sigma^2):-\infty<\mu<\infty,\sigma^2>0\}$. 取平方损失 $L(\sigma^2,a)=(\sigma^2-a)^2$. 记 $S^2=\sum_{i=1}^n(X_i-\bar{X})^2$,考虑形如 cS^2 的估计量,其风险为

$$\mathrm{E}_\theta(cS^2-\sigma^2)^2=[(n^2-1)c^2-2(n-1)c+1]\sigma^4,$$

此式在 $c=(n+1)^{-1}$ 达到最小. 因此,在 cS^2 这个估计类中,应取 $S^2/(n+1)$ 作为 σ^2 的估计.

本例中 σ^2 的 MVUE 为 $S^2/(n-1)$. 由此得到一个很有意思且有点意外的结论:在平方损失下,常见的估计 MVUE $S^2/(n-1)$ 不可容许,而使用估计 $S^2/(n+1)$ 可以改善均方误差,虽则它不是无偏的. 进一步可以指出:甚至 $S^2/(n+1)$ 也仍然不可容许. 可以证明(见成平等著《参数估计》第 425 面):估计量

$$\min\left(S^2/(n+1),\sum_{i=1}^n X_i^{\,2}/(n+2)\right) \tag{2.35}$$

风险一致地更小.

以上两个例子都是指的一种情况:日常耳熟能详、广为使用的估计,原来却不可容许. 但从实用者的角度,大概会易于理解且乐于接受替代 $\overline{X}$ 的估计量(2.34)式,而对使用 $S^2/(n+1)$ 去估计 σ^2 则不见得很热心——实际上这个估计几乎无人使用,更不用说更生疏的估计量(2.35)式了. 这固然有习惯上的原因及后两个估计不大为人所知的原因,但在例 2.8 中,以(2.34)式代 $\overline{X}$ 在直观上显得理所当然,而确实对任何具体的样本,以(2.34)式估计 θ 的误差,总是小于或等于以 $\overline{X}$ 估计 θ 的误差. 因此,以(2.34)式替代 $\bar{x}$ 的好处容易看见且直截了当. 用 $S^2/(n+1)$ 代 $S^2/(n-1)$ 则不然,在一组具体样本下 $S^2/(n+1)$ 去估计 σ^2 的误差不一定比 $S^2/(n-1)$ 小,而前者又有丧失无偏性的代价. 因此,以之取代传统估计 $S^2/(n-1)$ 的号召力就不强.

下面这个例子是 Stein 于 1956 年发现的,是参数估计容许性问题中的一个著名的结果.

例 2.10 设 $X_1,\cdots,X_n;Y_1,\cdots,Y_n;Z_1,\cdots,Z_n$ 分别是从正态总体 $N(\theta_1,1)$, $N(\theta_2,1)$ 和 $N(\theta_3,1)$ 中抽出的 iid. 样本,且这 $3n$ 个样本全体独立,要估计 $\theta=(\theta_1,\theta_2,\theta_3)'$. 取平方损失

$$L(\theta,a)=\|\theta-a\|^2=(\theta_1-a_1)^2+(\theta_2-a_2)^2+(\theta_3-a_3)^2. \tag{2.36}$$

这三组样本独立,每一组只分别与三个参数 θ_1,θ_2 和 θ_3 之一有关,故事实上这是三个彼此不相干的问题. 按 2.1,2.2 节的结果,$\overline{X},\overline{Y}$ 和 $\overline{Z}$ 分别是 θ_1,θ_2 和 θ_3 的 MVUE,故很自然,应使用 $\hat{g}=(\overline{X},\overline{Y},\overline{Z})'$ 去估计 $\theta=(\theta_1,\theta_2,\theta_3)'$. 后面将证明:作为单个的估计,用 $\overline{X}$ 去估计 θ_1 在平方损失下可容许. 因此有理由希望:在平方损失(2.36)式下用 $\hat{g}$ 去估计 θ 也可容许. 但 Stein 发现情况不然. 具体说,若令 $\hat{\delta}=\{1-[n(\overline{X}^2+\overline{Y}^2+\overline{Z}^2)]^{-1}\}(\overline{X},\overline{Y},\overline{Z})'$,则对任何 θ 有

$$\mathrm{E}_\theta\|\hat{\delta}-\theta\|^2<\mathrm{E}_\theta\|\hat{g}-\theta\|^2. \tag{2.37}$$

为证此式,记 $t_1=\overline{X},t_2=\overline{Y},t_3=\overline{Z},t=(t_1,t_2,t_3)',h(t)=(h_1(t),h_2(t),h_3(t))'=t/\|t\|^2$. 有

$$\begin{aligned}\mathrm{E}_\theta\|\hat{\delta}-\theta\|^2&=\mathrm{E}_\theta\|t-\theta-n^{-1}t/\|t\|^2\|^2\\&=\mathrm{E}_\theta\|t-\theta\|^2+n^{-2}\mathrm{E}_\theta\|t\|^{-2}-2n^{-1}\mathrm{E}_\theta((t-\theta)'t/\|t\|^2).\end{aligned} \tag{2.38}$$

记 $h(t_2,t_3)=(2\pi)^{-1}n\exp\left(-\frac{n}{2}((t_2-\theta_2)^2+(t_3-\theta_3)^2)\right)$，有

$$
\begin{aligned}
&E_\theta((t_1-\theta_1)t_1/\|t\|^2)\\
&=\iint_{-\infty}^{\infty}\left(\int_{-\infty}^{\infty}(\sqrt{2\pi})^{-1}\sqrt{n}\exp(-n(t_1-\theta_1)^2/2)(t_1-\theta_1)h_1(t)\mathrm{d}t_1\right)\\
&\quad\cdot h(t_2,t_3)\mathrm{d}t_2\mathrm{d}t_3,
\end{aligned}
\tag{2.39}
$$

括号内的积分等于

$$
\begin{aligned}
&(\sqrt{2\pi n})^{-1}\int_{-\infty}^{\infty}h_1(t)\mathrm{d}(\exp(-n(t_1-\theta_1)^2)/2)\\
&=(\sqrt{2\pi n})^{-1}\int_{-\infty}^{\infty}\exp(-n(t_1-\theta_1)^2/2)\partial h_1(t)/\partial t_1\mathrm{d}t_1\\
&=(\sqrt{2\pi n})^{-1}\int_{-\infty}^{\infty}\exp(-n(t_1-\theta_1)^2/2)(\|t\|^{-2}-2t_1{}^2\|t\|^{-4})\mathrm{d}t_1.
\end{aligned}
$$

以此代入(2.39)式，并类似地计算 $E_\theta((t_2-\theta_2)t_2/\|t\|^2)$和 $E_\theta((t_3-\theta_3)t_3/\|t\|^2)$，三者相加，得

$$E_\theta((t-\theta)'t/\|t\|^2)=n^{-1}E_\theta\|t\|^{-2}.$$

以此代入(2.38)式，并注意到 $E_\theta\|t-\theta\|^2$就是 $E_\theta\|\hat{g}-\theta\|^2$，得

$$E_\theta\|\hat{\delta}-\theta\|^2-E_\theta\|\hat{g}-\theta\|^2=-n^{-2}E_\theta\|t\|^{-2}.$$

上式总小于 0，从而证明了(2.37)式.

如果有 p 组样本而$p\geqslant3$，上述推理也适用，即在平方损失下同时估计 $p\geqslant3$ 个正态期望是不可容许的. 当 $p=1$ 或 2 时可以证明：样本均值估计可容许. $p=1$的证明将在后面给出，$p=2$ 的证明很难，可参看成平等著《参数估计》第 454 面.

Stein 的上述例子可以作一个形象化的解释. 设甲、乙、丙三人分别从事一项工作，甲从某人群中随机抽 n 个人去估计该群体的平均身高 θ_1；乙从某地区高中学生中抽取 n 个人估计该地区高中学生平均语文成绩 θ_2；丙从一大批某种产品中抽取 n 件去估计该批产品某项质量指标的平均值 θ_3. 假定各选择适当单位，使我们可以假定甲、乙、丙三人所关注的总体分别有等方差的正态分布 $N(\theta_1,1)$，$N(\theta_2,1)$和 $N(\theta_3,1)$. 甲、乙、丙各测量其样本值后，分别以各自的样本

均值 $\overline{X}$, $\overline{Y}$ 和 $\overline{Z}$ 去估计 θ_1, θ_2 和 θ_3.

这看来本是一个顺理成章的方法，但现在有人出来说：这样估计不好，应当把三个人的数据统一使用，用前述 $\hat{\delta}=(\hat{\delta}_1,\hat{\delta}_2,\hat{\delta}_3)=\{1-[n(\overline{X}^2+\overline{Y}^2+\overline{Z}^2)]^{-1}\}\cdot(\overline{X},\overline{Y},\overline{Z})$ 估计 $\theta=(\theta_1,\theta_2,\theta_3)$. 例如，甲用 $\hat{\delta}_1$ 即 $\{1-[n(\overline{X}^2+\overline{Y}^2+\overline{Z}^2)]^{-1}\}\overline{X}$ 估计 θ_1，其中使用了乙、丙的数据，虽则他的问题与乙、丙风马牛不相及.

这个搞法可能会被绝大多数人斥为虚妄. 的确，揆之常理，实在难于讲出这样做的言之成理的根据. 只有那种信仰 Wald 理论并且看重容许性准则的数理统计学者，可能基于本例的计算而接受它. 本例究竟该如何解释，或者说，何种选择更恰当，恐怕是一个见仁见智的问题. 这个例子说明：评估数理统计理论结果的实际意义有时是很复杂的事，数学上的道理只是其中的一个因素.

上面介绍的是几个不容许的典型例子. 正面的结果也有一些，大都极为繁复，不适于在本书中讨论. 说起来，也只是在平方损失的情况下才有较系统的结果（见上引成平等的书第 8 章），下面要介绍的 Karlin 的结果出现较早，它包含了几个常见的估计.

设 $X_1,\cdots,X_n$ 是从一维指数型族 $C(\theta)\mathrm{e}^{\theta T(x)}\mathrm{d}\mu(x)$ 抽出的 iid. 样本，据因子分解定理，$\sum_{i=1}^{n}T(X_i)$ 为充分统计量. 又按引理 1.3，后者的分布为指数型 $C^n(\theta)\mathrm{e}^{\theta t}\mathrm{d}\nu(t)$. 综合此二者，可假定样本量为 1 而样本 X 的分布是 $C(\theta)\mathrm{e}^{\theta x}\mathrm{d}\mu(x)$，$a<\theta<b$，其中 $-\infty\leqslant a<b\leqslant\infty$.

按定理 1.1 的注 1，有

$$\mathrm{E}_\theta(X)=-C'(\theta)/C(\theta)=\omega(\theta),$$

$$\mathrm{Var}_\theta(X)=\omega'(\theta)=\sigma^2(\theta).$$

又因 $\ln(C(\theta)\mathrm{e}^{\theta x})=\ln c(\theta)+\theta x$，其对 θ 的导数为 $x-\omega(\theta)$，因此 Fisher 信息量 $I(\theta)=\sigma^2(\theta)$.

设要估计总体期望 $\omega(\theta)$. 设 $g(X)$ 为一估计量，其期望对任何 $\theta\in(a,b)$ 存在有限. 记其偏差为 $b(\theta)$，即 $\mathrm{E}_\theta(g(X))-\omega(\theta)=b(\theta)$，则按 C-R 不等式 (2.18)，有

$$\begin{aligned}\mathrm{E}_\theta(g(X)-\omega(\theta))^2&=b^2(\theta)+\mathrm{Var}_\theta(g(x))\\&\geqslant b^2(\theta)+\sigma^{-2}(\theta)[b'(\theta)+\sigma^2(\theta)]^2,\end{aligned}\tag{2.40}$$

这里 $b'(\theta)$的存在是基于定理 1.1. 现在可以证明下面的定理,它是 Karlin 于 1958 年得出的:

定理 2.10　在上述记号下,为估计 $\omega(\theta)$,取平方损失 $L(\theta,d)=[\omega(\theta)-d]^2$. 设 $\lambda\neq-1$,则估计量

$$g(X)=(X+k\lambda)/(1+\lambda),\quad k\text{ 为常数}\tag{2.41}$$

在下述条件下可容许:存在 $\theta_0\in(a,b)$,使

$$\lim_{\theta\to a}\int_\theta^{\theta_0}C^{-\lambda}(x)\mathrm{e}^{-k\lambda x}\mathrm{d}x=\infty,\tag{2.42}$$

$$\lim_{\theta\to b}\int_{\theta_0}^{\theta}C^{-\lambda}(x)\mathrm{e}^{-k\lambda x}\mathrm{d}x=\infty.\tag{2.43}$$

一个特例是$(a,b)=(-\infty,\infty)$,这时 $k=\lambda=0$ 及任一 θ_0 适合条件(2.42)和(2.43)式. 于是在平方损失下,X 就是 $\omega(\theta)=\mathrm{E}_\theta(X)$容许估计. 这个特例是 Girshick 和 Savage 于 1951 年得出的.

证明　若由(2.41)式定义的 $g(X)$不可容许,则存在估计量 $g_1(X)$一致地优于它,因此 $\mathrm{E}_\theta(g_1(X))$必有限. 记 $b_1(\theta)=\mathrm{E}_\theta(g_1(X))-\omega(\theta)$,据(2.40)式有

$$\begin{aligned}\mathrm{E}_\theta(g(X)-\omega(\theta))^2&=(1+\lambda)^{-2}\{\sigma^2(\theta)+\lambda^2[\omega(\theta)-k]^2\}\\&\geqslant\mathrm{E}_\theta(g_1(X)-\omega(\theta))^2\\&\geqslant {b_1}^2(\theta)+\sigma^{-2}(\theta)[{b_1}'(\theta)+\sigma^2(\theta)]^2,\\&\quad\text{对一切 }\theta\in(a,b).\end{aligned}\tag{2.44}$$

由于 $\mathrm{E}_\theta(X)=\omega(\theta)$,$b(\theta)=-\lambda(1+\lambda)^{-1}[\omega(\theta)-k]$. 因此

$$h(\theta)=b_1(\theta)-b(\theta)=b_1(\theta)+\lambda(1+\lambda)^{-1}[\omega(\theta)-k].$$

利用此式可将(2.44)写为

$$\begin{aligned}&(1+\lambda)^{-2}\{\sigma^2(\theta)+\lambda^2[\omega(\theta)-k]^2\}\\&\quad\geqslant\{h(\theta)-\lambda(1+\lambda)^{-1}[\omega(\theta)-k]\}^2\\&\qquad+\sigma^{-2}(\theta)[(1+\lambda)^{-1}\sigma^2(\theta)+h'(\theta)]^2,\quad\text{对一切 }\theta\in(a,b).\end{aligned}$$

此式经简化可写为

$$h^2(\theta)+2(1+\lambda)^{-1}\{h'(\theta)-\lambda[\omega(\theta)-k]h(\theta)\}$$

$$\leqslant -\sigma^{-2}(\theta)[h'(\theta)]^2 \leqslant 0.$$

再令 $J(\theta)=C^{\lambda}(\theta)\mathrm{e}^{-k\lambda\theta}h(\theta)$，可将上式写为

$$C^{-\lambda}(\theta)\mathrm{e}^{-k\lambda\theta}J^2(\theta)+2(1+\lambda)^{-1}J'(\theta)\leqslant 0,\quad \text{对一切 } \theta\in(a,b). \tag{2.45}$$

要分别 $\lambda>-1$ 与 $\lambda<-1$ 两种情况，其推理类似，故只讨论前者. 因 $\lambda>-1$，知 $J'(\theta)\leqslant 0$ 当 $a<\theta<b$，故 $J(\theta)$ 在 (a,b) 上非增. 因而存在 $\theta'\in(a,b)$，使在 $\theta'<\theta<b$ 时，$J(\theta)$ 恒等于 0 或恒不为 0（即恒小于 0）. 若后者成立，则 $J^{-1}(\theta)$ 在 $\theta'<\theta<b$ 有意义，且由(2.45)式，有

$$\begin{aligned}[J^{-1}(\theta)]' &= -J'(\theta)J^{-2}(\theta)\\ &\geqslant 2^{-1}(1+\lambda)C^{-\lambda}(\theta)\mathrm{e}^{k\lambda\theta},\quad \theta'<\theta<b.\end{aligned}$$

积分，并利用(2.43)式，得到

$$\lim_{\theta\to b}[J^{-1}(\theta)-J^{-1}(\theta')]\geqslant\infty,$$

因而

$$\lim_{\theta\to b}J(\theta)=0. \tag{2.46}$$

同样，由 $J(\theta)$ 在 (a,b) 非增，可以找到 $\theta''\in(a,b)$，使在 $a<\theta<\theta''$ 内，$J(\theta)$ 恒为 0 或恒小于 0. 由此出发重复以上推理，并利用(2.42)式，又可证得 $\lim\limits_{\theta\to a}J(\theta)=0$. 此式与(2.46)式结合，并注意到 $J(\theta)$ 的非增性，即得 $J(\theta)\equiv 0$ 于 (a,b)，因而

$$h(\theta)=\mathrm{E}_\theta(g_1(X)-g(X))=0,\quad \text{当 } \theta\in(a,b).$$

由于 $a<b$，(a,b) 有内点. 故据定理 2.2 知

$$P_\theta(g_1(X)=g(X))=1,\quad a<\theta<b,$$

即 g_1 和 g 是同一个估计，因而证明了不可能存在异于 g 且一致优于 g 的估计，即 g 是可容许的.

如果 $J(\theta)$ 在 $\theta'<\theta<b$ 恒等于 0，则(2.46)式已证，因此这一情况不带来新问题. 定理证毕.

本定理用于几个常见分布，易得：设 $X_1,\cdots,X_n$ 是从某一维总体中抽出的 iid. 样本，总体分布依次为：正态分布 $N(\theta,\sigma^2)$，σ^2 已知，$-\infty<\theta<\infty$；两点分布

$P_\theta(X=1)=1-P_\theta(X=0)=\theta\ (0<\theta<1)$;Poisson 分布 $\mathscr{P}(\theta)\ (0<\theta<\infty)$,则样本均值 $\overline{X}$在平方损失下都是 θ 的容许估计. 详细验证留给读者作为习题.

在两点分布情况为表成指数型,要排除 $\theta=0,1$ 两值,在 Poisson 分布情况则须排除 $\theta=0$,但可证明:即使不排除这些值,$\overline{X}$仍为容许估计. 又易证明,在总体分布为正态 $N(\theta,\sigma^2)$时,即使 σ^2未知,$\overline{X}$也仍是容许估计,以上这些结论的证明都作为习题.

可以举例证明:存在着一维指数型族 $C(\theta)\mathrm{e}^{\theta T(x)}\mathrm{d}\mu(x)$,其自然参数空间$(a,b)$不为$(-\infty,\infty)$且 $\overline{X}$在平方损失下不是 $\mathrm{E}_\theta(X)$的容许估计. 反过来,也有例子证明:条件(2.42)和(2.43)并非必要,可找到一维指数型族 $C(\theta)\mathrm{e}^{\theta T(x)}\mathrm{d}\mu(x)$,取其自然参数空间$(a,b)$,对 $\lambda=k=0$ 条件(2.42)和(2.43)不全适合,但 $\overline{X}$仍是 $\mathrm{E}_\theta(X)$在平方损失下的容许估计(习题 80a,81b).

2.4 同变估计

同变性的最简单但最重要的例子,是估计量不应与观测值的测量原点及单位大小有关. 如此,设被估计的真值为 θ,样本为 $X_1,\cdots,X_n$,用 $f(X_1,\cdots,X_n)$去估计 θ. 现若将量测原点定在 $-c$ 处(例如,将温度由摄氏度改为绝对温度,$c=273$),则真值由 θ 变为 $\theta+c$,样本由$(X_1,\cdots,X_n)$变为$(X_1+c,\cdots,X_n+c)$,估计值由 $f(X_1,\cdots,X_n)$变为 $f(X_1+c,\cdots,X_n+c)$,后者是 $\theta+c$ 的估计. 但在早先的原点下,我们用 $f(X_1,\cdots,X_n)$估计 θ,即用 $f(X_1,\cdots,X_n)+c$ 估计$\theta+c$. 这样,从两种不同的度量原点出发,我们对 $\theta+c$ 作出了两个估计,"同变性"要求这二者相等:

$$f(X_1+c,\cdots,X_n+c)=f(X_1,\cdots,X_n)+c,\quad -\infty<c<\infty,\tag{2.47}$$

(2.47)式构成对使用的估计 f 的一个限制. 凡满足这个条件的估计量 f,就称为"同变估计",或更确切地,称之为"在平移变换(群)之下的同变估计". 类似地,若考虑被估计值 θ 及样本 $X_1,\cdots,X_n$ 量测单位的变化,就可以得到对估计量 f 的下述要求:

$$f(cX_1,\cdots,cX_n) = cf(X_1,\cdots,X_n),\quad c > 0. \tag{2.48}$$

凡满足(2.48)式的估计量 f,称为在**刻度变换(群)之下的同变估计**.

同变估计也常称为**不变估计**. 这两个名词各有其理由,各描述了问题的一个方面. 拿前一例子(平移)来说,设在摄氏度之下估计值为 15,则在绝对温度(取 $c=273$)之下估计值为 $15+273=288$,这个值是变了:由 15 变为 288,但其变化,却是与坐标原点之变化同步,由是得到"同变估计"的名称. 可是究其实质,15 摄氏度与 288 绝对温度是一回事,估计值实质无变化. 以此,称之为不变估计也觉合理. 我们选用"同变"这名词,是因为在抽象的理论研讨中,只看见数值并不注意其含义(是摄氏度或绝对温度),而数值确实变了,但在数学中"不变性"一词常是字面的意义,这就易引起误解.

把以上这两种情况加以推广,就得到一般的同变性概念,且这概念并不限于参数估计,也适用于其他的统计决策形式.这推广有两个要点:

1° 可以允许考虑样本空间上任意的可测变换群 G;

2° 问题中的其他要素(参数空间、分布族、损失函数等)要有一种与这变换群"**协同**"的性质.

我们来对以上两点作一些解释.

G 中每一个变换 g 都是样本空间 $\mathscr{X}$ 到 $\mathscr{X}$ 上的一一对应变换,即 $gx_1=gx_2\Rightarrow x_1=x_2$ 且 $g\mathscr{X}=\mathscr{X}$. 这一点可以由 G 是一个群推出来. g 可测的意义是 $g^{-1}A\in\mathscr{B}_x$ 对任何 $A\in\mathscr{B}_x$,这保证了 gX 的分布有意义,因 $P_\theta(gX\in A)=P_\theta(X\in g^{-1}A)$,当 $A\in\mathscr{B}_x$时是有意义的. 可以问:为何一定要考虑一个变换群而不是考虑某特定变换下的同变性问题? 回答是:理论上你可以作后面这种考虑,但难于得出有用的结果.

第二条的意义有以下几点:

① 对任何 $g\in G$ 及 $\theta\in\Theta$,gX 在参数值为 θ 的分布仍在样本分布族$\{P_\theta,\theta\in\Theta\}$内. 即存在$\bar{\theta}\in\Theta$ 使

$$P_\theta(gX\in A) = P_\theta(X\in g^{-1}A) = P_{\bar{\theta}}(X\in A),\quad A\in\mathscr{B}_x. \tag{2.49}$$

可以简述为:**在变换群 G 的作用下样本分布族整体保持不变**.作这一条要求的理由是:如果不满足这一要求,有的估计量可能在变换之下会失去意义. 例如,设 $X_1,\cdots,X_n$是抽自分布族

$$\{R(\theta-1/2,\theta+1/2),\ -\infty<\theta<\infty\}$$

的 iid. 样本，要估计 θ. 记 $\underline{\theta} = \inf\{a$: 区间 $[a-1/2, a+1/2]$ 包含 $X_1, \cdots, X_n\}$，$\bar{\theta} = \sup\{a$: 区间 $[a-1/2, a+1/2]$ 包含 $X_1, \cdots, X_n\}$，而以 $\hat{\theta} = (\underline{\theta} + \bar{\theta})/2$ 估计 θ. 这是 θ 一个很好的估计，但对 $c>1$，在变换 $(X_1, \cdots, X_n) \mapsto (cX_1, \cdots, cX_n)$ 下上述估计量无法定义.

这样，每一个 $\mathscr{X}$ 上的变换 g 对应着参数空间 Θ 上的一个变换 $\bar{g}$: $\bar{g}\theta =$ ((2.49)式中的) $\bar{\theta}$（在此我们要作显然的假定：Θ 中不同的值相应不同的分布，即 $\theta_1 \neq \theta_2 \Rightarrow P_{\theta_1} \neq P_{\theta_2}$，这时上述 $\bar{\theta}$ 唯一）. 不难验证：一切这样的 $\bar{g}$ 构成一个变换群 $\bar{G} = \{\bar{g} : g \in G\}$. 为此只需证明：对任何 $g_1, g_2 \in G$，$\bar{g}_1\bar{g}_2$ 属于 $\bar{G}$ 且就等于 $\overline{g_1 g_2}$. 因为若证明了这一点，则结合律成立（结合律对变换本就成立，重要的是乘积不能越出 $\bar{G}$，因而 $(\bar{g}_1\bar{g}_2)\bar{g}_3$ 和 $\bar{g}_1(\bar{g}_2\bar{g}_3)$ 都有意义）. 取 $g_2 = g_1^{-1}$ 知 $\bar{g}_1^{-1}$ 存在且就是 $\overline{g^{-1}}$，因若 e 为 G 之单位元（恒等变换），则 $\bar{e}$ 是 $\bar{G}$ 的单位元. 为证 $\overline{g_1 g_2} = \bar{g}_1\bar{g}_2$，记 $g = g_1 g_2$，则对 $A \in \mathscr{B}_x$ 及 $\theta \in \Theta$，按 $\bar{g}$ 的定义，有

$$\begin{aligned} P_{\bar{g}\theta}(X \in A) &= P_\theta(X \in g^{-1}A) = P_\theta(X \in g_2^{-1}g_1^{-1}A) \\ &= P_{\bar{g}_2\theta}(X \in g^{-1}A) = P_{\bar{g}_1\bar{g}_2\theta}(X \in A). \end{aligned}$$

这证明了所要结果. 由 $\bar{G}$ 是一个群，附带也证明了：每个 $\bar{g} \in \bar{G}$ 都是 Θ 到 Θ 上的一一对应变换，且 $\bar{g}\Theta = \Theta$.

上面的讨论，一言以蔽之，可表述为：在样本空间 $\mathscr{X}$ 上作坐标变换 $x' = gx$，σ 域 $\mathscr{B}_x$ 无变化. 此变换在参数空间 Θ 相应地导出变换 $\bar{g}$. 若取 x' 为新样本而 $\theta' = \bar{g}\theta$ 为新参数，得出与原样本空间及样本分布族同一之结构.

② 对损失函数有要求，其要旨与上一段总结的意思相同：以 $L(\theta, a)$ 记损失函数，a 属于行动空间 A——在估计问题中，A 就是估计量允许取值的范围. 则对任何 $g \in G$ 及 $a \in A$，存在 g^*，使对一切 $a \in A$，$\theta \in \Theta$，有

$$L(\bar{g}\theta, g^* a) = L(\theta, a), \tag{2.50}$$

g^* 是由 A 到 A 的一个变换. 我们要求：一切这样的 g^*，即 $G^* = \{g^* : g \in G\}$，构成一个群. 注意与 $\bar{G}$ 的不同之处：$\bar{G}$ 为群可以证明，而 G^* 成一群则是一个要求. (2.50)式的用意很明显：前已指明：在两个变换群 G，$\bar{G}$ 的作用下样本空间及其分布族结构不变，现由于(2.50)式，则在三个变换群 G，$\bar{G}$ 和 G^* 的作用下，构成该统计决策问题的诸要素在整体上全保持不变，或者说，其元素协同地变化以维持诸要素在整体上保持不变.

根据以上的讨论，就不难对"同变估计"（或一般地，"同变决策函数"）下一个

定义:在前述记号及条件下,**若一个估计量(决策函数)**δ**满足**

$$\delta(gx) = g^* \delta(x), \quad \text{对任何 } x \in \mathscr{X}, g \in G, \tag{2.51}$$

则称δ**为变换群**G**之下的一个同变估计(决策函数)**.

(2.51)式可以这样去理解:当真参数为θ时抽出样本x,我们采取行动$a = \delta(x)$,损失为$L(\theta,a)$;现作了变换g,样本成为gx. 这gx的分布相应真参数值为$\bar{g}\theta$. 按(2.51)式,我们采取行动$g^*\delta(x) = g^* a$,损失为$L(\bar{g}\theta, g^* a)$. 按(2.50)式,此与$L(\theta,a)$同,这样达到了"同步变化"的要求.

例 2.11 设$X_1,\cdots,X_n$是从分布$F(x-\theta)$中抽出的 iid. 样本,这里分布函数$F(x)$已知,参数θ可在$\Theta=\{\theta: -\infty<\theta<\infty\}$内取值,要估计$\theta$. 设损失函数$L(\theta,a)$有$W(\theta-a)$的形式,即只依赖于$\theta-a$. 考虑平移群$G=\{g_c: -\infty<c<\infty\}$,其中$g_c$为变换

$$g_c(x_1,\cdots,x_n) = (x_1+c,\cdots,x_n+c). \tag{2.52}$$

这个变换在Θ内导出的变换为$\bar{g}_c\theta=\theta+c$(因$\xi\sim F(x-\theta) \Rightarrow \xi+c\sim F(x-\theta-c)$). $\overline{G}=\{\bar{g}_c: -\infty<c<\infty\}$构成一群. 取$g_c^*$如下:$g_c^* a = a+c$. 不难验证,在这些规定下所有前述要求都满足,而同变估计δ则是指任一满足条件

$$\delta(x_1+c,\cdots,x_n+c) = \delta(x_1,\cdots,x_n)+c, \quad -\infty<c<\infty \tag{2.53}$$

的估计. 要求同变性限制了所允许考虑的估计的范围:凡不适合(2.53)式的估计量都不要. 在这个缩小了的估计类之内,也许有可能(但不一定)找到一个在某种准则下是最优的估计. 我们这样想:要在全部估计类中找最优者很难,因同变性看来是一个很合理的要求,好的估计大概不应越出这个范围,那就干脆让我们把寻找的范围局限在这里,尽管这不一定有十足的把握(这个范围内仍找不到最优者,或其最优者不是全体估计量中之最优者),也在所不顾. 这和引进无偏性要求的考虑是一样的,所以我们把这两个题目摆在同一章中.

2.4.1 同变性简化风险函数

以上我们反复说明:同变性要求的作用在于缩小所考虑的估计的范围,以简化"寻找最优者"的工作. 更具体地说,这个简化的实质在于,同变性的要求把风险函数简化了,而决策函数的优良性决定于其风险函数.

为说明这一点,要引进**轨道**的概念. $\overline{G}$是参数空间Θ上的变换群,对$\theta\in\Theta$,定义$\{\theta\}=\{\bar{g}\theta: \bar{g}\in\overline{G}\}$. 这样的$\{\theta\}$就称为空间$\Theta$中(在群$\overline{G}$的作用下)的一条

轨道. 显然,Θ 被剖分为一些互无公共点的轨道,Θ 中两点 θ_1,θ_2 在同一轨道上的充要条件为存在 $\bar{g}\in\bar{G}$ 使 $\theta_2=\bar{g}\theta_1$. 当这一条件满足时有 $\{\theta_1\}=\{\theta_2\}$. 对样本空间 $\mathscr{X}$ 的变换群 G 当然也可以类似地定义轨道 $\{x\}$. 现往证:

定理 2.11　任何同变决策函数的风险函数在 Θ 中的一条轨道上保持不变.

证明　设 $\theta_2\in\{\theta_1\}$,则存在 $\bar{g}\in\bar{G}$ 使 $\theta_2=\bar{g}\theta_1$,且有

$$R(\theta_2,\delta)=\int_{\mathscr{X}}L(\theta_2,\delta(x))\mathrm{d}P_{\theta_2}(x).$$

在积分中作(可测)变换 $x=gy$,则依(2.51)和(2.50)式,有

$$\begin{aligned}L(\theta_2,\delta(x))&=L(\bar{g}\theta_1,\delta(gy))=L(\bar{g}\theta_1,g^*\delta(y))\\&=L(\theta_1,\delta(y)).\end{aligned}$$

又 $x=gy$,依 $\bar{g}$ 的定义,x 在参数值 θ_2 时的分布,即 $\mathrm{d}P_{\theta_2}(x)=\mathrm{d}P_{\bar{g}\theta_1}(gy)$,就是 $\mathrm{d}P_{\theta_1}(y)$,即 y 在参数值 θ_1 时的分布. 因此按引理 1.1,有

$$R(\theta_2,\delta)=\int_{\mathscr{X}}L(\theta_1,\delta(y))\mathrm{d}P_{\theta_1}(y)=R(\theta_1,\delta),$$

这证明了所要结果(上式积分区域仍为 $\mathscr{X}$,因对任何 $g\in G$ 有 $g^{-1}\mathscr{X}=\mathscr{X}$).

也可以这样说:**同变性的要求缩小了参数空间**(每条轨道上只需取一个点就够了). 例如,在平移群(2.52)之下,参数空间 $\Theta=(-\infty,\infty)$ 中导出的群为 $\bar{g}_c\theta=\theta+c\ (-\infty<c<\infty)$,整个空间只有一条轨道,因而参数空间实质上被压缩为一个点(此点可任取,例如 $\theta=0$). 这时最优同变估计,即一切同变估计中风险最小者,必然存在. 同样的论断也适用于刻度变换群

$$g_c(x_1,\cdots,x_n)=(cx_1,\cdots,cx_n),\quad 0<c<\infty. \tag{2.54}$$

要求 $x_1,\cdots,x_n$ 的公共分布有 $F(x/\theta)$ 的形式,$F(x)$ 已知,而 $\theta\in(0,\infty)$. 事实上,也只有在这些最简单的变换群之下,最优同变估计才存在,且即使在这种简单情况下实地找出最优同变估计也不是很轻而易举,下面就以例子的形式来说明. 也要指出:同变性要求不必一定要与一致最优准则结合使用,可以在同变估计类中去寻找某种更宽松准则下的最优者.

例 2.12　设 $X_1,\cdots,X_n$ 为自分布 $N(\theta,1)$ 中抽出的 iid. 样本,$\theta\in\Theta=(-\infty,\infty)$,要估计 θ,取平方损失 $L(\theta,a)=(\theta-a)^2$. 求在平移群(2.52)之下 θ 的最优同变估计.

先要找出同变估计的一般形式. 取定一特定的同变估计 $\delta_0(x)=\delta_0(x_1,\cdots,x_n)$,则对任何同变估计 $\delta(x)$,差 $h(x)\equiv\delta(x)-\delta_0(x)$在平移群下不变,即$h(g_cx)=h(x)$对任何 $c\in(-\infty,\infty)$. 反之,若 $h(x)$在平移群下不变,则 $\delta_0(x)+h(x)$是同变估计.

这样的 $h(x)$称为在变换群(2.52)下的**不变量**. 显然,$h(x)$为不变量的充要条件是:它在样本空间的每条轨道上保持常数. 至于在不同轨道上,其取值可以相同也可不同. 如果某一不变量$t(x)$在不同轨道上总是取不同之值,则 $t(x)$称为该变换群下的一个**极大不变量**.容易看出,若 $t(x)$为极大不变量,则任一 $h(x)$为不变量之充要条件为:$h(x)$只与 $t(x)$有关,即可以表为 $t(x)$的函数.

容易验证:对平移群(2.52),一个极大不变量为$(x_2-x_1,\cdots,x_n-x_1)$. 由此,取上文的 $\delta_0(x)$为$\bar{x}$,即得 θ 的同变估计的一般形式为

$$\delta(x)=\bar{x}+h(x_2-x_1,\cdots,x_n-x_1).$$

要定出 h,使

$$\begin{aligned}R(\theta,\delta)&=\mathrm{E}_\theta(\delta(\bar{X})-\theta)^2\\&=\mathrm{E}_\theta((\bar{X}-\theta)+h(X_2-X_1,\cdots,X_n-X_1))^2\end{aligned}$$

达到最小. 由于$\mathrm{E}_\theta((\bar{X}-\theta)(X_i-X_1))=0$ 对 $i=2,\cdots,n$,且$(\bar{X}-\theta,X_2-X_1,\cdots,X_n-X_1)$的联合分布为正态,故$\bar{X}-\theta$与$(X_2-X_1,\cdots,X_n-X_1)$独立,故$\bar{X}-\theta$与$h(X_2-X_1,\cdots,X_n-X_1)$也独立,因而

$$R(\theta,\delta)=\mathrm{E}_\theta(\bar{X}-\theta)^2+\mathrm{E}_\theta(h^2(X_2-X_1,\cdots,X_n-X_1)),\quad(2.55)$$

这显然在 $h\equiv0$ 时达到最小. 由此得出:样本均值 $\bar{X}$ 就是在平移群(2.52)之下,对平方损失而言的最优同变估计.

这个结果非常依赖总体分布为正态的假定. 没有这个假定就推不出 $\bar{X}-\theta$ 与$h(X_2-X_1,\cdots,X_n-X_1)$独立,因而就得不出(2.55)式. (2.55)式的推出也用到了平方损失的假定,但可以证明:在更一般的损失函数之下,$\bar{X}$仍为最优同变估计.

例 2.13 将例 2.12 中的正态假定放宽:假定总体分布有密度 $f(x-\theta)$ $(-\infty<\theta<\infty)$,其中 $f(x)$是一个已知的概率密度. 例 2.12 的其余条件不变,要找 θ 的最优同变估计.

前已指出:在变换群(2.52)之下,参数空间$(-\infty,\infty)$对变换群 $\bar{G}$ 只有一条轨道,故可固定 $\theta=0$ 来讨论. 由于 $\delta_0(x)=x_1$是一个同变估计,故 θ 的一切同变

估计都可表为 $\delta(x)=x_1+h(x_2-x_1,\cdots,x_n-x_1)$ 的形式. 因此,问题归结为找出 h,使 $R(\theta,\delta)=\mathrm{E}_0(X_1+h(X_2-X_1,\cdots,X_n-X_1))^2$ 达到最小. 按条件期望的性质,有

$$\begin{aligned}R(\theta,\delta)=\ &\mathrm{E}_0(\mathrm{E}_0((X_1+h(X_2-X_1,\cdots,X_n-X_1))^2\\&\mid X_2-X_1,\cdots,X_n-X_1)),\end{aligned}$$

它在给定 $(X_2-X_1,\cdots,X_n-X_1)$ 时 $h(X_2-X_1,\cdots,X_n-X_1)$ 是一常数. 又因对任何随机变量 ξ,$\mathrm{E}(\xi+c)^2$ 在 $c=-\mathrm{E}\xi$ 时达到最小,由此立即推出:当取

$$h(X_2-X_1,\cdots,X_n-X_1)=-\mathrm{E}_0(X_1\mid X_2-X_1,\cdots,X_n-X_1)$$

时,$R(\theta,\delta)$ 达到最小. 因此

$$\delta(X_1,\cdots,X_n)=X_1-\mathrm{E}_0(X_1\mid X_2-X_1,\cdots,X_n-X_1)\tag{2.56}$$

就是在平移群(2.52)下,对平方损失而言,θ 的最优同变估计. 这个估计是 Pitman 于 1939 年所引进,故一般称之为 **Pitman 估计**.

到此为止未用到总体分布密度 $f(x-\theta)$ 的条件(但为符合同变性的结构,需要假定总体分布有形式 $F(x-\theta)$,$F(x)$ 为已知分布). 加上这个条件使我们可具体求出(2.56)式中的条件期望. 事实上,在 $\theta=0$ 时 $(X_1,\cdots,X_n)$ 有联合密度 $f(x_1)\cdots f(x_n)$. 变换 $(X_1,\cdots,X_n)\mapsto(X_1,X_2-X_1,\cdots,X_n-X_1)$ 是一一对应的线性变换,故后者的密度易求出. 有了这个就不难算出

$$\mathrm{E}_0(X_1\mid X_2-X_1,\cdots,X_n-X_1)=\frac{\int_{-\infty}^{\infty}t\prod_{i=2}^{n}f(t+x_i-x_1)\mathrm{d}t}{\int_{-\infty}^{\infty}\prod_{i=2}^{n}f(t+x_i-x_1)\mathrm{d}t}.\tag{2.57}$$

对以上这两个例子我们作几点补充说明.

1. 对例 2.12,$\bar{X}$ 是充分统计量,于是可以只考虑基于它的估计,而基于 $\bar{X}$ 的估计又满足同变性要求者,唯有 $\bar{X}+c$ 这种形式,c 为常数. 在这些估计中,唯有在 $c=0$ 时风险最小,故立即得出最优同变估计为 $\bar{X}$. 这个结论是对的,然而在推理中有一个问题:**在加上同变性限制后充分性原则((1.27)式)是否仍成立**. 说得更清楚些,以 A 和 A_1 分别记一切估计的类和一切基于某充分统计量 T 的估计类,以 A^* 和 A_1^* 分别记 A 中的同变估计类和 A_1 中的同变估计类. 由充分性原则知,要在 A 类中找任何一种意义下的最优估计,只需在 A_1 中去找就成.

但由此并不自动推出：为在 A^* 中找最优估计，只需在 A_1^* 中去找就成．可以证明：在很广的条件下这确实是对的（见陈桂景、陈希孺《同变性限制下的充分性原则》，应用数学学报，1982 年 1 期：85～93）．就本例这个简单情况而言，不必动用这个一般理论，因为任一同变估计有形式 $\bar{X}+h(X_2-X_1,\cdots,X_n-X_1)$，而

$$E_\theta(\bar{X}+h(X_2-X_1,\cdots,X_n-X_1)\mid\bar{X})=\bar{X}+c.$$

其中 $c=E_\theta(h(X_2-X_1,\cdots,X_n-X_1))$ 为常数．这后一点用到 $\bar{X}$ 与 $(X_2-X_1,\cdots,X_n-X_1)$ 独立，以及 $(X_2-X_1,\cdots,X_n-X_1)$ 的分布与 θ 无关．

2．在例 2.13 中我们用 $X_1+h(X_2-X_1,\cdots,X_n-X_1)$ 的形式而不用 $\bar{X}+h(X_2-X_1,\cdots,X_n-X_1)$．用后者也可以，并得出最优同变估计的形式 $\bar{X}-E_0(\bar{X}\mid X_2-X_1,\cdots,X_n-X_1)$，但这个条件期望的表达式不如(2.57)式那么简洁．

3．在例 2.13 中为了条件期望 $E_0(X_1\mid X_2-X_1,\cdots,X_n-X_1)$ 有意义，必须 $E_0\mid X_1\mid<\infty$，即 $\int_{-\infty}^{\infty}\mid x\mid f(x)\mathrm{d}x<\infty$．但是，我们可以选用其他适当的同变估计取代 X_1，以降低这个要求，例如样本中位数．

例 2.14 $X_1,\cdots,X_n$ 是从两点分布 $P_\theta(X_1=1)=1-P_\theta(X_1=0)=\theta$ 中抽出的 iid. 样本，$\theta\in\Theta=[0,1]$，损失函数为 $L(\theta,a)=(\theta-a)^2$．取置换群

$$g_{i_1,\cdots,i_n}(x_1,\cdots,x_n)=(x_{i_1},\cdots,x_{i_n}),\quad 1\leqslant i_j\leqslant n,i_1,\cdots,i_n\text{ 互不相同}.$$

这个群 G 中一共有 $n!$ 个元．由于样本为 iid.，$(X_1,\cdots,X_n)$ 的分布与 $(X_{i_1},\cdots,X_{i_n})$ 同，故 $\bar{g}_{i_1,\cdots,i_n}\theta=\theta$，即 $\bar{G}$ 只包含一个变换——恒等变换．取行动空间为 $A=[0,1]$．相对于此置换群 G，在行动空间中导出的变换群也只含一个元，即恒等变换．因此，同变估计是任何一个满足条件 $\delta(X_{i_1},\cdots,X_{i_n})=\delta(X_1,\cdots,X_n)$ 的估计 δ．这等价于说，δ 只依赖于 $T=X_1+\cdots+X_n$．同变性要求归为：只考虑基于 T 的估计．但因 T 是充分统计量，这个要求，从风险函数的角度看，并未缩小所考虑的估计量的范围，就是说，在本问题中同变性要求没有提供什么新的东西．

本例有两个特点：一是变换群是有限群，二是 $\bar{G}$ 中只有一个元：不同的 $g\in G$ 可以相应于同一个 $\bar{g}$．

例 2.15 以上的例子全是单参数的，本例是一个多参数的例子．设 $X_1,\cdots,X_n$ 是从分布 $F((x-\theta_1)/\theta_2)$ 抽出的 iid. 样本，分布函数 $F(x)$ 已知，参数 $\theta=(\theta_1,\theta_2)\in\Theta=\{(\theta_1,\theta_2):-\infty<\theta_1<\infty,0<\theta_2<\infty\}$，损失函数 $L(\theta,a)=L((\theta_1,\theta_2),$

$(a_1,a_2)) = W\left(\frac{\theta_1 - a_1}{\theta_2},\frac{a_2}{\theta_2}\right)$,行动空间 $A = \{(a_1,a_2): -\infty < a_1 < \infty, 0 < a_2 < \infty\}$. 此处的参数 θ_1 和 θ_2 称为位置(或转移)参数和刻度参数, $F(x)$ 和 $F((x-\theta_1)/\theta_2)$ 可视为同一随机变量在不同的位置(原点)和刻度之下的分布.

取样本空间中的变换群 $G = \{g_{cd}: c>0, -\infty<d<\infty\}$,其中

$$g_{cd}(x_1,\cdots,x_n) = (cx_1+d,\cdots,cx_n+d),$$

它在参数空间 Θ 中相应的变换群是 $\overline{G} = \{\bar{g}_{cd}: c>0, -\infty<d<\infty\}$,其中

$$\bar{g}_{cd}(\theta_1,\theta_2) = (c\theta_1+d, c\theta_2).$$

取行动空间 A 中的变换群 $G^* = \{g_{cd}^*: c>0, -\infty<d<\infty\}$,其中

$$g_{cd}^*(a_1,a_2) = (ca_1+d, ca_2),$$

则所给损失函数的形式符合同变性要求(2.50)式,而同变估计 $\delta = (\delta_1,\delta_2)$ 所满足的条件是

$$\delta_1(cx_1+d,\cdots,cx_n+d) = c\delta_1(x_1,\cdots,x_n)+d, \tag{2.58}$$

$$\delta_2(cx_1+d,\cdots,cx_n+d) = c\delta_2(x_1,\cdots,x_n). \tag{2.59}$$

对变换群 $\overline{G}$, Θ 只有一条轨道,因此最优同变估计必存在,其形式当然取决于分布 F. 在最重要的情况——F 为正态分布 $N(0,1)$ 且损失函数 L 有形式

$$L((\theta_1,\theta_2),(a_1,a_2)) = c_1(\theta_1-a_1)^2/\theta_2{}^2 + c_2(\theta_2-a_2)^2/\theta_2{}^2 \tag{2.60}$$

时, (θ_1,θ_2) 的最优同变估计为

$$\left(\overline{X},\left(\Gamma\left(\frac{n}{2}\right)/\Gamma\left(\frac{n-1}{2}\right)\right)\sqrt{\frac{2}{n-1}}S\right),\quad S^2 = \frac{1}{n-1}\sum_{i=1}^{n}(X_i-\overline{X})^2. \tag{2.61}$$

且(2.60)式中的 $c_1>0, c_2>0$ 为常数. 证明步骤如下:

1° 在(2.58)式中令 $c=1$, d 任意,知 δ_1 符合例 2.12 中对同变估计的要求,按损失函数的形式(2.60),由例 2.12 得出 $\delta_1 = \overline{X}$.

2° 在(2.59)式中令 $c=1$,知 δ_2 为平移群下的不变量,因而有 $\delta_2(x_1,\cdots,x_n) = h(x_2-x_1,\cdots,x_n-x_1)$. 再在(2.59)式中令 $d=0$,知 h 满足条件 $h(ct_1,\cdots,ct_{n-1}) = ch(t_1,\cdots,t_{n-1})$. 因此,注意到 S 可表为 $X_2-X_1,\cdots,X_n-X_1$ 的函数,知 $h(X_2-X_1,\cdots,X_n-X_1)/S$ 可表为 $X_2-X_1,\cdots,X_n-X_1$

的函数 $\widetilde{h}(X_2-X_1,\cdots,X_n-X_1)$，此函数 $\widetilde{h}$ 满足条件 $\widetilde{h}(ct_1,\cdots,ct_{n-1})=\widetilde{h}(t_1,\cdots,t_{n-1})$对任何 $c>0$,因而 $\widetilde{h}$ 可表为 $\widetilde{h}_1\left(\frac{X_3-X_1}{X_2-X_1},\cdots,\frac{X_n-X_1}{X_2-X_1}\right)$的形式.因此

$$\delta_2(X_1,\cdots,X_n)=S\widetilde{h}_1\left(\frac{X_3-X_1}{X_2-X_1},\cdots,\frac{X_n-X_1}{X_2-X_1}\right)=S\xi,$$

这就是本例中 θ_2的同变估计的一般形式.

3° 证明在 F 为正态时,S 与 ξ 独立,这等于要证明 S 与$\left(\frac{X_3-X_1}{X_2-X_1},\cdots,\frac{X_n-X_1}{X_2-X_1}\right)$独立(用 Basu 定理).

4° 证明:当 $E\xi=c$ 时,$E(S\xi-\theta_2)^2\geqslant E(cS-\theta_2)^2$(这要用到 3°).

5° 于是只需找 c,使 $E(cS-\theta_2)^2/\theta_2{}^2$最小,不难算出结果就是(2.61)式.

除了参数空间 Θ 相对于变换群 $\overline{G}$ 只有一条轨道的情形外,最优同变估计多不存在. 即使在以上几个很简单的例子中,寻找最优同变估计也非易事,原因在于不易得到同变估计的适当的一般表达式,同变性的意义主要还应从其统计上的合理性去考察. 不少从其他原则出发得出的估计,往往自动符合某种自然的变换群下的同变性,从实际的角度印证了这个原则的合理性.

附　录

A. 定理 2.2 的证明

设样本分布族为 $C(\theta)\exp\left(\sum_{j=1}^{k}\theta_jT_j(x)\right)\mathrm{d}\mu(x)$ $(\theta\in\Theta)$,而 Θ 作为 $\mathbb{R}^k$ 的子集有内点 θ_0. 不失普遍性设 $\theta_0=0$,按引理 1.3,$T=(T_1,\cdots,T_k)$的分布为

$$\mathrm{d}P_\theta^*(t)=C(\theta)\exp\left(\sum_{j=1}^{k}\theta_jt_j\right)\mathrm{d}\mu^*(t).$$

现设 $f(T)$满足 $E_\theta f(T)=0$ 对一切 $\theta\in\Theta$,即

$$\int_{\mathcal{T}} f(t)\exp\Big(\sum_{j=1}^{k}\theta_j t_j\Big)\mathrm{d}\mu^*(t) = 0, \quad \theta \in \Theta.$$

找 $a>0$,使当$|\theta_j|<a,1\leqslant j\leqslant k$ 时,$\theta=(\theta_1,\cdots,\theta_k)\in\Theta$. 将 f 表为f^+-f^-,其中 $f^\pm$ 非负,有

$$\int_{\mathcal{T}} f^+(t)\exp\Big(\sum_{j=1}^{k}\theta_j t_j\Big)\mathrm{d}\mu^*(t) = \int_{\mathcal{T}} f^-(t)\exp\Big(\sum_{j=1}^{k}\theta_j t_j\Big)\mathrm{d}\mu^*(t),$$

$$|\theta_j|<a, \quad j=1,\cdots,k, \tag{A1}$$

$\mathcal{T}$为统计量 T 的值域,就取 $\mathcal{T}$为 $\mathbb{R}^k$也可以.

据定理 1.1 的注 3,(A1)式两边作为复变量 $\theta_j=\xi_j+\mathrm{i}\,\eta_j(1\leqslant j\leqslant k)$的函数,在区域

$$\Omega = \{(\xi_1+\mathrm{i}\eta_1,\cdots,\xi_k+\mathrm{i}\eta_k): |\xi_j|<a, 1\leqslant j\leqslant k\}$$

内解析. 固定 $\theta_j=$实数 ξ_j(但$|\xi_j|<a,2\leqslant j\leqslant k$),则(A1)式两边都是 θ_1的在区域

$$\Omega_1 = \{(\xi_1+\mathrm{i}\eta_1): |\xi_1|<a\}$$

内的解析函数,它们在 Ω_1内的线段$\{\theta_1=$实数 $\xi_1:|\xi_1|<a\}$上一致. 据单变量解析函数的唯一性定理,知当固定 $\theta_j=$实数 $\xi_j(|\xi_j|<a),2\leqslant j\leqslant k$ 时,(A1)式两边作为 θ_1的函数在 Ω_1内一致. 这样逐步推下去(第二步是固定 $\theta_1\in\Omega_1,\theta_j=$实数 $\xi_j(|\xi_j|<a,3\leqslant j\leqslant k)$,把(A1)式两边看作为 θ_2的函数),最后得出:(A1)式两边在 Ω 内一致. 特别取 $\theta_j=\mathrm{i}\,\eta_j(1\leqslant j\leqslant k)$,得

$$\int_{\mathcal{T}} f^+(t)\exp\Big(\mathrm{i}\sum_{j=1}^{k}\eta_j t_j\Big)\mathrm{d}\mu^*(t) = \int_{\mathcal{T}} f^-(t)\exp\Big(\mathrm{i}\sum_{j=1}^{k}\eta_j t_j\Big)\mathrm{d}\mu^*(t) \tag{A2}$$

对一切实数 $\eta_1,\cdots,\eta_k$. 取 $\eta_1=\cdots=\eta_k=0$,得$\int_{\mathcal{T}} f^+(t)\mathrm{d}\mu^*(t)=\int_{\mathcal{T}} f^-(t)\mathrm{d}\mu^*(t)\equiv b$. 若 $b=0$,则 $f^+=f^-$ a.e.μ^* 因而 $f=0$ a.e.μ^*. 若 $b>0$,则定义两个概率测度 ν^+,ν^-:$\nu^\pm(\cdot)=\int f^\pm(t)\mathrm{d}\mu^*(t)$,由(A2) 式得

$$\int_{\mathcal{T}} \exp\Big(\mathrm{i}\sum_{j=1}^{k}\eta_j t_j\Big)\mathrm{d}\nu^+(t) = \int_{\mathcal{T}} \exp\Big(\mathrm{i}\sum_{j=1}^{k}\eta_j t_j\Big)\mathrm{d}\nu^-(t),$$

因而 ν^+,ν^-这两个概率分布有同一的特征函数. 按特征函数的唯一性定理知,

$\nu^+ = \nu^-$,因而得到 $f^+ = f^-$ a.e.μ^* 或 $f = 0$ a.e.μ^*. 这完成了定理的证明.

B. 定理 2.3 的证明

先证明一预备事实:设 $\mathscr{F}$ 为满足定理 2.3 的条件(a)的分布族,$f(x_1, \cdots, x_n)$为 Borel 可测的对称函数,满足条件

$$\int_{-\infty}^{\infty} \cdots \int_{-\infty}^{\infty} f(x_1, \cdots, x_n) \mathrm{d}F(x_1) \cdots \mathrm{d}F(x_n) = 0, \quad \text{对任何 } F \in \mathscr{F}. \tag{A3}$$

则对 $\mathscr{F}$ 中任意 n 个分布函数 $F_1, \cdots, F_n$,有

$$\int_{-\infty}^{\infty} \cdots \int_{-\infty}^{\infty} f(x_1, \cdots, x_n) \mathrm{d}F_1(x_1) \cdots \mathrm{d}F_n(x_n) = 0. \tag{A4}$$

为了证明,先注意由条件(a)推出,若

$$1 \leqslant i_1 < \cdots < i_k \leqslant n, \quad 1 \leqslant k \leqslant n, \tag{A5}$$

而 $F_{i_j} \in \mathscr{F}(1 \leqslant j \leqslant k)$,则$(F_{i_1} + \cdots + F_{i_k})/k \in \mathscr{F}$. 对每组满足条件(A5)的自然数 $i_1, \cdots, i_k$,定义一个由形如$(j_1, \cdots, j_n)$的元构成的集 $\alpha(i_1, \cdots, i_k)$如下:$(j_1, \cdots, j_n) \in \alpha(i_1, \cdots, i_k)$,当且仅当每个 j_r 为$(i_1, \cdots, i_k)$中的一员,每个 i_t 为$(j_1, \cdots, j_n)$中的一元. 记

$$I(j_1, \cdots, j_n) = \int_{-\infty}^{\infty} \cdots \int_{-\infty}^{\infty} f(x_1, \cdots, x_n) \mathrm{d}F_{j_1}(x_1) \cdots \mathrm{d}F_{j_n}(x_n),$$

往证

$$\sum_{(j_1, \cdots, j_n) \in \alpha(i_1, \cdots, i_k)} I(j_1, \cdots, j_n) \equiv A(i_1, \cdots, i_k) = 0. \tag{A6}$$

若(A6)式已证,则取 $k = n, i_1 = 1, \cdots, i_n = n$,由(A6)式,并利用 f 的对称性,即得(A4)式. 为证(A6)式,注意据假定(A6)式当 $k = 1$ 时成立. 用归纳法,设(A6)当 $k \leqslant r - 1$时成立. 取 $F = (F_{i_1} + \cdots + F_{i_r})/r$. 因 $F \in \mathscr{F}$,按假定,有

$$\begin{aligned} 0 &= \int_{-\infty}^{\infty} \cdots \int_{-\infty}^{\infty} f(x_1, \cdots, x_n) \mathrm{d}F(x_1) \cdots \mathrm{d}F(x_n) \\ &= r^{-n}\Big(A(i_1, \cdots, i_r) + \sum_{u=1}^{r-1} \sum_{1 \leqslant t_1 < \cdots < t_u \leqslant r} A(i_{t_1}, \cdots, i_{t_u})\Big). \end{aligned}$$

据归纳假设,上式括号内的第二项为 0,因而得到 $A(i_1, \cdots, i_r) = 0$,这完成了归

纳证明.

现在转到定理的证明. 以 $T=(X_{(1)},\cdots,X_{(n)})$记次序统计量,设有 Borel 可测函数 g,使

$$E_F g(T)=0,\quad \text{对任何 } F\in\mathscr{F}. \tag{A7}$$

把 $g(T)$写成原样本 $X_1,\cdots,X_n$的函数$f(X_1,\cdots,X_n)$,则 f 是对称函数,而(A7)式转化为(A3)式. 据上述预备事实,(A4)式成立. 在(A4)式中取 $F_i=F_{[a_i,b_i]}$ $(1\leqslant i\leqslant n)$. 按定理 2.3 的条件(b),由 $F\in\mathscr{F}$ 推出 $F_i\in\mathscr{F}$ $(1\leqslant i\leqslant n)$. 利用(A4)式即得

$$\begin{aligned}0&=\int_{-\infty}^{\infty}\cdots\int_{-\infty}^{\infty}f(x_1,\cdots,x_n)\mathrm{d}F_1(x_1)\cdots\mathrm{d}F(x_n)\\&=\int\cdots\int_B f(x_1,\cdots,x_n)\mathrm{d}F(x_1)\cdots\mathrm{d}F(x_n),\end{aligned}$$

此处 $B=\{(x_1,\cdots,x_n):a_i\leqslant x_i\leqslant b_i,1\leqslant i\leqslant n\}$. 由于上式对任何 $-\infty<a_i<b_i<\infty$ 都成立,每个 $f=0$ a.e.$(F\times\cdots\times F)$,这证明了 T 的完全性. 定理证毕.

第 3 章

Bayes 估计与 Minimax 估计

上一章的主题是:引进某种要求(无偏、同变)以限制所考虑的估计量的类,再在这个缩小了的估计类中,找出可能存在的一致最优估计量. 本章的主题则与此相反:不限制估计量的类,但降低"一致最优"的要求,而代之以一种更宽的、整体性的指标——整体性是对风险函数的整体而言. 因为在一致最优的准则下,风险函数要对参数 θ 作逐点比较.

3.1　Bayes估计——统计决策的观点

有关样本空间、样本分布族、参数空间、行动空间及损失函数、风险函数等,仍使用前此一贯的记号:$(\mathscr{X},\mathscr{B}_x)$,$\{P_\theta,\theta\in\Theta\}$,$\Theta$,$A$,$L(\theta,a)$及 $R(\theta,\delta)$等——要注意的是:在这种一般框架下讨论问题,并无必要明确指出所关心的统计问题是估计参数、检验假设或其他什么问题. 问题的性质是体现在行动空间 A 及损失函数 L 的形式中. 因本章的一般性讨论中对 A 及 L 并无特殊限制,故所得结果也适用于一般的决策问题. 在行文上为方便计则常以"估计"称之. 所举的例子则全是有关估计问题的.

在参数空间 Θ 中引进由 Θ 的某些子集构成的 σ 域 $\mathscr{B}_\Theta$. 在多数情况下,Θ 为欧氏空间或其一 Borel 子集,这时 $\mathscr{B}_\Theta$ 总是取为 Θ 的一切 Borel 子集构成的 σ 域.

设 δ 为一估计,其风险函数为 $R(\theta,\delta)$. 在 $\mathscr{B}_\Theta$ 上引进概率测度 ν,则称

$$R(\delta) = R_\nu(\delta) = \int_\Theta R(\theta,\delta)\mathrm{d}\nu(\theta) \tag{3.1}$$

为 δ 的相对于 ν 的 **Bayes风险**. 如果某个估计 δ_0 满足

$$R_\nu(\delta_0) \leqslant R_\nu(\delta),\quad 对一切\ \delta, \tag{3.2}$$

则称 δ_0 是相对于 ν 的 **Bayes估计**. (3.2)式中的"一切 δ"也可以局限为"一切符合某条件的 δ"(例如,一切线性估计. 这时当然要求 δ_0 也是线性估计). 本节将不考虑这种情况.

$R_\nu(\delta)$是一个单指标,任意两个估计 δ_1,δ_2 就这个指标都可比,因此 Bayes 估计一般都存在,这是一个优点. 从 $R(\delta)$ 的定义(3.1)式看,ν 只是作为在对

$R(\theta,\delta)$取(加权)平均时不同θ值的权,因此原则上说ν也可取为无限测度,即$\nu(\Theta)=\infty(0<\nu(\Theta)<\infty$的情况与$\nu$为概率测度并无不同). 取$\nu$为概率测度使$R_\nu(\delta)$这个量有如下的统计意义:假定所面对的统计问题不是一次性的,而是在工作中经常遇到. 每次遇到时,参数θ的取值不同,而其出现的频率遵从分布ν,即θ为一个随机变量,有概率分布ν. 一个典型的例子如下:某工厂在长时期中在同一条件下生产一种产品. 逐日从当日产品中抽取若干个以估计该日的废品率θ,这估计θ的事每日都有,而各日θ的真值会有所不同,可以认为θ的逐日取值遵从某种概率分布ν.

设我们某次面对此问题时参数的真值为θ(θ自然未知),而抽得的样本为X. 以$\delta(X)$估计θ,蒙受损失$L(\theta,\delta(X))$. 多次使用下这个损失的平均值,记为$E^*(L(\theta,\delta(X)))$,就是$R_\nu(\delta)$(期望号E^*是为着重表示在求期望时θ也是随机变量). 这样,使$R_\nu(\delta)$达到最小的δ_0,即 Bayes 估计,也就有合理的统计意义. “Bayes 估计”名称的来由将在下节说明.

由此可见,若问题确实有这种多次重复的性质且我们又能确切知道ν,则 Bayes 估计实在是一种合理的选择. 问题在于,一则许多统计问题是一次性的,二则即使有多次出现的性质,ν也未必确切知道. ν反映了我们事前(抽样以取得样本之前)对参数θ取值的知识,因此常称之为“先验分布”或“验前分布”. 如果所指的两个条件不满足(问题是一次性的或ν不确切知道),则我们只好回到原来的出发点:把$R_\nu(\delta)$看成一种便于比较的综合指标.

在这种构架下,(θ,X)是一个随机元,有其“**联合**”分布,暂记为H. Bayes 风险$R_\nu(\delta)$就是$E_H(L(\theta,\delta(X)))$. X在这个联合分布下的**边缘分布**,暂记为P,可由$P(X\in B)=\int_\Theta P_\theta(X\in B)\mathrm{d}\nu(\theta)$确定. 原先的样本分布$P_\theta$成为在联合分布$H$下,给定$\theta$时$X$的**条件分布**. 而原先的风险函数$R(\theta,\delta)$,则是(在联合分布$H$下)损失$L(\theta,\delta(X))$在给定$\theta$时的**条件期望**. 另一个由此派生的重要分布是给定$X=x$时θ的条件分布,暂记为$H(\cdot\mid x)$,它称为(在已得样本x的条件下)θ的**后验分布**. 在给定$X=x$时损失$L(\theta,\delta(X))$的条件期望,即为

$$C(a,x)\big|_{a=\delta(x)}=\int_\Theta L(\theta,a)H(\mathrm{d}\theta\mid x)\big|_{a=\delta(x)}. \tag{3.3}$$

(3.3)式定义的$C(a,x)$称为在有了样本x的情况下,采取行动a的**后验风险**.

3.1.1 求 Bayes 估计的方法——后验风险最小原则

定理 3.1 δ_0是 Bayes 估计的充要条件是:要么$R_\nu(\delta)=\infty$对一切估计δ,要

么存在 $N\in\mathscr{B}_x$，$P(N)=0$，使当 $x\overline{\in}N$ 时

$$C(\delta_0(x),x)=\inf\{C(a,x):a\in A\}. \tag{3.4}$$

证明　据条件期望的性质，有

$$\begin{aligned}R_\nu(\delta)&=\mathrm{E}_H(L(\theta,\delta(X)))=\mathrm{E}_p(\mathrm{E}_H(L(\theta,\delta(X)))\mid X)\\&=\int_{\mathscr{X}}\Big(\int_\Theta L(\theta,\delta(x))H(\mathrm{d}\theta\mid x)\Big)\mathrm{d}P(x)\\&=\int_{\mathscr{X}}C(\delta(x),x)\mathrm{d}P(x).\end{aligned} \tag{3.5}$$

如(3.4)式满足，则对任何 δ，当 $x\overline{\in}N$ 时，有 $C(\delta(x),x)\geqslant C(\delta_0(x),x)$. 由(3.5)式立即推出 $R_\nu(\delta)\geqslant R_\nu(\delta_0)$，这证明了 δ_0 为 Bayes 估计.

反之，若存在 δ^* 使 $R_\nu(\delta^*)<\infty$，则当 $R_\nu(\delta_0)=\infty$ 时，δ_0 不可能是 Bayes 估计. 如若 $R_\nu(\delta_0)<\infty$ 但存在 $B\in\mathscr{B}_x$，$P(B)>0$，使当 $x\in B$ 时(3.4)式不成立，则对 $x\in B$ 可找到 $a_x\in A$，使 $C(\delta_0(x),x)>C(a_x,x)$. 定义估计 δ：$\delta(x)=a_x$ 或 $\delta_0(x)$，视 $x\in B$ 或否. 则由 $P(B)>0$，(3.5)式及 $R_\nu(\delta_0)<\infty$ 知，$R_\nu(\delta_0)>R_\nu(\delta)$，故 δ_0 非 Bayes 估计. 定理证毕.

(3.4)式表明：为找 Bayes 估计，只需对每个样本 x 找出使后验风险最小的行动. 因此定理 3.1 常称为**后验风险最小原则**.

这个定理把求 Bayes 估计归结为一个极值问题，算是有了一个定规可循. 不过，除了某些简单情况，求解这种极值问题并非易事. 首先条件分布 $H(\mathrm{d}\theta|x)$ 的计算问题，一般是很难的. 幸好在一个应用和理论上都很重要的情况，即样本分布族 $\{P_\theta,\theta\in\Theta\}$ 受控于 $\mathscr{B}_x$ 上某 σ 有限测度 μ 的情况，比较好办：记 $f(x,\theta)=\mathrm{d}P_\theta(x)/\mathrm{d}\mu(x)$. 按条件概率的定义不难验证

$$H(\mathrm{d}\theta\mid x)=f(x,\theta)\mathrm{d}\nu(\theta)\Big/\int_\Theta f(x,\theta)\mathrm{d}\nu(\theta). \tag{3.6}$$

注意到(3.6)式右边的分母与 θ 无关，使后验风险达到最小等价于使积分 $\int_\Theta L(\theta,a)f(x,\theta)\mathrm{d}\nu(\theta)$ 达到最小. 一般地说，只要 $x\in\Theta$ 是欧氏的，则如在 1.4 节中曾提及，给定 x 时 θ 的正则条件分布存在，这保证了 $H(\mathrm{d}\theta|x)$ 有意义. 但除(3.6)式的情况外，没有合适的表达式.

即便有了后验风险 $C(a,x)$ 的表达式，求解极值问题(3.4)也往往不易. 从

理论的观点看,极值点的存在和(作为 x 的函数的)可测性,都是需要仔细处理的问题. 本书将不涉及这些问题,有兴趣的读者可参看本书作者所著的《数理统计引论》第 145～150 面.

例 3.1 设样本空间为欧氏的,损失函数为 $(\theta-a)^2$. 损失函数的这个形式表明问题是估计 θ. 给定先验分布 ν,后验风险为

$$C(a,x)=\int_\Theta(\theta-a)^2H(\mathrm{d}\theta\mid x).$$

如果 $\int_\Theta\theta^2H(\mathrm{d}\theta\mid x)=\infty$,则 $C(a,x)=\infty$ 对任何 a,这时可取 $\delta_0(x)$ 等于 A 中任何选定之值. 若 $\int_\Theta\theta^2H(\mathrm{d}\theta\mid x)<\infty$,则 $C(a,x)$ 唯一地在 $\int_\Theta\theta H(\mathrm{d}\theta\mid x)=\mathrm{E}_H(\theta\mid x)$ 处达到最小,因此 $\delta_0(x)=\mathrm{E}_H(\theta|x)$ 就是 Bayes 估计.

假定样本空间为欧氏,是为着正则条件分布 $H(\mathrm{d}\theta|x)$ 存在,在本例中这其实用不着:只要 $\mathrm{E}_\nu|\theta|<\infty$, $\mathrm{E}(\theta|x)$ 就有意义,且不难直接验证

$$\mathrm{E}_H(\mathrm{E}_H(\theta\mid X)-\theta)^2\leqslant\mathrm{E}_H(\delta(X)-\theta)^2$$

对任何估计量 δ 成立,因而 $\mathrm{E}_H(\theta|x)$ 就是 Bayes 估计.

例 3.2 续上题,将损失函数改为 $L(\theta,a)=\lambda(\theta)[g(\theta)-a]^2$,此处 $\lambda(\theta)>0$ 和 $g(\theta)$ 都是已知的 θ 的 $\mathscr{B}_\Theta$ 可测函数. 损失函数的这种形式表明问题是估计 $g(\theta)$. 因子 $\lambda(\theta)$ 表明:对不同的 θ 错估的影响可以不同. 因为

$$C(a,x)=\int_\Theta\lambda(\theta)[g(\theta)-a]^2H(\mathrm{d}\theta\mid x),$$

若 $\int_\Theta\lambda(\theta)g^i(\theta)H(\mathrm{d}\theta\mid x)$ 对 $i=0,1,2$ 都存在有限,则 $C(a,x)$ 唯一地在

$$a=a_x=\int_\Theta\lambda(\theta)g(\theta)H(\mathrm{d}\theta\mid x)\Big/\int_\Theta\lambda(\theta)H(\mathrm{d}\theta\mid x)\tag{3.7}$$

处达到最小. 可以证明,只有以下三种可能的情况(习题 5,6,19):

1° $C(a,x)=\infty$ 对一切 a.

2° $C(a,x)$ 只在一点 $a=a_x$ 处有限.

3° $C(a,x)$ 对一切 a 有限,这等价于 $\int_\Theta\lambda(\theta)g^i(\theta)H(\mathrm{d}\theta\mid x)$ 对 $i=0,1,2$ 都有限.

$1^\circ \sim 3^\circ$联合决定了 Bayes 估计的形式.

例 3.3　续例 3.1,把损失函数改为 $L(\theta,a)=|g(\theta)-a|$,损失函数形式表明问题为估计 $g(\theta)$. 则有

$$C(a,x)=\int_{\Theta}|g(\theta)-a|H(\mathrm{d}\theta|x). \tag{3.8}$$

因为对任何随机变量 ξ,函数 $f(a)\equiv \mathrm{E}|\xi-a|$或者恒等于$\infty$(当$\mathrm{E}|\xi|=\infty$时),或处处有限(当 $\mathrm{E}|\xi|<\infty$时). 在后一场合,当且仅当 a 为ξ 的中位数(中位数可不唯一)时,f 达到最小值. 由此可知

$$\delta_0(x)=\begin{cases}\text{任意}, & \text{当 } \Delta_x=\int_{\Theta}|g(\theta)|H(\mathrm{d}\theta|x)=\infty \text{ 时},\\ g(\theta), & \text{当 } \theta \text{ 有分布 } H(\cdot|x) \text{ 时的中位数,当 } \Delta_x<\infty \text{ 时}.\end{cases}$$

如果损失函数为$\lambda(\theta)|g(\theta)-a|$,情况也与例 3.2 相似——当然,Bayes 估计不是(3.7)而是类似(3.8)的表达式.

例 3.4　设样本 X 有二项分布$B(n,\theta)$ $(0\leqslant\theta\leqslant 1)$. 为估计 θ,取平方损失$(\theta-a)^2$,θ 的先验分布为 B 分布 $\mathrm{B}_\theta(a,b)$ $(a>0,b>0)$,即对 L 测度有密度

$$\frac{\Gamma(a+b)}{\Gamma(a)\Gamma(b)}\theta^{a-1}(1-\theta)^{b-1}I(0<\theta<1). \tag{3.9}$$

利用(3.6)式,不难算出后验分布为 $\mathrm{B}_\theta(a+x,b+n-x)$. 在平方损失下,此分布之期望,记为

$$\delta_{ab}(x)=\frac{x+a}{n+a+b}, \tag{3.10}$$

就是 θ 的 Bayes 估计. 利用公式

$$\sum_{i=0}^{n} i\binom{n}{i}\theta^i(1-\theta)^{n-i}=n\theta,$$

$$\sum_{i=0}^{n} i^2\binom{n}{i}\theta^i(1-\theta)^{n-i}=n^2\theta^2+n\theta(1-\theta),$$

易算出 δ_{ab}的风险为

$$R(\theta,\delta_{ab})=(n+a+b)^{-2}\{n\theta(1-\theta)+[(a+b)\theta-a]^2\}, \tag{3.11}$$

而其 Bayes 风险为 $ab/[(n+a+b)(a+b+1)(a+b)]$.

一个重要的特例是 $a=b=1$，这时先验分布是 $(0,1)$ 区间的均匀分布 $R(0,1)$. 按(3.10)式，这时 Bayes 估计为

$$\delta_{11}(x)=\frac{x+1}{n+2}. \tag{3.12}$$

这个先验分布意味着在做试验前我们对 $[0,1]$ 区间内各 θ 值一视同仁，即不认为其中任何一个值的可能性比另一个可能值大或小. 以此，这个先验分布有时称为“**同等无知**”的原则. 在我们对 θ 的可能取值没有任何先验的了解时，这原则常被认为是一种合理的选择，不过也有异议存在. 关于这个及有关先验分布的选择问题留到下一节再谈.

本例我们考虑了一整族先验分布 $\{\mathrm{B}(a,b),a>0,b>0\}$，它有以下性质：对任何样本 x，后验分布 $H(\cdot|x)$ 仍在此族内. 具有这种性质的先验分布族称为**共轭先验分布族**，要注意的是：这个性质不单取决于先验分布族本身，也与样本分布的形式有关. 例如，若样本 X 有负二项分布

$$P_\theta(X=x)=\binom{x+k-1}{k-1}\theta^k(1-\theta)^x,\quad x=0,1,2,\cdots,\ 0\leqslant\theta\leqslant1, \tag{3.13}$$

则 $\{\mathrm{B}(a,b),a>1,b>1\}$ 不再是共轭先验分布族.

例 3.5 $X_1,\cdots,X_n$ 为抽自指数分布 $\theta\mathrm{e}^{-\theta x}I(x>0)\mathrm{d}x$ 的 iid. 样本，参数 $\theta>0$. 可以把 $X_1,\cdots,X_n$ 视为抽取的 n 个元件的寿命. 元件在指定时刻 t_0 前失效的概率为 $1-\mathrm{e}^{-\theta t_0}$. 为估计 $\mathrm{e}^{-\theta t_0}$，取平方损失 $(\mathrm{e}^{-\theta t_0}-a)^2$. 取先验分布为具密度（对 L 测度）

$$[\alpha^\beta/\Gamma(\beta)]\theta^{\beta-1}\mathrm{e}^{-\alpha\theta}I(\theta>0),\quad \alpha>0,\beta>0 \tag{3.14}$$

的分布. 此分布常称为 Γ 分布 $\Gamma(\alpha,\beta)$，或 Pearson Ⅲ 型分布，它的期望是 β/α.

利用(3.6)式，易求出在有了样本 $X_1,\cdots,X_n$ 时，θ 的后验分布为 $\Gamma(T_n+\alpha,n+\beta)$，$T_n=\sum_{i=1}^n X_i$. 因损失函数为 $(\mathrm{e}^{-\theta t_0}-a)^2$，按(3.7)式（其中 $\lambda(\theta)=1$）算出 $\mathrm{e}^{-\theta t_0}$ 的 Bayes 估计为

$$\frac{(T_n+\alpha)^{n+\beta}}{\Gamma(n+\beta)}\int_0^\infty \mathrm{e}^{-t_0\theta-(T_n+\alpha)\theta}\theta^{n+\beta-1}\mathrm{d}\theta=\left(1+\frac{t_0}{T_n+\alpha}\right)_0^{-(n+\beta)}. \tag{3.15}$$

本例中的先验分布族 $\{\Gamma(\alpha,\beta),\alpha>0,\beta>0\}$ 也是共轭先验分布族.

例 3.6 $X_1,\cdots,X_n$为抽自正态总体$N(\theta,\sigma^2)$的iid.样本,$\sigma^2>0$已知,θ为参数,$-\infty<\theta<\infty$,要估计θ. 损失函数为$(\theta-a)^2$. 先验分布为$N(\mu,\tau^2)$ $(-\infty<\mu<\infty,\tau^2>0)$. 用公式(3.6),易算出后验分布为$N(a_x,\sigma_x{}^2)$,其中

$$a_x=(n\sigma^{-2}\overline{X}+\tau^{-2}\mu)/(n\sigma^{-2}+\tau^{-2}),\quad \sigma_x{}^2=(n\sigma^{-2}+\tau^{-2})^{-1},$$

因此θ的Bayes估计为

$$\delta_{\mu\tau}(x)=a_x=\frac{n\sigma^{-2}}{n\sigma^{-2}+\tau^{-2}}\overline{X}+\frac{\tau^{-2}}{n\sigma^{-2}+\tau^{-2}}\mu. \tag{3.16}$$

这个例子有一个关乎Bayes估计本质的有趣解释,见3.2节. 又注意本例的先验分布族也是共轭先验分布族.

我们不再举更多的例子了,因为所涉及的形式计算没有多少启发性. 一般地,只在平方损失下才可能算出简洁的表达式,就是在这个场合计算有时也不易.

3.1.2 广义先验分布与广义Bayes估计

前面已提到过:在Bayes风险的定义(3.1)式中,并无必要假定ν是一个概率测度,允许ν为一个无穷测度(即$\nu(\Theta)=\infty$)也可以. 这时Bayes估计的定义——使Bayes风险达到最小的估计——也不变. 当然,在$\nu(\Theta)=\infty$时,前面论述的Bayes风险的统计意义、后验分布及后验风险最小的原则等,都将失效. 但是,如果样本分布有形式$f(x,\theta)\mathrm{d}\mu(x)$,且$0<f(x)\equiv\int_\Theta f(x,\theta)\mathrm{d}\nu(\theta)<\infty$ a.e.μ,则由(3.6)式定义的$H(\mathrm{d}\theta|x)$仍是θ的一个概率分布. 形式上仍可称之为"后验分布". 这时仍有公式

$$\begin{aligned}R_\nu(\delta)&=\int_{\mathscr{X}}\left[\int_\Theta L(\theta,\delta(x))H(\mathrm{d}\theta\mid x)\right]f(x)\mathrm{d}\mu(x)\\&=\int_{\mathscr{X}}C(\delta(x),x)f(x)\mathrm{d}\mu(x),\end{aligned}$$

其中$C(a,x)$由(3.3)式定义. 这样,"后验风险"最小原则,即定理3.1,仍保持有效. 因此,至少在这种情况下,可以仍把ν当作"先验分布"看待,称为**广义先验分布**,相应的Bayes估计则称为**广义Bayes估计**.

其所以有必要把Bayes估计类作这种拓广,是因为早先所定义的(狭义的)Bayes估计类范围不够,甚至一些很常见的估计也不在其内,下面就是一个例子.

例 3.7 设 $X_1,\cdots,X_n$ 是从正态总体 $N(\theta,1)$ 中抽出的 iid. 样本，要估计 θ，损失为 $(\theta-a)^2$. 我们来证明：不论取怎样的概率测度 ν 作为 θ 的先验分布，常见的估计 $\overline{X}$ 也不是 Bayes 估计.

为了证明，设存在某个(狭义的)先验分布 ν，使 Bayes 估计 $\mathrm{E}(\theta|x)=\bar{x}$，此处 $x=(x_1,\cdots,x_n)$. 则按公式(3.6). 应有(以 u 记 $\bar{x}$)

$$u=\frac{\int_{-\infty}^{\infty}\theta\exp\left(-\frac{n}{2}(\theta-u)^2\right)\mathrm{d}\nu(\theta)}{\int_{-\infty}^{\infty}\exp\left(-\frac{n}{2}(\theta-u)^2\right)\mathrm{d}\nu(\theta)}. \tag{3.17}$$

把(3.17)式右边的分母记为 $h(u)$. 按定理 1.1 知，$h(u)$可在积分号下求导，从而得到

$$h'(u)=n\int_{-\infty}^{\infty}(\theta-u)\exp\left(-\frac{n}{2}(\theta-u)^2\right)\mathrm{d}\nu(\theta).$$

由此及(3.17)式知，$h'(u)\equiv 0$，因而 $h(u)$为一常数 c：

$$\int_{-\infty}^{\infty}\exp\left(-\frac{n}{2}(\theta-u)^2\right)\mathrm{d}\nu(\theta)=c,\quad -\infty<u<\infty. \tag{3.18}$$

往证 c 必须为 0. 若 $c>0$，则利用 $0<\exp\left(-\frac{n}{2}(\theta-u)^2\right)\leqslant 1$，找 $M>0$ 充分大使 $\nu(\{|\theta|>M\})<c/2$，由(3.18)式得

$$\int_{-M}^{M}\exp\left(-\frac{n}{2}(\theta-u)^2\right)\mathrm{d}\nu(\theta)>c/2,\quad -\infty<u<\infty.$$

在上式左边令 $u\to\infty$. 由控制收敛定理，将有 $0>c/2$，这不可能，因而 c 必须为 0. 但因 $\exp\left(-\frac{n}{2}(\theta-u)^2\right)>0$ 对任何 θ 和 u，(3.18)式左边的积分不能为 0. 这个矛盾证明了 $\overline{X}$不能是 Bayes 估计.

比这更容易得多可以证明(习题 13°a)：设样本 X 有分布 $B(n,\theta)$ $(0\leqslant\theta\leqslant 1)$，则对任何(狭义的)先验分布 ν，只要 $\nu(0<\theta<1)>0$，则在损失 $(\theta-a)^2$ 之下，通常的估计 X/n 不是 Bayes 估计. 但是，若容许广义先验分布，则在以上两例中，所谈到的估计 $\overline{X}$和 X/n 都是(广义)Bayes 估计：前者取广义先验分布 $\mathrm{d}\theta$ (即$(-\infty,\infty)$上的 L 测度)，后者取 $\theta^{-1}(1-\theta)^{-1}I(0<\theta<1)\mathrm{d}\theta$.

更一般地，在某些一般性限制条件下，可以证明(习题 16)：在平方损失下无

偏估计不能是 Bayes 估计. 这可以看出(狭义) Bayes 估计族确有扩大的必要.

但是,也并非经过这样的扩大后,任何一个估计都可以作为某个广义先验分布的、有意义的 Bayes 估计. 例如,可以证明(习题 22):在例 3.7 中,对任何一个广义先验分布 ν,只要不是对一切估计 δ 都有 $R_\nu(\delta)=\infty$(在这种情况,每个 δ 都是 Bayes 估计,而 Bayes 估计失去意义),则对任何常数 $c>1$, $c\bar{X}$ 不能是 Bayes 估计.

广义 Bayes 估计也可以从另外一个途径去定义,即**作为一串(狭义) Bayes 估计的极限**. 如在例 3.6 中,由(3.16)式定义的 $\delta_{\mu\tau}(x)$ 是狭义 Bayes 估计. 令 $\tau\to\infty$ 得 $\delta_{\mu\tau}(x)\to\bar{x}$,后者是广义先验分布 $\mathrm{d}\theta$ 之下的 Bayes 估计(平方损失,下同). 值得注意的是:当 $\tau\to\infty$ 时先验分布 $N(\mu,\tau^2)$ 也就接近这个广义先验分布 $\mathrm{d}\theta$. 在例 3.4 中,(3.10)式是狭义 Bayes 估计. 令 $a,b\to 0$,它趋向于广义 Bayes 估计 X/n. 在一般理论中,我们需要确切定义"一串估计收敛于某估计"的意义,并研究在何种条件下,用这两种方式定义的广义 Bayes 估计一致,此处不能细谈.

从更高的理论观点看,引进广义 Bayes 估计的理由在于:补充 Bayes 决策函数类中缺漏的重要成员,以使之成为一个(本质)完全类. 这是 1950 年 Wald 引进决策函数理论的专著《Statistical Decision Theory》中所讨论的主要问题. 以后几十年,这问题不断受到一些理论学者的关注. 在已得的结果中,没有能用简短篇幅证明的,故细节不能涉及了. 下面只引述一个最简单情况下的结果,见 Berger 著《Statistical Decision Theory and Bayesian Analysis》(第 2 版)第 426 面定理 12 及该处所引文献.

定理 3.2　设一统计决策问题中的参数空间和行动空间都是欧氏空间中的有界闭集,样本分布为 $f(x,\theta)\mathrm{d}\mu$,其中 μ 为 L 测度或计点测度. 损失函数 $L(\theta,a)$ 当固定 θ 时是行动空间上的连续函数,且任一决策函数的风险函数也在参数空间上连续,则一切 Bayes 决策的类是完全类.

3.1.3　经验 Bayes(Empirical Bayes,简记为 EB)估计

EB 估计是 Robbins 在 1955 年提出的,以试图解决在使用 Bayes 方法时,因不知道先验分布而产生的困难. EB 方法可用于任何统计决策问题(当然,在一定条件之下),下文的叙述也不限于参数估计.

EB 方法的思想很容易借助于本节开头处提到的那个例子(见(3.2)式下第一段)来说明. 该工厂长期生产这种产品,生产已进入基本稳定的状态,每日的废品率 θ 会因为随机原因有些变化. 因此,认为 θ 有一个固定但未知的先验分布

ν 是合理的. 设该厂每日从当日产品中抽出 N 个并记录下其中的废品个数 x,这个 x 中包含有"当日 θ 真值"的信息. 设该厂长期保持这种记录,得 $x_1,\cdots,x_n$. 可以想象,当 n 很大时,$x_1,\cdots,x_n$ 中包含 θ 的信息愈来愈多以至可以基本上决定先验分布 ν. 这样,当某一日我们需要根据当日的 x 值去估计当日的 θ 值(注意我们强调"当日"二字,它表示我们估计的是一个数值,即 θ 的当日取值. 这一点有时可能引起混淆,因为在 Bayes 方法的框架中,θ 本身是看成一个随机变量,有一定的分布——即先验分布 ν)时,我们可以利用"历史样本"$x_1,\cdots,x_n$ 所提供的有关先验分布的信息,以使用 Bayes 方法,这就是 EB 方法的要旨. 这个讲法不要误解为 EB 方法的实施总是分成两段:第一步由历史样本 $x_1,\cdots,x_n$ 对先验分布 ν 作出估计 ν_n,第二步利用当前样本 x 及先验分布 ν_n 求出 Bayes 估计. 实际做法往往并非如此,这可以从以下诸例子看出. EB 方法的要旨在于:在估计"当前"θ 值时,除利用"当前"样本 x 外,还要利用"历史"样本 $x_1,\cdots,x_n$,如何利用视情况而定,并无一定之规.

有了这个例子在手,推广到一般情况当属显然. 设有了决策问题诸要素 $(\mathscr{X},\mathscr{B}_x,P_\theta),\theta\in\Theta,(\Theta,\mathscr{B}_\Theta),A,L(\theta,a)$ 及先验分布 ν. 假定这个决策问题在工作中经常出现,每次出现时,上述诸要素不变——不同的是,每次出现时"当次"的 θ 值是从 ν 中随机抽取所得,因而每次之值可以不同. 又样本 x 是从 P_θ 中抽出的,θ 之值每次可不同,x 值在给定 θ 时的条件分布,也就可以不同,但其边缘分布,即 $\int_\Theta P_\theta(\cdot)\mathrm{d}\nu(\theta)$,在各次都相同,因 ν 没有变化.

假定我们有了以往处理这个统计决策问题 n 次的记录 $(\theta_1,x_1),\cdots,(\theta_n,x_n)$,它们就是 (θ,X) 的联合分布的 iid. 样本,而 $\theta_1,\cdots,\theta_n$ 就是先验分布 ν 的 iid. 样本. 如果知道 $\theta_1,\cdots,\theta_n$,则它们当然最适合于去估计 ν. 但是我们并不知道 $\theta_1,\cdots,\theta_n$ 的确切值,故能加利用的只是 $x_1,\cdots,x_n$. 这称为**历史样本**.

现设我们再一次(第 $n+1$ 次)面对这个决策问题,得到当前样本 x,要利用这个 x 及历史样本 $x_1,\cdots,x_n$ 去作出决策. 这样的决策是 $x_1,\cdots,x_n$ 和 x 的函数 $\delta(x_1,\cdots,x_n;x)$,称为 **EB 决策函数**,当用于估计问题时就称 **EB 估计**.

我们来计算上述 EB 估计 $\delta(x_1,\cdots,x_n;x)$ 的 Bayes 风险. 先固定 $x_1,\cdots,x_n$. 作为只与当前样本 x 有关的估计,δ 有 Bayes 风险

$$\mathrm{E}_H(L(\theta,\delta(x_1,\cdots,x_n;X)))=\int_\Theta\left[\int_{\mathscr{X}}L(\theta,\delta(x_1,\cdots,x_n;x))\mathrm{d}P_\theta(x)\right]\mathrm{d}\nu(\theta),\tag{3.19}$$

这里 H 是(X,θ)的联合分布．此 Bayes 风险与 $x_1,\cdots,x_n$有关，而后者也是随机的：它是从分布 $P(P(\cdot)=\int_\Theta P_\theta(\cdot)\mathrm{d}\nu(\theta))$ 中抽出的 iid.样本．考虑到这一点，把 EB 估计 $\delta(x_1,\cdots,x_n;x)$的 Bayes 风险定义为

$$\begin{aligned}R_\nu(\delta) &= \mathrm{E}_p(\mathrm{E}_H(L(\theta,\delta(X_1,\cdots,X_n;X)))\mid X_1,\cdots,X_n)\\ &= \int_{\mathscr{X}}\cdots\int_{\mathscr{X}}\Big(\int_\Theta\Big(\int_{\mathscr{X}} L(\theta,\delta(x_1,,\cdots,x_n;x))\mathrm{d}P_\theta(x)\Big)\mathrm{d}\nu(\theta)\Big)\\ &\quad\cdot \mathrm{d}P(x_1)\cdots\mathrm{d}P(x_n).\end{aligned} \tag{3.20}$$

记号 $R_\nu(\delta)$与前面用于单纯 Bayes 估计的一样，这不会引起混淆．有时为了强调上述计算 $R_\nu(\delta)$而考虑了历史样本的作用，把它称为**全面 Bayes 风险**．

暂以 $b(\nu)$记在先验分布 ν 之下 Bayes 估计的 Bayes 风险，则由(3.19)，(3.20)式看出：对任何一个 EB 估计 δ，必有 $R_\nu(\delta)\geqslant b(\nu)$，这是因为(3.19)式右边的量总不能小于 $b(\nu)$．可是，如果历史样本 $X_1,\cdots,X_n$中包含了先验分布 ν 的足够信息，而所用的 EB 估计 δ 又充分利用了这种信息，则(3.19)式之值应充分接近 $b(\nu)$．因此当 n 很大时，(3.20)式之值，即 $R_\nu(\delta)$，应充分接近 $b(\nu)$．就是说，应有

$$\lim_{n\to\infty} R_\nu(\delta) = b(\nu). \tag{3.21}$$

当(3.21)式成立时，称 δ 为一个**渐近最优的 EB 估计**(asymptotic optimal EB，简称 a.o.EB)．一般是给了一个先验分布族 $\mathscr{F}$，而要求(3.21)式对任何 $\nu\in\mathscr{F}$ 都成立，这时称 δ 为**相对于族 $\mathscr{F}$ 的 a. o. EB 估计**．EB 估计理论研究的一个基本问题是构造合宜的 EB 估计，并证明其渐近最优性．此问题现时在指数型和截尾型分布族中有较大的进展，但证明都太冗长，故在以下诸例中，除例 3.8 外，都没有给出有关的证明．

例 3.8 样本 X 有分布$N(\theta,1)$ $(\theta\in\Theta=(-\infty,\infty))$．损失函数为$(\theta-a)^2$(这表示问题为估计 θ)．设先验分布 ν 属于正态分布族 $\mathscr{F}=\{N(0,\sigma^2),0<\sigma^2<\infty\}$．有了历史样本 $X_1,\cdots,X_n$，当前样本 X，要估计当前 θ 的值．

在此，为估计先验分布，等于估计 σ^2．容易算出：在 θ 的先验分布为$N(0,\sigma^2)$时，X 的边缘分布为$N(0,1+\sigma^2)$．因为 $X_1,\cdots,X_n$是从这分布中抽取的 iid.样本，故可以用 $\hat{\sigma}_n = n^{-1}\sum_{i=1}^n x_i{}^2 - 1$ 去估计 σ^2．把先验分布视为 $N(0,\hat{\sigma}_n{}^2)$，按

(3.16)式,得出 Bayes 估计(EB 估计):

$$\delta(x_1,\cdots,x_n;x) = (1+\hat{\sigma}_n{}^2)^{-1}\hat{\sigma}_n{}^2 x. \tag{3.22}$$

易算出在固定 $x_1,\cdots,x_n$ 的条件下,δ 的 Bayes 风险为 $\hat{\sigma}_n{}^2/(1+\hat{\sigma}_n{}^2)$,而 δ 的(全面)Bayes 风险为

$$R_\nu(\delta) = \mathrm{E}_p(\hat{\sigma}_n{}^2/(1+\hat{\sigma}_n{}^2)),$$

期望 E_p 是在 $X_1,\cdots,X_n$ 为 iid.,且公共分布为 $P\sim N(0,1+\sigma^2)$ 的条件下去求. 由于 $\hat{\sigma}_n{}^2/(1+\hat{\sigma}_n{}^2)$ 有界,且当 $n\to\infty$ 时以概率 1 收敛于 $\sigma^2/(1+\sigma^2)$,据控制收敛定理有 $R_\nu(\delta)\to\sigma^2/(1+\sigma^2)$ 当 $n\to\infty$. 但 $\sigma^2/(1+\sigma^2)$ 正是在先验分布为 $N(0,\sigma^2)$ 时的 Bayes 估计的 Bayes 风险,因此,证明了由(3.22)式定义的 EB 估计 δ 是 a.o.EB 估计.

注　由于当前样本 x 与 $x_1,\cdots,x_n$ 有一样的分布,在估计 σ^2 时可以把它也用上,即用 $\tilde{\sigma}_n{}^2=(n+1)^{-1}\left(X^2+\sum_{i=1}^{n}X_i{}^2\right)-1$ 去估计 δ^2. 相应地在(3.22)式中把 $\hat{\sigma}_n{}^2$ 改为 $\tilde{\sigma}_n{}^2$. 可以证明:即使这样定义 δ,它仍为 a.o.EB 估计(习题 57a),注意:经过这一改变问题要麻烦得多,因为原先 $\hat{\sigma}_n{}^2$ 只与 $x_1,\cdots,x_n$ 有关,在给定 $x_1,\cdots,x_n$ 时 δ 为 x 的线性函数,现在 $\tilde{\sigma}_n{}^2$ 也与 x 有关,在给定 $x_1,\cdots,x_n$ 时,δ 是 x 的一个复杂的非线性函数. 这个例子显示:即使在很简单的情况下,也不容易证明一个 EB 估计有渐近最优性.

例 3.9　样本 X 有 Poisson 分布 $\mathscr{P}_\theta(X=x)=(x!)^{-1}\mathrm{e}^{-\theta}\theta^x$ $(x=0,1,2,\cdots,\theta\in\Theta=(0,\infty))$. 损失函数为 $(\theta-a)^2$. 设 θ 的先验分布 ν,则 X 的边缘分布为

$$P(X=x)\equiv f_\nu(x)=\int_0^\infty(x!)^{-1}\mathrm{e}^{-\theta}\theta^x\mathrm{d}\nu(\theta),\quad x=0,1,\cdots.$$

按公式 $\mathrm{E}_H(\theta|x)$,得 θ 的 Bayes 估计为

$$\begin{aligned}\delta_\nu(x) &= \int_0^\infty(x!)^{-1}\mathrm{e}^{-\theta}\theta^{x+1}\mathrm{d}\nu(\theta)/f_\nu(x)\\ &= (x+1)f_\nu(x+1)/f_\nu(x).\end{aligned} \tag{3.23}$$

(3.23)式右边的 f_ν 与 ν 有关,在 ν 未知时,δ_ν 无法算出. 但是,因 f_ν 为 X 的边缘分布而 $X_1,\cdots,X_n,X$ 是从此分布中抽出的 iid. 样本,可以用它去估计 f_ν. 我们用 $u_n(x_1,\cdots,x_n;x)=(n+1)^{-1}(\{x_1,\cdots,x_n$ 中等于 x 的个数$\}+1)$ 去估计

$f_\nu(x)$(其所以加1,是为了避免 $f_\nu(x)$的估计值取0),进而根据(3.23)式,以

$$\delta(x_1,\cdots,x_n;x)=(x+1)u_n(x_1,\cdots,x_n;x+1)/u_n(x_1,\cdots,x_n;x) \tag{3.24}$$

去估计 θ,它是一个EB估计.本例中历史样本的作用不在于直接去估计先验分布 ν,而是用于估计 X 的边缘分布.这碰巧因为本例中的Bayes估计有一个仅依赖这个边缘分布的形式.可以证明,只要先验分布 ν 有二阶矩,即 $\int_{-\infty}^{\infty}\theta^2\mathrm{d}\nu(\theta)<\infty$,则由(3.24)式定义的EB估计有渐近最优性(参看成平等著的《参数估计》第205~208面).

例3.10 让我们来考察一下最初提到的那个例子,即工厂逐日估计其废品率,这相当于样本 X 有二项分布 $B(N,\theta)$,损失函数 $(\theta-a)^2$.设先验分布为 ν,则 θ 的Bayes估计为 $\delta_\nu(x)$为

$$\delta_\nu(x)=\frac{x+1}{N+1}\frac{f_G(N+1,x+1)}{f_G(N,x)}, \tag{3.25}$$

这里 $f_G(k,x)=\int_\Theta\binom{k}{x}\theta^x(1-\theta)^{k-x}\mathrm{d}\nu(\theta)\ (x=0,1,\cdots,k)$是(当 $X\sim B(k,\theta)$ 而 $\theta\sim\nu$ 时)X 的边缘分布.

我们来分析一下有否可能建立一个a.o.EB估计.因为在平方损失下Bayes估计(3.25)有唯一性,推知若某个a.o.EB估计 $\delta(x_1,\cdots,x_n;x)$存在,则当 $n\to\infty$时,$\delta(x_1,\cdots,x_n;x)$应收敛于(3.25)式才行,而要达到这一点,需要通过历史样本 $X_1,\cdots,X_n$去估计 $f_G(N,x)$和 $f_G(N+1,x+1)$ $(x=0,1,\cdots,N)$,且这种估计必须当 n 充分大时能任意地精确.现 $X_1,\cdots,X_n$ 的公共分布为 $f_G(N,\cdot)$,故利用 $X_1,\cdots,X_n$估计 $f_G(N,\cdot)$不成问题.但若事先对先验分布 ν 毫无所知,则利用 $X_1,\cdots,X_n$无法对 $f_G(N+1,x+1)$作出充分精确的估计.这个分析表明:若不对 ν 所属于的族作一定限制,就不可能作出 θ 的a.o.EB估计.这一点不难严格证明(参看本书作者在《中国科学技术大学学报》上的文章,1982年第1期:1~7)——也不要把这个结论理解为:在这种情况下历史样本 $x_1,\cdots,x_n$已毫无用处.事实上,例如在 N 很大时,可以逐日用 $x_1/N,\cdots,x_n/N$ 去估计该日 θ 值,它们相当确切地可视为是从分布 ν 中抽出的iid.样本,因而利用之可得到 ν 的较确切的估计,这总比起初对 ν 一无所知要好.

但是,如果对先验分布 ν 的族作某些限制,例如,限制 ν 属于B分布族

$\{B(a,b), a>0, b>0\}$，则可以证明：θ 的 a.o. EB 存在（习题 59）. 更一般的结果可参看刚才所引的本书作者的文章.

当 EB 方法在 20 世纪 50 年代中期刚提出时，统计界曾给予高度的评价和期望. 以后的发展似乎表明，这方法在实际中的作用是有限的. 原因也不难理解：一是它只适用于“经常出现”的统计问题，且在该问题各次出现时，其基本要素，包括先验分布在内，必须保持不变. 这个要求就很高，更不用说大多数统计问题多是一次性的. 二是它只适用于样本分布族具有很简单的参数结构的情形. 三是为了构造 EB 估计并证明它有渐近最优性，还需要限制先验分布 ν 的范围，以至假定它有某种简单的参数结构，而这一点又与最初引进 EB 方法的初衷有所背离.

3.1.4 Bayes 方法作为一种证明工具

在数理统计理论中，Bayes 方法有时用来作为寻求具有某种特性的估计的工具，或证明某种估计具有某种特性及种种理论结论. 前者的例证是将要在 3.3 节中讨论的 Minimax 估计. 作为后者的一个例子，我们现在来讨论 Bayes 方法对估计的容许性问题的应用.

定理 3.3 沿用前面的记号，并设参数空间 Θ 是欧氏空间中的 Borel 子集. 设 δ_ν 是在先验分布 ν 之下的 Bayes 估计. 假定以下三个条件满足：

1° 任何估计的风险，作为参数 θ 的函数，在 Θ 上处处连续；

2° 存在一个估计 δ_0，其 Bayes 风险 $R_\nu(\delta_0)<\infty$；

3° Θ 中每个点都是 ν 的负荷点（参看 1.1 节）.

则 δ_ν 是容许估计.

证明 用反证法，设 δ_ν 不可容许，则存在估计 δ，使 $R(\theta,\delta)\leqslant R(\theta,\delta_\nu)$ 且不等号至少对某个 $\theta_0\in\Theta$ 成立. 由于 $R(\theta_0,\delta)<R(\theta_0,\delta_\nu)$ 且 $R(\theta,\delta)$ 和 $R(\theta,\delta_\nu)$ 都是 θ 的连续函数（条件 1°），故存在 $\varepsilon>0$，使当 $\theta\in\Theta_\varepsilon=\{\theta:\theta\in\Theta, \|\theta-\theta_0\|<\varepsilon\}$ 时，有 $R(\theta,\delta)<R(\theta,\delta_\nu)$. 在 $\Theta-\Theta_\varepsilon$ 上有 $R(\theta,\delta)\leqslant R(\theta,\delta_\nu)$. 因为 2° 及 δ_ν 为 Bayes 估计，故 $R_\nu(\delta_\nu)<\infty$，因此得到

$$\infty > R_\nu(\delta_\nu) = \int_\Theta R(\theta,\delta_\nu)\mathrm{d}\nu(\theta) > \int_\Theta R(\theta,\delta)\mathrm{d}\nu(\theta) = R_\nu(\delta),$$

这与 δ_ν 为 Bayes 估计不合. 定理证毕.

注 证明中并未用到 ν 为概率测度，因此 ν 可以是广义先验分布.

例 3.11 设 $X_1,\cdots,X_n$ 是从正态 $N(\theta,\sigma^2)$ 中抽出的 iid. 样本，σ^2 已知，要估

计 θ,损失函数为$(\theta-a)^2$. 前此已证明 $\bar{X}$是一个容许估计. 现往证:对任何常数 $c,d,0<c<1$,估计量 $\delta=c\bar{X}+d$ 是容许估计. 为此只要取 $N(\mu,\tau^2)$为先验分布,选择 μ,τ^2,使

$$n\sigma^{-2}/(n\sigma^{-2}+\tau^{-2})=c,\quad \mu\tau^{-2}/(n\sigma^{-2}+\tau^{-2})=d,$$

则据(3.16)式,δ 为此先验分布下的 Bayes 估计. 定理 3.3 中的条件 2°,3°显然满足. 由定理 1.1 易见条件 1°也满足. 于是据定理 3.3 得出所要的结论.

不难证明:此题结论对 $c=0$ 也成立,又对 σ^2未知的情况也成立.

类似地,据例 3.4 可以证明:若样本 $X\sim B(n,\theta)$,损失函数为$(\theta-a)^2$,则 $\delta=c(X/n)+d$ $(c>0,d>0,c+d<1)$是 θ 的容许估计. 又利用定理 3.3 的注及 x/n 为广义 Bayes 解,也可以证明在上述损失函数下,X/n 也是容许估计. 我们把这些都留作习题(习题 17,27).

应用定理 3.3 的困难在于条件 1°. 条件 2°,3°的验证一般问题不大. 在指数型分布族的场合,定理 1.1 往往可用于验证条件 1°,除此以外就没有一般的方法了. 条件 3°也很重要. 可以举出这样的例子:条件 1°,2°都满足而 3°不满足,而 Bayes 估计是非容许的. 至于条件 2°,如果它不满足,则每个估计都是 Bayes 估计,定理失去了意义. 但是,在某些情况下(包括 ν 为广义先验分布的情形),按公式(3.6)可定出后验分布(即(3.6)式右边的分母有限),据此后验分布计算后验风险,可定出一个特殊的 Bayes 估计. 可以举例证明:若条件 2°不满足,这个特殊的 Bayes 估计可以是非容许的.

3.2 Bayes 估计——统计推断的观点

Bayes 估计的统计决策观点很好解释:

1° 在任何情况下,可以把 ν 看成一个加权因子,Bayes 风险 $R_\nu(\delta)$是 δ 的风险函数的加权平均. 问题归结为求 δ 使此加权平均最小,这就是 Bayes 估计. 测度 ν 不必有何统计意义,它不过是经我们选定的,认为适宜的加权因子而已,因此 ν 是概率测度或无限测度也不相干(但后验风险的定义及后验风险最小的原则,对 ν 为无限测度时不一定适用). "先验分布"一词的引入也无必要.

2° 在某种情况下，所面对的问题反复出现，各次的 θ 真值形成一个概率分布 ν. 如果用这个 ν 作为加权因子，则其 Bayes 风险有统计意义，即是在该问题多次出现而固定使用 δ 时，所蒙受的平均损失. 因此，在这种场合下自应取这个 ν 作为加权因子，而 ν 也就合理地被称为是先验分布.

即使问题可认为属于情况 2°，先验分布 ν 一般也不知道. 这时只要回到情况 1° 的解释就行. 当然，基于 2° 中阐述的理由，我们仍应设法找一个这样的 ν 作为加权因子：ν 被认为可能接近真正的先验分布. EB 方法是这种努力之一.

但若我们的目的纯是科学研究的性质，目的在获取有关未知参数 θ 的知识，而不引入损失的考虑，则 Bayes 方法将如何解释？这就是从统计推断的观点来看 Bayes 方法. 说来有趣的是，按 Bayes 学派，对这个问题的回答，在原则上极为简单：

1° 先验分布 ν 总结了研究者前此(试验之前)对 θ 可能取值的有关知识或看法.

2° 在获得样本 x 后，上述知识或看法有了调整，调整结果为后验分布 $H(\cdot|x)$. 后者不只依赖于 x 及 ν，还与问题的模型——样本分布有关，而模型的作用也就在此体现.

按 Bayes 学派的观点，在获得 $H(\cdot|x)$ 后，统计推断的任务在原则上就完成了. 这很容易说得通：既然推断的目的是获取有关 θ(取值)的知识，而 $H(\cdot|x)$ 又反映了当前(指根据样本 x. 若有进一步的样本，知识又要更新)对 θ 的全部知识，故我们不能要求更多的东西了. 至于为了特定的目的而需要对 θ 作出某种特定形式的推断，它可以由研究者根据 $H(\cdot|x)$，以他认为合适的方式去做. 例如，需要提出一个单一的数值去估计 θ，研究者可以取 $H(\cdot|x)$ 的期望、中位数或众数，这些都不是 Bayes 方法中固有的，而只是研究者个人的选择(如果这种选择是基于某种损失的考虑，则又回到统计决策的问题，毋庸再议). Bayes 方法的基本思想是：不论你作出何种推断，都只能基于 $H(\cdot|x)$，即由后者所决定.

例 3.12 设研究的目的是获取有关某事件发生概率 θ 的知识. 在试验前，研究者对 θ 没有任何理论或经验的了解. 因此他采用均匀分布 $R(0,1)$ 作为 θ 的先验分布：这个分布对 θ 的一切可能值给予同等的注意，符合当前他"对 θ 没有任何了解"的状况. 现作 n 次试验并以 x 记该事件发生的次数. x 有二项分布 $B(n,\theta)$，据例 3.4 得，后验分布 $H(\cdot|x)$ 为 B 分布 $\mathrm{B}(1+x,n+1-x)$. 图 3.1 分别画出了先验与后验分布的密度，两个图的转换显示了我们对"θ 取值"这个问题看法的变化. 例如，现在认为 θ 取 x/n 附近之值较之取其他值更为可能，而早先则是一视同仁.

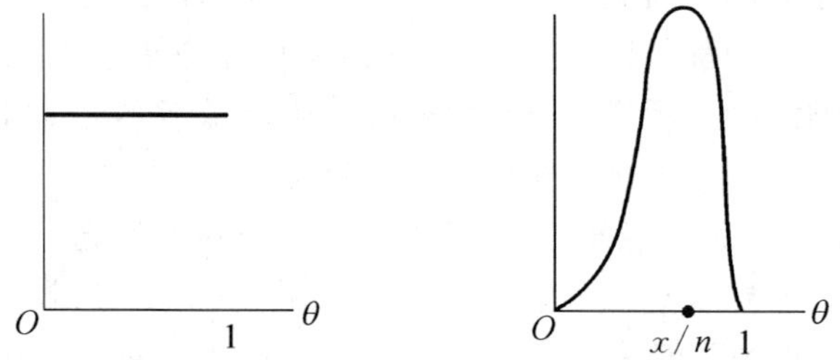

图 3.1

例 3.13 回到例 3.6. 其中的估计(3.16)形象地反映了后验分布中综合了先验信息(ν)与样本信息这个基本观点:如果不考虑先验信息而只使用现时得到的样本,则 θ 的一个合理的估计为$\bar{x}$. 如果没有样本而只有先验分布 $N(\mu,\tau^2)$提供的信息,则鉴于 $N(\mu,\tau^2)$期望的事实,取 μ 作为θ 的估计也属合理. (3.16)式显示,在两种信息都有时,恰当的估计是二者的加权平均,权的大小则取决于两种信息重要性的比较:样本量 n 愈大,σ^2 愈小,则样本信息愈大;τ^2 愈小,先验信息愈大. (3.16)式中 $\bar{X}$与 μ 的系数反映了这一点.

Bayes 推断的思想和方法具有以下一些特点,使它对应用者有吸引力:

一是"先验分布 ν + 样本 $x \Rightarrow$ 后验分布 $H(\cdot|x)$"这个模式符合人们认识的过程,即不断以新发现的资料来调整原有的知识或看法.

二是 Bayes 推断有一个固定的、不难实现的程式:方法总是落实到计算 $H(\cdot|x)$. 这可能很复杂但无原则困难. 在频率学派的方法中,为进行推断,往往需要知道种种统计量的抽样分布,这在理论上时常是很难的问题.

三是用 $H(\cdot|x)$来表述对未知参数的认识,显得比在频率学派中通过统计量去表述更自然些. 如在例 3.12,用频率学派的方法,得出取 x/n 去估计 θ. x/n是充分统计量,故 x/n 可算是一个好的估计. 但从实用观点看,估计有误差,x/n 一般不会恰好等于θ. 而按 Bayes 方法,则只是把 x/n 看成是θ 最大可能的取值,是各种可能性之一,且各种可能性的相对大小,通过后验分布 $\mathrm{B}(1+x,n+1-x)$确切地表述出来. 这种看法显得较为自然.

四是对某些常见的问题,Bayes 方法提供的解释,显得比频率学派方法提供的解更合理. 举几个例子.

例 3.14 回到例 3.12. 取后验分布期望得,$\delta(x)=(x+1)/(n+2)$为 θ 的估计. 特别当 $x=0$ 时,得估计值$(n+2)^{-1}$. 按频率学派方法用 x/n,则在$x=0$时得估计值 0. 在许多情况下,事先就知道 θ 不应为 0,故 0 这个估值不甚合理,且可能在应用中造成困难. 另一个不合理的地方是:在 $x=0$ 时估值 0 与 n 无关. 直观上我们认为不应如此:如果一个事件 B 在两次试验中未出现,或在百次试验中未出现,则我们倾向于在前者对 θ 的估值应高些而在后者应低些. 这一点在 Bayes 估计 δ 中得到了反映.

例 3.15 某种元件的寿命服从指数分布 $\theta e^{-\theta x}I(x>0)$ $(0<\theta<\infty)$. 对 n 个元件作在时刻 T 处截尾的试验,得样本 $x_1,\cdots,x_n$,要据此对 θ 作推断.

若不截尾,则 x_i 的分布为 $F_\theta(x)=(1-e^{-\theta x})I(x>0)$. 因截尾,样本 x_i 的分布成为 $F_\theta^*(x)=F_\theta(x)$ 当 $x<T$, $F_\theta^*(x)=1$ 当 $x\geqslant T$.

现设这 n 个元件都在时刻 T 前就失效了,因而,虽则原本打算截尾但事实上并未截尾. 但由于在试验条件中有截尾一说,使研究者不能不把样本分布定为 F_θ^*. 若起初就无截尾之规定,则应定为 F_θ. 按频率学派的方法,基于 F_θ^* 的推断比基于 F_θ 的推断要复杂得多,而且一个抱实用观点的人可能会坚持:既然样本事实上未被截尾,就应按不截尾的模型作,不能仅以事先曾说过可能截尾就加以改变. 这看法不能说没有道理.

但若据 Bayes 方法,则二者没有分别:只要样本事实上未被截尾,则不论从样本分布为 F_θ 或 F_θ^* 出发,θ 的后验分布都是

$$\theta^n \exp\left(-\theta\sum_{i=1}^n x_i\right)I(\theta>0)\mathrm{d}\nu(\theta)/f,$$

其中

$$f=\int_0^\infty \theta^n \exp\left(-\theta\sum_{i=1}^n x_i\right)\mathrm{d}\nu(\theta),$$

ν 为先验分布.

例 3.16 在 1.4 节解释似然原则时提到的那个例子也有助于说明两种统计推断思想之差别.

为估计某事件 E 的概率 θ,甲、乙二人分别作一种试验:甲重复观察 n 次,记下 E 出现的次数 x,概率为二项分布 $\binom{n}{x}\theta^x(1-\theta)^{n-x}$;乙重复观察直到 E 出现 k 次为止(k 是预定的自然数),记下总共观察次数 y,概率为负二项分布 $\binom{y-1}{k-1}\theta^k(1-\theta)^{y-k}$. 假定碰巧甲、乙的试验结果为 $x=k$, $y=n$,则大家都得出:在 n 次观察中 E 出现 k 次. 从实用者的观点看,似乎觉得在这种情况下,二

人应作出同一的推断才合理. Bayes 推断满足这个要求,因为这时不论 θ 的先验分布如何(当然,甲、乙要取同一先验分布),甲、乙得到的后验分布相同. 而后验分布,按 Bayes 推断的观点,是推断结果最完整的表述.

可是如按频率学派惯用的方法,则二人推断结果有异. 例如,设甲、乙二人都用 θ 的 MVUE 去估计 θ,则甲的估计为 $\delta_{甲}(x)=x/n$,而乙的则为

$$\delta_{乙1}(y)=\begin{cases}1, & y=1,\\ 0, & y>1,\end{cases}\qquad \delta_{乙k}(y)=\frac{k-1}{y-1},\quad k\geqslant 2.$$

当 $x=k$, $y=n$ 时,甲、乙分别得出估值 k/n 和 $(k-1)/(n-1)$.

在 Bayes 推断方法中,先验分布是一个不可缺少的要素. Bayes 方法的弱点,频率学派对它主要批评之点,也就在此. 因为在不少问题中,推断对象是一次性的,如估计一个铁矿的品位 θ,普天下不见得有多少一样或接近的矿,故认为 θ 是随机并有概率分布的,不甚在理. 即使在多少有理由认为 θ 有先验分布的场合,也多半不知道它,因此这个方法在基础上有问题.

若坚持概率的频率解释,这些论点是驳不倒的. 于是在理论上,Bayes 学派唯一的出路就只能是:不承认概率必须有频率解释;先验分布可以作为一种"公理"性质的东西引进来. 这样做在逻辑上说得过去,而在方法上则借用概率论的现成结果,也没有困难. 不过,毕竟统计学是一门实用学科,一种方法单是在逻辑上合理还不行,还必须经受实际的考验. 事实证明,Bayes 方法经受了这种考验,在应用上有不俗的表现.

多少年来,两派的学者发表了不少争论的文字,现在看得很清楚,虽然这些讨论对澄清两派的观点,对加深有关问题的了解很有益,但绝不可能得出任何非黑即白的结论. 正如同一的对象有两组公理,只要都没有内在矛盾,就不能说谁比谁理论上更好——要比较,只能诉诸实践. 频率学派方法和 Bayes 方法在应用上都有其长短,它们是相辅相成的. 认为一种方法会完全取代另一种的看法,在可以预见的未来是没有根据的.

先验分布的选定 · 共轭先验分布

以上的讨论是针对"**引进先验分布是否合理**"这个问题. 不管如何,应用者更关心的是"**如何选定先验分布**"的问题. 这谈不上有普遍接受的做法,有些原则性的考虑可以谈一谈.

1. **客观法** 即问题有在讨论 EB 方法时提到的那种模式:历史资料提供了

θ 取值的信息. 在这种场合,应使用这种信息以建立先验分布. 这种做法仍是基于概率的频率解释. 但看来多数 Bayes 学派的学者也不反对这样做,实用工作者也乐于这样做.

2. *主观法* 依研究者主观的看法去选择一个先验分布. 前面曾把先验分布说成是"总结了……对 θ 取值的知识或看法". 这"看法"一语就表示可能有主观的成分在内.

然而具体如何操作? 有的学者企图勉强给一种解释,例如用"打赌". 具体说,设 $0\leqslant\theta\leqslant 1$,把区间分成两部分:$I_1=[0,1/2)$,$I_2=[1/2,1]$. 然后打赌:你愿意以 $a:1$ 的赔率赌 $\theta\in I_1$,则定 $\theta\in I_1$ 的先验.这个说法如果有什么意义的话,只是概率为 $a/(1+a)$,I_2 的先验概率为 $1/(1+a)$,然后,I_1,I_2 可以再细分,照上述"赌"下去.反映了:研究者毕竟以往对 θ 有些经验知识——不一定很自觉地整理过的知识,据此他在心理上估出一个 a 值. 不然的话,a 值从何而来?

在主观法的范围内,**"同等无知"**的原则是一个比较广泛被接受的、可操作的方法. 记某事件 E 的概率为 θ. 如果对 E 确实一无所知,那只好认为 $[0,1]$ 内每个值都有同等可能,即取 $R(0,1)$ 为先验分布. 这样做有两个困难:其一是理论上的. 拿上例来说,对 θ 取值既然一无所知,则对 θ^2 也如此,于是也可以取 $R(0,1)$ 为 θ^2 的先验分布,而这将导致 θ 的另一先验分布,与 $R(0,1)$ 不同. 另一个是当 θ 可在无穷区间取值时,例如 $N(\theta,1)(-\infty<\theta<\infty)$,如何按"同等无知"的原则定 θ 的先验分布? 有时这可以取广义先验分布来解决,例如,取 $(-\infty,\infty)$ 上的 Lebesgue 测度为 θ 的先验分布. 这在位置参数的情况(即密度为 $f(x-\theta)$,$f(x)$ 为已知密度,$-\infty<\theta<\infty$)似乎很合理,但引申出去也会产生问题. 例如指数分布 $\theta e^{-\theta x}I(x>0)\mathrm{d}x$,$\theta>0$,按同等无知的原则,似应取半直线 $(0,\infty)$ 上的 L 测度为 θ 的(广义)先验分布. 但 $\ln x$ 有密度 $\varphi(x-\theta')$,其中 $\varphi(x)=\exp(x-e^x)$,$-\infty<x<\infty$,$\theta'=-\ln\theta$,$-\infty<\theta'<\infty$. 这样 θ' 成为一个位置(平移)参数,按同等无知原则,应取 $(-\infty,\infty)$ 上的 L 测度为 θ' 的(广义)先验分布. 回到 θ,导致 θ 的(广义)先验分布 $\theta^{-1}I(\theta>0)\mathrm{d}\theta$. 一般在应用上都是按后一种方法取.

3. *共轭先验分布* 这个概念已在例 3.4 中提及了. 设 $\mathscr{F}$ 为 θ 的一个分布族,$\mathscr{F}$ 中也可以包含广义分布. 若对任何样本 x,只要先验分布属于 $\mathscr{F}$,则后验分布也属于 $\mathscr{F}$,则称 $\mathscr{F}$ 是一个**共轭先验分布族**. 当先验分布为广义时,后验分布是按公式(3.6)定义,因此,使该公式成立的那些条件必须满足.

共轭先验分布的重要例子有:

样本分布为 $B(n,\theta)$ 时,B 分布族 $\{\mathrm{B}(a,b),a>0,b>0\}$.

样本分布为 Poisson 分布 $\mathscr{P}(\theta)$时，Γ 分布族$\{\Gamma(\alpha,\beta),\alpha>0,\beta>0\}$(见(3.14)式).

样本 $X_1,\cdots,X_n$ 为 iid.，$\sim N(\theta,\sigma^2)$，σ^2已知时，正态分布族$\{N(\mu,\tau^2),-\infty<\mu<\infty,\tau^2>0\}$.

样本 $X_1,\cdots,X_n$ 为 iid.，$\sim N(a,\sigma^2)$，a 已知，参数为 $\sigma>0$ 时，分布族$\{D(c,d),c<n-1,d>0\}$. 其中 $D(c,d)$有密度

$$\sigma^c\exp(-d/(2\sigma^2))I(\sigma>0)\mathrm{d}\sigma,$$

当 $c<-1$ 时，它是狭义先验分布，$c\geqslant-1$ 时为广义先验分布. 当先验分布为 $D(c,d)$而样本为 $x_1,\cdots,x_n$时，后验分布为 $D\left(c-n,d+\sum_{i=1}^n(x_i-a)^2\right)$.

样本 $X_1,\cdots,X_n$为 iid.，$\sim N(\theta,\sigma^2)$，参数为(θ,σ)时，分布族$\{D(c,d,\mu,\tau),c<n-1,d>0,-\infty<\mu<\infty,\tau>0\}$. $D(c,d,\mu,\tau^2)$有密度

$$\sigma^c\exp(-d/(2\sigma^2))\cdot\sigma^{-1}\exp(-\tau(a-\mu)^2/(2\sigma^2))\cdot I(\sigma>0)\mathrm{d}\theta\mathrm{d}\sigma,\quad(3.26)$$

它可为狭义或广义的，视 $c<-1$ 或否而定. 若以此为先验分布而样本为 $X_1,\cdots,X_n$，则后验分布就是 $D(c-n,d+s^2,(n\bar{x}+\tau\mu)/(n+\tau),n+\tau)$.

所有概率分布构成的族显然是一个共轭先验分布族，这没有什么用. 有用的是包含少量参数的共轭先验分布族. 如果存在充分统计量且因子分解定理可用，则有一个简单的构造这种先验分布族的方法，其详可参看成平等著的《参数估计》第 185～187 面.

选用共轭先验分布当然是出于数学上方便的考虑，不可能有何理论根据. 在先验分布的选择是出自主观时，选用其他分布未必比用共轭先验分布有更多的根据，这时用共轭先验分布看来也无可非议. 共轭先验分布族包含若干参数，在实际使用时还有一个如何指定这些参数值的问题.

3.3 Minimax 估计

再回到统计决策的观点. 沿用前面的记号，决策函数 δ 的风险函数为 $R(\theta,\delta)$. 当 θ 在参数空间 Θ 内变化时，其最大值为 $M(\delta)=\sup\{R(\theta,\delta):\theta\in\Theta\}$.

如果某个决策函数 δ_0 使此值达到最小,即

$$M(\delta_0) \leqslant M(\delta), \quad \text{对一切 } \delta, \tag{3.27}$$

则称 δ_0 为一个**极小极大化(Minimax)决策**. 针对估计问题则称 **Minimax 估计**.

$M(\delta)$ 是单一指标,故一般讲 Minimax 估计总是存在的,但实际求解不容易,只在少数简单情况下能做到.

定理 3.4 1° 设 δ 是某狭义先验分布 ν 之下的 Bayes 估计,其风险函数 $R(\theta,\delta)$ 在参数空间 Θ 上恒等于常数 c,则 δ 为 Minimax 估计.

2° 设 δ_n 是狭义先验分布 ν_n 之下的 Bayes 估计, $n=1,2,\cdots$,而估计量 δ 满足条件

$$(\infty >) M(\delta) \leqslant \limsup_{n\to\infty} R_{\nu_n}(\delta_n) \equiv c \leqslant \infty, \tag{3.28}$$

则 δ 为 Minimax 估计,这里 $R_{\nu_n}(\delta_n)$ 是 δ_n 的 Bayes 风险.

证明 1° 的证明容易:若 δ 不为 Minimax 估计,则存在 δ_0,使 $M(\delta_0) < M(\delta) = c$,因而 $R_\nu(\delta_0) < c = R_\nu(\delta)$,与 δ 为 Bayes 估计矛盾. 2° 用反证法:设存在 δ^*,使 $M(\delta^*) < M(\delta)$. 找 $\varepsilon > 0$,使 $M(\delta^*) \leqslant M(\delta) - \varepsilon$. 据(3.28)式,可找到充分大的自然数 N,使 $R_{\nu_N}(\delta_N) > c - \varepsilon \geqslant M(\delta) - \varepsilon$,由此得出

$$R_{\nu_N}(\delta^*) \leqslant M(\delta) - \varepsilon < R_{\nu_N}(\delta_N),$$

与 δ_N 为先验分布 ν_N 下的 Bayes 估计矛盾. 定理证毕.

这个定理更多的作用是验证从某种其他方法得到的估计是 Minimax 估计. 应用上主要的困难在于选择哪一串先验分布,还有对 $R(\theta,\delta_n)$ 及 $R_{\nu_n}(\delta_n)$ 估值的问题.

例 3.17 样本 X 服从二项分布 $B(n,\theta)$,估计 θ,损失为 $(\theta - a)^2$. 取先验分布 $B(a,b)$. 按(3.10)及(3.11)式,Bayes 估计为 $\delta_{ab}(x) = (x+a)/(n+a+b)$,其风险函数等于 $R(\theta,\delta_{ab}) = (n+a+b)^{-2}\{n\theta(1-\theta) + [(a+b)\theta - a]^2\}$. 取 $a = b = \sqrt{n}/2$,风险函数成为常数 $[4(n+\sqrt{n})^2]^{-1} n$. 因此 $\delta_{\sqrt{n}/2,\sqrt{n}/2}(x) = x/(n+\sqrt{n}) + 2^{-1}\sqrt{n}/(n+\sqrt{n})$ 是 Minimax 估计.

例 3.18 $X_1,\cdots,X_n$ 为抽自 $N(\theta,\sigma^2)$ 的 iid. 样本, σ^2 已知,要估计 θ,损失为 $(\theta - a)^2$. 取先验分布 $N(0,m^2) = \nu_m (m=1,2,\cdots)$. 按(3.16)式,Bayes 估计为 $\delta_m(x) = n\sigma^{-2}\bar{x}/(n\sigma^{-2} + m^{-2})\ (m=1,2,\cdots)$. 易算出

$$R(\theta,\delta_m) = n\sigma^{-2}/(n\sigma^{-2} + m^{-2})^2 + m^{-4}\theta^2/(n\sigma^{-2} + m^{-2})^2,$$

$$R_{\nu_m}(\delta_m) = (n\sigma^{-2} + m^{-2})^{-1} \to \sigma^2/n, \quad 当\ m \to \infty,$$

而 $\delta = \bar{x}$ 的风险函数为常数 σ^2/n. 据定理 3.4 的 2°知，$\bar{x}$ 是 Minimax 估计.

如果选择先验分布 $\nu_m = R(-m, m)$ $(m = 1, 2, \cdots)$，也可以证明本例结果，但论证过程要复杂得多.

如果在本例中 σ^2 也未知，即参数为 (θ, σ^2)，因而计算 $M(\delta)$ 时要对这个参数取最大，则问题失去意义. 因为，不难证明：对 θ 的任何估计 $\delta(x_1, \cdots, x_n)$，必有（习题 33）

$$M(\delta) = \sup\{E_{\theta,\sigma^2}(\delta(x_1, \cdots, x_n) - \theta)^2 : -\infty < \theta < \infty,\ \sigma^2 > 0\} = \infty.$$

因此每个估计都是 Minimax 估计. 但是，若改用损失函数 $(\theta - a)^2/\sigma^2$，则 Minimax 估计仍是 $\bar{x}$. 事实上，按已证部分，当 σ^2 已知时 $\bar{x}$ 为平方损失下的 Minimax 估计，其风险等于常数 σ^2/n. 因此对任何估计 δ，有

$$\sup\{E_{\theta,\sigma^2}(\delta(X_1, \cdots, X_n) - \theta)^2 : -\infty < \theta < \infty\} \geqslant \sigma^2/n,$$

即 $\sup\{E_{\theta,\sigma^2}(\delta(X_1, \cdots, X_n) - \theta)^2/\sigma^2 : -\infty < \theta < \infty\} \geqslant 1/n$. 此对一切 σ^2 成立，故在损失函数 $(\theta - a)^2/\sigma^2$ 之下有

$$M(\delta) = \sup\{E_{\theta,\sigma^2}(\delta - \theta)^2/\sigma^2 : -\infty < \theta < \infty,\ \sigma^2 > 0\} \geqslant 1/n = M(\bar{x}),$$

这证明了所要的结果. 这个结论也可以用定理 3.4 的 2°去证明.

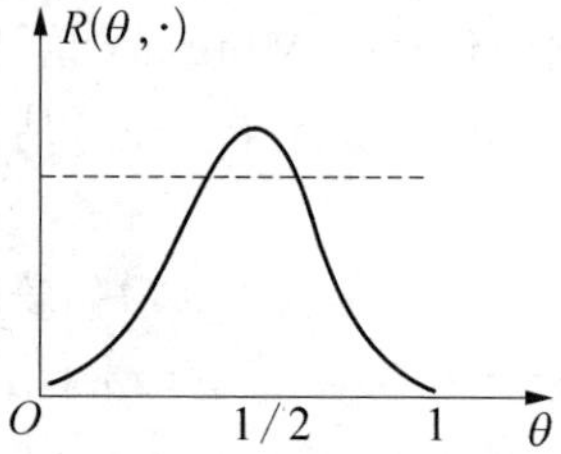

图 3.2

Minimax 决策是一种保守性的策略，其目的是防备在最坏的情况下可能遭受难以承担的风险. 其代价往往是：要是不出现最坏的情况，则 Minimax 策略的表现不佳. 如图 3.2，虚线表示例 3.17 中 θ 的 Minimax 估计的风险函数，而曲线则表示通常估计 x/n 的风险函数. 计算表明，只在 $|\theta - 1/2| < 2^{-1}[1 - (1 + n^{-1/2})^{-2}]^{1/2}$ 时，Minimax 估计才有比估计 x/n 更小的风险，且差距最大也不过 $\dfrac{2\sqrt{n} + 1}{4(n + \sqrt{n})^2}$. 当 n 较大时，上述区间的长接近 0，风险的最大差距也接近 0.

用定理 3.4 的 2°求 Minimax 估计的更复杂的例子，可参看：成平《指数族分布的参数的极小极大化估计》，数学学报，1964:252；陈希孺《当误差分布已知时回归系数的 Minimax 估计》，数学进展，1964:450. 关于用同变估计求 Minimax

估计的方法及例子，参看成平等《参数估计》第 7 章第 3 节和第 4 节.

第 1 章的习题 44 提供了一个离散性统计决策问题的例子，其中的 Minimax 决策不是非随机化的. 这种现象在简单的参数估计问题中也存在. 一个例子是：样本 X 有二项分布 $B(n,\theta)$，损失为 $|\theta-a|^r$ $(0<r<1)$，r 已知（成平等《参数估计》第 216～220 面）.

第 4 章

大样本估计

统计方法的大样本理论研究的对象是：当样本量 $n\to\infty$ 时统计方法的极限性质. 这包含两层意思：一是我们有一个适用于任何(或足够大)样本量 n 的统计方法. 现问当 $n\to\infty$ 时，这个方法在极限的意义上有怎样的性质. 例如用样本均值 $\overline{X}_n$ 估计总体均值 μ，据大数律，当 $n\to\infty$ 时，估计量 $\overline{X}_n$ 以概率1收敛于被估计的参数 μ，这就是 $\overline{X}_n$ 的一个大样本性质. 二是基于统计量的某种极限性质，可以建立一种统计方法，它(近似地)适用于在样本量 n"充分大"(这是一个模糊概念)时. 这种方法称为**大样本方法**. 如在上例中设已知总体方差为1，而要求 μ 的置信区间. 按中心极限定理，当 $n\to\infty$ 时 $\sqrt{n}(\overline{X}_n-\mu)$ 依分布收敛于 $N(0,1)$. 利用这个极限性质可以求出 μ 的一个置信区间，其置信系数近似于指定值，样本量 n 愈大，近似程度愈高.

与大样本方法(理论)相对有**小样本方法**(**理论**). 它的特点是：无论这方法的建立及其性质，都不依赖也不需要样本量 $n\to\infty$ 的前提. 这样讲可能会觉得有些混淆. 例如可以问：用 $\overline{X}_n$ 估计总体均值 μ 到底是小样本方法还是大样本方法？回答是这要看你关注的是该方法的何种性质. 例如 $\overline{X}_n$ 有无偏性，$\overline{X}_n$ 在 μ 的一切线性$\left(\text{即有形式 } C_0+\sum_{i=1}^{n}C_i\overline{X}_i\right)$无偏估计中方差达到最小. 这些性质都不依赖 $n\to\infty$. 因此，如你只关注这些性质，可以认为 $\overline{X}_n$ 是小样本估计. 但如要问"$\overline{X}_n$ 与 μ 的误差不大于指定的 $\varepsilon>0$ 的概率如何"，即 $P(|\overline{X}_n-\mu|\leqslant\varepsilon)$，则在对总体分布无所知而 n 足够大时，可借助极限定理估计这个概率. 因此，如你关注 $\overline{X}_n$ 的这个性质且采用上述作法，则 $\overline{X}_n$ 应视为大样本估计. 但是，若已知总体分布为 $N(\mu,1)$，则上述概率可算出来而无须用极限分布，这时 $\overline{X}_n$ 又当视为小样本方法了. 为区别这些，在统计学中使用"**小样本性质**"和"**大样本性质**"的说法：凡是那种只有在样本量 $n\to\infty$ 才有意义的性质，称为该统计方法的大样本性质，否则就是小样本性质.

本章的内容有两个方面：一是研究点估计的若干基本的大样本性质，其中最重要的是**相合性**和**渐近正态性**. 二是研究某些重要的，以大样本性质为依托的估计. 一个重要例子是**极大似然估计**(Maximum Likelihood Estimate，以后简记为MLE). 这个估计在统计中受到重视，是由于它具有良好的大样本性质.

统计大样本性质分成两个大的方面：一是统计量的分布的极限性质，包括弱相合、渐近分布(如渐近正态)和渐近展开等，它是逐步深入性的. 拿一个简单例子来打比方：为研究一串数 $\{a_n\}$ 当 $n\to\infty$ 时的极限性质，首先关注的是 $\lim\limits_{n\to\infty}a_n$ 是否存在. 设存在并记为 b_0，这可说是零阶性质. 更进一步问：a_n 趋于 a 的速度如何？若证得 $a_n-b_0=O(1/\sqrt{n})$（或其他数量级也可以，此处作为例子），则又进了一步．若再证得$\lim\limits_{n\to\infty}\sqrt{n}(a_n-b_0)$存在并等于 b_1，则更进了一步．这些可称为一阶性质．循此以往可得更高阶性质：

二阶：$a_n=b_0+b_1/\sqrt{n}+O(1/(\sqrt{n})^2)$，　$\lim\limits_{n\to\infty}\sqrt{n}^2(a_n-b_0-b_1/\sqrt{n})=b_2$，

三阶：$a_n=b_0+b_1/\sqrt{n}+b_2/(\sqrt{n})^2+O(1/(\sqrt{n})^3)$，

$\lim\limits_{n\to\infty}\sqrt{n}^3(a_n-b_0-b_1/\sqrt{n}-b_1/(\sqrt{n})^2)=b_3$，

…………

这就是渐近展开的要义．在统计学中，统计量的零阶性质相当于相合性，而一阶性质则相应于渐近分布的存在问题．

另一个方面是统计量本身的极限性质．**强相合**是一个最简单的例子，进一步的有**线性逼近**和**强逼近**等．这指的是用某一种随机变量 ξ_n（如单个样本或其函数的线性组合，或 ξ_n 有正态分布等）去逼近某统计量 T_n，使当样本量 $n\to\infty$ 时，二者之差 $T_n-\xi_n$ 以一定数量级强收敛于 0．当 ξ_n 就等于被估计的参数值时就是强相合．

统计大样本理论包含广大，不少课题涉及近代概率极限理论中的艰深问题．本书为性质所限，只能涉及其中一些最浅近的部分．稍深入一点可参看成平等著的《参数估计》第五、第六章，进一步可参看 S. Zacks 著《The Theory of Statistical Inference》(1971)，I. A. Ibragimov 和 R. Z. Has'minski 著《Statistical Estimation》(1981)，以及 B. L. S. Prakasa Rao 著《Asymptotic Theory of Statistical Inference》(1987)等．主要是纯概率性的著作就不在此处征引了．

4.1 相合性

设 $g(\theta)$是定义在参数空间 Θ 上的（一维）数值函数，用 $T_n=T(X^{(n)})$去估计它，$n\geqslant n_0$．这里 $X^{(n)}=(X_1,\cdots,X_n)$是样本而 n 为样本量．我们这里不说 $n=1,2,\cdots$而说 $n\geqslant n_0$，是因为有时某个估计量只有在 n 超过一定数时才有意义（例如样本方差只在 $n\geqslant 2$ 时才有意义）．在这个理解之下，以后就写 $n\geqslant 1$ 也

无妨.

如果当 $n\to\infty$ 时,估计量 T_n 在某个意义 C 之下收敛于被估计的 $g(\theta)$,则称 T_n 是 $g(\theta)$ 的一个**意义 C 之下的相合估计**. 在数理统计中最常考虑的有以下三种情况:

1° C 表示**依概率收敛**,这时称所定义的相合性为**弱相合**;

2° C 表示**以概率 1 收敛**,所定义的相合性称为**强相合**;

3° C 表示 r **阶矩收敛**($r>0$),即 $\mathrm{E}|T_n-g(\theta)|^r\to 0$,所定义的相合性称为 r **阶矩相合**.

众所周知,强相合与矩相合导致弱相合,反之不成立. 又强相合与矩相合之间没有从属关系.

相合性表示:只要取样本量足够大,就可以使估计误差在一定意义下随心所欲地小. 相合性是最基本的、研究得最深入的大样本性质,这一则是因为其重要性——相合性的重要性更多是从其反面去理解:如果一个估计量 T_n 没有相合性,则无论你取多大的样本,通过 T_n 去估计 $g(\theta)$ 仍有较大可能产生较大误差,难于想象在适当样本量之下,这种估计 T_n 会有良好表现. 另一个原因是:在所有大样本性质的问题中,相合性的要求最低,较易得出相对深入而彻底的结果.

相合性研究的**主要内容**是,判定从某种途径得到的估计量是否为相合,在何种条件下为相合. 也可以研究在一给定模型下,是否存在以及在何种条件下存在相合估计的问题.

如果 $g(\theta)=(g_1(\theta),\cdots,g_k(\theta))$ 是多维的,则估计量 $T_n=(T_{n1},\cdots,T_{nk})$ 称为在某意义下相合,若对每个 $i=1,\cdots,k$, T_{ni} 是 $g_i(\theta)$ 在该意义下的相合估计. 因此在一般性讨论中可以只考虑 $g(\theta)$ 为一维的情况.

另一点要注意的是:当我们讲到,例如,T_n 是 $g(\theta)$ 的弱相合估计时,是指极限关系 $T_n\to g(\theta)$ in pr. 对一切 $\theta\in\Theta$ 成立,即对任何 $\theta\in\Theta$ 及 $\varepsilon>0$,都有 $\lim\limits_{n\to\infty}P_\theta(|g(\theta)-T_n|\geqslant\varepsilon)=0$. 只要在证明中 θ 是 Θ 中的任一元而非特别选定之值,这一点就不成问题. 另一方面,可以造出有相反情况的人为例子(习题 24).

定理 4.1 设参数空间 Θ 是欧氏空间 $\mathbb{R}^k$ 之一子集,$\widetilde{\Theta}$ 为 $\mathbb{R}^k$ 之开子集,$\widetilde{\Theta}\supset\Theta$. $g(\theta)$ 为定义在 $\widetilde{\Theta}$ 上的实值连续函数. 若 T_n 是 θ 的(强或弱)相合估计,则 $g(T_n)$ 是 $g(\theta)$ 的(强或弱)相合估计.

证明 设 T_n 强相合,则以概率 1, $T_n\to\theta$,于是当 n 充分大时,$T_n\in\widetilde{\Theta}$. 这时由 g 的连续性及 $T_n\to\theta$ 知 $g(T_n)\to g(\theta)$,因此这一关系以概率 1 成立. 弱相合情况的证明相似.

此定理不适用于矩相合. 例如,样本均值 $\overline{X}_n$ 为总体均值 θ 的一阶矩相合估计(参看定理 4.2). 取 $g(\theta)=\theta^2$, $\mathrm{E}\overline{X}_n{}^2$ 可能为 ∞,而 $\overline{X}_n{}^2$ 不是 θ^2 的一阶矩相合估计.

4.1.1 矩估计

设 $X_1,\cdots,X_n$ 是从某总体中抽出的 iid. 样本. 该总体的 r 阶原点矩和 r 阶中心矩记为

$$\alpha_r(\theta)=\mathrm{E}_\theta X_1{}^r,\quad \mu_r(\theta)=\mathrm{E}_\theta(X_1-\alpha_1(\theta))^r,$$

r 为正整数. 这些矩依赖于总体分布的参数 θ. 相应地有 **r 阶样本原点矩** a_{rn} 及 **r 阶样本中心矩** m_{rn}:

$$a_{rn}=n^{-1}\sum_{i=1}^n X_i{}^r,\quad m_{rn}=n^{-1}\sum_{i=1}^n(X_i-\overline{X}_n)^r.$$

$\overline{X}_n$ 就是一阶样本原点矩 a_{1n}.

按 Kolmogorov 强大数律,若总体 r 阶原点矩 $\alpha_r(\theta)$ 有限,则 α_{rn} 是其强相合估计. 由此,结合定理 4.1,并注意到中心矩 $\mu_r(\theta)$ 可表为原点矩 $\alpha_k(\theta)$ $(1\leqslant k\leqslant r)$ 的多项式,即知 m_{rn} 是 $\mu_r(\theta)$ 的强相合估计.

若总体分布参数 θ,或更一般地,θ 之一函数 $g(\theta)$,可表为一些(有限个)原点矩与中心矩的函数: $g(\theta)=h(\alpha_{r_1}(\theta),\cdots,\alpha_{r_k}(\theta),\mu_{t_1}(\theta),\cdots,\mu_{t_l}(\theta))$,且 h 是其 $k+l$ 个变元的连续函数,则据定理 4.1 及刚才指出的样本矩的强相合性,可知:若以

$$h(a_{r_1n},\cdots,a_{r_kn},m_{t_1n},\cdots,m_{t_ln})\tag{4.1}$$

去估计 $g(\theta)$,则它是 $g(\theta)$ 的一个强相合估计. 由这个一般结论可推出若干常见估计的强相合性.

用形如(4.1)式的统计量去估计 $g(\theta)=h(\alpha_{r_1}(\theta),\cdots,\mu_{t_l}(\theta))$,称为**矩估计**. 它是现代统计的奠基者之一的 K. Pearson 在 19 世纪末 20 世纪初,在研究曲线拟合时提出的,至今仍不失为一重要而常用的方法. 矩估计法应视为一个原则而不是确定的公式,因为在某些情况下,$g(\theta)$ 可通过不止一种方式表为矩的函数,而导致不同的矩估计. 如 Poisson 分布参数 θ 既是总体均值也是总体方差,故按矩估计法,可以用样本均值 a_{1n},也可以用 2 阶样本中心矩 m_{2n} 去估计之. 一般讲,当碰到类似这种情况时,优先考虑那种使用较低阶矩的估计. 如在上

例,取 $\overline{X}_n$ 而不用 m_{2n}.

4.1.2 矩估计与无偏性

用样本原点矩 a_{rn} 去估计总体原点矩 α_r 总是无偏的,但样本中心矩 m_{rn} 则不是总体中心矩 μ_r 的无偏估计. 鉴于矩估计的重要性,我们来稍微仔细地考察一下这个问题.

首先是偏差的数量级. 有

$$\mathrm{E}(m_{rn}) - \mu_r = O(n^{-1}). \tag{4.2}$$

为证(4.2)式,需要下述预备事实:设 k 为自然数,而总体分布的 $2k$ 阶矩有限,则存在只与 k 有关的常数 C_k,使

$$\mathrm{E}(\overline{X}_n - \alpha_1)^{2k} \leqslant C_k \mathrm{E}X_1{}^{2k} n^{-k} = O(n^{-k}), \tag{4.3}$$

α_1 即总体均值. 为证(4.3)式,不妨设 $\alpha_1 = 0$. 有

$$\mathrm{E}(\overline{X}_n - \alpha_1)^{2k} = \mathrm{E}(\overline{X}_n{}^{2k}) = n^{-2k}\mathrm{E}(X_1 + \cdots + X_n)^{2k}, \tag{4.4}$$

$(X_1 + \cdots + X_n)^{2k}$ 的展式中包含形如 $X_1{}^{i_1} + \cdots + X_n{}^{i_n}$ 的项,$0 \leqslant i_j \leqslant 2k$,$j = 1,\cdots,n$,$i_1 + \cdots + i_n = 2k$. 若至少有一个 $i_j = 1$,则该项之期望为 0,故只需考虑形如 $X_{r_1}{}^{i_1} \cdots X_{r_t}{}^{i_t}$ 的项,$1 \leqslant r_1 < \cdots < r_t \leqslant n$,$i_1 \geqslant 2,\cdots,i_t \geqslant 2$,$i_1 + \cdots + i_t = 2k$. 由此知 $t \leqslant k$,因此这种项的数目不超过 $C_k n^k$,其中 C_k 为只与 k 有关的常数. 又由 Hölder 不等式有 $\mathrm{E}|X_{r_1}{}^{i_1} \cdots X_{r_t}{}^{i_t}| \leqslant \mathrm{E}X_1{}^{2k}$. 于是由(4.4)式立得(4.3)式.

回到(4.2)式的证明. 因

$$m_{rn} = a_{rn} - \binom{r}{1}\overline{X}_n a_{r-1,n} + \cdots + (-1)^j \binom{r}{j} \overline{X}_n{}^j a_{r-j,n} + \cdots + (-1)^r \overline{X}_n{}^r,$$

有 $\mathrm{E}(a_{rn}) = \alpha_r = \mu_r$(因已设 $\alpha_1 = 0$). 又由(4.3)式(仍注意 $\alpha_1 = 0$),有

$$\mathrm{E}\,|\overline{X}_n{}^j a_{r-j,n}| \leqslant (\mathrm{E}\overline{X}_n{}^{2j} \mathrm{E}a_{r-j,n}{}^2)^{1/2} = O(n^{-j/2}), \quad j = 2,\cdots,r,$$

由此立得(4.2)式.

更进一步可以问:是否可对 m_{rn} 作一些修正,以得到 μ_r 的一个无偏估计? 这是可能的,一个周知的例子是用样本方差

$$s_n^{\ 2} = \frac{n}{n-1}m_{2n} = \frac{1}{n-1}\sum_{i=1}^{n}(X_i - \overline{X}_n)^2 \tag{4.5}$$

去估计 μ_2,得到无偏估计. 对更大的 r,修正就愈来愈难,但可以证明:只要样本量 $n \geqslant r$,则必存在 $\overline{X}_n, m_{2n}, m_{3n}, \cdots, m_{rn}$ 的一个多项式,它是 μ_r 的一个无偏估计(第 2 章习题 50).

为了证明,把 μ_r 表为

$$\mu_r = \alpha_r + \sum_{j=1}^{r}\binom{r}{j}(-1)^j \alpha_1^{\ j}\alpha_{r-j}.$$

由此看出,只需对 $\alpha_1^{\ j}\alpha_{r-j}$ 构造出其无偏估计. 为此使用 U 统计量定义的方法:取 $\alpha_1^{\ j}\alpha_{r-j}$ 的一无偏估计 $X_1X_2\cdots X_jX_{j+1}^{\ r-j}$(当 $j=r$ 时为 $X_1\cdots X_r$,此处用了 $n \geqslant r$ 的条件). 以此为核构造 U 统计量,得

$$U_n = [n(n-1)\cdots(n-j)]^{-1}\sum{}^{*} X_{i_1}X_{i_2}\cdots X_{i_j}X_{i_{j+1}}^{\ r-j},$$

此处 $\sum^{*}$ 的求和范围为:$i_1, \cdots, i_{j+1}$ 两两不同且皆在 1 到 n 之间. 又若 $j=r$,上式中的因子要修改为$[n(n-1)\cdots(n-r+1)]^{-1}$. 因此,剩下只需证明:每个这样的和 $\sum^{*}$ 都可表为 $\overline{X}_n, a_{2n}, \cdots, a_{rn}$ 的多项式(因而也是 $\overline{X}_n, m_{2n}, \cdots, m_{rn}$ 的多项式),证明不难,留作习题.

由上述证明也不难得出:所提 μ_r 的无偏估计有形式 m_{rn} + "$\overline{X}_n, m_{2n}, \cdots, m_{rn}$的多项式",后一多项式各项的系数都至少有 $O(n^{-1})$ 的量级. 这个事实表明:修正后所得的无偏估计仍然"基本上"就是 m_{rn}. 对 $r=2,3,4$ 修正结果为

$$\begin{aligned}&\widetilde{m}_{2n} = \frac{n}{n-1}m_{2n}, \qquad \widetilde{m}_{3n} = \frac{n^2}{(n-1)(n-2)}m_{3n},\\&\widetilde{m}_{4n} = \frac{n(n^2-2n+3)}{(n-1)(n-2)(n-3)}m_{4n} - \frac{3n(2n-3)}{(n-1)(n-2)(n-3)}m_{2n}^{\ 2}.\end{aligned} \tag{4.6}$$

此处可以看出 $n \geqslant r$ 的条件起作用. 例如,当 $n<4$ 时 $\widetilde{m}_{4n}$ 失掉意义. 不过要注意:这是对总体分布一无所知而言. 如果总体分布有某种特定的形式,情况两样. 例如若总体分布为正态 $N(\mu, \sigma^2)$,4 阶中心矩为 $3\sigma^4$. 这时只要样本量 $n \geqslant 2$(不必$\geqslant 4$),$n^2(n^2-1)^{-1}m_{2n}^{\ 2}$就是 $\mu_4 = 3\sigma^4$ 的一个无偏估计. 可以证明:若对总体分布一无所知(只知其有 r 阶矩),则为得到 μ_r 的无偏估计,样本量必须$\geqslant r$

(第2章习题50).

还可以提到:根据定理2.1和2.3,只要总体分布族满足定理2.3中的要求,则如上作出的μ_r的无偏估计,就具有一致最小方差.

再回到矩估计的相合性问题.强大数律结合定理4.1,圆满解决了矩估计的强(因而弱)相合问题.但矩相合的问题则远为困难.我们不打算深入讨论,只举一个例子说明:即使在最简单的场合下,涉及的论证也是极为繁冗.

例4.1 若总体有r阶矩($r\geqslant 1$,r不必为整数),则$\overline{X}_n$是总体均值α_1的r阶矩相合估计.

证明 这等于是要在条件

$$X_1, X_2, \cdots \text{ iid.}, \quad \mathrm{E}X_1 = 0, \quad \mathrm{E}\,|\,X_1\,|^r < \infty \text{ 对某个 } r \geqslant 1$$

之下,证明

$$\lim_{n\to\infty} n^{-r}\mathrm{E}\,|\,X_1 + \cdots + X_n\,|^r = 0. \tag{4.7}$$

为此,记事件$A_{ni} = \{|X_i| > n^{1/r}\}$,$B_{ni} = \{|X_i| \leqslant n^{1/r}\}$ ($1\leqslant i\leqslant n$).记$I_{ni}=1$或0,视A_{ni}发生与否,$S_n = \sum_{i=1}^n X_i$,$S_n' = \sum_{i=1}^n X_i I_{ni}$,$S_n'' = S_n - S_n'$,$M = M_n = \sum_{i=1}^n I_{ni}$,$K = K_n = n - M$,$p_n = P(A_{ni})$,$q_n = 1 - p_n$.为证(4.7)式,只需证明

$$n^{-r}\mathrm{E}\,|\,S_n'\,|^r \to 0, \quad n^{-r}\mathrm{E}\,|\,S_n''\,|^r \to 0. \tag{4.8}$$

由条件期望的性质,有$\mathrm{E}|S_n'|^r = \mathrm{E}(\mathrm{E}(|S_n'|^r \mid M))$.按$M$的定义,易见$\mathrm{E}(|S_n'|^r \mid M) = \mathrm{E}|Z_1 + \cdots + Z_M|^r$,其中$Z_1,\cdots,Z_M$为iid.,且公共分布为$X_1 \mid A_{n1}$——给定$A_{n1}$发生的条件下$X_1$的条件分布.因此得

$$\mathrm{E}(\,|\,S_n'\,|^r \mid M) \leqslant M^r\mathrm{E}(\,|\,X_1\,|^r \mid A_{n1}).$$

先设$1\leqslant r\leqslant 2$.由于M有分布$B(n, p_n)$,有

$$\mathrm{E}M^r \leqslant \mathrm{E}M^2 = np_nq_n + (np_n)^2.$$

由$\mathrm{E}|X_1|^r < \infty$知$np_n \to 0$,故当$n$充分大时$\mathrm{E}M^r \leqslant 2np_n$.因此$\mathrm{E}|S_n'|^r \leqslant 2np_n\mathrm{E}(|X_1|^r \mid A_{n1}) = 2n\mathrm{E}(|X_1|^r \mid I_{n1})$.由$\mathrm{E}|X_1|^r < \infty$,用控制收敛定理知,$\mathrm{E}(|X_1|^r \mid I_{n1}) \to 0$.故

$$\mathrm{E}\,|\,S_n'\,|^r = o(n), \quad 1 \leqslant r \leqslant 2. \tag{4.9}$$

若 $r>2$,取自然数 d,使 $1\leqslant r-d\leqslant 2$. 则 $\mathrm{E}M^r\leqslant n^d\mathrm{E}M^{r-d}\leqslant n^d 2np_n$,$n$ 充分大. 于是得到 $\mathrm{E}|S_n'|^r=o(n^{d+1})$. 但 $r=d+r-d\geqslant d+1$,故

$$\mathrm{E}\mid S_n'\mid^r = o(n^r),\quad r>2. \tag{4.10}$$

(4.9)与(4.10)式联合,得出(4.8)式的第一式.

为处理 $\mathrm{E}|S_n''|^r$,找不小于 r 的最小偶数 $2d$. 有 $\mathrm{E}|S_n''|^r=\mathrm{E}(\mathrm{E}(|S_n''|^r|K))$,而 $\mathrm{E}(|S_n''|^r|K)=\mathrm{E}|Y_1+\cdots+Y_K|^r$,其中 $Y_1,\cdots,Y_K$ 为 iid.,公共分布与条件分布 $X_1|B_{n1}$ 同. 记 $a_n=\mathrm{E}Y_1=\mathrm{E}(X_1|B_{n1})$,有 $a_n\to\mathrm{E}X_1=0$ 当 $n\to\infty$. 于是

$$\mathrm{E}\mid Y_1+\cdots+Y_K\mid^{2d}\leqslant 2^{2d}\left(\mathrm{E}\Big|\sum_{i=1}^{K}(Y_i-a_n)\Big|^{2d}+n^{2d}a_n^{2d}\right). \tag{4.11}$$

而按(4.3)式,有 $\mathrm{E}\Big|\sum_{i=1}^{K}(Y_i-a_n)\Big|^{2d}\leqslant C_d n^d\mathrm{E}\mid Y_1-a_n\mid^{2d}$. 因为 $\mid Y_1-a_n\mid\leqslant 2n^{1/r}$,有 $\mathrm{E}\mid Y_1-a_n\mid^{2d}\leqslant(2n^{1/r})^{2d-r}\mathrm{E}\mid Y_1-a_n\mid^r$,而 $\mathrm{E}\mid Y_1-a_n\mid^r\to\mathrm{E}\mid X_1\mid^r<\infty$ 当 $n\to\infty$. 综合上述,有 $\mathrm{E}\Big|\sum_{i=1}^{K}(Y_i-a_n)\Big|^{2d}=O(n^{d+2d/r-1})$. 按 d 的定义,当 $r>1$ 时有 $2d/r-1<d$(此式等价于 $2d/r<d+1$,当 $r>1$ 时有 $2d/r<2$ 而 $d+1\geqslant 2$). 由此及 $a_n\to 0$,从(4.11)式得 $\mathrm{E}|Y_1+\cdots+Y_K|^{2d}=o(n^{2d})$,故

$$\mathrm{E}\mid Y_1+\cdots+Y_K\mid^r\leqslant(\mathrm{E}\mid Y_1+\cdots+Y_K\mid^{2d})^{r/2d}=o(n^r).$$

由此得到 $\mathrm{E}|S_n''|^r=o(n^r)$ 当 $r>1$,这证明了(4.8)式后一式(当 $r>1$). 若 $r=1$,则 $d=1$. 故

$$\mathrm{E}\Big|\sum_{i=1}^{K}(Y_i-a_n)\Big|^2=K\mathrm{E}\mid Y_1-a_n\mid^2\leqslant n\mathrm{E}\mid Y_1-a_n\mid^2\leqslant n\mathrm{E}Y_1^2.$$

以 F 记 X_1 的概率分布,有

$$\mathrm{E}Y_1^2=q_n^{-1}\int_{|x|\leqslant n}x^2\mathrm{d}F\leqslant q_n^{-1}\left(\sum_{i=0}^{n-1}\int_{|x|\geqslant i}\mid x\mid\mathrm{d}F\right).$$

由于 $\lim\limits_{n\to\infty}q_n=1$ 及 $\lim\limits_{n\to\infty}\int_{|x|\geqslant i}\mid x\mid\mathrm{d}F=0$,故上式右边为 $o(n)$. 故由(4.11)式仍得 $\mathrm{E}\,|Y_1+\cdots+Y_k|^{2d}=o(n^{2d})$. 证毕.

采用更细致的证法,可得到如下的收敛速度:

$$\mathrm{E}\,|\,\overline{X}_n - \alpha_1|^r = \begin{cases} o(n^{1-r}), & 1 \leqslant r < 2, \\ O(n^{-r/2}), & r \geqslant 2. \end{cases}$$

(见本书作者,《中国科学》1980 年 6 月:522. 针对一般 U 统计量的情况.)

在本例结果的基础上,使用一点普通的技巧,可以证明以下较一般的结果:设有原点矩的多项式 $F(\alpha_1,\cdots,\alpha_m)$,一般项为 $c\alpha_1{}^{r_1}\cdots\alpha_m{}^{r_m}$,$c$ 为常数,称 $\sum_{i=1}^{m} ir_i$ 为此项之指数,各项指数中最大者 t 称为此多项式之指数. 对任何 $r\geqslant1$,若总体分布的 rt 阶矩存在,则矩估计 $F(a_{1n},\cdots,a_{mn})$为 r 阶矩相合. 当多项式 F 中含有中心矩时此结论也对.

4.1.3 相合估计的存在性问题

某一给定模型中之一给定参数,是否存在其相合估计?在何种条件下存在相合估计?这种问题一般不易得到彻底的(充要条件的)解决. 在这里我们就一个最简单且最常见的情况来探讨一下这个问题.

设有 iid. 样本 $X_1,\cdots,X_n$,其总体分布函数是 k 维分布函数$F_\theta(x)$,参数空间 Θ 是欧氏空间中之一子集. 现在问:在什么条件下,存在着 θ 的相合估计?有一个条件显然是必要的:

$$\theta_1 \neq \theta_2 \Rightarrow F_{\theta_1} \neq F_{\theta_2}, \tag{4.12}$$

即不同的参数值对应不同的分布. 事实上,若对某 $\theta_1\neq\theta_2$有 $F_{\theta_1}=F_{\theta_2}$,则在参数值 θ_1之下$(X_1,\cdots,X_n)$的分布,与在参数值 θ_2之下$(X_1,\cdots,X_n)$的分布相同. 因此,任一估计量 $T(X_1,\cdots,X_n)$如在 $\theta=\theta_1$时弱收敛为 θ_1,则它在 $\theta=\theta_2$时也应收敛于同一值 θ_1. 因 $\theta_1\neq\theta_2$,说明 T 不能是弱相合的.

可以举例证明条件(4.12)并不充分,这种例子不像初一看那么容易,见后. 下述定理给出了一个充分条件. 设 F 和 G 都是k 维分布函数,其 Kolmogorov 距离定义为

$$d(F,G) = \sup_{x\in\mathbb{R}^k} |\,F(x) - G(x)\,|.$$

定理 4.2 若对任何 $\theta\in\Theta$ 及 $\varepsilon>0$ 有

$$\eta(\theta,\varepsilon) \equiv \inf\{d(F_\theta,F_\varphi):\varphi\in\Theta,\ \|\theta-\varphi\|\geqslant\varepsilon\} > 0, \tag{4.13}$$

则 θ 的强相合估计存在.

条件(4.13)式是(4.12)式的强化:相隔较远的参数值所对应的分布不能太接近. 这条件的意义可以仿照对条件(4.12)式的解释去理解之,但不像那么断然. 事实上,这条件并非必要.

为证定理4.2,以 G_n 记 $X_1,\cdots,X_n$ 的经验分布函数. 据 Glivenko 定理,有

$$\lim_{n\to\infty} d(F_\theta, G_n) = 0 \quad \text{a.s.} P_\theta. \tag{4.14}$$

定义

$$\xi(X_1,\cdots,X_n) = \inf\{d(F_\theta, G_n): \theta \in \Theta\}.$$

找 $T_n = T_n(X_1,\cdots,X_n)$,使

$$\begin{aligned} &d(F_{T_n}, G_n) \leqslant 1/n, && \text{当 } \xi(X_1,\cdots,X_n) = 0, \\ &d(F_{T_n}, G_n) \leqslant 2\xi(X_1,\cdots,X_n), && \text{当 } \xi(X_1,\cdots,X_n) > 0. \end{aligned}$$

往证 T_n 是 θ 的强相合估计. 为此,设参数真值为 θ_0. 按(4.14)式有

$$\xi(X_1,\cdots,X_n) \leqslant d(F_{\theta_0}, G_n) \to 0 \quad \text{a.s.} p_{\theta_0}.$$

设序列$\{\widetilde{X}_1,\widetilde{X}_2,\cdots\}$满足 $\xi(\widetilde{X}_1,\cdots,\widetilde{X}_n)\to 0$. 任给 $\varepsilon>0$. 当 n 充分大时有 $\xi(\widetilde{X}_1,\cdots,\widetilde{X}_n)<\eta(\theta_0,\varepsilon)/3$,对这样的 n,当 $\|\theta-\theta_0\|\geqslant\varepsilon$ 时,有

$$\begin{aligned} d(F_\theta, G_n) &\geqslant d(F_\theta, F_{\theta_0}) - d(F_{\theta_0}, G_n) \\ &> 2\eta(\theta_0,\varepsilon)/3 > 2\xi(\widetilde{X}_1,\cdots,\widetilde{X}_n). \end{aligned}$$

按 T_n 的定义,有 $\|T_n-\theta_0\|<\varepsilon$. 由于 $\varepsilon>0$ 的任意性,证明了 $T_n(\widetilde{X}_1,\cdots,\widetilde{X}_n)\to\theta_0$. 定理证毕.

细心的读者可能会发现上述证明中的一个问题:T_n 的可测性. 这问题多少是学究式的——其实,在数理统计中我们还有不少这种类似的情况,例如后面要讲到的极大似然估计,在某些复杂的非线性模型中的最小二乘估计等,估计量的可测性多没有证明(严格处理起来很难). 但作为理论,少了这一层总觉美中不足. 遗憾的是:现在还不知道在本定理假定下,可否构造出 θ 的一个可测的强相合估计. 如果补充一定的条件,这是可以做到的. 例如,假定 $d(\cdot,\cdot)$的连续性,即对任何 $\theta\in\Theta$,有

$$\lim_{\theta'\to\theta,\theta'\in\Theta} d(F_{\theta'}, F_\theta) = 0, \tag{4.15}$$

且这时条件(4.13)式不需要.

初一看觉得条件(4.13)式是少得不能再少了,但即使这样弱的条件也非必要. 下面是一个例子,其解不难,留作习题(习题29,写法略有不同).

例 4.2 $X_1,\cdots,X_n$为 iid. 样本,总体分布族$\{P_\theta,\theta\in\Theta\}$,其中 $\Theta=\{\theta:0\leqslant\theta<1\}$,而 $P_\theta\sim R(0,\theta)$,$0<\theta<1$,$P_\theta\sim R(0,1)$当 $\theta=0$. 容易验证条件(4.13)式不满足,但可以构造出 θ 的一个强相合估计.

所以,条件(4.13)式充分但非必要,另一方面,条件(4.12)式则必要但非充分,这种例子更难.

例 4.3 $X_1,\cdots,X_n$为 iid. 样本,分布为

$$P_\theta(X_1=1)=\begin{cases}\theta, & \theta\text{ 为有理数},\\ 1-\theta, & \theta\text{ 为无理数}.\end{cases}$$

$$P_\theta(X_1=0)=1-P_\theta(X_1=1),\quad 0\leqslant\theta\leqslant1.$$

条件(4.12)式满足,但可证明:θ 的弱相合估计不存在. 证明很难,有兴趣的读者可参看作者等的文章(Statist. & Probab. Letters,1994:141).

因此,保证 θ 相合估计存在的充要条件,应是介于(4.12)与(4.13)式之间. 可是,这个条件是什么,这个看来似乎不很难的问题,至今仍没有回答.

退一步我们可以寻求一种较(4.12)式更强的必要条件,借以判定在某种情况下相合估计不存在. 刚才引的文章中提出了一个这样的条件,例 4.3 就是据此解决的. 但这条件还不够强,例如这样一个问题:一维分布 F 可分解成离散 F_1、绝对连续 F_2和奇异 F_3等三部分:

$$F=c_1F_1+c_2F_2+c_3F_3,\quad c_i\geqslant0,\quad c_1+c_2+c_3=1,\qquad(4.16)$$

c_1,c_2,c_3由 F 所决定. 现设 $X_1,\cdots,X_n$为抽自 F 的 iid. 样本,要据以估计 c_2,c_3. 直观上我们坚定地相信 c_2及 c_3的相合估计不存在,但用所引文章中的条件解决不了. 另一方面,很容易造出 c_1的强相合估计.

4.2 渐近正态性

设当样本量为 n 时有统计量 T_n. 如果存在可能依赖于参数 θ 的常量(指非

随机)$B_n(\theta)>0$ 和 $A_n(\theta)$,使当 $n\to\infty$ 时,有

$$[T_n - A_n(\theta)]/B_n(\theta) \xrightarrow{L} \text{某分布} F,$$

这里$\xrightarrow{L}$表示依分布收敛,则称 T_n **有渐近**或**极限分布** F. 特别当 $F\sim N(0,1)$ 时,称 T_n 有**渐近正态性**. 当 T_n 为参数 $g(\theta)$ 的估计时,$A_n(\theta)$ 一般就是 $g(\theta)$.

有时,$B_n(\theta)$ 可取得不依赖于 θ,但可依赖于样本,即 B_n 是一个统计量. 这时也称 T_n 有渐近分布 F. 但这种叫法一般多只用于 F 为正态时. 一个著名的例子是 iid. 样本均值 $\bar{X}_n$. 若总体分布均值为 $g(\theta)$ 而总体方差为 $\sigma^2(\theta)>0$,则依中心极限定理有 $\sqrt{n}[\bar{X}_n - g(\theta)]/\sigma(\theta)\xrightarrow{L}N(0,1)$. 但是,若用样本方差 $s_n{}^2$(见(4.5)式)估计 $\sigma^2(\theta)$,则 $\sqrt{n}[\bar{X}_n - g(\theta)]/s_n$ 也依分布收敛于 $N(0,1)$. 这种形式的渐近正态性在统计推断中用处更大,这在以后讨论假设检验和区间估计可以看出来.

这些概念容易推广到多维的情况. 设 T_n 为 k 维统计量,$A_n(\theta)$ 为 k 维常向量(T_n,$A_n(\theta)$ 都视为列向量),$B_n(\theta)>0$ 是以常量为元的 k 阶正定方阵. 若当样本量 $n\to\infty$ 时 $B_n{}^{-1}(\theta)[T_n - A_n(\theta)]$ 依分布收敛于某 k 维分布 F,称 F 为其渐近或极限分布. 特别当 F 为 k 维标准正态分布 $N_k(0,I_k)$(I_k 为 k 阶单位阵),则称 T_n 有渐近正态性. 按这样的定义,渐近分布不是唯一的. 但是容易证明:若统计量 T_n 的一个渐近分布为正态,则其一切可能的渐近分布必皆为正态. 这一点使"渐近正态"这个词有了一个更确切的含义.

4.2.1 最好渐近正态估计(Best Asymptotic Normal Estimate,简记为BANE)

为行文简单计,先考虑参数 θ 为一维的情况. 设 $\hat{\theta}_n$ 为 θ 的一个估计,样本量为 n. 设 θ 满足下述形式的渐近正态性

$$\sqrt{n}(\hat{\theta}_n - \theta)\xrightarrow{L}N(0,B^2(\theta)). \tag{4.17}$$

如果近似地把 $\sqrt{n}(\hat{\theta}_n - \theta)$ 的分布就看成是 $N(0,B^2(\theta))$,则近似地可以把 $B^2(\theta)/n$ 看成是 $\hat{\theta}_n$ 的方差——这只是一种近似的看法,事实上在某些情况下 $\hat{\theta}$ 的方差甚至可以是 ∞. 在统计上当 $\hat{\theta}_n$ 满足(4.17)式时,常称 $B^2(\theta)/n$ 为其**渐近方差**.

现设有 θ 的另一估计 θ_n^*,也有渐近正态性

$$\sqrt{n}(\theta_n^* - \theta) \xrightarrow{L} N(0, B_1{}^2(\theta)).$$

如果 $B^2(\theta) > B_1{}^2(\theta)$，则当 n 充分大时，估计值 $\hat{\theta}_n$ 落在 θ 的某邻域 $(\theta - \varepsilon/\sqrt{n})$ 内的概率，要大过 θ_n^* 落在同一邻域内的概率. 这提供了一个在极限意义下比较两个估计优劣的准则（所论估计都满足形如(4.17)式的渐近正态性）：**渐近方差小者为优**. 这个准则立即驱使我们去考虑寻找渐近方差最小的估计. 启发式地我们可以这样想：若样本为 iid.，其 Fisher 信息量 $I(\theta) > 0$ 有限，则在一定条件下，据C-R不等式，样本量 n 时估计量的方差不能小于 $[nI(\theta)]^{-1}$（这里需要估计为无偏. 按(4.17)式，估计量 $\hat{\theta}_n$ 当 n 很大时接近于无偏，故 C-R 不等式近似地可用. 此处是启发式讨论，不计较细节）. 按这个论据，(4.17)式中的 $B^2(\theta)$ 不能小于 $[I(\theta)]^{-1}$. 因此，如果一个估计量满足

$$\sqrt{n}(\hat{\theta}_n - \theta) \xrightarrow{L} N(0, 1/I(\theta)), \tag{4.18}$$

则称 $\hat{\theta}_n$ 是 θ 的一个 BANE. BANE 若存在，必不唯一. 例如，若 $\hat{\theta}_n$ 为 BANE，则 $\hat{\theta}_n + 1/n$ 也是.

以上所下的 BANE 的定义是基于启发式的论据. 要使这个定义在理论上严格站住脚，必须要解决两个问题：

1° $1/I(\theta)$ 确实是下界；

2° 这个下界可以达到，即确实存在一个估计 $\hat{\theta}_n$，使(4.18)式成立.

后一问题将在 4.3 节回答，在那里我们将证明，在一定条件下，**极大似然估计**满足(4.18)式. 至于第一个问题，严格讲其回答是否定的.

例 4.4(Hodges) $X_1, \cdots, X_n$ 为抽自 $N(\theta, 1)$ 的 iid. 样本. 考虑 θ 的如下估计：

$$\hat{\theta}_n = \begin{cases} \bar{X}_n/2, & \text{当 } |\bar{X}_n| < n^{-1/4}, \\ \bar{X}_n, & \text{当 } |\bar{X}_n| \geq n^{-1/4}. \end{cases}$$

很容易证明：当 $n \to \infty$ 时，有

$$\sqrt{n}(\hat{\theta}_n - \theta) \xrightarrow{L} \begin{cases} N(0,1), & \text{当 } \theta \neq 0; \\ N(0,1/4), & \text{当 } \theta = 0. \end{cases}$$

而 $I(\theta) \equiv 1$. 故在 0 处突破了 $1/I(\theta)$ 这个下界.

像本例这种情况叫做"**超有效性**". 这种例子的存在似乎使 BANE 的定义变

得没有意义了. 但进一步的研究表明:在一定条件下,像本例 $\theta=0$ 这样的"**超有效点**"只能是少见的例外,"绝大多数"θ 值仍服从 $1/I(\theta)$ 这个下界. 其次,证明了若把(4.17)式的要求强化一点,例如要求其收敛对 $\theta\in\Theta$ 有一致性,则像例 4.4 这样的情况下不复存在. 由于这些事实,可以认为 BANE 仍是一个站得住脚的概念.

现在我们来给出一个启发式的论证. 首先,说"(4.17)式对 $\theta\in\Theta$ 一致成立",是指

$$\sup_{\theta\in\Theta}\sup_{x\in\mathbb{R}^1}|F_{n\theta}(x)-\Phi(x)|\to 0,\quad \text{当 } n\to\infty.$$

其中 $F_{n\theta}$ 和 Φ 分别是 $\sqrt{n}(\hat{\theta}_n-\theta)/B(\theta)$ 和 $N(0,1)$ 的分布函数.

现设总体分布族有共同支撑并有形式 $f(x,\theta)\mathrm{d}\mu$. 因而可假定 $f(x,\theta)>0$ 对一切 x 和 θ. 记

$$KL(\varphi,\theta)=\mathrm{E}_\varphi(\ln(f(X,\varphi)/f(X,\theta))),\quad \varphi,\theta\in\Theta. \tag{4.19}$$

设 $f(x,\theta)$ 有对 θ 的连续(关于 θ 连续)的二阶偏导数 $f'(x,\theta)$. 设 $\varphi-\theta\approx 0$,则因

$$\begin{aligned}f(x,\varphi)/f(x,\theta) &= 1+[f(x,\varphi)-f(x,\theta)]/f(x,\theta)\\ &= 1+(\varphi-\theta)f'(x,\varphi)/f(x,\varphi)\\ &\quad+\left\{[f'(x,\varphi)/f(x,\varphi)]^2-\frac{1}{2}f''(x,\varphi)/f(x,\varphi)\right\}\\ &\quad+o(\varphi-\theta)^2,\end{aligned}$$

有

$$\ln(f(x,\varphi)/f(x,\theta))=(\varphi-\theta)f'(x,\varphi)/f(x,\varphi)+o(\varphi-\theta), \tag{4.20}$$

$$\begin{aligned}\ln(f(x,\varphi)/f(x,\theta)) &= (\varphi-\theta)f'(x,\varphi)/f(x,\varphi)\\ &\quad-2^{-1}[f''(x,\varphi)/f(x,\varphi)](\varphi-\theta)^2\\ &\quad+2^{-1}(\varphi-\theta)^2[f'(x,\varphi)/f(x,\varphi)]^2+o(\varphi-\theta)^2.\end{aligned}$$

由后一式,并注意到

$$\begin{aligned}\mathrm{E}_\varphi(f'(X,\varphi)/f(X,\varphi)) &= \int_x f'(x,\varphi)\mathrm{d}\mu=\partial\Big(\int_x f(x,\varphi)\mathrm{d}\mu\Big)/\partial\varphi\\ &= \partial 1/\partial\varphi=0,\end{aligned}$$

$$\mathrm{E}_\varphi(f''(X,\varphi)/f(X,\varphi)) = \int_x f''(x,\varphi)\mathrm{d}u = \partial^2\left(\int_x f(x,\varphi)\mathrm{d}\mu\right)/\partial\varphi^2$$
$$= \partial^2 1/\partial\varphi^2 = 0,$$
$$\mathrm{E}_\varphi(f'(X,\varphi)/f(X,\varphi))^2 = I(\varphi) \quad (I\text{ 为 Fisher 信息量}),$$

得

$$KL(\varphi,\theta) = 2^{-1}(\varphi-\theta)^2 I(\varphi) + o(\varphi-\theta)^2, \tag{4.21}$$

而由(4.20)式得

$$\mathrm{E}_\varphi(\ln(f(X,\varphi)/f(X,\theta)))^2 = (\varphi-\theta)^2 I(\varphi) + o(\varphi-\theta)^2. \tag{4.22}$$

下面要用到一点假设检验中的知识．不了解这些的读者可暂时略过这个内容，待阅读了本书 6.1 节再说．考虑假设检验问题：

原假设 H：参数值为 $\theta \leftrightarrow$ 对立假设 K：参数值为 $\theta+1/\sqrt{n}$．要求在渐近水平为 1/2 之下，对立假设 K 处的功效最大．按Neyman-Pearson基本引理，此检验为：

$$\text{当 } T_n \equiv \sum_{i=1}^{n} \ln(f(X_i,\theta+1/\sqrt{n})/f(X_i,\theta)) > C_n \text{ 时否定} H.$$

C_n 选取之，使 $P_\theta(T_n > C_n) \to 1/2$．按(4.21)，(4.22)式，有

$$\mathrm{E}_\theta(T_n) = 2^{-1}I(\theta+1/\sqrt{n}) + o(1) = 2^{-1}I(\theta) + o(1), \tag{4.23}$$

$$\begin{aligned}\mathrm{Var}_\theta(T_n) &= n[n^{-1}I(\theta+1/\sqrt{n}] + o(1/n) \\ &\quad - [(2n)^{-1}I(\theta+1/\sqrt{n}) + o(1/n))^2] \\ &= I(\theta) + o(1),\end{aligned} \tag{4.24}$$

这里需要 $I(\theta)$ 对 θ 连续的条件．类似地得到

$$\begin{aligned}\mathrm{E}_{\theta+1/\sqrt{n}}(T_n) &= 2^{-1}I(\theta) + o(1), \\ \mathrm{Var}_{\theta+1/\sqrt{n}}(T_n) &= I(\theta) + o(1).\end{aligned} \tag{4.25}$$

因 T_n 为一些 iid. 变量 $\{f(X_i,\theta+1/\sqrt{n})/f(X_i,\theta), 1\leqslant i\leqslant n\}$ 之和，按中心极限定理(这需要附加的验证，因为各项 $f(X_i,\theta+1/\sqrt{n})/f(X_i,\theta)$ 不仅与 i 还与 n 有

关),结合(4.23)和(4.24)式可知,为使 $P_\theta(T_n > C_n) \to 1/2$,$C_n$ 应取为

$$C_n = 2^{-1} I(\theta) + o(1).$$

在参数值为 $\theta + 1/\sqrt{n}$ 处对 T_n 用中心极限定理(这里不仅各加项,连参数也与 n 有关,更需附加验证),利用(4.25)式,不难得到

$$\lim_{n\to\infty} P_{\theta+1/\sqrt{n}}(T_n > C_n) = \Phi(\sqrt{I(\theta)}).$$

按 Neyman-Pearson 基本引理,这就是在渐近水平 1/2 的约定下,所能达到最大渐近功效.

现设对某估计量有(4.17)式. 利用该式可作出 $H \leftrightarrow K$ 的一个渐近水平为 1/2 的检验,即"当 $\hat{\theta}_n > \theta$ 时否定 H". 假定 $B(\theta)$ 关于 θ 连续,且(4.17)式对 θ 一致成立,则此检验在参数值为 $\theta + 1/\sqrt{n}$ 处的渐近功效为

$$\begin{aligned}\lim_{n\to\infty} P_{\theta+1/\sqrt{n}}(\hat{\theta}_n > \theta) &= \lim_{n\to\infty} P_{\theta+1/\sqrt{n}}\left(\frac{\sqrt{n}(\hat{\theta}_n - \theta - 1/\sqrt{n})}{B(\theta + 1/\sqrt{n})} > -\frac{1}{B(\theta + 1/\sqrt{n})}\right) \\ &= \lim_{n\to\infty} \Phi(1/B(\theta + 1/\sqrt{n})) = \Phi(1/B(\theta)).\end{aligned}$$

按上述,此值不能大于 $\Phi(\sqrt{I(\theta)})$,故 $B^2(\theta) \geqslant [I(\theta)]^{-1}$,如所欲证. 注意"(4.17)式对 θ 一致成立"的条件是用在第二个等号上,稍稍修改上述证法可将这个要求放宽一些.

上述的"**启发式**"论据中留下了许多需要严格证明的细节,但重要的是方法中的核心思想——把检验问题引入论证中. 论证路线确定后,所需的细节总可以搞出来. 当然,能把所需条件尽可能减轻并排成一个简洁好理解的形式,需要技巧. 读者若有兴趣,可参看本章导语部分中所引的那些专著. 参数估计大样本理论的一个不讨人喜欢的地方是:几乎所有严格证明的结果都需要一大堆形式复杂的条件,缺乏数学美.

BANE 的定义及上述结果,不难推广到多维参数的情形. 设 $\hat{\theta}_n$ 为 k 维参数 θ 的一个估计,满足 $\sqrt{n}B^{-1}(\theta)(\hat{\theta}_n - \theta) \xrightarrow{L} N_k(0, I_k)$,$B(\theta)B'(\theta)/n$ 称为 $\hat{\theta}_n$ 的**渐近协差阵**. 在一定的条件下可以证明:$B(\theta)B'(\theta) \geqslant I^{-1}(\theta)$(即 $B(\theta)B'(\theta) - I^{-1}(\theta)$ 为半正定,$B'(\theta)$ 是 $B(\theta)$ 的转置,$I(\theta)$ 为总体分布的 Fisher 信息阵,$I^{-1}(\theta)$ 为其逆). 因此,把满足条件

$$\sqrt{n}(\hat{\theta}_n - \theta) \xrightarrow{L} N_k(0, I^{-1}(\theta))$$

的估计 $\hat{\theta}_n$ 称之为 θ 的 BANE.

4.2.2 矩估计的渐近正态性

矩估计的渐近正态性很容易从中心极限定理及下述简单定理推出来.

定理 4.3 设 $g_j(1 \leqslant j \leqslant m)$ 都是 k 变元函数,有一阶全微分,$g = (g_1, \cdots, g_m)'$. 又 $\xi_n = (\xi_{1n}, \cdots, \xi_{kn})'$ $(n \geqslant 1)$ 为一串随机向量,满足条件

$$\sqrt{n}(\xi_n - a) \xrightarrow{L} N(0, B), \quad n \to \infty,$$

这里 $a = (a_1, \cdots, a_k)'$ 为常向量,$B \geqslant 0$ 为 k 阶常方阵. 则

$$\sqrt{n}[g(\xi_n) - g(a)] \xrightarrow{L} N(0, CBC'), \quad n \to \infty, \tag{4.26}$$

其中 C 为 $m \times k$ 矩阵,其 (i, j) 元为 $\partial g_i / \partial u_j |_{u=a}$.

证明 因 $g_1, \cdots, g_m$ 都有一阶全微分,故有

$$\sqrt{n}[g(\xi_n) - g(a)] = C\sqrt{n}(\xi_n - a) + \sqrt{n}o(\xi_n - a). \tag{4.27}$$

按假定,$\sqrt{n}(\xi_n - a)$ 有极限分布,故 $o(\sqrt{n}(\xi_n - a)) \to 0$ in pr. 当 $n \to \infty$. 因此,(4.26)式左边的极限分布,与右边第一项之极限分布同. 按假定,后者等于 $C\xi$ 的分布,其中 $\xi \sim N_k(0, B)$. 这证明了(4.26)式.

现设 $r_1 \leqslant \cdots \leqslant r_k$ 都是自然数,总体有 $2r_k$ 阶矩,$X_1, \cdots, X_n$ 为抽自此总体的 iid. 样本,则

$$(a_{r_1 n} - \alpha_{r_1}, \cdots, a_{r_k n} - \alpha_{r_k}) = n^{-1} \sum_{i=1}^{n} (X_i^{r_1} - \alpha_{r_1}, \cdots, X_i^{r_k} - \alpha_{r_k}).$$

这里沿用 4.1 节中样本和总体原点矩的记号. 上式右边为一些 iid. 的 k 维随机向量之和,这些随机向量有期望 0 和协差阵 $B = (b_{ij})$,其中

$$\begin{aligned} b_{ij} &= \mathrm{E}(X_1^{r_i} - \alpha_{r_1})(X_1^{r_j} - \alpha_{r_j}) \\ &= \alpha_{r_i + r_j} - \alpha_{r_i}\alpha_{r_j}, \quad i, j = 1, \cdots, k. \end{aligned} \tag{4.28}$$

于是按多维中心极限定理,有

$$\sqrt{n}(a_{r_1 n} - \alpha_{r_1}, \cdots, a_{r_k n} - \alpha_{r_k})' \xrightarrow{L} N_k(0, B).$$

由此,按定理 4.3 即知,若 g 为 k 个变元的有全微分的函数,则 $g(\alpha_{r_1},\cdots,\alpha_{r_k})$ 的矩估计 $g(a_{r_1 n},\cdots,a_{r_k n})$ 有渐近态性

$$\sqrt{n}[g(a_{r_1 n},\cdots,a_{r_k n})-g(\alpha_{r_1},\cdots,\alpha_{r_k})]\xrightarrow{L}N(0,b'Bb),\qquad(4.29)$$

其中 b 的意义同(4.26)式,而方阵 $B=(b_{ij})$ 由(4.28)式确定.

由于样本中心矩 m_{rn} 是样本原点矩 $a_{1n},\cdots,a_{rn}$ 的多项式,故(4.29)式可用于 m_{rn}. 在这个情况,不难验证(4.29)式中的渐近方差 $b'Bb$ 为

$$\begin{aligned}b'Bb&=\mu_{2k}-2k\mu_{k+1}\mu_{k-1}-\mu_k{}^2+k^2\mu_{k-1}{}^2\mu_2\\&=\lim_{n\to\infty}n\cdot\mathrm{Var}(m_{rn}).\end{aligned}$$

更一般地,可以把(4.20)式推广到同时包含若干个样本原点矩和样本中心矩的情形,即

$$\begin{aligned}&\sqrt{n}[g(a_{r_1 n},\cdots,a_{r_k n},m_{l_1 n},\cdots,m_{l_t n})-g(\alpha_{r_1},\cdots,\alpha_{r_k},\mu_{l_1},\cdots,\mu_{l_t})]\\&\to N(0,CBC'),\end{aligned}\qquad(4.30)$$

C 是 $m\times(k+t)$ 矩阵,其各元是 $g=(g_1,\cdots,g_m)'$ 中各函数 $g_1,\cdots,g_m$ 对其各变元的偏导数在 $(\alpha_{r_1},\cdots,\alpha_{r_k},\mu_{l_1},\cdots,\mu_{l_t})'$ 这点之值,B 由下式确定:

$$B=\lim_{n\to\infty}n\mathrm{Cov}(a_{r_1 n},\cdots,a_{r_k n},m_{l_1 n},\cdots,m_{l_t n}).\qquad(4.31)$$

为了证明,只需注意 $k+t$ 维随机向量

$$T_n=(a_{r_1 n},\cdots,a_{r_k n},m_{l_1 n},\cdots,m_{l_t n})',\quad n\geqslant 1$$

的每个分量都可表为 $\eta_n=(a_{1n},a_{2n},\cdots,a_{pn})'$ 各分量的多项式:$\xi_n=h(\eta_n)$,其中 $p=\max(r_1,\cdots,r_k,l_1,\cdots,l_t)$. 把定理 4.3 用于 T_n 得其渐近正态性. 再将定理 4.3 用于 $g(T_n)$ 即得.

要确定(4.31)式中的方阵 B 的各元,用公式:

$$n\mathrm{Cov}(a_{in},a_{jn})\to\alpha_{i+j}-\alpha_i\alpha_j,\qquad(4.32)$$

$$\begin{aligned}n\mathrm{Cov}(m_{in},m_{jn})\to\;&\mu_{i+j}-i\mu_{i-1}\mu_{j+1}-j\mu_{i+1}\mu_{j-1}\\&-\mu_i\mu_j+ij\mu_2\mu_{i-1}\mu_{j-1},\end{aligned}\qquad(4.33)$$

$$n\mathrm{Cov}(a_{in},m_{jn})\to\mu_{i+j}-\mu_i\mu_j-j\mu_{i+1}\mu_{j-1}.\qquad(4.34)$$

第一式容易证．第二式可证明如下：不妨设总体均值 $\alpha_1=0$，因而 $\alpha_k=\mu_k$．有

$$m_{in}-\mathrm{E}(m_{in})=m_{in}-\mu_i+O(n^{-1})=m_{in}-\alpha_i+O(n^{-1})$$

$$=(a_{in}-\alpha_i)-\binom{i}{1}a_{1n}a_{i-1,n}+\binom{i}{2}a_{1n}{}^2a_{i-2,n}-\cdots+O(n^{-1}),$$

此处用了(4.2)式及 $\mu_i=\alpha_i$．把此式与

$$m_{jn}-\mathrm{E}(m_{jn})=(a_{jn}-\alpha_j)-\binom{j}{1}a_{1n}a_{j-1,n}+\binom{j}{2}a_{1n}{}^2a_{j-2,n}-\cdots+O(n^{-1})$$

逐项相乘并求期望，并注意 $\alpha_1=0$，容易发现：

1° 所有包含 $O(n^{-1})$的项，期望皆为 $O(n^{-2})$；

2° 所有由两个展式前两项互乘(共得4项)以外的项，期望皆为 $O(n^{-2})$．

故必须算出前两项互乘所得之项的期望：

$$\mathrm{E}(a_{in}-\alpha_i)(a_{jn}-\alpha_j)=\alpha_{i-j}-\alpha_i\alpha_j=\mu_{i+j}-\mu_i\mu_j;$$

$$\mathrm{E}(a_{in}-\alpha_i)a_{in}a_{j-1,n}=n^{-3}\mathrm{E}\Big(\sum_{k=1}^{n}(X_k{}^i-\alpha_i)\sum_{l=1}^{n}X_l\sum_{m=1}^{n}X_m{}^{j-1}\Big).$$

为使展式中某项期望不为0，必须 $k=l$．所有这样的项之和为

$$n(\alpha_{i+j}-\alpha_i\alpha_j)+n(n-1)\alpha_{i+1}\alpha_{j-1}=n(\mu_{i+j}-\mu_i\mu_j)+n(n-1)\mu_{i+1}\mu_{j-1},$$

$$\mathrm{E}a_{1n}{}^2a_{i-1,n}a_{j-1,n}=n^{-4}\mathrm{E}\Big(\sum_{h=1}^{n}X_h\sum_{k=1}^{n}X_k\sum_{l=1}^{n}X_l{}^{i-1}\sum_{m=1}^{n}X_m{}^{j-1}\Big).$$

要展式中某项之期望不为0，只有以下几种情况：$h=k$；$h\neq k,h=l,k=m$；$h\neq k,h=m,k=l$．这些项的期望之和为

$$n^3\alpha_2\alpha_{i-1}\alpha_{j-1}+O(n^2)=n^3\mu_2\mu_{i-1}\mu_{j-1}+O(n^2).$$

结合以上各种情况，即得(4.33)式．(4.34)式可类似证明且更容易．

例4.5　$g_1=\mu_3/\mu_2{}^{3/2}$和 $g_2=\mu_4/\mu_2{}^2-3$分别称为分布的**偏度**(**系数**)和**峰度**(**系数**)．g_1是用来衡量一个分布是否对称的，因为在分布关于某点(此点必同时是其期望和中位数)对称时，必有 $g_1=0$．这个量不是衡量对称性的理想的指标，因为分布不对称时也可以有 $g_1=0$．分母中的 $\mu_2{}^{3/2}$是为了使此量与单位无关($aX+b$ 的偏度与 X 同，$a(>0)$和 b 为常数．g_2中之分母有同样作用)．g_2是衡量分布在规格化到方差1时，尾部的“厚度”的，因为这时 $g_2=\mu_4$，在同样方差之

下,分布的概率愈多地聚集在远离其均值之处,则 μ_4 将愈大. 减掉 3 是为了使此值在分布为正态时等于 0. 这两个量有时用于检测一个分布是否为正态.

设有 iid. 样本 $X_1,\cdots,X_n$. 按矩估计,分别用

$$\hat{g}_{1n} = m_{3n}/m_{2n}{}^{3/2} \quad \text{和} \quad \hat{g}_{2n} = m_{4n}/m_{2n}{}^2 - 3$$

去估计之. 按前述结果,分别有

$$\sqrt{n}(\hat{g}_{1n} - g_1) \xrightarrow{L} N(0,\sigma_1{}^2), \quad \sqrt{n}(\hat{g}_{2n} - g_2) \xrightarrow{L} N(0,\sigma_2{}^2),$$

其中 $\sigma_1{}^2$ 和 $\sigma_2{}^2$ 分别为

$$\sigma_1{}^2 = (4\mu_2{}^2\mu_6 - 12\mu_2\mu_3\mu_5 - 24\mu_2{}^3\mu_4 + 9^2\mu_3\mu_4 + 35\mu_2{}^2\mu_3{}^2 + 36\mu_2{}^2)/4\mu_2{}^5,$$

$$\sigma_2{}^2 = 4\mu_2{}^{-6}(\mu_2{}^2\mu_8 - 4\mu_2\mu_4\mu_6 - 8\mu_2{}^2\mu_3\mu_5 + 4\mu_3{}^4 - \mu_2{}^2\mu_4{}^2$$
$$+ 16\mu_2\mu_3{}^2\mu_4 + 16\mu_2{}^3\mu_3{}^2).$$

当总体分布为正态时,分别有 $g_1 = 0, g_2 = 0, \sigma_1{}^2 = 6, \sigma_2{}^2 = 24$.

另一个在应用上有些重要性的参数,是分布的**变异系数** $V = \sqrt{\mu_2}/\alpha_1$. 它是一个以总体均值为单位来衡量分布的散布程度的量. 设有 iid. 样本 $X_1,\cdots,X_n$,按矩估计,以 $\hat{V}_n = \sqrt{m_2}/\bar{X}_n$ 估计之. 据前述结果,得

$$\sqrt{n}(\hat{V}_n - V) \xrightarrow{L} N(0,\sigma^2),$$

其中 σ^2 算得为

$$\sigma^2 = (4\alpha_1{}^4\mu_2)^{-1}[\alpha_1{}^2(\mu_4 - \mu_2{}^2) - 4\alpha_1\mu_2\mu_3 + 4\mu_2{}^3].$$

当总体分布为 $N(a,\lambda^2)$ 时,此值等于 $(2a^4)^{-1}(a^2 + 2\lambda^2)\lambda^2$.

4.3 极大似然估计

设样本分布族有形式 $\{f(x,\theta)\mathrm{d}\mu(x),\theta\in\Theta\}$,$\mu$ 为样本空间上之一 σ 有限测度. 前已指出:当有了样本 x 而把 $f(x,\cdot)$ 视为 Θ 上的函数时,它称为(样本 x

的)**似然函数**. 似然函数若在 Θ 上某点 $\hat{\theta}(x)$ 达到最大值,即 $f(x,\hat{\theta}(x))=\max_{\theta\in\Theta}f(x,\theta)$,称 $\hat{\theta}(x)$是 θ 的**极大似然估计**(Maximum Likelihood Estimate,简记为 MLE). 若要估计的是 θ 的某函数 $g(\theta)$,则 $g(\hat{\theta}(x))$称为 $g(\theta)$的 MLE.

有时,虽然分布族只对 $\theta\in\Theta$ 有意义,但函数 $f(x,\cdot)$在 Θ 的闭包 Θ_1(或 Θ_1 的一部分)上有意义. 这时可以用 Θ_1取代 Θ 来给 MLE 下定义. 这样做避免了当 Θ 为开集时极值可能达不到的困难.

MLE 的思想最初出现在 1912 年 Fisher 一项工作中,是他对统计学的重大贡献之一. Fisher 在其早期关于估计理论的工作中,MLE 处在很重要的地位. 有的探讨是从 MLE 包含了关于 θ 的多少信息量的角度看的. 一度曾认为:MLE 是充分统计量(若如此,则 MLE 包含了全部信息),但很快就知道这是不确实的(反例见习题 22).

MLE 可以不存在,甚至在简单的指数型分布族中也如此.

例 4.6 样本 X 分布为

$$P_\theta(X=1)=1-P_\theta(X=0)=e^\theta/(1+e^\theta),\quad -\infty<\theta<\infty.$$

当 $x=1$ 时,似然函数为 $e^\theta/(1+e^\theta)$,在$(-\infty,\infty)$严增. 当 $x=0$ 时,似然函数为 $1/(1+e^\theta)$,在$(-\infty,\infty)$严降. 二者在$(-\infty,\infty)$都无极值点.

4.3.1 MLE 的可测性

MLE 即使存在,还有可测性问题. 这虽可说是一个学究式的问题,但从数学严格标准说还是应当搞清楚的(不然涉及它的概率计算,例如讨论其渐近正态性,就没有意义了).

定理 4.4 设参数空间 Θ 是欧氏空间的子集,对每个样本 $x(\in\mathscr{X})$,似然函数在 Θ 的闭包 Θ_1上连续,且在 Θ_1上达到其最大值(如 Θ_1有界这一定成立). 又样本空间 $\mathscr{X}$为欧氏空间的 Borel 子集,则存在(Borel,下同)可测的 MLE.

证明依赖于下面的引理.

引理 4.1 设$\{f_n\}$为一串定义于欧氏空间某 Borel 子集 $\mathscr{X}$上、取值于欧氏空间 $\mathbb{R}^k$的可测函数,对每个 $x\in\mathscr{X}$,$\{f_n(x)\}$为 $\mathbb{R}^k$中的有界点列(其界可与 x 有关),则存在定义于 $\mathscr{X}$上取值于 $\mathbb{R}^k$内的可测函数 f,使对任何 x 可找到自然数子列 $1\leqslant i_1<i_2<\cdots$(子列可与 x 有关!),使 $\lim_{n\to\infty}f_{i_n}(x)=f(x)$.

此引理是用逼近法证明极值点可测的有用工具. 它大体上可说成:一串逐点有界的可测函数可抽出收敛于可测函数的子列,然而这子列是与 x 有关. 此引理的证明见作者发表在《数学学报》上的文章(1964 年第 2 期:276). 因有些复杂的细节,在此不引述了.

回到定理的证明. 记 $A_m = \Theta_1 \cap \{\theta : m-1 \leqslant \|\theta\| \leqslant m\}, m \geqslant 1, I_m = \{\theta_{m1}, \theta_{m2}, \cdots\}$是在 A_m 内稠密的可列集(I_m 也可以是空集或有限集,这不影响以下证明的实质). 记集 $B_x = \{\theta : \theta \in \Theta, f(x,\theta) = \max\limits_{\varphi \in \Theta_1} f(x,\varphi)\}$. 按假定,对每个 $x \in \mathscr{X}$,集 B_x 非空(这不算一个限制条件,因若此条件不成立,则 MLE 不存在. 当然,此条件可减弱为:对几乎(对测度 μ)每个 $x \in \mathscr{X}$, B_x 非空). 记 $M(x) = \max\limits_{\theta \in \Theta_1} f(x,\theta)$. $M(x)$可测,因为 $M(x) = \sup\{f(x,\theta_{mk}) : m \geqslant 1, k \geqslant 1\}$,而$f(x,\theta_{mk})$作为密度函数,是 x 的可测函数.

找最小的自然数 $n_n = m_n(x)$,使

$$\sup_{k \geqslant 1} f(x, \theta_{m_n,k}) > M(x) - 1/n.$$

这样的 m_n 一定存在,且不超过使 $A_m \cap B_x \neq \varnothing$ 的最小 m. $m_n(x)$是可测函数,此因对任何自然数 m,有

$$\{x : m_n(x) = m\} = \bigcap_{j=1}^{m-1} \{x : \sup_{k \geqslant 1} f(x,\theta_{jk}) \leqslant M(x) - 1/n\}$$
$$\cap \{x : \sup_{k \geqslant 1} f(x,\theta_{mk}) > M(x) - 1/n\},$$

而等号右边的集合为可测的(这里用到了 $M(\cdot)$可测).

确定 $m_n = m_n(x)$后,取 $\hat{\theta}_n = \hat{\theta}_n(x) = \theta_{m_n i}$,其中 i 为最小的自然数,使 $f(x,\theta_{m_n k}) > M(x) - 1/n$. $\hat{\theta}_n(x)$是可测函数,因为对任何自然数 m 和 i,有

$$\{x : \hat{\theta}_n(x) = \theta_{mi}\} = \{x : m_n(x) = m\} \bigcap_{k=1}^{i-1} \{x : f(x,\theta_{mk}) \leqslant M(x) - 1/n\}$$
$$\cap \{x : f(x,\theta_{mi}) > M(x) - 1/n\}.$$

据 $m_n(\cdot)$, $M(\cdot)$及 $f(\cdot,\theta)$的可测性,右边为可测集.

对每个 $x \in \mathscr{X}$,序列$\{\hat{\theta}_n(x) : n \geqslant 1\}$有界. 此因 $\hat{\theta}_n(x) \in I_{m_n(x)}$,而按上面的论证,$m_n(x)$不超过一个只与 x 有关而与 n 无关的数. 因此,按引理 4.1,存在可测函数 $\hat{\theta}(x)$,使对每个 $x \in \mathscr{X}$存在子列$\{n_i : i \geqslant 1\}$(可与 x 有关),使 $\hat{\theta}_{n_i}(x) \to \hat{\theta}(x)$当 $i \to \infty$. 由于 $\hat{\theta}_{n_i}(x) \in \Theta_1$而 Θ_1 为闭集,故 $\hat{\theta}(x) \in \Theta_1$. 又由 $f(x,\cdot)$在 Θ_1上连续,有

$$M(x) - 1/n_i < f(x, \hat{\theta}_n(x)) \to f(x, \hat{\theta}(x)) \leqslant M(x).$$

令 $i \to \infty$ 得 $f(x, \hat{\theta}(x)) = M(x)$. 即 $\hat{\theta}(x)$ 为可测的 MLE. 定理证毕.

4.3.2　似然方程,指数型分布族的情况

记参数空间 Θ 的闭包为 Θ_1, Θ_1 内点集为 Θ_0(Θ_0 不一定是 Θ 的子集). 设样本分布为 $f(x,\theta)\mathrm{d}\mu(x)$,而在 Θ_0 内 $f(x,\cdot)$ 对 θ 的各分量 $\theta_1, \cdots, \theta_k$ 的一阶偏导数存在,则方程(组)

$$\partial f(x,\theta)/\partial\theta_i = 0, \quad 1 \leqslant i \leqslant k \tag{4.35}$$

称为**似然方程**(**组**). 如果 $f(x,\cdot)$ 在 Θ_1 上的最大值在 Θ_0 内某点达到,则似然方程必有一解就是 MLE. 但即使在这种情况,似然方程也可能有多个解,而判定哪个解是最大值点可能不易.

例 4.7　样本 $X = (X_1, \cdots, X_n)$, $X_1, \cdots, X_n$ iid.,公共分布为 Cauchy 分布 $[\pi(1+(x-\theta)^2)]^{-1}\mathrm{d}x$, $-\infty < x < \infty$, $-\infty < \theta < \infty$. 由于似然函数 $\pi^{-n}\prod_{i=1}^n [1 + (x_i - \theta)^2]^{-1}$ 当 $|\theta| \to \infty$ 时有极限 0,此函数必有最大值点,且是下述似然方程之解:

$$\sum_{i=1}^n \frac{x_i - \theta}{1 + (x_i - \theta)^2} = 0.$$

此方程可能有多个解,求解只能用数值(迭代)法,也不能保证所求得之解确为最大值点. 这里迭代初始值的选择很重要. 一般可选择为由另外途径得到的一个认为较好的估计值,如在本例中可选择样本中位数(见 4.4 节).

如果样本 $X_1, \cdots, X_n$ 独立, X_j 有分布 $f_j(x,\theta)\mathrm{d}\mu_j(x)$,则似然函数为 $L = \prod_{i=1}^n f_i(x_i, \theta)$. 有时把 $\ln L$ 称为**对数似然函数**,而把(4.35)式写为

$$\partial \ln L/\partial\theta_i = \sum_{j=1}^n \partial \ln f(x_j, \theta)/\partial\theta_i = 0, \quad 1 \leqslant i \leqslant k, \tag{4.36}$$

它有时称为**对数似然方程**(**组**). 这个形式有时比(4.35)式方便些.

但对于**指数型分布族**,情况要简单一些. 由于这个情况的重要性,值得较仔细地讨论一下.

设样本 $X = (X_1, \cdots, X_n)$ 的分布为自然形式的指数型:

$$f(x,\theta)\mathrm{d}\mu(x) = C(\theta)\exp\Big(\sum_{i=1}^{k}\theta_i T_i(x)\Big)\mathrm{d}\mu(x), \tag{4.37}$$

其自然参数空间 Θ 是 $\mathbb{R}^k$ 中一凸集. 设 Θ 的内点集(作为 $\mathbb{R}^k$ 中的集合的内点集)Θ_0非空. Θ 的闭包记为Θ_1. 任取 Θ_0中一点 θ_0,若 θ^* 为边界 $\Theta_1-\Theta_0$上之一点,联结 θ_0和 θ^* 的直线段,除 θ^* 外,都是 Θ 的内点. 又假定对任何 $\theta\in\Theta_0$,变量 $T(X)=(T_1(X),\cdots,T_k(X))$在概率分布 P_θ(即(4.37)式)之下为线性无关,即其协差阵 $\mathrm{Cov}_\theta(T)$为正定. 当 $\theta\in\Theta_0$时协差阵的存在已在定理 1.1 的注 1 中指出过,且在该处曾指出

$$\mathrm{Cov}_\theta(T_i,T_j) = -\partial^2\ln C(\theta)/(\partial\theta_i\partial\theta_j).$$

定理 4.5 在以上的全部假定下,似然方程在 Θ_0 中至多只有一解,且若有一解,此解就是 MLE.

证明依赖下面的引理:

引理 4.2 设 Θ_0为 $\mathbb{R}^k$的一个开凸集,$f(\theta)=f(\theta_1,\cdots,\theta_k)$为定义在 Θ_0上的实函数,f 直到二阶为止的偏导数在Θ_0上处处存在,且 k 阶方阵

$$A(\theta) = (-\partial^2 f/(\partial\theta_i\partial\theta_j))_{i,j=1,\cdots,k}$$

对每个 $\theta\in\Theta_0$是正定的. 则方程组$\partial f/\partial\theta_i=0$ $(1\leqslant i\leqslant k)$在 Θ_0内至多只有一解,且若有解 θ_0,θ_0必为 f 在Θ_0上的最大值点.

证明 设这方程组有两个解 $\theta_0\neq\theta^*$. 由 Θ_0的凸性,连结这两点的直线段全在 Θ_0内,故函数

$$H(t) = f(t\theta_0+(1-t)\theta^*)$$

在 $0\leqslant t\leqslant 1$ 时有定义. 由于 θ_0和 θ^* 都是解,则有 $H'(0)=H'(1)=0$. 故存在 $t_0\in(0,1)$,使

$$0 = H''(t_0) = -(\theta_0-\theta^*)'A(t_0\theta_0+(1-t_0)\theta^*)(\theta_0-\theta^*). \tag{4.38}$$

因 $A(\theta)>0$ 对任何 $\theta\in\Theta_0$,上式只在 $\theta_0-\theta^*=0$ 才可能. 这个矛盾证明了至多只有一解.

其次,设 θ_0 为方程之解而 θ^* 为 Θ_0 中任一点. 按上述,$H'(0)=0$ 而 $H''(t)<0$当 $0<t\leqslant 1$($H''(t)$为(4.38)式最右边,改 t_0为 t). 由此知 $H'(t)<H'(0)=0$ 当 $0<t\leqslant 1$,而 $f(\theta^*)=H(1)<H(0)=f(\theta_0)$. 这证明了 θ_0确为最大值点. 引理证毕.

引理 4.3 当样本分布族为(4.37)式并满足该式以下几行所陈述的全部条件时,若 θ_0 为 Θ_0 之一点,$\theta^*=(\theta_1^*,\cdots,\theta_k^*)'\in\Theta$,而 θ^* 在 Θ_0 的边界 $\Theta_1-\Theta_0$ 上(参看(4.37)式以下关于 Θ,Θ_0 和 Θ_1 意义的描述),则当 θ 沿着联结 θ_0 和 θ^* 的直线段趋于 θ^* 时,有

$$\lim_{\theta\to\theta^*}\int_{\mathscr{X}}\exp\Big(\sum_{i=1}^k\theta_iT_i(x)\Big)\mathrm{d}\mu(x)=\int_{\mathscr{X}}\exp\Big(\sum_{i=1}^k\theta_i^*T_i(x)\Big)\mathrm{d}\mu(x).$$

证明 不失普遍性可设 $\theta_0=0$(否则以新参数 $\theta+\theta_0$ 代 θ 即可,指数形式不变). 因 0 为内点,存在 $\varepsilon>0$,使闭球体 $\{\|\theta\|\leqslant\varepsilon\}\subset\Theta_0$. 为书写方便不妨设 $\varepsilon=1$(以新参数 $\varepsilon^{-1}\theta$ 取代 θ). $0\in\Theta_0$ 意味着

$$\int_{\mathscr{X}}\mathrm{d}\mu<\infty.$$

在线段 $\overline{0\theta^*}$ 上找一点 φ,使 $\|\varphi-\theta^*\|=1$,$\varphi\in\Theta_0$. 当 θ 属于线段 $\overline{\varphi\theta^*}$ 内时,有

$$\begin{aligned}\int_{\mathscr{X}}\exp\Big(\sum_{i=1}^k\theta_iT_i(x)\Big)\mathrm{d}\mu&=\int_{\mathscr{X}}\exp((\theta-\varphi)'T(x))\exp(\varphi'T(x))\mathrm{d}\mu\\&=\int_{\mathscr{X}}\exp((\theta-\varphi)'T(x))\mathrm{d}\mu^*,\end{aligned}$$

此处 $T=(T_1,\cdots,T_k)'$ 而 $\mathrm{d}\mu^*(x)=\exp(\varphi'T(x))\mathrm{d}\mu$. 由 $\varphi\in\Theta_0$ 知

$$\int_{\mathscr{X}}\mathrm{d}\mu^*<\infty.\tag{4.39}$$

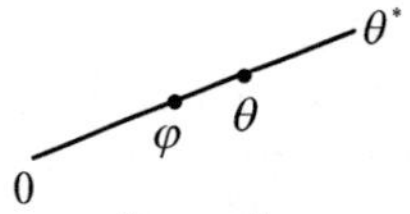

$\|\theta^*-\varphi\|=1$

图 4.1

因 $\theta^*\in\Theta$,故有 $\int_{\mathscr{X}}\exp((\theta^*-\varphi)'T(x))\mathrm{d}\mu^*<\infty$. 考虑到 φ,θ 和 θ^* 的位置关系如图 4.1,存在 $\alpha\ (0<\alpha<1)$,使 $\theta-\varphi=\alpha(\theta^*-\varphi)$. 因此,应用不等式 $x^\alpha\leqslant x+1$ 当 $0<\alpha<1$ 及 $x>0$,有

$$\exp((\theta-\varphi)'T(x))\leqslant\exp((\theta^*-\varphi)'T(x))+1.$$

由此式,注意到(4.39)式及 $\int_{\mathscr{X}}\exp((\theta^*-\varphi)'T(x))\mathrm{d}\mu^*<\infty$,当 θ 由线段 $\overline{0\theta^*}$ 内趋于 θ^* 时,可用控制收敛定理,得

$$\lim_{\theta\to\theta^*}\int_{\mathscr{X}}\exp(\theta'T(x))\mathrm{d}\mu=\lim_{\theta\to\theta^*}\int_{\mathscr{X}}\exp((\theta-\varphi)'T(x))\mathrm{d}\mu^*$$

$$= \int_{\mathscr{X}} \exp((\theta - \varphi)' T(x)) \mathrm{d}\mu^*$$

$$= \int_{\mathscr{X}} \exp(\theta^{*\prime} T(x)) \mathrm{d}\mu,$$

如所欲证.

现在不难完成定理 4.5 的证明. 记

$$g(\theta) = C(\theta)\exp(\theta' T(x)),$$

$$f(\theta) = \ln g(\theta) = \ln C(\theta) + \theta' T(x).$$

有 $-\partial^2 f/(\partial\theta_i \partial\theta_j) = -\partial^2 \ln C(\theta)/(\partial\theta_i \partial\theta_j)$. 按 $T_1, \cdots, T_k$ 线性无关之假定,又据前述方阵 $-\ln C(\theta)/(\partial\theta_i \partial\theta_j) = \mathrm{Cov}_\theta(T) > 0$,于是据引理 4.2,若似然方程 $\partial f/\partial\theta_i = 0\ (1 \leqslant i \leqslant k)$ 有解 θ_0,它必然是 $f(\cdot)$,因而是 $g(\cdot)$ 在 Θ_0 内的最大值点. 因此,为证 θ_0 为 $g(\cdot)$ 在 Θ_1 上之最大值点(因而是 MLE),另须证

$$g(\theta) \leqslant g(\theta_0), \quad 当\ \theta \in \Theta_1 - \Theta_0. \tag{4.40}$$

分两种情况:

1° $\theta \in \Theta$. 这时,让 $\tilde{\theta}$ 沿着线段 $\overline{\theta_0 \theta}$ 的内部趋于 θ. 按引理 4.3,有

$$\int_{\mathscr{X}} \exp(\tilde{\theta}' T(x)) \mathrm{d}\mu \to \int_{\mathscr{X}} \exp(\theta' T(x)) \mathrm{d}\mu,$$

且因 $\theta \in \Theta$,故有 $0 < \int_{\mathscr{X}} \exp(\theta' T(x)) \mathrm{d}\mu < \infty$. 由上式知 $C(\tilde{\theta}) \to C(\theta)$,于是 $g(\tilde{\theta}) \to g(\theta)$. 由 $\tilde{\theta} \in \Theta_0$ 有 $g(\tilde{\theta}) < g(\theta_0)$,故得 $g(\theta) \leqslant g(\theta_0)$.

2° $\theta \overline{\in} \Theta, \theta \in \Theta_1 - \Theta_0$. 由于 $\theta \overline{\in} \Theta$,必有 $\int_{\mathscr{X}} \mathrm{e}^{\theta' T(x)} \mathrm{d}\mu = \infty$,故按 Fatou 引理,有 $\liminf\limits_{\tilde{\theta} \to \theta} \int_{\mathscr{X}} \mathrm{e}^{\tilde{\theta}' T(x)} \mathrm{d}\mu \geqslant \int_{\mathscr{X}} \mathrm{e}^{\theta' T(x)} \mathrm{d}\mu = \infty$. 这证明了当 $\tilde{\theta}$ 沿着线段 $\overline{\theta_0 \theta}$ 内趋于 θ 时,有 $C(\tilde{\theta}) \to 0$,因而 $C(\theta) = 0$,于是 $g(\theta) = 0 < g(\theta_0)$. 这证明了(4.40)式,因而证明了本定理.

刚才在情况 1°中我们得到 $g(\theta) \leqslant g(\theta_0)$. 事实上必成立严格的不等号. 因按引理 4.2 中的论证,当 $\tilde{\theta}$ 由 θ_0 由出发沿 $\overline{\theta_0 \theta}$ 进至 θ 时,$g(\tilde{\theta})$ 是严格下降的. 这样我们进一步明确了:当似然方程在 Θ_0 内有解时,此(唯一)解不仅是似然函数在 Θ_0 上的唯一最大值点,也是它在 Θ_1 上的唯一最大值点.

如果对一切 $x \in \mathscr{X}$ 似然方程都有唯一解 $\hat{\theta}_n$,则 $\hat{\theta}_n$ 就是 θ 的唯一的 MLE. 例

4.6表明情况不必总是如此．它究竟在何时成立？我们来指出一个简单有用的充分条件．

设样本空间 $\mathscr{X}$ 是欧氏空间的一个开子集，$\Theta=\Theta_0$，且 $\mathscr{X}$ 的每个点都是 μ 的支撑点，又 $T(x)=x$．则对任何 $x\in\mathscr{X}$，似然函数 $g(\theta)=C(\theta)\mathrm{e}^{\theta' x}$ 必在 Θ_0 内达到其在闭包 Θ_1 上的最大值，这最大值点就是似然方程在 Θ_0 内的唯一解．

为证此结果，只需证明当 $\{\theta_n\}$ 由 Θ_0 内收敛于 $\Theta_1-\Theta_0$ 之某点 θ 或 $\|\theta_n\|\to\infty$ 时，必有 $g(\theta_n)\to 0$．前一情况已在证明定理 4.5 时处理过了，现考虑后一情况．不妨设 $\theta_n/\|\theta_n\|\to a$，$\|a\|=1$．

给定 $x_0\in\mathscr{X}$，其似然函数为 $g(\theta)=C(\theta)\mathrm{e}^{\theta' x_0}=\left[\int_{\mathscr{X}}\mathrm{e}^{\theta'(x-x_0)}\mathrm{d}\mu(x)\right]^{-1}$．故只需证

$$\lim_{n\to\infty}\int_{\mathscr{X}}\mathrm{e}^{\theta_n'(x-x_0)}\mathrm{d}\mu(x)=\infty.$$

因 $x_0\in\mathscr{X}$ 而 $\mathscr{X}$ 为开集，可知当 $\varepsilon>0$ 充分小时，开集 $B=\{x:a'(x-x_0)>\varepsilon\}\cap\mathscr{X}$ 非空．在 B 中任找一点 b，找 $\eta>0$ 充分小，使球 $D=\{x:\|x-b\|<\eta\}\subset B$．由 b 为 μ 的支撑点有 $\mu(D)>0$．现有

$$\begin{aligned}\liminf_{n\to\infty}\int_{\mathscr{X}}\mathrm{e}^{\theta'(x-x_0)}\mathrm{d}\mu &\geqslant\int_{\mathscr{X}}\liminf_{n\to\infty}\exp((\theta_n/\|\theta_n\|)'\|\theta_n\|(x-x_0))\mathrm{d}\mu\\ &\geqslant\int_D\liminf_{n\to\infty}\exp(a'(x-x_0)\|\theta_n\|)\mathrm{d}\mu.\end{aligned}$$

因在 D 内有 $a'(x-x_0)>\varepsilon$，$\|\theta_n\|\to\infty$，又 $\mu(D)>0$，故上式右端为 ∞，从而证明了所要的结果．

如果 X 的分布为离散型的，则“$\mathscr{X}$ 为开集”这个条件不成立，例 4.6 属于这种情况．若 X 的分布为连续型，$\mathrm{d}\mu=h(x)\mathrm{d}x$ 而 $\{x:h(x)>0\}$ 为开集，则“$\mathscr{X}$ 为开集”的条件满足．即使 $\{x:h(x)>0\}$ 不为开集，一般其边界的 L 测度为 0，在 $\{x:h(x)>0\}$ 中去掉边界，剩下之集 $\mathscr{X}$ 为开集且仍为 μ 的支撑，这时“$\mathscr{X}$ 内每点都是 μ 的支撑点”的条件也满足．剩下就是 $\Theta=\Theta_0$ 这个条件，它不必成立，而这时似然方程就可能不必对每个 $x\in\mathscr{X}$ 都在 Θ_0 内有解．甚至于，集 $\{x:x\in\mathscr{X}$，似然方程在 Θ_0 内有解$\}$ 的概率可以小于 1．我们把举出这种例子的任务交给读者(习题 17,18)．

当样本分布族为一般指数型

$$\tilde{f}(x,\varphi)\mathrm{d}\mu = \tilde{C}(\varphi)\exp\Big(\sum_{i=1}^{k} Q_i(\varphi)T_i(x)\Big)\mathrm{d}\mu, \quad \varphi \in \tilde{\Theta} \tag{4.41}$$

时(不同的 φ 值对应不同的分布),则为求 φ 的 MLE,一个办法是把(4.41)式归化到自然形式

$$f(x,\theta)\mathrm{d}\mu = C(\theta)\exp\Big(\sum_{i=1}^{k}\theta_i T_i(x)\Big)\mathrm{d}\mu. \tag{4.42}$$

这无非是作一个变换

$$\theta_i = Q_i(\varphi), \quad 1 \leqslant i \leqslant k. \tag{4.43}$$

找出(4.42)式的自然参数空间 Θ. 若(4.42)式的似然方程在 Θ 的内点集 Θ_0 内有一解 $\theta_0=(\theta_{01},\cdots,\theta_{0k})'$,则把 θ_{i0} 代替(4.43)式中的 $\theta_i\,(1\leqslant i\leqslant k)$ 而解方程组(4.43). 若(4.43)式在 $\tilde{\Theta}$ 上有解 φ_0(它必唯一,因 θ_0 唯一,而且在分布族(4.41)下,不同的 φ 应对应不同的分布),它就是(4.41)式中参数 φ 的 MLE. 当然,在 $Q_i(\varphi)$ 可微(这时 $C(\varphi)$ 必可微)时,也可以直接建立(4.41)式的似然方程去求解,但这样做可能更麻烦.

如果(4.42)式的似然方程在 Θ_0 内无解,或虽有解 θ_0 但当以 θ_0 代替(4.43)式中的 θ 时,解不出 φ,则(4.41)式中参数 φ 的 MLE 不存在,至少是不能通过解似然方程求出来.

例 4.8 $(X_1,Y_1),\cdots,(X_n,Y_n)$ 是从二维正态总体

$$N\left(\begin{pmatrix}0\\0\end{pmatrix},\begin{pmatrix}\sigma^2 & \sigma^2\rho\\ \sigma^2\rho & \sigma^2\end{pmatrix}\right), \quad 0<\sigma^2<\infty, \quad |\rho|<1$$

中抽出的 iid. 样本,要求 σ^2 和 ρ 的 MLE. 密度函数为

$$(2\pi\sigma^2\sqrt{1-\rho^2})^{-n}\exp\Big(-(2\sigma^2(1-\rho^2))^{-1}\sum_{i=1}^{n}({x_i}^2+{y_i}^2-2\rho x_i y_i)\Big).$$

引入新参数 $\theta_1=-[2\sigma^2(1-\rho^2)]^{-1}$,$\theta_2=\rho[\sigma^2(1-\rho^2)]^{-1}$,以化成自然指数型族

$$C(\theta_1,\theta_2)\exp(\theta_1 T_1+\theta_2 T_2)\mathrm{d}\mu, \tag{4.44}$$

其中

$$C(\theta_1,\theta_2) = (2\pi)^{-n}(4{\theta_1}^2-{\theta_2}^2)^{-n/2},$$

$$\mathrm{d}\mu = \mathrm{d}x_1\cdots\mathrm{d}x_n\mathrm{d}y_1\cdots\mathrm{d}y_n,$$

$$T_1 = T_1(x_1, y_1, \cdots, x_n, y_n) = \sum_{i=1}^{k}(x_i^2 + y_i^2),$$

$$T_2 = T_2(x_1, y_1, \cdots, x_n, y_n) = \sum_{i=1}^{k} x_i y_i.$$

自然参数空间为$\{\theta_1, \theta_2 : \theta_1 < 0,\ \theta_2 > 0, 4\theta_1^2 > \theta_2^2\}$. (4.44)式的似然方程为

$$-n4\theta_1/(4\theta_1^2 - \theta_2^2) = T_1, \quad n\theta_2/(4\theta_1^2 - \theta_2^2) = T_2. \tag{4.45}$$

不必直接解(4.45)式,而利用(σ^2, ρ)与(θ_1, θ_2)的对应关系

$$\sigma^2 = -2\theta_1/(4\theta_1^2 - \theta_2^2), \quad \rho = -\theta_2/\theta_1,$$

即解出σ^2的 MLE 为 $T_1/2n$,ρ 的 MLE 为 $2T_2/T_1$. 按定理 4.5,这解确是唯一的 MLE.

在 $f(x, \theta)$对 θ 不是处处可导,甚至有不连续点存在时,似然方程已不可用. 这时求 MLE 就只能就事论事地去做了. 一个重要情况是一维截断型分布族

$$f(x, \theta)\mathrm{d}x = C(\theta)h(x)I_{(0,\theta)}(x)\mathrm{d}x, \quad 0 < \theta < \infty(\text{单边}), \tag{4.46}$$

$$f(x, \theta_1, \theta_2)\mathrm{d}x = C(\theta_1, \theta_2)h(x)I_{(\theta_1, \theta_2)}(x)\mathrm{d}x, \ -\infty < \theta_1 < \theta_2 < \infty(\text{双边}), \tag{4.47}$$

这里 $h(\cdot) > 0$ 定义于$(0, \infty)$(单边)或$(-\infty, \infty)$(双边),且

$$\int_0^{\theta} h(x)\mathrm{d}x < \infty, \text{一切 } \theta > 0(\text{单边}),\ C(\theta) = \left(\int_0^{\theta} h(x)\mathrm{d}x\right)^{-1}, \tag{4.48}$$

$$\int_{\theta_1}^{\theta_2} h(x)\mathrm{d}x < \infty, \text{一切 } \theta_1 < \theta_2(\text{双边}),\ C(\theta_1, \theta_2) = \left(\int_{\theta_1}^{\theta_2} h(x)\mathrm{d}x\right)^{-1}. \tag{4.49}$$

设从此分布中抽出 iid. 样本 $X_1, \cdots, X_n$. 记

$$X_{(1)} = \min(X_1, \cdots, X_n), \quad X_{(n)} = \max(X_1, \cdots, X_n).$$

对单边情况,似然函数为 $C^n(\theta)\prod_{i=1}^{k} h(x_i)(I_{(x_{(n)}, \infty)}(\theta))$,双边情况则为 $C^n(\theta_1, \theta_2)\prod_{i=1}^{k} h(x_i)I_{(-\infty, x_{(1)})}(\theta_1)I_{(x_{(n)}, \infty)}(\theta_2)$. 又因 $C(\theta)$为θ的严降函数,而当θ_1 增加(不超过 $X_{(1)}$)及 θ_2 下降(不小于 $X_{(n)}$)时,$C(\theta_1, \theta_2)$严格增加,可知在单

边情况,θ 的 MLE 为 $X_{(n)}$,而在双边情况,θ_1 和 θ_2 的 MLE 分别是 $X_{(1)}$ 和 $X_{(n)}$. 注意这与 h 的形式无关. 特别当 $h \equiv 1$ 时得到均匀分布.

在均匀分布(双边),总体均值的 MLE 为$[X_{(1)}+X_{(n)}]/2$. 此为无偏估计,且因此估计只依赖于充分统计量$(X_{(1)},X_{(n)})$,它就是$(\theta_1+\theta_2)/2$ 的唯一的 MVUE. 其矩估计,即 $\bar{X}_n$,也是无偏但非 MVUE. 这个例子及其他类似例子给人一种印象,即 MLE 较之矩估计有较好的表现. 这一般来说是对的,尤其是在样本很大时(见定理 4.9). 在样本量不太大时则难说. 如在单边均匀分布,θ 的 MLE $X_{(n)}$ 在 n 不太大时可严重偏低(不仅 $\mathrm{E}_\theta(X_{(n)})=(n+1)^{-1}n\theta<\theta$, 且以概率 1 有 $X_{(n)}<\theta$),而矩估计则是无偏的. 另外,矩估计可用于某些 MLE 无法使用的情况,主要是在总体分布族是非参数族时.

4.3.3 MLE 的相合性

MLE 的大样本理论有两个层次:一是从 MLE 的极值定义出发. 这种处理很难,需要加上很繁重的正则性条件,好处是它确是针对 MLE 本身. 另一种是从似然方程出发,这实际上是讨论似然方程根的大样本性质. 由于似然方程根不一定是 MLE,这就偏离了原来的主题,除非在该种情况下能肯定这个根就是 MLE(指数型族是一个重要例子). 这个途径处理较易,但也需加上繁重的正则性条件.

这里先考虑相合性问题. 设 $X_1,\cdots,X_n$ 为 iid. 样本,抽自具体分布 $f(x,\theta)\mathrm{d}\mu(x)$的总体. 设 θ 为一维,参数空间 Θ 是一个开区间. 设对样本空间 $\mathscr{X}$ 内每个 x,$f(x,\theta)>0$ 且$\partial f(x,\theta)/\partial\theta$ 在 Θ 上存在.

定理 4.6 设上述条件满足,且对真参数值 θ_0 有

$$\int_{\mathscr{X}} |\ln f(x,\theta_0)|\, f(x,\theta_0)\mathrm{d}\mu < \infty, \tag{4.50}$$

则以概率 1 当 n 充分大时,可找到对数似然方程

$$\sum_{i=1}^{k} \partial \ln f(X_i,\theta)/\partial\theta = 0 \tag{4.51}$$

之一根 $\hat{\theta}_n(X_1,\cdots,X_n)$,满足

$$\hat{\theta}_n(X_1,\cdots,X_n) \to \theta_0 \quad \text{a.s.}\ P_{\theta_0}.$$

又若(4.50)式对一切 $\theta_0\in\Theta$ 成立,且存在着 θ 的一个强(弱)相合估计 $\bar{\theta}_n$,则存

在 θ 的一个强(弱)相合估计,它以概率 1 当 n 充分大时是方程(4.51)的根.

注 定理前半所涉及的 $\hat{\theta}_n$ 不是一个估计量,因为它依赖于未知的参数值 θ_0. 有的著作把 $\hat{\theta}_n$ 称为 θ_0 的相合估计是不确切的.

"以概率 1 当 n 充分大时某某事情发生"的说法,在大样本统计中不时见到. 拿本定理前半来说,此语从无穷乘积空间 $\mathscr{X}^\infty$ 去理解最好:存在 $\mathscr{X}^\infty$ 的一个 Borel 可测集 A, $P_{\theta_0}^\infty(A)=1$,使当点 $(X_1, X_2, \cdots) \in A$ 时存在与此点有关的自然数 N,致当 $n>N$ 时方程(4.51)有一根 $\hat{\theta}_n(X_1, \cdots, X_n)$,且在此点当 $n \to \infty$ 时,根 $\hat{\theta}_n(X_1, \cdots, X_n)$ 有极限 θ_0. 值得注意的地方是 N 与该点 $(X_1, X_2, \cdots)$ 有关.

定理的证明依赖下面的引理.

引理 4.4 在条件(4.50)式之下,对任何 $\theta \in \Theta$,积分

$$\mathrm{E}_{\theta_0}(\ln f(X,\theta)) = \int_{\mathscr{X}} [\ln f(x,\theta)] f(x,\theta_0) \mathrm{d}\mu \tag{4.52}$$

有意义(可为 $-\infty$),且

$$\mathrm{E}_{\theta_0}(\ln f(X,\theta)) < \mathrm{E}_{\theta_0}(\ln f(X,\theta_0)), \quad \text{当 } \theta \neq \theta_0. \tag{4.53}$$

证明 不妨设 $\theta \neq \theta_0$,因由假定(4.50)式,当 $\theta=\theta_0$ 时(4.52)式有意义且取有限值. 以 a^+ 和 a^- 分别记 $\max(a,0)$ 和 $-\min(a,0)$,有 $a^+ \geqslant 0$, $a^- \geqslant 0$, $a = a^+ - a^-$. 现有

$$\left(\ln \frac{f(x,\theta_0)}{f(x,\theta)}\right)^- = \left(\ln \frac{f(x,\theta)}{f(x,\theta_0)}\right)^+ \leqslant \frac{f(x,\theta)}{f(x,\theta_0)},$$

且 $\mathrm{E}_{\theta_0}(f(X,\theta)/f(X,\theta_0)) = \int_{\mathscr{X}} f(x,\theta)\mathrm{d}\mu = 1$,故得

$$0 \leqslant \mathrm{E}_{\theta_0}\left(\left(\ln \frac{f(X,\theta_0)}{f(X,\theta)}\right)^-\right) \leqslant 1 < \infty.$$

这样, $\mathrm{E}_{\theta_0}(\ln(f(X,\theta_0)/f(X,\theta)))$ 有意义(可为 ∞),因而

$$\mathrm{E}_{\theta_0}(\ln f(X,\theta)) = \mathrm{E}_{\theta_0}(\ln f(X,\theta_0)) - \mathrm{E}_{\theta_0}(\ln(f(X,\theta_0)/f(X,\theta)))$$

也有意义(可为 $-\infty$),因为按(4.50)式,右边第一项有意义且有限.

为证后一结论,注意 $-\ln x$ 是 $x(>0)$ 的严凸函数,故按 Jensen 不等式(见(2.2)式),有

$$\mathrm{E}_{\theta_0}(-\ln(f(X,\theta)/f(X,\theta_0)))\geqslant-\ln\mathrm{E}_{\theta_0}(f(X,\theta)/f(X,\theta_0))=0,\tag{4.54}$$

等号当且仅当 $f(X,\theta)/f(X,\theta_0)$ 以概率 1 退化为一常数时成立，即只当 $f(x,\theta)=f(x,\theta_0)$ a.s. P_{θ_0} 时成立．由于 $f(x,\theta_0)$ 在 $\mathscr{X}$ 上处处大于 0，得

$$\{f(x,\theta)=f(x,\theta_0)\ \text{a.s.}\ P_{\theta_0}\}\Leftrightarrow\{f(x,\theta)=f(x,\theta_0)\ \text{a.e.}\ \mu\},$$

因此，(4.54)式中的等号只当 $f(x,\theta)=f(x,\theta_0)$ a.e. μ 才成立，而后一关系意味着 θ 和 θ_0 对应着同一分布，由于 $\theta\neq\theta_0$，这不可能(在任何情况下我们总假定：不同参数值对应着不同的分布，否则按定理 4.2 前面的说明，相合估计不可能存在)，因此(4.45)式必成立不等号，这证明了(4.53)式．引理证毕．

定理 4.6 的证明 取 $\varepsilon>0$ 充分小使 $\theta_0\pm\varepsilon/m\in\Theta$ $(m=1,2,\cdots)$．按引理 4.4 及 Kolmogorov 强大数律知，存在 $\mathscr{X}^\infty$ 中的概率为 1 的集 A_m，使当 $(x_1,x_2,\cdots)\in A_m$ 时，对充分大的 n(n 与点 $(x_1,x_2,\cdots)$ 有关)有

$$\sum_{i=1}^n h(x_i,\theta_0\pm\varepsilon/m)<\sum_{i=1}^n h(x_i,\theta_0).\tag{4.55}$$

此处已记 $h(x_i,\tilde{\theta})=\partial\ln f(x_i,\theta)/\partial\theta|_{\theta=\tilde{\theta}}$．由上式知，函数 $\sum\limits_{i=1}^n h(x,\theta)$ 在区间 $[\theta_0-\varepsilon/m,\theta_0+\varepsilon/m]$ 内必有局部极大值点，即方程(4.51)之解．令 $A=\bigcap\limits_{i=1}^n A_m$，则 A 的概率为1，且若 $(x_1,x_2,\cdots)\in A$，则当 n 充分大时似然方程有解．对这样的 n，取 $\hat{\theta}(x_1,\cdots,x_n)$ 为最接近于 θ_0 之解，则显然有 $\hat{\theta}_n(x_1,\cdots,x_n)\to\theta_0$，于是证明了定理的前半．

为证定理后半，设参数真值为 θ_0．刚才已证，以概率 1 当 n 充分大时，似然方程有解，且在所有的解中存在一个解 $\hat{\theta}_n(x_1,\cdots,x_n)\to\theta_0$ a.s.．在所有的解中挑一个最接近于 $\bar{\theta}_n$ 者，记为 θ_n^*．注意，找出似然方程的全部解，以及从其中挑出最接近于 $\bar{\theta}_n$ 这两件事，都只需知道样本 $(x_1,\cdots,x_n)$ 而不用知道真参数值 θ_0．因此，θ_n^* 确是估计量．现因 $|\theta_n^*-\bar{\theta}_n|\leqslant|\hat{\theta}_n-\bar{\theta}_n|$，故有

$$\begin{aligned}|\theta_n^*-\theta_0|&\leqslant|\theta_n^*-\bar{\theta}_n|+|\bar{\theta}_n-\theta_0|\\&\leqslant|\hat{\theta}_n-\bar{\theta}_n|+|\bar{\theta}_n-\theta_0|\\&\leqslant|\hat{\theta}_n-\theta_0|+2|\bar{\theta}_n-\theta_0|\to0\ \text{a.s.或 in pr.},\end{aligned}$$

此因 $\hat{\theta}_n-\theta_0\to 0$ a.s. 而 $\bar{\theta}_n-\theta_0\to 0$ a.s. 或 in pr.. 这证明了 θ_n^* 是 θ 的强或弱的相合估计. 定理证毕.

注 在欧氏样本空间,当假定(4.50)式对一切 $\theta_0\in\Theta$ 成立时,可以证明 θ 的强相合估计必存在,因而 $\bar{\theta}_n$ 的存在不必作为假定. 事实上,因 $f(x,\theta)$ 对 θ 有导数,故 $f(x,\theta')\to f(x,\theta)$ 当 $\theta'\to\theta$ 对一切 x. 按 Scheffe 定理,有 $\int_{\mathscr{X}}|f(x,\theta')-f(x,\theta)|\mathrm{d}\mu(x)\to 0$ 当 $\theta'\to\theta$. 这样,当 $\theta'\to\theta$ 时,两分布 $P_{\theta'}$ 和 P_θ 的 Kolmogorov 距离(见(4.13)式)趋于 0. 可以证明,这时 θ 的强相合估计存在. 这样,我们不加证明地提出如下的定理:

定理 4.6′ 沿用定理 4.6 的前半部的假定,又设(4.50)式对一切 $\theta_0\in\Theta$ 成立且样本空间为欧氏的,则存在着 θ 的一个基于 iid. 样本的强相合估计,它以概率 1 当 n 充分大时是似然方程的一根.

以上的方法可推广到 $\theta=(\theta_1,\cdots,\theta_k)'$ $(k>1)$ 的情形,但要补充新的正则条件.

设总体 X 有分布 $f(x,\theta)\mathrm{d}\mu$,θ 属于 $\mathbb{R}^k$ 中的开集 Θ,对 X 的值域空间上的任何 x,$f(x,\theta)$ 作为 θ 的函数在 Θ 上处处大于 0 且有一阶偏导数. 记

$$h(x,\theta)=(h_1(x,\theta),\cdots,h_k(x,\theta)),$$

$$h_j(x,\theta)=\partial\ln f(x,\theta)/\partial\theta_j,$$

又对 $\mathbb{R}^k$ 中的向量 $a=(a_1,\cdots,a_k)$,记 $|a|=\sum_{i=1}^k|a_i|$. 对 $\theta_0\in\Theta$ 和充分小的 $\varepsilon>0$,定义

$$H(x,\theta_0,\varepsilon)=\sup\{|h(x,\theta)|:|\theta-\theta_0|\leqslant\varepsilon\}.$$

假定当 $\varepsilon>0$ 充分小(ε 可与 θ_0 有关)时,则有

$$\mathrm{E}_{\theta_0}H(X,\theta_0,\varepsilon)<\infty. \tag{4.56}$$

定理 4.7 设以上条件全成立,$X_1,\cdots,X_n$ 为抽自此总体的 iid. 样本,并有 θ 的一个强(弱)相合估计 $\bar{\theta}_n$,则存在 θ 的一个强(弱)相合估计,它以概率 1 当 n 充分大时是似然方程

$$\sum_{i=1}^n h(X_i,\theta)=0$$

之根.

当样本空间为欧氏时，θ 的强相合估计必存在，定理 4.7 中关于 $\bar{\theta}_n$ 存在之假定可免除.

定理证明与 θ 为一维时不同之处在于，代替(4.55)式，此处需要证明：对任给 $\theta_0\in\Theta$ 及充分小的 $\varepsilon>0$，以 P_{θ_0} 概率 1 当 n 充分大时有

$$\sup\left\{\sum_{i=1}^{n}\ln f(X_i,\theta):\theta\in S_m\right\}<\sum_{i=1}^{n}\ln f(X_i,\theta_0),\tag{4.57}$$

其中 $S_m=\{\theta:|\theta-\theta_0|=\varepsilon/m\}$. 证明如下：

1° 证明对充分小的 $\varepsilon>0$ 及 $m=1,2,\cdots$，有

$$\eta\equiv \mathrm{E}_{\theta_0}\ln f(X,\theta_0)-\sup\{\mathrm{E}_{\theta_0}\ln f(X,\theta):\theta\in S_m\}>0.$$

用反证法，据引理 4.4，$\eta\geqslant 0$. 若上式不真，则可找到一串 $\{\theta_n\}\subset S_m$，$\theta_n\to\theta^*\in S_m$，使 $\mathrm{E}_{\theta_0}\ln f(X,\theta_n)\to\mathrm{E}_{\theta_0}\ln f(X,\theta_0)$. 利用条件(4.56)式及控制收敛定理，由 $\theta_n\to\theta^*$ 又可推得 $\mathrm{E}_{\theta_0}\ln f(X,\theta_n)\to\mathrm{E}_{\theta_0}\ln f(X,\theta^*)$，故有 $\mathrm{E}_{\theta_0}\ln f(X,\theta_0)=\mathrm{E}_{\theta_0}\ln f(X,\theta^*)$. 由于 $\theta^*\neq\theta_0$，按引理 4.4，这不可能.

2° 在 S_m 上找一个有限集 A，使 $\max\limits_{\theta\in S_m}\min\limits_{a\in A}|\theta-a|<\Delta$，其中 $\Delta>0$ 满足

$$\Delta\mathrm{E}_{\theta_0}H(X,\theta_0,\varepsilon/m)<\eta/8,\tag{4.58}$$

Δ 的存在由(4.56)式保证.

3° 因 A 为有限集，据 1°与 2°及 Kolmogorov 强大数律，以概率 $1(P_{\theta_0})$ 当 n 充分大时有

$$\sum_{i=1}^{n}\ln f(X_i,\theta_0)>\sum_{i=1}^{n}\ln f(X_i,a)+n\eta/2,\quad \text{对一切 } a\in A,\tag{4.59}$$

$$\Delta\sum_{i=1}^{n}H(X_i,\theta_0,\Delta)<n\eta/6.\tag{4.60}$$

4° 任取 $\theta\in S_m$，找 $a\in A$，使 $|a-\theta|<\Delta$. 有

$$\ln f(X_i,\theta)\leqslant\ln f(X_i,a)+|\ln f(X_i,a)-\ln f(X_i,\theta)|,\quad 1\leqslant i\leqslant n.$$

因 a 和 θ 都属于 S_m，易见

$$\begin{aligned}|\ln f(X_i,a)-\ln f(X_i,\theta)|&\leqslant H(X_i,\theta_0,\varepsilon/m)\,|a-\theta|\\&\leqslant\Delta H(X_i,\theta_0,\varepsilon/m),\quad 1\leqslant i\leqslant n.\end{aligned}$$

由此知

$$\sum_{i=1}^{n}\ln f(X_i,\theta) \leqslant \sum_{i=1}^{n}\ln f(X_i,a) + \Delta\sum_{i=1}^{n}H(X_i,\theta_0,\varepsilon/m).$$

因此,当(4.59)和(4.60)式都成立时,有

$$\sum_{i=1}^{n}\ln f(X_i,\theta) \leqslant \sum_{i=1}^{n}\ln f(X_i,\theta_0) - n\eta/3.$$

由此式,结合3°中所证以概率1(P_{θ_0})当 n 充分大时(4.59)和(4.60)式同时成立的事实,即得(4.57)式. 得到(4.57)式后,以下的证明与定理4.6无异. 定理证毕.

以上结果还不能解释为MLE的相合性,除非可以验证MLE是似然方程的唯一解. 这一点对指数型族成立(定理4.5),且对这个特例,相合性的证明更简单.

设总体 X 的分布为自然指数型族

$$f(x,\theta)\mathrm{d}\mu = C(\theta)\exp(\theta' T(x))\mathrm{d}\mu, \quad \theta \in \Theta_0, \tag{4.61}$$

此处 $\theta=(\theta_1,\cdots,\theta_k)'$, $T(x)=(T_1(x),\cdots,T_k(x))'$,而参数空间 Θ_0 则取为自然参数空间 Θ 的内点集. 这样做的目的是排除 $\Theta-\Theta_0$ 中的点,这些点不好处理. 定理4.6和4.7中假定 Θ 为开集也是这个道理.

设 Θ_0 中不同的 θ 对应(4.61)式不同的分布,这等价于要求 $T_1,\cdots,T_k$ 线性无关. 事实上,若存在不同时为0的常数 $a_1,\cdots,a_k$ 及常数 a_0,使

$$P_\theta(a_1T_1(X)+\cdots+a_kT_k(X)+a_0=0)=1$$

对某个 $\theta\in\Theta_0$,则 $a_1T_1(x)+\cdots+a_kT_k(x)+a_0=0$ a.e. μ,因而对每个 $\theta\in\Theta_0$,当 $\varepsilon>0$ 充分小时,θ 和 $\theta+\varepsilon a$ 对应同一分布,$a=(a_1,\cdots,a_k)'$. 反过来也易验证,若 $T_1,\cdots,T_k$ 不线性相关,则不同的 θ 必对应不同的分布.

另外,由于即使在指数型族之下,MLE也不一定存在(例4.6),我们针对指数型族把MLE的定义修改一下:

$$\text{MLE} = \begin{cases}\text{似然方程的唯一解}, & \text{若解存在;}\\ \text{任意定义}, & \text{若解不存在.}\end{cases} \tag{4.62}$$

此定义的合理性基于定理4.5.

定理4.8 设 $X_1,\cdots,X_n$ 为抽自总体(4.61)式的iid.样本,则以概率1当 n

充分大时,似然方程

$$nC^*(\theta)/C(\theta) + \sum_{i=1}^{n} T(X_i) = 0 \tag{4.63}$$

有唯一解 $\hat{\theta}_n$,且由(4.62)式定义的 MLE 是 θ 的强相合估计,此处 $C^*(\theta) = (\partial C(\theta)/\partial\theta_1,\cdots,\partial C(\theta)/\partial\theta_k)'$.

证明 首先注意:对任何 $a\in\mathbb{R}^k$,若方程 $-C^*(\theta)/C(\theta)=a$ 在 Θ_0 内有解,则必唯一. 此由引理 4.2 得出(取其中的函数 f 为 $f(\theta)=C(\theta)\mathrm{e}^{a'\theta}$,并利用 $T_1,\cdots,T_k$ 不线性相关以导出该引理中的方阵 $A(\theta)$ 为正定). 以 B 记 $-C^*(\theta)/C(\theta)$ 的值域 $B=\{-C^*(\theta)/C(\theta):\theta\in\Theta_0\}$. 因为 $C^*(\theta)/C(\theta)$ 建立了由 Θ_0 到 B 的一一对应且 Θ_0 为开集,故 B 为 $\mathbb{R}^k$ 中之开集.

取定 $\theta\in\Theta_0$. 注意到 T 的期望 $m(\theta)=\mathrm{E}_\theta T=-C^*(\theta)/C(\theta)$,取 $\varepsilon>0$ 充分小,使 $D\equiv\{a:\|m(\theta)-a\|<\varepsilon\}\subset B$. 依 Kolmogorov 强大数律,以概率 $1(P_\theta)$ 当 n 充分大时,有 $\left\|\sum_{i=1}^{n}T(X_i)/n-m(\theta)\right\|<\varepsilon$,即 $\sum_{i=1}^{n}T(x_i)/n\in D\subset B$. 按 B 的定义,对这样的 $(X_1,\cdots,X_n)$,似然方程(4.63)有(唯一)解. 再由定理 4.5 得出,这个解确是似然函数在 Θ_0 的闭包上的最大值点,这完成了本定理的证明.

对一般指数型(4.41)的情况,可以先用变换(4.43)将其归化为自然指数型(4.42). 找(4.42)参数 θ 的 MLE $\hat{\theta}_n$,它是 θ 的强相合估计. 就(4.43)式解出 φ 通过 θ 的表示:$\varphi=Q^{-1}(\theta)$,则 $\hat{\varphi}_n=Q^{-1}(\hat{\theta}_n)$ 是 φ 的 MLE. $\hat{\varphi}_n$ 是否相合,要看反函数 Q^{-1} 是否连续.

MLE 存在但不相合的例子也有,如例 4.3. 因为该例中 θ 没有相合估计,直接证明也很容易(习题 24).

4.3.4 MLE 的渐近正态性

设总体 X 有分布 $f(x,\theta)\mathrm{d}\mu(x)$,$\theta\in\Theta$,$\Theta$ 为 $\mathbb{R}^k$ 中之开集,f 在 $\mathscr{X}\times\Theta$ 上处处大于 0,设有 iid. 样本 $X_1,\cdots,X_n$.

定理 4.9 在一定的正则性条件下,存在 θ 的一个 BANE $\hat{\theta}_n$,它以概率 1 当 n 充分大时为似然方程的解,即

$$\sqrt{n}(\hat{\theta}_n-\theta)\xrightarrow{L}N_k(0,I^{-1}(\theta)), \tag{4.64}$$

其中 $I(\theta)$ 为 Fisher 信息阵.

所需的正则条件将在下文推导中陆续指出. 我们这样陈述,是表明不必过分重视这些很繁复的正则条件的细节. 不论如何,这类结果的统计意义无非就是本定理中的定性式描述.

首先,为使似然方程有意义,f 对 θ 的各分量一阶偏导数 $h(x,\theta)=(\partial\ln f(x,\theta)/\partial\theta_1,\cdots,\partial\ln f(x,\theta)/\partial\theta_k)'$ 要存在. (4.64)式中涉及 $I^{-1}(\theta)$,这要求其存在并正定. 其次,需要保证以概率1当 n 充分大时 $\hat{\theta}_n$ 是似然方程的根且相合(因满足(4.64)式的 $\hat{\theta}_n$ 是相合的),为此可施加定理4.7的条件. 这样,以概率1当 n 充分大时,有

$$
\begin{aligned}
0 &= \sum_{i=1}^{n} h(X_i,\hat{\theta}_n) = \sum_{i=1}^{n} h(X_i,\theta) + \sum_{i=1}^{n}[h(X_i,\hat{\theta}_n) - h(X_i,\theta)] \\
&= \sum_{i=1}^{n} h(X_i,\theta) + \sum_{i=1}^{n} \frac{\partial h(X_i,\theta)}{\partial\theta}(\hat{\theta}_n - \theta) + \sum_{i=1}^{n} R_{n_i}(\hat{\theta}_n - \theta), \quad (4.65)
\end{aligned}
$$

这里 $\partial h(X_i,\theta)/\partial\theta$ 为 k 阶方阵,其 (u,v) 元为 $\partial h_u(X_i,\theta)/\partial\theta_v$. R_{n_i} 也是 k 阶方阵,其 (u,v) 元的绝对值不超过

$$
\begin{aligned}
&\sup\{|\partial^2\ln f(X_i,\theta)/(\partial\theta_u\partial\theta_v) - \partial^2\ln f(X_i,\varphi)/(\partial\varphi_u\partial\varphi_v)|: \\
&\quad \|\varphi-\theta\| \leqslant \|\hat{\theta}-\theta\|\}. \qquad (4.66)
\end{aligned}
$$

将(4.65)式改写为

$$
\begin{aligned}
&\left(\sum_{i=1}^{n} \frac{\partial h(X_i,\theta)}{\partial\theta}\Big/n\right)\sqrt{n}(\hat{\theta}_n - \theta) + \left(\sum_{i=1}^{n} R_{n_i}/n\right)\sqrt{n}(\hat{\theta}_n - \theta) \\
&\quad = -\sum_{i=1}^{n} h(X_i,\theta)/\sqrt{n}. \qquad (4.67)
\end{aligned}
$$

按 Kolmogorov 强大数律,有

$$
\sum_{i=1}^{n} \frac{\partial h(X_i,\theta)}{\partial\theta}\Big/n \to -I(\theta) \quad \text{a.s. } P_\theta. \qquad (4.68)
$$

又

$$
\mathrm{E}_\theta h(X_1,\theta) = 0, \quad \mathrm{Cov}_\theta(h(X_1,\theta)) = I(\theta), \qquad (4.69)
$$

后一式即 $I(\theta)$ 的定义,前一式:

$$
\mathrm{E}_\theta h(X_1,\theta) = \int_{\mathscr{X}} \partial f(x,\theta)/\partial\theta_j \mathrm{d}\mu(x)
$$

$$= \int_{\mathscr{X}} \lim_{\Delta \to 0} \frac{f(x,\theta+\Delta) - f(x,\theta)}{\Delta} \mathrm{d}\mu(x)$$

$$= \lim_{\Delta \to 0} \Delta^{-1} \left(\int_{\mathscr{X}} f(x,\theta+\Delta)\mathrm{d}\mu(x) - \int_{\mathscr{X}} f(x,\theta)\mathrm{d}\mu(x) \right)$$

$$= \lim_{\Delta \to 0} \Delta^{-1}(1-1) = 0.$$

极限号可提出来要有条件，例如对某个 $\varepsilon>0$，有

$$\int_{\mathscr{X}} \sup\{ | \partial f(X,\tilde{\theta})/\partial\tilde{\theta} | : \| \tilde{\theta} - \theta \| \leqslant \varepsilon \} \mathrm{d}\mu(x) < \infty. \tag{4.70}$$

由(4.69)式，据中心极限定理，有

$$-\sum_{i=1}^{n} h(X_i,\theta)/\sqrt{n} \xrightarrow{L} N_k(0,\boldsymbol{I}(\theta)). \tag{4.71}$$

若能证明

$$\sum_{i=1}^{n} R_{n_i}/n \to 0 \quad \text{a.s.} P_\theta, \tag{4.72}$$

则由(4.67)，(4.68)和(4.72)式知，$\sqrt{n}(\hat{\theta}_n - \theta)$与$-\boldsymbol{I}^{-1}(\theta)\left(-\sum_{i=1}^{n} h(X_i,\theta)\middle/\sqrt{n}\right)$只相差一个 $o_p(1)$ 的量，而据(4.71)式，后者的极限分布为 $N_k(0,\boldsymbol{I}^{-1}(\theta)\boldsymbol{I}(\theta)\boldsymbol{I}^{-1}(\theta)) = N_k(0,\boldsymbol{I}^{-1}(\theta))$，这就证明了(4.64)式.

为证(4.72)式，加条件：

$$\partial^2 \ln f(x,\theta)/\partial\theta_u\partial\theta_v \text{ 在 } \theta \in \Theta \text{ 内连续}, \tag{4.73}$$

对每个 $\theta \in \Theta$，存在 $\varepsilon > 0$(可与 θ 有关)，使

$$\mathrm{E}_\theta J(X,\theta,\varepsilon) < \infty, \tag{4.74}$$

其中

$$J(X,\theta,\varepsilon) = \sup\{ | \partial^2 \ln f(X,\varphi)/\partial\varphi_u\partial\varphi_v | : \| \varphi - \theta \| \leqslant \varepsilon, u,v = 1,\cdots,k \}.$$

事实上，由这两个条件，用控制收敛定理，易知 $\mathrm{E}_\theta K(X,\theta,\varepsilon) \to 0$ 当 $\varepsilon \to 0$，其中

$$K(X,\theta,\varepsilon) = \sup\{ | \partial^2 \ln f(X,\varphi)/(\partial\varphi_u\partial\varphi_v) - \partial^2 \ln f(X,\theta)/(\partial\theta_u\partial\theta_v) | : \\ \| \varphi - \theta \| \leqslant \varepsilon \}.$$

任给 $\eta>0$，找 $\varepsilon>0$ 充分小，使

$$E_\theta K(X,\theta,\varepsilon)<\eta. \tag{4.75}$$

以 $R_{n_i}(u,v)$ 记 R_{n_i} 的(u,v)元．据(4.66)式，有$|R_{n_i}(u,v)|\leqslant K(x,\theta,\|\hat{\theta}-\theta\|)$．由于 $\hat{\theta}_n-\theta\to 0$ a.s.，以概率 1 当 n 充分大时，有$|R_{n_i}(u,v)|\leqslant K(X_i,\theta,\varepsilon)$．于是有

$$\limsup_{n\to\infty}\sum_{i=1}^n|R_{n_i}(u,v)|/n\leqslant\lim_{n\to\infty}\sum_{i=1}^n K(X_i,\theta,\varepsilon)/n<\eta\quad \text{a.s.},$$

后一步是根据(4.74)式及 Kolmogorov 强大数律．由于 $\eta>0$ 的任意性，就证明了(4.72)式．

总结起来，所施加的条件有：定理 4.7 的全部条件；$I(\theta)$存在且正定；(4.70)，(4.73)和(4.75)式．

对指数型这个特例，由于似然方程的根就是 MLE，可证明 MLE 是 θ 的 BANE，且证明易直接得出而无须借助定理 4.9．

定理 4.10 设总体分布族为自然指数型(4.61)，假定从(4.61)式以下到定理 4.8 前那一段所描述的条件全成立，则 θ 的 MLE 是 BANE．

证明 记 $m(\theta)=-C^*(\theta)/C(\theta)$（见(4.63)式）．MLE $\hat{\theta}_n$ 满足似然方程(4.63)，即 $m(\hat{\theta}_n)=\sum_{i=1}^n T(X_i)/n$．由于 $ET(X)=m(\theta)$ 及 $\mathrm{Cov}_\theta(T(X))=I(\theta)$，$I(\theta)$为 Fisher 信息阵，由中心极限定理知

$$\sqrt{n}\left[\sum_{i=1}^n T(X_i)/n-m(\theta)\right]\xrightarrow{L}N_k(0,I(\theta)). \tag{4.76}$$

前已指出（见定理 4.8 证明开头一段），$m(\theta)$的反函数存在，且 $\hat{\theta}_n=m^{-1}\left(\sum_{i=1}^n T(X_i)/n\right)$．因为

$$m^{-1}(m(\theta))=\theta,\quad \left.\frac{\partial m^{-1}(\varphi)}{\partial\varphi}\right|_{\varphi=m(\theta)}=I^{-1}(\theta),$$

据定理 4.3 及(4.76)式，立得(4.64)式．定理证毕．

在 X 的支撑为有限集时，定理的条件可以放宽．所得结果在下节讨论拟合优度检验时有用．

设 X 有分布

$$P_\theta(X = a_i) = \pi_i(\theta) > 0, \quad i = 1,\cdots,k, \quad \theta \in \Theta,$$

此处 $\theta = (\theta_1,\cdots,\theta_r)$，$\Theta$ 作为 $\mathbb{R}^r$ 的子集，其内点集 Θ_0 非空．又假定 Θ 中不同的 θ 相应不同的分布 P_θ．

定理 4.11 假定偏导数 $\partial\pi_i(\theta)/\partial\theta_j\ (1\leqslant i\leqslant k, 1\leqslant j\leqslant r)$ 在 Θ_0 内存在连续，且 Fisher 信息阵 $I(\theta) = (I_{ij}(\theta))_{1\leqslant i,j\leqslant r}$ 为正定，此处 $I_{ij}(\theta) = \sum_{l=1}^{k}\left[\frac{1}{\pi_l(\theta)}\frac{\partial\pi_l(\theta)}{\partial\theta_i}\frac{\partial\pi_l(\theta)}{\partial\theta_j}\right]$．假设 $X_1,\cdots,X_n$ 为 X 的 iid. 样本，而真参数值 $\theta^\circ = (\theta_1^\circ,\cdots,\theta_r^\circ)' \in \Theta^\circ$．则似然方程至少有一解 $\hat{\theta}$ 满足 $\sqrt{n}(\hat{\theta}_n - \theta_0) \xrightarrow{L} N(0, I^{-1}(\theta^\circ))$．一般地，似然方程任一相合解必是 θ 的 BANE.

证明 先指出几个预备事实：设 $a_1,\cdots,a_k,b_1,\cdots,b_k$ 都是非负常数，$\sum a_i = \sum b_i = 1$，则 $\sum a_i\ln(a_i/b_i)\geqslant 0$，等号当且仅当 $a_i = b_i\ (1\leqslant i\leqslant k)$ 时成立（约定 $a_i\ln(a_i/b_i) = 0$ 当 $a_i = 0$，$= \infty$ 当 $a_i\neq 0, b_i = 0$）．事实上，不妨设 a_i, b_i 都大于 0．考虑随机变量 ξ，分布为 $P(\xi = b_i/a_i) = a_i\ (1\leqslant i\leqslant k)$．因 $-\ln t$ 为严凸函数，由 Jensen 不等式有

$$\sum a_i\ln(a_i/b_i) = \mathrm{E}(-\ln\xi) \geqslant -\ln\mathrm{E}(\xi) = -\ln 1 = 0,$$

等号当且仅当 ξ 以概率 1 为常数，即 $a_i = b_i\ (1\leqslant i\leqslant k)$．

其次，以 np_{nj} 记 $X_1,\cdots,X_n$ 中等于 a_j 的个数．易见当 $n\to\infty$ 时，随机向量

$$\sqrt{n}(p_{n1} - \pi_1(\theta^\circ),\cdots,p_{nk} - \pi_k(\theta^\circ))'$$

有极限分布 $N(0,\Lambda)$，k 阶方阵 Λ 的 (i,j) 元为 $\pi_i(\theta^\circ)[1-\pi_i(\theta^\circ)]$ 当 $i = j$，为 $-\pi_i(\theta^\circ)\pi_j(\theta^\circ)$ 当 $i\neq j$．事实上，上述随机向量可表为 $n^{-1/2}\sum_{i=1}^{n}(\xi_i - \mathrm{E}\xi_i)$，其中 k 维随机向量 $\xi_1,\cdots,\xi_n$ 为 iid.，有公共分布

$$P(\xi_1 = (1,0,\cdots,0)') = \pi_1(\theta^\circ),$$

$$P(\xi_1 = (0,1,\cdots,0)') = \pi_2(\theta^\circ),$$

$$\cdots,$$

$$P(\xi_1 = (0,\cdots,0,1)') = \pi_k(\theta^\circ).$$

简单计算表明，ξ_1 的协差阵 $\mathrm{Cov}(\xi_1)$ 等于上面所定义的方阵 Λ．于是由 iid. 和的

中心极限定理，即得所要的结论.

回到定理的证明. 似然方程为

$$\sum_{i=1}^{k} \frac{p_{ni}}{\pi_i(\theta)} \frac{\partial \pi_i(\theta)}{\partial \theta_j} = 0, \quad 1 \leqslant j \leqslant r.$$

取 $\delta>0$ 充分小，使用闭球 $\{\theta: \|\theta-\theta^\circ\| \leqslant \delta\} \subset \Theta_0$. 在此球的球面 C 上考察函数 $A(\theta) = \sum_{i=1}^{k}[\pi_i(\theta^\circ)\ln(\pi_i(\theta^\circ)/\pi_i(\theta))]$. 对 $A(\theta)$ 用上述预备事实并注意到 $\pi_i(\theta)$ 的连续性，得 $\inf_{\theta\in C} A(\theta)>0$. 再利用强大数律知，以概率 1（$P_{\theta^\circ}$，下同）当 n 充分大时有

$$\inf_{\theta\in C}\sum_{i=1}^{k} p_{ni}\ln(\pi_i(\theta^\circ)/\pi_i(\theta)) > 0,$$

即以概率 1 当 n 充分大时，似然函数 $\ln L(\theta)$ 在此球中心 θ° 处之值，大于其在球面 C 上之值. 由 $\pi_i(\theta)$ 的连续性知，$\ln L(\theta)$ 在此球内部必有一局部极大点 $\hat{\theta}_n$，$\hat{\theta}_n$ 为似然方程组之解且满足 $\hat{\theta}_n \to \theta_0$ a.s. P_{θ°. 记 $\partial\pi_i(\theta)/\partial\theta_j|_{\theta=\hat{\theta}_n} = h_{nij}$，并注意到 $\sum_{i=1}^{k} h_{nij} = 0$，有

$$\sum_{i=1}^{k} \frac{\sqrt{n}[p_{ni} - \pi_i(\theta^\circ)]}{\pi_i(\hat{\theta}_n)} h_{nij} = \sum_{i=1}^{k} \frac{\sqrt{n}[\pi_i(\hat{\theta}_n) - \pi_i(\theta^\circ)]}{\pi_i(\hat{\theta}_n)} h_{nij}, \quad 1 \leqslant j \leqslant r.$$

由 π_i 的偏导数连续，有

$$\pi_i(\hat{\theta}_n) - \pi_i(\theta^\circ) = \sum_{j=1}^{r}(\hat{\theta}_j - \theta_j^\circ)\frac{\partial\pi_i(\theta)}{\partial\theta_j^*},$$

此处 θ_j° 为 θ° 的第 j 分量，而点 $(\theta_1^*, \cdots, \theta_r^*)'$ 在 θ° 和 $\hat{\theta}_n$ 的连线上. 以此代入上式，得

$$\sum_{i=1}^{k} \frac{\sqrt{n}[p_{ni} - \pi_i(\theta^\circ)]}{\pi_i(\hat{\theta}_n)} h_{nij} = \sum_{s=1}^{k}\sqrt{n}(\hat{\theta}_s - \theta^\circ_s)d_{njs}, \quad 1 \leqslant j \leqslant r,$$

此处 $d_{njs} = \sum_{i=1}^{k}\frac{1}{\pi_i(\hat{\theta}_n)}\frac{\partial\pi_i}{\partial\theta_j^*}\frac{\partial\pi_i}{\partial\theta_s^*}$. 因 $\hat{\theta}_n \to \theta^\circ$ a.s. P_{θ°，且 π_i 及其偏导数连续，有 $\lim_{n\to\infty} d_{njs} = I_{js}(\theta^\circ)$ a.s. P_{θ°. 因此得到

$$\sqrt{n}(\hat{\theta}_n - \theta^\circ) = I^{-1}(\theta_0)Z_n + o_p(1),$$

基中 $Z_n = (Z_{n1}, \cdots, Z_{nr})'$，而

$$Z_{nj} = \sum_{i=1}^{k} \frac{\sqrt{n}[p_{ni} - \pi_i(\theta^\circ)]}{\pi_i(\theta^\circ)} \frac{\partial \pi_i(\theta^\circ)}{\partial \theta_j}, \quad 1 \leqslant j \leqslant r.$$

以 B 记 $r \times k$ 矩阵 (b_{ji})，其中 $b_{ji} = \dfrac{1}{\pi_i(\theta^\circ)} \dfrac{\partial \pi_i(\theta_0)}{\partial \theta_j}$. 因据预备事实有 $\sqrt{n}(p_{n1} - \pi_1(\theta^\circ), \cdots, p_{nk} - \pi_k(\theta^\circ))' \xrightarrow{L} N(0, \Lambda)$，知 $Z_n \xrightarrow{L} N(0, B\Lambda B')$. 简单计算表明 $B\Lambda B' = I(\theta^\circ)$，于是得到 $I^{-1}(\theta^\circ)Z_n \xrightarrow{L} N(0, I^{-1}(\theta^\circ))$. 这完成了定理的证明.

当正则性条件，特别是 X 的支撑与 θ 有关时，定理 4.9 的结论可以不成立，这特别是在 X 有截断型分布时. 例如，设样本 $X_1, \cdots, X_n$ iid.，$\sim R(0, \theta)$，$\theta > 0$. θ 的 MLE 为 $X_{(n)} = \max(X_1, \cdots, X_n)$. 不难证明：不论怎样去选择 $b_n > 0$ 和 a_n，都不能有 $[X_{(n)} - a_n]/b_n \to N(0,1)$.

4.4 次序统计量

次序统计量的概念已见例 1.2，它在统计上有不少应用，且有丰富的渐近理论. 本节将介绍与统计应用关系最密切的，与次序统计量有关的渐近分布问题.

次序统计量的一个主要应用是**估计分布的分位数**. 随机变量 X 有分布函数 F. 设 $0 < p < 1$，则 X(或 F)的 p **分位数**定义为这样一个实数 λ_p，使

$$P(X < \lambda_p) \leqslant p \leqslant P(X \leqslant \lambda_p) \quad (F(\lambda_p - 0) \leqslant p \leqslant F(\lambda_p)).$$

若 F 处处连续，则上式成立等号. p 分位数不一定唯一. $p = 1/2$ 的情况特别重要，$\lambda_{1/2}$ 特称为**中位数**，常记为 $\mathrm{med}(X)$.

设 $X_1, \cdots, X_n$ 为自 F 中抽出的 iid. 样本，要估计 λ_p. 排出次序统计量 $X_{n1} \leqslant \cdots \leqslant X_{nn}$，要找一个点 a，使 a 的左边有 np 个样本. 若 np 为整数，则区间 $(X_{n,np}, X_{n,np+1})$ 内任一点 a 满足要求. 把这区间按 $p : 1-p$ 的比例分割，得

$a = X_{n,np} + p(X_{n,np+1} - X_{n,np}) = X_{n,np} + (n+1)[p - np/(n+1)](X_{n,np+1} - X_{n,np})$. 如果 np 非整数,则以不超过它的最大整数$[np]$取代之. 这样得到的 a 称为**样本 p 分位数**,记为 $q_{n,p}(a^* = \min(a,1))$:

$$q_{n,p} = X_{n,[np]} + \left[(n+1)\left(p - \frac{[np]}{n+1}\right)\right]^* (X_{[np]+1} - X_{[np]}). \quad (4.77)$$

总有 $X_{n,[np]} \leqslant q_{n,p} \leqslant X_{n,[np]+1}$. 特别当 $p = 1/2$ 时,有

$$q_{n,1/2} = \begin{cases} (X_{n,n/2} + X_{n,1+n/2})/2, & n \text{ 为偶数}, \\ X_{n,(n+1)/2}, & n \text{ 为奇数}, \end{cases}$$

它称为**样本中位数**,并常记为 $\mathrm{med}(X_1, \cdots, X_n)$.

4.4.1 次序统计量的分布

设总体分布函数为 F. 如有密度,记为 f. 从 F 中抽出 iid. 样本 $X_1, \cdots, X_n$. 以下固定 n 讨论,故把 X_{ni} 简记为 $X_{(i)}$.

1° $X_{(i)}$的分布和密度.

$$\begin{aligned} F_i(x) &\equiv P(X_{(i)} \leqslant x) = P(X_1, \cdots, X_n \text{ 中至少有 } i \text{ 个} \leqslant x) \\ &= \sum_{j=1}^{n} P(X_1, \cdots, X_n \text{ 中恰有 } i \text{ 个} \leqslant x) \\ &= \sum_{j=i}^{n} \binom{n}{j} F^j(x)[1 - F(x)]^{n-j} \\ &= \frac{n!}{(i-1)!(n-i)!} \int_0^{F(x)} t^{i-1}(1-t)^{n-i} \mathrm{d}t. \end{aligned} \quad (4.78)$$

最后一个等式的证明:改 $F(x)$ 为 y. 当 $y = 0$ 时二者都为 0. 再证明 $\sum_{j=i}^{n} \binom{n}{j} y^j (1-y)^{n-j}$ 的导数为 $n!/[(i-1)!(n-i)!]y^{i-1}(1-y)^{n-i}$ 即可.

当 F 处处连续时,由(4.78)式得

$$\mathrm{d}F_i(x) = \frac{n!}{(i-1)!(n-i)!} F^{i-1}(x)[1 - F(x)]^{n-i} \mathrm{d}F(x). \quad (4.79)$$

若 x_0为 F 的不连续点,上式在 $x = x_0$时不真.

特别地,当 F 有密度f 时,$X_{(i)}$也有密度 f_i:

$$f_i(x) = \frac{n!}{(i-1)!(n-i)!}F^{i-1}(x)[1-F(x)]^{n-i}f(x). \tag{4.80}$$

两个重要的特例是 $i=1$:**极小值** $X_{(1)}$,以及 $i=n$:**极大值** $X_{(n)}$,统称为**极值**. 据(4.78)和(4.80)式,有

$$F_n(x) = F^n(x),\quad f_n(x) = nF^{n-1}(x)f(x), \tag{4.81}$$

$$F_1(x) = 1-[1-F(x)]^n,\quad f_1(x) = n[1-F(x)^{n-1}f(x)]. \tag{4.82}$$

2° $(X_{(i)}, X_{(j)})$的联合密度$(1\leqslant i<j\leqslant n)$.

$(X_{(i)}, X_{(j)})$的联合分布亦可用导出(4.78)式的推理去计算. 这个形式很复杂,用处不大. 在 F 有密度 f 时,$(X_{(i)}, X_{(j)})$的密度 $f_{ij}(u,v)$容易用下面的方法导出. 因 $P(X_{(i)}\geqslant X_{(j)})=0$,只需对 $u<v$ 计算 $f_{ij}(u,v)$. 取 $\Delta u>0, \Delta v>0$ 充分小,使 $u+\Delta u<v$. 为使事件 $E=\{u<X_{(i)}\leqslant u+\Delta u, v<X_{(j)}\leqslant v+\Delta v\}$发生,以下两互斥事件必发生其1:

$E_1=\{$样本有一个落在$(u,u+\Delta u]$,一个在$(v,v+\Delta v]$,

$i-1$ 个在$(-\infty,u)$,$j-i-1$ 个在$(u+\Delta u,v]$,其余在$(v,\infty)\}$,

$E_2=\{(u,u+\Delta u]$和$(v,v+\Delta v]$中各至少有一个,其和$\geqslant 3$,

剩下样本适当配置$\}$.

有 $P(E_2)=O(|\Delta u|^r|\Delta v|^s)$, $r\geqslant 1, s\geqslant 1, r+s\geqslant 3$. 至于 E_1,按多项式分布,有

$$\begin{aligned}P(E_1) = &\frac{n!}{(i-1)!1!(j-i-1)!1!(n-j)!}\\ &\cdot F^{i-1}(u)[F(u+\Delta u)-F(u)][F(v)-F(u+\Delta u)]^{j-i-1}\\ &\cdot [F(v+\Delta v)-F(v)][1-F(v+\Delta v)]^{n-j},\end{aligned}$$

因此 $P(E_2)/\Delta u\Delta v\to 0$,当 $\Delta u\to 0, \Delta v\to 0$. 而

$$\begin{aligned}f_{ij}(u,v) &= \lim_{\Delta u\to 0,\Delta v\to 0} P(E_1)/(\Delta u\Delta v)\\ &= \frac{n!}{(i-1)!(j-i-1)!(n-j)!}\\ &\quad\cdot F^{i-1}(u)[F(v)-F(u)]^{j-i-1}\\ &\quad\cdot [1-F(v)]^{n-j}f(u)f(v).\end{aligned} \tag{4.83}$$

一个重要特别是 $i=1,j=n$，即极值$(X_{(1)},X_{(n)})$的联合密度$f_{1n}(u,v)$：

$$f_{1n}(u,v)=\begin{cases} n(n-1)[F(v)-F(u)]^{n-2}f(u)f(v), & u<n, \\ 0, & u\geqslant v. \end{cases} \tag{4.84}$$

3° 全体$(X_{(1)},\cdots,X_{(n)})$的分布和密度.

设总体分布 F 处处连续. 以 $\tilde{F}$ 记$(X_{(1)},\cdots,X_{(n)})$的分布，$u=(u_1,\cdots,u_n)$，则

$$\mathrm{d}\tilde{F}(u)=n!\,\mathrm{d}F(u_1)\cdots\mathrm{d}F(u_n),\quad 当\ u_1<\cdots<u_n,$$

在其他处 $\mathrm{d}\tilde{F}(u)=0$. 又若 F 有密度 f，则 $\tilde{F}$ 也有密度，为

$$\tilde{f}(u)=\begin{cases} n!f(u_1)\cdots f(u_n), & u_1<\cdots<u_n, \\ 0, & 其他. \end{cases} \tag{4.85}$$

在次序统计量的理论和应用中，均匀分布 $R(0,1)$有特殊的作用，这是由于下面的重要结果：

定理 4.12 设随机变量 X 的分布函数 F 处处连续，则 $Y=F(X)$服从均匀分布 $R(0,1)$.

证明 定义

$$F^{-1}(t)=\inf\{x:F(x)>t\},\quad 0<t<1. \tag{4.86}$$

由 F 的连续性知，$F(F^{-1}(t))=t$，以及

$$F(x)\leqslant t \quad\Leftrightarrow\quad x\leqslant F^{-1}(t). \tag{4.87}$$

因此 $P(F(X)\leqslant t)=P(X\leqslant F^{-1}(t))=F(F^{-1}(t))=t$，对任何 $t\in(0,1)$. 这证明了所要的结果.

注 若 F 不处处连续，则此定理结论显然不对(试证之).

另外，若 $U\sim R(0,1)$，则

$$F^{-1}(U)\ 有分布\ F. \tag{4.88}$$

此因按定义(4.86)式及 F 的右连续性，有

$$F(x)<t \quad\Rightarrow\quad x<F^{-1}(t) \quad\Rightarrow\quad F(x)\leqslant t, \tag{4.89}$$

注意此式不需要 F 连续，而(4.87)式在 F 不连续时可以不成立. 在(4.89)式中

以 U 取代 t(因 U 只取(0,1)内之值,可以用 U 取代 t),得

$$P(U > F(x)) \leqslant P(F^{-1}(U) > x) \leqslant P(U \geqslant F(x)),$$

因此 $P(F^{-1}(U)>x)=1-F(x)$,即 $P(F^{-1}(U)\leqslant x)=F(x)$,如所欲证.

4.4.2 样本分位数的渐近正态性

设 $0<p_1<p_2<\cdots<p_k<1$. 总体分布 F 的 p_i 分位数记为 $\lambda_i(1\leqslant i\leqslant k)$. 设 F 在每个 λ_i 的一个邻域 $(\lambda_i-\varepsilon,\lambda_i+\varepsilon)$ 内有连续的非零导数 f(注意这个条件保证了 $\lambda_1,\cdots,\lambda_k$ 的唯一性),则有:

定理 4.13 设 $X_1,\cdots,X_n$ 为抽自 F 的 iid. 样本,q_{np_i} 为样本 p_i 分位数,则当 $n\to\infty$ 时

$$\sqrt{n}(q_{np_1}-\lambda_1,\cdots,q_{np_k}-\lambda_k)' \xrightarrow{L} N_k(0,\Lambda). \tag{4.90}$$

Λ 为 k 阶方阵,其 (i,j) 元为 $\lambda_{ij}=p_i(1-p_i)/[f(\lambda_i)f(\lambda_j)]$ 当 $i\leqslant j$,而 $\lambda_{ji}=\lambda_{ij}$.

$q_{n\lambda_i}$ 涉及几个次序统计量,不大好处理. 我们先来证明下面的结果,定理 4.13 是其简单推论.

定理 4.14 设 $0<p_1<\cdots<p_k<1$,$n_1,\cdots,n_k$ 都是与 n 有关的自然数,不超过 n 且满足条件

$$n_i/n = p_i + o(n^{-1/2}),\quad 1\leqslant i\leqslant k. \tag{4.91}$$

又设总体分布 F 满足定理 4.13 中的条件,则

$$\sqrt{n}(X_{nn_1}-\lambda_1,\cdots,X_{nn_k}-\lambda_k)' \xrightarrow{L} N(0,\Lambda), \tag{4.92}$$

Λ 的意义如定理 4.13.

注 次序统计量 $X_{n1}\leqslant\cdots\leqslant X_{nn}$ 中各项,按其在渐近理论中的表现作以下的分类:1° X_{nm} 称为**正则中心项**,若存在 $p\in(0,1)$ 使 $m/n=p+o(n^{-1/2})$. 2° 若 m 或 $n-m$ 固定(不随 n 变化),则 X_{nm} 称为**固定边项**. 还可以分出其他一些类,但只有这两种情况在统计上最有用,且其渐近分布问题好处理. 定理 4.13 就是关于正则中心项的渐近正态性.

定理 4.14 的证明易由 Bahadur 的下述结果得出:

引理 4.5 设 $0<p<1$,分布 F 在其 p 分位数 λ 的邻域内有连续非零导数 f,又 $m/n=p+o(1/\sqrt{n})$,则

$$X_{nm} - \lambda = -[f(\lambda)]^{-1} \sum_{i=1}^{n} [I(X_i) - p]/n + R_n. \tag{4.93}$$

此处 $I(u)=1$ 当 $u \leqslant \lambda$，$I(u)=0$ 当 $u>\lambda$，而

$$R_n = o_p(1/\sqrt{n}) \quad 即 \quad \sqrt{n}R_n \to 0 \text{ in pr.}. \tag{4.94}$$

注 $\sum_{i=1}^{n}[I(X_i)-p]$ 是一些 iid. 变量和，(4.93)式把 X_{nm} 表成这样一个量加上一个在概率上很小的剩余项 R_n，这是我们在本章开头讲到的**"线性表示"**的一例. 有不少统计量都是通过这种方法证明其渐近正态性的，如 U 统计量、秩统计量等. 细察定理 4.9 的证明，不难看出它也是用的这种方法.

此处余项 R_n 是依概率收敛于 0，故(4.93)式称为 X_{nm} 的**弱线性表示**. 实际上可以得到比(4.94)式更强的结果 $R_n = O_p(n^{-1})$，但为证定理 4.13，(4.94)式已够用了. Bahadur 还作出了 X_{nm} 的**强线性表示**，与(4.93)式一样，但 $R_n = O(n^{-3/4}(\ln \ln n)^{1/4})$ a.s..

先来证明：由本引理易证定理 4.14，进而定理 4.13. 记

$$\xi_n = (X_{nn_1} - \lambda_1, \cdots, X_{nn_k} - \lambda_k)',$$

$$Y_i = \left(\frac{I_1(X_i) - p_1}{f(\lambda_1)}, \cdots, \frac{I_k(X_i) - p_k}{f(\lambda_k)}\right)', \quad i \geqslant 1.$$

此处 $I_j(X_i)=1$ 或 0，分别视 $X_i \leqslant \lambda_j$ 或否而定. 据(4.93)式，有

$$\sqrt{n}\xi_n = -\sum_{i=1}^{n} Y_i/\sqrt{n} + \sqrt{n}R_n.$$

由此式及(4.94)式知，$\sqrt{n}\xi_n$ 与 $-\sum_{i=1}^{n} Y_i/\sqrt{n}$ 有同一之极限分布. 但 $Y_1, Y_2, \cdots$ 为一串 iid. 随机向量，$\mathrm{E}Y_1 = 0$，$\mathrm{Cov}(Y_1) = \Lambda$，依中心极限定理，$-\sum_{i=1}^{n} Y_i/\sqrt{n} \xrightarrow{L} N_k(0, \Lambda)$. 这样得到(4.92)式.

为证(4.90)式，注意$\{[np]\}$和$\{[np]+1\}$对 $p \in (0,1)$ 都是正则中心列，因 $[np]/n = p + O(1/n)$，$([np]+1)/n = p + O(1/n)$. 因此按定理 4.14，有

$$\sqrt{n}(X_{n,[np_1]} - \lambda_1, \cdots, X_{n,[np_k]} - \lambda_k)' \xrightarrow{L} N_k(0, \Lambda),$$

$$\sqrt{n}(X_{n,[np_1]+1} - \lambda_1, \cdots, X_{n,[np_k]+1} - \lambda_k)' \xrightarrow{L} N_k(0, \Lambda).$$

按定义(4.77)式知,$X_{n,[np_i]} \leqslant q_{np_i} \leqslant X_{n,[np_i]+1}(1 \leqslant i \leqslant k)$. 由此及以上两式,立得(4.90)式.

为证引理 4.5,先证明一个预备事实:设$\{V_n\}$和$\{T_n\}$为两串随机变量,$T_n = O_p(1)$,即对任给 $\varepsilon>0$ 存在常数 M_ε,使 $P(|T_n| \geqslant M_\varepsilon)<\varepsilon$ 对一切 $n \geqslant 1$. 又设对任给 $\varepsilon>0$ 及常数 a,有

$$P(V_n \leqslant a, T_n \geqslant a+\varepsilon) \to 0, \quad P(V_n \geqslant a+\varepsilon, T_n \leqslant a) \to 0. \tag{4.95}$$

则有 $V_n - T_n \to 0$ in pr.. 事实上,任给 $\varepsilon>0,\delta>0$,找自然数 m(与 ε,δ 有关),使 $P(|T_n| \geqslant m\varepsilon)<\delta, n \geqslant 1$,则

$$\begin{aligned}
P(|T_n - V_n| > 2\varepsilon) &< \delta + P(|T_n| < m_\varepsilon, |T_n - V_n| > 2\varepsilon) \\
&\leqslant \delta + \sum_{i=-m+1}^{m} P((i-1)\varepsilon \leqslant T_n \leqslant i\varepsilon, |T_n - V_n| > 2\varepsilon) \\
&\leqslant \delta + \sum_{i=-m+1}^{m} P(T_n \leqslant i\varepsilon, V_n \geqslant i\varepsilon + \varepsilon) \\
&\quad + \sum_{i=-m+1}^{m} P(T_n \geqslant (i-1)\varepsilon, V_n \leqslant (i-1)\varepsilon - \varepsilon).
\end{aligned}$$

由此式及(4.95)式知,$\limsup_{n\to\infty} P(|T_n - V_n| > 2\varepsilon) \leqslant \delta$. 由于 ε,δ 的任意性,这就证明了所要结果.

现引进 $X_1,\cdots,X_n$的经验分布函数

$$F_n(x) = \{X_1,\cdots,X_n \text{ 中} \leqslant x \text{ 的个数}\}/n, \tag{4.96}$$

则 $\sum_{i=1}^{n} I(X_i) = nF_n(\lambda)$. 令 $V_n = \sqrt{n}(X_{nm} - \lambda), T_n = \sqrt{n}[p - F_n(\lambda)]/f(\lambda)$,则(4.94)式转化为

$$V_n - T_n \to 0 \quad \text{in pr..} \tag{4.97}$$

我们来验证:预备事实中的两个条件都成立. 任给 $\varepsilon>0$ 及 a. 令

$$\begin{aligned}
Z_n &= \sqrt{n}[F(\lambda + an^{-1/2}) - F_n(\lambda + an^{-1/2})]/f(\lambda), \\
U_n &= n[F_n(\lambda + an^{-1/2}) - F_n(\lambda)],
\end{aligned}$$

则有

$$\sqrt{n}(T_n - Z_n) = (U_n - \mathrm{E}U_n)/f(\lambda).$$

注意到 U_n服从二项分布$B(n,p_n^*)$,其中 $p_n^* = F(\lambda + an^{-1/2}) - F(\lambda)$,故 $p_n^* \to 0$ 当 $n \to \infty$(F 在λ 点连续). 因而 $\mathrm{E}(T_n - Z_n)^2 = [nf^2(\lambda)]^{-1}\mathrm{E}(U_n - \mathrm{E}U_n)^2 = f^{-2}(\lambda)p_n^*(1 - p_n^*) \to 0$. 由此得

$$T_n - Z_n \to 0 \quad \text{in pr.}. \tag{4.98}$$

令 $a_n = [\sqrt{n}F(\lambda + an^{-1/2}) - m/\sqrt{n}]/f(\lambda)$. 由于 $m/n = p + o(n^{-1/2})$且 f 在λ 点连续,易见 $a_n \to a$. 现有

$$\{V_n \leqslant a\} = \{X_{nm} \leqslant \lambda + an^{-1/2}\} \subset \{nF_n(X_{nm}) \leqslant nF_n(\lambda + an^{-1/2})\}$$
$$\subset \{m \leqslant nF_n(\lambda + an^{-1/2})\} = \{Z_n \leqslant a_n\},$$

这里用到 F_n的非降性,以及 $F_n(X_{nm}) \geqslant m/n$. 因此

$$P(V_n \leqslant a, T_n \geqslant a + \varepsilon) \leqslant P(Z_n \leqslant a_n, T_n \geqslant a + \varepsilon)$$
$$\leqslant P(|T_n - Z_n| > \varepsilon - |a_n - a|),$$

由(4.98)式及 $a_n - a \to 0$ 知,$P(V_n \leqslant a, T_n \geqslant a + \varepsilon) \to 0$. 类似证明(4.95)式后一式. 又因$\mathrm{E}T_n^2 = p(1-p)/f^2(\lambda)$与 n 无关,故 $T_n = O_p(1)$. 于是预备事实的条件全成立,因而有(4.97)式. 引理证毕.

注　由定理4.13知:q_{np}是λ_p的弱相合估计(在定理4.13条件满足时). 事实上易证更强的结果:只要总体分布的 p 分位数λ_p唯一,别无其他条件,则 q_{np} 就是λ_p的强相合估计.

4.4.3　极值的渐近分布

要找常数 $b_n > 0$ 及 a_n,使在 $n \to \infty$时,$(X_{nn} - a_n)/b_n$有极限分布并定出其形式. X_{n1}不构成新问题,因若令 $Y_i = -X_i(1 \leqslant i \leqslant n)$,则 $X_{n1} = -\max(Y_1, \cdots, Y_n)$,这样把极小值的问题转化成极大值去处理.

容易见到:若$(X_{nn} - a_n)/b_n$有非退化极限分布$G(x)$,则对任何常数 $c > 0$ 和 d,适当选择常数 $b_n' > 0$ 和 a_n',可使$(X_{nn} - a_n')/b_n' \xrightarrow{L} G(cx + d)$. 反过来,若对任何 $b_n' > 0$ 及 a_n',$(X_{nn} - a_n')/b_n'$有非退化极限分布,则这极限分布有$G(cx + d)$的形式. 因此,我们可以把一切极限分布归类,每一类取一个代表 G. 由 G 生成的类,就是指一切分布$\{G(cx + d), c > 0, -\infty < d < \infty\}$. 故任意

两个分布类或者重合,或者不交叉.

定理 4.15 若$(X_{nn}-a_n)/b_n$有连续的极限分布G,则G必属于以下三种分布所代表的分布类之一:

Ⅰ型:$G(x)=\exp(-e^{-x}),-\infty<x<\infty$;

Ⅱ型:$G(x)=\exp(-x^{-\alpha})I(x>0),-\infty<x<\infty,\alpha>0$;

Ⅲ型:$G(x)=\begin{cases}\exp(-(-x)^{\alpha}), & x<0,\\ 1, & x\geqslant 0,\end{cases}\quad \alpha>0.$

不同型分布属于不同的类,同型之内不同的α所对应的分布也不同类.

很容易举例证明,这三种形式的分布皆可以作为极大值的极限分布. 以F记总体分布:

Ⅰ型:$F(x)=(1-e^{-x})I(x>0),X_{nn}-\ln n$;

Ⅱ型:$F(x)=\max(0,1-x^{-\alpha}),X_{nn}n^{-1/\alpha}$;

Ⅲ型:$F(x)=\max(0,1-|x|^{\alpha})$当$x\leqslant 0,F(x)=1$当$x>0,X_{nn}n^{-1/\alpha}$.

验证很容易,从略. 困难之处在于证明极限分布只能有这几种类型.

次一个问题是:为了极大值渐近分布属于某一特定的类型,总体分布要满足什么条件. 这个问题也已彻底解决了:

定理 4.16 为了存在$b_n>0$和a_n,使$(X_{nn}-a_n)/b_n$的极限分布属于某型,总体分布F所要满足的充要条件是:

Ⅰ型(在$F(x)$当x充分大时连续的前提下):对由方程$F(a_n)=1-1/n$和$F(a_n+b_n)=1-(ne)^{-1}$的a_n和b_n,有

$$\lim_{n\to\infty}n[1-F(a_n+b_nx)]=e^{-x},\quad -\infty<x<\infty.$$

Ⅱ型:$F(x)<1$对一切x,且存在$\alpha>0$使

$$\lim_{x\to\infty}\frac{1-F(x)}{1-F(cx)}=c^{\alpha},\quad 对任何\ c>0.$$

Ⅲ型:存在有限的常数a,使$F(a)=1,F(x)<1$当$x<a$,且存在$\alpha>0$,使

$$\lim_{x\to\infty}\frac{1-F(cx+w)}{1-F(x+w)}=c^{\alpha},\quad 对任何\ c>0.$$

粗略地(但不完全确切)说,主要有关之点在于总体X在∞一端的尾部性

状,Ⅲ型要求 X 有上界,因而尾部最薄. Ⅰ,Ⅱ型都要求 X 无上界,但尾部厚度不同:Ⅱ型要求尾部概率 $1-F(x)$ 大体与 $x^{-\alpha}$ 同阶,对某个 $\alpha>0$,而Ⅰ型要求有更高一点的量级.

极值渐近分布在历史上有一些著名学者研究过. 以上理论(定理4.14, 4.15)是由前苏联数学家 Gnedenko 在1943年建立的. 有关细节可参看,例如,作者的《数理统计引论》第549~563面.

前已指出,极小值的渐近分布问题可转化为极大值的问题去处理,故也有类似于定理4.14和4.15的结果,细节不在此讨论了.

4.4.4 极值分布参数的估计

Ⅰ型极值分布在应用上比较重要,这里只讨论有关它的参数估计问题.

在一些应用问题中,只记录了在一定时间或空间中众多观察值的极端值,例如一条河每年每日的水位,只有每年最高水位的记录. 设有 n 个这样的极(大)值 $X_1,\cdots,X_n$. 如果每个 X_i 都是从为数充分大的一批值(不一定全有记录)中挑出的最大值,则按定理4.14,可近似地认为 X_i 来自一个分布为 $\exp(-\mathrm{e}^{-\alpha(x-u)})$ 的总体,$\alpha>0$ 及 u 为未知参数. $X_1,\cdots,X_n$ 可视为由此分布抽出的 iid. 样本,要依据它去估计 α 和 u.

1° **样本分位数法**:记 $F_{\alpha u}(x)=\exp(-\mathrm{e}^{-\alpha(x-u)})$,则有 $F_{\alpha u}(u)=\exp(-\mathrm{e}^{-0})=0.3679\equiv p_1$,即 u 为总体 p_1 分位数,可以其样本 p 分位数去估计之. 又 $F_{u\alpha}(u+1/\alpha)=\exp(-\mathrm{e}^{-1})=0.6922\equiv p_2$,故 $u+1/\alpha$ 可用样本 p_2 分位数去估计. 二者结合得出 α 的估计.

本法的优点在于计算简单,且利用定理4.13,不难得到估计量的渐近正态性,缺点在于效率低一些.

2° **MLE 法**:总体有密度 $f_{\alpha u}(x)=\alpha\exp\{(-\mathrm{e}^{-\alpha(x-u)})-\alpha(x-u)\}$. 由此不难写出似然方程

$$\mathrm{e}^{\alpha u}\sum_{i=1}^{n}\mathrm{e}^{-\alpha X_i}=n,\quad \sum_{i=1}^{n}X_i\mathrm{e}^{-\alpha X_i}\Big/\sum_{i=1}^{n}\mathrm{e}^{-\alpha X_i}+\frac{1}{\alpha}=\bar{X}. \tag{4.99}$$

由后一方程解出 α. 代入前一方程解出 u. 求解要用迭代法,可以用由样本分位数法得出的解作为初始值.

读者不难验证:定理4.9的条件在此都成立,故似然方程的一个相合解 $(\hat{\alpha}_n, \hat{u}_n)$,就是 (α,u) 的 BANE. 由于样本分位数是总体分位数的相合估计,用第一法得出的估计是(α,u)的相合估计. 以之为初始值作迭代求似然方程之解,保证了此解在第一法所得之解附近,因而是相合解和 BANE.

MLE 法的缺点在于计算较繁,优点是效率较高(在样本量很大时).

3° **最小二乘法**: 此法基于下面的观察,若取 $X_1,\cdots,X_n$ 的次序统计量 $X_{n1}\leqslant\cdots\leqslant X_{nn}$,则因总体分布连续,故有 $\mathrm{E}(F(X_{ni}))=i/(n+1)$(这可利用定理 4.11 证明. 因据该定理,若 $U_{n1}\leqslant\cdots\leqslant U_{nn}$ 是由 $R(0,1)$ 中抽出的 iid. 样本的次序统计量,则 $F(X_{ni})$ 与 U_{ni} 同分布,故 $\mathrm{E}(F(X_{ni}))=\mathrm{E}(U_{ni})$). 它与 $F(X_{ni})$ 之值接近但有差距:

$$\exp(-\mathrm{e}^{-\alpha(X_{ni}-u)})\approx i/(n+1),\quad 1\leqslant i\leqslant n.$$

取两次对数,近似地有

$$\alpha(X_{ni}-u)\approx-\ln\left(-\ln\frac{i}{n+1}\right)\equiv c_{ni},\quad 1\leqslant i\leqslant n. \tag{4.100}$$

作偏差平方和 $\sum_{i=1}^{n}[\alpha(X_{ni}-u)-c_{ni}]^2$. 找$(\alpha,u)$之值$(\alpha^*,u^*)$,使其达到最小值,即以$(\alpha^*,u^*)$作为$(\alpha,u)$的估计. 关于最小二乘法的求解及更进一步的讨论见第 8 章. 本法在计算上的难度介于前述两法之间,估计其效率大致也应如此,但未有研究(习题 40).

第 5 章

假设检验的优化理论

假设检验的概念曾在 1.2 节中提到. 按 Neyman-Pearson 在 20 世纪二三十年代所建立的理论,或是按 Wald 的统计决策理论,假设检验问题可归化为一个数学优化问题. 循着这条路线所发展的假设检验理论和方法,是本章的内容. 然而,这种优化问题只在很有限的一些场合才可解. 在许多情况下,人们只能从某种直观的想法出发,提出一个或一些看来合理的检验法,再设法去探讨其性质. 这方面的题材属于下一章的内容.

本章的内容,包括**一致最优检验**、**一致最优无偏检验**和**不变检验**.

5.1 基本概念

5.1.1 统计假设和检验函数

设样本 X 取值于可测空间 $(\mathscr{X},\mathscr{B}_x)$,其分布族为 $\{P_\theta,\theta\in\Theta\}$. 一个**统计假设**,简称为**假设**,是关于 X 的分布,或者说,关于参数 θ 的一个命题:

$$H:\theta\in\Theta_0,$$

这里 Θ_0 是 Θ 的一个给定的真子集.

在数学中,经常见到诸如"假设函数 f 连续"、"假设 X 的方差有限"、"据假设 A,我们有……"之类的表述. 统计假设中"假设"一词的含义与此不同. 它不是作为一个已被认定为真的事实,而是作为一个命题或陈述,其正确与否,或更确切地说,我们是否打算接受它,要依据样本去作出决定. 作出决定的过程,称作对该假设进行检验.

设参数真值为 θ_0,则 $\theta_0\in\Theta_0$,或 $\theta_0\overline{\in}\Theta_0$,二者必居其一. 若是前者,称"**假设 H 成立**"或"**假设 H 为真**". 若是后者,称 H **不成立**或**不真**.

设 Θ_1 非空,$\Theta_1\subset\Theta-\Theta_0$. 则命题

$$K:\theta\in\Theta_1$$

称为 H 的一个**对立假设**或**备择假设**,以后我们只用前一名词. 注意这里没有要求 $\Theta_1=\Theta-\Theta_0$,虽然这种情况较为多见. 保留 Θ_1 可以不为 $\Theta-\Theta_0$ 这个灵活性有其方便. 与此相对,$H:\theta\in\Theta_0$ 常称为**原假设**或**零假设**,也有叫**解消假设**的. 以

后我们只用原假设一词. 若 Θ_0 只含一点,则 H 称为“**简单(原)假设**”,否则称为“**复合(原)假设**”. 与此相似,对立假设也有简单复合之分.

把 H 和 K 排比在一起写成形式

$$H:\theta \in \Theta_0 \leftrightarrow K:\theta \in \Theta_1 \tag{5.1}$$

就称作是一个(**统计**)**假设检验问题**,或简称**检验问题**. 其含义是:有这样一个命题 $H:\theta\in\Theta_0$,我们要设法去判断(即检验)它是否成立. 如果 $\Theta_1=\Theta-\Theta_0$,则对立假设 K 的含义清楚:即当我们认为或判断 H 不成立时,等于说认为 K 成立,如果 Θ_1 只是 $\Theta-\Theta_0$ 的真子集,则 H 不成立未必一定有 K 成立,这时 K 理解为我们所最关心(或针对)的“非 H”情况. 容许 $\Theta_1\neq\Theta-\Theta_0$ 不仅出于理论上的需要,也有其实际意义. 举例言之,设某一批产品的次品率记为 θ,使用者认为当 $\theta\leqslant 0.01$ 时该批产品可以接受,而 $\theta\geqslant 0.02$ 则绝不可接受. 若 θ 在二者之间则无可无不可. 这时可以立下对立假设 $\theta\leqslant 0.01$,而以 $\theta\geqslant 0.02$ 作为对立假设. 当然,取 $\theta>0.01$ 作原假设也无不可,但以 $\theta\geqslant 0.02$ 为对立假设,突出地表明了使用者的针对性,他要尽量避免那种把“$\theta\leqslant 0.01$”和“$\theta\geqslant 0.02$”这两种有明确差异的状态弄错的可能性,这对如何选定检验方案有影响. 如以 $\theta>0.01$ 为对立假设则做不到这一点,因为在 θ 取 0.01 很靠近之值时,H 与 K 难于分辨.

5.1.2 接受域·否定(拒绝)域·检验函数

检验一个假设,就是采取一定的步骤或程序,以作出“接受原假设 H”(即认为命题 H 正确)或“否定(拒绝)H”(认为 H 不正确)的结论或行动. 作出这种结论可以光凭主观或经验上的考虑. 但本章所讲的是这种情况:对 X 进行试验或观察,得样本 x,是否接受 H 是基于样本 x. 为了不致对这句话产生误解,我们赶紧指出:作出是否接受 H 的决定取决于许多因素,如样本的分布,检验水平的选定,以至经验知识的运用(Bayes 方法)等. 在把这些因素全部或部分地考虑进来的前提下,最后的决定取决于样本 x.

基于样本 x 而作出是否接受 H 的决定,称为对 H 进行统计检验,以后简称检验. 这样,一个检验就等同于把样本空间 $\mathscr{X}$ 分成两个不交的子集 $\mathscr{X}_A$ 和 $\mathscr{X}_R$:当 $x\in\mathscr{X}_A$ 时接受 H,当 $x\in\mathscr{X}_R$ 时否定 H. $\mathscr{X}_A$ 和 $\mathscr{X}_R$ 分别称为该检验的**接受域**和**否定(拒绝)域**.

按随机化决策函数的思想,可以引进如下更一般的检验程序:定义一个 $\mathscr{X}$ 上而取值于[0,1]的 $\mathscr{B}_x$ 可测函数 $\phi(x)$. 在有了样本 x 后,计算 $\phi(x)$,然后以概率 $\phi(x)$ 否定 H,以概率 $1-\phi(x)$ 接受 H. 这样一个 ϕ 称为(H 的)一个**检验函数**. 如果 ϕ 确能取(0,1)内之值,检验称为**随机化的**. 若 ϕ 只能取 0,1 为值,则回到前面的情况:检验的接受域为 $\{x:\phi(x)=0\}$,否定域为 $\{x:\phi(x)=1\}$,这种检验称为**非随机化检验**. 随机化检验在实用上用得不多,理论上有其用处.

5.1.3 检验的功效函数与水平

设 ϕ 为(5.1)式之一检验函数,则函数

$$\beta_\phi(\theta) = P_\theta(H\text{ 被否定}) = \int_{\mathscr{X}} \phi(x)\mathrm{d}P_\theta(x) = \mathrm{E}_\theta\phi(X), \quad \theta \in \Theta,$$

称为其**功效函数**. 要注意的是:$\beta_\phi(\cdot)$**是定义在全空间** Θ,哪怕 $\Theta_0 \cup \Theta_1$ 只是 Θ 的真子集,$\beta_\phi(\theta)$ 仍对一切 $\theta\in\Theta$ 有意义. 在本章所讲述的 Neyman-Pearson 假设检验理论中,功效函数包含了检验函数的全部性质:两个检验函数如有同一的功效函数,则二者就没有分别. 要注意的是:两个截然不同的检验函数可以有同一的功效函数(习题 2b).

设 $0\leqslant\alpha\leqslant 1$. 若

$$\beta_\phi(\theta) \leqslant \alpha, \quad \text{对一切 } \theta \in \Theta_0, \tag{5.2}$$

则称 α 为检验 ϕ 的一个**水平**. 按这个定义,水平不唯一:若 α 是水平而 $\alpha\leqslant\alpha'\leqslant 1$,则 α' 也是水平. ϕ 的一切水平的下确界,即最小水平,有时称为 ϕ 的**真实水平**. 在实用上,当谈到一检验的水平时,一般心目中是指其真实水平. 容许水平的多值主要是为理论上的方便:有时在应用上我们无法肯定所设定的 α 是否为真实水平,允许这个概念有些弹性也是有益的.

5.1.4 两类错误·控制第一类错误概率的原则

当检验一个假设(5.1)时,可能犯以下两类错误之一:一是 H 正确,但被否定了,称为**第一类错误**;一是 H 不真,但被接受了,称为**第二类错误**. 在一特定场合(即一个特定的 $\theta_0\in\Theta$),只能犯这两类错误之一,当 $\theta_0\in\Theta_0$ 时只能犯第一类错误,$\theta_0\overline{\in}\Theta_0$ 时则只能犯第二类错误. 由于我们对参数真值 θ_0 一无所知,就必须把犯这两种错误的可能性都考虑进来. 若以 $E_i(\theta)$ 记当参数真值为 θ 时,犯第 i 类错误的概率,则有

$$E_1(\theta)=\begin{cases}\beta_\phi(\theta), & 当\ \theta\in\Theta_0,\\ 0, & 当\ \theta\overline{\in}\Theta_0.\end{cases}$$
$$E_2(\theta)=\begin{cases}0, & 当\ \theta\in\Theta_0,\\ 1-\beta_\phi(\theta), & 当\ \theta\overline{\in}\Theta_0.\end{cases} \tag{5.3}$$

所以,为了使用检验 ϕ 犯错误的概率小,就必须使其功效函数 β_ϕ 在 Θ_0 上尽量小,而在 Θ_0 之外尽量大(当 Θ_1 为 $\Theta-\Theta_0$ 的真子集时,实用上所关心的只是 β_ϕ 在 Θ_1 上尽量大). 这二者往往不可得兼,只好先顾上一头:把 $E_1(\theta)$ 控制在给定的范围内. 按(5.3)式,并注意到水平的定义(5.2)式,这归结为:要求检验的水平为某个给定的数 α. 在这个前提下,使第二类错误概率 $E_2(\theta)$ 尽可能小. 按(5.3)式,这就是要求 $\beta_\phi(\theta)$ 在 Θ_0 之外(或 Θ_1 上)尽可能大. 这就是 Neyman 和 Pearson 提出的**"控制第一类错误概率"的原则**. 这个原则把寻找一个好的检验的问题归结为找一个 ϕ,使在约束条件(5.2)式之下,β_ϕ 在 Θ_0 之外尽可能大这样一个数学问题.

由于 $\beta_\phi(\theta)$ 在 $\theta\overline{\in}\Theta_0$,尤其是在 $\theta\in\Theta_1$ 时,是愈大愈好,故常把 β_ϕ 在某 $\theta\overline{\in}\Theta_0$ 处之值 $\beta_\phi(\theta)$ 称为检验 ϕ 在 θ 点处的**功效**.

5.2 一致最优检验

设 ϕ 为检验问题(5.1)的一个水平 α 检验. 若对(5.1)式的任意一个水平 α 检验 ψ,必有 $\beta_\psi(\theta)\leqslant\beta_\phi(\theta)$ 对一切 $\theta\in\Theta_1$,则称 ϕ 是(5.1)式的一个水平 α 的**一致最优检验**(Uniformly Most Powerful Test,简写为 **UMP 检验**).

如果把功效作为衡量检验优劣的唯一标准,则在"水平为 α"这一约束下,UMP 检验是一切检验中最好的. 可惜的是,UMP 检验只在某些检验问题中存在. 确切地说,基本上(但不是全部)限于单参数指数型分布族的情形. 幸而这个情况包含了应用上很重要的一些例子.

一般地,若样本空间是欧氏的,分布族 $\{P_\theta,\theta\in\Theta\}$ 受控于一 σ 有限测度 μ,则当对立假设 K 为简单时,可以证明:对任何 $\alpha\in[0,1]$,水平 α 的 UMP 检验必存在(参见 Lehmann 著《Testing Statistical Hypothesis》附录第 4 节). 对一般的

检验问题(5.1),任取 $\theta_1\in\Theta_1$. 按上述,检验问题 $H:\theta\in\Theta_0\leftrightarrow K_{\theta_1}:\theta=\theta_1$ 的水平 α 的 UMP 检验 ϕ_{θ_1} 存在. 如果对一切 $\theta\in\Theta_1$ 有一个公共的 ϕ_{θ_1},记为 ϕ^*,则 ϕ^* 显然就是 $H\leftrightarrow K$ 的水平 α 的 UMP 检验. 若这样的公共的 ϕ^* 不存在,则水平 α 的 UMP 检验不存在. 这样看来,(5.1)式的水平 α 的 UMP 检验的存在问题,可归结到 K 为简单假设的情况. 但即使 K 为简单,$H\leftrightarrow K$ 的 UMP 检验也不易求. 但有一个例外情况:在 Θ_0 中存在一点 θ_0,使检验问题

$$\theta=\theta_0\leftrightarrow\theta=\theta_1 \tag{5.4}$$

的水平 α 的 UMP 检验 ϕ,相对于原假设 $H:\theta\in\Theta_0$ 仍有水平 α. 这意味着 ϕ 的功效函数 β_ϕ 满足条件 $\sup\limits_{\theta\in\Theta_0}\beta_\phi(\theta)\leqslant\alpha$. 如果这样,就很容易证明:$\phi$ 就是检验问题 $\theta\in\Theta_0\leftrightarrow\theta=\theta_1$ 的水平 α 的 UMP 检验. 但是,满足这种条件的 $\theta_0\in\Theta_0$ 不见得存在,因此这个方法不一定能奏效. 在其能用的场合,寻求 UMP 检验的问题就变得轻而易举. 这就是我们下文要讨论的 Neyman-Pearson (NP)基本引理.

5.2.1 NP 基本引理

考虑检验问题(5.4). 令 $\mu=P_{\theta_0}+P_{\theta_1}$,则 $P_{\theta_0}\ll\mu, P_{\theta_1}\ll\mu$. 记 $f(x,\theta_i)=\mathrm{d}P_{\theta_i}(x)/\mathrm{d}\mu(x)$ $(i=1,2)$. 不妨设 $f(x,\theta_i)<\infty$,且 $f(x,\theta_0)$ 和 $f(x,\theta_1)$ 不同时为 0.

定理 5.1(NP 基本引理) 给定 $\alpha\in[0,1]$:

1°(存在性) 对检验问题(5.4),必存在检验 ϕ,满足

$$\phi(x)=\begin{cases}1, & 当\ f(x,\theta_1)/f(x,\theta_0)>k,\\ 0, & 当\ f(x,\theta_1)/f(x,\theta_0)<k.\end{cases} \tag{5.5}$$

其中 k 为某一常数,且

$$\beta_\phi(\theta_0)=\int_{\mathscr{X}}\phi(x)f(x,\theta_0)\mathrm{d}\mu=\alpha. \tag{5.6}$$

又任何一个检验 ϕ 若同时满足(5.5)和(5.6)式,则它必是(5.4)式的水平 α 的 UMP 检验.

2°(1°之逆) 若 ϕ 为(5.4)式的水平 α 的 UMP 检验,则对某个常数 k,$\varphi(x)$ 对 a.e.μ 的 x 满足(5.5)式. 又若 ϕ 的功效小于 1,即

$$\beta_\phi(\theta_1)=\int_{\mathscr{X}}\phi(x)f(x,\theta_1)\mathrm{d}\mu<1. \tag{5.7}$$

则 ϕ 也满足(5.6)式.

证明 $\alpha=0$ 及 $\alpha=1$ 的情况显然(但 k 允许取 ∞). 以下设 $0<\alpha<1$,又 $a/0$ 理解为 ∞ 当 $a>0$.

1° 定义 $h(c)=P_{\theta_0}(f(x,\theta_1)/f(x,\theta_0)\leqslant c)(0\leqslant c<\infty)$. $h(c)$非升,右连续且 $h(\infty)=\lim\limits_{c\to\infty}h(c)=0$, $h(0_-)=1$. 则存在 $k\in[0,\infty)$使 $h(k_-)\geqslant\alpha\geqslant h(k)$. 则

$$\phi(x)=\begin{cases}1, & \text{当}\dfrac{f(x,\theta_1)}{f(x,\theta_0)}>k,\\ \dfrac{\alpha-h(k)}{h(k_-)-h(k)}, & \text{当}\dfrac{f(x,\theta_1)}{f(x,\theta_0)}=k,\\ 0, & \text{当}\dfrac{f(x,\theta_1)}{f(x,\theta_0)}<k\end{cases} \tag{5.8}$$

同时满足(5.5)和(5.6)式.

若 $h(0)=1-\alpha$,则在(5.8)式中令 $k=0$,所得 ϕ 满足(5.5)和(5.6)式. 若 $h(0)>1-\alpha$,则在(5.8)式中令 $k=0$ 并改 $h(k)-h(k-0)$为 $h(0)$,所得的 ϕ 满足(5.5)和 (5.6)式.

现设 ϕ 满足(5.5)和(5.6)式,往证它是(5.4)式的水平 α 的 UMP 检验. 为此,设$\tilde{\phi}$为(5.4)式的一个水平 α 检验. 记

$$S^+=\{x:\phi(x)>\tilde{\phi}(x)\},\quad S^-=\{x:\phi(x)<\tilde{\phi}(x)\}, \tag{5.9}$$

则 $x\in S^+\Rightarrow\phi(x)>0\Rightarrow f(x,\theta_1)/f(x,\theta_0)\geqslant k$. 同理, $x\in S^-\Rightarrow f(x,\theta_1)/f(x,\theta_0)\leqslant k$. 故

$$[\phi(x)-\tilde{\phi}(x)][f(x,\theta_1)-kf(x,\theta_0)]\geqslant 0,\quad \forall x.$$

因此

$$\int_{\mathscr{X}}[\phi(x)-\tilde{\phi}(x)][f(x,\theta_1)-kf(x,\theta_0)]\mathrm{d}\mu\geqslant 0,$$

故

$$\begin{aligned}\beta_\phi(\theta_1)-\beta_{\tilde{\phi}}(\theta_1)&=\int_{\mathscr{X}}[\phi(x)-\tilde{\phi}(x)]f(x,\theta_1)\mathrm{d}\mu\\ &\geqslant k\int_{\mathscr{X}}[\phi(x)-\tilde{\phi}(x)]f(x,\theta_0)\mathrm{d}\mu\end{aligned}$$

$$= k[\beta_\phi(\theta_0) - \beta_{\tilde{\phi}}(\theta_0)] = k[\alpha - \beta_{\tilde{\phi}}(\theta_0)] \geqslant 0.$$

这证明了 ϕ 为(5.4)式的水平 α 的 UMP 检验.

2° 设$\tilde{\phi}$为(5.4)式的水平 α 的 UMP 检验. 据已证的 1°,存在检验 ϕ 满足(5.5)和(5.6)式. 定义 $S^{\pm}$ 如(5.9)式,$S = S^+ \cup S^-$,$S_1 = S \cap \{x: f(x,\theta_1)/f(x,\theta_0) \neq k\}$. 往证 $\mu(S_1) = 0$. 此因在 S_1 上有 $\psi(x) \equiv [\phi(x) - \tilde{\phi}(x)][f(x,\theta_1) - kf(x,\theta_0)] > 0$,故若 $\mu(S_1) > 0$,将有

$$0 < \int_{S_1} \psi(x)\mathrm{d}\mu = \int_{\mathscr{X}} \psi(x)\mathrm{d}\mu$$

$$= \beta_\phi(\theta_1) - \beta_{\tilde{\phi}}(\theta_1) - k[\beta_\phi(\theta_0) - \beta_{\tilde{\phi}}(\theta_0)].$$

因 $\beta_\phi(\theta_0) = \alpha \geqslant \beta_{\tilde{\phi}}(\theta_0)$,得 $\beta_\phi(\theta_1) > \beta_{\tilde{\phi}}(\theta_1)$,与 ϕ 为(5.4)式的水平 α 的 UMP 检验矛盾. 这证明了 $\mu(S_1) = 0$,因而 a.e. μ 在 $\phi(x) \neq \tilde{\phi}(x)$ 时必有 $f(x,\theta_1)/f(x,\theta_0) = k$,这证明了$\tilde{\phi}$满足(5.5)式.

现设(5.7)式成立,改(5.7)式中的 ϕ 为$\tilde{\phi}$. 若 $\beta_{\tilde{\phi}}(\theta_0) < \alpha$,令

$$\phi(x) = \min(1, \tilde{\phi}(x) + \alpha - \beta_{\tilde{\phi}}(\theta_0)),$$

则 $\mathrm{E}_{\theta_0}(x) \leqslant \alpha$,即 ϕ 为(5.4)式的水平 α 检验,且 $\phi(x) \geqslant \tilde{\phi}(x)$ 对一切 x,等号当且仅当$\tilde{\phi}(x) = 1$ 时成立. 由 $\mathrm{E}_{\theta_1}\tilde{\phi}(X) < 1$ 知 $P_{\theta_1}(\tilde{\phi}(X) = 1) < 1$,这将得出 $\mathrm{E}_{\theta_1}\phi(X) > \mathrm{E}_{\theta_1}\tilde{\phi}(X)$ 与 $\tilde{\phi}$ 为(5.4)式的水平 α 的 UMP 检验矛盾. 故必有 $\beta_{\tilde{\phi}}(\theta_0) = \alpha$,即$\tilde{\phi}$也满足(5.6)式. 定理证毕.

系　若 ϕ 为(5.4)式的水平 α 的 UMP 检验,则必有 $\beta_\phi(\theta_1) \geqslant \alpha$. 若 $0 < \alpha < 1$ 而 $P_{\theta_0} \neq P_{\theta_1}$,则 $\beta_\phi(\theta_1) > \alpha$.

证明　因 $\phi^*(x) \equiv \alpha$ 为水平 α 检验,可得出前一结论. 现设 $0 < \alpha < 1$ 而 $P_{\theta_0} \neq P_{\theta_1}$,若 $\beta_\phi(\theta_1) = \alpha$,则 $\phi(x) \equiv \alpha$ 为水平 α 的 UMP 检验,故由定理 5.1 的 2°知,ϕ应有(5.5)式的形式. 由此及 $0 < \alpha < 1$ 知,$f(x,\theta_1)/f(x,\theta_0) = k$ a.e.μ. 这只在 $k = 1$ 及 $f(x,\theta_1) = f(x,\theta_0)$ a.e.μ 才可能,而这与 $P_{\theta_0} \neq P_{\theta_1}$ 矛盾.

注　从定理 5.1 知,检验问题(5.4)的 UMP 检验,如果 $\mu(\{x: f(x,\theta_1)/f(x,\theta_0) = k\}) \neq 0$,可以是随机化的. 在连续型即 $\mathrm{d}\mu = h(x)\mathrm{d}x$ 的场合,随机化可避免,办法是把集合$\{x: f(x,\theta_1)/f(x,\theta_0) = k\}$拆成适当的两部分 C_1 和 C_0,在 C_1上令 $\phi(x) = 1$,在 C_0上令 $\phi(x) = 0$. 如 μ 为离散的,则为同时实现"水平 α"及"UMP 检验"这两条,随机化可能无可避免. 在实用上,随机化检验不便使用,有时宁可适当地修改水平 α,以避免使用随机化检验.

5.2.2　NP 基本引理的推广

撇开其统计意义不谈，NP 基本引理无非是一个带约束下的积分极值问题，它可以(部分地)推广为下面的形式.

定理 5.2　设 $f_i(1\leqslant i\leqslant m+1)$是测度空间$(\mathscr{X},\mathscr{B}_x,\mu)$上的 μ 可积函数. 以 $\mathscr{F}$ 记一切满足条件 $0\leqslant\phi(x)\leqslant 1$ 的 $\mathscr{B}_x$ 可测函数之集，而

$$\mathscr{A}=\left\{\phi:\phi\in\mathscr{F},\int_{\mathscr{X}}\phi f_i\mathrm{d}\mu=c_i,1\leqslant i\leqslant m\right\}.$$

其中 $c_1,\cdots,c_m$ 为常数. 设 $\mathscr{A}$ 非空.

1° 若存在 $\phi\in\mathscr{A}$ 及常数 $a_1,\cdots,a_m$，使

$$\phi(x)=\begin{cases}1, & \text{当 } f_{m+1}(x)>\sum_{i=1}^{m}a_if_i(x),\\ 0, & \text{当 } f_{m+1}(x)<\sum_{i=1}^{m}a_if_i(x),\end{cases}\tag{5.10}$$

则

$$\int_{\mathscr{X}}\phi f_{m+1}\mathrm{d}\mu=\sup\left\{\int_{\mathscr{X}}\psi f_{m+1}\mathrm{d}\mu:\psi\in\mathscr{A}\right\}.\tag{5.11}$$

2° 若存在 $\phi\in\mathscr{A}$ 及常数 $a_1,\cdots,a_m$，使

$$\phi(x)=\begin{cases}1, & \text{当 } f_{m+1}(x)<\sum_{i=1}^{m}a_if_i(x),\\ 0, & \text{当 } f_{m+1}(x)>\sum_{i=1}^{m}a_if_i(x),\end{cases}$$

则

$$\int_{\mathscr{X}}\phi f_{m+1}\mathrm{d}\mu=\inf\left\{\int_{\mathscr{X}}\psi f_{m+1}\mathrm{d}\mu:\psi\in\mathscr{A}\right\}.$$

证明　只需证 1°，2°可以由 1°推出（以 $-f_i$ 代 f_i）. 设 $\tilde{\phi}\in\mathscr{A}$. 记 $S^{\pm}$ 如(5.9)式，则在 $S\equiv S^{+}\cup S^{-}$ 上，有

$$[\phi(x)-\tilde{\phi}(x)]\Big[f_{m+1}(x)-\sum_{i=1}^{m}a_if_i(x)\Big]\geqslant 0.$$

由此,考虑到 ϕ 和 $\tilde{\phi}$ 都满足同一约束条件,得

$$\begin{aligned}0&\leqslant\int_S(\phi-\tilde{\phi})\Big(f_{m+1}-\sum_{i=1}^{m}a_if_i\Big)\mathrm{d}\mu\\&=\int_{\mathscr{X}}(\phi-\tilde{\phi})\Big(f_{m+1}-\sum_{i=1}^{m}a_if_i\Big)\mathrm{d}\mu\\&=\int_{\mathscr{X}}\phi f_{m+1}\mathrm{d}\mu-\int_{\mathscr{X}}\tilde{\phi}f_{m+1}\mathrm{d}\mu,\end{aligned}$$

如所欲证.

5.2.3 单调似然比族参数的 UMP 检验

设样本 X 有分布 $f(x,\theta)\mathrm{d}\mu,\theta\in\Theta\subset\mathbb{R}^1$. 若存在统计量 T,使对任何 $\theta_0<\theta_1$,当 θ_1,θ_0 都属于 Θ 时,比 $f(x,\theta_1)/f(x,\theta_0)$ 只依赖于 θ_0,θ_1 及 $T(x)$,且是 $T(x)$ 的非降函数,又不同的 $\theta\in\Theta$ 对应不同的分布,则称 $\{f(x,\theta)\mathrm{d}\mu,\theta\in\Theta\}$ 是一个**单调似然比**(Monotone Likelihood Ratio)**分布族**,简称 **MLR 族**.

设 $\theta_0\in\Theta,\Theta_0=\{\theta:\theta\in\Theta,\theta\leqslant\theta_0\}$ 和 $\Theta_1=\Theta-\Theta_0$ 都非空. 考虑检验问题(5.1).

定理 5.3 1° 下述形式的检验函数

$$\phi(x)=\begin{cases}1, & \text{当 } T(x)>c,\\ r, & \text{当 } T(x)=c,\\ 0, & \text{当 } T(x)<c,\end{cases}\tag{5.12}$$

其中 c,r 为常数,$0\leqslant r\leqslant 1$,其功效函数 $\beta_\phi(\theta)$ 非降,且在集合 $\{\theta:\theta\in\Theta,0<\beta_\phi(\theta)<1\}$ 上严格上升.

2° 给定 $\alpha\in(0,1)$,可找到形如(5.12)式的检验 ϕ,满足

$$\beta_\phi(\theta_0)=\alpha,\tag{5.13}$$

此 ϕ 就是(5.1)式(Θ_0,Θ_1 定义见上)的水平 α 的 UMP 检验.

3° 若 $\tilde{\phi}$ 是(5.1)式的检验,满足 $\beta_{\tilde{\phi}}(\theta_0)=\alpha$,则

$$\beta_\phi(\theta)\leqslant\beta_{\tilde{\phi}}(\theta),\quad 对任何\ \theta\in\Theta,\theta<\theta_0.\tag{5.14}$$

证明 先证 1°,2°. 给定 $\theta\in\Theta_1$,考虑检验问题 $\theta=\theta_0\leftrightarrow\theta=\theta_1$. 据 MLR 族的定义,易知存在形如(5.12)的检验 ϕ,满足(5.13),它是 $\theta=\theta_0\leftrightarrow\theta=\theta_1$ 的水平 α 的 UMP 检验. 据定理 5.1 的推论 1 及 $0<\alpha<1$ 知,$\beta_\phi(\theta_1)>\alpha=\beta_\phi(\theta_0)$. 由于 $\theta_0<\theta_1$ 及 $\alpha\in(0,1)$ 都是任取的,这证明了 1°. 因 1°,有 $\beta_\phi(\theta)\leqslant\beta_\phi(\theta_0)=\alpha$,故 ϕ 对于原假设 $\theta\leqslant\theta_0$ 也有水平 α,因此它是 $\theta\leqslant\theta_0\leftrightarrow\theta=\theta_1$ 的水平 α 的 UMP 检验. 由于 ϕ 只依赖于 θ_0,α 而不依赖 $\theta_1(>\theta_0)$,它就是 $\theta\leqslant\theta_0\leftrightarrow\theta>\theta_0$ 的水平 α 的 UMP 检验. 这证明了 2°.

为证 3°,取 $\theta_1<\theta_0$. 记 $\tilde{\alpha}=\beta_\phi(\theta_1)$. 据已证部分知,$\phi$ 是 $\theta=\theta_1\leftrightarrow\theta=\theta_0$ 的水平 $\tilde{\alpha}$ 的 UMP 检验. 故若 $\tilde{\phi}$ 为任一检验,满足 $\beta_{\tilde{\phi}}(\theta_1)<\tilde{\alpha}$ 及 $\beta_{\tilde{\phi}}(\theta_0)=\beta_\phi(\theta_0)$,则 $\tilde{\phi}$ 也是 $\theta=\theta_1\leftrightarrow\theta=\theta_0$ 的水平 $\tilde{\alpha}$ 的 UMP 检验. 由于 $\beta_\phi(\theta_0)=\alpha<1$,按定理 5.1 的 2°,应有 $\beta_{\tilde{\phi}}(\theta_1)=\tilde{\alpha}$,与 $\beta_{\tilde{\phi}}(\theta_1)<\tilde{\alpha}$ 矛盾. 这证明(5.14)式(其中 $\theta=\theta_1$)成立. 定理证毕.

注 1 通常 UMP 检验只谈到在水平 α 的约束下,犯第二类错误的概率一致地达到最小,而未涉及犯第一类错误概率的大小问题. 本定理的 3° 表明,对 MLR 族,UMP 检验的优良性更进了一步:它在水平 α 的约束下,不仅使犯第二类错误的概率一致地最小,也使犯第一类错误的概率一致地最小.

注 2 对检验问题 $\theta=\theta_0\leftrightarrow\theta>\theta_0$,本定理的结论仍旧成立. 对检验问题 $\theta\geqslant\theta_0\leftrightarrow\theta<\theta_0$(都是在 $\theta_0\in\Theta,\theta\in\Theta$ 及集合$\{\theta:\theta<\theta_0\}$非空的约束下,下同)及检验问题 $\theta=\theta_0\leftrightarrow\theta<\theta_0$,定理的结论在略加修改后成立. 修改为:(5.12)式的 ϕ 改为

$$\phi(x)=\begin{cases}1, & \text{当 } T(x)<c,\\ r, & \text{当 } T(x)=c,\\ 0, & \text{当 } T(x)>c,\end{cases}$$

而"$\beta_\phi(\theta)$在 $0<\beta_\phi(\theta)<1$ 处严格上升"改为"在 $0<\beta_\phi(\theta)<1$ 处严格下降". 3°改为:若 $\beta_\phi(\theta_0)=\alpha$,则 $\beta_\phi(\theta)\leqslant\beta_{\tilde{\phi}}(\theta)$对任何 $\theta>\theta_0,\theta\in\Theta$.

本定理的主要应用在于一维指数型分布族. 由于其重要性,值得单独列为一个定理.

定理 5.4 设样本 X 有分布

$$f(x,\theta)\mathrm{d}\mu=C(\theta)\exp(Q(\theta)T(x))\mathrm{d}\mu,\quad \theta\in\Theta,$$

其中 $Q(\theta)$在 Θ 上严格上升. 则对任给 $\alpha\in(0,1)$,检验问题 $\theta\leqslant\theta_0\leftrightarrow\theta>\theta_0(\theta_0\in\Theta,\theta\in\Theta)$的水平 α 的 UMP 检验 ϕ 有形式(5.12),且满足(5.13)式. 这个 UMP 检验还满足定理 5.3 的 3°.

注1 若 $Q(\theta)$ 在 Θ 上严格下降，以 $-Q(\theta)$ 和 $-T(x)$ 取代 $Q(\theta)$ 和 $T(x)$.

注2 定理5.3的注1°,2°也适用于本定理.

利用上述两个定理，可以求得常见的几个检验问题的UMP检验. 可惜的是，这只限于单参数单边假设(对立假设中的 θ 值全处在原假设中 θ 值的同一侧)的情形.

例5.1 设 $X_1,\cdots,X_n$ 为抽自具分布 F_θ 的一维总体的iid.样本，要检验假设 $H:\theta\leqslant\theta_0\leftrightarrow K:\theta>\theta_0$，水平 α.

1° 当 $F_\theta\sim N(\theta,\sigma^2)$，$\sigma^2$ 已知时，水平 α 的UMP检验有否定域 $\bar{X}>\theta_0+\sigma u_\alpha/\sqrt{n}$. u_α 为标准正态分布函数 Φ 的 $1-\alpha$ 分位点，或称上 α 分位点.

2° 当 F_θ 为指数分布 $\theta^{-1}\mathrm{e}^{-x/\theta}I(x>0)\mathrm{d}x,\theta>0$. 水平 α 的UMP检验有否定域 $\bar{X}>(2n)^{-1}\theta_0\chi_{2n}{}^2(\alpha)$. $\chi_{2n}{}^2(\alpha)$ 为 $\chi_{2n}{}^2$ 分布的上 α 分位点.

3° 当 $F_\theta\sim N(a,\theta^2)$，$a$ 已知，$\theta>0$. 水平 α 的UMP检验有否定域 $\sum_{i=1}^{n}(X_i-a)^2>\theta_0{}^2\chi_n{}^2(\alpha)$.

4° 当 $F_\theta\sim B(1,\theta)$，水平 α 的UMP检验 ϕ 有形式

$$\phi(T)=\begin{cases}1, & T>c,\\ r, & T=c,\\ 0, & T<c,\end{cases}\quad T=\sum_{i=1}^{n}X_i, \tag{5.15}$$

而 c,r 由条件

$$\sum_{c+1}^{n}\binom{n}{i}\theta_0{}^i(1-\theta_0)^{n-i}+r\binom{n}{c}\theta_0{}^c(1-\theta_0)^{n-c}=\alpha,\quad 0\leqslant r\leqslant 1$$

决定.

5° 当 F_θ 为Poisson $\mathscr{P}(\theta)$，$\theta\geqslant 0$，水平 α 的UMP检验 ϕ 有形式(5.15)，其中 c,r 由条件

$$\mathrm{e}^{-n\theta_0}\Big[\sum_{i=0}^{c-1}(n\theta_0)^i/i!+(1-r)(n\theta_0)^c/c!\Big]=1-\alpha$$

决定.

本例属于指数族. 非指数族的MLR族的例子如下：

例5.2 一批产品 N 个，N 已知，其中次品数 M 为未知参数. 从其中随机不放回抽 n 个，以 X 记其中次品数. 要求基于 X 检验假设 $H:M\leqslant M_0\leftrightarrow K:$

$M > M_0$.

X 服从超几何分布

$$P_M(x) = P_M(X = x) = \binom{M}{x}\binom{N-M}{n-x}\bigg/\binom{N}{n},$$

$$\max(0, n+M-N) \leqslant x \leqslant \min(M, n).$$

此分布的支撑依赖参数 M，故绝不是指数族. 易验证：它是以 $T(x)=x$ 为统计量的 MLR 族. 按定理 5.3 知，$M \leqslant M_0 \leftrightarrow M > M_0$ 的水平 α 的 UMP 检验 ϕ 为(5.15)式，其中 $T(x)=x$，而 c, r 由条件

$$\sum_{x=c+1}^{\min(M_0,n)} \binom{M_0}{x}\binom{N-M_0}{n-x}\bigg/\binom{N}{n} + r\binom{M_0}{c}\binom{N-M_0}{n-c}\bigg/\binom{N}{n} = \alpha$$

决定.

例 5.3 样本 $X_1, \cdots, X_n$ iid.，$\sim R(0,\theta)$，$\theta > 0$. 似然比($\theta_0 < \theta_1$)

$$f(x_1, \cdots, x_n, \theta_1)/f(x_1, \cdots, x_n, \theta_0) = (\theta_0/\theta_1)^n \text{ 或 } \infty,$$

视 $T(x) = \max(x_1, \cdots, x_n) \leqslant \theta_0$ 或 $\theta_0 < T(x) \leqslant \theta_1$ 而定. 此为 $T(x)$ 的非降函数，依定理 5.3，检验问题 $\theta \leqslant \theta_0 \leftrightarrow \theta > \theta_0$ 的水平 α 的 UMP 检验有否域 $T(x) > \theta_0(1-\alpha)^{1/n}$.

注 本例中似然比只在区域$\{x: T(x) \leqslant \theta_1\}$内有意义，可以把 MLR 族的定义略加修改，即：似然比 $f(x,\theta_1)/f(x,\theta_0)$($a/0$ 当 $a>0$ 理解为 ∞)在一个可以与 θ_0 和 θ_1 有关的区域内有意义，且在此区域内为某统计量 $T(x)$ 的非降函数，这一修改不影响定理 5.3 及其证明.

在某些双边或多参数的场合，UMP 检验也存在. 这是稀有的例外，见习题 5,15.

5.2.4 从 Wald 决策理论的角度看检验问题

把接受和否定一个(原)假设各看成一个决策或行动，则可把检验问题看成是一个其行动空间只含两元 a_0, a_1 的统计决策问题(a_0 表“接受”). 设损失函数为 $L(\theta, a_i) = L_i(\theta)$($i=0,1, \theta \in \Theta$)，则对任一随机化决策函数 $\phi(x)$ ($\phi(x)$ 为有了样本 x 时，取行动 a_1 的概率)，其风险为

$$R(\theta, \phi) = \mathrm{E}_\theta(L_0(\theta)(1-\phi(X)) + L_1(\theta)\phi(X)).$$

问题归结为找 ϕ，使 $R(\theta,\phi)$在某种意义上最小．

接这个提法，看不出有“检验假设”的迹象，也根本不出现“原假设”、“对立假设”之类的概念，这可以通过选择 $L_i(\theta)$的形式体现出来．例如，姑且设 $\Theta_1=\Theta-\Theta_0$．令

$$L_0(\theta)\begin{cases}=0, & 当\ \theta\in\Theta_0,\\ >0, & 当\ \theta\in\Theta_1,\end{cases}\quad L_1(\theta)\begin{cases}>0, & 当\ \theta\in\Theta_0,\\ =0, & 当\ \theta\in\Theta_1,\end{cases}\tag{5.16}$$

则 Θ_0和 Θ_1分别相当于原假设和对立假设的地位．(5.16)式的意思是：若决定对了，损失为 0；决定错了，则依是哪一类错误及参数值 θ 而定：第一(二)类错误的损失为 $L_1(\theta)(L_0(\theta))$．风险为

$$R(\theta,\phi)=\begin{cases}L_1(\theta)\beta_\phi(\theta), & \theta\in\Theta_0,\\ L_0(\theta)[1-\beta_\phi(\theta)], & \theta\in\Theta_1.\end{cases}\tag{5.17}$$

此处$\beta_\phi(\theta)$的意义与以前同：$\beta_\phi(\theta)=\mathrm{E}_\theta\phi(X)$．(5.17)式中的两个组成部分 $L_1(\theta)\beta_\phi(\theta)$和 $L_0(\theta)[1-\beta_\phi(\theta)]$可分别视为第一、第二类错误的风险．如要控制第一类错误风险，则统计决策 ϕ 的寻求转化为最优化问题

$$\max_{\theta\in\Theta_0}L_1(\theta)\beta_\phi(\theta)\leqslant\alpha,\quad \max_{\theta\in\Theta_1}L_1(\theta)[1-\beta_\phi(\theta)].\tag{5.18}$$

这里α起前面的检验水平的作用(当然，这里α不必局限于不超过 1)．

如果 $L_0(\theta)$在 Θ_1上等于常数(>0)，$L_1(\theta)$在 Θ_0上等于常数，则(5.18)式完全重合于以前的问题：让$\beta_\phi(\theta)$在 Θ_0上不超过α，在此约束下使$\beta_\phi(\theta)$在 Θ_1上尽可能大．这样看，前面讲的 Neyman-Pearson 假设检验理论确可视为 Wald 统计决策理论的一特例．从历史上说，NP 理论在先，且被视为 Wald 理论的先声(都是把一个统计问题化为数学最优化问题)．

(5.18)式的提法容许对 $L_0(\theta)$(在 Θ_1上)和 $L_1(\theta)$(在 Θ_0上)作某种选择，这有时更能反映实际．举例言之，样本 $X\sim N(\theta,1)$．要检验假设 $H:\theta\in\Theta_0=\{\theta\leqslant0\}\leftrightarrow K:\theta\in\Theta_1=\{\theta>0\}$．当$\theta$为 0.01 或$\theta$为 100 时，都应否定 H．如果接受了 H，则按 NP 理论，所造成的损失都是 1．但是，$\theta=0.01$ 接近 H 而$\theta=100$ 远离 H．可以想象，在一些情况下，同是接受 H，$\theta=0.01$ 时的损失，应小于$\theta=100$ 时的损失．因此 $L_0(\theta)$在$\theta>0$ 时不应为一常数，而应是随θ的增加而上升．同样，$L_1(\theta)$在$\theta\leqslant0$ 处应是一个非增函数．

然而，这种较广的提法并未在现今的假设检验理论中取得多少地位，更谈不

上取代 NP 理论. 这是因为,决策理论只是提供了一个框架而未能发展多少具体解法. 从实用的观点看,$L_i(\theta)$的选择也只能是人为性的成分居多,由之导出的风险往往还不如"错误概率"的概念较易为人所理解和接受.

5.3 无偏检验

UMP 检验不常有,故只能把要求放松一些. 其一个途径是限制所考虑的检验的范围,以期望在这缩小了的范围内,能有一个最优者(功效最大者). 本节及下节就是讨论这方面的问题.

设有假设检验问题(5.1),而 ϕ 为其检验. 若

$$\sup_{\theta\in\Theta_0}\beta_\phi(\theta)\leqslant\inf_{\theta\in\Theta_1}\beta_\phi(\theta),\tag{5.19}$$

则称 ϕ 是**无偏的**(是(5.1)式的一个**无偏检验**). 另一个被采用的定义是:设 ϕ 为(5.1)式的一个水平 α 检验. 若

$$\inf_{\theta\in\Theta_1}\beta_\phi(\theta)\geqslant\alpha,\tag{5.20}$$

则称 ϕ 是(5.1)式的一个水平 α 无偏检验. 这两个定义的要旨都在于:一个"合理的"检验应有这样的性质:当原假设成立时其被否定的概率,不应超过当原假设不成立时,原假设被否定的概率. 从形式上看,这两个定义还是略有差别:若 ϕ 在第二个定义下为无偏,它必在第一个定义下为无偏. 但是,若 ϕ 在前一定义下无偏且有水平 α,则(5.20)式未必成立,除非 α 是 ϕ 的真实水平. 为确定计,**以后总用第二个定义**.

"无偏"一词的含义还可从另一个角度去看,设 $X\sim N(\theta,1)$,考虑检验问题 $H:\theta=0\leftrightarrow K:\theta\neq 0$. 易见以$\{X>u_\alpha\}$为否定域的检验 ϕ 有水平 α,且对 K 的右边部分$\{\theta>0\}$是 UMP 的. 故针对这部分对立假设,ϕ 很有效. 但若 $\theta<0$(这时 H 不成立),这检验的功效将很坏:它小于 α,且随 $\theta\to-\infty$ 而超于 0. 故若采用 ϕ,则当 H 不成立但 $\theta<0$ 时,犯第二类错误的概率会很大,推其原因,是由于在构作检验 ϕ 时,过分偏向了 $\theta>0$ 这一个部分. 若取检验ϕ以$\{X<-u_\alpha\}$为否定

域，也有类似的问题，即过分偏向了 K 中 $\theta<0$ 这一部分. 作为一种折中，我们取 $\{|X|>u_{\alpha/2}\}$ 为否定域，这同等地照顾到了 K 的两边（没有偏向，即无偏），但在 K 的两个部分上，这检验都没有达到可能最大的功效. 这就是为了有无偏性而付出的代价.

5.3.1　相似与 Neyman 结构

设 ϕ 为(5.1)式之一无偏检验，其功效函数 $\beta_\phi(\theta)$ 连续，设 Θ 是欧氏的，而 Θ_0 和 Θ_1 有公共的边界集 ω. 则易见 $\beta_\phi(\theta)$ 在 ω 上保持常数.

一般地，设 ω 为参数空间 Θ 之一子集，ϕ 为一检验，其功效函数在 ω 上保持不变，则称 **ϕ 对集 ω 相似**. 或更确切地，**对分布族 $\{P_\theta,\theta\in\omega\}$ 相似**. 如果 $\{P_\theta,\theta\in\omega\}$ 有一个充分统计量 $t=t(x)$，则对 $\theta\in\omega$，$\mathrm{E}_\theta(\phi(X)|t)=\psi(t)$ 可选得与 θ 无关，且 $0\leqslant\psi(t)\leqslant1$，因而 $\psi(t)=\psi(t(x))$ 也是一个检验函数. 如果

$$\psi(t(x))=\alpha(\text{常数})\ \text{a.s.}\ P_\theta,\quad \text{对任何}\ \theta\in\omega,\tag{5.21}$$

则称 **ϕ 对 (t,ω) 有 Neyman 结构**. ϕ 的相似性与 Neyman 结构两个概念之间有下述联系：

定理 5.5　ϕ 对 (t,ω) 有 Neyman 结构是 ϕ 对于集 ω 相似的充分条件. 若 t 除充分外还是（有界）完全的（对 $\{P_\theta,\theta\in\omega\}$），则这个条件也是必要条件.

证明　前一结论显然. 现设 ϕ 对于 ω 相似，且 $\beta_\phi(\theta)=\alpha$ 当 $\theta\in\omega$. 令 $h(t)=\psi(t)-\alpha$，$\psi(t)=\mathrm{E}_\theta(\phi(x)|t)$，$\theta\in\omega$（$\psi$ 与 θ 无关当 $\theta\in\omega$，因 t 为 $\{P_\theta,\theta\in\omega\}$ 的充分统计量），则 $\mathrm{E}_\theta(h(t))=0$ 对一切 $\theta\in\omega$. 由（有界）完全性知，$h(t)=0$ a.s. P_θ，$\theta\in w$，即(5.21)式成立. 定理证毕.

相似性只要求无条件功效函数 β_ϕ 在 ω 上保持常数. Neyman 结构则进一步要求条件功效函数 $\mathrm{E}_\theta(\phi(X)|t)$ 在 $\mathscr{X}\times\omega$ 上保持常数. 这二者一般不等价，本定理给出了等价成立的一个情况，即 t 除了（对 $\{P_\theta,\theta\in\omega\}$）充分之外还应（对 $\{P_\theta,\theta\in\omega\}$）（有界）完全.

5.3.2　一致最优无偏检验

若 ϕ 为(5.1)式的一个水平 α 的无偏检验，且对(5.1)式的任何水平 α 无偏检验 ϕ^*，有

$$\beta_{\phi^*}(\theta)\leqslant\beta_\phi(\theta),\quad \text{对一切}\ \theta\in\Theta_1,$$

则称 ϕ 是(5.1)式的一个水平 α 的一致最优无偏检验(Uniformly Most Powerful Unbiased Test,简称 **UMPU 检验**).

容易看到,水平 α 的 UMP 的检验必是水平 α 的 UMPU 检验,其逆不真.

本节其余部分的内容是关于单参数指数分布族的 UMPU 检验,即多参数指数型分布族中检验其中一个参数时的 UMPU 检验. 这里面包含了一些常见的重要检验,但在指数族以外,UMPU 检验存在的情况很稀有.

5.3.3 单参数指数族的 UMPU

单参数指数族 $C(\theta)\exp(\theta t(x))\mathrm{d}\mu,\theta\in\Theta$ 的单边假设有 UMP 检验. 不难证明,双边假设

$$H_1:\theta_1\leqslant\theta\leqslant\theta_2\leftrightarrow K_1:\theta\,\overline{\in}\,[\theta_1,\theta_2],$$

$$H_2:\theta=\theta_0\leftrightarrow K_2:\theta\neq\theta_0$$

都没有 UMP 检验. 下面要证明:它们都有 UMPU 检验.

先考虑 $H_1\leftrightarrow K_1$. 给定 $\alpha\in(0,1),\theta_1<\theta_2$.

定理 5.6 若检验 ϕ 满足

$$\beta_\phi(\theta_1)=\beta_\phi(\theta_2)=\alpha, \tag{5.22}$$

且有形式($c_1<c_2,0\leqslant r_i\leqslant 1,i=1,2$)

$$\phi(x)=\begin{cases}1, & \text{当 } t(x)\,\overline{\in}\,[c_1,c_2],\\ r_i, & \text{当 } t(x)=c_i,i=1,2,\\ 0, & \text{当 } c_1<t(x)<c_2.\end{cases} \tag{5.23}$$

则 ϕ 是 $H_1\leftrightarrow K_1$ 的水平 α 的 UMPU.

证明 取定 $\tilde{\theta}\,\overline{\in}\,[\theta_1,\theta_2]$. 往证:存在常数 k_1,k_2(可与 θ 有关),使

$$\phi(x)=\begin{cases}1, & \text{当 } g(\tilde{\theta},t)>k_1g(\theta_1,t)+k_2g(\theta_2,t),\\ 0, & \text{当 } g(\tilde{\theta},t)<k_1g(\theta_1,t)+k_2g(\theta_2,t),\end{cases} \tag{5.24}$$

其中 $g(\theta,t)=C(\theta)\mathrm{e}^{\theta t}$. 证明了这一点,据定理 5.2 可知,满足(5.22)和(5.23)式的 ϕ,在一切满足(5.22)式的检验函数类中,一致地使 $\beta_\phi(\tilde{\theta})$ 达到最大,$\tilde{\theta}\,\overline{\in}\,[\theta_1,\theta_2]$. 由于指数族的性质,任一检验的功效函数连续,故如为无偏且有水平 α,必满足(5.22)式. 因此,为证本定理,只需证明两件事:

1° 满足(5.22)和(5.23)式的检验 ϕ 有形式(5.24).

2° 满足(5.22)和(5.23)式的检验 ϕ 有水平 α.

先证 1°. 考虑以 k_1, k_2 为未知数的方程组

$$g(\tilde{\theta}, c_1) = k_1 g(\theta_1, c_1) + k_2 g(\theta_2, c_1),$$

$$g(\tilde{\theta}, c_2) = k_1 g(\theta_1, c_2) + k_2 g(\theta_2, c_2).$$

因 $\theta_1 < \theta_2, c_1 < c_2$,易见此方程组的行列式大于 0,故有解. 为确定计,设 $\tilde{\theta} > \theta_2$,则不难推出解 $k_1 < 0, k_2 > 0$. 记 $k_1' = -k_1$(即 $k_1' > 0, k_2 > 0$),可知关系式

$$g(\tilde{\theta}, t) + k_1' g(\theta_1, t) = k_2 g(\theta_2, t) \tag{5.25}$$

在 $t = c_1, c_2$ 时成立. 上式中 $k_1' > 0, k_2 > 0$,即

$$H(t) \equiv C(\tilde{\theta}) e^{(\tilde{\theta} - \theta_2) t} + k_1' C(\theta_1) e^{-(\theta_2 - \theta_1) t} = k_2 C(\theta_2), \quad t = c_1, c_2.$$

此式左边为 t 的严凸函数,而右边与 t 无关,故 $H(t) < k_2 C(\theta_2)$ 当 $c_1 < t < c_2$,而 $H(t) > k_2 C(\theta_2)$ 当 $t \overline{\in} [c_1, c_2]$. 回到(5.25)式,得

$$g(\tilde{\theta}, t) + k_1' g(\theta_1, t) < k_2 g(\theta_2, t) \quad \Leftrightarrow \quad c_1 < t < c_2,$$

$$g(\tilde{\theta}, t) + k_1' g(\theta_1, t) > k_2 g(\theta_2, t) \quad \Leftrightarrow \quad t \overline{\in} [c_1, c_2].$$

这证明了 ϕ 满足(5.24)式(其中的 $k_1 = -k_1'$). 这一段证明的关键在于指数的严凸性,因而不适用于 MLR 族的情形.

为证 2°,选定 $\tilde{\theta} \in (\theta_1, \theta_2)$. 用上述方法,完全类似证明:在一切满足(5.22)式的检验类中,以满足(5.23)式的那一个使 $\beta_\phi(\tilde{\theta})$ 达到最小. 此最小值不超过 α(与 $\phi^* \equiv \alpha$ 比较),故 $\beta_\phi(\tilde{\theta}) \leqslant \alpha$ 对一切 $\tilde{\theta} \in [\theta_1, \theta_2]$. 这完成了本定理的证明.

现考虑 $H_2 \leftrightarrow K_2$,给定 $\alpha \in (0,1), \theta_0 \in \Theta$.

定理 5.7 若检验 ϕ 满足

$$\beta_\phi(\theta_0) = \alpha, \tag{5.26}$$

$$E_{\theta_0}(t(X)\phi(X)) = \alpha E_{\theta_0}(t(X)), \tag{5.27}$$

且有形式(5.23),则 ϕ 是 $H_2 \leftrightarrow K_2$ 的水平 α 的 UMPU.

证明 任一水平 α 的无偏检验必满足(5.26)和(5.27)式,前者由功效函数连续推出,后者由对 $\int_{\mathscr{X}} C(\theta) e^{\theta t(x)} \varphi(x) d\mu = \alpha$ 在积分号下对 θ 求导(定理 1.1),并注意 $C'(\theta)/C(\theta) = -E_\theta t(X)$ 得出. 任取 $\tilde{\theta} \neq \theta_0$. 据定理 5.2,并参考上一定理证明过程,易见为证本定理,只需证明:存在常数 k_1, k_2,使

$$\phi(x)=\begin{cases}1, & \text{当 } g(\tilde{\theta},t)>(k_1+k_2t)g(\theta_0,t),\\ 0, & \text{当 } g(\tilde{\theta},t)<(k_1+k_2t)g(\theta_0,t).\end{cases} \tag{5.28}$$

此处 $g(\theta,t)=C(\theta)\mathrm{e}^{\theta t}$. 其证明与前相似:建立方程组

$$g(\tilde{\theta},c_1)=(k_1+k_2c_1)g(\theta_0,c_1),$$

$$g(\tilde{\theta},c_2)=(k_1+k_2c_2)g(\theta_0,c_2).$$

由于 $c_1<c_2$,此方程组有解. 因此,有

$$g(\tilde{\theta},t)=(k_1+k_2t)g(\theta_0,t),\quad t=c_1,c_2.$$

记 $b=\tilde{\theta}-\theta_0$, $b\neq 0$. 上式有

$$\mathrm{e}^{bt}=a_1+a_2t,\quad t=c_1,c_2$$

的形式. 由 e^{bt} 严凸知

$$\mathrm{e}^{bt}<a_1+a_1t \quad\Leftrightarrow\quad c_1<t<c_2,$$

$$\mathrm{e}^{bt}>a_1+a_1t \quad\Leftrightarrow\quad t\,\overline{\in}\,[c_1,c_2],$$

故

$$g(\tilde{\theta},t)<(k_1+k_2t)g(\theta_0,t) \quad\Leftrightarrow\quad c_1<t<c_2,$$

$$g(\tilde{\theta},t)>(k_1+k_2t)g(\theta_0,t) \quad\Leftrightarrow\quad t\,\overline{\in}\,[c_1,c_2],$$

这与(5.23)式结合,证明了(5.28)式. 定理证毕.

注　对任给 $\alpha\in(0,1)$,满足(5.22)和(5.23)式,或满足(5.23),(5.26)和(5.27)式的检验 ϕ 必存在. 把这一不难证明的问题留作习题(习题 13a).

例 5.4　对例 5.1 中那 5 个模型,分别考虑检验问题 $H_i\leftrightarrow K_i$ $(i=1,2)$. 按定理 5.6 和 5.7,得出水平 α 的 UMPU 检验是:

1° 正态 $N(\theta,\sigma^2)$,σ^2已知,$H_1\leftrightarrow K_1$:接受域为 $c_1\leqslant\sum_{i=1}^{n}X_i\leqslant c_2$, c_1, c_2 由下述关系式确定:

$$\Phi\left(\frac{c_2-n\theta_1}{\sqrt{n}\sigma}\right)-\Phi\left(\frac{c_1-n\theta_1}{\sqrt{n}\sigma}\right)=\Phi\left(\frac{c_2-n\theta_2}{\sqrt{n}\sigma}\right)-\Phi\left(\frac{c_1-n\theta_2}{\sqrt{n}\sigma}\right)=1-\alpha.$$

对 $H_2\leftrightarrow K_2$,接受域为 $\left|\sum_{i=1}^{n}X_i-n\theta_0\right|\leqslant\sqrt{n}\sigma u_{\alpha/2}$.

2° 指数分布 $\theta^{-1}\mathrm{e}^{-x/\theta}I(x>0)\mathrm{d}x$. $H_1\leftrightarrow K_1$的接受域为 $c_1\leqslant\sum_{i=1}^{n}X_i\leqslant c_2$，$c_1,c_2$ 由下述关系式确定：

$$K_{2n}(2c_2/\theta_i)-K_{2n}(2c_1/\theta_i)=1-\alpha,\quad i=1,2,$$

$K_{2n}(\cdot)$为 $\chi_{2n}{}^2$的分布函数. 对 $H_2\leftrightarrow K_2$，接受域同上，但 c_1,c_2由关系式

$$\begin{aligned}&K_{2n}(2c_2/\theta_0)-K_{2n}(2c_1/\theta_0)=1-\alpha,\\&\int_{2c_1/\theta_0}^{2c_2/\theta_0}tk_{2n}(t)\mathrm{d}t=2n(1-\alpha)\end{aligned}\tag{5.29}$$

所确定，$k_{2n}(\cdot)$为 $\chi_{2n}{}^2$的密度函数.

用这两个关系式确定 c_1,c_2不易，作为一种近似，在应用上常取 c_1和 c_2分别为 $\chi_{2n}{}^2$的 $\alpha/2$ 和 $1-\alpha/2$ 分位点，这个 c_1,c_2所决定的接受域适合(5.29)的第一式，但不适合第二式.

3° 正态 $N(a,\theta^2)$，a 已知. $H_1\leftrightarrow K_1$的接受域 $c_1\leqslant\sum_{i=1}^{n}(X_i-a)^2\leqslant c_2$，$c_1$，$c_2$ 由关系式

$$K_n(c_2/\theta_1{}^2)-K_n(c_1/\theta_1{}^2)=K_n(c_2/\theta_2{}^2)-K_n(c_1/\theta_2{}^2)=1-\alpha$$

确定. 对 $H_2\leftrightarrow K_2$，接受域同上，但 c_1,c_2由关系式

$$K_n(c_2/\theta_0{}^2)-K_n(c_1/\theta_0{}^2)=1-\alpha,\quad\int_{c_1/\theta_0{}^2}^{c_2/\theta_0{}^2}tk_n(t)\mathrm{d}t=n(1-\alpha)$$

确定.

4° 两点分布 $B(1,\theta)$. 水平 α 的 UMPU 检验都是(5.23)式，其中 $t=\sum_{i=1}^{n}X_i$，而 c_1,c_2,r_1,r_2由关系式

$$\sum_{k=c_1+1}^{c_2-1}\binom{n}{k}\theta_i{}^k(1-\theta_i)^{n-k}+\sum_{j=1}^{2}(1-r_j)\binom{n}{c_j}\theta_i{}^{c_j}(1-\theta_i)^{n-c_j}=1-\alpha,\quad i=1,2$$

确定(对 $H_1\leftrightarrow K_1$)，或由关系式

$$\begin{cases}\displaystyle\sum_{k=c_1+1}^{c_2-1}\binom{n}{k}\theta_0{}^k(1-\theta_0)^{n-k}+\sum_{j=1}^{2}(1-r_j)\binom{n}{c_j}\theta_0{}^{c_j}(1-\theta_0)^{n-c_j}=1-\alpha,\\ \displaystyle\sum_{k=c_1+1}^{c_2-1}\binom{n}{k}k\theta_0{}^k(1-\theta_0)^{n-k}+\sum_{j=1}^{2}(1-r_j)c_j\binom{n}{c_j}\theta_0{}^{c_j}(1-\theta_0)^{n-c_j}=n\theta_0(1-\alpha)\end{cases}$$

确定(对 $H_2 \leftrightarrow K_2$).

5° Poisson 分布 $\mathscr{P}(\theta)$. 水平 α 的 UMPU 检验都是(5.23)式,其中 $t = \sum_{i=1}^{n} X_i$,而 c_1, c_2, r_1, r_2 由关系式

$$\sum_{k=c_1+1}^{c_2-1} \mathrm{e}^{-n\theta_i} \frac{(n\theta_i)^k}{k!} + \sum_{j=1}^{2} (1 - r_j) \mathrm{e}^{-n\theta_i} \frac{(n\theta_i)^{c_j}}{c_j!} = 1 - \alpha, \quad i = 1,2$$

确定($H_1 \leftrightarrow K_1$),或由关系式

$$\begin{cases} \sum_{k=c_1+1}^{c_2-1} \mathrm{e}^{-n\theta_0} \frac{(n\theta_0)^k}{k!} + \sum_{j=1}^{2} (1 - r_j) \mathrm{e}^{-n\theta_0} \frac{(n\theta_0)^{c_j}}{c_j!} = 1 - \alpha, \\ \sum_{k=c_1+1}^{c_2-1} k \mathrm{e}^{-n\theta_0} \frac{(n\theta_i)^k}{k!} + \sum_{j=1}^{2} (1 - r_j) c_j \mathrm{e}^{-n\theta_0} \frac{(n\theta_0)^{c_j}}{c_j!} = n\theta_0 (1 - \alpha) \end{cases}$$

确定($H_2 \leftrightarrow K_2$).

5.3.4 多参数指数族的 UMPU

设样本 X 有分布

$$\mathrm{d}P_{\theta,\varphi}(x) = C(\theta,\varphi) \exp(\theta u(x) + \varphi' t(x)) \mathrm{d}\mu(x), \quad (\theta,\varphi') \in \Theta.$$

φ 可以是 k 维($k \geqslant 1$). 参数空间 Θ 在 $\mathbb{R}^{k+1}$ 中有内点. (u,t) 为完全充分统计量,可以转到 (u,t) 的空间中去讨论. (u,t) 的分布为

$$\mathrm{d}P^*_{\theta,\varphi}(u,t) = C(\theta,\varphi) \exp(\theta u + \varphi' t) \mathrm{d}\nu(u,t), \quad (\theta,\varphi') \in \Theta.$$

就这个分布族讨论三个检验问题:

$$H_1: \theta \leqslant \theta_0 \leftrightarrow K_1: \theta > \theta_0,$$

$$H_2: \theta = \theta_0 \leftrightarrow K_2: \theta \neq \theta_0,$$

$$H_3: \theta_1 \leqslant \theta \leqslant \theta_2 \leftrightarrow K_3: \theta \overline{\in} [\theta_1, \theta_2].$$

检验的对象是 θ,φ 称为**赘余参数或讨厌参数**. 这种参数的出现,往往使针对主要参数的统计推断问题复杂化了.

处理这几个检验问题的方法是,通过给定 t 对 u 取条件分布. 下面的引理起着关键的作用.

引理 给定 t 时,u 的条件分布有形式

$$\mathrm{d}P_\theta^{u|t}(u) = C(\theta)\mathrm{e}^{\theta u}\mathrm{d}\nu_t(u),$$

即它是一个带参数 θ 的单参指数族,与 φ 无关.有了这个引理,就可以把以上的检验问题转化到前面已解决的情形.各问题的水平 α 的 UMPU 检验是:

1° 对 $H_1 \leftrightarrow K_1$,为

$$\phi_1(u,t) = \begin{cases} 1, & \text{当 } u > C(t), \\ r(t), & \text{当 } u = C(t), \\ 0, & \text{当 } u < C(t), \end{cases}$$

其中的 $C(t)$,$r(t)$ $(0 \leqslant r(t) \leqslant 1)$ 由关系式 $\int C_t(\theta_0)\mathrm{e}^{\theta_0 u}\phi_1(u,t)\mathrm{d}\nu_t(u) = \alpha$ 确定.

2° 对 $H_2 \leftrightarrow K_2$,为

$$\phi_2(u,t) = \begin{cases} 1, & \text{当 } u \overline{\in} [C_1(t), C_2(t)], \\ r_i(t), & \text{当 } u = C_i(t), i = 1,2, \\ 0, & \text{当 } C_1(t) < u < C_2(t), \end{cases}$$

其中 $0 \leqslant r_i(t) \leqslant 1 (i=1,2)$,$C_i(t)$,$r_i(t)$ 由下述关系式确定:

$$\begin{cases} \int C_t(\theta_0)\mathrm{e}^{\theta_0 u}\phi_2(u,t)\mathrm{d}\nu_t(u) = \alpha, \\ \int C_t(\theta_0)\mathrm{e}^{\theta_0 u}u\phi_2(u,t)\mathrm{d}\nu_t(u) = \alpha \int C_t(\theta_0)\mathrm{e}^{\theta_0 u}u\,\mathrm{d}\nu_t(u). \end{cases}$$

3° 对 $H_3 \leftrightarrow K_3$,仍为 $\phi_2(u,t)$ 的形式,但 $C_i(t)$,$r_i(t)$ 是由下述关系式确定:

$$\int C_t(\theta_i)\mathrm{e}^{\theta_i u}\phi_2(u,t)\mathrm{d}\nu_t(u) = \alpha, \quad i = 1,2.$$

定理 5.8 设 Θ 作为 $\mathbb{R}^{k+1}$ 之子集,其内点集 Θ_0 非空.又在检验问题 $H_i \leftrightarrow K_i (1 \leqslant i \leqslant 3)$ 中出现的 θ_0,θ_1,θ_2 都满足条件:$\mathbb{R}^{k+1}$ 中的超平面 $\theta = \theta_i$ 与 Θ_0 有非空交,$i=1,2$(对 $H_3 \leftrightarrow K_3$),或 $i=0$(对 $H_1 \leftrightarrow K_1$,$H_2 \leftrightarrow K_2$).则上面定义的诸检验 ϕ_1,ϕ_2,ϕ_3 分别是 $H_1 \leftrightarrow K_1$,$H_2 \leftrightarrow K_2$ 和 $H_3 \leftrightarrow K_3$ 的水平 α 的 UMPU 检验.

引理的证明 随机向量 (u,t) 的分布记为 $\mathrm{d}P_{\theta,\varphi}(u,t)$.在 Θ 中固定一点 (θ_0,φ_0),并简记 $\mathrm{d}P_{\theta_0,\varphi_0}$ 为 $\mathrm{d}P_0$.这样可以把 (u,t) 的分布改写为 $(\overline{C}(\theta,\varphi) =$

$C(\theta,\varphi)/C(\theta_0,\varphi_0)$)

$$\mathrm{d}P_{\theta,\varphi}(u,t)=\bar{C}(\theta,\varphi)\exp((\theta-\theta_0)'u+(\varphi-\varphi_0)'t)\mathrm{d}P_0(u,t). \tag{5.30}$$

在引理中 θ 是一维，但该引理结论对 θ 为多维仍成立，故上式的写法上默许了 θ 可以为多维. 往证：给定 t 时，u 的条件概率分布是

$$P_{\theta,\varphi}(\mathrm{d}u\mid t)=\exp((\theta-\theta_0)'u)P_0(\mathrm{d}u\mid t)/g_\theta(t), \tag{5.31}$$

其中，$g_\theta(t)=\int_{\mathscr{U}}\exp((\theta-\theta_0)'u)P_0(\mathrm{d}u\mid t)$. $P_0(\mathrm{d}u\mid t)$ 是在 $(u,t)\sim P_0$ 之下，在给定 t 时 u 的(正则)条件概率分布. 为证这一点，需要证明两条：

1° 对任何 Borel 集 $B\subset\mathscr{U}$($\mathscr{U}$ 是 u 的值域空间)，$P_{\theta,\varphi}(B|t)$ 是 t 的 Borel 可测函数.

2° 对任何 Borel 集 $B\subset\mathscr{U}$，$C\subset\mathscr{T}$($\mathscr{T}$ 为 t 的值域空间)，有

$$P_{\theta,\varphi}(u\in B,t\in C)=\int_C P_{\theta,\varphi}(B\mid t)\mathrm{d}P_{\theta,\varphi}^t(t), \tag{5.32}$$

$\mathrm{d}P_{\theta,\varphi}^t(t)$ 是 t 的分布. 1°由 $P_0(\mathrm{d}u|t)$ 是正则条件概率分布得出. 为证 2°，以 $\mathrm{d}P_0^t$ 记 $\mathrm{d}P_{\theta_0,\varphi_0}^t$. 先注意

$$P_{\theta,\varphi}^t(C)=\int_C\bar{C}(\theta,\varphi)\exp((\varphi-\varphi_0)'t)\Big(\int_{\mathscr{U}}\exp((\theta-\theta_0)'u)P_0(\mathrm{d}u\mid t)\Big)\mathrm{d}P_0^t(t), \tag{5.33}$$

此式由(5.30)式及 $P_{\theta,\varphi}^t(C)=\mathrm{E}(P_{\theta,\varphi}(C|t))$ 直接得出.

把(5.31)和(5.33)式代入(5.32)式的右边，得到

$$\begin{aligned}\int_C P_{\theta,\varphi}(B\mid t)\mathrm{d}P_{\theta,\varphi}^t(t)&=\int_C\Big[\int_B\exp((\theta-\theta_0)'u)P_0(\mathrm{d}u\mid t)/g_\theta(t)\Big],\\ &\bar{C}(\theta,\varphi)\exp((\varphi-\varphi_0)'t)g_\theta(t)\mathrm{d}P_0^t(t)\\ &=\iint\limits_{B\times C}\bar{C}(\theta,\varphi)\exp((\theta-\theta_0)'u+(\varphi-\varphi_0)'t)\mathrm{d}P_0(t,u)\\ &=P_{\theta,\varphi}(B\times C),\end{aligned}$$

这证明了(5.32)式，因而证明了(5.31)式. 把 $g_\theta(t)$ 改写为 $1/C_t(\theta)$，同时令 $\mathrm{d}\nu_t(u)=\mathrm{e}^{-\theta_0'u}P_0(\mathrm{d}u|t)$，得

$$P_{\theta,\varphi}(\mathrm{d}u\mid t)=C_t(\theta)\mathrm{e}^{\theta'u}\mathrm{d}\nu_t(u).$$

右边与 φ 无关. 左边在引理的陈述中曾记为 $\mathrm{d}P_\theta^{u|t}(u)$. 引理证毕.

定理 5.8 的证明 考虑 $H_j\leftrightarrow K_j$. 记 $w_j=\{\varphi:(\theta_j,\varphi)\in\Theta\}(j=0,1,2)$. 按假定, w_j 作为 $\mathbb{R}^k$ 的子集,其内点集 w_j^0 非空. 按引理 1.3, t 的分布族为指数型族 $\mathrm{d}P_{\theta,\varphi}^T(t)=C_\theta(\varphi)\mathrm{e}^{\varphi't}\mathrm{d}\nu_\theta(t)$. 把 θ 固定为 $\theta_j(j=0,1,2)$时,此分布族

$$\mathscr{P}_j^T\equiv\{\mathrm{d}P_{\theta,\varphi}^T(t)=C_j(\varphi)\mathrm{e}^{\varphi't}\mathrm{d}\nu_j(t),\varphi\in w_j\}$$

的参数空间 w_j 的内点集 ${w_j}^0$ 非空,故 t 是其完全充分统计量.

现设 $\phi=\phi(u,t)$是 $H_j\leftrightarrow K_j$ 的任一水平 α 的无偏检验,则因 ϕ 的功效函数 $\beta_\phi(\theta,\varphi)$连续,故它在 w_j 上保持常数 α, $j=0,1,2$. 由此,在 $H_1\leftrightarrow K_1$ 的情形,据定理 5.5,得

$$\mathrm{E}_{\theta_0}(\phi(u,t)\mid t)=\alpha\quad \text{a.e. } \mathscr{P}_0^T, \tag{5.34}$$

此处 E_{θ_0} 理解为 $\mathrm{E}_{\theta_0,\varphi}$,对任何 $\varphi\in w_0$. 此因前已证明, $P_{\theta,\varphi}^{u|t}(t)$与 φ 无关.

(5.34)式有一个例外集 B(要注意的是,虽则 $\mathscr{P}_0^T$ 中包含无穷个分布,例外集只有一个公共的,这仍是因为 $\mathscr{P}_{\theta,\varphi}^{u|t}$ 与 φ 无关). 由于 t 有指数族分布,由 $\mathscr{P}_0^T(B)=0$ 推出 $P_{\theta,\varphi}^T(B)=0$对一切$(\theta,\varphi)\in\Theta$,故不妨假定 B 为空集.

由(5.34)式,应用定理 5.4(这一步又用到了:给定 t 时 u 的条件分布为只依赖于单参数 θ 的指数族),可知

$$\begin{aligned}&\mathrm{E}_{\theta,\varphi}(\phi_1(u,t)\mid t)\geqslant\mathrm{E}_{\theta,\varphi}(\phi(u,t)\mid t),\quad \theta>\theta_0,(\theta,\varphi)\in\Theta,\\&\mathrm{E}_{\theta,\varphi}(\phi_1(u,t)\mid t)\leqslant\alpha,\quad \theta\leqslant\theta_0,(\theta,\varphi)\in\Theta.\end{aligned}$$

由后一式知 $\mathrm{E}_{\theta,\varphi}(\phi_1(u,t))\leqslant\alpha,\theta\leqslant\theta_0,(\theta,\varphi)\in\Theta$,即 φ_1 为 $H_1\leftrightarrow K_1$ 的水平 α 检验. 由前一式知 $\mathrm{E}_{\theta,\varphi}(\phi_1(u,t))\geqslant\mathrm{E}_{\theta,\varphi}(\phi(u,t)),\theta>\theta_0,(\theta,\varphi)\in\Theta$,对 $H_1\leftrightarrow K_1$ 的任一水平 α 无偏检验 ϕ. 因此 ϕ 是$H_1\leftrightarrow K_1$的水平 α 的 UMPU 检验. $H_2\leftrightarrow K_2$ 和 $H_3\leftrightarrow K_3$的论证与此完全相似,故从略. 定理证毕.

5.3.5 线性型的检验

以上的理论只能处理单个参数的检验. 即使在指数型,两个或更多参数的检验,其 UMPU 一般多不存在.

但是,经参数的线性变换,指数型仍为指数型. 故以上理论可用于参数的线性组合,即

$$\theta^*=a_0\theta+a'\varphi,\quad a=(a_1,\cdots,a_k)',$$

这里 $a_0, a_1, \cdots, a_k$ 不全为 0. 为确定计,设 $a_0 \neq 0$,有

$$\begin{aligned} \mathrm{d}P_{\theta,\varphi}(x) &= C(\theta,\varphi)\exp(\theta u(x) + \varphi' t(x))\mathrm{d}\mu(x) \\ &= C^*(\theta^*,\varphi)\exp(\theta^* u^*(x) + \varphi' t^*(x))\mathrm{d}\mu(x), \end{aligned} \tag{5.35}$$

其中

$$u^* = u/a_0, \quad t^* = t - au/a_0.$$

这样,关于 θ^* 的假设,如 $\theta^* \leqslant \theta_0$, $\theta_1 \leqslant \theta^* \leqslant \theta_2$, $\theta^* = \theta_0$ 等的 UMPU,可用前面的方法得出.

5.3.6 t 检验 · χ^2 检验 · F 检验

本节理论的一个主要应用是,针对正态分布参数的检验.

1° 一样本 t 检验.

设 $X_1, \cdots, X_n$ iid., $\sim N(a, \sigma^2)$,要检验假设 $a \leqslant a_0$ 或 $a = a_0$. 此处 σ^2 未知.

样本 $(X_1, \cdots, X_n)$ 的密度有形式(5.35),其中 $k = 1$,而

$$u = \sum_{i=1}^n x_i, \quad t = \sum_{i=1}^n x_i^2, \quad \theta = a/\sigma^2, \quad \varphi = -(2\sigma^2)^{-1}.$$

先考虑 $a_0 = 0$ 的情况. 这时, $a \leqslant 0$ 和 $a = 0$ 分别转化为 $\theta \leqslant 0$ 和 $\theta = 0$. 据定理 5.8,并考虑到分布的连续性,得 $a \leqslant 0$ 的水平 α 的 UMPU 检验有接受域 $U \leqslant \tilde{c}(t)$. 因为 $T = u/\sqrt{t - u^2/n}$ 是 u 的严增函数,故上述接受域也可写为 $T \leqslant c(t)$. 不难证明:当 $a = 0$ 即 $\theta = 0$ 时, T 与 t 独立, $\sqrt{(n-1)/n}\,T$ 服从自由度 $n-1$ 的 t 分布 t_{n-1}. 因此,上述 $c(t)$ 应取为 $\sqrt{n/(n-1)}\,t_{n-1}(\alpha)$,其中 $t_{n-1}(\alpha)$ 为 t_{n-1} 的上 α 分位点. 注意到 $t - u^2/n = \sum_{i=1}^n (X_i - \bar{X})^2$,此检验可写成常见的形式:当 $\sqrt{n}\,\bar{X} \Big/ \left[\sum_{i=1}^n (X_i - \bar{X})^2/(n-1)\right]^{1/2} \leqslant t_{n-1}(\alpha)$ 时接受,不然就否定.

对一般的 a_0,可通过变换 $X_i' = X_i - a_0$ 化到 $a_0 = 0$ 的情况,结果是:当 $\sqrt{n}(\bar{X} - a_0) \Big/ \left[\sum_{i=1}^n (X_i - \bar{X})^2/(n-1)\right]^{1/2} \leqslant t_{n-1}(\alpha)$ 时接受,不然就否定($t_{n-1}(\alpha)$ 是分布 t_{n-1} 的上 α 分位点,下同).

类似地,对双边假设 $a = a_0$,得出水平 α 的 UMPU 检验有接受域

$$\left|\sqrt{n}(\bar{X}-a_0)\Big/\left[\sum_{i=1}^{n}(X_i-\bar{X})^2/(n-1)\right]^{1/2}\right|\leqslant t_{n-1}(\alpha/2).$$

2° 两样本 t 检验.

设 $X_1,\cdots,X_m$ iid.,$\sim N(a,\sigma^2)$, $Y_1,\cdots,Y_n$ iid.,$\sim N(b,\sigma^2)$,a,b 属于 $\mathbb{R}^1$,$\sigma^2>0$. 要检验假设 $a\leqslant b$ 或 $a=b$.

写出合样本$(X_1,\cdots,X_m,Y_1,\cdots,Y_n)$的密度,可以看出它有形式(5.35),其中

$$\theta^*=\frac{mn(b-a)}{(m+n)\sigma^2},\quad \varphi=\left(\frac{ma+nb}{(m+n)\sigma^2},-\frac{1}{2\sigma^2}\right)',$$

$$u^*=\bar{Y}-\bar{X},\quad t^*=\left(m\bar{X}+n\bar{Y},\sum_{i=1}^{m}X_i^2+\sum_{j=1}^{m}Y_j^2\right)'=(t_1^*,t_2^*).$$

检验问题 $a\leqslant b\leftrightarrow a>b$ 转化为$\theta^*\geqslant 0\leftrightarrow\theta^*<0$. 据定理5.8,并考虑到分布的连续性,故$\theta^*\geqslant 0\leftrightarrow\theta^*<0$ 的水平α 的 UMPU 检验有接受域 $u^*\geqslant\tilde{c}(t^*)$. 因为在给定 t^* 时,$V\equiv u^*/[t_2^*-(m+n)^{-1}t_1^{*2}-(m+n)^{-1}mnu^{*2}]^{1/2}$是 u^* 的严增函数,接受域也可写为 $V\geqslant c(t^*)$. 易见

$$t_2^*-(m+n)^{-1}t_1^*-(m+n)^{-1}mnu^{*2}=\sum_{i=1}^{m}(X_i-\bar{X})^2+\sum_{j=1}^{n}(Y_j-\bar{Y})^2,$$

故当 $a=b$ 时,$\sqrt{\dfrac{mn(m+n-2)}{m+n}}V\sim t_{m+n-2}$,与 $a=b$ 和σ^2无关. 由此据 Basu 定理知,在 $a=b$ 时,V 与t^*独立. 因此据定理5.8,得出 $a\leqslant b\leftrightarrow a>b$ 的水平α 的 UMPU 检验的接受域为

$$\frac{\sqrt{\dfrac{mn(m+n-2)}{m+n}}(\bar{X}-\bar{Y})}{\left[\sum_{i=1}^{m}(X_i-\bar{X})^2+\sum_{j=1}^{n}(Y_j-\bar{Y})^2\right]^{1/2}}\leqslant t_{m+n-2}(\alpha).$$

类似地,若要检验的假设是 $a=b\leftrightarrow a\neq b$,则水平$\alpha$ 的 UMPU 检验的接受域为

$$\frac{\sqrt{\dfrac{mn(m+n-2)}{m+n}}\,|\bar{X}-\bar{Y}|}{\left[\sum_{i=1}^{m}(X_i-\bar{X})^2+\sum_{j=1}^{n}(Y_j-\bar{Y})^2\right]^{1/2}}\leqslant t_{m+n-2}(\alpha/2).$$

如果要检验的假设是 $a-b\leqslant c$ 或 $a-b=c$（c 已知），则只需在以上诸式中把分子中的 $\bar{X}-\bar{Y}$ 改为 $\bar{X}-\bar{Y}-c$.

3° 一样本方差检验（χ^2 检验）.

样本 $X_1,\cdots,X_n$ iid.，$\sim N(a,\sigma^2)$，要检验假设 $\sigma^2\leqslant\sigma_0{}^2$，$\sigma^2\geqslant\sigma_0{}^2$，或 $\sigma^2=\sigma_0{}^2$. 与上述完全类似的推理，得出这几个假设的水平 α 的 UMPU 检验接受域为

$$\sigma^2\leqslant\sigma_0{}^2:\sum_{i=1}^{n}(X_i-\bar{X})^2\leqslant\sigma_0{}^2\chi_{n-1}{}^2(\alpha),\tag{5.36}$$

（$\chi_{n-1}{}^2(\alpha)$ 为分布 $\chi_{n-1}{}^2$ 的上 α 分位点，下同.）

$$\sigma^2\geqslant\sigma_0{}^2:\sum_{i=1}^{n}(X_i-\bar{X})^2\geqslant\sigma_0{}^2\chi_{n-1}{}^2(1-\alpha),$$

$$\sigma^2=\sigma_0{}^2:\sigma_0{}^2c_1\leqslant\sum_{i=1}^{n}(X_i-\bar{X})^2\leqslant\sigma_0{}^2c_2.\tag{5.37}$$

其中 c_1,c_2 关系由关系式

$$\begin{aligned}&K_{n-1}(c_2)-K_{n-1}(c_1)=1-\alpha,\\&\int_{c_1}^{c_2}tk_{n-1}(t)\mathrm{d}t=(n-1)(1-\alpha)\end{aligned}\tag{5.38}$$

确定. 后一式可用较简单的关系 $c_1K_{n-1}(c_1)=c_2K_{n-1}(c_2)$ 去取代（习题 45）. 此处 K_{n-1} 和 k_{n-1} 分别是 $\chi_{n-1}{}^2$ 的分布函数和密度函数.

用(5.38)式决定 c_1,c_2 不易，通常多用 $c_1=\chi_{n-1}{}^2(1-\alpha/2)$，$c_2=\chi_{n-1}{}^2(\alpha/2)$ 取代之. 由之所得的检验不是无偏，但相去不远.

可以证明（习题 8）：以(5.36)式为接受域的检验，事实上是水平 α 的 UMP，但(5.37)式则不是.

4° 两样本方差检验（F 检验）.

样本 $X_1,\cdots,X_m$ iid.，$\sim N(a,\sigma_1{}^2)$，$Y_1,\cdots,Y_n$ iid.，$\sim N(b,\sigma_2{}^2)$，a,b 未知且皆可在 R_1 取值，$\sigma_1{}^2>0$，$\sigma_2{}^2>0$. 要检验假设 $\sigma_1{}^2\leqslant\sigma_2{}^2\leftrightarrow\sigma_1{}^2>\sigma_2{}^2$，或 $\sigma_1{}^2=\sigma_2{}^2\leftrightarrow\sigma_1{}^2\neq\sigma_2{}^2$.

写出合样本 $(X_1,\cdots,X_m,Y_1,\cdots,Y_n)$ 的密度，有形式(5.35)，其中

$$\theta^*=(2\sigma_1{}^2)^{-1}-(2\sigma_2{}^2)^{-1},\quad\varphi=(-(2\sigma_1{}^2)^{-1},ma\sigma_1{}^{-2},nb\sigma_2{}^{-2})',$$

$$u^*=\sum_{j=1}^{n}Y_j{}^2,\quad t^*=(t_1^*,t_2^*,t_3^*)'=\Big(\sum_{i=1}^{m}X_i{}^2+\sum_{j=1}^{n}Y_j{}^2,\bar{X},\bar{Y}\Big).$$

按定理5.8,$\sigma_1^2 \leqslant \sigma_2^2$的水平$\alpha$的UMPU检验的接受域为$\sum_{j=1}^{n} Y_j^2 \geqslant \tilde{c}(t^*)$.由于

$$V \equiv (n-1)^{-1}\sum_{j=1}^{n}(Y_j - \overline{Y})^2 \Big/ \left[(m-1)^{-1}\sum_{i=1}^{m}(X_i - \overline{X})^2\right]$$

$$= (n-1)^{-1}(u^* - nt_3^{*2})/[(m-1)^{-1}(t_1^* - mt_2^{*2} - u^*)] \qquad (5.39)$$

在给定t^*时是u^*的严增函数,上述接受域可写为$V \geqslant c(t^*)$.又因在$\sigma_1^2 = \sigma_2^2$时,V与t^*独立且服从F分布$F_{n-1,m-1}$,与t^*无关.因此由定理5.8得到,原假设$\sigma_1^2 \leqslant \sigma_2^2$的水平$\alpha$的UMPU检验有接受域$V \geqslant F_{n-1,m-1}(1-\alpha)$,通常写为等价的形式$V^{-1} \leqslant F_{m-1,n-1}(\alpha)$.这是因为在$F$分布表中,一般只对较接近于0的$\alpha$列出了上$\alpha$分位点$F_{m-1,n-1}(\alpha)$.

对原假设$\sigma_1^2 = \sigma_2^2$,用同样的方法,基于定理5.8得到,水平α的UMPU检验有接受域$c_1 \leqslant V \leqslant c_2$,$V$由(5.39)式给出,$c_1$,$c_2$则由关系式

$$F_{n-1,m-1}(c_2) - F_{n-1,m-1}(c_1) = 1-\alpha, \quad c_1 f_{n-1,m-1}(c_1) = c_2 f_{n-1,m-1}(c_2)$$

所确定.在应用上,一般使用更简便的取法

$$c_1 = F_{n-1,m-1}(1-\alpha/2) = 1/F_{m-1,n-1}(\alpha/2), \quad c_2 = F_{n-1,m-1}(\alpha/2),$$

由它们所决定的检验不是无偏,但相去不远.

5.4 不变检验

样本X取值于可测空间$(\mathscr{X}, \mathscr{B}_x)$,分布族为$\{P_\theta, \theta \in \Theta\}$,考虑假设检验问题(5.1).

设G是一个群,其中每个元g是由$\mathscr{X}$到$\mathscr{X}$上的双方单值一一对应可测变换,即对任何$A \in \mathscr{B}_x$有$g^{-1}A = \{x: gx \in A\} \in \mathscr{B}_x$.又对任何$\theta \in \Theta$及$g \in G$,在$X \sim P_\theta$时,$gX$的分布仍在族$\{P_\theta, \theta \in \Theta\}$内,即存在$\bar{\theta} \in \Theta$使$X \sim P_\theta \Rightarrow gX \sim P_{\bar{\theta}}$.把$\bar{\theta}$记为$\bar{g}\theta$,在2.4节中已证明:由一切$\bar{g}$构成的$\overline{G}$是一个群.

回到检验问题(5.1). 如果

$$g\Theta_0 = \{g\theta:\theta \in \Theta_0\} = \Theta_0, \quad g\Theta_1 = \Theta_1, \tag{5.40}$$

则称**检验问题**(5.1)**在变换群 G 下不变**. 如果一个检验 ϕ 满足条件

$$\phi(gx) = \phi(x), \quad \text{对一切 } g \in G, x \in \mathscr{X}, \tag{5.41}$$

则称 ϕ 是(5.1)式的一个**不变检验**. 当然,只有在检验问题本身不变时,才有不变检验可言.

可以用"不同坐标系"的观点来看待这个问题. 把 x 看作样本在一定"坐标系"下的坐标,由于变换 g 是一一对应,可以把 gx 看作为同一样本在另一坐标系下的坐标. (5.40)式表明:在这一坐标系下,检验问题(5.1)没有改变,因此有理由要求:是否接受该假设的决定也不应改变. (5.41)式体现了这个要求.

例如,样本 $X_1,\cdots,X_m$ 和 $Y_1,\cdots,Y_n$ 分别抽自正态总体 $N(\theta,\sigma^2)$ 和 $N(\theta_2,\sigma^2)$. 检验问题

$$H_1(\theta_1 \leqslant \theta_2) \leftrightarrow K_1(\theta_1 > \theta_2) \quad \text{及} \quad H_2(\theta_1 = \theta_2) \leftrightarrow K_2(\theta_1 \neq \theta_2)$$

都在变换群 g_c:

$$\begin{aligned} & g_c(x_1,\cdots,x_m,y_1,\cdots,y_n) \\ & \quad = (x_1 + c,\cdots,x_m + c,y_1 + c,\cdots,y_n + c), \quad c \in \mathbb{R}^1 \end{aligned}$$

下不变. g_c 在参数空间 $\Theta = \{(\theta_1,\theta_2,\sigma^2):\theta_1 \in \mathbb{R}^1,\theta_2 \in \mathbb{R}^1,\sigma^2>0\}$上导出的变换为

$$\bar{g}_c(\theta_1,\theta_2,\sigma^2) = (\theta_1 + c,\theta_2 + c,\sigma^2),$$

而不变检验则是指满足下述条件的检验:

$$\phi(x_1 + c,\cdots,x_m + c,y_1 + c,\cdots,y_n + c) = \phi(x_1,\cdots,x_m,y_1,\cdots,y_n).$$

其实际意义无非是:是否接受假设不应受到坐标原点取法的影响,这无疑是合理的要求.

又如,$X_1,\cdots,X_n$ 是抽自正态总体 $N(0,\sigma^2)$ 的样本,要检验假设 $\sigma^2 \leqslant {\sigma_0}^2 \leftrightarrow \sigma^2 > {\sigma_0}^2$. 这假设检验问题在变换群

$$g_C x = Cx, \quad x \in \mathbb{R}^n, \quad C \text{ 为 } n \text{ 阶正交方阵}$$

下不变. g_C 在参数空间$\{\sigma^2>0\}$中导出的变换只有一个(与 C 的取法无关),即恒等变换. 不变检验则是满足条件 $\phi(Cx) = \phi(x)$(对一切 $x \in \mathbb{R}^n$ 及正交阵 C)

的 ϕ,这相当于要求 $\phi(x)$只依赖于 $\|x\|$. 本例的直观意义是:是否接受假设与坐标轴的旋转无关.

5.4.1 极大不变量

设 G 是某空间Ω 上的一个一一变换群. Ω 中之点分成一些互不相交的轨道:含点 ω 的轨道是$\{g\omega : g\in G\}$. 定义在 Ω 上的函数 $h(\omega)$在群 G 下不变(即 $h(g\omega)=h(\omega)$对一切 $g\in G$)的充要条件是:在任一条轨道上 h 的取值不变(不同轨道上取值可以相同或不同). 若 h 在群 G 下不变,且在不同轨道上取不同的值,则称 h 是群 G 下的一个**极大不变量**.

依这一术语,检验问题 $H(\theta\in\Omega_H)\leftrightarrow K(\theta\in\Omega_K)$在群 G 下不变,无非是说 Ω_H(因而 Ω_K)包含的都是导出群 $\overline{G}$ 的完整轨道. 说检验 ϕ 为不变检验,无非是说 ϕ 是群G 的极大不变量的函数. 容易验证以下的结论:

定理 5.9 不变检验 ϕ 的功效函数β_ϕ必是导出群$\overline{G}$ 下的不变量,因而是群 $\overline{G}$ 下极大不变量 $v(\theta)$的函数.

证明 设 $\theta_2=\bar{g}\,\theta_1$,则

$$\beta_\phi(\theta_2) = \mathrm{E}_{\bar{g}\theta_1}(\phi(X)) = \mathrm{E}_{\theta_1}(\phi(gX)) = \mathrm{E}_{\theta_1}(\phi(X)) = \beta_\phi(\theta_1),$$

第二个等号是根据$\bar{g}$ 的定义:当 X 有分布 P_θ时,gX 有分布 $P_{\bar{g}\theta}$.

因此,不变性的引入可以从两个角度去看,它们都显示对原检验问题的一种简化:从样本空间看,不变性要求限制了只能考虑形如 $\phi(m(x))$的检验函数,$m(x)$为群 G 下的极大不变量;从参数空间看,不变性要求实质上等于把参数空间缩小了. 因为按定理 5.9,任一不变检验都无法鉴别参数空间上同一条轨道上的不同点,因而只需在每条轨道上取其一个代表就行. 但要注意的是:与前一解释不同,这后一解释并无操作的意义. 因为不难举例证明:一个检验其功效函数为群 $\overline{G}$ 下的不变量,并不能保证它是不变检验(习题 51).

5.4.2 一致最优不变检验

设检验问题(5.1)在群 G 下不变. 以 $\mathscr{F}$ 记一切水平 α 的不变检验的类,若 $\phi^*\in\mathscr{F}$,且对任何 $\phi\in\mathscr{F}$ 有

$$\beta_\phi(\theta)\leqslant\beta_{\phi^*}(\theta),\quad 对一切\,\theta\in\Theta_1,$$

则称 ϕ^* 是(5.1)式的一个水平 α 的**一致最优不变检验**(Uniformly Most

Powerful Invariant Test,简称 **UMPI 检验**).

据前述,不变检验无非就是只依赖于极大不变量 m 的检验. 因此在求 UMPI 检验时,先得找一个适当的 m(极大不变量有许多),然后找出 m 的分布族,再去探究在这个分布族之下,(5.1)式是否有水平 α 的 UMP 检验. 若有,则它就是在 X 的分布族之下,(5.1)式的水平 α 的 UMPI 检验. 举几个例子.

例 5.5 样本 $X_1,\cdots,X_n$ iid.,抽自两点分布

$$P_\theta(x_i=1)=1-P_\theta(x_i=0)=\theta,\quad 0\leqslant\theta\leqslant 1.$$

考虑置换群 G:G 中的每一元 g 是 $(x_1,\cdots,x_n)$ 的一个置换:$g(x_1,\cdots,x_n)=(x_{i_1},\cdots,x_{i_n})$. 求 $\theta\leqslant\theta_0\leftrightarrow\theta>\theta_0$ 在群 G 下的水平 α 的 UMPI 检验.

易见群 G 的一个极大不变量是 $T=\sum_{i=1}^n X_i\sim B(n,\theta)$. 于是 $\theta\leqslant\theta_0\leftrightarrow\theta>\theta_0$ 的水平 α 的 UMPI 检验有形式:$\phi(T)=1,r$ 或 0,分别视 $T>c$,$=c$ 或 $<c$. 由于 T 也是充分统计量,这个检验在没有不变性的限制下也是一致最优的,即是 UMP 检验.

例 5.6 样本 $X_1,\cdots,X_n$ iid.,$\sim N(\theta,\sigma^2)$,$\theta\in R_1$,$\sigma^2>0$. 考虑乘法群 G:G 中的元 g_c 表示变换 $c(x_1,\cdots,x_n)=(cx_1,\cdots,cx_n)$,$c>0$. 求 $\theta\leqslant 0\leftrightarrow\theta>0$ 在群 G 下的 UMPI 检验.

容易验证,所提检验问题在群 G 下不变,且 g_c 在参数空间的导出变换是 $\bar{g}_c(\theta,\sigma)=(c\theta,c\sigma)$. 群 G 的一个极大不变量是 $m(x)=(\mathrm{sgn}x_1,x_2/x_1,\cdots,x_n/x_1)$——这里我们从样本空间中删去那些其坐标至少有一个为 0 的点(由于分布为连续型这是可以的). 按求 UMPI 的一般原则,应找出 $m(X)$ 的分布族,然后在此分布族之下去求 $\theta\leqslant 0\leftrightarrow\theta>0$ 的 UMP 检验. 但 $m(X)$ 的分布很难求,因而此法施行不易,但本例有充分统计量 $T=(T_1,T_2)=(\bar{X},S)$,$S=\left[\sum_{i=1}^n(X_i-\bar{X})^2\right]^{1/2}$. 变换群 G 在统计量 T 的值域空间 $\mathscr{T}$ 上导出一个变换群 $G^*=\{g_c^*:>0\}$,其中 g_c^* 是 $g_c^*(t_1,t_2)=(ct_1,ct_2)$——一般来讲(不局限于此例的具体的 T),$g\in G$ 能否在 $\mathscr{T}$ 导出一个变换 g^* 不一定,g^* 是这样定义的:为算 $g^*(t_0)$,先要找 x_0 使 $T(x_0)=t_0$,计算 $T(gx_0)$ 并以之作为 $g^*(t_0)$. 这里就有个条件:

$$T(x_1)=T(x_0)\Rightarrow T(gx_1)=T(gx_0),\quad x_1\in\mathscr{X},x_0\in\mathscr{X},\tag{5.42}$$

否则 $g^*(t_0)$ 的意义不定. 如果对一切 $g\in G$,(5.42)式都满足,则容易证明(习

题 47):由 G 在 $\mathscr{T}$ 上导出的变换集 $G^*=\{g^*:g\in G\}$ 构成一个群. 本例属于这一情况,且如前所证,G^* 仍是 $\mathscr{T}$ 上的乘法群,其一个极大不变量为 $\overline{X}/S$(此处 S 总大于 0,故 $\text{sgn}S$ 可以略去). 取 $m=\sqrt{n(n-1)}\,\overline{X}/S$,$m$ 的分布族为自由度 $n-1$ 的非中心 t 分布族$\{t_{n-1,\delta},\delta\in\mathbb{R}^1\}$,而原检验问题经过转到充分统计量并施加不变限制后,成为:m 是从分布族$\{t_{n-1,\delta},\delta\in\mathbb{R}^1\}$中抽出的样本,要检验假设 $\delta\leqslant 0\leftrightarrow\delta>0$. 不难证明:此问题有 UMP 检验,否定域为 $m>t_{n-1}(\alpha)$. 实际上,任取 $\delta>0$,考虑检验问题 $\delta=0\leftrightarrow\delta=\delta_1$. 因为($f(\cdot\mid n-1,\delta)$记 $t_{n-1,\delta}$的密度)按(1.14)式,有

$$
\begin{aligned}
&f(m\mid n-1,\delta_1)/f(m\mid n-1,0)\\
&\quad=\sum_{i=0}^{\infty}c_{ni}\delta_1{}^i(m/\sqrt{n+m^2})^i,\quad c_{ni}(>0)\text{为常数}.
\end{aligned}
$$

此式是 m 的增函数,而当 $\delta=0$ 时,$m\sim t_{n-1}$,故知水平 α 的 UMP 检验为当 $m>t_{n-1}(\alpha)$时否定. 不难验证,此检验的功效函数是 $\delta\in\mathbb{R}^1$的严增函数(第 1 章习题 23),因而对原假设 $\delta\leqslant 0$ 也有水平 α. 因此它就是 $\delta\leqslant 0\leftrightarrow\delta>0$ 的水平 α 的 UMPI 检验,即原检验问题 $\theta\leqslant 0\leftrightarrow\theta>0$ 的水平 α 的 UMPI 检验.

本例多费了一点笔墨,因其中涉及几个有普遍意义的问题:① 使用充分统计量. ② X 样本空间上的变换能否在充分统计量 T 的值域空间上导出一个变换(若不能,则 T 无用). ③ 如果可以,转化到 T 再施以不变要求.

问题③还有理论问题. 基于充分统计量的决策函数类虽可取代全体决策函数类,但基于充分统计量的不变(在估计中称同变)决策类能否取代全体不变决策类,并非理所当然. 这个问题前面在讨论同变估计时也碰到过(参看(2.57)式下那一段),其一般理论可参看该处所引文献. 对假设检验而言结果大致上可归纳为:若统计量 T 不仅充分而且完全,则这一取代合法. 因此,能用的范围也是有限的.

例 5.7　某产品的一项质量指标 X 服从正态分布 $N(a,\sigma^2)$,只有当 $X\geqslant u$ 时产品才合格,故不合格率为 $p=p(a,\sigma)=P_{a,\sigma}(X<u)$. 现有 X 的 iid. 样本,要检验假设 $H:p\leqslant p_0\leftrightarrow K:p>p_0$.

不妨设 $u=0$(不然以 $X_i'=X_i-u$ 代替 X_i). 这时 $p=\Phi(-a/\sigma)$,而 $p\leqslant p_0$转化为 $a/\sigma\geqslant\theta_0$($\theta_0=\Phi^{-1}(1-p_0)$,$\Phi^{-1}$为标准正态分布函数的反函数). 此问题在上例的乘法群 G 下不变,转移到充分统计量$(\overline{X},S)$得,极大不变量 $m=\sqrt{n(n-1)}\,\overline{X}/S$,其分布为$\{t_{n-1,\delta},\delta\in\mathbb{R}^1\}$而原检验问题成为:据样本 m 检验

$\delta \geqslant \delta_0 \leftrightarrow \delta < \delta_0$. 上例已证$\{t_{n-1,\delta}, \delta \in \mathbb{R}^1\}$为单调似然比族，故这问题有水平 α 的 UMP 检验，否定域为 $m \leqslant c$，其中 c 由关系 $P(t_{n-1,\delta_0} \leqslant c) = \alpha$ 确定，$\delta_0 = \sqrt{n}\theta_0$. 本例也存在一个转移到充分统计量以后再用不变性是否合法的问题.

5.4.3 Bayes 原则和 Minimax 原则

与估计问题相似，无偏检验和不变检验是对所允许的检验的类作限制，再在这限制的类中求一致最优检验. 我们也可以不限制检验的类，但降低"一致最优"的要求为某种综合指标最优，Bayes 原则和 Minimax 原则是其中的重要代表.

在检验中用 Bayes 原则(在 Wald 统计决策理论的框架下)有两种作法.

一是只在对立假设 K 上引进先验分布 ν，要求在水平 α 的约束下，使"Bayes 功效"即 $\int_K \beta(\theta)\mathrm{d}\nu(\theta)$ 达到最大. 这无异乎用一个简单假设"K_0：样本有分布 $\int_K P_\theta(\mathrm{d}x)\mathrm{d}\nu(\theta)$"去取代原来的复合假设 K，问题归结为求 $H \leftrightarrow K_0$ 的 UMP 检验. 在样本空间为欧氏而概率测度族$\{P_\theta, \theta \in H\}$受控的条件下，可以证明：UMP 检验存在，但找到这个检验不一定容易.

二是在全参数空间(若 $H \cup K$ 只是全空间的真子集，则以它取代参数空间)上引进先验分布 ν. 问题归结为找检验 ϕ，使"平均错误概率"，即 $R(\phi) = \int_H \beta_\phi(\theta)\mathrm{d}\nu(\theta) + \int_K [1 - \beta_\phi(\theta)]\mathrm{d}\nu(\theta)$ 达到最小. 如果以 d_0 和 d_1 分别记"接受原假设"及"否定原假设"的行动，并设损失函数为

$$L(d_0,\theta) = 1,\ \theta \in K;\quad L(d_0,\theta) = 0,\ \theta \in H;$$

$$L(d_1,\theta) = 0,\ \theta \in K;\quad L(d_1,\theta) = 1,\ \theta \in H.$$

则 $R(\phi)$无非就是(随机化)判决函数 ϕ 在先验分布下的 Bayes 风险，而使平均错误概率最小的检验 ϕ，就是在前述损失函数及先验分布 ν 之下的 Bayes 解. 这个解可用"Bayes 风险最小"的原则去求，具体说，若 X 的分布族$\{P_\theta, \theta \in \Theta\}$受控于测度 μ，记 $f(x,\theta) = \mathrm{d}P_\theta(x)/\mathrm{d}\mu$. 得样本 x 后，算 H 和 K 的后验概率

$$p_H(x) = \int_H f(x,\theta)\mathrm{d}\nu(\theta)/c(x),\quad p_K(x) = \int_K f(x,\theta)\mathrm{d}\nu(\theta)/c(x), \tag{5.43}$$

其中 $c(x)=\int_{H\cup K}f(x,\theta)\mathrm{d}\nu(\theta)$. 当 $p_H(x)>1/2$ 时取 d_0（即 $\phi(x)=0$），$P_H(x)<1/2$时取 $d_1(\phi(x)=1)$，$P_H(x)=1/2$ 时 $\phi(x)$可任意在[0,1]内给一个值.

在这个模式下，没有必要一定取前面指出的损失函数，一般可以取

$$L(d_0,\theta)=L_0(\theta),\quad L(d_1,\theta)=L_1(\theta).$$

这时，只要把 p_H，p_K的定义修改为

$$\tilde{p}_H(x)=\int_H f(x,\theta)L_1(\theta)\mathrm{d}\nu(\theta),\quad \tilde{p}_K(x)=\int_K f(x,\theta)L_0(\theta)\mathrm{d}\nu(\theta),$$

然后当$\tilde{p}_H(x)>\tilde{p}_K(x)$时令 $\phi(x)=0$，$\tilde{p}_H(x)<\tilde{p}_K(x)$时 $\phi(x)=1$，$\tilde{p}_H(x)=\tilde{p}_K(x)$时 $\phi(x)$任意在[0,1]内，就是 Bayes 解.

这个做法没有突出原假设 H 的特殊地位，也可以施加. “检验有水平 α”这类限制，这就成为在 $\sup\limits_{\theta\in H}\beta_\phi(\theta)\leqslant\alpha$ 的约束下，使 Bayes 风险 $R(\phi)$最小，即使

$$\int_{\mathscr{X}}\int_{\Theta}f(x,\theta)\{\phi(x)L_1(x)+[1-\phi(x)]L_0(x)\}\mathrm{d}\nu(\theta)\mathrm{d}\mu(x)$$

$$=\int_{\mathscr{X}}\phi(x)g(x)\mathrm{d}\mu(x)-\int_{\Theta}L_0(\theta)\mathrm{d}\nu(\theta)$$

达到最小，或者说，使$\int_{\mathscr{X}}\phi(x)g(x)\mathrm{d}\mu(x)$ 达到最小，其中

$$g(x)=\int_{\Theta}f(x,\theta)[L_1(\theta)-L_0(\theta)]\mathrm{d}\nu(\theta).$$

这实质上是一个对立简单假设下求 UMP 检验的问题，不同之处在于 g 可以取负值，因而 $g\mathrm{d}\mu$ 不一定是概率分布，但这在数学方法上并无差异. 总之，Bayes 提法并不带来以往没有处理过的数学上的新问题.

Bayes 检验也用在纯推断的意义上. 给定先验分布 ν 后，$\nu(H)$和 $\nu(K)$分别是原假设 H 和对立假设K 成立的先验概率. 有了样本以后，则有后验概率

$$p(H\mid x)=p_H(x),\quad p(K\mid x)=p_K(x),$$

$p_H(x)$，$p_K(x)$见(5.43)式. 依 Bayes 学派的观点，工作到此也就完了，至于如何估价所得后验概率，要由使用者参酌种种因素来确定. 例如，一种推断方式是当 $p(H|x)\geqslant p(K|x)$时接受 H，不然就否定 H. 若要照顾到两类错误的相对

重要性不同,也可以适当取一个常数 c,使当 $p(H|x)/p(K|x)\geqslant c$ 时接受 H.

Bayes 派学者在主张使用 Bayes 检验法时提出的理由,与 Bayes 估计相似,其中有一条是特别与检验有关的. 例如在 $N(a,\sigma^2)$ 中检验 $a=0\leftrightarrow a\neq 0$. 有的 Bayes 学者认为,$a$ 不可能严格地等于 0,故从逻辑上看,$a=0$ 肯定该被拒绝. 而且,哪怕 a 的真值与 0 只有极微小的偏差,用通常的检验法,例如以 $|\bar{X}|>c$ 为否定域的检验,当样本量 n 足够大时,总会导致否定 $a=0$,这不合理. 这些学者提出:赋予 $a=0$ 这个值一定的先验概率,可以使"$a=0$"这个假设的提法合理化.

这个论点看上去有些道理. 不过,它在实际上的意义可能并非很重要. 当人们用通常的检验法——例如当 $|\bar{X}|\leqslant c$ 时接受 $a=0$ 时,实际上并未严格地拘泥于 $a=0$. 在中等大小(更不用说很小)的样本量之下,检验方法中固有的不确切性,使 $a=0$ 和"$a\neq 0$,但 $|a|$ 相当小"这两种情况基本无法分辨,至于在样本量 n 极大时,不难证明(习题 59):即使用 Bayes 法,只要 a 与 0 有别,总会(以极接近 1 的概率)导致否定 $a=0$. Bayes 方法中关于融合先验信息与样本信息的主张当然是可取的,在实施上也比 NP 理论容易. 但摆脱不了的问题仍是先验分布该如何选择才合理.

至于 Minimax 原则,其如何运用,也比点估计复杂. 一个初一看可能引起的想法是:在水平 α 的前提下,使最小功效达到最大(即使 $\inf\limits_{\theta\in K}\beta_\phi(\theta)$ 达到最大). 但这个提法无用,因为在通常的情况下,由于功效函数的连续性及 H 与 K 有公共的边界点,多半有 $\inf\limits_{\theta\in K}\beta_\phi(\theta)\leqslant\alpha$. 一个细致一些且有意义的提法如下:给定水平 α. 定义功效的包络

$$\beta_\alpha^*(\theta)=\sup_{\phi\in S_\alpha}\beta_\phi(\theta),\quad \theta\in K,$$

其中 S_α 是 $H\leftrightarrow K$ 的一切水平 α 的检验之集合,对任一个 $\phi\in S_\alpha$,总有 $\beta_\alpha^*(\theta)-\beta_\phi(\theta)\geqslant 0$ 对一切 $\theta\in K$. 我们当然希望:$\beta_\phi(\theta)$ 与 $\beta_\alpha^*(\theta)$ 的差距愈小愈好. 计算 $a(\phi)=\sup\limits_{\theta\in K}(\beta_\alpha^*(\theta)-\beta_\phi(\theta))$. 如果 $\phi^*\in S_\alpha$ 满足

$$a(\phi^*)=\inf_{\theta\in S_\alpha}a(\phi),$$

称 ϕ^* 是 $H\leftrightarrow K$ 的水平 α 的**最严检验**(Most Stringent Test). 对这种检验目前结果还很有限.

第 6 章

大样本检验

假设检验归化为数学优化问题,可解的情况不多. 究其原因,在于这优化不是针对一个目标——一个具体的对立假设点,而是针对多个目标的"一致优化". 点估计问题情况也是如此,例如说,MVUE估计存在的情况不多见.

因此,在更多的情况下,人们不得不从直观的想法出发,设法去构造一个或一些看上去合理的检验法. 例如,若某一统计量在对立假设正确时倾向于取较大的值,而在原假设正确时倾向于取较小的值,则以该统计量的大值为否定域的检验,可认为是合理的选择. 自然,对在直观的基础上引进的检验,可以从各种角度探讨其性质,比较其优良性等. 在这种研究中,上一章所引进的那些概念,有其重要的作用. 这就是本章的主题. 可以想见,其内容非常广泛. 本章的题材是一个混合体,但有两点共通的性质:其一如上所述,所研究的检验法多少是基于直观而提出,另一点是检验临界值的确定,大都要依赖检验统计量的渐近分布,故属于大样本检验的范围. 与此相对,前章讨论的检验则是属于小样本的.

6.1 似然比检验

样本 X 有样本空间 $(\mathscr{X},\mathscr{B}_x)$,其分布族 $\{P_\theta,\theta\in\Theta\}$ 受控于 σ 有限测度 μ. 记 $f(x,\theta)=\mathrm{d}P_\theta(x)/\mathrm{d}\mu$,要检验假设

$$H:\theta\in\Theta_0\leftrightarrow K:\theta\in\Theta_1=\Theta-\Theta_0 \tag{6.1}$$

(也可设 Θ_1 为 $\Theta-\Theta_0$ 的真子集). 定义统计量

$$LR(x)=\sup_{\theta\in\Theta}f(x,\theta)\Big/\sup_{\theta\in\Theta_0}f(x,\theta), \tag{6.2}$$

它称为(对于检验问题(6.1)的)**似然比**. 而

$$\phi(x)=\begin{cases}1, & \text{当 } LR(x)>c,\\ 0, & \text{当 } LR(x)<c\end{cases} \tag{6.3}$$

称为(6.1)式的一个**似然比检验**. 此处 c 为常数,且在 $LR(x)=c$ 时,$\phi(x)$ 可适当定义,不作统一规定.

似然比检验由 Neyman-Pearson 于1928年提出,可视为 Fisher 极大似然估

计概念在检验问题中的引申,二者有类似的直观依据. 为用此方法,除要求密度存在外,还需要(6.2)式中分子和分母的极值存在有限,且为 x 的 $\mathscr{B}_x$ 可测函数. 为满足这一条,可假定 $f(x,\theta)$ 作为 (x,θ) 的函数,是 $\mathscr{B}_x\times\mathscr{B}_\Theta$ 可测($\mathscr{B}_\Theta$ 是参数空间 Θ 的子集构成的 σ 域. 当 Θ 为欧氏空间或其一 Borel 子集时,$\mathscr{B}_\Theta$ 由 Θ 的一切 Borel 子集构成),且对 θ 连续.

为根据检验水平去决定临界值 c,需要求出 $LR(X)$ 在原假设成立时的分布. 这只在样本分布为指数型、截断型等几种情况下可以做到,就是说,大体上限于上一章提及的那些例子. Wilks 于 1938 年证明了:在一定的正则条件下,$LR(X)$ 在原假设下以 χ^2 分布为极限分布(定理 6.1)这可用来(在样本量很大时)近似地决定临界值 c. 以此,似然比检验基本上是大样本检验.

例 6.1 $X_1,\cdots,X_n$ iid.,$\sim N(\mu,\sigma^2)$,$\mu\in\mathbb{R}^1$,$\sigma^2>0$,要检验

$$H:\mu=\mu_0\leftrightarrow K:\mu\neq\mu_0.$$

则有

$$f(x,\theta)=(\sqrt{2\pi}\sigma)^{-n}\exp\left(-\frac{1}{2\sigma^2}\sum_{i=1}^n(x_i-\mu)^2\right),\quad \theta=(\mu,\sigma^2).$$

易算出

$$\begin{aligned}\sup_{\theta\in\Theta_0}f(x,\theta)&=\sup_{\sigma^2>0}\left\{(\sqrt{2\pi}\sigma)^{-n}\exp\left(-\frac{1}{2\sigma^2}\sum_{i=1}^n(x_i-\mu_0)^2\right)\right\}\\&=(2\pi/n)^{-n/2}\,\mathrm{e}^{-n/2}\,s_0^{-n},\quad s_0=\left[\sum_{i=1}^n(x_i-\mu_0)^2\right]^{1/2},\\\sup_{\theta\in\Theta}f(x,\theta)&=\sup\left\{(\sqrt{2\pi}\sigma)^{-n}\exp\left(-\frac{1}{2\sigma^2}\sum_{i=1}^n(x_i-\mu)^2\right):\mu\in\mathbb{R}^1,\sigma^2>0\right\}\\&=(2\pi/n)^{-n/2}\,\mathrm{e}^{-n/2}s^{-n},\quad s=\left[\sum_{i=1}^n(x_i-\bar{x})^2\right]^{1/2}.\end{aligned}$$

由此得

$$\begin{aligned}&LR(X)(s_0/s)^n=[1+t^2/(n-1)]^{n/2},\\&t=\sqrt{n(n-1)}\,(\bar{x}-\mu_0)/s.\end{aligned}$$

因 $LR(X)$ 是 $|t|$ 的严增函数,推出 $H\leftrightarrow K$ 的似然比检验应有否定域 $|t|>c$. 因

在原假设成立时,t 有分布 t_{n-1},故应取 $c = t_{n-1}(\alpha/2)$,以使检验有水平 $1-\alpha$.这就是熟知的 t 检验,它是无偏的.

但是,在更多的情况下,似然比检验不具备上一章讨论过的那些优良性质.例如,它一般不为无偏(习题 2,3);也有可能,UMP 检验存在,但不是似然比检验(习题 4,5).另外,也有这样的极端例子,其中水平 α 的似然比检验,还不如不做试验而径取 $\phi(x) \equiv \alpha$(习题 7).由于原假设可以是复合的,有时似然比检验甚至无法定义(习题 6).

似然比的极限分布

设(6.1)式中的 Θ,作为 $\mathbb{R}^k$ 的子集,有内点,而 Θ_0 的维数 $r<k$(r 可以为 0,表示 Θ_0 退化为一点)."Θ_0 为 r 维"的确切含义是:存在 $\mathbb{R}^r$ 中有内点的集 A,及定义于 A 上的光滑函数 $g(\varphi)$,取值于 $\mathbb{R}^k$,使 $\theta = g(\varphi)$ 在 A 与 Θ_0 之间建立一一对应.这时,对 $\theta \in \Theta_0$,X 的分布也可用依赖于参数 φ 的形式表出:

$$f(x,\theta)\mathrm{d}\mu = f(x,g(\varphi))\mathrm{d}\mu \equiv \tilde{f}(x,\varphi)\mathrm{d}\mu. \tag{6.4}$$

定理 6.1 设参数真值 θ^0 为 Θ_0 的内点,与 θ^0(通过 g)对应的 φ^0 是 A 的内点.设 $X_1,\cdots,X_n$ 是从分布 $f(x,\theta^0)\mathrm{d}\mu$ 中抽出的 iid.样本,$\hat{\theta}_n$ 和 $\hat{\varphi}_n$ 分别是在模型 $\{f(x,\theta)\mathrm{d}\mu,\theta\in\Theta\}$ 和 $\{\tilde{f}(x,\varphi)\mathrm{d}\mu,\varphi\in A\}$ 之下似然方程的相合解.记

$$LR^*(X_1,\cdots,X_n) = \prod_{i=1}^n f(X_i,\hat{\theta}_n)\Big/\prod_{i=1}^n \tilde{f}(X_i,\hat{\varphi}_n),$$

则在一定的正则条件下,当 $n\to\infty$ 时,$Y_n \equiv 2\ln LR^*(X_1,\cdots,X_n)$ 依分布收敛于 χ_{k-r}^2.

定理结论成立所需的确切条件将在论证过程中给出.又注意的是,此定理所涉及的 LR^* 与前面定义的似然比并不是一回事,因似然方程的根不必是极值点,虽则在不少情况下二者是重合的.

转到定理的证明.记

$$L(\theta) = \prod_{i=1}^n f(X_i,\theta), \quad \tilde{L}(\varphi) = \prod_{i=1}^n \tilde{f}(X_i,\varphi),$$

$$b_{ij} = \partial g_j/\partial\varphi_i \big|_{\varphi=\varphi^0}, \quad B = (b_{ij})_{1\leqslant i\leqslant r,1\leqslant j\leqslant k},$$

又以 $I(\theta)$ 和 $\tilde{I}(\varphi)$ 分别记 $\{f(x,\theta)\mathrm{d}\mu,\theta\in\Theta\}$ 和 $\{\tilde{f}(x,\varphi)\mathrm{d}\mu,\varphi\in A\}$ 的 Fisher 信息阵,则易见

$$\tilde{I}(\varphi^0) = BI(\theta^0)B'. \tag{6.5}$$

记 $V_n = n^{-1/2}\left(\frac{\partial \ln L(\theta)}{\partial \theta_1}, \cdots, \frac{\partial \ln L(\theta)}{\partial \theta_k}\right)'\Big|_{\theta=\theta^0}$. 假定 f 对 θ 有三阶偏导数,则因 $\hat{\theta}_n$ 依概率收敛于 θ^0,当 n 充分大时,有

$$\ln L(\hat{\theta}_n) - \ln L(\theta^0) = 2^{-1} D_n' C_n D_n, \tag{6.6}$$

此处 $D_n = \sqrt{n}(\hat{\theta}_n - \theta^0)$,而 C_n 的(i,j)元为

$$c_{ij} = -\left(\frac{\partial^2 \ln L(\theta)}{\partial \theta_i \partial \theta_j}\Big|_{\theta=\theta^*}\right)\Big/ n,$$

其中 θ^* 在 θ^0 和 $\hat{\theta}_n$ 的连线上. 因为 $\hat{\theta}_n \xrightarrow{P_{\theta^0}} \theta^0$, c_{ij} 可表为 $c_{ij}{}^0 + \varepsilon_{ijn}$,此处 $c_{ij}{}^0 = -n^{-1}\frac{\partial^2 \ln L(\theta)}{\partial \theta_i \partial \theta_j}\Big|_{\theta=\theta^0}$ 而 $\varepsilon_{ijn} \xrightarrow{P_{\theta^0}} 0$. 因此,若假定定理 4.9 的条件成立,则 $D_n \xrightarrow{L} N(0, I^{-1}(\theta^0))$,因而有 $D_n'(\varepsilon_{ijn})_{1\leqslant i,j\leqslant k} D_n \xrightarrow{P_{\theta^0}} 0$. 由此及(6.6)式,得

$$\ln L(\hat{\theta}_n) - \ln L(\theta^0) = 2^{-1} D_n' I(\theta^0) D_n + o_p(1). \tag{6.7}$$

记 $V_n = n^{-1/2}\left(\frac{\partial \ln L(\theta)}{\partial \theta_1}, \cdots, \frac{\partial \ln L(\theta)}{\partial \theta_k}\right)'\Big|_{\theta=\theta^0}$. 据中心极限定理,有

$$V_n \xrightarrow{L} N(0, I(\theta^0)), \tag{6.8}$$

又在定理 4.9 条件成立之下,有 $\left(\right.$看(4.72)式下面一行,注意该处的 $\frac{1}{\sqrt{n}}\sum_{i=1}^n h(x_i, \theta)$ 即现在的 $V_n\left.\right)$

$$D_n = I^{-1}(\theta^0) V_n + o_p(1).$$

以此代入(6.7)式,得

$$\ln L(\hat{\theta}_n) - \ln L(\theta^0) = 2^{-1} V_n' I^{-1}(\theta^0) V_n + o_p(1). \tag{6.9}$$

如果对分布族(6.4)也假定定理 4.9 的条件,则与上完全一样的推理得到

$$\ln \tilde{L}(\hat{\varphi}_n) - \ln \tilde{L}(\varphi^0) = 2^{-1} U_n' \tilde{I}^{-1}(\varphi^0) U_n + o_p(1). \tag{6.10}$$

此处 $U_n = n^{-1/2}\left(\frac{\partial \ln \tilde{L}(\varphi)}{\partial \varphi_1}, \cdots, \frac{\partial \ln \tilde{L}(\varphi)}{\partial \varphi_r}\right)'\Big|_{\varphi=\varphi^0} = BV_n$. 以此代入(6.10)式,

把(6.9)式与(6.10)式相减,并注意到 $L(\theta^0)=\widetilde{L}(\varphi^0)$,得

$$\begin{aligned} Y_n &= 2[\ln L(\hat{\theta}_n) - \ln \widetilde{L}(\hat{\varphi}_n)] \\ &= V_n'[I^{-1}(\theta^0) - B'\widetilde{I}^{-1}(\varphi^0)B]V_n + o_p(1). \end{aligned} \tag{6.11}$$

以 Z 记一个 k 维随机向量,有分布 $N(0,I_k)$. 则按(6.8)和(6.11)式,知 Y_n 的极限分布与 $Z'I^{1/2}(\theta^0)[I^{-1}(\theta^0)-B'\widetilde{I}^{-1}(\varphi^0)B]I^{1/2}(\theta^0)Z$ 同,即与 $Z'(I_k - I^{1/2}(\theta^0)B'\widetilde{I}^{-1}(\varphi^0)BI^{1/2}(\theta^0))Z' \equiv Z'MZ$ 同. 由(6.5)式易知 M 为幂等阵,其秩为

$$\begin{aligned} \text{rank}(M) = \text{tr}(M) &= k - \text{tr}(I^{1/2}(\theta^0)B'\widetilde{I}^{-1}(\varphi^0)BI^{1/2}(\theta^0)) \\ &= k - \text{tr}(\widetilde{I}^{-1}(\varphi^0)BI^{1/2}(\theta^0)I^{1/2}(\theta^0)B') \\ &= k - \text{tr}(\widetilde{I}^{-1}(\varphi^0)\widetilde{I}(\varphi^0)) \\ &= k - \text{tr}(I_r) \\ &= k - r. \end{aligned}$$

据 χ^2分布与幂等阵的关系(见1.3节末尾),知 $Z'MZ \sim \chi_{k-r}^2$,于是完成了定理的证明.

证明过程中也给出了所需的正则条件:

1° 由 A 到 Θ_0 有一一对应变换 $g(\varphi)$,它有直到三阶为止的偏导数.

2° $\{f(x,\theta)\mathrm{d}\mu,\theta\in\Theta\}$和$\{\widetilde{f}(x,\varphi)\mathrm{d}\mu,\varphi\in A\}$都满足定理4.9的条件.

例6.2　样本 $X_{i1},\cdots,X_{in_i}$ iid.,$\sim N(\mu_i,\sigma_i^2)(1\leqslant i\leqslant m)$,且全部样本独立. 要检验假设

$$H:\sigma_1^2=\cdots=\sigma_m^2 \leftrightarrow K:\sigma_1^2,\cdots,\sigma_m^2\text{不完全相同}.$$

记

$$S_i^2 = n_i^{-1}\sum_{j=1}^{n_i}(X_{ij}-\overline{X}_i)^2,\quad \overline{X}_i = n_i^{-1}\sum_{j=1}^{n_i}X_{ij},$$

$$S^2 = \sum_{i=1}^m n_iS_i^2/n,\quad n=\sum_{i=1}^m n_i,$$

则不难算出 $LR(X) = S^n\Big/\prod_{i=1}^m S_i^{n_i}$,而

$$Y_n \equiv 2\ln LR(X) = 2n\ln S - 2\sum_{i=1}^m n_i\ln S_i.$$

据定理 6.1，当原假设 H 成立时，且当 $\min(n_1,\cdots,n_m)\to\infty$ 时，有 $Y_n\xrightarrow{L}\chi_{k-r}{}^2=\chi_{m-1}{}^2$. 由此得出大样本似然比检验有否定域 $Y_n>\chi_{m-1}{}^2(\alpha)$.

本例形式上越出了定理 6.1 的范围，因全体样本虽独立但非同分布，而是分成有限个同分布系列. 不难证明：定理 6.1 适用于这种情况，这是因为：定理 6.1 的证明基于定理 4.9，而定理 4.9 对这种情况仍成立，证明的细节有些小变化：(6.7)式右边的 $I(\theta^0)$ 要用

$$I_n(\theta^0)\equiv n^{-1}\sum_{i=1}^m I^{(i)}(\theta^0)n_i$$

去代替，其中 $I^i(\theta)$ 是 $X_{i1},X_{i2},\cdots$ 这个子系列的公共分布 $\{f_i(x,\theta)\mathrm{d}\mu_i,\theta\in\Theta\}$ 的 Fisher 信息量（μ_i 可以与 i 有关，但 θ 与 Θ 是公共的），(6.9)式中的 $I(\theta^0)$ 也用 $I_n(\theta^0)$ 取代，(6.10)式中的 $\tilde{I}(\varphi^0)$ 也作类似处理. 有一点不同的是：这时 V_n 不是 iid. 和，因而(6.8)式不再成立. 这一点要修改如下：随着 $n_i\to\infty$，n_i/n 不一定要有极限，这时可通过取子列使 $n_i/n\to c_i$ 存在，对 $1\leqslant i\leqslant m$ $\left(n=\sum_{i=1}^m n_i\right)$. 就这个子列来讨论，由中心极限定理有

$$V_n\xrightarrow{L}N(0,I(\theta^0)),\quad I(\theta^0)=\sum_{i=1}^m c_i I^{(i)}(\theta^0),$$

又对此子列有 $I_n(\theta^0)\to I(\theta^0)$，$\tilde{I}_n(\varphi^0)\to\tilde{I}(\varphi^0)$. 于是对此子列而言，(6.11)式以下的推理全部有效. 由于极限分布 $\chi_{k-r}{}^2$ 与所取子列无关（$\{n_i\}$ 的任何子列都可取出子列 $\{n_i'\}$，使 n_i'/n' 收敛），故 $2\ln LR(X)$ 仍以此为极限分布.

应当注意的是：根据定理 6.1 而作的大样本似然比检验 T_n 只保证了

$$\lim_{n\to\infty}P_\theta(T_n\text{ 否定 }H)=\alpha,\quad \text{当 }\theta\in\Theta_0.$$

它并不保证当 n 固定时，T_n 有水平 α. 在许多情况下，即使 $\theta\in\Theta_0$，$2\ln LR(X)$ 的分布（n 固定时）仍与 θ 有关. 因而有可能根本找不到一个常数 $c=c_n$，使以 $2\ln LR(X)>c_n$ 为否定域的检验具有给定的水平 α（习题 6）. 在例 6.2，这一情况不会发生，因为 $2\ln LR(X)$ 在原假设 H 成立时，其分布与 θ 无关.

当 n 固定时，$2\ln LR(X)$ 的分布与其极限分布 $\chi_{k-r}{}^2$ 有差距，其均值方差可以不同于 $\chi_{k-r}{}^2$ 的均值方差 $k-r$ 及 $2(k-r)$. 因此，有的作者提出适当修正 $2\ln LR(X)$（例如，限其线性变换 $a_n 2\ln LR(X)+b_n$），以使其均值方差为 $k-r$ 及 $2(k-r)$，希望这样可以改善 $2\ln LR(X)$ 的分布与其极限分布符合的程度.

当 $2\ln LR(X)$的均值方差能确切求出时，这样做可能有益，但这一点往往不能实现. Bartlett 曾就本例按上述想法提出一个修正统计量，即通常的 Bartlett 检验(细节见作者的《数理统计引论》第 331～332 面). 但是，Bartlett 所依据的是 $2\ln LR(X)$的渐近均值方差而非其确值. 在通常应用中 $n_1,\cdots,n_m$不见得都很大，因而其效用也是不肯定的.

当定理 6.1 的条件不成立时，没有相应的结论，或结论不真. 前者的例子是 Θ_0与 Θ 有相同的维数，比方说在例 6.1 中要检验假设 $\mu\leqslant\mu_0\leftrightarrow\mu>\mu_0$. 后者的重要例子是样本分布没有共同支撑. 有趣的是：在这种情况下，$2\ln LR(X)$仍可以有 χ^2分布为极限，但自由度与定理 6.1 所规定的不同(习题 11,12c).

6.2 拟合优度检验

设有自某总体中抽出的 iid. 样本 $X_1,\cdots,X_n$，要检验假设

$$H: X_1,\cdots,X_n \text{ 的公共分布为 } F, \tag{6.12}$$

F 为一完全已知的分布. 更一般一些：

$$H: X_1,\cdots,X_n \text{ 的公共分布属于 } \mathscr{F}, \tag{6.13}$$

$\mathscr{F}$ 是一个给定的分布族，例如正态分布族. 当 $\mathscr{F}$ 中只含一个分布时，(6.13)式退化为(6.12)式的情形.

给定的分布 F(或分布族 $\mathscr{F}$)可以是某种理论或学说的后果. 这时，对假设 H 进行检验，可视为对该理论或学说是否正确的一种检验. 例如我们精心制造了一颗骰子，有理由认为其各面出现的概率都是 1/6. 我们把这骰子投掷多次，依其结果对“骰子均匀”这个假设可否接受作检验. 又如著名的孟德尔豌豆试验中的“3∶1”规律，是基因学说(虽则在孟德尔时代尚无这个名词)的后果. 因此对“3∶1”假说进行检验，可视为对基因学说正确性的一个检验. 当对数据作统计分析时，常假定它来自正态总体. 有时对这一点有疑问而想把它付诸检验，这属于(6.13)式的情形，因并未要求正态分布的参数有特定的值. 在这个问题中，正态假设也可以有某种理论根据(如据中心极限定理)，也可以没有. 在后一情

况,问题的意义也可以理解为:手头的数据其分布与正态分布的差异是否大到了不宜用正态方法去分析的程度?更有一些情况,原本试验者就认为分布不应是F,去检验假设(6.12),目的是希望得到否定的结果,以作为"分布不是F"的有力支持.

这种检验问题当然可以纳入一般检验问题的框架内. 不过,当我们对一个如(6.12)式(或(6.13)式)的检验问题加上"**拟合优度**"的界定语时,心目中总是认为它有以下两个有关联的特点:

一是它没有一个明确的对立假设,或者说,可能的对立假设是全方位的. 例如,设(6.12)式中的F为$N(0,1)$. 如果事先我们对X_i的公共分布G没有任何限定(或只有某种一般性的限制,如要求G连续),则视为拟合优度检验问题. 反之,若已知(或给定)G只能在分布族$\{N(\theta,1),\theta\in\mathbb{R}^1\}$内,则问题就是参数检验$\theta=0\leftrightarrow\theta\neq 0$. 这种情况一般就不称之为拟合优度检验问题.

二是在设计检验统计量及解释检验结果时,注意力集中在原假设H上. 这与上一条有关联,因既无特定的对立假设,检验统计量也就必须有全方位的性质,而这意味只能从"数据与假设H是否符合"这一点着眼. 在解释结果时,也不必采取通常检验中"接受"与"否定"这种非黑即白的形式,而说"数据与假设H符合(拟合)的程度如何". 这种说法更切近问题的实质,也是"拟合优度检验"这个名称的来由.

6.2.1 X只取有限个且F完全已知时

设(6.12)式中的分布F有形式

$$P(X=a_i)=p_i,\quad 1\leqslant i\leqslant k,$$

$p_i>0$已知. 为检验假设(6.12),以ξ_{ni}记$X_1,\cdots,X_n$中等于a_i的个数,作统计量

$$Y_n=\sum_{i=1}^{k}(\xi_{ni}-np_i)^2/(np_i),\tag{6.14}$$

其直观背景如下:若H正确,则依大数律有$\xi_{ni}/n\approx p_i$,因此$(\xi_{ni}-np_i)^2$应倾向于小. 这样,加权和$\sum\limits_{i=1}^{k}c_{ni}(\xi_{ni}-np_i)^2$是一个适当的检验统计量(当它大时否定$H$,或者说,当它大时认为数据与分布$F$的拟合差). 由于当$H$成立时$(\xi_{ni}-np_i)/\sqrt{n}\xrightarrow{L}N(0,p_i(1-p_i))$,可见,为要得到一个统计量,其极限分布

(当$n\to\infty$时)不退化到0或∞，c_{ni}必须有c_i/n的形式．可以证明(习题15)：若令$c_{ni}=c_i/n>0$，则当H成立而$n\to\infty$时，统计量$\sum_{i=1}^{k}c_i(\xi_{ni}-np_i)^2/n$的极限分布总存在，但唯有在$c_i=1/p_i$时，此极限分布有最简单的形式$\chi_{k-1}{}^2$．这个结果属于现代统计的奠基者之一K．Pearson，是数理统计学中最重要的基础性结果之一：

定理6.2(K．Pearson)　当假设H成立时，(6.14)式所定义的统计量Y_n当$n\to\infty$有极限分布$\chi_{k-1}{}^2$．

有时把(6.14)式中的ξ_{ni}和np_i分别称为(a_i的，或第i组的，因a_i的具体值不起作用，它只起一个标识的作用)**经验频数**和**理论频数**．为证定理6.2，先证明下面的引理：

引理　设$(\xi_{n1},\cdots,\xi_{nk})'$服从多项分布$M(n;p_1,\cdots,p_k)$．令

$$\xi_n=\left(\frac{\xi_{n1}-np_1}{\sqrt{np_1}},\cdots,\frac{\xi_{nk}-np_k}{\sqrt{np_k}}\right)',\quad \psi=(\sqrt{p_1},\cdots,\sqrt{p_k})'.$$

设C为k阶对称幂等阵，以ψ为一特征向量，即$C\psi=\alpha\psi$对某常数α．则当$n\to\infty$时$\xi_n{}'C\xi_n\xrightarrow{L}\chi_r{}^2$，此处$r=\mathrm{rank}(C)$或$\mathrm{rank}(C)-1$，分别视$\alpha=0$或否而定．

证明　找$k\times(k-1)$矩阵A，使$(\psi|A)$为k阶正交阵．注意到$\psi'\xi_n=0$，有

$$\begin{pmatrix}\psi'\\ A'\end{pmatrix}\xi_n=\begin{pmatrix}0\\ Z_n\end{pmatrix},\quad Z_n=A'\xi_n.$$

两边乘以$(\psi\vdots A)$，得$\xi_n=AZ_n$．于是$\xi_n{}'C\xi_n=Z_n{}'A'CAZ_n$，据定理4.11证明中的第二条预备事实可知，当$n\to\infty$时，$\xi_n$依分布收敛于正态$N(0,B)$，其中$B$的$(i,j)$元为$1-p_i$或$-\sqrt{p_ip_j}$，视$i=j$或否而定．因此有$Z_n\xrightarrow{L}N(0,ABA)=N(0,I_{k-1})$．因此，利用幂等阵与$\chi^2$分布的关系(1.3节末尾)可知，为证本引理，只需证$A'CA$为幂等阵且具有所说的秩．证明如下：

由$\psi\psi'+AA'=I_k$知

$$A'CAA'CA=A'C(I_k-\psi\psi')CA=A'C^2A-A'C\psi\psi'CA,$$

因$C^2=C$，$C\psi=\alpha\psi$而$\psi'A=0$，有$A'CAA'CA=A'CA$，即$A'CA$为幂等．又因$(\psi\vdots A)$满秩，有

$$\mathrm{rank}(C) = \mathrm{rank}\left\{\begin{pmatrix}\psi' \\ A'\end{pmatrix} C(\psi \mid A)\right\} = \mathrm{rank}\begin{pmatrix}\psi' C\psi & 0 \\ 0 & A'CA\end{pmatrix}$$

$$= \mathrm{rank}(\psi' C\psi) + \mathrm{rank}(A'CA).$$

若 $\alpha=0$,则 $\mathrm{rank}(\psi'C\psi)=0$ 而 $\mathrm{rank}(A'CA)=\mathrm{rank}(C)$,否则有 $\mathrm{rank}(\psi'C\psi)=1$ 而$\mathrm{rank}(A'CA)=\mathrm{rank}(C)-1$. 引理证毕.

有了这个引理就不难证明定理 6.2. 因 $Y_n=\xi_n{}'\xi_n$,此相当于引理的$C=I_k$的情况. C 为幂等而$C\psi=\psi$,即 $\alpha=1\neq 0$,故 $Y_n \xrightarrow{L} \chi_{k-1}{}^2$. 定理证毕.

以这个极限定理为基础,就可以对假设(6.12)引进一个大样本检验:取定水平 α. 当 $Y_n > x_{k-1}{}^2(\alpha)$时否定 H,此检验有渐近水平 α. 也可以这样想:Y_n愈大,则数据与理论分布 F 的拟合愈差,设由具体数据算出的 Y_n值记为y. 算出$p(y)=P(\chi_{k-1}{}^2 > y)$. $p(y)$可以解释为“当 H 成立(而 n 甚大)时,得到像 y 这么大或更大的偏差”这个事件的概率. 如果这个概率甚大,则观察到的偏差 y 并不稀奇,因而数据与理论符合是好的或可以的;反之,若此概率甚小,则我们要么认为理论分布 F 不行,要么接受“发生了一个小概率事件”. 因此,只好认为数据与理论符合得不好. 基于这个分析,可以把 $p(y)$说成是所观察到的数据与理论分布 F 的“拟合优度”,$p(y)$愈接近 1(0),则拟合愈好(愈差). 这个度量排除了 n 和 p_i的影响,因此是一个比较满意的选择. 当然,要注意到,拟合优度 $p(y)$的计算是基于我们所用的方法,即统计量 Y_n. 如选用其他方法,则有相应的算法而结果可以不同. 可以理解:不依赖于所选用的方法的“纯客观”的拟合优度,是无法定义的.

另有一种看法:既然在 H 成立时,Y_n有极限分布 $\chi_{k-1}{}^2$,而后者的密度在 $k-3$处达到最大(设 $k\geqslant 3$. 在 $k=2$ 时,在 0 点最大),因此,拟合得好的标志应是 Y_n之值在$k-3$ 附近,而不是尽量小. 这看法有一定的道理,它特别迎合我们在现实中常倾向于采取的一种看法:Y_n 太大固然反映拟合不佳,但 Y_n过小,则给人以数据是否可信的疑问,折中的情况合乎情理因而更使人信服. 不过还有另外的说法:如果从检验功效的观点,则以 Y_n 的大值作为否定域有较大的功效,因而更为可取.

在统计学文献中,Y_n 常被称为(**Pearson**)χ^2**统计量**,以 Y_n 大值为否定域的检验,则称为 χ^2(或 **Pearson** χ^2)**拟合优度检验**. 这个名称的由来显然是出于定理 6.2.

例 6.3 一家工厂分早、中、晚三班,近期记录了一些事故,计早、晚班各 6

次,中班3次. 怀疑事故发生的机会大小与班次有关,想用这批数据来检验一下,取 H:"事故概率与班次无关"为原假设. H 的意义应理解为:在有事故发生的条件下,它发生在各班次的概率都是1/3. 于是算出

$$Y_n = [(5-6)^2 + (5-3)^2 + (5-6)^2]/5 = 1.2,$$

查 χ^2分布表,得到1.2这个值相应的拟合优度为 $P({\chi_2}^2 > 1.2) = 0.549$. 因此,目前所掌握的数据尚未能给"事故率与班次有关"这个设想以充分的支持.

这个初浅的例子有其启发性. 不了解统计思想的人倾向于低估随机性的影响,因此多半会从6∶3∶6的记录推断中班事故率显著地小些. 从形式上理解统计方法的人则可能从本例检验结果认定三班事故率无差别,两种看法皆失之恰当. 正确的看法是既看到数据所反映的现实显著性,因而认为有进一步查考的必要,同时也认识到:以目前掌握的资料的规模,尚不能在统计上获致健全的结论.

例 6.4 把一粒认为可能是均匀的骰子投掷 6×10^{10}次,记录下1,…,6各点出现的次数依次为:$n_1 = 10^{10} - 10^6$, $n_2 = 10^{10} + 1.5\times 10^6$, $n_3 = 10^{10} - 2\times 10^6$, $n_4 = 10^6 + 4\times 10^6$, $n_5 = 10^{10} - 3\times 10^6$, $n_6 = 10^{10} + 0.5\times 10^6$. 算出 $Y_n = 3\,250$. 其与"骰子均匀"这个假设的拟合优度 $P({\chi_5}^2 > 3\,250) < 10^{-4}$. 因此可以说:所得数据断然不支持"骰子均匀"这个假设.

然而,按所得数据去估计各面出现的概率,其值与1/6的差距都很小,从实际的观点看可能意义不大. 这两个例子一正一反,说明了现实显著与统计显著性的差异:前者着重在所观察到的差异有无实际的重要性,而后者则着重所观察到的差异可否仅用随机性去解释. 统计上的显著性不必有现实意义,但是,若现实的显著性达不到统计显著性,则尚不能充分使人信服,以其不能排除偶然因素的作用. 在更复杂的实际问题中,这种对统计分析结果作恰当解释的问题将更加突出和不易,这需要经验及有关所研究问题的专门知识.

6.2.2 X 只取有限个值而 F 带参数时

仍设 X 只能取 $a_1, \cdots, a_k$ 等 k 个值. 原假设 H 是:对某个 $\theta \in \Theta$, X 的分布有形式

$$P_\theta(X = a_i) = \pi_i(\theta), \quad 1 \leqslant i \leqslant k,$$

这里 $\theta = (\theta_1, \cdots, \theta_r)'$ $(1 \leqslant r \leqslant k-2)$, Θ 是 $\mathbb{R}^r$ 中一个有内点的集. 为检验 H,先

利用样本 $X_1,\cdots,X_n$ 对 θ 作一估计 $\hat{\theta}_n$，然后以 $\pi_i(\hat{\theta}_n)$ 取代(6.14)式中的 p_i，以计算

$$Y_n = \sum_{i=1}^{k} \frac{[\xi_{ni} - n\pi_i(\hat{\theta}_n)]^2}{n\pi_i(\hat{\theta}_n)}. \tag{6.15}$$

ξ_{ni} 的意义与前同：它是 X 的 iid. 样本 $X_1,\cdots,X_n$ 中等于 a_i 的个数.

定理 6.3(R. A. Fisher) 设 $\{\pi_i(\theta), 1\leqslant i\leqslant k\}$ 满足定理 4.11 中的条件. 设 X 的分布为 P_{θ^0}，θ^0 是 Θ 的内点. 并把(6.15)式中的 $\hat{\theta}_n$ 取为 θ 的似然方程的相合解. 则当 $n\to\infty$ 时，(6.15)式定义的 Y_n 依分布收敛于 $\chi_{k-1-r}{}^2$.

证明 记 $\theta^0=(\theta_1^0,\cdots,\theta_r^0)'$，$\hat{\pi}_i=\pi_i(\hat{\theta}_n)$，$\pi_i=\pi_i(\theta^0)$，以及

$$U_n = (\sqrt{n}(\hat{\pi}_1 - \pi_1)/\sqrt{\pi_1},\cdots,\sqrt{n}(\hat{\pi}_k - \pi_k)/\sqrt{\pi_k}))',$$

$$\widetilde{B} = (\widetilde{b_{ji}})_{r\times k}, \quad \widetilde{b_{ji}} = \frac{1}{\sqrt{\pi_i}}\frac{\partial \pi_i(\theta^0)}{\partial \theta_j{}^0},$$

$$D_n = \sqrt{n}(\hat{\theta}_n - \theta^0) = \sqrt{n}(\hat{\theta}_{n1} - \theta_1^0,\cdots,\hat{\theta}_{nr} - \theta_r^0)',$$

$$\xi_n = \left(\frac{\xi_{n1} - n\pi_1}{\sqrt{n\pi_1}},\cdots,\frac{\xi_{nk} - n\pi_k}{\sqrt{n\pi_k}}\right)', \quad Z_n = \widetilde{B}\xi_n.$$

在定理 4.11 的证明中曾得出 $I(\theta^0)=\widetilde{B}\widetilde{B}'$，$I(\theta)$ 是分布 $\{\pi_1(\theta),\cdots,\pi_k(\theta)\}$ 的 Fisher 信息阵，以及

$$D_n = I^{-1}(\theta^0)Z_n = I^{-1}(\theta^0)\widetilde{B}\xi_n. \tag{6.16}$$

由于 $\hat{\theta}_n$ 是 θ 的相合估计，θ^0 为 Θ 的内点，以及 $\pi_i(\theta)$ 有一阶连续偏导数，有

$$\frac{\sqrt{n}(\hat{\pi}_i - \pi_i)}{\sqrt{\pi_i}} = \frac{1}{\sqrt{\pi_i}}\sum_{j=1}^{r}\frac{\partial \pi_i(\theta^0)}{\partial \theta_j{}^0}\sqrt{n}(\hat{\theta}_{nj} - \theta_j{}^0) + o_p(\sqrt{n}\,\|\hat{\theta}_n - \theta^0\|),$$

而按定理 4.11，$\sqrt{n}(\hat{\theta}_n-\theta^0)$ 有极限分布，故 $o_p(\sqrt{n}\,\|\hat{\theta}_n-\theta^0\|)=o_p(1)$. 因此上式可写为 $U_n=\widetilde{B}'D_n+o_p(1)$. 再由(6.16)式得 $U_n=\widetilde{B}'I^{-1}(\theta^0)\widetilde{B}\xi_n$. 这样，有

$$Y_n = \|U_n - \xi_n\|^2 = \|(I_k - \widetilde{B}'I^{-1}(\theta^0)\widetilde{B})\xi_n\|^2 = \xi_n'C\xi_n,$$

其中 $C=I_k-\widetilde{B}'I^{-1}(\theta^0)\widetilde{B}$，$C$ 为对称幂等阵. 故按引理 6.1，有

$$Y_n \xrightarrow{L} \chi_s^2, \quad 当\ n \to \infty, \tag{6.17}$$

其中 $s = \text{rank}(C)$或 $\text{rank}(C)-1$. 由于$\widetilde{B}\psi = 0(\psi = (\sqrt{\pi_1}, \cdots, \sqrt{\pi_k})')$,知 $C\psi = \psi$,故 s 为 $\text{rank}(C)-1$,而

$$\begin{aligned}\text{rank}(C) &= \text{tr}(C) = k - \text{tr}(\widetilde{B}' I^{-1}(\theta^0)\widetilde{B}) = k - \text{tr}(I^{-1}(\theta^0)\widetilde{B}\widetilde{B}') \\ &= k - \text{tr}(I^{-1}(\theta^0) I(\theta^0)) = k - \text{tr}(I_r) = k - r,\end{aligned}$$

因此(6.17)式中的 $s = k-1-r$. 定理证毕.

例 6.5 据遗传学理论,人类血型由一基因位点上的三个等位基因 A,B,O 所决定,它们产生六个基因型 OO, AO, AA, BB, BO, AB 和四个表现型: OO——血型 O;AO,AA——血型 A;BO,BB——血型 B;AB——血型 AB. 设有一足够大的人类群体,A,B,O 三个基因在其中的频率分别为 p,q 和 $r = 1-p-q$,则根据数量遗传学中的 Hardy-Weinberg 平衡定律,在交配是随机的条件下(这表示,例如,排除了系统的近亲结婚的情况),四种血型频率应分别为

$$P(\text{O}) = r^2, \quad P(\text{A}) = p^2 + 2pr,$$
$$P(\text{B}) = q^2 + 2qr, \quad P(\text{AB}) = 2pq,$$

这相当于定理 6.3 的 $k=4$,$r=2$ 的情况. 设在此群体中随机抽取了 n 个人,发现其中有血型 O,A,B 和 AB 的,分别有 n_{O},n_{A},n_{B}和 n_{AB}个,则 p,q,r 的极大似然估计 $\hat{p}_n$,$\hat{q}_n$和 $\hat{r}_n$是似然函数

$$\begin{aligned}\ln L(p,q,r) = {} & 2n_{\text{O}}\ln r + n_{\text{A}}\ln(p^2 + 2pr) \\ & + n_{\text{B}}\ln(q^2 + 2qr) + n_{\text{AB}}\ln(2pq)\end{aligned}$$

在约束条件 $p \geqslant 0, q \geqslant 0, r \geqslant 0, p+q+r=1$ 下的极值点. 这要使用迭代法,可以取

$$r_0 = \sqrt{n_0/n}, \quad p_0 = 1 - \sqrt{(n_0 + n_B)/n}, \quad q_0 = 1 - p_0 - r_0$$

为初始点. 得出 $\hat{p}_n$,$\hat{q}_n$ 和 $\hat{r}_n$ 后,即可按(6.15)式算出 Y_n,及拟合优度 $P(\chi_1^2 > Y_n)$. 这个检验曾用不同地区和种族的人群的数据去做过,一般都与上述遗传学理论有良好的拟合.

例 6.6 若 X 取值为 $0,1,\cdots,k$,要检验其分布是否为二项分布 $B(k,p)$,

对某个 $p\in[0,1]$. 对 X 作 n 次观察,以 n_i 记其中等于 i 的个数, $n=\sum_{i=0}^{k}n_i$. 易见 p 的极大似然估计为 $\hat{p}_n=\sum_{i=0}^{k}in_i/(nk)$. 由此算出

$$Y_n=\sum_{i=0}^{k}\left[n_i-n\binom{k}{i}\hat{p}_n{}^i(1-\hat{p}_n)^{k-i}\right]^2\Big/\left[n\binom{k}{i}\hat{p}_n{}^i(1-\hat{p}_n)^{k-i}\right],$$

自由度为$(k+1)-1-1=k-1$. 若要检验一可取任何非负整数为值的变量 X 有 Poisson 分布$P(\lambda)$,对某个$\lambda>0$,则因 X 的值域非有限,必须先把这些值合并为有限个组,例如,把 $0,1,\cdots,k$ 各作为一组,$\{k+1,k+2,\cdots\}$合为一组. 这时得到 λ 的似然方程为

$$\sum_{i=0}^{k}n_i(i/\lambda-1)+N\sum_{i=k+1}^{\infty}(i/\lambda-1)w_i(\lambda)\Big/\sum_{i=k+1}^{\infty}w_i(\lambda)=0, \qquad (6.18)$$

此处 n_i为样本 $X_1,\cdots,X_n$中等于 i 的个数, $N=\sum_{i=k+1}^{\infty}n_i$, 而 $w_i(\lambda)=\mathrm{e}^{-\lambda}\lambda^i/i!$. 这方程求解也需用迭代. 本例自由度为$(k+2)-1-1=k$.

将 X 的若干个值并成一组不仅是因为 X 能取无穷个值,即使 X 只能取有限个(k 个)值,但由于样本量 n 相对于k 不够大,致使样本 $X_1,\cdots,X_n$中取某个值 a_i的个数太小,这时把 a_i这个值单独作为一组即不合宜,而须把它合并到其他值中构成一个组,以加大这组的经验频数. 究其原因,是统计量 Y_n的真实分布(在原假设 H 成立时)与其极限分布的差距,是随着每组内的经验频数 ξ_{ni} 的增大而减小. 但这种并组从理论上说造成两个问题. 其一是按定理 6.2 和 6.3,分组应是独立于样本去做,否则极限分布就与这些定理规定的有出入. 但实际工作中人们多是根据样本的值去进行分组,以使每组的频数都不太小(例如,不小于 5)且各组频数差距不悬殊. 这个细节在实用上一般都不顾及,实际其影响也不太重要.

另一个问题是并组后,用极大似然估计法去估计未知参数变得复杂. 如在本例中,若不并组,则 λ 的极大似然估计就是 $\overline{X}$,很容易计算,而并组后,决定 λ 的方程(6.18)就变得不好处理. 在应用上,一般多是不顾并组这一事实,而仍用不并组时的极大似然估计去估计未知参数. 理论表明,这对 Y_n的极限分布有些影响,但一般其实际意义并不大. 其实,这类处置法在统计应用中颇常见. 例如在加权最小二乘法中,权数的选定可能参考了样本值,而在理论上则仍把它作常

数看.

6.2.3　X 可取无穷个值时

一般地,设 X 的理论分布函数为 F,F 可以是完全已知,或依赖于参数 θ:$P_\theta(X\leqslant x)=F(x,\theta)$. 处理这种情况的方法是把$(-\infty,\infty)$分成有限个区间:$I_1=(-\infty,a_1)$,$I_2=(a_1,a_2)$,…,$I_k=(a_{k-1},\infty)$,每一段的概率依次为 $\pi_1(\theta)=P_\theta(X\leqslant a_1)=F(a_1,\theta)$,$\pi_2(\theta)=F(a_2,\theta)-F(a_1,\theta)$,…,$\pi_k(\theta)=1-F(a_{k-1},\theta)$. 这样就转化到已经处理过的情形.

前面关于分组及未知参数估计问题的那一段议论,自然也适用于这里的情形.

6.2.4　列联表检验独立性

设每一个体可能具有或不具有属性 A 或 B,而希望考察这两个属性是否有关联. 属性 A 分成 r 个等级 $A_1,\cdots,A_r$,B 分成 s 个等级 $B_1,\cdots,B_s$. 比如要考察人的文化水平与其收入是否有关联,可以把人按其学历分成若干个等级,按其收入分成若干个等级.

表 6.1

$A\backslash B$	B_1	B_2	$\cdots$	B_s	和
A_1	n_{11}	n_{12}	$\cdots$	n_{1s}	$n_{1\cdot}$
A_2	n_{21}	n_{22}	$\cdots$	n_{2s}	$n_{2\cdot}$
$\vdots$	$\vdots$	$\vdots$		$\vdots$	$\vdots$
A_r	n_{r1}	n_{r2}	$\cdots$	n_{rs}	$n_{r\cdot}$
和	$n_{\cdot 1}$	$n_{\cdot 2}$	$\cdots$	$n_{\cdot s}$	n

设在所考察的总体中随机抽出若干个体,比方说从特定的一群人中随机抽出若干人. 在此,假定总体所含个体数相比于所抽出的人数是很大,或者,在相反的情况,则设想抽样是有放回的. 这样可以假定所抽个体的类别为 iid.. 以 n_{ij} 记这 n 个体中属于(A_i,B_j)的个体数,而把数据列为表 6.1 的形式. 可以形式地引进一个二维随机向量(X,Y),X 取值 $1,\cdots,r$,Y 取值 $1,\cdots,s$. 若所抽出的个体属于(A_i,B_j),就说 $X=i$,$Y=j$. 表 6.1 则可视为(X,Y)的 n 个 iid. 样本中,取$(1,1)$,…,(r,s)各值的个数的表.

所要检验的假设是

$$H:X,Y\text{ 独立},\tag{6.19}$$

即存在常数 $p_{1\cdot},\cdots,p_{r\cdot}$ 及 $p_{\cdot 1},\cdots,p_{\cdot s}$,非负,$\sum_{i=1}^{r}p_{i\cdot}=\sum_{j=1}^{s}p_{\cdot j}=1$ 使 $P(X=i,Y=j)=p_{i\cdot}p_{\cdot j}$,$i=1,\cdots,r$,$j=1,\cdots,s$. 这样形式地把问题纳入(6.13)式

的范围，$p_{1\cdot},\cdots,p_{r\cdot}$ 和 $p_{\cdot 1},\cdots,p_{\cdot s}$ 是未知参数，共 $r+s$ 个，但有两个约束，故实质上只有 $r+s-2$ 个参数.

上面那种形式的数据表称为 $r\times s$ **列联表**. 由于这类问题在应用上碰到很多，故列联表分析成为统计方法与应用中的一个重要方面. 一般地可以考虑 (A_i,B_j) 这组的概率 p_{ij} 的变化规律. 独立性检验只是其中最初浅和最基本的一个问题. 在统计学中列联表分析划归离散多元分析的范围.

为用 χ^2 拟合优度法对假设(6.19)作检验，先要算出 $p_{i\cdot}$ 和 $p_{\cdot j}$ 的极大似然估计，即在约束 $\sum_{i=1}^{r} p_{i\cdot}=\sum_{j=1}^{s} p_{\cdot j}=1$ 之下，使 $\prod_{i=1}^{r}\prod_{j=1}^{s}(p_{i\cdot}p_{\cdot j})^{n_{ij}}$ 达到最大. 结果易得出为

$$\hat{p}_{i\cdot}=n_{i\cdot}/n,\quad \hat{p}_{\cdot j}=n_{\cdot j}/n,$$

其中 $n_{i\cdot}=\sum_{j=1}^{s} n_{ij}$，$n_{\cdot j}=\sum_{i=1}^{r} n_{ij}$. 于是 (A_i,B_j) 组的理论频数估计值为 $n\hat{p}_{i\cdot}\hat{p}_{\cdot j}=n_{i\cdot}n_{\cdot j}/n$，而

$$Y_n=\sum_{i=1}^{r}\sum_{j=1}^{s}(nn_{ij}-n_{i\cdot}n_{\cdot j})^2/(nn_{i\cdot}n_{\cdot j}). \tag{6.20}$$

按定理 6.3，当 $n\to\infty$ 时，若假设 H 成立，则 Y_n 有极限分布

$$\chi_m^{\ 2},\quad m=rs-1-(r+s-2)=(r-1)(s-1).$$

利用这个极限分布，在 n 较大时，可以对假设(6.19)作大样本检验，或计算拟合优度.

在 $r=2,s=2$ 的特例，列联表中共有 4 个格子，故也常称为**四格表**，这时自由度只有 1. 对这个特例还可以用 Fisher 提出的精确检验法作检验，见例 6.10.

例 6.7 要考察特定一群人的收入与其在文化消费上的支出有无关联. 把收入分成低、中、高三档，分别以 1,2,3 记之；文化支出分低、高两档，分别以 1,2 记之. 共随机抽查了 201 人，结果如表 6.2.

表 6.2

A \ B	1	2	和
1	63	16	79
2	37	17	54
3	60	8	68
和	160	41	201

就每个格子计算和(6.20)式中各项. 例如，第一个格子为

$$(201\times 63-79\times 160)^2/(201\times 160\times 79)=0.000\,2.$$

依次算出其他各格子之值，相加得 $Y_n = 7.2078$. 查 χ^2 分布表，自由度为 $(3-1)(2-1)=2$，得 $P(\chi^2>7.2078)=0.0207$. 此值很接近0，表明“文化支出与收入独立”之假设，与观察到的数据符合程度很差.

若要进一步研究二者的关系，则须引入更复杂的模型. 从表上观察到的基本趋向是：文化支出随收入增加而剧降.

例 6.8（齐一性检验）　设有三个生产同一种产品的工厂，产品质量分成1，2两个等级. 为了解这三个厂产品质量水平有无差异，分别在1，2，3厂随机抽检79，54和68件产品，设结果如表6.2所示. 上例的计算表明：所观察到的这批数据，极不支持“各厂产品质量无差异”之假设. 从数据上看，3厂最好，1厂次之，2厂最差.

本例之所以能用与上例完全一样的做法，是因为形式上看，可以把“各厂产品质量无差异”说成“A（工厂），B（产品质量）这两个属性独立”. 但是从理论上看，二者有本质的差别，因为在本例中，各厂抽取样品个数79，54和68是先定的，没有随机性. 而在上例中，我们是在该人群中抽样，抽样前并未定下在各收入档次的子群中各抽多少，甚至也未分拆出这些子群. 因此，如要使此例与上例完全一致（因而可用基于(6.20)式的检验），就必须把三个厂的产品混成一堆后再抽样，但在实际工作中不大会这样去做.

本例其实有三个总体. 每厂产品质量有各自的分布，即其一、二等品的比率，所要检验的假设是这三个分布“齐一”即一致，故称为**齐一性检验**. 这个问题可一般地表述为：有 r 个总体，都只取 $a_1,\cdots,a_s$ 这有限个值，第 i 总体分布为

$$P(X=a_j)=\pi_j(\theta_{(i)}),\quad 1\leqslant j\leqslant s,1\leqslant i\leqslant r. \tag{6.21}$$

这里 $\theta_{(i)}$ 属于 $\mathbb{R}^q$ 的某个开集 Θ，Θ 与 i 无关. 要检验(6.21)式中的 r 个分布相同，即检验假设

$$H:\theta_{(1)}=\cdots=\theta_{(r)}, \tag{6.22}$$

分别从第 i 总体中抽出 n_i 个iid.样本($1\leqslant i\leqslant r$). 利用这 n_i 个样本，可对 $\theta_{(i)}$ 作极大似然估计 $\hat{\theta}_{(i)}$. 如假设(6.22)式成立，则把全体样本（共 $n_1+\cdots+n_r$ 个）合起来，可对 $\theta_{(1)},\cdots,\theta_{(r)}$ 的公共值 θ 作极大似然估计 $\hat{\theta}$. 如果(6.22)式真成立，$\hat{\theta}$ 与 $\hat{\theta}_{(i)}$ 应接近，由这个考虑，得到一个衡量假设(6.22)与数据偏差的统计量

$$Y_n=\sum_{i=1}^{r}\sum_{j=1}^{s}[n_i\pi_j(\hat{\theta}_{(i)})-n_i\pi_j(\hat{\theta})]^2/[n_i\pi_j(\hat{\theta})]. \tag{6.23}$$

与证明定理 6.3 的方法类似,但细节上更复杂一些,可以证明:在$\{\pi_j(\theta)\}$满足定理 6.3 条件之下,当假设(6.22)成立时,Y_n 依分布收敛于 $\chi_{(r-1)q}{}^2$,当 $\min(n_1,\cdots,n_r)\to\infty$.此处我们不给出这个证明,可参看作者著的《数理统计引论》第 310~314 面.

如果对总体的分布毫无限制,即

$$\pi_j(\theta^{(i)}) = \theta_j{}^i,\ 1\leqslant j\leqslant s,\ \theta^{(i)} = (\theta_1{}^{(i)},\cdots,\theta_s{}^{(i)})',\ \theta_j{}^i > 0,\ \sum_{j=1}^{s}\theta_j{}^i = 1,$$

一共有 $q = s-1$ 个自由参数,故在假设 H 成立时,(6.23)式中的 $Y_n \xrightarrow{L} \chi_{(r-1)(s-1)}{}^2$.又易见在这个场合,$\hat{\theta}_{(i)}$ 为$(n_{i1}/n_i,\cdots,n_{is}/n_i)'$,$n_{ij}$ 为第 i 总体所抽 n_i 个样本中等于 a_j 的个数,而 $\hat{\theta}$ 为

$$\left(\sum_{i=1}^{r}n_{i1}/n,\cdots,\sum_{i=1}^{r}n_{is}/n\right)',\quad n = \sum_{i=1}^{r}n_i.$$

以此代入(6.23)式,可知 Y_n 与(6.20)式一致,只在记号上有差异$\left(\text{此处 } n_i \text{ 相当该处 } n_{i.},\text{而} \sum_{i=1}^{r}n_{ij} \text{ 相当该处 } n_{.j}\right)$,这就是齐一性检验与独立性检验形式相同的理论根据.

6.2.5 其他检验

除了 χ^2 拟合优度检验外,还有一些方法用于检验假设(6.12)或(6.13),有的是针对某种特殊分布的,如检验一组数据是否来自正态分布的 Shapiro 检验.有关这个检验,以及拟合优度检验这个题材的系统论述,读者可参看杨振海教授的专著《拟合优度检验》(安徽教育出版社,1994 年).

另外有一些方法,也和 χ^2 法一样,对理论分布的形式没有特殊的限定.总的说大略可分为两个体系.其一是 χ^2 法的变形或进一步的发展,另一则是基于**经验分布**.著名的 **Kolmogorov 检验**,可算是这一类方法的代表.

设 X 取值于有限维欧氏空间,有分布函数 F.设 $X_1,\cdots,X_n$ 为 x 的 iid.样本.以 ξ 记一随机向量,它以概率 $1/n$ 取每个值 X_i(如 $X_1,\cdots,X_n$ 中有相同的,则概率合并起来).ξ 的分布函数 $F_n(x)\equiv F_n(x;X_1,\cdots,X_n)$称为样本 $X_1,\cdots,X_n$ 的**经验分布函数**.Glivenko 定理指出:

$$\|F_n - F\| \equiv \sup_x |F(x) - F_n(x)| \to 0 \text{ a.s.} \quad \text{当 } n\to\infty.$$

基于这个结果,可以提出一个在直观上看来合理的方法,以检验假设(6.12):当 $\| F_n - F \| > c$ 时否定H. 这样做的困难在于:$\| F_n - F \|$ 的分布与 F 有关,故必须对许多特定的 F 去决策临界值c. 但容易证明(习题 29b):如果 X 为一维而理论分布$F(x)$在 $-\infty < x < \infty$ 处处连续,则 $\| F_n - F \|$ 的分布与 F 无关,而可以对这一类 F 决定只与 n(及检验水平 α)有关的临界值 c,这就是 Kolmogorov 检验. 其所以有这个名称,是因为 Kolmogorov 在 1933 年证明了下面的著名结果,它使 $\| F_n - F \|$ 有了"Kolmogorov 统计量"这个名称:

定理 6.4(Kolmogorov) 若 X 为一维且其分布函数F 在 $\mathbb{R}^1$处处连续,则

$$\lim_{n\to\infty} P(\sqrt{n} \| F_n - F \| < x)$$

$$\equiv Q(x) = 1 + 2\sum_{i=1}^{\infty}(-1)^k \exp(-2i^2 x^2), \quad x > 0. \tag{6.24}$$

这个著名的结果有好多证法,大都很繁琐,最简洁而严格的证法是基于概率测度的弱收敛理论,此处不能详述,有兴趣的读者须参看有关专著.

利用这个定理可得到(6.12)式的一个大样本检验:取定 α,找 c_α,使$Q(c_\alpha) = 1-\alpha$,然后在 $\| F_n - F \| > c_\alpha/\sqrt{n}$时否定(6.12)式,不然就接受. 在 $\alpha = 0.05$ 及 0.01时,c_α分别为 1.358 及 1.628. 计算表明:(6.24)式的收敛很快,以至像 $n = 3$这么小的数,已使$\sqrt{n} \| F_n - F \|$ 的真确分布与(6.24)式右边的极限分布相差很少. 我国统计学家张里千教授在 20 世纪 50 年代曾求出$\sqrt{n} \| F_n - F \|$ 的确切分布及其渐近展开.

拿 Kolmogorov 检验与 χ^2检验比较,粗线条的结论是:在总体为一维且理论分布完全已知且处处连续的情况下,前者较后者为优. 这包括:有较大的功效,没有分组时的随意性,以及统计量的真确分布与其极限分布差距较小等. 但是,χ^2检验法可用于任何维数,对理论分布没有什么限制,特别是,即使在 X 为多维时,定理 6.2 或 6.3 确定的极限分布不依赖于理论分布 F.

在 X 为多维的情况,定理 6.4 已不再成立. 实际上,这时极限分布的形式依赖于 F. 另外,当理论分布带参数时,用 χ^2法没有什么原则困难,但 Kolmogorov 检验则不行. 关于这一点更仔细的讨论可参看上引杨振海的著作.

另一个基于经验分布但知名度稍次的检验是 Cramer Von-Mises 检验,它基于下面统计量:

$$W_n^2 = \int_{-\infty}^{\infty} [F_n(x) - F(x)]^2 \mathrm{d}F(x), \tag{6.25}$$

当 W_n^2 大时否定假设(6.12). 同样不难证明:在 X 为一维且其分布 F 处处连续时, W_n^2 的分布与 F 无关(习题 31a). 1936 年,前苏联数学家 Smirnov 求得了当 $n\to\infty$ 时, nW_n^2 的极限分布的特征函数,而 Anderson 等于 1952 年通过反演得出了极限分布函数. 情况表明, nW_n^2 的真确分布很快收敛于其极限分布. 例如 nW_n^2 的极限分布的上 0.1, 0.05 和 0.025 分位点分别为 0.347, 0.461 和 0.743,而 $3W_3^2$ 的这些分位点精确到三位小数也与此相同. 这个检验的缺点也与 Kolmogorov 检验相同.

与检验理论分布的问题性质相近的是多样本检验问题,即检验多组样本是取自同一理论分布的假设. 用 χ^2 法检验这个假设的方法,已在例 6.8 的讨论中介绍了. 经验分布函数也可用于这一问题,一个著名的例子是两个总体情况下的 **Smirnov 检验**:设 $X_{i1}, \cdots, X_{in_i}$ 为抽自具一维连续分布 F_i 的总体的 iid. 样本 $(i=1,2)$. 以 F_{1n_1} 和 F_{2n_2} 分别记这两组样本的经验分布函数,令

$$D^+(n_1, n_2) = \sup_x (F_{1n_1}(x) - F_{2n_2}(x)),$$

$$D(n_1, n_2) = \sup_x |F_{1n_1}(x) - F_{2n_2}(x)|.$$

Smirnov 证明了下面的结果:

定理 6.5 设 $F_1 = F_2$ 处处连续,且 $n_1\to\infty, n_2\to\infty$,则

$$P\left(\sqrt{\frac{n_1 n_2}{n_1+n_2}} D^+(n_1, n_2) < x\right) \to (1 - \mathrm{e}^{-2x^2}) I(x > 0),$$

$$P\left(\sqrt{\frac{n_1 n_2}{n_1+n_2}} D(n_1, n_2) < x\right) \to Q(x),$$

其中 $Q(x)$ 与(6.24)式中的同.

D^+ 和 D 分别称为单向或双向的 **Smirnov 统计量**. 如果要检验的原假设是 $F_1 = F_2$,则用 D,取其大值为否定域. 若要检验的原假设 H 是这样的:当 H 成立时,有 $F_1(x) \leqslant F_2(x)$ 对一切 $x \in \mathbb{R}^1$,而当 H 不成立时则 $F_1(x) > F_2(x)$ 对一切 $x \in \mathbb{R}^1$,则用 D^+,取其大值为否定域. 一个具体例子是

$$F_1(x) = F(x+\theta_1), \quad F_2(x) = F(x+\theta_2),$$

F 未知但处处连续，要检验的原假设是 $H:\theta_1\leqslant\theta_2$，对立假设是 $\theta_1>\theta_2$.

6.3　条件检验、置换检验与秩检验

6.3.1　两类条件检验

1. 条件检验

这个名词难于给出一个一般性的确切定义，最好还是通过具体例子来解释.

例 6.9　一物体的重量 θ 未知，要通过在天平上称量，据其结果来检验 $H:\theta\leqslant\theta_0$ 这个假设. 假定有两架天平可用，第 i 架天平称量结果服从正态分布 $N(\theta,\sigma_i^2)$，$\sigma_i^2>0$ 已知. 从这两架天平上随机抽出一架，分别以 p 和 $1-p$ 记抽出第1架和第2架的概率. 抽定后，即在该天平上对该物体作 n 次称量，结果记为 $X_1,\cdots,X_n$. 要据此检验原假设 H.

本问题有两种考虑方式：

1° 按所描述，X_i 有分布

$$f(x,\theta,p)\mathrm{d}x=\left(p\frac{1}{\sqrt{2\pi}\sigma_1}\exp\left(-\frac{(x-\theta)^2}{2\sigma_1^2}\right)\right.$$
$$\left.+(1-p)\frac{1}{\sqrt{2\pi}\sigma_2}\exp\left(-\frac{(x-\theta)^2}{2\sigma_2^2}\right)\right)\mathrm{d}x,\tag{6.26}$$

$X_1,\cdots,X_n$ 是此分布的 iid. 样本，要检验 H，此处 p 可以已知或未知. 若是后者，则(6.26)式是一个双参数分布族. 这种提法，就是我们在前几章中常见的形式.

2° 设想某次具体操作时抽出了第1架(第2架的处理自然类似)天平，则仅就这次而言，$X_1,\cdots,X_n$ 是分布 $N(\theta,\sigma_1^2)$ 的 iid. 样本. 对 H 的检验问题，即我们熟悉的正态均值检验问题.

情形 2°考虑的就是条件检验——在抽得第1架天平的条件下作检验，而不考虑尚有可能抽到另一架这个事实. 这在直观上看是自然和合理的，实施也更简单，因为正态分布比分布(6.26)式好处理. 这个现象有一定的普遍性，也是考

虑条件检验的基本理由. 但是,也不要认为,无条件检验一定就无可取之处,这要看问题的"大环境". 拿本例来说,若这个检验经常做(例如天天做),而由于某种原因,天平确实是按随机方式选取,则从功效的角度看,采用基于分布族(6.26)的无条件检验可能更有利.

表 6.3

B \ A	B_1	B_2	和
A_1	X_1	X_3	M_3
A_2	X_2	X_4	M_4
和	M_1	M_2	n

例 6.10 考虑 2×2 列联表,又称四格表,如表 6.3 所示. 表中符号的意义已在 6.2 节中解释过(见(6.19)式前面那一段). 现要据表 6.3 的数据检验假设 H:A,B 两属性独立. 如以 p_{ij} 记(A_i,B_j)的概率,则 H 相当于:存在 p_1,p_2,q_1,q_2,满足 $p_1+p_2=1,q_1+q_2=1(0<p_i<1,i=1,2)$,使 $p_{ij}=p_iq_j(i,j=1,2)$. 依 6.2 节的方法,先按(6.20)式算出 Y_n. 在此处有

$$Y_n = n(X_1X_4 - X_2X_3)^2/(M_1M_2M_3M_4), \tag{6.27}$$

然后在 $Y_n>$某常数 c 时否定H,c 的选择依赖于水平 α. 但是,即使 H 成立,Y_n的分布仍依赖于p_i,q_i,其确切形式无简单表述,故常数 c 的确定就不易. 这还不是最主要的,由于 Y_n分布与p_i,q_i有关,故概率 $P(Y_n>c\mid p_i,q_i)$也与p_i,q_i有关,c 必须这样取,以使 $\sup\limits_{p_i,q_i}P(Y_n>c\mid p_i,q_i)=\alpha$. 这时,对某些 p_i,q_i 值,$P(Y_n>c\mid p_i,q_i)$可以远小于α,因而这样确定的检验总的说过于保守. 下文描述的条件检验可以克服这个困难.

给定和 $M_1,\cdots,M_4$. 由于 n 一定,只需给定 M_1,M_2中之一及 M_3,M_4中之一就行. 为确定计设给定了 $M_1=m_1,M_3=m_3$. 这时,易见表中 $X_1,\cdots,X_4$四个变量中只有一个自由度:给定其一,例如 X_1,即决定了其余三个,故条件分布(在 H 成立时,下同)$(X_1,\cdots,X_4)\mid(M_1,M_3)$等价于 $X_1\mid(M_1,M_3)$. 现有

$$\begin{aligned}P(M_i = m_i,i=1,3\mid p_i,q_i) = \sum_j P(&X_1=j,X_2=m_1-j,X_3=m_3-j,\\ &X_4=n-m_1-m_3+j\mid p_i,q_i),\end{aligned}$$

求和的范围是那些 j,使 j,m_1-j,m_3-j 和$n-m_1-m_3+j$ 都是非负整数. 有

$$\begin{aligned}&P(M_i = m_i,i=1,3\mid p_i,q_i)\\ &= \sum_j \frac{n!(p_1q_1)^j[(p_1q_2)^{m_3-j}(p_2q_1)^{m_1-j}(p_2q_2)^{n-m_1-m_3+j}]}{j!(m_1-j)!(m_3-j)!(n-m_1-m_3+j)!}\end{aligned}$$

$$= \binom{n}{m_1} p_1^{m_3} p_2^{n-m_3} q_1^{m_1} q_2^{n-m_1} \sum_j \binom{m_1}{j} \binom{n-m_1}{m_3-j}$$

$$= \binom{n}{m_1} \binom{n}{m_3} p_1^{m_3} p_2^{n-m_3} q_1^{m_1} q_2^{n-m_1}.$$

又

$$\begin{aligned} & P(X_1 = x_1, M_i = m_i, i = 1,3 \mid p_i, q_i) \\ &= P(X_1 = x_1, X_2 = m_1 - x_1, X_3 = m_3 - x_1, \\ &\quad X_4 = n - m_1 - m_3 + x_1 \mid p_i, q_i) \\ &= \frac{n!\, p_1^{m_3} p_2^{n-m_3} q_1^{m_1} q_2^{n-m_1}}{x_1!(m_1 - x_1)!(m_3 - x_1)!(n - m_1 - m_3 + x_1)!}, \end{aligned}$$

因此得条件分布

$$P(X_1 = x_1 \mid M_1 = m_1, M_3 = m_3, p_i, q_i) = \binom{m_1}{x_1} \binom{n-m_3}{m_3-x_1} \Big/ \binom{n}{m_3}. \tag{6.28}$$

此式与 p_i, q_i 无关,这是关键之点. 而且,按(6.27)式,在 $M_1 = m_1, M_3 = m_3$ 给定时,要 $Y_n > c(m_1, m_3)$,等于要

$$\begin{aligned} (x_1 x_4 - x_2 x_3)^2 &= [x_1(n - m_1 - m_3 + x_1) - (m_1 - x_1)(m_3 - x_1)]^2 \\ &> c(m_1, m_3) m_1 m_2 m_3 m_4, \end{aligned} \tag{6.29}$$

其中 $m_2 = n - m_1, m_4 = n - m_3$. 找适当的 $c(m_1, m_3)$,使若把上式决定的 x_1(要 x_1, $m_1 - x_1$, $m_3 - x_1$ 和 $n - m_1 - m_3 + x_1$ 都是非负整数)的集记为 $A(m_1, m_3)$时,有

$$\sum_{x_1 \in A(m_1, m_3)} \binom{m_1}{x_1} \binom{n-m_1}{m_3-x_1} \Big/ \binom{n}{m_3} = \alpha \tag{6.30}$$

(必要时用随机化). 然后作检验 ϕ_α 如下:每当有了样本 $X_1, \cdots, X_4$,先算出 $m_1 = X_1 + X_2, m_3 = X_1 + X_3$. 按(6.30)式定出 $c(m_1, m_3)$. 若(6.29)式满足,$\phi_\alpha = 1$;否则 $\phi_\alpha = 0$. 由这个检验在给定(M_1, M_3)时的条件功效总是 α,与(M_1, M_3)的给定值(m_1, m_3)及 p_i, q_i 都无关知,其无条件功效也恒等于 α,不论 p_i,

q_i之值如何．这样，我们得到一个水平 α 的相似检验，这一举克服了前面提到的两个困难：由于不知道 Y_n的确切分布而难于定出临界值c，以及所定检验 $Y_n > c$ 倾向于保守的缺点．达成这一点的手段是条件化：在将适当选定的统计量（此例为 M_1,M_3）之值固定的条件下，就所得条件分布框架内对原假设 H 作检验．本例是由 R.A. Fisher 提出的，称为四格表的 Fisher 精确检验．

这两个例子代表了可能施行条件检验的两种情况．其一是问题涉及若干个总体，每个总体的分布都依赖于所关心的参数 θ．抽样时，先按一定概率从这若干个总体中挑一个，然后在挑出的总体中进行抽样，条件化简单地归结为：就挑出的这个总体进行讨论，而不顾及它只是可能被挑出的总体之一这一点．我们以后将不讨论这种情况．

另一种情况以例 6.10 为代表，在此总体是统一的，抽样前不存在挑选总体的手续．条件化在于找到适当的统计量 T（如例 6.10 中的(M_1,M_3)），使在 $T=t$ 的条件下，X 的条件分布不依赖原假设H 中的分布，然后在这个条件分布的基础上，去构作 H 的检验．这样做的目的，是克服由于 H 为复合假设而带来的、确定检验临界值的困难．这样的统计量 T 是否存在，如何找出来，都无一定之规．下文要讨论的**置换检验**，是唯一的一种带有一定普适性的作法．

形式上讲，例 6.9 所代表的那种情况，也可以归入例 6.10 为代表的条件检验模式下，只需引进一个随机变量 $T=$所抽选的天平的标号．考虑给定 T 的条件下样本的条件分布，即归入到例 6.10 的情形．例 6.9 的特异之处在于 T 是自然呈现而非人为，且在观察程序上，是先观察 T，而后在 T 给定时的条件分布下，去对 X 进行观察抽样．

2．置换检验

例 6.11 考虑两样本问题

$$X_1,\cdots,X_m \sim F(x),\quad Y_1,\cdots,Y_n \sim F(x-\theta), \tag{6.31}$$

要检验假设 $H:\theta=0 \leftrightarrow K:\theta>0$．此处 F 未知，但可以有某些一般性假定，例如 F 处处连续等．本问题的实际背景如下：设想用某种生产工艺所生产的产品，其质量指标 X（愈大愈好）服从某一分布 F，而 F 未知．现在对工艺作了若干改进，它可能对产品质量有改进，或无影响（不会变坏）．设在新工艺下生产的该产品质量 Y 有分布$F(x-\theta)$，这里隐含了一种假定，即新工艺若对质量有改进，只反映在使产品平均质量提高一个 θ，而不改变分布的一般形式．

从以上讨论可以看出：$\bar{Y}-\bar{X}$，或其他某个能反映这种（平均质量的）改进的量,可以作为检验统计量. 例如,当$\bar{Y}-\bar{X}>c$时否定原假设$\theta=0$. 麻烦的是:对设定的水平α,不一定能找到常数c,使$\sup_F P_{\theta=0}(\bar{Y}-\bar{X}>c)=\alpha$. 现采用条件检验的思想. 令$T=(Z_1,\cdots,Z_N)=(X_1,\cdots,X_m,Y_1,\cdots,Y_n)$的次序统计量$(N=m+n)$. 在$\theta=0$时,若给定$T$,则$(X_1,\cdots,Y_n)$的任一置换都有条件概率$1/N!$,与$F$无关,即

$$P((X_1,\cdots,Y_n)=Z^{(i)})=1/N!,\quad i=1,2,\cdots,N!,$$

$Z^{(1)},\cdots,Z^{(N!)}$是$(X_1,\cdots,Y_n)$的$N!$个置换. 令

$$M(a_1,\cdots,a_n)=\sum_{i=m+1}^{N}a_i/n-\sum_{i=1}^{m}a_i/m, \tag{6.32}$$

算出$N!$个值$M_i=M(Z^{(i)})(1\leqslant i\leqslant N!)$,按大小排序为$M_{(1)}\leqslant\cdots\leqslant M_{(N!)}$. 拿$\bar{Y}-\bar{X}$与$M_{(1-\alpha)N!}$比较,若$\bar{Y}-\bar{X}\geqslant M_{((1-\alpha)N!+1)}$否定$\theta=0$,不然就接受$\theta=0$(此处假定$(1-\alpha)N!$为整数且$M_{((1-\alpha)N!)}\neq M_{((1-\alpha)N!+1)}$. 不然,为得到严格的水平$\alpha$,要施行随机化). 对任何给定的$T$,此检验有条件水平$\alpha$,故也有无条件水平$\alpha$且是相似检验.

本例的条件检验称为**置换检验**,因为其中的条件统计量T是由样本施加置换而来(形式上,可以把T定义为由$(X_1,\cdots,Y_n)$施行一切置换所能得出的$N!$个点的集——在一维的情况可用次序统计量取代,但这个定义也适用于样本为多维时). 相应地,检验统计量之值也由置换产生,这个作法适用于在原假设下样本为iid.的情况(如本例),而不要求知道其公共分布,也可用于样本分几部分各自进行置换的情形.

若要检验的假设是$\theta\leqslant 0\leftrightarrow\theta>0$(承认质量有变坏的可能). 上述想法,及所导出的置换检验,仍完全适用. 这里与我们在前面讲的有一点差异:检验统计量$M(Z^{(i)})$的分布,在原假设下并非单一,而是与θ(及F)有关. 但是,此处条件功效函数$P_\theta(M\geqslant c|T)$显然是θ的非降函数,故c只要满足$P_0(M\geqslant c|T)=\alpha$就行,而这与$F$无关. 这个情况也见于某些其他置换检验,乃至更一般的条件检验.

还有一点要注意:(6.32)式可写为

$$M(a_1,\cdots,a_N)=\sum_{i=m+1}^{N}a_i/n-\Big(\sum_{i=1}^{N}a_i-\sum_{i=m+1}^{N}a_i\Big)\Big/m$$

$$= (m^{-1} + n^{-1}) \sum_{i=m+1}^{N} a_i - \sum_{i=1}^{N} a_i .$$

当对 $a_1,\cdots,a_N$ 作置换时，$\sum_{i=1}^{N} a_i$ 保持不变. 故对 $M(a_1,\cdots,a_N)$ 作排序与对 $\sum_{i=m+1}^{N} a_i$ 作排序是一样的. 这样,可以把检验统计量 $\overline{Y} - \overline{X}$ 改为较简单的 $\sum_{i=1}^{n} Y_i$. 这个观察适用于另一些类似的问题.

例 6.12　有两个小麦品种 A 和 B,要进行田间试验以检验何者产量较高. 划定 $N = m + n$ 块形式大小一样的地,且条件也尽量均匀,将其中 m 块划作种 A,n 块种 B. 由于各地块的条件不可能完全均匀,为公平计,采用随机的方法,从这 N 块中抽出 m 块归 A. 这意味着任何特定的 m 块地有 $\binom{N}{m}^{-1}$ 的概率被抽出.

以 $X_1,\cdots,X_m$ 和 $Y_1,\cdots,Y_n$ 分别记那 m 块 A 品种地和 n 块 B 品种地的产量. 如果两品种毫无差别,则$(X_1,\cdots,X_m)$与$(Y_1,\cdots,Y_n)$之间的差异,纯系由所分配的地块条件好坏的差异而来(这里作了一点简化的假定,见后). 因此,不妨设每一地块有一个指示其优劣之数 a_i 与之相连. 把 N 块地编号为 $1,\cdots,N$,我们有 $a_1,\cdots,a_N$,它们之值都不知. 把这 N 块地任作一置换得 $i_1,\cdots,i_N$,将开始 m 块,即 $i_1,\cdots,i_m$,给予 A. 这样就实现了所说的随机化,当作这安排时 $\overline{Y} - \overline{X}$ 之值为 $\sum_{j=m+1}^{N} a_{i_j}/n - \sum_{j=1}^{m} a_{i_j}/m$. 这样的值可算出 $N!$ 个(每置换有一个),将它们按大小排序为 $M_{(1)} \leqslant \cdots \leqslant M_{(N!)}$,如果 $\overline{Y} - \overline{X} \geqslant M_{((1-\alpha/2)N!)}$,就认为 B 优于 A;如 $\overline{Y} - \overline{X} \leqslant M_{(\alpha N!/2)}$,就认为 A 优于 B,剩下的情况就认为:据试验结果,不能判定二者有差异. 如上例,$\overline{Y} - \overline{X}$ 也可以用 $\sum_{i=1}^{n} Y_i$ 去取代.

这个例子在形式上与上例极相似,且处理的思路也一样,但二者还是有所不同. 本例用置换检验是一个自然的选择,而上例则总还觉得有些人为. 实在的,如果把品种 B 的增产效应记为 θ,则$(X_1,\cdots,X_m,Y_1,\cdots,Y_n)$的分布是

$$P_\theta(X_1 = a_{i_1},\cdots,X_m = a_{i_m},Y_1 = a_{i_{m+1}} + \theta,\cdots,Y_n = a_{i_N} + \theta)$$

$$= \binom{N}{m}^{-1},$$

对$(1,\cdots,N)$的任一置换$(i_1,\cdots,i_N)$. 这个分布形式很复杂,不易处理,置换检验提供了一个简单有效的解决办法. 后面我们还要谈到这个例子的重大的统计意义. 与例6.11另外一点不同之处在于:本例所用的置换检验不带条件检验的性质.

本例的模型中,假定了一试验地块的产量,等于两部分的叠加:其一是品种效应,另一是地块条件的效应. 在实际田间试验中,还可能有些随机性因素对产量有影响,例如施肥量、除虫剂,耕作管理及灌溉气象条件等,在各地块上有随机差异. 把这部分考虑进来,将得到如下较一般的模型:

$$\begin{aligned} X_j &= a_{i_j} + e_j, \quad 1 \leqslant j \leqslant m; \\ Y_j &= \theta + a_{i_{m+1}} + e_{m+j}, \quad 1 \leqslant j \leqslant n, \end{aligned} \tag{6.33}$$

其中,$(i_1,\cdots,i_N)$为$(1,\cdots,N)$任一置换,而$e_1,\cdots,e_N$为iid.随机误差. 当$\theta=0$时,$(Z_1,\cdots,Z_n)\equiv(X_1,\cdots,Y_n)$的分布虽非iid.. 但易见有这样的性质:对$(1,\cdots,N)$的任一置换$(i_1,\cdots,i_N)$,$(Z_{i_1},\cdots,Z_{i_N})$与$(Z_1,\cdots,Z_N)$同分布. 而置换检验的施行,所要求的正是这一点. 在模型(6.33)下,置换检验是前面意义下的条件检验.

置换检验在应用的最大的问题,在于其计算量过大. 拿例6.12说,在$m=n=50$这种不算数据极多的情况,为施行置换检验要算出$\binom{100}{50}$个有50个加项的和. 涉及的加法计算数达到10^{30}的数量级,因此,只在m,n都很小的情况下才比较现实. 解决的办法之一是求助于大样本理论.

6.3.2　线性置换统计量的极限分布

固定自然数N. 给定常数组$\{c_{N1},\cdots,c_{NN}\}\equiv C_N$及$\{a_{N1},\cdots,a_{NN}\}\equiv A_N$. 设随机向量$(\xi_1,\cdots,\xi_N)$以概率$1/N!$取$(a_{N1},\cdots,a_{NN})$的任一置换$(a_{Ni_1},\cdots,a_{Ni_N})$为值,则统计量

$$L_N = \sum_{i=1}^{N} c_{Ni}\xi_i \tag{6.34}$$

称为**线性置换统计量**. 例6.12所用的检验统计量就是这种形式,其中

$$c_{Ni} = -1/m,\ 1 \leqslant i \leqslant m; \quad c_{Ni} = 1/n,\ m+1 \leqslant i \leqslant N. \tag{6.35}$$

则有

$$\begin{aligned} E(L_N) &= N\bar{a}_N\bar{c}_N, \\ \sigma_N{}^2 \equiv \operatorname{Var}(L_N) &= \frac{N^2}{N-1}\mu_2(A_N)\mu_2(C_N), \end{aligned} \tag{6.36}$$

其中

$$\bar{a}_N = \sum_{i=1}^{N} a_{Ni}/N, \quad \mu_r(A_N) = \frac{1}{N}\sum_{i=1}^{N}(a_{Ni} - \bar{a}_N)^r, \quad r = 2,3,\cdots,$$

而 $\bar{c}_N$，$\mu_r(C_N)$类似. (6.36)式证明容易，留作习题.

下面的目标是在一定的条件下证明

$$(L_N - EL_N)/\sigma_N \xrightarrow{L} N(0,1), \quad 当\ N \to \infty. \tag{6.37}$$

为此要作些预备. 设对每个 N(或沿着自然数的一个子列也可以，推理上没有差别)给定了$(a_{N1},\cdots,a_{NN}) \equiv A_N$. 称 A_N满足**条件** W，若对任何固定的 $r=3,4,\cdots$，有

$$\mu_r(A_N)/\mu_2{}^{r/2}(A_N) = O(1), \quad 当\ N \to \infty. \tag{6.38}$$

对任何固定的 $r=3,4,\cdots$，若成立

$$\mu_r(A_N)/\mu_2{}^{r/2}(A_N) = o(N^{r/2-1}), \quad 当\ N \to \infty, \tag{6.39}$$

则称 A_N满足**条件** N. 条件 W 是由 Wald 和 Wolfowitz 于 1944 年所引进，而条件 N 是 Noether 于 1949 年引进的. 显然，若 A_N满足条件 W，则必满足 N. 反过来不必成立.

定理 6.6(Noether) 若 A_N和C_N中有一个满足条件 W 而另一个满足条件 N，则(6.37)式成立.

证明 以$(a_{Ni} - \bar{a}_N)/\sqrt{\mu_2(A_N)}$代 a_{Ni}，$\sqrt{N-1}(c_{Ni} - \bar{C}_N)/\sqrt{\mu_2(C_N)}$代 c_{Ni}，不失普遍性可设

$$\bar{a}_N = \bar{C}_N = 0, \quad \mu_2(A_N) = N^{-1}, \quad \mu_2(C_N) = N^{-1}(N-1). \tag{6.40}$$

(经过这种替代，不影响 A_N或C_N满足 W 或 N.)这时有 $EL_N = 0$，$\operatorname{Var}(L_N) = 1$，而(6.37)式转化为

$$L_N \xrightarrow{L} N(0,1), \quad N \to \infty. \tag{6.41}$$

取定自然数 h. 当 $h=1,2$ 时,$\mathrm{E}(L_N{}^h)$分别为 0 和 1. 对 $h\geqslant 3$,有

$$\mathrm{E}(L_N{}^h) = \sum{}^*(c_1 a_{i_1} + \cdots + c_N a_{i_N})^h/N!, \tag{6.42}$$

此处 $\sum{}^*$ 表示对下标 $i_1,\cdots,i_N$ 等互不相同且取 $1,\cdots,N$ 求和(下同,不管下标个数多少),又简记 $a_i = a_{Ni}, c_i = c_{Ni}$.在计算乘积

$$(c_1 a_{i_1} + \cdots + c_N a_{i_N})^h = (c_1 a_{i_1} + c_N a_{i_N})\cdots(c_1 a_{i_1} + \cdots + c_N a_{i_N})$$

时,我们从每个括号内任取一项相乘,把一切这样的项加起来. 设 $l_1,\cdots,l_p$是和为 h 的正整数. 以 $S(l_1,\cdots,l_p;j_1,\cdots,j_p)$记(6.42)式右边展开时、求积中这样一些项之和:前 l_1个括号取其第 j_1项,相继的 l_2个括号取其第 j_2项,等等,易见这种项之和为

$$S(l_1,\cdots,l_p;j_1,\cdots,j_P) = (N-p)!\,c_{j_1}{}^{l_1}\cdots c_{j_p}{}^{l_p}\sum{}^* a_{i_1}{}^{l_1}\cdots a_{i_p}{}^{l_p}/N!.$$

因子$(N-p)!$ 是因为:每一项,例如 $c_{j_1}{}^{l_1}\cdots c_{j_p}{}^{l_p}a_1{}^{l_1}\cdots a_p{}^{l_p}$ 这一项,在(6.42)式右边出现$(N-p)!$ 次. 因为,只要 $i_{j_1}=1,\cdots,i_{j_p}=p$, 则$(c_1 a_{i_1}+\cdots+c_p a_{i_p}+\cdots+c_N a_{i_N})^h$展开式中,归入 $S(l_1,\cdots,l_p;j_1,\cdots,j_p)$的项就是 $c_{j_1}{}^{l_1}\cdots c_{j_p}{}^{l_p}a_1{}^{l_1}\cdots a_p{}^{l_p}$. 因此时 $i_k(k\neq j_1,\cdots,j_p,1\leqslant k\leqslant N)$尚可在$\{p+1,\cdots,N\}$内变化(互不相同),故这种项一共有$(N-p)!$ 个.

把 $S(l_1,\cdots,l_p;j_1,\cdots,j_p)$对 $j_1,\cdots,j_p$求和,得(6.42)式中这一部分(即在算$(\cdots)^h$时,前 l_1个括号取同项,等等)之和为

$$S(l_1,\cdots,l_p) = (N-p)!\sum{}^* c_{j_1}{}^{l_1}\cdots c_{j_p}{}^{l_p}\sum{}^* a_{i_1}{}^{l_1}\cdots a_{i_p}{}^{l_p}/N!. \tag{6.43}$$

在和(6.42)式中,(6.43)式要重复 $h!/(l_1!\cdots l_p!p!)$ 次,这是因为:若把 h 个括号按另外的方法分成p 堆,各堆依次有 $l_1,\cdots,l_p$个,而在求积时,每堆内的括号取同项,不同堆的括号取不同项,则这种项之和,不论分堆如何分,总是$S(l_1,\cdots,l_p)$. 而不同的分堆法产生的项无公共的. 把 h 个物件分成p 堆,各堆依次有 $l_1,\cdots,l_p$个,分法有 $h!/(l_1!\cdots l_p!)$ 种. 但此处不应计较堆的次序,故重复的次数如上所述——把 $h!/(l_1!\cdots l_p!)$ 除以 $p!$. 由此可知

$$\mathrm{E}(L_N{}^h) = \sum{}^0(h!/(l_1!\cdots l_p!p!))S(l_1,\cdots,l_p), \tag{6.44}$$

此处$\sum^{0}$表示对$l_1,\cdots,l_p$求和，范围为：满足$l_1+\cdots+l_p=h$的自然数，每组合只计一次. 例如$h=9$，则只计(2,3,4)，其余5个即(3,2,4)，…，(4,2,3)等都不计. 注意求和时并不固定p，如$h=9$，(2,3,4)可以，(1,2,2,4)也可以.

以下为确定计，设A_N满足条件W，C_N满足条件N. 反过来的情况一样处理，因为L_N的定义中，A_N和C_N的角色可以掉换. 先证明：

$$\lim_{N\to\infty} S(l_1,\cdots,l_p)=0,\quad 若\ l_1,\cdots,l_p\ 中至少有一个\ 1. \tag{6.45}$$

不妨设$l_1=1$. 注意到$\bar{a}_N=0$，则有

$$\begin{aligned}\sum{}^{*} a_{i_1}a_{i_2}{}^{l_2}\cdots a_{i_p}{}^{l_p} &= \sum{}^{*}\Big(\sum_{i=1}^{N} a_i - a_{i_2}-\cdots-a_{i_p}\Big)a_{i_2}{}^{l_2}\cdots a_{i_p}{}^{l_p}\\ &= -\sum{}^{*} a_{i_2}{}^{l_1+1}a_{i_3}{}^{l_3}\cdots a_{i_p}{}^{l_p}-\cdots-\sum{}^{*} a_{i_2}{}^{l_2}\cdots a_{i_p}{}^{l_p+1}.\end{aligned}$$

第一个等号由固定$i_2,\cdots,i_p$对i_1求和得到. 如果上式右端各和的指数中仍有为1的，则照上再化下去，最后得到两个如下的表达式：

$$\begin{aligned}&\sum{}^{*} a_{i_1}a_{i_2}{}^{l_2}\cdots a_{i_p}{}^{l_p} = \sum q(m_1,\cdots,m_t)\sum{}^{*} a_{i_1}{}^{m_1}\cdots a_{i_t}{}^{m_t},\\ &m_1+\cdots+m_t=h,\end{aligned} \tag{6.46}$$

其中$t\leqslant p-1$而$m_1,\cdots,m_t\geqslant 2$. 往下我们将证明：对这种项有

$$\begin{aligned}&(N-p)!\sum{}^{*} a_{i_1}{}^{m_1}\cdots a_{i_t}{}^{m_t}/N! = O(N^{-h/2-1}),\\ &\sum{}^{*} c_{i_1}{}^{m_1}\cdots c_{i_t}{}^{m_t} = O(N^{h/2}),\end{aligned} \tag{6.47}$$

这样就证明了(6.45)式.

现考虑一切$p_i\geqslant 2$的情形. 把$N\mu_r(A_N)$记为d_r. 用公式

$$\begin{aligned}\sum{}^{*} a_{i_1}{}^{l_1}\cdots a_{i_p}{}^{l_p} &= \sum{}^{*}\Big(\sum_{i=1}^{N} a_i{}^{l_1} - a_{i_2}{}^{l_1}-\cdots-a_{i_p}{}^{l_p}\Big)a_{i_2}{}^{l_2}\cdots a_{i_p}{}^{l_p}\\ &= d_{l_1}\sum{}^{*} a_{i_2}{}^{l_2}\cdots a_{i_p}{}^{l_p}-\sum{}^{*} a_{i_2}{}^{l_1+l_2}\cdots a_{i_p}{}^{l_p}-\cdots\\ &\quad -\sum{}^{*} a_{i_2}{}^{l_2}\cdots a_{i_p}{}^{l_1+l_p},\end{aligned}$$

继续化下去，得到一个类似(6.46)式的表达式

$$\sum{}^{*} a_{i_1}{}^{l_1}\cdots a_{i_p}{}^{l_p} = d_{l_1}\cdots d_{l_p} + \sum q(m_1,\cdots,m_t)d_{m_1}\cdots d_{m_t},$$
$$m_1+\cdots+m_t = h, \tag{6.48}$$

其中 $t\leqslant p-1$ 而 $m_1,\cdots,m_t$ 都是 $p_1,\cdots,p_l$ 中若干个的和，故都 $\geqslant 2$. 下面分两种情况讨论.

1° h 为奇数 $2k+1$. 这时，因 $l_i\geqslant 2$，故有 $p\leqslant k$. 因 A_n 满足条件 W，由(6.40)式，有 $d_{l_i}=O(N^{1-l_i/2})$. 故

$$(N-p)!d_{l_1}\cdots d_{l_p}/N! = O(N^{-(2k+1)/2}). \tag{6.49}$$

类似地，并注意 $m_1+\cdots+m_t=2k+1$ 及 $t\leqslant p-1$，有

$$(N-p)!d_{m_1}\cdots d_{m_t}/N! = O(N^{-(2k+1)/2-1}). \tag{6.50}$$

由(6.48)～(6.50)式得

$$(N-p)!\sum{}^{*} a_{i_1}{}^{l_1}\cdots a_{i_p}{}^{l_p}/N! = O(N^{-(2k+1)/2}). \tag{6.51}$$

类似地处理 $\sum{}^{*} c_{i_1}{}^{l_1}\cdots c_{i_p}{}^{l_p}$. 因 $l_i\geqslant 2$ 而 h 为奇，故 l_i 中至少有一个 $\geqslant 3$. 注意到此，利用 C_N 满足条件 N，得

$$\sum{}^{*} c_{i_1}{}^{l_1}\cdots c_{i_p}{}^{l_p} = o(N^{-(2k+1)/2}). \tag{6.52}$$

由(6.51)，(6.52)式，证实了(6.47)式，综合(6.43)～(6.52)式，得

$$\lim_{N\to\infty}\mathrm{E}(L_N{}^h) = 0,\quad 当\ h\ 为奇数. \tag{6.53}$$

2° h 为偶数 $2k$. 这时，若 $l_1,\cdots,l_p$(都 $\geqslant 2$)中有一个大于2，则据以上讨论可知，(6.51)和(6.52)式仍成立($2k+1$ 改 $2k$). 剩下 $p=k$，$l_1=\cdots=l_k=2$ 的情况. 这时，注意到(6.40)式，按化成(6.48)式的方法并利用(6.50)式，易见

$$\sum{}^{*} a_{i_1}{}^{2}\cdots a_{i_k}{}^{2} = 1+O(N^{-1}), \tag{6.54}$$

$$\sum{}^{*} c_{i_1}{}^{2}\cdots c_{i_k}{}^{2} = N^k[1+O(N^{-1})]. \tag{6.55}$$

因为在(6.47)式中总有 $t\leqslant p-1$ 而 $m_i\geqslant 2$，这证明了(6.47)式当 h 为偶数时仍对. 另外，由(6.43)，(6.44)，(6.51)和(6.52)(当 l_i 中有一个 >2)及(6.53)和(6.54)式，得

$$\lim_{N\to\infty}\mathrm{E}(L_N{}^{2k}) = (2k)!/(2^k k!) = (2k-1)!!. \tag{6.56}$$

由(6.53)和(6.56)式知，当 $N\to\infty$ 时，L_N的各阶矩收敛于 $N(0,1)$的同阶矩. 据周知的定理（见 Loève 著《Probability Theory》，1960：185），知(6.41)式成立，定理证毕.

这个定理是 Noether 于 1949 年提出的. 此前 1944 年，Wald 和 Wolfowitz 证明了一个较弱的结果：若 A_N和 C_N都满足条件 W，则(6.41)式成立. 循着这个方向自然会问：如果 A_N和 C_N都满足条件 N，(6.41)式是否仍成立？1968 年 Hajek 的一项工作回答了这个问题. 他证明：当 A_N和 C_N都满足条件 N 时，(6.41)式成立的充要条件是，(A_N, C_N)联合起来满足下述条件 M：

$$\sum_{\{(i,j):|d_{ij}|\geqslant \varepsilon d_N\}} d_{ij}{}^2/[\mu_2(A_N)\mu_2(C_N)N^2] = o(1) \quad 当\ N\to\infty, \tag{6.57}$$

此处 $d_{ij}=(a_{Ni}-\bar{a}_N)(c_{Nj}-\bar{c}_N)$，$d_N{}^2=N\mu_2(A_N)\mu_2(C_N)$. 更确切地说，若 (A_N, C_N)满足条件 M，则(6.41)式成立；反之，若(6.41)式成立，且 A_N，C_N都满足条件 N，则 (A_N, C_N)满足 M. 这个定理的证明较长，此处不给出，有兴趣的读者可参看作者的《数理统计引论》第 639～645 面，或者作者等著《非参数统计》第 98～104 面. 对于置换检验的应用而言，定理 6.6 能涵盖大多数常见情况，但也有例外.

Hajek 是用线性独立和逼近 L_N的方法去证明(6.41)式的. 上面的证明用矩收敛法，是比较稀有的情况. 这之所以可能是由于统计量 L_N的组合性质. 如果比较这两个证明，可以看出用矩收敛的证法简单得多，但是，用矩收敛法不能证明 Hajek 的结果.

笔者进一步考察了在只假定 A_N和 C_N都满足条件 N 的情况下，L_N可能的极限分布问题. 结果表明：这时 L_N可以有也可以没有极限分布. 若有，则必定是方差有限的无穷可分律. 反之，这样的分布也必定可作为某个 L_N的极限分布，其 A_N和 C_N都满足条件 N（见《应用数学学报》，1981：342～355）.

有时在同一个问题中涉及几个线性置换统计量，这时用得着定理 6.6 的下述推广. 为行文方便且不失普遍性，以下总将 $a_{Ni}^{(r)}$，c_{Ni} 中的 N 略去，并总假定

$$\bar{a}_N^{(r)} = \bar{C}_N = 0, \quad \mu_2(A_N^{(r)}) = 1, \quad \mu_2(C_N) = (N-1)/N^2. \tag{6.58}$$

定理 6.7　给定 $A_N^{(r)}=\{a_1^{(r)},\cdots,a_N^{(r)}\}$ $(1\leqslant r\leqslant k)$，$C_N=\{c_1,\cdots,c_N\}$，满足(6.58)式. 基于 $A_N^{(r)}$ 和 C_N的线性置换统计量记为 $L_N^{(r)}$（由于(6.36)和(6.58)

式,有 $\mathrm{E}(L_N^{(r)})=0, \mathrm{Var}(L_N^{(r)})=1$. 假定 $A_N^{(r)}(1\leqslant r\leqslant k)$,都服从条件 W 而 C_N 服从条件 N,且

$$\lim_{N\to\infty}\sum_{i=1}^{N} a_i^{(r)}a_i^{(s)}/N = \lambda_{rs} \text{ 存在}, \quad r,s = 1,\cdots,k \tag{6.59}$$

(按(6.58)式,有 $\lambda_{rr}=1$),$\Lambda=(\lambda_{rs})$为正定阵,则当 $N\to\infty$ 时

$$(L_N^{(1)},\cdots,L_N^{(k)})' \xrightarrow{L} N_k(0,\Lambda). \tag{6.60}$$

证明 由概率论中周知的结果,为证(6.60)式,只需证:对任何常数 $t_1,\cdots,t_k$,有

$$\sum_{i=1}^{k} t_i L_N^{(i)} \xrightarrow{L} N(0,t'\Lambda t), \tag{6.61}$$

此处 $t=(t_1,\cdots,t_k)'$. 记 B_N 为 $k\times N$ 矩阵,其第 i 行为 $A_N^{(i)}$. 不难看出:$L_N\equiv\sum_{i=1}^{k} t_i L_N^{(i)}$ 为基于 $A_n=\sum_{i=1}^{k} t_i A_N^{(i)}$ 及 C_N 的线性置换统计量,$\mathrm{E}L_N=0$,$\mathrm{Var}(L_N)=N^{-1}t'B_N t$,而按(6.59)式,有 $N^{-1}B_N\to\Lambda$. 于是据定理6.6,问题归结为证明 A_N服从条件 W. 按(6.58)及(6.59)式,有

$$\mu_2(A_N) = N^{-1}t'B_N t \to t'\Lambda t > 0,$$

此因假定了 Λ 正定且 $t\neq 0$($t=0$ 的情况不待证). 于是只需证明:对固定的 $r=3,4,\cdots,\mu_r(A_N)$有界. 但

$$\mu_r(A_N) = N^{-1}\sum_{i=1}^{N} b_i{}^r, \quad b_i = t_1 a_i^{(1)} + \cdots + t_k a_i^{(k)}.$$

先设 r 为偶数,则

$$\begin{aligned} b_i{}^r &\leqslant k^{r-1}[|t_1|^r(a_i^{(1)})^r + \cdots + |t_k|^r(a_i^{(k)})^r] \\ &\leqslant Tk^{r-1}[(a_i^{(1)})^r + \cdots + (a_i^{(1)})^r], \end{aligned}$$

$T=\max\limits_{1\leqslant j\leqslant k} t_j{}^r$. 故 $N_r(A_N)\leqslant Tk^{r-1}[\mu_r(A_N^{(1)})+\cdots+\mu_r(A_N^{(k)})]\leqslant D_r$,与 N 无关. 若 $r=2u+1$ 为奇数,则由 $\mu_r{}^2(A_N)\leqslant\mu_{2u}(A_N)\mu_{2u+2}(A_N)$及已证部分,仍可推出 $\mu_r(A_N)=O(1)$. 这完成了定理的证明.

满足条件 W 或 N 的若干重要情况包含在以下的例子中.

例6.13 ① 若 $A_N=\{a_{N1},\cdots,a_{NN}\}$满足条件 $W(N)$,而 $u_N\neq 0$ 和 v_N为常

数,则 $B_N = \{u_N a_{N1} + v_N, \cdots, u_N a_{NN} + v_N\}$满足条件 $W(N)$. ② 若 $A_N = \{a_N, \cdots, a_N, b_N, \cdots, b_N\}$,其中 a_N有 m_N个,b_N有 n_N个($m_N + n_N = N$),且 $a_N \neq b_N$.则

$$\min(m_N, n_N) \to \infty \Rightarrow A_N \text{ 满足条件} N, \tag{6.62}$$

$$\liminf_{N\to\infty} \min(m_N/N, n_N/N) > 0 \Rightarrow A_N \text{ 满足条件} W. \tag{6.63}$$

③ $A_n = \{1, 2, \cdots, N\}$满足条件 W.

证明容易,留作习题.

另一个重要情况是 $A_N = \left\{f\left(\frac{1}{N+1}\right), \cdots, f\left(\frac{N}{N+1}\right)\right\}$,其中 f 为定义于 $(0,1)$ 的非常数的单调函数,且 $\int_0^1 f^2(x)\mathrm{d}x < \infty$.

例 6.14 这样的 A_N满足条件N.

证明较长,不在此给出,可参看作者等的《非参数统计》第 93~96 面.

在一些问题中(如例 6.11),$a_{N1}, \cdots, a_{NN}$是一随机变量的 iid. 样本. 关于这种情况有:

例 6.15 若 $A_N = (X_1, \cdots, X_N)$,其中 $X_1, X_2, \cdots$是 X 的 iid. 观察值, $\mathrm{Var}(X)$非 0 有限,则以概率 1, A_N满足条件N.

本例的证明依赖下述预备事实:设 $\xi_1, \xi_2, \cdots$为随机变量 ξ 的 iid. 观察值,ξ 非负且 $\mathrm{E}\xi < \infty$. 则

$$\lim_{n\to\infty} \max(\xi_1, \cdots, \xi_n)/n = 0 \quad \text{a.s.} \tag{6.64}$$

事实上,设 $\mathrm{E}\xi = a$,则$\bar{\xi}_n \to a$ a.s.,故

$$(\xi_1 + \cdots + \xi_{n-1})/n = \frac{n-1}{n}(\xi_1 + \cdots + \xi_{n-1})/(n-1) \to a \quad \text{a.s.},$$

因而

$$\xi_n/n = \bar{\xi}_n - (\xi_1 + \cdots + \xi_{n-1})/n \to 0 \quad \text{a.s.}.$$

故以概率 1:任给 $\varepsilon > 0$ 当 n 充分大($n > n_0$, n_0依赖 ε 及$(\xi_1, \xi_2, \cdots)$之值)时,有 $\xi_n \leqslant n\varepsilon$. 于是当 n 充分大时,有

$$\max(\xi_1, \cdots, \xi_n)/n \leqslant \max(\xi_1, \cdots, \xi_{n_0})/n + \varepsilon \to \varepsilon, \quad \text{当 } n \to \infty,$$

这证明了(6.64)式. 回到本例的证明,不妨设 $\mathrm{E}X = 0$, $\mathrm{Var}(X) = 1$,这时,有

$$\mu_2(A_N) \to 1 \quad \text{a.s.}, \tag{6.65}$$

而对偶数 r，有

$$\sum_{i=1}^{N}(X_i - \overline{X}_N)^r \leqslant 2^{r-1}\left(\sum_{i=1}^{N} X_i{}^r + N\ \overline{X}_N{}^r\right)$$

$$= 2^{r-1}\sum_{i=1}^{N} X_i{}^r + o(N) \quad \text{a.s.}.$$

又按上述预备事实，有 $\max\limits_{1\leqslant i\leqslant N} X_i{}^2 = o(N)$ a.s.，故

$$N^{-1}\sum_{i=1}^{N} X_i{}^r = o(N^{r/2-1})\sum_{i=1}^{N} X_i{}^2/N = o(N^{r/2-1}) \quad \text{a.s.}. \tag{6.66}$$

因按大数律有 $\sum\limits_{i=1}^{N} X_i{}^2/N \to 1$ a.s.. 合(6.65)和(6.66)式即明所欲证(对奇数 r，用定理6.7证明末尾处的方法处理).

类似地，且更容易，可以证明：若进一步假定 $\mathrm{E}|X|^r < \infty$ 对任何 $r>0$，则以概率1，A_N 满足条件 W，其逆亦真(习题36).

6.3.3 大样本置换检验

当样本量大时，可以利用上面证明的极限定理来确定置换检验否定域的临界值. 下面通过几个例子来说明这一点.

例6.11(续) 回过来考虑例6.11. 设 m,n 都较大，$N=m+n$，而 $\min(m,n)/N$ 对一切 N 不小于一定的正数 λ. 又设分布 F 有非0有限方差. 据例6.13和6.14知，在 $\theta=0$ 时，$A_N=(X_1,\cdots,X_m,Y_1,\cdots,Y_n)$ 以概率1满足条件 N，而 $C_N=(-1/m,\cdots,-1/m,1/n,\cdots,1/n)$ 适合条件 W($-1/m$ 有 m 个，$1/n$ 有 n 个). 基于 A_N 和 C_N 的线性置换统计量就是 $\overline{Y}-\overline{X}=L_N$，按(6.40)式，有

$$\mathrm{E}L_N = 0, \quad \mathrm{Var}(L_N) = \frac{N}{(N-1)mn}\left[S_X{}^2 + S_Y{}^2 + \frac{mn}{N}(Y - \overline{X})^2\right].$$

要注意的是，此处的期望和方差是在固定 X_i, Y_j 的条件下按置换统计量的意义去计算. 又此处

$$S_X{}^2 = \sum_{i=1}^{m}(X_i - \overline{X})^2, \quad S_Y{}^2 = \sum_{j=1}^{n}(Y_j - \overline{Y})^2.$$

这样，按(6.41)式，当 m,n 甚大时，$\theta=0\leftrightarrow\theta>0$(或 $\theta\leqslant0\leftrightarrow\theta>0$)的置换检验否定域近似地可取为 $L_N>u_\alpha\sqrt{\mathrm{Var}(L_N)}$，$u_\alpha$为 $N(0,1)$ 的上 α 分位点. 此式易见可改变为

$$D\equiv\sqrt{\frac{mn(N-2)}{N}}(\bar{Y}-\bar{X})\Big/\sqrt{S_X{}^2+S_Y{}^2}$$

$$>\sqrt{\frac{N-2}{N-1-u_\alpha{}^2}}u_\alpha. \tag{6.67}$$

当 N 很大时有 $(N-2)/(N-1-u_\alpha{}^2)\approx1$，$u_\alpha\approx t_{N-2}(\alpha)$，故近似地可将(6.67)式写为

$$D>t_{N-2}(\alpha). \tag{6.68}$$

这就是常见的两样本 t 检验. 当 N 很大时，也不难从中心极限定理出发导出这个大样本检验. 这个结果当 N 很大时方便了置换检验的实施，它同时也突出了这样一点：置换检验真正有用之时，是在 N 不过大因而不用求助于大样本结果时.

例 6.12(续) 再考虑例 6.12，与上例一样的推理，在 N 很大时，置换检验近似地转化为两样本 t 检验(6.68).

在 Fisher 以前，人们在处理本例这种问题时，往往是从两样本正态模型出发，即假定 $X_1,\cdots,X_m$ iid.，$\sim N(a,\sigma^2)$；$Y_1,\cdots,Y_n$ iid.，$\sim N(a+\theta,\sigma^2)$. 这时 t 检验(6.68)是一个确切检验，且不必要求 N 很大. 可是，这个模型只是在下述假定之下才合理：我们有一个无穷个相似地块的集合，地块指标服从正态分布，而实际所使用的地块是从这个无穷集合中随机抽出的. 在实际应用中，这样的条件未见得现实. 经常，我们只可就手边能及的有限试验材料的范围内去挑选. Fisher 摈弃"无穷地块集"这个前提，而把随机性的来源归因于手边这 N 地块的随机分配上. 本例表明，从这一更现实合理的前提出发，仍能在 N 甚大时导出 t 检验. 其他更复杂的试验设计模型也可以仿照本例的方式来处理——即为了在这种模型中导出方差分析中的 t 或 F 检验，不必从惯常的"正态、独立、等方差"的假定出发(这种假定也是建立在从无穷试验材料中随机抽取的基础上). 这一点有重大的理论意义. 总之，按置换检验理论的观点，通常方差分析中所用的检验，只有在样本量很大时才合理. 当样本量小时，则应使用置换检验.

例 6.16 把例 6.12 推广到 $c\geqslant2$ 个品种的情况. 设有 $N=n_1+\cdots+n_c$ 个

地块，其"单元效应"，即各地块地力的优良性指标，记为 $a_1, \cdots, a_N$. 把这 N 地块随机地分配给这 c 个品种，各品种依次得 $n_1, \cdots, n_c$ 块. 第 i 品种那 n_i 块的产量记为 $X_{i1}, \cdots, X_{in_i}$ ($1 \leqslant i \leqslant c$). 若以 θ_i 记品种 i 的"品种效应"，并设两种效应可叠加，则有

$$X_{ij} = \theta_i + a_{l_{ij}}, \quad 1 \leqslant j \leqslant n_i, 1 \leqslant i \leqslant c,$$

$$l_{ij} = n_1 + \cdots + n_{i-1} + j, \tag{6.69}$$

其中($l_1, \cdots, l_N$)是($1, \cdots, N$)的任一置换，每一置换的概率都是 $1/N!$. 我们要在这个模型下来检验假设

$$H: \theta_1 = \cdots = \theta_c \leftrightarrow K: \theta_1, \cdots, \theta_c \text{ 不全相同}.$$

记 $\bar{X}_i = \sum_{j=1}^{n_i} X_{ij}/n_i$, $\bar{X} = \sum_{i=1}^{c}\sum_{j=1}^{n_i} X_{ij}/N = \sum_{i=1}^{c} n_i \bar{X}_i/N$. 当 H 成立时，$\bar{X}_1, \cdots, \bar{X}_c$ 应当差异较小. 因此，$K \equiv \sum_{i=1}^{c} n_i (\bar{X}_i - \bar{X})^2$ 是一个合适的检验统计量：当 K 取大值时否定 H. 临界值的确定按置换检验的方式：对($a_1, \cdots, a_N$)的一切置换算出 X_{ij}(取 $\theta_1 = \cdots = \theta_c = 0$)而后算出 K. 一共有 $N!$ 个值，将其按大小排列为 $K_{(1)} \leqslant \cdots \leqslant K_{(N!)}$. 如果 $K > K_{((1-\alpha)N!)}$，就否定 H，不然就接受 H. 若记

$$S_i^2 = \sum_{j=1}^{n_i} (X_{ij} - \bar{X}_i)^2, \quad 1 \leqslant i \leqslant c, \quad S^2 = \sum_{i=1}^{c} S_i^2,$$

则 $K + S^2 = \sum_{i=1}^{c}\sum_{j=1}^{n_i} (X_{ij} - \bar{X})^2$，而后者在 H 成立时，为置换不变. 由此可知，若记

$$F = \frac{1}{c-1}K \Big/ \left(\frac{1}{N-c}S^2\right),$$

则以 F 的大值为否定域的置换检验，与以 K 的大值为否定域的置换检验一样. F 就是在常见的正态方差分析模型中，假设 H 的 F 检验统计量. 在正态方差分析模型中，否定域为 $F_{c-1,N-c}(\alpha)$. 当 N 不大时，这个临界值与由置换检验所确定的临界值，会有相当的差距. 现在我们来证明：若 $N \to \infty$ 而

$$\liminf_{N\to\infty} \min(n_1, \cdots, n_c)/N > 0, \tag{6.70}$$

则这个差距趋于 0,即本问题的大样本置换检验回归到正态模型下的 F 检验,因而给了这个检验一个全新的且较为现实的理论根据. 这是上例末尾所阐发的议论的又一例证.

令

$$C_N^{(i)} = \left(-\frac{1}{N},\cdots,-\frac{1}{N},\cdots,\frac{1}{n_i}-\frac{1}{N},\cdots,\frac{1}{n_i}-\frac{1}{N},\cdots,-\frac{1}{N},\cdots,-\frac{1}{N}\right),$$

$$1\leqslant i\leqslant c, \tag{6.71}$$

其中 $n_i^{-1}-N^{-1}$ 占据第 $n_1+\cdots+n_{i-1}+1$ 到第 $n_1+\cdots+n_i$ 位置. 又

$$A_N = (a_1,\cdots,a_N).$$

不难验证,在条件(6.70)之下,每个 $C_N^{(i)}$ 都满足条件 W. 假定 A_N 满足条件 N. 以 $L_N^{(i)}$ 记基于$(A_N, C_N^{(i)})$的线性置换统计量,按(6.40)式,有

$$\mathrm{E}L_N^{(i)} = 0,\quad \sigma_{Ni}^{\ 2} \equiv \mathrm{Var}(L_N^{(i)}) = \frac{1}{N-1}\left(\frac{1}{n_i}-\frac{1}{N}\right)h_N^{\ 2},$$

$$h_N^{\ 2} = \sum_{i=1}^{N}(a_i-\bar{a}_n)^2.$$

暂设

$$\lim_{N\to\infty} n_i/N = \lambda_i,\quad 0<\lambda_i<1,\quad 1\leqslant i\leqslant c,$$

则易见

$$\lim_{N\to\infty}\mathrm{Cov}(L_N^{(1)}/\sigma_{N1},\cdots,L_N^{(c)}/\sigma_{Nc}) = \Lambda = (\lambda_{ij}),$$

其中 $\lambda_{ij} = 1$ 或 $-\left[\dfrac{\lambda_i\lambda_j}{(1-\lambda_i)(1-\lambda_j)}\right]^{1/2}$,视 $i=j$ 或否. 据定理 6.7 有

$$L_N \equiv (L_N^{(1)}/\sigma_{N1},\cdots,L_N^{(c)}/\sigma_{Nc})' \xrightarrow{L} N_c(0,\Lambda),\quad 当 N\to\infty,$$

因此

$$L_N'\Lambda^{-1}L_N \xrightarrow{L} \chi_c^{\ 2},\quad 当 N\to\infty. \tag{6.72}$$

因

$$\Lambda = D - UU', \quad D = \operatorname{diag}((1-\lambda_1)^{-1}, \cdots, (1-\lambda_c)^{-1}),$$

$$U = \left(\sqrt{\frac{\lambda_1}{1-\lambda_1}}, \cdots, \sqrt{\frac{\lambda_c}{1-\lambda_c}}\right)',$$

有

$$\Lambda^{-1} = D^{-1} + D^{-1}UU'D^{-1}/(1 - U'D^{-1}U).$$

因 $D^{-1}U = (\sqrt{\lambda_1(1-\lambda_1)}, \cdots, \sqrt{\lambda_c(1-\lambda_c)})$，$U'D^{-1}U = 1 - \lambda_c$，算出

$$L_N'\Lambda^{-1}L_N = \sum_{i=1}^{c}(1-\lambda_i)L_N^{(i)2}/\sigma_{Ni}{}^2 + \frac{1}{\lambda_c}\left(\sum_{i=1}^{c}\sqrt{\lambda_i(1-\lambda_i)}L_N^{(i)}/\sigma_{Ni}\right)^2. \tag{6.73}$$

由 (6.71) ～ (6.73) 式，及 $\sigma_{Ni}{}^2$ 的表达式，以及 $\sum_{i=1}^{c} n_i L_N^{(i)} = 0$，经过一些化简，得

$$J \equiv (N-1)\sum_{i=1}^{c} n_i (L_N^{(i)})^2 / h_n{}^2 \xrightarrow{L} \chi_{c-1}{}^2, \quad N \to \infty. \tag{6.74}$$

由条件(6.70)，对$\{N\}$的任一子列$\{N'\}$，可找到后者的子列$\{N''\}$，使 $n_i''/N'' \to$ 非零极限 λ_i''. 于是，按上述推理，沿着子列$\{N''\}$，(6.74)式成立. 由于极限分布与子列$\{N'\}$的选择无关，证明了在条件(6.70)之下有(6.74)式. 据(6.74)式，当 N 大时，$H \leftrightarrow K$ 的水平 α 置换检验近似地有否定域 $J > \chi_{c-1}{}^2(\alpha)$，此式可写为

$$F > (c-1)^{-1}\chi_{c-1}{}^2(\alpha)/[1 - \chi_{c-1}{}^2(\alpha)/(N-1)].$$

当 N 甚大时，上式右边接近 $F_{c-1,N-c}(\alpha)$. 这样就证明了所述的结果.

例 6.17 设$(X_1, Y_1), \cdots, (X_n, Y_n)$是抽自$(X, Y)$的 iid. 样本，要检验 H：X, Y 独立这个假设. 计算样本相关系数

$$r = \sum_{i=1}^{n}(X_i - \overline{X}_n)(Y_i - \overline{Y}_n)/(S_X S_Y).$$

当独立性成立时，X, Y 的相关系数为 0，因此$|r|$应倾向于小. 设对立假设成立时，X, Y 有较显著的正的或负的相关关系，则$|r|$将倾向于大一些. 基于这个考虑，可作出假设 H 的置换检验如下：固定 $X_1, \cdots, X_n$ 的次序，让$(Y_1, \cdots, Y_n)$作种种置换 $Y_{i_1}, \cdots, Y_{i_n}$，把它和 $X_1, \cdots, X_n$ 配对，以计算$(X_1, Y_{i_1}), \cdots,$

(X_n, Y_{i_n})的样本相关系数. 这样算出 $n!$ 个相关系数 $r_1, \cdots, r_{n!}$,将其绝对值排序为$|r_{(1)}| \leqslant \cdots \leqslant |r_{(n!)}|$. 如果$|r| > |r_{((1-\alpha)n!)}|$,就否定 H.

为了当 N 大时使用定理 6.6,要假定 X, Y 都有非 0 有限方差,且其中之一,例如 X,有任意阶有限矩. 这时按例 6.15,$A_n \equiv (Y_1, \cdots, Y_n)$以概率 1 满足条件 N. 同时,在 X 的各阶矩有限的假定下,易证以概率 1,$C_n = (X_1, \cdots, X_n)$满足条件 W. 其次,不难算出:基于(A_n, C_n)的线性置换统计量 L_n就是

$$L_n = \sqrt{n-1}\sum_{i=1}^{n}(X_i - \overline{X}_n)(Y_{n_i} - \overline{Y}_n)/(S_X S_Y).$$

由此得出,当 n 甚大时,大样本置换检验否定域是$|r| > u_{\alpha/2}/\sqrt{n-1}$.

如果(X, Y)有二维正态分布,则在 H 成立时,r 的确切分布可以求出(第 1 章习题 69). 结果是:$\dfrac{\sqrt{n-2}r}{\sqrt{1-r^2}} \sim t_{n-2}$. 由此得出精确检验(即水平精确地等于所指定的 α 的检验)有否定域

$$|r| > \frac{t_{n-2}(\alpha/2)}{\sqrt{n-2}}\bigg/\left[1 + \frac{{t_{n-2}}^2(\alpha/2)}{n-2}\right]^{1/2}.$$

当 $N \to \infty$ 时

$$\frac{u_{\alpha/2}}{\sqrt{n-1}}\bigg/\left\{\frac{t_{n-2}(\alpha/2)}{\sqrt{n-2}}\bigg/\left[1 + \frac{{t_{n-2}}^2(\alpha/2)}{n-2}\right]^{1/2}\right\} \to 1.$$

由此得出:当 n 很大时,本例所导出的置换检验渐近于在正态假定下的常见检验.

以上我们假定了 X, Y 中有一个有任意阶矩. 更精细的论证指出:只需假定 X, Y 有非 0 有限方差已够,因为在这一条件下,可以证明(见作者《数理统计引论》第 660～662 面):$\{(X_1, Y_1), \cdots, (X_n, Y_n)\}$以概率 1 满足条件 M(见(6.57)式),然后用 Hajek 的定理即可.

6.3.4 秩检验

设有样本 $Z_1, \cdots, Z_n$,暂设它们互不相同,于是可按大小排列为 $Z_{(1)} < \cdots < Z_{(n)}$. 每一个 Z_i等于某个 $Z_{(R_i)}$. 例如,当 $R_i = 1$ 时,表示 Z_i是 $Z_1, \cdots, Z_n$中最小者. R_i称为 Z_i(在样本 $Z_1, \cdots, Z_n$中的)**秩**. R_i取值 $1, \cdots, n$. R_i愈大,表示 Z_i在 $Z_i, \cdots, Z_n$中相对位置愈高. R_i本身,或$(R_1, \cdots, R_n)$的任一函数(只依赖

$R_1,\cdots,R_n$而不依赖其他未知量,如分布参数),称为**秩统计量**. 基于秩统计量的统计推断方法称为**秩(推断)方法**,在检验问题中则称为**秩检验**.

秩统计量在检验问题中的作用,主要在于它的下述性质:当$Z_1,\cdots,Z_n$为iid.,且其公共分布F连续(因而以概率1,$Z_1,\cdots,Z_n$互不相同)时,$(R_1,\cdots,R_n)$有分布

$$P((R_1,\cdots,R_n)=(i_1,\cdots,i_n))=1/n!,\tag{6.75}$$

对$(1,\cdots,n)$的任一置换$(i_1,\cdots,i_n)$. 此分布与Z_i的公共分布F无关. 这个性质可用来构造相似检验,即功效函数取值在原假设上保持不变的检验.

显然,只要$Z_1,\cdots,Z_n$为iid.,且公共分布F连续,则任一秩统计量的分布也与F无关. 在统计学中,把统计量的这个性质称为其(相对于某一分布族的)**分布无关性**. 从原样本过渡到其秩,舍弃了样本中的一些信息,目的就是为了换取这一分布无关性. 有些令人惊讶的是:信息的损失不如初一看所估计的那么多(见后).

例 6.18 再考虑例6.11. 设有样本(6.31),要检验假设

$$\theta\leqslant 0\leftrightarrow\theta>0\quad(\text{或}\ \theta=0\leftrightarrow\theta>0).\tag{6.76}$$

以$(Z_1,\cdots,Z_n)\equiv(X_1,\cdots,X_m,Y_1,\cdots,Y_n)$记合样本,$(R_1,\cdots,R_N)$为其秩统计量,则$R_{m+1},\cdots,R_N(N=m+n)$依次是$Y_1,\cdots,Y_n$在合样本中之秩. 因为$\theta>0$使$Y$倾向于增大,故$R_{m+1},\cdots,R_n$倾向于占据$1,\cdots,N$中的高位,因而

$$W=R_{m+1}+\cdots+R_N\tag{6.77}$$

倾向于大. 这样就得到下述直观上合理的检验法:算出W. 当$W>c$时否定$\theta\leqslant 0$(必要时在临界值处施行随机性). 当$\theta=0$时W的分布(据(6.75)式)可基于下式算出:

$$P_{\theta=0}(R_{m+1}=i_1,\cdots,R_N=i_n)=1\Big/\binom{N}{n},$$

其中$(i_1,\cdots,i_n)$是$(1,\cdots,N)$中任意n个. 依此,原则上就不难按给定的水平α去确定临界值c(结合习题44看). 在m,n都较小时这可以施行,m,n较大时,计算量很大,可使用下文介绍的极限定理.

这个检验叫**Wilcoxon两样本秩和检验**,是Wilcoxon于1945年提出的,它是著名的非参数检验之一. 两样本检验问题是秩方法运用较成功的一例,除

Wilcoxon 检验外，还有一些其他有名的检验.

在秩检验中应用最广的一类统计量，是形如

$$T_n = \sum_{i=1}^{n} c_{ni}\varphi_n(R_i) \tag{6.78}$$

的**线性秩统计量**，此处 $c_{n1},\cdots,c_{nn}$ 为常数，$\varphi_n(\cdot)$ 是定义在 $\{1,\cdots,n\}$ 上的函数. 这与基于 $A_n=\{\varphi_n(1),\cdots,\varphi_n(n)\}$ 和 $C_n=\{c_{n1},\cdots,c_{nn}\}$ 的线性置换统计量完全一样(当然是在 $(R_1,\cdots,R_n)$ 的分布满足(6.75)式时). 因此，按定理 6.6，有

定理 6.8　设 A_n 和 C_n(定义于上)中有一个满足条件 W 而另一个满足条件 N，且(6.75)式对任何 n 成立. 则

$$(T_n - t_n)/\sigma_n \xrightarrow{L} N(0,1),\quad 当\ n\to\infty, \tag{6.79}$$

此处 $t_n = n\bar{a}_n\bar{c}_n$，$\sigma_n{}^2=(n-1)^{-1}\sum_{i=1}^{n}(c_{ni}-\bar{c}_n)^2\sum_{i=1}^{n}(a_{ni}-\bar{a}_n)^2$，$\bar{a}_n$，$\bar{c}_n$ 分别是 $a_{n1},\cdots,a_{nn}$ 和 $c_{n1},\cdots,c_{nn}$ 的算术平均.

本定理最重要的情况当然是在 $Z_1,\cdots,Z_n$ 为 iid.，且公共分布连续时.

对 Wilcoxon 统计量秩和 W 而言，有 $c_{Ni}=0$ 当 $1\leqslant i\leqslant m$，$c_{Ni}=1$ 当 $m+1\leqslant i\leqslant N$，而 $\varphi_n(u)=u$ 已知，$A_N=\{1,\cdots,N\}$ 满足条件 N. 且如

$$\liminf_{N\to\infty} \min(m,n)/N > 0, \tag{6.80}$$

则如上定义的 $(c_{N1},\cdots,c_{NN})$ 满足条件 W. 因而按定理 6.8，在 $\theta=0$ 成立时有

$$[W - n(N+1)/2]/[mn(N+1)/12]^{1/2} \xrightarrow{L} N(0,1). \tag{6.81}$$

经验证明：把(6.81)式中的 $W-n(N+1)/2$ 修正为

$$W - [n(N+1)+1]/2,$$

逼近的精度可略改善. 这样，Wilcoxon 检验的临界值 c 近似地可取为 $n(N+1)/2+a$ 或 $[n(N+1)+1]/2+a$，其中 $a=u_\alpha[mn(N+1)/12]^{1/2}$，$u_\alpha$ 是 $N(0,1)$ 的上 α 分位点. 实地计算表明：在 $m=n=8$ 这种情况，经过上述修正的(6.81)式，其逼近程度已很好.

据 Wilcoxon 检验的想法，可造出许多类似的两样本秩检验，只需取函数 φ_N 满足 $\varphi_N(1)\leqslant\cdots\leqslant\varphi_N(N)$，然后取检验统计量 $\sum_{i=m+1}^{N}\varphi_N(R_i)$ 并以其大值为否定

域. 当 m,n 较大时可使用极限(6.79)去近似地确定临界值,当然,要求满足(6.80)式,且$\{\varphi_N(1),\cdots,\varphi_N(N)\}$满足条件 N. 重要的例子有:

van der Waerden 检验:

$$\varphi_N(i)=\Phi^{-1}\left(\frac{i}{N+1}\right),$$

其中 Φ^{-1}是 $N(0,1)$分布函数 Φ 的反函数.

Fisher-Yates 检验:

$$\varphi_N(i)=E\xi_{Ni},$$

其中 $\xi_{N1}\leqslant\cdots\leqslant\xi_{NN}$是$N(0,1)$的 iid. 样本 $\xi_1,\cdots,\xi_n$的次序统计量. 之所以要考虑这么多的两样本秩检验,是因为,每一个特定的秩检验(φ_N的一定选择),其功效如何,与 φ_N及(6.31)式中的分布 F 有关:某个特定的秩检验对这个 F 功效高,而对另一个 F 则功效低. 理论上可以证明:如果知道 F,则可以选择一秩检验,它针对这个 F 最有效. 但一般不知 F,这一知识也就用不上. 如果对 F 的性状有些一般性的了解,也有可能据以选定一个针对它的、较好的秩检验. 有关这些及秩方法更仔细的论述,可参看作者等所著的《非参数统计》第三、第四章.

例 6.19(对称中心的检验)　设样本 $X_1,\cdots,X_n$ iid.,抽自分布 $F(x-\theta)$,其中分布 F 可未知,假定它连续,且关于0点对称,即 $F(-x)=1-F(x)$.要检验假设(6.76).

以 R_i^+ 记$|X_i|$在$(|X_1|,\cdots,|X_n|)$中之秩,R_i^+ 称为 X_i 的符号秩. 如果 $\theta>0$,则 $X_1,\cdots,X_n$中大于0的个数不仅会倾向于多,而且其秩 R_i^+ 也会倾向于大. 因而,正样本的符号秩之和,即

$$W^+=\sum_{i=1}^{n}\psi_iR_i^+,\quad \psi_i=I(X_i>0),\tag{6.82}$$

应倾向于大. 故直观上合理的检验是以 W^+ 的大值为否定域. (6.82)式称为**Wilcoxon 一样本(符号)秩统计量**,而以$\{W^+>c\}$为否定域的检验,则称为**一样本(或符号)Wilcoxon 检验**.

与两样本情况一样,还可以引进另外一些符号秩检验,只需引进一个定义于$\{1,\cdots,n\}$的非降而非常数的函数 φ_n,然后定义

$$T_n^+=\sum_{i=1}^{n}\psi_i\varphi_n(R_i^+),\tag{6.83}$$

并以 T_n^+ 的大值作为否定域. Wilcoxon 符号检验相当于 $\varphi_n(u)=u$ 的特例.

为确定检验的临界值 c,需要研究在 $\theta=0$ 时,(6.83)式所定义的 T_n^+ 的分布. 这比两样本情况(非符号秩)稍稍复杂一点,但也不难. 以下假定 $X_1,\cdots,X_n$ iid.,其公共分布 F 连续且关于 0 对称.

1° $\psi_1,|X_1|,\psi_2,|X_2|,\cdots,\psi_n,|X_n|$ 相互独立($\psi_i=I(X_i>0)$).

2° $\psi_1,\cdots,\psi_n,(R_1^+,\cdots,R_n^+)$ 相互独立,其分布为:ψ_i 取 0,1 的概率各为1/2,而$(R_1^+,\cdots,R_n^+)$取$(1,\cdots,n)$的任一置换$(i_1,\cdots,i_n)$的概率都是 $1/n!$.

1°易证. 2°的前一断言由 1°推出. 关于分布的断言由 $X_1,\cdots,X_n$ iid.,且有连续对称分布推出. 细节留作习题.

3°基于 2°,容易证明下面的事实:记事件 $A=\{X_1,\cdots,X_n$ 中有 j 个大于 0,$n-j$ 个小于 0,且大于 0 的那些个其符号秩按大小依次为 $i_1<\cdots<i_j\}$,其中 $1\leqslant i_1<\cdots<i_j\leqslant n$. 有

$$P(A)=2^{-n}. \tag{6.84}$$

事实上,从 $X_1,\cdots,X_n$ 中挑出 j 个让它们大于 0(其余小于 0),有$\binom{n}{j}$种挑法. 对一确定的挑法,如 $X_1,\cdots,X_j>0,X_{j+1},\cdots,X_n<0$,其概率为

$$a=P(\psi_1=\cdots=\psi_j=1,\psi_{j+1}=\cdots=\psi_n=0).$$

据 2°,$a=2^{-n}P((R_1^+,\cdots,R_j^+)$ 是 $(i_1,\cdots,i_j)$ 的某一置换$)=2^{-n}\Big/\binom{n}{j}$,因而 $P(A)=\binom{n}{j}a=2^{-n}$. 利用 3°,不难对任何不超过

$$\sum_{i=1}^{n} i=n(n+1)/2$$

的非负整数 b,算出 $P(W^+=b)$. 有 $P(W^+=0)=2^{-n}$. 若 $b=1,\cdots,n(n+1)/2$,把 b 表为 $b_1+\cdots+b_k$ 的形式,要满足 $1\leqslant b_1<\cdots<b_k\leqslant n$. 把不同表达法的数目记为 n_b,则

$$P(W^+=b)=n_b/2^n.$$

取 $n=5$, $b=8$ 为例. 不同表法有:(3,5),(1,2,5)和(1,3,4)等 3 种,故 $P(W^+=8)=3/32$. 类似地算出:0,1,2 的概率为 1/32;3,4 的为 2/32;5～10 的

各为 3/32;10,11 的为 2/32;13～15 的各为 1/32. 对一般的 φ_n,要算$P(T_n^+ = b)$,那就要找出将 b 表为 $\varphi_n(b_1) + \cdots + \varphi_n(b_k)$的不同表法,其中$b_1,\cdots,b_k$为整数且介于 1 与 n 之间.

当 n 较大时,用这个方法定出 T_n^+ 的确切分布(在 $\theta = 0$ 之下),涉及大量计算. 可以使用极限分布来近似,这个极限定理与置换统计量的定理 6.6 没有关系.

定理 6.9 假定 $X_1,\cdots,X_n$ iid.,公共分布 F 连续且关于 0 对称. 又设 $A_n = \{\varphi_n(1),\cdots,\varphi_n(n)\}$满足条件 N. 则

$$(T_n^+ - n\bar{a}_n/2)\Big/\sqrt{\sum_{i=1}^n \varphi_n{}^2(i)/4} \xrightarrow{L} N(0,1),\quad n\to\infty,\tag{6.85}$$

这里 $\bar{a}_n = \sum_{i=1}^n \varphi_n(i)/n$,$n\bar{a}_n/2$ 和$\sum_{i=1}^n \varphi_n{}^2(i)/2$ 分别是在定理条件下,T_n^+ 的期望和方差.

证明 由于对$(1,\cdots,n)$ 的任一置换$(i_1,\cdots,i_n)$,$(\psi_{i_1},\cdots,\psi_{i_n})$ 与$(\psi_1,\cdots,\psi_n)$同分布,知 $T_n^+ = \sum_{i=1}^n \psi_i\varphi_n(R_i^+)$ 与$\sum_{i=1}^n a_{ni}\psi_i$ 同分布,此处 $a_{ni} = \psi_n(i)$ 这里还利用了$(\psi_1,\cdots,\psi_n)(R_1^+,\cdots,R_n^+)$独立. 因而可用独立和 $S_n \equiv \sum_{i=1}^n a_{ni}\psi_i$ 取代T_n^+. 显见

$$\mathrm{E}S_n = n\bar{a}_n/2,\quad \mathrm{Var}(S_n) \equiv \sigma_n{}^2 = \sum_{i=1}^n a_{ni}{}^2/4.$$

有

$$\begin{aligned}\sum_{i=1}^n \mathrm{E}\mid a_{ni}\psi_i - \mathrm{E}(a_{ni}\psi_i)\mid^3/\sigma_n{}^3 &= 4^{-1}\sum_{i=1}^n \mid a_{ni}\mid^3/\sigma_n{}^3\\ &\leqslant \max_{1\leqslant i\leqslant n}\mid a_{ni}\mid/\sigma_n \to 0,\end{aligned}$$

当 $n\to\infty$. 最后一极限关系是根据 A_n满足条件N(形式略有差别,不难验证). 据中心极限定理中的 Liapunov 定理,得(6.85)式. 定理证毕.

注 本定理的证明也适用于 φ_n恒等于一非 0 常数(可取为 1)的情况.

除 Wilcoxon 检验 W^+ 外,重要的符号检验,可举出:van der Waerden 检验;Fisher-Yates 检验,其 φ_n的取法与两样本情况同. 另一个重要情况是 $\varphi_n \equiv$

1，它相当于 $S_n^+ \equiv \sum_{i=1}^{n} \psi_i$，即 $X_1, \cdots, X_n$ 中大于 0 的个数．以 S_n^+ 的大值为否定域的检验称为**符号检验**，是最早的非参数检验之一．符号检验相当于把 $\theta = 0$ $(\theta \leqslant 0) \leftrightarrow \theta > 0$ 转化为 $p = 1/2 (\leqslant 1/2) \leftrightarrow p > 1/2$，其中

$$p = P_\theta(X > 0) = 1 - F(-\theta) = F(\theta).$$

在 $\theta = 0$ 时，S_n^+ 有分布 $B(n, 1/2)$．这个检验看来很粗糙，但是，它也对某些 F 优于看上去较灵敏的秩检验，例如 Wilcoxon 检验．

秩方法还可用于其他一些检验问题，这里不多说了．关于秩检验理论的以下两个重要问题我们点到一下：

1° 回到(6.78)式定义的统计量 T_n．如果 $Z_1, \cdots, Z_n$ 独立但不必同分布，其极限分布如何？这个问题很复杂．在两样本情况($(Z_1, \cdots, Z_N) = (X_1, \cdots, X_m, Y_1, \cdots, Y_n)$，$X_1, \cdots, X_m$ iid.，有公共分布 F，$Y_1, \cdots, Y_n$ iid.，有公共分布 G)，且 $c_{ni} = 0$ 或 1，视 $i \leqslant m$ 或 $i > m$ 时，由 Chernoff 和 Savage 于 1958 年得到一般的解决(Ann. Math. Statist.，1958：972～994)．即使对这个简单情况，定理的条件、表述和论证也非常复杂．

2° **结**的问题．设 $X_1, \cdots, X_n$ iid.，但其公共分布 F 可以有跳跃点．这时以大于 0 的概率．$X_1, \cdots, X_n$ 中有相同的，因而秩就变得不确定，例如若 X 样本为 3,2,4，Y 样本为 3,6，合样本次序统计量为 2,3,3,4,6；2,4,6 的秩分别为 1,4,5，无疑义．而两个 3 的秩如何定？方法不同，就影响到秩和 W 之值．这样本中的两个 3，就构成一个其**长为 2 的结**．处理结的方法有两种：

a．**随机法**．拿本例而言，这两个 3，为分别计，暂记为 $\overline{3}$ 和 3，其秩取(2,3)或(3,2)的机会各为 1/2，用随机的方法(如抽签)定之．在长为 k 的结且这个结占据第 $i, i+1, \cdots, i+k-1$ 位置时，结中各样本分配秩$(j_1, \cdots, j_k)$的概率为$1/k!$，其中$(j_1, \cdots, j_k)$为 $i, i+1, \cdots, i+k-1$ 的任一置换．

b．**平均法**．拿本例而言，$\overline{3}$ 和 3 各给以秩$(2+3)/2 = 2.5$．一般情况依此推广．

这两个方法各有其优缺点．对随机法，不难证明：在 $X_1, \cdots, X_n$ 为 iid. 的前提下，这样定出的秩，其分布仍满足(6.75)式，因而以此为基础的秩统计量极限定理，例如定理 6.8 和 6.9，仍维持不变，因此理论简化了．缺点是引入了一个人为的随机化操作，使统计量(如秩和)不全取决于样本的值．对平均法，优缺点正好反过来．从功效的角度看，平均法似略优于随机法．有关结的问题的更仔细论

述,可参看作者等的《非参数统计》一书3.4节.

6.3.5 检验的相对渐近效率

检验同一个假设的方法一般有很多.按Neyman-Pearson理论,以功效作为衡量检验优良性的唯一标准,则在同样水平之下,两检验在对立假设处的功效之比,可称作是其相对效率.也可以反过来看:在同一水平之下,为在某对立假设处达到同一之功效,所需样本量愈少,则效率愈高.因此也可以把这样本量之比的倒数,作为两检验的相对效率.

这样定义效率,与所定水平、样本量,对立假设的参数值等,都有关系.况且功效一般不易计算,因而这个概念虽然听起来很有用,却没有什么系统的研究,只有Pitman在20世纪40年代提出的**"渐近相对效率"**(Asymptotic Relative Efficiency,简记为**ARE**),在统计界受到一定的重视.这里我们来对这概念作一简略的介绍,不深入数学细节.

设T和$\widetilde{T}$是$\theta=\theta_0$($\theta\leqslant\theta_0$也可以)$\leftrightarrow\theta>\theta_0$的两个检验.当样本量为$n$时,检验$T$有否定域$\{T_n>C_n\}$而$\widetilde{T}$有否定域$\{\widetilde{T}_n>\widetilde{C}_n\}$.指定水平$\alpha\in(0,1)$及$\beta\in(\alpha,1)$,即$0<\alpha<\beta<1$.以$\beta_n$和$\widetilde{\beta}_n$分别记$T$和$\widetilde{T}$的功效函数.设

$$\lim_{n\to\infty}\beta_n(\theta_0)=\lim_{n\to\infty}\widetilde{\beta}_n(\theta_0)=\alpha, \tag{6.86}$$

这表明T和$\widetilde{T}$渐近地都有水平α(在原假设为$\theta\leqslant\theta_0$时,还应要求β_n和$\widetilde{\beta}_n$都对θ非降,这样才能由(6.86)式断定T和$\widetilde{T}$都有渐近水平α).设对任一串参数值$\theta_1\geqslant\theta_2\geqslant\cdots\downarrow\theta_0$,均可找到两串自然数$\{N_k\}$和$\{\widetilde{N}_k\}$,使

$$\lim_{k\to\infty}\beta_{N_k}(\theta_k)=\lim_{k\to\infty}\widetilde{\beta}_{\widetilde{N}_k}(\theta_k)=\beta. \tag{6.87}$$

如果当$k\to\infty$时,$\widetilde{N}_k/N_k$的极限存在且不依赖于α,β和$\{\theta_k\}$的选择(但要$\theta_k\downarrow\theta_0$),则此极限,记为

$$\text{ARE}(T,\widetilde{T})=\lim_{k\to\infty}\widetilde{N}_k/N_k, \tag{6.88}$$

转为T对$\widetilde{T}$的ARE.

概念很简单,有的地方需要略加说明.(6.86)式不成问题,因为比较总要基于同一水平之上.此处不要求对固定的n都有同水平而只对极限提出要求,这样免除样本量的影响((6.87)式中的极限也作如是观).其次,(6.87)式涉及一串(收敛于原假设的)对立假设点而不是固定一个对立假设点,是因为,一般检验

大多有"相合性",即当样本量 $n\to\infty$ 时,功效要趋于 1. 这样,如果把(6.87)式中的 θ_k 改为固定的 $\theta>\theta_0$,则只要 N_k 及 $\widetilde{N}_k\to\infty$,(6,87)式必成立($\beta=1$),因此 N_k,$\widetilde{N}_k$ 也就无法比较了.

现在假定 T_n 和 $\widetilde{T}_n$ 有渐近正态性,来推出 ARE($T,\widetilde{T}$)的表达式. 在推导过程中也就看出所需的条件.

首先,假定存在函数 $\mu_n(\theta)$,$\tilde{\mu}_n(\theta)$,$\sigma_n(\theta)>0$ 和 $\tilde{\sigma}_n(\theta)>0$ 满足

$$[T_n-\mu_n(\theta)]/\sigma_n(\theta)\xrightarrow{L}N(0,1), \tag{6.89}$$

$$[\widetilde{T}_n-\mu_n(\theta)]/\tilde{\sigma}_n(\theta)\xrightarrow{L}N(0,1), \tag{6.90}$$

在 θ_0 的某个领域内一致成立,这里 $\mu_n(\theta)$,$\sigma_n(\theta)$ 中的 θ 指:在计算 T_n 的分布时,参数是 θ. 由这个一致性,(6.89),(6.90)式中的 θ 可与 n 有关:$\theta=\theta_n$,只要 $\{\theta_n\}$ 不超出上述领域. 尤其是,当 $\theta_n\to\theta_0$ 时正确.

由这个假定及(6.87)式,有

$$\lim_{k\to\infty}\frac{C_{N_k}-\mu_{N_k}(\theta_k)}{\sigma_{N_k}(\theta_k)}=\lim_{k\to\infty}\frac{\widetilde{C}_{N_k}-\tilde{\mu}_{\widetilde{N}_k}(\theta_k)}{\tilde{\sigma}_{\widetilde{N}_k}(\theta_k)}(=\Phi^{-1}(1-\beta)), \tag{6.91}$$

而由(6.86)式则有

$$\lim_{k\to\infty}\frac{C_{N_k}-\mu_{N_k}(\theta_0)}{\sigma_{N_k}(\theta_0)}=\lim_{k\to\infty}\frac{\widetilde{C}_{N_k}-\tilde{\mu}_{\widetilde{N}_k}(\theta_0)}{\tilde{\sigma}_{\widetilde{N}_k}(\theta_0)}(=\Phi^{-1}(1-\alpha)). \tag{6.92}$$

假定当 $n\to\infty$ 时,不论 θ_n 以何种方式趋于 θ_0,总有

$$\sigma_n(\theta_n)/\sigma_n(\theta_0)\to 1,\quad \tilde{\sigma}_n(\theta_n)/\tilde{\sigma}_n(\theta_0)\to 1, \tag{6.93}$$

则(6.91)式中的 $\sigma_{N_k}(\theta_k)$ 和 $\tilde{\sigma}_{\widetilde{N}_k}(\theta_k)$ 可分别用 $\sigma_{N_k}(\theta_0)$ 和 $\tilde{\sigma}_{\widetilde{N}_k}(\theta_0)$ 代替. 代替后,把(6.91),(6.92)两式左减左,右减右,得

$$\lim_{k\to\infty}\frac{\mu_{N_k}(\theta_k)-\mu_{N_k}(\theta_0)}{\sigma_{N_k}(\theta_0)}=\lim_{k\to\infty}\frac{\tilde{\mu}_{\widetilde{N}_k}(\theta_k)-\tilde{\mu}_{\widetilde{N}_k}(\theta_0)}{\tilde{\sigma}_{\widetilde{N}_k}(\theta_0)}. \tag{6.94}$$

由于(6.91)和(6.92)式的极限有限但不同,故(6.94)式的极限有限且不为 0.

现设 μ_n 和 $\tilde{\mu}_n$ 都可导. 由中值定理有

$$\mu_{N_k}(\theta_k)-\mu_{N_k}(\theta_0)=(\theta_k-\theta_0)\mu_{N_k}'(\theta_k^*), \tag{6.95}$$

当 $k\to\infty$ 时有 $\theta_k^*\to\theta_0$. 现设不论 θ_n 以何种方式趋于 0,总有

$$\mu_n{}'(\theta_n)/\mu_n{}'(\theta_0)\to 1,\quad \tilde{\mu}_n{}'(\theta_n)/\tilde{\mu}_n{}'(\theta_0)\to 1. \tag{6.96}$$

由(6.95)～(6.96)式，可将(6.94)式写为

$$\begin{aligned}&\lim_{k\to\infty}\{[\sqrt{N_k}(\theta_k-\theta_0)][\mu_{N_k}{}'(\theta_0)/(\sqrt{N_k}\sigma_{N_k}(\theta_0))]\}\\&=\lim_{k\to\infty}\{[\sqrt{N_k}(\theta_k-\theta_0)]\sqrt{\tilde{N}_k/N_k}[\mu_{\tilde{N}_k}{}'(\theta_0)/(\sqrt{\tilde{N}_k}\sigma_{\tilde{N}_k}(\theta_0))]\}.\end{aligned} \tag{6.97}$$

设

$$\begin{aligned}&\lim_{n\to\infty}[\mu_n{}'(\theta_0)/(\sqrt{n}\sigma_n(\theta_0))]=K_T,\\&\lim_{n\to\infty}[\tilde{\mu}_n{}'(\theta_0)/(\sqrt{n}\tilde{\sigma}_n(\theta_0))]=K_{\tilde{T}}\end{aligned} \tag{6.98}$$

都存在，非0有限．则由(6.97)式(并注意其极限非0)知，$\lim\limits_{k\to\infty}[\sqrt{N_k}(\theta_k-\theta_0)]$存在，非0有限．由此，再利用(6.97)和(6.98)式，立得

$$\mathrm{ARE}(T,\tilde{T})=\lim_{k\to\infty}\tilde{N}_k/N_k=K_T{}^2/K_{\tilde{T}}{}^2, \tag{6.99}$$

其中K_T和$K_{\tilde{T}}$由(6.98)式确定．

总结起来，所需的条件有：(6.93)，(6.96)，(6.98)式，以及一致渐近正态性(6.89)，(6.90)式．在具体问题中验证这些条件都不简单，尤其是一致渐近正态性这一条．

下面以两样本问题中的t检验和Wilcoxon秩和检验的比较为例，来说明这一方法．

考虑模型(6.31)并检验假设$\theta=\theta_0$(或$\theta\leqslant\theta_0$)$\leftrightarrow\theta>\theta_0$．$\theta_0$的值没有影响，故不妨假定$\theta_0=0$．对分布$F$，假定它有密度$f$，对$f$还有某些要求，见下．假定$F$的方差$v^2$非0有限．

以T记两样本t检验，否定域为$\{T_N>t_{N-2}(\alpha)\}$，其中

$$\begin{aligned}T_N&=\sqrt{\frac{mn}{N}}(\bar{Y}_n-\bar{X}_m)/S_{mn},\\S_{mn}{}^2&=\frac{1}{N-2}\Big[\sum_{i=1}^m(X_i-\bar{X}_m)^2+\sum_{j=1}^n(Y_j-\bar{Y}_n)^2\Big].\end{aligned}$$

以W记两样本Wilcoxon秩和检验，否定域为$W_N>\dfrac{n(N+1)}{2}+$

$u_\alpha\left[\frac{mn(N+1)}{12}\right]^{1/2}$（参看例 6.18）.

对 T，取 $\mu_N(\theta)=\sqrt{mn/N}\theta/v$，$\sigma_N(\theta)=1$. 又假定

$$\lim_{N\to\infty} m/N = \lambda \text{ 存在} \quad \text{且} \quad 0<\lambda<1,$$

则不难验证：在导出公式(6.99)过程中关于 K_T 部分的要求全满足，且有

$$K_T{}^2 = \lambda(1-\lambda)/v^2.$$

关于 W 的处理要复杂得多. 首先，易见秩和 W_N 可表为

$$W_N = n(n+1)/2 + \sum_{i=1}^{m}\sum_{j=1}^{n} I(Y_j > X_i). \tag{6.100}$$

利用这个公式，不难算出

$$\mathrm{E}_\theta(W_N) = n(n+1)/2 + mn\int_{-\infty}^{\infty}[1-F(x-\theta)]\mathrm{d}F(x), \tag{6.101}$$

$$\begin{aligned}\mathrm{Var}_\theta(W_N) = & -mn(N-1)\left\{\int_{-\infty}^{\infty}[1-F(x-\theta)]\mathrm{d}F(x)\right\}^2 \\ & + mn\int_{-\infty}^{\infty}[1-F(x-\theta)]\mathrm{d}F(x) \\ & + mn(n-1)\int_{-\infty}^{\infty}[1-F(x-\theta)]^2\mathrm{d}F(x) \\ & + mn(m-1)\int_{-\infty}^{\infty}F(x+\theta)\mathrm{d}F(x).\end{aligned} \tag{6.102}$$

不难证明：在 F 处处连续的条件下（此处假定 F 有密度，这条件成立），上面那几个积分在 $\theta\to 0$ 时都可在积分号下取极限. 由此容易推出：若令

$$\tilde{\sigma}_N{}^2(\theta) = mn(N+1)/12,$$

则不论 θ_N 以什么方式趋于 0，总有

$$\mathrm{Var}_{\theta_N}(W_N)/\tilde{\sigma}_N{}^2(\theta_N) \to 1, \quad \text{当 } N\to\infty. \tag{6.103}$$

可以证明：当 $N\to\infty$ 时，在 $\theta=0$ 的邻域内一致地有

$$[W_N - \mathrm{E}_\theta(W_N)]/[\mathrm{Var}_\theta(W_N)]^{1/2} \xrightarrow{L} N(0,1).$$

这一条是涉及检验 W 的诸条件中,最难验证的一项,此处我们从略了,有兴趣的读者可参看作者等的《非参数统计》第 145 面. 利用(6.103)式,可将上式写为

$$[W_N - \tilde{\mu}_N(\theta)]/\tilde{\sigma}_N(\theta) \xrightarrow{L} N(0,1),$$

其中 $\tilde{\mu}_N(\theta) = n(n+1)/2 + mn\int_{-\infty}^{\infty}[1 - F(x-\theta)]\mathrm{d}F(x)$.

现在关于检验 W 还要验证(6.96)和(6.98)式这两个条件. 假定

$$\int_{-\infty}^{\infty} f^2(x)\mathrm{d}x < \infty, \tag{6.104}$$

则有

$$\mathrm{d}\left\{\int_{-\infty}^{\infty}[1 - F(x-\theta)]\mathrm{d}F(x)\right\}/\mathrm{d}\theta = \int_{-\infty}^{\infty} f(x-\theta)f(x)\mathrm{d}x, \tag{6.105}$$

且上式右边对 θ 连续. 暂放下(6.105)式的证明,由(6.105)式,立即验证:对检验 W,条件(6.96)和(6.98)全成立,且

$$K_W{}^2 = 12\lambda(1-\lambda)\left[\int_{-\infty}^{\infty} f^2(x)\mathrm{d}x\right]^2.$$

由 $K_T{}^2$ 和 $K_W{}^2$ 的表达式,据(6.99)式,得到 Wilcoxon 秩和检验对 t 检验的 ARE 为

$$\mathrm{ARE}(W,T) = 12v^2\left[\int_{-\infty}^{\infty} f^2(x)\mathrm{d}x\right]^2. \tag{6.106}$$

因 v^2 为 F 的方差,它也可通过 f 表出,故 ARE(W,T)完全取决于分布 F 的密度 f.

为证(6.105)式,要利用实变函数论中的下述事实:设 $\int_{-\infty}^{\infty} |h(x)| \mathrm{d}x < \infty$,则当 $\Delta \to 0$ 时,有

$$\int_{-\infty}^{\infty} h(x+\Delta)\mathrm{d}x \to \int_{-\infty}^{\infty} h(x)\mathrm{d}x.$$

利用这个结果,先证(6.105)式右边对 θ 连续. 记 $\Delta = \varphi - \theta$,有

$$\left|\int_{-\infty}^{\infty} f(x-\theta)f(x)\mathrm{d}x - \int_{-\infty}^{\infty} f(x-\varphi)f(x)\mathrm{d}x\right|^2$$

$$\leqslant \int_{-\infty}^{\infty} | f(x-\theta) - f(x-\varphi) |^2 \mathrm{d}x \int_{-\infty}^{\infty} f^2(x)\mathrm{d}x$$

$$\leqslant \int_{-\infty}^{\infty} | f^2(x-\theta) - f^2(x-\varphi) |^2 \mathrm{d}x \int_{-\infty}^{\infty} f^2(x)\mathrm{d}x$$

$$= \int_{-\infty}^{\infty} | f^2(x+\Delta) - f^2(x) | \mathrm{d}x \int_{-\infty}^{\infty} f^2(x)\mathrm{d}x \to 0, \quad 当\ \Delta \to 0,$$

这证明了上述连续性. 记 $g(\theta) = \int_{-\infty}^{\infty} f(x-\theta)f(x)\mathrm{d}x$，有

$$\int_{-\infty}^{\infty} [1 - F(x-\theta)]f(x)\mathrm{d}x = \int_{-\infty}^{\theta} g(\varphi)\mathrm{d}\varphi,$$

这可用 Fubini 定理得出：

$$\begin{aligned}\int_{-\infty}^{\theta} g(\varphi)\mathrm{d}\varphi &= \int_{-\infty}^{\theta} \left[\int_{-\infty}^{\infty} f(x-\varphi)f(x)\mathrm{d}x\right]\mathrm{d}\varphi \\ &= \int_{-\infty}^{\infty} \left[\int_{-\infty}^{\theta} f(x-\varphi)\mathrm{d}\varphi\right]f(x)\mathrm{d}x \\ &= \int_{-\infty}^{\infty} \left[\int_{x-\theta}^{\infty} f(\varphi)\mathrm{d}\varphi\right]f(x)\mathrm{d}x \\ &= \int_{-\infty}^{\infty} [1 - F(x-\theta)]f(x)\mathrm{d}x.\end{aligned}$$

此式，连同 $\int_{-\infty}^{\infty} f(x-\theta)f(x)\mathrm{d}x$ 对 θ 的连续性，推出(6.105)式，这完成了公式(6.106)的证明.

值得注意的是：在选择 $\mu_n(\theta)$，$\sigma_n(\theta)$时，并不一定取 $\mu_n(\theta) = \mathrm{E}_\theta T_n$ 和 $\sigma_n^2(\theta) = \mathrm{Var}_\theta(T_n)$，而是略加修正，以满足其他条件的要求.

初看表达式(6.106)，以为 F 的方差 v^2 愈小，对 t 检验愈有利，其实不然. 实际上容易验证：若以 $\sigma^{-1}f\left(\dfrac{x-a}{\sigma}\right)$ 代替 f，则表达式(6.106)不变. 就是说，ARE(W,T)与位置与刻度的选择无关. 对几个典型的分布，ARE(W,T)之值如下：

正态：$3/\pi$；均匀：1；

Logistic(密度 $\mathrm{e}^x(1+\mathrm{e}^x)^{-2}$)：$\pi^2/9$；

Laplace(密度 $2^{-1}\mathrm{e}^{-|x|}$)：$3/2$；

指数(密度 $\mathrm{e}^{-x}I(x>0)$)：3.

由此看出，除在正态情况外，W 相对于 T 都占有优势．即使在 t 检验所专门针对的正态情况，其相对于 W 的优势也很有限．进一步可以证明：对任何一个满足(6.104)式的密度 f，都有

$$\text{ARE}(W,T) \geqslant 108/125 = 0.864. \tag{6.107}$$

且这个最小值在密度 f 为

$$f_0(x) = \frac{3}{20\sqrt{5}}(5 - x^2)I(|x| < \sqrt{5}) \tag{6.108}$$

时达到．事实上，据前述，我们可在

$$\int_{-\infty}^{\infty} xf(x)\mathrm{d}x = 0, \quad \int_{-\infty}^{\infty} x^2 f(x)\mathrm{d}x = 1 \tag{6.109}$$

的限制下去讨论，这时 f 的方差为 1，因而 ARE(W, T)的最小值，也就是 $12\left[\int_{-\infty}^{\infty} f^2(x)\mathrm{d}x\right]^2$ 在约束(6.109)式之下的最小值．注意(6.108)式定义的 f_0 满足(6.109)式．

令 $f_1(x) = \frac{3}{20\sqrt{5}}(5 - x^2)(-\infty < x < \infty)$．由(6.108)，(6.109)式，易见

$$\int_{-\infty}^{\infty} f_1(x)f(x)\mathrm{d}x = \int_{-\infty}^{\infty} f_0^2(x)\mathrm{d}x,$$

又显然 $\int_{-\infty}^{\infty} f_1(x)f(x)\mathrm{d}x \leqslant \int_{-\infty}^{\infty} f_0(x)f(x)\mathrm{d}x$，故

$$\int_{-\infty}^{\infty} f_0(x)f(x)\mathrm{d}x \geqslant \int_{-\infty}^{\infty} f_0^2(x)\mathrm{d}x,$$

因而

$$\begin{aligned}\int_{-\infty}^{\infty} f^2(x)\mathrm{d}x &= \int_{-\infty}^{\infty} f_0^2(x)\mathrm{d}x + \int_{-\infty}^{\infty} [f(x) - f_0(x)]^2\mathrm{d}x \\ &\quad + 2\int_{-\infty}^{\infty} f_0(x)[f(x) - f_0(x)]\mathrm{d}x \\ &\geqslant \int_{-\infty}^{\infty} f_0^2(x)\mathrm{d}x = 9/125.\end{aligned}$$

这证明了(6.107)式．另一方面，不难证明：对任意大的数 C，可找到满足

(6.104)式的密度 f,使 ARE(W,T)$>C$. 因此,从大样本的角度看,W 对 T 确有很大的优势. 即使在样本很小时,这种情况看来仍基本成立. 例如,设 $F\sim N(0,2)$. 取水平 $\alpha=2/63$,取 $m=n=5$. 实际计算表明:在 $\theta=0.5,1$ 和 1.5 时,W 检验的功效分别为 0.072,0.210 和 0.431. 而要使 t 检验在上述 θ 处达到相同的功效,所需的样本量为 $m=n=4.840,4.890$ 和 4.805(t 检验的功效是通过非中心 t 分布计算的,非中心 t 分布的表达式在自由度非整数时也有意义),因而算出(在上述指定的对立假设 θ 值及 α、β 之下),W 对 T 的相对效率依次为 0.968,0.978 和 0.961,都还比 ARE(W,T)$=3/\pi\approx0.955$ 大.

这种状况不限于 Wilcoxon 检验. 例如,可以证明:对 Fisher-Yates 检验(van der Waerden 检验也一样)FY 而言,有ARE(FY,T)$\geqslant1$,等号当且仅当 F 为正态分布时达到(证明参看作者的《数理统计引论》第 680～682 面).

秩检验对 t 检验的这种优势,可以从秩方法的**稳健性**角度去解释. 秩统计量只保留了样本的次序关系的信息,因而受模型分布变动的影响较小. 对 t 统计量,由于它是针对正态模型而设,当分布确为正态时,它优于其他检验;但该统计量的复杂形式,使它对分布变动特别敏感. 一旦模型分布与正态有些偏差,它就不像秩这类统计量那样能经受住"冲击". 在统计上,把对模型分布变异不过于敏感的统计方法称为"**稳健的**",稳健性好比一种保险:它在某些情况下有所损失,但保障了在更广的情况下,其性能不致变得太差.

既然如此,为什么秩方法,以及众多其他也有稳健性的非参数方法,却一直未能动摇基于正态假设的参数方法(例如 t 检验)呢? 这里面有先入为主的因素,但也不完全归于这一点. 拿 W、FY 等检验对 t 检验的优势来说,如果对立假设分布确有 $F(x-\theta)$的形式,$\theta>0$(原假设分布为 $F(x)$),则以上的分析表明:用 W 和 FY 检验确胜于用 t 检验. 但在实际问题中,总体分布差异不见得如此单纯,这时 W 或 FY 等检验就不见得仍能保持这种优越性.

总之,关于这个问题的讨论,再一次印证了一句老生常谈:统计方法没有绝对的好坏,一切要看具体情况——即所处理的统计问题的真实模型而定. 麻烦在于:在许多场合下我们并不知道统计模型的类型,这样就不能不较多地迁就数学处理上的方便,例如假定模型为正态,而有时不免造成失误.

第7章

区 间 估 计

设样本 X 取值于空间 $(\mathscr{X},\mathscr{B}_x)$，有分布族 $\{P_\theta,\theta\in\Theta\}$，$\Theta$ 是 $\mathbb{R}^k$ 或其一 Borel 子集. 所谓 θ 的**集估计**，是指一个映射 $S(x)$，定义于 $\mathscr{X}$ 且 $S(x)$ 是 Θ 的子集. 其意义是，每当有了样本 x，就把 θ 估计在 $S(x)$ 内. 理论上可以不对 $S(x)$ 的形式作何限制，但在实用上，只考虑 $S(x)$ 是那些常见的规则形式，如在 θ 为一维时，通常只考虑 $S(x)$ 以下三种情况：

$$[A(x),B(x)];\quad (\infty,C(x)];\quad [C(x),\infty),$$

其中 $-\infty<A(x)\leqslant B(x)<\infty$，$-\infty<C(x)<\infty$，对一切 $x\in\mathscr{X}$. 第一种情况称 $[A,B]$ 为 θ 的一个**区间估计**或**置信区间**（"置信"一词的意义见下）. 第二种情况意味着我们只关心 θ 的上界，例如 θ 为一种食品内某有害物质含量的比率，故称 C 为 θ 的**置信上界**. 在第三种情况，我们只关心 θ 的下界（如某种材料的强度），C 称为 θ 的**置信下界**. 当 $\theta=(\theta_1,\cdots,\theta_k)$ 的维数 $k>1$ 时，$S(x)$ 的形式一般为有界或一端无界的长方体、球和椭球等，其中尤以长方体形在应用上解释起来最自然，虽则从理论上讲，有时求其他形式的集估计（与一维相似，也常称为 θ 的**置信集**. 又因 $S(x)$ 在几何上一般是一个区域，故也常说 θ 的**区域估计**，或**置信（区）域**），在数学上较易处理. 长方形置信域有形式 $\{A_i(x)\leqslant\theta_i\leqslant B_i(x):1\leqslant i\leqslant k\}$，这可以看成是对 $\theta_1,\cdots,\theta_k$ 中的每一个分别并同时作出区间估计 $[A_i,B_i]$ $(1\leqslant i\leqslant k)$. 故在这种情况下也常说 $\theta_1,\cdots,\theta_k$ 的**同时**（或**联合**）**区间估计**，类似地有**同时置信（上、下）界**.

衡量一个集估计的优良性有两方面的指标：

1. 可靠度

以 $S(x)$ 包含真参数 θ 的机会大小，即概率 $P_\theta(\theta\in S(X))$ 来衡量. 如果

$$P_\theta(\theta\in S(X))\geqslant 1-\alpha,\quad 对一切\ \theta\in\Theta,$$

则称 S 有**置信水平**或**置信系数** $1-\alpha$. 按此，置信水平不唯一：若 $1-\alpha$ 为置信水平，则任何的 $1-\alpha'\in[0,1-\alpha]$ 也是. 有的著作把最大的置信水平叫做置信系数，即

$$置信系数=\inf\{P_\theta(\theta\in S(x)):\theta\in\Theta\}.$$

本书不作这个分别，因此置信水平与置信系数总是一个意思.

如果 $P_\theta(\theta\in S(x))$ 与 θ 无关，则 S 称为**相似置信集**. 这时，$P_\theta(\theta\in S(x))$ 的公共值当然也就是其最大置信系数.

这里有一个小小的，然而细究起来也可以是很麻烦的问题：为了 P_θ（$\theta\in$

$S(x)$)有意义,必须对任何 $\theta\in\Theta$,有$\{x:\theta\in S(x)\}\in\mathscr{B}_x$.给出普遍的条件不易且无必要.在 $S(x)$有形式$\{A_i(x)\leqslant\theta_i\leqslant B_i(x):1\leqslant i\leqslant k\}$时,$A_i$,$B_i$的 Borel 可测性保证了这一点.对 $S(x)$为常见的规则形式,这可测性一般都不难验证.

2. 精度

粗略地说,就是要求 $S(x)$不要太"大",这一点的涵义也可从不同角度去解释.

一种解释是:当真参数值为 θ_0时,要求 $S(x)$尽量不要包含非 θ_0值.如果 $S(x)$为置信界,则这一点要作一补充说明.如设 $S(x)$为 θ 的置信上界,若$[-\infty,S(x)]$包含真参数 θ_0,它势必包含一切小于 θ_0的值.故我们只需要求$[-\infty,S(x)]$尽量不要包含大于 θ_0的之值.类似地对置信下界 $S(x)$,则要求它尽量不要包含小于 θ_0的值.例如,估计一个人的年龄上界为 65 岁,比估计其上界为 70 岁要更精确一些.

另一种解释更直截了当.在 Θ 中引进其子集的σ 域 $\mathscr{B}_\Theta$,并在 $\mathscr{B}_\Theta$上引进测度 ν.要求 $S(x)\in\mathscr{B}_\Theta$,并且 $\nu(S(x))$尽可能小. 例如 ν 为 L 测度,即要求 $S(x)$之长、面积或体积尽量小. 这两种解释之间存在一定的联系,见后文定理 7.4.

可靠度与精度这两方面的要求是不可得兼的:为着增加 $S(x)$的可靠度,即其覆盖真参数 θ 的机会,要把 $S(x)$取得大一些,而这就降低了精度. 现在人们都接受这种做法:对可靠度,即置信系数,提出一个明确的要求,在这一限制下努力使精度好一些. 这相当于在假设检验中,限定检验的水平即第一类错误概率的作法. 以后我们常把置信水平是 $1-\alpha$ 的置信区间简称为 $1-\alpha$ 置信区间.

7.1 求区间估计的方法

7.1.1 枢轴变量法

这个方法的基本精神,就是在参数的点估计的基础上,去找它的区间估计.由于点估计是最有可能接近真参数 θ 的,能由样本决定的值,因此,围绕这个值的区间,包含真参数值的可能性也就要大一些.

看一个简单的例子. 设样本 $X_1,\cdots,X_n$ iid.,$\sim N(\theta,1)$,要作 θ 的区间估

计. θ的一个良好的点估计为$\bar{X}$，$\bar{X}$有分布

$$\sqrt{n}(\bar{X}-\theta)\sim N(0,1). \tag{7.1}$$

由此式得$P_\theta(|\sqrt{n}(\bar{X}-\theta)|\leqslant u_{\alpha/2})=1-\alpha$，即

$$P_\theta(\bar{X}-u_{\alpha/2}/\sqrt{n}\leqslant\theta\leqslant\bar{X}+u_{\alpha/2}/\sqrt{n})=1-\alpha, \tag{7.2}$$

这里$u_{\alpha/2}$是标准正态分布Φ的上$\alpha/2$分位点，即$\Phi(u_{\alpha/2})=1-\alpha/2$. (7.2)式表明：$[\bar{X}-u_{\alpha/2}/\sqrt{n}, \bar{X}+u_{\alpha/2}/\sqrt{n}]$是$\theta$的一个$1-\alpha$相似置信区间. 若要作$\theta$的置信界，则分别用$P_\theta(\sqrt{n}(\bar{X}-\theta)\geqslant -u_\alpha)=1-\alpha$及$P_\theta(\sqrt{n}(\bar{X}-\theta)\leqslant u_\alpha)=1-\alpha$，分别得到$\theta$的$1-\alpha$相似置信上、下界为$\bar{X}+u_\alpha/\sqrt{n}$和$\bar{X}-u_\alpha/\sqrt{n}$.

在上述解法中，关键的因素是知道分布(7.1). 置信系数的确定离不开有关统计量的确切分布，这与点估计不同. 就这一点可以说，找区间估计的问题比找点估计的问题要难.

由于一个参数可以有许多点估计，因而也可以产生一些区间估计. 拿本例而言，若用样本中位数$\hat{m}_n$估计θ，则$\sqrt{n}(\hat{m}_n-\theta)$的分布也与$\theta$无关且关于0对称，故可找到常数$c_n$使

$$P(|\sqrt{n}(\hat{m}_n-\theta)|\leqslant c_n)=1-\alpha,$$

而得到θ的$1-\alpha$置信区间$\hat{m}_n\pm c_n/\sqrt{n}$. 可以证明，总有$c_n>u_{\alpha/2}$(习题30). 故在同一置信系数下，基于$\hat{m}_n$的置信区间长而基于$\bar{X}$的短. 这当然是因为，作为点估计，$\bar{X}$优于$\hat{m}_n$. 一般说来，较好的点估计产生较好的区间估计.

这个方法可以一般地表述为：找一个依赖于样本X和参数θ的函数$G(X,\theta)$，其分布已知. 故可以找到$c(\theta)$和$d(\theta)$，$-\infty\leqslant c(\theta)<d(\theta)\leqslant\infty$，使事件

$$A_\theta=\{c(\theta)\leqslant G(X,\theta)\leqslant d(\theta)\}$$

的概率$P_\theta(A_\theta)=1-\alpha$(或$\geqslant 1-\alpha$)对一切$\theta\in\Theta$. 如果对固定的$X$，集合$J(X)=\{\theta: X\in A_\theta\}$总是一个区间，那$J(X)$显然就是$\theta$的$1-\alpha$置信区间. 若$J(X)$总有形式$(-\infty, C(X)]$($[C(X),\infty)$)，则$C(X)$是$\theta$的$1-\alpha$置信上(下)界. 一般地，$c(\theta)$，$d(\theta)$多是与$\theta$无关，就是说$G(X,\theta)$当参数为$\theta$时的分布，与$\theta$无关. 这时$G(X,\theta)$常称为**枢轴变量**，因此本法也可称为**枢轴变量法**. 但也可举出重要的例子，其中$c(\theta)$，$d(\theta)$与θ有关.

利用这个方法,得到以下一些常用的区间估计:

例 7.1 设样本 $X_1,\cdots,X_n$ iid.,$\sim N(\theta,\sigma^2)$,θ 和 σ^2 都未知,要作 θ 和 σ^2 的置信界、置信区间.

设 $n\geqslant 2$. 利用

$$\sqrt{n}(\overline{X}-\theta)/S\sim t_{n-1}\quad\left(S=\left(\frac{1}{n-1}\sum_{i=1}^{n}(X_i-\overline{X})^2\right)^{1/2}\right)$$

得出 θ 的 $1-\alpha$ 置信上、下界分别为 $\overline{X}+St_{n-1}(\alpha)/\sqrt{n}$ 及 $\overline{X}-St_{n-1}(\alpha)/\sqrt{n}$. 而对任何 α_1,α_2,其中 $0<\alpha_2<\alpha_1$ 而 $\alpha_1=1-\alpha+\alpha_2$,$[\overline{X}-St_{n-1}(\alpha_2)/\sqrt{n},\overline{X}-St_{n-1}(\alpha_1)/\sqrt{n}]$是 $1-\alpha$ 置信区间. 在所有这些置信区间中,以取 $\alpha_1=1-\alpha/2$,$\alpha_2=\alpha/2$的最短,这时得到常见的一样本 t 区间估计 $\overline{X}\pm St_{n-1}(\alpha/2)/\sqrt{n}$.

对 σ^2,则利用$(n-1)S^2/\sigma^2\sim\chi_{n-1}{}^2$,得到 σ^2 的 $1-\alpha$ 置信上、下界分别为$(n-1)S^2/\chi_{n-1}{}^2(1-\alpha)$和$(n-1)S^2/\chi_{n-1}{}^2(\alpha)$. 至于 $1-\alpha$ 置信区间,可取为$[(n-1)S^2/\chi_{n-1}{}^2(\alpha_2),(n-1)S^2/\chi_{n-1}{}^2(\alpha_1)]$,$\alpha_2=(1-\alpha)+\alpha_1$ 而 $0<\alpha_2<\alpha_1$. 要使得到的区间最短,则按照 $\chi_{n-1}{}^2$ 的密度有单峰的形式,只需使密度在$\chi_{n-1}{}^2(\alpha_1)$和$\chi_{n-1}{}^2(\alpha_2)$两点之值相同. 解析表达式不易求得,如有精细的 χ^2 分布表可近似得之. 一般就取 $\alpha_1=1-\alpha+\alpha/2$,$\alpha_2=\alpha/2$. 这样得到的置信区间不是在一切上述区间中最短的,但相去亦不甚远. $n=1$ 的情况见第 59b 题.

例 7.2 $X_1,\cdots,X_m$ iid.,$\sim N(\theta_1,\sigma^2)$,$Y_1,\cdots,Y_n$ iid.,$\sim N(\theta_2,\sigma^2)$,全体独立. 要作均值差 $\theta_2-\theta_1$ 的置信区间与置信界(设 $m\geqslant 2,n\geqslant 2$).

记 $S=\dfrac{1}{m+n-2}\left[\sum_{i=1}^{n}(X_i-\overline{X})^2+\sum_{i=1}^{n}(Y_i-\overline{Y})^2\right]^{1/2}$,则

$$\sqrt{\frac{nm}{m+n}}[\overline{Y}-\overline{X}-(\theta_2-\theta_1)]/S\sim t_{m+n-2}.$$

利用这个分布,得到 $\theta_2-\theta_1$ 的置信上、下界:

$$(\overline{Y}-\overline{X})+\sqrt{\frac{m+n}{mn}}t_{m+n-2}(\alpha)S\quad 和\quad (Y-\overline{X})-\sqrt{\frac{m+n}{mn}}t_{m+n-2}(\alpha)S,$$

置信区间$(\overline{Y}-\overline{X})\pm\sqrt{\dfrac{m+n}{mn}}t_{m+n-2}(\alpha/2)S$. 这就是常见的两样本 t 区间估计.

如果 X 样本的方差和 Y 样本的方差不假定为相同,分别记为 $\sigma_1{}^2$ 和 $\sigma_2{}^2$,则

方差比σ_2^2/σ_1^2的区间估计,可利用

$$\left[\frac{1}{(m-1)\sigma_1^2}\sum_{i=1}^{m}(X_i - \overline{X})^2\right]\Big/\left[\frac{1}{(n-1)\sigma_2^2}\sum_{i=1}^{n}(Y_i - \overline{Y})^2\right]\sim F_{m-1,n-1}$$

去处理. 但$\theta_2-\theta_1$的问题就不这么简单. 这个问题就是统计学上著名的**Behrens-Fisher 问题**. 初一想觉得有可能利用变量

$$S_X^2 = \sum_{i=1}^{m}(X_i - \overline{X})^2/(m-1),\quad S_Y^2 = \sum_{i=1}^{n}(Y_i - \overline{Y})^2/(n-1), \tag{7.3}$$

$$T = [(\overline{Y} - \overline{X}) - (\theta_2 - \theta_1)]/\sqrt{S_X^2/m + S_Y^2/n},$$

这是因为分子有均值0,方差$\sigma_1^2/m+\sigma_2^2/n$,而$S_X^2/m+S_Y^2/n$是$\sigma_1^2/m+\sigma_2^2/n$的无偏估计. 但是,$T$的分布与$(\sigma_1^2,\sigma_2^2)$有关,故不能像前两例那样,由此作出$\theta_2-\theta_1$的区间估计(参看本章习题1,2,4,5). 下节将介绍 Fisher 从另一种观点给的一个解法. 当m,n较大时,可以用大样本方法.

例7.3 $X_1,\cdots,X_n$ iid.,抽自指数分布$\theta^{-1}e^{-x/\theta}I(x>0)dx,\theta>0$. 利用$2S_n/\theta\sim\chi_{2n}^2(2S_n=X_1+\cdots+X_n)$,得到$\theta$的$1-\alpha$置信上(下)界$2S_n/\chi_{2n}^2(1-\alpha)$ $(S_n/\chi_n^2(\alpha))$,及$1-\alpha$置信区间

$$[2S_n/\chi_{2n}^2(\alpha/2),2S_n/\chi_{2n}^2(1-\alpha/2)].$$

更一般地,若总体分布为 Gamma 分布

$$G(\tilde{\alpha},\beta):[\tilde{\alpha}^{\beta}/\Gamma(\beta)]e^{-\tilde{\alpha}x}x^{\beta-1}I(x>0)dx,\quad \tilde{\alpha}>0,\beta>0,$$

则利用$S_n\sim G(\tilde{\alpha},n\beta)$因而$2\tilde{\alpha}S_n\sim\chi_{2n\beta}^2$. 若$\beta$已知而要作$\tilde{\alpha}$的区间估计,情况与上述相似,只是此处$\chi^2$的自由度$2n\beta$可以是非整数,其分位点从精细的$\chi^2$分布表上用插值近似得到. 当$2n\beta$较大时可用中心极限定理,近似地从$(2\tilde{\alpha}S_n-2n\beta)/\sqrt{4n\beta}\approx N(0,1)$或

$$\sqrt{2\tilde{\alpha}S_n}\approx N(\sqrt{2n\beta-1},1/2)$$

出发而求得. 若$\tilde{\alpha}$已知,则由

$$P(\chi_{2n\beta}^2(1-\alpha/2)\leqslant\tilde{\alpha}S_n\leqslant\chi_{2n\beta}^2(\alpha/2)) = 1-\alpha,$$

固定S_n之值后,不难看出

$$\{\beta: \chi_{2n\beta}{}^2(1-\alpha/2) \leqslant \tilde{\alpha} S_n \leqslant \chi_{2n\beta}{}^2(\alpha/2)\}$$

是一个区间，即 β 的 $1-\alpha$ 置信区间. 此法具体施行也要求有精细的 χ^2 分布表.

例 7.4 样本 $X_1,\cdots,X_n$ iid.，$\sim R(0,\theta),\theta>0$. 记 $\xi=\max\limits_i X_i$，则 ξ/θ 有分布 $nx^{n-1}I(0<x<1)\mathrm{d}x$. 找 $0<a<b<1$ 使 $b^n-a^n=1-\alpha$，则$[\xi/b,\xi/a]$是 θ 的 $1-\alpha$ 置信区间，当取 $b=1,a=\alpha^{1/n}$ 时长度最小. 关于截断分布参数的区间估计问题，可参看本章习题 31.

在更复杂的问题中，为建立区间估计所涉及的统计量，其分布超出一般所熟悉的有表可查的分布范围以外，这时就有必要为所涉及的分布造表. 下面举一个例子.

例 7.5 设样本 $X_{i1},\cdots,X_{in}$ iid.，$\sim N(\theta_i,\sigma^2)(i=1,\cdots,k)$. 可以把这想象为一个农业试验，共有 k 个种子品种，$X_{i1},\cdots,X_{in}$ 是第 i 个品种产量的试验结果. 要由此同时作 $\theta_1,\cdots,\theta_k$ 的区间估计.

记

$$S_i{}^2=\sum_{j=1}^n(X_{ij}-\bar{X}_i)^2,\quad \bar{X}_i=\sum_{j=1}^n X_{ij}/n,\quad i=1,\cdots,k,$$

$S^2=\sum\limits_{i=1}^k S_i{}^2$. 易见 $\bar{X}_1,\cdots,\bar{X}_k$ 和 S^2 独立，故

$$\sqrt{n}(\bar{X}_i-\theta_i)/\sqrt{S^2/[k(n-1)]}\sim t_{k(n-1)}.$$

利用这个事实可对每个 θ_i 作出 t 区间估计. 若取单个区间估计的置信系数为 $1-\alpha/k$，则易见 k 个置信区间联合，其置信系数不小于 $1-\alpha$. 这个方法倾向于保守一些，即实际的联合置信系数要略大于预定的 $1-\alpha$. 另一种作法是在作 θ_i 的置信区间时，利用

$$\sqrt{n}(\bar{X}_i-\theta_i)/\sqrt{S_i{}^2/(n-1)}\sim t_{n-1},$$

分别作出每个 θ_i 的 t 区间. 由于这 k 个置信区间中所利用的统计量相互独立，故若取各置信区间的置信系数为$(1-\alpha)^{1/k}$，则这 k 个置信区间的联合置信系数确切地等于$[(1-\alpha)^{1/k}]^k=1-\alpha$. 这个方法的优点是联合置信系数是确切的，缺点是在作 θ_i 的置信区间时，为估计 σ^2 只用了 $S_i{}^2$ 而不是 S^2，即只用了一部分信息，因而料想这样得到的区间估计并非最好.

为综合以上两种估计的优点，我们寻求这样一种联合置信区间

$$\overline{X}_i - cS/\sqrt{kn(n-1)} \leqslant \theta_i \leqslant \overline{X}_i + cS/\sqrt{kn(n-1)}, \quad i=1,\cdots,k,$$

而选择 c,使上述 k 个事件同时发生的概率为 $1-\alpha$. 所要的 c,就是变量

$$\xi = \max_{1\leqslant i\leqslant k} |Z_i| / \sqrt{\eta_\nu/\nu}, \quad \nu = k(n-1)$$

的上 α 分位点,此处 $Z_1,\cdots,Z_k,\eta_\nu$ 独立,$Z_i\sim N(0,1)$ 而 $\eta_\nu\sim\chi_\nu^2$. Hahn 等于 1971 年(见 Biometrika,1971:323~332)对 $\alpha=0.01,0.05,0.10$, $k=1(1),6,8,10,12,15,20$ 及 $\nu=3(1),12,15(5),30,40$ 和 60,给出过此分布的上 α 分位点 $m_{k,\nu}(\alpha)$.

因为问题在于品种之间的对比,我们可能对所有的 $\theta_i-\theta_j$($i,j=1,\cdots,k$, $i<j$)的同时区间估计感兴趣. 这时若分别对每个 $\theta_i-\theta_j$ 作 t 区间,则为保证其联合置信系数不小于 $1-\alpha$,必须给每个 t 区间以远高于 $1-\alpha$ 的置信系数,而造成浪费. 解决的办法是寻求这样一种联合置信区间

$$\overline{X}_i - \overline{X}_j - cS/\sqrt{kn(n-1)} \leqslant \theta_i - \theta_j \leqslant \overline{X}_i - \overline{X}_j + cS/\sqrt{kn(n-1)},$$
$$1\leqslant i<j\leqslant k, \tag{7.4}$$

并取 c,使上述 $k(k-1)/2$ 个事件同时发生的概率恰为 $1-\alpha$. 所要的 c,就是变量

$$\xi = \max_{1\leqslant i<j\leqslant k} |Z_i - Z_j| / \sqrt{\eta_\nu/\nu}, \quad \nu = k(n-1)$$

的上 α 分位点,此处 $Z_1,\cdots,Z_k$ 和 η_ν 的意义同前. Harter(见 Ann. Math. Statist.,1960:1122~1147)曾对 $\alpha=0.1,0.05,0.025,0.01,0.005,0.001$, $k=2(1),20(2),40(10),100$及 $\nu=1(1),20,24,30,40,60,120$ 和 ∞(表示 σ^2已知),给出了此分布的上 α 分位点 $q_{k\nu}(\alpha)$.

7.1.2 假设检验法

这是求区间估计的另一种方法. 对每个参数值 θ_0,取一个不含 θ_0的集 $K(\theta_0)\subset\Theta$,作成检验问题 $\theta=\theta_0\leftrightarrow\theta\in K(\theta_0)$. 若 $A(\theta_0)$(样本空间之一子集)是此检验问题的一个水平 α 的接受域,则集合

$$S(x) = \{\theta_0 : x\in A(\theta_0)\}$$

是 θ 的一个置信水平 $1-\alpha$ 的置信集. 证明显然:

$$P_{\theta_0}(\theta_0\in S(X)) = P_{\theta_0}(X\in A(\theta_0)) \geqslant 1-\alpha, \quad \theta_0\in\Theta.$$

反过来,若 $S(X)$(Θ 的子集)是 θ 的一个 $1-\alpha$ 置信集,则以 $A(\theta_0)\equiv\{x:\theta_0\in S(x)\}$是 $\theta=\theta_0\leftrightarrow\theta\in K(\theta_0)$的一个水平 α 的接受域.

在求区间(区域)估计时,总是取 $K(\theta_0)=\Omega-\{\theta_0\}$. 当 θ 为一维时,为求 θ 的置信上界时,一般应取 $K(\theta_0)$为$\{\theta:\theta<\theta_0\}$,而在求置信下界时则应取 $K(\theta_0)$为$\{\theta:\theta>\theta_0\}$.

例如,样本 $X\sim N(\theta,1)$,$\theta=\theta_0\leftrightarrow\theta\neq\theta_0$的一个水平 α 接受域为$[\theta_0-u_{\alpha/2},\theta_0+u_{\alpha/2}]=A(\theta_0)$. 对样本 X,有 $S(X)=\{\theta_0:x\in[\theta_0-u_{\alpha/2},\theta_0+u_{\alpha/2}]\}=[x-u_{\alpha/2},x+u_{\alpha/2}]$,这是 θ 的一个 $1-\alpha$ 置信区间. 为找 θ 的置信上界,考虑检验问题 $\theta=\theta_0\leftrightarrow\theta<\theta_0$,其水平 α 接受域为 $X-\theta_0\geqslant-u_\alpha$,这导出置信系数 $1-\alpha$ 的置信上界 $\theta_0\leqslant X+u_\alpha$.

用这个方法容易导出例 7.1~7.4 中所有的区间估计,细节不赘述了.

从使用上看,这两个方法实质上差不多,而第二个方法从理论角度看有其优点. 不难证明:凡是能用第一法构造的区间估计,必能用第二法构造出来. 反过来,有时一个参数不易找到一种点估计,其分布可以定出来,因之用第一法有困难,而第二法则在原则上可行. 第二法在理论上的主要优点是:它把一个置信区间(区域)与一个检验对应起来,而我们将证明:检验的优良性质可转化为置信区间的优良性质. 这成为建立置信界与置信区间的优良性的一个主要方法. 下面我们将要讨论这个问题.

7.1.3 大样本方法

要使所作的区间估计的置信系数严格地等于所指定的值,就需要知道有关统计量的确切分布. 除了前面诸例及少数其他例子以外,这一般做不到,于是只好使用某种近似. 如果知道当样本量 $n\to\infty$ 时,有关统计量的极限分布,则在样本量较大时,可用此极限分布代替确切分布,以构造有关参数的置信区间(界). 这种方法就是大样本方法.

设当样本量为 n 时 θ 的区间估计为 J_n. 如果

$$\liminf_{n\to\infty} P_\theta(\theta\in J_n(X))\geqslant 1-\alpha,\quad \text{对一切 } \theta\in\Theta,$$

称$\{J_n\}$,或就说 J_n,有**渐近置信系数** $1-\alpha$. 由于上式的收敛不见得对 $\theta\in\Theta$ 为一致,所以由上式并不能推出当 $n\to\infty$ 时,J_n 的置信系数 $\inf\limits_\theta P_\theta(\theta\in J_n(X))$收敛于某一极限$\geqslant 1-\alpha$,甚至有可能:上式成立,但对每个 n,J_n 有置信系数 0(习题 14).

例 7.6 以 $\mathscr{F}$ 记一切其方差非 0 有限的一维分布 F 的族,设

$$\theta = \theta(F) = \int_{-\infty}^{\infty} x\mathrm{d}F.$$

有 iid.样本 $X_1,\cdots,X_n$,要作 θ 的区间估计.

记 $S_n = \left[\frac{1}{n}\sum_{i=1}^{n}(X_i - \bar{X})^2\right]^{1/2}$,则

$$\sqrt{n}(\bar{X}_n - \theta)/S_n \xrightarrow{L} N(0,1).$$

近似地就把 $N(0,1)$作为$\sqrt{n}(\bar{X}_n - \theta)/S_n$的分布,得到 θ 的区间估计 $J_n = \bar{X}_n \pm Su_{\alpha/2}/\sqrt{n}$,它有渐近置信系数 $1-\alpha$. 但容易证明(习题 14):对任何 $n\geqslant 2$,J_n 有置信系数 0.

把此法用于 $X_n \sim$ 二项分布 $B(n,\theta)$. 由

$$(X_n - n\theta)/\sqrt{n\theta(1-\theta)} \xrightarrow{L} N(0,1),$$

有 $\lim\limits_{n\to\infty} P_\theta(|X_n - n\theta|/\sqrt{n\theta(1-\theta)} \leqslant u_{\alpha/2}) = 1-\alpha$. 解出 θ,得其区间估计

$$\tilde{J}_n = \frac{n}{n+c^2}\left[\hat{\theta}_n + \frac{c^2}{2n} \pm c\sqrt{\hat{\theta}_n(1-\hat{\theta}_n)/n + c^2/(4n^2)}\right],\quad c = u_{\alpha/2},$$

它有渐近置信系数 $1-\alpha$. 可以证明(习题 15):当 $\alpha>0$ 很小时,$\limsup\limits_{n\to\infty}$ ($\tilde{J}_n$ 的置信系数)$<1-\alpha$.

在一定的条件下,θ 的 MLE $\hat{\theta}_n$ 为渐近正态:$\sqrt{n}(\hat{\theta}_n - \theta) \xrightarrow{L} N(0,\sigma^2(\theta))$,即有$\sqrt{n}(\hat{\theta}_n - \theta)/\sigma(\hat{\theta}_n) \xrightarrow{L} N(0,1)$. 由此导出 θ 的区间估计 $\hat{\theta}_n \pm u_{\alpha/2}\sigma(\hat{\theta}_n)/\sqrt{n}$,有渐近置信系数 $1-\alpha$. 此法有普遍性并也适用于 θ 为多维的情况——当然,对样本分布有一些正则性条件,其问题,也就是一切大样本区间估计共有的问题,就是对固定的、往往也不是非常大的 n,难以掌握其真实的置信系数.

7.2　区间估计的优良性

本节讨论的优良性问题,是指在一定置信系数的限制下,精度好者为优. 精

度概念已在前面介绍过了.

设 $\mathscr{F}$ 是 θ 的某些 $1-\alpha$ 置信集构成的类. 如果 $J^* \in \mathscr{F}$,且对任何 $J \in \mathscr{F}$ 及 $\theta_0 \in \Theta, \theta \in \Theta, \theta_0 \neq \theta$,必有

$$P_{\theta_0}(\theta \in J^*) \leqslant P_{\theta_0}(\theta \in J), \tag{7.5}$$

则称 J^* 是 θ 的置信系数 $1-\alpha$ 的、属于类 $\mathscr{F}$ 的**一致最精确**(Uniformly Most Accurate,简称 **UMA**)**置信集**,简称$(1-\alpha)$**UMA** $\mathscr{F}$ **置信集**(**区间**).

如果考虑的是 θ(一维)的置信上(下)界,则在(7.5)式,只要求当 $\theta > \theta_0$ 成立(当 $\theta < \theta_0$ 成立),J^* 也简称为$(1-\alpha)$UMA$\mathscr{F}$ 置信上(下)界. 如果 $\mathscr{F} = \{\theta$ 的一切 $1-\alpha$ 置信集的类$\}$,则 J^* 就称为$(1-\alpha)$UMA 置信集(区间,上、下界).

θ 的一个置信集 J 称为是**无偏的**,如果

$$P_{\theta_0}(\theta \in J) \leqslant P_{\theta_0}(\theta_0 \in J), \quad \text{对任何 } \theta \neq \theta_0. \tag{7.6}$$

如果 J 是置信上(下)界,则只要求(7.6)式对 $\theta > \theta_0$ 成立(对 $\theta < \theta_0$ 成立). 另一个定义是:称 J 是 θ 的 $1-\alpha$ 无偏置信集,若

$$P_{\theta_0}(\theta_0 \in J) \geqslant 1-\alpha \geqslant P_{\theta_0}(\theta \in J), \quad \text{对任何 } \theta_0, \theta \in \Theta, \theta_0 \neq \theta. \tag{7.7}$$

若 J 是置信上(下)界,则只要求(7.7)式对 $\theta > \theta_0$ 成立(对 $\theta < \theta_0$ 成立). 以后我们采用这第二种定义. 在此再强调一下:我们有两个无偏检验的定义和相应的两个无偏置信区间的定义,以后我们都采用第二种:对无偏置信区间是(7.7)式,而对 $H \leftrightarrow K$ 的水平 α 无偏检验 ϕ,是指满足条件

$$\beta_\phi(\theta) \leqslant \alpha \leqslant \beta_\phi(\tilde{\theta}), \quad \theta \in H, \tilde{\theta} \in K$$

的检验 ϕ. 强调这一差别的理由是:在这个定义之下,通过关系 $x \in A(\theta_0) \Leftrightarrow \theta_0 \in S(x)$ 所确定的,$\theta = \theta_0 \leftrightarrow \theta \neq \theta_0$ 的以 $A(\theta_0)$ 为接受域的检验 ϕ 和 θ 的置信集 $S(X)$,有如下的性质:**若 ϕ 为水平 α 无偏,则 $S(X)$ 为 $1-\alpha$ 无偏,反之亦然**. 对置信上(下)界,上述检验问题要改为 $\theta = \theta_0 \leftrightarrow \theta < \theta_0$(改为 $\theta = \theta_0 \leftrightarrow \theta > \theta_0$). 证明很简单:若 ϕ 为水平 α 无偏,则按定义有 $P_\theta(X \in A(\theta_0)) \leqslant 1-\alpha$ 对任何 $\theta \neq \theta_0$,即 $P_\theta(\theta_0 \in S(X)) \leqslant 1-\alpha$ 对任何 $\theta \neq \theta_0$,或 $P_{\theta_0}(\theta \in S(X)) \leqslant 1-\alpha, \forall \theta \neq \theta_0$,而

$$P_{\theta_0}(\theta_0 \in S(X)) = P_{\theta_0}(X \in A(\theta_0)) \geqslant 1-\alpha,$$

这证明了 $S(X)$ 是 θ 的 $1-\alpha$ 无偏置信集. 反过来,若 $S(X)$ 是 θ 的 $1-\alpha$ 无偏置信集,则对任何 $\theta \neq \theta_0$,有

$$P_{\theta_0}(\theta\in S(X))\leqslant 1-\alpha\leqslant P_{\theta_0}(\theta_0\in S(X)),$$

即

$$P_{\theta_0}(X\in A(\theta))\leqslant 1-\alpha\leqslant P_{\theta_0}(X\in A(\theta_0)).$$

右端的不等式证明了以 $A(\theta_0)$ 为接受域的检验,是 $\theta=\theta_0\leftrightarrow\theta\neq\theta_0$ 的水平 α 的检验;而左端的不等式,改写成 $P_\theta(X\in A(\theta_0))\leqslant 1-\alpha$,说明了此检验是无偏的.

如果采用第一种定义,则以上的对等关系不复存在. 这是因为,由检验 ϕ(以 $A(\theta_0)$ 为接受域)为水平 α 无偏,只能推出 $P_\theta(X\in A(\theta_0))\leqslant P_{\theta_0}(X\in A(\theta_0))$,即 $P_\theta(\theta_0\in S(X))\leqslant P_{\theta_0}(\theta_0\in S(X))$. 因为要证 $S(X)$ 的无偏性,需要证的是 $P_{\theta_0}(\theta\in S(X))\leqslant P_{\theta_0}(\theta_0\in S(X))$,这不能由上式推出,实际上确有反例存在(习题 7).

(在第二种定义下证明能通过,是因为 ϕ 的无偏性决定了 $P_\theta(X\in A(\theta_0))\leqslant 1-\alpha$ 当 $\theta\neq\theta_0$. 而按第一种定义,由 ϕ 无偏只能推出 $P_\theta(X\in A(\theta_0))\leqslant P_{\theta_0}(X\in A(\theta_0))$,后者可大于 $1-\alpha$,故 $P_\theta(X\in A(\theta_0))$ 也可以大于 $1-\alpha$,而由 ϕ 无偏只能推出 $P_\theta(X\in A(\theta))\geqslant 1-\alpha$,可以是 $1-\alpha$. 故 $P_\theta(\theta_0\in S(X))$ 可以大于 $P_\theta(\theta\in S(X))$,而破坏了 $S(X)$ 的无偏性. 反例的构作即从这一观察出发.)

有了以上的准备,就不难证明以下的定理:

定理 7.1 设由置信集 $S(X)$ 所对应的检验 ϕ,对任何 $\theta=\theta_0$,是 $\theta=\theta_0\leftrightarrow\theta\neq\theta_0$ 的水平 α 的 UMP 检验,则 $S(X)$ 是 $(1-\alpha)$UMA 置信集. 若 θ 为一维,其置信上(下)界 J——理解为置信集 $(-\infty,J(X)]$ $([J(X),\infty))$——所相应的检验 ϕ,对任何 θ_0 是 $\theta=\theta_0\leftrightarrow\theta<\theta_0(\theta>\theta_0)$ 的水平 α 的 UMP 检验,则 J 是 $(1-\alpha)$UMA 置信上(下)界.

如把上文的检验和置信集(界)全冠以"无偏"的形容词,结果仍保持有效.

证明 以置信上界 J 为例. 设 J 所对应的检验 ϕ,是 $\theta=\theta_0\leftrightarrow\theta<\theta_0$ 的水平 α 的 UMP 检验. 由 ϕ 有水平 α 知 J 有置信系数 $1-\alpha$. 其次,设 $\tilde{J}$ 为另一 $1-\alpha$ 置信上界,则其相应的检验 $\tilde{\phi}$ 是 $\theta=\theta_0\leftrightarrow\theta<\theta_0$ 的水平 α 检验. 因 ϕ 为 UMP,对任何 $\theta<\theta_0$ 应有 $\beta_{\tilde{\phi}}(\theta)\leqslant\beta_\phi(\theta)$,即 $P_\theta(X\in\tilde{A}(\theta_0))\geqslant P_\theta(X\in A(\theta_0))$,其中 $A(\theta_0)$ $(\tilde{A}(\theta_0))$ 是由对应关系 $\theta_0\in(-\infty,J(X)]\Leftrightarrow X\in A(\theta_0)$ $(\theta_0\in(-\infty,\tilde{J}(X)]\Leftrightarrow X\in\tilde{A}(\theta_0))$ 所产生的接受域. 由此推出

$$P_\theta(\theta_0\leqslant J(X))\leqslant P_\theta(\theta_0\leqslant\tilde{J}(X)),\ \theta<\theta_0,$$

从而证明了 J 是 $(1-\alpha)$UMA 置信上界.

加上“无偏”以后，上述推理一字不改地成立．因为如前所论证，在采纳第二种无偏定义时，由无偏置信集（界）所对应的检验仍为无偏，定理证毕．

在上述证明中，我们其实只用到了：置信上界 J 所对应的检验 ϕ，是在 $\theta=\theta_0\leftrightarrow\theta<\theta_0$ 的一切水平 α 非随机化检验类中为 UMP．这一点也就使得从技术上说，上述定理之逆不真．例如，只能证明：由 $(1-\alpha)$UMA 置信上界所对应的 $\theta=\theta_0\leftrightarrow\theta<\theta_0$ 的检验 ϕ，是 $\theta=\theta_0\leftrightarrow\theta<\theta_0$ 的一切水平 α 非随机化检验类中为 UMP，而不一定是在一切水平 α 检验类（其中包括随机化检验）中为 UMP——这二者当然可以不一致．

因为 $\theta=\theta_0\leftrightarrow\theta\neq\theta_0$ 有 UMP 检验存在的情况实属寥寥无几，本定理主要意义在 UMA 置信界及 UMAU 置信区间和置信界．由定理 7.1，结合定理 5.3，5.6 和 5.8，得出下面的定理．

定理 7.2 设样本 X 的分布族 $\{f(x,\theta)\mathrm{d}\mu,\theta\in\Theta\}$ 关于 $T(X)$ 为 MLR 族，T 的分布函数 $F(t,\theta)$ 对 θ 连续，而对固定的 θ，在集 $\{t:0<F(t,\theta)<1\}$ 上连续严增．则 θ 的 $(1-\alpha)$UMA 置信上、下界 $\bar{\theta}(X)$ 和 $\underline{\theta}(X)$ 都存在：

$\bar{\theta}(X)$：若方程 $F(T(x),\theta)=\alpha$ 在 Θ 内有解，则其解必唯一且即为 $\bar{\theta}(X)$．若无解，则 $\bar{\theta}(X)=\sup\Theta$ 或 $\inf\Theta$．

$\underline{\theta}(X)$：若方程 $F(T(x),\theta)=1-\alpha$ 在 Θ 内有解，则此解必唯一且即为 $\underline{\theta}(X)$．若无解，则 $\underline{\theta}(X)=\inf\Theta$ 或 $\sup\Theta$．

证明 考察 $\underline{\theta}(X)$，$\bar{\theta}(X)$ 类似．由本定理假定，按定理 5.3 知，$\theta=\theta_0\leftrightarrow\theta>\theta_0$ 有接受域为 $\{x:T(x)\leqslant C(\theta_0)\}$ 的水平 α 的 UMP 检验，其中 $C(\theta_0)$ 满足

$$P_{\theta_0}(T\leqslant C(\theta_0))=1-\alpha\quad(\text{即 } F(C(\theta_0),\theta_0)=1-\alpha),$$

按定理假定，对 $\alpha\in(0,1)$，$C(\theta_0)$ 存在唯一．

按定理 5.3 的 1°，上述检验的功效函数严增．故当 $\theta>\theta_0$ 时，有 $P_\theta(T\leqslant C(\theta_0))<1-\alpha$．这证明 $C(\theta)>C(\theta_0)$ 当 $\theta>\theta_0$，因而 $C(\theta)$ 严增．现证 $C(\theta)$ 连续．取一串 $\theta_n\downarrow\theta$，则 $C(\theta_n)\downarrow d\geqslant C(\theta)$．另一方面，有

$$P_{\theta_n}(T\leqslant d)\leqslant P_{\theta_n}(T\leqslant C(\theta_n))=1-\alpha.$$

令 $n\to\infty$．因假定了 $P_\theta(T\leqslant d)$ 对 θ 连续，由上式得

$$P_\theta(T\leqslant d)\leqslant 1-\alpha,$$

由此知 $d\leqslant C(\theta)$，从而 $d=C(\theta)$．这证明了 $C(\theta)$ 为右连续．类似地证明它也是左连续，故为连续．因此，若

$$F(T(x),\underline{\theta}(x)) = 1 - \alpha,$$

则集合$\{\theta: T(x) \leqslant C(\theta)\}$正好就是$[\underline{\theta}(x), \infty)$,因此$\underline{\theta}(x)$是置信下界.

若$F(T(x),\theta)=1-\alpha$无解,则有两种可能:① $F(T(x),\theta)<1-\alpha$对一切θ. 记$T(x)=a$,这表示$P_\theta(T\leqslant a)<1-\alpha$对一切$\theta$,故$C(\theta)>T(x)$对一切$\theta$,因而$\{\theta: T(x)\leqslant C(\theta)\}=\Theta$. 取$\underline{\theta}(X)=\inf\Theta$反映了这一点. ② $F(T(x),\theta)>1-\alpha$对一切θ. 这时$C(\theta)<T(x)$对一切θ,而$\{\theta: T(x)\leqslant C(\theta)\}$为空集. 取$\underline{\theta}(x)=\sup\Theta$,虽可能添补了$\sup\Theta$这个值,不致影响$\underline{\theta}(X)$的UMA性.

$\bar{\theta}(X)$的情况类似证明. 定理证毕.

注 喜欢刨根问底的读者也许会有这个问题:定理证明中"$F(T(x),\theta)=1-\alpha$无解"的情况是否真能发生,何时发生? 拿最重要的指数族$\widetilde{C}(\theta)e^{Q(\theta)T(x)}d\mu$ ($Q(\theta)$连续严增)来说,如果Θ并非自然参数空间而是人为设定的,则这种情况显然可以发生. 例如

$$X \sim N(\theta,1), \quad \Theta = \{|\theta| \leqslant 1\} \quad (\text{此时 } T(x) = x).$$

则易见当$t>u_\alpha+1$时,总有$F(t,\theta)>1-\alpha$对一切$\theta\in\Theta$;当$t<u_\alpha-1$时,总有$F(t,\theta)<1-\alpha$对一切$\theta\in\Theta$. 因而在这两种情况下方程皆无解. 如果参数空间Θ自然延伸至$(-\infty,\infty)$,则在前一情况,$\underline{\theta}(x)$理应为$x-u_\alpha>1$,相当于置信集$[x-u_\alpha,\infty]$. 此集与现设的Θ无公共点,因而以空集代之亦无妨. 对后一情况,$\underline{\theta}(x)<-1$, $[\underline{\theta}(x),\infty)\supset\Theta$.

若Θ,或其一端,延伸至自然参数空间,则情况复杂. 结果综述如下:不妨设$Q(\theta)=\theta$,不然可通过更换参数做到这一点. 注意,因假定T的分布连续,有$\mu^T(\{a\})=0$对任何单点集a. 因此,以概率1,对所得观察值$T(X)=t$,有$\mu^T(T>t)>0$, $\mu^T(T<t)>0$. 先设Θ右端延伸至自然参数空间,有三种情况:$\Theta=(b,a]$;$\Theta=(b,a)$, $a<\infty$;$\Theta=(b,\infty)$包含现设的Θ.

1° 是否会发生"对一切θ有$F(t,\theta)>1-\alpha$"的情况,与Θ的右端无关.

2° 若$\Theta=(b,a]$,则必会发生"对一切θ有$F(t,\theta)>1-\alpha$"的情况;若$\Theta=(b,a)$或(b,∞),这种情况不发生.

类似地,若Θ的左端延伸至自然参数空间,有三种情况:$\Theta=[b,a)$;$\Theta=(b,a)$, $b>-\infty$;$\Theta=(-\infty,a)$.

3° 是否发生"对一切θ有$F(t,\theta)<1-\alpha$"的情况,与Θ的右端无关.

4° 若$\Theta=[b,a)$,则必会发生"对一切θ有$F(t,\theta)<1-\alpha$"的情况;若$\Theta=(b,a)$或$(-\infty,a)$这种情况不发生.

因此，当且仅当 Θ 为自然参数空间且为开集时，才会以概率 1，方程 $F(t,\theta)=1-\alpha$ 必在 Θ 内有解.

对决定置信上界的方程 $F(t,\theta)=\alpha$，上述全部论断有效. 上述这些论断证明很容易，留给读者作为习题（习题 8）. 在证明中要利用到前述的事实 $\mu^T(T>t)>0$，$\mu^T(T<t)>0$.

由本定理得出，若 $X_1,\cdots,X_n$ iid.，$\sim N(\theta,\sigma^2)$，σ^2 已知，则 $\bar{X}+\sigma u_\alpha/\sqrt{n}$（$\bar{X}-\sigma u_\alpha/\sqrt{n}$）是 θ 的（$1-\alpha$）UMA 置信上（下）界；若 $X_1,\cdots,X_n$ iid.，$\sim\theta^{-1}e^{-x/\theta}I(x>0)dx$，$\theta>0$，则 $2S_n/\chi_{2n}{}^2(1-\alpha)$（$2S_n/\chi_{2n}{}^2(\alpha)$）是 θ 的 $(1-\alpha)$ UMA 置信上（下）界. 又如，则定理 7.1，结合第 5 章习题 5 知，若 $X_1,\cdots,X_n$ iid.，$\sim R(0,\theta)$，$\theta>0$，则 $[M,\alpha^{-1/n}M]$ 是 θ 的 $(1-\alpha)$UMA 置信区间，$\alpha^{-1/n}M$ 也是 θ 的 $(1-\alpha)$UMA 置信上界. $(1-\alpha)$UMA 置信下界是 $M(1-\alpha)^{-1/n}$，此处 $M=\max\limits_i X_i$.

当 T 的分布为离散时，本定理不适用. 这种情况留待后面讨论，现在转到无偏的情形.

定理 7.3 设样本 X 有一维指数族分布 $\{C(\theta)e^{Q(\theta)T(x)}d\mu,\theta\in\Theta\}$，$Q(\theta)$ 连续严增，T 的分布 $F(t,\theta)$ 连续且在 $0<F<1$ 的范围内对 t 严增（这等价于要求 μ^T 的支撑是一个区间，且 $\mu^T(\{a\})=0$ 对任何单点集 $\{a\}$）. 则由 $\theta=\theta_0\leftrightarrow\theta\neq\theta_0$ 的水平 α 的 UMPU 检验的接受域 $C_1(\theta_0)\leqslant T\leqslant C_2(\theta_0)$ 所相应之集 $\{\theta:C_1(\theta)\leqslant T(x)\leqslant C_2(\theta)\}$，必是一个（有限或无限的）区间 $[\theta_1(X),\theta_2(X)]$，它就是 θ 的 $(1-\alpha)$UMPU 置信区间.

证明 本定理由定理 7.1 及下述事实立即推出：当分布族满足定理中的条件时，$C_i(\theta)$（$i=1,2$）都是 θ 的连续严增函数（第 5 章习题 14）. $[\theta_1(X),\theta_2(X)]$ 的确定，以及何时为有限或无限，由图 7.1 一目了然.

由图 7.1 看出：当 $T(x)$ 在 B_2 与 A_1 之间时，$[\theta_1(X),\theta_2(X)]$ 为有界区间；当 $T(x)$ 在 A_1,A_2 之间时，$\theta_1(X)$ 有限而 $\theta_2(X)$ 无限；当 $T(x)$ 在 B_1,B_2 之间时，$\theta_1(X)$ 无限而 $\theta_2(X)$ 有限，而在其余处 $[\theta_1(X),\theta_2(X)]$ 应为空集. 这里标示的是 $B_2<A_1$ 的情况. 若 $B_2>A_1$，则当 $T(x)$ 在 A_1,B_2 之间时，$[\theta_1(x),\theta_2(x)]=(-\infty,\infty)$，根本没有 $[\theta_1(x),\theta_2(x)]$ 有界的可能.

由此看出：为要使 $[\theta_1(x),\theta_2(x)]$ 总是有界区间，必须有

$$\sup C_1(\theta)=a>\inf C_2(\theta)=b,$$

且 a,b 分别是 μ^T 的支撑的上、下确界. 容易证明对 $Q(\theta)=\theta$,这仅当 Θ 为自然参数空间且 $\inf\Theta$ 和 $\sup\Theta$ 都不属于 Θ 时(即 Θ 为自然参数空间且是开集时),才能成立.

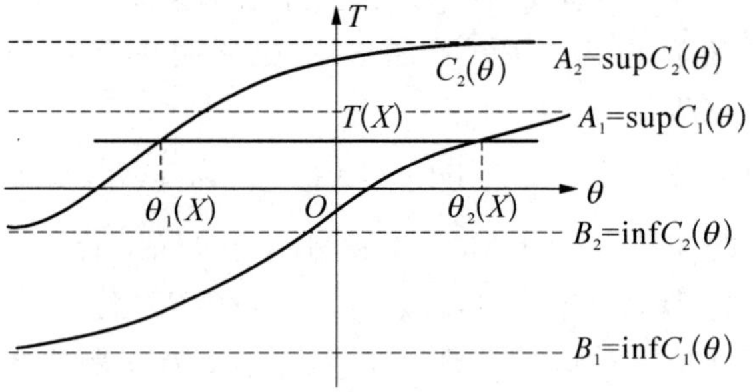

图 7.1

这里我们不得不打破常规,即允许在某些样本下,置信区间可以无界. 如果坚持区间必须有界,则不难证明:除非 Θ 满足刚才所说的条件,否则 UMAU 置信区间不存在.

由这个定理,结合定理 5.8,得到:

系　若样本 X 有指数型分布

$$C(\theta,\varphi)\exp(Q_0(\theta)T(x)+(Q_1(\varphi))'U(X))\mathrm{d}\mu,$$

而 $Q_0(\theta)$ 为一维,θ 也是一维. $Q_0(\theta)$ 为连续严增函数,又对任何 u,条件分布 $T|U=u$ 满足定理 7.3 中对 T 的分布的要求. 则 θ 的 $(1-\alpha)$UMAU 置信区间存在,且是由定理 5.8 中所决定的 $\theta=\theta_0\leftrightarrow\theta\neq\theta_0$ 的水平 α 的 UMPU 检验,经过对应而得到. 另外,θ 的 $(1-\alpha)$UMAU 置信上、下界也存在,并通过定理 5.8,以对应的方式得到(对定理 7.3,没有 UMAU 置信上、下界的问题,因为已证明了 UMA 置信上、下界存在).

由本定理得出,若样本 $X_1,\cdots,X_n$ iid.,$\sim N(\theta,\sigma^2)$,$\theta\in\mathbb{R}^1$,$\sigma^2>0$,则 $\bar{X}\pm St_{n-1}(\alpha/2)/\sqrt{n}$,$\bar{X}+St_{n-1}(\alpha)/\sqrt{n}$ 和 $\bar{X}-St_{n-1}(\alpha)/\sqrt{n}$ 分别是 θ 的 $(1-\alpha)$ UMAU 置信区间和置信上、下界,其中

$$S=\left[\frac{1}{n-1}\sum_{i=1}^{n}(X_i-\bar{X})^2\right]^{1/2}.$$

例 7.2 中得出的 $\theta_2-\theta_1$ 的 $1-\alpha$ 置信区间和置信上、下界也是UMAU 的. 例 7.3 中求出的 θ 的置信上、下界也是 UMAU 的,但该例中提出的置信区间并非 θ 的

UMAU置信区间,后者要根据 $\theta=\theta_0 \leftrightarrow \theta \neq \theta_0$ 的 UMPU 接受域 $A(\theta_0)$,通过对应关系 $X \in A(\theta_0) \Leftrightarrow \theta_0 \in S(X)$ 得到. 这在计算上很麻烦,一般在应用上就采用该例中所提出的置信区间.

7.2.1 离散分布的情况

设样本 X 的分布族关于统计量 T 为 **MLR 族**. 转移到 T 的样本空间来讨论,且只考虑 T 取 $0,1,\cdots$ 的情况(T 取 $0,1\cdots,M$ 及 T 取 $\cdots,-1,0,1,\cdots$ 的情况没有原则差异),可以通过下面的方法把 T 分布连续化:**原来集中在 $T=i$ 处的概率,让它均匀地分布于**$(i,i+1)$. 这等于引进一个与 T 独立的 $R(0,1)$ 变量 U 而考虑 $\tilde{T}=T+U$. 若 T 的分布为 $f(t,\theta)\mathrm{d}\mu$(μ 为$\{0,1\cdots\}$上的计数测度),则 $\tilde{T}$ 的分布为 $f([\tilde{t}],\theta)I(\tilde{t}\geqslant 0)\mathrm{d}\,\tilde{t}$. 不难证明:$\tilde{T}$ 的分布族仍为 MLR 族. 这很显然. 进一步可以证明:基于 $\tilde{T}$ 所作的 θ 的 UMA 置信界,在原模型中一切 T 的随机化置信界的类中,仍是 UMA. 在这里要说明两点,所谓"**随机化置信界**",是指在得出 $T=t$ 后,有一个只与 t 有关的(一维)分布 F_t,依分布 F_t 取出值 J 作为 θ 的置信界. 这个概念自然对置信区间也适用. 其次,为何要在 T 的随机化置信界(区间)类中去找最优呢?这是因为当我们用 $\tilde{T}$ 代 T 时,等于已实行了随机化,因此在 $\tilde{T}$ 的模型下所找出的 θ 的 UMA 置信界,事实上是基于 T 的随机化置信界. 所以,为了肯定这一置信界在原模型(基于 T 的)中为 UMA,必须拿它和一切随机化置信界去比较,才算权威.

为了证明基于 $\tilde{T}$ 的 UMA 置信界在基于 T 的全体随机化置信界中为 UMA,还得回到与假设检验的关系上来. 设 J 是 θ 的基于 T 的一置信集(置信界是置信集的一种). 在 J 为非随机化时,它通过$\{t:\theta_0 \in J(t)\}$定义一个集合 $A(\theta_0)$ 作为 $\theta=\theta_0 \leftrightarrow \theta \neq \theta_0$ 的接受域,但当 J 为随机化时,单只知道 t 不能决定 J 是否包含 θ_0,而只决定了 J 包含 θ_0 的(条件)概率 $1-\varphi(t)$. 这个检验函数 $\varphi(t)$ 就是与 J 相应的,$\theta=\theta_0 \leftrightarrow \theta \neq \theta_0$ 的一个随机化检验. 显然,在这个对应之下,定理 7.1 的结论仍成立. 要注意的是,为用定理 7.1,只需每个随机化置信区间(置信水平 $1-\alpha$)唯一地对应 $\theta=\theta_0 \leftrightarrow \theta \neq \theta_0$ 的一个水平 α 随机化检验,而不要求逆向对应也成立. 事实上,有趣的是,逆向对应不成立:一个 $\theta=\theta_0 \leftrightarrow \theta \neq \theta_0$ 的水平 α 随机化检验,并不一定唯一地对应于 θ 的一个 $1-\alpha$ 随机化置信集(习题 17).

其次,容易看出:基于 T 的任何随机化检验 $\varphi(t)$,等价于一个基于 $\tilde{T}$ 的非随机化检验. 事实上,由 $\tilde{T}$ 决定了(T,U),因 $T=[\tilde{T}]$,$U=\tilde{T}-T$,而检验 $\varphi(t)$ 可视为基于(T,U)的否定域$\{(T,U):U\leqslant\varphi(T)\}$,或基于 $\tilde{T}$ 的否定域$\{\tilde{T}:\tilde{T}-[\tilde{T}]\leqslant\varphi([\tilde{T}])\}$.

作了以上的准备，就不难证明前述断言．设 J 是在 $\widetilde{T}$ 模型下，由 $\theta=\theta_0\leftrightarrow\theta<\theta_0$ 的水平 α 的 UMP 检验 φ 所决定的置信上界．由于 $\widetilde{T}$ 的分布为连续 MLR，φ 是非随机的，因而通过与 φ 对应得来的置信上界 J，关于 $\widetilde{T}$ 是非随机的．现设 J^* 是 θ 的另一水平 $1-\alpha$ 的、基于 T 的(可能是随机化的)置信上界．J^* 对应于 $\theta=\theta_0\leftrightarrow\theta<\theta_0$ 的一个水平 α 检验．因 J 所对应的 φ 为 UMP，故 $\beta_{\varphi^*}(\theta)\leqslant\beta_\varphi(\theta)$ 对任何 $\theta<\theta_0$．按定理 7.1 的证明，有 $P_\theta(\theta_0\in J^*)\geqslant P_\theta(\theta_0\in J)$ 对任何 $\theta<\theta_0$．从而证明了 J 为 UMA.

注　从上述论证中我们看出，为什么要假定 T 只取 $0,1,2,\cdots$ 这些值．因为，**上述证明的关键在于由 $\widetilde{T}=T+U$ 能还原出 T 和 U**．如果 T 在一个一般离散集，例如 $\mathbb{R}^1$ 的一切有理数集上取值，这个还原就不可能，而以上证明失效．当然，对 T 的取值条件可略放松一点．例如，可假定 T 的值域在任一有界区间内无极限点，这时对每个 T 值要选择不同的均匀分布变量 U_T，以作成 $\widetilde{T}=T+U_T$，细节很简单.

具体确定置信上、下界也是据方程 $\widetilde{F}(\tilde{t},\theta)=\alpha$ 和 $\widetilde{F}(\tilde{t},\theta)=1-\alpha$，$\widetilde{F}$ 为 $\widetilde{T}$ 的分布(这方程的解存在与否的讨论见后)．具体定的规则，与定理 7.2 中所写完全一样．看两个例子.

例 7.7　$T\sim B(n,\theta)$，$0\leqslant\theta\leqslant1$，$\theta=\theta_0\leftrightarrow\theta>\theta_0$ 的水平 α 的 UMP 检验 ϕ_{θ_0} 有形式：当 $T=0,1,\cdots,c-1$ 时接受，当 $T=c$ 时以概率 p 接受．过渡到 $\widetilde{T}$，此接受域可写为 $\widetilde{T}\leqslant c-1+p$ 时接受，c，p 由公式

$$\sum_{i=0}^{c-1}\binom{n}{i}\theta_0{}^i(1-\theta_0)^{n-i}+p\binom{n}{c}\theta_0{}^c(1-\theta_0)^{n-c}\equiv\widetilde{F}(c-1+p,\theta_0)=1-\alpha$$

定出．有了样本 $\tilde{t}$ 后，θ 的 $(1-\alpha)$ UMA 置信下界由方程 $\widetilde{F}(\tilde{t},\theta)=1-\alpha$ 的解 $\underline{\theta}$ 给出．若对一切 θ 有 $\widetilde{F}(\tilde{t},\theta)>1-\alpha$，$\underline{\theta}$ 取为 $\sup\Theta=1$．若对一切 θ 有 $\widetilde{F}(\tilde{t},\theta)<1-\alpha$，则取 $\underline{\theta}=\inf\Theta=0$．前一种情况在 $\tilde{t}>n+1-\alpha$ 时出现，后者则在 $\tilde{t}<1-\alpha$ 时出现.

若要求 θ 的置信上界 $\bar{\theta}$，则解方程 $\widetilde{F}(\tilde{t},\theta)=\alpha$．当 $\tilde{t}>n+\alpha$ 时总有 $\widetilde{F}(\tilde{t},\theta)>\alpha$，这时取 $\bar{\theta}=\sup\Theta=1$．当 $\tilde{t}<\alpha$ 时总有 $\widetilde{F}(\tilde{t},\theta)<\alpha$，这时取 $\bar{\theta}=\inf\Theta=0$.

例 7.8　$T\sim$Poisson 分布 $\mathscr{P}(\theta)$ $(\theta\geqslant0)$，与上题类似：θ 的 $(1-\alpha)$ UMA 置信下界由方程

$$\widetilde{F}(\tilde{t},\theta)=\sum_{i=0}^{c-1}\frac{\theta^i}{i!}\mathrm{e}^{-\theta}+p\frac{\theta^c}{c!}\mathrm{e}^{-\theta}=1-\alpha\quad(\tilde{t}=c-1+p)$$

的解给出. 不会发生总有$\widetilde{F}(\tilde{t},\theta)>1-\alpha$的情形(这与$\mu^T$的支撑在右端无界相连). 当$\tilde{t}<1-\alpha$时此方程无解,应取$\underline{\theta}=\inf\Theta=0$. 上界的定法类似.

在T有指数型族$C(\theta)\exp(Q(\theta)t)\mathrm{d}\mu^T(t)$分布时,$\widetilde{T}$也有指数型分布$C(\theta)\exp(Q(\theta)[\tilde{t}])\mathrm{d}\tilde{t}$. 上两例属于这种情况. 这时,可以列出方程$\widetilde{F}(\tilde{t},\theta)=1-\alpha$(或$\alpha$)有解的条件:

1° 为要不出现"$\widetilde{F}(\tilde{t},\theta)>1-\alpha$对一切$\theta$",必须且只需:$\Theta$右端延伸至最大,且右端为开的,$\mu^T$的支撑右端无界. 若前一条件满足而$\mu^T$支撑上界为$a$,则在$\tilde{t}\geqslant a+1-\alpha$时,$\widetilde{F}(\tilde{t},\theta)>1-\alpha$对一切$\theta$. 若$\tilde{t}<a+1-\alpha$,这种情况不出现. 这个情况是否出现与$\Theta$及$\mu$的左端状况完全无关.

2° 为要不出现"$\widetilde{F}(\tilde{t},\theta)<1-\alpha$对一切$\theta$",必须且只需:$\Theta$左端延伸至最大,且左端是开的,$\mu^T$的支撑在左端无界. 若前一条件满足而$\mu^T$支撑下界为$a$,则在$\tilde{t}\leqslant a+1-\alpha$时,有$\widetilde{F}(\tilde{t},\theta)<1-\alpha$对一切$\theta$. 若$\tilde{t}>a+1-\alpha$,这种情况不出现. 这种情况是否出现,与$\Theta$及$\mu^T$的右端状况完全无关.

在T有指数型分布时,$\widetilde{T}$亦然. 因此也可以考虑θ的UMAU置信区间. 一切与前基本无异,细节不赘述了.

注 细心的读者可能会发现一个情况:在上述两条规律中,我们说,在$\tilde{t}\leqslant 1-\alpha$时,总有$\widetilde{F}(\tilde{t},\theta)<1-\alpha$而方程无解. 但在例7.8中,$\tilde{t}=1-\alpha$时方程有解,只在$\tilde{t}<a+1-\alpha$才无解. 为何有这个细节上的出入? 这是因为,上面两条规律是针对指数型族,而Poisson分布族要写成指数型族,就必须舍弃$\theta=0$这个点. 试在例7.8中取Θ为$(0,\infty)$,则当$\tilde{t}=1-\alpha$时方程就无解. 例7.7也有这个现象.

这两个例子引申出一个有趣的问题:若指数族$C(\theta)\mathrm{e}^{Q(\theta)t}\mathrm{d}\mu^T(t)$的自然参数空间为开集$\Theta=(a,b)(-\infty\leqslant a<b<\infty)$,而当$\theta\downarrow a$及(或)$\theta\uparrow b$时,分布$P_\theta$有极限. 这时可拓展$\Theta$(加入$a$,或$b$,或二者. 若$a,b$有一或都为无穷,可通过变换,例如$\psi=\mathrm{arctg}\,\theta$,转移至有限参数). 对这个拓展后的分布族,上述理论和方法是否仍可用? 答案是肯定的,且只需动一点小手术. 细节留给读者. 经过这一拓展会有些小变化,上述方程$\widetilde{F}(\tilde{t},\theta)=1-\alpha$何时有解的问题即其一例.

还有一个问题. 分布族$\{f(t,\theta),\theta\in\Theta\}$为MLR族,但$\Theta$为离散的. 一个例子是超几何分布

$$P_\theta(T=t)=\binom{\theta}{t}\binom{N-\theta}{m-t}\bigg/\binom{N}{m},$$

N,m 已知，$\Theta=\{0,1,\cdots,N\}$. 对这个情况，上述理论和方法是否仍适用？答案是肯定的，只需要求 Θ 只取 $0,1,\cdots$ 这些值，或更一般地，只需要求 Θ 没有有限的极限点. 这只涉及一点小手术，细节留给读者(习题 18).

7.2.2　平均容度的比较

在参数空间中引进 σ 域 $\mathscr{B}_\Theta$. 要求对每个样本 x，置信集 $S(x)\in\mathscr{B}_\Theta$. 在 $\mathscr{B}_\Theta$ 上引进测度 ν. $S(x)$"占地大小"可用 $\nu(S(x))$衡量. 因此，其平均值，即

$$M_S(\theta)=\int_{\mathscr{X}}\nu(S(x))\mathrm{d}P_\theta(x),$$

可用来作为在同一置信系数下，比较置信集优劣的标准. 当 $S(x)$为区间，而 ν 为 L 测度时，$M_S(\theta)$就是置信区间的平均长度.

定理 7.4　若对任何单点集$\{\theta\}$有 $\nu(\{\theta\})=0$，则 θ 的$(1-\alpha)$UMA(UMAU)置信集 S，在一切 $1-\alpha$(无偏)置信集类中，其平均容度 $M_S(\theta)$对 $\theta\in\Theta$ 一致地达到最小.

证明　用 Fubini 定理，有

$$\begin{aligned}M_S(\theta)&=\int_{\mathscr{X}}\nu(S(x))\mathrm{d}P_\theta(x)=\int_{\mathscr{X}}\left[\int_\Theta I_{S(x)}(\theta')\mathrm{d}\nu(\theta')\right]\mathrm{d}P_\theta(x)\\&=\int_\Theta\left[\int_{\mathscr{X}}I_{S(x)}(\theta')\mathrm{d}P_\theta(x)\right]\mathrm{d}\nu(\theta')=\int_\Theta P_\theta(\theta'\in S(X))\mathrm{d}\nu(\theta')\\&=\int_{\Theta-\{\theta\}}P_\theta(\theta'\in S(X))\mathrm{d}\nu(\theta'),\end{aligned}\tag{7.8}$$

最后一步用了 $\nu(\{\theta\})=0$. 若 S^* 也是水平 $1-\alpha$ 置信集，则因 S 为 UMA，有 $P_\theta(\theta'\in S^*(X))\geqslant P_\theta(\theta'\in S(X))$对一切 $\theta'\neq\theta$，故由上式即得 $M_{S^*}(\theta)\geqslant M_S(\theta)$. 当局限于无偏置信集时，上面的推导仍有效. 定理证毕.

L 测度满足定理中对 ν 的条件. 因此，UMA 置信区间有最小的平均长，UMAU 置信区间在一切无偏置信区间类中，有最小的平均长.

本定理的证明不能反推. 因此，为要 $M_S(\theta)\leqslant M_{S^*}(\theta)$，并不需要对一切的 $\theta'\neq\theta$ 都有 $P_\theta(\theta'\in S(X))\leqslant P_\theta(\theta'\in S^*(X))$. 因此，不能证明平均长最小等价于 UMA. 也不知道是否存在如下的反例：① UMA 置信区间不存在，但存在平均长最小的置信区间. ② UMA 置信区间 J 存在，但还存在另一个非 UMA 的 J^*，与 J 有同样的平均长. 也可以在问题中加上无偏的要求.

置信界因为只有一端,直接看无长度可言. 但有些参数本身有界,例如指数分布 $\theta e^{-\theta x}I(x>0)dx$ 中的 $\theta>0$. 这时,θ 的置信上界 J 的精度,就可以用 $[0,J]$ 之长即 J 去衡量. 一般地,即使 θ 本身无界,也可以任意指定一个值 a,而要求 $J-a$ 尽可能小(对下界 J,则要求 $J-a$ 尽可能大). 不妨取 $a=0$. 因此,总可以用 $E_\theta J$ 来作为衡量置信界 J 的优良性指标(对上界,指标愈小愈好,对下界则愈大愈好). 那么,在这个解释之下,定理 7.4 对 UMA 置信界是否仍成立? 答案是否定的. 为看出这一点,考虑下述情况:$\Theta=[0,\infty)$,而置信上界 $\bar{\theta}\geqslant 0$. 把公式(7.8)用于此处,有

$$
\begin{aligned}
E_\theta(\nu([0,\bar{\theta}(X)])) &= \int_{\theta'\neq\theta} P_\theta(\theta'\leqslant\bar{\theta}(X))d\nu(\theta') \\
&= \int_{\theta'>\theta} P_\theta(\theta'\leqslant\bar{\theta}(X))d\nu(\theta') \\
&\quad + \int_{\theta'<\theta} P_\theta(\theta'\leqslant\bar{\theta}(X))d\nu(\theta').
\end{aligned}
$$

按定义,$\bar{\theta}$ 为 UMA 只能保证在一切 $1-\alpha$ 置信上界中,第一项达到最小,而并不保证第二项也达到最小,故也就不保证 $E_\theta(\nu([0,\bar{\theta}(X)]))$ 达到最小. Mandasky 曾举出过这种实例,可参看作者的《数理统计引论》第 378～379 面.

7.3 容忍区间与容忍限

本节所讨论的问题性质较为奇特. 可以认为它属于估计的范畴,但在要求上与点估计和区间估计都有所不同. 先讲清楚问题的提法,再作些解释.

设样本 X 取自具一维分布 F_θ 的总体,F 未知. 我们想依样本 X 定出一个值 $\bar{T}=\bar{T}(X)$,使在 $(-\infty,\bar{T}]$ 内 F_θ 的概率,即 $F_\theta(\bar{T}(X))$,不小于某指定的 $\beta<1$. 因 X 随机,没有百分之百的把握保证这一点,而只能以一定的概率 $\gamma<1$ 保证它,即要求

$$
P_\theta(F_\theta(\bar{T}(X))\geqslant\beta)\geqslant\gamma,\quad 对一切\ \theta\in\Theta. \tag{7.9}
$$

满足这条件的$\overline{T}$,称为**总体分布的**(β,γ)**容忍上限**.

问题的实际背景,可以设想 X 是某种产品的质量指标,愈小愈好. 为此立下了一个标准:要求至少有 $100\beta\%$ 的产品,其质量指标不超过其给定的界限 a. 现产品已有一大批,要通过样本,评估一下实际情况与上述标准的差距如何. 这样提法,我们可以用通常的估计方法,去估计概率 $F_\theta(a)=P_\theta(X\leqslant a)$,看与预定的数值 β 差距如何. 另一种作法,即找出统计量$\overline{T}$,满足(7.9)式. 这种作法,把比较的重点放在:实际的 β 分位点与设定的 a 差距如何. 两种提法没有优劣之分,要看应用者关心的重点何在. 在本问题中,a 可以解释为:对产品质量所能容忍的限度. 例如,食品中某种有害物质的含量所能容忍的界限,这是这个词的由来. 但按这解释,容忍限是规定的已知数 a,而我们此处是指满足(7.9)式的统计量$\overline{T}$. 因$\overline{T}$的作用在于和a 比较,这样称呼也说得过去.

另一种解释是并未预先设定标准值 a,而问题只是在于估计总体分布的 β 分位点. 但对这种估计有一个要求:低估的概率不能超过 $1-\gamma$,这么一解释,容忍限的命名就不好理解.

说清了**容忍上限**,**容忍下限**与**容忍区间**的意思,就自然类比而得. (β,γ)容忍下限$\underline{T}$:

$$P_\theta(F_\theta(\underline{T}-)\leqslant 1-\beta)\geqslant\gamma,\quad \text{对一切 } \theta\in\Theta.$$

(β,γ)容忍区间$[T_1,T_2]$:

$$P_\theta(F_\theta(T_2)-F_\theta(T_1-)\geqslant\beta)\geqslant\gamma,\quad \text{对一切 } \theta\in\Theta.$$

为免除一些无谓的麻烦,假定总体分布 F_θ连续,且分位点 $p_\beta(\theta)$和 $p_{1-\beta}(\theta)$唯一($p_\alpha(\theta)$:F_θ的 α 分位点). 则显见:

$$\begin{aligned}&\overline{T}\text{ 为}(\beta,\gamma)\text{ 容忍上限}\quad\Leftrightarrow\quad \overline{T}\text{ 是 }p_\beta(\theta)\text{ 的 }\gamma\text{ 置信上界},\\&\underline{T}\text{ 为}(\beta,\gamma)\text{ 容忍下限}\quad\Leftrightarrow\quad \underline{T}\text{ 是 }p_{1-\beta}(\theta)\text{ 的 }\gamma\text{ 置信下界}.\end{aligned}\tag{7.10}$$

弄清了这一层关系,就发现,原来容忍限的概念,不过是置信界的一个改头换面的说法;求置信界的方法可以移植用于求容忍限. 但容忍限的优良性标准,形式上与置信界的优良性标准有所不同:设$\overline{T}$为一个(β,γ)容忍上限. 若对任何其他的容忍上限 T^*,都有

$$P_\theta(F_\theta(T^*)\geqslant\beta')\geqslant P_\theta(F_\theta(\overline{T})\geqslant\beta'),\quad \text{对任何 } \beta'>\beta,\theta\in\Theta,\tag{7.11}$$

则称$\overline{T}$为(β,γ)**UMA 容忍上限**.(7.10)式的意义是:在满足(7.9)式的前提下,$\overline{T}$应尽可能小,而"尽可能小"的解释是:$\leqslant\overline{T}$这部分的概率愈小愈好.或者说,对大于β的β',$\leqslant T$这部分的概率超过β'的机会,愈小愈好.**UMA 容忍下限**的定义与之类似.

虽然优良性标准形式上有别,下面的定理说明,本质上是一回事.

定理 7.5 设总体分布$\{F_\theta\}$为 MLR 族,分布连续,分位点$p_\beta(\theta)$,$p_{1-\beta}(\theta)$唯一.以$\bar{\theta}$和$\underline{\theta}$分别记θ的γ UMA 置信上、下界,则$p_\beta(\bar{\theta})$和$p_{1-\beta}(\underline{\theta})$分别是总体分布的$(\beta,\gamma)$ UMA 容忍上、下限.

证明 设T^*为任一(β,γ)容忍上限.定出θ^*,使$p_\beta(\theta^*)=T^*$.若不存在这样的θ^*,则可令

$$\theta^*=\infty,\quad 若\ p_\beta(\theta)<T^*\ 对一切\ \theta\in\Theta;$$

$$\theta^*=-\infty,\quad 若\ p_\beta(\theta)>T^*\ 对一切\ \theta\in\Theta.$$

则易见θ^*为θ的γ置信上界.这是因为

$$\{F_\theta(T^*)\geqslant\beta\}\quad\Rightarrow\quad\{p_\beta(\theta)\leqslant T^*\}\quad\Rightarrow\quad\{p_\beta(\theta)\leqslant p_\beta(\theta^*)\}.$$

因为$\{F_\theta\}$为 MLR 族,且$p_\beta(\theta)$唯一,故有$\{p_\beta(\theta)\leqslant p_\beta(\theta^*)\}\Rightarrow\theta\leqslant\theta^*$.因此$P_\theta(\theta^*\geqslant\theta)\geqslant P_\theta(F_\theta(T^*)\geqslant\beta)\geqslant\gamma$,从而证明了所说的断言.

现取$\beta'\in(\beta,1)$.定义θ',使$p_\beta(\theta')=p_{\beta'}(\theta)$.则由$\{F_\theta\}$为 MLR 族推出$\theta'>\theta$,因此

$$\begin{aligned}F_\theta(T^*)\geqslant\beta'\quad&\Leftrightarrow\quad T^*\geqslant p_{\beta'}(\theta)\quad\Leftrightarrow\quad T^*\geqslant p_\beta(\theta')\\&\Leftrightarrow\quad p_\beta(\theta^*)\geqslant p_\beta(\theta')\quad\Leftrightarrow\quad\theta^*\geqslant\theta',\end{aligned}\tag{7.12}$$

故$P_\theta(F_\theta(T^*)\geqslant\beta')=P_\theta(\theta^*\geqslant\theta')$.(7.12)式这一段推理当$T^*$改为$\overline{T}$,$\theta^*$改$\bar{\theta}$时一样有效,故又有$P_\theta(F_\theta(\bar{\theta})\geqslant\beta')=P_\theta(\bar{\theta}\geqslant\theta')$.由于$\theta^*$和$\bar{\theta}$都是$\theta$的$\gamma$置信上界而$\bar{\theta}$为 UMA,故有

$$P_\theta(\theta^*\geqslant\theta')\geqslant P_\theta(\bar{\theta}\geqslant\theta').$$

因此$P_\theta(F_\theta(T^*)\geqslant\beta')\geqslant P_\theta(F_\theta(\overline{T})\geqslant\beta')$,这证明了上限的情况.下限的证明完全类似.定理证毕.

根据这个定理,解决了在单参数 MLR 族情况下容许上、下限的寻求问题.对多参数分布族,其分位点往往是参数的比较复杂的函数,因之对应关系(7.10)式的作用就有限.

找容忍区间的问题比找容忍上、下限的问题更复杂. 即使在单参数 MLR 族,也没有与定理 7.4 相应的结果. 下面的粗浅结果,在不得已的情况下可以一用.

定理 7.6 若 $\overline{T}$ 和 $\underline{T}$ 分别是总体分布 F_θ 的 $\left(\frac{1+\beta}{2},\frac{1+\gamma}{2}\right)$ 容忍上、下限,则 $[\underline{T},\overline{T}]$ 是 (β,γ) 容忍区间.

证明容易,留作习题. 这样产生的容忍区间一般倾向于保守,即 $P_\theta(F_\theta(\overline{T})-F_\theta(\underline{T})\geqslant\beta)$ 超过要求的 γ.

7.3.1 正态总体的情况

设总体分布为 $N(\theta,\sigma^2)$,θ,σ^2 都未知,$X_1,\cdots,X_n$ 为 iid. 样本,要求总体分布的容忍限与容忍区间.

先讨论容忍上限的问题. 以 $F_{\theta,\sigma}$ 记 $N(\theta,\sigma^2)$ 的分布,则 $F_{\theta,\sigma}(\theta+\sigma u_{1-\beta})=\beta$ ($u_{1-\beta}$ 是 $N(0,1)$ 的上 $1-\beta$ 分位点),故容忍上限的问题,基本上与估计 $\theta+\sigma u_{1-\beta}$ 的问题相当. 后者的一个常用估计量是 $\overline{X}+Su_{1-\beta}$,$S=\left[\frac{1}{n-1}\sum_{i=1}^n(X_i-\overline{X})^2\right]^{1/2}$. 为要作为容忍上限,$u_{1-\beta}$ 须适当调整,设调整为 λ. 为定 λ,有

$$\begin{aligned}F_{\theta,\sigma}(\overline{X}+\lambda S)\geqslant\beta\quad&\Leftrightarrow\quad \overline{X}+\lambda S\geqslant\theta+\sigma u_{1-\beta}\\&\Leftrightarrow\quad\sqrt{n}(\overline{X}-\theta-\sigma u_{1-\beta})/S\geqslant-\sqrt{n}\lambda\\&\Leftrightarrow\quad t_{n-1,\sqrt{n}u_\beta}\geqslant-\sqrt{n}\lambda,\end{aligned}$$

因此决定 λ 的条件是

$$P(t_{n-1,\sqrt{n}u_\beta}\geqslant-\sqrt{n}\lambda)=\gamma. \tag{7.13}$$

要定 λ,需有仔细的非中心 t 分布表. 类似地,(β,γ) 容忍下限是 $\overline{X}-\lambda S$,λ 由 (7.13) 式决定.

转到容忍区间的问题,我们来寻求 $\overline{X}\pm\lambda S$ 形式的解. 记

$$A(\overline{X},S,\lambda,\theta,\sigma)=F_{\theta,\sigma}(\overline{X}+\lambda S)-F_{\theta,\sigma}(\overline{X}-\lambda S).$$

不难看出,A 的分布与 θ,σ 之值无关,故可取 $\theta=0,\sigma=1$ 来讨论,并记为 $A(\overline{X},S,\lambda)$. 现要决定 λ,使

$$P(A(\overline{X},S,\lambda) \geqslant \beta) = \gamma, \tag{7.14}$$

概率是在 $\theta=0,\sigma=1$ 的条件下计算的.

找 $r(\overline{X})$,使 $\Phi(\overline{X}+r(\overline{X}))-\Phi(\overline{X}-r(\overline{X}))=\beta$. $r(\overline{X})$由$\overline{X}$唯一确定. 则为要 $A(\overline{X},S,\lambda)\geqslant\beta$,充要条件是 $S\geqslant r(\overline{X})/\lambda$. 故条件(7.14)式转化为

$$P(S \geqslant r(\overline{X})/\lambda) = \gamma.$$

利用 $\overline{X}$与 S 独立及$(n-1)S^2\sim\chi_{n-1}{}^2$,上式可写为

$$\mathrm{E}(P(S \geqslant r(\overline{X})/\lambda \mid \overline{X})) = \gamma, \tag{7.15}$$

即

$$\mathrm{E}(K_{n-1}((n-1)r^2(\overline{X})/\lambda^2)) = 1-\gamma, \tag{7.16}$$

K_{n-1}为 $\chi_{n-1}{}^2$的分布函数. 到此为止都是按部就班的推理,但 $r(\overline{X})$及 K_{n-1}的表达式都复杂,要凭(7.16)式确定 λ 并非易事. Wald 和 Wolfowifz 提出了以下的近似解法. 仍回到(7.15)式,对 $\overline{X}$作 Taylor 展开,有

$$P(A \geqslant \beta \mid \overline{X}) = P(A \geqslant \beta \mid 0) + \overline{X}P'(A \geqslant \beta \mid 0) + \frac{\overline{X}^2}{2}P''(A \geqslant \beta \mid 0) + \cdots.$$

易见 $P'(A\geqslant\beta|0)=0$ 而 $\mathrm{E}\,\overline{X}^2=n^{-1}$,故

$$P(A \geqslant \beta) = P(A \geqslant \beta \mid 0) + \frac{1}{2n}P''(A \geqslant \beta \mid 0) + \cdots.$$

比较以上两式,看出近似地有 $P(A\geqslant\beta)\approx P(A\geqslant\beta|1/\sqrt{n})$. 故

$$\gamma = P(A \geqslant \beta) \approx P\left(\chi_{n-1}{}^2 > (n-1)r^2\left(\frac{1}{\sqrt{n}}\right)\Big/\lambda^2\right). \tag{7.17}$$

就用此式来确定 λ 的(近似)值. 这先得由方程

$$\Phi\left(\frac{1}{\sqrt{n}}+c\right)-\Phi\left(\frac{1}{\sqrt{n}}-c\right)=\beta$$

确定 c,以 c 代(7.17)式中的 $r(1/\sqrt{n})$,然后算

$$\lambda = [(n-1)c^2/\chi_{n-1}{}^2(\gamma)]^{1/2}.$$

Wald 和 Wolfowitz 指出：这近似解离真实解很接近. 在应用时要查表，它把 λ 列为 n,β 和 γ 的函数.

7.3.2　利用次序统计量作容忍限与容忍区间

这个方法提供了容忍限与容忍区间的一般解，它只要求总体分布连续，不要求它有任何特殊的形式或性质，计算上也不算难. 但是，对指数型分布这类性质良好且常见的重要分布，这一方法提供的解就失之过粗.

设总体分布 F 连续，$X_1,\cdots,X_n$ 为其 iid. 样本，$X_{(1)}\leqslant\cdots\leqslant X_{(n)}$ 为其**次序统计量**. 前面说过，求容忍限的问题，基本上相当于估计 F 的某分位点，而次序统计量正是用来估计这种分位点. 因此想到，用 $X_{(m)}$，取适当的 m，来作为容忍限.

先考虑容忍上限的问题. 要决定 m，使

$$P_F(F(X_{(m)})\geqslant\beta)\geqslant\gamma. \tag{7.18}$$

因为 F 连续，若记 $U_{(i)}=F(X_{(i)})$，则 $U_{(1)}\leqslant\cdots\leqslant U_{(n)}$ 的分布，正是 $R(0,1)$ 样本次序统计量的分布. 故(7.18)式转化为

$$P(U_{(m)}\geqslant\beta)\geqslant\gamma,$$

$U_{(m)}$ 有分布密度 $n\binom{n-1}{m-1}u^{m-1}(1-u)^{n-m}I(0<u<1)\mathrm{d}u$. 这样，上式成为

$$n\binom{n-1}{m-1}\int_\beta^1 u^{m-1}(1-u)^{n-m}\mathrm{d}u\geqslant\gamma. \tag{7.19}$$

因为 $U_{(m+1)}>U_{(m)}$，概率 $P(U_{(m)}\geqslant\beta)$ 随 m 增加而上升，当 $m=n$ 时，其值为 $1-\beta^n$. 故若 $1-\beta^n<\gamma$，则不存在形如 $X_{(m)}$ 的(β,γ)容忍上限，必须另想它法，或增加样本(加大 n，以使 $1-\beta^n\geqslant\gamma$). 若 $1-\beta^n\geqslant\gamma$，则形如 $X_{(m)}$ 的解存在，可找一个最小的 m，使(7.19)式满足. 函数

$$I(\beta,a,b)=\int_0^\beta u^{a-1}(1-u)^{b-1}\mathrm{d}u,\quad 0\leqslant\beta\leqslant1,a>0,b>0,$$

称为不完全 β 积分. 用这个记号，(7.19)式可写为

$$n\binom{n-1}{m-1}\left[\int_0^1 u^{m-1}(1-u)^{n-m}\mathrm{d}u-\int_0^\beta u^{m-1}(1-u)^{n-m}\mathrm{d}u\right]$$

$$= 1 - n\binom{n-1}{m-1} I(\beta, m, n-m+1) \geqslant \gamma,$$

由此式解出 m,要借助于不完全积分表.

与此类似, 寻求形如 $X_{(m)}$ 的 (β, γ) 容忍下限, 归结为找 m, 使 $P(1-U_{(m)} \geqslant \beta) \geqslant \gamma$,或

$$n\binom{n-1}{m-1} I(1-\beta, m, n-m+1) \geqslant \gamma. \tag{7.20}$$

有解的条件仍是 $1-\beta^n \geqslant \gamma$. 若此条件满足,则找一个最大的 m,使(7.20)式成立.

对容忍区间,考虑 $[X_{(k)}, X_{(m)}]$. 条件归结为

$$P(U_{(m)} - U_{(k)} \geqslant \beta) \geqslant \gamma. \tag{7.21}$$

可以证明(见后):$U_{(m)} - U_{(k)}$ 有密度

$$cu^{m-k-1}(1-u)^{n-m+k} I(0 < u < 1)\mathrm{d}u, \quad c = \frac{n!}{(m-k-1)!(n-m+k)!}, \tag{7.22}$$

通常选取 $m = n+1-k$. 这样(7.22)式成为

$$\frac{n!}{(n-2k)!(2k-1)!} u^{n-2k}(1-u)^{2k-1} I(0 < u < 1)\mathrm{d}u,$$

而(7.21)式成为

$$1 - \frac{n!}{(n-2k)!(2k-1)!} I(\beta, n-2k+1, 2k) \geqslant \gamma. \tag{7.23}$$

(7.21)式当 $m = n, k = 1$ 时达到最大,其值为 $1 - n\beta^{n-1} - (n-1)\beta^n$. 故欲使(7.23)式有解,必须

$$n\beta^{n-1} + (n-1)\beta^n \leqslant 1 - \gamma. \tag{7.24}$$

当(7.24)式满足时,找最大的 k,使(7.23)式满足,而取 $[X_{(k)}, X_{(n+1-k)}]$ 为容忍区间.

最后来证明(7.22)式. 一种方法是先求 $(U_{(m)}, U_{(k)})$ 的联合分布. 这样做较复杂. 较简便的方法要利用下述事实:当给定 $U_{(k)} = t$ 时,$(U_{(k+1)}, \cdots, U_{(n)})$ 的条件分布,就是 $R(t,1)$ 内 $n-k$ 个 iid. 样本次序统计量的分布. 由此立得

$$P(U_{(m)} - U_{(k)} \in (u, u + \Delta u) \mid U_{(k)} = t)$$
$$= (n-k)\binom{n-k-1}{m-k-1}(1-t)^{-(n-k)} u^{m-k-1}(1-t-u)^{n-m}\Delta u + o(\Delta u),$$

再利用 $U_{(k)}$ 有密度 $n\binom{n-1}{k-1}t^{k-1}(1-t)^{n-k}$，得

$$P(U_{(m)} - U_{(k)} \in (u, u + \Delta u))$$
$$= n\binom{n-1}{k-1}(n-k)\binom{n-k-1}{m-k-1}u^{m-k-1}\int_0^{1-u} t^{k-1}(1-t-u)^{n-m}\mathrm{d}t\Delta u + o(u).$$

因

$$\int_0^{1-u} t^{k-1}(1-t-u)^{n-m}\mathrm{d}t$$
$$= (1-u)^{n-m+k}\int_0^1 v^{k-1}(1-v)^{n-m}\mathrm{d}v$$
$$= (1-u)^{n-m+k}(k-1)!(n-m)!/(n-m+k)!,$$

代入上式整理之，即得(7.22)式.

7.4　区间估计的其他方法和理论

前几节所介绍的区间估计方法和理论，是 J. Neyman 于 1934～1938 年期间建立的，其特点是完全基于 Kolmogorov 公理体系下的概率论，且只要求样本分布的信息，而不要求其他方面的信息，尤其是关于未知参数的先验信息. 这个方法针对若干常见分布(主要是某些简单的指数型分布)是成功的：给定置信系数 $1-\alpha$，可以找到形式简单，且确切地具有所给置信系数的区间估计. 但由于该方法在寻求区间估计时必须知道有关统计量的精确分布，故在略复杂一些的分布族中，就难于找到其置信系数确切的解，而不得不依赖近似的解法，例如大样本方法. 但 **Bayes 方法**弥补了这个缺陷. 当然，Bayes 方法也有其本身的问题.

Wald 决策函数理论也给区间估计理论注入了一些新的因素. 虽然整个看，

Wald 理论对区间估计的影响，不如其对点估计的影响大，这是因为，对区间估计问题，行动空间复杂，也没有像点估计中平方损失那样好处理的损失函数. 但也有某些成果，即使从 Neyman 理论的观点看也很有兴趣.

Fisher 在 20 世纪 30 年代提出过一种区间估计法——**信任推断法**. 这个方法偏离了常规的概率论，是一个引起争议的题目. 但它在历史上以至迄今仍有一定的影响，其对某些问题，特别是重要的 Behrens-Fisher 问题的处理，有其新鲜之处. 以上这几个题目将在本节中作一简略的介绍.

7.4.1 Bayes 区间估计

设样本分布为 $f(x,\theta)\mathrm{d}\mu(x)(\theta\in\Theta)$，在 Θ 上给定先验分布 ν，则在有了样本 x 后，θ 的后验分布为

$$H(\mathrm{d}\theta \mid x) = f(x,\theta)\mathrm{d}\nu(\theta)\Big/\int_{\Theta} f(x,\theta)\mathrm{d}\nu(\theta). \tag{7.25}$$

Bayes 区间估计就是在这个后验分布的基础上，找一个依赖于 x 的区间$J(x)$，使

$$H(J(x) \mid x) \geqslant 1-\alpha, \tag{7.26}$$

且若有可能，总是取 $J(x)$使(7.26)式成立等号. 凡是满足(7.26)式的区间估计 J，称之为有**后验置信系数**或 **Bayes 置信系数** $1-\alpha$，这与 Neyman 意义下的置信系数不是一回事(习题 50～52).

这种区间估计方法的优点有三：

1° 它避开了求统计量抽样分布这个难题. (7.25)式的计算无原则困难，找 $J(x)$满足(7.26)式在数学上也不存在技术性困难.

2° 在这种方法之下，从精度方面比较区间估计优劣的问题也好解决. 一般讲，不难确定最短的区间 $J(x)$满足(7.26)式. 若以长度作为优良性标准，则这就是(在一定后验置信系数下)最优的 Bayes 置信区间. 而在 Neyman 理论之下，最优解存在的情况少之又少.

3° 后验分布不取决于 μ，故样本分布即使为离散的，也不构成困难. 而这在 Neyman 理论中是一件有些麻烦的事.

由于这些优点，Bayes 区间估计法在应用上有相当的地位. 这种方法也有其问题和遭受批评的地方，即先验分布如何定. 这是将 Bayes 方法用于各种统计推断所共有的问题，在前面讲 Bayes 点估计时已有所分析，此处不再重复了.

以上所论者为求置信区间. 置信界的问题完全类似地处理，且对置信界而

言，Bayes 解（在给定了先验分布的前提下）是唯一的．例如 Bayes 置信系数为 $1-\alpha$ 的置信上界，就是满足 $H(\theta\leqslant\bar{\theta}\mid x)=1-\alpha$ 的 $\bar{\theta}$.

例 7.9 $X_1,\cdots,X_n$ iid.，$\sim N(\theta,\sigma^2)$，σ^2 已知．取 θ 的先验分布为 $N(\mu,\tau^2)$．则在例 3.6 中已算出：在给定样本 $X=(X_1,\cdots,X_n)$ 的条件下，θ 的后验分布为 $N(\theta_X,\sigma_X{}^2)$，此处

$$\theta_X=(n\sigma^{-2}\bar{X}+\tau^{-2}\mu)/(n\sigma^{-2}+\tau^{-2}),\quad \sigma_X{}^2=(n\sigma^{-2}+\tau^{-2})^{-1}.$$

由此得出：Bayes 置信系数 $1-\alpha$ 的最短 Bayes 置信区间为 $\theta_X\pm\sigma_X u_{\alpha/2}$，Bayes 置信上、下界分别为 $\theta_X+\sigma_X u_\alpha$ 和 $\theta_X-\sigma_X u_\alpha$．这区间并不以 $\bar{X}$ 为中点．不论 μ,τ^2 取值如何，它与 Neyman 置信区间 $\bar{X}\pm\sigma u_{\alpha/2}/\sqrt{n}$ 总不同．当 $\mu=0$ 而 $\tau\to\infty$ 时，$\theta_X\pm\sigma_X u_{\alpha/2}$ 以此区间为极限．但是，可以证明（习题 48）：不论取怎样的先验分布，其 Bayes 置信区间（指 Bayes 置信系数 $1-\alpha$ 且最短者），都不可能是 Neyman 区间 $\bar{X}\pm\sigma u_{\alpha/2}/\sqrt{n}$.

与点估计的情况一样，也可以取无穷测度 ν 作为“先验分布”只要 $\int_\Theta f(x,\theta)\mathrm{d}\nu(\theta)<\infty$ 因而（7.25）式有意义就行．决定置信区间与置信界的作法也一样．

如在本例中，取先验分布 $\mathrm{d}\nu$ 为 L 测度 $\mathrm{d}\theta$，则得 θ 的后验分布 $N(\bar{X},\sigma^2/n)$，而 Bayes 置信系数 $1-\alpha$ 的最短 Bayes 置信区间，与 $(1-\alpha)$ Neyman 置信区间 $\bar{X}\pm\sigma u_{\alpha/2}/\sqrt{n}$ 重合．

例 7.10 X 有二项分布 $B(n,\theta)$．取共轭先验分布 $\mathrm{B}_\theta(a,b)$，它有密度 $\dfrac{\Gamma(a+b)}{\Gamma(a)\Gamma(b)}\theta^{a-1}(1-\theta)^{b-1}I(0<\theta<1)\mathrm{d}\theta$，后验分布仍为这种形式的分布，即 $\mathrm{B}_\theta(a+x,b+n-x)$．最短 Bayes 置信区间 $[\theta_1(x),\theta_2(x)]$ 由以下两个条件决定：

$$\frac{\Gamma(n+a+b)}{\Gamma(a+x)\Gamma(b+n-x)}\int_{\theta_1}^{\theta_2}\theta^{a+x-1}(1-\theta)^{b+n-x-1}\mathrm{d}\theta=1-\alpha,$$

$$\theta_1{}^{a+x-1}(1-\theta_1)^{b+n-x-1}=\theta_2{}^{a+x-1}(1-\theta_2)^{b+n-x-1}.$$

Bayes 区间估计也可以作决策函数方面的解释．这时先验分布的意义只在于对风险取平均时的一种加权．Bayes 方法也可以只是作为一种工具，以寻求具有某种性质的区间估计．在这些情况下，先验分布的“客观”性要求不是一个问

题. 这些都与点估计的情况一样.

7.4.2 从统计决策的观点看区间估计

从统计决策的观点看,区别不同统计问题,就看其行动空间与损失函数如何取. 具体到区间估计,其行动空间就是半平面 $A=\{(a,b):a\leqslant b\}$,或其一指定的子集. 损失函数的取法则有相当的自由度. 如对例 7.9,可取

$$L(\theta,[a,b]) = mI(\theta\overline{\in}[a,b])+(b-a), \tag{7.27}$$

$m>0$ 为一指定常数. 这第一项与区间$[a,b]$是否涵盖 θ 有关,属于"可靠性"一方面;第二项是区间之长,属于"精度"的一面. 又如:

$$L(\theta,[a,b]) = |a-\theta|+|b-\theta|,$$

则可以说是综合了这两个方面. 另外,也可以把(7.27)式的两项分别作两个损失函数看待,这样可以在对其中一个提出某种条件的前提下,要求另一个所招致的风险满足某种优化标准. 例如对置信系数作出一定要求的前提下,使平均长尽可能小.

虽然决策理论开拓了区间估计问题的提法,但有关的优化问题能得到解决的不多,其原因在前面已指出过了. 下面提供一个有完满解决的例子.

设样本 $X_1,\cdots,X_n$ iid., $\sim N(\theta,1)$,要作 θ 的区间估计. 提出以下两个问题:

1° 在置信系数为 $1-\theta$ 的条件下,要求区间长度平均值的最大值达到最小,即 $\sup\limits_{\theta}\mathrm{E}_\theta(\theta_2(X)-\theta_1(X))$最小.

2° 在损失函数(7.27)之下的 **Minimax 解**,即使

$$\sup_{\theta}(m(1-P_\theta(\theta_1(X)\leqslant\theta\leqslant\theta_2(X)))+\mathrm{E}_\theta(\theta_2(X)-\theta_1(X)))$$

达到最小.

定理 7.7 以上两个问题的解都是 $\overline{X}\pm d$,对适当的 d(d 的值将在定理证明中给出).

证明 取 θ 的先验分布 $N(0,k^2)$. 例 7.9 已算出,θ 的后验分布为 $N\left(\dfrac{nk^2}{1+nk^2}\overline{X},\dfrac{k^2}{1+nk^2}\right)$. 由此看出,针对损失函数(7.27)的 Bayes 解应有形式 $\dfrac{nk^2}{1+nk^2}\overline{X}\pm d$,其后验风险为

$$g(d) = 2d + 2m\left[1 - \Phi\left(\frac{d\sqrt{1+nk^2}}{k}\right)\right], \quad \Phi \sim N(0,1).$$

故 $d = d(m,k)$ 由极值条件

$$g(d(m,k)) = \inf_{d>0} g(d)$$

而确定. 因($\varphi = \Phi'$)

$$\frac{1}{2}g'(d) = 1 - \frac{m\sqrt{1+nk^2}}{k}\varphi\left(\frac{d\sqrt{1+nk^2}}{k}\right),$$

可知:若 $\frac{1}{2}g'(0) = 1 - m\sqrt{1+nk^2}/(\sqrt{2\pi}k) < 0$,则存在 $\tilde{d} > 0$,使 $g'(d) < 0$ 当 $d < \tilde{d}$,$g'(d) > 0$ 当 $d > \tilde{d}$,这时 $d(m,k) = \tilde{d}$ 为 $g(d)$ 的唯一最小点. 若 $g'(0) \geqslant 0$,则 $d(m,k) = 0$ 为 $g(d)$ 的唯一最小点. 故

$$d(m,k) = \begin{cases} 0, & \text{当 } m\sqrt{1+nk^2}/(\sqrt{2\pi}k) \leqslant 1, \\ \text{方程 } \varphi\left(\dfrac{\sqrt{1+nk^2}}{k}d\right) = \dfrac{k}{m\sqrt{1+nk^2}} \text{ 之解}, & \\ & \text{当 } m\sqrt{1+nk^2}/(\sqrt{2\pi}k) > 1. \end{cases}$$

由此易知

$$\begin{aligned} d(m) &\equiv \lim_{k\to\infty} d(m,k) \\ &= \begin{cases} 0, & \text{当 } m \leqslant \sqrt{2\pi/n}, \\ \text{方程 } \varphi(\sqrt{n}d) = (m\sqrt{n})^{-1} \text{ 之解}, & \text{当 } m > \sqrt{2\pi/n}. \end{cases} \end{aligned}$$

区间估计 $J_k \equiv \frac{nk^2}{1+nk^2}\overline{X} \pm d(m,k)$ 有 Bayes 风险 $g(d(m,k))$,其值当 $k\to\infty$ 时收敛于 $h(d(m))$,此处

$$h(d) = 2d + 2m[1 - \Phi(d\sqrt{n})],$$

而其正好是区间估计 $J_0 \equiv \overline{X} \pm d(m)$ 的(常数)风险. 按定理 3.3 知,J_0 就是在损失函数(7.27)之下的 Minimax 的解. 这证明了定理 7.7 关于问题 2°的部分.

现考虑问题 1°. 显然,$d(m)$ 是 $h(d)$ 的最小值点,即

$$\frac{1}{2}h'(d) = 1 - m\sqrt{n}\varphi(d\sqrt{n}) = 0$$

之解. 当 $m=\sqrt{2\pi/n}$时有 $d(m)=0$,而当 m 由 $\sqrt{2\pi/n}$上升至∞时,$d(m)$由 0 严增到∞,故可找到 $m=m_0{}'$,使 $d(m_0)=u_{\alpha/2}/\sqrt{n}$. 易见,$J_0\equiv\bar{X}\pm d(m_0)$就是问题 1°的解. 事实上,若$[\theta_1(X),\theta_2(X)]$是 θ 的置信系数 $1-\alpha$ 的区间估计,则因 J_0是在损失函数(7.27)(其中 $m=m_0$)下的 Minimax 的解,故有

$$\sup_\theta(m(1-P_\theta(\theta_1(X)\leqslant\theta\leqslant\theta_2(X)))+\mathrm{E}_\theta(\theta_2(X)-\theta_1(X)))$$

$$\geqslant\sup_\theta R(\theta,J_0)=m\alpha+2u_{\alpha/2}/\sqrt{n}. \tag{7.28}$$

由于$[\theta_1,\theta_2]$有置信水平 $1-\alpha$,故

$$\sup_\theta(1-P_\theta(\theta_1(X)\leqslant\theta\leqslant\theta_2(X)))\leqslant\alpha.$$

由此,结合(7.28)式,立得

$$\sup_\theta\mathrm{E}_\theta(\theta_2(X)-\theta_1(X))\geqslant 2u_{\alpha/2}/\sqrt{n},$$

这完成了所要的证明. 定理证毕.

本例是用 Bayes 法解决并无 Bayes 统计含义的问题的一例,与点估计 Minimax 问题求解相似. 这方法还可用于某些较复杂情况下 Minimax 问题的求解. 例如,可以证明:设样本 $X_1,\cdots,X_n$ iid.,$\sim N(\theta,\sigma^2)$,$\theta\in\mathbb{R}^1$,$\sigma^2(>0)$未知,要作 θ 的区间估计,损失为

$$L(\theta,\sigma,[a,b])=mI(\theta\overline{\in}[a,b])+(b-a)/\sigma,$$

则 Minimax 解为一样本 t 区间估计 $\bar{X}\pm cS/\sqrt{n}$. 另外,在限制置信系数$\geqslant 1-\alpha$的条件下,使 $\sup\limits_{\theta,\sigma}\mathrm{E}(\theta_2(X)-\theta_1(X))/\sigma$ 达到最小的区间估计,也是 t 区间估计 $\bar{X}\pm t_{n-1}(\alpha/2)S/\sqrt{n}$.

7.4.3 Fisher 的信任推断法

信任推断法(Fiducial Inference)是 R.A. Fisher 在 20 世纪 30 年代初期提出的一种统计法. 由于 Fisher 在统计界的影响,这种方法在当时曾引起统计界的很大兴趣,且是一个引起争论的题目. 我们先通过一个例子来说明该法的基本思想.

例 7.11 设 $X_1,\cdots,X_n$ iid.,$\sim N(\theta,1)$. 要据此对未知参数 θ 作出推断.

利用充分统计量 $\bar{X}$. $\bar{X}$有分布 $N(\theta,1/n)$,或写为

$$\bar{X}-\theta\sim N(0,1/n). \tag{7.29}$$

按我们迄今为止采取的看法,θ是常数,虽然未知,但无随机性(先不说 Bayes 统计),随机量是 $\bar{X}$. Fisher 把(7.29)式反过来看:把 $\bar{X}$看成已知,而认为(7.29)式确定了 θ 的一个分布(即 $N(\bar{X},1/n)$, $\bar{X}$此处视为常数),称为 θ 的**信任分布**. 直观上可以这样解释:在抽样得出 $X_1,\cdots,X_n$之前,我们对 θ 一无所知,得到样本以后,对 θ 的情况有了些信息,但并未确定到可定出 θ 的程度,而只是对其取各种值的"**信任程度**"有所不同. 例如,在样本获得前,我们对"θ 在 0 到 2 之间"与"θ 在 100 到 102 之间"可能会给予同等的"信任"(当然,这里假定我们对所研究的现象原来毫无了解. 不然的话,先验知识的介入会使我们对"$0\leqslant\theta\leqslant2$"和"$100\leqslant\theta\leqslant102$"的信任程度有所不同). 但如抽样得 $\bar{X}=1$,则我们对"$0\leqslant\theta\leqslant2$"的信任程度,比之对"$100\leqslant\theta\leqslant102$"的信任程度,显然会大有差异. 分布 $N(\bar{X},1/n)$对这种信任程度给予了量的刻画.

但是产生了一个问题:如果不用 $\bar{X}$,而用另外的统计量,例如样本中位数 m_n,则我们得到$\sqrt{n}(m_n-\theta)$的一个与 θ 无关的分布,由此也可以产生 θ 的一个信任分布,与前面所得不同. 在通常的频率学派中这一点不成问题,因为 $\bar{X}$与 m_n本是不同的统计量,其分布不同,理有固然. 而此处谈到的是一个同一的量——θ 的信任分布,它应有确定的意义,不随导出它的方法而变. 这是本法必须解决的一个基本问题.

在本法中,$\bar{X}$是完全充分统计量(注意:"完全充分统计量"的概念源出于"信任推断"以外的统计理论,不是"信任推断"这个概念的基础上发展出来的. 所以,使用这个概念本身,就表明"信任推断"的理论不能自给自足了. 此处先不管这些,而纯从技术的角度着眼). 因此,用 $\bar{X}$而不用 m_n或其他统计量去导出信任分布,看来是一个可以接受的选择. 在认同这一点的基础上,排除了不唯一性. 推而广之,一些类似的场合可以照此办理. 再举几个例子.

例 7.12　$X_1,\cdots,X_n$ iid.,$\sim[\theta^a\Gamma(a)]^{-1}x^{a-1}\mathrm{e}^{-x/\theta}I(x>0)\mathrm{d}x$. $t=\bar{X}$是充分统计量,分布为$[\Gamma(na)\theta^{na}n^{-na}]^{-1}t^{na-1}\mathrm{e}^{-nt/\theta}I(t>0)\mathrm{d}t$,因此对 $\lambda>0$ 有

$$P_\theta(t\leqslant\theta\lambda)=[\Gamma(na)]^{-1}\int_0^\lambda n^{na}x^{na-1}\mathrm{e}^{-nx}\mathrm{d}x\equiv g(\lambda).$$

固定 t(即 $\bar{X}$),把上式视为 $\theta\geqslant\lambda^{-1}t$ 的**信任概率**,则 $\theta\geqslant y$ 的信任概率为 $g(t/y)$. 由此得出 θ 信任分布的概率密度为

$$ty^{-2}g'(\lambda)\big|_{\lambda=t/y} = [\Gamma(na)]^{-1}(nt)^{na}y^{-na-1}\mathrm{e}^{-nt/y} \tag{7.30}$$

当 $y>0$,而当 $y\leqslant 0$ 时为 0.

例 7.12 与 7.11 有一点不同. 在例 7.11 中,$\bar{X}$的密度为

$$\frac{\sqrt{n}}{\sqrt{2\pi}}\exp\left(-\frac{n}{2}(t-\theta)^2\right).$$

求信任密度时,只需掉换 t 和 θ 的作用:把 t 固定,把此函数视为 θ 的函数就行. 在例 7.12 中若照此办理,将得到形如 $C(t)y^{-na}\mathrm{e}^{-nt/y}$ 的信任密度,与按“标准”方法得出的表达式(7.30)不同.

例 7.13 $X_1,\cdots,X_n$ iid.,$\sim N(\theta,\sigma^2)$,$\theta\in\mathbb{R}^1$,$\sigma^2(>0)$都未知. 记 $S=\left[\frac{1}{n-1}\sum_{i=1}^{n}(X_i-\bar{X})^2\right]^{1/2}$,以及

$$\xi=\sqrt{n}(\bar{X}-\theta)/\sigma,\quad \eta=S/\sigma. \tag{7.31}$$

$(\bar{X},S)$为完全充分统计量. 按上述作法,要从其分布“套”出(θ,σ)的信任分布. 把$(\bar{X},S)$变换到(ξ,η)有其方便,因为后者的分布与(θ,σ)无关.

因 ξ,η 独立,$\xi\sim N(0,1)$,η 有密度 $C_n\eta^{n-2}\exp\left(-\frac{n-1}{2}\eta^2\right)I(\eta>0)$,$(\xi,\eta)$的联合密度为$\left(C_n=2\left(\frac{n-1}{2}\right)^{(n-1)/2}\Big/\Gamma\left(\frac{n-1}{2}\right)\right)$

$$f(\xi,\eta)=\varphi(\xi)C_n\eta^{n-2}\exp\left(-\frac{n-1}{2}\eta^2\right)I(\eta>0). \tag{7.32}$$

按以上几例的作法,求(θ,σ)的信任分布要如下进行:在$\{(\xi,\eta):\eta>0\}$内任取一集 A. 按(7.32)式,有

$$P((\xi,\eta)\in A)=\iint_A f(\xi,\eta)\mathrm{d}\xi\mathrm{d}\eta.$$

另一方面,集$\{(\xi,\eta)\in A\}$可转化为(通过(7.31)式)$\{(\theta,\sigma)\in\widetilde{A}\}$的形式,于是得到

$$P_{信任}((\theta,\sigma)\in\widetilde{A})=\iint_A f(\xi,\eta)\mathrm{d}\xi\mathrm{d}\eta. \tag{7.33}$$

在本例中,因 ξ,η 独立,可用一简便的算法:由(7.31)式的第二式有 $\sigma=s/\eta$,s 视

为已知,而 η 的密度也已知,这样算出 σ 的(信任)密度为

$$h(\sigma) = c_n s^{n-1}\sigma^{-n}\exp\left(-\frac{(n-1)s^2}{2\sigma^2}\right)I(\sigma>0).$$

给定 σ 时,$\theta=\bar{X}-\sigma\xi/\sqrt{n}$. 给定 σ 相当于给定 η,而此对 ξ 的分布无影响. 故 $\theta|\sigma\sim N(\bar{X},\sigma^2/n)$,其密度为 $\sigma^{-1}\sqrt{n}\varphi\left(\frac{\sqrt{n}(\bar{X}-\theta)}{\sigma}\right)$. 由此得$(\theta,\sigma)$的联合信任密度为

$$\begin{aligned}&\sigma^{-1}\sqrt{n}\varphi\left(\frac{\sqrt{n}(\bar{X}-\theta)}{\sigma}\right)h(\sigma)\\&\quad= c_n\sqrt{n}\frac{1}{\sqrt{2\pi}\sigma}\exp\left(-\frac{n(\bar{x}-\theta^2)}{2\sigma^2}\right)s^{n-1}\sigma^{-n}\exp\left(-\frac{(n-1)s^2}{2\sigma^2}\right)I(\sigma>0).\end{aligned} \tag{7.34}$$

如按"正规"(即(7.33)式)的方式算,结果也一样. 证明很容易,留作习题(习题61).

把(7.34)式对 σ 从0到 ∞ 积分,得出 θ 的边缘密度,结果是

$$\sqrt{n}(\theta-\bar{X})/S\sim t_{n-1}. \tag{7.35}$$

这形式上与我们早就知道的结果一样,但解释不同. 在以前,θ 是视为常数,而$(\bar{X},S)$为随机变量. 在此则恰好反过来. 利用(7.35)式,就可以作出 θ 的"信任区间估计" $\bar{X}\pm St_{n-1}(\alpha/2)/\sqrt{n}$,其"信任系数"为 $1-\alpha$. 这形式上也与以前得出的 t 区间估计完全一样,但解释不同:在 Neyman 理论中,说置信区间 $\bar{X}\pm St_{n-1}(\alpha/2)/\sqrt{n}$ 有置信系数 $1-\alpha$,是指在多次抽样(每次样本量为 n)下,所算出的上述区间中,约有 $100(1-\alpha)\%$ 的区间能包含 θ. 而在信任推断中,意思是:当有了样本 $X_1,\cdots,X_n$ 时,我们对"区间 $\bar{X}\pm St_{n-1}(\alpha/2)/\sqrt{n}$ 能包含 θ"这件事信任的程度是 $1-\alpha$. 理论上讲意义完全不同,从实用的观点看,只好说它不过是用不同的方式表达了一个意思. 这也就看出一个问题:虽则充分统计量的使用在一定范围内对信任分布的寻求给了一个唯一的规则,但往往所得结果只是原先理论中某个结果的另外说法,不能产生新东西. 但也不见得总是如此,著名的 Behrens-Fisher 问题即其一例. 可以说,在当时,这个例子是引起统计学者对信任推断法感兴趣的一个重要原因.

例 7.14 样本 $X_1,\cdots,X_{n_1}$ iid.,$\sim N(\theta_1,\sigma_1{}^2)$,$Y_1,\cdots,Y_{n_2}$ iid.,$\sim N(\theta_2,\sigma_2{}^2)$,全体独立. 记 $S_1=\dfrac{1}{\sqrt{n_1}}\left[\dfrac{1}{n_1-1}\sum_{i=1}^{n_1}(X_i-\bar{X})^2\right]^{1/2}$,$S_2=\dfrac{1}{\sqrt{n_2}}\left[\dfrac{1}{n_2-1}\sum_{i=1}^{n_1}(Y_i-\bar{Y})^2\right]^{1/2}$.
在例 7.13 中已证明:

$$\theta_1\text{的信任分布与 }\bar{X}-S_1t_1\text{同},\quad t_1\sim t_{n_1-1},$$

$$\theta_2\text{的信任分布与 }\bar{Y}-S_2t_2\text{同},\quad t_2\sim t_{n_2-1},$$

且二者独立. 因此

$$(\theta_2-\theta_1)-(\bar{Y}-\bar{X})\text{ 的信任分布}=S_2t_2-S_1t_1\text{ 的分布}.$$

此处 t_1,t_2独立,而 S_1,S_2视为常数. 变量 $S_2t_2-S_1t_1$形式上包含四个参数:S_1,S_2及自由度 n_1-1 和 n_2-1. 可以减少一个:令 $\psi=\arccos(S_2/\sqrt{S_1{}^2+S_2{}^2})$,而

$$W=(\cos\psi)t_2-(\sin\psi)t_1.$$

这是一个只包含三个参数 ψ,n_1-1 和 n_2-1 的、关于 0 对称的分布. 若找出这分布的上 $\alpha/2$ 分点为 c,则当取$(\bar{Y}-\bar{X})\pm\sqrt{S_1{}^2+S_2{}^2}c$ 作为$\theta_2-\theta_1$的区间估计时,它有“信任系数”$1-\alpha$. 在 Fisher 和 Yates 所著的《Statistical Tables》中载有这个分布的表.

这个解法创新之点在于:它给出的区间确切地具有指定的信任系数. 这一点用 Neyman 方法做不到(习题 4). 如果坚持概率的频率解释,这种解是不能令人接受的. 置信区间理论创立者 Neyman 基于这种立场,在一项工作中对上述解法作了评论,主要有两点:一是信仰分布的导出,以至这概念本身,都缺乏根据;二是他通过计算证明:这样定出的区间估计,并不具备在他的意义下的置信系数 $1-\alpha$. 他就 $n_1=12$,$n_2=6$ 和 $\alpha=0.05$ 的特例,算出上述信任区间能包含$\theta_2-\theta_1$的概率(频率意义下的概率),与比值 $\rho=\sigma_1/\sigma_2$有关:当 $\rho=0.1$,1 和 10 时,这概率分别是 0.966,0.960 和 0.934. Neyman 的计算证明了,Fisher 的信任推断与 Neyman 的置信区间确不是一回事. 但是,如以信任推断法不是基于频率概率而否定它,则赞成这种方法的人未必能接受. 因为,通过数据对总体进行推断的问题,本就不是纯数学的,一种方法,只要自身能相容而在实用上又有良好表现,就有自成学派的理由,而不能以它是否与某种现存理论(如频率概率论)相一致,来作为肯定或否定它的唯一根据. 信仰推断法的问题,从逻辑上讲,不在于此,而在于它未能对“信仰分布”的概念建立一个相容的理论,特别是,未能指

出一个无歧义的、在普遍情况下适用的求信任分布的方法.

至于 Neyman 指出的第二点,在信任推断论者看来,只不过说明了 Fisher 的方法与 Neyman 的方法不是一回事,尚不能据此判定其是与非. 客观地看,如果拿 Neyman 理论作为一个已有坚实基础的参照点,则 Fisher 方法在 n_1,n_2 都不太大且有较大差距,而 $\rho=\sigma_1/\sigma_2$ 又有很大跨度的条件下,其信任系数尚能与 Neyman 的置信系数只有很小的差距这个事实,倒是说明,至少对本问题而言, Fisher 的方法是可以放心的.

一脱离有充分统计量(其个数要与参数个数相同)的场合,如何确定信任分布的问题,就没有清楚的回答. 在以后的年代里,一些学者进行过研究,想在某些更少的限制下,制定出合理自然而有一意性的定信任分布的规则,但看来还谈不到有什么根本性的进展.

信任推断法在一个基点上与 Bayes 法相似,即企图通过样本搞出参数的一个分布(信任分布、后验分布),以之作为当前对未知参数知识的概括. 不同的是,Bayes 方法要借助“外力”,即先验分布,而 Fisher 方法不需要. Bayes 方法因其先验分布的哲学意义及指定先验分布的“主观”性而遭受批评. 克服这一弱点,可能是 Fisher 创立其方法的动机. 可是,Bayes 方法因其有了这一“外力”之助,在方法上有了一意性:你可以不同意它,但你不能说其方法有歧义,因为后验分布有一意性的算法. Fisher 的方法为避免先验分布,却生出了更麻烦的问题. 信任推断法终究(至少到目前为止)未能与频率统计和 Bayes 统计鼎足而三,就在于没有解决这个根本问题. 我们对这个方法的简略论述就到此为止. 作者的本意是不带什么倾向性. 科学的发展是难于预测的,更确定的结论还得要留待将来.

第 8 章

线性统计模型

线性统计模型,或简称线性模型,是指如下形式的一类模型:

$$Y = \beta_0 + \beta_1 X_1 + \cdots + \beta_p X_p + e. \tag{8.1}$$

例如,Y 是某种农作物单位面积产量,$X_1,\cdots,X_p$分别是单位面积播种量、施肥量等等,e 是**随机误差**. Y 可称为**目标变量**,因为它是研究者主要关心的对象. $X_1,\cdots,X_p$称为**解释变量**,意思是,这些变量所代表的因素,解释了 Y 值的形成. 在许多情况下,诸 $X_i(1\leqslant i\leqslant p)$与 Y 之间有明显的因果关系(如本例),故也常称诸 X_i 为**自变量**,Y 为**因变量**. 有时,诸 X_i 与 Y 之间并不存在明显的因果关系,我们也还是维持这个称呼.

e 是模型的随机误差,故也称**模型误差**. 它反映了 Y 值构成中,由大量偶然性因素的影响所形成的那部分,或更确切地说,没有被诸 X_i 因素所反映的那部分. 例如"施肥量"这个因素,如在操作中,对田地各处施肥量都给予了精密的定量控制,则"施肥量"作为一个系统性因素即 X_i 因素进入模型(8.1),而不是误差. 反之,若在操作时只有一个很"大概"的量,则各处施肥量会有未受控制的差异,其影响就归入了随机误差 e. 因此,更确切地说,e 是由那些在研究中不能控制、未加控制的因素及种种偶然性因素所构成. 要降低 e 的影响,就需要尽量找出对 Y 有影响的各种系统性因素,把它从 e 中分离出来. 但这样做,受到当时的科学水平、实验条件及人、财、物等各种条件的制约,而且也不见得一定有利. 因为模型(8.1)中的 p 大了,"线性"这一部分的代表性一般会降低. 事实上,在(8.1)式中,我们总可以调整 β_0 之值使 $\mathrm{E}e=0$,这就等于说$\mathrm{E}Y$(或更确切地说,给定诸 X_i 值时,Y 的条件期望 $\mathrm{E}(Y|X_1,\cdots,X_p)$是诸 X_i 的线性函数. 真实情况是,$\mathrm{E}Y$是诸 X_i 一个很复杂的函数,当 p 较小时,用线性函数逼近可能反而好一些. 另外,p 太大时,统计分析的可靠性和精度可能有所降低. 因此,在实际问题中,总是选取为数不太多的、可能对 Y 影响最大的因素作为自变量. 具体选择依赖对所研究的问题的专门知识,数理统计学上也发展了一些理论和方法来对付这个问题,此即**模型或变量的选择问题**.

在模型(8.1)中,Y 总是随机变量. 至于诸 X_i,有两种情况:一种是其值可事先指定,如上例中播种量、施肥量. 这种情况出现在受控制的试验的场合,如通过试验去研究种种因素(诸 X_i)对一种产品质量(Y)的影响. 诸 X_i 之值在试验中由人适当安排,如何安排(以便于在尔后的统计分析中发挥更大的效果),是数理统计学中"**试验设计**"这个分支的研究内容. 在这些情况下,诸 X_i 视为非随机的值.

另一种情况是,诸 X_i 之值与 Y 一样,同是观察一随机抽样得来的个体时所得,而非出于事先安排. 例如人的身高(X)和体重 Y,可以认为大致上有如下关系:

$$Y = \beta_0 + \beta_1 X + e.$$

从一群人中随机抽一个,就量出一对值(X, Y),X 值并不能事先安排. 对这种情况,只能把诸 X_i 也视为随机变量.

从统计理论上说,这两种情况有很大的差异. 诸 X_i 为随机的情况属于"**多元统计分析**"的范围,理论更复杂;X 为非随机的情况则属于**一元统计**(只涉及一个随机变量 Y),理论较简单,方法上也如此. 另有一些只在诸 X_i 为随机时才有的问题. 实用上,有时把一些诸 X_i 为随机的情况,也当作非随机情况去处理. 这在诸 X_i 和 Y 有一个联合多元正态分布时是合理的,因为这时在给定诸 X_i 的条件下,Y 的条件分布为正态,其(条件)期望有 $\beta_0 + \beta_1 X_1 + \cdots + \beta_p X_p$ 的形式,且条件方差为常数,与诸 X_i 的给定值无关. 在本章中,如无特别申明,总是把诸 X_i 视为非随机的.

有关模型(8.1)的另一个重要之点,是诸 X_i 取值的性质. 有三种情况:

1° 各 X_i 都连续取值. 这时(8.1)式常称为**回归分析**模型.

2° 各 X_i 都只取 0,1 两值. 这时(8.1)式常称为**方差分析**模型.

3° 1°,2°两种情况兼而有之. 这时(8.1)式称为**协方差分析**模型.

这些名称意义的较仔细的解释,及几种情况在统计分析上带来的差异,将在后面解释.

最后要谈到一点是,(8.1)式包含了那些经过变数代换能化归线性的模型. 一般形式是

$$Y = \beta_0 + \beta_1 f_1(X_1, \cdots, X_q) + \cdots + \beta_p f_p(X_1, \cdots, X_q) + e,$$

其中 $f_1, \cdots, f_p$ 是 $X_1, \cdots, X_q$ 的已知函数. 令 $Z_i = f_i(X_1, \cdots, X_q)(1 \leqslant i \leqslant p)$,以 $Z_1, \cdots, Z_p$ 为新的自变量,就化归为形式(8.1). 例如多项式模型 $Y = \beta_0 + \beta_1 X + \cdots + \beta_p X^p + e$,令 $X_i = X^i (1 \leqslant i \leqslant p)$,化为线性形式(8.1).

以上所讲的是线性模型的**理论结构**. 在应用上,一旦树立起这样一个模型,则研究者所关心的,是模型中一些有关未知量的具体值,即常数项 β_0,回归系数 $\beta_1, \cdots, \beta_p$(这是回归模型下的称呼,在方差分析中另有其称呼,见后),及与误差 e

的分布有关的量，例如其方差 σ^2，它综合地反映了误差一项影响的大小．而为要对这些量作统计推断，必须经过试验或观察取得数据．

设共进行了 n 次试验或观察（以后只说试验），在第 i 次试验中，$X_1,\cdots,X_p$ 分别取值 $x_{i1},\cdots,x_{ip}$，Y 取值 Y_i，而误差 e 取值 e_i，注意 e 是不可观察的，因而 e_i 的值并不知道．这样有 n 个方程：

$$Y_i = \beta_0 + \beta_1 x_{i1} + \cdots + \beta_p x_{ip} + e_i, \quad 1 \leqslant i \leqslant n. \tag{8.2}$$

在线性模型的研究中，用矩阵的写法更简便．我们先引进一个形式的自变量 $X_0 \equiv 1$，则(8.2)式可写为 $Y_i = \beta_0 x_{i0} + \cdots + \beta_p x_{ip} + e_i$，然后重新编号，仍从 1 开始，这样可把(8.2)式写成 $Y_i = \beta_1 x_{i1} + \cdots + \beta_p x_{ip} + e_i$ 的形式．令

$$x_i = (x_{i1},\cdots,x_{ip})', \quad \beta = (\beta_1,\cdots,\beta_p)',$$

可以把(8.2)式写为

$$Y_i = x_i'\beta + e_i, \quad 1 \leqslant i \leqslant n. \tag{8.3}$$

如有必要突出常数项 α 的存在，也可把(8.3)式写为

$$Y_i = \alpha + x_i'\beta + e_i,$$

以后再说．引进矩阵

$$X = \begin{pmatrix} x_1' \\ \vdots \\ x_n' \end{pmatrix}, \quad Y = \begin{pmatrix} Y_1 \\ \vdots \\ Y_n \end{pmatrix}, \quad e = \begin{pmatrix} e_1 \\ \vdots \\ e_n \end{pmatrix}, \tag{8.4}$$

可将(8.3)式归一为简洁的矩阵形式：

$$Y = X\beta + e. \tag{8.5}$$

注意**此处的** Y，e **是按**(8.4)**式定义的，与原来**(8.1)**中的意义不同**．以后如无特别申明，总是指这个意义．(8.5)式称为**线性模型的数据形式**，通常提到"线性模型"一语，一般总是指(8.5)式而非(8.1)式．

本章的内容，就是研究模型(8.5)中未知量的统计推断的理论和方法．其中一部分，与模型按 X 取值分类的所属没有关系或关系较小，作为一门基础课，这部分是我们的重点．另一些方法和理论与模型所属类别有更大的关系，这构成统计学中一些专门分支，如回归分析、方差分析等的内容．本章所讲的是进一步研究这些专门分支的必备基础．

8.1 最小二乘估计

本节研究回归系数向量 β 及误差方差 σ^2 的点估计问题. 先考虑前者. 为估计 β,现今回归分析中发展了许多方法,其中迄今为止应用最广,计算最简便且又作为其他若干方法的出发点的,仍推**最小二乘法**. 这个方法的意思是,**找** β,**使** $\|Y-X\beta\|^2=\sum_{i=1}^{n}(Y_i-x_i'\beta)^2$ **达到最小,即以其极小值点** $\hat{\beta}$ **作为** β **的估计**,称为**最小二乘估计**(Least Squares Estimate,**简记为** LSE).

先从几何角度考察一下这个问题是有益的. X 的 p 个列向量生成一个线性空间,记为 $\mu(X)$. 当 β 跑遍 $\mathbb{R}^p$ 时,$X\beta$ 跑遍 $\mu(X)$. 故知 $\hat{\beta}$ 为 β 的 LSE 的充要条件为:$X\hat{\beta}$ 是 Y 在 $\mu(X)$ 中的(正交)投影 $\hat{Y}$. 这个分析证明了 LSE 必存在,其是否唯一,则取决于由 $X\hat{\beta}$ 可否唯一决定 $\hat{\beta}$,而这又取决于矩阵 X 是否"**列满秩**",即 $\mathrm{rank}(X)$ 是否为 p. 这样,我们证明了:**LSE** $\hat{\beta}$ **必存在,当** $\mathrm{rank}(X)=p$ **时,LSE 唯一,否则不唯一**. 这个讨论没有解决如何计算 $\hat{\beta}$ 的问题. 为此,我们对表达式 $\|Y-X\beta\|^2$ 中 β 各分量 $\beta_1,\cdots,\beta_p$ 求偏导并令之为 0,得到如下写成矩阵形式的方程:

$$S\beta=X'Y,\quad S=X'X,\tag{8.6}$$

它称为线性模型(8.5)的**正规方程**. S 这个矩阵在今后的讨论中有重要作用,故用之专记 $X'X$. 关于(8.6)式的解,有以下的定理:

定理 8.1 1° (8.6)式必有解.

2° (8.6)式的任一解为 β 的 LSE.

3° β 的任何 LSE 必为(8.6)式的解.

证明 因 $X'Y\in\mu(X)$,要证 $S\beta=X'Y$ 有解,只需证 $\mu(X')=\mu(S)$. 显然 $\mu(S)\subset\mu(X')$. 现设 $a\perp\mu(S)$,则 $a'X'X=0$,故 $a'X'Xa=0$,因而 $a'X'=0$ 即 $a\perp\mu(X')$. 这证明了 $\mu(X')\subset\mu(S)$,因而 $\mu(X')=\mu(S)$. 这证明了 1°. 现设 $\hat{\beta}$ 为(8.6)式的一解,则对任何 b,有

$$\|Y-Xb\|^2=\|(Y-X\hat{\beta})+X(\hat{\beta}-b)\|^2$$

$$= \| Y - X\hat{\beta} \|^2 + \| X(\hat{\beta} - b) \|^2$$
$$+ 2(\hat{\beta} - b)'(X'Y - S\hat{\beta}). \tag{8.7}$$

因 $\hat{\beta}$ 为(8.6)式的解,右边第三项为 0,故 $\| Y - Xb \|^2 \geqslant \| Y - X\hat{\beta} \|^2$,这对一切 b 成立,故$\hat{\beta}$ 为 $\| Y - X\beta \|^2$的最小值点,这证明了 2°. 最后,设 $\hat{\beta}$ 为 $\| Y - X'\beta \|^2$的一最小值点. 取(8.6)式的一解 b,其存在已在上面证明. 在(8.7)式中换 b 为$\hat{\beta}$,$\hat{\beta}$ 为 b,则由 b 为(8.6)式之解,得 $\| Y - X\hat{\beta} \|^2 = \| Y - Xb \|^2 + \| X(\hat{\beta} - b) \|^2$.由于 $\hat{\beta}$ 为最小值点,由上式得 $\| X(\hat{\beta} - b) \|^2 = 0$, 即 $X\hat{\beta} = Xb$,故

$$S\hat{\beta} = X'(X\beta) = X'(Xb) = Sb = X'Y.$$

这证明了 $\hat{\beta}$ 是(8.6)式的解. 定理证毕.

据这个定理,求 LSE 只需解一个线性方程组,且 LSE 可表为 $Y_1, \cdots, Y_n$ 的线性函数,其统计性质较易研究. 这两个优点,是 LSE 得以风行的主要原因.

如果 $\text{rank}(X) = p$,则 $\text{rank}(S) = p$,而(8.6)式有唯一解

$$\hat{\beta} = S^{-1}X'Y. \tag{8.8}$$

若 $\text{rank}(X) < p$,则 S 为降秩. 这时,正规方程(8.6)的解,可通过 S 的广义逆 S^- 表为 $S^- X'Y$. 本章中用到的少量广义逆知识可参看附录.

8.1.1　可估函数 · Gauss-Markov 定理

再回到正规方程(8.6). 若 $\text{rank}(X) < p$,则 LSE $\hat{\beta}$ 不唯一,这时称 β 为"**不可估**"的. 这样定义有其不恰当之处,即把 β 的是否可估与一个具体的(即 LSE)估计方法联系起来. 但我们可从另一个角度考察. 若 $\text{rank}(X) < p$,则 $X\beta$ 不能唯一决定 β,就是说,有许多不同的 β,如 $\beta_{(1)}, \beta_{(2)}, \cdots$,使 $X\beta_{(1)} = X\beta_{(2)} = \cdots$. 这样一来,模型(8.5)中的 β 没有了确定的含义,因此不论用什么方法都无法估计它.

β 的**可估性**还可以从更直接的意义去理解,为此,先对误差 e 引进条件

$$\mathrm{E}e = 0. \tag{8.9}$$

若 $\text{rank}(X) < p$,则 β 的任一线性估计 AY(A 是 $p \times n$ 常数矩阵)都不可能是 β 的无偏估计. 事实上,若 AY 是无偏估计,则由(8.9)式,有

$$\beta = \mathrm{E}(AY) = A \cdot \mathrm{E}Y = A(X\beta) + \mathrm{E}e = AX \cdot \beta.$$

此对一切$\beta\in\mathbb{R}^p$成立，故应有 $AX=I_p$(p 阶单位阵)，由此将得rank(X) = p，与 rank(X)$<p$ 不合.

总结一下，我们给β的不可估性下了三个等价的定义：LSE 不唯一；$X\beta$不唯一决定β；β没有线性无偏估计. 这三者都等价于一件事：rank(X)$<p$.

这样看，是否在 rank(X)$<p$ 时，模型(8.5)就无用了？却又不然. 因为我们感兴趣的，对我们有用的，不必是整个β，也可能只是其某些分量，或一般地，其某些线性函数 $c'\beta$.

称 $c'\beta$ 为**可估**，如存在其一个线性无偏估计 $a'Y$. 很容易证明：**$c'\beta$ 可估的充要条件是**：$c\in\mu(X')$. 事实上，若 $c\in\mu(X')$，则存在 a，使 $c=X'a$，这时 $\mathrm{E}(a'Y)=a'X\beta=c'\beta$，即 $a'Y$ 为$c'\beta$的无偏估计. 反过来，$a'Y$ 为$c'\beta$的无偏估计，则 $c'\beta=\mathrm{E}(a'Y)=a'X\beta$ 对一切$\beta\in\mathbb{R}^p$，故 $c'=a'X$，而 $c=X'a\in\mu(X')$.

也容易证明：$c'\beta$ 的可估性也像β的可估性一样，可按三种方式定义，它们是等价的，细节留给读者作为习题(习题 3).

设 $c'\beta$ 为可估函数，$\hat{\beta}$ 是β的 LSE，则称 $c'\hat{\beta}$ 为 $c'\beta$ 的 LSE. 容易证明，$c'\hat{\beta}$ 与$\hat{\beta}$的取法无关，且 $c'\hat{\beta}$ 是 $c'\beta$ 的一个线性无偏估计. 事实上，由 $c'\beta$ 可估知，$c'=aX$，故 $c'\hat{\beta}=a'X\hat{\beta}$. 但前已指出：$X\hat{\beta}$ 是 Y 在$\mu(X)$内的投影$\hat{Y}$，与$\hat{\beta}$的取法(如$\hat{\beta}$不唯一)无关. 这证明了 $c'\hat{\beta}$ 与$\hat{\beta}$的取法无关. 其次，把$\hat{\beta}=S^-X'Y$代入$c'\hat{\beta}=a'X\hat{\beta}$，得

$$\mathrm{E}(c'\hat{\beta})=\mathrm{E}(a'XS^-X'Y)=a'XS^-X'X\beta=a'X\beta=c'\beta,$$

这证明了 $c'\hat{\beta}$ 的无偏性. 这里用了 $XS^-X'X=X$，见附录(A1)式.

由这个结果自然地提出一个问题：在 $c'\beta$ 的所有线性无偏估计中，能否找到比 LSE $c'\hat{\beta}$ 更好的？这要看“好”的准则如何，及误差 e 所满足的条件. 对前一个问题，我们把准则定为(在无偏的前提下)：方差愈小愈好，而方差最小的线性无偏估计，称为**最佳线性无偏估计**(Best Linear Unbiased Estimator，简称**BLUE**). 下面著名的结果是最小二乘法的基本定理.

定理 8.2 设模型(8.5)中，误差 e 满足 $\mathrm{E}e=0$ 及

$$\mathrm{Cov}(e)=\sigma^2 I_n\quad(0<\sigma^2<\infty),\tag{8.10}$$

则任一可估函数 $c'\beta$ 的 LSE $c'\hat{\beta}$，就是它的唯一的 BLUE.

证明 因 $c'\beta$ 可估，有 $c'=a'X$. 故 $c'\hat{\beta}=a'X\hat{\beta}=a'XS^-X'Y\equiv a_1'Y$，$a_1=(XS^-X')a$ 是 a 在$\mu(X)$的投影(见附录，定理 3)，即 a 可表为 a_1+a_2，

$a_2 \perp \mu(X)$. 有

$$\mathrm{Var}(c'\hat{\beta}) = \| a_1 \|^2 \sigma^2.$$

现设 $b'Y$ 为 $c'\beta$ 的任一线性无偏估计，则 $c'\beta = \mathrm{E}(b'Y) = b'X\beta$，对一切 β，故 $c' = b'X$. 但 $c' = a'X$，故 $(b-a)'X = 0$ 即 $b - a \perp \mu(X)$，故 $b - a = d, d \perp \mu(X)$，因而 $b = a + d = a_1 + (a_2 + d)$，其中 $a_1 \in \mu(X)$，$(a_2 + d) \perp \mu(X)$. 有

$$\mathrm{Var}(b'Y) = (\| a_1 \|^2 + \| a_2 + d \|^2)\sigma^2 \geqslant \| a_1 \|^2 \sigma^2 = \mathrm{Var}(c'\hat{\beta}),$$

这证明了 $c'\hat{\beta}$ 为 BLUE. 上式等号当且仅当 $a_2 + d = 0$ 时成立. 这时 $b = a_1$，而 $b'Y = a_1'Y = c'\hat{\beta}$. 这证明了 $c'\hat{\beta}$ 的唯一性. 定理证毕.

由此定理立即得出：

系 8.1　若 $c_i'\beta(1 \leqslant i \leqslant m)$，都是可估函数，则其和 $c'\beta\left(c = \sum_{i=1}^{m} c_i\right)$ 的 BLUE，等于各 $c_i'\beta$ 的 BLUE 之和.

事实上，按本定理，$c'\beta$ 的 BLUE $= c'\hat{\beta} = \sum_{i=1}^{m} c_i'\hat{\beta} = \sum_{i=1}^{m}(c_i'\beta$ 的 BLUE).

条件(8.10)式常称为 **Gauss-Markov(GM) 条件**，而定理 8.2 则称为 **GM 定理**. 为简便书写，**以后把 $\mathrm{E}e = 0$ 也算作 GM 条件的一部分**. GM 条件要求各误差 $e_1, \cdots, e_n$ 两两不相关且有等方差，当 $e_1, \cdots, e_n$ 为 iid.，$\mathrm{E}e_1 = 0$ 且 $\mathrm{E}e_1^2 < \infty$ 时，这当然成立. GM 条件是 iid. 条件的弱化. 目下还用不着比 GM 条件更强的假定.

如果进一步假定误差有正态分布，就可以证明更强的结果：

定理 8.3　设在模型(8.5)中，误差 $e_1, \cdots, e_n$ iid. 且有公共分布 $N(0, \sigma^2)$，$\sigma^2 > 0$，则可估函数 $c'\beta$ 的 LSE $c'\hat{\beta}$ 是 $c'\beta$ 的 MVUE，即在 $c'\beta$ 的一切(不限于线性)无偏估计的类中，有一致最小的方差.

证明　Y 有密度

$$(\sqrt{2\pi}\sigma)^{-n} \exp\left(-\frac{1}{2\sigma^2} \| Y - X\beta \|^2\right) = (\sqrt{2\pi}\sigma)^{-n} \exp\left(\sum_{j=1}^{p+1} \theta_j T_j\right),$$

其中

$$\theta_1 = -1/2\sigma^2, \quad \theta_j = \beta_{j-1}/\sigma^2, \quad j = 2, \cdots, p+1,$$

$$T_1 = \sum_{i=1}^{n} Y_i^2, \quad T_{j+1} = \sum_{i=1}^{n} x_{ij} Y_i = X'Y.$$

此为一指数型分布族,其参数空间

$$\{(\theta_1,\cdots,\theta_{p+1}):0<\sigma^2<\infty,\beta\in\mathbb{R}^p\}$$

有内点. 故按定理 2.2,$(T_1,\cdots,T_{p+1})$为完全充分统计量. 因 $c'\hat{\beta}=c'S^{-1}X'Y$ 是 $X'Y$ 即 $T_2,\cdots,T_{P+1}$的函数,按定理 2.1,它是 $c'\beta$ 的唯一的 MVUE.

如果去掉正态假定,则 $c'\hat{\beta}$ 可以是也可以不是 $c'\beta$ 的 MVUE,这取决于对误差分布的具体假定,也与样本 $x_1,\cdots,x_n$构成的矩阵 X(常称为**设计矩阵**)有关(习题 5).

当 S^{-1}存在时,在 GM 假定下,有

$$\mathrm{Cov}(\hat{\beta})=\mathrm{Cov}(S^{-1}X'Y)=S^{-1}X'(\sigma^2 I)XS^{-1}=\sigma^2S^{-1}. \tag{8.11}$$

在 S^{-1}不存在时,$\hat{\beta}$ 不确定,故 $\mathrm{Cov}(\hat{\beta})$无意义. 但若 $c'\beta$ 可估,则 $c'\hat{\beta}$ 唯一因而其方差有确定的意义. 在 GM 条件下,有

$$\mathrm{Var}(c'\hat{\beta})=\sigma^2c'S^-X'XS^-c=\sigma^2c'S^-SS^-c.$$

由 $c'\beta$ 可估知 $c'=a'X$. 代入上式,用附录(A1)式,得

$$\mathrm{Var}(c'\hat{\beta})=\sigma^2c'S^-c\quad(\text{与 } S^- \text{ 取法无关}). \tag{8.12}$$

8.1.2 误差方差 σ^2的估计

$\hat{e}_i=Y_i-x_i'\hat{\beta}$ 称为 Y_i的**残差**,$1\leqslant i\leqslant n$. 易见$\hat{e}_i$不依赖 $\hat{\beta}$ 的选择,因$\hat{e}_i$是 $Y-\hat{Y}$的 i 分量,其中$\hat{Y}$是 Y 在$\mu(X)$上的投影,与 $\hat{\beta}$ 的选择无关. n 个**残差的平方和**(Residual Sum of Squares,记为 **RSS**)为

$$\mathrm{RSS}=\sum_{i=1}^n\hat{e}_i^{\,2}=\|Y-\hat{Y}\|^2=\|Y-X\hat{\beta}\|^2.$$

以 $\hat{\beta}=S^-X'Y$ 代入,并注意$(I-XS^-X')^2=I-XS^-X'$,得

$$\mathrm{RSS}=Y'(I_n-XS^-X')Y=\|(I_n-XS^-X')Y\|^2. \tag{8.13}$$

RSS 反映了实测数据与模型之间的差异,即误差的影响. 事实上,有:

定理 8.4 1° 在 GM 条件下,$\hat{\sigma}^2\equiv\mathrm{RSS}/[n-\mathrm{rank}(X)]$是 σ^2的一个无偏估计.

2° 若进一步假定 $e_1,\cdots,e_n$ iid., $\sim N(0,\sigma^2)$, 则$\hat{\sigma}^2$ 为 σ^2的 MVUE, $\mathrm{RSS}/\sigma^2\sim\chi_{n-r}^{\ 2}$, $r=\mathrm{rank}(X)$,且 RSS 与 $\hat{\beta}$ 独立(若 $\hat{\beta}$ 不唯一,则 $\hat{\beta}$ 指 β 的任

一 LSE).

证明 由(8.13)式及GM条件,有

$$\begin{aligned}\mathrm{E}(\mathrm{RSS}) &= (\mathrm{E}Y)'(I_n - XS^- X')(\mathrm{E}Y) + \sigma^2 \mathrm{tr}(I_n - XS^- X') \\ &= \beta' X'(I_n - XS^- X')X\beta + \sigma^2[n - \mathrm{tr}(XS^- X')]. \qquad (8.14)\end{aligned}$$

第一项为0,因

$$\begin{aligned}X'(I_n - XS^- X')X &= X'X - X'XS^- X'X \\ &= S - SS^- S = S - S = 0.\end{aligned}$$

因 $XS^- X'$ 为幂等阵,其 $\mathrm{tr}(XS^- X')$ 等于其秩 $\mathrm{rank}(XS^- X')$. 有

$$\mathrm{rank}(XS^- X') \leqslant \mathrm{rank}(X).$$

另一方面,因 $XS^- X'X = X$(附录(A1)式),又有

$$\mathrm{rank}(X) \leqslant \mathrm{rank}(XS^- X'),$$

因而 $\mathrm{rank}(X'S^- X) = \mathrm{rank}(X)$. 由此及(8.14)式,得

$$\mathrm{E}(\mathrm{RSS}) = [n - \mathrm{rank}(X)]\sigma^2,$$

证明了 1°.

2°的前一结论的证明与定理8.3的一样. 为证 $\mathrm{RSS} \sim \chi_{n-r}{}^2$,利用(8.13)式,$I - XS^- X'$ 为对称幂等阵,$\mathrm{rank}(I - XS^- X') = n - r$,及幂等阵与 χ^2 分布的关系(见1.3节)即得. 因

$$\hat{\beta} = S^- X'Y, \quad \mathrm{RSS} = \|(I_n - XS^- X')Y\|^2,$$

有(附录(A1)式)

$$(S^- X')(I_n - XS^- X') = S^-(X' - X'XS^- X') = 0.$$

据此,以及 Y 服从正态分布知,$S^- X'Y$ 与 $(I_n - XS^- X')Y$ 独立,因而 $\hat{\beta}$ 与 RSS 独立. 定理证毕.

这个定理的正态情况,是正态线性模型小样本统计推断的基础. 定理的1°说明:要 σ^2 有无偏估计,只要 $\mathrm{rank}(X) < n$ 就行,X 各列可能线性相关一事对此无影响.

8.1.3 模型带常数项的情况

前已指出,只需引入一个恒等于1的自变量 X_0,就可以把带常数项的情况化归为形式(8.5). 但这样做,在计算上和理论推导上不一定是最方便的.

设有带常数项 α 的线性模型

$$Y_i = \alpha + x_i'\beta + e_i, \quad 1 \leqslant i \leqslant n \tag{8.15}$$

其中 $x_i = (x_{i1}, \cdots, x_{ip})'$,记 $\bar{x} = \sum_{i=1}^{n} x_i / n \equiv (\bar{x}_1, \cdots, \bar{x}_p)'$, 将(8.15)式写为

$$Y_i = \tilde{\alpha} + (x_i - \bar{x})'\beta + e_i, \quad 1 \leqslant i \leqslant n, \quad \tilde{\alpha} = \alpha + \bar{x}'\beta. \tag{8.16}$$

这是一个形如(8.5)式的线性模型,其矩阵 X 为 $n \times (p+1)$ 矩阵,第 i 行为 $(1, (x_i - \bar{x})')$. 因此决定 $\tilde{\alpha}, \beta$ 的 LSE 的正规方程为

$$\begin{pmatrix} n & 0 \\ 0 & S_0 \end{pmatrix} \begin{pmatrix} \tilde{\alpha} \\ \beta \end{pmatrix} = \begin{pmatrix} \sum_{i=1}^{n} Y_i \\ X_0'Y \end{pmatrix}, \tag{8.17}$$

其中

$$X_0 = \begin{pmatrix} x_1 - \bar{x} \\ \vdots \\ x_n - \bar{x} \end{pmatrix}, \quad S_0 = X_0'X_0. \tag{8.18}$$

由此解出 $\tilde{\alpha}$ 的 LSE 为

$$\hat{\tilde{\alpha}} = \bar{Y}, \tag{8.19}$$

而 β 的 LSE $\hat{\beta}$,是方程

$$S_0\beta = X_0'Y \tag{8.20}$$

的解. 一旦由(8.20)式解出 $\hat{\beta}$,则由关系式 $\tilde{\alpha} = \alpha + \bar{X}'\beta$,结合(8.19)式,得出 α 的 LSE 为

$$\hat{\alpha} = \bar{Y} - \bar{x}'\hat{\beta}.$$

将模型(8.15)转化为(8.16),称为**模型的中心化**. 中心化等于把自变量的量测原点移至其观测值的中心处. 其在计算上的好处,是用一个 p 阶方程组代

替了原模型(8.15)下的 $p+1$ 阶正规方程. 在理论上,其好处是把对回归系数 β 的统计推断分离出来了. 习题 10 是对这一点的印证.

除中心化外,另一个有用的变换是**标准化**. (8.18)式中的矩阵 X_0 的(i,j)元为 $x_{ij}-\bar{x}_j$. 记

$$s_{jj}=\sum_{i=1}^{n}(x_{ij}-\bar{x}_j)^2,\quad 1\leqslant j\leqslant p,$$

将模型(8.16)改写为

$$\begin{aligned} Y_i &= \tilde{\alpha}+\sum_{j=1}^{p}x_{ij}^{*}\beta_j^{*}+e_i, \\ x_{ij}^{*} &= (x_{ij}-\bar{x}_j)/s_{jj},\quad \beta_j^{*}=s_{jj}\beta_j. \end{aligned} \tag{8.21}$$

如果在模型(8.21)之下求得 $\tilde{\alpha},\beta_j^{*}$ 的 LSE 分别为$\hat{\tilde{\alpha}},\hat{\beta}_j^{*}$,则 β_j 的 LSE 为 $\hat{\beta}_j^{*}/s_j$. 模型(8.21)中 β^{*} 部分的正规方程为

$$S_0^{*}\beta^{*}=X_0^{*}Y,$$

其中

$$X_0^{*}=\begin{pmatrix} x_{11}^{*} & \cdots & x_{1p}^{*} \\ \cdots & \cdots & \cdots \\ x_{n1}^{*} & \cdots & x_{np}^{*} \end{pmatrix},\quad S_0^{*}=(X_0^{*})'X_0^{*}. \tag{8.22}$$

标准化的作用,在于调整了各自变量的单位,使其取值不致过分悬殊,这由各变量观察值平方和为 1 体现出来. 这种改变有助于提高 LSE 的计算的精度. 另外,从形式上说,S_0^{*} 的(j,k)元可理解为自变量 X_j 和 X_k 的**样本相关系数**——如果自变量确是随机的,则它确是样本相关系数. 因此,方阵 S_0^{*} 就是自变量的**样本相关阵**. 这是作**相关分析**的基本的量.

例 8.1 设 $Y_1,\cdots,Y_n$ 是抽自某总体的 iid. 样本,要估计其均值 α,设总体方差有限.

把 Y_i 表为 $Y_i=\alpha+e_i(1\leqslant i\leqslant n)$,则 $e_1,\cdots,e_n$ 为 iid.,均值 0,方差有限. 这是一个只含常数项的线性模型. α 的 LSE $\hat{\alpha}=\hat{Y}$,残差平方和 RSS $=\sum_{i=1}^{n}(Y_i-\bar{Y})^2$. 此模型设计矩阵只有一列,其各元为 1. 故 $\operatorname{rank}(x)=1$,而 $\mathrm{RSS}/(n-1)=$

$\sum_{i=1}^{n}(Y_i - \bar{Y})^2/(n-1)$ 是误差方差 σ^2(即总体分布方差)的无偏估计. 按 GM 定理, $\bar{Y}$ 是 α 一切线性无偏估计中方差最小者. 这一点当然不难直接验证,而不必引用 GM 定理. 若总体为正态,则 $\bar{Y}$ 和 $\sum_{i=1}^{n}(Y_i - \bar{Y})^2/(n-1)$ 分别是 α 和 σ^2 的 MVUE 且二者独立. 这是以前早就知道的事实.

例 8.2(一元线性回归) $Y_i = \alpha + x_i\beta + e_i(1 \leqslant i \leqslant n)$, β 为一维. 转化到中心化(8.16)的形式,易求出 $\hat{\beta}$ 的 LSE 为

$$\hat{\beta} = \sum_{i=1}^{n}(x_i - \bar{x})Y_i \Big/ \sum_{i=1}^{n}(x_i - \bar{x})^2, \tag{8.23}$$

而 α 的 LSE 为

$$\hat{\alpha} = \bar{Y} - \bar{x}\hat{\beta}. \tag{8.24}$$

在 $e_1, \cdots, e_n$ 满足 GM 条件的假定下,易算出

$$\operatorname{Var}(\hat{\beta}) = \sigma^2 \Big/ \sum_{i=1}^{n}(x_i - \bar{x})^2.$$

可见为缩小 $\hat{\beta}$ 的方差,应使 $\sum_{i=1}^{n}(x_i - \bar{x})^2$ 尽量大一些. 可以证明(习题 8):若 x_i 取值局限在一有界区间内,则为使 $\sum_{i=1}^{n}(x_i - \bar{x})^2$ 最大, x_i 应只取 a 或 b,且等于 a 的个数为 $n/2$(当 n 为偶数)或 $n/2 \pm 1/2$(n 为奇数). 但是这样的安排有其缺点,即若模型并不真是线性的,就无法通过数据去察觉. 因此在实用上,这样的设计很少被采用.

模型的残差平方和是

$$\begin{aligned} \text{RSS} &= \sum_{i=1}^{n}\left[Y_i - \bar{Y} - (x_i - \bar{x})\hat{\beta}\right]^2 \\ &= \sum_{i=1}^{n}(Y_i - \bar{Y})^2 - \left[\sum_{i=1}^{n}(x_i - \bar{x})Y_i\right]^2 \Big/ \sum_{i=1}^{n}(x_i - \bar{x})^2, \end{aligned} \tag{8.25}$$

其自由度为 $n-2$,2 是矩阵

$$X' = \begin{pmatrix} 1 & 1 & \cdots & 1 \\ x_1 & x_2 & \cdots & x_n \end{pmatrix}$$

的秩. 这里要求 $x_1,\cdots,x_n$ 不能全相同(不然的话,系数 β 会不可估). $\mathrm{RSS}/(n-2)$ 是 σ^2 的无偏估计.

例 8.3 设样本 $Y_1,\cdots,Y_{n_1}$ iid., $\sim N(\beta,\sigma^2)$, $Y_{n_1+1},\cdots,Y_{n_1+n_2}$ iid., $\sim N(\beta,\sigma^2)$,全体独立. 这可写为(8.5)式的形式:

$$Y_i = x_{i1}\beta_1 + x_{i2}\beta_2 + e_i, \quad i = 1,\cdots,n = n_1 + n_2, \quad e_i \sim N(0,\sigma^2),$$

其中 $x_{i1}=1$ 当 $1\leqslant i\leqslant n_1$, $x_{i1}=0$ 当 $n_1+1\leqslant i\leqslant n$; $x_{i2}=0$ 当 $1\leqslant i\leqslant n_1$, $x_{i2}=1$ 当 $n_1+1\leqslant i\leqslant n$. 设计矩阵 X 为

$$X' = \begin{pmatrix} 1 & \cdots & 1 & 0 & \cdots & 0 \\ 0 & \cdots & 0 & 1 & \cdots & 1 \end{pmatrix}$$

决定 β_1,β_2 的 LSE 的正规方程是

$$n_1\beta_1 = \sum_{i=1}^{n_1} Y_i, \quad n_2\beta_2 = \sum_{i=n_1+1}^{n_1+n_2} Y_i.$$

解出 $\hat{\beta}_1 = \sum_{i=1}^{n_1} Y_i/n_1$, $\hat{\beta}_2 = \sum_{i=n_1+1}^{n_1+n_2} Y_i/n_2$. $\beta_2-\beta_1$ 的 LSE 为二者之差,它是 $\beta_2-\beta_1$ 的 MVUE. 残差平方和

$$\mathrm{RSS} = \sum_{i=1}^{n_1}(Y_i - \hat{\beta}_1)^2 + \sum_{i=n_1+1}^{n_1+n_2}(Y_i - \hat{\beta}_2)^2,$$

自由度为 2. $\hat{\sigma}^2 = \mathrm{RSS}/(n-2)$ 是 σ^2 的无偏估计,由误差的正态性, $\hat{\sigma}^2$ 是其 MVUE 且与 $\hat{\beta}_1,\hat{\beta}_2$ 独立.

例 8.4(称物设计) 有 p 个物件,其重量 $\beta_1,\cdots,\beta_p$ 未知,将其放在一架天平上去称. 每次称时, p 个物件中的每一个可放在天平的左盘或右盘,也可以两边都不放. 然后用砝码去平衡之. 约定砝码在右盘时,称量结果为正;在左盘则为负. 结果可用方程

$$Y = x_1\beta_1 + \cdots + x_p\beta_p + e \tag{8.26}$$

来表达. 如果称量时第 j 个物件在左盘,则 β_j 的系数 x_j 为 1,在右盘为 -1,若它不参加称量,则 $x_j=0$. 这样,若进行多次这样的称量,则得到若干个这样的方程,其系数随各次称量时物件的配置而定. 例如:

$$Y_1 = \beta_1 + \beta_2 - \beta_3 + e_1, \quad Y_2 = \beta_1 - \beta_2 - \beta_3 + e_2, \quad Y_3 = \beta_1 - \beta_3 + e_3$$

表示三个物件,共称三次,第一次物件1、2在左盘,物件3在右盘;第2次物件1在左盘,2、3在右盘;第3次物件1在左盘,3在右盘,而物件2则不参加. 这是一个形如(8.5)式的线性模型,其设计矩阵 X 各元只能取三个值:±1 和 0. 为要这模型符合 GM 假定,要求天平没有系统误差($\mathrm{E}e_i=0$),各次称量结果两两不相关且有公共方差. 后一要求意味着,称量的精密度与所称重量无关.

这种称量设计的特点是:参与称量的物件,每次可以多于一个且可放在天平不同的盘内. 这样做的目的,是在同样次数称量的条件下,尽可能缩小天平误差的影响. 例如,若天平称量误差方差为 σ^2,则为使一物件称量结果的误差方差降至 σ^2/n,如每次单独称这一物件,则必须称 n 次取其平均. 若有 p 个物件而这样操作,总共要称 pn 次. 但在有些情况下,用本例的设计,可以总共只称 n 次即达到同样的效果(习题7).

在本例中,方程(8.26)中的 x_j 既不是连续取值,也不是只取两个值,而是有三个值. 因此,它既不能归入回归分析范畴,也不能归入方差分析或协方差分析的范畴.

8.1.4 GM 条件不满足的情况

GM 条件规定模型(8.5)中的误差 e 有协差阵 $\mathrm{Cov}(e)=\sigma^2 I$. 如果协差阵有形式 $\mathrm{Cov}(e)=\sigma^2 G$(仍假定 σ^2 未知,$0<\sigma^2<\infty$)而 $G\neq I$,则以上的理论失效. 主要的一点是:这时 β(或可估函数 $c'\beta$)的 LSE 虽仍为无偏(假定 $\mathrm{E}e=0$ 仍满足. 无偏性与 e 的协差阵无关),但不一定是在一切线性无偏估计中方差最小者,即 LSE ≠ BLUE. 因此提出问题:这时 BLUE 如何求?

设 $c'\beta$ 为可估函数,$a'Y$ 为其线性估计. $a'Y$ 的方差为 $\sigma^2 a'Ga$,而其无偏性等价于 $a'X=c'$ 或 $X'a=c$,因此,求 $c'\beta$ 的 BLUE 等价于极值问题

$$\min\{a'Ga : X'a = c\}. \tag{8.27}$$

如果 G 为正定的,这问题很容易化归 GM 条件的情况. 事实上,当 G 对称正定时,$G^{-1/2}$ 存在且非异,以 $G^{-1/2}$ 左乘(8.5)式(这一变换可逆,故得出与原模型等价的模型),得

$$\widetilde{Y} = \widetilde{X}\beta + \tilde{e}, \tag{8.28}$$

其中 $\widetilde{Y}=G^{-1/2}Y$,$\widetilde{X}=G^{-1/2}X$,$\tilde{e}=G^{-1/2}e$. 有

$$\mathrm{Cov}(\tilde{e}) = G^{-1/2}\mathrm{Cov}(e)G^{-1/2} = G^{-1/2}\sigma^2 GG^{-1/2} = \sigma^2 I,$$

故(8.28)式适合 GM 条件. 按定理 8.2,$c'\beta$ 的 BLUE 等于其 LSE,为

$$c'(\widetilde{X}'\widetilde{X})^{-}\widetilde{X}'\widetilde{Y} = c'(X'G^{-1}X)^{-}X'G^{-1}Y. \tag{8.29}$$

同时,利用(8.28)式,也可以得出原模型中 σ^2 的估计.

如果 G 只是半正定,则(8.27)式的解大为复杂化. 此处将不予讨论,可参看 C.R. Rao 的《Linear Statistical Inference and Its Applications》(第 2 版)第 294～302 面.

8.1.5　大样本理论

线性模型的大样本理论的研究对象,是当样本量 $n\to\infty$ 时,β 和 σ^2 的估计量的渐近性状,及与此有关的种种统计推断问题,例如与 β 有关的大样本检验问题. 这个领域近几十年来有较深入的发展,其详可参看本书作者与合作者的著作《线性模型参数的估计理论》与《M 方法的渐近理论》两书. 这个领域大都已超出基础课的范围,此处只就与 LS 法有关的若干初浅结果作一点简单的介绍.

1. 可估函数 LSE 的弱相合问题

为此处的目的,把线性模型写成形式(8.3)为便,因其中明白标出了样本量 n. 记 $S_n = \sum_{i=1}^{n} x_i x_i'$.

我们已经知道:若 $c'\beta$ 可估,其 LSE 为 $c'\hat{\beta}_n$,则当 $e_1, e_2, \cdots$ 满足 GM 条件 $\mathrm{E}e_i = 0, \mathrm{E}(e_i e_j) = 0$ 当 $i \neq j$, $\mathrm{E}e_i^2 = \sigma^2$ 而 $0<\sigma^2<\infty$ 时,$c'\hat{\beta}_n$ 为 $c'\beta$ 的无偏估计,且 $\mathrm{Var}(c'\hat{\beta}_n) = c'S_n^{-}c$. 因此,若

$$\lim_{n\to\infty} c'S_n^{-}c = 0, \tag{8.30}$$

则 $\mathrm{E}(c'\hat{\beta}_n - c'\beta)^2 = \mathrm{Var}(c'\hat{\beta}_n)\to 0$,因而 $c'\hat{\beta}_n$ 为 $c'\beta$ 的**二阶矩相合**(又称**均方相合**)**估计**,故必为**弱相合估计**. 更深刻的是其反面:若(8.30)式不成立,则 $c'\hat{\beta}_n$ 不为弱相合. 因此

$$c'\hat{\beta}_n \text{ 均方相合} \quad \Leftrightarrow \quad c'\hat{\beta}_n \text{ 弱相合} \quad \Leftrightarrow \quad (8.30)\text{ 式}. \tag{8.31}$$

这个结果首先由 Drygas 于 1976 年证明,参考习题 16,17. 有趣的是,对 LSE,均方相合与弱相合等价,这在一般估计问题中不成立.

GM 条件要求误差有有限的二阶矩. 当只假定误差有 r 阶矩而 $1\leqslant r\leqslant 2$ 时,$c'\hat{\beta}_n$ 的弱相合问题也有了解决,但要假定误差独立(当二阶矩无限时,GM 条件无意义).

2. 可估函数 LSE 的强相合问题

容易举例证明：**条件**(8.30)**式不能保证** $c'\hat{\beta}_n$ **为强相合**. 研究表明，为了 $c'\hat{\beta}_n$ 为**强相合**，$c'S_n^- c$ 趋于 0 要有一定的速度. 本书作者曾证明，一个充分条件是：对某个 $\varepsilon>0$ 有

$$c'S_n^- c = O((\ln n)^{-2-\varepsilon}).$$

这方面的工作后来有了一些发展，此处不细述了.

如果进一步假定 $e_1, e_2, \cdots$ 独立，则黎子良、Robbins 和魏庆云证明了：(8.30)式是 $c'\hat{\beta}_n$ 强相合的充要条件. 此结果发表于 1979 年，在此之前(1976 年)，Taylor 曾在 $e_1, e_2, \cdots$ iid.，$\sim N(0,\sigma^2)$的假定下，证明了(8.30)式的充分性. 这些结果表明：由于对$\{e_i\}$加强了条件(由 GM 加强为独立)，对$\{x_i\}$的条件有所减轻.

当只假定 e_i 有低于二阶的矩时，$c'\hat{\beta}_n$ 的强相合问题也有了解决.

3. σ^2 的估计 $\hat{\sigma}_n^2$ 的相合性

记 $X_n=(x_1 \vdots \cdots \vdots x_n)'$，$r_n$ 为 X_n 的秩，则(见(8.13)式)

$$\hat{\sigma}_n^2 = Y_{(n)}'(I_n - X_nS_n^-X_n')Y_{(n)}/(n-r_n),$$

其中 $Y_{(n)}=(Y_1,\cdots,Y_n)'$. 以 $Y_{(n)}=X_n\beta+e_{(n)}$ 代入($e_{(n)}=(e_1,\cdots,e_n)'$)，并注意 $X_n'(I_n-X_nS_n^-X_n)X_n=0$，得

$$\begin{aligned} Y_{(n)}'(I_n - X_nS_n^-X_n')Y_{(n)} &= e_{(n)}'(I_n - X_nS_n^-X_n')e_{(n)} \\ &= \sum_{i=1}^n e_i^2 - e_{(n)}'X_nS_n^-X_n'e_{(n)}. \end{aligned}$$

现设误差 $e_1, e_2, \cdots$ iid.，$\mathrm{E}e_1=0$，$0<\mathrm{Var}(e_i)=\sigma^2<\infty$. 前已证明

$$\mathrm{E}(Y_{(n)}'(I_n - X_nS_n^-S_n')Y_{(n)}) = (n-r_n)\sigma^2,$$

而 $\mathrm{E}\left(\sum_{i=1}^n e_i^2\right) = n\sigma^2$，故 $\mathrm{E}(e_{(n)}'X_nS_n^-X_n'e_{(n)})=r_n\sigma^2$，而 $r_n\leqslant p$. 故

$$\lim_{n\to\infty}\frac{1}{n-r_n}e_{(n)}'X_nS_n^-X_n^-e_{(n)} = 0 \quad \text{in pr.}.$$

另一方面，由 Kolmogorov 强大数律及$(n-r_n)/n\to 1$，知

$$\lim_{n\to\infty}\frac{1}{n-r_n}\sum_{i=1}^n e_i^2 = \sigma^2 \quad \text{a.s.}.$$

综合以上讨论,得到

$$\lim_{n\to\infty}\hat{\sigma}_n^{\ 2} = \sigma^2 \quad \text{in pr.}.$$

上面我们假定了误差 $e_1, e_2, \cdots$ 独立同分布. 在这个很强的假定下,用更复杂一些的推理,可以说明 $\hat{\sigma}_n^{\ 2} \to \sigma^2$ a.s.,即 $\hat{\sigma}_n^{\ 2}$ 为 σ^2 的强相合估计,有关细节不在这里讨论了.

4. LSE 的渐近正态性

这里要假定误差 $e_1, e_2, \cdots$ 独立. 由于 LSE 是 $Y_1, Y_2, \cdots$ 的线性函数,因而也是 $e_1, e_2, \cdots$ 的线性函数,LSE 的渐近正态性问题归结为独立和的中心极限问题,可利用这方面已有的成果. 例如:

定理 8.5 设 $e_1, e_2, \cdots$ iid., $\mathrm{E}e_1 = 0, 0 < \mathrm{Var}(e_1) = \sigma^2 < \infty$. 又假定当 n 充分大时,$S_n^{\ -1}$ 存在(这时 β 本身,因而其任一线性函数皆可估). 记 $d_n = \max\limits_{1\leqslant i\leqslant n} x_i S_n^{\ -1} x_i$,则当 $\lim\limits_{n\to\infty} d_n = 0$ 时,有

$$S_n^{\ 1/2}(\hat{\beta}_n - \beta) \xrightarrow{L} N(0, \sigma^2 I_p), \tag{8.32}$$

而对任何常向量 c,有

$$(c'\hat{\beta}_n - c'\beta)/[\sigma(c'S_n^{\ -1}c)^{1/2}] \xrightarrow{L} N(0,1). \tag{8.33}$$

定理证明不难,梗概如下:

1° 为证(8.32)式,只需证对任意常向量 $a \neq 0$,有

$$a'S_n^{\ 1/2}(\hat{\beta}_n - \beta) \xrightarrow{L} N(0, \|a\|^2\sigma^2). \tag{8.34}$$

2° 证明

$$a'S_n^{\ 1/2}(\hat{\beta}_n - \beta) = \sum_{i=1}^n a'S_n^{\ -1/2} x_i e_i \equiv \sum_{i=1}^n b_{ni} e_i, \quad b_{ni} = a'S_n^{\ -1/2} x_i.$$

3° 证明 $\sum\limits_{i=1}^n b_{ni}^{\ 2} = \|a\|^2$. 因此,由对$\{e_i\}$的假定,利用形如 $\sum\limits_{i=1}^n e_{ni}$ ($e_{ni} = b_{ni}e_i$) 的独立和中心极限定理(Loeve 著《Probability Theory》第 295 面),为证(8.34)式,只需证:

$$\max_{1\leqslant i\leqslant n} b_{ni}^{\ 2} \to 0, \quad 当\ n \to \infty. \tag{8.35}$$

前面我们已证明，$\hat{\sigma}_n{}^2$ 为 σ^2 的相合估计．故如在(8.32)和(8.33)式中以 $\hat{\sigma}_n$ 代 σ，结果仍成立：

$$S_n{}^{1/2}(\hat{\beta}_n - \beta)/\hat{\sigma}_n \xrightarrow{L} N(0, I_p), \tag{8.36}$$

$$(c'\hat{\beta}_n - c'\beta)/[\hat{\sigma}_n(c'S_n{}^{-1}c)^{1/2}] \xrightarrow{L} N(0,1). \tag{8.37}$$

这就可用于涉及 β 的大样本推断，例如求 $c'\beta$ 的大样本区间估计的问题．

8.2 检验与区间估计

8.2.1 线性假设的 F 检验

设有线性模型(8.5)．假定误差 $e_1, \cdots, e_n$ iid.，$\sim N(0,\sigma^2)$，要检验假设

$$H\beta = 0 \leftrightarrow H\beta \neq 0. \tag{8.38}$$

这里 H 是一个已知的 $k \times p$ 矩阵，p 是 β 的维数．(8.38)式称为**齐次线性假设**．也可以考虑更一般的问题 $H\beta = c \leftrightarrow H\beta \neq c$，称为**非齐次线性假设**．不难看出，它可以化归齐次情况．事实上，找 β_0 使 $H\beta_0 = c$（这种 β_0 应存在，否则假设 $H\beta = c$ 无意义），将 $H\beta = c$ 写为 $H\tilde{\beta} = 0$，$\tilde{\beta} = \beta - \beta_0$．又令 $\widetilde{Y} = Y - X\beta_0$，则 $\widetilde{Y} = X(\beta - \beta_0) + e = X\tilde{\beta} + e$．原假设 $H\beta = c$ 化归此模型下的齐次线性假设 $H\tilde{\beta} = 0$．以此之故，以后我们只讨论齐次的情况．

我们用**似然比检验**来检验(8.38)式．似然函数为

$$L(\beta, \sigma^2, Y) = (\sqrt{2\pi}\sigma)^{-n}\exp\left(-\frac{1}{2\sigma^2}\| Y - X\beta \|^2\right),$$

其无限制的极大值为：先求出 $\| Y - X\beta \|^2$ 的极小值 $\text{RSS} = \| Y - X\hat{\beta} \|^2$，再就 $(\sqrt{2\pi}\sigma)^{-n}\exp(-\text{RSS}/(2\sigma^2))$ 对 σ 求极值，结果为

$$\text{ML}(Y) = (2\pi/n)^{-n/2}e^{-n/2}(\text{RSS})^{-n/2}.$$

为求 $L(\beta, \sigma^2, Y)$ 在 $H\beta = 0$ 之下的极大值，先要求出在约束 $H\beta = 0$ 之下，$\| Y - X\beta \|^2$ 的极小值．这极小值一定存在，因为，若记 $\mu_H = \{X\beta : H\beta = 0\}$，则 μ_H 是一

个线性空间,若以 $\hat{Y}_H \equiv X\hat{\beta}_H$ 为 Y 在此空间上的投影,则 $\min\{\|Y-X\beta\|^2: H\beta=0\}=\|Y-\hat{Y}_H\|^2\equiv \mathrm{RSS}_H$. 进而求得在 $H\beta=0$ 之下,$L(\beta,\sigma^2,Y)$的极大值为

$$\mathrm{ML}_H(Y)=(2\pi/n)^{-n/2}\mathrm{e}^{-n/2}(\mathrm{RSS}_H)^{-n/2},$$

于是得到似然比

$$\mathrm{LR}(Y)=(\mathrm{RSS}_H/\mathrm{RSS})^{n/2}. \tag{8.39}$$

为了决定似然比检验的临界值,有下面的定理:

定理 8.6　记 $r=\mathrm{rank}(X)$,$r_H=\dim(\mu_H)$(μ_H的维数). 设 $r_H<r$. 记 $\xi=\mathrm{RSS}_H-\mathrm{RSS}$,则 ξ 与 RSS 独立,$\mathrm{RSS}/\sigma^2\sim\chi_{n-r}{}^2$,而在原假设 $H\beta=0$ 成立时,$\xi/\sigma^2\sim\chi_{r-r_H}{}^2$.

证明　分别以 P 和 P_H记向空间 $\mu(X)$和 μ_H的投影阵(见附录),则

$$\mathrm{RSS}=Y'(I-P)Y,\quad \mathrm{RSS}_H=Y'(I-P_H)Y.$$

以下为简便计且不失普遍性,设 $\sigma^2=1$. 因为 $\mu_H\subset\mu(X)$,有 $\mathrm{RSS}\leqslant\mathrm{RSS}_H$,故 $\xi=Y'(P-P_H)Y\geqslant 0$. 因 $I-P$ 和 $I-P_H$都是对称幂等阵,而 $Y_1,\cdots,Y_n$为独立正态等方差 1,据 1.3 节"幂等阵与 χ^2分布的关系"2°知,RSS 与 ξ 独立. 据定理 8.4 知,当 $H\beta=0$ 时,$\mathrm{RSS}_H\sim\chi_{n-r_H}{}^2$. 于是再据上引"幂等阵与 χ^2分布的关系"2°知,这时有 $\mathrm{RSS}\sim\chi_{n-r}{}^2$,$\xi\sim\chi_{r-r_H}{}^2$(前者不要求 $H\beta=0$). 定理证毕.

由(8.39)式知,似然比检验的否定域可表为

$$F_H\equiv\frac{1}{r-r_H}(\mathrm{RSS}_H-\mathrm{RSS})\Big/\left(\frac{1}{n-r}\mathrm{RSS}\right)>c \tag{8.40}$$

的形式. 据定理 8.6,当原假设 $H\beta=0$ 成立时,F_H服从 F 分布 $F_{r-r_H,n-r}$. 因此 c 可取为 $F_{r-r_H,n-r}(\alpha)$. 在统计学中,称以

$$F_H>F_{r-r_H,n-r}(\alpha) \tag{8.41}$$

为否定域的检验,是线性假设 $H\beta=0$ 的 F 检验.

为计算统计量 F_H,须计算 RSS 和 RSS_H. 为算前者,要先算出 β 的(在无约束时的)LSE $\hat{\beta}$. 而为算后者,则须算 $\|Y-X\beta\|^2$在约束 $H\beta=0$ 之下的极值点 $\hat{\beta}_H$. 在不少实用的情况下,不难把约束"化入"原模型中,使成为一个无约束的模型,然后用前面求(无约束时的)LSE 的方法求 $\hat{\beta}_H$. 例如 $H\beta=0$ 是 $\beta_1+\beta_2=0$. 以 $\beta_1=-\beta_2$代入模型消 β_1,这等于在模型(8.5)的矩阵 X 中删去第 1 列,把第 2

列减去第 1 列,其他各列不动. 但在 H 较复杂的场合,此法可能不便,例如,可能因为把约束 $H\beta=0$ 化入原模型而使新模型丧失了某种规则结构. 下面我们来证明,可以直接用 Lagrange 乘数法求解.

引入 Lagrange 乘数向量 λ,作函数 $Q(\beta,\lambda)=\|Y-X\beta\|^2-\lambda'H\beta$. 对 β,λ 取偏导数并令其为 0,得方程组

$$S\beta-H'\lambda=X'Y,\quad H\beta=0. \tag{8.42}$$

有与定理 8.1 对应的结果:

定理 8.7 1° 方程组(未知量为 β,λ)(8.42)式必有解.

2° (8.42)式的任一解 $\tilde{\beta}$ 必是 $\|Y-X\beta\|^2$ 在约束 $H\beta=0$ 之下的最小点.

3° 若 $\tilde{\beta}$ 是 $\|Y-X\beta\|^2$ 在约束 $H\beta=0$ 之下的最小点,则对某 $\tilde{\lambda}$,$(\tilde{\beta},\tilde{\lambda})$ 是(8.42)式的一解.

证明 按线性方程组理论,为了(8.42)式有解,必须且只需

$$\operatorname{rank}\begin{pmatrix} S & -H' \\ H & 0 \end{pmatrix}=\operatorname{rank}\begin{pmatrix} S & -H' & X'Y \\ H & 0 & 0 \end{pmatrix}. \tag{8.43}$$

可假定 H 各行线性无关,不然去掉(8.43)式两边矩阵的某些行、列,而不影响其秩. 又因初等变换不改变矩阵的秩,不失普遍性可设 H 各行法正交. 因此存在 H_1,使 $D=\begin{pmatrix} H \\ H_1 \end{pmatrix}$ 为 p 阶正交阵. 有

$$\begin{pmatrix} D & 0 \\ 0 & I \end{pmatrix}\begin{pmatrix} S & -H' \\ H & 0 \end{pmatrix}\begin{pmatrix} D' & 0 \\ 0 & I \end{pmatrix}=\begin{pmatrix} DSD' & -DH' \\ HD' & 0 \end{pmatrix}, \tag{8.44}$$

$$\begin{pmatrix} D & 0 \\ 0 & I \end{pmatrix}\begin{pmatrix} S & -H' & X'Y \\ H & 0 & 0 \end{pmatrix}\begin{bmatrix} D' & 0 & 0 \\ 0 & I & 0 \\ 0 & 0 & I \end{bmatrix}=\begin{pmatrix} DSD' & -DH' & DX'Y \\ HD' & 0 & 0 \end{pmatrix}, \tag{8.45}$$

此处 I 都是适当阶数的单位阵(各 I 阶数不同). 经过上述乘法,不影响原矩阵之秩. 故只需证明,(8.44)式右边的矩阵与(8.45)式右边的矩阵等秩. 记

$$\widetilde{X}'\equiv\begin{pmatrix} \widetilde{X}_1{}' \\ \widetilde{X}_2{}' \end{pmatrix}=DX',\quad \widetilde{S}=\widetilde{X}'\widetilde{X}=\begin{pmatrix} \widetilde{X}_1{}'\widetilde{X}_1 & \widetilde{X}_1{}'\widetilde{X}_2 \\ \widetilde{X}_2{}'\widetilde{X}_1 & \widetilde{X}_2{}'\widetilde{X}_2 \end{pmatrix},$$

并注意到 $HD'=(I,0)$,问题化为证明

$$\operatorname{rank}\begin{pmatrix} \widetilde{X}_1'\widetilde{X}_1 & \widetilde{X}_1'\widetilde{X}_2 & -I \\ \widetilde{X}_2'\widetilde{X}_1 & \widetilde{X}_2'\widetilde{X}_2 & 0 \\ I & 0 & 0 \end{pmatrix} = \operatorname{rank}\begin{pmatrix} * & * & * & \widetilde{X}_1'Y \\ * & * & * & \widetilde{X}_2'Y \\ * & * & * & 0 \end{pmatrix}. \quad (8.46)$$

右边矩阵中“ * ”号部分与左边矩阵同. 故为证明上式,只需证左边矩阵某些列的组合,可得到右边矩阵最后一列. 例如,能证明存在 d_1, d_2,使

$$\widetilde{X}_1'\widetilde{X}_1 d_1 - d_2 = \widetilde{X}_1'Y, \quad \widetilde{X}_2'\widetilde{X}_2 d_1 = \widetilde{X}_2'Y \quad (8.47)$$

成立即可. 但(8.47)式后一式是线性模型 $Y = \widetilde{X}_2 d_1 + e$ 的正规方程,由定理 8.1 知其有解;以其解代入第一式解出 d_2. 这证明了(8.46)式,因而证明了 1°.

为证 2°,设$(\tilde{\beta},\tilde{\lambda})$是(8.42)式的解,而 β 满足 $H\beta = 0$. 则

$$\begin{aligned} \| Y - X\beta \|^2 = {} & \| Y - X\tilde{\beta} \|^2 + (\tilde{\beta} - \beta)'S(\tilde{\beta} - \beta) \\ & + 2(Y - X\tilde{\beta})'X(\tilde{\beta} - \beta). \end{aligned} \quad (8.48)$$

因$(\tilde{\beta},\tilde{\lambda})$满足(8.42)式,有 $H\tilde{\beta} = H\beta = 0$,故

$$\begin{aligned} (Y - X\tilde{\beta})'X(\tilde{\beta} - \beta) &= (X'Y - S\tilde{\beta})'(\tilde{\beta} - \beta) \\ &= -\lambda'H(\tilde{\beta} - \beta) = 0. \end{aligned}$$

故(8.48)式右边第三项为 0. 因而 $\| Y - X\beta \|^2 \geqslant \| Y - X\tilde{\beta} \|^2$. 这证明了$\tilde{\beta}$是 $\| Y - X\beta \|^2$ 在约束 $H\beta = 0$ 下的最小值点.

最后证明 3°. 设 β^* 是约束 $H\beta = 0$ 下 $\| Y - X\beta \|^2$的一最小值点. 取(8.42)式的一解$(\tilde{\beta},\tilde{\lambda})$,其存在已在上面证明. 以 β^* 代(8.48)式中的 β,则右边第 3 项仍为 0,而据 2°,$\tilde{\beta}$ 也是约束 $H\beta = 0$ 下 $\| Y - X\beta \|^2$ 的最小值点,故应有 $\| Y - X\tilde{\beta} \|^2 = \| Y - X\beta^* \|^2$. 由此及(8.48)式得$(\tilde{\beta} - \beta^*)'S(\tilde{\beta} - \beta^*) = 0$,即 $\| X(\tilde{\beta} - \beta^*) \|^2 = 0$,因而 $X\tilde{\beta} = X\beta^*$,故 $S\tilde{\beta} = S\beta^*$. 最后由$(\tilde{\beta},\tilde{\lambda})$满足(8.42)式得到$(\beta^*,\tilde{\lambda})$也满足(8.42)式. 这证明了 3°. 定理证毕.

在一般情况下,解方程组(8.42)也不见得容易. 但在常见的一些问题中,问题可以有些简化. 一个情况是 S 为满秩,或$\begin{pmatrix} S \\ H \end{pmatrix}$有秩 p. 这时,可在(8.42)式中令 $\lambda = 0$,所得方程组

$$S\beta = X'Y, \quad H\beta = 0, \quad (8.49)$$

必有解,这样就在(8.42)式中消除了 λ. 诚然,(8.49)式的解不一定是(8.42)式

的全部解,但在某些问题中,并不需要(8.42)式的全部解,一个特解已够了.

(8.49)式的第一方程,即在无约束时的正规方程.因此,(8.49)式的意义是:找一个满足约束条件的、正规方程的解.从(8.42)式看出:对一般的 H,这不一定成立.(8.42)式的第一方程相当于约束条件下的正规方程,它不一定能用无约束时的正规方程所取代.

注 以上是把约束 $H\beta=0$ 作为一个有待检验的假设.在有些情况下,主要是方差分析模型中,X 不是列满秩,这时 β 的 LSE 不唯一,或换句话说,有些线性函数 $c'\beta$ 不可估.为克服这一不便,我们让模型(8.5)中的 β 受一附加约束 $H\beta=0$.例如,对模型

$$Y_1 = \beta_1 + \beta_2 + e_1, \quad Y_2 = \beta_1 + \beta_3 + e_2. \tag{8.50}$$

β_1,β_2和 β_3每一个都不可估.让 $\beta=(\beta_1,\beta_2,\beta_3)'$受约束 $\beta_1=0$,模型成为 $Y_1=\beta_2+e_1$,$Y_2=\beta_3+e_2$,则 β_2,β_3,以及其任何线性函数,都成为可估的——一般来讲,$c'\beta$ 称为在约束 $H\beta=0$ 之下可估,若存在$a'Y$,使当 $H\beta=0$ 时,有 $\mathrm{E}(a'Y)=c'\beta$.约束下的 LSE,就是(8.42)式解的 β 部分.

这种**约束不能太紧**,不然会缩小原模型,即 $X\beta$ 所能取值的范围.以(8.50)式而论,经约束 $\beta_1=0$,$X\beta$ 仍能取 $\mathbb{R}^2$任一向量,没有缩小.但若取约束 $\beta_2=\beta_3=0$,则虽然 β_1成为可估,$X\beta$ 只能取一个一维子空间内之值,已有缩小.总之,“不太紧”是指

$$\mu = \{X\beta:\beta\in\mathbb{R}^p\} = \{X\beta:H\beta=0\} = \mu_H. \tag{8.51}$$

另一方面,**约束也不能太松**,不然就不能达到约束后一切线性函数可估的目的.例如,考虑线性模型

$$Y_i = \beta_1 + \beta_2 + \beta_3 + e_i, \quad 1\leqslant i\leqslant n.$$

作约束 $\beta_1=0$,则余下的 β_2,β_3仍非可估,表示这约束太松了.若取约束 $\beta_1=\beta_2=0$,则余下的 β_3成为可估,且原模型并未缩小.总之,“不太松”是指

$$X\beta = a, \quad H\beta = 0 \tag{8.52}$$

对任何 $a\in\mathbb{R}^p$至多只能有一组解.

把(8.51)和(8.52)式结合,就得到一个适当的,即既不过紧也不过松的约束该满足的条件.在方差分析模型中的约束,是循着参数的意义自然导出的,它们都能满足这种要求.也不难通过矩阵把这种条件表达出来(习题11b).

仍回到检验问题，F 统计量(8.40)式中涉及两个数 r, r_H，前者是 X 的秩，后者是线性空间$\{X\beta: H\beta=0\}$的维数. 在通常情况下，它可以通过直接考察这一空间而算出. 也可以通过矩阵把它表达出来，结果是:

$$r_H = \operatorname{rank}\begin{pmatrix} X \\ H \end{pmatrix} - \operatorname{rank}(H), \tag{8.53}$$

这个容易的结果留作习题(习题 11a).

在以下诸例中，总假定误差 $e_1, \cdots, e_n$ iid.，$\sim N(0,\sigma^2)$，$0<\sigma^2<\infty$.

例 8.5 考虑带常数项的线性回归模型

$$Y_i = \alpha + x_i'\beta + e_i, \quad 1 \leqslant i \leqslant n,$$

要检验假设 $\beta=0$. 当假设成立时，模型成为 $Y_i=\alpha+e_i(1\leqslant i\leqslant n)$，其残差平方和，即 RSS_H，等于

$$\mathrm{RSS}_H = \sum_{i=1}^{n}(Y_i - \bar{Y})^2. \tag{8.54}$$

故 $r_H=1$. 至于 r，它是矩阵

$$\widetilde{X} = \begin{pmatrix} 1 & x_1' \\ \vdots & \vdots \\ 1 & x_n' \end{pmatrix} \tag{8.55}$$

之秩，其值要看$\{x_i\}$的具体情况.

在统计学文献中，有时把本例的检验称为**回归显著性检验**. 意思是，如假设 $\beta=0$ 被否定了，就表示所选的自变量集 X 确实与因变量 Y 有一些关系，因而所建立的回归方程也就有一定的意义，即在一定程度上说明了因变量的变异. 然而，这不能解释为所建立的回归方程已经完善了. 因为，虽则自变量集 X 与 Y 有关，它不能排除这种可能性；在集 X 之外还有与 Y 有关的因素，其重要性可以不次于 X. 反之，若 $\beta=0$ 被接受，则可能是因为所选变量集 X 没有包含与 Y 最有密切关系的那些因素，也可以是由于误差的影响太大(这二者实质是一回事：误差太大，表明某些与 Y 有密切关系的重要因素未能吸收进 X，而加大了误差)，或样本量 n 太小. 无论如何，在这种情况下，所建立的回归方程的作用是可疑的.

以上的解释完全是基于数据的表现. 不言而喻，在考察有哪些因素与目标

变量可能有关,其重要性如何时,专业知识以至经验有着重要的作用,不可能全凭一个检验的结果去作出评判.

例 8.6 仍回到标准形式的线性模型(8.5),要检验假设 $\beta_k=\beta_{k+1}=\cdots=\beta_p=0$.

这问题的实际背景是:在研究一个问题时,经过一些考虑,选择了认为与目标变量 Y 最有关系的一些自变量 $X_1,\cdots,X_p$. 但又觉得,变量 $X_k,X_{k+1},\cdots,X_p$ 或许与 Y 的关系不大,因而把它们删除可能带来简化而不会导致误差的显著增加. 为考察观察数据是否支持这一看法,就提出上述检验问题.

记 $X=(x_1 \vdots \cdots \vdots x_n)'$, X_H 为把 X 的第 $k,k+1,\cdots$ 至第 p 行全删去所得的矩阵,则

$$\text{RSS}=\|Y-X\hat{\beta}\|^2,\quad \text{RSS}_H=\|Y-X_H\hat{\beta}_H\|^2,$$

$\hat{\beta}$ 和 $\hat{\beta}_H$ 分别是在模型 $Y=X\beta+e$ 及 $Y=X_H\beta+e$ 之下,β 的 LSE. r 和 r_H 分别是 X 和 X_H 之秩. 如果 X 为列满秩,则 $r=p$,且易见 $r_H=k-1$. 在 X 非列满秩时,r 和 r_H 要通过仔细考察 X 和 X_H 才能定下来. 定下这些量,就可以按(8.40)式算出 F 统计量并进行 F 检验.

在 X 为列满秩时,可以通过另一种想法建立此假设的 F 检验. 记 $S=\begin{pmatrix}B & C\\ C' & D\end{pmatrix}$,其中 B 为 $k-1$ 阶方阵(相应 $\beta_1,\cdots,\beta_{k-1}$). β 的 LSE 记为 $\hat{\beta}=(\hat{\beta}_{(1)}{}',\hat{\beta}_{(2)}{}')'$,其中 $\hat{\beta}_{(1)}$ 为 $k-1$ 维,$\hat{\beta}_{(2)}=(\hat{\beta}_k,\cdots,\hat{\beta}_p)'$ 为 $p-k+1$ 维. 记 $S^{-1}=\begin{bmatrix}B_1 & C_1\\ C_1{}' & D_1\end{bmatrix}$,则按定理 8.4,$\hat{\beta}_{(2)}\sim N(\beta_{(2)},\sigma^2D_1)$,$\text{RSS}/\sigma^2\sim\chi_{n-r}{}^2$ 且 $\hat{\beta}_{(2)}$ 与 RSS 独立,此处 $\beta_{(2)}=(\beta_k,\cdots,\beta_p)'$. 若假设 $\beta_{(2)}=0$ 成立,则 $\hat{\beta}_{(2)}\sim N(0,\sigma^2D_1)$,因而 $\hat{\beta}_{(2)}{}'D_1{}^{-1}\hat{\beta}_{(2)}/\sigma^2\sim\chi_{p-k+1}{}^2$,故(在 $\beta_{(2)}=0$ 成立时)

$$F^*\equiv\frac{1}{p-k+1}\hat{\beta}_{(2)}{}'D_1{}^{-1}\hat{\beta}_{(2)}\Big/\left(\frac{1}{n-p}\text{RSS}\right)\sim F_{p-k+1,n-p}.\qquad(8.56)$$

由此可以作出 $\beta_{(2)}=0$ 的水平 α 检验,否定域为

$$F^*>F_{p-k+1,n-p}(\alpha).$$

不难证明:(8.56)式中的检验统计量 F^* 与用似然比法求出的统计量 F(见(8.40)式)是一回事. 我们把这个容易证明的结果留作习题(习题 22).

注 从以上的推导中看出:X 为列满秩这个条件并非必须. 重要的是 $\hat{\beta}_{(2)}$

要非退化(线性无关),即其协差阵为正定. 这时,导致(8.56)式的论据全有效,只是分母中的 $n-p$ 要改为 $n-\text{rank}(X)$.

对一般的线性假设 $H\beta=0$,这个方法也可以用. 条件是:$H\beta$ 的各分量皆为可估函数,且 $H\hat{\beta}$ 为非退化.

例 8.7　两回归线平行的检验. 设

$$Y_i = \alpha + x_i\beta + e_i,\quad 1\leqslant i\leqslant m;$$

$$Z_i = \tilde{\alpha} + \tilde{x}_i\tilde{\beta} + \tilde{e}_i,\quad 1\leqslant i\leqslant n.$$

假定 $e_1,\cdots,e_m,\tilde{e}_i,\cdots,\tilde{e}_n$ iid.,$\sim N(0,\sigma^2)$. 要检验假设 $\beta-\tilde{\beta}=0$.

我们用例 8.6 的方法来处理这个问题. 先要求出 $\beta-\tilde{\beta}$ 的 LSE $\hat{\beta}-\tilde{\beta}$ 就是 Y 模型(Z 模型)下回归系数的 LSE,二者独立. 按例 8.2,有

$$\text{Var}(\hat{\beta}-\tilde{\beta}) = \sigma^2\Big/\sum_{i=1}^{m}(x_i-\bar{x})^2 + \sigma^2\Big/\sum_{i=1}^{n}(\tilde{x}_i-\bar{\tilde{x}})^2 \equiv c\sigma^2,$$

F 统计量为 $c^{-1/2}(\hat{\beta}-\hat{\tilde{\beta}})\Big/\left(\dfrac{1}{m+n-4}\text{RSS}\right)\sim F_{1,m+n-4}$(当假设 $\beta-\tilde{\beta}=0$ 成立时. 又要求 $x_1,\cdots,x_m$ 不全相同,$\tilde{x}_1,\cdots,\tilde{x}_n$ 不全相同). $\text{RSS}=\text{RSS}(Y)+\text{RSS}(Z)$, $\text{RSS}(Y)$, $\text{RSS}(Z)$ 分别是 Y 模型和 Z 模型的残差平方和.

此例当然也可用公式(8.40)处理,但计算比上面的要麻烦,因为上面的算法只涉及 Y,Z 模型的分别处理. 若按(8.40)式,在计算 RSS_H 时要同时使用 Y,Z 数据.

8.2.2　可估函数的置信区间(域)

考虑线性模型(8.5),设误差 $e_1,\cdots,e_n$ iid.,$\sim N(0,\sigma^2)$. 设 $h_i'\beta$ $(i=1,\cdots,k)$ 都是可估函数. 记

$$H = \begin{pmatrix} h_1' \\ \vdots \\ h_k' \end{pmatrix},$$

要作 $H\beta$ 的置信区域.

以 $H\hat{\beta}$ 记 $H\beta$ 的 LSE. 若 $\text{Cov}(H\hat{\beta})=\sigma^2 HS^- H'$ 为正定,则 $\sigma^{-2}(H\hat{\beta}-H\beta)'\cdot(HS^- H')^{-1}(H\hat{\beta}-H\beta)\sim\chi_k^2$,而它与 $\text{RSS}/\sigma^2\sim\chi_{n-r}^2$ 独立,$r=\text{rank}(X)$. 故(记 $s^2=\text{RSS}/(n-r)$)

$$P\left(\frac{1}{k}(H\hat{\beta}-H\beta)'(HS^{-}H')^{-1}(H\hat{\beta}-H\beta)/s^2\leqslant F_{k,n-r}(\alpha)\right)=1-\alpha.$$

因此,椭球

$$\{a:(H\hat{\beta}-a)'(HS^{-}H')^{-1}(H\hat{\beta}-a)\leqslant ks^2F_{k,n-r}(\alpha)\}$$

是 $H\beta$ 的 $1-\alpha$ 置信区域,称为 $H\beta$ 的置信椭球.

当 X 为列满秩且 H 各行线性无关时,$HS^{+}H'$ 正定的条件满足. 在有些情况下,即使 X 不为列满秩,$HS^{+}H'$ 仍可能为正定,但"H 各行线性无关"这条件断不可少. 当 $HS^{+}H'$ 不为正定时,$H\hat{\beta}$ 的分布退化(存在 $c\neq 0$ 使 $P(c'H(\hat{\beta}-\beta)=0)=1$,这时需要从 $h_1'\beta,\cdots,h_k'\beta$ 删去若干个,对剩下的用上述方法.

当 $k=1$ 时,得到一个可估函数的置信区间. 也容易求得其置信界.

8.2.3 同时(或联合)区间估计

同时区间估计的概念在 7.1 节中已介绍过了. 对线性模型而言,在应用上往往需要对若干个可估函数作同时区间估计,具有指定的联合置信系数. 例如,对若干个回归系数作同时区间估计,或在指定的若干点作回归函数的同时区间估计等. 下述定理在某种情况下给了这个问题一个解法.

定理 8.8 设线性模型(8.5)的误差 $e_1,\cdots,e_n$ iid.,$\sim N(0,\sigma^2)$,X 为列满秩(故 S^{-1} 正定且一切 $c'\beta$ 皆可估). 设 $\mathscr{L}$ 是 $\mathbb{R}^p$ 的一个维数为 d 的线性子空间,则

$$\begin{aligned}&P(l'\beta\in[l'\hat{\beta}-\sqrt{d\cdot F_{d,n-p}(\alpha)}\,s(l'S^{-1}l)^{1/2},\\&l\hat{\beta}+\sqrt{d\cdot F_{d,n-p-1}(\alpha)}\,s(l'S^{-1}l)^{1/2}],\text{对一切 } l\in\mathscr{L})=1-\alpha,\end{aligned}\tag{8.57}$$

此处 $s=\mathrm{RSS}/(n-p)$,$\hat{\beta}$ 为 β 的 LSE.

证明 先证明以下预备事实:设 A 正定,则

$$a'Aa\leqslant c^2\quad\Leftrightarrow\quad|h'a|\leqslant c(h'A^{-1}h)^{1/2}\text{ 对任何 } h.$$

事实上,上式当 $A=I$ 时显然成立. 对一般正定 A,可表为 $A=Q'Q$. 记 $a_1=Qa$. 则

$$\begin{aligned}a'Aa\leqslant c^2\quad&\Leftrightarrow\quad a_1'a_1\leqslant c_2\quad\Leftrightarrow\quad|h'a_1|\leqslant c\,\|h\|\text{ 对任何 } h\\&\Leftrightarrow\quad|(Q'h)'a|\leqslant c\,\|h\|\text{ 对任何 } h\end{aligned}$$

$$\Leftrightarrow \quad |h'a| \leqslant c \| Q'^{-1} h \| \text{ 对任何 } h$$

$$\Leftrightarrow \quad |h'a| \leqslant c(h'A^{-1}h)^{1/2} \text{对任何 } h.$$

现在 $\mathscr{L}$ 中取 d 个线性无关向量 $l_1, \cdots, l_d$，记 $\psi_i = l_i'\beta, \varphi = (\psi_1, \cdots, \psi_d)', \hat{\psi} = (\hat{\psi}_1, \cdots, \hat{\psi}_d)' = (l_1'\hat{\beta}, \cdots, l_d'\hat{\beta})'$. 记 $L = (l_1 \vdots \cdots \vdots l_d)'$，则 $\mathrm{Cov}(\hat{\psi}) = \sigma^2 LS^{-1}L'$，于是

$$P((\hat{\psi} - \psi)'(LS^{-1}L')^{-1}(\hat{\psi} - \psi) \leqslant ds^2 F_{d,n-p}(\alpha)) = 1 - \alpha. \quad (8.58)$$

但按上述预备事实，有

$$(\hat{\psi} - \psi)'(LS^{-1}L')^{-1}(\hat{\psi} - \psi) \leqslant ds^2 F_{d,n-p}(\alpha)$$

$$\Leftrightarrow \quad |h'(\hat{\psi} - \psi)| \leqslant \sqrt{d \cdot F_{d,n-p}(\alpha)}\, s(h'LS^{-1}L'h)^{1/2} \text{ 对一切 } h.$$

记 $L'h = l$. 当 h 跑遍 $\mathbb{R}^p$ 时，l 跑遍 $\mathscr{L}$. 故由上式有

$$(\hat{\psi} - \psi)'(LS^{-1}L')^{-1}(\hat{\psi} - \psi) \leqslant ds^2 F_{d,n-p}(\alpha)$$

$$\Leftrightarrow \quad |l'\hat{\beta} - l'\beta| \leqslant \sqrt{d \cdot F_{d,n-p}(\alpha)}\, s(l'S^{-1}l)^{1/2} \text{ 对一切 } l \in \mathscr{L}.$$

此式与(8.58)式结合，证明了(8.56)式. 定理证毕.

系 8.2 以 $\tilde{\mathscr{L}}$ 记 $\mathbb{R}^p$ 的一个 $d-1$ 维线性子空间，l_0 为 p 维向量，$l_0 \overline{\in} \tilde{\mathscr{L}}$. 记 $\mathscr{L} = \{l : l = l_0 + \tilde{l}, \tilde{l} \in \tilde{\mathscr{L}}\}$. 对这个 $\mathscr{L}$，(8.57)式仍成立.

证明 以 $\mathscr{L}_1$ 记由 l_0 与 $\tilde{\mathscr{L}}$ 生成的线性子空间，则 $\mathscr{L}_1$ 为 d 维. 定义两事件

$$E = \{A(l) : \text{一切 } l \in \mathscr{L}\}, \quad E_1 = \{A(l) : \text{一切 } l \in \mathscr{L}_1\},$$

此处 $A(l)$ 表示 $|l'(\hat{\beta} - \beta)| \leqslant \sqrt{d \cdot F_{d,n-p}(\alpha)}\, s(l'S^{-1}l)^{1/2}$. 显然 $E_1 \subset E$. 往证 $E \subset E_1$. 事实上，设 E 发生. 任取 $\mathscr{L}_1$ 中一向量 l. 有两种情况：① $l = cl_0 + \tilde{l}$ 对某个 $c \neq 0, \tilde{l} \in \tilde{\mathscr{L}}$. ② $l = \tilde{l}$ 对某个 $\tilde{l} \in \tilde{\mathscr{L}}$. 先考虑①. 因 $l/c = l_0 + \tilde{l}/c$，故由 E 发生知 $A(l/c)$ 成立. 但由 $A(l)$ 的意义知，$A(l/c)$ 成立 $\Rightarrow A(c \cdot l/c)$ 成立 $\Rightarrow A(l)$ 成立. 对情况 2°，令 $l_m = l_0/m + \tilde{l}$. 则由 1° 知 $A(l_m)$ 成立，故 $A(\lim_{m \to \infty} l_m)$ 成立，即 $A(l)$ 成立. 这样证明了对任何 $l \in \mathscr{L}_1$，$A(l)$ 成立，从而证明了 $E \subset E_1$. 二者结合，得 $E = E_1$. 但由定理 8.8 知 $P(E_1) = 1 - \alpha$，故 $P(E) = 1 - \alpha$，如所欲证.

定理 8.8 是 Scheffe 在 1953 年建立的. 这个定理并未解决我们最初提出的问题：给定 d 个线性函数 $l_1'\beta, \cdots, l_d'\beta$，作它们的同时区间估计，具有指定的联合置信系数. Scheffe 定理给出的是：对由 $l_1, \cdots, l_d$ 所张成的空间内的一切 l，$l'\beta$

的同时区间估计,这比最初提的扩大了. 理论上可以证明:我们最初提的问题有解,但在计算这种解时,要有包含众多参数的分布表,因而在操作上不现实. 这问题的细节留给读者去研究(习题 25～27).

例 8.8 带常数项的线性回归方程 $Y_i=\alpha+x_i{}'\beta+e_i(1\leqslant i\leqslant n)$,$x_i$ 为 $p-1$ 维. 给定自变量的 $d-1$ 个值 $z_1,\cdots,z_{d-1}$,设它们线性无关(因之 $d-1\leqslant p-1$),以 μ 记 $z_1,\cdots,z_{d-1}$ 张成的线性子空间,要对一切 $x\in\mu$ 求回归函数 $\alpha+x'\beta$ 的同时区间估计,具有联合置信系数 $1-\alpha$. 不难看出,此问题正是本定理的系所讨论的情况 $\left(l_0=(\alpha,0')',\widetilde{\mathscr{L}}\text{为}\begin{pmatrix}0\\z_i\end{pmatrix}(1\leqslant i\leqslant d-1)\text{所张成的线性子空间}\right)$,故按定理 8.8 的系,有

$$|(\hat{\alpha}+x'\hat{\beta})-(\alpha+x'\beta)|\leqslant\sqrt{d\cdot F_{d,n-p}(\alpha)}\,s\left[(1,x')S^{-1}\begin{pmatrix}1\\x\end{pmatrix}\right]^{1/2}$$

对一切 $x\in\mu$ 同时成立的概率为 $1-\alpha$. 此处 $s^2=\text{RSS}/(n-p)$(这要求矩阵

$$X=\begin{pmatrix}1 & x_1{}'\\ \vdots & \vdots\\ 1 & x_n{}'\end{pmatrix}$$

的秩为 p). $(1,x')S^{-1}\begin{pmatrix}1\\x\end{pmatrix}$中心化后计算为便:

$$(1,x')S^{-1}\begin{pmatrix}1\\x\end{pmatrix}=n^{-1}+(x-\bar{x})'S_0{}^{-1}(x-\bar{x}),\tag{8.59}$$

此处 $\bar{x}=\sum_{i=1}^{n}x_i/n$, S_0 见(8.18)式.

8.2.4 回归预测

对线性回归模型 $Y=x'\beta+e$,我们作了 n 次观察,结果表为模型(8.5). 现在我们给定了 x 的值x_0而设想在 x_0处观察 Y 之值 Y_0,但还没有观察,想要在观察之前预测一下 Y_0的取值. 这种问题称为**回归预测问题**.

一个典型的例子如下:设我们根据以往试验的结果,对自变量 $x=$(播种量,施肥量,…)与因变量 $Y=$产量之间的关系,建立了一个线性回归方程. 现在我们决定在今春耕作时,播种多少,施肥多少……都有了定数,要预测秋后产量能

达到多少．又如，根据量测资料对人的身高(x)和体重(Y)建立了一个线性回归．现某人去量了身高得 x_0，但未量体重．要预测该人体重值 Y_0．

预测与估计有其相似之处，即都是要设法对某个未知量作估值．不同之处在于，数理统计学上讲的估计问题，是指估计分布的未知参数，或者说，估计由总体分布所决定的某个量，例如其均值、方差．估计对象虽未知，但有确定的值，并无随机性．预测的对象则本身就有随机性，不是一个确定的值．例如掷 n 个铜板，要预测其中出现正面的个数 Y_0．Y_0本身就是随机的，具体值要投掷后才能决定．又如前述预测某人体重 Y_0．给定其身高 x_0．虽则就眼前这个人来说其体重有定值，但身高为 x_0的人极多，我们除知道该人有身高 x_0外，其他一无所知．因此对我们而言，实际要预测其体重的，是一个从一大堆身高为 x_0的人中随机抽出的一位，因此预测对象仍是随机的．对农业产量那个例子也可以按这个意思去解释．

现在来讲预测方法．因 $Y_0 = x_0'\beta + e$，为预测 Y_0，要分别对 $x_0'\beta$ 作估计，对 e 作预测．$x_0'\beta$ 用其 LSE $x_0'\hat{\beta}$ 去估计，而 e 是随机的，对它无法预测，不得已只好用其均值 0 去预测它．这样，得到 Y_0的"点预测"：

$$\hat{Y}_0 = x_0'\hat{\beta}, \tag{8.60}$$

这与回归函数在 x_0处之值 $x_0'\beta$ 的估计一样，但如上所述，二者意义不同．

预测(8.60)在下述意义下有**无偏性**：

$$\begin{aligned}E(Y_0 - \hat{Y}_0) &= E(Y_0) - E(\hat{Y}_0) = E(x_0'\beta + e) - E(x_0'\hat{\beta}) \\ &= x_0'\beta - x_0'\beta = 0.\end{aligned}$$

预测精度可用其偏差的方差来衡量：

$$\mathrm{Var}(Y_0 - \hat{Y}_0) = \mathrm{Var}(Y_0) + \mathrm{Var}(\hat{Y}_0) = (1 + x_0'S^{-1}x_0)\sigma^2. \tag{8.61}$$

这里用到了 Y_0与$\hat{Y}_0$独立．这是因为$\hat{Y}_0$只依赖建立回归方程时那 n 次观察，而 Y_0是另一次观察——在 x_0处设想要作的观察．这个方差比 $x_0'\beta$ 的估计$x_0'\hat{\beta}$ 的方差大一个 σ^2，反映了当次观察(在 x_0处拟作的观察)的影响．当建立方程时用的样本量 n 很大时，$\mathrm{Var}(x_0'\hat{\beta})$这一项可以降得很低，但对 $\mathrm{Var}(Y_0) = \sigma^2$这一项没有作用．这反映预测精度要比估计精度差．

为作 Y_0的区间预测，要假定 $e_1, \cdots, e_n$ iid.，$\sim N(0,\sigma^2)$．则 $Y_0 - \hat{Y}_0 \sim N(0,(1 + x_0'S^{-1}x_0)\sigma^2)$，且与 $s^2 = \mathrm{RSS}/(n-p)$独立，因而有$\dfrac{1}{\sqrt{1 + x_0'S^{-1}x_0}}$

• $(Y_0-\hat{Y}_0)/s\sim t_{n-p}$. 这样得到 Y_0的预测区间：

$$\hat{Y}_0-\sqrt{1+x_0{}'S^{-1}x_0}\ t_{n-p}(\alpha/2)s\leqslant Y_0\leqslant\hat{Y}_0+\sqrt{1+x_0{}'S^{-1}x_0}\ t_{n-p}(\alpha/2)s,$$

其置信系数为 $1-\alpha$. 如要在若干个指定点 $x_{01},\cdots,x_{0k}$处作 Y 值(记为 $Y_{01},\cdots,Y_{0k}$)的预测，则只有把每个预测的置信系数到$1-\alpha/k$：

$$\hat{Y}_{0i}-\sqrt{1+x_{0i}{}'S^{-1}x_{0i}}\ t_{n-p}\left(\frac{\alpha}{2k}\right)s\leqslant Y_{0i}$$

$$\leqslant\hat{Y}_{0i}+\sqrt{1+x_{0i}{}'S^{-1}x_{0i}}\ t_{n-p}\left(\frac{\alpha}{2k}\right)s,\quad i=1,\cdots,k \tag{8.62}$$

其联合置信系数不小于 $1-\alpha$. 这个结果的证明平凡，见习题 28.

如要对一切 $x_0\in\mathbb{R}^p$ 作出 Y_0的同时预测，则初一看设想 Scheffe 方法可能用得上. 实际不然. 可以证明(习题 29)：这个问题根本无解.

8.3 方差分析和协方差分析

以上两节介绍了线性模型统计推断的一般理论和方法，是按回归分析的基调写的. 因此在本节中，我们花一点篇幅来讨论一下**方差分析**与**协方差分析**的问题，重点在于介绍基本思想，细节的讨论属于数理统计学的专门分支.

方差分析(Analysis of Variance)一词的译名现已通用，但细加斟酌，也不无可商榷之处. Variance 的词义，有变异、不齐一、差别、分歧等意思，Analysis of Variance 所指的是**关于数据的变异、不齐一的分析**.

设对一线性模型进行了 n 次观察，得(8.5)式，则 $Y_1,\cdots,Y_n$取值各异(有变异). 为何会有变异？前已指出：一则在于各系统性因素 x 的影响，一则由于随机误差 e(其中包含了未被考虑的因素)的影响. 刻画数据 $Y_1,\cdots,Y_n$变异的程度，可以用，例如

$$\mathrm{TSS}=\sum_{i=1}^{n}(Y_i-\bar{Y})^2 \tag{8.63}$$

这个指标. **TSS**(Total Sum of Squares)称为**总平方和**，它的形成，是各种系统性

因素与随机误差作用的综合效果.

“变异分析”的基本思想是:设定了一种描述数据变异的指标,例如 TSS. 希望找到一种方法,能分析出各有关因素对这个指标的贡献如何,随机误差影响所贡献的部分如何. 这种分析可用来评估各种因素的重要性(指对 Y 值变异中所起作用的大小). 这一点和回归分析的旨趣有共通之处,但途径不同. 回归分析主要通过估计回归系数,从其值的大小评估各因素的影响,建立回归方程以描述其综合影响,而变异分析则通过分析各种因素在形成数据总变异中的作用,去评估各因素的影响. 之所以有这种方法上的差异,部分由于因素的性质. 例如种子品种这个因素,是一种属性,不能定量刻画,用回归分析就有其不便. 另外在试验中,为操作上的方便,往往只能在变量的若干个设定值上做试验,尽管这变量可以是连续取值的. 对这种试验的数据,用回归分析也不合适. 所研究的问题着重点的不同,也可能影响方法的选择.

由于 TSS 是衡量数据变异的一个最直观简便,且数学上最好处理的指标,而其表达式又与通常的样本方差一致,故“方差分析”一词取代“变异分析”而得到认同. 但应记住:TSS 以及方差分析中所碰到的各种平方和,不一定总具有方差的含义;另外,“变异分析”也不一定只建立在(8.63)式所定义的 TSS 上.

8.3.1　正交设计的方差分析

设有线性模型 $Y=\beta_0+\beta_1X_1+\cdots+\beta_pX_p+e$. 假设诸因素 $X_1,\cdots,X_p$ 按其由来和性质可分成 k 个群. 作了 n 次试验,按分群把模型(8.5)写成以下形式:

$$Y=\beta_0 l+X_1\beta_{(1)}+\cdots+X_k\beta_{(k)}+e=\beta_0 l+X\beta+e, \tag{8.64}$$

这里 $l=(1,\cdots,1)'$,$\beta_{(i)}$ 对应着第 i 群中各因素的回归系数,X_k 则是设计矩阵 X 中,相应于第 i 群中各因素的那几列. 假定 X 已中心化了,则

$$l'X_i=0,\quad 1\leqslant i\leqslant k. \tag{8.65}$$

如果

$$X_i{}'X_j=0,\quad 1\leqslant i\leqslant j\leqslant k, \tag{8.66}$$

则称设计 X 是**正交的**(因此,设计的正交性联系到群的划分——不过,分群总是自然形成且事先就已完全确定了. **如果 X 事先并未中心化,则若在中心化以后能满足**(8.66)**式,则称设计为正交的**).

β 的 LSE 为(记 $S_i=X_i{}'X_i$)

$$\hat{\beta} = \begin{pmatrix} \hat{\beta}_{(1)} \\ \vdots \\ \hat{\beta}_{(k)} \end{pmatrix} = S^{-1}X'Y = \begin{pmatrix} S_1 & & 0 \\ & \ddots & \\ 0 & & S_k \end{pmatrix}^{-1} \begin{pmatrix} X_1{}'Y \\ \vdots \\ X_k{}'Y \end{pmatrix},$$

由此得出

$$\hat{\beta}_{(i)} = S_i{}^{-1}X_i{}'Y, \quad 1 \leqslant i \leqslant k. \tag{8.67}$$

如果我们在原模型中舍弃若干群的因素，则余下各群的回归系数 $\beta_{(i)}$ 的估计，仍维持(8.67)式不变．因此，某群变量的影响（反映在其 $\beta_{(i)}$ 的估值 $\hat{\beta}_{(i)}$ 上）如何，与其他各群无关．这可以解释为：各群因素对目标变量的影响有可加性．这是正交设计的一个重要优点．

以上还是从回归分析的观点立论．现在我们从变异分析的角度来考虑设计的正交性的影响．

以 RSS 记模型的残差平方和．按(8.13)式，有

$$\begin{aligned} \text{RSS} &= (Y - \bar{Y}l)'(I - XS^{-}X')(Y - \bar{Y}l) \\ &= \sum_{i=1}^{n}(Y_i - \bar{Y})^2 - (Y - \bar{Y}l)'(X_1 \vdots \cdots \vdots X_k) \\ &\quad \cdot \begin{pmatrix} S_1{}^{-} & & 0 \\ & \ddots & \\ 0 & & S_k{}^{-} \end{pmatrix} \begin{pmatrix} X_1{}' \\ \vdots \\ X_k{}' \end{pmatrix} (Y - \bar{Y}l) \\ &= \text{TSS} - \sum_{i=1}^{k}(Y - \bar{Y}l)'X_iS_i{}^{-}X_i{}'(Y - \bar{Y}l) \\ &= \text{TSS} - \sum_{i=1}^{k} Y'X_iS_i{}^{-}X_i{}'Y_i. \end{aligned} \tag{8.68}$$

此处我们不写 S^{-1} 而写 S^{-}，因为在算 RSS 时，不必要求 X 列满秩．从上式得出：

$$\text{TSS} - \text{RSS} = \sum_{i=1}^{k} Y_i{}'X_iS^{-}X_i{}'Y_i \equiv \sum_{i=1}^{k}\text{SS}_i. \tag{8.69}$$

公式(8.69)这样解释：TSS 反映$\{Y_i\}$数据的总变异；RSS 反映从数据中消去各因素的影响后，所剩余的变异，它（即 RSS）反映了随机误差的影响，故常称为“误

差平方和”并记为 SS_e. 二者之差，即 TSS − RSS，反映全部因素的总贡献，即 $\sum_{i=1}^{k} SS_i$. 这是总变异的初步分析：从 TSS 中分离出 RSS，但还未考虑各群因素分别的贡献如何.

现设在模型中舍去第 i 群因素，对余下因素构成的模型作上述分析，则与导出(8.68)式同样的计算得出

$$\mathrm{TSS} = \widetilde{\mathrm{RSS}} + \sum_{j=1,\neq i}^{k} SS_i, \quad \widetilde{\mathrm{RSS}} = \mathrm{RSS} + SS_i, \tag{8.70}$$

RSS 是新模型(即舍去第 i 群因素所得模型)的残差平方和. 从(8.70)式看出：由于舍弃了第 i 群，因素对 TSS 的总贡献下降了 SS_i，这 SS_i 就是第 i 群因素对 TSS 的贡献. (8.70)式还指出：虽则舍弃了第 i 群，其对$\{Y_i\}$造成的变异并未消失，而是进入了(加大了)误差平方和. 这也从一个角度解释了以前多次提到过的一个思想：没有考虑到的因素，其影响计入误差 e 内，或者说，误差 e 既包含了典型意义下的随机误差，也包含了那些由于种种原因未予考虑的系统性误差.

这样，公式

$$\mathrm{TSS} = \sum_{i=1}^{k} SS_i + SS_e \tag{8.71}$$

就完成了对$\{Y_i\}$数据的变异的分析，总变异 TSS 分解成 $k+1$ 个成分，其中之一归于误差的贡献，另 k 个分别归于各群因素的贡献. 各群因素的贡献是叠加的. 公式(8.71)准确地解释了“方差分析”一词的含义. 前面曾经从回归分析的角度解释过正交设计下各群效应叠加的意义，公式(8.71)从方差分析的角度，以更醒目的形式解释了这一点.

在表达式(8.71)中，SS_e 这一项起着标尺的作用：以它为标准，去衡量式中各项的影响是否真实的、显著的. 具体说，只有在比值 SS_i/SS_e 足够大时，才能认为这一影响有重要性. 做法是作一个 F 检验：当

$$\frac{SS_i}{d_i}\Big/\frac{SS_e}{d_e} > F_{d_i,d_e}(\alpha) \tag{8.72}$$

时，认为第 i 群因素的影响是显著的，否则就不显著. $d_i = \mathrm{rank}(X_i)$ 称为 SS_i 的**自由度**，而 $d_e = n - 1 - \mathrm{rank}(X)$ 称为 SS_e 的自由度. 把(8.72)式与(8.40)式比

较,看出(8.72)式无非就是假设 $\beta_{(i)}=0$ 的 F 检验,方差分析不过是对这个检验的意义,从另外一个角度作了解释.

由设计的正交性,知 $\text{rank}(X)=\sum_{i=1}^{k}\text{rank}(X_i)$. 因此 $d_e+\sum_{i=1}^{k}d_i=n-1$, $n-1$ 是 TSS 的自由度. 所以,在正交设计下,不仅各平方和的值有(8.71)式的叠加分解,其自由度也有相应的分解.

8.3.2 两因素全面试验

我们来仔细分析一个简单例子,目的是对上述较抽象的理论建立形象的概念.

设在一个农业试验中用了 I 个种子品种,J 种肥料. 当用第 i 个品种、第 j 种肥料时,亩产可表为

$$Y_{ij}=a_i+b_j+e_{ij}, \tag{8.73}$$

其中 a_i 和 b_j 分别表示品种 i(称为品种因素的 i **水平**)和肥料 j(肥料因素的 j 水平)对产量的贡献,e_{ij} 是随机误差. 因为问题在于在各品种间及各肥料间作比较,我们把 a_i,b_j"中心化",即用 $a_i-\bar{a}$ 代替 a_i,$b_j-\bar{b}$ 代替 b_j,并用 μ 表示 $\bar{a}+\bar{b}$. 于是(8.73)式可表为 $Y_{ij}=\mu+a_i+b_j+e_{ij}$. 如对$(i,j)$的每一组合都做一次,就得到

$$Y_{ij}=\mu+a_i+b_j+e_{ij},\quad 1\leqslant i\leqslant I,\quad 1\leqslant j\leqslant J, \tag{8.74}$$

其中 a_i,b_j受到约束

$$\sum_{i=1}^{I}a_i=0,\quad \sum_{j=1}^{J}b_j=0.$$

拿前面讲的一般理论来套这个模型,则 μ 是常数项,$a_1,\cdots,a_I,b_1,\cdots,b_J$是回归系数,它自然地分成两群:第一群$\{a_1,\cdots,a_I\}$反映种子因素的作用,第二群$\{b_1,\cdots,b_J\}$反映肥料因素的作用. 可见,**在前面一般性论述中提到的"因素"一词,其含义与实际问题中有别:以往所讲的因素,不过是此处的现实因素的一个水平而已**. 这是方差分析模型中的通例.

把$\{Y_{ij}\}$按$(Y_{11},\cdots,Y_{1J},\cdots,Y_{I1},\cdots,Y_{IJ})$的次序排列,(8.74)式写成(8.5)式的形式,为 $Y=\mu l+X\beta+e$,其中

$X =$

行 \ 列	1	2	⋯	I	$I+1$	$I+2$	⋯	$I+J$
1	1	0	⋯	0	1	0	⋯	0
2	1	0	⋯	0	0	1	⋯	0
⋯	⋯	⋯	⋯	⋯	⋯	⋯	⋯	⋯
⋯	1	0	⋯	0	0	0	⋯	1
⋯	0	1	⋯	0	1	0	⋯	0
⋯	0	1	⋯	0	0	1	⋯	0
⋯	⋯	⋯	⋯	⋯	⋯	⋯	⋯	⋯
⋯	0	1	⋯	0	0	0	⋯	1
⋯	⋯	⋯	⋯	⋯	⋯	⋯	⋯	⋯
⋯	⋯	⋯	⋯	⋯	⋯	⋯	⋯	⋯
⋯	⋯	⋯	⋯	⋯	⋯	⋯	⋯	⋯
⋯	0	0	⋯	1	1	0	⋯	0
⋯	0	0	⋯	1	0	1	⋯	0
⋯	⋯	⋯	⋯	⋯	⋯	⋯	⋯	⋯
IJ	0	0	⋯	1	0	0	⋯	1

$= X_1 + X_2,$

$$\beta = \begin{pmatrix} a_1 \\ \vdots \\ a_I \\ \cdots \\ b_1 \\ \vdots \\ b_J \end{pmatrix} = \begin{pmatrix} \beta_{(1)} \\ \beta_{(2)} \end{pmatrix}.$$

X_1, X_2分别由 X 的前I 列与后J 列构成. 此处 X 尚未中心化,不难验证,中心化以后符合正交的条件. 简单计算得出

$$\mathrm{SS}_1 = J\sum_{i=1}^{I}(Y_{i\cdot} - \bar{Y})^2, \quad \mathrm{SS}_2 = I\sum_{i=1}^{J}(Y_{\cdot j} - \bar{Y})^2,$$

$$\mathrm{SS}_e = \sum_{i=1}^{I}\sum_{j=1}^{J}(Y_{ii} - Y_{\cdot i} - Y_{\cdot j} + \bar{Y})^2,$$

这里 $Y_{i\cdot}=\sum_{j=1}^{J}Y_{ij}/J$，$Y_{\cdot j}=\sum_{i=1}^{I}Y_{ij}/I$. SS_1，SS_2 和 SS_e 的自由度分别为 $I-1$，$J-1$ 和 $(I-1)(J-1)$. 要注意的是，按前述，这三个自由度分别为 $\mathrm{rank}(X_1)$，$\mathrm{rank}(X_2)$ 和 $IJ-1-\mathrm{rank}(X)$. 但 X_1，X_2 和 X **都要按中心化后的为准**.

检验 SS_1 是否显著，即检验假设 $a_1=\cdots=a_I=0$. 用 F 统计量 $\frac{1}{I-1}SS_1\Big/\left[\frac{1}{(I-1)(J-1)}SS_e\right]$，临界值为 $F_{I-1,(I-1)(J-1)}(\alpha)$. 若假设被接受，可解释为试验结果不支持"不同种子品种在产量上有差异"的说法. 若假设被否定，则表明试验结果支持这种说法，这时可进一步估计各 $a_i$$\left(\text{仍在约束 }\sum_{i=1}^{I}a_i=0\text{ 之下}\right)$. 不难证明，其 LSE 为 $\hat{a}_i=Y_{i\cdot}-\bar{Y}$. 类似地处理关于肥料因素的问题.

这个设计称为**两因素的全面试验**，因为因素水平组合一共有 IJ 种，而每一组合各做试验一次. 如果缺了一个或几个，则设计的正交性丧失——一般讲，每个组合可以做若干次试验. 只在各个组合都做相同次数的试验时，设计才有正交性. 关于非正交设计的问题到后面再谈.

模型(8.73)中，品种与肥料各自独立地起作用，这种模型称为(效应)可加模型. 有这种可能：某一个种子品种可能偏好某一种肥料. 一般地，如果因素的某水平的作用，与其他因素所取水平有关联，则称有"**交互效应**"存在. 具体到(8.73)式，可以把模型改为 $Y_{ij}=\mu+a_i+b_j+(ab)_{ij}+e_{ij}$，其中 $(ab)_{ij}$ 一项，反映种子水平 i 与肥料水平 j 彼此促进(或促退)的作用，在产量上的影响. 这样模型大为复杂化了，但仍属(8.5)式的形式. 交互效应的处理，是试验设计和方差分析的重要内容，不在此细述了.

8.3.3 正交表

由于正交设计具有如此的优点，只要有可能，人们总是设法选用正交设计. 当因素在试验中只能取有限(一般为数很少)个水平，即有限个不同值时，这种设计有时可以通过一个事先制就的表格去实现，这种表就叫做**正交表**.

正交表是一个由 n 行、m 列构成的，其元 t_{ij} 为正整数的矩阵，有以下的性质：

1° 如果第 j 列所含最大正整数为 n_j，则第 j 列含 $1,2,\cdots,n_j$ 各 n/n_j 个；

2° 任取两不同列 j,k. 把其同行元结成对子 $(t_{1j},t_{1k}),\cdots,(t_{nj},t_{nk})$. 若第

j,k 列的最大元分别为 n_j 和 n_k，则在上述 n 个对子中，$(1,1),(1,2),\cdots,(n_j,n_k)$各有 $n/(n_jn_k)$个.

以下是几个简单的正交表例子.

表 8.1　$L_8(2^7)$

行＼列	1	2	3	4	5	6	7
1	1	1	1	1	1	1	1
2	1	1	2	1	2	2	2
3	1	2	1	2	1	2	2
4	1	2	2	2	2	1	1
5	2	1	1	2	2	1	2
6	2	1	2	2	1	2	1
7	2	2	1	1	2	2	1
8	2	2	2	1	1	1	2

表 8.2　$L_9(3^4)$

行＼列	1	2	3	4
1	1	1	2	3
2	1	2	3	2
3	1	3	1	1
4	2	1	3	1
5	2	2	1	3
6	2	3	2	2
7	3	1	1	2
8	3	2	2	1
9	3	3	3	3

表 8.3　$L_8(4\times 2^4)$

行＼列	1	2	3	4	5
1	1	1	1	1	1
2	1	1	2	2	2
3	2	2	1	2	2
4	2	2	2	1	1
5	3	2	2	1	2
6	3	2	1	2	1
7	4	1	2	2	1
8	4	1	1	1	2

其中 L 是正交表记号，$L_8(4\times 2^4)$，8 表示该表有 8 行，4×2^4 表示表中有 1 列含 1,2,3,4，有 4 列含 1,2，其余类推. 容易验证，这些表都符合上述正交表的两个条件.

正交表用于安排设计的操作如下：设有一个试验，其中有 k 个因素，分别含 $a_1,\cdots,a_k$ 个水平，而我们打算做 n 次试验，则要挑选一张有 n 行的正交表，其中能找出 k 个列，所含最大元分别为 $a_1,\cdots,a_k$. 为说明简单计，不妨设这 k 个列就是表的前 k 列. 把第 i 列头上写上因素 $i(1\leqslant i\leqslant k)$，然后对每一行，读出前 k 列的各元. 如第 j 行前 k 列各元依次为 $t_{j1},\cdots,t_{jk}$，则第 j 次试验中，k 个因素的水平组合为$(t_{j1},\cdots,t_{jk})$——即第 1 因素取水平 t_{j1}，其余类推. 这次试验的方程为

$$Y_j = \mu + \alpha_{t_{j1}}^{(\alpha)} + \cdots + \alpha_{t_{jk}}^{(k)} + e_j, \quad 1\leqslant j\leqslant n,$$

这里 $\alpha_1^{(i)},\cdots,\alpha_{a_i}^{(i)}$ 分别是因素 i 各水平的效应(相当于(8.74)式中的 a_i,b_j)，满足约束 $\alpha_1^{(i)}+\cdots+\alpha_{a_i}^{(i)}=0$.

例如，某试验中有 3 个因素 A,B,C，各有 3 水平，而我们打算作 9 次试验，则可选用正交表 $L_9(3^4)$，把 A,B,C 分别排在前三列的头上，得到 9 次试验中各因素水平组合依次是

$$(1,1,2),(1,2,3),(1,3,1),(2,1,3),(2,2,1),$$
$$(2,3,2),(3,1,1),(3,2,2),(3,3,3).$$

例如,第 6 次试验中,因素 A,B,C 分别取水平 2,3 和 2,该次试验方程为 $Y_6=\mu+a_2+b_3+c_2+e_6$. 利用此试验所得数据,可检验各因素效应是否显著,并可对效应 a_i,b_j,c_k 等作估计. 又如,若有一个试验包含 4 个因素 A,B,C,D,A 有 4 水平,其余 2 水平,打算作 8 次试验,则可选用 $L_8(4\times2^4)$表,把 $A,\cdots,D$ 分别排在前 4 列,得 8 次试验中各因素水平组合是(1,1,1,1),(1,1,2,2),(2,2,1,2),(2,2,2,1),(3,2,2,1),(3,2,1,2),(4,1,2,2),(4,1,1,1).

将试验中各因素适当安排于所选正交表各列的操作,叫**表头设计**. 从以上几例还看出一个重要事实:如在用 $L_9(3^4)$的那个例中,共有 3 因素,各 3 水平,如每水平组合都做,共需做 $3^3=27$ 次试验,这叫**全面实施**. 在该例中只作 9 次,只是全部的 1/3,这叫**部分实施**(1/3 实施). 正交设计保证在只做一部分试验的基础上,仍可作方差分析,这是一个重大优点,因为在许多问题中,条件的限制不容许(或不需要)进行全面试验.

并非在任何情况下都能找到适当的正交表. 如在 $L_9(3^4)$那个例中,若打算作 8 次试验,或其中一个因素有 4 水平,则这个表不能用. 有时为了迁就设计,不得不调整试验次数及(或)因素水平数,以便能找到适当的正交表. 另外,在以上各例中我们都假定:各因素之间无交互效应. 如有交互效应,则问题复杂化了——表头设计不能只根据各因素的水平数,还要考虑各交互效应在表头上的位置. 这些问题的细节要到试验设计的专门课程中才能仔细讨论.

8.3.4 非正交设计

如果在线性模型(8.64)中,X 经过中心化后,至少有一对 $j\neq k$,使 $X_j'X_k\neq0$,则设计 X 称为**非正交的**.

在非正交设计中,亦如前定义总平方和 $\mathrm{TSS}=\sum_{i=1}^{n}(Y_i-\bar{Y})^2$ 及误差 e 和各群因素对它的贡献. 误差 e 的贡献即残差平方和 $\mathrm{RSS}=\mathrm{SS}_e$. 第 i 群因素之贡献的计算,也与以前一样:在(8.64)式中舍去第 i 群因素,即命其中的 $\beta_{(i)}=0$,在所得的模型中重算残差平方和,得$\widetilde{\mathrm{RSS}}$. 二者之差,即$\widetilde{\mathrm{RSS}}-\mathrm{RSS}$,即为第 i 群因素的贡献 SS_i. 这一贡献是否显著的检验,即检验 $\beta_{(i)}=0$,仍用(8.72)式. 这些都与正交设计情况一致.

不同之处在于:**这时**(8.71)**式不再成立**. 实例表明:(8.71)式的左边可以大于也可以小于其右边. 因此,TSS不能分解为各部分贡献之和,这就丧失了"方差分析"这个名词所表达的基本含义. 就这一点论,如果说方差分析是专为正交设计而设,亦不为过(习题36a).

这种情况之发生,肇源于在非正交设计中,各群因素的效应不能独立地体现出来,而是一个彼此**混杂**的状况. 这可以通过一个简单例子来说明. 设在一项研究中,考虑每亩播种量(因素 A),每亩施肥量(因素 B)对亩产量 Y 的影响. 在设计中,我们把这两个量选择得大致成比例(即播种量加倍,施肥量大致也加倍). 这时,因素 A 对 Y 的影响,基本上已由 B 体现出来. 所以,舍弃其中之一,对模型影响甚微,即每个因素 A 和 B,孤立而论,对TSS的贡献很小,但二者结合则可能贡献很大. 这时在(8.71)式中,将出现左边大于右边的情况. 相反的例子也不难举出.

这种情况的存在,使得评估各群因素的真实影响的问题,大为复杂化了. 比如在上例,如逐一检验"播种量对产量无影响"和"施肥量对产量无影响"的假设,有可能都可以接受,而这结论显然不实际. 这是由于设计的不当而造成的不良后果. 它也提醒我们:在对非正交设计的统计分析结果作解释时,要谨慎从事.

同样的困难在回归分析中也存在,不过表现形式不同. 如就上例而论,通过数据分析我们建立了一个经验回归方程 $y=\hat{\mu}+\hat{\beta}_1 x_1+\hat{\beta}_2 x_2$. 如果播种量与肥料施放量之间的交互效应可忽略不计,则只要 $\hat{\beta}_1,\hat{\beta}_2$ 足够精确地估计了理论上的系数 β_1,β_2,上述方程就可以可靠地作为通过 x_1,x_2 预测 y 的根据. 问题在于:在设计离正交很远以至陷入病态时,$\hat{\beta}_1,\hat{\beta}_2$ 每一个的估计都会有极大的误差,而在设计接近正交时这种误差就显著减小. 因此,也只有在设计不偏离正交太远时,回归方程才有比较明朗的解释,对评估一特定自变量对 Y 的影响时,其重要性就更不用提了.

说到这里,可能会有一个近乎哲理的疑问. 拿本例来说,如果播种量 A 与施肥量 B 对产量 Y 的效应确是叠加的,即 $\mathrm{E}(Y)$ 等于 $\mu+a_i+b_j$,则这是由这问题的本质所决定,不应受到"试验如何做"的影响. 这当然是对的. 但是,我们这里谈的是这个"本质"的体现——你如何通过试验,用一些由试验决定的量,把这一"本质"体现出来,而这就不能摆脱试验设计得好坏的影响了. 如拿回归分析法说,你可以通过数据估计 μ,a_i,b_j 得 $\hat{\mu},\hat{a}_i,\hat{b}_j$,再直接估计在 (A,B) 取水平 (i,j) 之下,Y 的均值 $\mathrm{E}(Y)$. 如果你的估计是够准确,则你会发现 $\mathrm{E}(Y)$ 之估值很接近 $\hat{\mu}+\hat{a}_i+\hat{b}_j$,因而可以宣称,上述"本质"通过试验得到体现或验证. 反之,如设计不当,则估计有很大误差,上述二者就会有较大差距,因而也就无法体现所述"本质". 从方差分析法的角度说,若设计正交,则通过"平方和的叠加"体现出这个"本质",若设计不正交则不行. 这原没有什么矛盾的地方.

8.3.5 协方差分析

先通过一个例子来引入一般的概念. 设要比较几种饲料对猪的生长的作用,而参与试验的小猪,其开始体重不一样. 为了使比较建立在更科学的基础上,应把这"开始体重"作为一个因素引入模型.

一般地,设我们关心的对象是某些因素 $A_1,\cdots,A_m$,但另有一些因素 $B_1,\cdots,B_k$,对结果也有影响,而在试验中,我们并未把后者控制在一定水平上,因而干扰了前者,使我们分不清:某个因素 A_i 表现出的优势,是其固有的,还是借助于诸 $B_i(1\leqslant i\leqslant k)$ 因素而来? 拿上例来说,发现某种饲料较优,也许不一定真优,而是拿该饲料喂养的小猪,一开始就比较重因而长得较快. 为克服这个困难,应将诸 B 因素引入模型,设法消去其影响,然后在这个基础上对诸 $A_i(1\leqslant i\leqslant m)$ 因素进行比较和分析. 其具体体现是线性模型

$$Y = X_1\alpha + X_2\beta + e, \tag{8.75}$$

其中 α 是我们关心的重点,而 β 是需要排除其干扰的因素. 在这类问题中,一般 α 所反映的是属性因素,因而 $X_1\alpha$ 反映了模型中的方差分析部分;β 一般是反映能连续取值的因素,故 $X_2\beta$ 是模型的回归部分. 这样,(8.75)式是两种型(回归与方差分析)的混合,这还不足以恰当地解释"协方差分析"这个名称,见后.

可能会问:为何在设计试验时,不设法把诸 $B_i(1\leqslant i\leqslant k)$ 因素的取值固定,以使它不影响所主要关心的诸 $A_i(1\leqslant i\leqslant m)$ 因素? 这有几方面的理由:① 实验操作上的困难和不便. 如在上例中,这意味着挑选一大批其体重十分接近的小猪,这不总是容易做到的. ② 可以使对诸 $A_i(1\leqslant i\leqslant m)$ 因素的结论建立在更广的基础上——固定诸 $B_i(1\leqslant i\leqslant k)$ 因素的取值,意味着我们只在这一个值的前提下考察了诸 $A_i(1\leqslant i\leqslant m)$ 因素,其结论对诸 $B_i(1\leqslant i\leqslant k)$ 因素取其他值是否仍有效,是一个问题. ③ 在分析中还可以得到有关诸 $B_i(1\leqslant i\leqslant k)$ 因素的一些信息,这对研究工作可能是有用的.

模型(8.75)属于(8.5)式的范畴. 因此,在原则上不是新问题. 但是,由于我们主要关心其中 α 部分,就有可能利用纯方差分析模型

$$Y = X_1\alpha + e \tag{8.76}$$

的方法来进行计算. 由于对典型的设计,方差分析已有了一套程式性的算法,这时简化计算很有用. 以下就来着力解释这一点.

记 $S_i = X_i'X_i (i=1,2)$, $\hat{\alpha}$,$\hat{\beta}$ 分别是 α,β 的 LSE,则有

$$\hat{\alpha} = S_1^- X_1'(Y - X_2\hat{\beta}). \tag{8.77}$$

因为 $X_1\alpha$ 是模型的方差分析部分,α 一般要满足一些约束,此处假定在选择 $\hat{\alpha}$ 时,已照顾到了这些约束. 类似地,有

$$\hat{\beta} = S_2^{-1} X_2'(Y - X_1\hat{\alpha}), \tag{8.78}$$

此处我们写 S_2^{-1}而非 S_2^-,是因为 $X_2\beta$ 为回归部分,一般可假定 $S = X_2'X_2$ 满秩. 以(8.77)式代入(8.78)式,两边并乘 S_2,得

$$X_2'(I - X_1S_1^- X_1')X_2\hat{\beta} = X_2'(I - X_1S_1^- X_1')Y. \tag{8.79}$$

仔细审视方程(8.79),发现 $I - X_1S_1^- X_1' \equiv P$ 不是别的,正是在模型(8.76)之下所得残差平方和 $SS_e = Y'AY$ 中的方阵 A. 如果我们已有了方差分析部分(8.76)式的计算程式,则它可以用来计算方程(8.79)的系数:若以 u_i 记 X_2 的 i 列,则方阵 $X_2'PX_2$ 的 (i,j) 元为 $u_i'Pu_j$,而右边向量的第 i 元为 $u_i'PY$. 由于这些表达式有协方差的意味,使这种计算程式得到了"协方差分析"这个名称.

举例来说,在前面两因素全面试验方差分析模型中,我们已算出残差平方和为

$$SS_e = \sum_{i=1}^{I}\sum_{j=1}^{J}(Y_{ij} - Y_{i\cdot} - Y_{\cdot j} + \bar{Y})^2 \equiv Y'PY.$$

现设 X_2 的第 k 列各元,按双足标排列,为$(u_{11}^{(k)},\cdots,u_{1J}^{(k)},\cdots,u_{I1}^{(k)},\cdots,u_{IJ}^{(k)})$,则(8.79)式左边方阵的 (k,r) 元为

$$\sum_{i=1}^{I}\sum_{j=1}^{J}(u_{ij}^{(k)} - u_{i\cdot}^{(k)} - u_{\cdot j}^{(k)} + \bar{u}^{(k)})(u_{ij}^{(r)} - u_{i\cdot}^{(r)} - u_{\cdot j}^{(r)} + \bar{u}^{(r)}),$$

而(8.79)式右边向量的第 k 元为

$$\sum_{i=1}^{I}\sum_{j=1}^{J}(u_{ij}^{(k)} - u_{i\cdot}^{(k)} - u_{\cdot j}^{(k)} + \bar{u}^{(k)})(Y_{ij} - Y_{i\cdot} - Y_{\cdot j} + \bar{Y}).$$

可见,我们并不需写出方阵 $P = I - X_1S_1^- X_1'$ 的具体形式,只需就 SS_e 的形式进行类比就行,这是其方便的主要根源. 这一计算上的方便也适用于涉及 $X_1\alpha$ 部

分的种种问题,简述如下:

1. 模型(8.75)的残差平方和 SS_e

记 $Y^* = Y - X_2\hat{\beta}$,按公式(8.13),有 $SS_e = Y^{*\prime}PY^*$. 以由(8.79)式决定的 $\hat{\beta}$ 代入,经过简化,得

$$SS_e = Y'PY - (X_2'PY)'(X_2'PX_2)^{-1}(X_2'PY). \tag{8.80}$$

这里用了 $\hat{\beta} = (X_2'PX_2)^{-1}(X_2'PY)$,因而需要 $X_2'PX_2$ 满秩. 为满足这一点,须假定 β 可估(因 $X_2\beta$ 为回归部分,假定 β 可估从应用的角度是合理的). 因 β 可估,则其 LSE $\hat{\beta}$ 存在唯一,这就推出(8.79)式左边的系数方阵,即 $X_2'PX_2$,必为满秩. 这一点也不难用纯代数的方法证明(习题 36b).

如果从模型(8.75)中舍去 $X_2\beta$ 部分,则所得模型(8.76)的残差平方和为 $Y'PY$. 由(8.80)式知,由于考虑了 $X_2\beta$ 的影响,残差平方和有所下降——$X_2\beta$ 造成了 Y 的一部分变异,若不予以考虑,其影响将归入误差 e,使 SS_e 加大而影响分析精度,这一点在前面已多次论及了. SS_e 这一下降可看成是消去干扰因素 β 带来的收益,这就印证了我们在开始时的提法.

2. 线性假设 $H\alpha = 0$ 的检验

检验这种假设是方差分析模型中的一项主要工作. 为检验它,需要算两个残差平方和——其一即(8.80)式,另一为模型(8.75)在约束 $H\beta = 0$ 之下的残差平方和. 如果我们已解决了在纯方差分析模型(8.76)之下 $H\alpha = 0$ 的计算,得其残差平方和为二次型 $Y'P_1Y$,则根据前面的论证,模型(8.75)在约束 $H\beta = 0$ 下的残差平方和可按公式

$$Y'P_1Y - (X_2'P_1Y)'(X_2'P_1X_2)^{-1}(X_2'P_1Y)$$

计算.

3. 可估函数 $c'\alpha$ 的 LSE

按(8.77)式,$c'\alpha$ 的 LSE 为

$$c'\hat{\alpha} = c'S^-X_1'Y - c'S^-X_2\hat{\beta}.$$

上式右边第一项为 $c'\alpha$ 在纯方差分析模型下的 LSE. 设我们已解决了后者的计算问题,姑且记为 $g(Y)$. 则 $c'S^-X_2$ 的第 i 元正好是 $g(u_i)$,u_i 是 X_2 的第 i 列. 由此得出

$$c'\hat{\alpha} = g(Y) - \sum_{i=1}^{r} g(u_i)\hat{\beta}_i, \tag{8.81}$$

此处 r 为 β 的维数. 可见仍是前面指出的格局:一旦解决了纯方差分析模型中的问题,相应的在协方差分析模型中的问题,就可借助其结果去解决——当然,此处需要计算 $\hat{\beta}$:(8.81)式右边第二项,可视为由于协变量 X_2 的存在,而对 $c'\alpha$ 的估计 $g(Y)$ 所作的修正.

4. 可估函数的区间估计

如算出了 $\mathrm{Cov}(\hat{\alpha})=Q\sigma^2$,则 $\mathrm{Var}(c'\hat{\alpha})=\sigma^2c'Qc$. 记 $s^2=\mathrm{SS}_e/(n-h)$(SS_e 按(8.80)式算,$h=\mathrm{rank}(X_1 \vdots X_2)$),则 $(c'\hat{\alpha}-c'\alpha)/s\sim t_{n-h}$,由此可作出 $c'\alpha$ 的 t 区间估计. 为算 $\mathrm{Cov}(\hat{\alpha})$,用(8.77)式,先算出

$$\mathrm{Cov}(\hat{\beta})=\sigma^2(X_2'PX_2)^{-1},\quad \mathrm{Cov}(Y,\hat{\beta})=\sigma^2PX_2(X_2'PX_2)^{-1}.$$

由此,据(8.77)式,得

$$\begin{aligned}\mathrm{Cov}(\hat{\alpha})=\sigma^2(&S_1^-SS_1^-+S_1^-X_1'X_2(X_2'PX_2)^{-1}X_2'X_1S_1^-\\&-2S_1^-X_1'PX_2(X_2'PX_2)^{-1}X_2'X_1S^-),\end{aligned}$$

此处 P 就是前面定义的 $I-X_1S_1^-X_1'$. 在较简单的模型中,$c'\alpha$ 的表达式也不甚复杂,由之直接计算 $\mathrm{Var}(c'\hat{\alpha})$,一般比动用上述公式要简便一些.

由于协方差分析在计算上只是方差分析的延伸,它未能像方差分析那样,形成统计学中一个独立的分支,一般是把它作为方差分析或线性模型这些分支中一个内容来处理. 但是,引进协变量以降低误差,是科学研究的一种重要手段.

附录 矩阵的广义逆

A. 定义及存在性

矩阵 B 称为矩阵 A 的**广义逆**并记为 A^-,若

$$ABA=A.$$

此处并未要求 A 为方阵. 显然,若 A 为 $m\times n$ 阵,则 A^- 必为 $n\times m$ 阵. 又若 A 为方阵且逆阵 A^{-1} 存在,则 $A^-=A^{-1}$(存在唯一).

下述定理给出 A^- 的存在性及其一般形式.

定理 1　设 $m \times n$ 阵 A 的秩 $\mathrm{rank}(A)=r$. 把 A 表为

$$A = P\begin{pmatrix} I_r & 0 \\ 0 & 0 \end{pmatrix}Q$$

的形式,其中 P 和 Q 分别为 m 和 n 阶满秩方阵,I_r 为 r 阶单位阵,则有

$$A^- = Q^{-1}\begin{pmatrix} I_r & \bar{C} \\ D & E \end{pmatrix}P^{-1},$$

即:不论 $\bar{C}$,D,E 如何(D 为 $(n-r)\times r$ 矩阵,$\bar{C}$ 为 $r\times(m-r)$ 矩阵),右边的矩阵必为 A^-. 反之,任一个 A^- 必能表成右边的形式.

证明

$$\begin{aligned} A = ABA \quad &\Leftrightarrow \quad P\begin{pmatrix} I_r & 0 \\ 0 & 0 \end{pmatrix}Q = P\begin{pmatrix} I_r & 0 \\ 0 & 0 \end{pmatrix}QBP\begin{pmatrix} I_r & 0 \\ 0 & 0 \end{pmatrix}Q \\ &\Leftrightarrow \quad \begin{pmatrix} I_r & 0 \\ 0 & 0 \end{pmatrix} = \begin{pmatrix} I_r & 0 \\ 0 & 0 \end{pmatrix}QBP\begin{pmatrix} I_r & 0 \\ 0 & 0 \end{pmatrix}. \end{aligned}$$

记 $QBP = \begin{bmatrix} F_1 & F_2 \\ F_3 & F_4 \end{bmatrix}$,有

$$\begin{aligned} A = ABA \quad &\Leftrightarrow \quad \begin{pmatrix} I_r & 0 \\ 0 & 0 \end{pmatrix} = \begin{pmatrix} I_r & 0 \\ 0 & 0 \end{pmatrix}\begin{bmatrix} F_1 & F_2 \\ F_3 & F_4 \end{bmatrix}\begin{pmatrix} I_r & 0 \\ 0 & 0 \end{pmatrix} \\ &\Leftrightarrow \quad \begin{pmatrix} I_r & 0 \\ 0 & 0 \end{pmatrix} = \begin{pmatrix} F_1 & 0 \\ 0 & 0 \end{pmatrix} \\ &\Leftrightarrow \quad F_1 = I_1, \quad F_2, F_3, F_4 \text{ 任意}, \end{aligned}$$

如所欲证.

由此定理看出:只有在 A 为方阵且 A^{-1} 存在时,A^- 才唯一,在其他情况,A^- 不唯一且其秩总不小于 A 之秩.

B. A^- 的基本性质

定理 2(A^- 与线性方程组求解的关系)　给定矩阵 A 及向量 y,则

1°　若方程 $Ax=y$ 可解,则 A^-y 必为解,且当 $y\neq 0$ 时,任何解都有 A^-y 的形式.

2°　$Ax=0$ 的通解为 $(I-A^-A)Z$,A^- 为任选定之一广义逆,Z 任意.

证明 若 $Ax=y$ 可解,则有 x_0 使 $y=Ax_0$,因而 $A(A^- y)=AA^- Ax_0=Ax_0=y$,即 $A^- y$ 为解. 为证后一结论,先设 $A=\begin{pmatrix} I_r & 0 \\ 0 & 0 \end{pmatrix}$. 设 $y=(y_1,\cdots,y_m)'\neq 0$ 而 $x_0=(x_1,\cdots,x_n)'$ 为 $Ax=y$ 之解,则必有 $y_{r+1}=\cdots=y_m=0$,$y_i=x_i(1\leqslant i\leqslant r)$,而 $y_1,\cdots,y_r$ 不全为 0. 不妨设 $y_1\neq 0$. 作矩阵 $B=\begin{pmatrix} I_r & 0 \\ D & 0 \end{pmatrix}$,其中 D 之第一列为 $(x_{r+1}/y_1,\cdots,x_n/y_1)$ 而其他各列为 0,则 $x_0=By$,而据定理1,B 为 A^-. 对一般情况 $A=P\begin{pmatrix} I_r & 0 \\ 0 & 0 \end{pmatrix}Q$,由 $Ax_0=y$ 知 $\begin{pmatrix} I_r & 0 \\ 0 & 0 \end{pmatrix}\tilde{x}_0=\tilde{y}$,其中 $\tilde{x}_0=Qx_0$ 而 $\tilde{y}=P^{-1}y$. 按已证部分,存在 $B=\begin{pmatrix} I_r & C \\ D & E \end{pmatrix}$,使 $\tilde{x}_0=B\tilde{y}$,即 $x_0=Q^{-1}BP^{-1}y$. 但据定理1,$Q^{-1}BP^{-1}$ 为 A^-. 这证明了 1°. 2°易证.

下面要讲到广义逆与**正交投影**的关系. 设 $m\times n$ 阵 $A=(a_1\vdots\cdots\vdots a_n)$. 一切形如 $\sum_{i=1}^{n}c_ia_i$ (c_i 为常数)的向量构成 $\mathbb{R}^m$ 中一线性子空间,记为 $\mu(A)$,其维数为 $\dim(\mu(A))=\operatorname{rank}(A)$. 任一 m 维向量 x 可唯一地分解为 $x=u+v$,其中 $u\in\mu(A)$ 而 $v\perp\mu(A)$. u 称为 x 向 $\mu(A)$ 的**正交投影**,简称**投影**. 由 x 到 u 的变换为一线性变换 $u=Bx$,B 为 m 阶方阵. B 称为(向 $\mu(A)$ 投影的)**投影阵**.

定理3 $B=A(A'A)^-A'$,且与 $(A'A)^-$ 的选择无关.

证明 先证明两个很有用的恒等式:

$$A(A'A)^-A'A=A,\quad A'A(A'A)^-A'=A'. \tag{$*$}$$

为此记 $D=A(A'A)^-A'A-A$,则有 $\mu(D)\subset\mu(A)$. 另一方面,对 $\mu(A)$ 中任一向量 Ax,有 $(Ax)'D=x'A'D=x'A'A(A'A)^-A'A-x'A'A=0$,由此知 $\mu(A)\perp\mu(D)$. 这说明 $\mu(D)$ 只能包含零向量,即 $D=0$. 这证明了($*$)式的第一式,第二式类似.

任给向量 x,将其分解为 $x=Bx+(I-B)x$. 则有 $Bx\in\mu(A)$,又 $(I-B)x\perp\mu(A)$,此因据($*$)式对 $\mu(A)$ 中任一向量 Ay 有 $(Ay)'(I-B)x=y'(A'-A'A(A'A)^-A)x=0$. 于是证明了所要的结果. $A(A'A)^-A'$ 与 $(A'A)^-$ 之选择无关是因为投影阵是唯一的.

投影阵是幂等且对称的. 反过来,任何对称幂等方阵必是向某 $\mu(A)$ 的投影阵. 事实上,设 D 为(投影于 $\mu(A)$ 的)投影阵,则 $D=A(A'A)^-A'$. 于是据

(*)式得 $DD=A(A'A)^{-}A'A(A'A)^{-}A'=(A(A'A)^{-}A'A)(A'A)^{-}A'=A(A'A)^{-}A'=D$,对称性将在后面证明.

反过来,设 D 为对称幂等阵. 因幂等阵的特征根只能为 0 和 1,故存在正交阵 P,使 $D=P\begin{pmatrix}I & 0\\ 0 & 0\end{pmatrix}P'$. 令 $A=P\begin{pmatrix}I\\ 0\end{pmatrix}$,则 $A'A=I$,故 $A(A'A)^{-}A'=AA'=P\begin{pmatrix}I & 0\\ 0 & 0\end{pmatrix}P'=D$,即 D 为向 $\mu(A)$ 的投影阵.

C. Moore-Penrose 广义逆 A^{+}

广义逆 A^{-} 不必唯一. 在一切 A^{-} 中,有一个起着特别重要的作用,即下文定义的 A^{+}.

设 A 为任一矩阵. 若 B 满足以下几个条件:

$$B=A^{-},\quad A=B^{-},\quad AB\text{ 对称},\quad BA\text{ 对称},$$

则称 B 为 A 的 **Moore-Penrose 广义逆**并记为 A^{+}. 显然有 $(A^{+})^{+}=A$,而 $(A^{-})^{-}$ 不一定是 A(试举一例). 故 A^{+} 更切合通常逆方阵的性质.

首先证明:**对任何 A,A^{+} 存在唯一**. 事实上,设 B_1 和 B_2 都是 A^{+},则

$$\begin{aligned}B_1 &= B_1AB_1=B_1(AB_1)'=B_1B_1'A'=B_1B_1'(AB_2A)'\\ &= B_1B_1'A'B_2'A'=B_1(AB_1)'(AB_2)'\\ &= B_1(AB_1)(AB_2)=B_1AB_2=(B_1A)'B_2AB_2\\ &= (B_1A)'(B_2A)'B_2=(B_1A)'A'B_2'B_2\\ &= (A'B_1'A')B_2'B_2=(AB_1A)'B_2'B_2\\ &= A'B_2'B_2=(B_2A)'B_2=B_2AB_2=B_2,\end{aligned}$$

得唯一性. 注意等式每一步都是用了 B_1 和 B_2 为 A^{+}. 为证存在性,设 A 为 $m\times n$ 矩阵,秩为 r,把 A 表为 $A=PQ$,其中 P 为 $m\times r$ 阵,Q 为 $r\times n$ 阵,且秩都为 r,则 $P'P$ 和 QQ' 都是满秩 r 阶方阵. 令 $B=Q'(QQ')^{-1}(P'P)^{-1}P'$,不难验证它满足 A^{+} 的所有条件.

A^{+} 都是在 A 不为满秩方阵时,模拟逆阵的性质而设,其中 A^{+} 保留逆阵性质更多一些,例如:

1° $(A^{+})^{+}=A$(相当于 $(A^{-1})^{-1}=A$,此对 A^{-} 不成立).

2° A 为对称方阵时，A^+ 也为对称方阵. 事实上，将 A 表为 $A = P \cdot \mathrm{diag}(\lambda_1, \cdots, \lambda_r, 0, \cdots, 0) P'$，其中 P 为正交阵，$\lambda_i \neq 0 (1 \leqslant i \leqslant r)$，则易验证 $A^+ = P' \mathrm{diag}(\lambda_1^{-1}, \cdots, \lambda_r^{-1}, 0, \cdots, 0) P'$，而这是对称阵. 此性质对 A^- 不成立.

由此性质可以证明定理 3 中的一个遗留点，即 $A(A'A)^- A'$ 为对称阵. 事实上，因 $A(A'A)^- A'$ 与 $(A'A)^-$ 的取法无关，故 $A(A'A)^- A' = A(A'A)^+ A'$. 因 $A'A$ 对称，故 $(A'A)^+$ 也对称，因而 $A(A'A)^+ A'$ 也对称.

3° $A^+ = (A'A)^+ A'$，$A^+ = A'(AA')^+$. 直接验证即得(将 + 号改为 − 号时不再成立).

另有一些性质是对一般 A^- 也成立的，例如，

$$(A')^- = (A^-)', \quad (PAQ)^- = Q^{-1} A^- P^{-1}, \quad P, Q \text{ 为满秩阵}.$$

这里等号的意义是理解为"矩阵集合相同"，如：一切 $(A')^-$ 成一集，一切 $(A^-)'$ 也成一集，这两个集合一样.

还有一些性质甚至对 A^+ 也不成立，例如 $(AB)^+$ 不一定等于 $B^+ A^+$ (试举一例).

习　　题

习题分章排列．每一章内的次序，大体上依照前文中有关内容出现的次序．

习题按难易程度分为三类．题号右上角有一个“°”号的，是较易的题；题号右上角有一个“＊”号的，是较难的题；不加任何记号的题，其难度介乎二者之间．如果一个题包含若干小题，其各小题标识可以不同．

各类题的数量，加“°”者 222 题，加“＊”者 50 题，其余 228 题．

第 1 章

以 $\mathbb{R}^k$ 记 k 维欧氏空间，$\mathscr{B}_k$ 记 $\mathbb{R}^k$ 的一切 Borel 子集构成的 σ 域．当空间为 $\mathbb{R}^k$ 之一 Borel 子集时，也用 $\mathscr{B}_k$ 记其一切 Borel 子集构成的 σ 域．

1°．设 P 为 $(\mathbb{R}^k, \mathscr{B}_k)$ 上的一概率分布．证明：P 的支撑 A 为闭集（按原始定义）；$P(A)=1$．

2°．设 μ 为 $(\mathbb{R}^k, \mathscr{B}_k)$ 上的 σ 有限测度，概率测度 $\mathrm{d}P = f\mathrm{d}\mu$，定出 P 的支撑（不拘于原始定义，下同）．若有一族概率分布 $\{f\mathrm{d}\mu, f\in\mathscr{F}\}$，集 $\{x: f(x)>0\}$ 与 f 无关，证明此分布族有共同支撑．

3．给定闭集 $A\subset\mathbb{R}^1$，必存在一维分布以 A 为支撑．以此为基础，证明这断言对 $\mathbb{R}^k$ 也对，$k>1$．此题与第 1 题结合，得出：在支撑的原始定义下，$\mathbb{R}^k$ 中一子集 A 能作为某概率分布的支撑的充要条件是：A 为闭集．

4°．举一个如下的例子：一族一维分布 $\mathscr{P}$，其中每一个有支撑 $(0,1)$，但 $\mathscr{P}$ 并不受控于任何 σ 有限测度．

5．设 P 为 $\mathbb{R}^1$ 上的概率测度．用下法重新定义 P 的支撑 A：$a\in A$ 当且仅当对任给 $\varepsilon>0$，有

$$P([a-\varepsilon, a])>0,\quad P([a, a+\varepsilon])>0.$$

证明：A 为 Borel 集，$P(A)=1$，且 A 在早先的意义下也是 P 的支撑（非原始意义）．

6．$\mathbb{R}^k$ 上任一概率分布函数必为 Borel 可测．

7．两个同维分布函数 F, G 的 Kolmogorov 距离定义为 $K(F,G)=\sup_x|F(x)-G(x)|$，其“绝对距离”定义为

$$A(F,G) = \sup\{|F(A) - G(A)|: A \in \mathscr{B}_k\}.$$

(1)° 若 $\mathrm{d}F = f\mathrm{d}\mu, \mathrm{d}G = g\mathrm{d}\mu$,证明

$$A(F,G) = \int_{\mathbb{R}^k} |f - g| \mathrm{d}\mu/2.$$

(2) 总有 $K(F,G) \leqslant A(F,G)$. 利用(1)°,在一维情况得出等号成立的充要条件,并由其结果的形式进而推广到多维.

(3)° 若 $\mathrm{d}F_n = f_n \mathrm{d}\mu, n \geqslant 1, \mathrm{d}F = f\mathrm{d}\mu$,则 $A(F_n, F) \to 0$ 的一个充分条件为 $f_n \to f$ a.e. μ,举反例证明此条件并非必要.

(4)° 设 $X_1, \cdots, X_n$ 为抽自具分布 F 的 iid. 样本,F_n 为 $X_1, \cdots, X_n$ 的经验分布函数. 证明 $K(F_n, F)$(即 Kolmogorov 统计量)确是统计量,即它是$(\mathbb{R}^k, \mathscr{B}_k) \to (\mathbb{R}^1, \mathscr{B}_1)$的 Borel 可测函数.

8°. X 的样本空间为$(\mathbb{R}^1, \mathscr{B}_1)$. 证明:找不到一个取值于$(\mathbb{R}^1, \mathscr{B}_1)$的统计量 $T = T(X)$,使 $T^{-1}(\mathscr{B}_1) = \mathscr{F}$,其中 $\mathscr{F}$ 为 $\mathscr{B}_1$ 之一子 σ 域,由 $\mathbb{R}^1$ 的一切可列集(包括空集、有限集)及其余集构成.

9°. X 的样本空间为$(\mathbb{R}^k, \mathscr{B}_k)$,$\mathscr{F}$ 为由一切满足如下条件的 Borel 集 A 构成的子 σ 域:若 $a = (a_1, \cdots, a_k) \in A$,则当 $\sum_{i=1}^k |b_i| = \sum_{i=1}^k |a_i|$ 时,也有$(b_1, \cdots, b_k) \in A$. 找一个取值于$(\mathbb{R}^1, \mathscr{B}_1)$的统计量 $T = T(X)$,使 $T^{-1}(\mathscr{B}_1) = \mathscr{F}$.

10°. X 的样本空间为$(\mathscr{X}, \mathscr{B}_x)$,分布族为$\{f_\theta(x)\mathrm{d}\mu, \theta \in \Theta\}$,$\Theta$ 上一切函数构成的空间记为 $\mathscr{T}$. X 的似然函数 $f_\theta(x)$ 是 $\mathscr{T}$ 的元素. 前文中已指出:在 $\mathscr{T}$ 中适当选择 σ 域 $\mathscr{B}_{\mathscr{T}}$,可使似然函数成为统计量,在某些场合下 $\mathscr{B}_{\mathscr{T}}$ 可按"自然"的方式选择,以下是几个例子,试证明之:

(1)° Θ 为一有限集$\{\theta_1, \cdots, \theta_k\}$. 这时 $\mathscr{T}$ 为 $\mathbb{R}^k$,而 $\mathscr{B}_{\mathscr{T}}$ 可选为 $\mathscr{B}_k$.

(2)° Θ 为 $\mathbb{R}^m$ 中一区间,且对每个 $x \in \mathscr{X}$,$f_\theta(x)$ 作为 θ 的函数,在 Θ 上有界连续. 这时把 $\mathscr{T}$ 取为 Θ 上一切有界连续函数之集. $\mathscr{T}$ 中两元 g 和 h 的距离定义为 $d(g,h) = \sup_{\theta \in \Theta} |g(\theta) - h(\theta)|$,取在此距离上 $\mathscr{T}$ 中一切 Borel 子集作为 $\mathscr{B}_{\mathscr{T}}$.

11°. X 的样本空间为$(\mathbb{R}^1, \mathscr{B}_1)$. 两个统计量 $T_1 = |X|$ 和 $T_2 = X^2$ 都取值于$(\mathbb{R}^1, \mathscr{B}_1)$. 证明 $T_1^{-1}(\mathscr{B}_1) = T^{-1}(\mathscr{B}_2) = \{R_1$ 的一切关于 0 对称的 Borel 子集$\}$.

12°. 设 $X \sim \chi_{2n}^2$, n 为自然数,则

$$P(X < a) = \sum_{i=n}^{\infty} (i!2^i)^{-1} \mathrm{e}^{-a/2} a^i$$

对任何 $a>0$(即 $P(X<a)=P(Y\geqslant n)$, $Y\sim\mathscr{P}(a/2)$).

13°. 设 $Y\sim\mathscr{P}(\delta^2/2)$(参数为 $\delta^2/2$ 的 Poisson 分布),且对任何非负整数 k,有 $X|Y=k\sim\chi_{n+2k}{}^2$,则 $X\sim\chi_{n,\delta}{}^2$. 对非中心 t 及非中心 F 分布无类似结果,例如

$$Y\sim\mathscr{P}(\delta^2/2), X\mid Y=k\sim F_{m+2k,n}\quad\Rightarrow\quad X\sim F_{m,n,\delta}.$$

14°. 把 χ^2分布推广到 n 非整数时:$\chi_\alpha{}^2$是有密度$[2^{\alpha/2}\Gamma(\alpha/2)]^{-1}e^{-x/2}x^{\alpha/2-1}\cdot I(x>0)$的随机变量. 证明

$$E(\chi_\alpha{}^2)=\alpha,\quad \mathrm{Var}(\chi_\alpha{}^2)=2\alpha,$$

且当 $\alpha\to\infty$ 时

$$(\chi_\alpha{}^2-\alpha)/\sqrt{2\alpha}\xrightarrow{L}N(0,1).$$

15. 设 $X\sim\chi_{n,\delta}{}^2$, n 为自然数, $\delta>0$. 定义集合 A 如下:$a\in A$ 当且仅当存在独立 r.v.Y,Z,使 $Y\sim\chi_a{}^2$(a 不必为整数), $Z\geqslant0$, $X\overset{d}{=\!=}Y+Z$($\overset{d}{=}$ 表同分布). 约定 $0\in A$ 以使 A 总不为空集. 证明:**a**. 若 $a_1\in A$, $0<a_2<a_1$,则 $a_2\in A$. **b**. $A\subset[0,n]$. **c**. $\sup A\in[n-1,n]$. **d**. 记 $a^*=\sup A$,则 $a^*\in A$.

16°. 设 X,Y 独立, $X\sim\chi_a{}^2$, $Y\sim\chi_b{}^2$, $a>0,b>0$ 不必为整数,则 $X/(X+Y)\sim B(a,b)$. 利用这个事实证明:若 $X_1,\cdots,X_m$ 独立, $X_i\sim\chi_{a_i}{}^2$ $(1\leqslant i\leqslant m)$,则当 $r\geqslant1/2$ 时,有 $\left(a=\sum_{i=1}^m a_i\right)$

$$P\left(\frac{\max(X_1,\cdots,X_m)}{X_1+\cdots+X_m}\geqslant r\right)$$

$$=\Gamma(a)\sum_{i=1}^m[\Gamma(a_i)\Gamma(a-a_i)]^{-1}\int_r^1 x^{a_i-1}(1-x)^{a-a_i-1}dx.$$

当 $r<1/2$ 时,此概率可用 Diriehlet 分布表出,形式很复杂.

17°. 记 $X=(X_1,\cdots,X_n)'$,其中 $X_1,\cdots,X_n$ 独立正态等方差, A_1,A_2 为 n 阶对称方阵, $Y_i=X'A_iX$ $(i=1,2)$. 则:

(1)° $A_1A_2=0$,则 Y_1,Y_2 独立(其逆亦真,证明较难).

(2)° 若 b 为 n 维常向量,则 $b'X$ 与 Y_1 独立$\Leftrightarrow A_1b=0$.

18. 不用特征函数证明以下结果:设 $X_1,\cdots,X_n$ iid., $\sim N(0,1)$, $a_1,\cdots,a_n$

为常数，则((1),(2)容易；(3)包含(1),(2))：

(1) 对任何 $\alpha>n$，$\sum_{i=1}^{n} a_i X_i^2$ 不能有分布 χ_α^2.

(2) $\sum_{i=1}^{n} a_i X_i^2 \sim \chi_n^2 \Leftrightarrow a_1 = \cdots = a_n = 1$.

(3) $\sum_{i=1}^{n} a_i X_i^2 \sim \chi_\alpha^2 \Leftrightarrow \alpha \leqslant n$，$\alpha$ 为整数，且 $a_1,\cdots,a_n$ 中有 α 个 1，其余为 0(找到有关的 trick 此题极易).

19°. 设 $X_1,\cdots,X_n$ 独立正态等方差，证明：

(1) 若 $f(x_1+c,\cdots,x_n+c)=f(x_1,\cdots,x_n)$ 对任何实数 c，则 $f(X_1,\cdots,X_n)$ 与 $\overline{X}$ 独立(特例：f 为样本方差).

(2) 若 X_i 都有期望 0，而 $f(cx_1,\cdots,cx_n)=cf(x_1,\cdots,x_n)$ 对任何 $c>0$，则 $f(X_1,\cdots,X_n)\Big/\left(\sum_{i=1}^{n} X_i^2\right)^{1/2}$ 与 $\sum_{i=1}^{n} X_i^2$ 独立.

20°. 设 $X_1,\cdots,X_n$ 独立，$X_i \sim N(a_i,\sigma_i^2)(1\leqslant i\leqslant n)$. 记

$$Y = \sum_{i=1}^{n} \sigma_i^{-2} X_i \Big/ \sum_{i=1}^{n} \sigma_i^{-2}, \quad Z = \sum_{i=1}^{n} \sigma_i^{-2}(X_i - Y)^2,$$

$$a = \mathrm{E}Y = \sum_{i=1}^{n} \sigma_i^{-2} a_i \Big/ \sum_{i=1}^{n} \sigma_i^{-2}.$$

则：

(1)° Y,Z 独立.

(2)° $Z \sim \chi_{n-1,\delta}^2$，其中 $\delta^2 = \sum_{i=1}^{n} \sigma_i^{-2}(a_i - a)^2$.

21. 设 $1/2<\alpha<1$，则 t 分布分位点 $t_n(\alpha)$ 随着 n 上升而严格下降.

22°. 设 $X_1,\cdots,X_n$ iid.，正态，

$$Y \sim t_{n-1}, \quad S = \left[\sum_{i=1}^{n} (X_i - \overline{X})^2\right]^{1/2}.$$

则：

(1)° $\sqrt{n-1}(X_1-\overline{X})/S$ 与 $(n-1)Y/[n(Y^2+n-2)]^{1/2}$ 同分布.

(2)° 以 $X_{(1)}\leqslant\cdots\leqslant X_{(n)}$ 记次序统计量，有

$$\sup\{(X_{(i)} - \overline{X})/S : X_1, \cdots, X_n \text{ 不全相同}\}$$
$$= (i-1)^{1/2} n^{-1/2} (n-i+1)^{-1/2}.$$

(3)° 利用(1),(2)证明:当 $x \geqslant (2n)^{-1/2}(n-1)^{1/2}(n-2)^{1/2}$ 时,有

$$P(\sqrt{n-1}(X_{(n)} - \overline{X})/S > x)$$
$$= nP(Y > (n(n-2))^{1/2}((n-1)^2 - nx^2)^{-1/2} x).$$

(4)° 若 $\xi \sim t_n$,则 $P(\xi > \sqrt{n}) < (n+2)^{-1}$.

23°. 设 $\delta_2 > \delta_1 \geqslant 0$, m, n 为自然数. 则有

$$P({\chi_{n,\delta_2}}^2 > x) > P({\chi_{n,\delta_1}}^2 > x),$$

$$P(F_{m,n,\delta_2} > x) > P(F_{m,n,\delta_1} > x), \quad x > 0,$$

$$P(t_{n,\delta_2} > x) > P(t_{n,\delta_1} > x), \quad \text{对一切 } x,$$

又若 $\alpha_2 > \alpha_1 > 0$,则 $P({\chi_{\alpha_2}}^2 > x) > P({\chi_{\alpha_1}}^2 > x)$, $x > 0$.

24. 设 $X \sim F_{m,n}$, $Y \sim F_{mN}$, $N > n$. 以 a_i 记 F_{mi} 的上 α 分位点($0 < \alpha < 1$). 证明:$P(Y/a_n < c) >, =$ 或 $< P(X/a_n < c)$,分别视 $c <, =$ 或 > 1 而定.

25. 以 u_α 记 $N(0,1)$ 分布函数 Φ 的上 α 分位点. 证明:**a**. $u_{\alpha/2} \leqslant [{\chi_n}^2(\alpha)]^{1/2}$ ($n \geqslant 1$),等号当且仅当 $n = 1$. **b**. $(1-\alpha) u_\alpha + \dfrac{1}{\sqrt{2\pi}} \exp(-{u_\alpha}^2/2) < u_{\alpha/2}$, $0 < \alpha < 1$.

26. 证明:**a**.

$$e^{-u^2} + \frac{\pi - 2}{\pi} u^2 e^{-u^2/2} > 4\Phi(u)[1 - \Phi(u)] > e^{-2u^2/\pi}, \quad u \neq 0,$$

并借此证明

$$[1 + (1 - e^{-2u^2/\pi})^{1/2}]/2 > \Phi(u)$$
$$> \left[1 + \left(1 - e^{-u^2} - \frac{\pi - 2}{\pi} u^2 e^{-u^2/2}\right)^{1/2}\right] \Big/ 2, \quad u > 0.$$

b. 对任何 $\alpha < 2/\pi$,有

$$4\Phi(u)[1 - \Phi(u)] > e^{-\alpha u^2},$$

$u>0$ 时已不再成立.

27. **a**. 证明当 $x>0$ 时,$e^{x^2}\Phi(x)\Phi(-x)$ 严增. **b**. 但当 $a\geqslant\sqrt{2/\pi}$ 时,$e^{x^2}\Phi(x)\Phi(-x-a)$ 在 $x>0$ 时,非单调. **c**. 对固定的 $a>0$,$\Phi(x-a)\cdot[1-\Phi(x+a)]$ 在 $x>0$ 处严降.

28°. 设 $X_n{}^2\sim\chi_n{}^2$,用两种办法证明:$EX_n/\sqrt{n}\to1$ 当 $n\to\infty$:**a**°. 算出 EX_n,用 Stirling 公式

$$\sqrt{2\pi}p^{p+1/2}e^{-p}e^{1/12p}>\Gamma(p+1)>\sqrt{2\pi}p^{p+1/2}e^{-p}e^{1/(12p+1)},\quad p>0.$$

b°. 不用算出 EX_n,想一个简捷的方法.

29. 设 $F_1,\cdots,F_n$ 为分布函数,$p_1\geqslant0,\cdots,p_n\geqslant0,\sum_{i=1}^n p_i=1$. $F=\sum_{i=1}^n p_iF_i$ 称为 $F_i,\cdots,F_n$ 的一个混合. 证明:**a**. 混合若干个不同正态分布得不出正态分布. **b**. 混合若干个不同的 Poisson 分布得不出 Poisson 分布. **c**. 设 $n\geqslant2,\theta_1,\cdots,\theta_k$ 不全相同. 混合 $B(n,0_1),\cdots,B(n,\theta_k)$ 得不出 $B(n,\theta)$.

30. 设 A 是(x,y)平面第一象限内一个 Borel 集,以 S_a 记以$(0,0)$,(a,a)为对角顶点的正方形,则 $f(x)\equiv\int_{S_x}I_A(u,v)\mathrm{d}u\mathrm{d}v$ 有以下性质:在 $0<x<\infty$ 非降,绝对连续且 $f(x)\leqslant x^2$. 问:**a**. 是否任一满足这些条件的 f,都有一集 A 使上式成立? 充要条件如何? **b**. 当 f 满足上式$\left(\text{即有 } A \text{ 使 } f(x)=\int_{S_x}I_A(u,v)\mathrm{d}u\mathrm{d}v,x>0\right)$时 A 是否唯一? 给出一切能满足上式的 A.

31. 设 $X_{(1)}\leqslant\cdots\leqslant X_{(n)}$ 为自指数分布 $e^{-x}I(x>0)\mathrm{d}x$ 中抽出的 iid. 样本的次序统计量. $Y_1=X_{(1)},Y_i=X_{(i)}-X_{(i-1)}(2\leqslant i\leqslant n)$.

(1)° 证明 $Y_1,\cdots,Y_n$ 独立,求出各自的分布.

(2)° 反过来,若 $Y_1,\cdots,Y_n$ 独立,总体分布有密度 $f(x)\mathrm{d}x$ 且 $f(x)=0$ 当 $x<0$,$f(x)>0$ 当 $x\geqslant0$,则总体分布必为指数分布 $\theta e^{-\theta x}I(x>0)\mathrm{d}x$,对某个 $\theta>0$.

(3)° 一种元件寿命分布为 $\theta e^{-\theta x}I(x>0)\mathrm{d}x,\theta>0$,取 n 个这种元件独立地作试验,并作 r 个定数截尾. 记录得前 r 个失效元件的失效时间依次为 $\xi_1\leqslant\cdots\leqslant\xi_r$,到停止试验时,这 n 个元件总的工作时间为 $Y=\xi_1+\cdots+\xi_{r-1}+(n-r+1)\xi_r$. 利用(1)°求出 Y 的分布.

32°. 任给 $\mathbb{R}^1$ 的凸集 Θ,必存在一维指数族 $C(\theta)e^{\theta' x}\mathrm{d}\mu$,其自然参数空间恰

为 Θ，且若 Θ 有边界点 a，则对给定的 $r \geqslant 0$，尚可使 $\mathrm{E}_a|r|^r<\infty$，但 $\mathrm{E}_a|X|^{r+\varepsilon}=\infty$，当 $\varepsilon>0$.

33*. 上题可推广到 $\mathbb{R}^k$ 的闭集 Θ，按以下步骤：(**1**) 若 $C_n(\theta)\mathrm{e}^{\theta' x}\mathrm{d}\mu_n$ 有自然参数空间 $\Theta_n(n\geqslant 1)$，μ_n 为 $\mathbb{R}^k$ 上的测度，满足 $\sup\limits_{n\geqslant 1}\mu_n(B)<\infty$ 对 $\mathbb{R}^k$ 任何有界集 B，则对

$$\mu=\sum_{i=1}^{\infty} i^{-2}\mu_i,$$

$C(\theta)\mathrm{e}^{\theta' x}\mathrm{d}\mu$ 有自然参数空间 $\bigcap\limits_{n=1}^{\infty}\Theta_n$. (**2**) 对 $\mathbb{R}^k$ 的闭半空间 $\{\theta: a'\theta+b\geqslant 0\}$，找出以它为自然参数空间的指数族. (**3**) 若 Θ 为闭凸集，E 属于 Θ 的边界 $\overline{\Theta}$ 且是 $\overline{\Theta}$ 上处处稠密的可列集，过 E 的每点 e_n 作 Θ 的支撑，其包含 Θ 的那个半空间记为 A_n，则 $\Theta=\bigcap\limits_{n=1}^{\infty}A_n$. 结合(1)～(3)，证明所述结果. 按：此结论可推广到 Θ 为开集，但对 $\mathbb{R}^k(k>1)$ 内一般凸集不一定成立.

34°. 给定 $k, r(0\leqslant r\leqslant k)$，则可找到 k 维指数族 $C(\theta)\mathrm{e}^{\theta' x}\mathrm{d}\mu$，其自然参数空间退化到 $\mathbb{R}^k$ 的一 r 维超平面内.

35. 令 $f(\theta)=\int_{\mathscr{X}}\mathrm{e}^{\theta' T(x)}\mathrm{d}\mu(x)(\theta\in\mathbb{R}^k)$. 设 $a_0\neq a_1$ 都属于 $\mathbb{R}^k$，且 $f(a_0)<\infty$. 则当 θ 沿线段 $\overline{a_0a_1}$ 趋于 a_1 时，$f(\theta)\to f(a_1)$. 举反例证明条件 $f(a_0)<\infty$ 不可少.

36. 设一维指数族 $C(\theta)\mathrm{e}^{\theta x}\mathrm{d}\mu$ 的自然参数空间 Θ 非空，B 为 μ 的支撑，而 $b=\sup B<\infty$. 证明：

(**1**) Θ 包含充分大的 θ.

(**2**) $$\lim_{\theta\to\infty}C(\theta)\mathrm{e}^{\theta x}=\begin{cases}0, & \text{当 } x<b,\\ [\mu(\{b\})]^{-1}, & \text{当 } x=b,\\ \infty, & \text{当 } x>b.\end{cases}$$

37°. 设二维变量 (X,Y) 为单参数 θ 的指数型族，问 X 是否必为 θ 的指数型族？

38. 设 $\theta_1\neq\theta_2$ 都是指数型族 $C(\theta)\mathrm{e}^{\theta' T(x)}\mathrm{d}\mu(x)$ 的自然参数空间 Θ 的内点，则 $\mathrm{E}_{\theta_1}(T(X))\neq\mathrm{E}_{\theta_2}(T(X))$. 即使 θ_1,θ_2 不全是内点，只要 $\mathrm{E}_{\theta_1}(T(X))$ 和 $\mathrm{E}_{\theta_2}(T(X))$ 都有限，这个结论也成立. 对方差不然，举一个 $N(\theta,1)$ 以外的例子.

39. (**1**) 证明 Cauchy 分布族$\{(\pi[1+(x-\theta)^2])^{-1}dx, -\infty<\theta<\infty\}$不是指数型族. 一种可能想到的证法是:Cauchy 分布没有期望而指数型分布有期望. 这个证明能否成立?(**2**) 证明 Laplace 分布族$\{2^{-1}e^{-|x-\theta|}dx, -\infty<\theta<\infty\}$不是指数型族. (**3**)* 一般地,一维位置参数分布族$\{f(x-\theta)dx, -\infty<\theta<\infty\}$$\left(\text{此处 } f \text{ 已知}, f\geqslant 0, \int_{-\infty}^{\infty} f dx = 1\right)$可以是也可以不是指数型族. 前者的周知例子是正态 $N(\theta,1)$,再举一个例子.

40°. 设 X,Y 独立,则

$$X,Y\ \text{都有指数型分布族} \Leftrightarrow (X,Y)\ \text{有指数型分布族}.$$

举例说明,当 X,Y 不独立时,⇔两向都不必成立.

41°. 设 $X\sim N(\theta_1,\sigma_1{}^2)$, $Y\sim N(\theta_2,\sigma_2{}^2)$. 以 a_0 和 a_1 分别记决策(行动)"$\theta_1\leqslant\theta_2$"和"$\theta_1>\theta_2$",损失为

$$L(\theta_1,\theta_2,a_0) = \max(\theta_1-\theta_2,0), \quad L(\theta_1,\theta_2,a_1) = \max(\theta_2-\theta_1,0).$$

以 $X_1,\cdots,X_m$ 和 $Y_1,\cdots,Y_n$ 分别记 X 和 Y 的 iid. 样本. 取决策函数 $\delta(X_1,\cdots,X_m;Y_1,\cdots,Y_n)=a_{I(\bar{X}>\bar{Y})}$,计算 δ 的风险函数.

42°. 一盒中有 N 个球,其上分别有数字 $1,\cdots,N$, N 未知,从其中随机地放回地抽取 n 个球,记录其上的数字 $X_1,\cdots,X_n$,要依此估计 N,损失函数为 $L(N,a)=(N-a)^2$,取"决策函数"$\delta(X_1,\cdots,X_n)=k\cdot\max(X_1,\cdots,X_n)$,确定 $k=k_N$ 使风险达到最小,并求当 $N\to\infty$ 时 k_N 的极限(注:因 k_N 依赖未知的 N, δ 无法由样本算出,故无法使用).

43°. 一统计决策问题的诸要素如下:参数空间 $\Theta=\{1,2\}$,样本分布 $P_1\sim R(0,1)$, $P_2\sim R(0,2)$,行动空间 $A=\{1,2\}$,损失函数 $L(\theta,a)=|\theta-a|$. 决策函数 $\delta(x)$的最大风险记为 $M(\delta)=\max(R(1,\delta),R(2,\delta))$. 找出一切使 $M(\delta)$ 达到最小的 δ.

44°. 一铜板投掷时出现正面的概率为 1/4 或 3/4. 为判定系何者,将铜板独立地投掷 2 次,据其结果作一判定. 损失为:判对为 0,判错为 1. 找出使最大风险 $M(\delta)$达到最小的决策函数 δ(注:允许随机化决策函数,下题同).

45°. 一般地,设参数空间为 $\Theta=\{\theta_1,\cdots,\theta_m\}$,行动空间为 $A=\{a_1,\cdots,a_k\}$,样本分布为 $P_\theta(X=j)=p_{ij}(1\leqslant j\leqslant l, 1\leqslant i\leqslant m)$,损失函数为 $L(\theta_i,a_j)=c_{ij}$. 任一随机化判决函数 δ 可表为$\{d_{ij}:1\leqslant i\leqslant k, 1\leqslant j\leqslant l\}$, d_{ij} 为当样本为 j 时,取

行动 a_i 的概率. 找一个这样的 δ 使风险和 $\sum_{i=1}^{m} R(\theta_i, \delta)$ 达到最小,并证明这种 δ 可取为非随机化的(若要求 δ 使 $M(\delta)$ 达到最小,则得到一个复杂的非线性规划问题).

46°. 设 X, Y, Z 都是随机变量,证明

$$\mathrm{E}(X\mathrm{E}(Y|Z)) = \mathrm{E}(Y\mathrm{E}(X|Z)), \quad \mathrm{E}(\mathrm{E}(Z|X,Y)|X) = \mathrm{E}(Z|X).$$

又问 $\mathrm{E}(\mathrm{E}(Z|XY)|X) = \mathrm{E}(Z|X)$ 是否成立?

47°. 证明:(**1**)° $\mathrm{Var}(X) = \mathrm{E}(\mathrm{Var}(X|Y)) + \mathrm{Var}(\mathrm{E}(X|Y))$; (**2**)° $\mathrm{Cov}(X, Y) = \mathrm{E}(\mathrm{Cov}((X,Y)|Z)) + \mathrm{Cov}(\mathrm{E}(X|Z), \mathrm{E}(Y|Z))$. ((1)证明了:条件方差 $\mathrm{Var}(X|Y)$“平均说来”≤无条件方差. “平均说来”四字可否去掉?)

48°. 设 X, Y 是随机变量, $\mathrm{E}Y^2 < \infty$. 找一个只依赖于 X 的随机变量 $f(X)$,使 $\mathrm{E}(Y - f(X))^2$ 达到最小. 证明 $f(X) = \mathrm{E}(Y|X)$. 更一般地,设 ρ 为 $\mathbb{R}^1$ 的严凸函数, $\rho(\pm\infty) = \infty$, $\mathrm{E}\rho(Y + c) < \infty$ 对任何 $c \in \mathbb{R}^1$,则存在 a.s. 唯一的函数 f,使 $\mathrm{E}\rho(Y - f(X))$ 达到最小.

49. 设 $X_1, \cdots, X_n$ 独立, $Y = Y(X_1, \cdots, X_n)$, $\mathrm{E}Y^2 < \infty$,要找 Y 的一个形如 $\sum_{i=1}^{n} f_i(X_i)$ 的最佳(在均方误差意义下)逼近:即对任何选择 $g_1, \cdots, g_n$,都有

$$\mathrm{E}\Big(Y - \sum_{i=1}^{n} f_i(X_i)\Big)^2 \leqslant \mathrm{E}\Big(Y - \sum_{i=1}^{n} g_i(X_i)\Big)^2.$$

证明一个解是

$$f_i(x) = \mathrm{E}(Y \mid X_i = x) - n^{-1}(n-1)\mathrm{E}(Y), \quad 1 \leqslant i \leqslant n.$$

且若记

$$\widetilde{Y} = \sum_{i=1}^{n} f_i(X_i) = \sum_{i=1}^{n} \mathrm{E}(Y \mid X_i) - (n-1)\mathrm{E}Y,$$

则有

$$\mathrm{Var}(Y) = \mathrm{Var}(\widetilde{Y}) + \mathrm{Var}(Y - \widetilde{Y}).$$

对下面两个特例算出具体形式:

(**1**) (U 统计量)设 $X_1, \cdots, X_n$ 为 iid.,

$$Y = \binom{n}{2}^{-1} \sum_{1 \leqslant i < j \leqslant n} h(X_i, X_j),$$

$h(u_1,u_2)$为 u_1,u_2的对称函数.

(2)(秩统计量)设 $X_1,\cdots,X_n$为 iid.,公共分布 F 在 $\mathbb{R}^1$上处处连续(这时以概率1 $X_1,\cdots,X_n$互不相同),令 $Y=R_i=$满足条件"$X_j\leqslant X_i$"的 $j(1\leqslant j\leqslant n)$的个数.

50°. 以(0,0)和(1,1)为顶点的单位正方形 J 内给定(X,Y)的概率分布如下:在直线段(0,0)~(1,1)上有概率 α,概率元为$g(s)\mathrm{d}s(0<s<\sqrt{2})$,在 J 的其余点处有密度$f(x,y)$:

$$\int_0^1\int_0^1 f(x,y)\mathrm{d}x\mathrm{d}y = 1-\alpha,\quad \int_0^{\sqrt{2}} g(s)\mathrm{d}s = \alpha,\quad 0<\alpha<1.$$

求给定 X 时 Y 的条件分布.

51. 设 X,Y 分别有概率密度(对 L 测度)f 和 g,设存在常数 $k>1$ 使 $kf(x)\geqslant g(x)$对一切 $x\in\mathbb{R}^1$. 按下述方式产生一个量 ξ:抽取 X 的一个样本x_0,然后在 $R(0,1)$中抽样. 若结果$\leqslant g(x_0)/[kf(x_0)]$,则令 $\xi=x_0$,否则重新抽取 X 的样本再按上述方式处理,直到可定出 ξ 为止. 证明:这样定出的 ξ 其分布与 Y 同(这个结果可用来对某些分布作抽样,例如取 $f=N(0,1)$密度而 g 满足所述条件. 从实用观点,不必在 $\mathbb{R}^1$上处处满足 $kf(x)\geqslant g(x)$,只需在足够长的区间$(-a,a)$上满足即可).

52°. 不用因子分解定理,直接计算条件分布,证明:若 $X_1,\cdots,X_n$为 iid. 样本,则当总体分布为指数族$\{\theta\mathrm{e}^{-\theta x}I(x>0)\mathrm{d}x,0<\theta<\infty\}$或正态分布族$\{N(\theta,\sigma^2),-\infty<\theta<\infty\}$($\sigma^2$已知)时,$\overline{X}$为充分统计量.

53. 设样本 X 的分布族中只包含 m 个分布,m 有限,则必存在一个 $m-1$维(即取值于 $\mathbb{R}^{m-1}$)的充分统计量.

54°. 设 X 样本空间 $\mathscr{X}$ 可列,则不论 X 的分布族如何,必存在一个一维充分统计量.

55. 设 X 的样本空间与分布族为$(\mathscr{X},\mathscr{B}_x,P_\theta,\theta\in\Theta)$,取值于$(\mathscr{T},\mathscr{B}_{\mathscr{T}})$的统计量 T 为充分. 设 $A\in\mathscr{B}_x$满足 $P_\theta(A)>0$ 对一切 $\theta\in\Theta$,定义 $\widetilde{P}_\theta$:$\widetilde{P}_\theta(B)=P_\theta(B\cap A)/P_\theta(A),B\in\mathscr{B}_x$. 证明:对分布族$\{\widetilde{P}_\theta,\theta\in\Theta\}$而言,$T$ 仍为充分.

56. 两统计量 $T=T(X)$及 $S=S(T)=S(T(X))$,若 S 为充分统计量,则 T 也是. 此事实在直观上显然,试从充分性的意义的角度去说明之,并在以下两个情况给以严格证明:**(1)°** X 的分布族为受控时;**(2)** T 及 X 皆在欧氏空间取值时.(一般情况应当也是对的,作者还不知道如何证明.)

57. 设 $X:(\mathscr{X},\mathscr{B}_x,P_\theta,\theta\in\Theta)$, $Y:(\mathscr{Y},\mathscr{B}_y,\widetilde{P}_\varphi,\varphi\in\widetilde{\Theta})$, $T_1(X)$和 $T_2(Y)$分别为前者和后者的充分统计量. 证明:(T_1,T_2)是$(\mathscr{X}\times\mathscr{Y},\mathscr{B}_x\times\mathscr{B}_y,P_\theta\times\widetilde{P}_\varphi,(\theta,\varphi)\in\Theta\times\widetilde{\Theta})$的充分统计量(注:不能用分解定理,因未假定分布族可控). 证明其逆也成立.

58°. 设 $T=T(X)$是取值于$(\mathscr{T},\mathscr{B}_{\mathscr{T}})$的充分统计量,且正则条件概率分布存在. 按充分性定义,对每个 $t\in\mathscr{T}$,条件分布$P_\theta(\cdot\mid T=t)$与 θ 无关. 由此似乎自然地得到以下的结论:对任何 $A\in\mathscr{B}_{\mathscr{T}}$,若 $P_\theta(T(X)\in A)>0$ 对任何 $\theta>0$,则条件分布 $P_\theta(\cdot\mid T\in A)$(这可按初等概率计算)也应与 θ 无关. 此结论是否对? 如何解释?

59*. 样本 X 的分布族$\{P_\theta,\theta\in\Theta\}$受控,设统计量 $T=T(X)$有“两两充分性”,即对 Θ 中的任两点$\theta_1\neq\theta_2$, T 是关于$\{P_{\theta_1},P_{\theta_2}\}$的充分统计量. 证明:$T$ 关于$\{P_\theta,\theta\in\Theta\}$也是充分统计量.

60°. 以下两件事实虽容易证明,值得留意一下.

(1) 一串充分统计量之极限(a.s.或 in pr.)不必为充分统计量.

(2) 充分统计量 T 之分布,对不同的参数值必不同(假定不同参数对应样本之不同分布).

61*. 设 $X_1,\cdots,X_n$是从分布族$\{f(x,\theta)\mathrm{d}x,\theta\in\Theta\subset\mathbb{R}^1\}$中抽出的 iid. 样本,$f(x,\theta)>0$ 对 $-\infty<x<\infty$ 及 $\theta\in\Theta$. 设 $T_n=\sum_{i=1}^n X_i$ 为充分统计量,则这分布族为指数型.

62. 样本 X 有分布族$\{f_\theta(x)\mathrm{d}x,\theta=(\theta_1,\theta_2)\in\Theta_1\times\Theta_2\}$,又$f_\theta(x)$处处大于0. 设$(T_1,T_2)$为统计量,满足以下条件:对任何 $\theta_1\in\Theta_1$固定时,T_2是参数 θ_2的充分统计量(即分布族$\{f_{\theta_1,\theta_2}(x),\theta_2\in\Theta_2,\theta_1$固定$\}$之充分统计量);对任何 $\theta_2\in\Theta_2$固定时,T_1是 θ_1的充分统计量. 则(T_1,T_2)是$\{f_\theta,\theta\in\Theta_1\times\Theta_2\}$的充分统计量. 又举反例证明此结论之逆不真.

63°. X 的样本空间为$(\mathbb{R}^1,\mathscr{B}_1)$,分布族为一切关于原点对称的分布的族. 证明 $T(X)=|X|$是充分统计量(此题直观上显然,问题在证明可测性).

64°. $X_1,\cdots,X_n$为抽自一维分布族$\{F,F\in\mathscr{F}\}$($\mathscr{F}$任意)的 iid. 样本,T 为次序统计量. 证明 T 的充分性是这样做的:对任何满足条件 $t_1\leqslant\cdots\leqslant t_n$ 的 $t=(t_1,\cdots,t_n)$及 $A\in\mathscr{B}_n$,定义 $P(A,t)$如下:由 t 作任意置换得$n!$个点$(t_{i_1},\cdots,t_{i_n})$(相同的要重复计算). 以 r 记这些点中落在 A 中的个数,则 $P(A,t)=r/n!$. 此与 X_i的分布F 无关. 试严格证明它确实满足充分性定义中

对 $P(A,t)$的一切要求.

65. 设 $X_1,\cdots,X_n$ 为自$\{N(0,\sigma^2),\sigma^2>0\}$中抽出的 iid. 样本,已知 $T=\sum_{i=1}^{n}X_i^2$ 为充分统计量. 试证:即使把参数空间由$\{\sigma^2>0\}$扩大为$\{\sigma^2\geqslant0\}$($N(0,0)$理解为退化为一点 0 之分布),T 仍是充分统计量.

在保持充分性的前提下,一个统计量愈精简愈好. 把"最精简的"充分统计量叫做"极小充分统计量". 数学上可以这样定义:设取值于$(\mathscr{T},\mathscr{B}_{\mathscr{T}})$的统计量 T 为充分,且对任何充分统计量 T_1,取值于$(\mathscr{T}_1,\mathscr{B}_{\mathscr{T}_1})$,必存在由$(\mathscr{T}_1,\mathscr{B}_{\mathscr{T}_1})$到$(\mathscr{T},\mathscr{B}_{\mathscr{T}})$的可测函数 g,使 $T(X)=g(T_1(X))$ a.s. P_θ对任何$\theta\in\Theta$,则称 T 为极小充分统计量.

66°. 设 $X_1,\cdots,X_n$为抽自两点分布族$P_\theta(X=1)=1-P_\theta(X=0)=\theta$ $(0\leqslant\theta\leqslant1)$的 iid. 样本,证明 $\sum_{i=1}^{n}X_i$ 为极小充分统计量.

67*. 推而广之,设样本分布为指数型族 $C(\theta)e^{\theta'T(x)}d\mu(x)$,$\theta\in\Theta$,$\theta$ 为k 维,而 Θ 作为 $\mathbb{R}^k$之子集有内点,则 T 为极小充分统计量.

68. 设 $X_1,\cdots,X_n$是从共支撑分布族 $f(x,\theta)d\mu(x)$中抽出的 iid. 样本,θ属于$\mathbb{R}^1$之一区间. 证明:在 $n\geqslant3$ 时,样本中位数$\mathrm{med}(X_1,\cdots,X_n)$绝不是充分统计量.

69°. 设$(X_1,Y_1),\cdots,(X_n,Y_n)$是二维正态 $N(\theta_1,\theta_2,1,1,\rho)$中抽出的 iid. 样本. 用下法求相关系数

$$r=\sum_{i=1}^{n}(Y_i-\bar{Y})X_i/(S_XS_Y)$$

的分布,设 $\rho=0$. 此处

$$S_X=\left[\sum_{i=1}^{n}(X_i-\bar{X})^2\right]^{1/2},\quad S_Y=\left[\sum_{i=1}^{n}(Y_i-\bar{Y})^2\right]^{1/2}.$$

给定$(Y_1,\cdots,Y_n)$,因 $\rho=0$,$(X_1,\cdots,X_n)$的条件分布等于其无条件分布. 再用与习题 22(1)°相似的结果(注:这个方法也适用于 $\rho\neq0$ 时,当然计算复杂得多).

70°. 设 T 是$(\mathscr{X},\mathscr{B}_x,P_\theta,\theta\in\Theta)$的充分统计量,则对任何 $\mathscr{B}_x$ 可测函数f,$E_\theta|f(x)|<\infty$对任何 $\theta\in\Theta$,必存在 $\mathscr{B}_{\mathscr{T}}$可测函数 g,使 $E_\theta(f(X)\mid T)=g(T)$,$\theta\in\Theta$.

71. 设样本 $X_1,\cdots,X_m\sim f(x,\theta_1,\theta_3)dx$,$Y_1,\cdots,Y_n\sim f(y,\theta_2,\theta_3)dy$,$X_1,\cdots,Y_n$

全体独立. 此处

$$f(x,a,b) = H^{-1}(a,b)h(x)I(a < x < b), \quad h(x) > 0,$$

$$\int_a^b h(x)\mathrm{d}x \equiv H(a,b) < \infty, \quad -\infty < (\theta_1,\theta_2) < \theta_3 < \infty.$$

令 $m_x = \min(X_1,\cdots,X_m)$, $m_y = \min(Y_1,\cdots,Y_n)$, $M = \max(X_1,\cdots,X_m, Y_1,\cdots,Y_n)$, $T = (m_x, m_y, M)$. 直接计算条件分布 $(\max(X_i), \max(Y_j)) \mid T$, 以证明 T 为充分统计量——这个事实从因子分解定理显然.

72°. 设样本分布依赖于参数 (θ,φ). 统计量 T 称为相对于 θ 是充分的,若 ① T的分布只依赖θ,② 给定 T 时样本的条件分布不依赖θ. **a**. 证明(这是最常见的一种情况):若样本 X,Y 独立,X 的分布只依赖θ 而$T = T(X)$是 X 分布族的充分统计量,而 Y 的分布只依赖 φ,则 T 相对于θ 是充分的. **b**. 举一个不属于情况 a 中的例子.

第 2 章

1. **a**. 一维分布族 $\left\{F, \int_{\mathbb{R}^1} x\mathrm{d}F \in \{c_1,\cdots,c_n\}\right\}$, 其中 $c_1,\cdots,c_n$为互不相同的常数,当 $n=1$ 时非完全,$n \geqslant 2$ 时完全. **b**. 如增加限制:"F 有密度(对 L 测度)",则上述结论仍成立.

2°. β分布族$\{\beta(a,b), a>0$ 固定$, b=1,2,\cdots\}$及$\{\beta(a,b): b$ 固定$, a=1,2,\cdots\}$都完全.

3. 若假定指数型分布族 $\left\{C(\theta)\exp\left(\sum_{i=1}^k \theta_i T_i(X)\right)\mathrm{d}\mu(x), \theta \in \Theta\right\}$, 其自然参数空间 Θ 作为 $\mathbb{R}^k$的子集无内点,则统计量 $T = (T_1,\cdots,T_k)'$决非完全. 若 Θ 非自然参数空间而是人为给定的,情况如何?

4°. $\mathscr{F} = \left\{f(x-\theta)\mathrm{d}x, -\infty<\theta<\infty, f \geqslant 0\text{ 偶}, \int_{\mathbb{R}^1} f\mathrm{d}x = 1, \theta \in \mathbb{R}^1\right\}$, T 为其 iid. 样本的次序统计量. 求证:$n=1,2$ 时(n 为样本量)T 完全,$n \geqslant 3$ 时不完全.

5°. $\mathscr{F}$为至少有一个非退化分布的一维分布族,$X_1,\cdots,X_n$为其 iid. 样本,则

统计量 $T=(X_1,\cdots,X_n)$当 $n>1$ 非完全.

6. 证明:完全⇒有界完全,但其逆不真.

7°. 举反例证明 Basu 定理之逆不真. 利用 Basu 定理解第 1 章习题 19,以及下述问题:设 $X_1,\cdots,X_n$是抽自分布族$\{e^{-(x-\theta)}I(x>\theta)dx,-\infty<\theta<\infty\}$的 iid. 样本,

$$T_1=\min X_i,\quad T_2=\sum_{i=1}^n X_i-n\min X_i,$$

则 T_1,T_2独立.

8. 设 $X_1,\cdots,X_n$为抽自分布族$\{e^{-(x-\theta)}I(x>\theta)dx,-\infty<\theta<\infty\}$的 iid. 样本. 证明统计量$\sum_{i=1}^n X_i$ 完全而非充分.

9. (删失分布)设 $X_1,\cdots,X_n$是从均匀分布族$\{R(0,\theta),0<\theta<\infty\}$在 1 这个点的右删而得到的分布族$\{P_\theta,0<\theta<\infty\}$中抽出的 iid. 样本($P_\theta$的定义是:$P_\theta=R(0,1)$当 $0<\theta\leqslant 1$,$P_\theta(A)=|A|/\theta$ 当 $A\subset(0,1)$,$|A|$为 A 的 L 测度,而 $P_\theta(\{1\})=(\theta-1)/\theta$. 则统计量 $T=\max X_i$仍为完全,但不再是充分的(后一结论可与第 1 章习题 55 比较,本题结论在更广的范围内成立).

10°. 一个只包含有限个连续型分布的族$\mathscr{F}=\{f_i(x)dx,1\leqslant i\leqslant k\}$必不是完全的. 如把"有限"改为"可列",结论不再成立. 又如去掉"连续型"的限制,结论也不成立.

11°. $X_1,\cdots,X_n$是从均匀分布族$\{R(0,\theta),\theta\in A\}$中抽出的 iid. 样本,$A\subset(0,\infty)$. 证明:统计量 $T=\max X_i$完全的充要条件是:A 在$(0,\infty)$处处稠密.

12*. χ^2,t,F 的完全性问题:**a**. $\{|t_n|,n\geqslant 1\}$,$\{F_{mn},m\geqslant 1,n\geqslant 1\}$都完全. **b**. $\{t_{n,\delta},n$ 固定$,\delta>0\}$,$\{F_{m,n,\delta},m,n$ 固定$,\delta>0\}$都完全. **c**. $\{\chi_{n,\delta}{}^2,n$ 固定,$\delta>0\}$,$\{\chi_n{}^2,n=1,2,\cdots\}$都不完全.

13. 利用完全性证明:若自然形式的一维指数型分布族$\{C(\theta)e^{\theta x}d\mu(x),\theta\in\Theta\}$,$\Theta\subset\mathbb{R}^1$有内点,则① 若其方差与 θ 无关,则为正态分布族;② 若其均值总等于其方差(对一切 $\theta\in\Theta$),则为 Poisson 分布族. 请举反例证明:若指数型有一般形式 $C(\theta)\exp\left(\sum_{i=1}^k Q_i(\theta)T_i(x)\right)d\mu(x)$($\theta,x$ 皆一维),或去掉分布族为指数型的假定,则上述两结论都失效.

又:①可以推广到多维:若 $C(\theta)\exp\left(\sum_{i=1}^k\theta_i x_i\right)d\mu(x)$($\theta\in\Theta$),$\Theta$ 在 $\mathbb{R}^k$有内

点，则为 k 维正态分布族.

14*. $X_1,\cdots,X_n$ 是抽自分布族 $\{R(\theta,\theta+1),\theta\in\mathbb{R}^1\}$ 的 iid. 样本，$T_1=\min X_i$，$T_2=\max X_i$. 则 (T_1,T_2) 充分而非有界完全，T_2 有界完全而非充分（T_1 亦然）.

称一族分布 $(\mathscr{X},\mathscr{B}_x,P_\theta,\theta\in\Theta)$ 有强完全性，若存在 $(\Theta,\mathscr{B}_\Theta)$（当 Θ 为欧氏时，$\mathscr{B}_\Theta$ 总取为 Borel）上的概率测度 ν，则"$\mathrm{E}_\theta g(X)=0$ 对 θ a.e. ν 成立"就可推出 $P_\theta(g(X)\neq 0)=0$ 对一切（不是 a.e. ν！）$\theta\in\Theta$. 统计量 T 的强完全性相应定义.

15°. $X_1,\cdots,X_n$ 是从均匀分布 $R(-\theta,\theta)$ 中抽出的 iid. 样本，$\theta>0$. 记 $M=\max\limits_i X_i$，$m=\min\limits_i X_i$，$T_1=M-m$，$T_2=\max(M,-m)$. **a**. 证明 T_2 是完全充分统计量. **b**. 证明 T_1/T_2 与 T_2 独立. **c**. 求 T_2/T_1 的分布.

16. 样本 X 有分布（$x\in\mathbb{R}^1$）

$$C(\theta)\exp\Big(\sum_{i=3}^k\theta_iA_i(x)\Big)I(\theta_1<x<\theta_2)\mathrm{d}\mu(x),$$

其中 $(\theta_3,\cdots,\theta_k)$ 属于 $\mathbb{R}^{k-2}$ 中某有内点的集 Θ，而 $a<\theta_1<\theta_2<b$，$-\infty\leqslant a<b\leqslant\infty$. 设 $X_1,\cdots,X_n$ 为 X 的 iid. 样本，记

$$T_i=\sum_{j=1}^nA_i(X_j),\quad 3\leqslant i\leqslant k,\quad m=\min X_j,\quad M=\max X_j.$$

证明 $(T_3,\cdots,T_k,m,M)$ 为完全充分统计量.

又：若 $\theta_1<x<\theta_2$ 改为 $\theta_1<x$（$x<\theta_2$），则 $M(m)$ 可以去掉，结论仍成立.

17*. 设 F 是一维分布，$\{F(x-\theta),\theta\in\mathbb{R}^1\}$ 为位置参数分布族. 此分布族可以是完全的，例如 $F\sim N(0,1)$；也可以是不完全的，试举出一个这样的例子.

18. 设 $X_1,\cdots,X_m$ iid.，$\sim N(\theta_1,\theta_3)$，$Y_1,\cdots,Y_n$ iid.，$\sim R(\theta_2,\theta_3)$ 且全体独立，$-\infty<(\theta_1,\theta_2)<\theta_3<\infty$. 记 $M_x=\max\limits_i X_i$，$m_x=\min\limits_i X_i$，M_y,m_y 类似. **a**$^\circ$. 证明：(M_x,m_x,M_y,m_y) 充分而非完全. **b**. 找出一个完全充分统计量.

19. 设 $X_1,\cdots,X_m$ iid.，有公共密度 $\sigma_1^{-1}\exp\Big(-\dfrac{x-\theta_1}{\sigma_1}\Big)I(x>\theta_1)\mathrm{d}x$，$Y_1,\cdots,Y_n$ iid.，有公共密度 $\sigma_2^{-1}\exp\Big(-\dfrac{y-\theta_2}{\sigma_2}\Big)I(y>\theta_2)\mathrm{d}y$，此处 $\theta_1\in\mathbb{R}^1$，$\theta_2\in\mathbb{R}^1$，$\sigma_1>0$，$\sigma_2=\Delta\sigma_1$，$\Delta>0$ 已知. 证明：$(T_1,T_2,T_3)=\Big(\Delta\sum\limits_{i=1}^m(X_i-\underline{X})+$

$\sum_{j=1}^{n}(Y_j - \underline{Y}), m\,\underline{X}, n\,\underline{Y}\Big)$ 是完全充分统计量，$\underline{X} = \min X_i$，$\underline{Y} = \min Y_j$.

20. **a**°. 强完全性⇒完全性，其逆不真. **b**. 指数型族 $\{C(\theta)e^{\theta' T(x)}d\mu(x), \theta\in\Theta\}$，若 Θ 在 $\mathbb{R}^k$ 有内点（θ 为 k 维），则 T 有强完全性. **c**. 习题 11 可解释为 $\max X_i$ 有强完全性. **d**. 设 $X:(\mathscr{X},\mathscr{B}_x,P_\theta,\theta\in\Theta)$ 及 $Y:(\mathscr{Y},\mathscr{B}_y,\widetilde{P}_\varphi,\varphi\in\widetilde{\Theta})$ 独立，$T_1 = T_1(X)$，$T_2 = T_2(Y)$ 分别是二者的完全统计量，又二者中至少有一个为强完全，则 $T = (T_1, T_2)$ 是 $(\mathscr{X}\times\mathscr{Y},\mathscr{B}_x\times\mathscr{B}_y,P_\theta\times\widetilde{P}_\varphi,(\theta,\varphi)\in\Theta\times\widetilde{\Theta})$ 的完全统计量. **e**. 设 $X_1,\cdots,X_n$ iid.，$\sim \sigma^{-1}\exp\left(-\dfrac{x-\theta}{\sigma}\right)I(x>\theta)dx, \theta\in\mathbb{R}^1, \sigma>0$. 令 $t_1 = \min X_i$，$t_2 = \sum_{i=1}^{n}(X_i - t_1)$，则 (t_1, t_2) 为完全充分统计量.

21°. F 为一维分布. 考虑分布族 $\{F(\theta x),\theta>0\}$，$X_1,\cdots,X_n$ 为其 iid. 样本，T 为次序统计量. 设 F 不退化到一点，则当 $n\geqslant 2$ 时 T 非完全，$n=1$ 时可完全可不完全，各举一例. 后一情况并请举一个其支撑全在 $(0,\infty)$ 的 F 的例子.

22. （习题 1 的推广）$\mathscr{F} = \{$一维分布 F，$E_F X = c_1$ 或 c_2，…，或 $c_m\}$，c_i 为互不相同的常数. 以 T 记 X 的 iid. 样本 $X_1,\cdots,X_n$ 的次序统计量，则当 $n\geqslant m$ 时 T 不完全，$n<m$ 时为完全.

23. $X_1,\cdots,X_n$ iid.，$\sim N(\theta,\sigma^2)$，$S^2 = \sum_{i=1}^{n}(X_i - \overline{X}^2)$. **a**. 固定 $\sigma^2 = {\sigma_0}^2$. 若 $f(\overline{X})$ 的分布与 θ 无关，则 $f = \text{const}$ a.e. L 于 $\mathbb{R}^1$. **b**. 固定 $\sigma^2 = {\sigma_0}^2$. 若 $f(X_1,\cdots,X_n)$ 的分布与 θ 无关，则存在 $n-1$ 元函数 g，使 $f(x_1,\cdots,x_n) = g(x_2 - x_1,\cdots,x_n - x_1)$ a.e. L 于 $\mathbb{R}^n$. **c**. 若 $f(S)>0$，$E_\sigma f(S)<\infty$ 对任何 $\sigma>0$，而 $f(S)/\sigma$ 的分布与 σ 无关，则存在常数 $C>0$，使 $f(S) = CS$ a.e. L. 于 $S>0$. **d**. 若 $X\sim N(\theta,\sigma^2)$，$f(X)$ 与 X 独立，则 $f = \text{const}$ a.e. L 于 $\mathbb{R}^1$. 利用这一事实证 **a**.

24. 以 $\varphi_{0,\sigma}$ 记 $N(\theta,\sigma^2)$ 的密度，取定 $\sigma_1>0$，$\sigma_2>0$. 设 $C(\theta)>0$ 定义于 $\mathbb{R}^1$，在某点 θ_0 处非无穷阶可导，则分布族 $\{f(x,\theta)dx = [\varphi_{\theta\sigma_1}(x) + C(\theta)\varphi_{\theta\sigma_2}(x)]/[1 + C(\theta)]dx, \theta\in\mathbb{R}^1\}$ 为完全族（此题将用于习题 71）.

25. 设样本 X 的分布为 $\{P_\theta,\theta\in\Theta\}$. **a**°. 为要使 θ 有一无偏估计 $\hat{\theta}(X)$ 其方差 $\mathrm{Var}_\theta(\hat{\theta}) \equiv 0$ 于 Θ 上的必要条件是：对每个 θ，存在可测集 A_θ 使 $P_\theta(A_\theta) = 1$，$P_{\tilde{\theta}}(A_\theta) = 0$，当 $\tilde{\theta} \neq \theta$. **b***. 这个条件是不是充分条件？

26. 参数空间包含两点 0,1. 当 $\theta = 0,1$ 时，样本分布分别为 $f_0 dx$ 和 $f_1 dx$，

f_0, f_1 在 $(0,1)$ 之外为 0，在 $(0,1)$ 内处处大于 0. 想找一个 θ 的无偏估计 $\hat{\theta}$，使对给定的 $\varepsilon>0$ 有 $\mathrm{Var}_1(\hat{\theta})\leqslant\varepsilon$. **a**. 若 f_0 和 f_1"很不相同"，这可以做到. 具体说，若任给 $\eta>0, K<\infty$，存在 $E\subset(0,1)$，使 $|E|\leqslant\eta$ 且 $\int_E f_0\mathrm{d}x\geqslant\sqrt{\int_E f_1\mathrm{d}x}K$，则对任给 $\varepsilon>0$ 都可以. **b**. 反之，若 f_0, f_1"差距不大"，具体说，若存在常数 $c, 0<c<\infty$，使对一切 $x\in(0,1)$ 有 $f_0(x)\leqslant cf(x)$，则对充分小的 $\varepsilon>0$ 不可以. **c**. 但是，不管 f_0, f_1 如何(但满足 $f_0(x)f_1(x)>0$ 于 $x\in(0,1)$)，对充分小的 $\varepsilon>0$，不存在无偏估计 $\hat{\theta}$，使 $\mathrm{Var}_\theta(\hat{\theta})\leqslant\varepsilon\ (\theta=0,1)$.

27. 设 $X_1,\cdots,X_n$ 为 $N(\theta,\sigma^2)$ 的 iid. 样本. **a**. 一个只与 σ 有关的函数 $g(\sigma)$ 若有无偏估计，则必有只依赖于 $S^2=\sum_{i=1}^n(X_i-\bar{X})^2$ 的无偏估计. **b**. 问此断言对 θ 是否成立，即 $h(\theta)$ 若有无偏估计，是否必有只依赖于 $\bar{X}$ 的无偏估计.

28. 样本 X 有指数型分布 $C(\theta)\mathrm{e}^{\theta x}r(x)I(a<x<\infty)\mathrm{d}x$. **a**. 若 $a=-\infty$，r 的 m 阶导数 $r^{(m)}(x)$ 在 $\mathbb{R}^1$ 处处存在且 $|\mathrm{e}^{\theta x}r^{(m)}(x)|$ 在 $\mathbb{R}^1$ 为 L 可积，则 θ^m 有无偏估计 $\hat{g}(x)=(-1)^m r^{(m)}(x)r^{-1}(x)I(r(x)>0)$. **b**. 若 a 有限，$r^{(m)}(x)$ 在 (a,∞) 处处存在且 $\lim_{x\downarrow a}r^{(i)}(x)=0$ 对 $0\leqslant i\leqslant m-1$，又 $|\mathrm{e}^{\theta x}r^{(m)}(x)|$ 在 (a,∞) 可积，则 a 中给的 $\hat{g}$ 仍为 θ^m 的无偏估计.

29°. 即使在 iid. 样本并限制估计量必须是样本的对称函数的前提下，也有这样的情况：两个不同的无偏估计有处处相等的方差. 一个例子是 $X_1,\cdots,X_n\sim N(0,\sigma^2)$，估计 σ^2，$\hat{\sigma}_1{}^2=\sum_{i=1}^n(X_i-\bar{X})^2/(n-1)$，$\hat{\sigma}_2{}^2=n^{-1}(n-1)^{-1}\left[(n-2)\sum_{i=1}^n X_i{}^2+n^2\ \bar{X}^2\right]$. 验证这个例子，并再举一个这样的例子(此题与习题 27**a** 对照看).

30°. 设样本 $X_1,\cdots,X_n$ 抽自 Logistic 分布 $\mathrm{e}^{x-\theta}(1+\mathrm{e}^{x-\theta})^{-2}\mathrm{d}x, \theta\in\mathbb{R}^1$. **a**. 证明对估计 θ，方差的 C-R 界为 $3/n$，而这个界限达不到. **b**. 计算无偏估计 X 的方差.

31. $X_1,\cdots,X_n$ iid.，$\sim R(0,\theta), \theta>0, g_1(\theta)=\ln\theta, g_2(\theta)=\theta$. 证明：**a**. 任给 $\varepsilon>0$，存在 n_0 充分大及估计 $\hat{g}_1$，使 $\sup_{\theta>0}\mathrm{E}(\hat{g}_1-g_1(\theta))^2<\varepsilon$，当 $n\geqslant n_0$. **b**. 不论 n 多大，对任何估计 $\hat{g}_2$，皆有 $\sup_{\theta>0}\mathrm{E}(\hat{g}_2-g_2(\theta))^2=\infty$.

32. $X\sim B(n,p)$，用 X 估计 np，取损失 $(X-np)^2$ 及 $|X-np|$. **a**. 证明风

险 $\mathrm{E}|X-np|=2k(1-p)\binom{n}{k}p^k(1-p)^{n-k}$，其中 k 为 $[np,np+1]$ 内任一整数．b．利用 a 证明：在区间 $(1-2^{-1/(n-1)},2^{-1/(n-1)})$ 内，$\mathrm{E}|X-np|$ 比 $np(1-p)$ 小，在此区间外则 $\mathrm{E}|X-np|$ 比 $np(1-p)$ 大，在区间的两端点二者相同．

33°．**a**．设 $\hat{\theta}$ 为 θ 的 MVUE，$\hat{\theta}_1$ 为 θ 之一无偏估计，其方差 $v_1(\hat{\theta})$ 处处有限．设 c 为常数而 $\hat{\theta}_2=c\hat{\theta}-(c-1)\hat{\theta}_1$，则 $\hat{\theta}_2$ 为 θ 的无偏估计，且其方差 $v_2(\theta)$：

$$v_2(\theta)\begin{cases}=v_1(\theta), & \text{当 } c=0 \text{ 或 } 2,\\ \leqslant w_1(\theta), & \text{当 } 0<c<2,\\ \geqslant v_1(\theta), & \text{其他},\end{cases}$$

且每当 $v_1(\theta)\geqslant v(\theta)=\mathrm{Var}_\theta(\hat{\theta})$ 成立严格不等号时，上式也成立严格不等号．**b**．利用上述结果证明：设 $X_1,\cdots,X_n$ 为 $N(0,\sigma^2)$ 的 iid．样本，则

$$\hat{g}(X)=[n(n-1)]^{-1}\left[(n-2)\sum_{i=1}^n X_i{}^2+(n\bar{X})^2\right]$$

为 σ^2 的无偏估计，且有方差 $2\sigma^4/(n-1)$．

34*．样本 $X\sim R(\theta-\pi,\theta+\pi)$，平方损失 $(\theta-d)^2$．证明：对任一指定点 $\theta_0\in\mathbb{R}^1$，都可找到无偏估计 $\hat{\theta}$，使 $\mathrm{Var}_{\theta_0}(\hat{\theta})<\mathrm{Var}(X)$．但是，不可能找到一个与 X 不同的无偏估计 θ^*，使 $\mathrm{Var}_\theta(\theta^*)\leqslant\mathrm{Var}_\theta(X)$ 对一切 $\theta\in\mathbb{R}^1$．

35．样本 X 服从 Poisson 分布 $\{\mathscr{P}(\theta),\theta>0\}$，平方损失 $(\theta-d)^2$．设 $\delta(X)$ 为 θ 之一估计，其风险 $R(\theta,\delta)$ 与 X 之风险 θ 在一区间 (a,b) 上重合，则 $\delta=X$．

36°．$X\sim C(\theta)\mathrm{e}^{\theta T(x)}\mathrm{d}\mu(x)$，$\theta\in\mathbb{R}^1$．由完全性知，若 $\mathrm{E}_\theta g(X)=0$ 当 $\theta\in A$，而集 A 有有限的极限点，则 $g(X)=0$ a.s.．但若 A 虽无限但无有限极限点则不然．举一个这样的具体例子．

37．$(X_1,Y_1),\cdots,(X_n,Y_n)$ 是抽自二维正态 $N(\theta_1,\theta_2,\sigma_1{}^2,\sigma_2{}^2,\rho)$ 的 iid．样本，$|\rho|<1$，ρ 是相关系数，$\theta_1\in\mathbb{R}^1$，$\theta_2\in\mathbb{R}^1$，$\sigma_1{}^2>0$，$\sigma_2{}^2>0$．**a°**．证明

$$\left(\bar{X},\bar{Y},\sum_{i=1}^n(X_i-\bar{X})^2,\sum_{i=1}^n(Y_i-\bar{Y})^2,\sum_{i=1}^n(X_i-\bar{X})(Y_i-\bar{Y})\right)$$

是完全充分统计量．**b**．样本相关系数

$$r=\sum_{i=1}^n(X_i-\bar{X})(Y_i-\bar{Y})\Big/\left[\sum_{i=1}^n(X_i-\bar{X})^2\sum_{i=1}^n(Y_i-\bar{Y})^2\right]^{1/2}$$

有密度(见 Cramer 著《Mathematical Methods of Statistics》第 398 面)

$$f_n(r) = \frac{2^{n-3}}{\pi(n-3)!}(1-\rho^2)^{(n-1)/2}(1-r^2)^{(n-4)/2}$$

$$\cdot \sum_{i=0}^{\infty}\Gamma^2\left(\frac{n+i-1}{2}\right)\frac{(2\rho r)^i}{i!}I(|r|<1),$$

利用这个形式证明:r 不是ρ 的无偏估计. **c**. 证明在样本量 $n\geqslant 10$ 时,确有 ρ 的无偏估计在. 因而结合 a 可知,ρ 的 MVUE 也存在.

38°. 样本$(X_1,\cdots,X_n)$服从 n 维正态$N(0,\Lambda)$,其中 Λ 的对角元为$\sigma^2>0$,非对角元为 $\rho\sigma^2$. **a**. 问 ρ 能容许的值的范围如何. **b**. 定出完全充分统计量. **c**. 定出σ^2的 MVUE,并计算其方差. **d**. 证明当 $n\geqslant 4$ 时 ρ 的 MVUE 存在. **e**. 对"序列相关",即

$$\mathrm{E}X_iX_j = \begin{cases}\sigma^2, & \text{当 } i=j,\\ \rho, & \text{当 } j=i+1,\\ 0, & \text{其他}\end{cases}$$

的情况,解 a~d.

39. 设 $f(x,y)$是平面上以(0,0),(1,0),(0,2)为顶点的直角三角形内的均匀分布密度. 设$(X_1,Y_1),\cdots,(X_n,Y_n)$是抽自分布族 $f(x-\theta_1,y-\theta_2)$的 iid. 样本. **a**. 找出(θ_1,θ_2)的一个充分统计量,并考察它的完全性. **b**. 找出一个基于此充分统计量的无偏估计. **c**. 这个题可以作怎样的推广?

40. $Y\sim N(\theta,\sigma^2)$,$\theta\in\mathbb{R}^1$,$\sigma^2>0$,$X=\mathrm{e}^Y$. X 的分布称为**对数正态分布**. 设$X_1,\cdots,X_n$ iid.,为 X 样本. 求 X 的期望的 MVUE. 求 X 的方差的 MVUE.

41°. $(X_1,Y_1),\cdots,(X_n,Y_n)$是从以$(\theta_1,\theta_2)$为圆心,$\theta_3$为半径的圆内均匀分布抽出的 iid.样本. 找 $\theta_1,\theta_2,\theta_3$的无偏估计,并尽其可能缩小估计的方差.

42°. 一批原件其寿命服从指数分布 $\lambda\mathrm{e}^{-\lambda x}I(x>0)\mathrm{d}x$,$\lambda>0$. 进行两种试验以估计 λ,第一种试验是:固定一个时刻 $T>0$,从时刻 0 开始取一个元件作试验,到其失效时立即换上同批中一新元件,直到时刻 T 为止. 以 X 记到那时为止用坏的元件个数,基于 X 作 λ 的 MVUE $\hat{\theta}_1$. 第二种试验是:固定一个自然数 $k\geqslant 3$,每用坏一个元件立即替换一个新的,直到用坏 k 个为止,用 Y 记第 k 个用坏时的时刻(或者说,取 k 个元件同时作试验,Y 是它们的寿命之和),基于 Y 作 λ 的 MVUE $\hat{\theta}_2$. 如果试验费用只取决于时间,问那一种试验方式更有利. 更

确切地说,取第一种试验中的 T 等于第二种试验的平均时间,去比较 $\hat{\theta}_1$ 的方差和 $\hat{\theta}_2$ 的方差孰大孰小.

43. 一盒中有 $\theta(\geqslant r)$ 个球,分别写上数字 $1,2,\cdots,\theta$. 每次随机抽出一球,记下其上的数字,放回去再抽,一直抽到记下 r 个不同数字为止. 以 X_i 记"记下第 $i-1$ 个数字之后到记下第 i 个数字为止的抽球次数",$i=1,\cdots,r$(显然 $X_1=1$). 证明: **a**. $T=\sum_{i=2}^{r} X_i$ 是 θ 的一个充分统计量. **b**. 基于单个 X_i 不能作出 θ 的无偏估计. **c**. (较难)即使利用全部 $X_2,\cdots,X_r$,也不可能作出 θ 的无偏估计.

44. 有 θ 个空盒子,把 r(r 已知)个球逐一独立随机地放入其中(每球有同等机会入每合,各球独立),以 X 记空合数. **a°**. 计算 $\mathrm{E}_\theta X$. **b**. 若 $\hat{\theta}(X)$ 是 θ 的无偏估计,则 $\lim\limits_{k\to\infty}(\hat{\theta}(k)-(k+r))=0$.

中位无偏　设 θ 为一维参数,$\hat{\theta}(X)$ 为 θ 的估计,若对任何 $\theta\in\Theta$,在分布 $X\sim P_\theta$ 之下,$\hat{\theta}(X)$ 的中位数唯一且等于 θ,称 $\hat{\theta}$ 是 θ 的**中位无偏估计**.

45*. 设 $X_1,\cdots,X_n$ 为 X 的 iid. 样本, **a**. 设对任何 $\theta\in\Theta$,θ 是 $X\sim P_\theta$ 的唯一中位数,且 X 的分布 P_θ 在 θ 点连续($P_\theta(X=\theta)=0$),记 $\hat{\theta}=\hat{\theta}(X_1,\cdots,X_n)=\mathrm{med}(X_1,\cdots,X_n)$. 则当 n 为奇数时,$\hat{\theta}$ 是 θ 的中位无偏估计. **b**. 当 n 为偶数时,加上条件:"分布 P_θ 关于 θ 对称",a 中之结论仍成立. 在不附加这条件时结论可不成立. **c**. 若 X 有分布 $f(x-\theta)\mathrm{d}x$,$\theta\in\mathbb{R}^1$ 而 $n\geqslant 2$,θ 的中位无偏估计必存在. 对 $n=1$,情况如何?

46°. MVUE 的理论很依赖完全充分统计量,而这些对中位无偏都失效. **a**. 设 $\hat{\theta}$ 为 θ 的中位无偏估计,T 为充分统计量,则 $\mathrm{E}(\hat{\theta}\mid T)$ 不见得仍是中位无偏. **b**. 完全统计量 T 不必是"中位完全",即可以有 $f(T)$,使 $\mathrm{med}_\theta(f(T))=0$ 对一切 $\theta\in\Theta$,但 $f(T)$ 不必 a.s. 为 0. 请各举出例子.

47°. **a**. 不论在任何情况下,若 MVUE 存在且方差有限,则必唯一. **b**. 若 $\hat{g}$ 为 $g(\theta)$ 的 MVUE,则对任何常数 a,b,$a\hat{g}+b$ 是 $ag(\theta)+b$ 的 MVUE. **c**. 推而广之,对 g 为 k 维,a 为 $m\times k$ 常矩阵,b 为 m 维常向量时,b 也成立.

48*. 一切一维连续型分布族 $\mathscr{F}=\{f\mathrm{d}x,$ 一切密度 $f\}$ 上定义泛函 $G(f)$,设 $X_1,\cdots,X_n$ 为 $\mathscr{F}$ 的 iid. 样本,则 $G(f)$ 有无偏估计时,G 必在 $\mathscr{F}$ 上有界.

49°. 证明(2.11)式.

50°. 记 $\mathscr{F}_k=\left\{\text{一维分布 } F,\int_{\mathbb{R}^1}|x|^k\mathrm{d}F<\infty\right\}$,$k$ 为给定的大于 1 的自然数. 设 $X_1,\cdots,X_n$ 为抽自 F 的 iid. 样本,以 $\theta(F)$ 记 F 的中心矩. 则当 $n\geqslant k$ 时,

$\theta(F)$的 MVUE 存在，$n<k$ 时，$\theta(F)$没有无偏估计.

51°. 证明在族 $\mathscr{F}=\left\{\text{一维分布 } F, \int_{\mathbb{R}^1} x^4 \mathrm{d}F < \infty, \mathrm{Var}_F(X) > 0, \mathrm{E}_F(X-\mathrm{E}_F X)^3 \neq 0\right\}$，不论样本量多大，$F$ 的偏、峰度系数都没有无偏估计.

52*. 找一个这样的例子：某个 $g(\theta)$的 MVUE 存在但完全充分统计量不存在.

局部 MVUE　以 $\mathscr{U}$ 记 $g(\theta)$的无偏估计的类. 设 $\hat{g}_0$属于 $\mathscr{U}$ 满足条件：对任何 $\hat{g}\in\mathscr{U}$ 都有 $\mathrm{Var}_{\theta_0}(\hat{g})\geqslant\mathrm{Var}_{\theta_0}(g_0)$，则称 $\hat{g}_0$ 为在 θ_0点的，g 的局部 MVUE (LMVE).

53. **a**°. 若 g 的 MVUE 存在，它对任何 $\theta_0\in\Theta$ 为 LMVE. **b**. 找一个这样的例子：对任何 $\theta_0\in\Theta$，g 的 LMVE 存在，但 g 的 MVUE 不存在.

54°. 设 $X_1,\cdots,X_n$是$\{N(\theta,\sigma^2),\theta\in\mathbb{R}^1,\sigma^2>0\}$的 iid. 样本，$g$ 是σ 的函数，$\hat{g}$ 是 g 的无偏估计. 若 $\mathrm{Var}_{(\theta,\sigma^2)}\hat{g}<\infty$ 对一切(θ,σ^2)，则 $\mathrm{Cov}_{\theta,\sigma^2}(\bar{X},\hat{g})=0$ 对一切(θ,σ^2).

55°. 设 $X_1,\cdots,X_m$和 $Y_1,\cdots,Y_n$分别是抽自$N(\theta,\sigma_1{}^2)$和 $N(\theta,\sigma_2{}^2)$的 iid. 样本且全体独立. 此处$\theta\in\mathbb{R}^1,\sigma_1{}^2>0,\sigma_2{}^2>0$ 都是未知参数. 证明：θ的 MVUE 不存在. θ的 LMVE 如何？

56. 设 $X_1,\cdots,X_n$为抽自$\{R(\theta,2\theta),\theta>0\}$的 iid. 样本. **a**. 证明：次序统计量 T 当$n=1$ 时为有界完全但非完全，$n>1$ 时非有界完全. **b**. $n=1$ 时，除 $g(\theta)$为常数，其 MVUE 不存在(可以证明：$n>1$ 时也不存在. 见陈桂景、陈希孺，《数学研究与评论》，1984：93～98).

57. **a**. 设 $X_1,\cdots,X_n$是分布族$\{P_\theta,\theta\in Z\}$的 iid. 样本，其中 $Z=\{0,\pm1,\pm2,\cdots\}$，$P_\theta(X=\theta+i)=1/m$，$i=0,1,\cdots,m-1$，$m\geqslant2$ 固定. 则除非 g 在Z 上为常数，$g(\theta)$没有 MVUE. **b**. 若把问题 a 中的概率 $1/m$ 改为 $p_{\theta i}\geqslant0(i=0,\cdots,m-1)$，则情况如何？ **c**. 若在问题 a 中把 $\theta\in Z$ 改为$\theta\in\mathbb{R}^1$，则当且仅当 g 为$\mathbb{R}^1$上周期为 1 的函数时，$g(\theta)$才有 MVUE.

58°. 样本 X 的分布族为$\{R(\theta,\theta+1),\theta\in\mathbb{R}^1\}$，证明：此族非完全，且 $g(\theta)$的 MVUE 不存在，除非 g 为常数.

59. $g(\theta)$的无偏估计类 $\mathscr{U}_g$中使 $\mathrm{E}_\theta|\hat{g}(X)-g(\theta)|$对 θ 一致地达到最小的 $\hat{g}\in\mathscr{U}_g$，称为 g 的 $\mathrm{ML_1UE}$(最小 L_1模无偏估计). 证明 $\hat{g}\in\mathscr{U}_g$是$g(\theta)$的 $\mathrm{ML_1UE}$ 的充要条件是：若记

$$A_{0\theta}(A_{+\theta},A_{-\theta}) = \{x:\hat{g}(x) = (>,<)g(\theta)\},$$

则对任何零的无偏估计 $n(x)$，有

$$\int_{A_{0\theta}} |n(x)|\,\mathrm{d}P_\theta(x) \geqslant \left|\int_{A_{+\theta}} n(x)\mathrm{d}P_\theta(x) - \int_{A_{-\theta}} n(x)\mathrm{d}P_\theta(x)\right|$$

对任何 $\theta\in\Theta$. 利用这个结果证明：若样本 X 有分布 $P_\theta(X=-1)=\theta, P_\theta(X=i)=(1-\theta)^2\theta^i(i=0,1,\cdots,0<\theta<1)$，则 $g(\theta)=(1-\theta)^2$ 的 $\mathrm{ML_1UE}$ 为：$\hat{g}(0)=1,\hat{g}(x)=0$，其他 x. θ 的 $\mathrm{ML_1UE}$ 呢？

60. 设 $X_1,\cdots,X_n$ 为自分布族 $\mathscr{F}=\{(\theta f_1(x)+(1-\theta)f_2(x))\mathrm{d}x, 0\leqslant\theta\leqslant 1\}$ 中抽出的 iid. 样本，f_1,f_2 为已知的不同概率密度函数. **a**. 当 $n=1$ 时，$g(\theta)$ 有无偏估计的充要条件为 $g(\theta)=a\theta+b$，a,b 为常数. **b**. 对 $f_1\sim R(1,2)$，$f_2\sim R(0,2)$ 的特例，求 θ 的 MVUE 及 $\mathrm{ML_1UE}$(对一般 n).

61°. 设 $X_1,\cdots,X_m$ 和 $Y_1,\cdots,Y_n$ 分别是从指数分布族 $\{\theta^{-1}\mathrm{e}^{-x/\theta}I(x>0)\mathrm{d}x, \theta>0\}$ 和 $\{\varphi^{-1}\mathrm{e}^{-y/\varphi}I(y>0)\mathrm{d}y,\varphi>0\}$ 中抽出的 iid. 样本，且全体独立. 证明：若 $T=T(X_1,\cdots,X_m,Y_1,\cdots,Y_n)$ 和 $S=S(X_1,\cdots,X_m,Y_1,\cdots,Y_n)$ 分别为 $g(\theta)$ 和 $h(\varphi)$ 的 MVUE，则 TS 为 $g(\theta)h(\varphi)$ 的 MVUE. 利用这个结果，求 θ/φ 的 MVUE.

62. **a**. 样本 $X_1,\cdots,X_n$ 同上题 a°. 求 $\mathrm{e}^{-a/\theta}$ 的 MVUE，此处 $a>0$ 已知，又证：当 $a<0$ 时，$\mathrm{e}^{-a/\theta}$ 没有无偏估计. **b**. 当 $n=1$ 时，θ^{-1} 没有无偏估计，$n\geqslant 2$ 时则有 MVUE. **c**. 当 $n\geqslant 2$ 时，求密度在 $a(a>0$ 已知)点之值 $\theta^{-1}\mathrm{e}^{-a/\theta}$ 的 MVUE. 当 $n=1$ 时，证明 $\theta^{-1}\mathrm{e}^{-a/\theta}$ 没有无偏估计.

63. **a°**. 以 Φ 记 $N(0,1)$ 的分布函数，$X\sim N(\theta,\sigma^2)$ 则 $\mathrm{E}\Phi(X)=\Phi(\theta(1+\sigma^2)^{-1/2})$. **b**. 利用 a°证明：若 $X_1,\cdots,X_n$ 为抽自 $N(\theta,1)$ 的 iid. 样本，则 $P_\theta(X_1<c)=\Phi(c-\theta)$($c$ 固定)的 MVUE 为 $\Phi(\sqrt{n}(c-\bar{X})/\sqrt{n-1})$. 而在 c 点密度值 $(2\pi)^{-1/2}\exp(-(c-\theta)^2/2)$ 的 MVUE 为 $\sqrt{n}(2\pi(n-1))^{-1/2}\exp(-n(c-\bar{X})^2/(2n-2))$，当 $n\geqslant 2$. **c**. $n=1$ 时，情况如何？

64. 设 $X_1,\cdots,X_n$ 是从截尾分布族 $\{K(\theta)f(x)I(0<x<\theta)\mathrm{d}x, 0<\theta<a\}$ 中抽出的 iid. 样本，$0<a\leqslant\infty$ 使 $0<\int_0^\theta f(x)\mathrm{d}x<\infty$ 对任何 $\theta\in(0,a)$. 找出一组条件使 $g(\theta)$ 的 MVUE 存在，并求出它.

65°. $X_1,\cdots,X_n$ 是从分布族 $\{f(x-\theta)\mathrm{d}x,\theta\in\mathbb{R}^1\}$ 中抽出的 iid. 样本，f 已知，且满足 $f(-x)=f(x)$. 假定存在 $\varepsilon>0$ 使 $f(x)=O(|x|^{-\varepsilon})$ 当 $|x|\to\infty$，则

在 n 充分大时,θ 有无偏估计.

66. 设 $X_1,\cdots,X_m$ 和 $Y_1,\cdots,Y_n$ 分别是抽自 $N(\theta,{\sigma_1}^2)$ 和 $N(\theta_2,{\sigma_2}^2)$ 的 iid. 样本,且全体独立. 记 $g(\theta_1,\theta_2,\sigma_1,\sigma_2)=P(X_1<Y_1)$. **a**. 计算 g:在(甲)σ_1,σ_2 自由变化和(乙)$\sigma_1=\sigma_2$ 两种情况. **b**. 在甲、乙两种情况下分别找出 g 的 MVUE.

67°. 以 $R(\theta,\sigma)$ 记 $\mathbb{R}^2$ 中以 θ 为中心,$\sigma>0$ 为半径的圆内的均匀分布. 设 $X_1,\cdots,X_n$ 为抽自此分布的 iid. 样本. **a**. 固定 $\theta=0$,求半径 σ 及面积 $\pi\sigma^2$ 的 MVUE. **b**. θ 也未知,找出 θ 及 σ 的一个合理的估计.

68. X 为一维随机变量,$-\infty<a<b<\infty$,a,b 为常数. 定义 $\widetilde{X}=a,X$ 或 b,视 $X<a,a\leqslant X\leqslant b$ 或 $X>b$ 而定. 分别用概率和统计的方法证明:$\mathrm{Var}(\widetilde{X})\leqslant\mathrm{Var}(X)$,等号当且仅当 $P(X<a)=P(X>b)=0$ 时成立.

69°. $X_1,\cdots,X_n$ 为抽自 Poisson 分布族$\{\mathscr{P}(\theta),\theta\geqslant 0\}$的 iid. 样本,$g(\theta)$ 定义于$[0,\infty)$. 证明 $g(\theta)$ 有无偏估计的充要条件是:g 可以展为幂级数,其收敛半径为∞. 当此条件满足时,求出 $g(\theta)$ 的 MVUE. 又若 g 不满足此条件,则存在 $\varepsilon>0$,使对任一估计量 $\hat{g}=\hat{g}(X_1,\cdots,X_n)$ 必有 $\sup\{|\mathrm{E}_\theta\hat{g}-g(\theta)|:\theta\geqslant 0\}>\varepsilon$.

70. 设 $X_1,\cdots,X_n$ 是 $N(\theta,1)$ 的 iid. 样本,参数 θ 限制在一有界区间(a,b)内. **a°**. 证明:不存在 θ 的一个有界无偏估计. **b***. 任意给定 n 个实数 $c_1,\cdots,c_k$,限制参数 θ 属于集$\{c_1,\cdots,c_k\}$,则存在 θ 的一个有界无偏估计.

71*. 找这样的分布族$\{f(x,\theta)\mathrm{d}x,\theta\in\mathbb{R}^1\}$的例子:**a**. C-R 不等式的下界在指定的 k 个点 $a_1,\cdots,a_k$ 达到,而在其余点 θ 处都不达到. **b**. C-R 下界在 $\theta\geqslant 0$ 处处达到,而在 $\theta<0$ 处处达不到(注:指对估计 θ 的 C-R 下界).

72°. 对习题 60 的分布族证明:样本量为 1 时,C-R 下界总不小于 $\theta(1-\theta)$,等号当且仅当 $f_1,f_2=0$ a.e. L 时成立.

73°. 设 k 个函数 $p_i(\theta)(1\leqslant i\leqslant k)$ 定义于开区间(a,b),满足 $p_i(\theta)>0$ $(1\leqslant i\leqslant k)$,$\sum_{i=1}^k p_i(\theta)=1$. 样本$(X_1,\cdots,X_k)$的分布为 $P_\theta(X_i=1,X_j=0,j\neq i,1\leqslant j\leqslant k)=p_i(\theta)(i=1,\cdots,n)$. 设 $c_1,\cdots,c_k$ 为已知常数,$g(\theta)=\sum_{i=1}^k c_ip_i(\theta)$,$g(\theta)$ 之一无偏估计为 $\hat{g}=\sum_{i=1}^k c_iX_i$. **a**. 算出 $\hat{g}$ 的方差的 C-R 界. **b**. 直接算出 $\hat{g}$ 的方差,并不依赖 C-R 界的结果去证明:$\hat{g}$ 的方差确实不小于其 C-R 界. **c**. 找出 $p_i(\theta)$ 的形式以使对此 $g(\theta)$ 而言,C-R 界恰能达到.

74°. $X_1,\cdots,X_n$ 为抽自$\{f(x,\theta)\mathrm{d}\mu(x),\theta\in(a,b)\}$的 iid. 样本,在 C-R 不等式条件满足时,θ 的无偏估计 $\hat{\theta}_n$(若存在)之方差只能以 n^{-1} 的数量级随 $n\to\infty$ 而

趋于0. 在非正则情况下,这数量级可以高于 $O(n^{-1})$,一个常引的例子是 $\{R(0,\theta),\theta>0\}$. 分析一下这个例子之所以能引致更高数量级的原因所在,并以此为据证明:对任给 $m>0$,可找到这样的例子,其 θ 的某无偏估计方差达到量级 $O(n^{-m})$.

75. 设 X 为抽自 $N(\theta,1)$ 的样本,$\theta=0,\pm1,\pm2,\cdots$. 以 $\delta(x)$ 记与 x 距离最近的整数(如有两个,任取其一). 证明:**a**. δ 是 θ 的无偏估计; **b**. δ 不是 LMVE.

C-R 不等式的改进

76. **a**. 设样本 X 有分布 $\{f(x,\theta)\mathrm{d}\mu(x),\theta\in\Theta\}$,$\Theta$ 为 $\mathbb{R}^1$ 的区间,设 $f(x,\theta)>0$ 对一切 $x\in\mathscr{X},\theta\in\Theta$. 证明:若 $\hat{g}$ 为 $g(\theta)$ 的无偏估计,则有

$$\mathrm{Var}_\theta(\hat{g})\geqslant\sup\left\{(g(\theta+\Delta)-g(\theta))^2/\mathrm{E}_\theta\left(\frac{f(X,\theta+\Delta)}{f(X,\theta)}-1\right)^2:\right.$$
$$\left.\Delta\neq0,\theta+\Delta\in\Theta\right\}.$$

b. 证明:当一定条件适合时,此式给出的下界优于C-R界. **c**. 证明:对 $X\sim N(\theta,1)$ 的情况,此界限并不给出比C-R界更好的结果,用直接计算和不直接计算这两种方式来证明这一点. **d**. 找一个例子,证明此界限确能给出比 C-R 界为好的结果.

77*. (Bhattacharya 不等式) **a**. 设 $(a_{ij})_{1,\cdots,n}$ 为 n 阶对称方阵,$A_1=(a_{ij})_{2,\cdots,n}$ 非异,则 $\det(A)=\det(A_1)(a_{11}-b'A_1^{-1}b)$,其中 $b=(a_{12},\cdots,a_{1n})'$. **b**. 保持定理 2.4 的条件,且其条件 3° 加强为:等式 $\int_{\mathscr{X}}\hat{g}(x)f(x,\theta)\mathrm{d}\mu(x)=g(\theta)$ 可在积分号下对 θ 求 m 次导. 令 $S_i=[f(X,\theta)]^{-1}\partial^i f(X,\theta)/\partial\theta^i$, $S=(S_1,\cdots,S_m)'$. 假定 $V(\theta)=\mathrm{Cov}_\theta(S)>0$,计算 $A=\mathrm{Cov}_\theta\begin{pmatrix}\hat{g}\\S\end{pmatrix}$. 把 a 用到方阵 A 以得出 $g(\theta)$ 的无偏估计 $\hat{g}$ 的方差之一下界. **c**. 证明此下界当 m 增加时不减. **d**. 证明:在样本分布为指数型 $C(\theta)\mathrm{e}^{\theta T(x)}\mathrm{d}\mu$ 的前提下,要 $\mathrm{Var}_\theta(\hat{g})$ 达到 m 时的界限而达不到 $m-1$ 时的界限,只在 $g(\theta)$ 为 T 的 m 阶多项式的期望时,即

$$g(\theta)=\mathrm{E}_\theta\left(\sum_{i=1}^{m}a_iT^i(X)\right),$$

其中 $a_0,\cdots,a_m$ 为常数,$a_m\neq0$.

78°. 设样本 X 有分布 $f(x,\theta)\mathrm{d}\mu(x)(0<\theta<\infty)$,$f$ 适合 C-R 不等式的正则

条件,C-R 界$[E_\theta(\partial\ln f(X,\theta)/\partial\theta)^2]^{-1}$记为 $J(\theta)$. 设有 θ 的无偏估计,其方差处处达到 $J(\theta)$,则 **a**. 当 $J(\theta)=\theta$ 时 X 有 Poisson 分布. **b**. 当 $J(\theta)=$ 常数 1 时 X 有正态分布 $N(\theta,1)$. **c**. 当 $J(\theta)=\theta(1-\theta)/m$, m 为自然数时,X 有二项分布 $B(m,\theta)$.

79°. 样本 X 服从负二项分布 $P_\theta(X=k)=\binom{k+r-1}{k}\theta^r(1-\theta)^k$ $(k=0,1,\cdots,0\leqslant\theta\leqslant1)$. **a**. 算 $\omega(\theta)=E_\theta X$. **b**. 求 $\omega(\theta)$的 MVUE. **c**. 利用定理 2.10,得出在平方损失$(1/\theta-d)^2$之下,$1/\theta$ 的若干容许估计.

80°. 设样本 X 有分布 $\theta e^{-\theta x}I(x>0)dx$, $\theta>0$,其期望 θ^{-1}有 MVUE,即 X. **a**. 证明此估计在平方损失下不可容许. 同时,定理 2.10 的条件确也不满足. **b**. 在一切形如 CX(C 为常数)的估计中,唯有 $C=1/2$ 时可容许. **c**. 在形如 $X/2+d$的估计中,有哪些是可容许的,哪些不可容许? **d**. 一般地,在形如 $aX+b$ 的估计中,哪些可容许,哪些不可容许? **e**. 设 $X_1,\cdots,X_n$为从此分布中抽出的 iid.样本,考虑形如 $a\bar{X}+b$ 的容许问题(以上 a,b,d 都是常数).

81°. 举例证明:**a**. 容许估计的极限不必容许. **b**. 定理 2.10 的条件并非必要. **c**. 定理 2.10 不包括 $X+c$ 的情况,$c(\neq0)$为常数,有否必要另行建立定理?

82°. 设 $X_1,\cdots,X_n$是抽自$N(\theta,\sigma^2)$的 iid.样本,θ 限制在一有界或无界的区间内,但不是 $\mathbb{R}^1$,σ^2可以已知,或限制在一集合内(可以是$(0,\infty)$任一子集,包括其本身). 证明:在平方损失下,θ 的任何无偏估计都不可容许.

83°. 同上题,但限定 $\theta=0$. **a**. 证明在平方损失之下,$(n+2)^{-1}\sum_{i=1}^{n}X_i^2$ 是σ^2的容许估计,且在一切形如 $C\sum_{i=1}^{n}X_i^2$ 的估计中,唯有这一个是可容许的. **b**. 对形如 $a\sum_{i=1}^{n}X_i^2+b$ 的估计(a,b 为常数),其容许情况如何.

84°. 设样本 X 有分布 $C(\theta)\exp(\theta^3x)I(0<x<1)dx$, $\theta\in\mathbb{R}^1$. 算出 $C(\theta)$. 利用定理 2.10 能处理 θ 的什么函数的估计之容许问题,在什么损失之下? 指出由该定理能确定的容许估计.

85°. **a**. 样本 $X\sim B(n,\theta)(0<\theta<1)$. 平方损失$(d-n\theta)^2$,找出用定理2.10 能确定的容许估计. **b**. 对样本 X 服从 Poisson 分布 $\mathscr{P}(\theta)(\theta>0)$的情况,解决同一问题,并证明:即使把 θ 的取值域扩展为 $0\leqslant\theta\leqslant1$ 或(对 Poisson)$\theta\geqslant0$,所确定

的容许估计仍为容许(为化到指数族以使用定理 2.10,去掉了 $\theta=0$ 和 $\theta=1$,或(对 Poisson)$\theta=0$).

86°. 设样本 X 满足条件 $\mathrm{Var}_\theta(X)<\infty$,$\mathrm{Var}_\theta(X)\geqslant(\mathrm{E}_\theta X)^2$ 对一切 $\theta\in\Theta$. 为估计 $\omega(\theta)=\mathrm{E}_\theta X$,用平方损失$[d-\omega(\theta)]^2$,证明:若 $a>1/2$,则 aX 不是容许估计. 举一个属于本题情况的常见例子.

87°. 设样本 X 有期望 $\omega(\theta)\leqslant 1$,对一切 $\theta\in\Theta$,常数 a,b 满足 $a+b>1$. 则在平方损失$[d-\omega(\theta)]^2$下,$\omega(\theta)$的估计 $aX+b$ 不容许.

88°. 举例:两个不同估计在平方损失下有同一风险(要求参数取值充满一个区间).

89°. $X\sim B(n,\theta)(0\leqslant\theta\leqslant 1)$. 平方损失. 证明 $\delta(X)=1-X/n$ 不容许.

限制可容许性　设 $\mathscr{E}$ 为一类估计,$\hat{\theta}\in\mathscr{E}$. 称 $\hat{\theta}$ 为($\mathscr{E}$)**容许**,若在 $\mathscr{E}$ 中找不出一个估计 $\hat{\theta}_1$,使其风险处处不超过且至少在一个点处小于 $\hat{\theta}$ 的风险.

90°. 记 $\mathscr{F}$ 为一切其方差有限的一维分布族,$\mathscr{F}_c$ 为其方差等于 c 的子族. 为估计 $F(\in\mathscr{F})$的期望,取平方损失,以 $\mathscr{E}$ 记一切形如 $c_0+\sum_{i=1}^n c_iX_i$ 的估计的类,$c_0,\cdots,c_n$ 为常数. 找出一切($\mathscr{E}$)容许估计类:**a**. 对 $\mathscr{F}$. **b**. 对 $\mathscr{F}_c$.

91°. 设 $X_1,\cdots,X_n$ iid.,$\sim N(\theta,\sigma^2)$,$\theta\in\mathbb{R}^1$,$\sigma^2>0$. 以 $\mathscr{E}$ 记 σ^2 的二次估计类,即一切形如

$$\hat{\sigma}^2=\sum_{i,j=1}^n a_{ij}X_iX_j+\sum_{i=1}^n b_iX_i+c$$

的估计类,其中 a_{ij},b_i,c 为常数,$a_{ij}=a_{ji}$,证明:在平方损失$(\hat{\sigma}^2-\sigma^2)^2$之下,

$$\hat{g}=(n+1)^{-1}\sum_{i=1}^n(X_i-\overline{X})^2$$

为($\mathscr{E}$)容许的.

92*. (续上题)取 $\mathscr{E}_1$ 为一切形如 $\sum_{i,j=1}^n a_{ij}X_iX_j$ 的估计的类,通过直接比较风险函数,找出尽可能多的($\mathscr{E}_1$)容许估计.

93°. $X_1,\cdots,X_n$ iid.,$\sim N(\theta,\sigma^2)$,$\theta\in\mathbb{R}^1$,$\sigma^2>0$,作为 σ^2 的估计

$$\hat{\sigma}^2=(n+1)^{-1}\sum_{i=1}^n(X_i-\overline{X})^2,$$

可证它在平方损失$(\sigma^2-\hat{\sigma}^2)^2/\sigma^4$之下不容许. 但是,可以证明:对$\sigma^2$的任何估计$\delta$,必有$\inf\{R(\theta,\sigma^2;\hat{\sigma}^2)-R(\theta,\sigma^2;\delta):\theta\in\mathbb{R}^1,\sigma^2>0\}\leqslant 2[(n+1)(n+2)]^{-1}$.

94*. $\mathscr{F}$为均值0,方差$\sigma^2(F)<\infty$的分布F的族,$X_1,\cdots,X_n$为iid.样本. 分别以$\mathscr{E}_1$和$\mathscr{E}_2$记$\sigma^2(F)$的一切形如$X'AX$的无偏估计类和一切形如$X'AX+b'X+c$的无偏估计类,此处$X=(X_1,\cdots,X_n)'$,A为n阶常数对称阵,b为n维常向量,c为常数. 证明:局限于类$\mathscr{E}_1$,$\sigma^2(F)$有MVUE;而局限于类$\mathscr{E}_2$则没有.

95°. 设样本X有二项分布$B(n,\theta)(0\leqslant\theta\leqslant 1)$. 用平方损失估计$\theta$. **a**. 证明:在$n\leqslant 2$,凡满足"$\hat{\theta}(x)$非降"且$0\leqslant\hat{\theta}(x)\leqslant 1$的估计皆可容许. **b**. 证明:在$n=1$,凡满足$\hat{\theta}(0)\geqslant 2^{1/3}$,$\hat{\theta}(1)\leqslant 1-\hat{\theta}(0)$的估计$\hat{\theta}$皆可容许.

有限总体抽样及估计

总体含N(已知)单元,i单元的大小为M_i(已知),指标值Y_i(未知). 记

$$p_i^*=M_i\Big/\sum_{j=1}^N M_j,\quad P^*=(p_1^*,\cdots,p_N^*).$$

记

$$\mathscr{P}=\left\{P=(p_1,\cdots,p_N):p_i\geqslant 0,\sum_{i=1}^N p_i=1\right\},$$

$\mathscr{P}$中任一个$P=(p_1,\cdots,p_N)$称为一个(概率)抽样方案:抽到i单元的概率为p_i. 若抽到i单元,就用Y_i/p_i^*去估计指标和$Y=\sum_{i=1}^N Y_i$. 设进行n次独立的有放回的抽样,分别抽得第$i_1,\cdots,i_n$单元,则用

$$\hat{Y}_H(P)=n^{-1}\sum_{j=1}^n Y_{i_j}/p_{i_j}^*$$

作为Y的估计值,称为Hansen-Hurwitz估计. 注意方案P的作用只在抽取样本,估计量$\hat{Y}_H(P)$的形式与之无关.

如果存在方案$Q\in\mathscr{P}$,使$\mathrm{E}(\hat{Y}_H(Q)-Y)^2\leqslant\mathrm{E}(\hat{Y}_H(P)-Y)^2$对一切$(Y_1,\cdots,Y_N)\in\mathbb{R}^N$,且严格不等号至少在$\mathbb{R}^N$中的一点成立,称方案$P$(在平方损失下)不可容许,否则就是可容许的. 以下几个关于P的可容许的题是依据邹国华和冯士雍的工作(《科学通报》,1995:683). 记$M(P)=\max\limits_{1\leqslant i\leqslant N}p_i$.

96°. **a°**. 证明风险表达式

$$R(P) \equiv \mathrm{E}(\hat{Y}_H(P) - Y)^2$$

$$= n^{-1}\sum_{i=1}^{N} p_i(Y_i/p_i^* - Y)^2 + n^{-1}(n-1)\Big(\sum_{i=1}^{N} p_i Y_i/p_i^* - Y\Big)^2.$$

b. 若 $M(P^*)<1/2$(P^* 见前),则 P^* 可容许. **c**. 若 $M(P^*)=1/2$,而 $N\geqslant 3$, $n\geqslant 2$,则 P^* 可容许.

97°. (续上题)若 $M(P^*)=1/2$, $N\geqslant 3$ 而 $n=1$,则 P^* 不可容许. 若 $M(P^*)>1/2$而 $n=1$,P^* 不可容许.

98°. (续上题)证明在 $N=2$, $n>1$,至多只有一个可容许的方案存在. 若 $n=1$,则情况如何?

99°. (续上题)设 $P=(p_1,\cdots,p_N)$和 $Q=(q_1,\cdots,q_N)$都属于 $\mathscr{P}$. 证明:若 $p_i<q_i(1\leqslant i\leqslant 3)$,则 Q 不可能严格一致优于 P.

100°. 设 $X_1,\cdots,X_n$是从位置参数分布族$F(x-\theta)$中(参数 $\theta\in\mathbb{R}^1$)抽出的 iid. 样本,以 G 记平移变换群. **a**. 当 $n=1$ 时,θ 有同变无偏估计的充要条件为 $\mathrm{E}_0|X|<\infty$,这时同变无偏估计必唯一. **b**. 在 a 的条件下,非同变的无偏估计可存在也可不存在,各举一例,且在不存在的场合要举正态以外的例子.

101°. (续上题)若分布 $F(x)$关于 0 对称($F(-x)=1-F(x-0)$)且不退化,则在平方损失$(\theta-d)^2$之下,当 $n\leqslant 2$ 时 $\bar{X}$是 θ 的最优同变估计(对群 G,下同),若 $n\geqslant 3$,如果 X 有任意阶矩但非正态,则 $\bar{X}$决非 θ 的最优同变估计. 把这个结果用于习题 24 可得出何结论.

102°. 设样本 $X_1,\cdots,X_n\sim N(\theta,1)$,损失函数为 $V(\theta-d)$,$V(u)$为偶函数且在$[0,\infty)$非降,则 $\bar{X}$是 θ 的最优同变估计.

103°. $X_1,\cdots,X_n$为取自 Cauchy 分布 $\pi^{-1}[1+(x-\theta)^2]^{-1}\mathrm{d}x,\theta\in\mathbb{R}^1$的 iid. 样本,为估计 θ,取损失函数为平方损失$(\theta-d)^2$. **a**. 试找出 θ 的最优同变估计. **b***. 探讨所找的估计的风险的有界性.

104°. 完成例 2.14 的(2.61)式的证明.

105°. $X_1,\cdots,X_n$ iid., $\sim R(0,\theta)$,$\theta>0$,平方损失$(\theta-d)^2\theta^{-2}$,求在变换群 $G=(\{g_c:g_c(x_1,\cdots,x_n)=(cx_1,\cdots,cx_n),c>0\}$之下,$\theta$ 的最优同变估计.

106°. $X_1,\cdots,X_n$ iid., $\sim R(\theta_1-\theta_2,\theta_1+\theta_2)$,$\theta_1\in\mathbb{R}^1$,$\theta_2>0$. 为估计$(\theta_1,\theta_2)$,用平方损失 $c_1(\theta_1-d_1)^2\theta_2^{-2}+c_2(\theta_2-d_2)^2\theta_2^{-2}$,$c_1>0$,$c_2>0$ 为已知

常数. 引进变换群 G 如例 2.15,求在这群下,(θ_1,θ_2)的最优同变估计.

107°. 在上题中,若 $\theta_2(>0)$已知,损失函数为$(\theta_1-d)^2$,变换群为平移群,求 θ_1的最优同变估计.

108°. 在习题 106 中,若引进平移群 $G=\{g_c:c\in\mathbb{R}^1\}$,其中 $g_c(x_1,\cdots,x_n)=(x_1+c,\cdots,x_n+c)$,平方损失 $c_1(\theta_1-d_1)^2+c_2(\theta_2-d_2)^2$. 为求$(\theta_1,\theta_2)$的最优同变估计,习题 106 的方法是否仍可行?

109°. (本题说明,最优同变估计不必可容许)样本 X 有分布 $P_\theta(X=\theta-1)=P_\theta(X=\theta+1)=1/2,\theta\in\mathbb{R}^1$. 为估计 θ,取三种损失:**a**. $\min(|\theta-d|,1)$. **b**. $|\theta-d|$. **c**. $|\theta-d|^2$. 求在这三种损失下,在平移变换群下,θ 的最优同变估计,并证明它不可容许.

110°. (续上题)损失及变换群同上题,但从 P_θ中取 iid. 样本 $X_1,\cdots,X_n$. 求 θ 的最优同变估计,并证明它不可容许.

111°. 设 $X_1,\cdots,X_n$ iid. 抽自 k 维正态分布 $N_k(\mu,\Lambda)$,参数 $\mu\in\mathbb{R}^k$,而 Λ 可取任何 k 阶正定方阵. **a**. 指出此分布族的完全充分统计量. **b**. 求(μ,Λ)的 MUVE. **c**. 在 $\mathbb{R}^{kn}$中引进变换群 $G=\{g_{A,b}:A$ 是 k 阶非异方阵,$b\in\mathbb{R}^k\}$,而 $g_{A,b}(x_1,\cdots,x_n)=(Ax_1+b,\cdots,Ax_n+b)$. 找出它在参数空间中的导出变换群,并引进一种损失函数,以使不变结构成立. **d**. 在 c 中找出的损失函数之下,求(μ,Λ)的最优同变估计.

112°. (续上题)如把上题中之变换群 G 修改为:限制 A 为正交阵,作上题的 c,并问在作题 d 时情况有无变化? 从这两题的比较中悟出什么道理?

113*. $X_1,\cdots,X_n$为抽自半正态分布$(2/\sqrt{2\pi})\exp(-(x-\theta)^2/2)I(x>\theta)\mathrm{d}x$ 的 iid. 样本,平方损失$(\theta-d)^2$. 求 θ 在平移群下的最优同变估计.

114°. 样本 X 有分布 $F(x-\theta),\theta\in\mathbb{R}^1$,$F$ 为离散型分布:$F(k)=[k(k+1)]^{-1}$ $(k=1,2,\cdots)$. 损失函数为 $L(\theta,d)=\max(d-\theta,0)$(这表示不怕低估,只怕高估). **a°**. 证明:任何在平移群下同变的估计必有风险∞. **b**. 但是,风险有界的非同变估计存在. 试找出这样一个估计. **c**. 更进一步,对任给 $\varepsilon>0$,可找到估计 $\delta_\varepsilon(x)$,使 $\sup\{R(\theta,\delta_\varepsilon):\theta\in\mathbb{R}^1\}<\varepsilon$. **d**. 找不到一个估计 δ_0,使 $R(\theta,\delta_0)\equiv 0$.

115°. 设 $X_1,\cdots,X_n$ iid.,$\sim N(\theta,\sigma^2)$,$A\subset\mathbb{R}^n$满足

$$P_{\theta,\sigma^2}((X_1,\cdots,X_n)\in A)=\alpha,\quad 对一切\ \theta\subset\mathbb{R}^1,\sigma^2>0.$$

a. $n=1\Rightarrow\alpha=0,1$. **b**. $n=2\Rightarrow\alpha=0,1$,或 1/2,且当 $\alpha=1/2$ 时,A 不能是"置换不变"的(置换不变是指 $(x_1,\cdots,x_n)\in A\Rightarrow(x_{i_1},\cdots,x_{i_n})\in A$ 对$(1,\cdots,n)$

的任何置换$(i_1,\cdots,i_n)$). **c**. $n\geqslant 3$时,一切$\alpha\in[0,1]$都可能,且A可取为置换不变的.

第3章

1°. 用一种统计的想法证明

$$\int_0^a\cdots\int_0^a[\max(x_1,\cdots,x_n)]^{-(n-1)}\mathrm{d}x_1\cdots\mathrm{d}x_n = na,$$

当$a>0$,再用分析方法证明之.

2°. **a**. 样本X有分布$f(x,\theta)\mathrm{d}\mu(x)$,$T$为充分统计量. 证明:在任何损失下,Bayes解只与T有关. **b**. 反之,假定参数空间Θ为$\mathbb{R}^k$的Borel集,其L测度$|\Theta|>0$,对任何$\theta\in\Theta$,$f(x,\theta)$在样本空间$\mathscr{X}$上处处大于0,而固定x时,函数$f(x,\cdot)$在Θ上连续(即若$\theta\in\Theta$,$\theta_n\in\Theta$而$\theta_n\to\theta$,则$f(x,\theta_n)\to f(x,\theta)$),则若对$\Theta$上的任何先验分布$\nu$及任何样本$x$(或a.e.$\mu(x)$),$\theta$的后验分布只与统计量$T$有关(因而Bayes解只与$T$有关),则$T$是充分统计量.

3°. **a**. 以$p(x,d)$记有样本x而采用行动d时的后验风险,假定$p(\cdot,d)$为$\mathscr{B}$可测,对每个$d\in A=\mathbb{R}^k$(或其某Borel子集也可以). 对每个$x\in\mathscr{X}$,$p(x,\cdot)$在A上连续,且在唯一点$\delta(x)$处达到其最小值,则Bayes解δ是x的$\mathscr{B}$可测函数. **b**. 指出一组条件(施加在样本X的分布$f(x,\theta)\mathrm{d}\mu(x)$,先验分布$\nu$以及损失$L(\theta,d)$上,以使**a**中的条件满足,并给一具体例子.

4°. 举一个这样的例子:一串先验分布$\{\nu_n\}$依分布收敛于ν,但在平方损失$(\theta-d)^2$之下,对每个θ,ν_n之下的Bayes估计$\delta_n(x)$都不依概率收敛到先验分布ν之下的Bayes估计$\delta(x)$.

5°. **a**. 设函数$L(\theta)$定义于$\mathbb{R}^1$,满足条件:① 在有界区间内有界;② $\inf\limits_{|\theta|\geqslant\varepsilon}L(\theta)>0$对任何$\varepsilon>0$;③ $\limsup\limits_{|\theta|\to\infty}(L(\theta+a)/L(\theta))<\infty$对任何$a\in\mathbb{R}^1$. 又$\nu$为$(\mathbb{R}^1,\mathscr{B}_1)$上的测度,则

$$h(t)=\int_{\mathbb{R}^1}L(\theta-t)\mathrm{d}\nu(\theta).$$

如果在两个不同点 t_1, t_2 为有限，则必对一切 t 有限. **b**. 利用 a 证明：若 L 满足 a 中之条件，损失函数为 $\lambda(\theta)L(g(\theta)-d)$，样本 X 有分布 $f(x,\theta)\mathrm{d}\mu(x)$，则后验风险若在两个 d 值处有限，则必对一切 d 有限(特别地，这包括了平方损失 $\lambda(\theta)[g(\theta)-d]^2$ 的情形). **c**. 结论 a 对 L 为凸函数时可不成立，因而 b 同等条件下也不成立.

6°. 举一个在平方损失下，对任何样本 x，后验风险只在一个 d 值有限的例子.

7°. 样本 $X=(X_1,\cdots,X_n)$ 有联合分布 $f(x_1-\theta,\cdots,x_n-\theta)\mathrm{d}x_1\cdots\mathrm{d}x_n, \theta\in\mathbb{R}^1$. 在平方损失及广义先验分布 $\mathrm{d}\theta$ 之下，证明 θ 的广义 Bayes 解就是 Pitman 估计(例 2.13)，即平移变换群下的最优不变估计.

8°. 样本 $X\sim B(n_1,\theta_1)$，$Y\sim B(n_2,\theta_2)$ 独立，损失 $[(\theta_2-\theta_1)-d]^2$(这表示要估计 $\theta_2-\theta_1$)，先验分布为 $\{0<(\theta_1,\theta_2)<1\}$ 这正方形上的均匀分布，求 Bayes 解.

9°. 给定 $p\in(0,1)$，F 为一维分布. 定义

$$h(t)=(1-p)\int_{-\infty}^{t}(t-x)\mathrm{d}F(x)+p\int_{t}^{\infty}(x-t)\mathrm{d}F(x).$$

a. 证明 $h(t)$ 在 $t=F$ 的 p 分位数时取最小值. **b**. 利用 a 证明：若损失为 $p[g(\theta)-d]I(g(\theta)>d)+(1-p)[d-g(\theta)]I(g(\theta)\leqslant d)$，则 Bayes 解是后验分布的 p 分位数.

10°. 分布 $\mathrm{d}\nu(\theta_1,\cdots,\theta_{k-1})=c\theta_1^{\alpha_1-1}\cdots\theta_{k-1}^{\alpha_{k-1}-1}(1-\theta_1-\cdots-\theta_{k-1})^{\alpha_k-1}\cdot I(\theta_1>0,\cdots,\theta_{k-1}>0,\theta_1+\cdots+\theta_k<1)\mathrm{d}\theta_1\cdots\mathrm{d}\theta_{k-1}$ 称为 Dirichlet 分布，记为 $D(\alpha_1,\cdots,\alpha_k)$，此处 $\alpha_1>0,\cdots,\alpha_k>0$. 设 $X=(X_1,\cdots,X_k)$ 有多项分布 $M(n;\theta_1,\cdots,\theta_k)\left(\theta_i>0,\sum_{i=1}^{k}\theta_i=1\right)$，损失函数 $(d-\theta)'A(d-\theta)$，其中 $d=(d_1,\cdots,d_k)'$，$\theta=(\theta_1,\cdots,\theta_k)'$，$A$ 为 k 阶正定方阵. 求 Bayes 解.

11°. $X_1,\cdots,X_n$ 为抽自 $\theta\mathrm{e}^{-\theta x}I(x>0)\mathrm{d}x$ 的 iid. 样本，要估计 $g(\theta)=P_\theta(X_1>t)=\mathrm{e}^{-\theta t}$. 损失 $(\mathrm{e}^{-\theta t}-d)^2$，先验分布取为 Gamma 分布 $[\Gamma(\beta)]^{-1}\alpha^\beta\theta^{\beta-1}\mathrm{e}^{-\alpha\theta}I(\theta>0)\mathrm{d}\theta$，求 Bayes 解.

12*. 一批产品 N 个，内次品 M 个. N 已知，M 为参数. 从其中随机抽取 n 个($1\leqslant n\leqslant N$)，要估计次品率 M/N，损失函数 $(M/N-d)^2$. **a**. 用一种巧的想法，不经计算证明组合恒等式

$$\sum_{i=0}^{N-n}\binom{i+k}{k}\binom{N-i-k}{n-k}=\binom{N+1}{n+1}=\binom{N+1}{N-n}.$$

b. 借助此式,在均匀先验分布 $\nu(\{i\})=(N+1)^{-1}(i=0,1,\cdots,N)$之下,求 Bayes 解并算出 Bayes 风险.

13°. **a**. $X\sim B(n,\theta)(0\leqslant\theta\leqslant 1)$,平方损失. 除非先验分布 ν 满足条件 $\nu(0<\theta<1)=0$,否则 X/n 不能是 θ 的 Bayes 估计. **b**. $X\sim P(\theta)(\theta\geqslant 0)$,平方损失. 除非先验分布满足条件 $\nu(\theta>0)=0$,否则 X 不能是 θ 的 Bayes 估计.

14°. 广义 Bayes 估计不必容许(此处广义 Bayes 指使广义后验风险达到最小的估计),举平方损失下两个例子.

15°. 验证共轭先验分布(3.26).

16°. 为估计 $g(\theta)$,取平方损失$[g(\theta)-d]^2$,先验分布 ν. 设 δ 为 $g(\theta)$之一无偏估计,满足 $\mathrm{Var}_\theta(\delta)>0$ 对一切 $\theta\in\Theta$,$\int_\Theta \mathrm{Var}_\theta(\delta)\mathrm{d}\nu(\theta)<\infty$,又 $\int_\Theta g^2(\theta)\mathrm{d}\nu(\theta)<\infty$,且 δ 决非 Bayes 解.

17*. 用 Bayes 法证明下述广义 Bayes 解的容许性:**a**. $X\sim N(\theta,1)$,平方损失$(\theta-d)^2$,先验分布 $\mathrm{d}\nu=\mathrm{d}\theta$(广义 Bayes 解为 X). **b**. $X\sim B(n,\theta)$,平方损失$(\theta-d)^2$,先验分布 $\mathrm{d}\nu=[\theta(1-\theta)]^{-1}I(0<\theta<1)\mathrm{d}\theta$(广义 Bayes 解为 X/n).

18°. 在样本分布的支撑无界,先验分布的支撑也无界的场合,平方损失下的 Bayes 解风险有界的例子罕见. 这是什么原因? 举一个这种"罕见"的例子,并指出造出这一例子的思想.

19°. 样本 $X\sim N(0,1)$,损失函数 $L(\theta,d)=\mathrm{e}^{3\theta^2/4}(\theta-d)^2$,先验分布 $N(0,1)$. 证明:不存在 Bayes 风险为有限的估计.

20°. 样本 X 服从:**a**. 指数型分布 $C(\theta)\mathrm{e}^{\theta x}\mathrm{d}\mu(x)$,$\theta$ 属于 $\mathbb{R}^1$的开区间 Θ. **b**. 二项分布 $B(n,\theta)(0\leqslant\theta\leqslant 1)$. **c**. Poisson 分布 $\mathscr{P}(\theta)(\theta\geqslant 0)$. 证明:不论 θ 的先验分布如何,平方损失下的 θ 的 Bayes 估计必是 x 的非降函数. 利用 b,结合定理 3.1,对第 2 章习题 95 作进一步的讨论. 又:对这非降性质可作何直观解释?

21°. 举例:**a**. 一个估计量可以同是两个不同的先验分布下,θ 的 Bayes 估计; **b°**. 一个估计量可以同时是狭义和广义的 Bayes 估计.

22°. 样本 $X\sim N(\theta,1)$,$\theta\in\mathbb{R}^1$,平方损失,不论在狭义或广义先验分布下,$2X+1$ 不能是 θ 的(广义)Bayes 估计,除非一切估计量都有 Bayes 风险 ∞. 举一个并非这种情况的例子.

23*. 平方损失,广义先验分布 $I(\theta>1)\theta^{-1}\mathrm{d}\theta$. 证明:对以下两个模型,不存在一个估计,其(广义)Bayes 风险有限:**a**. $X\sim N(\theta,1)$, $\theta\in\mathbb{R}^1$; **b**. $X\sim\theta^{-1}\mathrm{e}^{-x/\theta}I(x>0)\mathrm{d}x$, $\theta>0$.

24°. 举一个例子:平方损失下的 Bayes 估计,可以是不容许的.

下题结果不是最好的,但它显示了运用 Bayes 法处理容许问题的一种灵活性.

25*. 样本 X,Y 独立,各服从 Poisson 分布 $\mathscr{P}(\theta)$ 和 $\mathscr{P}(\varphi)$. 取平方损失 $(\theta-d)^2$(说明问题在估计 θ),试用 Bayes 方法证明:若常数 a,b,c 满足 $0<b<a<1$, $c>0$,则估计 $aX+bY+c$ 可容许. 怎样解释这种现象:完全无关的样本参与估计,但仍能保持容许性.

下面这个题有其出人意表之处,在于用初等的直接比较风险的方法,彻底解决了一个初一看不很容易的问题. 当然,这种情况少之又少.

26*. 样本和损失同上题. 证明 $aX+bY+c$ 容许的充要条件为:或者 $0\leqslant a<1$, $b\geqslant 0$, $c\geqslant 0$;或者 $a=1$, $b=c=0$.

27*. 用上题同样的方法,对二项分布证明类似结果,X, Y 独立,$X\sim B(m,\theta)$, $Y\sim B(n,\varphi)$ $(0\leqslant\theta\leqslant 1, 0\leqslant\varphi\leqslant 1)$,平方损失 $(\theta-d)^2$. 则 $aX+bY+c$ 可容许的充要条件为:或者$\{0\leqslant a<1, 0\leqslant c\leqslant 1, 0\leqslant a+c\leqslant 1, 0\leqslant b+c\leqslant 1, 0\leqslant a+b+c\leqslant 1\}$,或者$\{a=1, b=c=0\}$.

28°. **a**. 样本 $X\sim N(\theta,1)$, $\theta\in\mathbb{R}^1$. 另有与之独立的样本 Y, Y 有分布 $f(\varphi,y)\mathrm{d}\mu(y)$, φ 属于 $\mathbb{R}^k$ 之某 Borel 集 Φ. 为估计 θ,取平方损失. 试证在这一结构下,X 仍是 θ 的容许估计. **b**. 对 X 服从二项分布的情况解决同一问题.

29°. **a**. 设法利用上题的 a,证明:设 k 维样本 X 有分布 $N_k(\theta,\Lambda)$,此处 $\theta\in\mathbb{R}^k$, Λ 为已知的 k 阶正定方阵. 为估计 $c'\theta$(c 为已知 k 维向量),用损失 $(c'\theta-d)^2$,则 $c'X$ 是 $c'\theta$ 的 Minimax 容许估计. 本问题可否用习题 17 的方法解决? **b**. 设 $X_1,\cdots,X_k$ 独立,$X_i\sim B(n_i,\theta_i)$ $(0\leqslant\theta_i\leqslant 1, 1\leqslant i\leqslant k)$,平方损失 $\left(\sum_{i=1}^k c_i\theta_i-d\right)^2$, c_i 已知,证明:$\sum_{i=1}^k c_iX_i/n_i$ 是容许估计. 问:$\sum_{i=1}^k c_i\theta_i$ 的 Minimax 估计是否仍为 $\sum_{i=1}^k c_i\hat{\theta}_i$ ($\hat{\theta}_i$ 是只有样本 X_i 时 θ_i 的 Minimax 估计)? 为什么?

30°. 元件寿命有指数分布 $\theta^{-1}\mathrm{e}^{-x/\theta}I(x>0)\mathrm{d}x$, $\theta>0$. 拿 n 个元件独立做试验,到有 r 个失效为止,记录其寿命为 $X_1,\cdots,X_r$. 利用这些样本,在损失

$(\theta-d)^2/\theta^2$之下，求平均寿命θ的 Minimax 估计.

31°. 找这样一个例子：$X\sim F(x-\theta)$，F 为已知一维分布，$\theta\in\mathbb{R}^1$，平方损失，其在平移群下的最优同变估计既非容许，也非 Minimax.

32°. 样本 X 有分布$B(1,\theta)(0\leqslant\theta\leqslant1)$，损失函数为 $L(\theta-d)$，其中 $L(u)$为偶函数，且在 $u\geqslant0$ 为严格上升. **a**. 求θ的 Minimax 估计. **b**. 证明：这个问题不能用 Bayes 方法解决. **c**. 证明：a 找出的估计是容许估计，也是在某个先验分布下的 Bayes 估计.

33°. 样本 $X_1,\cdots,X_n$ 抽自$N(\theta,\sigma^2)$，平方损失$(\theta-d)^2$. 证明：对任何估计量δ，必有 $\sup\{R(\theta,\sigma^2;\delta):\theta\in\mathbb{R}^1,\sigma^2>0\}=\infty$.

34°. 样本同上题，损失函数$(\theta-d)^2/\sigma^2$. 用定理 3.4 中 2°的方法，证明 $\bar{X}$是 Minimax 估计.

35°. 从容许性的观点证明：在平方损失$(\theta-d)^2$下，当 $X\sim N(\theta,1)$或 $X\sim B(n,\theta)$时，X 是θ 的唯一 Minimax 估计. 又若损失为$(\theta-d)^2/\theta$，$X\sim p(\theta)$，X 也是θ 的唯一 Minimax 估计(本题着重在唯一性).

36°. 设样本 $X\sim N_k(\theta,I_k)$，损失 $\|\theta-d\|^2$(I_k 为 k 阶单位阵). 证明：X 是θ 的 Minimax 估计(当 $k\geqslant3$ 时，X 不容许，故这是 Minimax 估计不容许的一例).

37°. 在一维参数也有 Minimax 估计不容许的情况，一个简单例子如下：$X\sim B(1,\theta)$，损失 $I(\theta\neq d)$，$\delta(X)\equiv2$ 是 Minimax 估计，但不容许，试证明之(更自然的例子见习题 48 及其注).

38°. 用定理 3.4 的方法，对以下几个问题找出 Minimax 估计，**a**. $X_1,\cdots,X_n\sim N(\theta,\sigma^2)$，$\theta\in\mathbb{R}^1$，$\sigma^2>0$，损失$(\sigma^2-d)^2/\sigma^4$(问题是估计 σ^2). **b**. $X_1,\cdots,X_n\sim R(0,\theta)$，$\theta>0$，损失为$(\theta-d)^2/\theta^2$. **c**. $X_1,\cdots,X_n\sim\theta^{-1}\mathrm{e}^{-x/\theta}I(x>0)\mathrm{d}x$，$\theta>0$，损失为$(\theta-d)^2/\theta^2$.

39°. 在上题的记号下，证明：若把各题损失的分母改为 1，分子不动，则任何估计的风险都以∞为上确界.

40°. $X_1,\cdots,X_n\sim R(\theta-1/2,\theta+1/2)$，$\theta\in\mathbb{R}^1$，平方损失$(\theta-d)^2$. **a**. 证明：$2^{-1}(\min X_i+\max X_i)$是 θ 的 Minimax 估计. **b**. 证明：即使把分布族放大为$\{R(\theta-\varphi,\theta+\varphi),\theta\in\mathbb{R}^1,0<\varphi\leqslant1/2\}$，a 中求出的估计仍为 Minimax 估计. **c**. 若把 a 中的分布族放大至$\{R(\theta-\varphi,\theta+\varphi),\theta\in\mathbb{R}^1,\varphi>0\}$，则 Minimax 问题失去意义，即：任何估计其风险都无界.

41°. 第 2 章的习题 109，下述估计是容许的 Minimax 估计：$\hat{\theta}=(\min X_i+$

$\max X_i)/2$ 当 X_i 不全相同,若 X_i 全相同,$\hat{\theta} = X_1 + 1$ 当 $X_1 < 0$,$\hat{\theta} = X_1 - 1$ 当 $X_1 > 0$.

42°. 样本 $X \sim B(n,\theta)$,损失 $L(\theta,d) = \min((\theta - d)^2/\theta^2, 2)$. 证明:$\hat{\theta} \equiv 0$ 是 θ 的可容许 Minimax 估计.

43*. 给定常数 $a,b(-\infty < a < b < \infty)$,以 $\mathscr{F}_{a,b}$ 记一切其支撑落在区间 $[a,b]$ 上的分布族. 要由 iid. 样本 $X_1,\cdots,X_n$ 估计其期望 $\theta(F) = \int_{-\infty}^{\infty} x\mathrm{d}F(x)$, $F \in \mathscr{F}_{a,b}$,损失为 $[\theta(F) - d]^2$. **a**. 对 $a = 0, b = 1$ 的特例,求 Minimax 估计. **b**. 利用 a 的结果,对一般 a,b 解问题.

44°. 给定常数 $M > 0$,以 $\mathscr{F}_M$ 记一切其方差不超过 M 的一维分布族,要由 iid. 样本估计期望 $\theta(F)$,损失为 $[\theta(F) - d]^2$. 证明:$\bar{X}$ 为 Minimax 估计. 问:若将 $\mathscr{F}_M$ 改为"其 4 阶中心矩不超过 M"的分布族,则 $\bar{X}$ 是否仍能用原法证明其为 Minimax 估计,为什么?

45*. 样本 X,Y 独立,$X \sim B(n,\theta_1)$,$Y \sim B(n,\theta_2)$. 为估计 $\theta_2 - \theta_1$,取损失 $[(\theta_2 - \theta_1) - d]^2$. 证明 $\dfrac{\sqrt{2n}}{\sqrt{2n}+1}(Y/n - X/n)$ 是 Minimax 估计.

46°. X 服从超几何分布,M 为参数,可取值 $0,1,\cdots,N$(见习题 12),平方损失 $(M/N - d)^2$,证明:Minimax 解为 $aX/n + b$,$a = \left(1+\sqrt{\dfrac{N-n}{n(N-1)}}\right)^{-1}$, $b = (1-a)/2$. $\left(\text{提示:取先验分布 } P(M = d) = \int_0^1 \binom{N}{d} p^d q^{N-d} [I(a+b)/I(b)] p^{a-1} q^{b-1} \mathrm{d}p, q = 1 - p.\right)$

47°. X 服从多项分布 $M(n,\theta_1,\cdots,\theta_k)(0 \leqslant \theta_i \leqslant 1)$,$\sum_{i=1}^{k} \theta_i = 1$,平方损失 $\sum_{i=1}^{k} (\theta_i - d_i)^2$. 证明:$(b^{-1}(X_1 + a),\cdots,b^{-1}(X_k + a))$ 是 $(\theta_1,\cdots,\theta_k)$ 的 Minimax 估计,$a = (k+1)^{-1}\sqrt{n}$,$b = n + \sqrt{n}$.

48°. 对样本 $X_1,\cdots,X_n \sim N(\theta,1)$,平方损失 $(\theta - d)^2$,θ 限制在 $\theta \geqslant c$,c 已知. 证明:$\bar{X}$ 仍为 Minimax 估计,但不容许. 与此相似,对 Poisson 分布 $\mathscr{P}(\theta)$ 限制 $\theta > c$,解决同一问题.

49°. 对负二项分布(见第 2 章习题 79),想求 θ^{-1} 在平方损失下的 Minimax 估计. **a**. 仿照 $B(n,\theta)$ 的成例,会这样想:找形如 $aX + b$ 的解. 这个想法能否实现？困难何在？**b**. 证明：其实根本不存在 $1/\theta$ 之一估计，其风险有界. 故这个问题没有意义.

50°. 设样本 $X\sim N(\theta,1)$，$a\leqslant\theta\leqslant b$，其中 a,b 为已知常数，$-\infty<a<b<\infty$. 证明：在平方损失下，X 不是 θ 的 Minimax 估计.

51°. 二维随机向量 (X,Y) 有分布 $F\in\mathscr{F}$，$\mathscr{F}$ 为一切二维分布的集合，设 $(X_1,Y_1),\cdots,(X_n,Y_n)$ 为 (X,Y) 的 iid. 观察值，要估计 $\theta(F)=P_F(X\geqslant Y)$. 取平方损失 $[\theta(F)-d]^2$，求 $\theta(F)$ 的 Minimax 估计.

设为估计 θ 或 θ 的某函数，用损失 $L(\theta,d)$. 把 $M=\inf\limits_{\delta}\sup\limits_{\theta\in\Theta}R(\theta,\delta)$ 称为问题的 Minimax 值. 达到此值的 δ 就是 Minimax 解，它不一定存在，但 $M\leqslant\infty$ 总有定义.

52°. 设 $X_1,\cdots,X_n$ 为抽自 Cauchy 分布 $\pi^{-1}[1+(x-\theta)^2]^{-1}\mathrm{d}x$，$\theta\in\mathbb{R}^1$ 的 iid. 样本，损失 $(\theta-d)^2$. 证明：当 $n=1$ 时此问题的 Minimax 值无限，$n\geqslant3$ 时则为有限.

53°. 按上题求解的想法，找出这样一个密度 f，使若 $X_1,\cdots,X_n$ 是从 $f(x-\theta)\mathrm{d}x$，$\theta\in\mathbb{R}^1$ 中抽出的 iid. 样本，则在平方损失 $(\theta-d)^2$ 之下，不论样本量 n 多大，Minimax 值总是无穷.

54°. 设样本 X 有分布

$$P_\theta(X=x_i)=f_\theta(x_i),\quad i=1,2,\cdots,\theta\in\Theta.$$

行动空间 A 只含有限个元 $d_1,\cdots,d_m$，损失函数 L 有界，则非随机化的 Minimax 解（即在只允许使用非随机化决策函数时的解）与随机化的 Minimax 解都存在. 若 A 有可列个元，这个结论失效，但若 A 为一有界闭集，$L(\theta,\cdot)$ 在 A 上连续，则非随机化的 Minimax 解仍存在.

55°. 如果损失函数是凸的，则在原有样本 X 之外再加上使用样本 Y，Y 与 X 独立且其分布不依赖参数 θ，则并不能降低 Minimax 值，即原来只在 X 样本范围内考虑得出的 Minimax 解 $\delta(X)$，在样本 (X,Y) 的模型中仍是 Minimax 解.

56°. 样本 $X\sim B(2,p)$，损失函数 $L(p,d)=|d-2p|$. **a°**. 计算 $2p$ 的估计量 X 的风险及风险的最大值. **b**. 通过研究上述风险函数的性状，设法构造一个估计量 $\delta(X)$，使其风险最大值有所降低.

57°. **a**. 在例 3.8 的经验 Bayes(EB)估计(3.22)式中，用 $X_1,\cdots,X_n$ 和 X 共

同估计 σ^2：$\hat{\sigma}_n^{\,2} = (n+1)^{-1}\left(\sum_{i=1}^{n} X_i^{\,2} + X^2\right) - 1$. 证明(3.22)式仍为 a.o.EB.
b. 在例 3.8 中，若取先验分布族为$\{N(\mu,1),\mu\in\mathbb{R}^1\}$，求在平方损失$(\theta-d)^2$下 θ 的 EB 估计 $\hat{\theta}_n$. 若在 $\hat{\theta}_n$ 中对 μ 的估计用了当前样本 X，证明 $\hat{\theta}_n$ 为 a.o.EB.

58°. 样本 $X_1,\cdots,X_n$ iid.，$\sim N(\theta,1)$，$\theta\in\mathbb{R}^1$. 损失$(\theta-d)^2$先验分布 G. 试证明 θ 的 Bayes 估计为 $\delta_G(x)=x+f_G{'}(x)/f_G(x)$，其中 f_G 是 X 在先验分布 G 之下的边缘密度函数. 利用这个形式构想出 θ 的一个 EB 估计.

59°. 样本 $X\sim B(n,\theta)(0\leqslant\theta\leqslant 1)$，平方损失. 针对先验分布族(3.9)，构造出 θ 的一个 EB 估计(在估计 a,b 时要使用当前样本)，并证其为 a.o..

60°. 样本 X 有分布 $f(x,\theta)\mathrm{d}\mu(x)$，$\theta\in\Theta$，$\mathscr{G}$ 为一先验分布族. 对 $G\in\mathscr{G}$，X 的(边缘)分布为 $f_G(x)\mathrm{d}\mu(x)$，其中 $f_G(x)=\int_\Theta f(x,\theta)\mathrm{d}G(\theta)$. 若当 $G_1\neq G_2$ 都属于 $\mathscr{G}$ 时，必有 $f_{G_1}\neq f_{G_2}$ (即 $\mu(\{x:f_{G_1}(x)\neq f_{G_2}(x)\})>0$)，称"相对于 $f(x,\theta)$ 局限于 $\mathscr{G}$"是"可以辨识的". 若这个条件不成立，则一般地，相对于先验分布族 $\mathscr{G}$ 不存在 a.o.EB 估计. 论证一下这个断语.

61°. 证明以下情况先验分布 $\mathscr{G}$ 的可辨识性：**a**. 指数型族$\{C(\theta)e^{\theta' x}\mathrm{d}\mu(x),\theta\in\mathbb{R}^k\}$，$\mathscr{G}$ 为一切 k 维分布族. **b**. 平移族$\{f(x-\theta)\mathrm{d}x,\theta\in\mathbb{R}^k\}$且 f 的特征函数处处不为 0. **c**. 二项分布族$\{B(n,\theta),0\leqslant\theta\leqslant 1\}$，$\mathscr{G}$ 为 β 分布族. **d**. Poisson 分布族$\{\mathscr{P}(\theta),\theta\geqslant 0\}$，$\mathscr{G}$ 为 Gamma 分布族$\{G(\alpha,\beta),\alpha>0,\beta>0\}$. 在 c 中，若把 $\mathscr{G}$ 改为一切分布族(当然局限在参数所在范围内)，则是不可辨识的.

第 4 章

一串 r.v. $\{X_n\}$ 称为是 $O_p(1)$ 的，若对任何 $\varepsilon>0$ 存在 $M_\varepsilon<\infty$，使 $P(|X_n|>M_\varepsilon)\leqslant\varepsilon$，对一切 n；称为是 $o_p(1)$，若 $X_n\to 0$ in pr.；称为是 $O(1)$ a.s.，若 $P(\{X_n\}有界)=1$；称为是 $o(1)$ a.s.，若 $X_n\to 0$ a.s..

1°. $o(1)$ a.s. $\Rightarrow O_p(1)$，其逆不真.

2°. 若对任何常数列 $\varepsilon_n\downarrow 0$ 都有 $\varepsilon_n X_n\to 0$ in pr. (a.s.)，则 $X_n = O_p(1)(O(1)$ a.s.).

3°. 一串随机变量$\{X_n\}$为 iid.. 问 $X_n=O(1)$ a.s.的充要条件是什么?

4°. 证明 $X_n=O(1)$ a.s.等价于:对任给 $\varepsilon>0$ 存在 $M_\varepsilon<\infty$,使 $P(|X_n|\leqslant M_\varepsilon, n=1,2,\cdots)\geqslant 1-\varepsilon$.

5°. 若一串$\{X_n\}$具有如下性质:对其任一子列$\{X_n{}'\}$必存在后者的一子列$\{X_n{}''\}$为 $O_p(1)$,则 $X_n=O_p(1)$. 类似的性质对 $O(1)$ a.s.是否成立?

6°. 是否从任一串 $O_p(1)$序列中必能抽出 $O(1)$ a.s.的子列?

7°. 一串 r.v. $\{X_n\}$若满足条件:对任给 $\varepsilon>0$ 存在与 n 无关但可以与 ε 有关的常数 $c=c_\varepsilon$,使 $P(|X_n|\geqslant\varepsilon)\leqslant c\mathrm{e}^{-n\varepsilon}, n\geqslant 1$,则有时称 X_n依指数速度收敛于 0. 有关这个概念回答以下问题:

a. 若 X_n依指数速度收敛于 0,则 $X_n\to 0$ a.s.,其逆不真.

b. 这个概念是针对尾部概率的,不能把它和 X_n本身趋于 0 的速度混淆了. 事实上,对任一串常数 $M_n\uparrow\infty$,可找到一串依指数速度趋于 0 的 r.v. $\{X_n\}$,使 M_nX_n不是 $o(1)$ a.s.. 反过来,对任给 $M_n\uparrow\infty$,可找到$\{X_n\}$,使 $M_nX_n\to 0$ a.s.,但$\{X_n\}$不依指数速度收敛.

c. 如果常数 C 可取得与 ε 无关,则 X_n有各阶矩. 通常是 C 与 ε 有关但只要求$P(|X_n|\geqslant\varepsilon)\leqslant c_\varepsilon \mathrm{e}^{-n\varepsilon}$在$n$"充分大"(即 $n\geqslant n_\varepsilon$, n_ε与 ε 有关)时成立,这一点无关紧要,因放大$c_\varepsilon{}'$之值可使上式对一切 n 成立. 在 c 可与 ε 有关时,举例证明 X_n的任意阶矩也可以不存在.

8°. 在证明统计量有渐近分布时,以下两个简单事实有时有用:

a. 设 X_n 有分布 F_n ($n\geqslant 1$). F 为一分布. 若存在 $a_n>0$, $b_n>0$ 使 $\liminf\limits_{n\to\infty} F_n(x-a_n)\geqslant F(x)\geqslant\limsup\limits_{n\to\infty} F_n(x)$,则 X_n 依分布收敛于 F. **b**. 若 $Y_n\leqslant X_n\leqslant Z_n, n\geqslant 1$ 而 Y_n和 Z_n都依分布收敛于F,则 X_n也依分布收敛于F.

9°. 以 Φ 记$N(0,1)$的分布,c_1,c_2,c_3为正常数,$X_n=X_{n1}+X_{n2}$,X_n和 X_{n1}分别有分布 F 和 F_{n1}. 设条件 $\|F_{n1}-\Phi\|=\sup\limits_x|F_{n1}(x)-\Phi(x)|\leqslant c_1/\sqrt{n}$, $P(|X_{n2}|>c_2/\sqrt{n})\leqslant c_3/\sqrt{n}$,则存在与 n 无关的常数 c,使 $\|F_n-\Phi\|\leqslant c/\sqrt{n}$.

$\mu_r(X)(\mu_r)$和 $\alpha_r(X)(\alpha_r)$分别记 X 的 r 阶中心矩和 r 阶原点矩. 设 $X_1,\cdots,X_n$为 X 的 iid. 样本,以 m_{rn} 和 a_{rn} 分别记其 r 阶样本中心矩和原点矩,$\mathscr{F}_r=\{X:\mathrm{E}|X|^r<\infty\}(0<r<\infty)$, $\mathscr{F}_\infty=\bigcap\limits_{r=1}^{\infty}\mathscr{F}_r$.

10*. ((4.2)式的推广,不要求做)若 $X\in\mathscr{F}_r$,则

$$\mathrm{E}\mid a_{1n}-\alpha_1\mid^r=\begin{cases}o(n^{1-r}), & 1\leqslant r\leqslant 2,\\ O(n^{-r/2}), & r\geqslant 2.\end{cases}\tag{1}$$

(4.2)式是当 r 为偶数的特例.

11. 利用上题结果证明:若 $X\in\mathscr{F}_{br}(b\geqslant1)$,则

$$\mathrm{E}\mid m_{rn}-\mu_r\mid^b=\begin{cases}o(n^{1-b}), & 1\leqslant b\leqslant 2,\\ O(n^{-b/2}), & b\geqslant 2.\end{cases}\tag{2}$$

12. (续上题)设 $r_1,\cdots,r_t$ 为自然数,$c_1\geqslant1,\cdots,c_t\geqslant1$,$l=c_1r_1+\cdots+c_tr_t$,$X\in\mathscr{F}_l$. 对 $\mathrm{E}(|m_{r_1n}-\mu_{r_1}|^{c_1}\cdots|m_{r_tn}-\mu_{r_t}|^{c_t})$作出一种类似于(1)式的估计,并证明:此式 $=o(n^{-(t-1)/2-2/N})$对 $t\geqslant2$.

13. (续上题)记号与假定同上题. 对 $c_1,\cdots,c_t$ 为自然数的情况,为 $\mathrm{E}(|m_{r_1n}{}^{c_1}\cdots m_{r_tn}{}^{c_t}-\mu_{r_1}{}^{c_1}\cdots\mu_{r_t}{}^{c_t}|^k)$的数量级(当 $n\to\infty$)作一估计,$k\geqslant 1\left(l\text{ 改为 }k\sum_{i=1}^{t}c_ir_i\right)$. 对 $a_{1n}{}^{c_0}m_{r_1n}{}^{c_1}\cdots m_{r_tn}{}^{c_t}$解决同一问题.

14. 证明:$\sum^* X_{i_1}{}^{t_1}\cdots X_{i_r}{}^{t_r}$ 可表为$a_{1n},m_{2n},\cdots,m_{tn}$的多项式,$t=t_1+\cdots+t_r$,此处 $\sum^*$ 表示对 $i_1,\cdots,i_r=1,\cdots,n$ 且互不相同求和. 又证明:在 n 充分大时这多项式唯一($t_1,\cdots,t_r$是自然数).

15. 设 $X_1,\cdots,X_n$为$X\in\mathscr{F}_r$的 iid. 样本,$n\geqslant r$. 利用上题结果证明:$\mu_r(X)$有一个形如 $H(m_{rn},\cdots,m_{2n})$的无偏估计(且是 MVUE). 这里的要点是 H 不依赖a_{1n}.

16°. 一般讲 MLE 优于矩估计:但相反的情况也有. 举一个这样的例子:估计一维参数,参数空间为 $\mathbb{R}^1$,θ 的 MLE 经调整成无偏得 $\hat{\theta}$(通过乘以或加以常数)后,其方差处处大于无偏矩估计的方差.

与 MLE 存在性有关的种种例子.

17°. 存在这样的指数族 $C(\theta)\mathrm{e}^{\theta x}\mathrm{d}\mu(x)$,自然参数空间 $\mathbb{R}^1$,通过样本 X 估计θ,MLE 恒不存在. 也存在上述形式的指数族. MLE 存在的概率介乎 0,1 之间.

18*. 上题那种情况在高维也有. 设二维 $X_{10},\cdots,X_{n0}$ 是从指数族$\{C(\theta)\mathrm{e}^{\theta' x}\mathrm{d}\mu(x),\theta\in\mathbb{R}^2\}$中抽出的 iid. 样本,$\mu$ 的支撑包含在单位圆周 $\|x\|=1$ 上,则: **a**. 当$n=1$ 时,MLE 不存在. **b**. 当 $n\geqslant2$ 而 μ 在 $\|x\|=1$ 上连续(即不存在 a,$\|a\|=1$,使 $\mu(\{a\})>0$),则 MLE 以概率 1 存在. **c**. 当 $n\geqslant2$ 而 μ 在

$\| x \| = 1$ 上有离散部分时,MLE 存在的概率小于 1. 具体取决于 μ 的形式及样本点的位置.

19. 举一个这样的例子:单参数 θ 属于一个区间,MLE 总存在,似然方程总有唯一解(解不可在区间外),但其解有时是 MLE,有时不是.

20. 设 $X_1,\cdots,X_n$ 为抽自 Cauchy 分布 $\pi^{-1}[1+(x-\theta)^2]^{-1}\mathrm{d}x,\theta\in\mathbb{R}^1$ 的 iid. 样本,$n\geqslant 2$. 证明:P_θ(似然方程恰有一根)介乎 0,1 之间(不为 0,1).

21°. 设 f 为一维密度,在 $\mathbb{R}^1$ 处处大于 0,且 $-\ln f(x)$ 为严格凸,则称 f 为"强单峰"的. 设 $X_1,\cdots,X_n$ 为抽自 $f(x-\theta)\mathrm{d}x,\theta\in\mathbb{R}^1$ 的 iid. 样本,f 为强单峰且 f' 在 $\mathbb{R}^1$ 处处存在,则似然方程有唯一解,其解为 MLE.

22°. 举例证明 MLE 不一定是充分统计量.

23°. X 服从在 1 处截断的 Poisson 分布:$X\sim Y\mid Y\geqslant 1, Y\sim P(\theta), 0<\theta<\infty$. 证明:对 X 的 iid. 样本,似然方程有唯一解,且此解为相合的 MLE.

24°. MLE 不一定相合,下面是一个简例:$X_1,\cdots,X_n$ iid.,$\sim P_\theta$, $P_\theta(X_1=1)=1-p_\theta(X_1=0)$,当 $\theta\in[0,1]$ 为有理数;$P_\theta(X_1=1)=1-P_\theta(X_1=0)=1-\theta$,当 $\theta\in[0,1]$ 为无理数. 证明 θ 的 MLE 不相合.

注 可进一步证明:θ 的相合估计根本没有(见作者等 Statist. & Probab. Letters,1994:141~145).

25°. k 维样本 $X_1,\cdots,X_n$ 独立,$X_i\sim N_k(\mu_i l,\sigma^2 I_k)(i=1,\cdots,n)$,此处 $l=(1,\cdots,1)'$,$\mu_i\in\mathbb{R}^1$,$i\geqslant 1$ 和 $\sigma^2>0$ 都是参数. 求 σ^2 的 MLE 并证明它并非相合.

26. 举下述情况的估计的例:**a**. 弱相合但不强相合. **b**. 任意阶矩相合但非强相合. **c**. 强相合,但对任何 $r>0$ 非 r 阶矩相合.

27°. 双参数 Weibull 分布为

$$\alpha^{-1}\beta x^{\beta-1}\exp(-x^\beta/\alpha)I(x>0)\mathrm{d}x,\quad \alpha>0,\beta>0.$$

设 $X_1,\cdots,X_n$ 是 iid. 样本. 证明:似然方程必有唯一解,此解必是 (α,β) 的 MLE,且是相合的.

28. $X_1,\cdots,X_n$ 是从 $N_k(\mu,\Lambda)$ 中抽出的 iid. 样本. 利用此分布为指数型的特点. 找出 Λ 的 MLE,并求 Λ 之一非对角元 σ_{ij} 的 MLE $\hat{\sigma}_{ijn}$ 的极限分布.

29. $X_1,\cdots,X_n$ 为 iid. 样本,$X_1\sim R(0,1-\theta)$ 当 $0<\theta<1$;$X_1\sim R(0,1)$ 当 $\theta=1$,找 θ 的一个相合估计.

30°. $X_1,\cdots,X_n$ iid.,$\sim P_\theta$,要估计 $g(\theta)$. 如若对某 n_0,g 有基于 $(X_1,\cdots,X_{n_0})$ 的无偏估计 $\hat{g}$,则 $g(\theta)$ 的强相合估计存在.

31. 若参数空间 Θ 只包含有限个点，则 θ 的相合估计存在的充要条件是：存在 θ 的渐近无偏估计，即满足条件 $\lim_{n\to\infty}\mathrm{E}_\theta(\hat{\theta}_n(X_1,\cdots,X_n))=\theta$（对一切 $\theta\in\Theta$）的估计 $\hat{\theta}_n$.

一致相合性・局部一致相合性

设 $\hat{\theta}_n=\hat{\theta}_n(X_1,\cdots,X_n)$ 是 $g(\theta)(\theta\in\Theta)$ 的估计. 若对任给 $\varepsilon>0,\eta>0$，存在与 θ 无关的 n_0，使当 $n\geqslant n_0$ 时有 $P_\theta(|\hat{\theta}_n-g(\theta)|\geqslant\varepsilon)\leqslant\eta$，对一切 $\theta\in\Theta$ 同时成立，则称 $\hat{\theta}_n$ 是 $g(\theta)$ 的一致相合估计. 若对任何 $\theta\in\Theta$，存在 θ 的邻域 S_ε，使 $\hat{\theta}_n$ 是对 $\Theta\cap S_\varepsilon$ 一致相合的估计，则称 $\hat{\theta}_n$ 是 $g(\theta)$ 的局部一致相合估计.

32. 找这样一个例子：$\hat{\theta}_n$ 是 θ 的相合估计，但对任何 $\theta_0\in\Theta$ 及任何 $\varepsilon>0$，$\hat{\theta}_n$ 在集 $\Theta\cap\{\theta:\|\theta-\theta_0\|<\varepsilon\}$ 上不是一致相合.

33. 找一个这样的例子：有相合估计存在，但没有一致相合估计.

34*. 通常在研究相合估计存在问题时，往往限于弱相合估计，这其中有个原因：根据“弱收敛序列总能抽出强收敛子列”的事实，一经得到弱相合估计，往往可抽出一个子列，是强相合的. 但参数空间 Θ 不止一点，故不见得能取出一个对一切 $\theta\in\Theta$ 都强收敛的公共子列. 试找出一个这种实例，即 $\{\hat{\theta}_n\}$ 弱相合，但对其任何子列 $\{\hat{\theta}_{n_i}\}$，必存在 $\theta_0\in\Theta$（与 $\{n_i\}$ 有关），使 $P_{\theta_0}(\hat{\theta}_{n_i}(X_1,\cdots,X_{n_i})\to\theta_0)<1$.

35°. （续上题）若 $\{\hat{\theta}_n\}$ 为一致弱相合估计，则必可找到子列 $\{\hat{\theta}_{n_i}\}$，使 $P_\theta(\hat{\theta}_{n_i}\to\theta)=1$ 对一切 $\theta\in\Theta$.

36. 设 f 为 $\mathbb{R}^1$ 上的已知密度函数，满足条件① $f(x)=0$ 当 $a<x<b$；② f 在 a 点左连续，$f(a)>0$；③ f 在 b 点右连续，$f(b)>0$. 设 $X_1,\cdots,X_n$ 为抽自 $f(x-\theta)\mathrm{d}x,\theta\in\mathbb{R}^1$ 的 iid. 样本，以 $\hat{m}_n=\hat{m}_n(X_1,\cdots,X_n)$ 记样本中位数. **a**. 找 θ 的一个相合估计. **b**. 研究一下 $\hat{m}_n$ 的极限分布问题. **c**. 不存在仅基于 $\hat{m}_n$（即形如 $\hat{\theta}_n=g_n(\hat{m}_n)$）的 θ 的相合估计. **d**. 但是，若能同时使用 $\hat{m}_k(1\leqslant k\leqslant n)$，则可以造出 θ 的相合估计.

37*. 证明在一些正则条件下，似然方程渐近地只有唯一相合解. 就是说，若 $\hat{\theta}_{1n}$ 和 $\hat{\theta}_{2n}$ 为似然方程的两个相合解，则 $\lim_{n\to\infty}P_\theta(\hat{\theta}_{1n}=\hat{\theta}_{2n})=1$. 具体条件在解题过程中导出.

38. 设样本 $X_1,\cdots,X_n$ iid.，$\sim N(\theta,\sigma^2)$，$\theta\in\{0,\pm1,\pm2,\cdots\}$，而 $\sigma^2>0$，求 θ 的 MLE $\hat{\theta}_n$. 计算 $\hat{\theta}_n$ 的抽样分布：渐近方差. 证明它是无偏估计和强相合

估计.

39. 若 $Y\sim N(\theta,\sigma^2)$,则 $X=\mathrm{e}^Y$ 的分布称为对数正态分布. **a**. 计算 X 的期望 θ_1 和方差 θ_2. **b**. 若 $X_1,\cdots,X_n$ 为 X 的 iid. 样本,求 θ_1 的 MLE $\hat{\theta}_n$. 计算 $\mathrm{E}_{\theta,\sigma^2}(\hat{\theta}_n)$并证明它总大于 θ_1,但 $\hat{\theta}_n$ 为渐近无偏. **c**. $\hat{\theta}_n$ 是 θ 的强相合估计. **d**. 求 $\hat{\theta}_n$ 的渐近分布. **e**. 计算 θ_1 的矩估计 θ_n^* 及 $\hat{\theta}_n$ 的相对效率(渐近方差之比).

40*. 由(4.100)式最小二乘法得出的解为

$$\alpha:\ \hat{\alpha}_n=\sum_{i=1}^{n}X_{ni}(C_{ni}-C_n)\Big/\sum_{i=1}^{n}(X_{ni}-\overline{X}_n)^2,$$

$$u:\ \hat{u}_n=\overline{X}_n-C_n/\hat{\alpha}_n,$$

此处 $C_n=n^{-1}\sum_{i=1}^{n}X_{ni}$, $\overline{X}_n=n^{-1}\sum_{i=1}^{n}X_{ni}=n^{-1}\sum_{i=1}^{n}X_i$. 证明:$\hat{\alpha}_n$和$\hat{u}_n$分别是 α 和 u 的强相合估计.

41. 设样本 $X_{i1},\cdots,X_{in_i}$ iid.,有分布$\{f_i(x,\theta)\mathrm{d}\mu_i,\theta\in\Theta\}(1\leqslant i\leqslant m)$. 在一定的正则条件下,似然方程

$$\sum_{i=1}^{m}\sum_{j=1}^{n_i}\partial\ln f_i(X_{ij},\theta)/\partial\theta_r=0,\quad 1\leqslant r\leqslant k$$

有一相合解 $\hat{\theta}_n$,满足渐近正态性

$$\left[\sum_{i=1}^{m}n_i\boldsymbol{I}_i(\theta)\right]^{1/2}\xrightarrow{L}N(0,\boldsymbol{I}_k).$$

此处假定 $\min(n_1,\cdots,n_m)\to\infty$, $\boldsymbol{I}_i(\theta)$是 $f_i(x,\theta)$的 Fisher 信息量$\Big($设 $\boldsymbol{I}_i(\theta)>0,1\leqslant i\leqslant m$),$\left[\sum_{i=1}^{m}n_i\boldsymbol{I}_i(\theta)\right]^{1/2}$ 是$\sum_{i=1}^{m}n_i\boldsymbol{I}_i(\theta)$ 的正定平方根$\Big)$.

42. 证明 4.3 节末尾关于均匀分布参数 MLE 的结论(不引用定理4.15).

43*. 样本 $X_1,\cdots,X_{2N}$(N 为自然数)iid.,$\sim N(0,1)$,以 m_{2N} 和 g_{2N} 分别记样本中位数及样本中位数的密度. **a**. 证明$\lim\limits_{N\to\infty}g_{2N}(0)/\sqrt{2N}=\pi^{-1}$,并对结果给予一个解释. **b**. 证明 $g_{2N}(u)$为偶函数,在 $u\geqslant 0$ 严降(这些结果对样本量为奇数时也对,但问题简单,不值一提).

44. 样本 $X_1,\cdots,X_n$ iid.,$\sim F$,n 为奇数. 当 F 关于 0 对称时,样本中位数的分布也关于 0 对称(这个事实平凡). 证明在下述条件下此命题之逆亦真:F 的支撑为一些开区间,在每个这样的开区间内 F 有密度 f,f 在这些开区间内每

点解析(即在每点适当领域内可展为幂级数).

45.(续上题)当总体分布为 $F(x-\theta)$,$F(x)$关于 0 对称时,样本中位数必是中位数 θ 的无偏估计.但即使 F 不关于 0 对称,样本中位数仍有可能是 θ 的无偏估计,举一个这样的例子.

第5章

1°. 设$\{p_\theta(x)\mathrm{d}\mu\}$关于 $T(x)$ 为 MLR 族,$g(T)$为 T 的(严格)增函数,则 $\mathrm{E}_\theta g(T(X))$为 θ 的(严格)增函数.

2. 举这样的例子:**a**. 样本量为 1 时有 UMP 检验,大于 1 时没有. **b°**. 不同的检验有同一的功效函数. **c°**. 有共同支撑的连续型($\mathrm{d}\mu=\mathrm{d}x$)MLR 族但非指数族. **d**. 非 MLR 族有 UMP 检验. **e**. 对某些水平 α 有 UMP 检验,对某些 α 没有.

3. **a°**. 简单假设 $H:f\mathrm{d}\mu\leftrightarrow K:g\mathrm{d}\mu$,若 $\mathrm{d}\mu=\mathrm{d}x$,则对任何 $\alpha\in[0,1]$,可找到水平 α 的非随机 UMP 检验. **b**. 若 μ 为 $\mathscr{X}$ 上的计数测度而 $f(x)\leqslant c$ 对 $x\in A$,则对任给 $\alpha\in[c/2,1-c/2]$,可找到 $\alpha'\in[\alpha-c/2,\alpha+c/2]$,以使水平 α' 的非随机化 UMP 检验存在(即水平的修正可不超过 $c/2$).

4°. 设 t 是$(\mathscr{X},\mathscr{B}_x,P_\theta,\theta\in\Theta)$的充分统计量,则对(5.1)式的任何检验函数 $\phi(x)$,必可找到只依赖于 t 的检验函数 $\psi(t)$,与 ϕ 有同一的功效函数.又:若 Y 与 X 独立,其分布已知,则形如 $\phi(x,y)$的检验函数(与只用 x 的检验函数比)不会带来任何改善.

5°. 双边假设而存在 UMP 检验的情况极为罕见,但也有:**a**. $X_1,\cdots,X_n$ iid.,$\sim R(0,\theta)$,$\theta>0$. $H:\theta=\theta_0\leftrightarrow\theta\neq\theta_0$. **b**. $X_1,\cdots,X_n$ iid.,$\sim \mathrm{e}^{-(x-\theta)}I(x>\theta)\mathrm{d}x$,$\theta\in\mathbb{R}^1$,$H:\theta=\theta_0\leftrightarrow K:\theta\neq\theta_0$.

6. 样本 $X_1,\cdots,X_n$ iid.,$\sim\sigma^{-1}\exp\left(-\dfrac{x-\theta}{\sigma}\right)I(x>\theta)\mathrm{d}x$,$\theta\in\mathbb{R}^1$,$\sigma>0$. **a**. $\sigma\leqslant\sigma_0\leftrightarrow\sigma>\sigma_0$有 UMPU 检验. **b**. $H:\theta=\theta_0,\sigma=\sigma_0\leftrightarrow K:\theta\leqslant\theta_0,\sigma=\sigma_1(\sigma_1\neq\sigma_0)$有 UMP 检验.

7°. 考虑检验问题(5.1),设 ν 是 Θ_0 上的一个概率测度,定义 $f_\nu(x)=$

$\int_{\Theta_0} f(x,\theta)\mathrm{d}\nu(\theta)$ (X 有分布 P_θ, $f(x,\theta)=\mathrm{d}P_\theta(x)/\mathrm{d}\mu$),则 $f_\nu\mathrm{d}\mu$ 为概率分布. 设有检验问题 $H_0: f_\nu\mathrm{d}\mu \leftrightarrow K$($K$ 同(5.1)式),如果 ϕ 是 $H_0\leftrightarrow K$ 的水平 α 的 UMP 检验,且 ϕ 相对于原假设 H 也有水平 α(即 $\beta_\phi(\theta)\leqslant\alpha$ 对 $\theta\in\Theta_0$),则 ϕ 是(5.1)式的水平 α 的 UMP 检验.

8°. 利用上题的结果解决检验问题:样本 $X_1,\cdots,X_n$ iid.,$\sim N(a,\sigma^2)$,$a\in\mathbb{R}^1$,$\sigma^2>0$. **a**. $H:\sigma^2\leqslant\sigma_0{}^2\leftrightarrow K_0:\sigma^2=\sigma_1{}^2, a=a_1(\sigma_1{}^2>\sigma_0{}^2)$. 取 ν 为

$$\nu(A) = P(\xi\in A\cap\{(a,\sigma): a\in\mathbb{R}^1, \sigma=\sigma_0\}),$$

$$\xi\sim N(a_1, n^{-1}(\sigma_1{}^2-\sigma_0{}^2)),$$

对 $A\subset\{(a,\sigma): a\in\mathbb{R}^1, \sigma\leqslant\sigma_0\}$. 证明由此所得的 $H\leftrightarrow K_0$ 的水平 α 的 UMP 检验与$(a_1,\sigma_1{}^2)$无关,因而是

$$H:\sigma^2\leqslant\sigma_0{}^2\leftrightarrow K:\sigma^2>\sigma_0{}^2$$

的水平 α 的 UMP 检验. **b**. $H:\sigma^2\leftrightarrow K_1: a=a_1, \sigma^2=\sigma_1{}^2(\sigma_1{}^2<\sigma_0{}^2)$. 取 λ 集中在$(a_1,\sigma_0{}^2)$一点. 由此所得 $H\leftrightarrow K_1$ 的水平 α 的 UMP 检验与$(a_1,\sigma_1{}^2)$有关,且是唯一的,因而 $\sigma^2\geqslant\sigma_0{}^2\leftrightarrow\sigma^2<\sigma_0{}^2$ 的 UMP 检验不存在.

9. 样本 $X_1,\cdots,X_n$ iid.,$\sim N(\theta,\sigma^2)$,$\theta\in\mathbb{R}^1$,$\sigma^2>0$,检验 $\theta\leqslant 0$. **a**. 在 $n=1$ 时,不存在非随机检验,其功效函数为常数 $\alpha\in(0,1)$. **b**. 当 $n=2$ 时,这种检验只对 $\alpha=1/2$ 存在,但必非置换不变的(见第 2 章习题 115b). **c**. 当 $n\geqslant 3$ 时,对任何 α 这种检验存在,且可取为置换不变的.

10°. 举例说明:当(5.7)式不成立时,UMP 检验可以不满足(5.6)式.

11. 设函数 $g_i(x)(1\leqslant i\leqslant m)$,定义于区间 I 上,满足条件:存在 $T(x)$,使 $g_{i+1}(x)/g_i(x)(x\in I)$是 $T(x)$的非降函数. 在 $\mathbb{R}^1$指定点 $c_1<\cdots<c_m$. 证明:可找到 I 上的 MLR 分布族 $f(x,\theta)\mathrm{d}x$,$\theta\in\mathbb{R}^1$,使 $f(x,c_i)=g_i(x)(1\leqslant i\leqslant m)$. 就是说,可把$\{g_i\}$嵌入一个 MLR 族中.

12*. 单参指数族 $C(\theta)\mathrm{e}^{\theta x}\mathrm{d}\mu(x)$有 UMVU 检验之根源在于:若 $\theta_1<\theta_2<\theta_0$(或 $\theta_0<\theta_1<\theta_2$),且存在常数 k_1,k_2,使

$$\sum_{i=1}^{2}k_iC(\theta_i)\mathrm{e}^{\theta_i a_j} = C(\theta_0)\mathrm{e}^{\theta_0 a_j},\quad j=1,2,\quad a_1<a_2,$$

则在区间(a_1,a_2)内 $C(\theta_0)\mathrm{e}^{\theta_0 x}\leqslant\sum_{i=1}^{2}k_iC(\theta_i)\mathrm{e}^{\theta_i x}$ 而在$[a_1,a_2]$外则不等式改变

方向．**a**．举例证明 MLR 族不必具备这一性质(这正是 MLR 族不必有 UMVU 检验关键之所在)．**b**．另一方面，非指数 MLR 族也有满足此条件的，试举一例，并证明在此例中，假设 $\theta_1\leqslant\theta\leqslant\theta_2$ 的 UMPU 检验存在．

13．**a**．在定理 5.6，对任何 $\alpha\in[0,1]$，满足(5.21)和(5.22)式的 ϕ 必存在．据此对定理 5.8 证明类似结果．**b**．在定理 5.6，若 t 的分布连续，则 $\{\theta_1\leqslant\theta\leqslant\theta_2\leftrightarrow\theta<\theta_1$ 或 $>\theta_2\}$ 的水平 α 的 UMPU 检验唯一．若 t 的分布不连续，情况如何？**c**．指出一个条件，保证定理5.8中检验的唯一性．

14．$X\sim C(\theta)e^{\theta t(x)}d\mu(x)$，$t$ 的分布连续，则 $\theta=\theta_0\leftrightarrow\theta\neq\theta_0$ 的 UMPU 检验接受域 $\{C_1(\theta_0)\leqslant t(x)\leqslant C_2(\theta_0)\}$ 中，$C_i(\theta)(i=1,2)$ 是 θ 的连续严格增函数．

15．样本 $X_1,\cdots,X_m$ iid.，$\sim R(0,\theta_1)$；$Y_1,\cdots,Y_n$ iid.，$\sim R(0,\theta_2)$，全体独立．证明：对任何 $\alpha\in(0,1)$，$\theta_1\leqslant\theta_2\leftrightarrow\theta_1>\theta_2$ 的水平 α 的 UMP 检验存在．

16*．(续上题)为行文简单计考虑上题 $m=n=1$ 的情况(一般的 m,n 类似)．**a**．证明在 $0<\alpha\leqslant 1/2$ 时，上题所得水平 α 的 UMP 检验唯一，但在 $\alpha>1/2$ 时不唯一．**b**．利用 a，证明在 $\alpha\leqslant 1/2$ 时，上题不可能用习题 7 的方法解决．

17°．设 $X_1,\cdots,X_n$ iid.，$\sim N(\theta_1,1)$；$Y_1,\cdots,Y_n$ iid.，$\sim N(\theta_2,1)$，全体独立．要检验假设 $H:\theta_2\leqslant c\theta_1\leftrightarrow\theta_2>c\theta_1$．证明：此问题有 UMP 检验，其形成为：当 $\bar{Y}-cX$ 大于某常数时否定 H．改 $N(\theta_i,1)$ 为 $N(\theta_i,\sigma_i{}^2)$($\sigma_1{}^2,\sigma_2{}^2$ 已知)，解同一问题．

18．样本 $X_1,\cdots,X_m$ iid.，$\sim N(\theta_1,\sigma_1{}^2)$；$Y_1,\cdots,Y_n$ iid.，$\sim N(\theta_2,\sigma_2{}^2)$．要检验假设 $H:\sigma_2{}^2\leqslant\sigma_1{}^2\leftrightarrow K:\sigma_2{}^2>\sigma_1{}^2$．**a**．若 θ_1,θ_2 都已知，$H\leftrightarrow K$ 有 UMP 检验．**b**．若 θ_1,θ_2 都未知，则没有 UMP 检验．**c**．若 θ_1,θ_2 中一个已知另一个未知，情况如何？

19．设计出一种方法，不需利用习题 7，而设法利用以 $\sum_{j=1}^{n}(Y_j-\bar{Y})^2\Big/\sum_{i=1}^{m}X_i{}^2>nF_{n-1,m}(\alpha)/m$ 为否定域之检验 ϕ，以证明上题的 b 没有 UMP 检验．

20*．(续习题 15)考虑 $m=n=1$ 的情况．**a**．证明：$H:\theta_1=\theta_2\leftrightarrow K:\theta_1\neq\theta_2$ 对水平 $\alpha\in(0,1)$ 没有 UMP 检验．**b**．$H\leftrightarrow K$ 有 UMPU 检验．

21．设样本 $X_1,\cdots,X_n$ iid.，$\sim R(\theta_1,\theta_2)$，$-\infty<\theta_1<\theta_2<\infty$．**a**．证明：$\theta_2\leqslant\theta_0\leftrightarrow\theta_2>\theta_0$ 有 UMP 检验．**b**．证明：$\theta_2=\theta_0\leftrightarrow\theta_2\neq\theta_0$ 有 UMPU 检验，但对水平 $\alpha\in(0,1)$ 没有 UMP 检验．

22*．样本 $X_1\sim B(m,p_1)$，$X_2\sim B(n,p_2)$，X_1,X_2 独立．求水平 α 的

UMPU 检验:**a**. 对 $H_1(p_1\leqslant p_2)\leftrightarrow K_1(p_1>p_2)$;**b**. $H_2(p_1=p_2)\leftrightarrow K_2(p_1\neq p_2)$.

23*. 证明以下的概率结果,以作为下题的预备:设 X_n, Y_n 独立,各有二项分布 $B(n,p)$. **a**. 记 $k(n,c)=P_{1/2}(|Y_n-X_n|=c)$,则

$$k(n,0)>k(n,1)>\cdots>k(n,n).$$

b. 记

$$\begin{aligned}g_c(n,p)&=P_p(Y_n-X_n>c)\\&=2^{-1}P_p(|Y_n-X_n|>c)\\&\equiv 2^{-1}\bar{h}_c(n,p),\\ \bar{h}_c(n,p)&=P_p(|X_n-Y_n|\geqslant c),\end{aligned}$$

则 $g_c(n,p)<g_c(n,1/2)$ 当 $p<1/2$, $c=0,1,\cdots,n-1$, $\bar{h}_c(n,p)<\bar{h}_c(n,1/2)$, $c=1,\cdots,n$, $p<1/2$. **c**. $P_p(X_n=Y_n)>k(n,0)$ 当 $p<1/2$. **d**. 令

$$l_n(p)=P_p(Y_n-X_n>c)+rP_p(Y_n-X_n=c),$$

其中 $c=1,\cdots,n-1$, $0<r<1$,则在$[0,1/2]$内 $l(p)$严格增加.

24. 设样本 X, Y iid., $\sim B(n,p)$. **a**. 证明:对固定的$(p_1{}',p_2{}')$, $p_2{}'>p_1{}'$, $p_1{}'+p_2{}'=1$, $H(p_2\leqslant p_1)\leftrightarrow K'(p_1{}',p_2{}')$的水平 α 的 UMP 检验为:当 $Y-X$ 大时否定. **b**. 证明:$H\leftrightarrow K(p_2>p_1)$没有 UMP 检验$\left(\text{水平 }\alpha\in\left(0,\dfrac{1}{2}\right)\right)$.

25. (续上题)对水平 $\alpha>1/2$ 及 $n=1$ 的情况,证明 $H(p_2\leqslant p_1)\leftrightarrow K(p_2>p_1)$没有 UMP 检验.

26. 样本 X, Y 独立,各服从 Poisson 分布 $\mathscr{P}(\lambda)$和 $\mathscr{P}(\mu)$. 对检验问题 $H(\mu\leqslant\lambda)\leftrightarrow K(\mu>\lambda)$,一个直观上看合理的检验 ϕ 是:$\phi(x,y)=1$, r 或 0,分别视 $y-x>a$, $=a$或$<a$. 证明:这一检验不是 UMP 检验, **a**. 利用 UMPU 检验. **b**. 利用如下事实:在 $\alpha<1/2$ 时,这种检验不可能有水平 α. **c**. 对 $\alpha\geqslant1/2$,这种形式的水平 α 检验存在,且可使$\sup\limits_{\mu\leqslant\lambda}\beta_\phi(\lambda,\mu)=\alpha$.

27°. 沿用第 1 章习题 72 的记号,设 T 相对于 θ 是充分统计量,则 $H(\theta=\theta_1)\leftrightarrow K(\theta=\theta_0)$(这是一个复合假设,因还有另外的参数 φ)有只依赖于 T 的 UMP 检验. 一般讲,任一形如 $H(\theta\in A)\leftrightarrow K(\theta\in B)$的假设,如在只依赖于 T 的检验类 $\mathscr{F}$ 中有 UMP 检验 $\phi(T)$(相对于 $\mathscr{F}$ 为 UMP),则 ϕ 在一切检验类中也是 UMP.

举一个利用这个结果求 UMP 检验的自然而非人为的例子.

28°. 用上题的方法解下述问题：设样本 $X_1,\cdots,X_n$ 独立，各有 Poisson 分布 $\mathscr{P}(\lambda_i)\ (1\leqslant i\leqslant n)$，求 $\sum_{i=1}^{n}\lambda_i\leqslant\lambda_0\leftrightarrow\sum_{i=1}^{n}\lambda_i>0$ 的 UMP 检验.

29. 样本 $X_1,\cdots,X_n$ 独立，$X_i\sim N(\theta_i,1)(1\leqslant i\leqslant n)$，$\theta=\sum_{i=1}^{n}\theta_i$. **a**. 证明：$H_1(\theta\leqslant\theta_0)\leftrightarrow K_1(\theta>\theta_0)$ 的 UMP 检验存在. 找出这个检验. **b**. 证明：$H_2(\theta=\theta_0)\leftrightarrow K_2(\theta\neq\theta_0)$ 的 UMPU 检验存在，并找出这个检验.

30. (续上题)若在上题中改 $X_i\sim N(\theta_i,\sigma^2)$，$\sigma^2>0$ 未知，给定 $\alpha\in(0,1)$. 证明：存在 $H_1\leftrightarrow K_1$ 的水平 α 检验，其功效(功效函数在对立假设处之值)总大于 α. 对 $H_2\leftrightarrow K_2$，水平 α 的 UMPU 检验存在.

31*. 有趣的是：与上两题类似的结果对二项分布不成立：设 $X_i\sim B(n,p_i)$ $(1\leqslant i\leqslant m)$ 独立，$p=\sum_{i=1}^{m}p_i$. 直观上看，$H(p\leqslant p_0)\leftrightarrow K(p>p_0)$ 的一个合理检验是当 $\sum_{i=1}^{m}X_i$ 大时否定. 举一个最简单情况 $n=1,m=2$ 的例子，说明上述检验不必是 UMP 检验(适当选择 p_0，水平 α).

32. 样本 X 有指数型分布 $C(\theta)\mathrm{e}^{Q(\theta)T(x)}\mathrm{d}\mu(x)$，$\theta\in\Theta$，$\Theta$ 为 $\mathbb{R}^1$ 之开区间，$Q'(\theta)>0$ 于 Θ 上. 取定水平 $\alpha\in(0,1)$，$\theta_0\in\Theta$. **a**. 以 $\beta(\theta)$ 记 $\theta\leqslant\theta_0\leftrightarrow\theta>\theta_0$ 的水平 α 的 UMP 检验的功效函数，则 $\beta'(\theta)>0$ 对一切 $\theta\in\Theta$. **b**. 若 ϕ 为 $H_1(\theta_1\leqslant\theta\leqslant\theta_2)\leftrightarrow K_1(\theta\overline{\in}[\theta_1,\theta_2])$ 或 $H_2(\theta=\theta_0)\leftrightarrow K_2(\theta\neq\theta_0)$ 的水平 α 的 UMPU 检验，而 $\beta_\phi(\theta)$ 在某对立假设点 θ' 处的功效等于 α，则 $\phi\equiv\alpha$. 指出这种情况发生的(分布族 $C(\theta)\mathrm{e}^{Q(\theta)T(x)}\mathrm{d}\mu(x)$ 所应满足的)充要条件.

33°. 证明下述结果，以作为下题的预备：设 $f(x)\mathrm{d}\mu$，$f_n(x)\mathrm{d}\mu\ (n\geqslant1)$ 是 $\mathbb{R}^n$ 上一串概率测度，满足 $f_n\to f$ a.e. μ. 给定 $M<\infty$，以 $\mathscr{F}_M$ 记一切界于 M 的可测函数集，则当 $n\to\infty$，对 $\mathscr{F}_M$ 中的 g 一致地有 $\int f_n g\,\mathrm{d}\mu\to\int fg\,\mathrm{d}\mu$.

34. 设 f 为一维概率密度(对 L 测度)，$X_1,\cdots,X_n$ 是从位置——刻度参数族 $\{\sigma^{-1}f(\sigma^{-1}(x-\theta)),\theta\in\mathbb{R}^1,\sigma>0\}$ 中抽出的 iid. 样本. 考虑复合假设检验问题 $H(\theta=\theta_0,\sigma>0\}\leftrightarrow K(\theta=\theta_1,\sigma>0)$，$\theta_1\neq\theta_0$，$\theta_0,\theta_1$ 给定. 若 ϕ 为 $H\leftrightarrow K$ 的水平 α 检验，则必有 $\limsup_{\sigma\to\infty}\beta_\phi(\theta_1,\sigma)\leqslant\alpha$.

35. 设样本 X,Y 独立，各自服从指数型分布 $C_1(\theta_1)\mathrm{e}^{\theta_1T_1(x)}\mathrm{d}\mu_1(x)$ 和

$C_2(\theta_2)e^{\theta_2 T_2(y)}d\mu_2(y)$. 给定水平 $\alpha\in(0,1)$及常数 θ_{10},θ_{20},则当且仅当 μ_1 和 μ_2 的支撑都只包含两个点时,$H(\theta_1=\theta_{10},\theta_2=\theta_{20})\leftrightarrow K((\theta_1,\theta_2)\neq(\theta_{10},\theta_{20}))$有水平 α 的 UMPU 检验且即为 $\phi_\alpha\equiv\alpha$. 这个结果可以推广到 X 的分布为一般指数型 $C(\theta)\exp(\theta' T(x))d\mu(x)(\theta\in\Theta)$的形式,其中 θ 为 k 维,Θ 为 $\mathbb{R}^k$ 中一有内点的子集,θ_0 为 Θ 之内点. 假设 $\theta=\theta_0\leftrightarrow\theta\neq\theta_0$ 没有 UMPU 检验(水平 $\alpha\in(0,1)$),除非 μ 的支撑集为 $A_1\times\cdots\times A_k$,其中每个 A_i 都是只含两个点的 $\mathbb{R}^1$ 的子集. 在这个场合,水平 α 的 UMPU 就是 $\phi_\alpha\equiv\alpha$.

36. 样本 X 有一维指数族 $C(\theta)e^{\theta T(x)}d\mu(x)$. 考虑检验问题 $\theta=\theta_0\leftrightarrow\theta\neq\theta_0$,其水平 α 的 UMPU ϕ_α 有形式

$$\phi_\alpha(T)=\begin{cases}1, & \text{当 } T<c_{1\alpha} \text{ 或 } >c_{2\alpha},\\ r_{i\alpha}, & \text{当 } T=c_{i\alpha},\ i=1,2,\\ 0, & \text{当 } c_{1\alpha}<T<c_{2\alpha}.\end{cases}$$

证明:随着 α 的增加,ϕ_α 的接受域$(c_{1\alpha},c_{2\alpha})$呈收缩的态势,即当 $\alpha'>\alpha$ 时有 $c_{1\alpha'}\geqslant c_{1\alpha}$,且若 $c_{1\alpha'}=c_{1\alpha}$ 则 $r_{1\alpha'}\geqslant r_{1\alpha}$;又 $c_{2\alpha'}\leqslant c_{2\alpha}$,且若 $c_{2\alpha'}=c_{2\alpha}$ 则 $r_{2\alpha'}\geqslant r_{2\alpha}$. 同样结论也适用于 $\theta_1\leqslant\theta\leqslant\theta_2\leftrightarrow\theta\overline{\in}[\theta_1,\theta_2]$.

37. 设 $H\leftrightarrow K$ 的水平 α 的 UMP 检验 ϕ_α 只取 0,1 为值. 记 $S_\alpha=\{x:\phi_\alpha(x)=1\}$. **a°**. 证明:若 $\inf\limits_{\theta\in K}P_\theta(S_\alpha)<1$,则 $\sup\limits_{\theta\in H}P_\theta(S_\alpha)=\alpha$(此可视为定理 5.1,2°的推广). **b°**. 在 a 的条件下,当 $\alpha<\alpha'$ 时不能有 $S_{\alpha'}\subset S_\alpha$. **c**. 但是,也不一定有 $S_{\alpha'}\supset S_\alpha$,举例明之.

38. X 有分布

$$C(\theta)\exp(\theta' T(x))d\mu(x)=C(\theta)\exp\Big(\sum_{i=1}^k\theta_i T_i(x)\Big)d\mu(x),$$

每个 T_i 的支撑都多于两点,θ_0 为参数空间内点. 证明:任给 $\alpha\in(0,1)$,可找到 $\theta=\theta_0\leftrightarrow\theta\neq\theta_0$ 之一无偏检验 ϕ,使 $\beta_\phi(\theta)>\alpha$ 当 $\theta\neq\theta_0$.

39*. 样本 X 有指数型分布 $C(\theta)\exp(\theta_1 T_1(x)+\theta_2 T_2(x))d\mu(x)$,$\theta\in\Theta$,$\theta_0=(\theta_{01},\theta_{02})$是 Θ 的内点. 证明:$H(\theta_1\leqslant\theta_{01},\theta_2\leqslant\theta_{02})\leftrightarrow K(\theta_1>\theta_{01}$ 或 $\theta_2>\theta_{02})$的水平 α 的 UMPU 检验的功效函数恒等于 α. 若 $T_1(X)=X_1$,$T_2(X)=X_2$,则此检验即为 $\phi_\alpha\equiv\alpha$. 把这个结果推广到 θ 大于 2 维的情况.

40°. 样本 $X_1,\cdots,X_n$ 独立,分布为

$$P_\theta(X_j=1)=1-P_\theta(X_j=0)$$

$$= (1 + \exp(-\theta_1 - j\theta_2))^{-1}, \quad 1 \leqslant j \leqslant n, n \geqslant 2,$$

其中 $\theta = (\theta_1, \theta_2) \in \mathbb{R}^2$. 证明：不同的 θ 相应于 $(X_1, \cdots, X_n)$ 的不同分布. 求 $H(\theta_2 \leqslant 0) \leftrightarrow K(\theta_2 > 0)$ 的 UMPU 检验.

41°. 样本 $X_1, \cdots, X_n$ 独立, $X_j \sim N(j\theta, \sigma^2)$, $1 \leqslant j \leqslant n$, $\theta \in \mathbb{R}^1$, $\sigma^2 > 0$, 求 $H(\theta = 0) \leftrightarrow K(\theta \neq 0)$ 的 UMPU 检验.

42°. (成对比较模型)样本 $X_1, \cdots, X_n, Y_1, \cdots, Y_n$ 独立, $X_i \sim N(\varphi_i, \sigma^2)$, $Y_i \sim N(\varphi_i + \theta, \sigma^2)$ $(1 \leqslant i \leqslant n)$. 求 $H(\theta \leqslant 0) \leftrightarrow K(\theta > 0)$ 的 UMPU 检验.

43°. 如果样本空间至多可列, 则当 K 为简单(只含一个分布)时, $H \leftrightarrow K$ 的 UMP 检验必存在.

44. 设 $(X_1, Y_1), \cdots, (X_n, Y_n)$ 是从二维正态总体 $N(\theta_1, \theta_2, \sigma_1{}^2, \sigma_2{}^2, \rho)$ 中抽出的 iid. 样本, ρ 为相关系数. 记 $\Delta = \sigma_2/\sigma_1$. **a**. 求 $\Delta = \Delta_0 \leftrightarrow \Delta \neq \Delta_0$ 的 UMPU 检验. **b**. 在 $\Delta = 1$ 的假定下, 求 $\theta = 0 \leftrightarrow \theta \neq 0$ 的 UMPU 检验 $(\theta = \theta_1 - \theta_2)$.

45°. 用两个方法证明: (5.29) 式的第二式可用 $c_1 k_{2n}(2c_1/\theta_0) = c_2 k_{2n}(2c_2/\theta_0)$ 去代替.

46. (MLR 族的条件)**a**. 分布族 $\{f(x - \theta)\mathrm{d}x, \theta \in \mathbb{R}^1\}$, $\int_{-\infty}^{\infty} f\mathrm{d}x = 1$, f 在 $\mathbb{R}^1$ 上处处连续并大于 0, 则它是 MLR 族的充要条件是: $-\ln f(x)$ 为凸函数. 举一个这样的例子. **b**. 设 h 在 $(0, \infty)$ 处处连续且大于 0, $\int_0^{\infty} h(x)\mathrm{d}x = 1$, 则刻度族 $\{\theta^{-1} h(x/\theta) I(x > 0)\mathrm{d}x, \theta > 0\}$ 为 MLR 族的充要条件是: $-\ln h(\mathrm{e}^x)$ $(x \in \mathbb{R}^1)$ 为凸函数. **c**. 举反例证明以下的论断不对: 若 h 为偶函数. 在 $\mathbb{R}^1$ 处处连续且大于 0, $-\ln h(x)$ 为凸函数, 则 $-\ln h(\mathrm{e}^x)$ 也是凸函数. **d**. 反之, 由 $-\ln h(\mathrm{e}^x)$ 凸也推不出 $-\ln h(x)$ 凸.

47°. 设统计量 T 有值域空间 $\mathscr{T} = T(\mathscr{X}) = \{T(X): X \in X\}$. 假定条件 (5.41) 式满足, 则依该处所定义的, 由 g 所导出的 $\mathscr{T}$ 上的变换 g^* 是 $\mathscr{T}$ 到 $\mathscr{T}$ 上的一一变换, 且 $G^* = \{g^*: g \in G\}$ 是一个与 G 同构的群, 即

$$(g^{-1})^* = (g^*)^{-1}, \quad (g_1 g_2)^* = g_1^* g_2^*.$$

48°. (续上题)当满足某些条件(其中最重要的一个情况, 是 $\mathscr{X}$ 和 $\mathscr{T}$ 都是欧氏样本空间)时, 由变换群 G 是 $(\mathscr{X}, \mathscr{B}_x)$ 的可测变换群可推出 G^* 是 $(\mathscr{T}, \mathscr{B}_T)$ 的可测变换群, 证明这时有 $P_\theta(g^* T \in A) = P_{\bar{g}\theta}(T \in A)$, 这里 $\bar{g}$ 的意义同前文(这说明: G^* 在 Θ 上导出的变换群, 与 G 导出的一致).

49°. 证明:若 $H \leftrightarrow K$ 在变换群 G 之下不变,则 $\beta_\alpha^*(\theta)$ 在变换群 $\tilde{G}$ 之下不变,$\beta_\alpha^*(\theta)$ 是功效的包络.

50°. 证明:**a**. 设 $m(x)$ 是定义在样本空间 $\mathscr{X}$ 上的一个函数(取值于某抽象空间),则必存在 $\mathscr{X}$ 上的一个一一变换群,以 m 为一个极大不变量. **b**. 设 $\mathscr{X}=\mathbb{R}^n$. 找出以 $m(x)=\sum_{i=1}^{n} x_i$ 为极大不变量的一切一一变换群. 找出其中的一个线性变换群.

51°. 举例证明:由一个检验 ϕ 的功效函数在群 $\bar{G}$ 下不变(即 $\beta_\phi(\bar{g}\theta)=\beta_\phi(\theta)$ 对任何 $\theta\in\Theta$ 及 $\bar{g}\in\bar{G}$,推不出 ϕ 是 G 的一个不变检验).

52°. 设 T 是完全充分统计量,满足(5.42)式,因而 $\mathscr{X}$ 上的一一变换群 G 可导出 $\mathscr{T}$ 上的一一变换群 G^*. 设检验问题 $H\leftrightarrow K$ 在群 G 下不变,而 $\bar{G}$ 是 G 在参数空间上的导出变换群. 证明:若一个只依赖于 T 的检验 $\phi(T)$ 之功效函数 $\beta_\phi(\theta)$ 在群 G 下不变,则 $\phi(T)$ 是"几乎不变检验",即对任何 $g^*\in G^*$,有 $\phi(g^*T)=\phi(T)$ a.s. P_θ^T 对一切 $\theta\in\Theta$(例外集可以与 g^* 有关).

可以证明:在很一般的条件下(参看作者著的《数理统计引论》第 289 面),几乎不变检验 ϕ 等价于一不变检验 ψ,即 $\phi(x)=\psi(x)$ a.s. P_θ 对一切 $\theta\in\Theta$. 设这一情况成立,证明:

53°. 当 T 为完全充分统计量且(5.42)式满足时,转换到统计量 T 再求基于 T 的 UMPI 检验的作法,是合理的.

54. 样本 X 有 Cauchy 分布 $\pi^{-1}[1+(x-\theta)^2]^{-1}dx$,要检验假设 $\theta\leqslant 0\leftrightarrow\theta>0$. **a°**. 在乘法群 $G\{g_c: c>0\}$ $(g_c x=cx)$ 下,有 UMPI 检验. **b**. 若水平 $\alpha\in(0,1/2)$,没有水平 α 的 UMP 检验.

55°. 样本 $X_1,\cdots,X_m$ iid.,$\sim N(a_1,\sigma_1{}^2)$,$Y_1,\cdots,Y_n$ iid.,$\sim N(a_2,\sigma_2{}^2)$. **a**. 求在变换群 $x_i'=cx_i+d_1(1\leqslant i\leqslant m)$,$Y_j'=cY_j+d_2(1\leqslant j\leqslant n)$,$d_1\in\mathbb{R}^1$,$d_2\in\mathbb{R}^1$,$c>0$ 之下,$\sigma_1{}^2\leqslant\sigma_2{}^2\leftrightarrow\sigma_1{}^2>\sigma_2{}^2$ 的 UMPI 检验. **b**. 在 $\sigma_1{}^2=\sigma_2{}^2=\sigma^2$ 的假定下,求在变换群 $X_i'=cx_i+d(1\leqslant i\leqslant m)$,$Y_j=cY_j+d(1\leqslant j\leqslant n)$ 之下,$a_1\leqslant a_2\leftrightarrow a_1>a_2$ 的 UMPI 检验.

56. **a**. 样本 $X_1,\cdots,X_m$ iid.,$\sim R(0,\theta)$;$Y_1,\cdots,Y_n$ iid.,$\sim R(0,\theta_2)$,要检验假设 $H:\theta_1\geqslant\theta_2\leftrightarrow K:\theta_1<\theta_2$. 问在变换群 $g_c x_i=cx_i(1\leqslant i\leqslant m)$,$g_c y_j=cy_j(1\leqslant j\leqslant n)$ 之下,UMPI 检验是否存在. **b**. 若 $X_1,\cdots,X_m$ iid.,$\sim R(\theta_1,\theta_2)$;$Y_1,\cdots,Y_n$ iid.,$\sim R(\varphi_1,\varphi_2)$,要检验假设 $H:\theta_2-\theta_1\geqslant\varphi_2-\varphi_1\leftrightarrow K:\theta_2-\theta_1<\varphi_2-\varphi_1$. 问在变换群 $X_i'=cx_i+d_1(1\leqslant i\leqslant m)$,$y_i'=cy_j+d_2(1\leqslant j\leqslant n)$,$c>0$,$d_1\in\mathbb{R}^1$,

$d_2 \in \mathbb{R}^1$之下，UMPI 检验是否存在.

57. $X_1, \cdots, X_m$ iid.，公共分布为 $\sigma_1^{-1}\exp\left(-\dfrac{x-\theta_1}{\sigma_1}\right)I(x>\theta_1)\mathrm{d}x$，$Y_1, \cdots, Y_n$ iid.，公共分布为 $\sigma_2^{-1}\exp\left(-\dfrac{y-\theta_2}{\sigma_2}\right)I(y>\theta_2)\mathrm{d}y$. **a°**. 求在上题 **b** 的变换群下，$H:\sigma_2/\sigma_1 \leqslant \Delta_0 \leftrightarrow K:\sigma_2/\sigma_1 > \Delta_0$ 的 UMPI 检验. **b***. 证明此 UMPI 检验也是 UMPU 检验.

58. (双侧 t 检验)$X_1, \cdots, X_n$ iid.，$\sim N(\theta, \sigma^2)$. 证明在乘法变换群 $x_i' = cx_i$，$1 \leqslant i \leqslant n$，$c \neq 0$ 之下，$H:\theta = 0 \leftrightarrow K:\theta \neq 0$ 有 UMPI 检验.

59. 样本 $X_1, \cdots, X_n$ iid.，$\sim N(\theta, 1)$，检验假设 $H:\theta = 0 \leftrightarrow K:\theta \neq 0$. 取先验分布 ν，$\nu(\{0\}) = p(0<p<1)$且 ν 满足条件$\nu(0,\varepsilon)>0(<\nu(-\varepsilon,0))$对任何 $\varepsilon>0$. 证明：若 ϕ_n是 Bayes 检验，则当真参数值 $\theta \neq 0$ 时，$P_\theta(\phi$ 否定$H) \to 1$.

60. (续上题)设在上题中先验分布 ν 为

$$\nu(A) = pI(0 \in A) + (1-p)\frac{1}{\sqrt{2\pi}\tau}\int_A \exp\left(-\frac{1}{2\tau^2}(\theta-\mu)^2\right)\mathrm{d}\theta,$$

$\tau>0$ 和 μ 已知. **a°**. 证明：$\theta = 0 \leftrightarrow \theta \neq 0$ 的 Bayes 检验接受域为一有界区间(可以是空集)，此区间是否以 $\bar{X}$为中点则取决于 $\mu = 0$ 或否. **b**. 对$\sqrt{n}\,|\bar{X}| = 1.96$，在 $\mu = 0$ 的情况，研究一下 $\theta = 0$ 这点的后验概率的性状，从中能作出怎样的结论?

61. (续上题)在习题 59 中考虑如下形式的先验分布

$$\nu(A) = pI(0 \in A) + (1-p)F(A), \quad F(\{0\}) = 0,$$

其中 F 是一个关于 0 点对称的分布. 证明：若$\sqrt{n}\,|\bar{X}| \leqslant 1$，则 0 点的后验概率 $P(\theta = 0 \mid x)\mathrm{d}x$总是大于其先验概率 p.

62*. (续上题)在上题中设 $\mathrm{d}F(\theta) = f(\theta)\mathrm{d}\theta$，$f$ 为偶函数，在$[0, \infty]$非增. 对$\sqrt{n}\,|\bar{X}| > 1$ 时，证明当 f 取均匀分布(必然以 0 为中点，因 f 为偶)时，α_x 达到最小值.

第 6 章

1°. 样本 X 有一维指数族分布$\{\tilde{C}(\theta)e^{T(x)\theta}\mathrm{d}\mu(x), \theta \in \Theta\}$，$\Theta$ 为 $\mathbb{R}^1$的开区

间，又假定 $E_\theta T(X)\in\Theta,\theta\in\Theta$. **a**. 证明在上述条件下，可找到一个指数族分布 $\{C(\theta)e^{T(x)m(\theta)}d\mu(x),\theta\in\Theta_1\}$，$\Theta_1$ 为 $\mathbb{R}^1$ 的开区间，满足 $E_\theta T(X)=\theta$，组 $m(\cdot)$ 在 Θ_1 内严格上升、解析，且当 θ 遍历 Θ_1 时，$m(\theta)$ 遍历 Θ. **b**. 利用 **a**，求 $\widetilde{C}(\theta)e^{T(x)\theta}d\mu$ 下，$H:\theta=\theta_0\leftrightarrow K:\theta\neq\theta_0$ 的似然比检验有形式

$$\phi(x)=\begin{cases}0, & \text{当 } c_1<T(x)<c_2,\\ r_i, & \text{当 } T(x)=c_i(i=1,2),\\ 1, & \text{其他 } x,\end{cases}$$

其中 $0\leqslant r_i\leqslant 1$，而 $c_1<c_2$ 满足关系

$$C(c_1)\exp(c_1(m(c_1)-m(\theta_0)))=C(c_2)\exp(c_2(m(c_2)-m(\theta_0))).$$

2°. 样本 $X_1,\cdots,X_n$ iid.，$\sim N(\mu,\sigma^2)$. 证明：假设 $H:\sigma^2={\sigma_0}^2\leftrightarrow K:\sigma^2\neq{\sigma_0}^2$ 的似然比检验不是其 UMPU 检验.

3. 似然比检验不必无偏的若干进一步例子，试证明之. **a**. 样本 X 有分布 $\{\theta^{-1}e^{-x/\theta}I(x>0)dx,\theta>0\}$，假设 $H:1\leqslant\theta\leqslant 2\leftrightarrow K:\theta\overline{\in}[1,2]$；**b**. X_1,X_2，独立，$X_i\sim N(\theta_i,1)(i=1,2)$，假设 $H:\theta_1\leqslant 0,\theta_2\leqslant 0\leftrightarrow K:\max(\theta_1,\theta_2)>0$.

似然比检验有狭义、广义两种理解. 狭义的是 $\phi(x)=1,r$ 或 0，分别视 $\mathrm{LR}(x)>c,=c$ 或 $<c$，$r\in[0,1]$ 为常数. 广义的在 $\mathrm{LR}(x)=c$ 时不必为常数.

4. 设 X 的分布族 $\{P_\theta,\theta\in\Theta\}$，$\Theta$ 可列，受控于 μ，且 $\mu\ll P_\theta$ 对任何 $\theta\in\Theta$. 设 $\theta_0\in\Theta,\alpha\in(0,1)$. 证明：若 $H:\theta=\theta_0\leftrightarrow K:\theta\neq\theta_0$ 的水平 α 的 UMP 检验存在，则它必是广义似然比检验，但不必是狭义似然比检验.

用证明定理 5.6 完全相同的方法，不难证明下述结果：设样本 X 有指数族分布 $C(\theta)e^{T(x)\theta}d\mu$. 考虑检验问题 $H:\theta\leqslant\theta_1$ 或 $\theta\geqslant\theta_2\leftrightarrow K:\theta_1<\theta<\theta_2$. 如果检验 ϕ 有形式

$$\phi(x)=\begin{cases}1, & \text{当 } c_1<T(x)<c_2,\\ r_i, & \text{当 } T(x)=c_i(i=1,2),\\ 0, & \text{其他 } x,\end{cases}$$

且 $E_{\theta_1}\phi=E_{\theta_2}\phi=\alpha$，则 ϕ 就是 $H\leftrightarrow K$ 的水平 α 的 UMP 检验（证明可参见 Lehmann 著《Testing Statical Hypothesis》第三章）.

5. 利用这个结果证明：当原假设为复合时，UMP 检验甚至可以不是广义似然比检验. 这补足了上题关于似然比检验与 UMP 检验关系的结果.

6°. 造一个这样的例子：对任何 $\alpha\in[0,1]$，水平 α 的似然比检验都不存在.

7. 似然比检验可以比平凡检验 $\phi_\alpha \equiv \alpha$ 更差，试构造一个这样的例子.

8°. $X_1,\cdots,X_n$ iid.，$\sim N(\mu,\sigma^2)$. $H:\mu\leqslant 0 \leftrightarrow K:\mu>0$，求 $2\ln\mathrm{LR}(X)$ 的极限分布. 为何结果与定理 6.1 不合？

截断型分布似然比极限定理

9°. 设 $F(x)$ 在 $[0,\infty]$ 绝对连续、非降，$F(x)>0$ 当 $x>0$. 设 $X_1,\cdots,X_n$ 是从分布 P_θ 抽出的 iid. 样本，$\mathrm{d}P_\theta(x)=f(x)I(0<x<\theta)\mathrm{d}x/F(\theta)$，$f=F'$，$\theta>0$. 求 $H:\theta=\theta_0 \leftrightarrow K:\theta\neq\theta_0$ 的 $2\ln\mathrm{LR}(X)$ 在 $\theta=\theta_0$ 时的极限分布.

10°. F 的假定同上题. 设 $X=(X_1,\cdots,X_k)$ 的分布为 $\mathrm{d}P_\theta(x)=f(x_1)\cdots\cdot f(x_k)I(0<x_i<\theta_i,1\leqslant i\leqslant k)\mathrm{d}x_1\cdots\mathrm{d}x_k/[F(\theta_1)\cdots F(\theta_k)]$，$\theta=(\theta_1,\cdots,\theta_k)$，$\theta_i>0(1\leqslant i\leqslant k)$. 设 $X^{(i)}=(X_{i1},\cdots,X_{ik})(1\leqslant i\leqslant n)$ 为 X 的 iid. 样本，求 $H:\theta_1=\cdots=\theta_k \leftrightarrow K:\theta_i$ 不全相同的 $2\ln\mathrm{LR}(X)$ 在 H 成立之下的极限分布.

11°. 设 $X_1,\cdots,X_n$ iid.，$\sim R(\theta_1-\theta_2,\theta_1+\theta_2)$，$\theta_1\in R^1$，$\theta_2>0$. 求 $H:\theta_1=0\leftrightarrow K:\theta_1\neq\theta$ 的 $2\ln\mathrm{LR}(X)$ 在 $\theta_1=0$ 成立时的极限分布.

12°. 以 $E(a,\sigma)$ 记分布 $\sigma^{-1}\exp(-(x-a)/\sigma)I(x>a)\mathrm{d}x$，$a\in\mathbb{R}^1$，$\sigma>0$. 设 $X_1,\cdots,X_{n_1}$ 和 $Y_1,\cdots,Y_{n_2}$ 分别是抽自 $E(a_1,\sigma)$ 和 $E(a_2,\sigma)$ 的 iid. 样本，且二者独立. **a°**. 求 $H:a_1=a_2\leftrightarrow K:a_1\neq a_2$ 的似然比 $\mathrm{LR}(x)$. **b°**. (为下题作准备)设 $a=0$，$\sigma=1$. 记 $x=\min X_i$，$Y=\min Y_i$，$Z=\min(X,Y)$，$\xi=n_1(X-Z)$ 当 $Z=Y$，$\xi=n_2(Y-Z)$ 当 $Z=X$. 证明 ξ 的分布为 $E(0,1)$. **c°**. 证明在原假设下，当 $\min(n_1,n_2)\to\infty$ 时，$2\ln\mathrm{LR}(X)\xrightarrow{L}\chi_2{}^2$（这又是一个不符合定理6.1的例子）. 以上几例说明：在截断情况下自由度加倍是一普遍现象. **d**. 证明 $H\leftrightarrow K$ 的似然比检验是无偏的.

13°. 考虑序列相关，或称一阶自回归模型

$$X_i = px_{i-1}+e_i,\quad i=1,\cdots,n,\quad X_0=0,$$

而 $e_1,\cdots,e_n$ iid.，$\sim N(0,\sigma)$. 此处 $|p|<1$，$\sigma^2>0$ 都未知，求 $p=0\leftrightarrow p\neq 0$ 的似然比检验.

14°. **a**. 在原假设成立的条件下计算(6.14)式的统计量 Y_n 的均值方差. **b**. 不依赖于 a 中求得的 $\mathrm{Var}(Y_n)$ 表达式，用简捷的方法证明：若 $\min\limits_{1\leqslant i\leqslant k}p_i\to 0$，则 $\mathrm{Var}(Y_n)\to\infty$.

15. 考虑统计量 $\widetilde{Y}_n=\sum\limits_{i=1}^{k}c_{ni}(\xi_{ni}-np_i)^2$. 为了在原假设下有 $\widetilde{Y}_n\xrightarrow{L}$

$\chi_{k-1}{}^2$，必须（只需）$c_{ni}np_i \to 1 (1 \leqslant i \leqslant k)$.

16．设在(6.14)式 Y_n 的定义中以 p_{ni} 取代 p_i（即 p_i 可随 n 而变），不失普遍性，不妨设 $p_{n1} \geqslant \cdots \geqslant p_{nk}$．证明：只要 $\lim\limits_{n\to\infty} np_{nk} = \infty$，则仍有 $Y_n \xrightarrow{L} \chi_{k-1}{}^2$，更进一步：这个条件也是必要的．

17°．在对立假设 $(p_{n1}, \cdots, p_{nk})$ 处计算 Y_n 的分布，此处 $p_{ni} = p_i + c_i/\sqrt{n}$，$1 \leqslant i \leqslant k$（$(p_1, \cdots, p_k)$ 为原假设，c_i 为常数）．则当 $n \to \infty$ 时，此分布依分布收敛于 $\chi_{k-1,\delta}{}^2$．求非中心参数 δ．

18．原假设 $H(p_1, \cdots, p_k): p(X = a_i) = p_i (1 \leqslant i \leqslant k)$．检验统计量 Y_n 如(6.14)式．取检验 $\phi = I(Y_n > c_n(\alpha))$ 使有水平 α（$\alpha \in (0,1)$ 固定），即 $P(Y_n > c_n(\alpha) | H(p_1, \cdots, p_k)) \leqslant \alpha$，假定 $c_n(\alpha)$ 是对一切 $(p_1, \cdots, p_k)$（满足 $p_i \geqslant 0, \sum p_i = 1$）都满足上述条件的最小者．**a**．证明：对任何 $\alpha \in (0,1)$ 及自然数 n，上述 $c_n(\alpha)$ 存在并有限．**b**．是否对任何 $\alpha \in (0,1)$ 必有 $c_n(\alpha) \to \chi_{k-1}{}^2(\alpha)$？

19°．举例说明：$H(p_1 = p_{10}, \cdots, p_k = p_{k0})$ 的 χ^2 拟合优度检验不必是无偏的．

20*．（续上题：一般结果）当且仅当 $p_{10} = \cdots = p_{k0} = 1/k$ 时，上题假设 H 的 χ^2 拟合优度检验才是无偏的．

21*．对上题假设 H，可找到常数 c_n，使检验 $\phi_n = I(Y_n > c_n)$ 满足

$$\beta_{\phi_n}(p_{10}, \cdots, p_{k0}) \to 0,$$

$$\beta_{\phi_n}(p_1, \cdots, p_k) \to 1 \quad 当 (p_1, \cdots, p_k) \neq (p_{10}, \cdots, p_{k0}).$$

22°．将(6.14)式统计量 Y_n 修改为

$$\widetilde{Y}_n = \sum_{i=1}^{k} (\xi_{ni} - np_i)^2/\xi_{ni}, \quad Y_n^* = \sum_{i=1}^{k} 4(\sqrt{\xi_{ni}} - \sqrt{np_i})^2.$$

证明：在原假设成立时，当 $n \to \infty$，$\widetilde{Y}_n$ 和 Y_n^* 都依分布收敛于 $\chi_{k-1}{}^2$．

23．在 $|\xi_{ni}/n - p_i| (i = 1, \cdots, k)$ 的最大值为 $\Delta (0 < \Delta \leqslant 1/2)$ 的条件下，(6.14)式的统计量 Y_n 的最小值为 $4n\Delta^2$（最小值是对 $\{\xi_{ni}\}$ 和 $\{p_i\}$ 取）．找出达到这个最小值的充要条件．

24*．检验假设(6.12)，F 为已知的一维连续分布．如果用 χ^2 拟合优度检验，但分的区间数及区间端点都不随 n 而变，则一个分布 G 虽然不等于 F，但只

要它在上述每个区间内的概率都与 F 在同一区间上的概率重合，则检验在 G 处的功效就等于其水平 α，因而当 $n\to\infty$ 时并不收敛于 1(检验不相合).

但是，若让分区间数随 n 增加，则有可能作出相合的 χ^2 拟合优度检验. 具体说有以下结果：令 $k=k_n=[n^{\delta}]$，$0<\delta\leqslant 1/4$（$[a]$表不超过 a 的最大整数）. 把 $\mathbb{R}^1$ 分成 k 个(F)等概率区间，而作统计量(6.14)，则可找到常数 c_n，使检验函数 $\phi_n=I(Y_n>c_n)$ 的功效函数 β_{ϕ_n} 满足

$$\beta_{\phi_n}(F)\to 0,\quad \beta_{\phi_n}(G)\to 1,\quad \text{对任何分布 } G\neq F.$$

25°. 证明：定理 6.2 和 6.3，可由似然比极限定理 6.1 推出.

26*. 列联表统计量(6.20)对每个属性分成无穷多组一样有定义，而且，由于(6.20)式的 Y_n 是反映两属性的相关的，它应能反映一个二维分布的相关特性.

现设有一个二维正态分布 $(X,Y)\sim N(a,b,{\sigma_1}^2,{\sigma_2}^2,\rho)$，相关系数 $\rho\in(-1,1)$. 把平面分成一些边长为 Δ 的正方形(其边与坐标轴平行)，以 n_{ij} 记这正态分布在 (i,j) 格内的概率而按(6.20)式计算 Y_n. 证明：当 $\Delta\to 0$ 时，$Y_n\to\rho^2/(1-\rho^2)$.

27°. Kolmogorov(以下几题简称为 K)检验有相合性.

28. K 检验不一定无偏. **a**. 先证明以下预备事实：设 X,Y 各有连续严增分布 F_0 和 F_1，且存在 a，使 $0<F_0(a)<1/2$，$F_1(x)<F_0(x)$ 当 $x<a$. $F_1(x)=F_0(x)$ 当 $x\geqslant a$. 证明：存在定义于 $\mathbb{R}^1$ 的连续严增函数 g，满足 $g(x)>x$ 当 $x<a$，$g(x)=x$ 当 $x\geqslant a$，且 $g(X)$ 与 Y 同分布. **b**. 取适当 $\Delta\geqslant F_0(a)$. 设 $X_1,\cdots,X_n$ 为 iid. 样本，$F_{(n)}$ 为其经验分布. 利用 a 证明：

$$\begin{aligned}\alpha &\equiv P_{F_0}\left(\sup_x |F_{(n)}(X)-F_0(X)|>\Delta\right)\\ &> P_{F_1}\left(\sup_x |F_{(n)}(X)-F_0(X)|>\Delta\right).\end{aligned}$$

这说明：当 F_0 为原假设时，水平 α 的 K 检验非无偏.

29. **a°**. 以 $X_{(1)}\leqslant\cdots\leqslant X_{(n)}$ 记样本 $X_1,\cdots,X_n$ 的次序统计量，证明：K 统计量 $\sup_x|F_{(n)}(x)-F(x)|=\sup_{1\leqslant i\leqslant n}|i/n-F(x_{(i)})|$. **b°**. 转化到均匀分布 $R(0,1)$，证明：在原假设 F 下且 F 连续时，K 统计量之分布与 F 无关. **c°**. 借助于 b，对 $n=1,2$ 求出 K 统计量之确切分布. **d**. 在 F 连续时，对任何 n，K 统计量有密度(对 L 测度).

30°. **a**. 设分布 F 有一个不连续点 c，其他各点连续. 记 $a = F(c-0)$，$b = F(c)$. 证明：在原假设 F 之下，K 统计量之分布与 $\sup\{|t - G_n(t)|: 0 \leqslant t \leqslant 1, t \overline{\in} (a,b)\}$ 之分布同，此处 $G_n(t)$ 是 $R(0,1)$ 中 iid. 样本的经验分布. 在 F 可以有不止一个跳跃点的情况，这结果有如何之推广？由此可以得出怎样的结论？**b**. 对总体分布为 $P(X=1) = 1 - P(X=0) = p$ 的情况，算出 $\xi\sqrt{n}\sup_x |F_n(x) - F(x)|$ 在原假设下的极限分布. 由此可得出怎样的结论？

31. **a°**. 由(6.25)式定义的统计量 ${W_n}^2$，在原假设 F 下的分布，当 F 连续时与 F 无关，而在 F 不连续时则不然. **b**. 求出 ${W_n}^2$ 的一个有限表达式(分 F 连续与不连续两种情形). **c°**. 在 F 连续且原假设成立之下，求 ${W_n}^2$ 的均值方差. **d**. 证明：以 ${W_n}^2 > c_n/n$ ($c_n > 0$ 为常数，适当选取)为否定域的检验，在原假设 F 处处连续时为相合. 而在原假设 F 有跳跃点时，可以不存在基于 ${W_n}^2$ 的相合检验.

32*. 以 ${W_n}^2$ 大值为否定域的检验，即使对原假设和对立假设分布都局限于处处连续的情况，也可以不是无偏的(要举反例，需要一点 trick).

33°. **a**. 例 6.9 中，以 I 记抽出的天平号，$p_1 = P(I=1)$ 已知($p_2 = 1 - p_1 = P(I=2)$)，记录了$(I, X_1, \cdots, X_n)$. 证明：基于这个样本作 $\theta = \theta_0 \leftrightarrow \theta > \theta_0$ 的检验，对水平 $\alpha \in (0,1)$ 不存在 UMP 检验. **b**. 若 p_1 未知(因之 p_1，也是一个参数)，且 p_1 可取$(0,1)$区间内任何值，则上述假设的 UMP 检验存在，且就是条件 UMP 检验.

34°. 证明例 6.13.

35°. 设 $A_n = (a_{n1}, \cdots, a_{nn})$. 证明："$A_n$ 满足条件 N"的充要条件是 $\max\limits_{1 \leqslant i \leqslant n} (a_{ni} - \bar{a}_n)^2 / {S_n}^2 = 0(1)$，当 $n \to \infty$，${S_n}^2 = \sum\limits_{i=1}^{n} (a_{ni} - \bar{a}_n)^2$. 这个条件比条件 N 原来的形式要方便些.

36. 设 $X_1, X_2, \cdots$ 为 X 的 iid. 样本，$0 < \mathrm{Var}(X) < \infty$. 令 $A_n = (X_1, \cdots, X_n)$ $(n = 1, 2, \cdots)$. 则 A_n 以概率 1 满足条件 W 的充要条件是：X 的各阶矩有限.

37. **a**. 用 Hajek 定理，以及直接证明这两种方法，证明：若 A_N，C_N 中有一个满足条件 W，另一个满足条件 N，则(A_N, C_N)满足条件 M(见(6.57)式). **b**. 举例证明 a 之逆不真.

38°. **a**. 若(A_N, C_N)满足条件 M,则 A_N, C_N都满足条件 N. **b**. a之逆不真.

39. **a**. $A_N=\{1,2,\cdots,N\}$, $C_N=\{0,\cdots,0,1,\cdots,1\}$($k$ 个 1,k 固定). 基于 A_N, C_N的线性置换统计量记为L_N,证明:$(L_N-\mathrm{E}L_N)/(\mathrm{Var}L_N)^{1/2}$当 $N\to\infty$ 时的极限分布,是 k 个 iid. $R(-\sqrt{3/k}, \sqrt{3/k})$变量和分布. **b**. 利用 a 举出 A_N, C_N,其$(L_N-\mathrm{E}L_N)/(\mathrm{Var}L_N)^{1/2}$当 $N\to\infty$时不依分布收敛.

40. 设 $A_N=\{a_{N1},\cdots,a_{NN}\}$满足 $\bar{a}_n=0$, $\sum_{i=1}^{N} a_{Ni}{}^2=1$. **a**°. 证明:$\max_{1\leqslant i\leqslant N}|a_{Ni}|=O(N^{-1/2})$是 A_N满足条件 W 的充分条件,但非必要条件. **b**°. 但若存在 $\varepsilon<1/2$,使

$$\limsup_{N\to\infty} N^{\varepsilon} \max_{1\leqslant i\leqslant N} |a_{Ni}|>0,$$

则 A_N不满足条件 W. **c**. 证明:不论 $d_N\downarrow 0$ 如何,$\max_{1\leqslant i\leqslant n}=|a_{N_i}|=O(d_N)$不能是"$A_N$满足 W"的充要条件.

41. 设样本 $X_1,\cdots,X_n$ iid.,$\sim F$,以 R^i记 X_i 的秩. **a**. 在 F 连续时证明(6.75)式. **b**. 当 F 可以有跳跃点而用随机法决定秩时,证明(6.75)式仍成立.

42°. (续上题)**a**. 在 F 为离散型分布的情况,给出$(X_1,\cdots,X_n)$的由平均法确定的秩$(\bar{R}_1,\cdots,\bar{R}_n)$的分布. **b**. 设 F 的跳跃点集$\{a_1,a_2,\cdots\}$没有有限的极限点(聚点),指出确定$(\bar{R}_1,\cdots,\bar{R}_n)$分布的方法(只要求指明步骤).

43. **a**. 设 $X_1,\cdots,X_n$ iid.,$\sim F$ 连续. 计算 $\mathrm{E}(R^i|X_1=x)$,分 $i=1$ 和 $i\neq 1$ 两种情况. **b**. 设 $X_1,\cdots,X_m$ iid.,$\sim F$ 连续,$Y_1,\cdots,Y_n$ iid.,$\sim G$ 连续,$X_1,\cdots,Y_n$全体独立. 以 R 记X_1在合样本中的秩,计算 R 的分布.

44. 对 FY 和 van der Waerden 检验中的记分数函数 $A_n=(a_{n1},\cdots,a_{nn})$,其中 $a_{ni}=\mathrm{E}\xi_{ni}$或$a_{ni}=\Phi^{-1}\left(\frac{i}{n+1}\right)$,证明 A_n满足条件 W.

45. 考虑模型(6.31),设 $F\sim N(0,1)$,证明:不存在基于$(X_1,\cdots,X_m, Y_1,\cdots,Y_n)$的、秩$(R^1,\cdots,R^m,S_1,\cdots,S_n)$的、$\theta$ 的无偏估计. 更进一步:指定任一区间(a,b),不可能存在基于上述秩统计量的,$\theta\in(a,b)$的无偏估计.

46°. (续上题)仍考虑模型(6.31),F 连续已知,$0<F(x)<1$,并为简单计设 $m=n$. 证明:存在着基于$(R^1,\cdots,R^n,S_1,\cdots,S_n)$的、$\theta$ 的相合估计. 问:条件 $0<F(x)<1$可否略去?

47°. 考虑模型(6.31),设 F 连续,$m=n$.用下法检验 $\theta\leqslant 0\leftrightarrow\theta>0$:令 $T=$

$\sum_{i=1}^{n} I(Y_i > X_i)$，以 T 的大值为否定域．**a**．证明：ARE$(T, W) = 1/3$．**b**．给“此检验 T 在渐近效率上弱于 W”这个事实一个解释．

第 7 章

1°．$X_1, \cdots, X_m$ iid.，$\sim N(\theta_1, \sigma_1{}^2)$；$Y_1, \cdots, Y_n$ iid.，$\sim N(\theta_2, \sigma_2{}^2)$，全体独立．考虑用(7.3)式定义的 T 来作 $\theta_2 - \theta_1$ 的区间估计问题，把 T 的分母记作 Q．**a°**．当且仅当 $m = n(\geqslant 2)$ 且 $\sigma_1{}^2 = \sigma_2{}^2$ 时，才有 $T \sim t_{m+n-2}$，这时 T 与以前定义的两样本 t 统计量一致．**b**．若近似地认为 $T \sim t_{m+n-2}$ 而取 $\theta_2 - \theta_1$ 的区间估计 $J = \bar{Y} - \bar{X} \pm Qt_{m+n-2}(\alpha/2)$，则 J 的置信系数达不到 $1-\alpha$，但也不会为 0．

2．(续上题)假定 $\sigma_1 = \sigma_2 = \sigma$．**a**．证明：$T$ 的分布与 θ_1, θ_2 和 σ 无关，其密度关于 o 对称且严格下降于正半实轴．**b**．据 a(仍设 $\sigma_1 = \sigma_2$)，可找到 c_0，使区间估计 $J_1 = Y_1 - \bar{X} \pm c_0 Q$ 相似且有(严格)置信系数 $1-\alpha$．证明：拿 J_1 与两样本 t 区间估计比，互有短长，即对不同的样本，J_1 可以比 J_2 长或短，但平均长度则 J_1 比 J_2 大．

3．样本 $X_1, \cdots, X_n$ iid.，$\sim N(\theta, \sigma^2)$，θ, σ^2 都未知．记 $S = \left[\sum_{i=1}^{n}(X_i - \bar{X})^2\right]^{1/2}$．若 $f(s) > 0$，$(\bar{X} - \theta)/f(S)$ 的分布与 σ 无关(它必然与 θ 无关，何故?)，则由此可造出 θ 的相似置信区间 $\bar{X} \pm cf(S)$，$c > 0$．一个例子是 $f(s) = as$，$a > 0$ 为常数，这导致 t 区间．**a**．证明：若要求 $\mathrm{E}_\sigma |\ln f(S)| < \infty$ 对一切 $\sigma > 0$，则 $f(s) = as$ 是唯一能使 $(\bar{X} - \theta)/f(S)$ 的分布与 σ 无关的函数．**b**．若只要求 f 为统计量而不必是 s 的函数，则可找到不同于 as 的 f，具有上述性质，但由之所产生的置信区间，其平均长必大于同一置信系数下 t 区间的平均长．

4．对 Behrens-Fisher 问题，记 $S_1{}^2 = \sum_{i=1}^{m}(X_i - \bar{X})^2$，$S_2{}^2 = \sum_{i=1}^{n}(Y_i - \bar{Y})^2$．若能找到函数 $f(s_1, s_2)$，使 $[(\bar{Y} - \bar{X}) - (\theta_2 - \theta_1)]/f(S_1, S_2)$ 的分布与 σ_1, σ_2 无关，则可据以建立 $\theta_2 - \theta_1$ 的相似置信区间．证明：$\mathrm{E}_{\sigma_1 \sigma_2} |\ln f(S_1, S_2)| < \infty$(对一切 $\sigma_1 > 0, \sigma_2 > 0$)的限制下，这样的 f 不存在．

注　本题推广了 1944 年 Scheffe 的一个结果. Scheffe 证明:对任何 $X_1,\cdots,X_m,Y_1,\cdots,Y_n$ 的二次型 Q,$[(\overline{Y}-\overline{X})-(\theta_2-\theta_1)]/\sqrt{Q}$ 不可能对一切 $\sigma_1>0,\sigma_2>0$ 都有 t 分布. Scheffe 没有要求 Q 只依赖 s_1 和 s_2,但由他提出的要求 $Q/k\sim\chi^2$ 分布对某个 k,容易推出 Q 只与 s_1 和 s_2 有关.

5°. (Behrens-Fisher 问题)定义 ${S_1}^2$ 和 ${S_2}^2$ 如习题 4. 证明:**a**. 置信区间 $\overline{Y}-\overline{X}\pm\sqrt{2}\left({t_1}^2\frac{{S_1}^2}{m(m-1)}+{t_2}^2\frac{{S_2}^2}{n(n-1)}\right)^{1/2}$ 的置信系数不小于 $1-\alpha$,其中 $t_1=t_{m-1}(\alpha/2)$,$t_2=t_{n-1}(\alpha/2)$. **b**. 置信区间 $\overline{Y}-\overline{X}\pm\sqrt{2}\left({\tilde{t}_1}^2\frac{{S_1}^2}{m(m-1)}+{\tilde{t}_2}^2\frac{{S_2}^2}{n(n-1)}\right)^{1/2}$ 的置信系数不小于 $1-\alpha$,其中 $\tilde{t}_1=t_{m-1}(\alpha/4)$,$\tilde{t}_2=t_{n-1}(\alpha/4)$. 比较一下 a,b 的优劣.

6°. 考虑例 7.5. 为作 $\theta_i-\theta_j(1\leqslant i\leqslant j\leqslant k)$ 的同时区间估计,得到(7.4)式. 现设想要做 $\theta_1,\cdots,\theta_k$ 之间涉及两个或更多个的比较,即一切形如 $\sum_{i=1}^{k}c_i\theta_i$ 的量的同时区间估计,此处 $c_1,\cdots,c_k$ 为常数,满足 $\sum_{i=1}^{k}c_i=0$(例如,要比较前 r 个的平均和后 $k-r$ 个的平均,要估计 $\frac{1}{r}\sum_{i=1}^{r}\theta_i-\frac{1}{k-r}\sum_{i=r+1}^{k}\theta_i$). 证明:区间估计

$$\sum_{i=1}^{k}c_i\ \overline{X}_i\pm c\ \frac{1}{2}\sum_{i=1}^{k}\mid c_i\mid s/\sqrt{kn(n-1)}$$

对一切满足条件 $\sum_{i=1}^{k}c_i=0$ 的$(c_1,\cdots,c_k)$同时成立的概率仍为 $1-\alpha$,其中 c 与(7.4)式中的一样.

7*. 若无偏检验与无偏置信区间都采用第一种定义,则由关系 $x\in A(\theta_0)\Leftrightarrow\theta_0\in S(x)$ 所建立的检验和置信区间对子中,由其一个为无偏不一定能推出另一个为无偏. 各举一反例.

8. **a**. 设在定理 7.2 中样本 X 服从指数型分布而 Θ 为自然参数空间. 证明该定理证明后的注中关于方程 $F(t,\theta)=1-\alpha$ 是否有解与 Θ 的关系的论断. **b**. 对定理 7.3,关于$[\theta_1(X),\theta_2(X)]$是否总有界,证明该定理的证明后面所作的论断.

9°. 证明:加在定理 7.3 中 T 的分布的条件,与 μ^T(T 的导出测度)的下述

条件等价:{μ^T的支撑充满一区间,$\mu^T(\{a\})=0$ 对任何单点集$\{a\}$}.

10°. 虽然定理 7.1 之逆在技术上不成立,但仍有以下结果:设样本 X 的分布族$\{f(x,\theta)\mathrm{d}\mu,\theta\in\Theta\}$关于 $T(X)$为 MLR 族,Θ 为区间,则 θ 的 UMA 置信区间不存在.

11°. UMPU 检验在功效比较上有可容许性. 就是说,如果 ϕ 是$H\leftrightarrow K$ 的水平 α 的 UMPU 检验,则不可能存在水平 α 检验 ϕ^*,使

$$\beta_{\phi^*}(\theta)\geqslant\beta_{\phi}(\theta),\quad 对一切\ \theta\in K,$$

且不等号至少对一个 $\theta\in K$ 成立. 但在平均长度比较的意义上,UMAU 置信区间不一定有可容许性.

12. **a°**. 指数型分布族 $C(\theta)e^{\theta t}\mathrm{d}\mu(t)$,若 μ 的支撑有有限的上界 b,则其自然参数空间必延伸至∞. **b°**. 在 a 的情况下,当 $\theta\to\infty$时,T 的分布 $C(\theta)e^{\theta t}\mathrm{d}\mu$ 有极限,为单点分布 $P(T=b)=1$. 若 μ 的支撑上界为∞,则即使 Θ 延伸至∞,当 $\theta\to\infty$时 T 的分布也没有极限. **c**. 在 a 的情况下,通过替换参数 $\psi=\operatorname{arctg}\theta$,可把分布族拓展到 $\psi=\pi/2$ 这个点(当 $\psi=\pi/2$ 时,$T=b$ a.s.). 这样做了以后,原来在分布族$\{C(\theta)e^{\theta t}\mathrm{d}\mu,\theta\in\Theta\}$下所作的 θ 的 UMAU 置信上、下界,可延拓至包括 $\psi=\pi/2$ 这个点,不失其 UMAU 性. **d**. 对 Θ 的左端有类似结果(Poisson 分布和二项分布是本题特例).

13. 证明 7.2 节中,关于在 μ 为离散时,方程 $F(t,\theta)=1-\alpha$ 是否有解的条件的断言.

14°. 例 7.6 的区间估计 J_n有置信系数o(n 固定).

15. 以 $1-\alpha_n$ 记例 7.6 中置信区间$\tilde{J}_n$的置信系数,则当 $\alpha>0$ 充分小时,$\limsup\limits_{n\to\infty}(1-\alpha_n)<1-\alpha$.

16°. 设 J_n的置信系数为 $1-\alpha_n$,而$\{J_n\}$的渐近置信系数为 $1-\alpha$,证明总有 $\liminf\limits_{n\to\infty}(1-\alpha_n)\leqslant 1-\alpha$.

17*. 在非随机化检验和置信区间范围内,一族($\theta=\theta_0\leftrightarrow\theta\neq\theta_0$的)接受域$\{A(\theta_0):\theta_0\in\Theta\}$与 θ_0的置信区间 $S(x)$通过关系 $x\in A(\theta_0)\Leftrightarrow\theta_0\in S(x)$建立一一对应. 但在随机检验和置信区间的范围内,虽然一个随机化置信区间仍唯一地对应一族随机化检验,但反过来不必成立:不同的随机化置信区间可以对应同一族检验$\{\varphi_{\theta_0},\theta_0\in\Theta\}$. 试举例证明之.

18. **a**. 设样本 $X\sim P_\theta,\theta\in\Theta=\{0,1,\cdots\}$. 可把$\{P_\theta\}$嵌入分布族$\{\tilde{P}_\theta,\theta\in\tilde{\Theta}\}$,$\tilde{\Theta}=[0,\infty)$,使 $\tilde{P}_\theta=P_\theta,\theta\in\Theta$,且若$\bar{\theta}(X)$是在$\{\tilde{P}_\theta,\theta\in\tilde{\Theta}\}$下 θ 的$(1-\alpha)$

UMA 置信界，则$[\bar{\theta}(X)]$是在$\{P_\theta,\theta\in\tilde{\Theta}\}$下，$\theta$的$(1-\alpha)$UMA 置信界，此处$[a]$为不超过$a$的最大整数. **b**. 若$\{P_\theta,\theta\in\Theta\}$关于$T(X)$为 MLR 族，则可以使$\{\tilde{P}_\theta,\theta\in\tilde{\Theta}\}$也有这个性质——这与定理 7.2 及本题 a 结合，可用以建立在原模型$\{P_\theta,\theta\in\Theta\}$下$\theta$的 UMA 置信界.

19°. 样本$X_1,\cdots,X_n$ iid.，$\sim R(\theta_1,\theta_2)$，$-\infty<\theta_1<\theta_2<\infty$. 利用统计量$U=\max\limits_i X_i$和$V=\min\limits_i X_i$，以建立总体均值$(\theta_1+\theta_2)/2$的一个相似置信区间.

20°. 样本$X_1,\cdots,X_m$ iid.，$\sim R(0,\theta_1)$；$Y_1,\cdots,Y_n$ iid.，$\sim R(0,\theta_2)$，全体独立. 证明：θ_2/θ_1的 UMA 置信界和 UMA 置信区间都存在(用第 5 章习题 15).

21°. 设样本$X_1,\cdots,X_n$ iid.，公共分布为

$$(k!)^{-1}e^{-(x-\theta)}(x-\theta)^k I(x>\theta)dx,\quad \theta\in\mathbb{R}^1,$$

k为已知的非负整数. **a**. 对$k=0$，证明θ有 UMA 置信上下界. **b**. 对$k>0$，UMA 置信界不存在，但可作出相似置信界和相似置信区间. **c**. 设样本$X_1,\cdots,X_n$ iid.，公共分布为

$$\sigma^{-1}\exp(-(x-\theta)/\sigma)I(x>\theta)dx,\quad \theta\in\mathbb{R}^1,\ \sigma>0,$$

证明θ和σ的 UMAU 置信区间都存在.

22°. 样本$X_1,\cdots,X_n$ iid.，公共分布为$f\left(\dfrac{x-\theta}{\sigma}\right)\dfrac{1}{\sigma}dx$，$\theta\in\mathbb{R}^1$，$\sigma>0$. 指出一种构造$\theta$与$\sigma$的相似置信区间与相似置信界的方法(设$n\geqslant 2$. $n=1$的情况见习题 58，59).

23°. 在定理 7.2 处理p_θ为离散分布的方法中，若μ不是计点测度，或$T=T(X)$不是取值于$\{0,1,2\cdots\}$而是在某一可列集$A=\{a_i\}$上取值(集A当然已知，测度μ也已知)，问所提出的处理方法是否仍可使用？

24°. 样本X服从指数分布$C(\theta)e^{\theta'T(x)}d\mu(x)$，$\theta$的值大于 1. 如何构造$c'\theta$的置信区间和置信界，其中向量$c\neq 0$已知.

25. **a°**. 样本X有分布P_θ. 若对任给$\varepsilon>0$及$1-\alpha<1$，必存在θ的区间估计$J(X)$，置信水平为$1-\alpha$且其长不超过ε，即$P_\theta(|J(x)|\leqslant\varepsilon)=1$，对一切$\theta$($|J|$表示$J$之长)，则对不同的$\theta,\theta'$，$P_\theta$和$P_{\theta'}$"几乎"没有公共支撑，即不存在这样的集$A\in\mathscr{B}_x$，使

$$P_\theta(A)>0,P_{\theta'}(A)>0\quad 且\quad P_\theta\leqslant P_{\theta'}\leqslant P_\theta 于 A 上.$$

b*. 此结果之逆不成立，举一反例.

26. 考虑模型(6.31),其中分布函数 F 连续. 证明:借助于秩检验,例如 Wilcoxon 检验,可作出 θ 的具有指定置信水平的置信界和置信区间.

27. 样本 $X \sim R(0,\theta)$, $\theta>0$, $[A(x), B(x)]$ 为 θ 的 $1-\alpha$ 置信区间. **a**. 若 $B(x)-A(x)=(\alpha^{-1}-1)x$ a.e. L 于 $x>0$,则必有 $A(x)=x$ a.e. L 于 $x>0$. **b**. 更强的结果也成立:如果 $\mathrm{E}_\theta(B(X)-A(X))=(\alpha^{-1}-1)\theta/2$ 对一切 $\theta>0$,则 $[A(x),B(x)]$ 就是 $[x,\alpha^{-1}x]$.

28°. 在定理 7.4 的证明中,$S(x)\subset\Theta$ 这个条件用在何处? 它可否免除? 举一个容易的反例.

29. 样本 $x_1,\cdots,x_n$ iid. $(n\geqslant 2)$,抽自正态总体 $N(a,\sigma^2)$. 作 a/σ 的 $1-\alpha$ 相似置信区间的置信界.

30*. 样本 $x_1,\cdots,x_n$ iid., $\sim N(\theta,1)$. 证明:基于样本中位数 $\hat{m}_n$ 的 $1-\alpha$ 区间估计 $\hat{m}_n \pm c_n/\sqrt{n}$,总比基于均值的区间估计 $\bar{X}\pm u_{\alpha/2}/\sqrt{n}$ 要长(限定 n 为奇数时).

31. $x_1,\cdots,x_n$ iid.,有截断分布

$$[H(\theta)]^{-1}h(x)I(0<x<\theta)\mathrm{d}x,\quad \theta>0,$$

其中 h 非负,定义于 $(0,\infty)$,且 $H(\theta)=\int_0^\theta h(x)\mathrm{d}x>0$ 当 $\theta>0$. 证明存在并作出 θ 的 UMA 置信界与置信区间.

32. $x_1,\cdots,x_n$ iid., $\sim N(\theta,1)$. 从 $\sum_{i=1}^n (x_i-\theta)^2 \sim \chi_n^2$ 出发,造出 θ 的一个 $1-\alpha$ 相似置信区间 $J(X)$,并计算 $\mathrm{E}_\theta|J(X)|$.

33. 样本 $x\sim R(0,\theta)$ $(0<\theta\leqslant 1)$, $J(x)$ 是 θ 的一区间估计. **a**. 证明:若 $|J(x)|\leqslant 1/3$ a.e. L 于 $x\in(0,1)$,则 J 的置信系数超不过 1/2 但可达到 1/2. **b**. 用解 a 的方法证明下述一般结论:若 $|J(x)|\leqslant c$ a.e. L 于 $x\in(0,1)$,此处 $c\in(0,1)$,则 J 的置信系数最大值为

$$1-\alpha = 2/[(k+1)(2-kc)],\quad (k+1)^{-1}\leqslant c<k^{-1},$$

其中 $k=1,2,\cdots$,此值可以达到. **c**. 与 θ 的 $(1-\alpha)$UMA 置信区间去比较其平均长度.

34*. 样本 X 取值于 $\mathbb{R}^n$,对 L 测度有密度 $f(x,\theta)$,满足条件

$$\lim_{\theta'\to\theta} f(x,\theta') = f(x,\theta)\quad \text{a.e.}\,L,\quad x\in\mathbb{R}^n.$$

证明:对任给的 $1-\alpha\in(0,1)$,不存在 θ 的一个 $1-\alpha$ 置信区间$J(x)$,其长度 $|J(x)|$ a.s. 最小(即:对另外的 $1-\alpha$ 置信区间 J^*,都是 $P_\theta(|J(X)|\leqslant|J^*(X)|)=1$对一切 θ).

35°. **a**. 证明定理7.5. **b**. 设 $X\sim N(\theta,1)$,用定理7.5,以定出一个形如 $X\pm c$ 的(β,γ)容忍区间.证明:可找到更小的 $c'<c$,使 $X\pm c'$也是(β,γ)容忍区间.

36. 样本 $X_1,\cdots,X_n$ iid.,公共分布是:**a**°. $R(0,\theta),\theta>0$;**b**°. $\theta e^{-\theta x}I(x>0)dx$, $\theta>0$. 求(β,γ)容忍区间.

37. 用次序统计量求容忍上限时,经常是 $X_{(m)}$ 嫌过大,$X_{(m-1)}$ 嫌过小. **a**. 证明:若条件 $1-\beta^n\geqslant\gamma\geqslant(1-\beta)^n$ 成立,则可找到 m 和 c,$2\leqslant m\leqslant n$,$0\leqslant c\leqslant 1$,使$P(CU_{(m-1)}+(1-c)U_{(m)}\geqslant\beta)=\gamma$. **b**. 考察一下这结果是否有助于处理题首指出的那个问题.

38*. 设总体分布有严格单峰的密度 $f(x)dx$,因而对 $\beta\in(0,1)$,存在唯一的最短区间$[a(\beta),b(\beta)]$,其所含概率 $\int_{a(\beta)}^{b(\beta)}fdx=\beta$. 证明:对任何给定的$(\beta,\gamma)$, $0<\beta<1,0<\gamma<1$,必可找到基于 iid. 样本 $X_1,\cdots,X_n$ 的(β,γ) 容忍区间 $[T_1(X_1,\cdots,X_n),T_2(x_1,\cdots,X_n)]$,使当 $n\to\infty$ 时,有 $T_1\to a(\beta)$, $T_2\to b(\beta)$, a.s..

39°. 设 $X_1,\cdots,X_n$为连续分布F 的 iid. 样本. 7.3 节中已证明:若 $1-\beta^n\geqslant\gamma$,则(β,γ)容忍上限存在.有趣的是,这也是(β,γ)容忍上限存在的必要条件,试对 $n=1$ 的情况证明这个结果.

40. **a**. 令 $c=u_{\alpha/2}$. 对 $a>0,c-a>u_\alpha$,可找到 $d=d(a)$使

$$\int_{-c}^{c}\exp(-x^2/2)dx=\int_{-c-da}^{c-a}\exp(-x^2/2)dx,$$

(当然,也有 $\int_{-c}^{c}\exp(-x^2/2)dx=\int_{-c+a}^{c+da}\exp(-x^2/2)dx$.)证明:对任给 $\varepsilon>0$,有 $\inf\limits_{a\geqslant\varepsilon}d(a)>1$. **b**. 对任给 $a_0>0,c-a_0>u_\alpha$,令 $d_0=1,d_n=d(d_{n-1}a_0)$ $(n\geqslant 1)$,最终会达到 $c-d_na_0<u_\alpha$(这时 d_{n+1} 就无法定义了).

41. $X_1,\cdots,X_n$ iid.,$\sim N(\theta,1)$. 记 $a=u_{\alpha/2}/\sqrt{n}$. 证明:若区间估计 $J(x)$ $(x=(X_1,\cdots,X_n))$满足条件

$$J(x)\subset[\bar X-a,\bar X+a],\quad m(\{x:|J(x)|<2a\}]>0,$$

则 J 的置信水平必小于$1-\alpha$,此处$|J|$表 J 之长,而 $m(A)$表 A 的L 测度.

42*. 样本 $X \sim N(\theta,1),\theta \in R^1$. 区间估计 $J(x)=[B(x),A(x)]$满足条件:① $A(x)$随 x 严格上升. ② $|J(x)| \leqslant 2a \equiv 2u_{\alpha/2}$对一切 x. ③ J 的置信水平$\geqslant 1-\alpha$. 证明 J 就是$[x-u_{\alpha/2},x+u_{\alpha/2}]$.

43. 样本 $X \sim N(\theta,1),\theta \in \mathbb{R}^1$,满足条件

$$P_\theta(A(x) \leqslant \theta \leqslant B(x)) = 1-\alpha, \quad \theta \in \mathbb{R}^1$$

的区间估计显然的例子是$[x-u_{\alpha_2},x-u_{\alpha_1}]$.其中 $0<\alpha_1<\alpha,\alpha_2=\alpha_1+1-a$.研究一下,还有没有其他的可能?

44. 样本 $X_1,\cdots,X_n$ iid.,$\sim F(x-\theta)$,$F(x-\theta)$,F 连续,已知.证明:对任给 $l>0,1-\alpha<1$,当 n 充分大时,可作出 θ 的其长不超过l,置信系数不小于 $1-\alpha$ 的区间估计(以后简称这种估计为$(1-\alpha,l)$估计).

45. (续上题)研究一下 F 已知但有跳跃点的情况,上题的结论是否仍真.

下题表明,同样的结论对刻度参数不再成立.

46*. $X_1,\cdots,X_n$ iid.. **a**. $\sim R(0,\theta),\theta>0$,证明:任给 $1-\alpha>0$ 和 $L<\infty$,不存在 θ 的$(1-\alpha,L)$估计. **b**. $\sim \theta e^{-\theta x}I(x>0)dx$,证明同一结论. **c**. $\sim N(\theta,\sigma^2)$,$\theta \in \mathbb{R}^1,\sigma^2>0$,对 θ 证明同一结论,并用定理 7.6 证明这个结论.

47*. 举一个这样的例子:对样本量 $n=1$ 时,对任何 $1-\alpha>0$ 及 $l<\infty$,不存在$(1-\alpha,l)$估计,而对 $n=2$ 时,对任给 $1-\alpha<1$ 及充分大的 l,$(1-\alpha,l)$估计存在.

48*. $X_1,\cdots,X_n$ iid.,$\sim N(\theta,1)$,$J(x)=[\bar{X}-u_{\alpha/2}/\sqrt{n},\bar{X}+u_{\alpha/2}/\sqrt{n}]$. 证明:任何狭义的先验分布 $d\xi(\theta)$都不能使 $J(x)$成为 Bayes 区间估计,其后验置信系数$\geqslant 1-\alpha$.

49. 找一个这样的例子:样本 $X_1,\cdots,X_n$ iid.,任给 $1-\alpha<1,l>0$,当 n 充分大时存在θ 的$(1-\alpha,l)$区间估计.但不论 n 多大,对 θ 的任一估计$\hat{g}$,其均方差无界:$\sup\limits_\theta E_\theta(\hat{g}-\theta)^2=\infty$.

暂把满足条件 $P^*(\theta \in J(X)|X)=1-\alpha$ a.s. $P^*(x)$的区间估计叫做θ 的严格$(1-\alpha)$ Bayes 置信区间,此处 P^* 是(θ,X)的联合分布.

50°. **a**. 证明:对 θ 的任何严格$(1-\alpha)$ Bayes 置信区间 J,其置信水平(Neyman 意义)不能超过 $1-\alpha$.更确切地有

$$\inf_\theta P_\theta(\theta \in J(X)) \leqslant 1-\alpha \leqslant \sup_\theta P_\theta(\theta \in J(X)). \qquad (*)$$

举一个$(*)$式两边都成立严格不等号的例子. **b**. 研究一下,有否可能$(*)$式全

成立等号？有否可能（ * ）式中有一边为等号而另一边为不等号？

例 7.9 给出的 $N(\theta,1)$ 参数的严格 $(1-\alpha)$ Bayes 置信区间比常见的 Neyman 置信区间一致地短，但仍与后者一样有性质 $P^*(\hat{\theta}_1(X)\leqslant\theta\leqslant\hat{\theta}_2(X))=1-\alpha$，这里 P^* 是 (θ,X) 的联合分布．考察一般常见的 Bayes 置信区间，发现情况多如此．这是由于知道 θ 的先验信息而带来的改进，不足为怪．这样启发了下面的问题：

51．**a**．上述情况并非一般规律．即使在先验密度 $h(\theta)$ 为连续单峰且关于 0 对称的情况下，对 $X\sim N(\theta,1)$，θ 的最短严格 $(1-\alpha)$ Bayes 置信区间之长仍有可能大于 $u_{\alpha/2}$．**b**．但如先验密度是单峰的，就不可能对一切样本 x，最短严格 $(1-\alpha)$ Bayes 置信区间之长都大于 $2u_{\alpha/2}$．且除非 $h(\theta)\equiv 1$，"这长度小于 $2u_{\alpha/2}$"的概率大于 0．

52*．（续上题）对正态以外的情况，可找到这样的例子：最短 $(1-\alpha)$ Bayes 置信区间之长，总不小于 $(1-\alpha)$ Neyman 置信区间之长，且"前者大于后者"的概率大于 0．

53°．设样本 $X_1,\cdots,X_n$ iid.，$\sim N(\theta,1)$．考虑 θ 的区间估计

$$J(x)=[\min(0,\bar{X}-u_\alpha/\sqrt{n}),\ \max(0,\bar{X}+u_\alpha/\sqrt{n})].$$

a．证明 J 有置信系数 $1-\alpha$．**b**．证明 $\mathrm{E}_0|J(X)|<2u_{\alpha/2}/\sqrt{n}$（利用第 1 章习题 25b）．本题表明：$[\bar{X}-u_{\alpha/2}/\sqrt{n},\bar{X}+u_{\alpha/2}/\sqrt{n}]$ 并不具有"平均长度一致最小"的性质．

54．设样本 $X_1,\cdots,X_n$ iid.，$\sim N(\theta,\sigma^2)$，$\theta\in\mathbb{R}^1$，$\sigma>0$．为作 θ 的区间估计，取损失

$$L((\theta,\sigma),[a,b])=(b-a)/\sigma+mI(\theta\notin[a,b]),$$

$m>0$ 为常数．取 (θ,σ) 的先验分布如下：σ 有密度

$$C(\lambda_1,\lambda_2)\sigma^{-(1+\lambda_2)}\exp(-\lambda_1/2\sigma^2),\quad C(\lambda_1,\lambda_2)=2^{1-\lambda_2/2}\lambda_1^{\lambda_2/2}/\Gamma(\lambda_2/2),$$

$\lambda_1>0$，$\lambda_2>0$．而在给定 σ 的条件下，$\theta|\sigma\sim N(0,\tau\sigma^2)$，$J>0$．把这一分布记为 $D(\lambda_1,\lambda_2,\mu,\tau)(\mu=0)$，$D$ 是共轭先验分布．问题：求此先验分布下的 Bayes 解，并证明：适当选取 m，在 $\lambda_1\to0$，$\lambda_2\to0$，$\tau\to\infty$ 的情况下，Bayes 解收敛于置信系数 $1-\alpha$ 的 t 区间估计

$$\left[\bar{X}-St_{n-1}\left(\frac{\alpha}{2}\right)\Big/\sqrt{n(n-1)},\ \bar{X}+St_{n-1}\left(\frac{\alpha}{2}\right)\Big/\sqrt{n(n-1)}\right],$$

$S=\left[\sum_{i=1}^{n}(X_i-\bar{X})^2\right]^{1/2}$. 这区间估计就是在所选定的 m 之下,上述统计决策问题的 Minimax 解.

55°. $X_1,\cdots,X_n$ iid.,$\sim\theta^{-1}e^{-x/\theta}I(x>0)dx$,$\theta>0$. 为作 θ 的区间估计,引进损失函数 $L(\theta,[a,b])=(b-a)/\theta+mI(\theta\overline{\in}[a,b])$. 证明:对适当选择的 m,此问题的 Minimax 解为 θ 之 $1-\alpha$ 置信区间,有形式 $\lambda_2^{-1}\sum_{i=1}^{n}X_i\leqslant\theta\leqslant\lambda_1^{-1}\sum_{i=1}^{n}X_i$,其中

$$K_{2n}(\lambda_2)-K_{2n}(\lambda_1)=1-\alpha,\quad k_{2n}(\lambda_1)=k_{2n}(\lambda_2),$$

K_{2n} 和 k_{2n} 分别是 $\chi_{2n}{}^2$ 的分布函数和密度函数(与上题及定理 7.6 不同,此题求得的 Minimax 解并非 θ 的无偏置信区间).

56. 设 $X_i\sim N(\theta_i,1)(i=1,\cdots,n)$ 独立. 同时作 $\theta_1,\cdots,\theta_n$ 的区间估计 $[X_i-u_{\alpha i/2},X_i+u_{\alpha i/2}](i=1,\cdots,n)$,它们的联合置信系数为 $1-\alpha=(1-\alpha_1)\cdots\cdot(1-\alpha_n)$,置信区域体积为 $2^n u_{\alpha_1/2}\cdots u_{\alpha_n/2}$. 证明:在指定联合置信系数 $1-\alpha$ 之下,唯有取 $1-\alpha_1=\cdots=1-\alpha_n=\sqrt[n]{1-\alpha}$,才使置信区域体积达到最小,但这个最小值仍大于 $1-\alpha$ 球置信域 $\left\{(\theta_1,\cdots,\theta_n):\sum_{i=1}^{n}(x_i-\theta_i)^2\leqslant\chi_n{}^2(\alpha)\right\}$.

57. 样本 $X_1,\cdots,X_n$ iid.,$\sim R(0,\theta_1)$;$Y_1,\cdots,Y_n$ iid.,$\sim R(0,\theta_2)$,全体独立,$\theta_1>0,\theta_2>0$,要作(θ_1,θ_2)的区域估计. 记 $M_x=\max(X_i)$,$M_y=\max(Y_i)$. **a°**. 对形如

$$\{M_x\leqslant\theta_1\leqslant c_1M_x,M_y\leqslant\theta_2\leqslant c_2M_y\}$$

的矩形估计,解上题的问题. **b°**. 决定常数 c,使置信域$\{(\theta_1,\theta_2):c\leqslant M_x/\theta_1+M_y/\theta_2\leqslant 2\}$有给定的置信系数 $1-\alpha$. **c°**. 在基于(M_x,M_y)的置信区域类中,找一个具指定置信系数,但面积一致地不大于 a,b 中所决定的置信域的面积,并使面积尽可能小. **d**. 可否断言,你在问题 c 下找到的置信域,是在基于(M_x,M_y)的置信域类中,面积一致最小的? 作出解释. **e**. 要在置信系数 $1-\alpha$ 的限制下,找置信域$S=S(X_1,\cdots,X_n,Y_1,\cdots,Y_n)$,使 $\max\limits_{\theta_1,\theta_2>0}(E_{\theta_1\theta_2}(S)/\theta_1\theta_2)$ 达到最小. 猜

出这个解，并描述一下证明的方法步骤.

58°. 设总体分布为位置一刻度参数型 $\sigma^{-1}f\left(\frac{x-\theta}{\sigma}\right)\mathrm{d}x$，$f$ 为已知的概率密度，而 $\theta\in\mathbb{R}^1$ 和 $\sigma>0$ 都未知. 证明：即使只取一个样本 X，仍有可能作出 θ 的置信区间，具有指定的置信系数 $1-\alpha<1$（可考虑 $X\pm c|X|$，取 c 充分大）.

59°. （续上题）总体分布为 $F\left(\frac{x-\theta}{\sigma}\right)$，$\theta\in\mathbb{R}^1$，$\sigma>0$，$F$ 为已知分布函数，$\{a_k:k\geqslant1\}$ 为其跳跃点集（可以是空集）. 记 $\alpha_0=\max\limits_{a_k\neq0}F(\{a_k\})$. 指定置信系数 $1-\alpha$，证明：**a**. 若 $\alpha>\alpha_0$，则只凭一个样本也可以作出 θ 的置信区间，而 $\alpha<\alpha_0$ 时则不行. 当 $\alpha=\alpha_0$ 时，两种可能性都有，各举一例. **b**. 证明对 σ 的区间估计问题有类似结果，不同之处在于：α_0 的定义改为 $\max\limits_{k\geqslant1}F(\{a_k\})$. **c**. 若 F 有密度 $f\mathrm{d}x$，而要求 σ 的区间估计 $[A(x),B(x)]$ 的下端 $A(x)>0$（因 $\sigma>0$），提出这个要求是有理的），则其置信系数只能为 0.

称（一串）区间估计 $\{J_n=J_n(X_1,\cdots,X_n)\}$（$n$ 为样本量）是**相合的**，如果 J_n 的置信系数 $1-\alpha_n\to1$ 当 $n\to\infty$，且其长 $|J_n|\to0$ in pr. P_θ 对任何 θ 称一串点估计 $\{\hat{\theta}_n=\hat{\theta}_n(X_1,\cdots,X_n)\}$ 一致相合，若

$$\lim_{n\to\infty}(\sup_\theta P_\theta(|\hat{\theta}_\theta-\theta|\geqslant\varepsilon))=0,\quad \text{对任何 }\varepsilon>0.$$

60°. 证明：**a°**. 若 θ（或一般地，$g(\theta)$）有一致相合点估计，则必有相合区间估计. 若 θ 有相合区间估计，则必有相合点估计. **b**. a 中两命题之逆皆不真，举例说明之（前一反例平凡）.

61°. 用(7.33)式的"正规"算法证明(θ,σ)的信任分布(7.34).

62°. 样本 $X_1,\cdots,X_m$ iid.，$\sim R(0,\theta_1)$，$\theta_1>0$；$Y_1,\cdots,Y_n$ iid.，$\sim R(0,\theta_2)$，$\theta_2>0$，全体独立. 用信任推断法作 $\theta_2-\theta_1$ 的信任区间.

第 8 章

1°. 对线性模型(8.5)，若 X 不为列满秩，则在 β 的一切 LSE 中，以 $\hat{\beta}=S^+X'Y$ 的长 $\|\hat{\beta}\|$ 达到最小.

2°. 设在模型(8.5)中,误差 $e_1, \cdots, e_n$ iid.,其公共分布 F 关于 O 对称. **a**. 证明:任一可估函数 $c'\beta$ 的 LSE $c'\hat{\beta}$ 为“中位无偏”,即 $\mathrm{med}(c'\hat{\beta}) = c'\hat{\beta}$. **b**. 若 F 已知且 F 有有限一阶矩,则 $c'\hat{\beta}$ 的一切中位无偏线一估计类 $\{a'Y\}$ 中,存在着平均绝对偏差最小者,即使 $\mathrm{E}|a'Y - c'\beta|$ 最小,此估计不必是 LSE. **c**. 当 F 未知(但有一阶矩)时,这种线性估计不存在.

3°. 证明 $c'\beta$ 可估的四条件等价:① 存在 $c'\beta$ 的线性无偏估计;② 存在 $c'\beta$ 的无偏估计(不必线性);③ $c'\beta$ 由 $\mathrm{E}(Y)$(指(8.5)式中的 Y)唯一决定;④ $c'\hat{\beta}$ 与 LSE $\hat{\beta}$ 的选择无关.

4°. (续上题:约束情况)模型(8.5)加约束 $H\beta = 0$. “$c'\beta$ 在此约束下可估”的以下四条件等价:① 存在线性估计 $a'Y$,使 $\mathrm{E}(a'Y) = c'\beta$ 当 $H\beta = 0$. ② 存在估计 $g(Y)$,使 $\mathrm{E}(g(Y)) = c'\beta$ 当 $H\beta = 0$. ③ 存在 a, b,使 $c = X'a + H'b$. ④ 在约束 $H\beta = 0$ 之下,$c'\beta$ 由 $\mathrm{E}(Y)$ 唯一决定. ⑤ $c'\hat{\beta}$ 与 $\hat{\beta}$ 的选择无关,只要 $\hat{\beta}$ 是(8.42)式的解.

5°. 举例说明:当在定理 8.3 中去掉正态假定后,“$c'\hat{\beta}$ 为 MVUE”这个结论可以(也可以不)成立,要看对误差的具体假定如何.

6°. 两个有用的矩阵公式. **a**. 设分块矩阵 $A = \begin{pmatrix} B & C \\ C' & D \end{pmatrix}$ 对称正定,其中 B, D 为方阵,则 $A^{-1} = \begin{bmatrix} B_1 & C_1 \\ C_1' & D_1 \end{bmatrix}$,其中 $B_1 = (B - CD^{-1}C')^{-1}$, $D_1 = (D - C'B^{-1}C)^{-1}$, $C_1 = -B_1CD^{-1} = -B^{-1}CD_1$. **b**. 设 A 为对称正定方阵,a 为列向量,则 $(A + aa')^{-1} = A^{-1} - (A^{-1}a)(a'A^{-1})/(1 + a'A^{-1}a)$.

7°. 设在称物设计例 8.4 中,误差满足 GM 条件,且各物重 β_i 皆可估. 证明: **a°**. 若只称 n 次,则不论如何设计(但要使 β_i 皆可估),β_i 的 LSE $\hat{\beta}_i$ 的方差不能小于 σ^2/n(利用上题 a). **b°**. 若有 n 个物件称 n 次,设计要满足何种条件,才能使 $\mathrm{Var}(\beta_i) = \sigma^2/n$ 对 $i = 1, \cdots, n$? 对 $n = 8$ 作出这种设计,并由此悟出对 $n = 2^m$ 的情况作出此种设计的方法. **c°**. n 为奇数时这种设计不存在. **d**. $n > 2$ 不为 4 的倍数时不存在.

8°. 证明在例 8.2 中,对为使 $\sum_{i=1}^{n}(x_i - \bar{x})^2$ 最大,x_i 应取配置的结论.

9°. **a**. 证明:若 H 各行为 $h_1', \cdots, h_m'$, $h_i'\beta$ 皆可估,则在 GM 条件下有 $\mathrm{Cov}(H\hat{\beta}) = \sigma^2 HS^- H'$,与 S^- 的选择无关. **b**. 若可估函数 $c'\beta$ 中 $c \neq 0$,则其 LSE $c'\hat{\beta}$ 不能为 0. **c**. 在题 a 的情况,若 $\mathrm{rank}(H) = m$,则 $H\hat{\beta}$ 各分量线性无关,

即不存在非 0 向量 c 使 $c'H\hat{\beta}=0$ a.s..

10°. 在带常数项的线性模型 $Y_i=\alpha+x_i'\beta+e_i\,(1\leqslant i\leqslant n)$ 中, $c'\beta$ 的可估性只取决于中心化矩阵 $(x_1-\bar{x}\,\vdots\,\cdots\,\vdots\,x_n-\bar{x})'$.

11. **a**. 证明:线性空间 $\{X\beta: H\beta=0\}$ 的维数是 $\mathrm{rank}(X_H)-\mathrm{rank}(H)$. 从这一公式,推出"$H\beta=0$ 对 $X\beta$ 毫无约束"的充要条件. **b**. 利用 a,找出"适度的"(即不过紧又不过松的)约束 $H\beta=0$ 所应满足的充要条件.

12°. 设 $\hat{\beta}$ 为模型(8.5)(其中 e 满足 GM 条件)之下, β 的 LSE, A 为已知的正定阵. 问: $\hat{\beta}'A\hat{\beta}$ 在什么条件下是 $\beta'A\beta$ 的无偏估计? 当此条件不满足时,修正 $\hat{\beta}'A\hat{\beta}$ 以得到一个无偏估计.

13°. 在模型(8.5)下,设 $c'\beta$ 可估, $c\neq 0$. 问在 $c'\beta$ 的一切线性无偏估计中,最多能有多少个线性无关的(k 个线性估计 $a_i'Y\,(1\leqslant i\leqslant k)$,称为线性无关,若 $a_1,\cdots,a_k$ 为线性无关)?

14. 设 Y 与参数的"正确"关系是线性模型

$$Y=X\beta+e=(X_{(1)}\,\vdots\,X_{(2)})\begin{pmatrix}\beta_{(1)}\\ \beta_{(2)}\end{pmatrix}+e=\sum_{i=1}^{2}X_{(i)}\beta_{(i)}+e,$$

其中 e 满足 GM 条件. 由于简化的考虑或失误,我们采用了模型 $Y=X_{(1)}\beta_{(1)}+e$,并在这模型下求得了 $\beta_{(1)}$ 的 LSE $\tilde{\beta}_{(1)}$. 问:当 X 满足什么条件时, $\tilde{\beta}_{(1)}$ 仍是 $\beta_{(1)}$ 的无偏估计? 解释其条件的意义.

15. (续上题)**a**. 证明逆矩阵公式

$$\begin{pmatrix}A_{11} & A_{12}\\ A_{21} & A_{22}\end{pmatrix}^{-1}=\begin{pmatrix}A_{11}^{-1}+A_{11}^{-1}A_{12}B^{-1}A_{21}A_{11}^{-1} & -A_{11}^{-1}A_{12}B^{-1}\\ -B^{-1}A_{21}A_{11}^{-1} & B^{-1}\end{pmatrix},$$

这里假定 $\begin{pmatrix}A_{11} & A_{12}\\ A_{21} & A_{22}\end{pmatrix}$ 对称正定, A_{11} 为方阵, $B=A_{22}-A_{21}A_{11}^{-1}A_{12}$. **b**. 利用 a 证明:若在上题中以 $\hat{\beta}_{(1)}$ 记在"正确"模型下 $\beta_{(1)}$ 的 LSE,则 $\mathrm{Cov}(\hat{\beta}_{(1)})\leqslant\mathrm{Cov}(\tilde{\beta}_{(1)})$,等号当且仅当 $X_{(2)}'X_{(1)}=0$ 时成立. **c**. 若以 $\tilde{\sigma}^2$ 记在模型 $X_{(1)}\beta_{(1)}$ 之下 σ^2 的 RSS 估计(即 $\tilde{\sigma}^2=\|Y-X_{(1)}\tilde{\beta}_{(1)}\|^2/(n-r_1)$, $r_1=\mathrm{rank}(X_{(1)})$),则除非 $\beta_{(2)}=0$, $\tilde{\sigma}^2$ 不是 σ^2 的无偏估计.

16. **a**. 证明:若 $e_1,e_2,\cdots$ 满足 GM 条件, $a_1,a_2,\cdots$ 为常数, $\sum_{i=1}^{\infty}a_i^2<\infty$ 而不为 0,则当 $n\to\infty$ 时, $\xi_n\equiv\sum_{i=1}^{n}a_ie_i$ 依概率收敛于某随机变量 ξ,且 $P(\xi\neq 0)>$

0. **b**. 利用 a 证明:设线性模型 $Y_i = x_i\beta + e_i(1 \leqslant i \leqslant n)$,$\beta$ 为一维,$e_1, e_2, \cdots$ 满足 GM 条件,则当 $S_n^{-1} = \left(\sum_{i=1}^n x_i^2\right)^{-1} \nrightarrow 0$ 即 $\sum_{i=1}^n x_i^2 \nrightarrow \infty$ 时,β 的 LSE $\hat{\beta}_n = S_n^{-1}\sum_{i=1}^n x_i Y_i$ 不是 β 的弱相合估计.

17[*]. (续上题)把上题的结果推广到一般维数的线性模型. 这要复杂很多,但基本思想仍是应用上题 a(略作推广),见本题 a),以下将其化为几个较容易的小题. **a**. 设 $e_1, e_2, \cdots$满足 GM 条件,$\{h_{ni}, 1\leqslant i\leqslant n, n\geqslant 某\ n_0\}$为常数阵列,满足条件

$$\lim_{n\to\infty}\sum_{i=1}^n h_{ni}^2 = c \in (0, \infty), \quad \sum_{i=1}^k h_{ni}^2 \geqslant \sum_{i=1}^k h_{ni}^2, \quad n > k$$

则 $\left\{\sum_{i=1}^n a_{ni}e_i, n \geqslant 1\right\}$中可抽出子序列依概率收敛于一非 0 r.v. **b**. 设有一串 p 维向量$(p > 1)\{x_i = x_{i1}, \cdots, x_{ip})', i \geqslant 1\}$. 记 $T_i = (x_{i2}, \cdots, x_{ip})', K_n = \sum_{i=1}^n x_{i1}T_i, H_n = \sum_{i=1}^n T_iT_i'$,设 H_n 正定. 定义 $h_{ni} = x_{i1} - K_n' H_n^{-1}T_i(1 \leqslant i \leqslant n), n \geqslant 某\ n_0$(以使 $H_n > 0$),则$\{h_{ni}\}$ 满足 a 中第二条件,而$\left(\sum_{i=1}^n h_{ni}^2\right)^{-1}$ 是 $S_n^{-1} \equiv \left(\sum_{i=1}^n x_i x'_i\right)^{-1}$ 的(1,1) 元. **c**. 线性模型 $Y_i = x_i'\beta + e_i(i = 1, \cdots, n)$,假定 S_n^{-1} 存在对 $n \geqslant 某\ n_0$,则 β 的第一分量 β_1 的 LSE $\hat{\beta}_{1n} = \sum_{i=1}^n h_{ni}e_i \Big/ \sum_{i=1}^n h_{ni}^2 + \beta_1$. **d**. 证明:若 $e_1, e_2, \cdots$ 满足 GM 条件而 $\hat{\beta}_{1n}$ 为 β_1 的弱相合估计,则 S_n^{-1} 的 (1,1) 元 $S_n^{-1}(1,1) \to 0$ 当 $n \to \infty$. **e**. 把上述结果推广到 $c'\beta$:$c'\hat{\beta}_n$ 若弱相合,则 $c'S_n^{-1}c \to 0$.

18. 举例说明:在 $e_1, e_2, \cdots$满足 GM 条件的情况下,当 LSE 不为弱相合时,仍可能(不是一定)存在其他的线性弱相合估计.

19. 带常数的线性回归 $Y_i = \alpha + x_i\beta + e_i(1\leqslant i\leqslant n)$,$\beta$ 为一维,$e_1, e_2, \cdots$满足 GM 条件. 证明: **a**°. 若 β 的 LSE $\hat{\beta}_n$弱相合,则 α 的 LSE $\hat{\alpha}_n$亦然. **b**. 举反例证明 a 之逆不真.

20. 按中心极限理论(Loeve 著《Probability Theory》第 317 面)可推出以下结果:若 $e_1, e_2, \cdots$ iid.,$\{a_{ni}, 1\leqslant i\leqslant n, n\geqslant 1\}$为常数阵列,满足 $\lim_{n\to\infty}\max_{1\leqslant i\leqslant n}|a_{ni}|$

$= 0$,则 $\sum_{i=1}^{n} a_{ni}e_i \to 0$ in pr. 的一个必要条件是 $\sum_{i=1}^{n} P(|e_i| \geqslant |a_{ni}|^{-1}) \to 0$ 当 $n \to \infty$. 利用这个结果证明:当不假定误差的二阶矩有限时,条件 $S_n^{-1} \to 0$ 不能保证 $\hat{\beta}_n$ 弱相合.更确切一些,对任给 $\varepsilon > 0$,"误差有 $2-\varepsilon$ 阶有限矩"和条件 $S_n^{-1} \to 0$ 不足以保证 $\hat{\beta}_n$ 弱相合.

21°. 按所提示的梗概,完成定理 8.5 的证明.

22. 就例 8.6,证明该例中所用的决定检验统计量的方法,与似然比方法得出同一结果.

23°. 分别用概率方法和矩阵计算两种方法,证明(8.59)式.

24°. 设模型(8.5)中,误差 e 满足 GM 条件. 证明:对任何 $a \in \mu(X)$,$a'Y$ 必是某可估计函数 $c'\beta$ 的 LSE.

25°. 设模型(8.5)中误差 $e_1,\cdots,e_n$ iid.,$\sim N(0,\sigma^2)$,给定 d 个线性无关的可估函数 $l_i'\beta(i=1,\cdots,d)$,(8.56)式作其同时区间估计 $l_i'\hat{\beta} \pm \sqrt{dF_{d,n-p}(\alpha)} \cdot s(l_i'S^{-1}l_i)^{1/2}(1 \leqslant i \leqslant d)$. 证明:其联合置信系数比 $1-\alpha$ 要大.

26°. (续上题)上题的联合区间估计可加以调整,即把 $\sqrt{dF_{d,n-p}(\alpha)}$ 改为某常数 c,以使其联合置信系数恰为 $1-\alpha$.

27. 设(8.5)式中误差 $e_1,\cdots,e_n$ iid.,$\sim N(0,\sigma^2)$. $h_i'\beta(1 \leqslant i \leqslant k)$是 k 个线性无关的可估函数,则 $H\beta(H=(h_1|\cdots|h_k)')$的置信椭球

$$\{a:(H\hat{\beta}-a)'(HS^{-}H')^{-1}(H\hat{\beta}-a) \leqslant ks^2F_{k,n-p}(\alpha)\}$$

有确切的置信系数 $1-\alpha$. 可以作出具有一准确置信系数 $1-\alpha$,且有指定形式(球、立方体之类)的置信区域,方法如下:找集 A,使 $p(\xi \in A)=1-\alpha$,这里 $\xi = H(\hat{\beta}-\beta)/s$,$\xi$ 的分布不依赖 β 和 σ^2,然后由$\{a:(H\hat{\beta}-a)/s \in A\}$所定义的区域就是 $H\beta$ 的具确切置信系数 $1-\alpha$ 的置信域. 若取 A 为立方体,则此置信域为立方体,等等. 证明:这样定出的置信域,其体积全超过上述椭球,除非该置信域就是上述椭球.

28°. **a**. 有 k 个事件 $A_1,\cdots,A_k$,证明 $P(\bigcap_{i=1}^{A} A_i) \geqslant \sum_{i=1}^{k} P(A_i)-(k-1)$. 若 $k \geqslant 2$ 且存在 $i \neq j$ 使 $P(A_i \cup A_j) < 1$,则成立严格不等号. **b**. 用这个结果,证明(8.62)式的联合置信系数大于 $1-\alpha$.

29*. 设在模型(8.5)中,误差 $e_1,\cdots,e_n$ iid.,$\sim N(0,\sigma^2)$. 要对一切 $x_0 \in \mathbb{R}^p$ 作 Y_0 值的预测. 证明:不论预测区间 $A(Y,x_0) \leqslant Y_0 \leqslant B(Y,x_0)$如何定,其

联合置信系数(对一切的 $x_0 \in \mathbb{R}^p$)总是 0.

30°. 假定模型(8.5)的误差 e 满足 GM 条件,在 n 个试验点 $x_1,\cdots,x_n$ 处作预测. 设 β 为 p 维而 X 为列满秩,则 n 个预测方差之和为 $(n+p)\sigma^2$.

31. 设有线性模型 $Y_i = x_i'\beta + e_i, 1 \leqslant i \leqslant n, e_1,\cdots,e_n$ 满足 GM 条件. 从其中删除 (x_i, Y_i),用剩下的 $n-1$ 组样本作 β 的 LSE,记为 $\hat{\beta}_{(i)}$,然后用此值作在 x_i 点 Y 值的预测 $x_i'\hat{\beta}_{(i)}$. 对每个 $i=1,\cdots,n$ 都这样做,得到 n 个偏差 $Y_i - x_i'\hat{\beta}_{(i)}$ $(1 \leqslant i \leqslant n)$,证明其平方和

$$\sum_{i=1}^{n}[Y_i - x_i'\hat{\beta}_{(i)}]^2 = \sum_{i=1}^{n}\left(\frac{\delta_i}{1-h_{ii}}\right)^2,$$

其中 h_{ii} 是 $XS^{-1}X'$ 的 (i,i) 元, δ_i 是在 (x_i, Y_i) 点的残差 $Y_i - x_i'\hat{\beta}$, $\hat{\beta}$ 是用全部 n 个样本所作出的 β 的 LSE.

32. (续上题)证明:若以 $\hat{\sigma}_{(i)}{}^2$ 记删去 (x_i, Y_i) 后所得模型作出的误差方差估计,则有

$$\hat{\sigma}_{(i)}{}^2 = \frac{n-p-r_i{}^2}{n-p-1}\hat{\sigma}^2,$$

此处 $\hat{\sigma}^2$ 是在原模型下对误差方差的估计,而 $r_i = \dfrac{\delta_i}{\hat{\sigma}\sqrt{1-h_{ii}}}$.

33. **a**. 考虑线性模型 $Y = X\beta + e, \mathrm{E}e = 0, \mathrm{Cov}(e) = \sigma^2 G, G > 0$ 已知. 证明:为了任一可估函数 $c'\beta$ 的 LSE $a'Y$ 与其 BLUE $b'Y$ 重合,充要条件是

$$c'Gd = 0, \quad 对任何\ c \in \mu(X), \quad d \perp \mu(X).$$

b. 另一个充要条件是: $d \in \mu(X) \Rightarrow Gd \in \mu(X)$. **c**. 根据上述结果,对给定的 X,找出一些 G,具有所述的性质.

34°. 对 8.3 节中两因素全面试验的例子,**a**. 证明约束 $\sum_{i=1}^{I} a_i = 0, \sum_{j=1}^{J} b_j = 0\}$ 满足习题 11 中所说的"适度约束"的充要条件. **b**. 利用 a,推出该例中各平方和表达式 SS_1, SS_2 和 SS_e.

35. (正交设计)**a**. 设按前文中描述的方法对有 k 个因素分别有 $n_1,\cdots,n_k$ 个水平的因子试验进行正交表设计(假定有这种正交表存在),则得到 n 个形如 $Y_t = \sum_{i=1}^{k}\sum_{j=1}^{n_i} x_{ij}\alpha_{ij} + e_t$ 的方程,此处 $\alpha_{i1},\cdots,\alpha_{in_i}$ 是因素 i 各水平的效应, $x_{ij_0} = 1$,

其他 x_{ij} 为0,若在第 t 次试验中,因素 i 出现 j_0 水平 ($1\leqslant i\leqslant k$). 证明:此设计的矩阵,经过中心化后,对各群$\{\alpha_{11},\cdots,\alpha_{1n_1}\}$,…,$\{\alpha_{k1},\cdots,\alpha_{kn_k}\}$确是正交的. **b**. 若一正交表的某列的最大元为 a,则称 $a-1$ 为该列的自由度(此名称来由是:该列可安排一个 a 水平因素,共有 a 个效应,但受到约束"各效应和为 0",故只有 $a-1$ 个自由度,即 a 个效应中只有 $a-1$ 个可以自由变化). 证明:一正交表各列自由度之和$\leqslant n-1$,n 为该正交表的行数.

36°. 证明:**a**. 分解式(8.71)式成立(对任何样本 Y)也是设计的正交性的必要条件. **b**. 在协方差分析模型(8.75)中,若 β 可估,则 $X_2'PX_2$ 必为满秩,用代数方法证明之. 此处 $X=I-X_1S_1^-X_1'$.

习 题 提 示

第1章

1. 以 A 记支撑，A 闭易证. 记 $A_\varepsilon=\{x:d(x,A)<\varepsilon\}$，$d(x,A)$为点 x 到 A 的距离. 为证 $P(A)=1$，只需证 $P(A_\varepsilon)=1$ 或 $P(A_\varepsilon{}^c)=0$ 对任何 $\varepsilon>0$. 令 $B_{\varepsilon M}=A_\varepsilon{}^c\cap S_M$，$S_M$为球 $\|x\|^2\leqslant M$. 只需证 $P(B_{\varepsilon M})=0$. 为此注意 $B_{\varepsilon M}$闭，且其中每点 X 都有一邻域 V_x使$P(V_x)=0$. 用有限覆盖定理.

2. 以 A 记μ 的支撑，$B=\{x:x\in A,f(x)>0\}$，则 P 的支撑为 $C=\{x:x\in B,\mu(V_x\cap B)>0\}$（这不是按原始定义，按原始定义情况很复杂：有些使$f(x)=0$的 x 也可以属于支撑）.

3. 在一维情况，仿照实函数论中 Cantor 函数定义那种方式处理. 多维用归纳法：把集 A 投影到平面$x_k=0$ 上得 $k-1$ 维闭集 B. 作一 $k-1$ 维分布$\widetilde{F}$，以 B 为支撑（归纳假设）. 对 B 中任一点 $a=(a_1,\cdots,a_{k-1})$，记 $A_a=\{c:(a_1,\cdots,a_{k-1},c)\in A\}$，作一个一维分布 $\widetilde{F}_a$ 以 A_a 为支撑. 往证：$(X_1,\cdots,X_{k-1})\sim\widetilde{F}$，$X_k|(X_1,\cdots,X_{k-1})=a\sim\widetilde{F}_a$构成的$(X_1,\cdots,X_k)$的分布 F，恰有支撑 A.

4. $P_\theta(X=\theta)=1/2$，X 在$(0,1)-\{\theta\}$上有密度 $1/2$，$0<\theta<1$.

5. 定义 $\mathscr{F}=\{$闭区间 $I:I$ 不为一点，$P(I)=0\}$，$J=\bigcup\limits_{I\in\mathscr{F}}I$. 若 $a\in J$，照现意义 a 非支撑点. 若 $a\overline{\in}J$，则按$\mathscr{F}$之定义对任何$\varepsilon>0$有 $P([a\pm\varepsilon,a])\neq0$ 而 a 为支撑点. 故支撑（现意义）为 J^c. 往证 J 为 Borel 集. 设 $a\in J$，记 $a_1=\sup\{b:b>a,P([a,b])=0\}$，$a_0=\inf\{b:b<a,P([b,a])=0\}$. 定义 $I_a=(a_0,a_1)$ 加进点 a_0，如 $a_0>-\infty$ 且 $P(\{a_0\})=0$，否则不加. 加进点 a_1，若 $a_1<\infty$ 且 $P(\{a_1\})=0$，否则不加. 易见 $J=$可列个两两无公共点的 I_a之并且$P(I_a)=0$.

6. $k=1$ 时显然，用归纳法，设 $k-1$ 维对. 给了 k 维分布$F(x_1,\cdots,x_k)$. 记 $A=\{(x_1,\cdots,x_k):F(x_1,\cdots,x_k)c\}$. 一切垂直于某坐标轴且概率大于 0 的$k-1$ 维平面有可列个，记为$\{J_1,J_2,\cdots\}$. 记 $J=\mathbb{R}^k-\bigcup\limits_{i=1}^{\infty}J_i$，$J$ 内每点都是F 的连续点，故若 $x\in J\cap A$，则必存在 $\varepsilon_x>0$，使 $S(\varepsilon_x)=\{y:y\in\mathbb{R}^k,\|y-x\|<\varepsilon\}\subset A$. 这样，有

$$A=\bigcup_{x\in J\cap A}S(\varepsilon_x)+\bigcup_{i=1}^{\infty}J_i\cap A,$$

前一项为开集，而按归纳假设，$J_i\cap A$ 为 Borel 集.

7.（2）° 充要条件为：存在 a，使 $f-g$ 在 $(-\infty,a)$ 和 (a,∞) 内都是 a.e.μ 不变号的.

高维情况与此相似，但表述极为复杂. 以二维为例，充要条件是以下三组条件满足其一：

a. 存在 $(a_1,a_2)\in\mathbb{R}^2$，$\mathbb{R}^2$ 分成 5 个集合：$A_1=\{x<a_1,y<a_2\}$，$A_2=\{x=a_1,y=a_2\}$，$A_3=\{x=a_1,y<a_2\}$，$A_4=\{x<a,y=a_2\}$，$A_5=\{x>a_1\}\cup\{y>a_2\}$，使① $h\equiv f-g$ 在 A_1 和 A_5 分别 a.e.μ 不变号且反号. ② 若 $\mu(A_2)>0$，h 在 $A_1\cup A_2\cup A_3\cup A_4$ 必须 a.e.μ 同号. ③ 若 $\mu(A_2)=0$，则 h 必须在 A_3 a.e.μ 不变号，在 A_4 a.e.μ 不变号.

b. 存在 $a\in\mathbb{R}^1$，$\mathbb{R}^2$ 分成 3 个集合：$A_1=\{x<a\}$，$A_2=\{x=a\}$，$A_3=\{x>a\}$，h 在每个 A_i 上 a.e.μ 不变号，$i=1,2,3$，A_1，A_3 上反号.

c. 存在 $a\in\mathbb{R}^1$，$\mathbb{R}^2$ 分成 3 个集合：$A_1=\{y<a\}$，$A_2=\{y=a\}$，$A_3=\{y>a\}$，h 在每个 A_i 上 a.e.μ 不变号，$i=1,2,3$，A_1，A_3 上反号.

试仔细论证这个结果. 充分性容易，必要性：取 $\{x_n=(a_n,b_n),n\geqslant1\}$ 使 $|F(x_n)-G(x_n)|\to K(F,G)$. 不妨设 $a_n\to a$，$b_n\to b$. 或者 a，b 都有限，或者一个为 ∞，另一个有限. 这时相应地 a～c 中某一条成立.

（3）°. 用 $(f-f_n)^+\leqslant f$ 证 $\int(f-f_n)^+\mathrm{d}\mu\to0$. 用 $\int(f-f_n)^-\mathrm{d}\mu=\int(f-f_n)^+\mathrm{d}\mu\left(\text{因}\int(f-f_n)\mathrm{d}\mu=0\right)$ 证 $\int(f-f_n)^-\mathrm{d}\mu\to0$.

反例：记 $f\equiv1$ 于 $[0,1)$ 而

$$g_{ni}(x)=I\left(\frac{i-1}{n}\leqslant x<\frac{i}{n}\right),\quad 1\leqslant i\leqslant n,\quad \mathrm{d}\mu=\mathrm{d}x.$$

令

$$h_{ni}=\frac{1}{n+1}(f+g_{ni}),\quad 1\leqslant i\leqslant n.$$

把 $\{h_{ni}\}$ 排成一列 $\{h_{11},h_{21},h_{22},\cdots\}$ 并重记为 $\{f_1,f_2,\cdots\}$.

（4）°. 先证明

$$K(F_n,F) = \max\left(\left|F(X_i - 0) - \frac{c_i}{n}\right|, \left|F(X_i) - \frac{d_i}{n}\right|, 1 \leqslant i \leqslant n\right).$$

式中 c_i 是满足条件 $\{X_j < X_i, 1 \leqslant j \leqslant n\}$ 的 j 的个数(称 $a = (a_1, a_2) < (\leqslant) b = (b_1, b_2)$,若 $a_1 < (\leqslant) b_1, a_2 < (\leqslant) b_2$.),$d$ 是满足条件 $(X_j \leqslant X_i, 1 \leqslant j \leqslant n)$ 的 j 的个数. 如是问题归结为证明 $F(x)$ 及 $F(x-0)$ Borel 可测. 前者见习题 6,后者易由前者推出($F(x-0) = \lim\limits_{n\to\infty} F(x - l/n), l = (1, \cdots, 1)$).

8. 必有 $a \neq b \Rightarrow T(a) \neq T(b)$. 因若不然,则不存在 $A \in \mathscr{B}_1$ 使 $T^{-1}(A) = \{a\}$. 因此 T 在 $\mathbb{R}^1$ 上严格单调. 任取 $a \neq b$,记 $T(a) = c, T(b) = d$,则 $T^{-1}([c,d])$(或 $T^{-1}([d,c])) = [a,b] \overline{\in} \mathscr{F}$).

9. 先证:$\mathscr{F}$ 中任一集有形式 $\{(x_1, \cdots, x_k): \sum\limits_{i=1}^{k} |x_i| \in B\}, B \in \mathscr{B}_1$,然后可证 $T(X) = \sum\limits_{i=1}^{k} |x_i|$ 满足所要条件.

10. (1)° 显然. 为证(2)°,任取一闭球 $S(g, \varepsilon) = \{h: h \in \mathscr{T}, |h(\theta) - g(\theta)| \leqslant \varepsilon$ 对一切 $\theta \in \Theta\}$. 易见 $\{x: x \in \mathscr{X}, f_\theta(x) \in S(g, \varepsilon)\} = \{x: x \in \mathscr{X}, |f_{r_i}(x) - g(r_i)| \leqslant \varepsilon, i = 1, 2, \cdots\}$,此处 $\{r_i\}$ 为 Θ 中之一处处稠密可列集. 后一集等于 $\bigcap\limits_{i=1}^{\infty} \{x: x \in \mathscr{X}, |f_{r_i}(x) - g(r_i)| \leqslant \varepsilon\}$ 因而属于 $\mathscr{B}_x$. 最后证明:包含一切上述闭球的最小 σ 域即为 $\mathscr{B}_{\mathscr{T}}$.

11. 对 $|X|$ 显然. 对 X^2,先证对 $[0, \infty)$ 中任何 Borel 集 A,集 $\{x^2: x \in A\} \in \mathscr{B}_1$. 这样就可证明对任何对称集 $B \in \mathscr{B}_1$,必存在 $C \in \mathscr{B}_1$,使 $B = \{x: x^2 \in C\}$.

12. $P(\chi_{2n}{}^2 < a) = [2^n(n-1)!]^{-1}\int_0^a e^{-x/2} d(x^n/n)$,反复用分部积分并证明 $\lim\limits_{r\to\infty}[2^{n+r+1}(n+r)!]^{-1}\int_0^a e^{-x/2} x^{n+r} dx \to 0$.

13. 观察 $\chi_{n,\delta}{}^2, t_{n,\delta}$ 和 $F_{m,n,\delta}$ 的密度公式即可看出.

14. 前半显然,后半利用习题 23 最后一个结论以得到

$$P\left(\frac{\chi_n{}^2 - n - 1}{\sqrt{2n}}\sqrt{\frac{n}{\alpha}} < x\right) \leqslant P\left(\frac{\chi_\alpha{}^2 - \alpha}{\sqrt{2\alpha}} < x\right)$$

$$\leqslant P\left(\frac{\chi_{n+1}{}^2 - (n+1) + 1}{\sqrt{2n+2}}\sqrt{\frac{n+1}{\alpha}} < x\right),$$

此处 $n \leqslant \alpha < n+1$. 因为 $(\chi_n{}^2 - n)/\sqrt{2n} \xrightarrow{L} N(0,1)$, 且 $n/\alpha \to 1, 1/\sqrt{2n} \to 0$, 即可得证.

15. **a**. $X \stackrel{d}{=\!=} \chi_{a_1}{}^2 + Z \Rightarrow X \stackrel{d}{=\!=} \chi_{a_2}{}^2 + \chi_{a_1-a_2}{}^2 + Z$, 三者独立 $\stackrel{d}{\Longrightarrow} \chi_{a_2}{}^2 + Z'$, 二者独立, 且 $Z' = \chi_{a_1-a_2}{}^2 + Z$ 非负. **b**. 若 $a > n$ 而 $a \in A$, 则应有 $P(\chi_{n,\delta}{}^2 < t) \leqslant P(\chi_a{}^2 < t)$ 对一切 $t > 0$. 但 $\chi_{n,\delta}{}^2$ 之密度 $f(x) \geqslant \text{const} \cdot e^{-x/2} x^{n/2-1}$ 而 $\chi_a{}^2$ 之密度 $g(x) \leqslant \text{const} \cdot e^{-x/2} x^{a/2-1}$. 因 $a > n$, 当 $x > 0$ 充分小时有 $f(x) > g(x)$, 故上述概率不等式当 $t > 0$ 充分小时不对. **c**. $n-1 \in A$, 因 $\chi_{n,\delta}{}^2 = \chi_{n-1}{}^2 + (X_n + \delta)^2$. **d**. 取一串 $a_n \uparrow a^*$. $X = \chi_{a_n}{}^2 + Z_n$, 右边两项独立, 以 f, f_n, g_n 分别记 X(即 $\chi_{n,\delta}{}^2$), $\chi_{a_n}{}^2$ 和 Z_n 的特征函数, 则 $f = f_n g_n$. 因 f_n 处处不为 0, 故 $g_n = f/f_n$. 令 $n \to \infty$, f_n 收敛于 $\chi_{a^*}{}^2$ 的特征函数 f_0, 它处处不为 0 ($\chi_a{}^2$ 的特征函数为 $(1-2\mathrm{i}t)^{-a/2}$, $\mathrm{i}^2 = -1$). 故由特征函数性质知 $g_n \to f/f_0$ 为特征函数, 因而 Z_n 依分布收敛于 Z, $Z \geqslant 0$(因 $Z_n \geqslant 0$)且有特征函数 f/f_0. $X = \chi_{a^*}{}^2 + Z$(此题 $\sup A$ 等于多少还未弄清楚).

16. 前半平凡. 后半注意到当 $r \geqslant 1/2$ 时, 等式左边的概率为 $\sum_{i=1}^{m} P((X_1 + \cdots + X_m)^{-1} X_i \geqslant r)$ ($r = 1/2$ 时还需注意 $P(X_i = X_j$ 对某 $i \neq j) = 0$).

17. **(1)**° 因 $A_1 A_2 = 0$, 有 $0 = (A_1 A_2)' = A_2 A_1$, 即 A_1, A_2 可交换, 故存在正交阵 P 使 $PA_1 P' = \operatorname{diag}(\lambda_1, \cdots, \lambda_n)$, $PA_2 P' = \operatorname{diag}(\mu_1, \cdots, \mu_n)$. 由 $A_1 A_2 = 0$ 知 $\lambda_i \mu_i$ 中至少有一个为 0, 对每个 $i = 1, \cdots, n$. 因 $Y_i = \widetilde{X}'(PA_i P')\widetilde{X}$ $(i = 1, 2)$, 其中 $\widetilde{X} = PX$ 各分量独立, 故得证. **(2)**° 充分性证法与**(1)**°相似, 必要性归结为证明: 若与

$$\xi = \sum_{i=1}^{m} c_i X_i{}^2,\ c_i > 0, \quad \eta = \sum_{i=1}^{n} d_i X_i,\ m \leqslant n,$$

则当 ξ, η 独立时, 必有 $d_1 = \cdots = d_m = 0$. 此情形可用特征函数证之. 一简法如下: 记 $\zeta = \sum_{i=1}^{m} d_i X_i$, 若 $d_1, \cdots, d_m$ 不全为 0, 则 ζ, η 相关系数 $P > 0$. 由此及 (ζ, η) 服从二维正态, 易证对任何固定的 M, 有 $\lim_{N\to\infty} P(\zeta) > M \mid \eta = N) = 1$. 因 $c_i > 0$, 存在充分大的 m, 使 $m\xi > \zeta^2$. 由此可知 $P(\xi > M^2/m \mid \eta = N) \geqslant P(\zeta > M \mid \eta = N) \to 1$ 当 $N \to \infty$. 另一方面, 若 ξ, η 独立, 则 $P(\xi > M^2/m \mid \eta = N) = P(\xi > M^2/m) < 1$ 且与 N 无关, 得出矛盾.

18. **(1)**°

$$\sum_{i=1}^{n} a_i X_i^2 \sim \chi_\alpha^2 \quad \Rightarrow \quad \left\{\sum_{i=1}^{n} a_i = \alpha, \sum_{i=1}^{n} a_i^2 = \alpha\right\}$$

$$\Rightarrow \quad \left\{\sum_{i=1}^{n} a_i^2/n = \alpha/n < (\alpha/n)^2 = \left(\sum_{i=1}^{n} a_i/n\right)^2\right\},$$

这不可能.

(2)°

$$\sum_{i=1}^{n} a_i X_i^2 \sim \chi_n^2 \quad \Rightarrow \quad \left\{\sum_{i=1}^{n} a_i = n, \sum_{i=1}^{n} a_i^2 = n\right\}$$

$$\Rightarrow \quad a_1 = \cdots = a_n = 1.$$

(3)° 先证若 $\sum_{i=1}^{n} a_i X_i^2 \sim \chi_a^2$，则必有 $0 \leqslant a_i \leqslant 1$. 首先任何 a_i 不能小于 0，否则 $P\left(\sum_{i=1}^{n} a_i X_i^2 < 0\right) > 0$，但 $P(\chi_a^2 < 0) = 0$. 因 $a_i \geqslant 0$，有 $P(a_i X_i^2 > t) \leqslant P(\chi_a^2 > t)$ 对任何 $t > 0$. 但若 $a_i > 1$，则考察二者之概率密度在 ∞ 附近之值知，上式当 t 充分大时不对，故 $a_i \leqslant 1$. 由 $0 \leqslant a_i \leqslant 1$ 及 $\sum_{i=1}^{n} a_i = \sum_{i=1}^{n} a_i^2$（都等于 α）知，a_i 必只取 0,1 为值.

19. **(1)**° 作正交变换 $Y_1 = \sqrt{n}\ \overline{X}$, $Y_i = \sum_{j=1}^{n} C_{ij} X_j (2 \leqslant i \leqslant n)$. 把 $f(X_1, \cdots, X_n)$ 表为 $g(Y_1, \cdots, Y_n)$，证明 g 不依赖 Y_1. **(2)**° $Y \equiv f(X_1, \cdots, X_n)/S = f(X_1/S, \cdots, X_n/S)$, $S = \sum_{i=1}^{n} X_i^2$. 给定 $S^2 = a^2$，$(X_1, \cdots, X_n)$ 之条件分布为球面 $\sum_{i=1}^{n} x_i^2 = a^2$ 上之均匀分布，故（在给定 $S^2 = a^2$ 条件下）Y 之条件分布为 $f(Z_1, \cdots, Z_n)$ 之分布，其中 $(Z_1, \cdots, Z_n)$ 为单位球面上之均匀分布，此与 a 无关.

20. 对 $X_1, \cdots, X_n$ 作正交变换，正交阵第一行与 $(\sigma_1^{-2}, \cdots, \sigma_n^{-2})$ 成比例.

21. 以 f_n 记 t_n 之密度. 算 $\ln(f_{n-1}(x)/f_n(x))$ 之导数知，$f_{n-1}(x)/f_n(x)$ 在 $0 < x < 1$ 严降而在 $x \geqslant 1$ 严增. 又 $f_{n-1}(0) < f_n(0)$（此要用到 Gamma 函数的若干知识）. 由以上事实易见，存在 $a > 0$ 使 $f_{n-1}(x) < f_n(x)$ 当 $0 < x < a$，$f_{n-1}(x) > f_n(x)$ 当 $x > a$. （$f_{n-1}(0) < f_n(0)$ $(n \geqslant 2)$ 的验证，分 n 为奇偶进行. 例如 $f_{2n}(0) < f_{2n+1}(0)$ 归结为 $(2n!)^2 \sqrt{(2n+1)/(2n)}\,\pi < 2^{4n}(n!)^3(n-1)!$.

把左右两边分别记为 a_n 和 b_n. 易算出 $a_1<b_1$. 再验证 $a_{n+1}/a_n>b_{n+1}/b_n$,即 $b_{n+1}/a_{n+1}<b_n/a_n$. 由 $b_n/a_n\to 1$(因 a_n,b_n 都收敛于 $N(0,1)$ 的 $1-\alpha$ 分位点)知,比值 b_n/a_n 必须保持大于 1. $f_{2n-1}(0)<f_{2n}(0)$ 类似证明.)

22. **(1)**° 对 $X_1,\cdots,X_n$ 作正交变换,正交阵前两行为$(n^{-1/2},\cdots,n^{-1/2})$和$(1-1/n,-1/n,\cdots,-1/n)\sqrt{n/(n-1)}$. **(2)**° 证明:在保持 $\bar{X}=a<b=X_{(i)}$ 的条件下使 S 达到最小的$(X_1,\cdots,X_n)$的配置为:有 $n-i+1$ 个为 b,$i-1$ 个为$n(i-1)^{-1}a-(n-i+1)(i-1)^{-1}b$. 证法是验明若$(X_1,\cdots,X_n)$不是这样配置,则可在维持 $\bar{X}=a$ 和 $X_{(i)}=b$ 的条件下,调整 $X_1,\cdots,X_n$ 以降低 S. **(3)**° 由(2),取 $i=n-1$ 知,当 $=\sqrt{n-1}(X_i-\bar{X})/S>x$(满足题中条件的 x)时,必有 $X_i>X_{(n-1)}$ 因而 $X_i=X_{(n)}$. 又以概率 1,$X_1,\cdots,X_n$ 互不相同,故所述概率 $=\sum_{i=1}^{n}P(\sqrt{n-1}(X_i-\bar{X})/S>x)=nP(\sqrt{n-1}(X_1-\bar{X})/S>x)$,再用(1). **(4)**° 在(3)中换 n 为 $n+2$,并取 $x=[2(n+1)]^{-1/2}(n+2-1)^{1/2}(n+2-2)^{1/2}=[2(n+1)]^{-1/2}[n(n+1)]^{1/2}$.

23. 前三个不等式:第一个先证当 $X\sim N(0,1)$,$\delta_2>\delta_1\geqslant 0$ 时,有 $P((X+\delta_2)^2>x)>P((X+\delta_1)^2>x)$ 对一切 $x>0$,然后用和的分布公式. 第二个用第一个及商的分布公式,第三个的证法类似第二个. 最后一个,计算 ${\chi_{\alpha_2}}^2$ 的密度 $f_2(x)$ 与 ${\chi_{\alpha_1}}^2$ 的密度 $f_1(x)$ 的比 $h=f_2/f_1$. 证明:存在 x_0 使 $h(x)<1$ 当 $0<x<x_0$,$h(x)>1$ 当 $x>x_0$.

24. 以 f_{mn} 记 F_{mn}/a_n 的密度,$\mathrm{d}(\ln(f_{mN}(x)/f_{mn}(x)))/\mathrm{d}x$ 在 $0<x<\infty$ 内只在一个点为 0. 因此,方程 $f_{mN}(x)=f_{mn}(x)$ 在$(0,\infty)$内至多只有两个不同的根. 它必须有两个不同的根. 因若只有一个根 d,则由 $\lim\limits_{x\to\infty}f_{mN}(x)/f_{mn}(x)=0$(此因 $N>n$)知,有 $f_{mN}(x)>(<)f_{mn}(x)$ 当 $x<(>)d$,这将导致 $P(Y/a_N<C)>P(X/a_n<C)$ 对一切 $C>0$,与二者在 $C=1$ 处相等矛盾,故有 $0<x_1<x_2<\infty$ 使

$$f_{mN}(x)>f_{mn}(x)\ \text{当}\ x_1<x<x_2,\quad \text{其他处为}\leqslant, \tag{2}$$

由 $P(Y/a_N<1)=1-\alpha=P(X/a_n<1)$ 知 $x_1<c<x_2$. 此与(2)式结合,并注意到 $\int_0^\infty f_{mn}(x)\mathrm{d}x=\int_0^\infty f_{mN}(x)\mathrm{d}x=1$,即得所要结论.

25. **a**. 平凡,只需注意到

$$u_{\alpha/2}{}^2=\chi_1{}^2(\alpha)\quad \text{而}\quad \chi_n{}^2=X_1{}^2+\cdots+X_n{}^2,$$

其中 $X_1,\cdots,X_n$ iid.，$\sim N(0,1)$，再注意到 $X_2{}^2+\cdots+X_n{}^2>0$ a.s.即可．**b**．分两种情况：先设 $\alpha\leqslant 1/2$，可证更强的不等式 $u_\alpha+\varphi(u_\alpha)<u_{\alpha/2}$．此因 $\alpha/2=\int_{u_\alpha}^{u_{\alpha/2}}\varphi(x)\mathrm{d}x>\varphi(u_\alpha)(u_{\alpha/2}-u_\alpha)$．故只需证 $\alpha>2\varphi^2(u_\alpha)$，或 $2\varphi^2(x)<\int_x^\infty\varphi(t)\mathrm{d}t,x\geqslant 0$．此式在 $x=0$ 成立．令 $h(x)=\int_x^\infty\varphi(t)\mathrm{d}t-2\varphi^2(x)$，有 $h(0)>0,h(\infty)=0$，而 $h'(x)<0$ 当 $x>0$（此因 $h'(x)=-\varphi(x)+4x\varphi^2(x)=-\varphi(x)[1-4x\varphi(x)]$，而 $\sup\limits_{x>0}x\varphi(x)=\varphi(1)<1/4$），因而 $h(x)>0$ 对一切 $x>0$．

$\alpha>1/2$ 的情况比较复杂，利用 $u_\alpha=-u_{1-\alpha},\varphi(u_\alpha)=\varphi(u_{1-\alpha})$，可将要证的式子写为（改 $1-\alpha$ 为 α，故 $\alpha<1/2$）

$$-\alpha u_\alpha+\varphi(u_\alpha)<u_{(1-\alpha)/2},$$

此式可写为 $x\int_x^\infty\varphi(t)\mathrm{d}t+\varphi(x)<\Phi^{-1}\left(\frac{1}{2}+\frac{1}{2}\int_x^\infty\varphi(t)\mathrm{d}t\right),x>0$．记 $h(x)=$ 右－左，直接验证知 $h(0)>0$，又 $h(\infty)=0$．故如能证明 $h'(x)\leqslant 0$ 当 $x>0$ 即可．现有

$$h'(x)\leqslant 0\quad\Leftrightarrow\quad\varphi(x)/\varphi\left(\Phi^{-1}\left(\frac{1}{2}+\frac{1}{2}\int_x^\infty\varphi(t)\mathrm{d}t\right)\right)\geqslant 2\int_x^\infty\varphi(t)\mathrm{d}t.$$

因 $\varphi\leqslant 1/\sqrt{2\pi}$，只需证 $\sqrt{2\pi}\varphi(x)\geqslant 2\int_x^\infty\varphi(t)\mathrm{d}t$．记 $g(x)=\sqrt{2\pi}\varphi(x)-2\int_x^\infty\varphi(t)\mathrm{d}t$，则 $g(0)=g(\infty)=0$．又 $g'(x)=\varphi(x)(2-\sqrt{2\pi}x)$．故 $g(x)$ 当 x 由 0 增加时，先升后降，再结合 $g(0)=g(\infty)=0$，即知 $g(x)>0$ 当 $x>0$．

26．**a**．考虑 $(2\pi)^{-1}\exp(-(t_1{}^2+t_2{}^2)/2)$ 在圆 $\{t_1{}^2+t_2{}^2\leqslant\pi^{-1}4u^2\}$ 内的积分（注意此圆面积与正方形 $J_1\equiv\{|t_1|\leqslant u,|t_2|\leqslant u\}$ 的面积同），证明了左边不等式．考虑上述函数在 J_1 和 $J_2=\{t_1{}^2+t_2{}^2\leqslant 2u^2\}$ 内的积分，并注意上述函数在 J_2-J_1 内不超过 $(2\pi)^{-1}\mathrm{e}^{-u^2/2}$，证明了右边不等式．为证第二断言，只需注意函数 $\Phi(u)[1-\Phi(u)]$ 在 $u>0$ 严格下降．

这个方法可称为面积法，是估计与 $\Phi(x)$ 有关的量的一个有用的方法．

b．求 $\Phi(u)\Phi(-u)$ 在 0 点的一、二阶导数，并在 0 点附近将此函数展开至 $o(u^2)$．

27．**a**．$\mathrm{e}^{x^2}\Phi(x)\Phi(-x)$ 的导数为 $\mathrm{e}^{x^2}\{2x\Phi(x)\Phi(-x)-\varphi(x)\cdot[\Phi(x)-\Phi(-x)]\}$．要证明 $2x\Phi(x)\Phi(-x)>\varphi(x)[\Phi(x)-\Phi(-x)]$．当

$x>\sqrt{2}$时，有 $\Phi(-x)>\frac{1}{x}\left(1-\frac{1}{x^2}\right)\varphi(x)>\frac{1}{2x}\varphi(x)$，故上式正确. 对 $0<x<1.5$ 分几段进行. 要证的是

$$J_1(x) \equiv [\Phi(x)-\Phi(-x)]/2x < \sqrt{2\pi}e^{x^2/2}\Phi(x)\Phi(-x) \equiv J_2(x).$$

当 $0\leqslant x\leqslant 0.8$ 时，$J_1(x)\leqslant J_1(o)=\frac{1}{\sqrt{2\pi}}<0.4$，而 $J_2(x)>\sqrt{2\pi}\Phi(0.8)\Phi(-0.8)>0.417$. 对 $0.8\leqslant x\leqslant 1.1$，注意 $J_1(x)$严降，有 $J_1(x)\leqslant J_1(0.8)<0.361$，而 $J_2(x)>\sqrt{2\pi}e^{0.64/2}\Phi(1.1)\Phi(-1.1)>0.403$. 对 $1.1\leqslant x\leqslant 1.4$，$J_1(x)\leqslant J_1(1.1)<0.332$，而 $J_2(x)>\sqrt{2\pi}e^{1.21/2}\Phi(1.4)\Phi(-1.4)>0.340$. 最后，对$1.4\leqslant x\leqslant 1.5$，有$J_1(x)\leqslant J_1(1.4)<0.3$，而 $J_2(x)>\sqrt{2\pi}e^{1.96/2}\Phi(1.5)\Phi(-1.5)>0.415$. 证毕.

此法可称为逐步跟进法，看似笨拙，对许多情况都适用.

b. 记 $g(x)=e^{x^2}\Phi(x)\Phi(-x-a)$，则 $g'(x)=e^{x^2}[2x\Phi(x)\Phi(-x-a)+\varphi(x)\Phi(-x-a)-\Phi(x)\varphi(x+a)]$. 故 $g'(0)=\Phi(-a)/\sqrt{2\pi}-\varphi(a)/2<(\sqrt{2\pi}a)^{-1}\varphi(a)-2^{-1}\varphi(a)\leqslant 0$，当 $a\geqslant\sqrt{2/\pi}$. 另一方面，$g'(x)>e^{x^2}\left[2x\Phi(x)\cdot\left[\frac{1}{x+a}-\frac{1}{(x+a)^3}\right]\varphi(x+a)-\Phi(x)\varphi(x+a)\right]$. 当 x 充分大使 $\frac{2x}{x+a}\left[1-\frac{1}{(x+a)^2}\right]>1$，则 $g'(x)>0$，故 $g(x)$在 $x>0$ 处有降有升.

c. 参看第 4 章，习题 43b 的解答.

28. **a**. 算出 $EX_n=\sqrt{2}\Gamma\left(\frac{n+1}{2}\right)\Big/\Gamma\left(\frac{n}{2}\right)$，用 Stirling 公式估计其下界(上界由$(EX_n)^2\leqslant EX_n{}^2=n$ 得出). **b**. 设 $Y_1,\cdots,Y_n,\cdots$ iid.，$\sim N(0,1)$，有 $(EX_n)^2=E(Y_1{}^2+\cdots+Y_n{}^2)$. 故 $(EX_n)^2/n=E\left(\sum_{i=1}^n Y_i{}^2/n\right)$. 令 $n\to\infty$，用 Fatou 引理及大数律.

29. **a**. 以 $\varphi(a,\sigma,x)$记 $N(a,\sigma^2)$的密度，设 $\sum_{i=1}^n p_i\varphi(a_i,\sigma_i,x)=\varphi(a,\sigma,x)$. 不妨设一切 $p_i>0$. 若σ小于某个σ_i，则$\lim\limits_{x\to\infty}\varphi(a,\sigma,x)/\varphi(a_i,\sigma_i,x)=0$，矛盾. 若$\sigma$大于一切$\sigma_i$，则$\lim\limits_{x\to\infty}\varphi(a_i,\sigma_i,x)/\varphi(a,\sigma,x)=0$，矛盾. 设 $\sigma=\max\limits_i\sigma_i=\sigma_1$. 若 $a_1\neq a$，则 $\varphi(a,\sigma,x)/\varphi(a_i,\sigma_i,x)\to 0$ 当 $x\to\infty$或 $x\to-\infty$. 如果 $a_1=a$，则如

$\sigma_i<\sigma$ 对 $i\geqslant 2$，则 $\sum_{i=1}^{n} p_i\varphi(a_i,\sigma_i,x)/\varphi(a,\sigma,x)\to p_1<1$，矛盾．若 $\sigma_2=\sigma$，则 $a_2\neq a$，仍有 $\varphi(a,\sigma,x)/\varphi(a_2,\sigma_2,x)\to 0$ 当 $x\to\infty$ 或 $x\to-\infty$．

b．以 $-\ln\lambda$ 作参数，Poisson 分布有标准指数型 $C(\theta)e^{\theta x}d\mu(x)$．一般可以证明：对参数空间 Θ 上的概率测度 ν，若 $\nu(\{\theta_0\})\neq 1$，则当 μ 的支撑无界时，不可能有 $\int_{\Theta} C(\theta)e^{\theta x}d\nu(\theta)=C(\theta_0)e^{\theta_0 x}$ a.e. $\mu(x)$．为确定计，设 $\mu([a,\infty))>0$ 对任何 a．不妨设 $\nu(\{\theta_0\})=0$（否则以 $\Theta-\{\theta_0\}$ 取代 Θ）．若 $\nu(\theta_0,\infty)>0$，则存在 $\varepsilon>0$ 使 $\nu([\theta_0+\varepsilon,b])\equiv d>0$ 而 $b\in\Theta$．当 x 充分大时有 $\int_{\Theta} C(\theta)e^{\theta x}d\nu(\theta)\geqslant dce^{(\theta_0+\varepsilon)x}$，其中 $c=\min\limits_{\theta_0+\varepsilon\leqslant\theta\leqslant b} C(\theta)>0$，这将导出 $C(\theta_0)e^{\theta_0 x}\Big/\int_{\Theta} C(\theta)e^{\theta x}d\nu(\theta)\to 0$ 当 $x\to\infty$，矛盾．因此应有 $\nu(-\infty,\theta_0)=1$．但分布 $C(\theta)e^{\theta x}d\mu(x)$ 的均值 $m(\theta)$ 是 θ 的严增函数（何故），故分布 $\int_{\Theta} C(\theta)e^{\theta x}d\nu(\theta)d\mu(x)$ 的均值 $\int_{(-\infty,\theta_0)} m(\theta)d\nu(\theta)<m(\theta_0)$，矛盾．当 $\mu((-\infty,a))>0$（对任何 a）时证明相似（注：μ 支撑无界很重要．例如，$B(1,\theta_1)$ 和 $B(1,\theta_2)$ 的混合为 $B(1,\theta)$）．

c．记 $b(n,x,\theta_i)=b_i$，$\varphi_i=\dfrac{\theta_i}{1-\theta_i}$，$d(x)=\dbinom{n}{x+1}\Big/\dbinom{n}{x}$，则 $b(n,x+1,\theta_i)=\varphi_i b_i d(x)$，$b(n,x+2,\theta_i)=\varphi_i^{\,2} b_i d(x)d(x+1)$．若 $\sum_{i=1}^{k} p_iB(n,\theta_i)$ 为 $B(n,\theta)$，则应有

$$\sum_{i=1}^{k} p_ib(n,x+1,\theta_i)\Big/\sum_{i=1}^{k} p_ib(n,x,\theta_i)=\varphi d(x),$$

$$\sum_{i=1}^{k} p_ib(n,x+2,\theta_i)\Big/\sum_{i=1}^{k} p_ib(n,x+1,\theta_i)=\varphi^2 d(x)d(x+1),$$

此处 $\varphi=\dfrac{\theta}{1-\theta}$，且 $0\leqslant x\leqslant x+2\leqslant n$．由此有 $\sum_{i=1}^{k} p_ib_i\sum_{i=1}^{k} p_ib_i\,\theta_i^{\,2}=\left(\sum_{i=1}^{k} p_ib_i\theta_i\right)^2$．但左－右 $=\sum_{i<j}^{k} p_ip_jb_ib_j(\theta_i-\theta_j)^2$，不妨设 $p_i>0$，$\theta_1,\cdots,\theta_k$ 全不同，上式大于 0，故得矛盾（此处还有一个细节，即 $b_1,\cdots,b_k$ 中不为 0 的个数少于 2，这个情况不难另行处理）．

30. **a**. 不难看到，$\int_{S_x} I_A(u,v)\mathrm{d}u\mathrm{d}v$ 对 x 的导数 $\leqslant 2x$，加上这个条件后就成为充要条件. 例如，$f(x)=x^3$ 当 $0<x<1$，$f(x)=x^2$ 当 $x\geqslant 1$ 满足题中之条件而不满足此补充条件，因而不能表为 $\int_{S_x} I_A\mathrm{d}u\mathrm{d}v$ 的形式. **b**. 除非 $f(x)=x^2$，A 不唯一，所有 A 之集为

$$\begin{aligned}\mathscr{A}=\{A:&|A\cap\{x=a,0\leqslant y\leqslant a\}|\\&+|A\cap\{y=a,0\leqslant x\leqslant a\}|=2a,a>0\ \text{a.e.}\,L\},\end{aligned}$$

这里 $|\cdot|$ 指一维 L 测度.

31. **(1)**$^\circ$ 平凡. Y_i 的密度为 $(n+1-i)\mathrm{e}^{-(n+1-i)x}I(x>0)\mathrm{d}x$. **(3)** 由(1)推出，因其中的 $Y=nY_1+(n-1)Y_2+\cdots+(n-r+1)Y_r$，右边独立，各项有公共分布 $\chi_2{}^2/\theta$，故 $Y\sim\chi_{2n}{}^2/\theta$. **(2)**$^\circ$ 设总体分布有密度 $f(x)\mathrm{d}x$，则 Y_i 有密度，记为 g_i. 由 Y_i 独立，有

$$n!f(y_1)f(y_1+y_2)\cdots f(y_1+\cdots+y_n)=g(y_1)\cdots g(y_n).$$

依次令 $y_2=\cdots=y_n=0$，$y_1=y_3=\cdots=y_n=0$，$y_3=\cdots=y_n=0$，得

$$g_1(y_1)=l_1f^n(y_1),\quad g_2(y_2)=l_2f^{n-1}(y_2),$$

$$g(y_1)g(y_2)=l_3f(y_1)f^{n-1}(y_1+y_2),$$

$l_i>0$ 为常数，于是得 $f(y_1+y_2)=lf(y_1)f(y_2)$. 取 $h(y)=\ln(lf(y))$，得 $h(y_1+y_2)=h(y_1)+h(y_2)$，对 $y_1\geqslant 0$，$y_2\geqslant 0$. 于是 $h(y)=ay$，而 $f(y)=l^{-1}\mathrm{e}^{ay}$，$y>0$. 由

$$f(y)>0\text{ 当 }y>0\quad\text{及}\quad\int_0^\infty f(y)\mathrm{d}y=1$$

得 $l^{-1}>0$，而 $a=-l$，即 $f(y)=l^{-1}\mathrm{e}^{-ly}$.

32. 以 $\Theta=(0,1]$ 为例，令

$$\begin{aligned}f(x,\theta)\mathrm{d}x=&C(\theta)\exp(\theta(\theta-1)x+\theta\ln x)x(1+x)^{r+1}\\&\cdot[\ln(2+x)]^{-2}I(x>0)\mathrm{d}x,\end{aligned}$$

$r\geqslant 0$ 给定. 其他情况类似而稍加修改.

33. **(1)**$^\circ$ 平凡. $\sup\limits_{n\geqslant 1}\mu_n(B)<\infty$ 是为了使 μ 为 σ 有限. **(2)**$^\circ$ 取密度

$$C(\theta)\exp((a'\theta+b)x_1)I(x_1<0)\prod_{i=1}^{p}(1+x_i{}^2)^{-1}\mathrm{d}x_1\cdots\mathrm{d}x_k,$$

再通过变换 $t=ax_1$ 化归自然形式. **(3)**° 设 $c\overline{\in}\Theta$. 找 Θ 之内点 u, 连结 $c,u,\overline{cu}$ 交 Θ 的边界 $\overline{\Theta}$ 于 ξ. 找 $\{\xi_n\}\subset E$, 使 $\xi_n\to\xi$, 然后证明: 当 n 充分大时, c 必在过 ξ_n 的支撑平面之与 Θ 不同的那一侧. 开集的情况远为复杂, 此与最后一问, 见作者,《科学通报》, 1996: 1741～1743.

34. 平凡.

35. 不妨设 $a_0=0$. 记

$$b=a/\|a\|,\quad \mathscr{X}_1=\{x:x\in\mathscr{X},b'x\geqslant 0\},\quad \mathscr{X}_2=\mathscr{X}-\mathscr{X}_1,$$

$$g(t)=f(bt)=\int_{\mathscr{X}_1}\mathrm{e}^{tb'x}\mathrm{d}\mu(x)+\int_{\mathscr{X}_2}\mathrm{e}^{tb'x}\mathrm{d}\mu(x)\equiv J_1+J_2.$$

当 $t\uparrow\|a\|$ 时, 第一项用单调收敛定理, 第二项用 $0\leqslant \mathrm{e}^{tb'x}\leqslant 1$ 当 $x\in\mathscr{X}_2$, $\mu(\mathscr{X}_2)<\infty$ (因 $f(0)<\infty$).

反例: θ 为一维, $a_0=1, a_1=0, \mathrm{d}\mu=(1+x^2)^{-1}I(x>0)\mathrm{d}x$.

36. **(1)**° 平凡. **(2)**° 第一式: 找 $x_0\in(x,b)$, 则 $\mu([x_0,b])\equiv g>0$. 有 $C(\theta)\leqslant(g\mathrm{e}^{\theta x_0})^{-1}$, 故 $C(\theta)\mathrm{e}^{\theta x}\leqslant g^{-1}\mathrm{e}^{-\theta(x_0-x)}\to 0$ 当 $\theta\to\infty$. 对第二式, 不妨设 $\mu(\mathscr{X})<\infty$. 有 $1=\int_{\mathscr{X}-[b-\varepsilon,b]}C(\theta)\mathrm{e}^{\theta x}\mathrm{d}\mu+\int_{[b-\varepsilon,b]}C(\theta)\mathrm{e}^{\theta x}\mathrm{d}\mu\equiv J_1+J_2$, $J_1\leqslant \mathrm{e}^{-\theta\varepsilon/2}\int_{\mathscr{X}}C(\theta)\mathrm{e}^{\theta(b-\varepsilon/2)}\mathrm{d}\mu\leqslant a(\varepsilon)\int_{[b-\varepsilon/2,b]}C(\theta)\mathrm{e}^{\theta x}\mathrm{d}\mu\leqslant a(\varepsilon)\to 0$, 当 $\theta\to\infty$, $a(\varepsilon)=\mathrm{e}^{-\theta\varepsilon/2}\mu(\mathscr{X})/\mu([b-\varepsilon/2,b])$. 故 $1=\lim_{\theta\to\infty}J_2\leqslant\liminf_{\theta\to\infty}C(\theta)\mathrm{e}^{b\theta}\mu([b-\varepsilon,b])$, 由 ε 的任意性, 得 $\liminf_{\theta\to\infty}C(\theta)\mathrm{e}^{b\theta}\geqslant[\mu(\{b\})]^{-1}$. 另一方面, $C(\theta)\mathrm{e}^{\theta b}\mu(\{b\})\leqslant 1$. 对第三式, 由第二式, $[\mu([b])]^{-1}>0$ 及 $C(\theta)\mathrm{e}^{x\theta}=C(\theta)\mathrm{e}^{b\theta}\mathrm{e}^{(x-b)\theta}$ 推出.

37. 不一定. 考察例子 $\{C(\theta)\exp(\theta x+\theta y)(1+x^2y^2)I(x<0,y<0)\mathrm{d}x\mathrm{d}y, \theta>0\}$.

38. 先考察一维 $C(\theta)\mathrm{e}^{\theta x}\mathrm{d}\mu$. 设 $\theta_1<\theta_2$, 分布函数分别记为 F_1 和 F_2. 存在 x_0 使 $C(\theta_1)\mathrm{e}^{\theta_1 x}>(<)C(\theta_2)\mathrm{e}^{\theta_2 x}$ 当 $x<x_0$ $(x>x_0)$ 且 $\mu(X>x_0)>0,\mu(X<0)>0$ (不然 θ,θ_2 会相应同一分布). 由此可推出 $F_1(x)>F_2(x)$ 对一切 x, 并进而推出 $\mathrm{E}_{\theta_1}(x)<\mathrm{E}_{\theta_2}(x)$. 对多维情况, 考虑线段 $\overline{\theta_1\theta_2}$, 引入单参数 $t:0\leqslant t\leqslant 1,\theta=\theta_1+ta, a=\theta_2-\theta_1$, 用已证情况.

39. **(1)**° 记 $[\pi(1+(x-\theta)^2)]^{-1}=f(x,\theta)$. 若 f 有指数型

$$f(x,\theta)\mathrm{d}x = C(\theta)\exp\Big(\sum_{i=1}^{k} Q_i(\theta)T_i(x)\Big)h(x)\mathrm{d}x, \tag{6}$$

任取 $k+2$ 个 θ 值,$\theta_1<\theta_2<\cdots<\theta_{k+2}$,有

$$p_j(x) \equiv \ln f(x,\theta_j) = \ln C(\theta_j) + \sum_{i=1}^{k} Q_i(\theta_j)T_i(x) + \ln h(x) \text{ a.e.} L,$$

$$1 \leqslant j \leqslant k+2,$$

例外集可与 i 有关. 记 $q_j(x)=[p_j(x)-\ln C(\theta_j)]-[p_{k+2}(x)-\ln C(\theta_{k+2})]$, $\widetilde{Q}_i(\theta_j)=Q_i(\theta_j)-Q_i(\theta_{k+2})$,$1\leqslant i\leqslant k$,$1\leqslant j\leqslant k+1$,有

$$q_j(x) = \sum_{i=1}^{k} \widetilde{Q}_i(\theta_j)T_i(x) \quad \text{a.e.} L, \quad 1 \leqslant j \leqslant k+1.$$

由此式推出:$k+1$ 个函数 q_i($1\leqslant j\leqslant k+1$) a.e. L 线性相关,即存在不全为 0 的常数 $c_1,\cdots,c_{k+1}$,使 $\sum_{j=1}^{k+1} c_j q_j(x) = 0$ a.e. L. 由于 q_j 连续,"a.e. L"可去掉. 这等于说存在常数 $d_1,\cdots,d_{k+3}$,其中 $d_1,\cdots,d_{k+3}$,其中 $d_1,\cdots,d_{k+1}$ 不全为 0,使 $\sum_{j=1}^{k+2} d_j P_j(x) + d_{k+3} \equiv 0$. 这不可能(如何验证?).

用期望无限去证不对. 因表成(6)式时,集$\{(Q_1(\theta),\cdots,Q_k(\theta)):-\infty<\theta<\infty\}$作为 $\mathbb{R}^k$ 之子集,不必有内点.

(2)° 用同样证法,且最后 一步易验证:因等式 $\sum_{j=1}^{k+2} d_j\,|\,x-\theta_j\,|+d_{k+3}=0$,右边处处可导,而左边在 θ_j 处不可导(当 $d_j\neq 0$ 时,$d_1,\cdots,d_{k+1}$ 中总有一个不为 0).

(3)° 一个例子是 $C(\theta)\exp(-(x-\theta)^4)\mathrm{d}x$. 把 $(x-\theta)^4$ 展开以写成(6)式的形式.

40. $\Rightarrow$ 显然. $\Leftarrow$ 利用指数型分布给定 Y 时 X 的条件分布为指数型,而由独立性,条件分布即 X 的无条件分布. 反例. $\Rightarrow$ 不对:取 $\varepsilon>0$ 充分小,令 $f_\theta(x,y)\mathrm{d}x\mathrm{d}y=[(2\pi)^{-1}\exp(-(x-\theta_1)^2/2-(y-\theta_2)^2/2)+\varepsilon g_\theta(x,y]\mathrm{d}x\mathrm{d}y$,其中

$$g_\theta(x,y) = \begin{cases} 1, & \theta_1 \leqslant x < \theta_1+1,\ \theta_2 \leqslant y < \theta_2+1, \\ & \text{或 } \theta_1-1 < x < \theta_1,\ \theta_2-1 < y < \theta_2, \\ -1, & \theta_1 \leqslant x < \theta_1+1,\ \theta_2-1 < y < \theta_2, \\ & \text{或 } \theta_1-1 < x < \theta_1,\ \theta_2 \leqslant y < \theta_2+1. \end{cases}$$

$\Leftarrow$不对：$f_\theta(x,y)\mathrm{d}x\mathrm{d}y = C(\theta)\mathrm{e}^{\theta_1 x+\theta_2 y}\mathrm{e}^{-x^2-y^2}(1+x^2y^2)\mathrm{d}x\mathrm{d}y$.

41,**42**. 平凡.

43. 若记 $\delta(x)$ 为有样本 x 时取行动 1 的概率，则一切使 $M(\delta)$ 最小的 δ 有形式 $\delta(x) = 0, 1 \leqslant x \leqslant 2$, a.e. L；$\int_0^1 \delta(x)\mathrm{d}x = 2/3$.

44. 掷两次有 4 个可能结果：HH, HT, TH, TT. 使 $M(\delta)$ 最小的 δ（$\delta(x)$ 是有样本 x 时，取决策"$\frac{1}{4}$"的概率，下同）为：$\delta(HH) = 1 - \delta(TT) = 0$，$\delta(HT) = 1 - \delta(TH) = p$，$0 \leqslant p \leqslant 1$，其中 $p = 0$ 和 1 相应于非随机决策函数.

如果只记录了两次投掷出现正面总次数 x，则使 $M(\delta)$ 最小的 δ 唯一且为随机化的：$\delta(0) = 1 - \delta(2) = 2\delta(1) = 1$.

45. 易算出风险和 $\sum_{i=1}^{m} R(\theta_i, \delta)$ 有线性型 $\sum_{j=1}^{l}\sum_{i=1}^{k} e_{ij}d_{ij}$，其中 e_{ij} 由全体 $\{p_{ij}\}$ 和 $\{c_{ij}\}$ 确定. 由此就得出：使此量达到最小的 $d_{ij}, \cdots, d_{kj}$ 要如此确定：若 $e_{i_0 j} = \min(e_{ij}, \cdots, e_{kj})$，取 $d_{i_0 j} = 1$，$d_{ij} = 0$ 当 $i \neq i_0$，它是非随机化的（若最小值在几个 i_0 处达到，则也可取为非随机化的）.

如果求使 $M(\delta)$ 最小的 δ，则须解非线性优化问题：

$$d_{ij} \geqslant 0, \quad \sum_{i=1}^{k} d_{ij} = 1, \quad 1 \leqslant j \leqslant n,$$

$$\max\Big(\sum_{j=1}^{l}\sum_{i=1}^{k} c_{ri}p_{rj}d_{ij}, 1 \leqslant r \leqslant m\Big) \text{最小}.$$

46. 前两式平凡，后一式一般不对. 反例：$P(X>0) = 1$，而 $Y = X^{-1}$.

47. 平凡.

48. 前半：$f(X) = \mathrm{E}(Y \mid X)$. 后半：以 ξ_x 记一随机变量，分布为 $Y \mid X = x$，必须对 a.s. x 有 $\mathrm{E}\rho(\xi_x - f(x)) = \min\limits_c \mathrm{E}\rho(\xi_x - c)$. 因为 $\mathrm{E}\rho(\xi_x - c)$ 为 c 的严凸函数，且当 $|c| \to \infty$ 时趋于无穷，满足上述条件的数 $f(x)$ 唯一.

49. 首先验证以下事实：$\{f_i\}$ 是解的充要条件为，对任何 $i(1 \leqslant i \leqslant n)$，以及满足 $\mathrm{E}(a^2(X_i)) < \infty$ 的 $a(X_i)$，应有 $\mathrm{Cov}\Big(Y - \sum_{i=1}^{n} f_i(X_i), a(X_i)\Big) = 0$. 对 X_i 取条件期望，由此易得 $f_i(X_i) = \mathrm{E}(Y \mid X_i) + c_i$，$c_i$ 为常数. 而为 $\mathrm{E}\Big(Y - \sum_{i=1}^{n} f(X_i)\Big)^2$ 最小，还必须有 $\mathrm{E}\Big(Y - \sum_{i=1}^{n} f_i(X_i)\Big) = 0$，由此推出

$\sum_{i=1}^{n} c_i = -(n-1)\mathrm{E}Y$，最后得到最佳线性逼近为 $\widetilde{Y} = \sum_{i=1}^{n}\mathrm{E}(Y \mid X_i) - (n-1)\mathrm{E}Y$. 为证 $\mathrm{Var}(Y) = \mathrm{Var}(\widetilde{Y}) + \mathrm{Var}(Y - \widetilde{Y})$，可令 $\mathrm{E}Y = 0$.

对 U 统计量，若记 $\mathrm{E}h(X_1, X_2) = c$，$\mathrm{E}h(x, X_1) = g(x)$，则 $f_1(x) = \cdots = f_n(x) = n^{-1}2[g(x) - c]$.

对秩统计量，为称 $\mathrm{E}(R_i \mid X_j)$，要分 $j = i$ 和 $j \neq i$ 两种情况. 以后者为例，给定 $X_j = x$，算出

$$P(R_i = k \mid X_j = x, X_i = y) = \begin{cases} \binom{n-2}{k-1} F^{k-1}(y)[1 - F(y)]^{n-k-1}, & y < x, \\ \binom{n-2}{k-2} F^{k-2}(y)[1 - F(y)]^{n-k}, & y > x. \end{cases}$$

于是得

$$P(R_i = k \mid X_j = x) = \binom{n-2}{k-1}\int_0^{F(x)} t^{k-1}(1-t)^{n-k-1}\mathrm{d}t + \binom{n-2}{k-2}\int_{F(x)}^{1} t^{k-2}(1-t)^{n-k}\mathrm{d}t,$$

这样就算出 $\mathrm{E}(R_i \mid X_j = x) = \sum_{k=1}^{n} kP(R_i = k \mid X_j = x)$，它没有简洁的表达式.

50. $P(Y = x \mid x) = \sqrt{2}g(\sqrt{2}x)/(\sqrt{2}g(\sqrt{2}x) + \int_0^1 f(x,y)\mathrm{d}y)$，在 $(0,1) - \{x\}$ 有条件密度

$$f(x,y)\Big/\left[\sqrt{2}g(\sqrt{2}x) + \int_0^1 f(x,y)\mathrm{d}y\right].$$

51. 任何一次抽取得不出结果的概率是

$$\int_{-\infty}^{\infty}\{[kf(x) - g(x)]/[kf(x)]\}f(x)\mathrm{d}x = 1 - k^{-1},$$

所以，前 n 次无结果，第 n 次有结果且结果落在 $[x, x + \Delta x]$ 内的概率为 $(1 - k^{-1})^{n-1}f(x)\Delta x g(x)/[kf(x)] = k^{-1}(1 - k^{-1})^{n-1}g(x)\Delta x$. 此式对 n 求和，结果为 $g(x)\Delta x$.

52. 对前者,作变换 $Y_1 = X_1 + \cdots + X_n, Y_i = X_i (2 \leqslant i \leqslant n)$. 对后者,作正交变换 $Y_1 = \sqrt{n}\ \bar{X}, Y_i = \sum_{j=1}^{n} c_{ij} x_j (2 \leqslant i \leqslant n)$. 证明条件分布$(Y_2, \cdots, Y_n) | Y_1$与$\theta$无关即可.

53. 记$\mu = \sum_{i=1}^{m} P_i$,则$p_i \ll \mu (1 \leqslant i \leqslant m)$. 令$p_i(x) = \mathrm{d}p_i(x)/\mathrm{d}\mu (1 \leqslant i \leqslant m)$,有$\sum_{i=1}^{m} p_i(x) = 1$. 令$T = (t_1, \cdots, t_{m-1}) = (p_1(x), \cdots, p_{m-1}(x))$, $g(\theta, T) = p_i(x)$当$\theta = i$, $g(\theta, T) = 1 - \sum_{i=1}^{m-1} p_i(x)$当$\theta = m$,则有$p_\theta(x) = g(\theta, T(x))$,用因子分解定理.

54. 设$\mathscr{X} = \{x_1, x_2, \cdots\}$,不妨设$x_1, x_2, \cdots$两两不同. 作统计量$T(x) = i$,当$x = x_i$. 则在给定$T(x) = t$时,$X$的条件分布以概率1取$x_t$为值,此分布与参数无关($\mathscr{X}$及$\{1, 2, \cdots\}$中要怎样取$\sigma$域才能使此证明有效?).

55. 按假定,存在$P(B, t)$满足充分统计量定义中的条件. 记$E = \{t: P(A, t) = 0\}$. 令$\widetilde{P}(B, t) = P(A \cap B, t)/P(A, t)$当$t \overline{\in} E$, $\widetilde{P}(B, t) = 0$,当$t \in E$,往证$\widetilde{P}$符合T为$\{\widetilde{P}, \theta \in \Theta\}$之充分统计量之两条件. $\widetilde{P}(B, \cdot)$可测由$P(B, \cdot)$可测推出. 记$\widetilde{P}_\theta^T$为$\widetilde{P}_\theta$在$\mathscr{B}_{\mathscr{T}}$上的导出测度,则当$C \in \mathscr{B}_{\mathscr{T}}$时,有

$$\begin{aligned} \widetilde{P}_\theta^T(C) &= \widetilde{P}_\theta(T^{-1}(C)) = P_\theta(A \cap T^{-1}(C))/P_\theta \\ &= \int_C P(A, t) \mathrm{d}P_\theta^T(t)/P_\theta(A), \end{aligned}$$

于是

$$\begin{aligned} \int_C \widetilde{P}(B, t) \mathrm{d}\, \widetilde{P}_\theta^T(t) &= \int_C \widetilde{P}(B, t) P(A, t) \mathrm{d}P_\theta^T(t)/P_\theta(A) \\ &= \int_C P(A \cap B, t) \mathrm{d}P_\theta^T(t)/P_\theta(A) \\ &= P_\theta(A \cap B \cap T^{-1}(C))/P_\theta(A) \\ &= \widetilde{P}_\theta(B \cap T^{-1}(C)), \end{aligned}$$

证明了另一条件.

56. **(1)**° 平凡(用分解定理). **(2)**° 由假定知,T对X及S对T的正则条件概率函数$p(\cdot, t)$及$q(\cdot, s)$都存在,与θ无关. 往证:

$$r(A,s) = \int_{\mathcal{T}} q(\mathrm{d}t,s)p(A,t)$$

是 S 对 X 的正则条件概率函数. 为此,取 $B\in\mathscr{B}_s$,记$\widetilde{\mathscr{B}}=\{t:t\in\mathcal{T},s(t)\in B\}$,则有

$$\int_B q(C,s)\mathrm{d}P_\theta^s(s) = P_\theta^T(C\cap\widetilde{B}),\quad C\in\mathscr{B}_{\mathcal{T}}.$$

因此$(s*t:s*t(x)=s(t(x)))$

$$\begin{aligned}P_\theta^x(A\cap(s*t)^{-1}(B)) &= P_\theta^x(A\cap T^{-1}(\widetilde{B}))\\ &= \int_{\widetilde{B}} p(A,t)\mathrm{d}P_\theta^T(t),\end{aligned}$$

而

$$\begin{aligned}\int_B r(A,s)\mathrm{d}P_\theta^s(s) &= \int_B\left(\int_{\mathcal{T}} q(\mathrm{d}t,s)p(A,t)\right)\mathrm{d}P_\theta^s(s)\\ &= \int_{\mathcal{T}}\left(\int_B q(\mathrm{d}t,s)\mathrm{d}P_\theta^s(s)\right)p(A,t)\\ &= \int_{\mathcal{T}} P_\theta^T(\mathrm{d}t\cap\widetilde{B})p(A,t)\\ &= \int_{\widetilde{B}} p(A,t)\mathrm{d}P_\theta^T(t)\\ &= P_\theta^x(A\cap(S*t)^{-1}(B)),\end{aligned}$$

这证明了所要结果. 由于 $r(A,s)$与 θ 无关,证明了统计量 $S=S(T(X))$的充分性.

57. 定义 $P_{\theta,\varphi}(M,(t_1,t_2))=P_{\theta,\varphi}(M|T_1,T_2)|_{(T_1,T_2)=(t_1,t_2)}$,此处 $M\in\mathscr{B}_x\times\mathscr{B}_y$,$(t_1,t_2)\in\mathcal{T}_1\times\mathcal{T}_2$,$\mathcal{T}_1$,$\mathcal{T}_2$分别是 T_1和 T_2的值域空间. 记$\mathscr{F}=\{M:M\in\mathscr{B}_x\times\mathscr{B}_y$,$P_{\theta,\varphi}(M,\cdot)$可取得与$(\theta,\varphi)$无关$\}$,则易见若 $M=A\times B$,其中 $A\in\mathscr{B}_x$,$B\in\mathscr{B}_y$,则 $M\in\mathscr{F}$,此因按题中假定,易验证 $P(A,t_1)\widetilde{P}(B,t_2)$适合 $P_{\theta,\varphi}(A\times B|T_1,T_2)$的全部条件,对任何 θ,φ($P(A,t_1)$和$\widetilde{P}(B,t_2)$分别是因 T_1,T_2的充分性而规定的). 其次,由条件概率之单调收敛性,易验证 $\mathscr{F}$ 为单调类. 由于包含一切形如 $A\times B(A\in\mathscr{B}_x,B\in\mathscr{B}_y)$之集之单调类必包含 $\mathscr{B}_x\times\mathscr{B}_y$,于是得证.

为证其逆,设(T_1,T_2)关于$\{P_\theta\times\widetilde{P}_\varphi,(\theta,\varphi)\in\Theta\times\widetilde{\Theta}\}$充分,则有 $P(M,(t_1,$

$t_2)$). 令 $P(A,t_2)=\int_{\mathscr{T}_2} P(A\times\mathscr{Y},(t_1,t_2)\mathrm{d}\widetilde{P}_{\varphi_0}^{T_2}(t_2)$. 此处 φ_0 是 $\widetilde{\Theta}$ 中任意固定之一点,$A\in\mathscr{B}_x$. 显然,$P(A,\cdot)$是$(\mathscr{X},\mathscr{B}_x)$到$(\mathscr{T}_1,\mathscr{B}_{T_1})$的可测函数. 其次,若 $B\in\mathscr{B}_{\mathscr{T}_1}$,则

$$\begin{aligned}\int_B P(A,t_1)\mathrm{d}P_\theta^{t_1}(T_1) &= \int_{B\times\mathscr{T}_2} P(A\times\mathscr{Y},(t_1,t_2))\mathrm{d}P_\theta^{T_1}(t_1)\mathrm{d}\widetilde{P}_{\varphi_0}(t_2)\\ &= (P_\theta\times\widetilde{P}_{\varphi_0})((A\times\mathscr{Y})\cap(T_1^{-1}(B)\times T_2^{-1}(\mathscr{T}_2)))\\ &= P_\theta(A\cap T_1^{-1}(B))\widetilde{P}_{\varphi_0}(\mathscr{Y})\\ &= P_\theta(A\cap T^{-1}(B)),\end{aligned}$$

此证明了 T_1是$\{P_\theta,\theta\in\Theta\}$的充分统计量. 关于 T_2的部分同样证明.

58. 显然不对. 例如,取 $A=\mathscr{T}$,则 $P_\theta(\cdot\mid T\in A)=P_\theta(\cdot)$,与 θ 有关. 又若设 $X_1,\cdots,X_5$ 为两点分布 $P_\theta(X=1)=1-P_\theta(X=0)$ 的 iid. 样本,$T=\sum_{i=1}^{b}X_i$,则 $P((1,1,0,0,0)\mid T\in\{2,3\})=(1-\theta)/10$,与 θ 有关. 直观上看,只知道 T 的值落在某集内而不确知 T 之值,不见得能包含样本的全部信息.

59. 先考虑 $\Theta=\{\theta_0,\theta_1,\cdots\}$为可列的情况. 以$(\mathscr{T},\mathscr{B}_\mathscr{T})$记 T 的值域空间,取常数 $c_i>0$, $\sum_{i=0}^{\infty}c_i=1$. 令$\lambda=\sum_{i=0}^{\infty}c_iP_{\theta_i}$,则$\{P_{\theta_i},i\geqslant0\}$等价于$\lambda(\{P_{\theta_i}(A)=0,i\geqslant1\}\Leftrightarrow\lambda(A)=0)$. 按定理 1.2 的证明(见"预备事实"以下那一段),为证 T 充分,只需证 $\mathrm{d}P_i(x)/\mathrm{d}\lambda(x)$对每个 $i\geqslant0$ 都可表为 $g_i(T(x))$的形式,$g_i(t)$为 $\mathscr{B}_\mathscr{T}$可测. 任取 $j>0$. 因 T 关于$(P_{\theta_0},P_{\theta_j})$充分且 $P_{\theta_0}\ll c_0P_{\theta_0}+c_jP_{\theta_j}$,$P_{\theta_j}\ll c_0P_{\theta_0}+c_jP_{\theta_j}$,故 $\mathrm{d}P_{\theta_0}(x)/\mathrm{d}(c_0P_{\theta_0}+c_jP_{\theta_j})=f_j(T(x))$,$f_j$ 为 $\mathscr{B}_\mathscr{T}$可测. 记 $E_j=\{t:f_j(t)=0\}$,在 $\mathscr{X}-T^{-1}(E_j)$上有 $\mathrm{d}(C_0P_{\theta_0}+c_jP_{\theta_j})/\mathrm{d}P_{\theta_0}=1/f_j(T(x))\geqslant c_0>0$,即 $\mathrm{d}(c_jP_{\theta_j})/\mathrm{d}P_{\theta_0}=f_j^{-1}(T(x))-c_0$. 记 $E=\sum_{j=1}^{\infty}T^{-1}(E_j)$(它属于 $T^{-1}(\mathscr{B}_\mathscr{T})$),在 $\mathscr{X}-E$ 上有 $\mathrm{d}\lambda/\mathrm{d}P_{\theta_0}=c_0+\sum_{j=1}^{\infty}[f_j^{-1}(T(x))-c_0]\geqslant c_0>0$,因而在 $\mathscr{X}-E$ 上有

$$\mathrm{d}P_{\theta_0}(x)\mathrm{d}\lambda=\left\{c_0+\sum_{j=1}^{\infty}[f_j^{-1}(T(X))-c_0]\right\}^{-1}.$$

因 $P_{\theta_0}(E) \leqslant \sum_{j=1}^{\infty} P_{\theta_0}(T^{-1}(E_j)) = \sum_{j=1}^{\infty} \int_{T^{-1}(E_j)} f_j(T(X))\mathrm{d}(c_0 P_{\theta_0}(x) + c_j P_{\theta_j}(x)) = 0$，在 E 上可任意规定 $\mathrm{d}P_{\theta_0}(x)/\mathrm{d}\lambda$ 之值（例如 0），对 $j \geqslant 1$ 同样处理.

对一般情况，因 $\{P_\theta, \theta \in \Theta\}$ 可控，按定理 1.2 证明中的预备事实 c，存在一与之等价的概率测度 $\lambda = \sum_{j=1}^{\infty} c_j P_{\theta_j}, c_j > 0, \sum_{j=1}^{\infty} c_j = 1$. 任取 $\theta \in \Theta$ 而考虑族 $\{P_\theta, P_{\theta j}, j \geqslant 1\}$. 按已证部分，若取 $\tilde{\lambda} = P_\theta + \lambda$，则 $\mathrm{d}P_\theta(x)/\mathrm{d}\tilde{\lambda}$ 可表为 $f_\theta(T(x))$ 的形式，$f_\theta(t)$ 为 $\mathscr{B}_{\mathscr{T}}$ 可测. 记 $E = \{t : f_\theta(t) = 0\}$，在 $\mathscr{X} - T^{-1}(E)$ 上有 $\mathrm{d}\tilde{\lambda}(x)/\mathrm{d}P_\theta = g_\theta(T(x)) \equiv f_\theta^{-1}(T(x))$，因此 $\mathrm{d}\lambda(x)/\mathrm{d}P_\theta = g_\theta(T(x)) - 1$ 于 $\mathscr{X} - T^{-1}(E)$ 上. 记 $E^* = \{t : g_\theta(t) = 1\}$，则 $\lambda(T^{-1}(E^*)) = 0$. 因 $P_\theta \ll \lambda$，有 $P_\theta(T^{-1}(E^*)) = 0$，故 $P_\theta(T^{-1}(E) \cup T^{-1}(E^*)) = 0$. 在 $\mathscr{X} - (T^{-1}(E) \cup T^{-1}(E^*))$ 上有 $\mathrm{d}P_\theta(x)/\mathrm{d}\lambda = [g_\theta(T(x)) - 1]^{-1}$. 因 $P_\theta(T^{-1}(E) \cup T^{-1}(E^*)) = 0$，在集 $T^{-1}(E) \cup T^{-1}(E^*)$ 上可任意规定 $\mathrm{d}P_\theta(x)/\mathrm{d}\lambda$ 之值，例如 0. 这样，对每个 $\theta \in \Theta$，$\mathrm{d}P_\theta(x)/\mathrm{d}\lambda$ 可表为 $T(x)$ 的可测函数（与 θ 有关）. 按定理 1.2 证明中提到的事实，这证明了 T 关于 $\{P_\theta, \theta \in \Theta\}$ 的充分性.

60. 平凡.

61. 由 $\sum_{i=1}^{n} X_i$ 的充分性及 X_i 的密度 $f_\theta(x)$ 处处大于 0，利用因子分解定理，可知存在函数 $g(x, \theta)$ 及 h，使 $\sum_{i=1}^{n} \ln f_\theta(x_i) = g(x_1 + \cdots + x_n, \theta) + h(x_1, \cdots, x_n)$. 固定 $\theta_0 \in \Theta$，取 $\theta \in \Theta$，令 $r(x, \theta) = \ln f_\theta(x) - \ln f_{\theta_0}(x)$，易算出 $r(x_1 + \cdots + x_n, \theta) - r(0, \theta) = \sum_{i=1}^{n} [r(x_i, \theta) - r(0, \theta)]$. 由 x_i 的任意性知，$r(x, \theta) - r(0, \theta)$ 为 x 的线性函数，系数与 θ 有关，即 $r(x, \theta) = Q(\theta)x + r(0, \theta)$，于是 $f_\theta(x) = C(\theta)\mathrm{e}^{Q(\theta)x}\tilde{h}(x), C(\theta) = \mathrm{e}^{r(0,\theta)}, \tilde{h}(x) = f_{\theta_0}(x)$（在算 $r(x_1 + \cdots + x_n, \theta)$ 时，要求在公式 $\sum_{i=1}^{n} \ln f_\theta(x_i) = g(x_1 + \cdots + x_n, \theta) h(x_1, \cdots, x_n)$ 中，以 $\sum_{i=1}^{n} x_i$ 取代 x_1，0 取代 $x_2, \cdots, x_n$）.

注 (1) 若 $f_\theta(x)$ 有共同支撑 $(a, b)(-\infty \leqslant a < b \leqslant \infty)$，以上证明仍有效. 这包含了 $\theta \mathrm{e}^{-\theta x} I(x > 0)$ 的情况.

(2) 以上解法忽略了一个重要细节，即按分解定理，$\sum_{i=1}^{n}\ln f_\theta(x_i) = g(x_1+\cdots+x_n,\theta)+h(x_1,\cdots,x_n)$ 只是对$(x_1,\cdots,x_n)$ a.e. L 成立(例外集与 θ 有关)，而非处处成立. 这样，等式 $r(x_1+\cdots+x_n,\theta)-r(0,\theta)=\sum_{i=1}^{n}[r(x_i,\theta)-r(0,\theta)]$ 也只是对$(x_1,\cdots,x_n)$ a.e. L 成立，由此要推出 $r(x,\theta)-r(0,\theta)$ 有 $Q(\theta)x$ 的形式就难了. 但不难验证：若补充"对任何 $\theta\in\Theta$，$f_\theta(\cdot)$只有有限个不连续点"这个很宽的条件，就容易完成证明.

62. 由分解定理，有

$$f_{\theta_1,\theta_2}(x) = p_1(\theta_1,T_1(x))h_1(\theta_2,x),$$

$$f_{\theta_1,\theta_2}(x) = p_2(\theta_2,T_2(x))h_2(\theta_1,x) \quad \text{a.e.}\, L,$$

故 $p_1/h_2=p_2/h_1$ a.e. L. 左、右边分别与 θ_2,θ_1 无关，故与二者都无关，因而 $h_1(\theta_2,x)=p_2(\theta_2,T_2(x))K(x)$ a.e. L，即

$$f_{\theta_1,\theta_2}(x) = p_1p_2K \quad \text{a.e.}\, L.$$

得证. 其逆不真，反例：

$$f_{\theta_1,\theta_2}(x_1,x_2) = C(\theta_1,\theta_2)(1+x_1{}^2)^{-1}(1+x_2{}^2)^{-1} \cdot \exp(-|\theta_1x_1|-|\theta_2x_1(x_1+x_2)|),$$

$(T_1,T_2)=(X_1,X_1+X_2)$为(θ_1,θ_2)的充分统计量. 给定 θ_2 时，T_1 为 θ_1 之充分统计量，但给定 θ_1 时，T_2 不为 θ_2 之充分统计量.

63. 令 $p|(A,t)=1,1/2$ 或 0，视 $\pm t$ 全属于 A，之一属于 A，或二者都不属于 A 而定. 问题在证 $p(A,\cdot)$可测. 这对形如 $\bigcup_{i=1}^{m}[a_i,b_i]$成立，且一切具有这种性质的 A 构成单调类.

64. 问题与上题一样，在于证明 $P(A,\cdot)$的可测性，方法也与上题一样.

65. 引进测度 μ：$\mu(A)=I(0\in A)+\sqrt{2\pi}^{-1}\int_A e^{-x^2/2}dx$. 当参数为 $\sigma\geqslant 0$ 时，$(X_1,\cdots,X_n)$有密度 $g(\sigma^2,T)h(x_1,\cdots,x_n)d\mu^n$，其中 $T=\sum_{i=1}^{n}x_i{}^2$，$g(\sigma^2,T)=(2\pi)^{-n/2}\exp(-T/2\sigma^2)$ 当 $\sigma^2>0$，$g(\sigma^2,T)=1$ 当 $\sigma^2=0$，$T=0$，其他处为 0，

$h(x_1,\cdots,x_n)=I(x_i\neq 0,1\leqslant i\leqslant n)$. 用分解定理.

66. 引进$\{0,1\}$上的测度 $\mu(0)=\mu(1)=1$,则$(X_1,\cdots,X_n)$的分布为 $\theta^T(1-\theta)^{n-T}\mathrm{d}\mu^n$. 设 T_1为另一充分统计量,则按分解定理,应有 $\theta^T(1-\theta)^{n-T}=g(\theta,T_1)h(x_1,\cdots,x_n)$, $x_i=0,1,1\leqslant i\leqslant n$(此式本应 a.e. μ^n 成立,但在此处, a.e.μ^n成立就是点点成立). 若 T 不为 T_1之函数,则存在$\{0,1\}^n$中的两个不同点x°与 x',使 $T_1(x^\circ)=T_1(x')$但 $T(x^\circ)\neq T(x')$因此对某 $c>0$,将有 $c\theta^{T(x^\circ)}(1-\theta)^{n-T(x^\circ)}=\theta^{T(x')}(1-\theta)^{n-T(x')}$,对一切 $\theta\in(0,1)$. 由于 $T(x^\circ)\neq T(x')$,这不可能.

(同样证法适用于其他离散分布,如 Poisson 分布. 这里简单之处在于"a.e."就是"点点",不然就会有些麻烦,见下题.)

67. 设 T^* 为另一充分统计量,而 T 不(a.e.μ)是 T_1 的函数,这意味着在 T^* 的值域空间$(\mathscr{T}^*,\mathscr{B}^*)$中存在集 $A\in\mathscr{B}^*$, $\mu(T_1\in A)>0$,使当 $T_1(x)\in A$ 时必存在另一个 x°,使 $T_1(x^\circ)=T_1(x)$,但 $T(x^\circ)\neq T(x)$.

在 Θ 上引进L 测度ν. 按分解定理有

$$C(\theta)\mathrm{e}^{\theta'T(x)}=g(\theta,T_1(x))h(x)\quad \text{a.e. } \mu,\quad \theta\in\Theta, \tag{7}$$

例外集 B_θ可与θ 有关. 记 $B=\{(x,\theta):\theta\in\Theta,x\in B_\theta\}$. 则$(\mu\times\nu)(B)=0$. 必要时在$\mathscr{X}$中去掉一个 μ 零测集,由上式可推出 $\nu(B^x)=0$ 对一切 $x\in\mathscr{X}$, $B^*=\{\theta:(x,\theta)\in B\}$. 因 $\mu(T_1\in A)>0$,集$\{x:T_1(x)\in A\}$非空. 取 x°属于此集. 按上述,存在 $x'\neq x^\circ$, x'也属于此集,但 $T(x')\neq T(x^\circ)$. 分别以 x°, x'代入(7)式,有

$$C(\theta)\mathrm{e}^{\theta'T(x^\circ)}=g(\theta,T_1(x^\circ))h(x^\circ),\quad \text{对 } \theta \text{ a.e.} \nu \text{ 成立},$$

$$C(\theta)\mathrm{e}^{\theta'T(x')}=g(\theta,T_1(x'))h(x'),\quad \text{对 } \theta \text{ a.e.} \nu \text{ 成立}.$$

由此式及 $T_1(x^\circ)=T(x')$知,$\exp(\theta'(T(x')-T(x^\circ)))=\text{const}$,对 θ a.e. ν 成立. 由于 Θ 有内点,$\nu(\Theta)>0$ 且任一 $k-1$ 维超平面的 L 测度为 0,当 $T(x')\neq T(x^\circ)$时这是不可能的.

68. 取 $n=3$ 的情况来讨论,一般情况类似. 就把次序统计量也记为 $X_1\leqslant X_2\leqslant X_3$. 固定$\theta_0$,若 X_2为充分,则依分解定理,考虑比 $\prod_{i=1}^{3}f(x_i,\theta)\Big/\prod_{i=1}^{n}f(x_i,\theta_0)$,将得 $f(x_1,\theta)f(x_2,\theta)f(x_3,\theta)=g(x_2,\theta)H(x_1,x_2,x_3)$,后者与$\theta$无关. 固定 x_2, x_3,并改 x_1为 x,得

$$f(x,\theta) = K(\theta)p(x), \quad x \leqslant x_2.$$

固定 x_1, x_2,并改 x_3 为 x,得

$$f(x,\theta) = \widetilde{K}(\theta)\,\tilde{p}(x), \quad x \geqslant x_2.$$

考虑到公共支撑及 x_1, x_2, x_3 可取支撑内任何值,将得 $f(x,\theta) = p(x)$ 对一切 θ, x,即一切 P_θ 一样,这不可能.

注 (1) 在非公共支撑的情况结果不对. 例如,若对 $\theta \neq \theta'$, P_θ 的支撑与 $P_{\theta'}$ 的支撑无公共点,则 $\mathrm{med}(X_1, X_2, X_3)$ 完全决定了 θ,因而为充分的.

(2) 此证明适合于任一次序统计量 $X_{(r)}$,只要 $n \geqslant 2$. 中位数的情况有所不一样,因在 n 为偶时,$\mathrm{med}(X_i)$ 并不等于任一个样本. 的确,在 $n = 2$ 时,$\mathrm{med}(X_i)$ 即 $(X_1 + X_2)/2$ 可以是充分的,便如 $f(x,\theta) \sim N(\theta, 1)$ 时. 但对 $n \geqslant 3$ 不存在这种可能. 中位数在数理统计中的作用不如样本的均值 $\overline{X}$,本题是一个解释. 因在重要的指数族场合,$\overline{X}$(或配合其他统计量)往往有充分性.

69. 令 $\tilde{a}_i = Y_i - \overline{Y}$, $a_i = \tilde{a}_i \Big/ \left(\sum_{i=1}^n \tilde{a}_j{}^2\right)^{1/2}$ $(1 \leqslant i \leqslant n)$. 给定 $Y_1, \cdots, Y_n$ 时,r 的条件分布是 $\|\tilde{a}\| \sum_{i=1}^n a_i X_i / S_x$ 的分布. 不妨设 $\theta_1 = \theta_2 = 0$,作正交变换 $T_n = \sqrt{n}\,\overline{X}$, $T_{n-1} = \sum_{i=1}^n a_i X_i$ $\left(\text{注意} \sum_{i=1}^n a_i = 0\right)$, $\cdots$, $T_1 = \sum_{j=1}^n c_{1j} X_j$,上式变为 $\|\tilde{a}\|\, T_{n-1} \Big/ \left(\sum_{i=1}^{n-1} T_i{}^2\right)^{1/2}$, $T_1, \cdots, T_{n-1}$ iid., $N(0,1)$. 此不难通过 t_{n-2} 算出其密度,与 $\|\tilde{a}\|$ 有关. 再注意 $\|\tilde{a}\|^2 \sim \chi_{n-1}{}^2$,经过一次积分即成. 结果为:$r$ 有密度

$$\frac{1}{\sqrt{\pi}} \Gamma\left(\frac{n-1}{2}\right) \Gamma^{-1}\left(\frac{n-2}{2}\right) (1 - r^2)^{(n-4)/2} I(|r| < 1).$$

对 $\rho \neq 0$ 的情况,随机变量 $T_1, \cdots, T_{n-1}$ 仍为独立、正态、方差 1,但均值各不同,故 $\left(\sum_{i=1}^{n-1} T_i{}^2\right)$ 是非中心 x^2,计算复杂些,结果如第 2 章习题 37 所示.

70. 对 $f(x) = I_A(x)$, $A \in \mathscr{B}_{\mathscr{X}}$,结论由充分统计量的定义得出. 于是用测度论的标准证法——由 I_A 到非负简单函数,到非负可积及一般可积函数,即得所要的结果.

71. 记 $M_x=\max(X_i)$, $M_y=\max(Y_j)$,以及

$$q_x = m(m-1)n[H(M)-H(m_y)]h(m_y),$$

$$q_y = mn(n-1)[H(M)-H(m_x)]h(m_x),$$

$$p_x = q_x/(q_x+q_y), \quad p_y = q_y/(q_x+q_y).$$

对 $\max(m_x,m_y)<M<\theta_3$ 及 $\theta_1<m_x<\theta_3$, $\theta_2<m_y<\theta_3$, (M_x,M_y) 在给定 (m_x, m_y, M) 时的条件分布为:

以概率 $p_x=p_x(m_x,m_y,M)$;

$M_x=M$, M_y 有分布函数 $[H(t)-H(m_y)]^{n-1}/[H(M)-H(m_y)]^{n-1}$;以概率 $p_y=1-p_x$;

$M_y=M$, M_x 有分布函数 $[H(t)-H(m_x)]^{m-1}/H[M)-H(m_x)]^{m-1}$.

在 (m_x,m_y,M) 之其他值,条件分布无意义,可任意取. 特别地,将它取为

$$\begin{cases}\text{如上述定义}, & \text{只要 } \max(m_x,m_y)<M, \\ N(0,0,1,1,0), & \max(m_x,m_y)\geqslant M.\end{cases}$$

经过这样一取,这条件分布与 $(\theta_1,\theta_2,\theta_3)$ 完全无关,也可以解释为: $T_1\equiv(m_x, m_y, M_x, M_y)$ 的条件分布(给定 $T=(m_x,m_y,M)$)与 $(\theta_1,\theta_2,\theta_3)$ 无关. 因 T_1 是充分统计量,利用正则条件概率存在,易证 $(X_i,Y_j)\mid T$ 与 $(\theta_1,\theta_2,\theta_3)$ 无关,因而肯定了 T 的充分性.

72. **a**. 平凡. **b**. (X,Y) 有密度

$$(2\pi)^{-1}\exp\left(-\frac{1}{2}(x-\theta)^2-\frac{1}{2}(y-x-\varphi)^2\right), \quad \theta,\varphi\in \mathbb{R}^1.$$

第 2 章

1. **a**. $n=1$ 显然(取 $g(x)=x-c_1$). 设 $n>1$. 要使一切满足 $\int_{\mathbf{R}^1} x\mathrm{d}F=c_1$ 的 F 都有 $\int_{\mathbb{R}^1} g(x)\mathrm{d}F=0$, $g(x)$ 必有 $d(x-c_1)$ 的形式, d 为常数(取 $c_1\pm a$ 的

两点分布及 $c_1 - a, c_1 + ka$ 的两点分布，$a > 0, k > 0$）. 类似取 c_2，$g(x)$ 又必须有 $h(x - c_2)$ 的形式，因而必须 $g \equiv 0$. **b**. $n = 1$ 同前. 设 $n \geqslant 2$，为方便计，设 $c_1 = 0, c_2 = 1$. 记 $a(\varepsilon) =$ 区间 $(a - \varepsilon, a + \varepsilon)$. 若 $\int_{\mathbb{R}^1} g(x)f(x)\mathrm{d}x = 0$ 对任何满足 $\int_{\mathbb{R}^1} xf\mathrm{d}x = 0$ 或 1 的 f 成立，取 f 为 $0(\varepsilon)$ 或 $1(\varepsilon)$ 上的均匀分布，得 $\int_{0(\varepsilon)} g\mathrm{d}x = 0 = \int_{1(\varepsilon)} g\mathrm{d}x$，由此知对 $\varepsilon \in (0,1)$ 有 $\int_{-1(\varepsilon)} g\mathrm{d}x = \int_{2(\varepsilon)} g\mathrm{d}x = 0$（例如，取 $0(\varepsilon) \cup 2(\varepsilon)$ 上的均匀分布（其均值为 1）及 $\int_{0(\varepsilon)} g\mathrm{d}x = 0$ 可证 $\int_{2(\varepsilon)} g\mathrm{d}x = 0$）. 现证若区间 I 之长 $|I| < 1$，就有 $\int_I g\mathrm{d}x = 0$. 事实上，若 $I \subset (-\infty, 1/2)$，取 $f(x) = a$ 当 $x \in I$，$f(x) = b$ 当 $x \in 2(|I|/2)$，其他处为 0，$a > 0, b > 0$，$ac + 2b = I^{-1}, a + b = |I|^{-1}$，$c$ 为 I 之中点（因 $c < 1/2$，$|I| < 1$，这种 a, b 存在），f 在其他处为 0. 有 $\int_{\mathbb{R}^1} xf(x)\mathrm{d}x = 1$，因而 $\int_{\mathbb{R}^1} gf\mathrm{d}x = 0$. 再由 $\int_{2(\varepsilon)} g\mathrm{d}x = 0$ 知 $\int_I g\mathrm{d}x = 0$. 若 $I \subset (1/2, \infty)$，用 -1 点.

2. 对 $\{\beta(a,b): b$ 固定，$a = 1,2,\cdots\}$，记 $h(x) = g(x)(1-x)^{b-1}$，有 $\int_0^1 h(x)x^n\mathrm{d}x = 0, n = 1,2,\cdots$. 任取区间 $[c,d] \subset (0,1)$，用多项式于 $[0,1]$ 一致逼近图中之函数，然后令 $\varepsilon \downarrow 0$，可得 $\int_c^d h(x)\mathrm{d}x = 0$. 故 h（因而 g）$= 0$ a.e. L 于 $(0,1)$. 对 a 固定而 $b = 1, 2, \cdots$ 的情况，作变数代换 $y = 1 - x$.

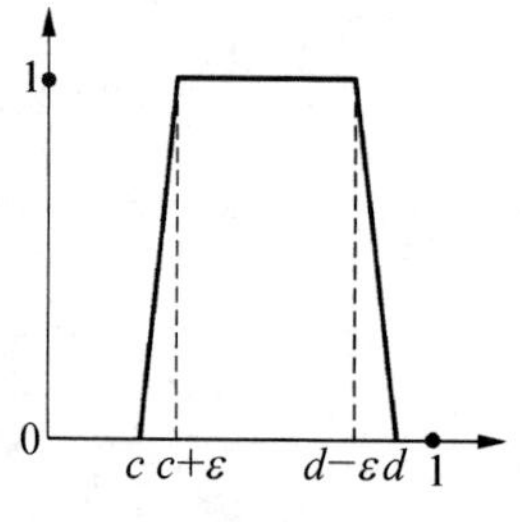

3. 因 Θ 为凸集，故若在 $\mathbb{R}^k$ 无内点，则 Θ 必落在某平面 $a'\theta + b = 0$ 上. 作非异线性变换 $\varphi = (\varphi_1, \cdots, \varphi_k)' = A\theta + (b, 0, \cdots, 0)'$，$A$ 之第一行为 a'，把指数型化为 $\widetilde{C}(\varphi)\exp\left(\sum_{i=1}^k \varphi_i \widetilde{T}_i\right)h(\tilde{t}_1, \cdots, \tilde{t}_k)\mathrm{d}\tilde{\mu}(\tilde{t}_1, \cdots, \tilde{t}_k)$ 的形式，$\tilde{\mu}$ 为 $\mathbb{R}^k$ 上的概率测度. 此指数型族之自然参数空间 $\widetilde{\Theta}$ 全在平面 $\varphi_1 = 0$ 上，且为确定计，设集 $\widetilde{\Theta}_1 = \{(\varphi_2, \cdots, \varphi_k): (0, \varphi_2, \cdots, \varphi_k)' \in \widetilde{\Theta}\}$ 是一个在 $\mathbb{R}^{k-1}$ 内有内点的凸集（不然的话，Θ 会落在几个平面 $a_i'\theta + b_i = 0, 1 \leqslant i \leqslant m$ 上，可类似论证）. 以 $\widetilde{T}$ 记 $\widetilde{T} = (\widetilde{T}_1, \cdots, \widetilde{T}_k)'$ 的值域空间，不妨设在 $\widetilde{T}$ 上 h 处处大于 0.

以 $\mathrm{d}F$ 记在概率分布 $\tilde{\mu}$ 之下，$(\widetilde{T}_2, \cdots, \widetilde{T}_k)$ 的边缘分布，$F(\mathrm{d}t_1 | \tilde{t}_2, \cdots, \tilde{t}_k)$ 记

在 $\tilde{\mu}$ 之下给定 $\tilde{t}_1,\cdots,\tilde{t}_k$ 时，$\tilde{T}_1$ 的正则条件分布. $\tilde{\mu}$ 测度在 $\tilde{T}$ 中不能全集中在一平面 $\tilde{t}_1=\text{const}$ 上，否则与自然参数空间 $\tilde{\Theta}$ 包含在平面 $\varphi_1=0$ 内不合. 找 $H>0$ 充分大，使 $\tilde{\mu}(\tilde{T}\cap\rho_H)>0$，且 $\tilde{\mu}$ 在 $\tilde{T}\cap\rho_H$ 内不全集中在一平面 $\tilde{t}_1=\text{const}$ 上，ρ_H 为 $\mathbb{R}^k$ 中以 O 为中心，H 为半径的球. 现令

$$J(\tilde{t}_1,\cdots,\tilde{t}_k)=\tilde{t}_1 \text{ 于 } \rho_H \text{ 内}, \quad J(\tilde{t}_1,\cdots,\tilde{t}_k)=0 \text{ 于 } \rho_H \text{ 外},$$

$$J_1(\tilde{t}_2,\cdots,\tilde{t}_k)=\mathrm{E}_{\tilde{\mu}}(J(\tilde{T}_1,\cdots,\tilde{T}_k)\mid \tilde{T}_i=\tilde{t}_i, 2\leqslant i\leqslant k),$$

由 J 之定义知，J_1 存在有限. 定义

$$g(\tilde{t}_1,\cdots,\tilde{t}_k)=[h(\tilde{t}_1,\cdots,\tilde{t}_k)]^{-1}[J(\tilde{t}_1,\cdots,\tilde{t}_k)-J_1(\tilde{t}_2,\cdots,\tilde{t}_k)],$$

由 H 的取法，J 之定义，以及 h 在 $\tilde{T}$ 上处处大于 0 知，$\tilde{\mu}(g\neq 0)>0$. 但易见 $\mathrm{E}_\varphi(g(\tilde{T}_1,\cdots,\tilde{T}_k))=0$ 对任何 $\varphi\in\tilde{\Theta}$，得证.

后一问平凡，视 Θ 之人为给定，T 可完全也可以不完全(各举一例).

4. $n=1$ 平凡. $n=2$，利用均匀分布属于此族，由 $\mathrm{E}_{R(a,b)}g(X_{(1)},X_{(2)})=0$ 对一切 $a<b$ 可推出 $\iint_E g(t_1,t_2)\mathrm{d}t_1\mathrm{d}t_2=0$ 对任何落在 $\{t_2\geqslant t_1\}$ 内的矩形 E (分两种情况考虑，如图)，因而 $g(t_1,t_2)=0$ a.e. L 于 $\{t_2>t_1\}$ 内. 对 $n\geqslant 3$，以 $\hat{m}$ 记 $X_1,\cdots,X_n$ 的样本中位数，取函数 $a(t)=\min(t,1)$ 对 $t\geqslant 0$，令 $g(X_{(1)},\cdots,X_{(n)})=a(X_{(n)}-\hat{m})-a(\hat{m}-X_{(1)})$，则 $\mathrm{E}_F g(X_{(1)},\cdots,X_{(n)})=0$ 对任何 $F\in\mathscr{F}$，但 g 并不 a.s. 为 0.

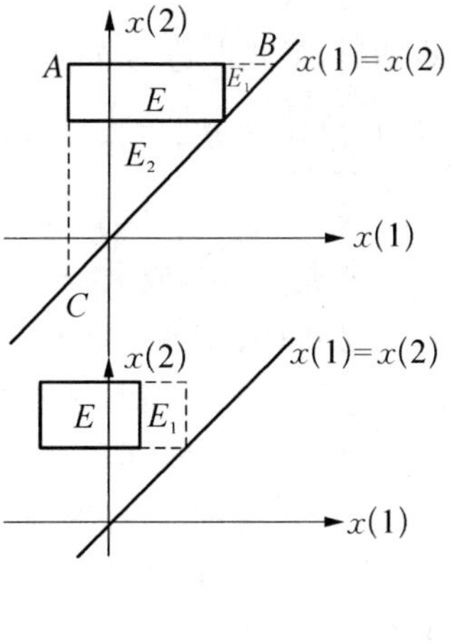

5. 设 $F_0\in\mathscr{F}$，F_0 非退化. 找有限区间 (a,b)，使 F_0 在 (a,b) 内至少有两个支撑点. 定义 $a(x)=I_{(a,b)}(x)$，$g(x_1,\cdots,x_n)=a(x_1)-a(x_2)$，则 $\mathrm{E}_F g(X_1,\cdots,X_n)=0$ 对任何 $F\in\mathscr{F}$，但 $F_0(g(x_1,\cdots,x_n)\neq 0)>0$.

6. ⇒平凡. 反例：$P_\theta(X=0)=\theta$，$P_\theta(X=i)=(1-\theta)^2\theta^{i-1}$ $(i=1,2,\cdots,0<\theta<1)$. 若 $\mathrm{E}_\theta g(x)=0$ 对 $\theta\in(0,1)$，则 $f(0)\theta+(1-\theta)^2\sum_{i=1}^{\infty}f(i)\theta^{i-1}=0$，即 $\sum_{i=1}^{\infty}f(i)\theta^{i-1}=-f(0)\theta(1-\theta)^{-2}=-\sum_{i=1}^{\infty}if(0)\theta^i$，故必须 $f(1)=0$，

$f(i) = -(i-1)f(0)$. 要 f 有界,必须 $f(0) = 0$ 因而 $f \equiv 0$. 如不要求 f 有界 f 可以不恒等于 0(另例见习题 56a).

7. 在 $\mathscr{B}_S$ 和 $\mathscr{B}_T$ 中任取集 A 和 B. T 为充分,故存在 $p(C,t)$ 满足充分性定义中之条件. 按定义及题中假定,$P_\theta(S^{-1}(A)) = \mathrm{E}_\theta p(S^{-1}(A),T) \equiv \alpha$ 与 θ 无关,故由 T 的完全性知,$p(S^{-1}(A),t) = \alpha$ a.e. P_θ^T 对任何 θ,故 $P_\theta(S \in A, T \in B) = \int_B p(S^{-1}(A),t)\mathrm{d}P_\theta^T(t) = \alpha P_\theta(T \in B) = P_\theta(S \in A)P_\theta(T \in B)$. 反例:$(\mathscr{X},\mathscr{B}_x) = (\mathbb{R}^1,\mathscr{B}_1)$,$\Theta = \mathbb{R}^1$,$P_\theta(X=\theta)=1$,$T(X) = X$ 为完全充分统计量,$S(X) = X$ 与 T 独立,但 S 的分布与 θ 有关. 后一问:先证 $\min X_i$ 为完全充分统计量,而 $\sum_{i=1}^n X_i - n\min X_i = \sum_{i=1}^n X_i'(X_i' = X_i - \theta)$ 的分布与 θ 无关.

8. 利用 $T - n\theta \sim \chi_{2n}{}^2\left(T = \sum_{i=1}^n X_i\right)$,可知 $\mathrm{E}_\theta g(T) = 0$ 就是

$$\int_{n\theta}^\infty g(t)\mathrm{e}^{-t/2}(t-n\theta)^n \mathrm{d}t = 0, \quad \theta \in \mathbb{R}^1.$$

取 $\theta<0$ 且 $|\theta|$ 很大之值,可知对任何 $a \in \mathbb{R}^1$,$|g(t)|\mathrm{e}^{-t/2}$ 及 $|g(t)|\mathrm{e}^{-t/2}t^n$ 皆在 (a,∞) 可积,故可在积分号下对 θ 求导,得

$$\int_{n\theta}^\infty g(t)\mathrm{e}^{-t/2}(t-n\theta)^{n-1}\mathrm{d}t = 0 \quad \text{a.e.}\,L, \quad \theta \in \mathbb{R}^1.$$

不难知道,上式左边为 θ 的连续函数,故"a.e. L"可去掉. 因此可在积分号下对 θ 求导,反复作 n 次,得 $\int_{n\theta}^\infty g(t)\mathrm{e}^{t/2}\mathrm{d}t = 0$ 对一切 $\theta \in \mathbb{R}^1$. 这样得 $g(t) = 0$ a.e. $L, t \in \mathbb{R}^1$.

T 非充分可以这样证:$T/n - 1$ 为 θ 的无偏估计. 若 T 为充分,则据定理 2.1,它是 θ 的唯一的 MVUE. 另一方面,$\widetilde{T} = \min X_i$ 也是完全充分而 $\widetilde{T} - 1/n$ 是 θ 的无偏估计,故它也是 θ 的 MVUE. 按定理 2.1,应有 $T/n - 1 = \widetilde{T} - 1/n$ a.s. P_θ 对一切 $\theta \in \mathbb{R}^1$. 这不可能.

9. 完全性的部分平凡. 充分性部分可计算 $P_\theta(X_1 = 1 \mid T = 1) = P_\theta(X_1 = 1)/P_\theta(T=1) = \theta^{n-1}(\theta-1)/(\theta^n-1)$ 当 $\theta>1$,此值与 θ 有关,故 T 不能是充分的.

10. 找有限区间 (a,b) 使 $\int_a^b f_i \mathrm{d}x > 0(1 \leqslant i \leqslant k)$. 存在不全为 0 的常数

$c_1,\cdots,c_{k+1}$,使$\int_{-\infty}^{\infty} gf_i\mathrm{d}x = 0\ (1\leqslant i\leqslant k)$,其中 $g = \sum_{i=1}^{k+1} c_i a_i(x)$,而 $a_i(x) = I_{(a,b)}x^i$.可列时的反例:$\{N(\theta,1),\theta\in A\}$,$A$ 为 $\mathbb{R}^1$上一切有理数之集.不连续场合下的反例:取实数 $a_1\cdots,a_k$两两不同,$P_i(X=a_i)=1(1\leqslant i\leqslant k)$.

11. 充分性平凡.必要性:设有区间$(a-\varepsilon,a+\varepsilon)$全在 A 外而 $a-\varepsilon>0$,$\varepsilon>0$.令 $g(t)=t^{-(n-1)}$当 $a-\varepsilon<t\leqslant a$,$g(t)=-t^{-(n-1)}$当$a<t<a+\varepsilon$,其他处为 0.易见 $\mathrm{E}_\theta g(\max X_i)=0$ 对一切 $\theta\in A$.

12. 对$|t_n|$,等于要求从$\int_0^{\infty} g(x)\left(1+\frac{x^2}{n}\right)^{-(n+1)/2}\mathrm{d}x = 0$ 推出 $g(x) = 0$, a.e. L 于$(0,\infty)$.作变数代换 $y = n/(n+x^2)$,再利用习题 2.F_{mn} 可类似处理(作代换 $y = n/(n+mx)$).

对 $F_{m,n,\delta}$,相当于由

$$\sum_{k=0}^{\infty}\mathrm{e}^{-\lambda}\frac{\lambda^k}{k!}C_k\int_0^{\infty} g(x)x^{m/2-1+k}(n+mx)^{-(m+n)/2-k}\mathrm{d}x = 0,\quad \lambda>0$$

推出 $g(x)=0$ a.e. L 于$(0,\infty)$.令 $h(x)=g(x)x^{m/2}(n+mx)^{-(m+n)/2}$,由 Poisson 分布族的完全性知,相当于从

$$\int_0^{\infty} h(x)x^k(n+mx)^{-k}\mathrm{d}x = 0,\quad k = 0,1,2,\cdots$$

推出 $h(x)=0$ a.e. L 于$(0,\infty)$.作代换 $y=mx/(n+mx)$,再利用习题 2.关于$t_{n,\delta}$的证明较为别致,相当于从 $\mathrm{E}g\left(\frac{X-\theta}{S}\right)=0$ 对一切 $\theta\in\mathbb{R}^1$推出 $g=0$ a.e. L 于 $\mathbb{R}^1$.此处 $nS^2\sim\chi_n{}^2$,$X\sim N(0,1)$,X,S 独立.有 $\mathrm{E}_\theta f(X-\theta)=0$ 对一切 $\theta\in\mathbb{R}^1$,其中 $f(a)=\mathrm{E}_S g\left(\frac{a}{S}\right)$.由$\{N(\theta,1):\theta\in\mathbb{R}^1\}$的完全性知 $f=0$ a.e. L 于 $\mathbb{R}^1$.这等于说 $h(t)=g(1/t)$具有如下性质:对a.e. $L\{\sigma^2>0\}$,当 $nS^2/\sigma^2\sim\chi_n{}^2$时有 $\mathrm{E}_\sigma h(S)=0$.由 $\sum_{i=1}^{n}X_i{}^2$ 在族

$$\left\{(\sqrt{2\pi}\sigma)^{-n}\exp\left(\sum_{i=1}^{n}x_i{}^2/2\sigma^2\right)\mathrm{d}x_1\cdots\mathrm{d}x_n,0<\sigma^2<\infty\right\}$$

中的完全性知,$h(t)=0$ a.e. L 于 $t>0$.

$\{\chi_n{}^2\}$的不完全性要用到一个较生疏的结果(感谢陈桂景教授提供这个结

果并给出出处)：存在定义于$(0,\infty)$的 f，不a.e. L 为 0，使 $\int_0^\infty f(x)x^n\mathrm{d}x=0$，$n=1,2,\cdots$（参看王梓坤，《概率论基础及其应用》，1976：126）. 令 $g(x)=\mathrm{e}^x f(\sqrt{x})$，得 $\mathrm{E}g(\chi_n{}^2)=0,n\geqslant 1$，而 g 不a.e. L 为 0. 对 $\chi_{n,\delta}{}^2$ 类似；取 $g(x)=\mathrm{e}^{x/2}x^{1-n/2}f(x)$，则$\mathrm{E}g(\chi_{n,\delta}{}^2)=0$对一切 $\delta>0$，而 g 不a.e. L 为 0.

13. 指数型族 $C(\theta)\mathrm{e}^{\theta x}\mathrm{d}\mu(x)$，由方差 = const$>0$ 知，$\mathrm{d}(\ln C(\theta))/\mathrm{d}\theta^2=$ const<0. 故 $C(\theta)$有 $\exp(-a\theta^2+b\theta+c)$的形式，$a>0$. 令 $\mathrm{d}\mu(x)=\text{const}\cdot\exp(-4ax^2+bx/4a)$，恰可产生这个 $C(\theta)$. 这样的 μ 唯一，因若 ν 也产生此 $C(\theta)$，则记 $\lambda=\mu+\nu,f=\mathrm{d}\mu/\mathrm{d}\lambda,g=\mathrm{d}\nu/\mathrm{d}\lambda$，将有 $\int\mathrm{e}^{\theta x}[f(x)-g(x)]\mathrm{d}\lambda(x)=0$，$\theta\in\Theta$. 由指数族的完全性知，$f=g$ a.e.λ，因而 $\nu\equiv\mu$. Poisson 情况类似.

此证明对指数型族$\{C(\theta)\mathrm{e}^{Q(\theta)x}\mathrm{d}\mu(x),\theta\in\Theta\}$仍有效，只要集$\{Q(\theta):\theta\in\Theta\}$有内点. 只需用新参数 $\varphi=Q(\theta)$代替 θ. 对①，多维情况，由方阵$(-\partial^2\ln C(\theta)/(\partial\theta_i\partial\theta_j))$与 θ 无关推出 $C(\theta)=\exp(-\theta'A\theta)$，$A>0$，其余一样.

此结果也可用特征函数证，但不如此法简洁.

反例：(1) 分布族$\{C\exp(-(x-\theta)^4)\mathrm{d}x,\theta\in\mathbb{R}^1\}$，方差 = const 为一般形式指数型而非正态. (2) 分布族$\{C\theta^{-1}\exp(-(x-C\theta^2)/\theta^4)\mathrm{d}x,\theta>0\}$，$C>0$ 为适当常数，满足均值 = 方差，为一般指数型但非 Poisson.

14. 前半平凡，T_2非充分也平凡(考虑条件分布 $X_1\mid T_2$). 另一问则稍有难度. 记 $T_2=T$，要由

$$\int_\theta^{\theta+1}f(x)(x-\theta)^{n-1}\mathrm{d}x=0,\quad\theta\in\mathbb{R}^1,f\text{ 在 }\mathbb{R}^1\text{有界}\tag{1}$$

推出 $f=0$ a.e. L. 由(1)式知 f 在任一有界区间上可积，于是可在积分号下对 θ 求导，得

$$f(\theta+1)=\int_\theta^{\theta+1}(n-1)f(x)(x-\theta)^{n-2}\mathrm{d}x\quad\text{a.e. }L.\tag{2}$$

改变 f 在一个 L 零测集上之值(此不影响(1)式)，不妨设(2)式处处成立，因而 f 在 $\mathbb{R}^1$处处连续. 因其有界，有 $-\infty<\underline{M}=\inf\limits_{x\in\mathbb{R}^1}f(x)\leqslant\sup\limits_{x\in\mathbb{R}^1}f(x)=\overline{M}<\infty$. 若 $\underline{M}=\overline{M}$，则 $f=$ const. 而由(1)式得 $f=0$. 往证 $\underline{M}<\overline{M}$不可能. 事实上，取 $\varepsilon>0$ 充分小及自然数 p 充分大，找 x_0使 $f(x_0)>\overline{M}-\varepsilon/p$. 记 $A=\{x:x_0-1<x<x_0,f(x)>\overline{M}-\varepsilon\}$，$|A|$记其 L 测度. 以 $\theta=x_0-1$ 代入(2)式得

$$\begin{aligned}\overline{M} - \varepsilon/p &< \int_{x_0-1}^{x_0} (n-1)f(x)(x-x_0+1)^{n-2}\mathrm{d}x \\ &= \left(\int_A + \int_{(x_0-1,x_0)-A}\right)[(n-1)f(x)(x-x_0+1)^{n-2}\mathrm{d}x] \\ &\leqslant \overline{M}\mid A\mid + (\overline{M}-\varepsilon)(1-\mid A\mid).\end{aligned}$$

由此得$|A|>1-1/p$,因而有

$$\begin{aligned}&\int_{x_0-1}^{x_0} f(x)(x-x_0+1)^{n-1}\mathrm{d}x \\ &\geqslant \int_{x_0-1}^{x_0-1+|A|}(\overline{M}-\varepsilon/p)(x-x_0+1)^{n-1}\mathrm{d}x + \underline{M}\int_{x_0-1+|A|}^{x_0}(x-x_0+1)^{n-1}\mathrm{d}x,\end{aligned}$$

此处用了 $\underline{M}\leqslant 0$. 实际上,在 $\underline{M}<\overline{M}$时为了(1)式成立,必须$\overline{M}>0>\underline{M}$. 现上式$\geqslant(\overline{M}-\varepsilon/p)|A|^n/n+\underline{M}(1-|A|)$,因$|A|>1-1/p$,$\overline{M}>0$,取 p 充分大时上式将>0,而(1)式在$\theta=x_0-1$处将不成立.

15. **a**. 充分性由因子分解定理得出. 为证完全性,先求出 T_2的密度为nx^{n-1}/θ^n(当$0<x<\theta$,其他处为 0),由此不难证得完全性. **b**. 先证 T_1/T_2之分布与θ无关,再用 a 及 Basu 定理. **c**. 在 $T_2=1/2$ 的条件下求$(2T_2)^{-1}T_1$的条件分布. 由对称性,不妨设 $m=-1/2$. 这时$(2T_2)^{-1}T_1\overset{d}{=\!=}1/2+\max(U_1,\cdots,U_{n-1})$,$U_1,\cdots,U_{n-1}$ iid.,$\sim R(-1/2,1/2)$,即$(2T_2)^{-1}T_1=\max(V_1,\cdots,V_{n-1})$,$V_1,\cdots,V_{n-1}$ iid.,$\sim R(0,1)$,因而$(2T_2)^{-1}T_1$有密度$(n-1)x^{n-2}I(0<x<1)\mathrm{d}x$. 据 b,这就是$(2T_2)^{-1}T_1$的无条件分布.

注　同样证明,任给 $T_2=t\in(0,\theta)$,条件分布仍如上,与 t 无关. 这从另一方面证明了 b 而不用 Basu 定理.

16. 先考虑 $k<3$ 的情况,这相当于有一个定义于(a,b)的非常数右连续函数μ,据之可定义一分布族如下:当$\mu(\theta_1)<\mu(\theta_2)$时,

$$\mathrm{d}P_{\theta_1,\theta_2}(x)=I(\theta_1<x\leqslant\theta_2)\mathrm{d}\mu(x)/[\mu(\theta_2)-\mu(\theta_1)].$$

设 $U_1,\cdots,U_n$为此分布族的 iid. 样本,m,M 为其最小及最大值,要证(m,M)完全充分. 充分性显然,对完全性,等于要由

$$\mathrm{E}(g(m,M)I(\theta_1<m\leqslant M\leqslant\theta_2))=0$$

对 $a<\theta_1<\theta_2<b$ 推出 $g=0$ a.e. μ. 用习题 4 的作法,先由上式推出

$\mathrm{E}(g(m,M)I_A(m,M))=0$，$A$ 是半平面$\{(m,M):m\leqslant M\}$内任一其边与坐标轴平行的矩形. 进一步就可以推出此式对 A 为上述半平面内任一 Borel 集皆成立，从而推出 $g(m,M)=0$ a.e.μ.

对 $k\geqslant 3$，记 $T=(T_3,\cdots,T_k)$，不妨设 μ 为概率测度，则 $\mu_n\equiv\mu\times\cdots\times\mu$ 也是，它在(m,M,T)空间及 T 空间的导出测度分别记为 $\mu_n^{(m,M,T)}$ 及 $\mu_n^{(T)}$. 又正则条件概率测度 $\mu_n^{(m,M,T)}(d(m,M)\mid T=t)$记为 μ_t，则 $\mathrm{E}_\theta g(m,M,T)=0$ 可写为

$$\int K(t,\theta_1,\theta_2)\exp\Big(\sum_{i=3}^{k}t_i\theta_i\Big)\mathrm{d}\mu^{(T)}(t)=0,\ a<\theta_1<\theta_2<b,\ (\theta_3,\cdots,\theta_k)\in\Theta,$$

此处 $K(t,\theta_1,\theta_2)=\int g(t,m,M)I(\theta_1<m\leqslant M\leqslant\theta_2)\mathrm{d}\mu_t(m,M)$. 固定$(\theta_1,\theta_2)$，由 Θ 有内点，知对固定的(θ_1,θ_2)有 $K(t,\theta_1,\theta_2)=0$ a.e.$\mu^{(T)}$. 由 Fubini 定理可知，存在集 N，使当 $t\overline{\in}N$ 时，$K(t,\theta_1,\theta_2)=0$. 对(θ_1,θ_2) a.e. L，因而由连续性知

$$K(t,\theta_1,\theta_2)=0,\quad 对一切(\theta_1,\theta_2),a<\theta_1<\theta_2<b,t\overline{\in}N,$$

于是由已证部分知，$g(t,m,M)=0$ a.e.μ_t对 $t\overline{\in}N$. 再一次用 Fubini 定理得 $g(t,m,M)=0$ a.e. $\mu^{(m,M,T)}$. 这完成了本题的证明.

题中“又”的部分用同样方法证，且更简单.

17. 以 F 记一分布，有概率密度

$$f(x)=(\pi x^2)^{-1}(1-\cos x),$$

此分布有特征函数 $\varphi(u)=(1-|u|)I(|u|<1)$. 往证：分布族$\{F(x-\theta),\theta\in\mathbb{R}^1\}$不完全.

定义两个分布函数 F_1,F_2：$F_1\equiv F$，故其特征函数 $\varphi_1\equiv\varphi$. F_2的定义是

$$F_2(\{0\})=1/2,\ F_2(\{k\})=F_2(\{-k\})=2\pi^{-2}(2k+1)^{-2},\ k=1,2,\cdots.$$

易算出 F_2的特征函数 $\varphi_2(u)=1-|u|$当$|u|<1$，与 φ_1重合. 因$\varphi_1(u)=0$当$|u|\geqslant 1$，有 $\varphi_1{}^2(u)\equiv\varphi_1(u)\varphi_2(u)$. 考察

$$H_i(c)=\int_{-\infty}^{\infty}F_i(c-x)\mathrm{d}F(x),\quad c\in\mathbb{R}^1,\quad i=1,2,$$

作为 c 的函数，H_i为分布函数，其特征函数为 $\varphi_i\varphi\equiv\varphi_i\varphi_1$. 故 H_1,H_2有相同特

征函数,因而二者恒等,但

$$\int_{-\infty}^{\infty} F_i(-x)\mathrm{d}F(x+c) = \int_{-\infty}^{\infty} F_i(c-x)\mathrm{d}F(x)$$

$$= H_i(c), \quad i = 1,2,$$

因此,若令 $g(x)=F_1(-x)-F_2(-x)$,则 $\int_{-\infty}^{\infty} g(x)\mathrm{d}F(x+c) = 0$ 对一切 c,即 $\mathrm{E}_\theta g(X)=0$ 对一切 $\theta\in \mathbb{R}^1$,但 $g(X)$并不 a.s. P_θ为 0.

此题的 trick 在于注意到在位置参数族,期望为卷积. 具有所述性质的特征函数取自 Loeve 著《Probability Theory》第 4 章的习题.

18. **a**. 平凡,完全性部分只需注意到用(M_x, m_x),或用(M_y, m_y),都可得到 θ_3的无偏估计. **b**. 记 $M=\max(M_x, M_y)$,(m_x, m_y, M)为完全且充分. 充分性平凡,完全性可证明如下:记 $z_1=m_x, z_2=m_y, z_3=M$. 易见(z_1, z_2, z_3)的联合密度为$(\theta_1<z_1<z_3<\theta_3, \theta_2<z_2<z_3<\theta_3)$

$$\begin{aligned}\tilde{g}(z_1, z_2, z_3) = (\theta_3-\theta_1)^{-m}(\theta_3-\theta_2)^{-n}\\ \cdot[m(m-1)n(z_3-z_1)^{m-2}(z_3-z_2)^{n-1}\\ + mn(n-1)(z_3-z_1)^{m-1}(z_3-z_2)^{n-2}],\end{aligned}$$

把括号内的函数记为 g 并在其他处补 g 为 0,则(z_1, z_2, z_3)的完全性归结为证明:由

$$\int_{A(\theta)} f(z_1, z_2, z_3)g(z_1, z_2, z_3)\mathrm{d}z_1\mathrm{d}z_2\mathrm{d}z_3 = 0,$$

$$A(\theta) = \{\theta_1 < z_1 < \theta_3, \theta_2 < z_2 < \theta_3, \max(\theta_1, \theta_2) < z_3 < \theta_3\}$$

对任何 $A(\theta)$,可推出 $f=0$ a.e. L. 此即要证明

$$\int_{B(\theta)} fg\mathrm{d}z = 0, B(\theta) = \{\theta_i < z_i < \theta_i', i = 1,2,3\}$$

对任何 $B(\theta)$. 记 $\tilde{\theta}=\max(\theta_1', \theta_2', \theta_3')$,把区间$(\theta_i, \theta_i')$表为$(\theta_i, \tilde{\theta})-(\theta_i', \tilde{\theta})$,不难看出 $\int_{B(\theta)} fg\mathrm{d}z$ 可表为形如

$$\pm\int_{\tilde{\theta}_1<Z_1<\tilde{\theta}_3, \tilde{\theta}_2<Z_2<\tilde{\theta}_3, \theta_0<Z_3<\tilde{\theta}_3} fg\mathrm{d}z$$

的项的和. 但由 g 的定义,知上式就等于 $\int_{A(\tilde{\theta})} fg\mathrm{d}z = 0$, 明所欲证.

19. 充分性由分解定理得出,由于 T_1,T_2,T_3独立,T 的密度为

$C\exp(-t_1/(\sigma\Delta))t_1{}^{m+n-3}\exp(-t_2/\sigma)\exp(-t_3/(\sigma\Delta))$, $\quad t_1>0,t_2>m\theta_1,t_3>n\theta_2$, 其他处为 0,$C$ 为一与 m,n,σ,θ_1 和 θ_2 有关的常数. 现设函数 $f=f(t_1,t_2,t_3)$ 满足

$$\int_{n\theta_2}^{\infty}\int_{m\theta_1}^{\infty}\int_0^{\infty} f(x,y,z)x^{m+n-3}\exp(-x/(\sigma\Delta)-y/\sigma-z/(\sigma\Delta))\mathrm{d}x\mathrm{d}y\mathrm{d}z = 0$$

对一切 $\theta_1\in\mathbb{R}^1,\theta_2\in\mathbb{R}^1$和 $\sigma>0$,令 $g_\sigma(y,z)=\int_0^{\infty} f(x,y,z)x^{m+n-3}\mathrm{e}^{-x/(\sigma\Delta)}\mathrm{d}x$, 则有

$$\int_{n\theta_2}^{\infty}\int_{m\theta_1}^{\infty} g_\sigma(y,z)\exp(-y/\sigma-z/(\sigma\Delta))\mathrm{d}y\mathrm{d}z = 0,\quad \theta_1,\theta_2\in\mathbb{R}^1,\sigma>0.$$

由此不难推出 $g_\sigma(y,z)=0,(y,z)\in\mathbb{R}^2$,a.e. L,对一切 $\sigma>0$. 例外集 E_σ可能与 σ 有关,但由 Fubini 定理可知,对$(y,z)\in\mathbb{R}^2$,有 $g_\sigma(y,z)=0,\sigma>0$, a.e. L. 因为 $g_\sigma(y,z)$对 σ 连续,有 $g_\sigma(y,z)=0,\sigma>0$. 再由 Laplace 变换的原像的唯一性即知,对(a.e. L)$(y,z)\in\mathbb{R}^2$有 $f(x,y,z)=0$ a.e. L 对 $x>0$. 再用 Fubini 定理,得到

$$f(x,y,z)=0\ \text{a.e.}L,\quad x>0,y\in\mathbb{R}^1,z\in\mathbb{R}^1,$$

这推出(T_1,T_2,T_3)的完全性.

20. **a**. ⇒平凡. 反例:$P_\theta(X=\theta)=1,\theta\in\mathbb{R}^1$.

b. 把 Θ 剖分成可列个两两不交的有界 Borel 集$\{\Theta_1,\Theta_2,\cdots\}$,使 L 测度 $a_i=|\Theta_i|>0,i\geqslant1$. 引进概率测度 $\nu(A)=\sum_{i=1}^{\infty}2^{-i}\mid\Theta_i\cap A\mid/a_i$. 若 $\Theta^*\subset\Theta$ 而$\nu(\Theta^*)=1$,则 Θ^* 必在 Θ 内处处稠密,因而据指数族性质,由"$\mathrm{E}_\theta g(T)=0$ 对 $\theta\in\Theta^*$"推出 $\mathrm{E}_\theta g(T)=0$ 对 $\theta\in\Theta$,再利用 T 的完全性. **c**. 证明类似 b. **d**. 设 T_2 强完全,ν 为定义为 $\widetilde{\Theta}$ 上的概率测度. 设 $\mathrm{E}_{\theta,\varphi}g(T_1,T_2)=0$ 对一切$(\theta,\varphi)\in\Theta\times\widetilde{\Theta}$. 固定 φ,记 $h(t_1,\varphi)=\int_{\mathscr{T}_2} g(t_1,t_2)\mathrm{d}\widetilde{P}_\varphi^{T_2}(t_2)$, $e\mathrm{E}_\theta(h(T_1,\varphi))=0$ 对一切 $\theta\in\Theta$. 按 T_1的完全性,有 $P_\theta^{T_1}(A_\varphi)=0$(一切 θ),其中 $A_\varphi=\{t_1:t_1\in\mathscr{T}_1,h(t_1,\varphi)\neq0\}$. 记 $A=\{(t_1,\varphi):\varphi\in\widetilde{\Theta},t_1\in A_\varphi\}$,则对一切 θ 有$(P_\theta^{T_1}\times\nu)(A)=0$,因

此存在 $P_\theta^{T_1}$ 零测集B,使当 $t_1 \overline{\in} B$ 时,$h(t_1,\varphi)=0$ a.e. ν 对φ. 按 T_2的强完全性知,固定 $t_1 \overline{\in} B$ 时,$g(t_1,t_2)=0$ 对 t_2 a.e. $\widetilde{P}_\varphi^{T_2}$,对每个 $\varphi \in \widetilde{\Theta}$. 由此知 $g(t_1,t_2)=0$ a.e. $P_\theta \times \widetilde{P}_\varphi$,对每个$(\theta,\varphi)\in \Theta \times \widetilde{\Theta}$. **e**. 由 Basu 定理知 t_1,t_2独立,其分布分别为

$$t_1:\frac{\sigma}{2n}\exp\left(-\frac{2n}{\sigma}(x-\theta)\right)I(x>\theta)\mathrm{d}x,$$

$$t_2:\frac{1}{(n-2)!}\sigma^{-(n-1)}\mathrm{e}^{-x/\sigma}x^{n-2}I(x>0)\mathrm{d}x.$$

按本题 b,t_2有强完全性. 又按习题 8($n=1$)的情况,t_1有完全性,故按本题 d,注意到 t_1,t_2独立,知(t_1,t_2)为完全的,至于(t_1,t_2)的充分性则易由因子分解定理推出.

另注意到:即使固定 σ 之值(即 σ 已知),t_1仍有完全性.

t_1,t_2独立的证明也不必用 Basu 定理,可以令 $X_{(1)}\leqslant\cdots\leqslant X_{(n)}$ 为次序统计量,$Y_1=X_{(1)}$,$Y_i=X_{(i)}-X_{(i-1)}$ $(i=2,\cdots,n)$. 则$(X_{(1)},\cdots,X_{(n)})$的联合密度推出$(Y_1,Y_2,\cdots,Y_n)$的联合密度,而看出 $Y_1,Y_2,\cdots,Y_n$独立,因为 t_2只与 $Y_2,\cdots,Y_n$有关($t_2=(n-1)Y_2+(n-2)Y_3+\cdots+Y_n$),得 t_2与 t_1(即 Y_1)独立. 由$(Y_1,\cdots,Y_n)$的密度也易算出 t_1和 t_2的密度.

21. 当 $n\geqslant 2$ 时,令 $g(T)=\min|X_{(i)}|/\max|X_{(i)}|$ 当 $\max|X_i|\neq 0$,$g(T)=2$当 $\max|X_i|=0$,则 $\mathrm{E}_\theta g(T)$ 与 θ 无关. 对 $n=1$,完全的例子是 $\mathrm{d}F(x)=\mathrm{e}^{-x}I(x>0)\mathrm{d}x$,不完全的例子是:$F(\{1\})=F(\{-1\})=1/2$,$g(x)=x$. 另例:$F(\{1\})=F(\{2\})=1/2$,$g(x)$定义为:$g(x)=x$ 当$\frac{1}{2}<x\leqslant 1$. 对任何 $x>0$,找整数 n 使 $2^n x\in(1/2,1]$(这种 n 存在唯一),令 $g(x)=(-1)^n x$.

22. $n\geqslant m$ 时不完全:取 $g(T)=\sum\limits_{i\leqslant i_1<\cdots<i_m\leqslant n}(X_{i_1}-c_1)\cdots(X_{i_m}-c_m)$(它是$(X_1,\cdots,X_n)$的对称函数因而是 T 的函数),则 $\mathrm{E}_F g(T)=0$ 对任何 $F\in\mathscr{F}$. $n<m$时完全性较难证. 取 $n=2$ 的情况为例,设 $\mathrm{E}_F g(X_1,X_2)=0$ 对一切 $F\in\mathscr{F}$,g 对称. 固定 $a>c_3$(设 $c_1<c_2<c_3$),对任何 $t<c_1$,可找到 $0<p_1,p_2,p_3<1$,p_i两两不同,使 $p_i a+(1-p_i)t=c_i$ $(1\leqslant i\leqslant 3)$. 于是有 $p_i^2 g(a,a)+2p_iq_ig(a,t)+q_i^2 g(t,t)=0$ $(1\leqslant i\leqslant 3)$. 由 p_i不等推出系数行列式不为 0,故 $g(a,a)=g(t,t)=g(a,t)=0$. 这证明了在(x_1,x_2)平面内 $x_2\leqslant x_1$部分的十个区域中,1 区和 l 上的(c,∞)和$(-\infty,A)$内 g 为 0. 类似地依次对 $2_1\cup\overline{BC}$,

$2_2 \cup \overline{AB}$及$3_1 \sim 3_3$,$4_1 \sim 4_4$各区证明 $g=0$.

23. **a**. 取 $a<b$ 使 $\mathrm{E}_\theta(I(a<f(\overline{X})<b)) \equiv c>0$,$c$ 与 θ 无关. 由 $\overline{X}$的完全性知,$I(a<f(\overline{X})<b)=c$ a.s.,故 c 只能为 1. 把(a,b)分为两等分(a,d),$[a,b)$,按上述推理,必存在一子区间,例如(a,d),使 $I(a<f(\overline{X})<d)=1$ a.s.. 照此下去,用区间套,将得到一点 h,使对任何含 h 的开区间J,有 $I(f(\overline{X})\in J)=1$ a.s.,由此推出 $f(\overline{X})=h$ a.s.. **b**. 把 $f(X_1,\cdots,X_n)$写为 $g(\overline{X},X_2-X_1,\cdots,X_n-X_1)$,由 $\overline{X}$与$(X_2-X_1,\cdots,X_n-X_1)$独立,固定后者取条件分布,再用 a,c. 由假定知,存在常数 $c_1>0$,使 $\mathrm{E}_\sigma f(s)=c_1\sigma$. 找 $c_2>0$ 使$\mathrm{E}_\sigma(c_2 s)=c_1\sigma$,则有 $\mathrm{E}_\sigma(f(s)-c_2 s)=0$. 由完全性知 $f(s)=c_2 s$ a.s.. **d**. 因$f(X)$与 X 独立,$f(X)$的无条件分布与条件分布 $f(X)|X=a$ 同,对某个 a,而后者为以概率 1 取 $f(a)$,得证. 由 d,结合 Basu 定理,得 a.

注　用同样的方法易证:题 b 的条件可减弱为 $\mathrm{E}_\sigma|\ln f(s)|<\infty$. 但用这个方法还不能在不加任何矩条件的情况下证明题 b 的结论.

24. 若存在 $\hat{g}(x)$使 $\int_{\mathbb{R}^1}\hat{g}\varphi_{\theta\sigma_1}\mathrm{d}x+C(\theta)\int_{\mathbb{R}^1}\hat{g}\varphi_{\theta\sigma_2}\mathrm{d}x=0,\theta\in\mathbb{R}^1$,则 $T_i(\theta)\equiv\int_{\mathbb{R}^1}\hat{g}\varphi_{\theta\sigma_i}\mathrm{d}x\,(i=1,2)$ 都是θ的解析函数. 若 $T_1(\theta)\equiv 0$ 或 $T_2(\theta)\equiv 0$ 于 $\mathbb{R}^1$,则由$\{N(\theta,\sigma^2):\theta\in\mathbb{R}^1,\sigma^2>0$ 固定$\}$的完全性知,$\hat{g}=0$ a.e.L 于 $\mathbb{R}^1$. 若 T_1,T_2都不恒等于 0,则它们都只有孤立零点,且因 $C(\theta)>0$,在每个零点处 T_1,T_2的零点重数同. 这样一来,$T_1(\theta)/T_2(\theta)$作为复 θ 的函数在全平面解析. 但 $T_1(\theta)/T_2(\theta)=-C(\theta)$,而 $C(\theta)$在 θ_0点处不是无穷阶可导,因而得出矛盾.

25. 令 $A_\theta=\{x:\hat{\theta}(x)=\theta\}$即得. 此条件并非充分,反例:在空间$\{(x,y):0\leqslant x<1,0\leqslant y<1\}$上定义一族概率测度$\{P_\theta,0\leqslant\theta<2\}$如下:当 $0\leqslant\theta<1$ 时,P_θ是直线段$\{(x,y):x=\theta,0\leqslant y<1\}$上的均匀分布;当 $1\leqslant\theta<2$ 时,P_θ是直线段$\{(x,y):0\leqslant x<1,y=\theta-1\}$上的均匀分布. 设有估计量 $g(x,y)$,是 θ 的无偏 0 方差估计,则集 $A=\{(x,y):g(x,y)-x=0\}$和 $B=\{(x,y):g(x,y)-(y+1)=0\}$都为 Borel 可测且都有 L 测度 1,故 $A\cap B$ 非空. 找$(x_0,y_0)\in A\cap B$,按集 A 应有$g(x_0,y_0)=x_0<1$,按集 B 应有$g(x_0,y_0)=y_0+1\geqslant 1$,矛盾.

26. **a**. 给定 $K<\infty$,$\delta>0$. 按假定,可找到 $E\subset(0,1)$,使$\int_E f_1\mathrm{d}x=\delta_1<\delta$,$\delta>\delta_2=\int_E f_0\mathrm{d}x\geqslant K\sqrt{\delta_1}$. 作估计 $\hat{\theta}(x)=\lambda,x\in F\equiv(0,1)-E$,$\hat{\theta}(x)=\mu,x\in E$,$\lambda,\mu$ 由关系$(1+\lambda)(1-\delta_1)+\mu\delta_1=1$,$(1+\lambda)(1-\delta_2)+\mu\delta_2=0$ 决定. 解出 $\lambda=$

$\delta_1/(\delta_2-\delta_1)$，$\mu=(\delta_2-1)/(\delta_2-\delta_1)$，这使 $\hat{\theta}$ 无偏. 方差为 $\mathrm{Var}_1(\hat{\theta})=(1-\delta_1)\lambda^2+\delta_1(\delta_1-1)^2/(\delta_2-\delta_1)^2$. 不难验证，取 $\delta>0$ 充分小(因而 δ_1,δ_2 都充分小)及 K 充分大，可使此式任意小. **b**. 若估计 $\hat{\theta}$ 使 $\int_0^1\hat{\theta}f_1\mathrm{d}x=1$，$\int_0^1(\hat{\theta}-1)^2f_1\mathrm{d}x<\varepsilon$，由后一式有 $\int_0^1|\hat{\theta}-1|f_1\mathrm{d}x<\sqrt{\varepsilon}$，故$\int_0^1|\hat{\theta}-1|f_0\mathrm{d}x<c\sqrt{\varepsilon}$，因而 $\int_0^1\hat{\theta}f_0\mathrm{d}x>1-c\sqrt{\varepsilon}$. 当 ε 充分小时有 $\int_0^1\hat{\theta}f_0\mathrm{d}x>0$，即 $\hat{\theta}$ 不能无偏. **c**. 若 $\hat{\theta}$ 为无偏估计，则有 $\mathrm{Var}_0(\hat{\theta})+\mathrm{Var}_1(\hat{\theta})=\int_0^1[\hat{\theta}^2f_0+(\hat{\theta}-1)^2f_1]\mathrm{d}x$. 易见 $\hat{\theta}^2f_0+(1-\hat{\theta})^2f_1$ 的最小值为$(f_0+f_1)^{-1}f_0f_1$，故上式 $\geqslant\int_0^1(f_0+f_1)^{-1}f_0f_1\mathrm{d}x>0$，与 $\hat{\theta}$ 无关，因而不能任意小.

27. **a**. 由于$(\bar{X},s^2)$为完全充分统计量，可以只考虑与它有关的估计. 设 $f(\bar{X},s^2)$为 $g(\sigma)$的无偏估计，则 $\mathrm{E}_{\theta,\sigma^2}(f(\bar{X}+a,s^2)-f(\bar{X},s^2))=\mathrm{E}_{\theta+a,\sigma^2}f(\bar{X},s^2)-\mathrm{E}_{\theta,\sigma^2}f(\bar{X},s^2)=g(\sigma)-g(\sigma)=0$. 由完全性，$f(\bar{X}+a,s^2)=f(\bar{X},s^2)$ a.s.，或：对任何固定的 a，$f(u+a,v)=f(u,v)$ a.e. L 于$\{(u,v):|u|<\infty,v>0\}$. 由此，在一个 L 零测集上调整 f 之值，可使它与 u 无关，即存在只与 v 有关的函数 $H(v)$，使 $f(u,v)=H(v)$ a.e. L 于 $u\in\mathbb{R}^1$，$v>0$(证明见题末注解). **b**. 考虑θ^2，它有无偏估计 $\bar{X}^2-[n(n-1)]^{-1}s^2$，是 MVUE. 由于$(\bar{X},s^2)$的完全充分性，不可能有另外的，只与$(\bar{X},s^2)$有关的无偏估计，更不用说只与 $\bar{X}$ 有关的无偏估计了.

注　依次取 $a=2^{-m}(m=1,2,\cdots)$，把例外集 E 去掉($|E|=0$)，知对任何$(u,v)\in\mathbb{R}^{2+}-E$ 及$a=2^{-m}$，有 $f(u+a,v)=f(u,v)$，此处 $\mathbb{R}^{2+}=\{u\in\mathbb{R}^1,v>0\}$. 按 Fubini 定理，存在 $F\subset(0,\infty)$，$|F|=0$，使当 $v\,\overline{\in}\,F$ 时，$f(u+a,v)=f(u,v)$ a.e. $L(u)$于 $\mathbb{R}^1$，$a=2^{-m}(m\geqslant1)$. 把对一切 m 的例外集 $F_v(|F_v|=0)$去掉，令 $F_v{}^c=\mathbb{R}^1-F_v$，$G_v=\bigcup_{m=1}^{\infty}\bigcup_{k=-\infty}^{\infty}(F_v{}^c+k/2^m)$，$H_v=\bigcup_{m=1}^{\infty}\bigcup_{k=-\infty}^{\infty}(F_v+k/2^m)$，则对任何 $u\in G_v$及 $m\geqslant1$，有 $f(u+2^{-m},v)=f(u,v)$，$H_v\cap G_v=\varnothing$，且$|H_v|=0$. 在 H_v上令 $f(u,v)=0$，则 $f(u,v)$作为 $u\in\mathbb{R}^1$的函数，有周期 $2^{-m}(m\geqslant1)$. 由此可知(见 Stout 著《Almost Sure Convergence》第 61 面)，$f(u,v)$ a.e. L 等于一常数 $c(v)$. 现令 $b(v)=c(v)$当 $v\,\overline{\in}\,F$，$c(v)=0$当 $v\in F$，则$f(u,v)=b(v)$ a.e. L 于 $\mathbb{R}^{2+}$，如所欲证.

28. **a**. 由于 $e^{\theta x}r^{(m-1)}(x)$ 在 $\mathbb{R}^1$ 为 L 可积，存在 $a_n\downarrow\infty$ 及 $b_n\uparrow\infty$，使 $e^{\theta a_n}r^{(m-1)}(a_n)\to 0, e^{\theta b_n}r^{(m-1)}(b_n)\to 0$. 由 $\int_{-\infty}^{\infty}e^{\theta x}r^{(m)}(x)dx=\lim_{n\to\infty}\int_{a_n}^{b_n}e^{\theta x}r^{(m)}(x)dx=\lim_{n\to\infty}\int_{a_n}^{b_n}e^{\theta x}dr^{(m-1)}(x)$ 作分部积分，即得 $\int_{-\infty}^{\infty}e^{\theta x}r^{(m)}(x)dx=-\theta\int_{-\infty}^{\infty}e^{\theta x}r^{(m-1)}(x)dx$. 重复这个步骤，可得 $\int_{-\infty}^{\infty}e^{\theta x}r^{(m)}(x)dx=(-1)^m\theta^m\int_{-\infty}^{\infty}e^{\theta x}r(x)dx$，如所欲证. b 的证法相同. 将此结果用于正态 $N(\theta,1)$，得 θ^m 的无偏估计(即 MVUE)为 $H_m(x)=e^{x^2/2}(-1)^m d^m e^{-x^2/2}/dx^m=m!\sum_{k=0}^{[m/2]}\frac{(-1)^k x^{m-2k}}{k!(m-2k)!2^k}$，称为 Hermite 多项式，对情况 b，若条件 $\lim_{x\downarrow a}r^{(i)}(x)=0(0\leqslant i\leqslant m-1)$ 不满足，结果可不成立.

29. 验证平凡. 另一例：$X_1,\cdots,X_n$，$\sim R(\theta,\theta+1)$，考虑用 $\max X_i+c_1$ 和 $\min X_i+c_2$ 估计 θ.

30. 平凡. 对 b，把积分化为 $-4\int_0^1\frac{\ln x}{1+x}dx$，积分等于 $-\pi^2/12$.

31. **a**. $\hat{g}_1=\ln(\max_{1\leqslant i\leqslant n}X_i)$ 就是这样一个估计. 事实上，有

$$E_\theta(\hat{g}_1-g_1(\theta))^2=\frac{n}{\theta^n}\int_0^\theta(\ln t-\ln\theta)^2t^{n-1}dt.$$

作代换 $t=\theta u$，有

$$E_\theta(\hat{g}_1-g_1(\theta))^2=n\int_0^1(\ln u)^2\cdot u^{n-1}du=\int_0^1(\ln u)^2du^n$$

$$=2\int_0^1u^{n-1}\ln u\,du,$$

由控制收敛定理，当 $n\to\infty$ 时后一积分有极限 0.

b. 给定 $l>0$，取 $M^2>2^nl$. 令 $\theta=kM,\theta'=(k-2)M$，k 为充分大的自然数.

记 $A'=\{t:0<t<\theta',|\hat{g}_2(t)-\theta'|<M\}$，$A=\{t:0<t<\theta,|\hat{g}_2(t)-\theta|<M\}$，$A'\cap A=\varnothing$. 有 $|A'|\geqslant\theta'/2$，否则

$$E_{\theta'}(\hat{g}_2-\theta')^2\geqslant M^2\frac{n}{\theta'^n}\int_0^{\theta'/2}t^{n-1}dt=M^2 2^{-n}>l.$$

由 $|A'|\geqslant\theta'/2$ 及 $A'\cap A=\varnothing$ 知 $|A|\leqslant\theta-\theta'/2$,故

$$\mathrm{E}_\theta(\hat{g}_2-\theta)^2\geqslant M^2\frac{n}{\theta^n}\int_0^{\theta'/2}t^{n-1}\mathrm{d}t=M^2 2^n(\theta'/\theta)^n,$$

当 $k\to\infty$ 时,$\theta'/\theta\to 1$,故 $M^2 2^n(\theta'/\theta)^n$ 将大于 l. 这样,对充分大的 k 有

$$\sup_{\theta>0}\mathrm{E}_\theta(\hat{g}_2-\theta)^2\geqslant\sup_{0<\theta\leqslant kM}\mathrm{E}_\theta(\hat{g}_2-\theta)^2>l,$$

对任何事先给定的 l.

注　比 b 更强的结果,见第 7 章习题 46a.

32. **a**. 此是 Feller 著《Probability Theory and Its Applications》第 9 章习题 35,不难. 见本书作者所著该书题解(重庆师院 1981 年出版). **b**. 为 $\mathrm{E}|X-np|<np(1-p)$,必须

$$h(p)\equiv 2[np+1]\binom{n}{[np+1]}p^{[np+1]-1}(1-p)^{n-[np+1]}<n.$$

容易算出:在 $k/n\leqslant p<(k+1)/n$ 内,$h(p)$ 的最大值在 $p=k/(n-1)$ 处达到,其值为

$$c_k=2(k+1)\binom{n}{k+1}\left(\frac{k}{n-1}\right)^k\left(\frac{n-1-k}{n-1}\right)^{n-1-k}$$

$$=2n\frac{(n-1)!}{(n-1)^{n-1}}\frac{k^k}{k!}\frac{(n-1-k)^{n-1-k}}{(n-1-k)!}.$$

用 Stirling 公式 $\sqrt{2\pi}n^n\mathrm{e}^{-n}\mathrm{e}^{1/(12n)}>n!>\sqrt{2\pi}n^n\mathrm{e}^{-n}\mathrm{e}^{1/(12n+1)}$,知

$$c_k<\frac{2n}{\sqrt{2\pi}}\sqrt{\frac{n-1}{k(n-k-1)}}\leqslant n\sqrt{\frac{2}{\pi}}\sqrt{\frac{n-1}{n-2}},\quad 1\leqslant k\leqslant n-2,$$

当 $n\geqslant 4$ 时,对上述范围内的 k 有 $c_k<n$. 因此,在 $1/n\leqslant p\leqslant(n-1)/n$ 内,有 $\mathrm{E}|X-np|<npq$,在 $0\leqslant p\leqslant 1/n$ 内有 $h(p)=2n(1-p)^{n-1}$. 当且仅当 $p<p_0=1-2^{-1(n-1)}$,才有 $\mathrm{E}|X-np|>np(1-p)$. 由 $\mathrm{E}|X-np|$ 及 $np(1-p)$ 为 p 的对称函数,对 $n\geqslant 4$ 证明了所要的结论. 对 $n=3$ 可直接计算证明.

33. **a**. 注意到 $\hat{\theta}-\hat{\theta}_1$ 为 0 的无偏估计,故 $\mathrm{Cov}_\theta(\hat{\theta},\hat{\theta}-\hat{\theta}_1)=0$ 即 $\mathrm{Cov}_\theta(\hat{\theta},\hat{\theta}_1)=v(\theta)$,因而

$$v_2(\theta) = c^2 v(\theta) - 2c(c-1)v(\theta) + (c-1)^2 v_1(\theta)$$
$$= v(\theta) + (c-1)^2[v_1(\theta) - v(\theta)].$$

因为 $v_1(\theta) \geqslant v(\theta)$，由上式推出全部结论．**b**．有 $\hat{\theta} = n^{-1}\sum_{i=1}^{n} X_i^2$．取 $\hat{\theta}_1 = (n-1)^{-1}\sum_{i=1}^{n}(X_i - \overline{X})^2, c = 2$，则题中之估计量为 a 中的 $\hat{\theta}_2$，因而 $\mathrm{Var}(\hat{\theta}_2) = \mathrm{Var}(\hat{\theta}_1) = 2\sigma^4/(n-1)$．

34．取 $\hat{g}(x) = \sin(x - \theta_0)$，它有周期 2π，故为 0 的无偏估计，而

$$\mathrm{Cov}_{\theta_0}(X, \hat{g}(X)) = \int_{\theta_0-\pi}^{\theta_0+\pi} x\sin(x-\theta_0)\mathrm{d}x/(2\pi) = 1 \neq 0.$$

用引理2.1.

对后一问题，因易见 0 的无偏估计 $\hat{g}(x)$ 必（a.e. L）为周期 2π 的函数，记 $h(\theta) = \mathrm{Cov}_\theta(X, \hat{g}(X)) = (2\pi)^{-1}\int_{\theta-\pi}^{\theta+\pi} x\hat{g}(x+\theta)\mathrm{d}x = (2\pi)^{-1}\int_{\theta-\pi}^{\theta+\pi} x\mathrm{d}G_\theta(x)$，其中 $G_\theta(x) = \int_{\theta-\pi}^{x}\hat{g}(t+\theta)\mathrm{d}t$，有 $G_\theta(\theta+\pi) = G_\theta(\theta-\pi) = 0$（因 $\hat{g}$ 为 0 的无偏估计）且 G_θ 有界，故 $h(\theta) = -(2\pi)^{-1}\int_{\theta-\pi}^{\theta+\pi} g_\theta(x)\mathrm{d}x$ 为周期 2π 的有界连续函数．把 $\hat{g}(x)$ 展成 Fourier 级数 $a_0 + \sum_{n=1}^{\infty}(a_n\cos nx + b_n\sin nx)$．由 $\int_{-\pi}^{\pi}\hat{g}(x)\mathrm{d}x = 0$ 知 $a_0 = 0$．记 $f_n(x) = \sum_{i=1}^{n}(a_m\cos mx + b_m\sin mx)$，则 $\int_{-\pi}^{\pi}(\hat{g} - f_n)^2\mathrm{d}x \to 0$，故 $\int_{-\pi}^{\pi}|x[\hat{g}(x+\theta) - f_n(x+\theta)]|\mathrm{d}x \to 0$ 对 $\theta \in \mathbb{R}^1$ 一致成立，即 h_n 在 $\mathbb{R}^1$ 上一致收敛于 h，其中 $h_n(\theta) = \int_{-\pi}^{\pi} f_n(x+\theta)x\mathrm{d}x = \sum_{m=1}^{n}(A_m\cos m\theta + B_m\sin m\theta)$．连续函数 $h_n(\theta)$ 的 Fourier 级数无常数项，故必取 0 为值且变号，$h(\theta)$ 作为一串有 0 点的周期函数 h_n 的一致极限，也必有 0 点，记为 θ_0．这时，θ 的无偏估计 $x + \hat{g}(x)$ 在 θ_0 点有方差 $\mathrm{Var}_{\theta_0}(X) + \mathrm{Var}_{\theta_0}(\hat{g}(X))$．由于 $\hat{g}(X)$ 不 a.s. 为 0，后一项大于 0，即估计 $X + \hat{g}(X)$ 在 θ_0 点劣于 X．

35．有 $\sum_{x=0}^{\infty}\delta^2(x)\mathrm{e}^{-\theta}\frac{\theta^x}{x!} - 2\sum_{x=0}^{\infty}\delta(x)\mathrm{e}^{-\theta}\frac{\theta^{x+1}}{x!} = \theta - \theta^2$ 于 $a < \theta < b$．左边第

二项为 $-2\sum_{x=0}^{\infty}\delta(x)(x+1)\mathrm{e}^{-\theta}\dfrac{\theta^{x+1}}{(x+1)!}=-2\mathrm{E}_\theta(X\delta(X-1))\delta(-1))$ 可任给一值，故 $\mathrm{E}_\theta(\delta^2(X)-2X\delta(X-1))=\theta-\theta^2=\mathrm{E}_\theta(-X^2+2X)(a<\theta<b)$. 据 Poisson 族的完全性，有 $\delta^2(x)-2x\delta(x-1)=-x^2+2x(x=0,1,\cdots)$. 令 $x=0$ 得 $\delta(0)=0$. 用归纳法，设 $\delta(k)=k$ 对 $k\leqslant n-1$，在上式中令 $x=n$，利用 $\delta(n-1)=n-1$，知 $\delta^2(n)=n^2$. $\delta(n)$ 不能为 $-n$，因若 $\delta(n)=-n$，在上式中令 $x=n+1$ 将得 $\delta^2(n+1)<0$. 因而 $\delta(n)=n$. 这完成了归纳证明.

另证：$R(\theta,\delta)$ 为解析函数，如它在一个区间内等于 θ，则必在 $\theta>0$ 处处等于 θ. 再据定理 2.10 证明显示，δ 必与 X 相同. 类似结果对正态和二项分布也对.

36. $X\sim N(\theta,1)$，$g(x)=\sin x$. 有 $\mathrm{E}_\theta g(X)>0(<0)$ 当 $\theta=2k\pi+\pi/2$ $(\theta=(2k+1)\pi+\pi/2)$，$k=0,\pm1,\cdots$，再利用 $\mathrm{E}_\theta g(X)$ 的连续性.

37. **a**. 平凡. **b**. 逐项求积算 $\int_{-1}^{1}rf_n(r)\mathrm{d}r$，得 ρ 的一幂级数，其 ρ 的系数非 1. **c**. 令

$$\bar{X}_1=\sum_{i=1}^{3}X_i/3,\quad \bar{Y}_1=\sum_{i=4}^{6}Y_i/3,$$

$$\bar{X}_2=(X_7+X_8)/2,\quad \bar{Y}_2=(Y_7+Y_8)/2,$$

$$\hat{\rho}=\sum_{i=7}^{8}(X_i-\bar{X}_2)(Y_i-\bar{Y}_2)\Big/\Big(\sum_{i=1}^{3}(X_i-\bar{X}_1)^2\sum_{i=4}^{6}(Y_i-\bar{Y}_1)^2\Big)^{1/2}.$$

分子分母中三因子独立，$\mathrm{E}\sum_{i=7}^{8}(X_i-\bar{X}_2)(Y_i-\bar{Y}_2)=\rho\sigma_1\sigma_2$，而 $\sum_{i=1}^{3}(X_i-\bar{X}_1)^2/\sigma_1{}^2\sim\chi_2{}^2$，$\sum_{i=4}^{6}(Y_i-\bar{Y}_1)^2/\sigma_2{}^2\sim\chi_2{}^2$. 故 $\mathrm{E}\Big(1\Big/\sum_{i=1}^{3}(X_i-\bar{X}_1)^2\Big)^{-1/2}=\sqrt{\dfrac{\pi}{2}}\Big/\sigma_1$，$\mathrm{E}\Big(1\Big/\sum_{i=4}^{6}(Y_i-\bar{Y}_1)^2\Big)^{-1/2}=\sqrt{\pi/2}/\sigma_2$. 故 $2\hat{\rho}/\pi$ 是 ρ 的一无偏估计.

38. **a**. 要求 Λ 非负定，这归结为 $-(n-1)^{-1}\leqslant\rho\leqslant1$. **b**. $(\sum_{i=1}^{n}X_i{}^2,\sum_{i\neq j}^{n}X_iX_j)$，或 $(\sum_{i=1}^{n}X_i{}^2,\bar{X})$，二者等价. **c**. 据 b，知为 $\sum_{i=1}^{n}X_i{}^2/n$，方差为 $2\rho^2\sigma^4+2(1-\rho^2)\sigma^4/n$. 在 $\rho>0$ 时，此方差并不随 $n\to\infty$ 而趋于 0. **d**. 与上题相似，先证 $X_1X_2/(X_3{}^2+X_4{}^2+X_5{}^2)$ 为 ρ 之一无偏估计，再结合 b. **e**. 一切与上相似.

39. **a**. 用因子分解定理不难证明，$(\min X_i, \min Y_i, \max(2X_i + Y_i)) \equiv (T_1, T_2, T_3)$为一充分统计量. 它不是完全的，这可由 $\mathrm{E}T_i = \theta_i + k_i\ (i=1,2)$，$\mathrm{E}T_3 = 2\theta_1 + \theta_2 + k_3$得知，$k_1, k_2, k_3$都不依赖 θ_1, θ_2（但与 n 有关）. **b**. (θ_1, θ_2)的一类无偏估计为 $\left(a_0 + \sum_{i=1}^{3} a_i T_i, b_0 + \sum_{i=1}^{3} b_i T_i\right)$，$a_i, b_i$ 为常数，满足条件 $a_0 + \sum_{i=1}^{3} a_i k_i = 0, a_1 + 2a_3 = 1, b_0 + \sum_{i=1}^{3} b_i k_i = 0, b_2 + 2b_3 = 1$. 不难证明：这些估计中没有一个是MVUE. **c**. 可推广为：设 A 是 $\mathbb{R}^k$中一个多面体内部，$A = \{x: a_i'x < 0, 1 \leqslant i \leqslant l\}$. 以 $f(x)$ 记 A 上的均匀分布密度，设 $X_1, \cdots, X_n$ 是从分布族 $f(x-\theta)\mathrm{d}x, \theta \in \mathbb{R}^k$ 中抽出的iid.样本，则$(\max_i a_1'X_i, \cdots, \max_i a_l'X_i)$ 是充分而非完全的统计量，基于它可以作出 θ 的线性无偏估计，但非 MVUE.

40. 算出 $\mathrm{E}(X) = \exp(\theta + \sigma^2/2)$. 记 $Y_i = \ln X_i$，则 $\bar{Y} = \sum_{i=1}^{n} Y_i/n$ 和$s^2 = \sum_{i=1}^{n}(Y_i - \bar{Y})^2/(n-1)$ 为充分完全统计量，计算 $\mathrm{E}(\mathrm{e}^{\bar{Y}}) = \exp(\theta + \sigma^2/(2n))$. 若能通过 s^2 作出 $\exp\left(-\left(\frac{1}{2} - \frac{1}{2n}\right)\sigma^2\right)$的无偏估计 $f(s^2)$，则 $\mathrm{e}^{\bar{Y}} f(s^2)$ 就是 $\mathrm{E}(X)$ 的 MVUE. σ^{2k}有无偏估计$[(n-1)(n+1)(n+3)\cdots(n+2k-3)]^{-1}(n-1)^k s^{2k}$，因而$\exp\left(-\left(\frac{1}{2} - \frac{1}{2n}\right)\sigma^2\right) = 1 + \sum_{k=1}^{\infty}(-1)^k\left(\frac{1}{2} - \frac{1}{2n}\right)^k \sigma^{2k}/k!$ 有无偏估计

$$f(s^2) = 1 + \sum_{k=1}^{\infty}(-1)^k\left(\frac{1}{2} - \frac{1}{2n}\right)^k (n-1)^k$$

$$\cdot [(n-1)\cdots(n+2k-3)]^{-1} s^{2k}/k!.$$

需要证明，在计算 $\mathrm{E}(f(s^2))$时可以逐项积分. 为此，估计

$$f^*(s^2) = 1 + \sum_{k=1}^{\infty}\left(\frac{1}{2} - \frac{1}{2n}\right)^k (n-1)^k$$

$$\cdot [(n-1)\cdots(n+2k-3)]^{-1} s^{2k}/k!.$$

存在 k_0，使当 $k \geqslant k_0$时，有

$$(n-1)\cdots(n+2k-3) \geqslant k! > \varepsilon^{-2k}(n-1)^k.$$

因此($\varepsilon>0$ 给定,k_0与 ε 有关)

$$\sum_{k=k_0}^{\infty}\left(\frac{1}{2}-\frac{1}{2n}\right)^k(n-1)^k[(n-1)\cdots(n+2k-3)]^{-1}s^{2k}/k!$$

$$\leqslant \sum_{k_0}^{\infty}(\varepsilon s^{2k})^k/k! \leqslant \exp(\varepsilon s^2).$$

易见 $\mathrm{E}(\exp(\varepsilon s^2))<\infty$ 当 $\varepsilon<(2\sigma^2)^{-1}$,而 $\sum\limits_{k=1}^{k_0-1}$ 这一段的期望存在,故 $\mathrm{E}(f^*(s^2))<\infty$,因而 $\mathrm{E}(f(s^2))$ 存在,可逐项求积分,结果为 $\exp\left(-\left(\frac{1}{2}-\frac{1}{2n}\right)\sigma^2\right)$.

对 $\mathrm{Var}(X)$,先算出其值 $\mathrm{Var}(X)=\exp(2\theta+\sigma^2)(\mathrm{e}^{\sigma^2}-1)$. 用与上类似的方法,算出其 MVUE 为

$$\exp(2\bar{Y})\left[f^*(4s^2)-f^*\left(2\frac{n-2}{n-1}s^2\right)\right].$$

41. (θ_1,θ_2)有显然的无偏估计$(\bar{X},\bar{Y})$. 对 θ_3,一个可以考虑的估计是用 $c(\max\limits_i X_i-\min\limits_i X_i)$. 简单计算得出

$$\mathrm{E}(\max_i X_i-\min_i X_i)$$

$$=\theta_3\frac{4n}{\pi}\int_{-1}^{1}\left(\frac{1}{2}+\frac{1}{\pi}\arcsin y+y\sqrt{1-y^2}\right)^{n-1}\sqrt{1-y^2}\,y\mathrm{d}y,$$

于是应取 $c=\frac{\pi}{4n}\cdot$(上述积分的倒数). 类似地,$c(\max\limits_i Y_i-\min\limits_i Y_i)$也是$\theta_3$ 的无偏估计. 用二者的平均,即 $2^{-1}c(\max\limits_i X_i+\max\limits_i Y_i-\min\limits_i X_i-\min\limits_i Y_i)$,可得较小的方差.

42. 首先证明:第一种试验中 X 的分布为 Poisson 分布 $\mathscr{P}(\lambda T)$. 为证此,首先易得 $\mathscr{P}_\lambda(X=0)=\mathrm{e}^{-\lambda T}$. 用归纳法,设 $\mathscr{P}_\lambda(X=k-1)=\mathrm{e}^{-\lambda T}(\lambda T)^{k-1}/(k-1)!$,则

$$\mathscr{P}_\lambda(X=k)=\int_0^T\left\{\frac{[\lambda(T-t)]^{k-1}}{(k-1)!}\mathrm{e}^{-\lambda(T-t)}\right\}\lambda\mathrm{e}^{\lambda t}\mathrm{d}t=\mathrm{e}^{-\lambda T}(\lambda T)^k/k!,$$

于是得证(t 为第一次替换的时刻). 基于 X,λ 的 MVUE 为 $\hat{\theta}_1=X/T$,方差为 λ/T. 用第二种试验,$2\lambda Y\sim\chi_{2k}{}^2$,基于 Y,λ 的 MVUE 为 $\hat{\theta}_2=(k-1)/Y$,其方差为 $\lambda^2/(k-2)$. 第二种试验平均时间为 k/λ. 令 $k/\lambda=T$,得 $\hat{\theta}_1$的方差为 $\lambda^2/$

k,比 $\hat{\theta}_2$ 的方差小. 故从所定标准说,第一种试验更有利.

43. 显然 $X_2,\cdots,X_r$ 独立,且 $P_\theta(X_i = x_i) = \left(\dfrac{i-1}{\theta}\right)^{x_i-1}\left(1-\dfrac{i-1}{\theta}\right)$,于是 a 由分解定理得出. **b**. 若 $\hat{\theta}(X_i)$ 是一无偏估计,则有 $\sum_{k=1}^{\infty}\hat{\theta}(k)(i-1)^{k-1}\theta^{-k} = \theta/(\theta-i+1)$,且 $\sum_{k=1}^{\infty}|\hat{\theta}(k)|(i-1)^{k-1}\theta^{-k}$ 收敛,因而当 $\theta\to\infty$ 时 $1\leftarrow\theta/(\theta-i+1)\leqslant\sum_{k=1}^{\infty}|\hat{\theta}(k)|(i-1)^{k-1}\theta^{-k}\to 0$,得出矛盾. **c**. 因 $T=\sum_{i=2}^{r}X_i$ 为充分统计量,只需考虑基于 T 的估计. 设 $\hat{\theta}(T)$ 为无偏估计,则

$$\sum_{k=r-1}^{\infty}\hat{\theta}(k)p_\theta(k)=\theta,\quad \sum_{k=r-1}^{\infty}|\hat{\theta}(k)|p_\theta(k)<\infty,$$

其中 $p_\theta(k)=P_\theta(T=k)$. 对 $k\geqslant r$,易见有 $p_r(k)\geqslant r^{-(k-r+1)}$,故 $\sum_{k=r-1}^{\infty}|\hat{\theta}(k)|r^{-(k-r+1)}<\infty$,但当 $k<r$ 时,有

$$p_\theta(k)\leqslant\sum_{i=1}^{r}P_\theta\left(X_i\geqslant\left[\frac{k-1}{r-1}\right]\right)\leqslant C\left(\frac{r}{\theta}\right)^{\left[\frac{k-1}{r-1}\right]}\leqslant r^{-(k-r+1)}.$$

当 θ 充分大,C 与 θ,k 无关. 故当 θ 充分大时,

$$\sum_{k=r-1}^{\infty}\hat{\theta}(k)p_\theta(k)\leqslant\sum_{k=r-1}^{\infty}|\hat{\theta}(k)|r^{-(k-r+1)},$$

上式右边与 θ 无关,故左边不能等于 θ,当 θ 充分大.

44. **a**. 记 $p_k(r,\theta)=P_\theta(X=k)$,则易见

$$p_k(r+1,\theta)=p_k(r,\theta)\frac{\theta-k}{\theta}+p_{k+1}(r,\theta)\frac{k+1}{\theta}.$$

两边乘 k,对 $k=0,1,\cdots,\theta-1$ 求和得 $M_{r+1}=\left(1-\dfrac{1}{\theta}\right)M_r$,其中 M_j 为投 j 个球时的 $\mathrm{E}_\theta X$ 值. 由 $M_1=\theta-1$ 得 $M_r=\theta\left(1-\dfrac{1}{\theta}\right)^r$. **b**. 先证明:存在 d,使 $|\hat{\theta}(k)-(k+r)|<d$. 此因 $P_\theta(X=\theta-r)=\prod_{i=1}^{r-1}(1-i/\theta)\geqslant 1-r(r-1)/2\theta$,令 $d=r(r-1)/2+1$. 若当 k 充分大(因而 θ 充分大) 尚有可能 $\hat{\theta}(k)>(k+$

$r) + d$,则当 $\theta = k + r$ 时 $\mathrm{E}_\theta(\hat{\theta}) \geqslant (\theta + d)[1 - r(r-1)/2\theta] > \theta$. 故当 k 充分大时有 $\hat{\theta}(k) \leqslant k + r + r(r-1)/2 + 1$. 另一方面,若对充分大的 k 尚有可能 $\hat{\theta}(k) \leqslant k + r - r$,则因 $P_\theta(X > \theta - r) \leqslant r(r-1)/2\theta$ 且当 k 充分大时有 $\hat{\theta}(k) \leqslant k + r(r+1)/2 + 1$, 对 $\theta = k + r$ 将有 $\mathrm{E}_\theta \hat{\theta} < \theta$,与 $\hat{\theta}$ 的无偏性不合.

现给定 $\varepsilon > 0$. 注意到当 θ 大时,

$$P_\theta(X = \theta - r) = 1 - r(r-1)/2\theta + O(\theta^{-2}),$$

$$P_\theta(X = \theta - r + 1) = r(r-1)/2\theta + O(\theta^{-2}),$$

$$P_\theta(X > \theta - r + 1) = O(\theta^{-2}),$$

以及上面证明的$|\hat{\theta}(k) - (k + r)|$有界,易见若对充分大的 k 仍能有 $\hat{\theta}(k) > k + r + \varepsilon$,则对 $\theta = k + r$ 将有 $\mathrm{E}_\theta \hat{\theta} > \theta$,故 $\hat{\theta}(k) \leqslant k + r + \varepsilon$ 当 k 充分大. 若对充分大的 k 仍能有 $\hat{\theta}(k) < k + r - \varepsilon$,则对 $\theta = k + r$ 将有 $\mathrm{E}_\theta \hat{\theta} < \theta$. 这证明了 $|\hat{\theta}(k) - (k + r)| \leqslant \varepsilon$ 当 k 充分大.

注　作者尚不清楚本题中 θ 的无偏估计存在否.

45. **a**. 以 $b(n,k,p)$ 记 $\binom{n}{k} p^k (1-p)^{n-k}$. 在 a 的条件下有

$$P_\theta(\hat{\theta} \geqslant \theta) = P_\theta(X_1, \cdots, X_n \text{ 中至少有} (n+1)/2 \text{ 个不小于 } \theta)$$

$$= \sum_{k=(n+1)/2}^{n} b(n,k,1/2) = 1/2,$$

同样,$P_\theta(\hat{\theta} \leqslant \theta) = 1/2$. 故 θ 为 $\hat{\theta}$ 之一中位数. 由于 θ 是 P_θ 的唯一中位数,对任给 $\varepsilon > 0$ 有 $p_1 \equiv P_\theta(X \geqslant \theta + \varepsilon) < 1/2$, $p_2 \equiv P_\theta(X \leqslant \theta - \varepsilon) < 1/2$,故

$$P_\theta(\hat{\theta} \geqslant \theta + \varepsilon) = \sum_{(n+1)/2}^{n} b(n,k,p_1) < 1/2,$$

$$P_\theta(\hat{\theta} \leqslant \theta - \varepsilon) = \sum_{k=(n+1)/2}^{n} b(n,k,p_2) < 1/2,$$

这说明 θ 是 $\hat{\theta}$ 的唯一中位数. **b**. 以 $X_{(1)} \leqslant \cdots \leqslant X_{(n)}$ 记次序统计量,先证明:θ 是 $\hat{\theta}$ 的一个中位数. 为方便计不妨设 $\theta = 0$. 有

$$\begin{aligned} P_0(\hat{\theta} \geqslant 0) &= P_0(X_i \text{ 中有不少于 } n/2 + 1 \text{ 个} \geqslant 0) \\ &\quad + P_0(X_i \text{ 中恰有 } n/2 \text{ 个} \geqslant 0, X_{(n/2+1)} \geqslant -X_{(n/2)}) \\ &\equiv J_1 + J_2. \end{aligned}$$

由对称性知

$$J_1 = J_1' \equiv P_0(X_i\text{中有不多于}n/2-1\text{个}\geqslant 0),$$

而由 X_i 转到 $-X_i$（利用对称性）知

$$J_2 = J_2' \equiv P_0(-X_i\text{ 中恰有}n/2\text{ 个}\geqslant 0,\ -X_{(n/2)} \geqslant -(-X_{(n/2+1)})).$$

而$\{-X_i$中恰有$n/2$个$\geqslant 0\} = \{X_i$中恰有$n/2$个$\leqslant 0\}$，因 P_0在 0 点连续，以概率 1，X_i都不为 0，故 a.s.：$\{X_i$中恰有$n/2$个$\leqslant 0\} = \{X_i$中恰有$n/2$个$<0\}$，因而

$$\begin{aligned} J_2 = J_2' &= P_0(X_i\text{ 中恰有}n/2\text{ 个}<0, X_{(n/2+1)} \leqslant -X_{(n/2)}) \\ &= P_0(X_i\text{ 中恰有}n/2\text{ 个}\geqslant 0, X_{(n/2+1)} \leqslant -X_{(n/2)}), \end{aligned}$$

故 $2J_1 + 2J_2 = (J_1 + J_1') + (J_2 + J_2') \geqslant P_0(X_i$中$\geqslant 0$ 的个数$\neq n/2) + P_0(X_i$中$\geqslant 0$ 的个数$= n/2) = 1$，而 $P_0(\hat{\theta} \geqslant 0) \geqslant 1/2$. 同法（或直接由对称性）证明 $P_0(\hat{\theta} \leqslant 0) \geqslant 1/2$，故 0 为一个 $\mathrm{med}(\hat{\theta})$.

现只需证明 $\mathrm{med}(\hat{\theta})$唯一. 因 0 为 P_0唯一中位数且 0 是 P_0的连续点，对任意小的 $\varepsilon>0$，有 $P_0(-\varepsilon,0)>0<P_0(0,\varepsilon)$. 故 $P_0(|\hat{\theta}|<\varepsilon)>P_0(X_i$中有一个在$(-\varepsilon,0)$内，有一个在$(0,\varepsilon)$内，$n/2-1$个$\leqslant -\varepsilon$，$n/2-1$个$\geqslant \varepsilon)>0$，明所欲证.

当 P_θ不是关于 θ 对称时，$\hat{\theta}$ 不必中位无偏. 反例：$P_\theta \sim \theta e^{-\theta x} I(x>0)\mathrm{d}x$，$n=2$，请完成必要的计算. **c**. 设 m 为 P_0之一中位数，a 是 P_0之一支撑点，定义函数 g：$g(u) = -(a-m)$当$|u|<\varepsilon$，$g(u) = b$ 当$|u|\geqslant\varepsilon$. 找适当的 ε 和 b，使在 P_0之下 $X_1 + g(X_1 - X_2)$仍有中位数 m，这可以做到，因易证明：当 $\varepsilon \downarrow 0$，$b \uparrow \infty$时，$X_1 + g(X_1 - X_2)$的中位区间$\to\infty$，而当 $\varepsilon\downarrow 0$，$b\uparrow -\infty$时，其中位区间$\to -\infty$，而中位区间是连续变动的. 现引进估计

$$\hat{\theta} = X_1 + g(X_1 - X_2) - m,$$

在 P_θ下，θ 是 $\hat{\theta}$ 之一中位数，且是唯一的. 后者证明如下：任给 $\eta>0$，可找到 $\delta>0$，使（不妨设 $\theta=0$）$P_0(|\hat{\theta}|<\eta) \geqslant P_0(|X_1 - a|<\delta, |X_2 - a|<\delta)>0$. 前一个不等号出自 g 的定义，后一不等号出自 a 为 P_0的支撑.

对 $n=1$，若 P_0有唯一中位数，情况显然. 在 P_0无唯一中位数时，作者猜测 θ 没有中位无偏估计.

46. **a**. $X_1,\cdots,X_n$ 为 iid.，$\sim \theta e^{-\theta x} I(x>0)\mathrm{d}x$，$\theta>0$，$T = \sum_{i=1}^{n} X_i/n$ 为充分统计量，X_1为中位无偏估计. 但 $\mathrm{E}(X_1|T) = T$ 不是中位无偏. **b**. 设 $X \sim N(\theta,$

1)($-1<\theta<1$),X 为“均值完全”统计量. 令 $f(X)=X$ 当 $|X|<1$,$f(X)=X+1$ 当 $X\geqslant 1$,$f(X)=X-1$ 当 $X\leqslant -1$,则 $f(X)$ 与 X 有同一中位数 θ,而二者不同. 也可以这样:令 $\varepsilon>0$ 充分小,而 $T(X)=0$ 当 $|X|\geqslant\varepsilon$,$T(X)=1$,当 $0\leqslant X<\varepsilon$,$=-1$,当 $-\varepsilon<X<0$,则 $\text{med}_\theta(T)=0$ 对 $|\theta|<1$($\theta\in\mathbb{R}^1$ 也可以),但 T 不为 0.

注 (1) 在问题 a,即使把 $\text{E}(\hat{\theta}\mid T)$ 改为 $\text{med}(\hat{\theta}\mid T)$,仍不行. 反例:$X_1,\cdots,X_n$ iid.,$\sim R(0,2\theta)$,$\theta>0$,X_1 为 θ 的中位无偏估计,而 $T=\max X_i$ 为充分统计量. 简单计算表明:$\text{med}(X_1\mid T)=2^{-1}(n-1)^{-1}nT$,其中位数等于 $n(n-1)^{-1}2^{-1/n}\theta\neq\theta$.

(2) 本题的结果说明了为什么“中位无偏”的理论未能发展起来,虽则这个概念在应用上或许与均值无偏一样重要.

47. **a**. 若有两个 MVUE $\hat{g}_1,\hat{g}_2$,考虑 $(\hat{g}_1+\hat{g}_2)/2$. **b**,**c**. 用引理 2.2.

48. 设 $G(f)$ 有无偏估计 $g(x)$,$x=(x_1,\cdots,x_n)$. 往证 g 在 $\mathbb{R}^n$ 上本质有界,因而 $G(f)$ 有界. 若不然,把 $\mathbb{R}^n$ 中一切以整点为顶点之单位立方体排列为 $A_1,A_2,\cdots$. 记 $B_k=\{x:x\in\mathbb{R}^n,k-1\leqslant g(x)<k\}$($k=0,\pm1,\pm2,\cdots$). 存在无穷个 k 使 L 测度 $|B_k|>0$,不妨设这些 k 中有一子列 $\to\infty$,因而可找到子列 $\{i_1<i_2<\cdots\}$,使 $|A_{i_j}\cap B_{M_j}|>0$,$M_j>j^{4n}$,$j\geqslant 1$. 把 A_{i_j} 各顶点的第 r 坐标中绝对值最大者记为 c_{jr}. 分两种情况:① $\{c_{jr},j\geqslant 1\}$ 无界,$1\leqslant r\leqslant n$. ② 其他. 考虑①. 再选子列,不妨设 $\lim\limits_{j\to\infty}c_{jr}=\infty$($1\leqslant r\leqslant n$),且若记 A_{i_j} 的左下顶点为 $(m_{j1},\cdots,m_{jn})$,则集 $D_j=\bigcup\limits_{r=1}^{n}[m_{jr},m_{jr}+1]$($j=1,2,\cdots$),两两无公共点.

由于 $|E_j|>0$,此处 $E_j=A_{i_j}\cap B_{M_j}$,在 E_j 中可找到全密点 t_j. 以它为中心作边长为 $\varepsilon_j>0$ 的正立方体 $H_j=\{x_i:a_{ji}\leqslant x_i\leqslant a_{ji}+\varepsilon_j,1\leqslant i\leqslant n\}$,使 $H_j\subset A_{i_j}$,且 $|H_j\cap E_j|>|H_j|/2$.

定义密度 f:在集 $Q_j=\bigcup\limits_{r=1}^{n}[a_{ji},a_{ji}+\varepsilon_j]$ 上,令 $f(x)=c\varepsilon_j^{-1}/j^2$,$c>0$ 待定. 注意 $Q_1,Q_2,\cdots$ 两两无公共点且 $|Q_j|\leqslant n\varepsilon_j$,故

$$\int_{\mathbb{R}^1}f(x)\mathrm{d}x\leqslant nc\sum_{j=1}^{\infty}j^{-2}<\infty,$$

而 c 可定出. 但对这个 f 有

$$\sum_{j=1}^{\infty}\int_{H_j}fg\,\mathrm{d}x\geqslant\sum_{j=1}^{\infty}\int_{H_j\cap E_j}fg\,\mathrm{d}x$$

$$\geqslant c^n \sum_{j=1}^{\infty} \varepsilon_j^{-n} j^{-2n} \mid H_j \mid M_j/2$$

$$\geqslant c^n \sum_{j=1}^{\infty} j^{2n}/2 = \infty,$$

即

$$\int_{\mathbb{R}^n} \mid fg \mid \mathrm{d}x = \infty,$$

故 g 不能为 $G(f)$之偏估计.

在情况②,取$\{i_j\}$的子列. 不妨设 $A_{i_1}, A_{i_2}, \cdots$的相应顶点的前 r 个坐标皆相同,而后 $n-r$ 个坐标则满足情况①证明中指出的条件. H_j的定义同前. 定义 f 如下:在集$\bigcup_{j=1}^{\infty} \bigcup_{i=1}^{r} [a_{ji}, a_{ji} + \varepsilon_j]$(此集含于一有界区间内)$f(x) = c$,而在 $\bigcup_{u=r+1}^{n} [a_{ju}, a_{ju} + \varepsilon_j]$ 上令 $f(x) = c\varepsilon_j/j^2$. 以下证明同前.

49. 平凡.

50. 设 $n \geqslant k$. 因 $\mu_k = \sum_{i=0}^{k} c_i \alpha_i \alpha_1^{k-i}$, $\alpha_i \alpha_1^{k-i}$ 有无偏估计($i=0$时为 $X_1 \cdots X_k$, $i=k$ 时为X_1^k, $0<i<k$ 时为$X_1^i X_2 \cdots X_{k-i+1}$),再利用次序统计量为完全充分. 若 $n<k$,取$\mathscr{F}_k$之子族$\{P_p(X=1) = 1 - P_p(X=0) = p, 0 \leqslant p \leqslant 1\}$,证明即使在此子族内,$\mu_k$ 也没有无偏估计.

51. 平凡. 取两点分布族.

52. 例:样本 X 分布为 $P_\theta(X=-1) = \theta$, $P_\theta(X=i) = (1-\theta)^2\theta^i$, $i=0, 1, \cdots$, $0 \leqslant \theta \leqslant 1$. $g_0(\theta) = \theta$, $g_1(\theta) = (1-\theta)^2$. g_0, g_1各有一无偏估计为 $\hat{g}_0(x) = I(x=-1)$, $\hat{g}_1(x) = I(x=0)$. 一切零的无偏估计有形式 $n(-1) = a$, $n(x) = -ax$, $x = 0, 1, \cdots$,故 g_0, g_1 的一切无偏估计分别有形式 $\hat{g}_0(x) + cn(x)$ 和 $g_1(x) + cn(x)$, c 为常数. 找 c,使 $\mathrm{E}_\theta(\hat{g}_i(X) + cn(X))^2$最小. 对 $i=0$,发现 $c=0$与 θ 无关,故 $g_0(\theta)$有 MVUE $\hat{g}_0$. 对 $i=1$,发现 c 与 θ 有关,故 $g_1(\theta)$的 MVUE 不存在. 由于 g_1有无偏估计而无 MVUE,完全充分统计量不存在.

53. **a**. 平凡. **b**. 上题中的 g_1.

54. 固定 σ^2(认为其已知),$\hat{g} - g(\sigma)$是零的无偏估计, $\overline{X}$是 θ 的 MVUE.

55. 固定 σ_1^2, σ_2^2, θ 的 MVUE 存在,且它对 σ_1^2, σ_2^2不固定时仍是 θ 的无偏估计,而此 MVUE 与 σ_1^2, σ_2^2所固定之值有关,故 θ(在 σ_1^2, σ_2^2不固定时)的

MVUE 不存在．LMVE 存在．

56．**a**．$n\geqslant 2$ 时取 $g(T)=\min X_i/\max X_i-c$，c 为适当常数，则 $\mathrm{E}_\theta g(T)=0$ 对一切 $\theta>0$．$n=1$ 时为有界完全：设 g 有界且 $\int_\theta^{2\theta}g(x)\mathrm{d}x=0$ 对一切 $\theta>0$，则 $\int_{\theta/2^r}^{2\theta}g\mathrm{d}x=0$ 对 $r=0,1,2,\cdots$．因 g 有界，令 $r\to\infty$ 有 $\int_0^{2\theta}g\mathrm{d}x=0$ 对一切 $\theta>0$，故 $g(x)=0$ a.e.L 于 $x>0$．$n=1$ 时非完全：定义 $g(x)=-1$ 当 $1/2<x\leqslant 3/4$，$g(x)=1$ 当 $3/4<x\leqslant 1$，对其余的 $x>0$，用公式 $g(x)=2g(2x)$ 从 $(1/2,1]$ 开拓到 $(0,\infty)$．对这个 g 有 $\int_\theta^{2\theta}g\mathrm{d}x=0$ 对一切 $\theta>0$．**b**．设非常数的 $g(\theta)$ 有无偏估计 $h(x)$，则 h 在 $(0,\infty)$ 非常数，因而存在 $\theta_0>0$，使 h 在 $(\theta_0,2\theta_0)$ 内不a.e.L 为常数．因此可在 $(\theta_0,2\theta_0)$ 内找到两个不交集 A,B，使 $|A|=|B|>0$ 而 $h(x_1)>h(x_2)$ 当 $x_1\in A,x_2\in B$．令 $n(x)=1$ 当 $x\in A$，$=-1$ 当 $x\in B$，$=0$ 当 $x\in(\theta_0,2\theta_0)-(A\cup B)$，再按 $n(x)=2n(2x)$ 和 $n(x)=2^{-1}n(x/2)$ 将其延拓至 $(0,\infty)$．则 $n(x)$ 为零的无偏估计，而 $\mathrm{Cov}_{\theta_0}(h(X),n(X))>0$，因而 $h(x)$ 不能是 $g(\theta)$ 的 MVUE．

57．**a**．设 $g(\theta)$ 非常数，而 $h(x)=h(x_1,\cdots,x_n)$ 为其一偏估计．记 $A(\theta)=\{\theta,\theta+1,\cdots,\theta+m-1\}^n$，则存在 θ_0，使 $h(x)$ 在 $A(\theta_0)$ 上不为常数．找 $t_1\neq t_2$ 都属于 $A(\theta_0)$，使 $h(t_1)\neq h(t_2)$．定义函数 $n(x)$：$n(t_1)=1,n(t_2)=-1$，$n(x)=0$ 对其他 $x\in A(\theta_0)$．再由 $A(\theta_0)$ 出发，将 $n(x)$ 依次延拓到 $A(\theta_0\pm 1)$，$A(\theta_0\pm 2),\cdots$，以使 $n(x)$ 为零的无偏估计(这种可能性极易验证)．由 n 的作法有 $\mathrm{Cov}_{\theta_0}(h(X),n(X))>0$．**b**．证法与 a 一样，只是在选 $n(t_1),n(t_2)$ 之值时有变化．结论是：如果条件 $p_{\theta,i+1}=p_{\theta+1,i}$ 不是对一切$\theta\in Z$ 及$i=0,1,\cdots,m-2$ 都满足，则除非 $g(\theta)$ 为常数，不存在 g 的 MVUE．若所指条件满足，则当且仅当 $g(\theta)=c\sum_{i_1=0}^{m-1}\cdots\sum_{i_m=0}^{m-1}p_{\theta i_1}{}^2\cdots p_{\theta i_m}{}^2$ 时(c 为常数)，g 才有 MVUE．证明还略有些平凡的细节，留给读者．**c**．证明同 a；若 g 不具周期 1 而 $h(x)$ 为其无偏估计，则利用$A(\theta)\cap A(\theta+1)\neq\varnothing$，易知存在$\theta_0$，使 h 在$A(\theta_0)$ 上不为常数．反之，若$g(\theta)$ 有周期 1，则 $g(X_1)$ 为 $g(\theta)$ 的无偏估计且有方差 0．

58．非完全的证明平凡．后一部分证明与习题 57b 相似，只需注意：若$n(x)$ 有周期 1 且 $\int_{x_0}^{x_0+1}n(x)\mathrm{d}x=0$ 对某个(因而一切)x_0，则 $n(x)$为 0 的无偏估计(此结论在样本量大于 1 时也对)．

59. 若对某 θ_0 有,例如

$$\int_{A_{+\theta_0}} n(x)\mathrm{d}P_{\theta_0}(x) - \int_{A_{-\theta_0}} n(x)\mathrm{d}P_{\theta_0}(x) > \int_{A_{0\theta_0}} |n(x)|\mathrm{d}P_{\theta_0}(x),$$

给定 $\varepsilon \in (0,1)$,记 $A_\varepsilon = \{x: \hat{g}(x) \geqslant \sqrt{\varepsilon}, n(x) \leqslant 1/\sqrt{\varepsilon}\}$,$B_\varepsilon = \{x: \hat{g}(x) \leqslant -\sqrt{\varepsilon}, n(x) \geqslant -1/\sqrt{\varepsilon}\}$,则 $\hat{g}_1(x) = \hat{g}(x) - \varepsilon n(x)$ 为 $g(\theta)$ 的无偏估计,且

$$\begin{aligned} \mathrm{E}_{\theta_0}|\hat{g}_1(X) - g(\theta_0)| \leqslant{}& \varepsilon\int_{A_{0\theta_0}} |n(x)|\mathrm{d}P_{\theta_0}(x) \\ &+ \int_{A_\varepsilon}[|\hat{g}(x) - g(\theta_0)| - \varepsilon n(x)]\mathrm{d}P_{\theta_0}(x) \\ &+ \int_{B_\varepsilon}[|\hat{g}(x) - g(\theta_0)| + \varepsilon n(x)]\mathrm{d}P_{\theta_0}(x) \\ &+ \int_{(A_{+\theta_0} - A_\varepsilon)\cup(A_{-\theta_0} - B_\varepsilon)}[|\hat{g}(x) - g(\theta_0)| + \varepsilon|n(x)|]\mathrm{d}P_{\theta_0}(x) \\ \leqslant{}& \mathrm{E}_{\theta_0}|\hat{g}(X) - g(\theta_0)| \\ &- \varepsilon\Big[\int_{A_{+\theta_0}} n(x)\mathrm{d}P_{\theta_0}(x) - \int_{A_{-\theta_0}} n(x)\mathrm{d}P_{\theta_0}(x) \\ &- \int_{A_{0\theta_0}} |n(x)|\mathrm{d}P_{\theta_0}(x)\Big] \\ &+ 2\varepsilon\int_{(A_{+\theta_0} - A_\varepsilon)\cup(A_{-\theta_0} - B_\varepsilon)} |n(x)|\mathrm{d}P_{\theta_0}(x). \end{aligned}$$

令 $\varepsilon \downarrow 0$,最后一项为 $o(\varepsilon)$,因而当 $\varepsilon > 0$ 充分小时,有

$$\mathrm{E}_{\theta_0}|\hat{g}_1 - g(\theta_0)| < \mathrm{E}_{\theta_0}|g - g(\theta_0)|,$$

这证明了必要性. 充分性类似. 后一部分平凡(θ 的 $\mathrm{ML_1UE}$ 为 $I(x = -1)$. 有趣的是,θ 的 MVUE 不存在).

60. **a**. 归结为证明 θ 有无偏估计,即存在 $h(x)$ 使 $\int hf_1\mathrm{d}x = 1$,$\int hf_2\mathrm{d}x = 0$,这平凡(补出细节). **b**. 求出 θ 之完全充分统计量 $T = \sum_{i=1}^n I(0 \leqslant X_i \leqslant 1)$,结果为 $1 - 2T/n$.

61. 固定 $\varphi = \varphi_0 > 0$. 令 $T_1 = T_1(x_1, \cdots, x_m) = \mathrm{E}_\varphi(x_1, \cdots, x_m, Y_1, \cdots, Y_n)$,

则 T_1 为 $g(\theta)$ 之无偏估计且方差不超过 T 的方差，故 T_1 为 $g(\theta)$ 的 MVUE. 由于 $(X_1,\cdots,X_m,Y_1,\cdots,Y_n)$ 有完全充分统计量，故 MVUE 唯一. 这说明 $T=T_1$ 只与 $X_1,\cdots,X_m$ 有关，同理，S 只与 $Y_1,\cdots,Y_m$ 有关，以下平凡. 后一问平凡.

62. **a**. $e^{-\theta a}=E_\theta(I(X_1>a))$，而 $S=\sum_{i=1}^{n}X_i$ 为完全充分统计量，故 $e^{-\theta a}$ 的 MVUE 为 $E_\theta(I(X_1>a)\mid S)$（它与 θ 无关）. 计算平凡，结果为 $(1-S/na)^{n-1}\cdot I(S/n>a)$.（在这个及其他例中，往往看到无偏估计乃至 MVUE 的不合理之处，如在此例，当 $S/n<a$ 时估计 $P_\theta(X_1>a)$ 为 0，显得不合理）. 对 $a<0$，因 S 为完全充分统计量，可只考虑依赖于 S 的估计 $h(S)$. 如它为无偏，应有

$$\frac{1}{(n-1)!}\int_0^\infty h(s)e^{-s/\theta}s^{n-1}ds=e^{-a/\theta}\theta^n.$$

因 $a<0$，当 $\theta\downarrow 0$ 时，右边有极限 ∞，而按单调收敛定理，左边有极限 0. **b**. 当 $n\geqslant 2$ 时 θ^{-1} 有 MVUE 为 S/n. 当 $n=1$ 时，无偏估计 $h(x)$ 应满足 $\int_0^\infty h(x)e^{-x/\theta}dx=1$ 对一切 $\theta>0$，这不可能，理由与 a 的末尾同. **c**. $n\geqslant 2$ 时，$\theta^{-1}e^{-a/\theta}$ 有无偏估计 $X_2I(X_1>a)$，因而必有 MVUE（何故?）. $n=1$ 时，等于要求 $\int_0^\infty h(x)e^{-x/\theta}dx=e^{-a/\theta}$ 即 $\int_0^\infty h(x)e^{\theta(a-x)}dx=1(\theta>0)$，可在积分号下对 θ 求导. 得 $\int_{-\infty}^a H(a-y)e^{\theta y}dy=0$，$H(x)=(a-x)h(x)$. 由指数族的完全性得 $H(a-y)=0$ a.e. L 于 $(-\infty,a)$，即 $h(x)=0$ a.e. L 于 $(0,\infty)$，这不是 $\theta^{-1}e^{-a/\theta}$ 的无偏估计.

63. **a**. 要算 $(2\pi\sigma)^{-1}\int_{-\infty}^\infty\left(\int_{-\infty}^x e^{-t^2/2}dt\right)e^{-(x-\theta)^2/2\sigma^2}dx$. 作变换 $x=\theta+\sigma u$，然后对 (t,u) 作适当正交变换，把积分化为 $(2\pi)^{-1}\int_{-\theta\sqrt{1+\sigma^2}}^\infty e^{-y_1^2/2}dy_1\cdot\int_{-\infty}^\infty e^{-y_2^2/2}dy_2$. **b**. $\Phi(c-\theta)$ 的 MVUE 为 $E_\theta(I(X_1<c)\mid\bar{X})$，利用 $(X_1,\bar{X})\sim N(\theta,\theta,1,1/n,1/\sqrt{n})$. 对密度则较难，因为 $n=1$ 时没有无偏估计，是看出其解的形式的，结果为 $2^{-1}[\pi(n-1)/n]^{-1/2}\exp(-(c-\bar{X})^2/(2n-2))$. **c**. $n=1$ 时，$\Phi(c-\theta)$ 当然有 MVUE，密度则没有，证明方法同习题 62c.

64. 若 $h(X_1)$ 为 $g(\theta)$ 的无偏估计，则 $K(\theta)\int_0^\theta hf dx=g(\theta)$. 两边求导数，解出

$$h(x) = [K(x)g'(x) - K'(x)g(x)]/[K^2(x)f(x)]$$

(在 $f(x) = 0$ 之处可定义 $h(x) = 1$). h 确为无偏估计的一组充分条件为:g 在 $[\varepsilon,\theta]$ 绝对连续,对任何 $0 < \varepsilon < \theta < a$,$|fg|$ 在$(0,\theta)L$ 可积,$|g'/K|$ 在$(0,\theta)L$ 可积,$0 < \theta < a$;$g(x)/K(x) \to 0$ 当 $x \downarrow 0$. 在这些条件下,$g(\theta)$ 的 MVUE 为 $E_\theta(h(X_1) \mid T)$,其中 $T = \max X_i$. 这个解法有一个缺点,即它要求 $n=1$ 时有无偏估计. 而有可能,$g(\theta)$的无偏估计在 $n>1$ 时存在,但在 $n=1$ 时不存在. 试研究一下这种可能性(举出例子).

65. 考虑以样本中位数作为估计.

66. **a**. 计算类似于习题 63a,结果为 $\Phi((\theta_2-\theta_1)/\sqrt{\sigma_1{}^2+\sigma_2{}^2})$. **b**. 对 σ_1,σ_2 无限制时,$(\bar{X},\bar{Y},s_X{}^2,s_Y{}^2)$为完全充分统计量$\left(s_X{}^2 = \sum_{i=1}^m (X_i-\bar{X})^2, s_Y{}^2 = \sum_{i=1}^n (Y_i-\bar{Y})^2\right)$. 求出条件分布 $X_1 \mid (\bar{X},s_X{}^2)$(利用 Basu 定理知$(X_1-\bar{X})/s_X$ 与$(\bar{X},s_X{}^2)$独立,而$(X_i-\bar{X})/s_X$ 的分布利用第1章习题22)及 $Y_1 \mid (\bar{Y},s_Y{}^2)$. 此二者独立. 结果通过 β 函数的积分表出,其形式还要取决于 $\bar{X},\bar{Y},s_X,s_Y$ 的具体值,比较复杂. 如 $\sigma_1=\sigma_2=\sigma$,则 $\bar{X},\bar{Y},s^2 = \sum_{i=1}^m (X_i-Z)^2 + \sum_{i=1}^n (Y_i-Z)^2$, $Z=(m\bar{X}+\bar{Y})/(m+n)$ 为完全充分统计量. 求出条件分布$(X_1,Y_1) \mid (\bar{X},\bar{Y},s)$(仍利用Basu定理,$\left(\dfrac{X_1-\bar{X}}{s},\dfrac{Y_1-\bar{Y}}{s}\right)$ 与$(\bar{X},\bar{Y},s)$独立),再在此条件分布下求 $X_1<Y_1$的概率. 计算过程及结果表述都很复杂.

67. **a**. 平凡. **b**. 作一个半径最小的圆能包含全部样本点. 记此圆之中心为 $\hat{\theta}$,半径为 $\hat{\sigma}$,以 $\hat{\theta}$ 估计 θ, $\tilde{\sigma} = \dfrac{2n+1}{2n}\hat{\sigma}$ 估计 σ.

注　请证明:$\hat{\theta}$ 是 θ 的无偏估计而 $\tilde{\sigma}$ 系统偏低,即 $E_{\theta,\sigma}\tilde{\sigma}<\sigma$.

68. 概率证明想法上平凡,推导上有些繁琐. 统计证明:设 X_1,X_2为 X 的 iid. 样本,$\delta(X_1,X_2)=(X_1-X_2)^2/2$ 为$\mathrm{Var}(X)$的无偏估计(若 $\mathrm{Var}(X)=\infty$,则因 $\mathrm{Var}(\tilde{x})<\infty$,不待证). 同此,若记$\tilde{X}_i=a,X_i$或$b$,分别视 $X_i<a$, $a\leqslant X_i\leqslant b$ 或 $X_i>b$,则 $\delta(\tilde{X}_1,\tilde{X}_2)$为$\mathrm{Var}(\tilde{X})$的无偏估计. 因总有 $\delta(\tilde{X}_1,\tilde{X}_2)\leqslant\delta(X_1,X_2)$,故得证. 等号成立当且仅当 $P(\delta(\tilde{X}_1,\tilde{X}_2)=\delta(X_1,X_2))=1$,而这当且仅当$P(a\leqslant X\leqslant b)=1$才成立.

69. 可只考虑基于完全充分统计量 $T=\sum_{i=1}^n X_i$ 的估计. $T\sim P(n\theta)$,若

$g(\theta)$ 有无偏估计 h，则 $e^{-n\theta}\sum_{k=0}^{\infty}\frac{(n\theta)^k}{k_1}h(k)=g(\theta)(\theta\geqslant 0)$. 这表明幂级数 $\sum_{k=0}^{\infty}\frac{(n\theta)^k}{k_1}h(k)$ 有收敛半径 ∞. 又 $e^{-n\theta}$ 可展成收敛半径为 ∞ 的幂级数，故 $g(\theta)$ 亦然. 后一部分用反证法，用"解析函数的一致极限仍为解析"的性质.

70. **a**. 设 $g(x)$ 为 $\theta\in(a,b)$ 之一有界无偏估计，则存在常数 M 使 $|g(x)|\leqslant M$ 于 $\mathbb{R}^n$. 因对分布族 $\{N(\theta,1),a<\theta<b\}$，$\bar{X}$ 仍为完全充分且为 θ 之 MVUE，故 $E_\theta(g(x)|\bar{X})=\bar{X}$ a.s.. 由 $|g|\leqslant M$ 有 $|E_\theta(g(X)|\bar{X})|\leqslant M$ a.s.，即 $|\bar{X}|\leqslant M$ a.s. 这不可能. **b**. 先证对任给的自然数 k，及 k 个互不相同的实数 $c_1,\cdots,c_k$，总可找到 k 个互不同实数 $a_1,\cdots,a_k$，使行列式 $\det(d_{ij})\neq 0$，其中 $d_{ij}=\exp(-(a_j-c_i)^2/2)(i,j=1,\cdots,k)$. 在各行各列去掉公共因子，此相当于 $\det(h_{ij})\neq 0$，其中 $h_{ij}=e^{a_jc_i}$. 用归纳法，当 $k=1$ 时这成立. 设在 $k-1$ 时成立，且找了 $a_2,\cdots,a_k$ 使 $\det(h_{ij})\neq 0(i,j=2,\cdots,k)$，则按第一列展开，有

$$\det(h_{ij},i,j=1,\cdots,k)=\sum_{j=1}^{r}A_je^{a_ic_j}.$$

不妨设 $c_1>c_2>\cdots>c_k$. 按归纳假设，$A_1\neq 0$. 当 $a_1\to\infty$ 时，注意到 $A_2,\cdots,A_k$ 都与 a_1 无关，知上式右边 $j\geqslant 2$ 的各项相对第一项为低阶($A_je^{a_1c_j}/A_1e^{a_1c_1}\to 0$ 当 $a_1\to\infty$)，因此当 a_1 充分大时上式不为 0，这完成归纳证明.

按行列式连续性，存在 $\varepsilon>0$，使当 $|\tilde{a}_{ij}-a_j|\leqslant\varepsilon(1\leqslant i\leqslant k,1\leqslant j\leqslant k)$ 时，有 $\det(\tilde{d}_{ij})\neq 0$，其中 $\tilde{d}_{ij}=\exp(-(\tilde{a}_{ij}-c_i)^2/2)$.

因转移到 $\bar{X}$ 讨论，不妨设 $n=1$. 定义估计量

$$g(x)=b_i,\ x\in[a_i-\varepsilon,a_i+\varepsilon],\ i=1,\cdots,k;\quad g(x)=0,\text{其余 }x.$$

则按积分中值定理，有 $(E_{c_1}g(X),\cdots,E_{c_k}g(X))'=D(b_1,\cdots,b_k)'$，$D$ 为 k 阶方阵，其 (i,j) 元为 $2\varepsilon(2\pi)^{-1/2}\exp(-(\tilde{a}_{ij}-c_i)^2/2)$，而 $|\tilde{a}_{ij}-a_j|\leqslant\varepsilon\ (i,j=1,\cdots,k)$. 因 $\det(D)\neq 0$，可选择 $b_1,\cdots,b_k$，使 $D(b_1,\cdots,b_k)'=(c_1,\cdots,c_k)'$.

71. **a**. 以 $\varphi_{\theta\sigma}$ 记 $N(\theta,\sigma)^2$ 的密度，

$$C(\theta)=\int_{-\infty}^{\theta}(1+|t|)(1+t^4)^{-1}dt.$$

取分布族 $\{f(x,\theta)dx,\theta\in\mathbb{R}^1\}$，$f(x,\theta)=[\varphi_{\theta 1}(x)+C(\theta)\prod_{i=1}^{k}(\theta-a_i)^2$

$\cdot\ \varphi_{\theta 2}(x)\big]\Big/\Big[1 + C(\theta)\prod_{i=1}^{k}(\theta - a_i)^2\Big]$. 取估计量 x,见C-R界在 $a_1,\cdots,a_k$ 处达到. 由于 $C(\theta)$ 在 $\theta = 0$ 处无2阶导数,由习题24知 x 是 θ 的唯一无偏估计. 故欲使C-R界在某点 $\theta_0 \overline{\in} \{a_1,\cdots,a_k\}$ 处达到,必须 $x = A\partial\ln f(x,\theta)/\partial\theta\,|_{\theta=\theta_0} + B$,$A$,$B$ 为常数. 易见这是不可能的. **b**. 考察例子 $f(x,\theta) = \varphi_{01}(x)$ 当 $\theta > 0$,$f(x,\theta) = \varphi_{01}(x) + 2^{-1}\theta^2(1+\theta^2)^{-1}\mathrm{e}^{-\theta^2}[\varphi_{01}(x) - \varphi_{0,1/\sqrt{2}}(x)]$ 当 $\theta \leqslant 0$. 要注意的是 $\partial f/\partial\theta$ 对任何 x 为 θ 的连续函数,又当 $\theta < 0$ 时 $f(x,\theta) \geqslant 0$,此因

$$2^{-1}\theta^2(1+\theta^2)^{-1}\mathrm{e}^{-\theta^2}[\varphi_{01}(x) - \varphi_{0,1/\sqrt{2}}(x)] \geqslant -2^{-1}\mathrm{e}^{-\theta^2}\varphi_{0,1/\sqrt{2}}(x) \geqslant -(2\pi)^{-1/2}\mathrm{e}^{-\theta^2 - x^2},$$

而 $\varphi_{01}(x) \geqslant (2\pi)^{-1/2}\mathrm{e}^{-\theta^2 - x^2}$(此题可推广到多维情形,$\{a_1,\cdots,a_k\}$ 也可改为任一闭集).

72. 平凡(在 $f_1 f_2$ 不 a.e. L 为0时,把集 $\{x: f_1(x)f_2(x) > 0\}$ 按 $f_1 \geqslant f_2$ 和 $f_1 < f_2$ 分成两部分).

73. 平凡. 注意两点:证b时,把 $\sum_{i=1}^{k} c_i p_i{}'(\theta)$ 换成 $\sum_{i=1}^{k}(c_i - c)p_i{}'(\theta)$,$c = \sum_{i=1}^{k} c_i p_i(\theta)$. 证c时要留意 $X_1 + \cdots + X_k = 1$ 这个事实.

74. 考察例子 $\{\alpha(\theta - x)^{\alpha-1} I(\theta - 1 < x < \theta)\mathrm{d}x, \theta \in \mathbb{R}^1\}$,$\alpha > 0$ 充分小.

75. **a**. 平凡. **b**. $x - \delta(x)$ 为0的无偏估计. 易见 $\mathrm{Cov}_\theta(x,\delta(x)) = 0$,故 $\mathrm{Cov}(\delta, x - \delta) = -\mathrm{Var}_\theta(\delta) > 0$.

76. **a**. 令 $\psi = f(x,\theta+\Delta)/f(x,\theta) - 1$. 设 $\hat{g}$ 为 $g(\theta)$ 之无偏估计,则 $\mathrm{E}_\theta\psi = 0$,故 $\mathrm{Cov}_\theta(\hat{g},\psi) = \mathrm{E}_\theta(\hat{g}\psi) = g(\theta+\Delta) - g(\theta)$,再用Schwartz不等式. **b**. 需要 g' 存在且 $\lim\limits_{\Delta\to\theta}\mathrm{E}(f(x,\theta+\Delta)/f(x,\theta) - 1)^2 = \mathrm{E}_\theta\left(\dfrac{1}{f(x,\theta)}\dfrac{\partial f(x,\theta)}{\partial\theta}\right)^2$. 例如,当条件 $\left|\dfrac{1}{\Delta}f(x,\theta+\Delta) - f(x,\theta)\right| \leqslant G(x,\theta)$ 当 $|\Delta| < c_\theta$(> 0,c_θ 为只与 θ 有关之数),且 $\int \dfrac{1}{f(x,\theta)}G^2(x,\theta)\mathrm{d}\mu(x) < \infty$ 成立时(控制收敛定理). **c**. 因为C-R界已能达到,不能有更高的界,直接计算也平凡. **d**. 考察例子 $f(x,\theta) = \theta\mathrm{e}^{-\theta x}I(x > 0)$,$\theta > 0$,$g(\theta) = \theta^{-2}$.

77. **a**. 利用

$$\begin{pmatrix}1 & -b'A_1^{-1}\\0 & I_{n-1}\end{pmatrix}\begin{pmatrix}a_{11} & b'\\b & A_1\end{pmatrix}\begin{pmatrix}1 & 0\\-A_1^{-1}b & I_{n-1}\end{pmatrix}=\begin{pmatrix}a_{11}-b'A_1^{-1}b & 0\\0 & A_1\end{pmatrix}$$

b. 在计算 $\mathrm{Cov}_\theta(\hat{g},S)$时,注意 $\mathrm{E}_\theta S=0$,得到

$$\mathrm{Var}_\theta(\hat{g})\geqslant(h(\theta))'V^{-1}(\theta)h(\theta),$$

其中$(h(\theta))'=(g'(\theta),g''(\theta),\cdots,g^{(m)}(\theta))$. **c**. 这相于以下的矩阵结果:设 $A=(a_{ij})_{1,\cdots,n}$ 正定,$A_1=(a_{ij})_{1,\cdots,n-1}$,则 $A^{-1}\geqslant\begin{pmatrix}A_1^{-1} & 0\\0 & 0\end{pmatrix}$. 计算

$$A\left(A^{-1}-\begin{pmatrix}A_1^{-1} & 0\\0 & 0\end{pmatrix}\right)A=A-A\begin{pmatrix}A_1^{-1} & 0\\0 & 0\end{pmatrix}A.$$

证明上式$\geqslant 0$. **d**. 注意在 $V(\theta)>0$ 的假定下,下界达到的充要条件为 $\mathrm{Cov}_\theta(\hat{g},S)=0$.

78. **a**. 按 $\hat{g}(x)$ 为 θ 的无偏估计且方差达到 C-R 界 $J(\theta)$,可知 $\hat{g}(x)=a_\theta\partial\ln f(x,\theta)/\partial\theta+b_\theta$. 由 $\mathrm{E}_\theta\hat{g}(X)=\theta$ 及 $\mathrm{E}_\theta(\partial\ln f(X,\theta)/\partial\theta)=0$ 知 $b_\theta=\theta$. 又由 $\mathrm{Var}_\theta\hat{g}(X)=J(\theta)=\theta$ 知 $a_\theta=\theta$. 于是 $\theta\partial\ln f(x,\theta)/\partial\theta+\theta=\hat{g}(x)$,解出 $f(x,\theta)=\mathrm{e}^{-\theta}\theta^{\hat{g}(x)}h(x)$,$h(x)>0$. 记 $h\mathrm{d}\mu=\mathrm{d}\nu$,有$\int\theta^{\hat{g}(x)}\mathrm{d}\nu(x)=\mathrm{e}^\theta$. 作变换 $t=\hat{g}(x)$,得$\int\theta^t\mathrm{d}\tilde{\nu}(t)=\mathrm{e}^\theta$,$\tilde{\nu}$ 为导出测度. 此方程一个解为:$\tilde{\nu}(\{k\})=1/k!$ $(k=0,1,2,\cdots)$,其他处为0,即 Poisson 分布. 还要证明这是唯一解. 设有另一个 $\mathrm{d}\nu^*(t)$ 也满足此方程,则$\int\theta^t\mathrm{d}\tilde{\nu}(t)=\int\theta^t\mathrm{d}\nu^*(t)$,$\theta>0$. 令 $\varphi=\ln\theta$,知$\int\mathrm{e}^{\varphi t}\mathrm{d}\tilde{\nu}(t)=\int\mathrm{e}^{\varphi t}\mathrm{d}\nu^*(t)$,有限. 可设 $\tilde{\nu},\nu^*$ 皆为概率测度. 因上式对一切 $\varphi\in\mathbb{R}^1$ 成立,改 φ 为 $\mathrm{i}\varphi$,按特征函数唯一性定理即知 $\nu^*=\tilde{\nu}$,于是只有 Poisson 分布这一个解. b,c 的解法完全与之相似.

79. **a**. $\mathrm{E}_\theta X=r/\theta-r$. **b**. X 为完全充分统计量,故 X 为唯一的 MVUE. **c**. $aX+b$:$0<a<r^{-1}$,$b\geqslant ar$.

80. 写出风险 $\mathrm{E}_\theta(ax+b-\theta^{-1})^2$ 的表达式以进行直接比较,兼使用定理 2.10,可以解决的情况有:容许:$a=0,b>0$;$0<a\leqslant1/2,b\geqslant0$. 不容许:$a=b=0$;$a<1,b<0$;$a=1$,一切 b;$a>1,b\geqslant0$. 用此法不能解决的有:$1/2<a<1$,$b>0$;$a>1,b<0$. 其中前者可用定理 3.2 解决,为容许的.

81．**a**．如上题，$\hat{\theta}(X)=1/m$ 可容许，$m=1,2,\cdots$，极限 $\hat{\theta}=0$ 不可容许．**b**．又按上题，$\hat{\theta}=2X-1$ 为可容许，但不满足定理 2.10 的条件．**c**．不需要，理由平凡．

82．利用习题 70 及其推广到一端无界区间的情况．

83．**a**．平凡．**b**．与习题 80 相似，也有些不能解决的情况．

84．为利用定理 2.10，要用变换 $\varphi=\theta^3$ 把参数变为 φ．记 $E_\theta X=\omega(\theta)$，损失函数 $[\omega(\theta)-d]^2$，估计 $aX+b$．当 $a=1,b=0$ 或 $0<a<1,b>0$ 而 $a+b\leqslant 1$，或 $a=0$ 时可容许．

85．做法同上题．对二项分布场合，要以参数 $\varphi=\ln\dfrac{\theta}{1-\theta}$ 取代 θ．损失函数 $(d-n\theta)^2$，$aX+b$ 当 $a=1,b=0$，或 $a=0,0\leqslant b\leqslant 1$，或 $0<a<1,0\leqslant b\leqslant n(1-a)$ 可容许．Poisson 情况类似，结果是：$aX+b$ 当 $a=1,b=0$，或 $a=0,b\geqslant 0$，或 $0<a<1,b\geqslant 0$ 可容许．最后一问的证明，以 Poisson 分布为例．设 δ^* 严格一致优于 $\delta(x)=ax+b$，则 $R(\theta,\delta^*)\leqslant R(\theta,\delta)$，$\theta\geqslant 0$，因而有 $R(\theta,\delta^*)\leqslant R(\theta,\delta)$，$\theta>0$．按 δ 在 $\theta>0$ 的容许性知，$R(\theta,\delta^*)=R(\theta,\delta)$，$\theta>0$．$R(\theta,\delta)$ 在 $\theta\geqslant 0$ 连续，$R(\theta,\delta^*)$ 也如此．这是因为，由

$$R(\theta,\delta^*)=e^{-\theta}\sum_{x=0}^{\infty}[\delta^*(x)-\theta]^2\theta^x/x!\leqslant R(\theta,\delta)<\infty$$

知 $\sum_{x=0}^{\infty}[\delta^*(x)]^i\theta^x/x!$ 当 $\theta>0$ 时收敛（$i=1,2$），而此为幂级数，故其和在 $\theta=0$ 处连续，因而 $R(\theta,\delta^*)$ 在 $\theta=0$ 也连续．由 $R(\theta,\delta^*)=R(\theta,\delta)$ 当 $\theta>0$，令 $\theta\downarrow 0$ 得 $R(0,\delta^*)=R(0,\delta)$，即 $R(\theta,\delta^*)=R(\theta,\delta)$ 对一切 $\theta\geqslant 0$．这证明了 δ 在 θ 取 $\geqslant 0$ 值时的容许性．

注　以上两题中指出的容许估计都不是全部容许估计．

86．ax 的风险函数为 $a^2\mathrm{Var}_\theta(X)+(1-a)^2E_\theta^2X=E_\theta^2X(\lambda_\theta a^2+(1-a)^2$，其中 $\lambda_\theta\geqslant 1$ 对一切 θ．若 $a>1/2$，则 $\lambda_\theta a^2+(1-a)^2$ 对 a 的导数 $(2\lambda_\theta+2)a-2\geqslant 4a-2>0$ 与 θ 无关，故略减小 a 之值可一致地（对 θ）缩小风险．例：指数分布 $\theta^{-1}e^{-x/\theta}$．

87．$\delta(X)=aX+b$ 的风险为 $R(\theta,\delta)=a^2\mathrm{Var}_\theta(X)+[(1-a)E_\theta X-b]^2$，而 $(1-a)E_\theta X-b=[1-(a+b)]-(1-a)(1-E_\theta X)$．故因 $E_\theta X\leqslant 1$ 在 $a\leqslant 1$，$a+b>1$ 时，第一项为负而 $-(1-a)(1-E_\theta X)\leqslant 0$．故略减小 b 之值，可使 $[(1-a)E_\theta X-b]^2$ 下降．若 $a>1$，则 $aX+b$ 的风险一致地大于 X 的风险，故也不容许．

88. 考虑 $X\sim N(\theta,\theta^2)$，$\theta>0$，平方损失$(\theta-d)^2$. 估计量 $X/3$ 与 $2X/3$ 有恒等风险.

89. 直观上易看出，可能严格一致优于 δ 的估计是 $\delta^*(X)=X/n$. 为此只需证

$$\theta^k(1-\theta)^{n-k}(k/n-\theta)^2+\theta^{n-k}(1-\theta)^k[(n-k)/n-\theta]^2$$
$$\leqslant\theta^{n-k}(1-\theta)^k(k/n-\theta)^2+\theta^k(1-\theta)^{n-k}[(n-k)/n-\theta]^2,$$

这只需利用如下的简单事实：若 $0\leqslant a_1\leqslant a_2$，$0\leqslant b_1\leqslant b_2$，则 $a_1b_1+a_2b_2\geqslant a_1b_2+a_2b_1$. 不难得出 $R(\theta,\delta^*)\leqslant R(\theta,\delta)$，等号当且仅当 $\theta=1/2$ 时.

90. 直接比较风险函数. 一切($\mathscr{E}$)容许估计为：$a\bar{X}+b$，$0<a<1$ 而 b 任意；或 $a=1$ 而 $b=0$. 两种情况无区别.

91. 记 $\bar{X}=\sum_{i=1}^{n}X_i/n$，$s^2=\sum_{i=1}^{n}X_i^2$，$(\bar{X},s^2)$ 为充分统计量. 故$\mathrm{E}(\hat{\sigma}^2\mid\bar{X},s^2)$ 不依赖于参数，而可作为估计，其风险不超过 $\hat{\sigma}^2$的风险. 算出

$$\mathrm{E}(X_i^2\mid\bar{X},s^2)=s^2/n,\quad E(X_i\mid\bar{X},s^2)=\bar{X},$$

$$\mathrm{E}(X_iX_j\mid\bar{X},s^2)=[n(n-1)]^{-1}\mathrm{E}\Big(\sum_{i\neq j}^{n}X_iX_j\mid\bar{X},s^2\Big)$$
$$=[n(n-1)]^{-1}\mathrm{E}(n^2\bar{X}^2-s^2).$$

综合以上各式得 $\mathrm{E}(\hat{\sigma}^2\mid\bar{X},s^2)=as^2+b\bar{X}^2+c\bar{X}+d$，此处 a,b,c,d 为常数. 因此，为证 $\hat{g}$ 的($\mathscr{E}$)容许性，只需证这个形式的估计(注意它也属于 $\mathscr{E}$)的风险不能优于 $\hat{g}$ 的风险(等于 $2(n+1)^{-1}\sigma^4$)即可.

为计算方便，把 $as^2+b\bar{X}^2+c\bar{X}+d$ 写成 $a_1s_1^2+b_1\bar{X}^2+c_1\bar{X}+d_1$的形式，其中 $s_1^2=(n-1)^{-1}\sum_{i=1}^{n}(X_i-\bar{X})^2$. 易算得

$$\mathrm{E}(a_1s_1^2+b_1\bar{X}^2+c_1\bar{X}+d-\sigma^2)^2$$
$$=\left[\frac{n+1}{n-1}a_1^2-2a_1+1+\frac{3}{n^2}b_1^2+\frac{2(a_1-1)b_1}{n}\right]\sigma^4+b_1^2\theta^4+L,$$

其中 $L=\sum c_{ij}\theta^i\sigma^j(i\leqslant3,j\leqslant3)$. 为要上式总 $\leqslant2(n+1)^{-1}\sigma^4$，$b_1$ 必须为0，否则令 $\theta\to\infty$，上式将$\to\infty$，不可能总$\leqslant2(n+1)^{-1}\sigma^4$. 既 $b_1=0$，为使 σ^4的系数不超过 $2(n+1)^{-1}$，唯有 $a_1=(n-1)/(n+1)$. 故剩下只需证 $c_1=d_1=0$. 在 $b_1=0$ 的前提下，有

$$L = c_1^2(\theta^2 + \sigma^2/n) + 2c_1 d_1\theta + d_1^2 + 2(c_1\theta + d_1)(a_1 - 1)\sigma^2,$$

令 $\theta \to \infty$ 可知 c_1 必为 0. 在 $c_1 = 0$ 的前提下,令 $\sigma^2 \to 0$ 得 d_1 必须为 0.

92. 这是一个复杂的问题. 考察 $as^2 + b\bar{X}^2$,直接从风险表达式上可以确定的一些情况是,容许:$a = \frac{n-1}{n+1}, b = 0$,不容许:$a \neq \frac{n-1}{n+1}, b = 0$;$a \geqslant 1, b \geqslant 0$;$a \leqslant 1, b < 0$;$\frac{n-1}{n+1} < a \leqslant 1, b \geqslant 0$(请验证之). 不能这样简单地解决的情况有 $a \geqslant 1, b < 0$ 和 $a < \frac{n-1}{n+1}, b > 0$. 这问题完整的解决见作者和吴启光等著的《线性模型参数的估计理论》第247面. 结果是:$as^2 + b\bar{X}^2$ 当且仅当以下两种情况始可容许:① $a = (n-1)/(n+1), b = 0$. ② $a > 0, b > 0, (n+1)^{-1}(n-1)a + b \leqslant 1, -(n+1)(n-1)^{-2}a^2 + (n-1)^{-1}a + 2(n+1)(n-1)^{-1}ab + b^2 - 2b \geqslant 0$. 满足②而不是①的例子有:$0 < a < (n+1)^{-1}(n-1), b > 0$ 但很小.

93. 取 $\hat{\delta} = (n+2)^{-1}\sum_{i=1}^{n} x_i^2$. 对 $\theta = 0$ 时的子族 $N(0,\sigma^2)$,按习题 83,$\hat{\delta}$ 可容许. 故存在 $\sigma_0^2 > 0$,使 $R(0,\sigma_0^2;\hat{\delta}) \leqslant R(0,\sigma_0^2;\delta)$. 但 $R(0,\sigma_0^2;\hat{\delta}) = 2(n+2)^{-1}$,而 $R(0,\sigma_0^2;\hat{\sigma}^2) = 2(n+1)^{-1}$,因此 $R(0,\sigma_0^2;\hat{\sigma}^2) - R(0,\sigma_0^2;\delta) \leqslant 2(n+1)^{-1} - 2(n+2)^{-1} = 2/[(n+1)(n+2)]$.

94. 要 $X'AX$ 为无偏,条件是 $\sum_{i=1}^{n} a_{ii} = 1 (A = (a_{ij}))$,而 $\mathrm{E}(X'AX) = \sum_{i=1}^{n} a_{ii}^2\alpha_4 + \sum_{i\neq j}^{n} a_{ij}^2\sigma^4 + \sum_{i\neq j}^{n} a_{ii}a_{jj}\sigma^4$. 要使之最小,首先应有 $a_{ij} = 0$ 当 $i \neq j$,这时 $\mathrm{E}(X'AX) = \left(\sum_{i=1}^{n} a_{ii}\right)^2\sigma^4 + \sum_{i=1}^{n} a_{ii}^2(\alpha_4 - \sigma^4)$. 因 $\alpha_4 = \mathrm{E}X_1^{24} \geqslant (\mathrm{E}X_1^2)^2 = \sigma^4$,故必须在 $\sum_{i=1}^{n} a_{ii} = 1$ 的条件下使 $\sum_{i=1}^{n} a_{ii}^2$ 最小,其解为 $a_{ii} = n^{-1}$. 故 MVUE 为 $n^{-1}\sum_{i=1}^{n} X_i^2$.

对 $\mathscr{E}_2$,欲使 $X'AX + b'X + c$ 无偏,必须 $c = 0$,$X'AX$ 无偏,对 b 无限制. 故只需证明:对任何给定的 A, b, $X'AX$ 无偏,可找到 $\tilde{b}$,使

$$\mathrm{E}_F(X'AX + \tilde{b}'X)^2 < \mathrm{E}_F(X'AX + b'X)^2.$$

右 − 左 $= \sum_{i=1}^{n} a_{ii}(b_i - \tilde{b}_i)\alpha_3 + \sum_{i=1}^{n}(b_i^2 - \tilde{b}_i^2)\sigma^2$, $\alpha_3 = \mathrm{E}X_1^3$. 若 $b \neq 0$,就找

$\tilde{b}=0$，则当 $\sum_{i=1}^{n} a_{ii}b_i=0$ 时上式 >0. 若 $\sum_{i=1}^{n} a_{ii}b_i>0(<0)$，找 F，使 $\alpha_3>0(<0)$，上式仍大于 0. 若 $b=0$，则因 $a_{11},\cdots,a_{nn}$ 不同时为 0（否则 $X'AX$ 不能无偏），可设 $a_{11}\neq 0$. 如 $a_{11}>0$，令 $\tilde{b}_1=-1,\tilde{b}_i=0(i\geqslant 2)$. 取 F，使 $\alpha_3>\sigma^2$（这很容易做到），则上式仍大于 0.

95. **a**. 平凡. **b**. 以 $R(a,b,\theta)$ 记估计量 $\hat{\theta}(0)=a,\hat{\theta}(1)=b$ 的风险函数. 计算 $R(a,b,\theta)-R(0,1,\theta)$，证明在 a,b 满足本题条件，此式总非负，且当 $\theta=0$ 时其值大于 0.

注　这样一个简单问题而有如此难度（用直接比较风险的方法，难于得出为使 $\hat{\theta}$ 可容许，a 和 b 应满足的充要条件），颇有些出人意表. 由此也可以看出容许问题之不易，因缺乏有效的一般方法. 就本题而言，可证明条件 $\hat{\theta}(0)\leqslant\hat{\theta}(1)$ 为必要充分（参看第 3 章习题 20）.

96. **a**. 平凡. **b**. 若 P 一致优于 P^*，则按 a 有

$$\sum_{i=1}^{N} p_i(Y_i/p_i^*-Y)^2+(n-1)\Big(\sum_{i=1}^{N} p_iY_i/p_i^*-Y\Big)^2$$
$$\leqslant\sum_{i=1}^{N} p_i^*(Y_i/p_i^*-Y)^2,$$

对一切 $(Y_1,\cdots,Y_N)\in\mathbb{R}^N$. 取 $Y_1=1,Y_2=\cdots=Y_N=0$，有

$$(p_1-p_1^*)[(1/p_1^*-1)^2-1]+(n-1)(p_1/p_1^*-1)^2\leqslant 0.$$

由 $p_1^*\leqslant M(P^*)<1/2$ 知 $(1/p_1^*-1)^2-1>0$，故 $p_1\leqslant p_1^*$. 仿此得 $p_i\leqslant p_i^*(1\leqslant i\leqslant N)$，因而只能有 $P=P^*$. 若 $M(P^*)=1/2$ 而 $n\geqslant 2$，则在 $p_1^*<1/2$ 时仍有 $p_1\leqslant p_1^*$. 若 $p_1^*=1/2$，则上式第一项为 0，再由 $n>1$ 知 $p_1=p_1^*$，故仍得 $P=P^*$.

97. 令 $Z_i=Y_i/p_i^*-Y$，则 P 一致优于 P^* 可表为

$$\sum_{i=1}^{N} p_iZ_i^2+(n-1)\Big(\sum_{i=1}^{n} p_iZ_i\Big)^2\leqslant\sum_{i=1}^{N} P_i^*Z_i^2.$$

因 $\sum_{i=1}^{N} p_i^*Z_i=0$，把 Z_1 通过 $Z_2,\cdots,Z_N$ 表出 —— 此处假定 $p_i^*=M(P^*)$ 故 $p_1^*>0$，上式化为

$$(n-1)\Big[\sum_{i=2}^{N}(p_1^* p_i - p_i^* p_1)Z_i\Big]^2 + (p_1 - p_1^*)\Big(\sum_{i=2}^{N} p_i^* Z_i\Big)^2$$

$$\leqslant p_1^{*2}\sum_{i=2}^{N}(p_i^* - p_i)Z_i^*.$$

若 $n=1$ 而 $p_1^*=1/2$,则取 $p_1=1, p_2=\cdots=p_N=0$,上式成为 $2\Big(\sum_{i=2}^{N} p_i^* Z_i\Big)^2 \leqslant \sum_{i=2}^{N} p_i^* Z_i^2$. 此式确成立,因由 Schwartz 不等式有 $\Big(\sum_{i=2}^{N} p_i^* Z_i\Big)^2 \leqslant \sum_{i=2}^{N} p_i^* \sum_{i=2}^{N} p_i^* Z_i^2$,而 $\sum_{i=2}^{N} p_i^* = 1 - p_1^* = 1/2$. 若 $N \geqslant 3$,则可找到 $Y_1,\cdots,Y_N$,使 $Z_2,\cdots,Z_N$ 不全为0而$(\sqrt{p_2^*},\cdots,\sqrt{p_N^*})$与$(\sqrt{p_2^*}Z_2,\cdots,\sqrt{p_N^*}Z_N)$不成比例(即 $Z_2,\cdots,Z_n$ 不全为0且不全相同). 这之所以可能,是因为 $Y_1,\cdots,Y_N$ 只受一个约束,因而可取(例如)$Z_2=\cdots=Z_{N-1}=1, Z_N=-1$,再由 $\sum_{i=1}^{N} p_i^* Z_i = 0$ 决定 Z_1. 一定有$(Y_1,\cdots,Y_N)$使 $Z_i = Y_i/p_i^* - \bar{Y}$. 这样,上述 Schwartz 不等式成为严格不等式,而这个 P(即$(1,0,\cdots,0)$)严格一致优于 P^*. 若 $p_1^* > 1/2$,则 $N \geqslant 3$ 无必要,因这时 $(1-p_1^*)^2 < p_1^{*2}$.

98. 在 $N=2$ 时,易见对任何(Y_1,Y_2),有 $Z_2=aZ_1$,其中 $a=-p_1^*/(1-p_1^*)$. 当 p_1^* 在$(0,1)$变化时,a 可取$(-\infty,0)$内任何值. 任一抽样方案 $P=(p,1-p)$的风险为

$$R(p) = Z_1^2\{(n-1)(1-a)^2p^2 + [1-a^2+2(n-1)a(1-a)]p + na^2\},$$

若 $n=1$,则除非 p 的系数为0,$R(p)$为 p 的严格单调函数,故容许方案为$(1,0)$或$(0,1)$. p 的系数为 0 当且仅当$(1-a)[1+(2n-1)a]=0$. 因 $a<0$,只能 $a=-1/(2n-1)$即 $p_1^*=1/(2n)=1/2$,这时任何方案 P 都有同一风险因而都可容许. 若 $n>1$,则 $R(p)$的最小值在

$$\tilde{p} = [2(n-1)(1-a)]^{-1}[-1-(2n-1)a]$$

处达到. 若$\tilde{p}$在$[0,1]$之外,则容许方案 $\tilde{P}$ 为$(1,0)$或$(0,1)$之一. 若$\tilde{p}\in[0,1]$,则唯此方案$\tilde{P}=(\tilde{p},1-\tilde{p})$为可容许. 易见$\tilde{p}\in[0,1]$的充要条件为$(2n)^{-1}\leqslant p_1^* \leqslant 1-(2n)^{-1}$,$p_1^*=1/2$ 适合此条件,且对应的$\tilde{p}=1/2$.

总结:在 $N=2$ 时,若 $n=1$,则当 $P^*=(1/2,1/2)$时一切 P 皆可容许. 若

$P^* \neq (1/2,1/2)$,则仅有容许方案$(1,0)$或$(0,1)$之一. 若 $n>1$,则当$(2n)^{-1} \leqslant p_1^* \leqslant 1-(2n)^{-1}$时唯有方案$(\tilde{p},1-\tilde{p})$可容许,且 $p_1^* = 1/2$ 时对应$\tilde{p}=1/2$. 若 p_1^* 在$[(2n)^{-1},1-(2n)^{-1}]$之外,则$(0,1)$,$(1,0)$中之一为唯一的可容许方案. 总之,在 $N=2$ 而 $M(P^*)=1/2$ 时,不论 $n=1$ 或>1,P^* 总可容许.

注　前引邹一冯文章用一种精巧的构造法证明了:若 $M(P^*)>1/2$,则即使 $n>1$,P^* 仍不可容许,因而彻底解决了方案 P^* 的容许问题. 在给定 P^* 的条件下(因而确定了 $\bar{Y}_H(P)$),任一 $P\in\mathscr{P}$可容许的条件问题仍未解决.

99. 选 $Z_4=\cdots=Z_N=0$,而 Z_1,Z_2,Z_3适合方程

$$p_1^* Z_1 + p_2^* Z_2 + p_3^* Z_3 = 0, \quad p_1 Z_1 + p_2 Z_2 + p_3 Z_3 = 0,$$

且 Z_1,Z_2,Z_3不全为 0. 这时 $R(P) = \sum_{i=1}^{3} p_i z_i{}^2$,而 $R(Q) \geqslant \sum_{i=1}^{3} q_i Z_i{}^2$. 因 $p_i < q_i (i=1,2,3)$,而 Z_1,Z_2,Z_3 不全为0,故 Q 不能严格一致优于P.

100. **a**. 在群 G 下,同变估计有形式 $X+C$,C 为常数,而 $X+C$ 有期望的充要条件为 $\mathrm{E}_0|X|<\infty$. 当此条件满足时,$X-\mathrm{E}_0 X$ 为同变无偏估计. **b**. 非同变无偏估计存在的例子是 $X\sim R(\theta,\theta+1)$,不存在的非正态例子是 X 服从 Laplace 分布 $2^{-1}\exp(-|x-\theta|)\mathrm{d}x$. 事实上,这分布族为完全的,故只有唯一无偏估计 x. 完全性的证明如下:由

$$\mathrm{E}_\theta f(X) = 2^{-1}\left(\mathrm{e}^{-\theta}\int_{-\infty}^{\theta} \mathrm{e}^x f(x)\mathrm{d}x + \mathrm{e}^{\theta}\int_{\theta}^{\infty} \mathrm{e}^{-x} f(x)\mathrm{d}x\right) = 0, \quad \theta\in\mathbb{R}^1, \tag{3}$$

对 θ 求导得 $-\mathrm{e}^{-\theta}\int_{-\infty}^{\theta} \mathrm{e}^x f(x)\mathrm{d}x + \mathrm{e}^{\theta}\int_{\theta}^{\infty} \mathrm{e}^{-x} f(x)\mathrm{d}x = 0$ a.e. L,$\theta\in\mathbb{R}^1$. 此式与(3)式结合,得

$$\mathrm{e}^{-\theta}\int_{-\infty}^{\theta} \mathrm{e}^x f(x)\mathrm{d}x = 0 \text{ a.e.} L,\ \theta\in\mathbb{R}^1 \quad 即 \quad \int_{-\infty}^{\theta} \mathrm{e}^x f(x)\mathrm{d}x = 0 \text{ a.e.} L, \theta\in\mathbb{R}^1.$$

由连续性知 $\int_{-\infty}^{\theta} \mathrm{e}^x f(x)\mathrm{d}x = 0$ 对一切 $\theta\in\mathbb{R}^1$,故 $f(x)=0$ a.e. L,$x\in\mathbb{R}^1$.

101. 在 $n=1$,因一切同变估计有形式 $X+C$ 而 $\mathrm{E}_\theta X=\theta$,故只有 $C=0$ 时风险最小. 对 $n=2$,因次序统计量充分,故可以只考虑对称函数形式的估计. 一切同变估计有形式 $\bar{X}+g(X_1-X_2)$,由对称性有 $g(-a)=g(a)$. 有

$$\mathrm{Cov}_\theta(\bar{X},g) = \iint_{-\infty}^{\infty} (x_1+x_2)g(x_1-x_2)f(x_1)f(x_2)\mathrm{d}x_1\mathrm{d}x_2/2,$$

因 f 对称，作变换 $x_1{}' = -x_1, x_2{}' = -x_2$，知 $\mathrm{Cov}_\theta(\bar{X}, g) = -\mathrm{Cov}(\bar{X}, g)$，即 $\mathrm{Cov}_\theta(\bar{X}, g) = 0$，故 $\mathrm{Var}_\theta(\bar{X} + g(X_1 - X_2) = \mathrm{Var}_\theta(\bar{X}) + \mathrm{Var}_\theta(g(X_1 - X_2)) \geqslant \mathrm{Var}(\bar{X})$，等号当且仅当 $g = 0$ a.s.，即 $\bar{X}$是唯一最优同变估计. 对 $n \geqslant 3$，去证若 $\bar{X}$为最优同变估计，则 X 的各阶中心距 μ_m 必与正态同阶中心矩符合，因而 X 为正态. 欲证 $\mu_{2k+1} = 0(k = 0, 1, 2, \cdots)$，用归纳法，并取 0 的无偏估计 $g = (X_1 - X_2)^{2k} - A_k$（$A_k$ 为适当常数），由 $\mathrm{Cov}(\bar{X}, g) = 0$ 推出. 对 μ_{2k}，则用0的无偏估计 $g = (X_1 - X_2)^{2k}(X_1 - X_3)$，由 $\mathrm{Cov}(\bar{X}, g) = 0$ 得递推公式 $\mu_{2k+2} = -\sum_{j=0}^{n-1}\binom{2n}{2j}\mu_{2j+2}\mu_{2n-2j} + \sum_{j=1}^{n}\binom{2n}{2j-1}\mu_{2j}\mu_{2n-2j+2} + \sum_{j=0}^{n}\binom{2n}{2j}\mu_{2j}\mu_{2n-2j}\mu_2$，再利用归纳假设 $\mu_{2i} = \sigma^2(2i-1)!! = \sigma^2(2i-1)!/[2^{i-1}(i-1)!]$.（注：用特征函数法，可在只假定 X 有二阶矩的条件下证明这结果，见成平等《参数估计》第 440 面.）

102. 利用 $\bar{X}$与$(X_1 - X_2, \cdots, X_1 - X_n)$的独立性，问题归结为（通过固定$(X_1 - X_2, \cdots, X_1 - X_n)$取条件期望）证明：$h(c) \equiv \int_{-\infty}^{\infty} \mathrm{e}^{-x^2/2} V(x + c)\mathrm{d}x$ 在 $c = 0$ 处取小值. 证明平凡.

103. **a**. 样本中位数 $\hat{\theta} = \mathrm{med}(X_1, \cdots, X_n)$ 为一同变估计，故最优同变估计为 $\hat{\theta} - \mathrm{E}_0(\hat{\theta} \mid X_1 - X_2, \cdots, X_1 - X_n)$. 因为当 $n \geqslant 3$ 时 $\mathrm{E}_\theta \mid \hat{\theta} \mid < \infty$，这个解在 $n \geqslant 3$ 时有意义. 若取 $\hat{\theta}$ 为 $\bar{X}$，则因 $\mathrm{E}_\theta \mid \bar{X} \mid = \infty$，Pitman 估计 $\bar{X} - \mathrm{E}_0(\bar{X} \mid X_1 - X_2, \cdots, X_1 - X_n)$ 对任意大的样本量也没有意义. **b**. 当 $n \geqslant 5$ 时，$\mathrm{E}_0\hat{\theta}^2 < \infty$. 证明：先证若以 G 记 $\hat{\theta}$ 的分布函数，则当 $n \geqslant 6$ 时有 $G(t) = O(t^{-3})$ 当 $t \to -\infty$，$1 - G(t) = O(t^{-3})$ 当 $t \to \infty$. 由此就不难证得 $\int_{-\infty}^{\infty} t^2\mathrm{d}G < \infty$ 当 $n \geqslant 6$. $n = 5$ 的情况简单，较麻烦的是 $n = 4$. $n = 3$ 的情况也简单. 对 $n = 4$，注意当 $t > 0$ 时 $P_0(\hat{\theta} > t) \geqslant P_0(X_1 > 0)P_0(X_2 > 2t)P_0(X_3 > 2t) \geqslant c_1 t^{-2}$ 对某个 $c_1 > 0$. 类似地，$P_0(\hat{\theta} > t) \leqslant 6P_0(X_1 > t)P_0(X_2 > t) \leqslant c_2 t^{-2}$，$c_2 > 0$. 故

$$\int_{-\infty}^{\infty} t^2\mathrm{d}G \geqslant \int_0^{\infty} t^2\mathrm{d}G = -\int_0^{\infty} t^2\mathrm{d}(1 - G)$$

$$\geqslant -c_2 + \int_M^{\infty} 2tc_1 t^{-2}\mathrm{d}t = \infty \quad (M\ \text{充分大}).$$

现由 $\mathrm{E}_0(\hat{\theta}^2) < \infty$ 推出 $\hat{\theta} - \mathrm{E}_0(\hat{\theta} \mid X_1 - X_2, \cdots, X_1 - X_n)$的风险$< \infty$，即在 $n \geqslant 5$ 时，上述最优同变估计风险有限，但这还没有弄清 $n \leqslant 4$ 时这风险如何. 非常复

杂的分析证明:当 $n\leqslant 4$ 时这风险无限.

104. 平凡.

105. 方法与例 2.15 同. 取 $T=\max\limits_{1\leqslant i\leqslant n} X_i$,对任意的同变估计 $\hat{g}$,$q=q(X_1,\cdots,X_n)=\hat{g}(X_1,\cdots,X_n)/T$ 在群 G 下不变,故为极大不变量 S(例如,$S=(X_2/X_1,\cdots,X_n/X_1)$)的函数. 故 $\hat{g}=Th(S)$,用 Basu 定理(及 T 为完全充分)证 T,S 独立,因而 $\hat{g}$ 应有 c_nT 的形式. 由 $\mathrm{E}_\theta(c_nT-\theta)^2$ 最小得 $c_n=\dfrac{n+2}{n+1}$.

106. 方法与例 2.15 同, 取 $T_1=(\max\limits_i X_i+\min\limits_i X_i)/2, T_2=(\max\limits_i X_i-\min\limits_i X_i)/2$. 利用 Basu 定理及 $(\max\limits_i X_i,\min\limits_i X_i)$ 完全充分知,任一同变估计 $(\hat{\theta}_1,\hat{\theta}_2)$ 有形式 $(T_1+h_1(s)T_2,h_2(s)T_2)$,这里 s 为极大不变量,与 (T_1,T_2) 独立. 由于 $\mathrm{E}_{\theta_1=0}(T_1T_2)=0$,易求出最优同变估计 (θ_1^*,θ_2^*) 中的 θ_1^* 即为 T_1,θ_2^* 有 c_nT_2 的形式,c_n 由 $\mathrm{E}_{0,1}(c_nT_2-1)^2$ 最小来决定, 结果为 $(n+2)n^{-1}T_2$.

107. 结果为上题的 T_1. 证明方法:去证明若不然,会得到与上题矛盾的结果.

108. 不行. 虽则仍可引进 T_1,T_2 如该题,且可把任一同变估计 $(\hat{\theta}_1,\hat{\theta}_2)$ 表为 $(T_1+h_1(s),T_2+h_2(s))$ 的形式,其中 $s=(X_1-X_2,\cdots,X_1-X_n)$,但因 s 的分布并非与 $(\hat{\theta}_1,\hat{\theta}_2)$ 无关(与 θ_1 无关但与 θ_2 有关),Basu 定理不能用. 之所以 s 的分布不是与 $(\hat{\theta}_1,\hat{\theta}_2)$ 无关,系因 G 在参数空间中的导出变换群不止一条轨道.

109. 最优同变估计为 $X+c$:**a**. $c=\pm 1$ 均可;**b**. $|c|\leqslant 1$ 均可;**c**. $c=0$. 比它优的估计为 $\delta(x)=x+1$ 或 $x-1$,视 $x<0$ 或 $x\geqslant 0$ 而定(后者的风险当 $|\theta|>1$ 时与最优同变估计之风险同,而在 $|\theta|<1$ 时风险为 0).

110. 如果样本 $X_1,\cdots,X_n$ 中有不相同的,则 $\delta=2^{-1}(\min X_i+\max X_i)=\theta$,而 δ 在平移群下同变. 若 $X_1,\cdots,X_n$ 相同,则同变性要求决定了这时估计必为 X_1+c,即回到上题情况. 因此最优同变估计为 $\hat{g}(X_1,\cdots,X_n)=\delta$,当 X_i 不全相同,$\hat{g}(X_1,\cdots,X_n)=X_1+c$,当 $X_1,\cdots,X_n$ 相同. 其中 c 按三种损失依上题的结果选取. 它之不容许的理由与上题一样:修改当 $X_1=\cdots=X_n$ 时 $\hat{g}$ 的定义可改善它.

(任意样本量之下最优同变估计不容许还有更自然且很著名的例子:$X_1,\cdots,X_n\sim N(\theta,\sigma^2)$,估计 σ^2,损失 $(\sigma^2-d)^2/\sigma^4$. 在乘法变换群下,最优同变估计为 $(n+1)^{-1}\sum\limits_{i=1}^n(X_i-\overline{X})^2$,它不是可容许的,这证明较难.)

111. **a**. $\left(\bar{X},\sum_{i=1}^{n}X_iX_i{}'\right)$或$\left(\bar{X},\sum_{i=1}^{n}(X_i-\bar{X})(X_i-\bar{X})'\right)$是完全充分统计量. **b**. $\left(\bar{X},(n-1)^{-1}\sum_{i=1}^{n}(X_i-\bar{X})(X_i-\bar{X})'\right)$. **c**. 一个常见的选择是 $L(\mu,\Lambda,\hat{\mu},\hat{\Lambda})=(\mu-\hat{\mu})'\Lambda^{-1}(\mu-\hat{\mu})+\mathrm{tr}(\Lambda^{-1}\hat{\Lambda}-I_k)^2$,此处 I_k 为 k 阶单位阵,tr 为 trace,$\hat{\Lambda}$ 限制取对称阵. **d**. 记 $\mu^*=\bar{X},\Lambda^*=\sum_{i=1}^{n}(X_i-\bar{X})(X_i-\bar{X})'$,$(\mu^*,\Lambda^*)$为完全充分,故可以(见本题注)只考虑 μ 和 Λ 的形如 $\tilde{\mu}=f_1(\mu^*,\Lambda^*)$ 和 $\tilde{\Lambda}=f_2(\mu^*,\Lambda^*)$ 的估计量. 由同变性,取变换 $g_{I_k,b}$ 知,f_1 只能有 $\mu^*+h(\Lambda^*)$ 之形式,再由 μ^*,Λ^* 独立,以及损失中有关 μ 的部分可知,$h\equiv 0$ 是使风险最小的唯一情况. 对 Λ,取变换 $g_{I_k,b}$,由同变性可知 f_2 只与 Λ^* 有关. 再取 $g_{A,0}$,可知,f_2 应满足 $f_2(A'\Lambda^*A)=A'f_2(\Lambda^*)A$ 对一切非异 A,由此推出一切同变估计有形式 $c\Lambda^*$,c 为常数. 据关于损失的 Λ 部分易算出 $c=(n+k)^{-1}$. 这最后一步有一个“trick”,即:考虑到同变估计之风险与参数无关(因为参数空间只有一条轨道),在算 c 时可取 $\Lambda=I_k$ 的特殊情况.

注 本题的做法是先简化到完全充分统计量(μ^*,Λ^*),然后在后者的空间内导出同变估计的一般形式. 这产生了一个理论问题:分别以 A,I,A_s 和 I_s 记一切估计类、一切同变估计类、一切只依赖于(μ^*,Λ^*)的估计类和一切只依赖于(μ^*,Λ^*)的同变估计类. 已知 A_s 是 A 的一个本质完全子类. 但 I_s 是否为 I 的本质完全子类? 并非由前一结论自然推出,不过可以证明:在本题情况下这是成立的. 见成平等的《参数估计》:366~376.

112. 以 $C(\Lambda)$记一切与 Λ 可交换(即满足 $A\Lambda=\Lambda A$ 的 A)k 阶正定方阵的集. 参数空间导出群的轨道是:含(μ,Λ)的轨道为$(\mathbb{R}^k,C(\Lambda))$. 对 μ 的部分无变化,对 Λ 则不然. Λ 的同变估计类为一切满足条件“$P'f(\Lambda^*)P=f(P'\Lambda^*P)$ 对一切 k 阶正交阵 P”的 $f(\Lambda^*)$”. 这个类很大,包含了 Λ^* 的多项式 $\exp(\Lambda^*)$ 及 Λ^* 的收敛级数 $\sum_{m=0}^{\infty}c_m(\Lambda^*)^m$,要从其中找出风险最小者就戛戛乎其难了.

从以上一些题看出以下几点:

(1) 群愈大,问题简化愈甚(满足同变性要求的估计愈少),最优同变估计存在的机会也愈大.

(2) 但是,除了稀有的例外,一般只在参数空间导出群只有一条轨道时,最优同变估计才存在. 然而,简化愈彻底,同变估计的代表性,即它的意义,也就愈差.

(3) 在线性变换群的特例,可通过充分统计量先进行简化. 如果统计量为完全充分且参数空间只有一条轨道,用 Basu 定理,这时有可能算出最优同变估计的形式.

113. 易见($\bar{X}$,$\min X_i$)为充分统计量(但非完全),且它在平移群下同变. 故所求的解为 $\min X_i - \mathrm{E}(\min X_i \mid n(\bar{X}-\min X_i))$. 此条件期望与 θ 无关,可就 $\theta=0$ 来算. 以 $Y_1<\cdots<Y_n$ 记 $X_1,\cdots,X_n$ 的次序统计量,作变换 $Z_1=Y_1, Z_i=Y_i-Y_1(i=2,\cdots,n)$,得$(Z_1,\cdots,Z_n)$的密度为

$$n!(2\pi)^{-n/2}\exp\left(-\frac{1}{2}\left(Z_1{}^2+\sum_{i=2}^{n}(Z_1+Z_i)^2\right)I(Z_1>0,0<Z_2<\cdots<Z_n\right).$$

再作变换 $W_1=Z_1, W_2=Z_2+\cdots+Z_n, W_i=Z_i, 3\leqslant i\leqslant n$(注意 $W_1=\min X_i$, $W_2=n(\bar{X}-\min X_i)$),则$(W_1,\cdots,W_n)$有密度

$$n!(2\pi)^{-n/2}\exp\left(-\frac{1}{2}(nW_1{}^2+2W_1W_2+g(W_2,W_3,\cdots,W_n))\right)$$

$$(W_1>0,\ 0<W_3<\cdots<W_n,\ W_3+\cdots+W_n<W_2).$$

g 与 W_1 无关. 由此式可知,(W_1,W_2)的密度有

$$\text{const}\cdot\exp\left(\frac{1}{2}(nW_1{}^2+2W_1W_2+h(W_2))\right)I(W_1>0,W_2>0)$$

的形式,而

$$\begin{aligned}\mathrm{E}(W_1\mid W_2)&=\int_0^{\infty}w_1\exp\left(-\frac{n}{2}(w_1+w_2/n)^2\right)\mathrm{d}w_1\\&\quad\Big/\int_0^{\infty}\exp\left(-\frac{n}{2}(w_1+w_2/n)^2\right)\mathrm{d}w_1\\&=-w_2/n+\exp(-w_2{}^2/(2n))/[\sqrt{2\pi n}\Phi(-w_2/n)].\end{aligned}$$

所求之解为

$$W_1-\mathrm{E}(W_1\mid W_2)=\bar{X}-\exp(-n(\bar{X}-\min X_i)^2/2)/(\sqrt{2\pi n}\Phi(\min X_i-\bar{X})),$$

此处 Φ 为 $N(0,1)$的分布.

注　参看习题 111 的注.

114. **a**. 平凡. **b**. 一个例子是 $\delta(X)=X-M|X|$, $M>1$ 为常数,其风险为 $R(\theta,\delta)\leqslant\sum_{k>M|k+\theta|}(k+1)^{-1}<\int_c^{d+1}\mathrm{d}x/x$, $c=M|\theta|/M+1$, $d=M|\theta|/(M-1)$. 故

$$R(\theta,\delta)<\ln((M+1)(2M-1)/[M(M-1)]),$$

此值随 M 上升而下降,并随 $M\to\infty$ 收敛于 $\ln 2$. **c**. 按同样想法,取 m 充分大,$\delta(x)=x-5|x|^{2m}-10$. **d**. 平凡.

115. **a**. X 为完全统计量.

b. 令 $Y_1=X_1+X_2$, $Y_2=X_1+X_2$,并把 $I_A(x_1,x_2)$ 写成 $f(y_1,y_2)$,则

$$(4\pi\sigma^2)^{-1}\iint_{\mathbb{R}^2}\exp\left(-\frac{(y_1-2\theta)^2}{4\sigma^2}-\frac{{y_2}^2}{4\sigma^2}\right)f(y_1,y_2)\mathrm{d}y_1\mathrm{d}y_2=\alpha.$$

记

$$B=\{(y_1,y_2):y_1\in\mathbb{R}^1,y_2>0\},$$

$$F(y_1,|y_2|)=f(y_1,y_2)+f(y_1,-y_2).$$

上式可写为

$$(4\pi\sigma^2)^{-1}\iint_B\exp\left(-\frac{1}{4\sigma^2}((y_1-2\theta)^2+{y_2}^2)\right)F(y_1,|y_2|)\mathrm{d}y_1\mathrm{d}y_2=\alpha,$$

或

$$(4\pi\sigma^2)^{-1}\iint_{\mathbb{R}^2}\exp\left(-\frac{1}{4\sigma^2}((y_1-2\theta)^2+{y_2}^2)\right)F(y_1,|y_2|)\mathrm{d}y_1\mathrm{d}y_2=2\alpha.$$

对 $Y_1\sim N(2\theta,2\sigma^2)$, $\theta\in\mathbb{R}^1$, $\sigma^2>0$, Y_1 有完全性;对 $Y_2\sim N(0,2\sigma^2)$, $|Y_2|$ 有强完全性,且 Y_1, $|Y_2|$ 独立. 故按习题 15d,$(Y_1,|Y_2|)$ 为完全,因此由上式得 $F(y_1,|y_2|)=2\alpha$ a.e. L. 因为 f 只取 0,1 两值,故 F 只取 0,1,2 三值,因而 α 只能为 0,1 及 1/2.

α 可取 0 和 1 显然. 取 1/2 的一个例子是 $A=\{(x_1,x_2):x_1-x_2>0\}$.

c. 以 $X_{(1)}\leqslant\cdots\leqslant X_{(n)}$ 记次序统计量,$s=\left[\sum_{i=1}^n(X_i-\bar{X})^2\right]^{1/2}$. 因 $n\geqslant 3$,变量 $t\equiv[X_{(n)}-X_{(1)}]/s$ 的分布与 (θ,σ^2) 无关且分布函数连续. 找 a,使 $P(t\leqslant a)=\alpha$,令 $A=\{t\leqslant a\}$.

第 3 章

1. 取 $X_1,\cdots,X_n\sim R(0,\theta),\theta>0$,先验分布 $R(0,a)$,算样本$(X_1,\cdots,X_n)$的边缘密度.

2. **a**. 平凡. **b**. 把 Θ 中的孤立点记为$\{a_1,a_2,\cdots\}$,取 $h>0$ 于 Θ 上且 $\int_\Theta h(\theta)\mathrm{d}\theta=1/2$. 在 Θ 上定义概率测度 ν:$\nu(B)=\sum_{i=1}^{\infty}2^{-(i+1)}I(a_i\in B)+\int_B h(\theta)\mathrm{d}\theta$. 存在$\mathscr{X}$中的$\mu$零测集$E_0$,使当$x\overline{\in}E_0$时有$[f_\nu(x)]^{-1}f(x,\theta)\mathrm{d}\nu(\theta)=g(T,\theta)\mathrm{d}\nu(\theta)$,此处$f_\nu(x)=\int_\Theta f(x,\theta)\mathrm{d}\nu(\theta)$. 于是存在$\Theta$中之$\nu$零测集$C_x$,使$f(x,\theta)=g(T,\theta)f_\nu(x)$. 当$\theta\overline{\in}C_x$. 因此,若记$B=\{(x,\theta):f(x,\theta)\neq g(T,\theta)f_\nu(x)\}$,则$(\mu\times\nu)(B)=0$,于是存在$\nu$零测集$N$,使当$\theta\overline{\in}N$时

$$f(x,\theta)=g(T,\theta)f_\nu(x)\qquad \text{a.e.}\,\mu(x).$$

例外集记为$D_\theta,\mu(D_\theta)=0$. 按ν的取法及$\nu(N)=0$,知$a_i\overline{\in}N(i\geqslant1)$. 取$\theta_0\in N$. 因$\theta_0$不为孤立点,$|N|=0$及$|\Theta|>0$,知存在一串点$\{\theta_n\}\subset\Theta-N,\theta_n\to\theta_0$. 记$D=\bigcup_{n=1}^{\infty}D_{\theta_n}$,则$\mu(D)=0$,而对$c\overline{\in}D$有$f(x,\theta_n)=g(T,\theta_n)f_\nu(x)$. 由$f(x,\cdot)$连续知$\lim_{n\to\infty}g(T,\theta_n)$存在且与$\{\theta_n\}$的取法无关. 记此极限为$g(T,\theta_0)$(或者说,在$\theta_0$处修改原来的$g(T,\theta_0)$为上述极限),则有$f(x,\theta_0)=g(T,\theta_0)f_\nu(x)$ a.e.μ. 用因子分解定理.

3. **a**. 用逼近法,把点集

$$B_n=\{(r_1/n,\cdots,r_k/n):r_i=\pm n^2,\pm(n^2-1),\cdots,\pm1,0,1\leqslant i\leqslant k\}$$

排序为$b_{n1},b_{n2},\cdots,b_{nN},N=(2n^2+1)^k$. 记$\delta_n(x)=b_{nj}$,其中$j$为最小下标,使$p(x,b_{nj})=\max_{1\leqslant i\leqslant N}p(x,b_{ni})$,易证$\delta_n$为$\mathscr{B}_x$可测且$\delta_n(x)\to\delta(x)$.(请写出细节.)

b. 例如,① 损失$L(\theta,d)$作为d的函数为严凸的(因而连续),$L(\theta,d)\to\infty$

当 $\|d\| \to \infty$. ② 对每个 d,存在 $\varepsilon > 0$(可与 d 有关),使若记 $g(\theta) = \sup\{L(\theta, \tilde{d}): \|\tilde{d} - d\| \leqslant \varepsilon\}$,则对任何 x(或 a.e. $\mu(x)$)有 $\int_\Theta f(x,\theta)g(\theta)\mathrm{d}\nu(\theta) < \infty$. 例子:$X \sim N(\theta,1)$,$\theta \in \mathbb{R}^1$,$L(\theta,d) = (\theta - d)^2$,先验分布 ν 满足 $\int_\Theta \mathrm{e}^{-\theta^2/2 + a|\theta|}\mathrm{d}\nu(\theta) < \infty$ 对任何 $a > 0$. b,c 也请仔细验证一下.

本题结果还可作相当的推广. 例如,严凸的条件可以用较轻的条件取代,只需 $L(x,\cdot)$连续且在行动空间 A 上能达到最大值,比方说,假定

$$\lim_{\|d\| \to \infty} L(\theta,d) = c(\theta) \leqslant \infty$$

存在,且 $L(\theta,d) < c(\theta)$对一切 $d \in A$. 这可以包含像$|\theta - d|$这种损失.

4. 令分布 ν_n 为

$$\nu_n(1 - 1/n) = 1, \quad n = 1,2,\cdots,$$

而 ν 全集中在 1 这点上,$\Theta = \{\frac{1}{2} < \theta < \infty\}$. 而样本 X 的分布为:$P_\theta(X = 1) = 1/2\theta$,$P_\theta(X = 1/2) = 1 - 1/2\theta$,$\theta = 1,2,\cdots$. 易见 $\delta_n(1) = 0$,当 $n > 1$,而 $\delta(1) = 2$. ν_n和 ν 还可取得更自然一些,只要使 $\nu_n(\theta \geqslant 1) \nrightarrow \nu(\theta \geqslant 1)$就行.

5. **a**. 设 $h(t_1) < \infty$,$h(t_2) < \infty$,$t_1 \neq t_2$. 由 ② 知,对任给 $\varepsilon > 0$,有 $\nu(|\theta - t_1| \geqslant \varepsilon) < \infty$,$\nu(|\theta - t_2| \geqslant \varepsilon) < \infty$. 取 $\varepsilon = |t_2 - t_2|/2$ 知 $\nu(\mathbb{R}^1) < \infty$. 对任何 a,存在 M 使$L(\theta - a) \leqslant 2L(\theta - t_1)$ 当 $|\theta| \geqslant M$(条件 ③),而在 $|\theta| < M$ 内 有$L(\theta - a) \leqslant A < \infty$(条件 ①). 于是 $L(\theta - a) \leqslant 2L(\theta - t_1) + A$,得证. **b**. 后验风险

$$h_x(d) = \int_{\mathbb{R}^1} f(x,\theta)\lambda(\theta)[g(\theta) - d]\mathrm{d}\nu(\theta)/f_x.$$

令 $\mathrm{d}\mu(\theta) = f(x,\theta)\lambda(\theta)\mathrm{d}\nu(\theta)$,然后再以 $\varphi = g(\theta)$ 变换到 φ 的积分,得 $h_x(d) = \int_{\mathbb{R}^1} L(\varphi - d)\mathrm{d}\mu^*(\varphi)$,用 a. c. $X \sim N(\theta,1)$,先验分布 $c\mathrm{e}^{-\theta^2/2}I(\theta > 0)$,损失 $\exp((\theta - d)^2)$. 后验风险在 $d > x/2$ 时有限,其他处无限.

6. $X \sim \pi^{-1}[1 + (x - \theta)^2]^{-1}\mathrm{d}x$,$\theta \in \mathbb{R}^1$,先验分布 $\pi^{-1}(1 + \theta^2)^{-1}\mathrm{d}\theta$,损失 $\theta^4[(1 + \theta^2)^{-1} - d]^2$.

7,8,9. 平凡.

10. $C = \Gamma(\alpha_1 + \cdots + \alpha_k) \Big/ \prod_{i=1}^k \Gamma(\alpha_i)$,解为 $\hat{\theta}_i = (X_i + \alpha_i) \Big/ \left(n + \sum_{j=1}^k \alpha_j\right)$.

11. 平凡. 结果为 $\left[1+t\left(\sum_{i=1}^{n} X_i+\alpha\right)\right]^{-(n+\beta)}$.

12. **a**. 把 $N+1$ 个物件自左至右排列依次标号 $1,\cdots,N+1$,"所抽出的 $n+1$ 个中,其标号自小至大第 $k+1$ 个,其上标号为 $i+k+1$"这样的抽取法有 $\binom{i+k}{k}\binom{N-i-k}{n-k}$ 种,于是得证. 其余有些计算,但其平凡.

13. **a**. $\delta(n)=\int_0^1 \theta^{n+1}\mathrm{d}\nu(\theta)\Big/\int_0^1 \theta^n \mathrm{d}\nu(\theta)$. 若 $\nu(0<\theta<1)>0$,则上式小于 1,而 $X/n\,|_{x=n}=1$. **b**. 类似.

14. 例 1:$X\sim R(0,\theta)$,先验分布 $\theta^{-2}I(\theta>0)\mathrm{d}\theta$,解为 $2x$,不如 $3x/2$;例 2:$X\sim\theta \mathrm{e}^{-\theta x}\mathrm{d}x,\theta>0$,先验分布 $\theta^{-1}I(\theta>0)\mathrm{d}\theta$ 解为 x^{-1},风险处处无穷.

15. 平凡.

16. 算 $\mathrm{E}(\delta(X)-g(\theta))^2$,在 (X,θ) 的联合分布 $P_\theta(\mathrm{d}x)\mathrm{d}\nu(\theta)$ 之下,若 Bayes 解 $\delta(X)=\mathrm{E}(g(\theta)\mid X)$ 又为无偏,算 $\mathrm{E}(\delta(X)g(\theta))$,对 θ 取条件算,为 $\mathrm{E}(g^2(\theta))$;对 X 取条件算,为 $\mathrm{E}(\delta^2(X))$. 故得 $\mathrm{E}(\delta(X)-g(\theta))^2=0$,这推出 $\mathrm{Var}_\theta(\delta)=0$ a.s. ν,与假定矛盾.

17. **a**. 若存在严格一致优于 δ 的 δ^*,且 $R(\theta_0,\delta^*)<1-2\varepsilon$ 对某 $\theta_0>0$ 和 $\varepsilon>0$,由 $R(\theta,\delta^*)$ 连续,存在 $\theta_1>\theta_0$ 使 $R(\theta,\delta^*)<1-\varepsilon$ 当 $\theta_0\leqslant\theta\leqslant\theta_1$. 取先验分布 $N(0,n^2)$. 以 r_n 记 θ 的 Bayes 估计的 Bayes 风险,r_n^* 记 δ^* 的 Bayes 风险,则 $r_n\leqslant r_n^*$. 因 $r_n=n^2(1+n^2)^{-1}$,有

$$
\begin{aligned}
&(1-r_2^*)/(1-r_n)\\
&\quad=(\sqrt{2\pi}n)^{-1}\int_{-\infty}^{\infty}[1-R(\theta,\delta^*)]\exp(-\theta^2/(2n^2))\mathrm{d}\theta/[1-n^2(1+n^2)^{-1}]\\
&\quad\geqslant(1+n^2)(\sqrt{2\pi}n)^{-1}\varepsilon\int_{\theta_0}^{\theta_1}\exp(-\theta^2/(2n^2))\mathrm{d}\theta\to\infty,\quad \text{当 } n\to\infty,
\end{aligned}
$$

故当 n 很大时有 $r_n^*<r_n$,这不可能. b 的证明比正态情况更简单,因此时 X/n 的(广义)Bayes 风险有限,可用定理 3.3.

18. 原因在于先验分布大部分概率在有界范围内. 对充分大的参数值而言,当无先验分布的调控时,估计值可能大部分落在参数值附近. 在有先验分布时,则被"拉回"到有界范围内,因而往往增加了大参数值处的风险. 一个 Bayes 解风险有限的例子:$X\sim N(\theta,1)$,平方损失,先验分布 $\mathrm{d}\nu(\theta)=(1+\theta^2)^{-1}\pi^{-1}\mathrm{d}\theta$. Bayes 解为

$$\delta(x) = x + \int_{-\infty}^{\infty} (\theta - x) e^{-(x-\theta)^2/2} (1 + \theta^2)^{-1} d\theta / f(x)$$

$$\equiv x + g(x)/f(x) \equiv x + h(x),$$

其中 $f(x) = \int_{-\infty}^{\infty} e^{-(x-\theta)^2/2} (1 + \theta^2)^{-1} d\theta$. 有(分部积分)

$$g(x) = \int_{-\infty}^{\infty} e^{-(x-\theta)^2/2} 2\theta(1 + \theta^2)^{-2} d\theta,$$

由 $|2\theta(1+\theta^2)^{-1}| \leqslant 1$ 有 $|g(x)| \leqslant f(x)$,故 $|h(x)| \leqslant 1$,由此得出 $E_\theta(\delta(x) - \theta)^2 \leqslant 3$.

19. 平凡.

20. **a**. 以 $\hat{\theta}(x)$ 记 Bayes 估计. 证明 $\hat{\theta}'(x) \geqslant 0$(用 Schwartz 不等式). **b**. 记 $p(a,b) = \int_0^1 \theta^a (1 - \theta)^b d\nu(\theta)$,要证

$$p(x + 1, n - x) p(x + 1, n - x - 1) \leqslant p(x, n - x) p(x + 2, n - x - 1).$$

记 $d\mu(\theta) = (1 - \theta)^n d\nu(\theta)$,上式化为

$$0 \leqslant \int_0^1 \int_0^1 \left[\theta\left(\frac{\theta}{1-\theta}\right)^{x+1} \left(\frac{\varphi}{1-\varphi}\right)^x - \left(\frac{\theta}{1-\theta}\right)^{x+1} \varphi\left(\frac{\varphi}{1-\varphi}\right)^x\right] d\mu(\theta) d\mu(\varphi)$$

$$= \left(\iint_{\theta>\varphi} + \iint_{\theta<\varphi}\right)(\cdots) \equiv J_1 + J_2.$$

在 J_2 中更换记号 θ,φ,此式成为

$$\int_0^1 \int_0^1 I(\theta > \varphi)(\theta - \varphi)\left(\frac{\theta}{1-\theta} - \frac{\varphi}{1-\varphi}\right)\left(\frac{\theta\varphi}{(1-\theta)(1-\varphi)}\right)^x d\mu(\theta) d\mu(\varphi) \geqslant 0.$$

因被积函数 $\geqslant 0$,上式成立. c 与 b 相似.

由 b 结合定理 3.1 知,对 $X \sim \beta(n,\theta)$ 及平方损失,当 $\hat{\theta}$ 不是非降时,它不可容许. 不清楚的是:是否当 $\hat{\theta}$ 非降时必可容许?(这等价于:是非非降的 $\hat{\theta}$ 必为 Bayes 估计.)

21. **a**. 取适当 $a \in (0,1/2)$,先验分布 $\nu(a) = \nu(1 - a) = 1/2$,平方损失. Bayes 估计与例 3.17 同. **b**. $X \sim B(1,\theta)(0 \leqslant \theta \leqslant 1)$,平方损失. 两先验分布: $\nu(0) = \nu(1) = 1/2$ 和 $d\nu_1(\theta) = [\theta(1-\theta)]^{-1} I(0 < \theta < I) d\theta$ 产生同一的 Bayes 解 X/n.

22. 平凡. 例:先验分布$|1-\theta|^{-1}I(|1-\theta|<1)\mathrm{d}\theta$,估计量$\hat{\theta}\equiv 1$.

23. **a**. 以Φ_θ和φ_θ分别记$N(\theta,1)$的概率测度与密度. 设有估计δ满足$R(\delta)=\int_{\theta>1}R(\theta,\delta)\theta^{-1}\mathrm{d}\theta<\infty$,则存在$\theta_0$,使$R(\theta_0,\delta)<1/32$. 记$E=\{x:|\delta(x)-\theta_0|\leqslant 1/4\}$,$F_{\theta_0}=\{x:|x-\theta_0|\leqslant 1\}$. 由$R(\theta_0,\delta)<1/32$知$\Phi_{\theta_0}(E)>1/2$. 故$\Phi_{\theta_0}(E\cap F)\geqslant 10^{-1}$. 当$\theta_0+1/2\leqslant\theta_0+3$时,有$\varphi_\theta(x)/\varphi_{\theta_0}(x)\geqslant \mathrm{e}^{-4^2/2}\equiv\eta$当$x\in E\cap F$,故有$\Phi_\theta(E\cap F)\geqslant\eta/10$. 而当$x\in E\cap F$时,有$|\delta(x)-\theta|\geqslant 1/4$当$\theta\geqslant\theta_0+1/2$,故$R(\theta,\delta)\geqslant\eta/160\equiv\eta_1$当$\theta_0+1/2\leqslant\theta\leqslant\theta_0+3$. 这样一来,我们可得到一串长度大于$3-1/2>2$的区间$(a_1,b_1)$,$(a_2,b_2)$:

$$1<a_1<b_1<a_1<b_2<\cdots,\ b_i-a_i>2,\ a_{i+1}-b_i\leqslant 1/2, i\geqslant 1, \tag{1}$$

且$R(\theta,\delta)\geqslant\eta_1$当$a_i\leqslant\theta\leqslant b_i$. 于是对任何自然数$n$有

$$\begin{aligned}R(\delta)&=\int_{\theta>1}R(\theta,\delta)\theta^{-1}\mathrm{d}\theta\geqslant\sum_{i=1}^{\infty}\int_{a_i}^{b_i}R(\theta,\delta)\theta^{-1}\mathrm{d}\theta\\&\geqslant\eta_1\sum_{i=1}^{n}\ln(b_i/a_i)=\eta_1\left(\ln\frac{b_n}{a_1}+\ln\prod_{i=1}^{n-1}\frac{b_i}{a_{i+1}}\right).\end{aligned}\tag{2}$$

由(1)式知当n充分大时有$a_n\geqslant n$,$b_n\geqslant n$,故$b_i/a_{i+1}\geqslant 1-(2i)^{-1}$当$i$充分大. 因此当$i$充分大时$b_i/a_{i+1}\geqslant\exp\left(-\frac{2}{3i}\right)$,而$\prod_{i=1}^{n-1}\frac{b_i}{a_{i+1}}=\prod_{i=1}^{m-1}\frac{b_i}{a_{i+1}}\prod_{i=m}^{n-1}\frac{b_i}{a_{i+1}}=h\exp\left(-\frac{2}{3}\sum_{i=m}^{n-1}\frac{1}{i}\right)\geqslant h\cdot\exp\left(-\frac{2}{3}\ln n\right)=hn^{-2/3}$,此处$h=\prod_{i=1}^{m-1}\frac{b_i}{a_{i+1}}>0$,$m$选得充分大,而$b_n/a_1\geqslant n/a_1$. 由(2)式知$R(\delta)\geqslant\eta_1\left(\ln n-\ln a_1+\ln h-\frac{2}{3}\ln n\right)\to\infty$,与$R(\delta)<\infty$矛盾. b的证明类似,请读者自行写出.

注 同样的方法,较复杂的分析,可用于证明:此结果对广义先验分布$I(\theta>c)f(\theta)\mathrm{d}\theta$也成立,此处$f(\theta)\downarrow$当$\theta>c$而$\int_c^\infty f(\theta)\mathrm{d}\theta=\infty$.

24. 考虑$X\sim B(3,\theta)$,平方损失,先验分布$\nu(0)=\nu(1)=1/2$. Bayes 解取为:$\delta^*(0)=0$,$\delta^*(1)=2/3$,$\delta^*(2)=1/3$,$\delta^*(3)=1$,风险为$3^{-1}\theta(1-\theta)(4-12\theta+12\theta^2)$. 严格一致优于它的估计为$\delta(x)=x/3$. 试考虑一下作出这个例子

所依据的想法.

25. 若有严格一致优于 φ 的估计 $\delta^*=\delta^*(X,Y)$,则 $R(\theta,\varphi,\delta^*)\leqslant R(\theta,\varphi,\delta)$ 对一切 $\theta>0,\varphi>0$,且存在 $\theta_0>0,\varphi_0>0$ 使 $R(\theta_0,\varphi_0,\delta^*)<R(\theta_0,\varphi_0;\delta)$,找 $a_1>0,0<b_1<1,c_1>-1$ 待定,使 $\varphi_0=a_1\theta_0{}^{b_1}$. 取先验分布 $\nu(\varphi=a_1\theta^{b_1}|\theta)=1$,而 θ 的密度为 const $\cdot\,\theta^{c_1}\exp(-d\theta+a_1\theta^{b_1})$,$d_1>0$ 待定. 易见在此先验分布及平方损失下,θ 的 Bayes 估计为 $(X+b_1Y+c_1+1)/(d+1)$. 取 b_1,c_1,d,使 $(d+1)^{-1}=a$,$b_1/(d+1)=b$,$(c_1+1)/(d+1)=c$,由于 $0<b<a<1,c>0$,所解出的 b_1,c_1 和 d 适合前述限制,即 Bayes 解为 δ. 按 δ^* 的条件,有 $R(\theta,a_1\theta^{b_1};\delta^*)\leqslant R(\theta,a_1\theta^{b_1};\delta)$ 对一切 $\theta>0$,且不等号在 $\theta=\theta_0$ 处成立. 由于 $R(\theta,a_1\delta^{b_1};\delta^*)$ 是 θ 的连续函数,这将与 δ 为所给先验分布下的 Bayes 解矛盾.

证明的 trick 在于先验分布根据 δ^* 去选取. 本题结果倒并非出人意表,因 $aX+bY+c$,从样本 X 的立场看,无非是一种随机化估计,它能是容许的这一事实自不足为怪.

26. 记 $e^{-\lambda}\lambda^i/i!=\pi(\lambda,i)$. 设 $\delta(X,Y)$ 严格一致优于 $aX+bY+c$,则对一切 $\theta\geqslant0,\varphi\geqslant0$,有

$$\sum_{x=0}^{\infty}\sum_{k=0}^{\infty}(ax+bk+c-\theta)^2\pi(\theta,x)\pi(\varphi,k)$$
$$\geqslant\sum_{x=0}^{\infty}\sum_{k=0}^{\infty}[\delta(x,y)-\theta]^2\pi(\theta,x)\pi(\varphi,k). \tag{3}$$

在(3)式中令 $\varphi=0$,得

$$\sum_{x=0}^{\infty}(ax+c-\theta)^2\pi(\theta,x)\geqslant\sum_{x=0}^{\infty}[\delta(x,0)-\theta]^2\pi(\theta,x),$$
$$\text{对一切 }\theta\geqslant0. \tag{4}$$

如果 a,b,c 满足题中条件,则在只有样本 x 时,$ax+c$ 可容许. 故 $\delta(x,0)=ax+c(x=0,1,2,\cdots)$. 由此可将(3)式两边 $k=0$ 的项消去,剩余项中有公因子 φ,消去 φ 然后令 $\varphi=0$,得

$$\sum_{x=0}^{\infty}(ax+b+c-\theta)^2\pi(\theta,x)\geqslant\sum_{x=0}^{\infty}(\delta(x,1)-\theta)^2\pi(\theta,x),\text{对一切 }\theta\geqslant0.$$

如果又得到 $\delta(x,1)=ax+b+c(x=0,1,\cdots)$. 循此以往即得 $\delta(x,y)=ax+$

$by+c$. 为证必要性,由 $Ax+B$ 在只有样本 X 时的容许性可知,若 a,c 不满足 $a=1,c=0$ 或 $0\leqslant a<1,c\geqslant 0$,则可修改估计量 $ax+by+c$ 当 $y=0$ 时之值(其他 y 值不变),以得到一个比它严格一致优的估计,故必有 $a=1,c=0$ 或 $0\leqslant a<1$, $c\geqslant 0$,即 $Y=k$,同样得到必须有 $a=1,bk+c=0$,或 $0<a<1,bk+c\geqslant 0$. 若 $a=1$,则已证 $c=0,bk+c=0$,故 $b=0$. 若 $0\leqslant a<1$,则 $bk+c\geqslant 0$ 对一切 $k=0,1,\cdots$,故 $b\geqslant 0,c\geqslant 0$.

注　如果把参数 φ 局限在 $\varphi>0$,则上述证法中以 $\varphi=0$ 直接代入不行,但结果仍有效. 请读者自证.

27. 与上题完全类似.

28. **a**. 设有 $\delta=\delta(X,Y)$ 满足 $R(\theta,\varphi;\delta)\leqslant R(\theta,\varphi;X)\equiv 1$ 对一切 $\theta\in\mathbb{R}^1$, $\varphi\in\Phi$,且 $R(\theta_0,\varphi_0;\delta)\leqslant 1-2\varepsilon$ 对某(θ_0,φ_0)及 $\varepsilon>0$. 由 $R(\theta,\varphi;\delta)$对 θ 的连续性(何故?),存在 $\theta_1>\theta_0$使 $R(\theta,\varphi_0;\delta)\leqslant 1-\varepsilon$ 当 $\theta_0\leqslant\theta\leqslant\theta_1$. 取先验分布:$\varphi\equiv\varphi_0$, $\theta\sim N(0,n^2)$, $n\to\infty$. 以下一切与习题 17 同(注:此处又用了这个技巧:先验分布与设想优于 X 的估计 δ 有关). **b**. 取先验分布 $\varphi\equiv\varphi_0$(任选定 $\varphi_0\in\Phi$),$\theta\sim$广义$[\theta(1-\theta)]^{-1}I(0<\theta<1)\mathrm{d}\theta$.

29. **a**. 找非异阵 A 使$A\Lambda A'=I_k$. 令 $Y=AX$,有 $Y\sim N_k(A\theta,I_k)$. 找行向量 p_1'使 $p_1'A=c'$,补 $p_2,\cdots,p_k$,使 $P=(p_1\vdots\cdots\vdots p_k)$为正交阵(不妨设 $\|p_1\|=1$,否则用 $c/\|p_1\|$ 代替 c). 令 $Z=P'Y$,则 $Z\sim N_k(\varphi,I_k)$,而 $\varphi_1=c'\theta$. $Z_1,\cdots,Z_k$独立,$Z_1=c'X$,于是回到上题的情形. 本题不能用习题 17 的方法解决. **b**. 取$(\theta_1,\cdots,\theta_k)$的广义先验分布$[\theta_1(1-\theta_1)\cdots\theta_k(1-\theta_k)]^{-1}\mathrm{d}\theta_1\cdots\mathrm{d}\theta_k$, $\sum_{i=1}^{k}c_i\hat{\theta}_i$ 不能证实是 Minimax 估计,因其没有常数风险.

30. 设 $X_1\leqslant X_2\leqslant\cdots\leqslant X_r$, $X=X_1+\cdots+X_r+(n-r)X_r$为充分统计量,且有分布$[\Gamma(r)]^{-1}\theta^{-r}\mathrm{e}^{-x/\theta}x^{r-1}I(x>0)\mathrm{d}x$, $\theta>0$. 取一串先验分布 $\mathrm{e}^{-\varepsilon/\theta}\theta^{-1-\varepsilon}I(\theta>0)\mathrm{d}\theta$, $\varepsilon\downarrow 0$. 用定理 3.4,得 Minimax 估计为 X/r,它有常数风险 r^{-1}.

31. 第 2 章习题 114 是一例.

32. **a**. 本题的解要先设法看出来. 这不难,由对称性,自然在形如 $\delta(0)=a$, $\delta(1)=1-a\ (0<a<1/2)$的估计中去试,结果为 $a=1/4$,证明不难. 此解之最大风险为 $1/4$, $\delta(0)>1/4\Rightarrow R(0,\delta)>1/4$, $\delta(1)<3/4\Rightarrow R(1,\delta)>1/4$,而当 $\delta(0)\leqslant 1/4$, $\delta(1)\geqslant 3/4$ 时,$R(1/2,\delta)\geqslant 1/4$,等号当且仅当 $\delta(0)=1/4=1-\delta(1)$ 时达到. 故此为唯一的 Minimax 解,因而容许. **b**. 从一串先验测度得出的解$\{\delta_n\}$可取出一子列收敛于某 δ,易证这串子列的 Bayes 风险的上极限$<1/4$. **c**. a

中所得估计有形式 $aX+b$，$a=\frac{1}{2}$，$b=\frac{1}{4}$，因此它是某个 β 先验分布的 Bayes 解.

33. 若上界为 $M<\infty$，固定 $\sigma_0>\sqrt{M}$. 考虑问题：从 $N(\theta,1)$ 中抽 iid. 样本 $X_1{}',\cdots,X_n{}'$ 去估计 θ，损失 $(\theta-d)^2$. 用估计量 $\delta^*(X_1{}',\cdots,X_n{}')=\delta(\sigma_0X_1{}',\cdots,\sigma_0X_n{}')/\sigma_0$，其风险为

$$R(\theta,\delta^*)=\mathrm{E}_\theta(\delta^*-\theta)^2=\sigma_0{}^{-2}\mathrm{E}_\theta(\delta(\sigma_0X_1{}',\cdots,\sigma_0X_n{}')-\sigma_0\theta)^2$$

$$=\sigma_0{}^{-2}\mathrm{E}_{\sigma_0\theta}(\delta(X_1,\cdots,X_n)-\sigma_0\theta)^2,$$

此处 $X_1,\cdots,X_n\sim N(\sigma_0\theta,\sigma_0{}^2)$. 故按假定，上式最右一项不超过 $\sigma_0{}^{-2}M<1$，这与 $\overline{X}'$ 的容许性矛盾.

34. 取先验分布：$\sigma=1$，$\theta\sim N(0,m^2)$，$m\to\infty$.

35. 以正态为例，若有另一个 Minimax 解 δ，则有 $R(\theta,\delta)\leqslant1\equiv R(\theta,\overline{X})$. 按定理 2.10 的证明，得到 $\delta=\overline{X}$.

36. 用定理 3.4 的 2°，取一串先验分布 $\{N_k(0,n^2I_k),n=1,2,\cdots\}$.

37. 平凡.

38. **a**,**c**. 取共轭先验分布(a 题取 $D(c,d,o,\tau)$，见(3.26)式，$c\uparrow-1$，$d\downarrow0$，$\tau\downarrow0$；c 题取 Gamma 分布 $C\mathrm{e}^{-\alpha x}x^{\beta-1}I(x>0)\mathrm{d}x$，$\alpha\downarrow0$，$\beta\downarrow0$)，略有些计算，但不难. 答案分别为 $(n+1)^{-1}\sum_{i=1}^{n}(X_i-\overline{X})^2$ 和 $(n+1)^{-1}\sum_{i=1}^{n}X_i$. **b**. 没有共轭先验分布，可用一串发布 $\varepsilon^{\varepsilon+1}\theta^{-1-\varepsilon}I(\theta>\varepsilon)\mathrm{d}\theta$，Bayes 解为 $\frac{n+2+\varepsilon}{n+1+\varepsilon}\max(X_1,\cdots,X_n,\varepsilon)$，风险为

$$\left(\frac{n+2+\varepsilon}{n+1+\varepsilon}\right)^2\left\{\left(\frac{\varepsilon}{\theta}\right)^{n+2}+\frac{n}{n+2}\left[1-\left(\frac{\varepsilon}{\theta}\right)^{n+2}\right]\right\}$$

$$-2\frac{n+2+\varepsilon}{n+1+\varepsilon}\left\{\left(\frac{\varepsilon}{\theta}\right)^{n+1}+\frac{n}{n+1}\left[1-\left(\frac{\varepsilon}{\theta}\right)^{n+1}\right]\right\}+1,$$

这样就不难算出当 $\varepsilon\downarrow0$ 时，Bayes 风险 $\to(n+1)^{-2}$，恰好是估计量 $\hat{\theta}=\frac{n+2}{n+1}\max(X_1,\cdots,X_n)$ 的风险，故 $\hat{\theta}$ 就是 Minimax 解.

39. 以第一个为例. 固定 $\theta=0$，设对某 δ 有 $\sup\{\mathrm{E}_{\sigma^2}(\delta-\sigma^2)^2:\sigma^2>0\}=M^2<\infty$，对 $\sigma^2>(2M)^2$，由于 $\mathrm{E}_{\sigma^2}(\delta-\sigma^2)^2\leqslant M^2$，有 $P_{\sigma^2}(|\delta-\sigma^2|\leqslant2M)\geqslant3/4$，

因而 $P_{(2\sigma)^2}(|\delta-\sigma^2|\leqslant 2M)\geqslant 2^{-n}3/4\equiv a$. 故 $P_{(2\sigma)^2}(|\delta-(2\sigma)^2|\geqslant 3\sigma^2-2M)\geqslant a\Rightarrow R((2\sigma)^2,\delta)\geqslant a(3\sigma^2-2M)^2\to\infty$ 当 $\sigma\to\infty$,而得出矛盾. 另两例同样证明.

40. **a**. 取 θ 的先验分布 $R(-m,m)$, $m\to\infty$,易知 Bayes 解为 $\delta_m(x_1,\cdots,x_n)=(\max X_i+\min X_i)/2$(记为 δ)当 $|x_i|\leqslant m-1/2(1\leqslant i\leqslant n)$, $\delta_m(x_1,\cdots,x_n)\in(m-1,m)$ 当 $\max X_i>m-1/2$, $\delta_m(X_1,\cdots,X_n)\in(-m,-m+1)$ 当 $\min X_i<-m+1/2$. 由此知 $R(\theta,\delta_m)=R(\theta,\delta)$ 当 $|\theta|\leqslant m-1$, $R(\theta,\delta_m)\leqslant 1$ 当 $m-1\leqslant|\theta|\leqslant m$. 这样定理 3.4 的 2°可用,得到 Minimax 解为 δ. **b**. 只需注意:对分布 $R(\theta-\varphi,\theta+\varphi)$, $0<\varphi<1/2$,所求出的 δ 的风险不超过当 $\varphi=1/2$ 时的风险. c 的证明与上题相似.

41. 拿损失 $|\theta-d|$ 的情况来讨论. 如果 X_i 不全相同,则该题的估计量 δ 准确估计了 θ,此不能变. 设另一估计量 δ^* 规定在 $X_1,\cdots,X_n$ 全相同时取值 $\delta(X_1)$. 假定 $\delta^*\neq\delta$,则如在$[-2,2)$内有 x_0 使 $\delta^*(x_0)\neq\delta(x_0)$,则当 $x_0\geqslant 0$ 时,$R(\delta^*,x_0-1)>0=R(\delta,x_0-1)$. 若 $x_0<0$ 则 $R(\delta^*,x_0+1)>0=R(\delta,x_0+1)$ 故 δ^* 不一致优于 δ^*. 设在$[0,2)$内有 $\delta^*(x)=\delta(x)=x-1$,则当 δ^* 一致优于 δ 时,可依次推出在$[2,3)$,$[3,4)$,…内有 $\delta^*(x)=x-1$. 例如,若 $2\leqslant x_0<3$ 而 $\delta^*(x_0)\neq x_0-1$,则将有 $R(\delta^*,x_0-1)>R(\delta,x_0-1)$. 类似地证明,在 $x<0$ 时 $\delta^*(x)$ 也等于 $\delta(x)$. 这证明了 δ 的容许性. 要证 δ 为 Minimax,注意 $\max\limits_{\theta}R(\theta,\delta)=2^{-(n-1)}$. 任取 δ^*,固定 $a=0$,记 $h_0=\delta^*(0)-0$. 若 $h_0\geqslant 0$,则为使$R(-1,\delta^*)\leqslant 2^{-(n-1)}$,必须 $h_{-1}=\delta^*(-1)-(-1)\geqslant h_0$, $h_{-1}\leqslant 2$. 类似地,为使 $R(-i,\delta^*)\leqslant 2^{-(n-1)}$ 对 $i=-2,-3,\cdots$,必须 $2\geqslant h_{-i}=\delta^*(-i)-(-i)\geqslant h_{-(i-1)}$. $\{h_{-i}:i\geqslant 0\}$ 作为一串单调有界数,必存在有限的极限,因而 $R(-i,\delta^*)\to 2^{-(n-1)}$. 这证明了 $\sup\limits_{\theta}R(\theta,\delta^*)\geqslant 2^{-(n-1)}$,因而 δ 确为 Minimax 解.

42. 易见 $R(\theta,\hat{\theta})\equiv 1$. 任取 $\theta^*\neq\theta$,记 $\theta_0=\min\{\theta^*(i):i=0,\cdots,n,\theta^*(i)>0\}$. 取 $\tilde{\theta}=\theta_0/3$,易见 $R(\tilde{\theta},\theta^*)>1$,这证明了 $\hat{\theta}$ 的容许性且是唯一的 Minimax 估计.

43. 想法:样本取值愈分散,可能参数就更难估准,于是从只取 a,b 两值的子族入手. 局限 $a=0,b=1$ 不过是为了符合二项分布,无本质意义. **a**. 对 $P_\theta(X_i=1)=1-P_\theta(X_i=0)=\theta(0\leqslant\theta\leqslant 1)$ 这个子族,已求出 $\mathrm{E}_\theta X$ 即 θ 的 Minimax 估计为 $\delta=\dfrac{\sqrt{n}}{1+\sqrt{n}}X/n+\dfrac{1}{2(1+\sqrt{n})}$,其风险(在这子族上)为常数 $4^{-1}(1+\sqrt{n})^{-2}$,再证明此 δ 满足 $\mathrm{E}_F(\delta-\mathrm{E}_FX)^2\leqslant 4^{-1}(1+\sqrt{n})^{-2}$ 即可. 这只需

注意到 $\mathrm{Var}_E(X) \leqslant \mathrm{E}_F X-(\mathrm{E}_F X)^2$ 即不难证($\mathrm{E}_F X^2 \leqslant \mathrm{E}_F X$,由 $F \in \mathscr{F}_{01}$ 有 $0 \leqslant X \leqslant 1$). **b**. 对一般的 a, b,通过变换 $X'=(X-a)/(b-a)$ 化为 a 的情形. 结果是 $(1+\sqrt{n})^{-1}\sqrt{n}X/n+(a+b)/[2(1+\sqrt{n})]$(试解释一下为何常数项不是与 $b-a$ 有关而是与 $b+a$ 有关——因为初看似乎起作用的是区间长度).

注　本题揭示了求 Minimax 解的一种方法. 先取分布族的一适当子族,在子族内求解,再证明所得之解在原分布族上风险的最大值不增加. 下题也是用此法.

44. 取子族 $N(\theta, M)(\theta \in \mathbb{R}^1)$,用上题注的想法. 对后一问的回答是不行的,原因是"注"中后一步做不通.

45. 想法如下:局限在子族 $p_1+p_2=1$,则 $p_2-p_1=2p_2-1$. 为估计 p_2,有 $2n$ 次试验结果 $1-X_1, \cdots, 1-X_n, Y_1, \cdots, Y_n$,它们是 iid. $B(1, p_2)$,故在此子族内 p_2 的 Minimax 估计为 $\dfrac{\sqrt{2n}}{1+\sqrt{2n}}\dfrac{1}{2n}\Big[\sum_{i=1}^{n}(1-X_i)+\sum_{i=1}^{n}Y_i\Big]+\dfrac{1}{2(1+\sqrt{2n})}$, 因而 $2p_2-1$ 的 Minimax 估计为此式的 2 倍减去 1,即 $\delta=\dfrac{\sqrt{2n}}{1+\sqrt{2n}}(Y-X)$, $X=\sum_{i=1}^{n}X_i$, $Y=\sum_{i=1}^{n}Y_i$. 再去验证 δ 在集$\{(p_1, p_2): 0 \leqslant p_1 \leqslant 1, 0 \leqslant p_2 \leqslant 1\}$上的风险函数的最大值,可在集$\{(p_1, p_2): 0 \leqslant p_2=1-p_1 \leqslant 1\}$上达到即可.

46. 证明该估计为 Bayes 估计且有常数风险.

47. 取 Dirichlet 先验分布 $D(\alpha, \cdots, \alpha)$, $\alpha=\sqrt{n}/(k+1)$,用定理 3.4.

48. 对正态情况,用 C-R 不等式. 设估计 δ 满足 $R(\theta, \delta) \leqslant n^{-1}-\varepsilon$ 对一切 $\theta \geqslant c$ 及某 $\varepsilon>0$,以 $b(\theta)$ 记 $\mathrm{E}_\theta \delta-\theta$,则有 $b^2(\theta)+[1+b'(\theta)]^2/n \leqslant n^{-1}-\varepsilon$ 对一切 $\theta \geqslant c$. 因此,一方面 $b(\theta)$ 有界,另一方面又有 $b'(\theta) \leqslant \sqrt{1-n\varepsilon}-1$,这是矛盾的. 对 Poisson 情况,相应的不等式为 $\theta^{-1}b^2(\theta)+[1+b'(\theta)]^2 \leqslant 1-\varepsilon$. 由此得 $b(\theta)=O(\sqrt{\theta})$ 以及 $b'(\theta) \leqslant \sqrt{1-\varepsilon}-1$. 但由后一式将有 $b(\theta) \leqslant (\sqrt{1-\varepsilon}-1)\theta+\mathrm{const}$,与 $b(\theta)=O(\sqrt{\theta})$ 矛盾.

注　本题提供了一些更自然的例子,说明 Minimax 估计可以不容许. 更有意思更自然(参数取自然空间,不受限制)的例子是 $X_1, \cdots, X_n \sim N(\theta, \sigma^2)$,估计 σ^2,损失 $(\sigma^2-d)^2/\sigma^4$. Minimax 估计为 $(n+1)^{-1}\sum_{i=1}^{n}(X_i-\bar{X})^2$,它不容许. 可以证明:估计量 $\min\Big((n+1)^{-1}\sum_{i=1}^{n}(X_i-\bar{X})^2, (n+2)^{-1}\sum_{i=1}^{n}X_i^2\Big)$ 一致严格优于它,见成平等的《参数估计》第 424 面.

49. **a**. 问题在于:找不到一个形如 $ax+b$ 的估计,其风险为常数. **b**. 用习题 40c 的方法,证明当 $\theta>0,\theta\approx 0$ 而 $R(\theta,\delta)$不大时,$R(\theta/2,\delta)$会很大.

50. 平凡.

51. 记 $Z_i=I(X_i\geqslant Y_i)$,则 $Z_i\sim B(1,\theta)$,故一个自然的猜测是 $B(n,\theta)$情况下的 Minimax 估计 $\delta=\dfrac{\sqrt{n}}{1+\sqrt{n}}\bar{Z}+\dfrac{1}{2(1+\sqrt{n})}$. 它的确也是,事实上,若存在 $\delta^*=\delta^*(X_1,Y_1,\cdots,X_n,Y_n)$,使

$$\sup_{F\in\mathscr{F}}\mathrm{E}(\delta^*-\theta(F))^2<[4(1+\sqrt{n})^2]^{-1},$$

则当有 $X_1,\cdots,X_n$ iid.,$\sim B(1,\theta)$,要在损失$(\theta-d)^2$之下求 θ 的 Minimax 估计时,可定义 $Y_i\equiv k(X_i)=1$ 或 $1/2$,视 $X_i=1$ 或 0 而定. 这时 $P_\theta(X_i\geqslant Y_i)=P_\theta(X_i=1)=\theta$,用估计量

$$\delta(X_1,\cdots,X_n)=\delta^*(X_1,h(X_1),\cdots,X_n,h(X_n)),$$

将得到 $\sup\limits_{0\leqslant\theta\leqslant 1}\mathrm{E}_\theta(\delta-\theta)^2<[4(1+\sqrt{n})^2]^{-1}$,与已知结果矛盾.

52. 对 $n\geqslant 3$ 简单,因 $\mathrm{med}(X_1,\cdots,X_n)$的风险有界. 设 $n=1$,$\delta(x)$为一估计,记

$$A=\{x:x\geqslant n,\delta(x)<-n/2\},\quad B=\{x:x\geqslant n,\delta(x)\geqslant -n/2\},$$

则 $P_0(A)+P_0(B)=P_0(X\geqslant n)\geqslant(2\pi n)^{-1}$,$n$ 充分大. 又当 $x\geqslant n$ 时有$(1+x^2)/[1+(x+n)^2]\leqslant 1/4$,故有

$$P_{-n}(A)\geqslant 4^{-1}P_0(A),\quad P_{-n}(B)\geqslant 4^{-1}P_0(B).$$

若 $P_0(A)\geqslant(4\pi n)^{-1}$,则 $R(0,\delta)\geqslant(0+n/2)^2(4\pi n)^{-1}=(16\pi)^{-1}n$. 若 $P_0(A)<(4\pi n)^{-1}$,则 $P_0(B)>(4\pi n)^{-1}$,这时 $P_{-n}(B)>(16\pi n)^{-1}$,而得 $R(-n,\delta)\geqslant(64\pi)^{-1}n$. 由此知 $\sup\limits_\theta R(\theta,\delta)\geqslant(64\pi)^{-1}n$,对任何 n,因而 Minimax 值为无限.

注 $n=2$ 时,很复杂的分析证明 Minimax 值为∞.

53. 取 $f(x)=c[(1+|X|)\ln^2(1+|X|)]^{-1}$,$X\sim f(x-\theta)$,$\theta\in\mathbb{R}^1$,$X_1,\cdots,X_n$为 X 的 iid.样本,平方损失. 对任一估计 $\delta(X_1,\cdots,X_n)$,定义 $A=\{(x_1,\cdots,x_n):x_1>m,\cdots,x_n>m,\delta(x_1,\cdots,x_n)<-m/2\}$,$B=\{(x_1,\cdots,x_n):x_1>m,\cdots,x_n>m,\delta(x_1,\cdots,x_n)\geqslant -m/2\}$. 考虑 $R(0,\delta)$和 $R(-m,\delta)$. 一切

与上题类似.

54. 取随机化情况为例. 设问题(用随机化决策时)的 Minimax 值为 $M<\infty$(因 L 有界),则存在一串 δ_n 使 $\sup\limits_{\theta} R(\theta,\delta_n)\to M$. 以 p_{nij} 记用 δ_n 而得样本 x_i 时,作行动 d_j 的概率. 取子列 $\{\delta_{n'}\}$ 使 $p_{n'1j}\to p_{ij}$ 存在, $1\leqslant j\leqslant m$, 当 $n'\to\infty$. 在 $\{\delta_{n'}\}$ 中取子列 $\{\delta_{n''}\}$ 使 $\delta_{n''2j}\to p_{2j}$ 存在, $1\leqslant j\leqslant m$, 当 $n''\to\infty$, 这样继续下去,再取对角线序列,得到 $\{\delta_n\}$ 之一子列 $\{\delta_{n^*}\}$, 使 $p_{n^*ij}\to p_{ij}$ 对 $i=1,2,\cdots,j=1,\cdots,m$, 当 $n^*\to\infty$.

定义 δ: 当有样本 x_i 时,以概率 p_{ij} 取行动 d_j. 由 L 有界,易证 $R(\theta,\delta_{n^*})\to R(\theta,\delta)$ 当 $n^*\to\infty$, 因而 $R(\theta,\delta)\leqslant M$, 对一切 $\theta\in\Theta$. A 可列时的反例: $A\{1,1/2,1/3,\cdots\}$, $L(\theta,d)=d$, Minimax 值为 0 但达不到. 后一场合 Minimax 解存在的证明同上. ($L(\theta,\cdot)$ 的连续性起作用,这与上不同)

55. 取条件期望,用 Jensen 不等式.

注　当损失非凸时,本题结论失效. 一个著名的例子是 $X\sim B(n,\theta)$, 损失 $|\theta-d|^r$, 对某 $0<r<1$. 详见成平等的《参数估计》第 216～220 面.

56. **a**. 平凡. $h(p)\equiv \mathrm{E}|X-2p|=4p(1-p)^2$ 当 $0\leqslant p\leqslant 1/2$, $h(p)=4p^2(1-p)$ 当 $1/2\leqslant p\leqslant 1$, 其形式如图(a)所示,在 $p=1/3$ 和 $2/3$ 处取最大值 16/27, 在 $p=1/2$ 处没有导数. **b**. 分析 $h(p)$ 的形式,看出关键在于降低风险在 $p=1/3$ 和 $2/3$ 处之值. 可以把 0 处取值往右靠一点, 2 处取值往左靠一点. 具体说,取 $\delta(x)$:

$$\delta(0)=2/7,\quad \delta(1)=1,\quad \delta(2)=12/7,$$

风险函数如图(b)所示,在 $p_0=0.357\,74$ 和 $1-p_0$ 处达到最大,为 $0.435\,87$; 在 $p=0$ 和 1 处之值为 $2/7=0.285\,71$, 在 1/2 点处之值为 $0.357\,14$.

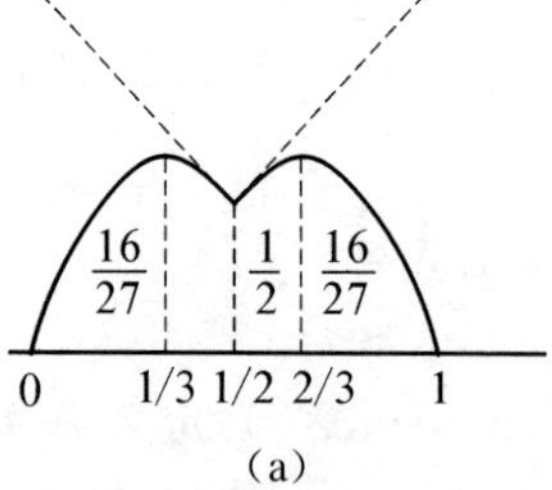

(a)

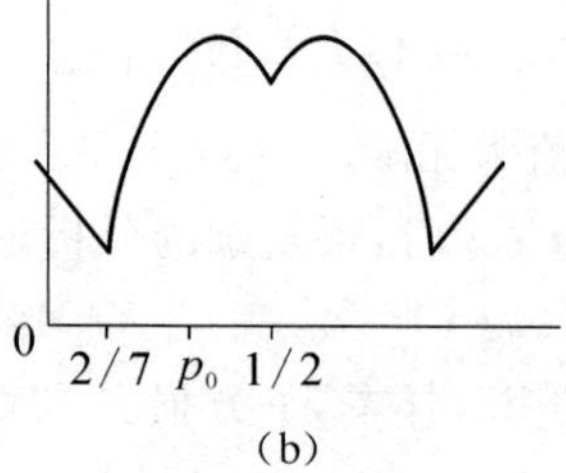

(b)

这个 δ 仍不是 Minimax 解. 已经知道,此问题的 Minimax 估计为随机化的. 这从所举这些有代表性的估计的风险都是双峰这一点,大致可以猜到.

57. **a**. 先证明 $\mathrm{E}^*\left(\left|\frac{\hat{\sigma}_n{}^2}{1+\hat{\sigma}_n{}^2}-\frac{\sigma^2}{1+\sigma^2}\right| \mid X \mid\right)^2 \to 0$, 此处 E^* 表示对 (X,θ) 的联合分布求期望. 这不难,因 $|(1+\hat{\sigma}_n{}^2)^{-1}\hat{\sigma}_n{}^2-(1+\sigma^2)^{-1}\sigma^2| \leqslant |\hat{\sigma}_n{}^2-\sigma^2| = \left|(n+1)\sum_{i=1}^{n+1} X_i{}^2-(1+\sigma^2)\right|$(此处已记 $X=X_{n+1}$), 而 $\mathrm{E}^* X^2=\tilde{\mathrm{E}}\mathrm{E}_\theta X^2=\tilde{\mathrm{E}}(1+\theta^2)=1+\sigma^2$($\tilde{E}$ 表示对 θ 求期望). 这样 $\mathrm{E}^*\left|\frac{\hat{\sigma}_n{}^2}{1+\hat{\sigma}_n{}^2}X-\theta\right|^2=\mathrm{E}^*\left|\frac{\sigma^2}{1+\sigma^2}X-\theta\right|^2+o(1)$, 而得证. **b**. 平凡.

58. 公式的证明平凡. 要用样本 $X_1,\cdots,X_n,X$ 去估计 X 的(边缘)密度 $f_G(x)$. 在此例中 $f_G(x)$ 有很好的光滑性质,可以找到基于 $X_1,\cdots,X_n,X$ 的估计 $\hat{f}_n(x)$,使 $\hat{f}_n$ 和 $\hat{f}_n{}'$ 分别在 $\mathbb{R}^1$(以概率 1)一致收敛于 f_G 和 $f_G{}'$. 由此,再配合适当处理,可得到 a.o.EB 估计.

59. 在先验分布 $\beta(a,b;x)$ 之下,Bayes 解为 $\delta(x)=\frac{x+a}{n+a+b}$, X 的边缘分布为

$$
\begin{aligned}
p_i &\equiv P^*(X=i)\\
&=\binom{n}{i}\frac{(x+a)\cdots(a+1)(b+n-x)\cdots(b+1)}{(a+b+1)(a+b+2)\cdots(a+b+n-1)}, \quad i=0,1,\cdots,n.
\end{aligned}
$$

特别地,

$$
p_0=c, \quad p_1=\frac{a+1}{n+b}c, \quad p_2=\frac{a+1}{n+b}\frac{a+2}{n+b-1}c,
$$

$$
c=\frac{(b+n)\cdots(b+1)}{(a+b+1)\cdots(a+b+n-1)}.
$$

于是

$$
\frac{a+1}{n+b}=p_1/p_0, \qquad \frac{a+2}{n+b-1}=p_2/p_1,
$$

p_i 可以用 $\hat{p}_{in}=(n+1)^{-1}\{X_1,\cdots,X_n,X$ 中等于 i 的个数$\}$去估计. 故可用 $\hat{p}_{1n}/(\hat{p}_{0n}+n^{-1})$ 和 $\hat{p}_{2n}/(\hat{p}_{1n}+n^{-1})$ 去估计 p_1/p_0 和 p_2/p_1(分母加上 n^{-1} 是为了对付 $\hat{p}_{in}$ 为 0),从而得出 a,b 的估计 $\hat{a}_n,\hat{b}_n$. 代入 $\delta_n(x)$ 中的 a,b,得 EB 估计

$$\delta_n=\delta_n(X_1,\cdots,X_n;X)=\frac{X+\hat{a}_n}{n+\hat{a}_n+\hat{b}_n}.$$

为证 δ_n 为 a.o.,仍按习题 57 的方法,考虑 $|\delta-\delta_n|$,要证 $\mathrm{E}^*|\delta-\delta_n|^2\to0$. 此易看出归结为证 $\mathrm{E}^*|\hat{a}_n-a|^2\to0$,$\mathrm{E}^*|\hat{b}_n-b|^2\to0$. 而这又归结为证明

$$\mathrm{E}^*\ |\hat{p}_{2n}/(\hat{p}_{1n}+n^{-1})-p_2/p_1|^2\to0,$$

$$\mathrm{E}\ |\hat{p}_{1n}/(\hat{p}_{0n}+n^{-1})-p_1/p_0|^2\to0.$$

这不难,可利用 $\mathrm{E}^*|\hat{p}_{in}-p_{in}|^r\to0$ 对任何 $r>0$.

注　本题与习题 57 比更典型地刻画了证明一个 EB 估计为 a.o.的一般步骤,包括适当修正估计(分母上加 n^{-1}),以及随后有关的收敛证明. 更复杂的模型导致更繁琐的细节,但基本线索仍相似. 这些问题可解的基点都在于:Bayes 估计中出现的参数(先验分布中的未知量),应能通过历史样本 $X_1,\cdots,X_n$ 及当前样本 X 去适当估计之. 这一点与所谓"可辨识性"有关.

60. 设两个不同的先验分布 G_1 和 G_2 产生相同的 X 边缘分布 P^*,但 G_1,G_2 的 Bayes 解 δ_1 和 δ_2 有不同的 Bayes 风险 b_1 和 b_2,则任一 EB 估计在 G_1 下和在 G_2 下有相同的全面 Bayes 风险,它不可能既收敛于 b_1,又收敛于 b_2,因此不能是 a.o.的.

61. a,b 利用特征函数. c 在习题 59 解答过程中已处理了,d 也相似.

关于不可辨识的部分,对二项分布容易,因为当先验分布为 G 时,X 的边缘分布为

$$P^*(X=i)=\sum_{r=0}^{n-i}\binom{n-i}{r}(-1)^r\alpha_{i+r},\quad i=0,1,\cdots,n,$$

这里 α_{i+r} 是 G 的 $i+r$ 阶原点矩. 这样,X 的边缘分布只与 G 的前 n 阶原点矩有关,而前 n 阶矩有时(甚至一切阶矩)不足以决定一个分布.

第 4 章

1. ⇒平凡(是习题 4 的推论). 反例:以(0,1)上的 L 测度为概率空间,

$Y_{ni}(\omega)=n$ 当 $(i-1)/n\leqslant\omega<i/n$，$Y_{ni}(\omega)=0$ 对 $(0,1)$ 中的其他 ω，$1\leqslant i\leqslant n$，$n\geqslant1$，令 $(X_1,X_2,X_3,\cdots)=(Y_{11},Y_{21}\,Y_{22},\cdots)$.

2. 若 X_n 非 $O_p(1)$，则存在 $\varepsilon_0>0$，使对任何 $M<\infty$ 存在 n_M，有 $P(|X_{n_M}|\geqslant M)\geqslant\varepsilon_0$. 令 $M=1,2,\cdots$，定出 $n_1,n_2,\cdots$ 且不妨设 $n_1<n_2<\cdots$. 令 $\varepsilon_{n_j}=1/j$，$j=1,2,\cdots$，而对 $i\overline{\in}\{n_1,n_2,\cdots\}$，令 $\varepsilon_i=1/i$，则 $\varepsilon_n\to0$ 但 $\varepsilon_nX_n\not\to0$ in pr.（若要使 $\varepsilon_n\downarrow$，可令 $\varepsilon_i=1/j$ 当 $n_{j-1}<i\leqslant n_j$，$n_0=0$）. 对 a.s. 的情况证明类似，或用习题 4.

3. 平凡. 结论是：X_1 的支撑有界.

4. 若所给条件满足，找 $\varepsilon=2^{-r}$，定出 $M_\varepsilon=M_r$. 定义事件 $A_r=\{$至少有一个 n 使 $|X_n|>M_r\}$，则依 Borel-Catlelli 引理，$P(A_r\ \text{i.o.})=0$，而在集 $(A_r\ \text{i.o.})^c$ 上 $\{X_n\}$ 在每点有界. 反过来，若 $X_n=O(1)$ a.s.，则 $P(A)=1$，其中 $A=\{\omega:\{|X_n(\omega)|\}$有界$\}=\bigcup\limits_{M=1}^{\infty}A_M$，$A_M=\{\omega:|X_n(\omega)|\leqslant M,n\geqslant1\}$. 于是 $P(A_M)>1-\varepsilon$，当 M 充分大.

5. 前半平凡，后半用习题 1 反例.

6. 不一定. 例如，$\{X_n\}$iid.，$X_1\sim N(0,1)$.

7. **a**. 正面平凡. 反例：用 $(0,1)$ 上的 L 测度为概率空间，$X_n(\omega)=0$ 当 $0<\omega<1-1/n$，$X_n(\omega)=1$ 当 $1-1/\leqslant\omega<1$，$n\geqslant1$. **b**. 第一个反例：取 X_n 为常数 $Mn^{-1/2}$. 第二个反例可用习题 7a 的反例. **c**. X_n 定义为 $P(X_n\in A)=(1-\mathrm{e}^{-n^2})I(0\in A)+c\int_A(1+|x|)^{-1}\ln^{-2}(1+|x|)\mathrm{d}x$，$c>0$ 依条件 $P(X_n\in\mathbb{R}^1)=1$ 确定.

注　这些简单例子不过说明了，X_n 的尾部概率趋于 0 的速度，与 X_n 本身趋于 0 的速度是两回事. 当然，在比较自然而非那么人为的场合，这两者是会有些联系的. 直观上显然的看法是：一串 r.v.$\{X_n\}$ 的尾部概率趋于 0 的速度愈快，则一般讲，X_n 本身也就可能以较高的数量级收敛于 0.

容易从以上反例看出：若把“按指数速度收敛”的要求加强为：$P\{\bigcup\limits_{r=n}^{\infty}\{|X_n|\geqslant\varepsilon\}\}\leqslant c\mathrm{e}^{-n\varepsilon}$，则本题结论仍不变.

8. 平凡.

9. 由 $\{X_{n1}\leqslant x-c_2/\sqrt{n}\}\subset\{X\leqslant x\}\cup\{|X_{n2}|\geqslant c/\sqrt{n}\}$ 及 $\{X\leqslant x\}\subset\{X_{n1}\leqslant x+c_2/\sqrt{n}\}\cup\{|X_{n2}|\geqslant c_2/\sqrt{n}\}$，得

$$F_{n1}(x-c_2/\sqrt{n})-P(|X_{n2}|\geqslant c_2/\sqrt{n})\leqslant F_n(x)$$

$$\leqslant F_{n1}(x+c_2/\sqrt{n})+P(|X_{n2}|\geqslant c_2/\sqrt{n}).$$

利用题中条件及 $\Phi'(x)=(\sqrt{2\pi})^{-1}e^{-x^2/2}$ 在 $\mathbb{R}^1$ {+1}上有界的事实.

10. 参见作者,《中国科学》(中文版),1980 年 6 月:522,该文是对一般 U 统计量证明的.

11. 不妨设 $\alpha_1=0$,因而 $\mu_r=\alpha_r$,有

$$|m_{rn}-\mu_r|^b\leqslant M\left(|a_{rn}-\alpha_r|^b+\sum_{k=0}^{r-1}|a_{kn}|^b|a_{1n}|^{(r-k)b}\right),$$

M 为一与 n 无关的常数. 对 $k>0$ 的项用 Hölder 不等式,得

$$E(|a_{kn}|^b|a_{1n}|^{(r-k)b})\leqslant E^{(r-k)/r}|a_{1n}|^{rb}E^{k/r}|a_{kn}|^{rb/k},$$

后一因子有限. 又因 $rb\geqslant 2$,前一因子为 $O(n^{-(r-k)b/2})=O(n^{-b/2})$,因 $r-k\geqslant 1$. 再注意到 $b-1<b/2$ 当 $1\leqslant b<2$ 即可.

12. 记 $\xi_i=|m_{r_in}-\mu_i|$. 反复用 Hölder 不等式,例如,第一次有

$$E|\xi_1|^{c_1}\cdots|\xi_t|^{c_t}\leqslant E^{c_1r_1/N}|\xi|^{N/r_1}E^{(N-c_1r_1)/N}$$

$$\cdot[|\xi_2|^{c_2N/(N-c_1r_1)}\cdots|\xi_t|^{c_tN/(N-c_1t_1)}],$$

继续下去,得

$$E|\xi_1|^{c_1}\cdots|\xi_t|^{c_t}\leqslant E^{c_1r_1/N}|\xi_1|^{N/r_1}\cdots E^{c_tr_t/N}|\xi_t|^{N/r_t}.$$

不妨设 $r_1>r_2>\cdots>r_t$. 必有 $N/r_i\geqslant 2$ 当 $i\geqslant 2$,而 N/r_1 则可以 $\geqslant 2$,也可以在 $[1,2)$ 内. 若是前者,得

$$E|m_{r_1n}-\mu_{r_1}|^{c_1}\cdots|m_{r_tn}-\mu_{r_t}|^{c_t}=O(n^{-\sum_{i=1}^{t}c_i/2}).$$

若是后者,则为 $o(n^{-(c_1(N-r_1)/N+2^{-1}(c_2+\cdots+c_t))})$. 由于 $c_i\geqslant 1$, $r_1\geqslant 2$,后者为 $o(n^{-(2/N+2^{-1}(c_2+\cdots+c_t))})=o(n^{-(2/N+(t-1)/2)})$. 由于 $c_1>2/N$,对前者的情况,这个数量级也成立.

13. 不妨设 $r_1>r_2>\cdots>r_t$. 有

$$m_{r_1n}{}^{c_1}\cdots m_{r_tn}{}^{c_t}-\mu_{r_1}{}^{c_1}\cdots\mu_{r_t}{}^{c_t}$$

$$= m_{r_1 n}{}^{c_1} \cdots m_{r_{t-1} n}{}^{c_{t-1}} (m_{r_t n}{}^{c_t} - \mu_{r_t}{}^{c_t})$$

$$+ m_{r_1 n}{}^{c_1} \cdots m_{r_{t-2} n}{}^{c_{t-2}} (m_{r_{t-1} n}{}^{c_{t-1}} - \mu_{r_{t-1}}{}^{c_{t-1}}) \mu_{r_t}{}^{c_t}$$

$$+ \cdots + (m_{r_1 n}{}^{c_1} - \mu_{r_1}{}^{c_1}) \mu_{r_2}{}^{c_2} \cdots \mu_{r_t}{}^{c_t},$$

而$|m_{r_1 n}{}^{c_1} \cdots m_{r_{t-1} n}{}^{c_{t-1}} (m_{r_t n}{}^{c_t} - \mu_{r_t}{}^{c_t})|^k = |m_{r_t n} - \mu_{r_t}|^k \cdot |m_{r_t n}{}^{c_t - 1} + \cdots + \mu_{r_t n}{}^{c_t - 1}|^k |m_{r_1 n}{}^{c_1} \cdots m_{r_{t-1} n}{}^{c_{t-1}}|^k \equiv \xi \cdot \eta$. 用 Hölder 不等式

$$\mathrm{E}|\xi\eta| \leqslant \mathrm{E}^{1/p} |\xi|^p \mathrm{E}^{1/q} |\eta|^q.$$

取 $p = l/(r_t k)$,得(利用习题 11)$\mathrm{E}|\xi\eta| \leqslant A\mathrm{E}^{r_t k/l} |m_{r_t n} - \mu_{r_t}|^{l/r_t} = o(n^{-k(1-r_t/l)})$ 或 $O(n^{-k/2})$,分别视 $l/r_t < 2$ 或否而定. 只有 r_1 可能满足 $l/r_1 < 2$,故得 $\mathrm{E}|m_{r_1 n}{}^{c_1} \cdots m_{r_t n}{}^{c_t} - \mu_{r_1}{}^{c_1} \cdots \mu_{r_t}{}^{c_t}|^k = o(n^{-k(1-r_1/l)})$或 $O(n^{-k/2})$,分别视 $l/r_1 < 2$ 或否而定. 同样,对$\mathrm{E}|a_{1n}{}^{c_0} m_{r_1 n}{}^{c_1} \cdots m_{r_t n}{}^{c_t} - \alpha_1{}^{c_0} \mu_{r_1}{}^{c_1} \cdots \mu_{r_t}{}^{c_t}|^k$得到上述估计, $l = k \sum_{i=0}^{t} c_i r_i, r_0 = 1$.

14. 前半由等式

$$\sum{}^* X_{i_1}{}^{t_1} \cdots X_{i_r}{}^{t_r} = \prod_{j=1}^{r} \sum_{i=1}^{n} X_i{}^{t_j} - \Big(A_1 \sum{}^* X_{i_1}{}^{t_1+t_2} X_{i_3}{}^{t_3} \cdots X_{i_r}{}^{t_r}$$

$$+ \cdots + A_{r(r-1)/2} \sum{}^* X_{i_1}{}^{t_{r-1}+t_r} X_{i_2}{}^{t_1} \cdots X_{i_{r-1}}{}^{t_{r-2}}\Big)$$

$$- \Big(B_1 \sum{}^* X_{i_1}{}^{t_1+t_2+t_3} X_{i_4}{}^{t_4} \cdots X_{i_r}{}^{t_r} + \cdots\Big) + \cdots.$$

按归纳假设,括号内各项皆可表为 $L \equiv (a_{1n}, m_{2n}, \cdots, m_{tn})$的多项式, $\sum_{i=1}^{n} X_i{}^{t_j}$ 显然地如此. 故 $\sum{}^* X_{i_1}{}^{t_1} \cdots X_{i_r}{}^{t_r}$ 可表为L 的多项式,这完成了(对 r)归纳证明.

后一断语的确切意义如下:设 $H(a_{1n}, m_{2n}, \cdots, m_{tn}) = 0$ 对任何样本值$(x_1, \cdots, x_n)$算出的 $a_{1n}, m_{2n}, \cdots, m_{tn}$都成立,则在 n 充分大时,多项式 H 的各系数皆为 0,按假定,有 $\mathrm{E}(H(a_{1n}, m_{2n}, \cdots, m_{tn})) = 0$ 对任何 $X \in \mathscr{F}_\infty$. 定义 H 的"主项"$c m_{tn}{}^{r_t} \cdots m_{2n}{}^{r_2} a_{1n}{}^{r_1}$:$r_t$是$H$ 的一切项 $b m_{tn}{}^{r_t'} \cdots m_{2n}{}^{r_2'} a_{1n}{}^{r_1'}$ 中,r_t'的最大者. 若只有一项达到最大,则这项就是主项;若有几项同时达到 r_t,则在其中选 r_{t-1}'最大者r_{t-1},直到仅有一项最大者为止.

记 $N=\max\left\{\sum_{i=1}^{t-1}|r_i''-r_i'|: m_{tn}{}^{g'}m_{t-1,n}{}^{r_{t-1}'}\cdots m_{2n}{}^{r_2'}a_{1n}{}^{h'}$ 和 $m_{tn}{}^{g''}m_{t-1,n}{}^{r_{t-1}''}\cdots m_{2n}{}^{r_2''}a_{1n}{}^{h''}$ 都是 H 的项$\right\}$. 定义随机变量 $X(a)$:令 $a_1=\mathrm{e}^a, a_{u+1}=\mathrm{e}^{a_u}, u\geqslant 1$,

$$P(X(a)=-1)=1/2,\quad P(X(a)=a)=qa^{-2},$$

$$P(X(a)=a_u)=qa_u{}^{-(u+1)},\quad u=1,2,\cdots,$$

$q>0$ 选择之使概率和为 1. 不难验证,当 $a\to\infty$ 时,有

$$\mu_2(X(a))\approx a^2,\quad \mu_k(X(a))\approx a_{k-2},\quad k\geqslant 3,$$

$\approx$表示,例如,存在与 a 无关的常数 $0<c_1\leqslant c_2<\infty$,使当 a 充分大时 $c_1a^2\leqslant \mu_2(X(a))\leqslant c_2a^2$. 由此可知

$$\mu_k(X(a))\to\infty, \mu_j(X(a))/[\mu_{j-1}(X(a))\cdots\mu_2(X(a))]^N\to\infty, k\geqslant 2, j\geqslant 3,$$

又取适当常数 c_a,使 $\widetilde{X}(a)\equiv X(a)+c_a$ 有期望 $\ln a$. 由此及上题可知,除非主项系数 $c=0$,当 a 充分大而后 n 充分大时,比值

$$|\mathrm{E}(cm_{tn}{}^{r_t}\cdots m_{2n}{}^{r_2}a_{1n}{}^{r_1}\mid \widetilde{X}(a))|/|\mathrm{E}(bm_{tn}{}^{r_t'}\cdots m_{2n}{}^{r_2'}a_{1n}{}^{r_1'}\mid \widetilde{X}(a))|$$

将可任意大(此处 $bm_{tn}{}^{r_t'}\cdots m_{2n}{}^{r_2'}a_{1n}{}^{r_1'}$ 是 H 的任一项,而 $|\widetilde{X}(a)$ 表示在样本 $X_1,\cdots,X_n$ 抽自 $\widetilde{X}(a)$ 的条件下求期望),这与 $H\equiv 0$(作为 $X_1,\cdots,X_n$ 的函数 $\equiv 0$)矛盾,因而主项系数为 0,去掉此项再找余下各项中之主项,依次证得 H 的各系数都为 0.

注　在 $n=2$ 时,H 显然不唯一,因这时有 $m_{2k+1,n}=0(k=1,2,\cdots)$,是否在 $n=3$ 时,或

$$n=\max\{\max_{1\leqslant i\leqslant t} ir_i: m_{tn}{}^{r_t}\cdots m_{2n}{}^{r_2}a_{1n}{}^{r_1}\text{ 为 } H \text{ 的项}\}$$

时能证唯一性? 不清楚.

15. $\mu_r=\sum_{i=0}^{r}c_i\alpha_i\alpha_1{}^{r-i}$, c_i 为常数. $\alpha_i\alpha_1{}^{r-i}$ 有无偏估计为$[n(n-1)\cdots(n-r+i)]^{-1}\sum^{*}X_{j_1}\cdots X_{j_{r-i}}X_{j_{r-i+1}}{}^{i}$. 按上题,它可表示为 $H(m_{rn},\cdots,m_{2n},a_{1n})$ 的形式. 换 X 为 $X+c$,可知 $\mathrm{E}(H(m_{rn},\cdots,m_{2n},a_{1n}+c))$ 与 c 无关. 把

$H(m_{rn},\cdots,m_{2n},a_{1n}+c)$ 表为 $\sum_{i=0}^{N}G_i(m_{rn},\cdots,a_{1n})c^i$ 的形式，且 G_N 作为 $X_1,\cdots,X_n$ 的函数不恒等于 0，于是可找到 $X\in\mathscr{F}_r$ 使 $\mathrm{E}(G_i(m_{rn},\cdots,a_{1n})\mid X)\neq 0$（否则与在分布族 $\mathscr{F}_r$ 之下，次序统计量为完全统计量矛盾）. 令 $c\to\infty$ 即得矛盾.

16. X_1,X_2 iid. 为抽自 $R(\theta-1,\theta)$ 的样本. θ 的一个 MLE 为 $\tilde{\theta}=\max(X_1,X_2)$. 调整成无偏得 $\hat{\theta}=\tilde{\theta}+1/3$，方差为 1/18，而无偏矩估计 $2^{-1}(X_1+X_2+1)$ 有方差 1/24.

17. 第一种情况的例子是：$\mu(\{-1\})=\mu(\{1\})=1$，其他处为 0. 后一情况的例子是：$\mu(A)=I(-1\in A)+|A\cap(0,1)|$. 具体验证不难.

18. **a**. 分两种情况. 记样本点为 x_0. ① $\mu(\{x_0\})=c>0$. 易见 $\mu(\{$单位圆周$\})\equiv M<\infty$（取 $\theta=0$ 可知，或者：对任何 $\theta\in\mathbb{R}^2$ 有 $\inf\{e^{\theta'x}:\|x\|=1\}>0$），找单位圆周上以 x_0 为中点的充分小的弧 $A_\varepsilon=e^{it}:|t-\arg(x_0)|<\varepsilon,i^2=-1\}$. 记 $b_\varepsilon=\mu(A_\varepsilon)$，$B_\varepsilon=\{\|x\|=1\}-A_\varepsilon$. 记 $\theta_n=nx_0$，有

$$f(x_0,\theta_n)=e^n\Big/\int_{\|x\|=1}e^{nx_0'x}d\mu(x)\geqslant e^n/(b_\varepsilon e^n+Me^{n\cdot\cos\varepsilon}),$$

于是 $\liminf\limits_{n\to\infty}f(x,\theta_n)\geqslant b_\varepsilon{}^{-1}\to c^{-1}$. 但对任何 $\theta\in\mathbb{R}^n$，易见 $f(x_0,\theta)<c^{-1}$（除非 μ 的测度全在 x_0 一点，这没有意义）. 这证明了：使 $f(x_0,\theta)$ 达到最大的 θ 不存在. ② $\mu(\{x_0\})=0$，这时与上相似得 $f(x,\theta_n)\to\infty$.

b. 对任意 $a\in E$，E 表单位圆周，及充分小的 $\varepsilon>0$，以 $a_{-\varepsilon}$ 和 a_ε 分别记 $\{x:x\in E,\arg(a)-\varepsilon<\arg(x)<\arg(a)\}$ 和 $\{x:x\in E,\arg(a)<\arg(x)<\arg(a)+\varepsilon\}$. 因 μ 在 E 上连续且 $n\geqslant 2$，不妨设 $x_{10},\cdots,x_{n0}$ 全不同，因而至少有两个相异者，且对每个 x_{i0} 及 $\varepsilon>0$，$(x_{i0})_{\pm\varepsilon}$ 的 μ 测度都大于 0. 任取 $\theta\in\mathbb{R}^2$. 以 θ_0 记 $\overline{O\theta}$ 联线与 E 之交点，不妨设在 $x_{10},\cdots,x_{n0}$ 中，与 θ_0 最近的点就是 x_{10}，且其次最近的是 x_{20}. 分为甲、乙两种情况，见图. 先讨论甲. θ_0 在弧 $\overparen{x_{10}x_{20}}$ 的中点 $\tilde{x}$ 的偏 x_{10} 一边，在 $(x_{10})_{-\varepsilon}$ 中找一段弧 $\overparen{AB}$，使 $d\equiv\mu(\overparen{AB})>0$. 记 $\overparen{\theta_0x_{10}}=b$，$\overparen{\theta x_{20}}=c$，$\overparen{x_{10}A}=\eta$，$0<\eta<\varepsilon$，则

$$x_{i0}'\theta_0\leqslant\cos b,\quad 1\leqslant i\leqslant n;$$

$$x_{20}\theta_0\leqslant\cos c\quad\Rightarrow\quad\exp\Big(\theta'\sum_{i=1}^{n}x_{i0}\Big)\leqslant\exp(\|\theta\|((n-1)\cos b+\cos c)),$$

而

$$\int_E e^{\theta' x} d\mu(x) \geqslant \exp(\|\theta\| \cos(b-\eta)) d.$$

故 $\left(\int_E e^{\theta' x} d\mu(x)\right)^n \geqslant d^n \exp(\|\theta\| n\cos(b-\eta))$. 由于按图(a)的位置情况是 $c = \widehat{x_{10}x_{20}} - b \geqslant b$,可以看出,不论 $b=0$ 或否,都可选择 $\eta>0$ 充分小,使 $n\cos(b-\eta) > (n-1)\cos b + \cos c$. 这样,只要 $\|\theta\|$ 充分大,

$$\prod_{i=1}^n f(x_{i0}, \theta) = \exp'\left(\theta \sum_{i=1}^n x_{i0}\right) \Big/ \left(\int_E e^{\theta' x} d\mu(x)\right)^n$$

可任意小. 再由 $f(x,\theta)$的连续性,即知 MLE 存在. 图(b)情况的讨论类似.

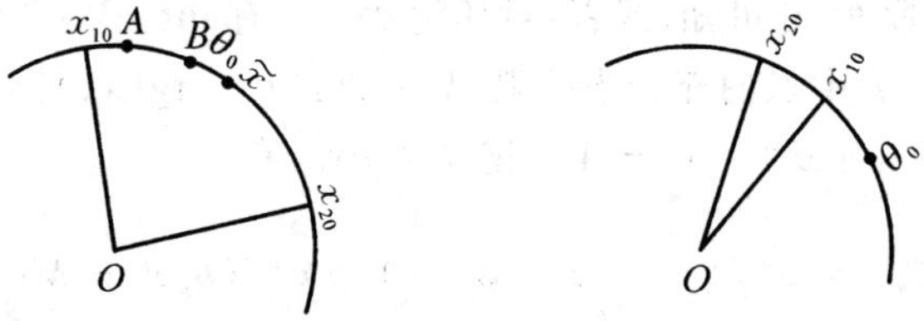

(a) (b)

c. 如果 μ 在 E 上有原子,记原子集为 A,则 MLE 不可能以概率 1 存在. 因若 $x_{10} = \cdots = x_{n0} \in A$,则情况与 a 相似,而这种情况的概率大于 0. 更仔细的情况是:除了上述情况外,还有一种情况 MLE 不存在的:$x_{10}, \cdots, x_{n0}$ 都属于 A,只有两个不同的值 a, b,而 μ(开劣弧$\widehat{ab}$) = 0. 其他情况 MLE 全存在,其证明与上述情况 b 相似,请读者完成之.

19. 样本 X 有分布 $P_\theta(X=1) = 6\theta^2 - 4\theta + 1$, $P_\theta(X=2) = \theta - 2\theta^2$, $P_\theta(X=3) = 3\theta - 4\theta^2$ $(0 \leqslant \theta \leqslant 1/2)$.

20. 设 $X_1, \cdots, X_n$ 为抽自 Cauchy 分布 $\pi^{-1}[1+(x-\theta^2)]^{-1} dx$ $(\theta \in \mathbb{R}^1)$ 的样本,似然方程为

$$L(\theta) = \sum_{i=1}^n \frac{X_i - \theta}{1+(X_i-\theta)^2} = 0, \tag{$*$}$$

有 $L'(\theta) = \sum_{i=1}^n [(X_i-\theta)^2 - 1]/[1+(X_i-\theta)^2]^2$. 设 $X_i \in (a,b)$ $(1 \leqslant i \leqslant n)$,

$b-a=1/\sqrt{n}$，则 $L'(\theta)<0$ 对 $a\leqslant\theta\leqslant b$，而方程(*)之根必须在$(a,b)$内．因此(*)式恰有一根(在$(a,b)$内)．故 P(方程(*)恰有一根)$\geqslant P(\max\limits_i X_i-\min\limits_i X_i\leqslant 1/\sqrt{n})>0$．另一方面，若 $\min\{|X_i-X_j|:i\neq j\}\geqslant 2n$，则 $L(X_i-1)>0>L(X_i+1)$．故若 $X_{(1)}<\cdots<X_{(n)}$ 为次序统计量．则在每个$(X_{(i)}-1,X_{(i)}+1)$内有一根$(1\leqslant i\leqslant n)$；每个$(X_{(i)}+1,X_{(i+1)}-1)$内有一根$(1\leqslant i\leqslant n-1)$，共$2n-1$个根．因此 P((*)式有 $2n-1$ 个不同根)$\geqslant P(|X_i-X_j|\geqslant 2n,i\neq j)>0$．

21．$f(x)=\mathrm{e}^{-g(x)}$，g 凸．必有 $g(x)\to\infty$ 当$|x|\to\infty$，否则 g 在 $\mathbb{R}^1$上单调，f 不成其密度．似然方程为 $\sum\limits_{i=1}^{n}g'(X_i-\theta)=0$．由于 g'严格上升，此方程只能有一根．其必有一根，是因为 g 为严凸，故 $g'(\infty)=\infty$，$g'(-\infty)=-\infty$．

注　当 $-\ln f$ 只为凸而非严凸时，结论失效．例：Laplace 密度 $2^{-1}\mathrm{e}^{-|x|}$．满足本题条件的典型例子是 $N(\theta,1)$．Cauchy 分布则是单峰而非严单峰的例子．

22．设 $X_1,\cdots,X_n$ iid．为抽自 Laplace 分布 $2^{-1}\mathrm{e}^{-|x-\theta|}\mathrm{d}x$ 的样本，MLE 为样本中位数．用第 1 章习题 68，此处也不难通过直接计算证明．

23．平凡．要注意的是，为了证明 MLE 的相合性，不必引用定理 4.6，可以直接通过强大数律得出．

24．MLE 仍是 $\bar{X}$，因 $\bar{X}$为有理数(这是关键之点)．

25．记 $X_i=(X_{i1},\cdots,X_{ik})$，则 σ^2的 MLE 为 $(kn)^{-1}\sum\limits_{i=1}^{n}\sum\limits_{j=1}^{k}(X_{ij}-X_{i\cdot})^2$，此处 $X_{i\cdot}=(X_{i1}+\cdots+X_{ik})/k$．此 MLE 依概率收敛于$\dfrac{k-1}{k}\sigma^2$当 $n\to\infty$．

26．自然而然的例子不易举，因为在常见情况下，一个相合估计通常总是同时具有这几种相合性．人为的例子不难举出：$\theta\in\mathbb{R}^1$，参数值为 θ 时，(X,Y)的分布为：$P_\theta(X=\theta)=1$，而 $Y\sim R(0,1)$．设$(X_1,Y_1),\cdots,(X_n,Y_n)$为$(X,Y)$的 iid．样本，令 $\hat{\theta}_n=\hat{\theta}_n(X_1,Y_1;\cdots;X_n,Y_n)=X_n$ 当 $0<Y_n<1/n$；$\hat{\theta}_n=X_n+1$ 当 $1/n\leqslant Y_n\leqslant 1$．这同时是 a，b 的例子，c 的例子是：$\theta_n^*=X_n$ 当 $0<Y_n<n^{-2}$，$\theta_n^*=X_n+n^n$ 当 $n^{-2}<Y_n<1$．

27．似然方程为

$$h(\beta)=\sum_{i=1}^{n}X_i^{\beta}\ln X_i\Big/\sum_{i=1}^{n}X_i^{\beta}-\beta^{-1}=n^{-1}\sum_{i=1}^{n}\ln X_i,\quad \alpha=\sum_{i=1}^{n}X_i^{\beta}/n.$$

证明 $h'(\beta)>0$(用 Schwartz 不等式)，又 $\lim\limits_{\beta\to 0}h(\beta)=-\infty$，$\lim\limits_{\beta\to\infty}h(\beta)=$

$\ln(\max_i X_i)$，以概率1有 $\ln \max_i X_i > n^{-1}\sum_{i=1}^n \ln X_i$，故似然方程有唯一解．又当 α 或 $\beta \to 0$ 或 ∞ 时（四者有一），似然函数趋于0（验证一下），故上述解必为MLE．相合性由定理4.6得出．

28．求MLE利用指数族性质：对指数族 $C(\theta)e^{\theta' T(x)}d\mu(x)$，MLE是方程 $n^{-1}\sum_{i=1}^n T(X_i) = E_\theta T(X)$ 之解．σ_{ij} 的MLE就是样本协方差 $\hat{\sigma}_{ijn} = n^{-1}\sum_{k=1}^n (X_{ik} - X_{i\cdot})(X_{jk} - X_{j\cdot})$，$X_k = (X_{1k},\cdots,X_{pk})'$，$X_{i\cdot} = n^{-1}\sum_{k=1}^n X_{ik}$．为求 $\hat{\sigma}_{ijn}$ 的极限分布，先利用中心极限定理，得 $\sqrt{n}(\tilde{\sigma}_{ijn} - \sigma_{ij}) \xrightarrow{L} N(0, \sigma_{ii}\sigma_{jj} + \sigma_{ij}{}^2)$，其中 $\tilde{\sigma}_{ijn} = n^{-1}\sum_{k=1}^n (X_{ik} - \mu_i)(X_{jk} - \mu_j)$ $(\mu = (\mu_1,\cdots,\mu_p)')$，再证明 $\sqrt{n}(\hat{\sigma}_{ijn} - \hat{\sigma}_{ijn}) \to 0$ in pr.．于是，得 $\sqrt{n}(\hat{\sigma}_{ijn} - \sigma_{ij}) \xrightarrow{L} N(0, \sigma_{ii}\sigma_{jj} + \sigma_{ij}{}^2)$，此处 $\Lambda = (\sigma_{ij})_{i,j=1,\cdots,n}$．

29．一个相合估计是

$$\delta(X_1,\cdots,X_n) = \begin{cases} 1 - \max_i X_i, & \text{当} \max_i X_i < 1 - 1/\sqrt{n}, \\ 1, & \text{当} \max_i X_i \geqslant 1 - 1/\sqrt{n}. \end{cases}$$

（写出详细的证明．）

30．对自然数 n，记 $k = [n/n_0]$（不超过 n/n_0 的最大整数），令 $\delta(X_1,\cdots,X_n) = k^{-1}\sum_{i=1}^k \hat{g}(X_{(i-1)n_0+1},\cdots,X_{in_0})$．用Kolmogorov强大数律．

31．先设相合估计 $\hat{\theta}_n$ 存在．固定 $\theta_0 \in \Theta$，令 $\theta_n^* = \hat{\theta}_n$ 或 θ_0，视 $\hat{\theta}_n$ 与集 Θ 的距离小于1或否而定，则 θ_n^* 为渐近无偏．反之，设 $\hat{\theta}_n$ 为渐近无偏估计．则存在一串自然数 $n_1 < n_2 < \cdots$，使 $\max_\theta |E_\theta \hat{\theta}_{n_j}(X_1,\cdots,X_{n_j}) - \theta| < \frac{1}{2j}$．找自然数 N_j 充分大，使

$$P_\theta\left(\left| m^{-1}\sum_{i=1}^m \hat{\theta}_{n_j}(X_{(i-1)n_j+1},\cdots,X_{in_j}) - E_\theta \hat{\theta}_{n_j}\right| \geqslant (2j)^{-1}\right) \leqslant j^{-1},$$

$$\theta \in \Theta, \quad m \geqslant N_j,$$

因而

$$P_\theta\left(\left|m^{-1}\sum_{i=1}^{m}\hat{\theta}_{n_j}(X_{(i-1)n_j+1},\cdots,X_{in_j})-\theta\right|\geqslant j^{-1}\right)\leqslant j^{-1},$$

$$\theta\in\Theta,\quad m\geqslant N_j.$$

不妨设 $N_1<N_2<\cdots$. 现对任意自然数 n 找 j,使 $n_jN_j\leqslant n<n_{j+1}N_{j+1}$,令 $m=[n/n_j]$,而

$$\theta_n^*(X_1,\cdots,X_n)=m^{-1}\sum_{i=1}^{m}\hat{\theta}_{n_j}(X_{(i-1)n_j+1},\cdots,X_{in_j}),$$

则 θ_n^* 是相合估计.

32. 把 $\mathbb{R}^1$ 的有理数排成列 $r_1,r_2,\cdots$. 定义 $P_\theta\sim N(\theta,1)$,当 $\theta\in\mathbb{R}^1$ 为无理数;$P_\theta\sim N(\theta,n)$,当 $\theta=r_n(n=1,2,\cdots)$. 设 $X_1,\cdots,X_n$ 为 iid. 样本,$\overline{X}$ 满足要求.

33. 习题 29 中的参数 θ. 事实上,若 $\hat{\theta}_n$ 为一致相合,则对 $n>n_0$,对 $\theta\in(0,1)$ 有 $P_\theta(|\hat{\theta}_n-\theta|<1/2)>1/2$. 注意 $P_\theta\sim R(1-\theta)$,令 $\theta\to 0$ 将得 $P_1(|\hat{\theta}_n|<2/3)>1/2$,因而在参数 θ 取 1 为值时,$\hat{\theta}_n$ 并不依概率收敛于 1.

34. 取 r.v.(X,Y),分布为:当 $\theta=a$ 时,X 以概率 1 取 a,而 $Y\sim R(0,1)$,$0<\theta<1$. 把由一切自然数上升序列$(n_1,n_2,\cdots)$构成之集与$(0,1)$区间建立一一对应,而 $a\in(0,1)$ 所对应的序列记为$(n_{1a},n_{2a},\cdots)$. 设$(X_1,Y_1),\cdots,(X_n,Y_n)$为$(X,Y)$的 iid. 样本,建立 θ 的估计 $\hat{\theta}_n$:当 $X_n=a$ 而 $n\overline{\in}(n_{1a},n_{2a},\cdots)$时,$\hat{\theta}_n=X_n$. 若 $X_n=a$,而 $n=n_{ka}$,则 $0<Y_n<1/k$ 时,令 $\hat{\theta}_n=X_n+1$,否则 $\hat{\theta}_n=X_n$. 显然,$\hat{\theta}_n$ 是 θ 的弱相合估计. 对$\{\hat{\theta}_n\}$的任一子列$\{\hat{\theta}_{n_j}\}$,以 a 记在上述一一对应关系中,与$(n_1,n_2,\cdots)$对应之点,则由 $\hat{\theta}_n$ 的构造,据 Borel-Cantelli 引理,易见 $P_a(\hat{\theta}_{n_j}\to a)=0$.

35. 平凡.

36. **a**. 据对 f 的假定,在 a 点左边,与 a 充分接近之处找一点 c,可满足 $\int_{c-\varepsilon}^{c}f(x)\mathrm{d}x>0$,$\int_{c}^{c+\varepsilon}f(x)\mathrm{d}x>0$. 记 $\int_{-\infty}^{c}f(x)\mathrm{d}x=p$,则 $0<p<1$,而 c 是 f 的唯一 p 分位数. 以 $\hat{\xi}_p(X_1,\cdots,X_n)$记样本 p 分位数,则 $\hat{\xi}_p(X_1,\cdots,X_n)-c$ 是 θ 的一个相合估计. **b**. 用直接计算密度函数的方法,不难证明:若以 $p_n(x)$和 $q_n(x)$分别记在 $\theta=0$ 时,$2f(0)\sqrt{n}(\hat{m}_n-a)$和 $2f(0)\sqrt{n}(\hat{m}_n-b)$的概率密度,则有 $p_n(x)\to\varphi(x)$当 $x<0$,$q_n(x)\to\varphi(x)$当 $x>0$,$\varphi(x)=\dfrac{1}{\sqrt{2\pi}}\mathrm{e}^{-x^2/2}$. 又易见

$\int_{-\infty}^{0} p_n(x)\mathrm{d}x \to 1/2, \int_{0}^{\infty} q_n(x)\mathrm{d}x \to 1/2$. 于是,按 Scheffe 定理的证法,得到

$$\lim_{n\to\infty}\int_{-\infty}^{0} | p_n(x) - \varphi(x) | \mathrm{d}x = 0,$$

$$\lim_{n\to\infty}\int_{0}^{\infty} | q_n(x) - \varphi(x) | \mathrm{d}x = 0.$$

容易看出:找不到这样一个常数 c,使 $2f(0)\sqrt{n}(\hat{m}_n - c)$依分布收敛到某一概率分布. 略为繁冗(但不难)的论证表明,用任何与 n 有关的数列$\{A_n\}$,$\{B_n\}$,也不能使 $B_n^{-1}(\hat{m}_n - A_n)$依分布收敛. 这一切根源于总体中位数不唯一. 对其他分位数,类似现象当然也存在. 这从一个角度补充了定理 4.14. $\hat{m}_n$密度的计算:在 n 为奇数时直接得出为

$$h_n(x) = (2k+1)\binom{2k}{k}[F(x)(1-F(x))]^k f(x) \quad (n = 2k+1),$$

$2f(a)\sqrt{n}(\hat{m}_n - a)$的密度为 $h_n(a + x/(2f(a)\sqrt{n}))$. 对 $x<0$,按对 f 在 a 点处的假定,易算出 $h_n(x)\to\varphi(x)$. 对 n 为偶数 $2k$ 时,用上法处理 $2f(a)\sqrt{n}\cdot[X_{(n/2)} - a]$和 $2f(a)\sqrt{n}[X_{(n/2+1)} - a]$. 此二者的密度当 $x<0$ 时都收敛于 $\varphi(x)$,再利用 $\hat{m}_n\in[X_{(n/2)}, X_{((n/2)+1)}]$($X_{(1)}\leqslant\cdots\leqslant X_{(n)}$为次序统计量).

对一般 θ,只需把上述 a, b 改为 $a+\theta, b+\theta$ 即可(但 $f(a), f(b)$保持不动,不改为 $f(a+\theta), f(b+\theta)$).

c. 设 $g_n(\hat{m}_n)$是 θ 的相合估计. 设 $\varepsilon>0$ 充分小,当 n 充分大时有(下式 t_n 可为 p_n或 q_n)

$$\int_{0}^{\infty} | t_n(x) - \varphi(x) | \mathrm{d}x < \varepsilon, \quad P_0(| g_n(\hat{m}_n) | < \varepsilon) > 1 - \varepsilon. \tag{1}$$

记 $d = f(a)/f(b)$. 找 M,使

$$\int_{-M}^{0}\varphi(x)\mathrm{d}x = \int_{0}^{M}\varphi(x)\mathrm{d}x = 1/2 - \varepsilon, \tag{2}$$

因 $\varepsilon = \int_{M}^{\infty}\varphi(x)\mathrm{d}x \approx (\sqrt{2\pi}M)^{-1}\exp(-M^2/2)$,有$\lim\limits_{\varepsilon\to 0}\varepsilon\exp(M^2/2) = 0$.

令 $\hat{M}_n = 2f(b)\sqrt{n}(\hat{M}_n - b)$, $h_n(\hat{M}_n) = g_n(\hat{m}_n)$, $A_n = \{x: b<x<b+$

$\frac{M}{2f(b)\sqrt{n}}, |g_n(x)| \geqslant \varepsilon\}$. 有 $\hat{m}_n \in A_n \Leftrightarrow \hat{M}_n \in \widetilde{A}_n \equiv \{x: 0 < x < M, |h_n(x)| \geqslant \varepsilon\}, \widetilde{B}_n = (0, M) - \widetilde{A}_n$. 按(1),(2)式,有

$$\int_{\widetilde{B}_n} q_n(x)\mathrm{d}x > 1/2 - 3\varepsilon \quad \Rightarrow \int_{\widetilde{B}_n} \varphi(x)\mathrm{d}x > 1/2 - 4\varepsilon$$

$$\Rightarrow \int_{\widetilde{A}_n} \varphi(x)\mathrm{d}x < 4\varepsilon$$

$$\Rightarrow \quad |\widetilde{A}_n| < 5\varepsilon\sqrt{2\pi}\mathrm{e}^{M^2/2} \to 0, \quad \varepsilon \to 0,$$

$|\widetilde{A}_n|$为$\widetilde{A}_n$的L测度. 令$\theta_n = b - a + M/c_n, c_n = 2f(b)\sqrt{n}$,有

$$P_{\theta_n}(\hat{M}_n \in \widetilde{A}_n)$$

$$= P_{\theta_n}(-dM < 2f(a)\sqrt{n}(\hat{m}_n - (b + M/c_n)) < 0, |g_n(\hat{m}_n)| > \varepsilon).$$

把适合右边括号内条件的一切$\hat{m}_n$值的集记为H,则集$\{2f(a)\sqrt{n}[\hat{m}_n - (b + M/c_n)]: \hat{m}_n \in H\}$的$L$测度$\eta$不超过$d \cdot 5\varepsilon\sqrt{2\pi}\mathrm{e}^{M^2/2} \to 0$,当$\varepsilon \to 0$. 故

$$P_{\theta_n}(\hat{M}_n \in \widetilde{A}_n) \leqslant \varepsilon + \int_0^\eta \varphi(x)\mathrm{d}x \to 0, \quad \text{当}\ \varepsilon \to 0.$$

故当$\varepsilon > 0$充分小而n充分大时,$P_{\theta_n}(\hat{m}_n \in \widetilde{A}_n) < 1/4$,因而

$$P_{\theta_n}(|g_n(\hat{m}_n) - (b - a)| < \varepsilon) < 3/4, \quad n\ \text{充分大}, \tag{3}$$

这是因为$|g_n(\hat{m}_n) - (b - a)| < \varepsilon \Rightarrow |\hat{g}_n(\hat{m}_n)| > \varepsilon$当$\varepsilon$充分小,而

$$P_{\theta_n}(|g_n(\hat{m}_n)| > \varepsilon)$$

$$\leqslant P_{\theta_n}(\hat{M}_n \in \widetilde{A}_n) + P_{\theta_n}(2f(a)\sqrt{n}(\hat{m}_n - (b + M/c_n)) \leqslant -dM)$$

$$+ P_{\theta_n}(2f(b)\sqrt{n}(\hat{m}_n - (2b - a + M/c_n)) \geqslant 0)$$

$$+ P_{\theta_n}(b + M/c_n \leqslant \hat{m}_n \leqslant 2b - a + M/c_n),$$

上式右边第二项当ε充分小(因而M很大)及n充分大时可任意小(据(1)式),第三项当$n \to \infty$时有极限1/2,第四项当n为奇数时为0,n为偶数时为$\binom{n}{n/2}2^{-n} \to 0$当$n \to \infty$. 此与$P_{\theta_n}(\hat{m}_n \in \widetilde{A}_n) < 1/4$结合,即得(3)式. 现有

$$
\begin{aligned}
&\{\hat{m}_n : | g_n(\hat{m}_n) - (b-a) | < \varepsilon\} \\
&\quad \subset \{\hat{m}_n : 2f(a)\sqrt{n}[\hat{m}_n - (b + M/c_n)] \in C_n\} \\
&\qquad \cup \{\hat{m}_n : 2f(b)\sqrt{n}[\hat{m}_n - (2b - a + M/c_n)] \in D_n\} \\
&\qquad \cup \{\hat{m}_n : b + M/c_n \leqslant \hat{m}_n \leqslant 2b - a + M/c_n\},
\end{aligned}
$$

此处 $C_n \subset (-\infty, 0)$，$D_n \subset (0, \infty)$. 因为 $P_{\theta_n}(b + M/c_n \leqslant \hat{m}_n \leqslant 2b - a + M/c_n) \to 0$ 当 $n \to \infty$（见上），由此结合(1)，(3)式知，当 n 充分大时有 $\int_{C_n \cup D_n} \varphi(x)\mathrm{d}x < 3/4$. 因为在 $\theta = \theta_n$ 时 $\hat{m}_n - M/c_n$ 之分布，就是在 $\theta = b - a$ 之下，$\hat{m}_n$ 之分布，故有（仍据(1)式）

$$
\begin{aligned}
&P_{b-a}(| g_n(\hat{m}_n) - (b-a) | < \varepsilon) \\
&\quad \leqslant P_{b-a}(2f(a)\sqrt{n}(\hat{m}_n - b) \in C_n) \\
&\qquad + P_{b-a}(2f(b)\sqrt{n}(\hat{m}_n - (2b - a)) \in D_n) \\
&\qquad + P_{b-a}(b \leqslant \hat{m}_n \leqslant 2b - a) \\
&\quad \leqslant 2\varepsilon + \int_{C_n \cup D_n} \varphi(x)\mathrm{d}x + o(1) \\
&\quad < 3/4,
\end{aligned}
$$

当 ε 充分小，n 充分大，因此 $g_n(\hat{m}_n)$ 在点 $\theta = b - a$ 处不相合，得出矛盾.

d. 记 $\hat{\theta}_{1n} = \max\{\hat{m}_k : \hat{m}_k \leqslant a, 1 \leqslant k \leqslant n\}$，$\hat{\theta}_{2n} = \min\{\hat{m}_k : \hat{m}_k \geqslant b, 1 \leqslant k \leqslant n\}$，则 $P_0(\hat{\theta}_{1n} \to a) = 1 = P_0(\hat{\theta}_{2n} \to b)$. 找常数 c_1, c_2，使 $c_1 a + c_2 b = 0$，$c_1 + c_2 = 1$，易见 $\hat{\theta}_n = c_1\hat{\theta}_{1n} + c_2\hat{\theta}_{2n}$ 是 θ 的一个强相合估计.

注　本题 c 的证明貌似复杂精巧，其实思想极为简单：在 $\theta = 0$ 时，$\hat{m}_n$ 各以很接近 1/2 的概率在 a，b 附近（n 充分大时），故当 n 很大时，$g_n(u)$ 在 a 和 b 的邻域内都应取 0 附近之值. 另一方面，在 $\theta = b - a$ 时，$\hat{m}_n$ 各以很接近 1/2 的概率取 b 和 $2b - a$ 附近之值. 故当 n 很大时，$g_n(u)$ 在 b 和 $2b - a$ 的邻域内应取 $b - a$ 附近之值，这在 b 的邻域内是互相矛盾的要求. 有了这个想法，剩下就是克服数学细节上的困难问题.

37. 设 $X_1, \cdots, X_n$ iid.，$\sim f(x, \theta)\mathrm{d}\mu(x)$，$\theta$ 属于 $\mathbb{R}^1$ 的开区间 Θ. $f(x, \theta) > 0$ 对一切 $(x, \theta) \in \mathscr{X} \times \Theta$，且对每个 $x \in \mathscr{X}$，$\partial^i f(x, \theta)/\partial\theta^i$ ($i = 1, 2, 3$) 在 Θ 上存在，

$L(\theta)=\sum_{i=1}^{n}\ln f(x_i,\theta)$. 设方程 $L'(\theta)=0$ 有两个相合解 $\hat{\theta}_{1n},\hat{\theta}_{2n}$. 记 $S_n=(x:x=(x_1,\cdots,x_n),\hat{\theta}_{1n}(x)\neq\hat{\theta}_{2n}(x))$，则由中值定理，存在 $\theta_n^*\in(\hat{\theta}_{1n},\hat{\theta}_{2n})$ 使 $L''(\theta_n^*)=0$. $\theta_n{}^2$ 也相合. 假定对每个 θ 存在 $\varepsilon=\varepsilon_\theta$，使 $\sup\{|\partial^3\ln f(X,\tilde{\theta})/\partial\tilde{\theta}^3|:|\tilde{\theta}-\theta|<\varepsilon\}\leqslant M(X)$ 而 $E_\theta M(X)<\infty$，则由中值定理，Kolmogorov 大数律及 θ_n^* 的相合性，易证 $n^{-1}[L''(\theta_n^*)-L''(\theta)]\to 0$ in pr. P_θ，因而

$$n^{-1}L''(\theta_n^*)\to -I(\theta)\quad \text{in pr.}\ P_\theta, \tag{4}$$

$I(\theta)$ 为 Fisher 信息量. 由此可知，若取 $\varepsilon\in(0,I(\theta))$，并令 $\tilde{S}_n=\{x=(x_1,\cdots,x_n):n^{-1}L''(\theta_n^*)<-I(\theta_0)+\varepsilon\}$，则依(4)式有 $P_\theta(\tilde{S}_n)\to 1$，但 $S_n\cap\tilde{S}_n=\varnothing$，故 $P_\theta(S_n)\to 0$.

38. θ 的 MLE 易求得为：先算出 $\bar{X}$，以 $\hat{\theta}_n$ 为与 $\bar{X}$ 距离最近的整数，则 $\hat{\theta}_n$ 就是 θ 的 MLE. $\hat{\theta}=\hat{\theta}_n$ 有分布

$$\begin{aligned}P_\theta(\hat{\theta}=k)&=P_\theta(|\bar{X}-k|\leqslant 1/2)\\&=\Phi\left(\frac{\sqrt{n}(k+1/2-\theta)}{\sigma}\right)-\Phi\left(\frac{\sqrt{n}(k-1/2-\theta)}{\sigma}\right).\end{aligned}$$

无偏性显然. 相合性：$P_\theta(\hat{\theta}=\theta)=\Phi(\sqrt{n}/2\sigma)-\Phi(-\sqrt{n}/2\sigma)\to 1$. 又

$$\mathrm{Var}_\theta(\hat{\theta})=2\sum_{i=1}^{\infty}\left[\Phi\left(\frac{\sqrt{n}(i+1/2)}{\sigma}\right)-\Phi\left(\frac{\sqrt{n}(i-1/2)}{\sigma}\right)\right],$$

按公式 $1-\Phi(x)\sim(\sqrt{2\pi}x)^{-1}\exp(-x^2/2)$ 当 $x\to\infty$（两边比值趋于 1（下同），有

$$\begin{aligned}\mathrm{Var}_\theta(\hat{\theta})&\sim 2(\sqrt{2\pi n})^{-1}\sigma\exp\left(-\frac{n}{8\sigma^2}\right)\\&\quad\cdot\sum_{i=1}^{\infty}i^2\exp\left(-\frac{ni^2}{2\sigma^2}\right)\left[\frac{\exp\left(\frac{ni}{2\sigma^2}\right)}{i-1/2}-\frac{\exp\left(-\frac{ni}{2\sigma^2}\right)}{i+1/2}\right].\end{aligned}$$

和 $\sum_{i=1}^{\infty}(\cdots)$ 易见为 $2+o(1)$，故 $\mathrm{Var}_\theta(\hat{\theta})\sim 4(\sqrt{2\pi n})^{-1}\sigma\exp\left(-\frac{n}{8\sigma^2}\right)$.

39. **a**. 平凡. 结果为：均值 $\theta_1=\exp(\theta+\sigma^2/2)$，方差 $\theta_2=\exp(2\theta+\sigma^2)\cdot[\exp(\sigma^2)-1]$. **b**. θ_1 的 MLE 为 $\hat{\theta}_n=\exp(\bar{Y}+S^2/2)$，$S^2=n^{-1}\sum_{i=1}^{n}(Y_i-\bar{Y})^2$.

由于$\overline{Y}$与S^2独立，有

$$E_{\theta,\sigma^2}(\hat{\theta}_n) = E_{\theta,\sigma^2}(e^{\overline{Y}})E_{\theta,\sigma^2}(e^{S^2/2})$$
$$= \theta_1\exp\left(-\frac{(n-1)\sigma^2}{2n}\right)\left(1-\frac{\sigma^2}{n}\right)^{-(n-1)/2},$$

由于$\left[\exp\left(-\frac{\sigma^2}{n}\right)\right]^{(n-1)/2} > \left(1-\frac{\sigma^2}{n}\right)^{(n-1)/2}$，上式总大于$\theta_1$，但

$$\exp\left(-\frac{(n-1)\sigma^2}{2n}\right)\left(1-\frac{\sigma^2}{n}\right)^{-(n-1)/2} \to 1 \quad \text{当 } n\to\infty,$$

故$\hat{\theta}_n$渐近无偏. **c**. 平凡. **d**. 由于

$$\sqrt{n}(\overline{Y}+S^2/2-\theta-\sigma^2/2) \xrightarrow{L} N\left(0,\sigma^2+\frac{1}{2}\sigma^4\right),$$

有$\sqrt{n}(\hat{\theta}_n-\theta_1) \xrightarrow{L} N(0,a^2(\sigma^2+\frac{1}{2}\sigma^4))$，$a=\exp(\theta+\sigma^2/2)=\theta_1$. **e**. 平凡，结果为$(e^{\sigma^2}-1)\Big/\left(\sigma^2+\frac{1}{2}\sigma^4\right)$，总大于1，当$\sigma^2$接近0时接近1.

40. 以ξ_{ni}记分布$\exp(-e^{-\alpha(x-u)})$的$i/(n+1)$分位数. 若在方程$\alpha(X_{ni}-u)=c_{ni}$中把X_{ni}换成ξ_{ni}，则由$\alpha(\xi_{ni}-u)=c_{ni}$ $(1\leqslant i\leqslant n)$按最小二乘法得出的解，就准确地等于$\alpha$和$u$，即

$$\hat{\alpha}_n = \sum_{i=1}^n X_{ni}(c_{ni}-c_n)\Big/\sum_{i=1}^n(X_i-\overline{X}_n)^2, \quad \hat{u}_n = \overline{X}_n - c_n/\hat{\alpha}_n,$$

$$\alpha = \sum_{i=1}^n \xi_{ni}(c_{ni}-c_n)\Big/\sum_{i=1}^n(\xi_{ni}-\xi_n)^2,$$

$$u = \xi_n - c_n/\alpha \quad \left(\xi_n = n^{-1}\sum_{i=1}^n \xi_{ni}\right).$$

由以上得

$$\hat{\alpha}_n - \alpha = \sum_{i=1}^n X_{ni}(c_{ni}-c_n)\Big/\sum_{i=1}^n(X_i-\overline{X}_n)^2$$
$$- \sum_{i=1}^n \xi_{ni}(c_{ni}-c_n)\Big/\sum_{i=1}^n(\xi_{ni}-\xi_n)^2$$

$$
\begin{aligned}
&= \sum_{i=1}^{n} X_{ni}(c_{ni} - c_n)\Big[\sum_{i=1}^{n}(\xi_{ni} - \xi_n)^2 - \sum_{i=1}^{n}(X_i - \overline{X}_n)^2\Big] \\
&\quad \Big/\Big[\sum_{i=1}^{n}(\xi_{ni} - \xi_n)^2 \sum_{i=1}^{n}(X_i - \overline{X}_n)^2\Big] \\
&\quad + \sum_{i=1}^{n}(X_{ni} - \xi_{ni})(c_{ni} - c_n)\Big/\sum_{i=1}^{n}(\xi_{ni} - \xi_n)^2 \\
&\equiv J_1 + J_2.
\end{aligned}
$$

注意到以下几点事实:记分布 $\exp(-e^{-\alpha(x-u)})$的均值为 μ,方差 σ^2:

(1) $\sum_{i=1}^{n}(\xi_{ni} - \xi_n)^2/n \to \sigma^2, \sum_{i=1}^{n}(X_i - \overline{X}_n)^2/n \to \sigma^2$ a.s.;

(2) $\sum_{i=1}^{n}(c_{ni} - c_n)^2/n \leqslant \sum_{i=1}^{n} c_{ni}{}^2/n \to \int_0^1 -\ln(-\ln x)\mathrm{d}x \in (0,\infty)$;

(3) $\sum_{i=1}^{n} X_{ni}{}^2/n = \sum_{i=1}^{n} X_i{}^2/n \to \mu^2 + \sigma^2$ a.s..

利用这些事实得

$$
\sum_{i=1}^{n}(\xi_{ni} - \xi_n)^2 - \sum_{i=1}^{n}(X_i - \overline{X})^2 = o(n) \quad \text{a.s.},
$$

$$
\Big[\sum_{i=1}^{n} X_{ni}(c_{ni} - c_n)\Big]^2 \leqslant \sum_{i=1}^{n} X_i{}^2 \sum_{i=1}^{n}(c_{ni} - c_n)^2 = o(n^2) \quad \text{a.s.}.
$$

于是得 $J_1 = o(1)$ a.s..

J_2的处理较复杂. 给定 $\varepsilon>0$ 充分小,把 J_2分为

$$
J_2 = J_3 + J_4 \equiv \sum{}^{*}\Big/\sum_{i=1}^{n}(\xi_{ni} - \xi_n)^2 + \sum{}^{**}\Big/\sum_{i=1}^{n}(\xi_{ni} - \xi_n)^2,
$$

其中 $\sum^{*} = \sum_{\varepsilon\leqslant i/(n+1)\leqslant 1-\varepsilon}(X_{ni} - \xi_{ni})(c_{ni} - c_n), \sum^{**} = \sum_{i=1}^{n}(X_{ni} - \xi_{ni})(c_{ni} - c_n) - \sum^{*}$. 以 F 记分布 $\exp(-e^{-\alpha(x-u)})$,f 记F 的密度,h 记 $\min\{f(x):\varepsilon/2\leqslant F(x)\leqslant 1-\varepsilon/2\}$,有 $h>0$. 又以 F_n 记 $X_1,\cdots,X_n$ 的经验分布,由 Glivenko 定理,有

$$
\sup_x |F_n(x) - F(x)| \equiv \eta_n \to 0 \quad \text{a.s.}.
$$

记 $I=\{i:1\leqslant i\leqslant n,\varepsilon\leqslant i/(n+1)\leqslant 1-\varepsilon\}$. 以概率 1 成立:当 n 充分大时,$i\in$

$I \Rightarrow X_{ni} \in Q \equiv \{x: \varepsilon/2 \leqslant F(x) \leqslant 1-\varepsilon/2\}$. 以下省略"以概率 1"一词,有

$$|F(X_{ni}) - F_n(X_{ni})| \leqslant \eta_n \to 0,$$

$$|F(\xi_{ni}) - F_n(X_{ni})| = \left|\frac{i}{n+1} - \frac{i}{n}\right| \to 0,$$

故 $F(X_{ni}) - F(\xi_{ni}) = f(\beta)(X_{ni} - \xi_{ni}) \to 0$,此处 β 介于 ξ_{ni} 和 X_{ni} 之间,$\xi_{ni} \in Q$,而当 n 充分大时(对一切 $i \in I$ 同时成立)X_{ni} 也属于 Q,故 $\beta \in Q$,因而 $f(\beta) \geqslant h$. 故

$$X_{ni} - \xi_{ni} = o(1) \quad 当\ n \to \infty\ 一致地对\ i \in Q,$$

因此

$$\left|\sum\nolimits^{*}\right| = o(1)\sum_{i=1}^{n} |c_{ni} - c_n| = o(\sqrt{n}),$$

而 $J_3 = o(1)$ a.s.. 最后

$$\left|\sum\nolimits^{**}\right|^2 \leqslant \sum\nolimits^{**}(X_{ni} - \xi_{ni})^2 \sum\nolimits^{**}(c_{ni} - c_n)^2 \equiv H_1 H_2,$$

其中 $H_1 \leqslant 5n\sigma^2$ a.s.,而

$$\lim_{n\to\infty} H_2/n = \int_0^{\varepsilon}[-\ln(-\ln x) - c]^2 \mathrm{d}x + \int_{1-\varepsilon}^{1}[-\ln(-\ln x) - c]^2 \mathrm{d}x,$$

此处 $c = \int_0^1 -x\ln(-\ln x)\mathrm{d}x$. 任给 $\varepsilon_1 > 0$,可取 $\varepsilon > 0$ 充分小,使上式小于 ε_1^2. 因此 $H_2 \leqslant \varepsilon_1^2 n$(以概率 1 当 n 充分大时成立). 结合以上,得 $\left|\sum\nolimits^{**}\right| \leqslant \sqrt{5}\varepsilon_1 n$,以概率 1 当 n 充分大. 由此(因 $\varepsilon_1 > 0$ 的任意性)得 $J_4 = o(1)$ a.s.,这完成了 $\hat{\alpha}_n$ 强相合的证明. 因为当 $n \to \infty$ 时,$\bar{X}_n$(a.s.)和 ξ_n 同以 μ 为极限而 $\hat{\alpha}_n \to \alpha$ a.s.,知 $\hat{u}_n - u \to 0$ a.s..

41. 证明是平凡的,但要把定理 4.7 和 4.9 的证明仔细检查一遍,根据本题情况作一些相应的小修改,并同时列出所需的正则条件.

42. 不妨固定 $\theta = 1$. 设 $\xi_n = \max(X_1, \cdots, X_n)$, $Y_n = (\xi_n - b_n)/a_n$, $a_n > 0$, $Y_n \xrightarrow{L} N(0,1)$,则有

$$[\max(0, \min(a_n x + b_n, 1))]^n \to \Phi(x), \quad n \to \infty.$$

取 $x=0,1,2$. 因 $\Phi(0)$, $\Phi(1)$ 和 $\Phi(2)$ 都在 $(0,1)$ 内,故当 n 充分大时,对这些 x,必有 $0<a_nx+b_n<1$,因而

$$(a_ni+b_n)^n \longrightarrow \Phi(i), \quad i=0,1,2,$$

由此推出

$$a_ni+b_n=1+c_i/n+o(1/n), \quad c_i=\ln\Phi(i).$$

这导致 $c_0+c_2=2c_1$,即 $-\ln 2+\ln\Phi(2)=2\ln\Phi(1)$,而实地计算表明此式不成立.

当然,本题是定理 4.15 的直接推论. 上述简单证法避免了引用这个定理.

43. **a**. 记 $X=X_{(N)}$, $Y=X_{(N+1)}$,按定义 $m_{2N}=(X+Y)/2$. (X,Y) 有联合密度

$$2N(2N-1)\binom{2N-2}{N-1}\Phi^{N-1}(x)[1-\Phi(y)]^{N-1}\varphi(x)\varphi(y)I(x<y)\mathrm{d}x\mathrm{d}y,$$

令 $U=(X+Y)/2$, $V=(Y-X)/2$,得 (U,V) 联合密度,然后得 U 即 m_{2N} 的密度为

$$g_{2N}(u)=4N(2N-1)\binom{2N-2}{N-1}$$
$$\cdot\int_0^\infty \Phi^{N-1}(u-v)[1-\Phi(u+v)]^{N-1}\varphi(u-v)\varphi(u+v)\mathrm{d}v.$$

因此

$$g_{2N}(0)=4N(2N-1)\binom{2N-2}{N-1}\int_0^\infty[1-\Phi(v)]^{2N-2}(2\pi)^{-1}\mathrm{e}^{-v^2}\mathrm{d}v$$
$$=(2\pi)^{-1/2}4N(2N-1)\binom{2N-2}{N-1}\int_0^\infty \mathrm{e}^{-v^2/2}[1-\Phi(v)]^{2N-2}\mathrm{d}\Phi(v).$$

把积分记为 I_N,则

$$I_N=[(2N-1)2^{2N-1}]^{-1}-\int_0^\infty[1-\Phi(v)]^{2N-1}v\mathrm{e}^{-v^2/2}\mathrm{d}v/(2N-1),$$

而右边之积分,记为 $\tilde{I}_N$,等于

$$\tilde{I}_N=\left(\int_0^\varepsilon+\int_\varepsilon^\infty\right)(\cdots)\leqslant\varepsilon\int_0^\infty[1-\Phi(v)]^{2N-1}\mathrm{d}\Phi(v)\sqrt{2\pi}$$

$$+\left\{\int_{\varepsilon}^{\infty}[1-\Phi(v)]^{4N-2}\mathrm{d}\Phi(v)\right\}^{1/2}\left[2\pi\int_{\varepsilon}^{\infty}v^2\mathrm{e}^{-v^2/2}\mathrm{d}v\right]^{1/2}$$

$$\leqslant\sqrt{2\pi}\varepsilon(2N2^{2N})^{-1}+\sqrt{\pi}(4N-1)^{-1/2}[1-\Phi(\varepsilon)]^{2N-1/2}.$$

由此，固定 ε 而令 $N\to\infty$，再令 $\varepsilon\to 0$，可知

$$I_N=[(2N-1)2^{2N-1}]^{-1}[1+o(1)],\quad \lim_{N\to\infty}o(1)=0,$$

以此式代入 $g_{2N}(0)$ 的表达式，用 Stirling 公式估计 $\binom{2N-2}{N-1}$，再令 $N\to\infty$ 即得. 解释由 $\sqrt{2N}(m_{2N})$ 的极限分布得出.

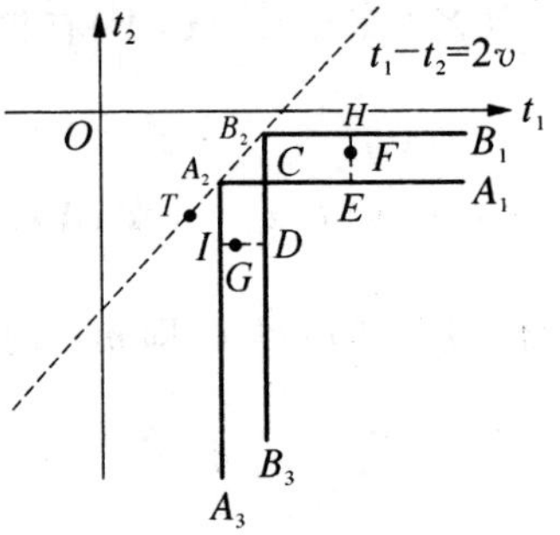

b. 看 $g_{2N}(u)$ 积分表达式中被积函数，固定 $u_2>u_1\geqslant 0$，则 $\varphi(u_2-v)\varphi(u_2+v)<\varphi(u_1-v)\varphi(u_1+v)$ 对任何 $v>0$. 故只需证明 $\Phi(u_1-v)[1-\Phi(u_1+v)]>\Phi(u_2-v)[1-\Phi(u_1+v)]$ 对任何 $v>0$. 把上式左右两端分别记为 J_1 和 J_2. $J_1>J_2$ 由图一目了然，因为 J_1,J_2 分别是 $(2\pi)^{-1}\mathrm{e}^{-({t_1}^2+{t_2}^2)/2}\equiv h$ 在角 $A_1A_2A_3$ 内和角 $B_1B_2B_3$ 内的积分，其中 A_2,B_2 两点的坐标分别为 (u_1+v,u_1-v) 和 (u_2+v,u_2-v)，都在点 $T=(u_1,-u)$ 的东北方，故 $J_1-J_2=\int_{Q_1}h-\int_{Q_2}h$，其中

$$Q_1=A_3A_2CB_3,\quad Q_2=B_1B_2CA_1.$$

任取 E,D 两点使 $\overline{CE}=\overline{CD}$，并在线段 EH 和 DI 上任取点 F,G，使 $\overline{EF}=\overline{DG}$，则易见 F 点坐标绝对值和等于 G 点坐标绝对值和，但两坐标绝对值差的绝对值(即 $||t_1|-|t_2||$)，F 点大而 G 点小. 由此知 $h(F)<h(G)$，从而 $\int_{Q_1}h>\int_{Q_2}h$ 即 $J_1>J_2$. g_{2N} 的偶性显然.

44. 若在某点 $a\geqslant 0$ 满足了 $F(a)=1-F(-a)$ 及 $f(a)=f(-a)$，往证在 a 的充分小邻域内上述关系仍满足. 实际上，记 $F(a)=A$，$f(a)=B$，$f'(a)=C$，$-f'(-a)=D$. 则略去一个 $O(\Delta x^2)$ 的量不计，在 $a+\Delta x$ 点，为满足

$$[F(a+\Delta x)]^m[1-F(a+\Delta x)]^m f(a+\Delta x)$$

$$= [F(-a-\Delta x)]^m[1-F(-a-\Delta x)]^m f(-a-\Delta x), \quad (5)$$

应有

$$(A+B\Delta x)^m(1-A-B\Delta x)^m(B+C\Delta x)$$
$$=(A+B\Delta x)^m(1-A-B\Delta x)^m(B+D\Delta x),$$

这导致 $C=D$. 在这个基础上,考察(5)式至$(\Delta x)^2$项,又可证$f''(a)=f''(-a)$. 依此进行,得

$$f^{(2n+1)}(a)=-f^{(2n+1)}(a), \quad f^{(2n)}(a)=f^{(2n)}(-a),$$

由解析性立即推出在 a, $-a$ 的邻域内对称点处, f 取相同之值.

45. 一个例子是样本量 $n=3$, $F(x)=0$ 当 $x<-\sqrt{119}/2$, $F(x)=(x+\sqrt{119}/2)/\sqrt{119}$当 $-\sqrt{119}/2\leqslant x<0$, $F(x)=(x+1)/2$ 当 $0\leqslant x<1$,而 $F(x)=1$ 当 $x>1$.

作出这个例子的想法是:对 $n=3$, $\mathrm{E}(\hat{m}_{(3)})$等于

$$\theta+6\int_{-\infty}^{\infty}xF(1-F)f\mathrm{d}x=\theta-\int_{-\infty}^{\infty}(3F^2-2F^3)\mathrm{d}x,$$

要后一项为 0,先在$[0,\infty)$内指定一种简单形式,再在$(-\infty,0)$处配合以使上式成立且 F 不对称. 循着这个想法,不难就一般 n 作出例子,虽然计算要复杂些.

第 5 章

1. 设 $\theta'>\theta$. 记 $p_{\theta'}(x)/p_\theta(x)\equiv h(t)$,存在 $a\leqslant b$ 使

$$h(t)\begin{cases}<1, & \text{当 } t<a(\text{也可能是 } t\leqslant a),\\ =1, & \text{当 } a\leqslant t\leqslant b(\text{也可能是 } a\leqslant t<b, a<t<b \text{ 等}),\\ >1, & \text{当 } t>b(\text{也可能是}\geqslant b).\end{cases}$$

必有 $\mu(\{x:t(x)<a\})>0$, $\mu(\{x:t(x)>b\})>0$. 记 $A=\sup\limits_{t<a}g(t)$, $B=\inf\limits_{t>b}g(t)$.

如果 $\mu(\{t:t<a,g(t)<A\})=0$,则由 $g(t)$严增知 $B>A$,因而

$$\mathrm{E}_{\theta'}g(t)-\mathrm{E}_{\theta}g(t)\geqslant B\int_{\{h(t)>1\}}(p_{\theta'}-p_{\theta})\mathrm{d}\mu-A\int_{\{h(t)<1\}}(p_{\theta}-p_{\theta'})\mathrm{d}\mu.$$

因

$$0<\int_{\{h(t)>1\}}(p_{\theta'}-p_{\theta})\mathrm{d}\mu=\int_{\{h(t)<1\}}(p_{\theta}-p_{\theta}{}')\mathrm{d}\mu,$$

而 $B>A$，知 $\mathrm{E}_{\theta'}g(t)-\mathrm{E}_{\theta}g(t)>0$. 若 $\mu(\{t:t<a,g(t)<A\})>0$，则

$$\int_{\{h(t)<1\}}g(p_{\theta'}-p_{\theta})\mathrm{d}\mu>-A\int_{\{h(t)<1\}}(p_{\theta}-p_{\theta'})\mathrm{d}\mu$$

而 $B\geqslant A$，故仍有 $\mathrm{E}_{\theta'}g(t)-\mathrm{E}_{\theta}g(t)>0$.

这证明了 g 为严增的情况. g 为单调增加的情况的证明，也包含在上述论证中.

2. a. 设总体分布为 $C(\theta)\exp(\theta x+\theta^2x^2)I(0\leqslant x\leqslant 1)\mathrm{d}x,\theta\geqslant 0,X_1,\cdots,X_n$ 为从这总体中抽出的 iid. 样本. 要检验 $H:\theta=0\leftrightarrow K:\theta>0$. 先设 $n=1$，这时样本 X_1 的分布族为 MLR，故 UMP 检验存在. 若 $n\geqslant 2$，考虑 $\theta=0\leftrightarrow\theta=1$ 和 $\theta=0\leftrightarrow\theta=2$ 这两个检验问题. 给定 $\alpha\in(0,1)$，其水平 α 的 UMP 检验分别有否定域

$$S_1:\left\{(x_1,\cdots,x_n):0\leqslant x_i\leqslant 1,\sum_{i=1}^n(x_i+x_i{}^2)\geqslant c_1\right\},$$

$$S_2:\left\{(x_1,\cdots,x_n):0\leqslant x_i\leqslant 1,\sum_{i=1}^n(2x_i+4x_i{}^2)\geqslant c_i\right\}.$$

只要 $|S_1|=|S_2|\in(0,1)$（$|S_i|$ 表 S_i 的 L 测度)，则必有 $|S_1\Delta S_2|>0$，因而这两个检验不一样. 这证明了 $H\leftrightarrow K$ 没有 UMP 检验（因而（当 $n\geqslant 2$）$C_n(\theta)\exp\left(\theta\sum_{i=1}^n x_i+\theta^2\sum_{i=1}^n x_i{}^2\right)I(0<x_i<1)\mathrm{d}x_1\cdots\mathrm{d}x_n,\theta\geqslant 0$，不是 MLR 族. 这附带提供了一个例子：样本量 $n=1$ 时为 MLR，$n\geqslant 2$ 时不是).

记 $g=g(x_1,\cdots,x_n)=\sum_{i=1}^n(2x_i+4x_i{}^2)\Big/\sum_{i=1}^n(x_i+x_i{}^2)$. 因为 $\alpha\in(0,1)$，存在 $0<a<1$ 使 $c_1=na+na^2$. 在集合 $\{(x_1,\cdots,x_n):0\leqslant x_i\leqslant 1,\sum_{i=1}^n(x_i+x_i{}^2)\geqslant na+na^2\}$ 上，$\sum_{i=1}^n(2x_i+4x_i{}^2)$ 的最小值在 $x_1=\cdots x_n=a$ 处达到. 故

为 $|S_1\Delta S_2|=0$,必有 $c_2=2na+4na^2$. 在$\{0\leqslant x_i\leqslant 1,1\leqslant i\leqslant n\}$取一点$(b_1,\cdots,b_n)$,使$\sum_{i=1}^n b_i=na$但$b_i$不全相同,则$2\sum_{i=1}^n b_i+4\sum_{i=1}^n b_i{}^2>c_2$. 故存在$r\in(0,1)$,使$2\sum_{i=1}^n(rb_i)+4\sum_{i=1}^n(rb_i)^2=c_2$,有$\sum_{i=1}^n(rb_i)^2=4^{-1}(c_2-2rna)=na^2+2^{-1}(1-r)na$,因而

$$\sum_{i=1}^n(rb_i)+\sum_{i=1}^n(rb_i)^2=rna+na^2+2^{-1}(1-r)na<c_1,$$

故$(rb_1,\cdots,rb_n)\overline{\in}S_1$. 由此可知,在$\{0<x_i<1,1\leqslant i\leqslant n\}$中存在一个其 L 测度大于 0 的集 $B\subset S_2$,$B\cap S_1=\varnothing$,即$|S_1\Delta S_2|>0$,明所欲证. **b**. 平凡. 例如,X_1,X_2 iid.,$\sim f(x-\theta)\mathrm{d}x$,$\theta\in R_1$. 假设 $\theta\leqslant 0\leftrightarrow\theta>0$,检验 $\phi_1(x_1,x_2)\equiv\alpha$ 与 $\phi_2(x_1,x_2)=I(x_1-x_2>c)$,对适当选定的 c,有同一的功效函数 α. **c**. 例如,X 有分布$C(\theta)(1+\theta x)I(0<x<1)$,$\theta>0$(验证这不是指数型的方法参考第 1 章习题 39). **d**. $\Theta=\{0,1,2\}$,$P_0\sim R(0,1)$,P_1有密度

$$f_1(x)=\begin{cases}1/2, & 0<x<1/2,\\ 4/3, & 1/2<x<3/4,\\ 5/3, & 3/4\leqslant x<1,\\ 0, & \text{其他};\end{cases}$$

P_2有密度

$$f_2(x)=\begin{cases}1/2, & 0<x<1/2,\\ 5/3, & 1/2\leqslant x\leqslant 3/4,\\ 4/3, & 3/4<x<1.\end{cases}$$

这不是 MLR 族,但当 $\alpha=1/2$ 时,$\theta=0\leftrightarrow\theta>0$ 的水平 α 的 UMP 检验存在,有否定域$\{x>1/2\}$. **e**. d 中的例:当 $\alpha=1/2$ 时,UMP 检验存在,而当 $\alpha=1/4$ 时则否.

注　关于 d,请与习题 5 对照看.

3. **a**. UMP 检验为 $\phi(x)=1$ 当 $g(x)/f(x)>k_1$,$\phi(x)=0$ 当 $g(x)/f(x)<k_1$,$\phi(x)=r$ 当$x\in S=\{x:g(x)/f(x)=k_1\}$. 由于 $\mathrm{d}\mu=\mathrm{d}x$,可以把 S 分为两个不相交之集 $S_1\cup S_2$,使$\int_{S_1}f(x)\mathrm{d}x=r\int_S f(x)\mathrm{d}x$. 修改 $\phi(x)$ 在 S 上的值:

$\phi(x)=1$ 当 $x\in S_1$，$\phi(x)=0$ 当 $x\in S_2$，则 ϕ 成为非随机检验，且仍为水平 α 的 UMP. **b**. 把集 S(见 a) 中的点排列为 $a_1,a_2,\cdots$，记 $\sum_{i=1}^{\infty}f(a_i)=A$. 若 $f(a_1)\geqslant Ar$，且 $f(a_1)<2Ar$，则令 $\phi(a_1)=1,\phi(a_i)=0(i\geqslant 2)$. 若 $f(a_i)\geqslant 2Ar$，则令 $\phi(a_i)=0$ 当 $i\geqslant 1$. 若 $f(a_i)<Ar$，则找最小的 $k\geqslant 2$ 使 $\sum_{i=1}^{k}f(a_i)\geqslant Ar$. 若 $\sum_{i=1}^{k}f(a_i)-Ar\leqslant Ar-\sum_{i=1}^{k-1}f(a_i)$ 则令 $\phi(a_i)=1$，当 $1\leqslant i\leqslant k$，$\phi(a_i)=0$ 当 $i>k$. 若 $\sum_{i=1}^{k}f(a_i)-Ar>Ar-\sum_{i=1}^{k-1}f(a_i)$，则令 $\phi(a_i)=1$ 当 $i\leqslant k-1$，$\phi(a_i)=0$ 当 $i\geqslant k$.

4. 用第1章习题70，知存在与 θ 无关的 $\mathrm{E}(\phi(X)\mid t)=\psi(t)$. 令 $S=\{t:\psi(t)>1$，或 $\psi(t)<0\}$. 由 $0\leqslant\phi(x)\leqslant 1$ 知，$P_\theta(t\in S)=0$ 对任何 $\theta\in\Theta$. 令 $g(t)=\psi(t)$ 当 $0\leqslant\psi(t)\leqslant 1$，否则 $g(t)=0$. 则 $P_\theta(g(t)=\psi(t))=1(\theta\in\Theta)$，因而检验函数 $\phi(x)$ 与 $g(t(x))$ 有同一的功效函数.

5. **a**. 不论 $\theta_1>\theta_0$ 或 $\theta_1<\theta_0$，$\theta=\theta_0\leftrightarrow\theta=\theta_1$ 的水平 α 的 UMP 检验都有否定域 $\{\max X_i>\theta_0\}\cup\{\max X_i<\theta_2\alpha^{1/n}\}$，与 θ_1 无关. **b**. $\theta=\theta_0\leftrightarrow\theta=\theta_1$ 的水平 α 的 UMP 检验有否定域 $\{\min X_i<\theta_0\}\cup\left\{\sum_{i=1}^{n}(X_i-\theta_0)>2^{-1}\chi_{2n}{}^2(\alpha)\right\}$，与 θ_1 无关.

6. **a**. 记 $t_1=\min X_i$，$t_2=\sum_{i=1}^{n}(X_i-t_1)$，则 t_1,t_2 独立. (t_1,t_2) 是整个分布族的完全充分统计量(第2章习题20)，固定 σ 时 t_1 为完全充分统计量(充分性易证，完全性见第2章习题20e). 由 (t_1,t_2) 充分，可以只考虑形如 $\phi(t_1,t_2)$ 的检验函数. 不难证明(见本题注)：任何检验 ϕ 的功效函数 $\beta_\phi(\theta,\sigma)$ 对 (θ,σ) 连续，因此，若 ϕ 为无偏水平 α，则有 $\beta_\phi(\theta,\sigma_0)=\alpha$ 对一切 $\theta\in\mathbb{R}^1$. 由 t_1 在固定 σ 时的完全充分性，据定理5.5知，$\mathrm{E}_{\theta,\sigma_0}(\phi(t_1,t_2)\mid t_1)=\alpha$ a.s. t_1 对任何 $\theta\in\mathbb{R}^1$. 按第2章习题10中得出的 t_2 的分布的形式知，对任何 $\sigma_1>\sigma_0$ 在一切满足条件 $\mathrm{E}_{\theta,\sigma_0}(\phi(t_1,t_2)\mid t_1)=\alpha$ 的检验 ϕ 中，以 ϕ^*：

$$\phi^*(t_1,t_2)=I(t_2>\sigma_0\chi_{2n-2}{}^2(\alpha)/2)$$

的功效最大，即

$$\mathrm{E}_{\theta,\sigma_1}(\phi\mid t_1)\leqslant\mathrm{E}_{\theta,\sigma_1}(\phi^*\mid t_1)\quad \text{a.e.}\ L(t_1).$$

故 $\mathrm{E}_{\theta,\sigma}(\phi^*)\geqslant\mathrm{E}_{\theta,\sigma}(\phi)$，$\theta\in\mathbb{R}^1$，$\sigma>\sigma_0$. 又 ϕ^* 显然有水平 α，因此是水平 α 的 UMPU

检验. **b**. 为确定计设 $\sigma_1<\sigma_0$,取定 $\theta_1<\theta_0$,据定理 5.1,$\theta=\theta_0,\sigma=\sigma_0\leftrightarrow\theta=\theta_1,\sigma=\sigma_1$ 的水平 α 的 UMP 检验有否定域$\{\min X_i<\theta_0\}\cup\left\{\sum_{i=1}^{n}X_i<n\theta_0+\sigma_0\chi_{2n}{}^2(1-\alpha)/2\right\}$($\chi_{2n}{}^2(1-\alpha)$ 是 $\chi_{2n}{}^2$ 的上 $1-\alpha$ 分位点). 此否定域与 θ_1 无关,因而是 UMP 检验.

注 记$f(\theta,\sigma;x)=\sigma^{-n}\exp\left(-\sum_{i=1}^{n}(x_i-\theta)/\sigma\right)I(x_1>\theta,\cdots,x_n>\theta)$,$h(x)$ 定义于 $x\in\mathbb{R}^n$. 若$\int_{\mathbb{R}^n}|f(\theta,\sigma;x)h(x)|\mathrm{d}x<\infty$,对一切 $\theta\in\mathbb{R}^1$及 $\sigma>0$,则在这范围内,$J(\theta,\sigma)=\int_{\mathbb{R}^n}f(\theta,\sigma;x)h(x)\mathrm{d}x$ 是(θ,σ) 的连续函数. 为证此,固定(θ_0,σ_0),取 $\varepsilon\in(0,\sigma_0)$. 则当 $|\theta-\theta_0|<\varepsilon$,$|\sigma-\sigma_0|<\varepsilon$ 时,有

$$f(\theta,\sigma;x)\leqslant\left(\frac{\sigma_0+\varepsilon}{\sigma_0-\varepsilon}\right)^n\exp\left(\frac{2n\varepsilon}{\sigma_0+\varepsilon}\right)f(\theta_0+\varepsilon,\sigma_0+\varepsilon;x),$$

再由 $\lim\limits_{\theta\to\theta_0,\sigma\to\sigma_0}f(\theta,\sigma;x)=f(\theta_0,\sigma_0;x)$ a.e. L,用控制收敛定理即得.

7. 平凡.

8. **a**. 记 $Y=\bar{X}$,$U=\sum_{i=1}^{n}(X_i-\bar{X})^2$,$(Y,U)$ 的密度为

$$g_{a,\sigma}(y,u)=C_n(\sigma)u^{(n-3)/2}\exp(-u/2\sigma^2)I(u>0)\exp\left(-\frac{n}{2\sigma^2}(y-a)^2\right).$$

在所指出的先验分布之下,(Y,U)有密度

$$C_n(\sigma_0)u^{(n-3)/2}\exp(-u/2\sigma_0{}^2)I(u>0)\exp\left(-\frac{n}{2\sigma_1{}^2}(y-a_1)^2\right).$$

以此为原假设,g_{a_1,σ_1} 为对立假设,水平 α 的 UMP 检验有否定域$\{U>\sigma_0{}^2\chi_{n-1}{}^2(\alpha)\}$. 这与$(\alpha_1,\sigma_1)$无关,因而,考虑到此检验有水平 α,它就是水平 α 的 UMP 检验. **b**. 在所指出的先验分布下,(Y,U)有密度 $g_{a_1,\sigma_0}(y,u)$,而 $g_{a_1,\sigma_0}\leftrightarrow g_{a_1,\sigma_1}$ 的水平 α 的 UMP 检验有否定域

$$\left\{\exp\left(-\frac{u}{2\sigma_1{}^2}-\frac{n}{2\sigma_1{}^2}(y-a_1)^2\right)\Big/\exp\left(-\frac{u}{2\sigma_0{}^2}-\frac{n}{2\sigma_0{}^2}(y-a_1)^2\right)>\tilde{c}\right\},$$

由于 $u+n(y-a_1)^2=\sum_{i=1}^{n}(X_i-a_1)^2$,上式可写为$\sum_{i=1}^{n}(X_i-a_1)^2<c$,其功效

函数为 $\beta(a,\sigma^2) = P_{a,\sigma}\left(\sum_{i=1}^{n}(X_i - a_1)^2 < c\right)$. 显然,它随 σ 增加而下降. 又由第 1 章习题 23 知,在固定 σ 时,它在 $a = a_1$ 处达到最大值,故 $\beta(a,\sigma^2) \leqslant \beta(a_1, \sigma_0^2)$,对一切 $a \in \mathbb{R}^1$ 及 $\sigma^2 \geqslant \sigma_0^2$. 取 $c = \sigma_0^2\chi_n^2(1-\alpha)$,得知以 $\sum_{i=1}^{n}(X_i - a_1)^2 < c$ 为否定域的检验是水平 α 的 UMP 的. 由于此检验依赖 a_1,知 $\sigma^2 \geqslant \sigma_0^2 \leftrightarrow \sigma^2 < \sigma_2$ 的水平 α 的 UMP 检验不存在.

注　严格说,还需证明: $\phi = I\left(\sum_{i=1}^{n}(X_i - a_1)^2 < \sigma_0^2\chi_n^2(1-\alpha)\right)$ 是 $\sigma^2 \geqslant \sigma_0^2 \leftrightarrow \sigma^2 = \sigma_1^2, a = a_1$ 的唯一 UMP 检验. 这可证明于下:设 ϕ_1 为另一(水平 α) UMP 检验,则它是 $\sigma^2 = \sigma_0^2, a = a_1 \leftrightarrow \sigma^2 = \sigma_1^2, a = a_1$ 的水平 α 检验,其在 (a_1,σ_1^2) 点的功效与 ϕ 同,故 ϕ_1 也是上述检验问题的 UMP 检验,因而必须与 ϕ 一致.

9. **a**. 平凡(参考 b). **b**. 记 $s^2 = \sum_{i=1}^{2}(x_i - \bar{x})^2$,则 $s^2 = \frac{1}{2}|X_{(2)} - X_{(1)}|^2$,其中 $X_{(1)} \leqslant X_{(2)}$,故 $s = 2^{-1/2}[X_{(2)} - X_{(1)}]$. 由于 $\bar{X} = 2^{-1}[X_{(1)} + X_{(2)}]$ 而 $(\bar{X}, S)$ 为完全充分统计量,故 $(X_{(1)}, X_{(2)})$ 为完全充分统计量. 因而,任何满足条件 $\beta_\phi \equiv \alpha$ 的检验函数 $\phi(X_{(1)}, X_{(2)})$ 只能是 $\phi = \alpha$ a.e. L,其余由第 2 章习题 115b 推出. **c**. 由第 2 章习题 115c 推出.

10. 平凡.

11. 令 $f(x,c_i) = g_i(x)(1 \leqslant i \leqslant m)$. 对 $c_i < \theta < c_{i+1}$,令 $f(x,\theta) = (c_{i+1} - c_i)^{-1}[(c_{i+1} - \theta)g_i(x) + (\theta - c_i)g_{i+1}(x)](1 \leqslant i \leqslant m-1)$. 找 $g_\infty(x)$ 使 $g_\infty(x)/g_m(x)$ 为 $T(x)$ 的非降函数,且 $\int g_\infty \mathrm{d}\mu = 1$. 找 $g_{-\infty}(x)$ 使 $g_1(x)/g_{-\infty}(x)$ 为 $T(x)$ 的非降函数,且 $\int g_{-\infty}\mathrm{d}\mu = 1$. 令 $a(\theta) = (1 + \theta - c_m)^{-1}$, $f(x,\theta) = \{a(\theta)g_m(x) + [1 - a(\theta)]\}g_\infty(x)$ 当 $\theta > c_m$. 找 $b(\theta) = (1 + c_1 - \theta)^{-1}$,令 $f(x,\theta) = \{b(\theta)g_{-1}(x) + [1 - b(\theta)]\}g_{-\infty}(x), \theta < c_1$. 不难验证: $\{f(x,\theta)\mathrm{d}\mu, \theta \in \mathbb{R}^1\}$ 为 MLR 族.

$g_{\pm\infty}$ 可这样找:设 $\inf T(x) = a < b = \sup T(x)$. 找在 (a,b) 内正且非降的函数 $h(t)$,使 $\lim_{t\downarrow a} h(t) = 0, \lim_{t\uparrow b} h(t) = 1$. 则

$$g_2(x)h(T(x)) \geqslant 0 \quad 且 \quad 0 < \int g_2(x)h(T(x))\mathrm{d}\mu \leqslant 1,$$

故存在 $c\in(0,\infty)$ 使 $\int cg_2(x)h(T(x))\mathrm{d}\mu=1$. 令 $g_{+\infty}=cg_2(x)h(T(x))$, $g_{-\infty}$ 类似.

12. a. 例子仿照上题的作法给出. 下面提供一个实例,有兴趣者可验证一下:先定义 $g_\theta,\theta=-1,0,1,2$: 令 $I_1=(-1/20,0)$, $I_2=(0,1)$, $I_3=(1,\sqrt{223/7})$, $\mathrm{d}\mu=\mathrm{d}x$. 在 I_1 上 $g_{-1}(x)=31/360-700x$, $g_0(x)=3/40-3\,139x/7$, $g_1(x)=1/24-115x/3$, $g_2(x)=407/15\,000$; 在 I_2 上 $g_{-1}=31/360-13x/180-x^2(1-x)^2/72$, $g_0(x)=3/40-x/20$, $g_1(x)=1/24+x/60$, $g_2(x)=407/15\,000+259x/7\,500+37x^2(1-x)^2/2\,500$; 在 I_3 上 $g_{-1}(x)=1/72+a(x-1)$, $a=(361/2\,700-(\sqrt{223/7}-1)^2/36)(\sqrt{22\,317}-1)^{-2}$, $g_0(x)=x/40$, $g_1(x)=7x/120$, $g_2(x)=37x/600$.

仅是为了举出这种例子,没必要弄得这么复杂. 此例提供了这样一个例子:一个 MLR 族的双侧假设,例如 $\theta_1\leqslant\theta\leqslant\theta_2\leftrightarrow\theta<\theta_1$ 或 $\theta>\theta_2$,可以没有 UMPU 检验. 如在本例,不太复杂但也不很简单的论证,得出: $0\leqslant\theta\leqslant1\leftrightarrow\theta<0$ 或 $\theta>1$ 的水平 0.95 的 UMPU 检验不存在.

b. $f(x,\theta)=(\theta x+1/2)I(-1<x<1)$, $|\theta|<1/2$, $\mathrm{d}\mu=\mathrm{d}x$. 验证方法显然. 对任何 θ_1,θ_2, $-1/2<\theta_1<\theta_2<1/2$ 及 $\alpha\in(0,1)$, $\theta_1\leqslant\theta\leqslant\theta_2\leftrightarrow\theta<\theta_1$ 或 $\theta>\theta_2$ 的水平 α 的 UMPU 检验存在. 因为,任一检验 ϕ 的功效函数为 $\beta_\phi(\theta)=\theta\int_{-1}^1\phi(x)x\mathrm{d}x+2^{-1}\int_{-1}^1\phi(x)\mathrm{d}x$. 除非 $\int_{-1}^1\phi(x)x\mathrm{d}x=0$,不能有 $\beta_\phi(\theta_1)=\beta_\phi(\theta_2)=\alpha$,而若此条件满足,则 $\beta_\phi(\theta)\equiv\alpha$ 于 $|\theta|<1/2$. 因此,任何满足 $\beta_\phi(\theta_1)=\beta_\phi(\theta_2)=\alpha$ 的检验都是 UMPU 检验,其一个例子是 $\phi(x)=1$ 当 $|x|<\alpha$, $\phi(x)=0$ 对其他 x.

13. a. 存在性. 转到 $t(x)$ 空间去讨论,不失普遍性不妨设 $t(x)=x$. 记 $a(x)=\mu(\{x\})$,定义

$$h_i(x_1,r_1;x_2,r_2)=\int_{x_1<x<x_2}f(x,\theta_i)\mathrm{d}\mu(x)+(1-r_1)f(x_1,\theta_i)a(x_1)$$

$$+r_2f(x_2,\theta_i)a(x_2),\ x<x_2,\ 0\leqslant(r_1,r_2)\leqslant1,\ i=1,2,$$

$$h_i(x,r_1;x,r_2)=(r_2-r_1)f(x,\theta_i)a(x),\quad 0\leqslant r_1<r_2\leqslant1,\ i=1,2,$$

此处 $f(x,\theta)=C(\theta)\mathrm{e}^{\theta x}$. 由于 $0<\alpha<1$,可找到 c,r_1,使

$$h_1(c,r,\infty,\cdot)=1-\alpha.$$

这样,对每个 x, $-\infty\leqslant x<c$, $0\leqslant r\leqslant 1$,或 $x=c$, $0\leqslant r\leqslant r_1$,可找到 $u(x)\geqslant x$ 和 $0\leqslant v(r)\leqslant 1$,使 $h_1(x,r;u(x),v(r))=\alpha$. 记 $l(x,r)=h_2(x,r;u(x),v(r))$. 由指数族为 MLR 易知 $l(x,r)$ 为 x 和 r 的非降函数,当 $x\to-\infty$ 时极限 $<\alpha$,当 $x\uparrow c$(或 $x=c$, $r\uparrow r_1$)其极限 $\geqslant\alpha$. 又固定 x 时,$l(x,r)$ 对 r 连续,$r=1$ 时对 x 连续,因此存在 $\tilde{X}$, $\tilde{r}$, $-\infty<x<c$, $0\leqslant\tilde{r}\leqslant 1$,或 $\tilde{x}=c$, $0\leqslant\tilde{r}<r_1$,使 $l(\tilde{x},\tilde{r})=\alpha$. 令

$$\phi=\begin{cases}0, & \tilde{x}<x<u(\tilde{x}),\\ \tilde{r}, & x=\tilde{x},\\ 1-v(\tilde{r}), & x=u(\tilde{x}),\\ 1, & x<\tilde{x}\text{ 或 }x>u(\tilde{x}),\end{cases}$$

则有 $\beta_\phi(\theta_1)=\beta_\phi(\theta_2)=\alpha$. 注意此证明未用到指数族的特殊性质,只要是 MLR 族都行.

b. 唯一性. 首先,只依赖于 t 的 UMPU 检验必a.e.μ^t 唯一. 此因二者在 $\theta<\theta_1$ 及 $\theta>\theta_2$ 有同一之功效,据指数族之完全性即得(这一点在 MLR 族不必成立). 现设 $\phi(x)$ 为一个水平 α 的 UMPU 检验. 据上述,及 t 的分布的连续性,存在(不依赖于 ϕ 的)常数 $c_1<c_2$,使 $\mathrm{E}(\phi(x)\mid t)=1-I_{(c_1,c_2)}(t)$ a.e.μ^t. 由于 $0\leqslant\phi(x)\leqslant 1$,这证明了在集 $t^{-1}(c_1,c_2)$ 上有 $\phi(x)=0$. 其他处有 $\phi(x)=1$, a.e.μ. 唯一性得证. **c**. t(对 L 测度)有密度(证明用 b). 若 t 的分布不连续,则 UMPU 检验唯一与否要看情况. 具体言之,若(5.23)式中有某个 c_i,例如 c_1,满足条件:$\mu(t(x)=c_1)>0$, $0<r_1<1$,且集 $\{x: t(x)=c_1\}$ 不是 μ 的原子,则 UMPU 检验不唯一,不然就唯一.

14. 首先,设 $\theta_0<\theta_1$. 区间 $I_0\equiv[C_1(\theta_0),C_2(\theta_0)]$ 和 $I_1\equiv[C_1,(\theta_1),C_2(\theta_1)]$ 不能有其中之一包含另一个. 事实上,分别以 ϕ_0 和 ϕ_1 记这两个检验函数,则由无偏性有

$$\begin{aligned}\mathrm{E}_{\theta_0}(\phi_1-\phi_0)&=\beta_{\phi_1}(\theta_0)-\alpha>0>\alpha-\beta_{\phi_0}(\theta_1)\\&=\mathrm{E}_{\theta_1}(\phi_1-\phi_0).\end{aligned}\tag{1}$$

若 I_0 和 I_1 有一个包含另一个,则 $\phi_1-\phi_0$ 总非正或总非负,与上式矛盾,故必有

$$C_i(\theta_1)>C_i(\theta_0),\ i=1,2;\quad\text{或}\quad C_i(\theta_1)<C_i(\theta_0),\ i=1,2.$$

后一情况不可能,不然的话,$\phi_1(t)-\phi_0(t)$ 在区间 $[C_1(\theta_1),C_2(\theta_0)]$ 上由 -1 单

调上升至 1. 在此区间外改换 $\phi_1-\phi_0$的定义,即令

$$h(t)=\begin{cases}a, & t<C_1(\theta_1),\\ \phi_1(t)-\phi_0(t), & C_1(\theta)\leqslant t\leqslant C_2(\theta_0),\\ b, & t>C_2(\theta_0),\end{cases}$$

取 a,b,使 $a<-1,b>1$,且 $aP_{\theta_0}(t<C_1(\theta_1))+bP_{\theta}(t>C_2(\theta_0))=aP_{\theta_1}(t<C_1(\theta_1))+bP_{\theta_1}(t>C_2(\theta_0))$(这种 a,b 存在,因 $P_{\theta_0}(C_1(\theta_0)\leqslant t\leqslant C_2(\theta_0))=P_{\theta_1}(C_1(\theta_1)\leqslant t\leqslant C_2(\theta_1)))$. 由此与(1)式结合,将得 $\mathrm{E}_{\theta_0}h(t)>\mathrm{E}_{\theta_1}h(t)$. 但 $h(t)$非降,按习题 1,这不可能.

现证 $C_i(\theta)$连续. 设 $\theta_n\downarrow\theta_0$. 按已证部分知,$C_i(\theta_n)\downarrow A_i(i=1,2)$,当 $n\to\infty$,且 $A_1\leqslant A_2$. 由于 t 的分布连续及指数族的性质,易知以$\{t:A_1\leqslant t\leqslant A_2\}$为接受域的检验,是 $\theta=\theta_0\leftrightarrow\theta\neq\theta_0$的水平 α 的 UMPU 检验. 因 t 的分布连续,按习题 13b,此检验唯一,故必有 $A_i=C_i(\theta_0)(i=1,2)$,这证明了 $C_i(\theta)$的右连续性. 左连续性的证明相似.

15. 以 $\alpha=1/2$ 为例,并为行文简单计,设 $m=n=1$. 往证:检验

$$\phi^*(x,y)=1,\quad 当\ y/x<2\alpha,\quad 其他处为\ 0$$

是水平 α 的 UMP 检验. 记 $I_a=\{0\leqslant x\leqslant a,0\leqslant y\leqslant a\}$,则任何水平 α 检验满足 $\int_{I_a}\phi\mathrm{d}x\mathrm{d}y\leqslant a^2\alpha$,因而对任一对立假设$(\theta_1,\theta_2)$,$\theta_1>\theta_2$,有 $\beta_\phi(\theta_1,\theta_2)\leqslant\theta_1\alpha/\theta_2$. 检验 ϕ^* 对满足条件 $2\alpha\theta_1\leqslant\theta_2<\theta_1$的对立假设达到此极值. 对 $0<\theta_2<2\alpha\theta_1$,记 $a=\theta_2/2\alpha$. 因为$\int_{I_a}\phi\mathrm{d}x\mathrm{d}y\leqslant a^2\alpha$,有 $\int_{0\leqslant x\leqslant\theta_2/2\alpha,0\leqslant y\leqslant\theta_2}\phi\mathrm{d}x\mathrm{d}y\leqslant(\theta_2/2\alpha)^2\alpha$,故

$$\int_{0\leqslant x\leqslant\theta_1,0\leqslant y\leqslant\theta_2}\phi\mathrm{d}x\mathrm{d}y\leqslant(\theta_2/2\alpha)^2\alpha+(\theta_1-\theta_2/2\alpha)\theta_2=\int_{0\leqslant x\leqslant\theta_1,0\leqslant y\leqslant\theta_2}\phi^*\mathrm{d}x\mathrm{d}y,$$

这完成了证明. 若 $\alpha>1/2$,水平 α 的 UMP 检验有否定域$\tilde{\phi}(x,y)=I(y/x<(2(1-\alpha))^{-1})$.

对一般的 m,n,作法类似(利用充分统计量$(\max X_i,\max Y_i)$). 在 $0<\alpha\leqslant m/(m+n)$时,水平 α 的 UMP 检验有否定域 $\max Y_i/\max X_i\leqslant\left(\frac{m+n}{m}\right)^{1/n}\alpha^{1/n}$. $\alpha>m/(m+n)$的情况类似,请读者自己写出仔细论证.

16. **a**. 若 ϕ_1,ϕ_2 都是水平 α 的 UMP 检验,记 $\phi=\phi_1-\phi_2$. 则

$\int_{0\leqslant x\leqslant\theta_1,0\leqslant y\leqslant\theta_2}\phi\,\mathrm{d}x\mathrm{d}y=0$ 对任何 $\theta_1,\theta_2,0<\theta_2<\theta_1$. 由此不难推出 $\int_J\phi\,\mathrm{d}x\mathrm{d}y=0$，其中 J 是 (x,y) 平面上第一象限分角线下任一其边与坐标轴平行的长方形，进而推出 $\phi(x,y)=0$ a.e. L 于上述半象限内. 因此 $\phi_1=\phi_2$ a.e. L 于此半象限内，因而，若以 ϕ^* 为 ϕ_1，则 $\phi_2(x,y)=1$ a.e. L 当 $\phi^*(x,y)=1$. 由此易知，若在第一象限内有 $\phi_2>0$ 于一 L 正测集上，则对某个 $a>0$ 将有 $\beta_{\phi_2}(a,a)>\beta_{\phi^*}(a,a)=\alpha$，与 ϕ_2 有水平 α 不合.

对 $1/2<\alpha<1$，往证对充分小的 $\varepsilon>0$，检验函数

$$\phi(x,y)=1(\text{当 } y\leqslant x),\quad \text{或 } 2-2\alpha-\varepsilon\leqslant x/y\leqslant 1-\varepsilon,\quad \text{其他处为 } 0$$

都是水平 α 的 UMP 检验，这就证明了不唯一性.

图(a)标出了使 $\phi(x,y)=1$ 的 (x,y) 的范围，是在 $\angle xOA$ 和 $\angle BOC$ 内. 图中 D 的坐标为(1,1)，E 为 $(1-\varepsilon,1)$，F 为 $(2-2\alpha-\varepsilon,1)$. 仍是把 x 坐标写在前面.

这个检验 ϕ 在对立假设集上的功效与 ϕ^* 同. 故为证其是水平 α 的 UMP，只需证在原假设上的功效函数值不超过 α. 这等于要求：对 L，D 之间任一点 H($JH\,/\!/\,OL$)成立.

图中阴影部分的面积/矩形 $OLHJ$ 的面积 $\leqslant\alpha$.

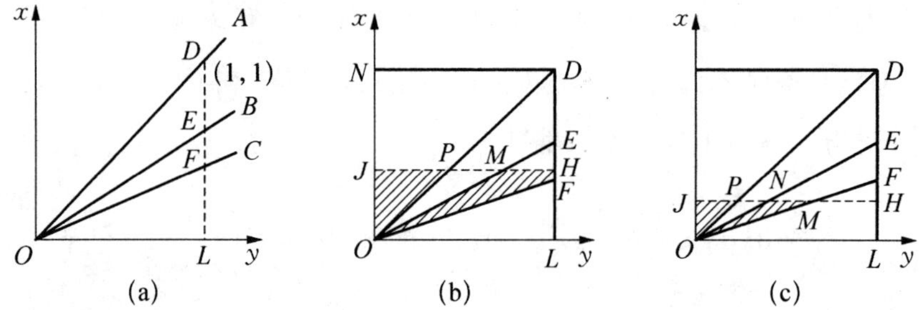

(a) (b) (c)

(1)要分 $H\in\overline{DE}$，$H\in\overline{EF}$ 和 $H\in\overline{FL}$ 三种情况讨论. 图(b)，(c)分别给了后两种情况，第一种情况简单，后两种也是初等几何问题.

对情况(b)，记 $DH=a>\varepsilon$，则 $EH=a-\varepsilon$ 而 $HM=\dfrac{a-\varepsilon}{1-\varepsilon}$，而 $EH<MH$. 故图中阴影部分的面积 $<\alpha-\dfrac{1}{2}[1-(1-a)^2]-\dfrac{1}{2}\left(\dfrac{a-\varepsilon}{1-\varepsilon}\right)^2$. 这样，(1)式归结为

$$a - a^2/2 + (a - \varepsilon)^2/[2(1-\varepsilon)^2] \geqslant a\alpha,$$

此式在 $\varepsilon=0$ 时成为 $a \geqslant a\alpha$，因而当 $\varepsilon>0$ 充分小时正确. 对情况(c)，记 $LH=a$，则 $LF=2-2\alpha-\varepsilon$，$FH=2-2\alpha-\varepsilon-a$，而 $MH=1-a/(2-2\alpha-\varepsilon)$. 又 $EL=1-\varepsilon$，$EH=1-\varepsilon-a$，故 $NH=1-a/(1-\varepsilon)$，而 $NM=\dfrac{2\alpha-1}{(1-\varepsilon)(2-2\alpha-\varepsilon)}$，而(1)式归结为

$$2^{-1}a\left[\frac{2\alpha-1}{(1-\varepsilon)(2-2\alpha-\varepsilon)}+1\right] \leqslant \alpha.$$

因为 $a \leqslant LF = 2-2\alpha-\varepsilon$，上式当 $\varepsilon>0$ 充分小时成立.

b. 设 ν 为原假设集 $0<\theta_1 \leqslant \theta_2 < \infty$ 上之一概率分布，则 $f_\nu(x,y) = \iint\limits_{\theta_1 \geqslant x, \theta_2 \geqslant y} (\theta_1,\theta_2)^{-1}\mathrm{d}\nu$，它是 x,y 的非增函数. 因此，$f_\nu \leftrightarrow R(\theta_1,\theta_2)$($\theta_1>\theta_2$固定)的水平 α 的 UMP 检验 ϕ_ν，按 NP 基本引理，应具有性质：在集 $\{0 \leqslant x \leqslant \theta_1, 0 \leqslant y \leqslant \theta_2\} = J$ 上，若 $\phi_\nu(x,y)=0$，则 $\phi_\nu(x',y')=0$ 当 $x' \geqslant x, y' \geqslant y$. 但 ϕ^* 不具备这个性质，因而 ϕ_ν 不可能是 ϕ^*.

这个推理适用于 f_ν 在 J 上不为常数时(因若 f_ν 在 J 上为常数，则整个 J 全在 NP 基本引理的“中间集”内，而导不出矛盾). 但即使这样仍不行. 因为，若 f_ν 在 J 内为常数(例如，取 $\nu(\{\theta_1,\theta_1\})=1$ 可做到这一点，这里$(\theta_1,\theta_2)(\theta_1>\theta_2)$是所固定的对立假设)，则当 $\alpha\theta_1<\theta_2<\theta_1$ 时 $f_\nu \leftrightarrow (\theta_1,\theta_2)$ 的水平 α 的 UMP 检验将有功效 $\alpha\theta_1/\theta_2$，而当 $\alpha\theta_1<\theta_2<2\alpha\theta_1$ 时 $\beta_{\phi^*}(\theta_1,\theta_2)<\alpha\theta_1/\theta_2$，故仍有 $\phi_\nu \neq \phi^*$.

注　本题的 a 提供了这样一个例子：UMP 检验对某些水平 α 唯一而对另一些 α 不唯一.

17. 取 H 上的概率分布 ν：$\nu(\theta_1=a, \theta_2=ca)=1$，其中 $a(mc\theta_1+n\theta_2)/(mc+nc)$，然后用习题 6. 对后一问，转化到方差为 1 的情形.

18. **a**. 给定水平 $\alpha \in (0,1)$，找 c，使

$$P\left(\sum_{j=1}^{n}(Y_j-\theta_2)^2 \Big/ \sum_{i=1}^{m}(X_i-\theta_1)^2 > c\right) = \alpha, \quad 当\ \sigma_1 = \sigma_2.$$

固定对立假设 K'：(σ_1,σ_2)，$\sigma_1<\sigma_2$. 取 H 上的概率分布 ν 集中在(a,a)一点，a 待定，则 $f_\nu \leftrightarrow (\sigma_1,\sigma_2)$ 的水平 α 的 UMP 检验 ϕ_a 有否定域

$$(a^{-2}-\sigma_2{}^{-2})\sum_{j=1}^{n}(Y_j-\theta_2)^2 - (\sigma_1{}^{-2}-a^{-2})\sum_{i=1}^{m}(X_i-\theta_1)^2 \geqslant d(a,\alpha).$$

找 a,使$(\sigma_1{}^{-2}-a^{-2})/(a^{-2}-\sigma_2{}^{-2})=c$($c$ 见前式),则上式变为 $\sum_{j=1}^{n}(Y_j-\theta_2)^2-c\sum_{i=1}^{m}(X_i-\theta_1)^2\geqslant 0$. 易见此检验对 H 有水平 α,而它不依赖于所选定的对立假设(σ_1,σ_2),故即为 $H\leftrightarrow K$ 的水平 α 的 UMP 检验.

b. 找 c 使 $P\left(\sum_{j=1}^{n}(Y_j-\bar{Y})^2\Big/\sum_{i=1}^{m}(X_i-\theta_{10})^2>c\right)=\alpha$,当 $\sigma_1=\sigma_2$,$EY_j=\theta_{2\sigma}$,此处$(\theta_{10},\theta_{20},\sigma_{10},\sigma_{20})$是给定的一对立假设点,$\sigma_{20}>\sigma_{10}$. 在原假设参数$(\theta_1,\theta_2,\sigma_1{}^2,\sigma_2{}^2)$空间上给定概率测度 ν 如下:$\theta_1=\theta_{10}$,$\sigma_1=\sigma_2=a$,$\theta_2\sim N(\theta_{20},(\sigma_{20}{}^2-a^2)/n)$,$a$ 由公式$(\sigma_{10}{}^{-2}-a^{-2})/(a^{-2}-\sigma_{20}{}^{-2})=c$ 确定. 易见$\left(u=\sum_{j=1}^{n}(Y_j-\bar{Y})^2,v=\sum_{i=1}^{m}(X_i-\bar{X})^2\text{, 利用}(u,v,\bar{Y},\bar{X})\text{的充分性}\right)$

$$f_\nu=\text{const}\cdot u^{(n-3)/2}\exp\left(-\frac{u}{2a^2}\right)v^{(m-3)/2}\cdot\exp\left(-\frac{1}{2a^2}\sum_{i=1}^{m}(X_i-\theta_{10})^2\right).$$

由此得到:$f_\nu\leftrightarrow K_0(\theta_{10},\theta_{20},\sigma_{10},\sigma_{20})$的水平 α 的 UMP 检验有否定域

$$\sum_{j=1}^{n}(Y_j-\bar{Y})^2\Big/\sum_{i=1}^{m}(X_i-\theta_{10})^2>c. \tag{2}$$

这检验对原假设 $H:\sigma_2{}^2\leqslant\sigma_1{}^2$ 也有水平 α(如何证明?),因此是 $H\leftrightarrow K_0$ 的水平 α 的 UMP 检验. 由于此检验唯一而与 K_0 有关,故 $H\leftrightarrow K$ 没有 UMP 检验. 唯一性是因为:任一个 $H\leftrightarrow K_0$ 水平 α 的 UMP 检验必是 $f_\nu\leftrightarrow K_0$ 的水平 α 的 UMP 检验,而后者是唯一的.

c. 与 b 的做法相似. 结论是:若 θ_1 已知,则 UMP 检验存在,其否定域为(2)式(改 θ_{10} 为 θ_1). 若 θ_2 已知而 θ_1 未知,UMP 检验不存在.

19. 若有 UMP 检验 $\tilde{\phi}$,则它也是 UMPU,因而据 UMPU 的唯一性(习题 13b),知它就是以 $\sum_{j=1}^{n}(Y_j-\bar{Y})^2\Big/\sum_{i=1}^{m}(X_i-\bar{X})^2>\frac{n-1}{m-1}F_{n-1,m-1}(\alpha)$ 为否定域的检验 ϕ_1. 因题中之 ϕ 为水平 α 的检验,故其在$(\theta_1,\theta_2,\sigma_1{}^2,\sigma_2{}^2)=(0,0,1,2)$点处的功效,不能超过 $\tilde{\phi}$ 即 ϕ_1 在该点之功效,而易见这与第 1 章习题 24 的结果矛盾.

20. **a**. $H\leftrightarrow K_1{}'(\theta_1=1,\theta_2=1-\varepsilon)$,$\varepsilon>0$ 充分小,其水平 α 的 UMP 检验在

$(1,1-\varepsilon)$点的功效为$\alpha/(1-\varepsilon)$. ϕ 是UMP检验的必要条件是$\int_{0\leqslant x\leqslant 1,0\leqslant y\leqslant 1-\varepsilon}\phi\,\mathrm{d}x\mathrm{d}y=\alpha$(确有这种 ϕ 存在,例如,$\phi(x,y)=0$ 当 $1-\alpha/(1-\varepsilon)\leqslant x\leqslant 1,0\leqslant y\leqslant 1-\varepsilon$,其他处为 0). 类似地,$H\leftrightarrow K_2(1-\varepsilon,1)$水平 α 的 UMP 检验在$(1-\varepsilon,1)$点处的功效为 $\alpha/(1-\varepsilon)$. ϕ 是 UMP 检验的必要条件为$\int_{0\leqslant x\leqslant 1-\varepsilon,0\leqslant y\leqslant 1}\phi\,\mathrm{d}x\mathrm{d}y=\alpha$. 因此,若 $H\leftrightarrow K$ 的水平 α 的 UMP 检验存在,它必须满足以上两等式,以及 $\int_{0\leqslant x\leqslant 1,0\leqslant y\leqslant 1}\phi\,\mathrm{d}x\mathrm{d}y\leqslant\alpha$. 这只有一种可能:$\int_{0\leqslant x\leqslant 1-\varepsilon,0\leqslant y\leqslant 1-\varepsilon}\phi\,\mathrm{d}x\mathrm{d}y=\alpha$. 但这样一来,$\beta_\phi(1-\varepsilon,1-\varepsilon)=\alpha(1-\varepsilon)^{-2}>\alpha$,与 ϕ 有水平 α 不合,故这种 ϕ 不存在.

b. 由于任何检验 ϕ 的功效函数 β_ϕ 连续,若 ϕ 为水平 α 无偏检验,必有 $\int_{J_a}\phi\,\mathrm{d}x\mathrm{d}y=a^2\alpha,J_a=\{0\leqslant x\leqslant a,0\leqslant y\leqslant a\}$. 往证:由无偏性推出

$$\int_{0\leqslant x\leqslant y\leqslant a}\phi\,\mathrm{d}x\mathrm{d}y=\int_{0\leqslant y\leqslant x\leqslant a}\phi\,\mathrm{d}x\mathrm{d}y=a^2\alpha/2. \tag{3}$$

事实上,考察对立假设点$(a-\varepsilon,a)$. 记$\int_J\phi\,\mathrm{d}x\mathrm{d}y=p$,为了$\beta_\phi(a-\varepsilon,a)\geqslant\alpha$,必须有$(a^2\alpha-p)/(a(a-\varepsilon))\geqslant\alpha$,即 $p\leqslant\alpha a\varepsilon$(如图). 于是 $\int_{0\leqslant y\leqslant x\leqslant a}\phi\,\mathrm{d}x\mathrm{d}y=\sum J\leqslant\sum\alpha a\varepsilon\to\int_0^a\alpha t\,\mathrm{d}t=\alpha a^2/2$. 同理 $\int_{0\leqslant y\leqslant x\leqslant a}\phi\,\mathrm{d}x\mathrm{d}y\leqslant\alpha a^2/2$. 由于二者之和为 αa^2 故得(3)式. 因而有

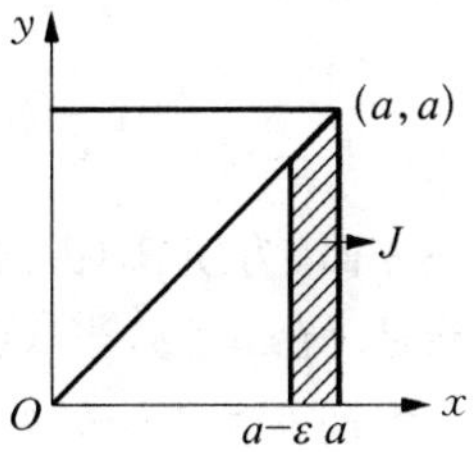

$$\int_0^x\phi(x,y)\mathrm{d}y=\alpha x\quad \text{a.e.}L,\quad x>0,$$

$$\int_0^y\phi(x,y)\mathrm{d}y=\alpha y\quad \text{a.e.}L,\quad y>0.$$

要在这个条件下使 $\beta_\phi(\theta_1,\theta_2)$最大当 $\theta_1\neq\theta_2$,唯一解是

$$\phi(x,y)=1,\text{当 }0\leqslant x\leqslant\alpha y,0\leqslant y\leqslant\alpha x,\quad \text{其他处为 }0,$$

这就是唯一的水平 α 的 UMPU 检验. 这是因为,在(4)式的第二式的约束下,不论怎样安排 ϕ 在 $y<x$ 处之值,也不会影响 $\beta_\phi(\theta_1,\theta_2)$当 $\theta_1<\theta_2$ 之值,而为使 $\beta_\phi(\theta_1,\theta_2)$当 $\theta_1<\theta_2$ 最大,ϕ 在 $y>x$ 部分之值,在(3)式的第二式的约束下,只有令 $\phi(x,y)=1$当 $0\leqslant x\leqslant\alpha y$ 才行. 同理讨论 ϕ 的另一部分.

21. **a**. 取定对立假设点$(\theta_1^{\circ},\theta_2^{\circ})$，$\theta_1^{\circ}<\theta_0<\theta_2^{\circ}$. 由 NP 基本引理易知：简单假设检验问题$(\theta_1^{\circ},\theta_0)\leftrightarrow(\theta_1^{\circ},\theta_2^{\circ})$的水平 α 的 UMP 检验为 $\phi(X_1,\cdots,X_n)=1$ 或 α，视 $M_x>\theta_0$或否而定，$M_x=\max(X_1,\cdots,X_n)$. 此检验对原假设 $H_1:\theta_2\leqslant\theta_0$ 也有水平 α，且当 $\theta_0\leqslant\theta_1^{\circ}<\theta_2^{\circ}$ 时在$(\theta_1^{\circ},\theta_2^{\circ})$点有功效 1，因此它就是 $\theta_2\leqslant\theta_0\leftrightarrow\theta_2>\theta_0$ 的 UMP 检验.

b. 设水平 $\alpha\in(0,1)$. 考虑检验问题 $\theta_2=\theta_0\leftrightarrow\theta_2>\theta_0$，不难证明：此假设的水平 α 的 UMP 检验存在唯一且就是 a 中求出的 ϕ. 有 $\beta_\phi(\theta_1,\theta_2)=\alpha$ 当 $\theta_2<\theta_0$，但检验$\tilde{\phi}$：

$$\tilde{\phi}(X_1,\cdots,X_n)=1,\text{当 }\theta_0-1-2\alpha\leqslant M_x\leqslant\theta_0-1-\alpha,\quad\text{其他处为 }0.$$

对原假设 $\theta_2=\theta_0$有水平 α 且$\beta_{\tilde{\phi}}(\theta_0-1-2\alpha,\theta_0-1-\alpha)=1$. 这证明了 UMP 检验不存在.

注　其所以肯定水平 α 的 UMP 检验唯一且就是 a 中的 ϕ，是因为：为使水平为 α，必须

$$n\int_{\theta_1}^{\theta_0}(x-\theta_1)^{n-1}\phi(x)\mathrm{d}x\leqslant(\theta_0-\theta_1)^n\alpha,\quad\text{对任何 }\theta_1<\theta_2.$$

另一方面，为使 $\beta_\phi(\theta_1,\theta_2)$当 $\theta_2>\theta_0$尽可能大，又必须使上式尽可能大. 故唯一的可能是 $\phi(x)=\alpha$，当 $x(=M_x)\leqslant\theta_0$.

为证 $\theta_2=\theta_0\leftrightarrow\theta_2\neq\theta_0$有 UMPU 检验，令 $\omega=\{(\theta_1,\theta_2):\theta_1<\theta_2=\theta_0\}$. 因任何检验的功效函数连续，对任何水平 α 的无偏检验 ϕ 有 $\beta_\phi(\theta)=\alpha$ 当 $\theta\in\omega$. 记 $m_x=\min(X_1,\cdots,X_n)$，对 ω，m_x为完全充分统计量，故任一无偏检验 ϕ 相对(m_x,ω)有 Neyman 结构. 在给定 $m_x=c$ 的条件下，M_x-m_x的条件分布，等于从 $R(0,\theta_2-c)$中抽出的 $n-1$ 个 iid. 样本的极大值的分布. 而在此条件下，原问题 $\theta_2=\theta_0\leftrightarrow\theta_2\neq\theta_0$成为：

$$X_1,\cdots,X_{n-1}\text{ iid.},\sim R(0,\theta);\quad\theta=\theta_0-c\leftrightarrow\theta\neq\theta_0-c,$$

按习题 5，此问题有 UMP 检验，它即是原问题 $\theta_2=\theta_0\leftrightarrow\theta_2\neq\theta_0$的 UMPU 检验（以上讨论适用于 $n>1$，请读者对 $n=1$ 的情况给出证明）.

22. (X_1,X_2)的联合分布为

$$P_{p_1,p_2}(X_1=x_1,X_2=x_2)=C(\theta,\varphi)\exp(\theta U(x_1,x_2)+\varphi T(x_1,x_2)),$$

其中 $\theta=\ln(p_2q_1/p_1q_2)$，$\varphi=\ln(p_1/q_1)$，$q_i=1-p_i$，$U(x_1,x_2)=x_2$，$T(x_1,$

$x_2) = x_1 + x_2$. $H_1 \leftrightarrow K_1$ 转化为 $H_1'(\theta \geqslant 0) \leftrightarrow K_1'(\theta < 0)$，$H_2 \leftrightarrow K_2$ 则转化为 $H_2'(\theta = 0) \leftrightarrow K_2'(\theta \neq 0)$. 要算条件分布 $U|T$，有

$$P_\theta(X_2 = x_2 \mid X_1 + X_2 = t) = C_t(\theta)\binom{m}{t - x_2}\binom{n}{x_2}e^{\theta x_2},$$

而在 $\theta = 0$ 时为超几何分布 $\binom{m}{t-x_2}\binom{n}{x_2}\Big/\binom{m+n}{t}$，由此得到 $H_1' \leftrightarrow K_1'$ 的水平 α 的 UMPU 检验为 $\phi_1(x_1, x_2) = 1, r_1$ 或 0，分别视 $x_2 <, =$ 或 $> c_1$. c_1 和 $r_1 \in [0,1]$ 由公式

$$\sum_{i=0}^{c_1-1}\binom{m}{t-i}\binom{n}{i} + r_1\binom{m}{t-c_1}\binom{n}{c_1}\Big/\binom{m+n}{x_1+x_2} = \alpha$$

确定. $H_2' \leftrightarrow K_2'$ 类似，结果为

$$\phi_2(x_1, x_2) = \begin{cases} 0, & c_1 < x_2 < c_2, \\ r_i, & x_2 = c_i, i = 1,2, \\ 1, & \text{其他}, \end{cases}$$

其中 c_i, r_i 由公式

$$\sum_{i=c_1-1}^{c_2-1}\binom{m}{t-i}\binom{n}{i} + \sum_{j=1}^{2}(1-r_j)\binom{m}{t-c_j}\binom{n}{c_j} = \binom{m+n}{x_1+x_2}\alpha,$$

$$\sum_{i=c_1-1}^{c_2-1} i\binom{m}{t-i}\binom{n}{i} + \sum_{j=1}^{2}(1-r_j)c_j\binom{m}{t-c_j}\binom{n}{c_j} = (1-\alpha)tn/(m+n)$$

确定. 这种常数的存在证明见习题 13.

23. a. $k(n,c) = 2\sum_0^{n-c}\binom{n}{i}\binom{n}{i+c}2^{-2n} = 2 \cdot 2^{-2n}\sum_0^{n-c}\binom{n}{i}\binom{n}{n-c-i} = 2^{-2n+1}\binom{2n}{n-c}$，当 $c \geqslant 0$ 时随 c 增加而下降. **b.** 以 $\bar{h}_c(n,p)$ 为例，所断言的结果在 $n = 1$ 时对. 用归纳法，记 $q = 1 - p$，有

$$\bar{h}_c(n+1,p) = 2pq\Big[\bar{h}_{c+1}(n,p) + \frac{1}{2}P_p(|Y_n - X_n| = c)$$

$$+ \frac{1}{2}P_p(|Y_n - X_n| = c-1)\Big] + (p^2+q^2)\bar{h}_c(n,p)$$

$$= pq[\bar{h}_{c+1}(n,p) + \bar{h}_{c-1}(n,p)] + (p^2+q^2)\bar{h}_c(n,p).$$

记 $\bar{h}_c(n+1,1/2) - \bar{h}_c(n+1,p) \equiv \Delta$. 利用归纳假设，有

$$\Delta > \frac{1}{4}[\bar{h}_{c+1}(n,1/2) + \bar{h}_{c-1}(n,1/2)] - pq[\bar{h}_{c+1}(n,1/2) + \bar{h}_{c-1}(n,1/2)]$$

$$- (p^2+q^2-1/2)\bar{h}_c(n,1/2).$$

因 $p^2+q^2-1/2 = 2(1/4-pq)$，有

$$\Delta > (1/4-pq)[\bar{h}_{c+1}(n,1/2) + \bar{h}_{c-1}(n,1/2) - 2\bar{h}_c(n,1/2)]$$

$$= (1/4-pq)[k(n,c-1) - k(n,c)].$$

由于 $p \neq 1/2$，再据已证的 a 知 $\Delta > 0$，于是完成了归纳证明. **c**. 因 $P_p(X_n = Y_n) = 1 - \bar{h}_1(n,p)$，由 b 即得. **d**. 用归纳法，当 $n=1$ 时对. 现有(记 $S_n = Y_n - X_n$)

$$P_p(S_n = d) = (p^2+q^2)P_p(S_{n-1} = d)$$

$$+ pq[P_p(S_{n-1} = d-1) + P_p(S_{n-1} = d+1)],$$

固定 r，把 $l_n(p)$ 记为 $l_n(c,p)$，则由上式有

$$l_n(c,p) = (p^2+q^2)l_{n-1}(c,p) + pql_{n-1}(c-1,p)$$

$$+ pql_{n-1}(c+1,p).$$

记 $l_n'(c,p) = \mathrm{d}l_n(c,p)/\mathrm{d}p$，有

$$l_n'(c,p) = (p^2+q^2)l_{n-1}'(c,p) + pql_{n-1}'(c-1,p) + pql_{n-1}'(c+1,p)$$

$$+ (4p-2)l_{n-1}(c,p) + (1-2p)l_{n-1}(c-1,p)$$

$$+ (1-2p)l_{n-1}(c+1,p).$$

据归纳假设，前三项之和非负，故只需证(因 $4p-2<0$)

$$l_{n-1}(c-1,p) + l_{n-1}(c+1,p) > 2l_{n-1}(c,p).$$

因 $c>0$，上式归结为 $P_p(S_n = c-1) \geqslant P_p(S_n = c)$ $(0<p\leqslant 1/2)$. 用归纳法，此式当 $n=1$ 时对. 设当 $n-1$ 时对，则在 $c>1$ 时，由 $P_p(S_n = c-1) = (p^2+q^2) \cdot P_p(S_{n-1} = c-1) + pqP_q(S_{n-1} = c-2) + pqP_p(S_{n-1} = c)$ 知当 n 时对(由归纳假设). 若 $c=1$，则

$$P_p(S_n=0)=(p^2+q^2)P_p(S_{n-1}=0)$$
$$+pqP_p(S_{n-1}=-1)+pqP_p(S_{n-1}=1),$$
$$P_p(S_n=1)=(p^2+q^2)P_p(S_{n-1}=1)$$
$$+pqP_p(S_{n-1}=0)+pqP_p(S_{n-1}=2).$$

二者相减,注意到 $P_p(S_{n-1}=-1)=P_p(S_{n-1}=1)$,有

$$\Delta\equiv P_p(S_n=0)-P_p(S_n=1)$$
$$=(p^2+q^2-pq)[P_p(S_{n-1}=0)-P_p(S_{n-1}=1)]$$
$$+pq[P_p(S_{n-1}=1)-P_p(S_{n-1}=2)].$$

据归纳假设,$\Delta\geqslant 0$,完成了归纳证明.

注　按上述推理只证明了 $l_n(c,p)$ 非降,但据归纳假设,$l_{n-1}(c',p)$,$c'=c,c\pm 1$ 中,至少有一个是严增的,因而 $l_{n-1}'(c',p)$(对某 $c'=c,c\pm 1$)在 $(0,1/2)$ 的任一子区间内以正 L 测度大于 0. 这证明了 $l_n'(c,p)$ 也具同一性质,因而为严增的.

24. **a**. 取检验问题 $H'(1/2,1/2)\leftrightarrow K'$,其水平 α 的 UMP 检验为 $\phi(x,y)=1,r$ 或 0,分别视 $y-x>,=$ 或 $<c$(c,r 与 (p_1',p_2') 无关,对 $p_2'=1-p_1'>p_1'$). 往证 $\beta_\phi(p_1,p_2)\leqslant\alpha$ 当 $p_2\leqslant p_1$,有

$$\beta_\phi(p_1,p_2)=\sum_{y-x>c}\binom{n}{x}\binom{n}{y}p_1{}^x p_2{}^y(1-p_1)^{n-x}(1-p_2)^{n-y}$$
$$+r\sum_{y-x=c}\binom{n}{x}\binom{n}{y}p_1{}^x p_2{}^y(1-p_1)^{n-x}(1-p_2)^{n-y}$$
$$=\sum_{i>c}^{n}\binom{n}{i}p_2{}^i(1-p_2)^{n-i}$$
$$\cdot\left[\sum_{x<i-c}\binom{n}{x}p_1{}^i(1-p_2)^{n-x}+r\binom{n}{i-c}p_1{}^{i-c}(1-p_1)^{n-i+c}\right].$$

由 $B(n,p)$ 为单调似然比族,而 $p_2\leqslant p_1$,故若把上式括号内的 p_1 改为 p_2,其值将下降,因此证明了 $\beta_\phi(p_1,p_2)\leqslant\beta_\phi(p_2,p_2)$ $(p_2\leqslant p_1)$. 因此,只需证 $\beta_\phi(p,p)\leqslant\alpha$. 但据上题 d,$\beta_\phi(p,p)<\beta_\phi(1/2,1/2)$ 当 $\alpha\leqslant 1/2$,而 $\beta_\phi(1-p,1-p)=\beta_\phi(p,p)$,故 $\beta_\phi(p,p)<\beta_\phi(1/2,1/2)=\alpha$,$0\leqslant p\leqslant 1$,$p\neq 1/2$.

注　$\alpha<1/2$ 保证了检验 ϕ 中的 $c>0$,或 $c=0$ 但 $r<1/2$. 这时当 $p<1/2$ 时有 $\beta_\phi(p,p)<\beta_\phi(1/2,1/2)$ 当 $c>0$,由上题 d 推出. 若 $c=0$,则

$$\beta_\phi(p,p)=\frac{1}{2}-\left(\frac{1}{2}-r\right)P_p(Y=X),$$

据上题 c 及 $r<1/2$,知 $\left(\frac{1}{2}-r\right)P_p(Y=X)>\left(\frac{1}{2}-r\right)P_{1/2}(Y=X)$,于是仍得 $\beta_\phi(p,p)<\beta_\phi(1/2,1/2)$.

b. 若 UMP 检验存在,则只能为 a 中求得的 ϕ. 但 $\beta_\phi(p,p)<\alpha$ 当 $p<1/2$,故对充分小的 ε 有 $\beta_\phi(p,p+\varepsilon)<\alpha$,而 $(p,p+\varepsilon)$ 为对立假设点. 这证明了 ϕ 不是无偏检验,因而不能是 UMP.

25. 这个结果的证明方法之一是穷举法. 任取一对立假设点 (p_1°,p_2°),在本例情况下可以证明:必存在原假设 $H(p_1\leqslant p_1)$ 上之一概率分布 ν,使分布 P_ν: $P_\nu(X=i,Y=j)=\int_{0\leqslant p_2\leqslant p_1\leqslant 1}P_{p_1}(X=i)P_{p_2}(Y=j)\mathrm{d}\nu(p_1,p_2)$ 有以下性质:$P_\nu\leftrightarrow(p_1^\circ,p_2^\circ)$ 的水平 α 的 UMP 检验 ϕ 对原假设 H 也有水平 α. 因此,若水平 α 的 UMP 检验存在,只能是 ϕ. 按 NP 基本引理,并考虑到水平值 α,ϕ 只能是以下五种形式之一(未提到之处 ϕ 值为 0):

$$\phi_1(0,0)=\alpha;\ \phi_2(1,1)=\alpha;\ \phi_3(0,1)=1,\ \phi_3(1,1)=\alpha;$$

$$\phi_4(0,1)=1;\ \phi_4(0,0)=(1-\alpha)/2;\ \phi_5(0,1)=1,\ \phi_5(1,0)=\alpha.$$

不难证明:$\phi_1\sim\phi_5$ 都不是水平 α 的 UMP 检验. 以 ϕ_3 为例,其功效函数为

$$\beta_3(p_1,p_2)=(1-p_1)p_2+\alpha p_1p_2,$$

而 ϕ_5 则为 $\beta_5(p_1,p_2)=(1-p_1)p_2+\alpha p_1(1-p_2)$. 在对立假设 $0<p_1<p_2<1/2$ 处,$\beta_3(p_1,p_2)<\beta_5(p_1,p_2)$,因而 ϕ_3 不是 UMP.

注　以 ϕ_5 为例,检验 $\phi(0,1)=1,\phi(1,0)=r$ 的功效函数为

$$\begin{aligned}\beta_\phi(p_1,p_2)&=(1-p_1)p_2+rp_1(1-p_2)\\&=rp_1+p_2[1-(1+r)p_1].\end{aligned}$$

要定出 $r\in[0,1]$,使 $\max\limits_{0\leqslant p_2\leqslant p_2\leqslant 1}\beta_\phi(p_1,p_2)\leqslant\alpha$. 由 $p_2\leqslant p_1$ 知,在 $p_1\geqslant\frac{1}{1+r}$ 时,$\beta_\phi(p_1,p_2)$ 最大为 r,当 $p_1<\frac{1}{1+r}$ 时,最大值为 $\max\limits_{0\leqslant p_1\leqslant 1}(rp_1+p_1(1-(1+$

$r)p_1))=(1+r)/4$. 为使其$\leqslant\alpha$,r 最大只能取α.

此结果应能推广到一般的 $n(>1)$. 又上题结果在一般的 m,n(m 不一定等于n)时也应当对,眼下作者还不知道如何去证明.

26. **a**. $H\leftrightarrow K$ 的水平α 的 UMPU 检验有形式 $\phi(x,y)=1,r$ 或 0,视 $y>$, $=$或$<c(x+y)$,c 为函数非乘数. 当 $x+y$ 充分大时,$\left[c(x+y)-(x+y)/2\right]\Big/\sqrt{\frac{1}{4}(x+y)}\approx u_\alpha$,此处 $\Phi(u_\alpha)=1-\alpha,\Phi\sim N(0,1)$. 这样,当 $x+y$ 充分大时,只要$\alpha\neq 1/2$,容易验证这样的 UMPU 检验与前述 ϕ 不合. 若$\alpha=1/2$,则 UMPU 检验要求在 $x+y$ 为奇数时,当 $y>x$ 时否定;当 $x+y$ 为偶数时,则当 $y>x$时否定,在 $y=x$ 以某一概率(>0,与 $x+y$ 有关)否定,这也与上述 ϕ 不符合. **b**. 因为$\lim\limits_{\lambda\to\infty}P_{\lambda,\lambda}(|X-Y|>a)=1/2$. **c**. 注意到对前述形式的 ϕ 有$\beta_\phi(\lambda,\mu)\leqslant\beta_\phi(\lambda,\lambda)$当 $\mu\leqslant\lambda$,当$\alpha=1/2$ 时,任一形如 $\phi(x,y)=I(y-x>a)$的检验 ϕ 满足$\sup\limits_{\mu\leqslant\lambda}\beta_\phi(\lambda,\mu)=1/2$. 若$\alpha>1/2$,则因对$\tilde{\phi}(x,y)=I(y-x\geqslant 0)$有$\sup\limits_{\mu\leqslant\lambda}\beta_{\tilde{\phi}}(\lambda,\mu)=1$,易见对适当的 $r\in(0,1]$,检验$\{\phi^*(x,y)=1$ 当 $y>x$, $=r$ 或 0 当 $y=x$ 或 $y<x\}$,满足$\sup\limits_{\mu\leqslant\lambda}\beta_\phi(\lambda,\mu)=\alpha$.

27. 设 $H(\theta\in A)\leftrightarrow K(\theta\in B)$在检验类$\mathscr{F}$中有水平$\alpha$ 的 UMP 检验$\psi(t)$. 任取 $H\leftrightarrow K$ 的水平α 检验$\phi(x)$,则$\tilde{\psi}_\eta(t)=\mathrm{E}_{\theta\eta}(\phi(X)\mid T=t)$满足条件 $\mathrm{E}_\theta\tilde{\psi}_\eta(T)=\mathrm{E}_{\theta\eta}\phi(X)\leqslant\alpha$ 对 $\theta\in A$,因而有 $\mathrm{E}_\theta\tilde{\psi}_\eta(T)\leqslant\mathrm{E}_\theta\psi(T)$对 $\theta\in B$,即 $\mathrm{E}_{\theta\eta}\phi(X)\leqslant\mathrm{E}_\theta\psi(T)$.

作为一个例子,设样本$(X_1,\cdots,X_k)$服从多项分布 $M(n,p_1,\cdots,p_k)$,要检验 $p_1\leqslant p_1^\circ\leftrightarrow p_1>p_1^\circ$,这里 p_1相当于θ 而$(p_2,\cdots,p_k)$相当于η. 麻烦的是η的取值范围依赖于θ 因而不合用. 改造一下,引进参数 $p_i'=p_i/(1-p_1)(i=2,\cdots,k)$,则$(X_1,\cdots,X_k)\equiv(X,Y)\sim M(p_1,p_1p_2',\cdots,p_1p_k')$,其中$(p_2',\cdots,p_k')$的范围为 $p_i'\geqslant 0$, $\sum p_i'=1$, 不依赖于 p_1. 把 p_1作为θ,$(p_2',\cdots,p_k')$作为η, $T=X_1$. 则 T 之分布只依赖于θ,而给定 $T=t$ 时,Y 的条件分布为 $M(n-t,\eta)$,不依赖θ,故 T 相对于θ 为充分统计量. 由于 $p_1\leqslant p_1^\circ\leftrightarrow p_1>p_1^\circ$在只依赖 T 的检验类中有 UMP 检验,故这个检验就是一切检验类中的 UMP 检验.

28. 记 $X=\sum\limits_{i=1}^n X_i$, $Y=(X_1,\cdots,X_n)$, $\lambda=\sum\limits_{i=1}^n\lambda_i$, $p_i=\lambda_i/\lambda(1\leqslant i\leqslant n)$. 可

以转化到样本(X,Y)去考虑,因(X,Y)与$(X_1,\cdots,X_n)$有一一对应. 令$T=X$,则$T\sim P(\lambda)$,T相对于λ为充分统计量(这利用到$Y|X\sim M(X,p_1,\cdots,p_n)$的事实). 于是原问题转化为由样本$X\sim P(\lambda)$去检验假设$\lambda\leqslant\lambda_0\leftrightarrow\lambda>\lambda_0$,而这有UMP检验.

注 值得注意的是:以上两应用例子都非直接用上题方法. 前一例改造了参数,后一例改造了样本. 另外,这一方法也适用于求UMPU检验. 试叙述有关结果并给一个例子.

29. **a**. 任取对立假设点$(\theta_1',\cdots,\theta_n')$,$\theta=\sum_{i=1}^n\theta_i'>\theta_0$. 考虑检验问题$H_1'(\theta_i=\theta_i'-(\theta'-\theta_0)/n,1\leqslant i\leqslant n)\leftrightarrow(\theta_1',\cdots,\theta_n')$,由NP基本引理推出其水平$\alpha$的UMP检验有否定域$\bar{X}>\theta_0+u_\alpha/\sqrt{n}(\Phi(u_\alpha)=1-\alpha)$. 易见此检验对原假设$H_1$也有水平$\alpha$,而它与$(\theta_1',\cdots,\theta_n')$无关,故就是$H_1\leftrightarrow K_1$的水平$\alpha$的UMP检验. **b**. 记$U=X_1$,$T=(X_2-X_1,\cdots,X_n-X_1)$. $(X_1,\cdots,X_n)$有联合密度$C(\theta_1,\cdots,\theta_n)\exp(\theta u+\varphi' t)$,$\varphi'=(\theta_2,\cdots,\theta_n)$,故符合定理5.8的情况. 因而知$\theta=\theta_0$有UMPU检验$\phi$,其否定域为

$$c_1(X_2-X_1,\cdots,X_n-X_1)<X_1<c_2(X_2-X_1,\cdots,X_n-X_1),$$

此可改写为$c_1(X_2-X_1,\cdots,X_n-X_1)+n^{-1}\sum_{i=2}^n(X_i-X_1)+X_1<c_2(X_2-X_1,\cdots,X_n-X_1)$,即$c_1'(X_2-X_1,\cdots,X_n-X_1)<\bar{X}<c_2'(X_2-X_1,\cdots,X_n-X_1)$,其中满足UMPU条件的那一个的取法是$c_1'=\theta_0-u_{\alpha/2}/\sqrt{n}$,$c_2'=\theta_0-u_{\alpha/2}/\sqrt{n}$. 这最后一步用到$\bar{X}$与$(X_2-X_1,\cdots,X_n-X_1)$独立这个事实. 这样得到$H_2\leftrightarrow K_2$的水平$\alpha$的UMPU有否定域$|\bar{X}-\theta_0|>u_{\alpha/2}/\sqrt{n}$.

30. 取定水平$\alpha\neq0,1$. 不妨设$\theta_0=0$. 若某检验ϕ满足条件:$|\{x_1,\cdots,x_n):\phi(x_1,\cdots,x_n)<\alpha'\}|>0$($|A|$表$A$的$L$测度),此处$\alpha'<\alpha$,则在$\sum_{i=1}^n x_i\neq0$处有此集之一全密点$\lambda=(\lambda_1,\cdots,\lambda_n)$. 这时易证(请证明):当$\sigma\to\infty$时$\limsup\beta_\phi(\lambda_1,\cdots,\lambda_n,\sigma)\leqslant\alpha'$,而$\lambda$在对立假设内,这与无偏性不合. 因此,$H_2\leftrightarrow K_2$的任何水平$\alpha(<1)$的无偏检验$\phi$必须满足$\phi\geqslant\alpha$ a.e. L于$\mathbb{R}^n$. 这样的检验中,唯有$\phi_\alpha\equiv\alpha$有水平α,而ϕ_α为水平α无偏,故为水平α的UMPU. 对$H\leftrightarrow K_1$,考虑检验

$$\phi(x_1,\cdots,x_n)=0 \text{ 或 } \min(2\alpha,1), \quad \text{分别视 } \overline{X}\leqslant 0 \text{ 或否}.$$

31. 取定 $p_0\in(1,2)$，$r=(2-p_0)/(3-p_0)$，$\alpha=p_0-1+r(2-p_0)$. 取对立假设点 $K_1'(1,p^\circ)$，$p_0-1<p^\circ<1$. 考虑检验问题 $H_1'(1,p_0-1)\leftrightarrow K_1'$，其水平 α 的 UMP 检验为

$$\phi_1(1,1)=1, \quad \phi_1(1,0)=r, \quad \text{其他点为 } 0,$$

其功效函数为 $\beta_1(p_1,p_2)=p_1p_2+rp_1(1-p_2)$，而

$$\max_{p_1+p_2\leqslant p_0}\beta_1(p_1,p_2)=\max_{p_0-1\leqslant p\leqslant 1}(p(p_0-p)+rp(1+p-p_0)),$$

括号内的函数为二次多项式，p^2 之系数小于 0，而它在 $p=1$ 处的导数为 0. 故 $\max\limits_{p_1+p_2\leqslant p_0}\beta_1(p_1,p_2)=p_0-1+r(2-p_0)=\alpha$，这证明 ϕ_1 是 $H\leftrightarrow K_1'$ 的水平 α 的 UMP 检验.

现取 $K_2'(p^\circ,1)$，$p_0-1<p^\circ<1$. 考虑检验问题 $H_2'(p_0-1,1)\leftrightarrow K_2'$，与上述完全类似的推理，得出此问题的水平 α 的 UMP 检验为

$$\phi_2(1,1)=1, \quad \phi_2(0,1)=r, \quad \text{其他点为 } 0.$$

二者结合，知 $H\leftrightarrow K$ 的水平 α 的 UMP 检验 ϕ 若存在，它必满足

$$\phi(1,1)=1, \quad \phi(1,0)=\phi(0,1)=r.$$

但这个检验的水平大于 α，此因其功效函数为

$$\beta(p_1,p_2)=p_1p_2+rp_1(1-p_2)+r(1-p_1)p_2,$$

而 $\max\limits_{p_1+p_2\leqslant p_0}\beta(p_1,p_2)=\max\limits_{p_0-1\leqslant p\leqslant 1}(p(p_0-p)+rp(1+p-p_0)+r(1-p)(p_0-p))$. 因 $p_0>1$，有 $r<1/2$，故括号内二次多项式中 p^2 项的系数小于 0，而它在 p_0-1 和 1 这两点取等值，故括号内的函数当 $p_0-1\leqslant p\leqslant 1$ 时，在 $p=1$ 处达到严格最小值 α，即 $\beta(p_1,p_2)>\alpha$ 对 $p_1+p_2=p_0$，$p_0-1<p_1<1$，因而其水平不为 α. 这证明了 $H\leftrightarrow K$ 的水平 α 的 UMP 检验不存在.

注　循上述解法的思想，读者应能对 $n=1$，任意 $m\geqslant 2$ 举出反例. 推想对一般 $n\geqslant 1$，$m\geqslant 2$ 也有这种反例. 这比较难，不妨一试.

32. **a**. 只需在 $\theta'=\theta_0$ 处证明这一事实，因若记 $\beta(\theta')=\alpha'$，则 $0<\alpha'<1$，否则将有 $\beta\equiv 0$ 或 1，与 $0<\alpha<1$ 不合. 所述 UMP 检验也是 $\theta\leqslant\theta'\leftrightarrow\theta>\theta'$ 的水平 α' 的 UMP 检验. 把 θ'，α' 改记为 θ_0，α，即回到 $\theta'=\theta_0$ 的情况. 由指数族的性质有

$\beta'(\theta_0)=Q'(\theta_0)\mathrm{E}_{\theta_0}(T(X)\phi(X))+\alpha C'(\theta_0)/C(\theta_0)$. 考虑下述问题：在 $\mathrm{E}_{\theta_0}\phi(X)=\alpha$ 的条件下使 $\mathrm{E}_{\theta_0}(T\phi)$ 达到最大. 按 NP 基本引理，这最大值在 $\phi(x)=\phi'(T(x))$，$\tilde{\phi}(T)=1, r, 0$，视 $T>c$，$=c$ 或 $<c$ 处达到，且任一达到最大的 ϕ^* 必须满足 $\phi^*(x)=1$ 当 $T(x)>c$，$\phi^*(x)=0$ 当 $T(x)<c$. 由此知 $\phi_\alpha\equiv\alpha$ 不能达到最大，此因 $0<\alpha<1$，若 ϕ_α 达到最大，则必须有 $\mu(\{x: T(x)\neq c\})=0$，这时分布族 $\{C(\theta)\mathrm{e}^{Q(\theta)T(X)}\mathrm{d}\mu(X), \theta\in\Theta\}$ 中只有一个分布，这不可能. 由于 ϕ_α 使 $\beta'(\theta_0)=0$ 而它又未使 $\beta'(\theta_0)$ 达到最大，只能有 $\max\beta'(\theta_0)>0$.

b. 可转移到 T 的分布族上去讨论，又不妨设 $Q(\theta)=\theta$(以 $\varphi=Q(\theta)$ 作为新参数)，即设分布族为 $C(\theta)\mathrm{e}^{\theta x}\mathrm{d}\mu(x)$. 取 $H_2\leftrightarrow K_2$ 来讨论. 任取 $\theta_1\neq\theta_0$，若 $\beta(\theta_1)=\alpha$，则 $\phi_\alpha\equiv\alpha$ 在 $H_2\leftrightarrow K_2$ 的一切水平 α 无偏检验中，使 θ_1 点处的功效达到最大，而具有这种性质的检验必须有 $\phi(x)=1$，或 0，分别视 $x<c_1$ 或 $>c_2$ 或者 $c_1<x<c_2$ 而定. 因此若 $\phi_\alpha\equiv\alpha$ 使 $\beta(\theta_1)$ 达到最大，则 $\mu(x)$ 的测度全集中在 $x=c_1, c_2$ 两点. 记 $p_\theta(X=c_1)=p(\theta)$，$P_\theta(X=c_2)=1-p(\theta)$. 任一检验 ϕ 的功效函数为 $\beta_\phi(\theta)=\phi(c_1)p(\theta)+\phi(c_2)[1-p(\theta)]=p(\theta)[\phi(c_1)-\phi(c_2)]+\phi(c_2)$，因 $p(\theta)$ 连续且不同的 θ 对应不同的分布，故 $p(\theta)$ 为严格单调. 这样一来，若 $\phi(c_1)\neq\phi(c_2)$，则当 $\beta_\phi(\theta_0)=\alpha$ 时，在 θ_0 的邻域内 β_ϕ 将取小于 α 之值，而 ϕ 不能为无偏检验. 因此必有 $\phi(c_1)=\phi(c_2)$，而 ϕ 恒等于一常数，此常数即是其水平 α.

33. 平凡. 用测度论中惯用的证法.

34. 固定 $\sigma=\sigma_0$. 不妨设 $\theta_0=0$，考虑检验问题 $H_0(\theta=\theta_0, \sigma=\sigma_0)\leftrightarrow K_0(\theta=\theta_1, \sigma=\sigma_0)$. 以 $\phi_{0\alpha}$ 记其水平 α 的 UMP 检验，则 $\beta_\phi(\theta_1, \sigma_0)\leqslant\beta_{\phi_{0\alpha}}(\theta_1, \sigma_0)$. 令 $Y_i=X_i/\sigma_0$，则在 H_0 和 K_0 下，Y_i 的分布分别为 $f(x)$ 和 $f(x-\theta_1/\sigma_0)$. 因此 $\beta_{\phi_{0\alpha}}(\theta_1, \sigma_0)$ 就是 $f(\cdot)\leftrightarrow f(\cdot-\theta_1/\sigma_0)$ 的水平 α 的 UMP 检验的功效. 以 $\tilde{\phi}=\tilde{\phi}_{0\alpha}(Y_1, \cdots, Y_n)=\phi_{0\alpha}(\sigma_0 Y_1, \cdots, \sigma_0 Y_n)$ 记此检验，则据上题，并记 $\tilde{f}(y_1, \cdots, y_n)=\prod_{i=1}^n f(y_i)$，有

$$|\beta_{\phi_{0\alpha}}(\theta_1, \sigma_0)-\alpha| = \left|\int\tilde{\phi}(\tilde{f}(y_1-\theta_1/\sigma_0, \cdots, y_n-\theta_1/\sigma_0) - \tilde{f}(y_1, \cdots, y_n))\mathrm{d}y_1\cdots\mathrm{d}y_n\right|$$

$$\to 0, \quad \text{当 } \sigma_0 \to \infty. \tag{4}$$

明所欲证.

注　引用上题以得到(4)式还须假定$\tilde{f}$连续. 若不连续,可找一串连续且为$\mathbb{R}^n$上的密度的函数$\{\tilde{f}_n\}$,使$\int |\tilde{f} - \tilde{f}_n| \mathrm{d}y \to 0$.

35. 考虑检验问题 $H_1(\theta_1 = \theta_{10}, \theta_2 = \theta_{20}) \leftrightarrow K_1(\theta_1 \neq \theta_{10}, \theta_2 = \theta_{20})$,它有水平 α 的 UMPU $\phi_1(x) = 1, r_i, 0$,分别视 $T_1(x) < c_1$ 或 $> c_2$, $T_1(x) = c_i$,或 $c_1 < T_1(x) < c_2$,而检验问题 $H_2(\theta_1 = \theta_{10}, \theta_2 = \theta_{20}) \leftrightarrow K(\theta_1 = \theta_{10}, \theta_2 \neq \theta_{20})$有水平 α 的 UMPU $\phi_2(y) = 1, r_i', 0$,视 $T_2(y) < c_1'$或$> c_2'$, $T_2(y) = c_i'$, $c_1' < T_2(y) < c_2'$. 而如果 $H \leftrightarrow K$ 的水平 α 的 UMPU 检验 ϕ 存在,它也是 $H_1 \leftrightarrow K_1$和 $H_2 \leftrightarrow K_2$的水平 α 的 UMPU 检验. 因此 $\phi = \phi_1 = \phi_2$(a.e.$\mu_1 \times \mu_2$). 这只有在 $\mu_1(T_1(X) \neq c_1, c_2) = 0$, $\mu_2(T_2(Y) \neq c_1', c_2') = 0$ 才可能,而且这时还必须有 $r_1 = r_2 = r_1' = r_2' = \alpha$,即 $\phi = \alpha$(a.e.$\mu_1 \times \mu_2$). 还须验证:在上述条件成立时,$\phi \equiv \alpha$ 确是水平 α 的 UMPU 检验, 这个不难.

后一部分的证明完全类似,不妨设 $\theta_0 = 0$,在 $\theta = (\theta_1, \cdots, \theta_k)$的分量 $\theta_2 = \cdots = \theta_k = 0$ 时,$T(X)$的第一分量 $T_1(X)$有指数型分布 $C_1(\theta_1)\mathrm{e}^{\theta_1 t}\mathrm{d}\mu^{T_1}(t)$,于是一切照前进行.

36. 为了避免行文上非实质性的麻烦,设 T 的分布连续,因而可在 ϕ_α中取消 r_i部分. 如果 $\alpha' = 1$,则可取 $c_{1\alpha'} = c_{2\alpha'} = (c_{1\alpha} + c_{2\alpha})/2$,满足所述要求,故可设 $\alpha < \alpha' < 1$.

取 u, $c_{1\alpha} < u < c_{2\alpha}$,使 $\int_u^{c_{2\alpha}} C(\theta_0)\mathrm{e}^{\theta_0 t}\mathrm{d}\mu^T(t) = \alpha' - \alpha$. 在一切满足条件

$$A \subset (c_{1\alpha}, c_{2\alpha}), \quad \int_A \mathrm{d}P_{\theta_0}^T(t) = \alpha' - \alpha$$

的集 A 中,以集$(u, c_{2\alpha})$使 $\int_A t\mathrm{d}P_{\theta_0}^T(t)$ 达到最大. 因而 $\int_u^{c_{2\alpha}} t\mathrm{d}P_{\theta_0}^T(t) \geqslant \frac{\alpha' - \alpha}{1 - \alpha}\int_{c_{1\alpha}}^{c_{2\alpha}} t\mathrm{d}P_{\theta_0}^T(t)$. 若等号成立,就取 $c_{1\alpha'} = c_{1\alpha}$, $c_{2\alpha'} = u$ 适合 $\phi_{\alpha'}$的要求. 若不等号成立,则对任何 $v \in (u, c_{2\alpha})$,存在 $d_v \in (c_{1\alpha}, v)$,使

$$\int_{c_{1\alpha}}^{d_v} \mathrm{d}P_{\theta_0}^T(t) + \int_v^{c_{2\alpha}} \mathrm{d}P_{\theta_0}^T(t) = \alpha' - \alpha,$$

且 d 是 v 的连续函数. 令

$$k(v)=\left(\int_{c_{1\alpha}}^{d_v}\mathrm{d}P_{\theta_0}^T(t)+\int_v^{c_{2\alpha}}\mathrm{d}P_{\theta_0}^T(t)\right)\Big/\int_{c_{1\alpha}}^{c_{2\alpha}}t\,\mathrm{d}P_{\theta_0}^T(t).$$

当 $v=u$(这时 $d_v=c_{1\alpha}$)时 $k(v)>(\alpha'-\alpha)/(1-\alpha)$，当 $v=c_{2\alpha}$时 $k(v)\leqslant(\alpha'-\alpha)/(1-\alpha)$(其理由与 $\int_u^{c_{2\alpha}}t\,\mathrm{d}P_{\theta_0}^T(t)\geqslant\dfrac{\alpha'-\alpha}{1-\alpha}\int_{c_{1\alpha}}^{c_{2\alpha}}t\,\mathrm{d}P_{\theta_0}^T(t)$ 类似)，故存在 $v_0\in(u,c_{2\alpha})$使 $k(v_0)=(\alpha'-\alpha)/(1-\alpha)$. 取 $c_{1\alpha'}=d_{v_0}$，$c_{2\alpha'}=v_0$，适合 $\phi_{\alpha'}$的要求.

当 T 的分布有原子时,可用类似于习题 13 的方法去处理.

37. **a**. 若$\sup\limits_{\theta\in H}P_\theta(S_\alpha)=\alpha_1<\alpha$. 考虑检验函数 ϕ：$\phi(x)=1$ 当 $x\in S_\alpha$，$=\alpha-\alpha_1$当 $x\overline{\in}S_\alpha$. 找 $\theta'\in K$ 使 $P_{\theta'}(S_\alpha)<1$，则 $P_{\theta'}(S_\alpha^{\ c})>0$，因而 $\beta_\phi(\theta')>\beta_{\phi_\alpha}(\theta')$而 ϕ 有水平 α，与 ϕ_α为水平 α 的 UMP 检验不合. **b**. 利用 a，显然. **c**. 一个反例(此反例取自 Lehmann，*Testing Statistical Hypothesis*，第 3 章习题)，X 取 1,2,3,4 为值，H 包含 P_0，P_1两个分布，K 包含分布 Q(如下表). 易验证 $S_{5/13}=\{1,3\}$，$S_{6/13}=\{1,2\}$(P_0的先验概率分别取 1/3 和 3/5).

	1	2	3	4
P_0	2/13	4/13	3/13	4/13
P_1	4/13	2/13	1/13	6/13
Q	4/13	3/13	2/13	4/13

38. 引进一个与 X 独立的 r.v.ξ，$P(\xi=i)=k^{-1}(1\leqslant i\leqslant k)$. 每抽出样本 X 时同时观察 ξ. 对每个 i，作 $\theta_i=\theta_{0i}\leftrightarrow\theta_i\neq\theta_{0i}$的水平 α 的 UMPU 检验 ϕ_i(θ_i，θ_{0i}分别是θ 和θ_0的 i 分量)，有 $\beta_{\phi_i}(\theta)>\alpha$ 当$\theta_i\neq\theta_{0i}$(见习题 32). 现考虑检验 ϕ：当 $\xi=i$ 时用ϕ_i. 则 $\beta_\phi(\theta)=\sum\limits_{i=1}^k\beta_{\phi_i}(\theta)/k$，由此知 ϕ 满足题中之要求.

39. 不妨设 $\theta_0=0$. 设 ϕ 为任一水平 α 无偏检验，以 $\beta(\theta)=\beta(\theta_1,\theta_2)$记其功效函数. 则 β 的任意阶(混合)偏导数都是解析函数.

因 β 连续，由 ϕ 无偏知$\beta(0,\theta_2)$当 $\theta_2\leqslant0$ 时之值为 α，故(由解析性)$\beta(0,\theta_2)=\alpha$ 对一切 θ_2. 取定 $\theta_2>0$，由无偏性知 $\beta(\theta_1,\theta_2)\geqslant\alpha$ 对一切 θ_1，故 $\beta(\theta_1,\theta_2)$作为θ_1的函数，在 $\theta_1=0$ 时取最小值. 因此$\partial'\beta(0,\theta_2)=0$ ($\partial'(0,\theta_2)=\partial\beta(\theta_1,\theta_2)/\partial\theta_1|_{\theta_1=0}$，以下类似记号有类似意义). 但$\partial'(0,\theta_2)$的解析函数，它当 $\theta_2>0$ 时为 0，故$\partial'(0,\theta_2)\equiv0$.

现取定 $\theta_2<0$. 若 $\beta(\cdot,\theta_2)$在 $\theta_1=0$ 处有局部极大或极小，为确定计设为极

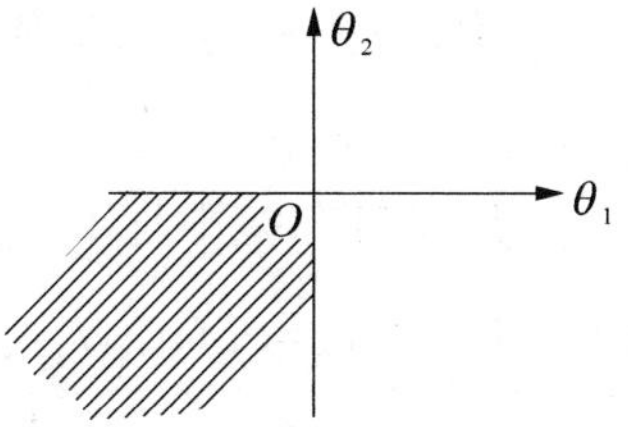

大,则由无偏性知存在 $\varepsilon>0$,使 $\beta(\theta_1,\theta_2)=\alpha$ 当 $0\leqslant\theta_1\leqslant\varepsilon$ 因而$\partial^2(0,\theta_2)=0$. 若$\theta_1=0$不为 $\beta(\cdot,\theta_2)$ 的局部极值点,则仍有$\partial^2(0,\theta_2)=0$. 因已有$\partial'(0,\theta_2)=0$,若$\partial^2(0,\theta_2)\neq 0$,$\theta_1=0$ 将是 $\beta(\cdot,\theta_2)$的局部极值点(如图). 因此$\partial^2(0,\theta_2)=0$ 对一切 $\theta_2<0$,故$\partial^2(0,\theta_2)\equiv 0$.

现取 $\theta_2>0$. 因 $\beta(\cdot,\theta_2)$在 $\theta_1=0$ 处达到极小而$\partial'(0,\theta_2)=\partial^2(0,\theta_2)=0$,因而必有$\partial^3(0,\theta_2)=0$. 因若不然,0 将是 $\beta(\cdot,\theta_2)$的拐点而非极值点,这样得到$\partial^3(0,\theta_2)\equiv 0$.

交替在>0和<0处固定 θ_2讨论,得$\partial^k(0,\theta_2)\equiv 0$ 对一切 $k\geqslant 1$,这样得到 $\beta(\theta_1,\theta_2)$与 θ_1无关,而

$$\beta(\theta_1,\theta_2)=\beta(0,\theta_2)\equiv\alpha,$$

再利用指数族的完全性,即得后一结论.

当 θ 的维数大于 2,例如为 3 维. 仍设 $\theta_0=0$,固定 $\theta_3\leqslant 0$,则 $\beta(\cdot,\cdot,\theta_3)$在 $\theta_1\leqslant 0,\theta_2\leqslant 0$ 处$\leqslant\alpha$,在其他处$\geqslant\alpha$. 故按已证部分(注意这个证明只依赖于 $\beta(\theta_1,\theta_2)$解析及其上述性质),$\beta(\cdot,\cdot,\theta_3)\equiv\alpha$ 当 $\theta_3\leqslant 0$,对 θ_1,θ_2类似论证可得 $\beta(\theta_1,\theta_2,\theta_3)$当 θ_i 中至少有一个为$\leqslant 0$ 时,取值 α. 于是再固定 $\theta_3>0$ 对 $\beta(\cdot,\cdot,\theta_3)$重复上述推理,知 $\beta\equiv\alpha$. 使用归纳法,可对 θ 为任意维数的情况作证明.

40. 前一问平凡. 对后一问,把$(X_1,\cdots,X_n)$的分布写成标准指数型

$$P_\theta(X_j=x_j,1\leqslant j\leqslant n)=C(\theta)\exp(\theta_1T_1+\theta_2T_2),$$
$$x_j=0,1,\quad 1\leqslant j\leqslant n,$$

其中 $C(\theta)=\prod_{j=1}^n[1+\exp(\theta_1+j\theta_2)]^{-1}$,$T_1=\sum_{j=1}^n X_j$,$T_2=\sum_{j=1}^n jX_j$. 于是按定理 5.8,$H\leftrightarrow K$ 的水平 α 的 UMPU 检验 ϕ 为:$\phi=1,r,0$,视 $\sum_{j=1}^n jX_j>c\left(\sum_{j=1}^n X_j\right)$,$=c\left(\sum_{j=1}^n X_j\right)$或$<c\left(\sum_{j=1}^n X_j\right)$$\cdot$ c (c 是函数,不是乘数),r 的确定要找出在$\theta_2=0$时的条件分布$\sum_{j=1}^n jX_j\left|\sum_{j=1}^n X_j=a\right.$,这个分布 P_a^* 是($a(a+1)/2\leqslant k\leqslant a(2n-a+1)/2$)

$$P_a^*(k) = (\text{一切形如 } j_1 + \cdots + j_a \text{ 的量中等于} k \text{ 的个数}) \Big/ \binom{n}{a},$$

$j_1, \cdots, j_a$ 的变化范围是 $1 \leqslant j_1 < \cdots < j_a \leqslant n$. 于是,在有 $3\sum_{i=1}^{n} X_i = a$ 并给定水平 α 后,找 $c = c(a), r = r(a)$, 使

$$\sum_{k=c+1}^{n} P_a^*(k) + rP_a^*(c) = \alpha.$$

41. 作法同上题. 本题解决过程中涉及求条件分布 $\sum_{j=1}^{n} jX_j \Big| \sum_{i=1}^{n} X_i{}^2$,其中 $X_1, \cdots, X_n$ iid., $\sim N(0, \sigma^2)$. 作正交变换 $Y_1 = c\sum_{j=1}^{n} jX_j$, $Y_i = \sum_{j=1}^{n} c_{ij}X_j$, $2 \leqslant i \leqslant n$ $\left(c = \left(\sum_{j=1}^{n} j^2\right)^{-1/2}\right)$, 这可转化为求条件分布 $\dfrac{Y_1}{\left(\sum_{j=1}^{n} Y_j{}^2\right)^{1/2}} \Big| \sum_{j=1}^{n} Y_j{}^2$. 因

$Y_1 \Big/ \sqrt{\sum_{j=1}^{n} Y_j{}^2} = T/\sqrt{1+T^2}$,其中 $T = Y_1 \Big/ \sqrt{\sum_{j=2}^{n} Y_j{}^2}$,转化为求 $T \Big| \sum_{j=1}^{n} Y_j{}^2$. 易见 T 与 $\sum_{j=1}^{n} Y_j{}^2$ 独立, $\sqrt{n-1}T \sim t_{n-1}$,问题解决了.

42. 此题可直接用定理 5.8 解决. 另一种较简单的作法如下:令 $Z_i = Y_i - X_i$, $Z_{n+i} = Y_i + X_i$ $(1 \leqslant i \leqslant n)$, 则 $Z_1, \cdots, Z_{2n}$ 独立, $Z_i \sim N(\theta, 2\sigma^2)$, $Z_{n+i} = N(\theta + 2\varphi_i, 2\sigma^2)$ $(1 \leqslant i \leqslant n)$. 对 $Z_1, \cdots, Z_{2n}$ 用定理 5.8,最后落实到在 $\theta = 0$ 的情况下求条件分布 $\bar{Z} \Big| \left(\sum_{i=1}^{2n} Z_i{}^2, Z_{n+1}, \cdots, Z_{2n}\right)$,此处 $\bar{Z} = \sum_{i=1}^{n} Z_i/n$,而这相当于求 $\bar{Z} \Big| \sum_{i=1}^{n} Z_i{}^2$. 这个问题已经在习题 41 中解决过结果是:当 $\sqrt{n(n-1)}\bar{Z} \Big/ \sqrt{\sum_{i=1}^{n} (Z_i - \bar{Z})^2} \leqslant t_{n-1}(\alpha)$ 时否定.

43. 以 $\mathscr{F}$ 记一切水平 α 检验之集,记 $\beta = \sup\{\beta_\phi(K): \phi \in \mathscr{F}\}$,则有 $\{\phi_n\} \subset \mathscr{F}$ 使 $\beta_{\phi_n}(K) \to \beta$. 由于样本空间只含可列个点,可取出子列 ϕ_{n_i},使 $\lim_{i \to \infty} \phi_{n_i}(j) = c_j$ $(1 \leqslant j \leqslant m)$ 存在. 令 $\phi(j) = c_j$ $(1 \leqslant j \leqslant m)$, 则 $\phi \in \mathscr{F}$ 且 $\beta_\phi(K) = \beta$,因而 ϕ 就是 $H \leftrightarrow K$ 的水平 α 的 UMP 检验.

注　对任何欧氏样本空间,如果样本分布族受控于一 σ 有限测度,则本题结

果仍成立，参看 Lehmann 著《Testing Statistical Hypothesis》的附录.

44. **a**. 作变换 $U_i=\Delta_0 X_i+Y_i, V_i=X_i-\Delta_0^{-1}Y_i\ (i=1,\cdots,n)$. 则 $\Delta=\Delta_0$ 转化为 $\mathrm{Cov}(U_i,V_i)=0$，因此，所讨论的问题转化为对 $N(\theta_1,\theta_2,\sigma_1^2,\sigma_2^2,\rho)$ 中的样本 $(X_i,Y_i)(1\leqslant i\leqslant n)$，去检验假设 $\rho=0\leftrightarrow\rho\neq 0$. 用定理 5.8，得到此问题的 UMPU 检验有接受域 $\left|\sum_{i=1}^n X_iY_i\right|\leqslant C\left(\sum_{i=1}^n X_i,\sum_{i=1}^n Y_i,\sum_{i=1}^n X_i^2,\sum_{i=1}^n Y_i^2\right)$. 为求出 $C(\cdot)$，要在 $\rho=0$ 之下算条件分布 $\sum_{i=1}^n X_iY_i\left|\left(\sum_{i=1}^n X_i,\cdots,\sum_{i=1}^n Y_i^2\right)\right.$，此等价于条件分布 $r\left|\left(\sum_{i=1}^n X_i,\cdots,\sum_{i=1}^n Y_i^2\right)\right.$，$r$ 为样本相关系数. 因为在 $\rho=0$ 时 $\left(\sum_{i=1}^n X_i,\cdots,\sum_{i=1}^n Y_i^2\right)$ 为完全充分计量，而此时 r 的分布不依赖于 $(\theta_1,\theta_2,\sigma_1^2,\sigma_2^2)$，按 Basu 定理知，$r$(在 $\rho=0$ 时)与 $\left(\sum_{i=1}^n X_i,\cdots,\sum_{i=1}^n Y_i^2\right)$ 独立，因而其条件分布即无条件分布，见第 1 章习题 69. 利用该题求出的 r 的密度形式，不难算出 $r/[(1-r^2)/(n-2)]^{1/2}\sim t_{n-2}$，这样求得接受域为 $|r|\leqslant t_{n-2}(\alpha/2)/[n-2+t_{n-2}^2(\alpha/2)]^{1/2}$. 把 r 表达式中的 (X_i,Y_i) 换为 (U_i,V_i)，即得原问题的水平 α 的 UMPU，有接受域

$$\left(S_x^2=\sum_{i=1}^n(X_i-\bar{X})^2, S_{XY}^2=\sum_{i=1}^n(X_i-\bar{X})(Y_i-\bar{Y}),\cdots\right),$$

$$|\Delta_0^2S_x^2-S_y^2|/[(\Delta_0^2S_x^2+S_y^2)-4\Delta_0^2S_{xy}^2]^{1/2}\leqslant c.$$

b. 因 $\Delta=1$，有 $\sigma_1^2=\sigma_2^2\equiv\sigma^2$. 作变换 $U_i=X_i+Y_i, V_i=Y_i-X_i(1\leqslant i\leqslant n)$，则 $U_1,\cdots,V_n$ 全体独立，$U_i\sim N(\theta_1+\theta_2,2\sigma^2(1+\rho))$，$V_i\sim N(\theta,2\sigma^2(1-\rho))$. 用定理 5.8，得到 $\theta=0\leftrightarrow\theta\neq 0$ 的水平 α 的 UMPU 有接受域 $\left|\sum_{i=1}^n V_i\right|\leqslant c\left(\sum_{i=1}^n U_i,\sum_{i=1}^n U_i^2,\sum_{i=1}^n V_i^2\right)$，$c(\cdot)$ 的确定要根据条件分布 $\sum_{i=1}^n V_i\left|\left(\sum_{i=1}^n U_i,\sum_{i=1}^n U_i^2,\sum_{i=1}^n V_i^2\right)\right.$(在 $\theta=0$ 之下). 由于 U,V 独立，此相当于求条件分布 $\sum_{i=1}^n V_i\left|\sum_{i=1}^n V_i^2\right.$. 这个问题已在前面解决过，得到接受域为

$$\left|\sqrt{n(n-1)}\right|\bar{V}\left|\middle/\left(\sum_{i=1}^{n}(V_i-\bar{V})^2\right)^{1/2}\leqslant t_{n-1}(\alpha/2)\right..$$ 易算出

$$\bar{V}=\bar{Y}-\bar{X},\quad \sum_{i=1}^{n}(V_i-\bar{V})^2=S_X{}^2+S_Y{}^2-2S_{XY}{}^2.$$

于是得到水平 α 的 UMPU 检验的否定域为

$$\sqrt{n(n-1)}(\bar{Y}-\bar{X})|(S_X{}^2+S_Y{}^2-2S_{XY}{}^2)^{1/2}\leqslant t_{n-1}(\alpha/2).$$

45. 第一个方法是:功效函数 $1-\int_{2c_1/\theta}^{2c_2/\theta}k_{2n}(t)\mathrm{d}t$ 在 θ_0 处达到最小,故其导数(对 θ)在 θ_0 处为 0. 第二个方法是:把积分

$$\int_{2c_1/\theta_0}^{2c_2/\theta_0}tk_{2n}(t)\mathrm{d}t=[2^n\Gamma(n)]^{-1}\int_{2c_1/\theta_0}^{2c_2/\theta_0}\mathrm{e}^{-t/2}t^n\mathrm{d}t$$

中的 $\mathrm{e}^{-t/2}t^n\mathrm{d}t$ 写为 $t^n\mathrm{d}(-2\mathrm{e}^{-t/2})$,作分部积分,再利用(5.29)式的第一式即得.

46. **a**. 此等价于证明

$$\ln f(x'-\theta)+\ln f(x-\theta')\leqslant\ln f(x-\theta)+\ln f(x'-\theta'),$$
$$x<x',\theta<\theta'. \tag{6}$$

找 $0<t<1$ 使 $x-\theta=t(x-\theta')+(1-t)(x'-\theta)$,则 $x'-\theta'=(1-t)(x-\theta')+t(x'-\theta)$,故知当 $-\ln f$ 为凸时上式成立. 为证必要性,设 $a<b$,找 $x<x',\theta<\theta'$ 使 $x'-\theta'=x-\theta$,且 $x-\theta'=a,x'-\theta=b$,则 $x-\theta=\frac{1}{2}(x-\theta+x'-\theta')=\frac{1}{2}(a+b)$. 由(6)式得 $\frac{1}{2}[-\ln f(a)-\ln f(b)]\geqslant-\ln f\left(\frac{1}{2}(a+b)\right)$. 再由 f 连续,即知 $-\ln f$ 为凸的. **b**. 替代(6)式,现有 $\ln h(x'/\sigma)+\ln h(x/\sigma')\leqslant\ln h(x/\sigma)+\ln h(x'/\sigma')$,当 $0<x<x',0<\sigma<\sigma'$. 令 $x=\mathrm{e}^y,x'=\mathrm{e}^{y'},\sigma=\mathrm{e}^\theta,\sigma'=\mathrm{e}^{\theta'}$,上式转化为 $\ln h(\mathrm{e}^{y'-\theta})+\ln(\mathrm{e}^{y-\theta'})\leqslant\ln H(\mathrm{e}^{y-\theta})+\ln h(\mathrm{e}^{y'-\theta'})$. 这相当于(6)式的 $f(y)=h(\mathrm{e}^y)$ 的情况. **c**. 考虑

$$h(x)=\begin{cases}\exp(-c(1-5x+x^2)), & x\geqslant 0,\\ \exp(-c(1-5x)), & x<0,\end{cases}$$

适当取 $c>0$ 以使 h 在 $(-\infty,\infty)$ 的积分为 1. **d**. Cauchy 分布 $h(x)=$

$\pi^{-1}(1+x^2)^{-1}$.

47. 任取 $t_0\in\mathscr{T}$. 因 $T(x)=\mathscr{T}$,有 x_0 使 $T(x_0)=t_0$. 记 $x_0{}'=g^{-1}x_0$, $t_0{}'=T(x_0{}')$,则 $g^*t_0{}'=T(gx_0{}')=T(x_0)=t_0$. 因而 $g^*(\mathscr{T})=\mathscr{T}$. 设 $t_1\neq t_2$,令 $T(x_i)=t_i(i=1,2)$. 则 $g^*t_i=T(gx_i)$. 若 $T(gx_1)=T(gx_2)$,则由(5.41)式有 $T(g^{-1}gx_1)=T(g^{-1}gx_2)$,即 $t_1=t_2$,矛盾. 故 g^* 为 $\mathscr{T}$ 到 $\mathscr{T}$ 上的一一变换. 现任取 $t_0\in\mathscr{T}$,记 $(g^{-1})^*t_0=T(g^{-1}x_0)\equiv t_1$,此处 $T(x_0)=t_0$. 则 $g^*t_1=T(gx_1)$,此处 $T(x_1)=t_1$,因而 $T(g^{-1}x_0)=T(x_1)$,故 $t_0=T(x_0)=T(gg^{-1}x_0)=T(gx_1)=g^*t_1=g^*(g^{-1})^*t_0$. 由 t_0 的任意性知 $(g^{-1})^*=(g^*)^{-1}$. 现设 $g_1^*u=v$, $g_2^*t_0=u$. 取 x_0,x_1,使 $t_0=T(x_0)$, $u=T(x_1)$,则 $u=T(g_2x_0)$, $v=T(g_1x_1)$. 故 $T(g_2x_0)=T(x_1)$,因而 $T(g_1g_2x_0)=T(g_1x_1)=v$,即 $v=(g_1g_2)^*t_0$,而 $v=g_1^*(g_2^*t_0)$. 由 t_0 的任意性知 $(g_1g_2)^*=g_1^*g_2^*$.

48. 先证明:$T^{-1}(g^*B)=gT^{-1}(B)$, $B\subset\mathscr{T}$. 事实上,

$$\begin{aligned} x\in T^{-1}(g^*B) \quad &\Leftrightarrow \quad T(x)\in g^*B \quad \Leftrightarrow \quad g^{*-1}T(x)\in B \\ &\Leftrightarrow \quad T(g^{-1}x)\in B \quad \Leftrightarrow \quad g^{-1}x\in T^{-1}(B) \\ &\Leftrightarrow \quad x\in gT^{-1}(B), \end{aligned}$$

故 $P_{g\theta}^T(g^*B)=P_{g\theta}^X(T^{-1}(g^*B))=P_{g\theta}^X(gT^{-1}(B))=P_\theta^X(T^{-1}(B))=P_\theta^T(B)$.

49. 因为 $\beta_{\phi(g^{-1}x)}(\bar{g}\theta)=\beta_\phi(\theta)$,有 $\beta_\alpha^*(\bar{g}\theta)\geqslant\beta_\alpha^*(\theta)$. 换 $\bar{g}$ 为 $\bar{g}^{-1}$, θ 为 $\bar{g}\theta$,得其反面.

50. **a**. 记 $A_c=\{x:x\in\mathscr{X},m(x)=c\}$. 若 A_c 非空,以 G_c 记 A_c 到 A_c 上的一切一一变换的群. 取 G 为一切由 $\mathscr{X}$ 到 $\mathscr{X}$ 上的这样的一一变换 g:g 在 A_c 上是 G_c 的某一成员. **b**. 对每个 $c\in\mathbb{R}^1$,取一个 $\mathbb{R}^{n-1}$ 到 $\mathbb{R}^{n-1}$ 上的一一变换群 G_c,满足条件:对任何 $x'\in\mathbb{R}^{n-1}$, $x''\in\mathbb{R}^{n-1}$,存在 $g_c\in G_c$,使 $g_cx'=x''$. G 由 $\mathbb{R}^n$ 到 $\mathbb{R}^n$ 上的一切下述形式的一一变换 g 组成:对 $x=(x_1,\cdots,x_{n-1},x_n)$,记 $\tilde{x}=(x_1,\cdots,x_{n-1})$,则 $gx=(g_c\tilde{x},c-[g_c\tilde{x}])$,其中 $[g_c\tilde{x}]$ 为 $g_c\tilde{x}$ 的一切分量之和. 一个线性变换群 G 是:G 包含一切满足下述条件的 n 阶方阵 $(c_{ij})_1{}^n$:① 方阵 $(c_{ij})_1{}^{n-1}$ 满秩. ② $\sum\limits_{i=1}^n c_{ij}=1$. ③ $c_{in}=0(1\leqslant i\leqslant n-1)$. ④ $c_{nn}=1$.

51. 一个反例如下:$\mathscr{X}=\mathbb{R}^n$, X 的分布族中包含一切形如 $f(\sum\limits_{i=1}^n x_i{}^2)\mathrm{d}x_1\cdots\mathrm{d}x_n$ 的分布, G 为 $\mathbb{R}^n$ 上的正交变换群. 这时,参数空间(一切满足上述条件的 f 组成的空间)上的导出群只含一个恒等变换,故任一检验 ϕ 的功效函数都不变,但不

变检验是只依赖于 $\sum_{i=1}^{n} x_i^2$ 的检验.

52. 有 $E_{g\theta}\phi(T) = E_\theta\phi(T)$,即 $E_\theta(\phi(g^* T)) = E_\theta\phi(T)$对一切 $\theta\in\Theta$. 由 T 的完全性知 $\phi(g^* T) = \phi(T)$ a.s. P_θ^T,对一切 $\theta\in\Theta$(证明中并未用到 T 为充分).

53. 设 $\phi(x)$为一不变检验,则 $\beta_\phi(\theta)$不变. 记 $\psi(T) = E(\phi(X)\mid T)$,则 $\beta_\psi(\theta) = \beta_\phi(\theta)$,因而 $\beta_\psi(\theta)$不变. 据上题,$\psi(T)$为几乎不变. 若满足一定条件,则 $\psi(T)$等价于一不变检验 $\hat{\psi}(T)$,这时 $\beta_{\tilde{\psi}}(\theta) = \beta_\psi(\theta) = \beta_\phi(\theta)$. 这证明了:若$\tilde{\psi}$是依赖于 T 的一切不变检验中的 UMP 检验,则它也是一切不变检验中的 UMP 检验.

54. **a**. 极大不变量为 $m = m(x) = I(x>0)$,其分布为

$$\begin{aligned} P_\theta^m(1) &= \int_0^\infty \{\pi[1 + (x-\theta)^2]\}^{-1}\mathrm{d}x \\ &= \pi^{-1}\int_\theta^\infty (1 + x^2)^{-1}\mathrm{d}x \\ &= 1 - P_\theta^m(0). \end{aligned}$$

$P_\theta^m(1)$随 θ 增加而增加,故 m 的分布为 MLR 族,因而 $\theta\leqslant 0\leftrightarrow\theta>0$ 的基于 m 的检验类中有 UMP 检验,为 $\phi_\alpha(1) = 2\alpha$,$\phi_\alpha(0) = 0$ 当 $\alpha\leqslant 1/2$;$\phi_\alpha(1) = 1$,$\phi_\alpha(0) = 2\alpha - 1$ 当 $\alpha>1/2$. **b**. 因 $\alpha<1/2$,存在 $c>0$ 使 $\pi^{-1}\int_c^\infty (1 + x^2)^{-1}\mathrm{d}x > \alpha$. 固定 $\theta_1\in(0,c)$,来考虑检验问题 $H:\theta\leqslant 0\leftrightarrow K_1:\theta=\theta_1$. 为此考虑 $H:\theta=0\leftrightarrow K_1:\theta=\theta_1$. 按 NP 基本引理,其水平 α 的 UMP 检验有否定域$(1+x^2)/[1+(x-\theta_1)^2]>a$,对于某个 a. 容易证明:当 $a>1$ 时,此否定域有 $l_a<x<L_a$ 的形式,其中 $l_a>\theta_1/2$,且当 $a\downarrow 1$ 时 $l_a\downarrow\theta_1/2$,$L_a\uparrow\infty$. 因而(由 $\alpha<1/2$ 及上述 c 的取法)存在 $a_0>1$,使 $\pi^{-1}\int_{l_{a_0}}^{L_{a_0}} (1 + x^2)^{-1}\mathrm{d}x = \alpha$. 由于 $l_{a_0}>0$,对任何 $\theta<0$ 有 $\pi^{-1}\int_{l_{a_0}}^{L_{a_0}}[1 + (x-\theta)^2]^{-1}\mathrm{d}x<\alpha$. 这说明,以$(l_{a_0}, L_{a_0})$为否定域之检验 $\phi_{\alpha\theta_1}$是 $H\leftrightarrow K_1$的水平 α 的 UMP 检验. 由于在 $\theta_1\in(0,c)$内 $\phi_{\alpha\theta_1}$与 θ_1有关,知 $\theta\leqslant 0\leftrightarrow\theta>0$ 的水平 α 的 UMP 检验不存在.

55. **a**. 转移到充分统计量$(\bar{X}, \bar{Y}, s_X^2, s_Y^2)$,

$$s_X^2 = \sum_{i=1}^{m}(X_i - \bar{X})^2/(m-1),$$

$$s_Y{}^2 = \sum_{i=1}^{n}(Y_i - \overline{Y})^2/(n-1).$$

原变换在此统计量诱导出变换 $\overline{X}' = c\overline{X} + d_1$, $\overline{Y}' = c\overline{Y} + d_2$, $s_X{}'^2 = c^2 s_X{}^2$, $s_Y{}'^2 = c^2 s_Y{}^2$, 不难看出其极大不变量为 $s_X{}^2/s_Y{}^2$, 其分布族为 $\{\Delta f_{m-1,n-1}(\Delta x)\mathrm{d}x : \Delta \in \mathbb{R}^1\}$,其中 $\Delta = \sigma_2{}^2/\sigma_1{}^2$. 原假设检验问题成为 $\Delta \geqslant 1 \leftrightarrow \Delta < 1$,不难验证它有 UMP 检验,否定域为$\{s_X{}^2/s_Y{}^2 > F_{m-1,n-1}(\alpha)\}$,这就是原问题的水平 α 的 UMPI 检验. **b**. 转移到充分统计量$(\overline{X}, \overline{Y}, s)$, $s = [(m+n)/(mn(m+n-2))]^{1/2}\left(\sum_{i=1}^{m}(X_i - \overline{X})^2 + \sum_{j=1}^{m}(Y_j - \overline{Y})^2\right)^{1/2}$. 在其上诱导出的变换为 $\overline{X}' = c\overline{X} + d$, $\overline{Y}' = c\overline{Y} + d$, $s' = cs$,极大不变量为 $m = (\overline{Y} - \overline{X})/s$,其分布族为$\{t_{m+n-2,\delta}, \delta \in R_1\}$. 原检验问题转化为 $\delta \geqslant 0 \leftrightarrow \delta < 0$,它有水平 α 的 UMP 检验,以 $m < -t_{m+n-2}(\alpha)$ 或$(\overline{X} - \overline{Y})/s > t_{m+n-2}(\alpha)$ 为否定域. 这就是原检验问题在所给变换群下的水平 α 的 UMPI 检验.

56. **a**. 转移到充分统计量(M_x, M_y), $M_x = \max X_i$, $M_y = \max Y_j$,在其上诱导出的变换群是 $M_x' = cM_x$, $M_y' = cM_y$, $c > 0$,其极大不变量为 $m = M_y/M_x$. m 有分布族$\{\Delta f(\Delta t)\mathrm{d}t : \Delta > 0\}$,其中 $\Delta = \theta_1/\theta_2$, $f(t) = \frac{mn}{m+n}t^{n-1}$ 或 $\frac{mn}{m+n}t^{-(m+1)}$,视 $0<t<1$ 或 $t\geqslant 1$. 而原检验问题转化为 $\Delta\geqslant 1\leftrightarrow\Delta<1$. 容易验证后者有 UMP 检验,否定域为 $m > c_\alpha\left(c_\alpha = \left(\frac{n}{(m+n)\alpha}\right)^{1/m}\right)$当 $\alpha \leqslant n/(m+n)$, $c_\alpha = [m^{-1}(m+n)(1-\alpha)]^{1/n}$ 当 $\alpha > n/(m+n)$. **b**. 与 a 类似,用充分统计量(m_x, M_x, m_y, M_y), M_x, M_y 同前,而 $m_x = \min X_i$, $m_y = \min Y_j$. 诱导变换为 $m_x' = cm_x + d_1$, $M_x' = cM_x + d_1$, $m_y' = cm_y + d_2$, $M_y' = cM_y + d_2$,极大不变量为 $m = (M_y - m_y)/(M_x - m_x)$,它有分布族$\{\Delta f(\Delta t)\mathrm{d}t : \Delta > 0\}$,其中 $\Delta = \frac{\theta_2 - \theta_1}{\varphi_2 - \varphi_1}$,而 $f(t) = \frac{n(n-1)}{m(m-1)}t^{n-2}\int_0^{\min(1,t^{-1})} x^{m+n-3}(1-x)(1-tx)\mathrm{d}x$, $t > 0$,再去考虑在此分布族下,$\Delta \geqslant 1 \leftrightarrow \Delta < 1$ 有无 UMP 检验.

57. **a**. 记 m_x, m_y 如上题,则$(U_1, V_1, U_2, V_2) = \left(\sum_{i=1}^{m} X_i, m_x, \sum_{i=1}^{m} Y_i, m_y\right)$为充分统计量. 原变换在其上导出的变换为

$$U_1{}' = cU_1 + md_1, \quad V_1{}' = cV_1 + d_1,$$

$$U_2{}' = cU_2 + nd_2, \quad V_2{}' = cV_2 + d_2,$$

极大不变量是 $T = \dfrac{U_1 - mV_1}{U_2 - nV_2}$,其分布,因 T 的分子分母独立,分子$/\sigma_1 \sim \chi_{2m-2}{}^2$,分母$/\sigma_2 \sim \chi_{2n-2}{}^2$,知 T 的分布为$\{\Delta f_{2m-2,2n-2}(\Delta x)\mathrm{d}x, \Delta > 0\}$,其中 $\Delta = \dfrac{(n-1)\sigma_2}{(m-1)\sigma_1}$. 原检验问题成为 $\Delta \leqslant \dfrac{n-1}{m-1}\Delta_0 \leftrightarrow \Delta > \dfrac{n-1}{m-1}\Delta_0$. 这问题有 UMP 检验,否定域为 $T < \left(\dfrac{n-1}{m-1}\Delta_0\right)^{-1} F_{2m-2,2n-2}(1-\alpha)$ 或 $T^{-1} > \dfrac{n-1}{m-1}\Delta_0 F_{2n-2,2m-2}(\alpha)$.

b. 先指出:在 $\sigma_2/\sigma_1 = \Delta_0$时,统计量

$$(T_1, T_2, T_3) = (\Delta_0(U_1 - mV_1) + (U_2 - nV_2),\ mV_1, nV_2)$$

完全且充分(见第 2 章习题 19). 又易见任何检验的功效函数连续,因此由无偏性有

$$\beta_\phi(\theta_1, \theta_2, \sigma_1, \Delta_0\sigma_1) = \alpha, \quad \theta_1, \theta_2 \in \mathbb{R}^1, \quad \sigma_1 > 0,$$

故任何无偏检验对(T_1, T_2, T_3)的条件功效,当 $\sigma_2 = \Delta_0\sigma_1$时为 α. 由于

$$z = (z_1, z_2, z_3, z_4) = (\Delta_0(U_1 - mV_1), U_2 - nV_2, mV_1, nV_2)$$

是对整个分布族(不限于原假设)的充分统计量,可以限于求给定 T 时 z 的条件分布,这等于要求条件分布$(z_1, z_2) | (z_1 + z_2)$. 利用 z_1, z_2独立,$2z_1/\sigma_1\Delta_0 \sim \chi_{2m-2}{}^2$,$2z_2/\sigma_2 \sim \chi_{2n-2}{}^2$,易算出在给定 $z_1 + z_2 = z$ 时,z_2的条件密度是

$$C(\sigma_1, \sigma_2, m, n, z)\exp\left(z_2\left(\frac{1}{\sigma_1\Delta_0} - \frac{1}{\sigma_2}\right)\right)z_2{}^{n-2}(z - z_2)^{m-2}, \quad 0 < z_2 < z,$$

在 z_2的其他值处为 0. 令 $\theta = (\sigma_1\Delta_0)^{-1} - \sigma_2{}^{-1}$,上述分布($z$ 固定时)为指数族,而原假设转化为 $\theta \leqslant 0 \leftrightarrow \theta > 0$. 此假设有以 $z_2 > \tilde{c}(z)$为否定域的 UMP 检验,即原问题的 UMPU 检验. 但在给定的 z 时,比值 $Q = (U_2 - nV_2)/(U_1 - mV_1)$是 z_2的严增函数,故上述否定域又可写为 $Q > c(z)$. 在 $\Delta_0\sigma_1 = \sigma_2$时,$\dfrac{m-1}{n-1}Q$ 之分布为 $F_{2n-2,2m-2}$,与参数无关. 由 Basu 定理知,Q 与 $z_1 + z_2$独立. 由此得出

$$c(z) = \Delta_0 \frac{m-1}{n-1} F_{2n-2,2m-2}(\alpha),$$

与 a 中求出的相同.

58. 由充分性可局限于基于$(\overline{X}, s)$的检验，$s^2 = \sum_{i=1}^{n}(X_i - \overline{X})^2$，导出变换为$\overline{X}' = c\,\overline{X}, s' = |c|s, c \neq 0$. 极大不变量为$|t|$，$t = \sqrt{n}\ \overline{X}/(S/\sqrt{n-1})$，$|t|$的密度函数为$f_\delta(t) = p_\delta(t) + p_\delta(-t)$，其中$t>0$($t\leqslant 0$时为0)，$\delta = \sqrt{n}\theta/\sigma$，此处$p_\delta(\cdot)$为分布$t_{n-1,\delta}$. 原检验问题转化为$\delta = 0 \leftrightarrow \delta \neq 0$. 任取$\delta' \neq 0$，往证$\delta = 0 \leftrightarrow \delta = \delta'$的 UMP 检验与$\delta'$无关. 注意到$p_0(-t) = p_0(t)$，有

$$\psi(t) \equiv 2f_{\delta'}(t)/f_0(t) = p_{\delta'}(-t)/p_0(-t) + p_{\delta'}(t)/p_0(t).$$

利用$t_{n-1,\delta}$的密度的形式，经过简单变换，得

$$\psi(t) = C_{n\delta'}\int_0^\infty (e^{\delta' v} + e^{-\delta' v}) g(t^2, v) dv,$$

其中($v>0$)

$$g(t^2, v) = \left[\int_0^\infty f(u)\exp(-(n-1)u^2/(2t^2))du\right]^{-1}\exp(-(n-1)v^2/(2t^2)),$$

$$f(v) = v^{n-1}\exp(-v^2/2).$$

$\{g(t^2, v)I(v>0)dv, t^2>0\}$是一族 MLR 分布，以$t^2$为参数. 由此，并注意到因$\delta' \neq 0$从而$e^{-\delta' v} + e^{\delta' v}$为$v>0$时的非降函数，知$\psi(t)$在$t>0$时是$t$的非降函数，这样就得到$\delta = 0 \leftrightarrow \delta = \delta'$的水平$\alpha$的 UMP 检验有否定域$|t| > t_{n-1}(\alpha/2)$. 由于此检验与$\delta' \neq 0$无关，它就是$\delta = 0 \leftrightarrow \delta \neq 0$的水平$\alpha$的 UMP 检验，即原检验问题的水平$\alpha$的 UMPI 检验.

59. 按 Bayes 检验，当

$$p\exp\left(-\frac{1}{2}\sum_{i=1}^{n} x_i^2\right) < \int_{\mathbb{R}^1-\{0\}}\exp\left(-\frac{1}{2}\sum_{i=1}^{n}(x_i - u)^2\right)d\nu(u)$$

时否定$\theta = 0$，即当$p < \int_{\mathbb{R}^1-\{0\}}\exp\left(-\frac{n}{2}u^2 + n\overline{X}u\right)d\nu(u)$否定$\theta = 0$. 不妨设$\theta>0$，找$\varepsilon \in (0, \theta/2)$使$\nu(\varepsilon, \theta/2) > 0$. 在区间$[\varepsilon, \theta/2]$内，$-\frac{n}{2}u^2 + n\overline{X}u$的最小值，当$\overline{X} > \theta/2$时，为$-\frac{n}{2}\varepsilon^2 + n\varepsilon\overline{X}$. 因此当$\overline{X} > \theta/2$而$n$充分大时

$$\int_{\mathbb{R}^1-\{0\}} \exp\left(-\frac{n}{2}u^2 + n\overline{X}u\right)\mathrm{d}\nu(u) > \exp\left(\frac{n\varepsilon}{2}(\theta-\varepsilon)\right)(\varepsilon,\theta/2) \to \infty,$$

因而当 n 充分大而 $\overline{X}>\theta/2$ 时，$\theta=0$ 将被否定. 但由强大数律，以概率 1 当 n 充分大时有 $\overline{X}>\theta/2$.

60. **a**. 平凡. 实地计算得知，当样本为 $X_1,\cdots,X_n$ 时，$\theta=0$ 的后验概率为

$$\left[1+\frac{1-p}{p}\frac{\sqrt{n}^{-1}\exp(-(\overline{X}-\mu)^2/(2(\tau^2+n^{-1})))}{\sqrt{\tau^2+n^{-1}}\exp(n\overline{X}^2/2)}\right]^{-1}.$$

计算当此式 $\geqslant 1/2$ 时 $\overline{X}$ 应处在的范围. **b**. 按上式有 $P(\theta=0\mid x)\equiv\alpha_{xn}\geqslant\left[1+\frac{1-p}{p}\mathrm{e}^{-n|\overline{X}|^2/2}(1+n\tau^2)^{-1/2}\right]^{-1}$. 取一个较为“公平”的先验分布 $p=1/2$，$\tau=1$，$\mu=0$. 当 $\sqrt{n}|\overline{X}|=1.96$ 时，$\alpha_{x1}\approx 1/3$，且随着 n 的增加(但 $\sqrt{n}|\overline{X}|$ 不变)而趋于 1. 这表明，按 Bayes 观点，$\sqrt{n}|\overline{X}|=1.96$ 远不是否定 $\theta=0$ 的有力证据，而按通常的 NP 理论，$\sqrt{n}|\overline{X}|=1.96$ 已到了 5% 的临界点，即在 0.05 的水平下应否定 $\theta=0$. 从 NP 理论的观点看，这要算是否定 $\theta=0$ 的比较有力的证据.

本题取自 Berger 的《Statistical Decision Theory and Bayesian Analysis》一书，在此书 151 面有关于这个现象的讨论并提到了一些有关的文献.

61. 有

$$\alpha_x=\left[1+\frac{1-p}{p}\int_{-\infty}^{\infty}\exp\left(-\frac{1}{2}s^2-\frac{n}{2}(\overline{X}-\theta)^2\right)\mathrm{d}F(\theta)\Big/\exp\left(-\frac{1}{2}\sum_{i=1}^{n}x_i^2\right)\right]^{-1},$$

为使 α_x 小，应使 $\int_{-\infty}^{\infty}\exp\left(-\frac{1}{2}(u-\sqrt{n}\theta)^2\right)\mathrm{d}F(\theta)$ 大，此处 $u=\sqrt{n}\,\overline{X}$. 由 F 对称，有

$$\begin{aligned}c(u)&\equiv\int_{-\infty}^{\infty}\exp\left(-\frac{1}{2}(u-\sqrt{n}\theta)^2\right)\mathrm{d}F(\theta)\\&=\int_0^{\infty}\left(\exp\left(-\frac{1}{2}(u-\sqrt{n}\theta)^2\right)+\exp\left(-\frac{1}{2}(u+\sqrt{n}\theta)^2\right)\right)\mathrm{d}F(\theta).\end{aligned}$$

容易证明：当 $|u|\leqslant 1$ 时，对任何 $\varepsilon>0$，有

$$\exp\left(-\frac{1}{2}(u-\varepsilon)^2\right)+\exp\left(-\frac{1}{2}(u+\varepsilon)^2\right)<2\exp\left(-\frac{1}{2}u^2\right),$$

因此有

$$c(u) < 2\exp\left(-\frac{1}{2}u^2\right)\int_0^{\infty} \mathrm{d}F(\theta) = \exp\left(-\frac{1}{2}u^2\right).$$

代入 α_X 的表达式，有

$$\alpha_X > \left[1 + \frac{1-p}{p}\exp\left(-\frac{1}{2}s^2 - \frac{n}{2}\overline{X}^2\right)\Big/\exp\left(-\frac{1}{2}\sum_{i=1}^{n}x_i^{\,2}\right)\right]^{-1} = p.$$

62. 因 $\alpha_x = \left[1 + \frac{1-p}{p}\tilde{c}(x)/\exp\left(-\frac{1}{2}\sum_{i=1}^{n}x_i^{\,2}\right)\right]^{-1}$，其中

$$\begin{aligned}\tilde{c}(x) &= \int_{-\infty}^{\infty}\exp\left(-\frac{1}{2}\sum_{i=1}^{n}(x_i-\theta)^2\right)f(\theta)\mathrm{d}\theta \\ &= \sqrt{n}\exp(-s^2/2)\int_{-\infty}^{\infty}\exp\left(-\frac{1}{2}(u-\theta)^2\right)\tilde{f}(\theta)\mathrm{d}\theta \\ &= \sqrt{n}\mathrm{e}^{-s^2/2}c(u),\end{aligned}$$

其中 $u = \sqrt{n}\ \overline{X}$. 按题设 $|u|>1$，以下为确定计设 $u>1$，又 $\tilde{f}(\theta) = f(\theta/\sqrt{n})/\sqrt{n}$ 为偶，在 $[0,\infty)$ 非增，$\int_{-\infty}^{\infty}\tilde{f}(\theta)\mathrm{d}\theta = 1$. 为使 α_x 最小，要使 $c(u)$ 最大. 但

$$c(u) = \int_0^{\infty} d(u,\theta)\,\tilde{f}(\theta)\mathrm{d}\theta,\quad d(u,\theta) = \mathrm{e}^{-(u-\theta)^2/2} + \mathrm{e}^{-(u+\theta)^2/2}.$$

记 $g(t) = t\mathrm{e}^{-t^2/2}$，则 $g(0) = g(\infty) = 0$，g 在 $(0,\infty)$ 先升后降，在 $t=1$ 处达到最大. 现有

$$\partial d(u,\theta)/\partial\theta = g(u-\theta) + g(u+\theta),$$

由 $g(\cdot)$ 的上述性状及 $u>1$，可知 $\partial d(u,\theta)/\partial\theta$ 从 $\theta=0$ 开始，先大于 0 后小于 0，即 $\mathrm{d}(u,\theta)$ 作为 θ 的函数有图(a)的形式. 这样，为使 $c(u)$ 达到最大，$\tilde{f}(\theta)$ 必须满足 $\tilde{f}(\theta)=0$ 当 $\theta>l$，l 见图(a)(不然可以用 $\tilde{f}_1(\theta)$ 代替 $\tilde{f}(\theta)$，其中 $\tilde{f}_1(\theta) = \tilde{f}(\theta)+h$ 当 $0\leqslant\theta\leqslant l$ 而 $\tilde{f}_1(\theta)=0$ 当 $\theta>l$，其中 $h = \int_l^{\infty}\tilde{f}(\theta)\mathrm{d}\theta/l$，这不破坏 $\tilde{f}$ 的非增性要求). 因而可假定 $\tilde{f}$ 有图(b)的形式，因 m 为 $d(u,\cdot)$ 的最大点，且 $d(u,\cdot)$ 在 m 的两边下降(指离 m 愈远，$\tilde{f}$ 愈小)，故若以下式定义的 $\tilde{f}_1(\theta)$ 代替 $\tilde{f}$，$c(u)$ 只有增加：$\tilde{f}_1(\theta) = \int_0^m \tilde{f}(t)\mathrm{d}t/m$ 当 $0\leqslant\theta\leqslant m+k$，$k$ 选择之使

$k\int_0^m \tilde{f}\mathrm{d}t/m = \int_m^l \tilde{f}(t)\mathrm{d}t$. 注意 k 必界于 0 和 $l-m$ 之间，这易由 $\tilde{f}$ 的非增性推出. 回到最初的 f，得到使 $c(u)$ 达到最大，因而使 d_X 达到最小的 f，是均匀分布 $R(-(m+k)/\sqrt{n},(m+k)/\sqrt{n})$. $(m+k)/\sqrt{n}$ 这个点由一个找不出显示解的方程定出.

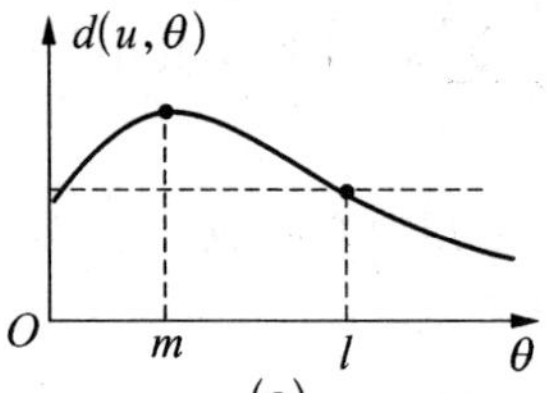

(a)

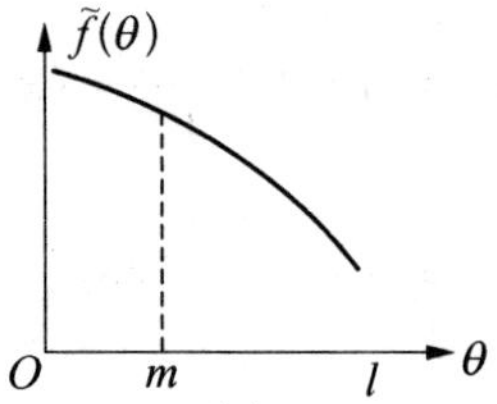

(b)

此题是 Berger 前引著作中的一个例题，但书中未给出证明.

第 6 章

1. **a**. 以 $m(\theta)$ 记 $h(\theta)=\mathrm{E}_\theta T(X)$ 的反函数. 由指数族的严格 MLR 性质知 h 为严增. 由定理 1.1 知 h 解析. 记 $\Theta_1 = (\inf\limits_\Theta h(\theta), \sup\limits_\Theta h(\theta))$，易见定义于 Θ_1 上的 $m(\theta)$ 有题中要求的一切性质. **b**. 因 $\mathrm{E}_\theta T(X) = -C'(\theta)/[C(\theta)m'(\theta)] = \theta$，易见 $C(\theta)\mathrm{e}^{m(\theta)T(X)}$ 的对数有导数 $m'(\theta)[T(X)-\theta]$，再由 $\mathrm{Var}_\theta(T(X))>0$ 知 $m'(\theta)>0$，故 $\sup\limits_\theta C(\theta)\mathrm{e}^{T(X)m(\theta)} = C(T)\mathrm{e}^{Tm(T)}$，而 $\ln\mathrm{LR}(X) = -\ln C(\theta_0) + \ln C(T) + T(m(T)-m(\theta_0))$. 再用 $-C'(\theta)/[C(\theta)m(\theta)]=\theta$，可知上式右边对 T 的导数为 $m(T)-m(\theta_0)$. 由于 $m(T)$ 严增，立即得出似然比检验如题中所示 .

2. 记 $s=\sum\limits_{i=1}^n (X_i-\overline{X})^2$，易算出 $\mathrm{LR}(X) = \mathrm{cont}\cdot s^{-n/2}\mathrm{e}^{s/(2\sigma_0{}^2)}$. 因此似然比检验有接受域 $c_1 \leqslant s \leqslant c_2$，$c_1$，$c_2$ 满足

$$c_1{}^{n/2}\mathrm{e}^{-c_1/(2\sigma_0{}^2)} = c_2{}^{n/2}\mathrm{e}^{-c_2/(2\sigma_0{}^2)}, \quad \int_{c_1/\sigma_2{}^2}^{c_2/\sigma_0{}^2} k_{n-1}(t)\mathrm{d}t = 1-\alpha, \tag{1}$$

k_{n-1}为 $\chi_{n-1}{}^2$的密度.按定理 5.7,$\sigma^2=\sigma_0{}^2\leftrightarrow\sigma^2\neq\sigma_0{}^2$的水平 α 的 UMPU 检验也有形如 $c_1{}'\leqslant s\leqslant c_2{}'$的接受域,$c_1{}'$和$c_2{}'$满足

$$\int_{c_1{}'/\sigma_2{}^2}^{c_2{}'/\sigma_0{}^2} tk_{n-1}(t)\mathrm{d}t = (n-1)(1-\alpha),\quad \int_{c_1{}'/\sigma_2{}^2}^{c_2{}'/\sigma_0{}^2} k_{n-1}(t)\mathrm{d}t = 1-\alpha. \tag{2}$$

据第 5 章习题 45,(2)式的第一式可化为 $c_1{}'^{(n-1)/2}\mathrm{e}^{-c_1{}'/(2\sigma_0{}^2)} = c_2{}'^{(n-1)/2}\mathrm{e}^{-c_2{}'/(2\sigma_0{}^2)}$,于是(1),(2) 两方程组解不一致(?),即似然比检验不重合于 UMPU 检验.

3. **a**. 简单计算表明:

$$\mathrm{LR}(x)=\begin{cases}x^{-1}\mathrm{e}^x, & 0<x<1,\\ 1, & 1\leqslant x\leqslant 2,\\ 2x^{-1}\mathrm{e}^{-x/2}, & x>2,\end{cases}$$

如图所示.因此,若 $c_1\leqslant x\leqslant c_2$ 为 $H\leftrightarrow K$ 的似然比检验的接受域且 $0<c_1\leqslant 1$,$c_2\geqslant 2$,则必有

$$c_1{}^{-1}\mathrm{e}^{c_1} = 2c_2{}^{-1}\mathrm{e}^{c_2/2}. \tag{3}$$

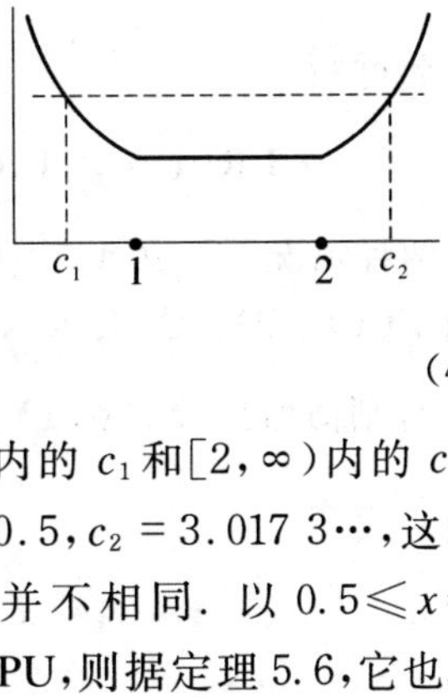

另一方面,据定理 5.6,$c_1\leqslant x\leqslant c_2$要成为 $H\leftrightarrow K$ 的 UMPU 检验的接受域,c_1,c_2必须满足 $\mathrm{e}^{-c_1}-\mathrm{e}^{-c_2}=\mathrm{e}^{-c_1/2}-\mathrm{e}^{-c_2/2}$,因而必须满足

$$\mathrm{e}^{-c_1/2}+\mathrm{e}^{-c_2/2}=1. \tag{4}$$

由此可知,若似然比检验总与 UMPU 一致,则对(0,1]内的 c_1和[2,∞)内的 c_2,(3),(4)两式应等价.但这不对,一个数值例子是 $c_1=0.5$,$c_2=3.017\,3\cdots$,这时(4)式满足,而(3)式两边分别为 3.297⋯及 2.996⋯,并不相同. 以 $0.5\leqslant x\leqslant 3.017\,3$为接受域的检验为似然比检验,它既然不是 UMPU,则据定理 5.6,它也不能是无偏的.

b. 易算出

$$\mathrm{LR}(x) = \exp(2^{-1}(x_1{}'^2 + x_2{}'^2)),\quad x_i{}' = \max(x_i,0),\quad i=1,2,$$

由此可知,若取水平 $\alpha\in(0,1/4)$,则 $H\leftrightarrow K$ 的水平 α 的似然比检验有否定域 $\{x_1>0,x_2>0,x_1{}^2+x_2{}^2>C\}\cup\{x_1>0,x_1<0,x_1{}^2>C\}\cup\{x_1<0,x_2>0,x_2{}^2>C\}$,如图 A,B,C,D 连线的外侧,C 之值在 $2\ln\dfrac{1}{4\alpha}$到 ∞ 之间.这个检验不能为无偏,因为一则据第 5 章习题 39,$H\leftrightarrow K$ 的水平 α 无偏检验只有唯一的一

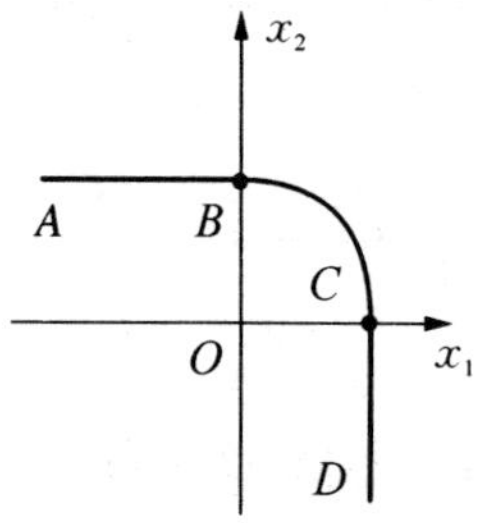

个：$\phi_\alpha \equiv \alpha$. 再则易证明：当 $\theta_1>0$ 充分小而 $\theta_2 \to \infty$ 时，这个检验的功效收敛于一个小于 α 的极限.

4. 记 $f_\theta(x) = \mathrm{d}P_\theta(x)/\mathrm{d}\mu(x)$，因 $H \leftrightarrow K$ 有 UMP 检验，对任何 $\theta_1 \in \Theta k$，$\theta_1 \neq \theta_0$，它也是 $\theta=\theta_0 \leftrightarrow \theta=\theta_1$ 的 UMP 检验，故应有形式（$0<r<1$，$\{T(x)=c\}$ 这部分也可以归入另两集）

$$\phi(x) = \begin{cases} 1, & T(x) > c, \\ r, & T(x) = c, \\ 0, & T(x) < c, \end{cases} \tag{5}$$

$T(x)$ 可取为，例如，$f_{\theta_1}(x)/f_{\theta_0}(x)$（任意固定一个 θ_1）. 记 $\{T(x)>c\}$，$\{T(x)=c\}$ 和 $\{T(x)<c\}$ 这三个集分别为 A_1, A_2, A_3. 由于对任何 $\theta \in \Theta$，$\theta \neq \theta_0$，ϕ 是 $\theta_0 \leftrightarrow \theta$ 的 UMP 检验，故对任何 $x_i \in A_i\,(i=1,2,3)$，应有

$$f_\theta(x_1)/f_{\theta_0}(x_1) > f_\theta(x_2)/f_{\theta_0}(x_2) > f_\theta(x_3)/f_{\theta_0}(x_3),$$

由此可知

$$\mathrm{LR}(x_1) \geqslant \mathrm{LR}(x_2) \geqslant \mathrm{LR}(x_3), \quad x_i \in A_i,\ 1 \leqslant i \leqslant 3.$$

有两种情况：① $\mu(A_2)=0$. 这时可在(3)式中取消 A_2（例如，改 ϕ 为 $\phi(x)=1$ 当 $T(x) \geqslant c$）. 令 $d_1 = \sup\limits_{x \in A_3} \mathrm{LR}(x)$，$d_2 = \inf\limits_{x \in A_1} \mathrm{LR}(x)$. 若 $d_1 < d_2$，取 $d \in (d_1, d_2)$，则似然比检验 $\tilde{\phi}(x) = I(\mathrm{LR}(x) > d)$ 与(3)式同. 若 $d_1 = d_2 = d$，则令

$$\tilde{\phi}(x) = \begin{cases} 1, & \mathrm{LR}(x) > d, \\ 0, & \mathrm{LR}(x) < d, \\ 1, & \mathrm{LR}(x) = d, x \in A_1, \\ 0, & \mathrm{LR}(x) = d, x \in A_3. \end{cases}$$

此为广义似然比检验，与(3)式同. ② $\mu(A_2)>0$. 这时，对任何 $\theta \in \Theta$，$f_\theta(x)/f_{\theta_0}(x)$ 在 A_2 上必 a.e.μ 为常数，否则与(5)式是 $\theta_0 \leftrightarrow \theta$ 的 UMP 检验不符. 因只有可列个 θ 值，可以设 $f_\theta(x)/f_{\theta_0}(x)$ 在 A_2 上恒等于常数（可与 θ 有关）. 这样 $\mathrm{LR}(x) \equiv d$（某常数），$x \in A_2$. 令

$$\tilde{\phi}(x) = \begin{cases} 1, & \mathrm{LR}(x) > d, \text{或 } \mathrm{LR}(x) = d, x \in A_1, \\ 0, & \mathrm{LR}(x) < d, \text{或 } \mathrm{LR}(x) = d, x \in A_3, \\ 1, & \text{其他}. \end{cases}$$

此为广义似然比检验，且与(3)式同.

它不一定是狭义似然比检验.例如，设 $P_0\sim R(0,1)$，P_1有密度 $2xI(0<x<1)\mathrm{d}x$. 考虑 $\theta=0\leftrightarrow\theta=1$，水平 3/4 的 UMP 检验只有 $\phi(x)=I(1/4<x<1)$，而水平 3/4 的狭义似然比检验为：$\tilde{\phi}(x)=1$ 当 $x\geqslant 1/2$，$\phi(x)=1/2$ 当 $0\leqslant x<1/2$.

5. 设 X 有分布 $\theta^{-1}\mathrm{e}^{-x/\theta}I(X>0)\mathrm{d}x,\theta>0$. $H:\theta\leqslant 1$ 或 $\theta\geqslant 2\leftrightarrow K:1<\theta<2$. 简单计算给出

$$\mathrm{LR}(X)=\begin{cases}x^{-1}\mathrm{e}^{(x-1)}, & 1\leqslant x\leqslant 2\ln 2,\\ 2x^{-1}\mathrm{e}^{(x/2-1)}, & 2\ln 2\leqslant x\leqslant 2,\\ 1, & 0<x<1 \text{ 或 } x>2,\end{cases}$$

如图所示.以下推理与第 3 组相似：当 $1\leqslant c_1\leqslant 2\ln 2\leqslant c_2\leqslant 2$ 而 $c_1<x<c_2$ 为 $H\leftrightarrow K$ 的似然比检验否定域时，必有(3)式，而如为水平 α 的 UMP 检验，则必有(4)式.故若二者相同，则在 c_1,c_2上述范围内，(3)，(4)式应等价. 但这不成立，例如，取 $c_1=1$，$c_2=1.865\,5\cdots$，(4)式满足，但(3)式两边分别为 e 及 $2.724\cdots$.

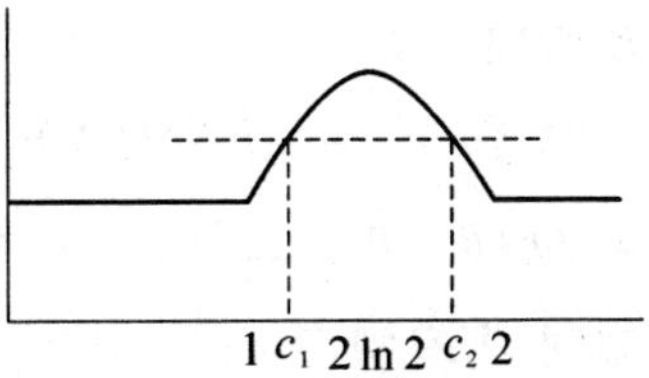

6. 设样本 $X_1,\cdots,X_n$独立，$X_i\sim N(\mu_i,\sigma^2)$，$\mu_i\in\mathbb{R}^1$，$\sigma^2\geqslant 1$. $H:\mu_1=\cdots=\mu_n\leftrightarrow K:\mu_i$不完全相同.有

$$\mathrm{LR}(x)=\begin{cases}\mathrm{e}^{n/2}(s/n)^{n/2}, & s>n,\\ \mathrm{e}^{s/2}, & s\leqslant n,\end{cases}$$

其中 $s=\sum_{i=1}^{n}(X_i-\bar{X})^2$. 似然比检验有形式 $\phi(s)=1$ 当 $s>c$，$\phi(s)=0$ 当 $s<c$. 若 $c=0$，水平为1；若 $c>0$，则 $\beta(\mu,\cdots,\mu,\sigma^2)=P(\chi_{n-1}{}^2>c/\sigma^2)\to 1$ 当 $\sigma^2\to\infty$，仍有水平 1.

7. 考察下面的分布表：

	1	2	3	4
P_0	1/4	1/4	1/4	1/4
P_1	1/3	1/8	13/48	13/48

P_2	1/8	1/3	13/48	13/48

$H:\theta=0\leftrightarrow K:\theta=1$ 或 2,水平 $\alpha=1/2$. 似然比检验当 $X=1,2$ 时否定,3,4 时接受,功效为 $11/24<1/2=\alpha$.

8. 易算出

$$2\ln\mathrm{LR}(X)=\begin{cases}n\ln(1+n\ \overline{X}^2/s), & \overline{X}>0,\\ 0, & \overline{X}<0.\end{cases}$$

当原假设成立时,若 $\mu<0$,则因 $P_\mu(\overline{X}<0)\to1$,有 $2\ln\mathrm{LR}(X)\to0$ in pr.. 若 $\mu=0$,$2\ln\mathrm{LR}(X)$ 的极限分布为"$\chi_1{}^2$ 之半",即极限分布以 1/2 的概率取 0,1/2 的概率为 $\chi_1{}^2$. 其所以与定理 6.1 不符,是因为原假设下参数集的维数与整个空间维数同.

9. 有 $Y_n=2\ln\mathrm{LR}(X)=-2n\ln(\max\limits_{1\leqslant i\leqslant n}F(X_i)/F(\theta_0))$. 由于 X_i 有分布 $F(x)/F(\theta_0)$ 知 $\max\limits_{1\leqslant i\leqslant n}F(X_i)/F(\theta_0)$ 的分布与 $R(0,1)$ 中 n 个 iid. 样本的最大值的分布同,即有密度 $nx^{n-1}I(0<x<1)\mathrm{d}x$. 由此易算出 Y_n 的分布是$\chi_2{}^2$,当然也是其极限分布. 此极限分布的自由度与定理 6.1 所规定的多了 一倍.

10. 记 $M_j=\max\limits_{1\leqslant i\leqslant n}X_{ij}$, $M=\max\limits_{1\leqslant j\leqslant k}M_j$. 易算出

$$Y_n=2\ln\mathrm{LR}(X)=2n\sum_{j=1}^{k}\left[\left(-\ln\frac{F(M_j)}{F(\theta_0)}\right)-\left(-\ln\frac{F(M)}{F(\theta_0)}\right)\right],$$

此处 θ_0 为 $\theta_1=\cdots=\theta_k$ 的公共值. 按上题,$Z_j\equiv-n\ln\dfrac{F(M_j)}{F(\theta_0)}(1\leqslant j\leqslant k)$,各有分布 $\mathrm{e}^{-x}I(x>0)\mathrm{d}x$ 且独立,而 $-n\ln\dfrac{F(M)}{F(\theta_0)}=\min(Z_1,\cdots,Z_k)$,故有 $Y_n=2\sum\limits_{j=1}^{k}[Z_j-\min(Z_i,\cdots,Z_k)]$. 简单论证表明,$\sum\limits_{j=1}^{k}[Z_j-\min(Z_1,\cdots,Z_j)]$ 的分布,等于 $k-1$ 个 iid. 变量之和的分布,各变量分布为 $\mathrm{e}^{-x}I(x>0)\mathrm{d}x$. 由此可知 $Y_n\sim\chi_{2(k-1)}{}^2$. 这比定理 6.1 规定的自由度多了一倍 .

11. 记 $X_{(1)}\leqslant\cdots\leqslant X_{(n)}$ 为次序统计量,易算出

$$2\ln\mathrm{LR}(X)=2n\ln\frac{2\max(X_{(n)},-X_{(1)})}{X_{(n)}-X_{(1)}}.$$

按第 2 章习题 15，$T\equiv\left[\frac{2\max(X_{(n)},-X_{(1)})}{X_{(n)}-X_{(1)}}\right]^{-1}$有密度$(n-1)x^{n-2}I(0<x<1)\mathrm{d}x$. 由此不难算出 $2\ln\mathrm{LR}(X)$的分布为$\frac{n-1}{2n}\exp\left(-\frac{n-1}{2n}x\right)I(x>0)\mathrm{d}x$，当$n\to\infty$时极限分布为 $\chi_2{}^2$.

12. a. $\mathrm{LR}(X)=\left[\frac{W-(n_1\bar{X}+n_2\bar{Y})}{W-NZ}\right]^{-N}$，$W=\sum_{i=1}^{n_1}X_i+\sum_{j=1}^{n_2}Y_j$，$N=n_1+n_2$（$X$，$Y$ 的定义见 b 题）. **b.** 因 X，Y 独立，$X\sim E(0,n)$，$Y\sim E(0,n_2)$，有

$$
\begin{aligned}
P(\xi>t)&=\int_{t/n_1}^{\infty}\left(\int_0^{x-t/n_1}n_2\mathrm{e}^{-n_2y}\mathrm{d}y\right)n_1\mathrm{e}^{-n_1x}\mathrm{d}x\\
&\quad+\int_{t/n_2}^{\infty}\left(\int_0^{y-t/n_2}n_1\mathrm{e}^{-n_1y}\mathrm{d}x\right)n_2\mathrm{e}^{-n_2x}\mathrm{d}y\\
&=\mathrm{e}^{-t}\left(\frac{n_2}{N}+\frac{n_1}{N}\right)=\mathrm{e}^{-t}.
\end{aligned}
$$

c. 在 H 成立时，$\mathrm{LR}(X)$的分布与 $a_1=a_2$ 及 σ 无关，故不妨设 $a_1=a_2=0$，$\sigma=1$，有

$$2\ln\mathrm{LR}(X)=2N\ln(1+\xi/(W-n_1X-n_2Y)),$$

ξ 的意义见 b. 由 $X\to0$，$Y\to0$（当 $n_1\to\infty$，$n_2\to\infty$，下同），以及由大数律知$(W-n_1X-n_2Y)/N\to1$ a.s.，故

$$2\ln\mathrm{LR}(X)=2N[\xi/N+o_p(\xi/N)]=[2+o_p(1)]\xi,$$

再利用 b 即得. **d.** 似然比检验有否定域 $\xi/(W-n_1X-n_2Y)>c$. 不妨固定 σ 去计算功效$\beta(a_1,a_2,\sigma)$，当 σ 固定时，(X,Y)为完全充分统计量，而 $W-n_1X-n_2Y$ 的分布与a_1，a_2无关，故 $V\equiv W-n_1X-n_2Y$ 与(X,Y)独立，因而与 ξ 独立. 故若以 F 记 V 之分布函数，则有

$$\beta(a_1,a_2,\sigma)=\int_0^{\infty}P_{a_1,a_2}(\xi>cv)\mathrm{d}F(v).$$

只需证明：对任何 $t>0$，有

$$P_{a_1,a_2}(\xi>t)\geqslant P_{a_1=a_2}(\xi>t)=\mathrm{e}^{-t},\quad 对任何\ a_1,a_2,$$

这不难直接通过计算验证(计算与 b 相似但较繁).

13. 写出$(X_1,\cdots,X_n)$的密度,通过计算极值,不难算出似然比检验有否定域

$$\left|\sum_{i=1}^{n-1}X_iX_{i+1}\right|\Big/\left[\left(\sum_{i=1}^{n}X_i^2\right)^{1/2}\left(\sum_{i=1}^{n-1}X_i^2\right)^{1/2}\right]>c.$$

14. **a**. $\mathrm{E}Y_n=k-1$ 易证.求 $\mathrm{Var}(Y_n)$也平凡但较繁,结果为 $2(n-1)(k-1)-k^2+\sum_{i=1}^{k}1/p_i$. **b**. 有 $\mathrm{Var}(Y_n)\geqslant \mathrm{E}(\xi_{n1}-np_1)^4/n^2p_1^2-(k-1)^2$. 若 $p_1\to 0$,则 $\mathrm{E}(\xi_{n1}-np_1)^4\geqslant(1-np_1)^4p(\xi_{n1}\geqslant 1)=(1-np_1)^4[1-(1-p_1)^n]=np_1[1+o(1)]$,因而 $\mathrm{Var}(Y_n)\geqslant(np_1)^{-1}[1+o(1)]\to\infty$.

15. 首先,$\{c_{ni}np_i,n\geqslant 1\}$ 必须有界,$1\leqslant i\leqslant k$. 因若$\{c_{ni}np_i\}$或其某子列 $\to\infty$,不妨就设 $c_{ni}=a_{ni}/(np_i)$ 而 $a_{ni}\to\infty$,则 $Y_n\geqslant a_{ni}(\xi_{ni}-np_i)^2/(np_i)=a_{ni}(1-p_i)\eta_n,\eta_n=(\xi_{ni}-np_i)^2/[np_i(1-p_i)]\xrightarrow{L}\chi_1^2$,故 $Y_n\to\infty$ in pr.. 这证明了$\{c_{ni}np_i\}$有界.

对$\{\widetilde{Y}_n\}$的任一子列$\{\widetilde{Y}_{n'}\}$,可先$\{n'\}$之子列$\{n''\}$,使 $c_{n''i}n''p_i\to c_i$ 存在,$1\leqslant i\leqslant k$,因而$\{\widetilde{Y}_{n''}\}$的极限分布与$\sum_{i=1}^{k}c_i\eta_{ni}^2$的极限分布同,此处 $\eta_{ni}=(\xi_{ni}-np_i)/\sqrt{np_i}$,即与$\sum_{i=1}^{R-1}c_i\eta_{ni}^2+c_k\left(\sum_{i=1}^{R-1}\sqrt{p_i}\eta_{ni}/\sqrt{p_k}\right)^2$之极限分布同. 但$(\eta_{n1},\cdots,\eta_{n,k-1})$当 $n\to\infty$ 时收敛于(依分布)一 $k-1$ 维非退化正态分布 $N(0,\Lambda)$. 以$(\eta_1,\cdots,\eta_{k-1})$记具分布 $N(0,\Lambda)$ 的随机向量,则$\{\widetilde{Y}_{n''}\}$的极限分布与$\sum_{i=1}^{k-1}c_i\eta_i^2+c_k\left(\sum_{i=1}^{k-1}\sqrt{p_i}\eta_i/\sqrt{p_k}\right)^2$之分布同,因而后者应有分布 χ_{k-1}^2.

记 $\eta=(\eta_1,\cdots,\eta_{k-1})'$,$\sum_{i=1}^{k-1}c_i\eta_i^2+c_k\left(\sum_{i=1}^{k-1}\sqrt{p_i}\eta_i/\sqrt{p_k}\right)^2$ 可写为 $\eta'B\eta$ 的形式.易见:不同的向量$(c_1,\cdots,c_k)$所产生的 B 不同.因 η 非退化正态,存在 $k-1$ 阶的方阵 $P=\Lambda^{-1/2}$,使 $T\equiv P\eta\sim N(0,I_{k-1})$,即 $T'(\Lambda^{1/2}B\Lambda^{1/2})T\sim\chi_{k-1}^2$,因而 $\Lambda^{1/2}B\Lambda^{1/2}$ 只能是 I_{k-1},即 $B=\Lambda^{-1}$,即 B 被 $\widetilde{Y}_n\xrightarrow{L}\chi_{k-1}^2$ 这个事实唯一决定了,因而 c_nnp_i 当$n\to\infty$ 时有一定的极限 c_i,它必须是 $i(1\leqslant i\leqslant k)$.因据上述,

$c_{ni}np_i$ 的极限被$\widetilde{Y}_n \xrightarrow{L} \chi_{k-1}{}^2$ 唯一决定了，而极限 1 又适合要求(定理 6.2).

16. 充分性部分不难用特征函数证明. 先设 $p_{nj} \to p_j$ 存在($1 \leqslant j \leqslant k$). $((\xi_{n1} - n_{n1})/\sqrt{np_{n1}}, \cdots, (\xi_{nk} - np_{nk})/\sqrt{np_{nk}})' = \xi_n$ 的特征函数为

$$f_n(t_1, \cdots, t_k) = \exp\left(-i\sqrt{n}\sum_{j=1}^{k} t_j \sqrt{p_{nj}}\right)\left(\sum_{j=1}^{k} p_{nj} \mathrm{e}^{it_j/\sqrt{np_{nj}}}\right)^n.$$

若 $np_{nk} \to \infty$，以 $\mathrm{e}^{it_j/\sqrt{np_{nj}}} = 1 + it_j/\sqrt{np_{nj}} - 2^{-1}t_j{}^2/(np_{nj}) + o(1/(np_{nj}))$ 代入，取对数令 $n \to \infty$，即知 ξ_n 的极限分布与定理 6.2 证明中所得的完全一样，因而该处以下的证明皆有效(A 现在可与 n 有关，这无妨碍). 若$\{p_{nj}, n \geqslant 1\}$ 不收敛，则$\{Y_n\}$ 的任何子列$\{Y_{n'}\}$，可抽出子列$\{Y_{n''}\}$，使 $p_{n''j}$ ($1 \leqslant j \leqslant k$) 收敛. 按已证部分，$Y_{n''} \xrightarrow{L} \chi_{k-1}{}^2$. 这样，全序列$\{Y_n\}$ 也依分布收敛于 $\chi_{k-1}{}^2$.

若 $np_{n1} \to \infty$ 不对，则 Y_n 的极限分布或者不存在，或者存在而呈现很复杂的可能，但没有一个是 $\chi_{k-1}{}^2$，举一个简单情况：$np_{nj} \to 0$，$np_{n,j+1} \to \infty$，而 $2 < j < k$，则易证 $Y_n \xrightarrow{L} \chi_{k-1-j}{}^2$. 这只需注意当 $np_{ni} \to 0$ 时有$(\xi_{ni} - np_{ni})^2/(np_{ni}) \to 0$ in pr.，由此就不难化为已证情况.

17. 只需注意，在对立假设下，$\xi_n = ((\xi_{n1} - np_1)/\sqrt{np_1}, \cdots, (\xi_{nk} - np_k)/\sqrt{np_k})'$ 仍有正态极限分布，其协差阵与定理 6.2 证明中同，而均值向量为$(c_1/\sqrt{p_1}, \cdots, c_k/\sqrt{p_k})$. 由此立得 $\delta = \sum_{i=1}^{k} c_i{}^2/p_i$.

18. **a**. 注意到当 $p_i \to 0$ 时有$(\xi_{ni} - np_i)^2/(np_i) \to 0$ in pr.，存在 $\varepsilon > 0$ 使 $P((\xi_{ni} - np_i)^2/(np_i) \leqslant 1) \geqslant 1 - \alpha/k$，当 $p_i \leqslant \varepsilon$. 记 $J = \{j: p_j \leqslant \varepsilon\}$，以 b 记 J 中元素个数，则

$$P((\xi_{nj} - np_j)^2/(np_j) \leqslant 1, j \in J) \geqslant b(1 - \alpha/k) - (b-1) \geqslant 1 - \alpha,$$

而当 $j \overline{\in} J$ 时，有$(\xi_{nj} - np_j)^2/(np_j) \leqslant n/\varepsilon$. 故由上式有

$$P(Y_n \leqslant k + kn/\varepsilon) \geqslant 1 - \alpha \Rightarrow P(Y_n > k + kn/\varepsilon) \leqslant \alpha.$$

因而证明了：至少存在一个这样的 $c_n(\alpha)$. 显然，一切这样的 $c_n(\alpha)$ 的下确界仍满足条件，且是其最小者. **b**. 记 $H_n: p_1 = 1/n, p_i = (1 - 1/n)/(k-1)$ ($2 \leqslant i \leqslant k$). 在 H_n 之下 $\xi_n = ((\xi_{n1} - np_1)\sqrt{np_1}, \cdots, (\xi_{nk} - np_k)/\sqrt{np_k})'$ 的特征函数为

$$
\begin{aligned}
f_n(t_1,\cdots,t_k) &= \exp\Big(-\mathrm{i}\sum_{j=1}^{k} t_j\sqrt{np_j}\Big)\Big(\frac{1}{n}\mathrm{e}^{\mathrm{i}t_1}+\sum_{j=2}^{k}p_j\mathrm{e}^{\mathrm{i}t_j/\sqrt{np_j}}\Big) \\
&= \mathrm{e}^{-\mathrm{i}t_1}\exp\Big(-\mathrm{i}\sum_{j=2}^{k} t_j\sqrt{np_j}\Big)\Big(\frac{1}{n}+\sum_{j=2}^{k}p_j\mathrm{e}^{\mathrm{i}t_j/\sqrt{np_j}}\Big)^n \\
&\quad\cdot\Big(1+\frac{1}{n}(\mathrm{e}^{\mathrm{i}t_1}-1)\Big/\Big(\frac{1}{n}+\sum_{j=2}^{k}p_j\mathrm{e}^{\mathrm{i}t_j/\sqrt{np_j}}\Big)\Big)^n,
\end{aligned}
$$

最后一因子当 $n\to\infty$ 时收敛于 $\exp(\mathrm{e}^{\mathrm{i}t_1}-1)$，而据习题 16 中的论证，当 $n\to\infty$ 时，$\exp\Big(-\mathrm{i}\sum_{j=2}^{k}t_j\sqrt{np_j}\Big)\Big(\frac{1}{n}+\sum_{j=2}^{k}p_j\mathrm{e}^{\mathrm{i}t_j/\sqrt{np_j}}\Big)^n$ 收敛于正态 $N(0,\Lambda)$ 的特征函数，其中 $\Lambda=\boldsymbol{I}_{k-1}-\boldsymbol{A}$，$\boldsymbol{A}$ 为 $k-1$ 阶方阵，其各元都是 $(k-1)^{-1}$. 由此可知，循着这串原假设 H_n，Y_n 的极限分布等于 $Z_1{}^2+Z_2{}^2$ 之分布，其中 Z_1,Z_2 独立，$Z_2\sim\chi_{k-2}{}^2$，而 $Z_1=W-1$，W 为 Poisson 分布 $\mathscr{P}(1)$. 此极限分布 F 不是 $\chi_{k-1}{}^2$ 但与 $\chi_{k-1}{}^2$ 有同一均值 $k-1$，因而必存在 $h>0$ 使 $F(h)<P(\chi_{k-1}{}^2\leqslant h)$. 记 $P(\chi_{k-1}{}^2>h)=\alpha$，显然，不能有 $c_n(\alpha)\to\chi_{k-1}{}^2(\alpha)$，不然的话，将有 $\alpha\geqslant P(Y_n>c_n(\alpha)\mid H_n)\to 1-F(\chi_{k-1}{}^2(\alpha))=1-F(h)>\alpha$，矛盾.

19. 例如，取 $n=9,k=2,H:(1/3,2/3)$，χ^2 检验有否定域 $(X-3)^2/2>c$，此处 X 是 $X_1,\cdots,X_9$ 中等于 a_1 的个数. 取 $c=1$，否定域为 $X=2,3,4$，计算功效函数在 1/3 点的导数知其不为 0，因而此检验不是无偏.

循着这一想法，可对任意 n 和 k 构造这样的例子. 关键在于适当选择原假设，尤其是 $Y_n>c$ 中的 c. 我们不去涉及细节，因为下题将给予彻底的解决.

20. 既然 $p_{10},\cdots,p_{k0}$ 不全为 $1/k$，其最小值，不妨设为 p_{10}，满足 $p_{10}{}^{-1}>(p_{20}{}^{-1}+\cdots+p_{k0}{}^{-1})/(k-1)$. 先证明在对立假设 $K:(p_1,\cdots,p_k)$ 之下有

$$
\mathrm{E}_K(Y_n)=\sum_{i=1}^{k}\frac{p_i(1-p_i)}{p_{i0}}+n\Big(\sum_{i=1}^{k}\frac{p_1{}^2}{p_{i0}{}^2}-1\Big).
$$

这容易：找 $\varepsilon>0$ 充分小，令 $p_1=p_{10}-(k-1)\varepsilon$，$p_i=p_{i0}+\varepsilon(2\leqslant i\leqslant k)$. 把此代入上式并记其结果为 $h(\varepsilon)$，有

$$
\begin{aligned}
h(\varepsilon) &= (k-1)-\Big[\frac{1-2p_{10}}{p_{10}}(k-1)\varepsilon-\sum_{i=2}^{k}\frac{1-2p_{i0}}{p_{i0}}\varepsilon\Big]+O(\varepsilon^2) \\
&= k-1-\Big(\frac{k-1}{p_{10}}-\sum_{i=2}^{k}\frac{1}{p_{i0}}\Big)\varepsilon+O(\varepsilon^2).
\end{aligned}
$$

因此当 $\varepsilon>0$ 充分小时上式小于 $k-1$，即 $\mathrm{E}_K(Y_n)<\mathrm{E}_H(Y_n)$，因而存在 $c>0$，使 $\alpha\equiv P_H(Y_n>c)>P_K(Y_n>c)$. 因而，对原假设 $H(p_{10},\cdots,p_{k0})$，水平 α 的 χ^2 拟合优度检验并非无偏——当然，这并未证明对任何 $\alpha\in(0,1)$ 检验必非无偏（后面习题 28,32 与此类似）.

如果 $p_{i0}=1/k(1\leqslant i\leqslant k)$，则如果某组样本值 $(\xi_{n1},\cdots,\xi_{nk})$ 在否定域内，则此点置换所得的点也在其内. 应用这一事实，不难证明功效函数在 $(1/k,\cdots,1/k)$ 点处的 $k-1$ 个一阶偏导数皆为 0. 进一步也不难验证此点为极小值点，且功效函数不在边界上达到最小（参看 Cohen 等，Ann，Statist.，1975:959）.

21. 不难验证：$c_n=\sqrt{n}$ 满足要求. 拟合优度检验的这个性质称为其相合性.

22. 对 $\widetilde{Y}_n$，只需注意 $\lim\limits_{n\to\infty}\xi_{ni}/(np_i)=1$ a.s.. 对 Y_n^*，注意当 $n\to\infty$ 时有 $(\sqrt{\xi_{ni}}+\sqrt{np_i})/\sqrt{np_i}\to 2$ a.s.，因而 $Y_n^*=\sum\limits_{i=1}^{k}4(\xi_{ni}-np_i)^2/(\sqrt{\xi_{ni}}+\sqrt{np_i})^2$ 与 Y_n 有同一之极限分布.

23. 把满足 $|\xi_{ni}/n-p_i|=\Delta$ 的 p_i 值记为 p^*，并不妨设 $i=k$. 因 $\xi_{nk}/n-p_k=\pm\Delta$，有 $\sum\limits_{i=1}^{k-1}t_i=\mp\Delta$，此处 $t_i=\xi_{ni}/n-p_i(1\leqslant i\leqslant k-1)$. 先设 $\sum\limits_{i=1}^{k-1}t_i=\Delta$. 固定 $p_1,\cdots,p_k$，让 $t_1,\cdots,t_{k-1}$ 变化，求 $\sum\limits_{i=1}^{k-1}t_i{}^2/p_i$ 在 $\sum\limits_{i=1}^{k-1}t_i=\Delta$ 的约束下的最小值，用拉格朗日乘数法，易求出最小值为 $\Delta^2/(1-p^*)$，且最小值当 $\xi_{ni}=n(1+2\Delta)p_i(1\leqslant i\leqslant k-1)$ 达到. 因此 $Y_n\geqslant[\Delta^2/p^*+\Delta^2/(1-p^*)]n\geqslant 4n\Delta^2$，等号当且仅当 $p^*=1/2$ 时达到. 由 $\xi_{nk}/n-1/2=\pm\Delta$ 知 $n\left(\dfrac{1}{2}+\Delta\right)$ 必须为整数. 若这个条件满足，且 $n\left(\dfrac{1}{2}+\Delta\right)\geqslant k-1$，则把 $n\left(\dfrac{1}{2}+\Delta\right)$ 表为 $k-1$ 个正整数 $n_1,\cdots,n_{k+1}$ 之和，令 $\xi_{ni}=n_i(1\leqslant i\leqslant k-1)$，$\xi_{nk}=n\left(\dfrac{1}{2}-\Delta\right)$，$p_i=n_i/[n(1+2\Delta)](1\leqslant i\leqslant k-1)$，$p_k=1/2$，即达到这最小值. 如果也有 $n\left(\dfrac{1}{2}-\Delta\right)\geqslant k-1$，则也可以把 $n\left(\dfrac{1}{2}-\Delta\right)$ 表为 $k-1$ 个正整数 $n_1,\cdots,n_{k-1}$ 之和，令 $\xi_{ni}=n_i(1\leqslant i\leqslant k)$，$\xi_{nk}=n\left(\dfrac{1}{2}+\Delta\right)$，$p_i=n_i/[n(1-2\Delta)](1\leqslant i\leqslant k-1)$，$p_k=1/2$，也可达到此最小值. 总之，$Y_n$ 能达到其最小值 $4n\Delta^2$ 的充要条

件为：$n(\frac{1}{2}+\Delta)$ 为不小于 $k-1$ 的整数. 当此条件满足时，按上法选取 ξ_{ni} 和 p_i（显然，k 的地位可用另一下标取代），可使 Y_n 达到此最小值.

24. 往证：取 $c_n = n^{\delta'}$（$\delta<\delta'<1/4$），可满足要求. 首先，因在原假设成立时有 $\mathrm{E}Y_n = k-1<n^{\delta}$，故 $\beta_{\phi_n}(F) = P(Y_n>n^{\delta'}|F)\leqslant \mathrm{E}(Y_n)/n^{\delta'}<n^{\delta}/n^{\delta'}\to 0$. 要证 $\beta_{\phi_n}(G)\to 1$ 则麻烦得多，分几步进行：

把样本量 n 时的分区间记为

$$I_{n1} = (-\infty, a_{n1}],\ I_{n2} = (a_{n1}, a_{n2}],\ \cdots,\ I_{nk} = (a_{n,k-1}, \infty),$$

分别有 $F(I_{ni}) = 1/k(1\leqslant i\leqslant k)$. 记 $b_n = \max\limits_{1\leqslant i\leqslant k}|F(I_{ni}) - G(I_{ni})|$，则有 $\liminf\limits_{n\to\infty} b_n n^{\delta} > 0$. 因若不然，必要时取子列. 不妨设存在 $\varepsilon_n\to 0$，使 $|F(I_{ni}) - G(I_{ni})|\leqslant \varepsilon_n n^{-\delta}(1\leqslant i\leqslant k)$，$n$ 充分大. 任取区间 (d_1,d_2)，固定 n，把那些全落在 (d_1,d_2) 内的区间 I_{ni} 并起来，得区间 $J_n = (d_{1n}, d_{2n}]$. 由于 $k\leqslant n^{\delta}$，有 $|F(J_n) - G(J_n)|\leqslant \varepsilon_n n^{-\delta}n^{\delta} = \varepsilon_n\to 0$ 当 $n\to\infty$，因而 $F(a,b) = G(a,b)$，对一切 $a<b$. 这将导致 $F\equiv G$，与 G 在对立假设内不合（这里 tacitly 假定了 $d_{1n}\to a$，$d_{2n}\to b$，这在 F 处严格上升时成立. 当 F 有常数区间时，结论显然仍对，这个细节略去了）.

因此，对每个充分大的 n. 存在 i，使 $|F(I_{ni}) - G(I_{ni})| = b_n$ 而 $b_n\geqslant bn^{-\delta}$，$b>0$. 不妨设 I_{ni} 就是 $(a_{n1}, a_{n2}]$ 且 $G(I_{ni}) = 1/k + b_n$. 记

$$\tilde{\xi}_{nr} = \#(\{j:1\leqslant j\leqslant n, X_j\leqslant a_{nr}\}),\quad r = 1,2,$$

这里 $X_1, X_2, \cdots$ 为样本，$\#(A)$ 表示集 A 中的元素个数. 由 Markov 不等式，在 $X_1, X_2, \cdots$ 系抽自分布 G 时（在以下一切概率都是在这个假定下计算），有

$$P(|\tilde{\xi}_{nr}/n - G(a_{nr})| > n^{-\delta'})\leqslant \mathrm{E}|\tilde{\xi}_{nr}/n - G(a_{nr})|^{2h}/n^{2\delta' h},$$

h 为自然数. 按正文 (4.3) 式，存在只依赖于 h 的常数 D_h，使 $\mathrm{E}|\tilde{\xi}_{nr}/n - G(a_{nr})|^{2h}\leqslant D_h n^{-h}$. 找 h 充分大，使 $h(1-2\delta')\geqslant 2$（回顾 $\delta'<1/2$），则由上式，用 Borel-Cantelli 引理，可知以概率 1 成立如下事实：当 n 充分大时

$$|\tilde{\xi}_{nr}/n - G(a_{nr})|\leqslant n^{-\delta'},\quad r = 1,2.$$

由于 $G(a_{n2}) - G(a_{n1})\geqslant bn^{-\delta}$ 而 $\delta'>\delta$，由上式，有

$$\tilde{\xi}_{n2} - \tilde{\xi}_{n1}\geqslant n[G(a_{n2}) - G(a_{n1}) - 2n^{-\delta'}]\geqslant 2^{-1}bn^{1-\delta} + n/k,$$

当 n 充分大,这时有(注意到 $\tilde{\xi}_{n2}-\tilde{\xi}_{n1}$ 是落在 $(a_{n1},a_{n2}]$ 内样本数)

$$Y_n \geqslant (2^{-1}bn^{1-\delta}/n)^2/(n^{-1}k^{-1}) \geqslant 2^{-2}b^2n^{1-3\delta} \geqslant 4^{-1}b^2n^{1/4} > n^{\delta'},$$

此事件以概率 1 当 n 充分大时成立,即以概率 1 当 n 充分大时原假设被否定,从而证明了 $\beta_{\phi_n}(G)\to 1$.

25. 以 $\hat{\theta}_n$ 记似然方程之一相结合解, 则 $2\ln\mathrm{LR}(X) = \sum_{i=1}^{k}\xi_{ni}\ln[\xi_{ni}/(np_i(\hat{\theta}_n))]^2 \xrightarrow{L} \chi_{k-1-r}{}^2$(在原假设成立时, 下同). 由于 $\xi_{ni}/(np_i(\hat{\theta}_n)) \to 1$ in pr. (这用了 $\hat{\theta}_n$ 的相合性, p_i 的连续性及大数律), 有 $\sum_{i=1}^{k}np_i(\hat{\theta}_n)\ln[\xi_{ni}/(np_i(\hat{\theta}_n))]^2 \xrightarrow{L} \chi_{k-1-r}{}^2$. 再利用 $\xi_{ni}/(np_i(\hat{\theta}_n)) \to 1$ in pr., 有 $\ln[\xi_{ni}/(np_i(\hat{\theta}))] = \ln(1-a) = [1+o_p(1)]a$, $a = 1-\xi_{ni}/(np_i(\hat{\theta}_n))$. 因此 $\sum_{i=1}^{k}np_i(\hat{\theta}_n)[1-\xi_{ni}/(np_i(\hat{\theta}_n))]^2 \xrightarrow{L} \chi_{k-1-r}{}^2$, 如所欲证.

注 仔细检查定理 6.1 的证明,不难看出:若在 LR(X)的定义中, $\hat{\theta}_n$ 是任一个解,有相合渐近正态性,即 $\sqrt{n}(\hat{\theta}_n-\theta^0)\xrightarrow{L}N(0,\Lambda(\theta^0))$ $(\Lambda(\theta^0)>0)$,则 $2\ln\mathrm{LR}(X)$ 的极限分布仍存在,且与 $Z'BZ$ 的分布同,其中 $Z\sim N(0,I_k)$ 而 $B\geqslant 0$ 为对角形. 据本题结果可知,这时 χ^2 拟合优度统计量 Y_n 有同一极限分布. Chernoff 和 Lehmann 在 1954 年证明了:当 $\hat{\theta}_n$ 为不分组时的极大似然估计,则 B 的对角元至少有 $k-r-1$ 个为 1,而其他对角元一般不为 0,因而这时 Y_n 的极限分布不是如定理 6.3 所给出的 $\chi_{k-r-1}{}^2$.

26. 不难看出:不失普遍性可设 $N(a,b,\sigma_1{}^2,\sigma_2{}^2,\rho)$ 中 $a=b=0$, $\sigma_1=\sigma_2=1$. 把(i,j)格内 x 坐标绝对值之最小值记为 a_{ij}, y 坐标绝对值之最小值记为 b_{ij}. 取定 $K>0$ 充分大,记 $B_K=\{(x,y):|x|\leqslant K,|y|\leqslant K\}$. 现取$(i,j)$格全在 K 外,暂把(i,j)格记为 $J_{ij}=\{(x,y):a\leqslant x\leqslant a+\Delta, b\leqslant y\leqslant b+\Delta\}$,考虑列联表记号下的 $n_{ij}{}^2/n_{i.}n_{.j}$,在此处即

$$c_{ij} = \left(\iint_{J_{ij}}f^*(x,y)\mathrm{d}x\mathrm{d}y\right)^2\Big/\left(\int_a^{a+\Delta}f(x)\mathrm{d}(x)\right)\left(\int_a^{b+\Delta}f(y)\mathrm{d}(y)\right),$$

这里 $f^*(x,y) = \dfrac{1}{2\pi\sqrt{1-\rho^2}}\exp\left(-\dfrac{1}{2(1-\rho^2)}(x^2-2\rho xy+y^2)\right)$, f 为 $N(0,1)$ 的密度. 由于 $|2\rho xy|\leqslant|\rho|(x^2+y^2)$,有

$$x^2-2\rho xy+y^2\geqslant(1-|\rho|)(x^2+y^2),$$

故

$$\exp\left(-\frac{1}{2(1-\rho)^2}(x^2-2\rho xy+y^2)\right)\leqslant\exp\left(-\frac{1}{2(1+|\rho|)}(x^2+y^2)\right)^2.$$

先设 $\rho\neq0$，则

$$\begin{aligned}&\left[\iint_{J_{ij}}\exp\left(-\frac{1}{2(1-\rho^2)}(x^2-2\rho xy+y^2)\right)\mathrm{d}x\mathrm{d}y\right]^2\\&\leqslant\left[\iint_{J_{ij}}\exp\left(-\frac{1}{2(1-|\rho|)}(x^2+y^2)\right)\mathrm{d}x\mathrm{d}y\right]^2\\&\leqslant\iint_{J_{ij}}\exp\left(-\frac{1}{(1+|\rho|)}(x^2+y^2)\right)\mathrm{d}x\mathrm{d}y\Delta^2\\&\leqslant\exp\left(-\frac{1-|\rho|}{2(1+|\rho|)}({a_{ij}}^2+{b_{ij}}^2)\right)\Delta^2\int_a^{a+\Delta}\mathrm{e}^{-x^2/2}\mathrm{d}x\int_b^{b+\Delta}\mathrm{e}^{-y^2/2}\mathrm{d}y.\end{aligned}$$

由此可知，对上面这样的(i,j)格，有

$$\begin{aligned}c_{ij}&=\left[\iint_{J_{ij}}f^*(x,y)\mathrm{d}x\mathrm{d}y\right]^2\Big/\left(\int_a^{a+\Delta}f(x)\mathrm{d}x\int_b^{b+\Delta}f(y)\mathrm{d}y\right)\\&\leqslant[2\pi(1-\rho^2)]^{-1}\exp\left(-\frac{1-|\rho|}{2(1+|\rho|)}({a_{ij}}^2+{b_{ij}}^2)\right)\Delta^2,\end{aligned}$$

因此，在 $\Delta\to0$ 时，上面这样的 c_{ij} 之和，其上极限不超过

$$[2\pi(1-\rho^2)]^{-1}\iint_{{B_K}^c}\exp\left(-\frac{1-|\rho|}{2(1+|\rho|)}(x^2+y^2)\right)\mathrm{d}x\mathrm{d}y,$$

其中 ${B_K}^c$ 为 B_K 的余集. 由于 $|\rho|<1$，取 K 充分大，上式可任意小. 但固定 K 后，对落在 B_K 内的(i,j)格，当 $\Delta\to0$ 时，有

$$\begin{aligned}c_{ij}&=[2\pi(1-\rho^2)]^{-1}\\&\quad\cdot\iint_{J_{ij}}\exp\left(-\frac{1+\rho^2}{2(1-\rho^2)}(x^2+y^2)+\frac{2\rho_{xy}}{1-\rho^2}\right)\mathrm{d}x\mathrm{d}y(1+o(1)),\end{aligned}$$

此处 $o(1)\to0$ 一致地对 B_K 内的(i,j)格. 综合以上，并注意到在本题情况（相当

于 $n=1$)公式(6.20)可写为

$$Y_{n\Delta} = \sum_{i,j} c_{ij} - 1,$$

即得

$$\lim_{\Delta\to 0} Y_{n\Delta} = [2\pi(1-\rho^2)]^{-1} \cdot \iint_{-\infty}^{\infty} \exp\left(-\frac{1+\rho^2}{2(1-\rho^2)}(x^2+y^2)+\frac{2\rho xy}{1-\rho^2}\right)\mathrm{d}x\mathrm{d}y - 1,$$

式中的积分易算出为 2π. 故

$$\lim_{\Delta\to 0} Y_{n\Delta} = \frac{1}{1-\rho^2} - 1 = \frac{\rho^2}{1-\rho^2},$$

如所欲证.若 $\rho=0$,则 $c_{ij} = \iint_{J_{ij}} f^*(x,y)\mathrm{d}x\mathrm{d}y$,而 $\sum_{i,j} c_{ij} = 1$,这时有 $\lim_{\Delta\to 0} Y_{n\Delta} = 1-1=0=\rho^2/(1-\rho^2)$.

27. 平凡(用 Glivenko 定理).

28. **a**. 以 F_1^{-1} 记 F_1 的反函数,则 F_1^{-1}(定义于(0,1))连续严增,$F_1^{-1}(F_0(X))$与 Y 同分布(因 $F_0(X)\sim R(0,1)$,而当 $U\sim R(0,1)$时,$F_1^{-1}(U)$有分布 F_1).取 $g(x)=F_1^{-1}(F_0(x))$.按时 F_0,F_1所作假定,不难验证它满足题中的一切要求. **b**. 若记 $Z_i=g(X_i)$或 X_i,分布视 $X_i<$或$\geqslant a$,并以 G_n 记 $Z_1,\cdots,Z_n$的经验分布.由 a 知,Z_i之分布与 Y_i同,故

$$P_{F_1}(\sup_x |F_{(n)}(x)-F_0(x)|>\Delta) = P_{F_0}(\sup_x |G_{(n)}(x)-F_0(x)|>\Delta).$$

如果对某样本值 $X_1,\cdots,X_n$ 有$\sup_x |G_n(x)-F_0(x)|>\Delta$,而最大值在 $x\geqslant a$ 达到,则显然$\sup_x |F_{(n)}(x)-F_0(x)|$也在该点达到同一最大值,即$\sup_x |F_{(n)}(x)-F_0(x)|>\Delta$. 若$\sup_x |G_n(x)-F_0(x)|$在 $x<a$ 处达到,则有两种情况:① 此最大值在 $b<a$ 处达到且 $|G_n(b)-F_0(b)|>\Delta$. 由 $F_0(b)\leqslant F_0(a)=\Delta<1/2$ 知必有 $G_n(b)>F_0(b)$.但 $F_{(n)}(b)\geqslant G_n(b)$,故也有 $|F_{(n)}(b)-F_0(b)|>\Delta$,因而$\sup_x |F_{(n)}(x)-F_0(x)|>\Delta$. ② 此最大值$\leqslant\Delta$. 这时(仍以 b 记达到最大之点),有可能是 $G_n(b)>F_0(b)$ 但 $G_n(b)-F_0(b)\leqslant\Delta$,但 $F_{(n)}(b)\geqslant G_n(b)$,因而有可能$\sup_x |F_{(n)}(x)-F_0(x)|\geqslant F_{(n)}(b)-F_0(b)>$

Δ. 不难看出，这后一种情况发生的概率大于 0（例如，找 $\varepsilon > 0$ 充分小使 $g(b-\varepsilon) > b+\varepsilon$（给定 $b < a-\varepsilon$）. 取 Δ，$1-F_0(b+\varepsilon) < \Delta < 1-F_0(b)$. 当事件 $\{(X_1,\cdots,X_n): b-\varepsilon < X_i < b, 1 \leqslant i \leqslant n\}$ 发生时，有 $\sup\limits_x |F_{(n)}(x) - F_0(x)| > \Delta$，但 $\sup\limits_x |G_n(x) - F_0(x)| < \Delta$）.

29. **a**. 平凡. **b**. 注意到 F 连续时 $F(X) \sim R(0,1)$（当 $X \sim F$），知若以 $U_1 \leqslant \cdots \leqslant U_n$ 记 $R(0,1)$ 的 iid. 样本之次序统计量，则 $\sup\limits_x |F_n(x) - F(x)|$ 与 $\sup\limits_{1 \leqslant i \leqslant n} |U_i - i/n|$ 同分布，而后者与 F 无关（这一事实是求 K 统计量确切分布的出发点）. **c**. $n=1$ 的情况简单，为 $R(1/2,1)$，对 $n=2$，按 b，$K = \max(1-U_2, |1/2-U_1|)$，$(U_2,U_1)$ 落在图所示的 $\triangle OBD$ 内，各点坐标为 $O(0,0)$，$A(1/2,0)$，$B(1,0)$，$C(1,1/2)$，$D(1,1)$，$E(3/4,3/4)$，$F(1/2,1/2)$. K 在各块内之值如所标示. 因 (U_2,U_1) 服从 $\triangle OBD$ 内的均匀分布，由此就不难算出 K 的分布，形式甚繁，在此不写出了. **d**. 因 $K = \max\limits_{1 \leqslant i \leqslant n} |U_i - i/n|$，有 $P(c \leqslant K \leqslant c+\Delta c) \leqslant \sum\limits_{i=1}^{n} P(c \leqslant |U_i - i/n| \leqslant c+\Delta c)$. U_i 的密度（对 L 测度），对一切 $i=1,\cdots,n$，都不超过 n. 故 $P(c \leqslant K \leqslant c+\Delta c) \leqslant n \cdot 2n\Delta c = 2n^2\Delta c$，因而 K 的分布满足 Lipschitz 条件.

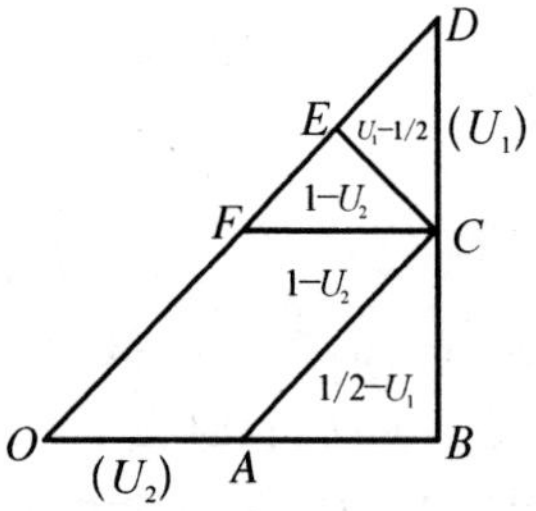

30. **a**. 不妨设 $c=0$. 设样本 $X_1,\cdots,X_n$ iid.，抽自 F，$U_1,\cdots,U_n$ iid.，$\sim R(0,1)$，$X_1,\cdots,X_n,U_1,\cdots,U_n$ 全体独立. 定义 Z_i：

$$Z_i = \begin{cases} X_i, & X_i < 0, \\ X_i + U_i, & X_i = 0, \quad i=1,\cdots,n, \\ X_i + 1, & X_i > 0. \end{cases}$$

则 $Z_1,\cdots,Z_n$ iid.，其公共分布 G 满足

$$G(x) = \begin{cases} F(x), & x < 0, \\ F(0-) + x(b-a), & 0 \leqslant x \leqslant 1, \\ F(x-1), & x > 1, \end{cases}$$

G 处处连续. 以 F_n, G_n 分别记 $X_1,\cdots,X_n$ 和 $Z_1,\cdots,Z_n$ 的经验分布，则易见 $F(x) - F_n(x) = G(x) - G_n(x)$ 当 $x < 0$，$F(x) - F_n(x) = G(x+1) -$

$G_n(x+1)$ 当 $x \geqslant 0$. 故 $K = \sup_x |F_n(x) - F(x)| = \sup\{|G_n(x) - G(x)|: x \leqslant 0, x \geqslant 1\}$,而后者的分布与 $\sup\{|t - H_n(t)|: 0 \leqslant t \leqslant a, b \leqslant t \leqslant 1\}$ 同,其中 H_n 为 $U_1, \cdots, U_n$ 的经验分布.

若 F 有一些跳跃点 $c_1, c_2, \cdots$,记 $A = \bigcup_{i=1}^{\infty}(F(c_i - 0), F(c_i))$,则由上述证法,易得:$K$ 的分布与 $\sup\{|t - H_n(t)|: t \in [0,1] - A\}$ 同.

由此可得出两条结论:① 当 F 不连续时,K 之分布与 F 有关(对比上题). ② 若 F 连续而 F^* 不处处连续,则对 $0 < \Delta < 1$,有

$$P_{F^*}(\sup_x |F_n(x) - F^*(x)| > \Delta) < P_F(\sup_x |F_n(x) - F(x)| > \Delta),$$

因而 K 检验用于这种 F^* 趋于保守. **b**. 记 $\xi_n = \#(\{i: 1 \leqslant i \leqslant n, X_i = 1\})$. 易见 $\xi = \sqrt{n}|\xi_n/n - p| \xrightarrow{L} |N(0, p(1-p))|$,由此看出:不仅极限分布与定理 6.4 规定的不同,而且还与原假设分布 F 有关.

31. **a**. 关于 F 连续的部分是下文 b 的简单推论,直接证明也不难. 在不连续部分,用上题 b 的例子及记号,易得 $W_n^2 = [\xi_n/n - p]^2$,其分布与 p 有关. **b**. 以 $X_{(1)} \leqslant \cdots \leqslant X_{(n)}$ 记次序统计量,若 F 连续,则记 $c_i = F(X_{(i)})(i = 0, 1, \cdots, n+1)$,$X_0 = -\infty$,$X_{n+1} = \infty$,有

$$\begin{aligned} W_n^2 &= \sum_{i=1}^{n+1}\int_{X_{i-1}}^{X_{(i)}}\left[\frac{i-1}{n} - F(x)\right]^2 \mathrm{d}F(x) \\ &= \sum_{i=1}^{n+1}\int_{c_{i-1}}^{c_i}\left(\frac{i-1}{n} - t\right)^2 \mathrm{d}t. \end{aligned} \tag{6}$$

化简,得出

$$W_n^2 = (12n^2)^{-1} + n^{-1}\sum_{i=1}^{n}[F(X_{(i)}) - (2i-1)/(2n)]^2,$$

其分布(在原假设下)与 $(12n^2)^{-1} + n^{-1}\sum_{i=1}^{n}[U_i - (2i-1)/(2n)]^2$ 相同,$U_1, \cdots, U_n$ 为 $R(0,1)$ 中的 iid. 样本的次序统计量,后者的分布与 F 无关. 在 F 不连续时,情况极为复杂,一般公式繁而无用. 例如,考虑只有一个跳跃点 0 的情况,并设 $X_{(1)} \leqslant \cdots \leqslant X_{(i)} = \cdots = X_{(j)} = 0 < X_{(j+1)} \leqslant \cdots \leqslant X_{(n)}$. 仿(6)式,有

$$W_n^2 = \sum_{r=0}^{i}\int_{x_{(r-1)}}^{x_{(r)}}\left[\frac{r-1}{n} - F(x)\right]^2 \mathrm{d}F(x) + \sum_{r=j+1}^{n+1}\int_{x_{(r-1)}}^{x_{(r)}}\left[\frac{r-1}{n} - F(x)\right]^2 \mathrm{d}F(x)$$

$$+ [j/n - F(0)]^2[F(0) - F(0-)],$$

且其中 $X_{(i)}$ 理解为 $0-$，$X_{(j)}$ 理解为 $0+$. 上式可通过 $F(X_{(r)})(r \leqslant i, r > j)$ 及 $F(0-)$ 来表出. **c**. 在原假设下，从 b 中的表达式出发不难算得 $\mathrm{E}W^2 = (6n)^{-1}$，$\mathrm{Var}(W^2) = (4n-3)/(180n^3)$. **d**. 设 $X_1, \cdots, X_n$ iid., $\sim G$，而 $G \neq F$. 为确定计，设有 a 使 $G(a) > F(a)$，这时必存在 $b > a$，使 $G(x) - F(x) > 2\varepsilon$. 当 $a \leqslant x \leqslant b$ 对某个 $\varepsilon > 0$，且 $F(b) > F(a)$（这一点用到了 F 的连续性）. 依 Glivenko 定理，以概率 1，当 n 充分大时有 $\sup_x |F_n(x) - G(x)| < \varepsilon$ 故以概率 1，当 n 充分大时有 $F_n(x) - F(x) \geqslant \varepsilon$ 当 $a \leqslant x \leqslant b$，因而以概率 1 当 n 充分大时有 $W_n{}^2 \geqslant \varepsilon[F(b) - F(a)] > 0$. 由于在原假设 F（且 F 连续）下，$nW_n{}^2$ 有极限分布，故任取 $c_n \to \infty$ 有 $P_G(nW_n{}^2 > c_n) \to 0$. 现取 $c_n = \sqrt{n}$. 据上述，以概率 1 当 n 充分大时有 $nW_n{}^2 \geqslant n\varepsilon[F(b) - F(a)] > c_n$. 这说明：在对立假设 G 处，以 $W_n{}^2 > n^{-1/2}$ 为否定域的检验，其功效趋于 1.

对不连续情况，举习题 30b 的例子，不难看出：任一分布 G，只要满足 $G(0) = 1 - p, G(1) = 1$，则 $W_n{}^2$ 在 $X_1, \cdots, X_n$ 抽自 F 时的分布，与 $X_1, \cdots, X_n$ 抽自 G 时的分布相同. 因此，任一基于 $W_n{}^2$ 的检验 ϕ_n 必满足 $\beta_{\phi_n}(F) = \beta_{\phi_n}(G)$，因而 $\beta_{\phi_n}(F) \to 0$ 与 $\beta_{\phi_n}(G) \to 1$ 二者不可得兼.

32. 设原假设分布 $F \sim R(0,1)$. 取对立假设分布 G：

$$G(x) = \begin{cases} 0, & x < 0, \\ (4\varepsilon)^{-1}(1 + \varepsilon - \sqrt{(1+\varepsilon)^2 - 4\varepsilon x}), & 0 \leqslant x \leqslant 1/2, \\ x, & 1/2 \leqslant x \leqslant 1, \\ 1, & x > 1. \end{cases}$$

易见 G 的反函数为（$\varepsilon < 0$ 待定）

$$G^{-1}(x) = \begin{cases} 0, & x < 0, \\ x + \varepsilon x(1 - 2x), & 0 \leqslant x < 1/2, \\ x, & 1/2 \leqslant x \leqslant 1, \\ 1, & x > 1. \end{cases}$$

有 $W^2 = (12n^2)^{-1} + n^{-1}\sum_{i=1}^{n}[X_{(i)}{}' - (2i-1)/(2n)]^2$. 若样本系由分布 G 抽出，则 W^2 与 $\widetilde{W}_1{}^2 = (12n^2)^{-1} + n^{-1}\sum_{i=1}^{n}[G^{-1}(U_i) - (2i-1)/(2n)]^2$ 的分布同，

其中 $U_1 \leqslant \cdots \leqslant U_n$ 为 $R(0,1)$ 中 iid. 样本的次序统计量，而在原假设成立时，W^2 的分布则与 $\widetilde{W}_0{}^2 = (12n^2)^{-1} + n^{-1}\sum_{i=1}^{n}[U_i - (2i-1)/(2n)]^2$ 的分布同. 现有

$$\mathrm{E}(\widetilde{W}_0{}^2) - \mathrm{E}(\widetilde{W}_1{}^2) = -\varepsilon^2\sum_{i=1}^{n}\mathrm{E}g^2(U_i) - 2\varepsilon\sum_{i=1}^{n}\mathrm{E}\left(g(U_i)\left(U_i - \frac{2i-1}{2n}\right)\right),$$

此处 $g(x) = x(1-2x)$ 或 0，分别视 $x < 1/2$ 或否. 有

$$\begin{aligned}&\sum_{i=1}^{n}\mathrm{E}\left(g(U_i)\left(U_i - \frac{2i-1}{2n}\right)\right)\\&= \int_0^{1/2}\varepsilon x(1-2x)\sum_{i=1}^{n}\left(x - \frac{2i-1}{2n}\right)n\binom{n-1}{i-1}x^{i-1}(1-x)^{n-i}\mathrm{d}x\\&= \varepsilon\int_0^{1/2}x(1-2x)(2x-1)/2\mathrm{d}x,\end{aligned}$$

由此可知，取 $\varepsilon < 0$ 而 $|\varepsilon|$ 充分小，将有 $\mathrm{E}(\widetilde{W}_0{}^2) > \mathrm{E}(W_1{}^2)$. 这说明：有 $\Delta > 0$，使 $P_F(W_n{}^2 > \Delta) > P_G(W_n{}^2 > \Delta)$. 因此，若取 α 为水平，$\alpha = P_F(W_n{}^2 > \Delta)$，则以 $W_n{}^2 > \Delta$ 为否定域的检验有水平 α，但非无偏.

引出这个证明的idea，除了设法使 $\mathrm{E}(\widetilde{W}_0{}^2) > \mathrm{E}(\widetilde{W}_1{}^2)$ 外，还在于这一观察：$\mathrm{E}(U_i) = \dfrac{i}{n+1} < \dfrac{2i-1}{2n}$ 当 $i < (n+1)/2$. 所以，对这种 i，把 U_i 减小一点有助于使 $\mathrm{E}\left(U_i - \dfrac{2i-1}{2n}\right)^2$ 降低.

33. **a**. 固定 $\theta_1 > \theta_0$. 由 N-P 基本引理易知：$\theta = \theta_0 \leftrightarrow \theta = \theta_1$ 的水平 α 的 UMP 检验有否定域

$$\bar{X} > (\theta_0 + \theta_1)/2 + c\sigma_i{}^2/(\theta_1 - \theta_0),$$

其中 c 由关系式

$$\begin{aligned}&p_1 P\left(\xi > \sqrt{n}\frac{\theta_1 - \theta_0}{2\sigma_1} + \sqrt{n}c\sigma_1/(\theta_1 - \theta_0)\right)\\&\quad + (1-p_1)P\left(\xi > \sqrt{n}\frac{\theta_1 - \theta_0}{2\sigma_2} + \sqrt{n}c\sigma_2/(\theta_1 - \theta_0)\right) = \alpha\end{aligned}$$

所确定，此处 $\xi \sim N(0,1)$. 这个 c 必定与 θ_1 有关，因当 $\theta_1 \to \infty$ 时，c 必须为负；而当 $\theta_1 \downarrow \theta_0$ 时，c 必须为正. 这证明了 $\theta_0 \leftrightarrow \theta_1$ 的 UMP 检验与 θ_1 有关. **b**. 若 p 未

知，任取$\theta_0\leftrightarrow\theta_1$之一水平$\alpha$检验$\phi(I,X_1,\cdots,X_n)$，并把$\phi(I=i,X_1,\cdots,X_n)$记为$\phi_i(X_1,\cdots,X_n)$，则$p_1\mathrm{E}_{\sigma_1}(\phi_1(X_1,\cdots,X_n))+(1-p_1)\mathrm{E}_{\sigma_2}(\phi_2(X_1,\cdots,X_n))\leqslant\alpha$对一切$p_1\in(0,1)$．令$p_1\to1$，有$\mathrm{E}_{\sigma_1}(\phi_1(X_1,\cdots,X_n))\leqslant\alpha$，于是检验$\phi$在条件$I=1$之下有水平$\alpha$，因而其条件功效不能超过$\phi_1^*(X_1,\cdots,X_n)=I(\overline{X}>u_\alpha\sigma_1/\sqrt{n}+\theta_0)$的功效．让$p_1\to0$得到另一类似论断．这说明了：$\phi^*(i,X_1,\cdots,X_n)=I(\overline{X}>u_\alpha\sigma_i/\sqrt{n}+\theta_0)$是$\theta_0\leftrightarrow\theta_1$的一切水平$\alpha$检验中功效最大者，而$\phi^*$与$\theta_1$无关．

34．平凡．

35．不失普遍性不妨设$\bar{a}_n=0,S_n{}^2=1$．若$\max\limits_{1\leqslant i\leqslant n}a_{ni}{}^2\not\to0$，必要时取$n$的子列．不妨设$\max\limits_{1\leqslant i\leqslant n}a_{ni}{}^2\geqslant\varepsilon^2>0$对一切$n$．这时有$\mu_r(A_n)\geqslant n^{-1}\varepsilon^r$，因而$\mu_r(A_n)/[\mu_2(A_n)]^{r/2}\geqslant\varepsilon^r n^{r/2-1}$，即条件$N$不成立．反之，设$\max\limits_{1\leqslant i\leqslant n}a_{ni}{}^2=R_n{}^2\to0$．记$c_{ni}=a_{ni}R_n{}^{-1}$，则$|c_{ni}|\leqslant1$，且$S_n{}^2=R_n{}^2\sum\limits_{i=1}^n c_{ni}{}^2=1$，因而$C_n\equiv\sum\limits_{i=1}^n c_{ni}{}^2\to\infty$．有$|\mu_r(A_n)|\leqslant n^{-1}\sum\limits_{i=1}^n|c_{ni}|^r R_n{}^r\leqslant n^{-1}C_nR_n{}^r$，而因$\mu_2(A_n)=n^{-1}R_n{}^2C_n$，有$|\mu_r(A_n)|/|\mu_2(A_n)|^{r/2}\leqslant n^{r/2-1}C_n{}^{1-r/2}$．当$r>2$时$C_n{}^{1-r/2}\to0$，证明了$|\mu_r(A_n)|/|\mu_2(A_n)|^{r/2}=o(n^{r/2-1})$，即条件$N$．

36．充分性由 Kolmogorov 大数律显然．为证必要性，取偶数r，有（记$a=\mathrm{E}X$）

$$\sum_{i=1}^n(X_i-a)^r\leqslant2^{r-1}\left[\sum_{i=1}^n(X_i-\overline{X}_n)^r+n(\overline{X}-a)^r\right],$$

故

$$\begin{aligned}\sum_{i=1}^n(X_i-a)^r/n&\leqslant2^{r-1}\sum_{i=1}^n(X_i-\overline{X}_n)^r/n+2^{r-1}(\overline{X}-a)^r\\&\equiv2^{r-1}J_1+2^{r-1}J_2.\end{aligned}$$

由 Kolmogorov 强大数律，有$J_2\to0$ a.s.．又

$$J_1=\mu_{nr}=(\mu_{nr}/\mu_{n2}{}^{T/2})\mu_{n2}{}^{r/2}$$

按假定，右边第一项为$O(1)$ a.s.，第二项当$n\to\infty$时 a.s. 收敛于一有限极限，因而$J_1=O(1)$ a.s.．故$\sum\limits_{i=1}^n(X_i-a)^r/n=O(1)$ a.s.，因而$\mathrm{E}X^r<\infty$．

37. **a**. 不妨设$\bar{a}_n = \bar{c}_n = 0, \sum_{i=1}^{n} a_{ni}^2 = \sum_{i=1}^{n} c_{ni}^2 = 1$,则“$(A_n, C_n)$满足条件 M”等价于“$\sum_{i,j=1}^{n} a_{ni}^2 c_{nj}^2 I(|a_{ni}c_{nj}| \geqslant \varepsilon/\sqrt{n}) = o(1)$对任何$\varepsilon > 0$”. 因此,若条件 M 不成立,必要时取 n 的子列,可设存在$\varepsilon_0 > 0$及$k > 0$,使

$$\sum_{i,j=1}^{n} a_{ni}^2 c_{nj}^2 I(|a_{ni}c_{nj}| \geqslant \varepsilon_0/\sqrt{n}) \geqslant k,$$

因此对 $r>2$,有

$$\sum_{i,j=1}^{n} |a_{ni}c_{nj}|^r \geqslant (\varepsilon_0/\sqrt{n})^{r-2} k, \quad n = 1,2,\cdots.$$

但若 A_n满足 W 而C_n满足N,则应有

$$\sum_{i,j=1}^{n} |a_{ni}c_{nj}|^r = \sum_{i=1}^{n} |a_{ni}|^r \sum_{j=1}^{n} |c_{nj}|^r = O(n^{1-r/2})o(1),$$

矛盾. **b**. $A_n = C_n = (1,\cdots,1,0,\cdots,0)$,1 有$[n^{2/3}]$个(化为

$$A_n = C_n = \left(\left(\frac{n-k_n}{nk_n}\right)^{1/2},\cdots,\left(\frac{n-k_n}{nk_n}\right)^{1/2},\right.$$

$$\left. -\left(\frac{k_n}{n(n-k_n)}\right)^{1/2},\cdots,-\left(\frac{k_n}{n(n-k_n)}\right)^{1/2}\right)$$

去验证更方便,$k_n = [n^{2/3}]$).

38. **a**. 仍如上题,设$\bar{a}_n = \bar{c}_n = 0, \sum_{i=1}^{n} a_{ni}^2 = \sum_{i=1}^{n} c_{ni}^2 = 1$. 若 A_n 不满足条件 N,则必要时取 n 的子列,可设存在$\varepsilon_0 > 0$,使$\max_{1\leqslant i\leqslant n} |a_{ni}|^2 \geqslant \varepsilon_0$. 只要$c_{nj}^2 \geqslant (2n)^{-1}$,就有$|a_{ni_0}c_{nj}|^2 \geqslant \varepsilon/n$,此处$\varepsilon = \varepsilon_0/2$而$|a_{ni_0}| = \max_{1\leqslant i\leqslant n} |a_{ni}|$. 因为

$$\sum_{j=1}^{n} c_{nj}^2 I(|c_{nj}|^2 < (2n)^{-1}) < 1/2,$$

故$\sum_{j=1}^{n} c_{nj}^2 I(c_{nj}^2 \geqslant (2n)^{-1}) > 1/2$. 这样,有

$$\sum_{i,j=1}^{n} a_{ni}^2 c_{nj}^2 I(a_{ni}^2 c_{nj}^2 \geqslant \varepsilon/n) \geqslant \varepsilon_0 \sum_{j=1}^{n} c_{nj}^2 I(c_{nj}^2 \geqslant (2n)^{-1}) > \varepsilon_0/2,$$

而(A_n, C_n)不满足条件 **M**. **b**. 取上题 b 中的 A_n, C_n，但 1 的个数满足 $k_n \to \infty, k_n/\sqrt{n} \to 0$.

39. **a**. $k=1$ 的情况平凡(L_N是以概率N^{-1}取 $1, \cdots, N$ 的变量). 对一般 k，以 L_{Nk}记L_N，而以 $L_{N1}^{(1)}, \cdots, L_{N1}^{(k)}$记 iid. 变量，其公共分布与 L_{N1}之分布同. 有

$$\mathrm{E}(L_{Nk}) = k(N+1)/2,$$

$$\sigma_k{}^2 \equiv \mathrm{Var}(L_{Nk}) = k(N-k)(N+1)/12,$$

以及

$$P(L_{Nk} = b) = [B_{N1}(b) - B_{N2}(b)]/N_k,$$

其中

$$B_{N1}(b) = \sum_{i=1}^{k}\{b_i = b \text{ 的正整数解且满足 } b_i \leqslant N \text{ 的组数}\},$$

$$B_{N2}(b) = \sum_{i=1}^{k}\{b_i = b \text{ 的正整数解,满足 } b_i \leqslant N, \text{且 } b_1, \cdots, b_k \text{ 不全相异的组数}\},$$

$$N_k = N(N-1)\cdots(N-k+1).$$

易见

$$B_{N1}(b)/N^k = P\Big(\sum_{i=1}^{k} L_{N1}^{(i)} = b\Big), \quad B_{N2}(b) \leqslant kN^{k-2}.$$

由于 $N_k/N^k = 1 + O(N^{-1})$，有

$$\sum_b{}^* P(L_{Nk} = b) = \sum_b{}^* P\Big(\sum_{i=1}^{k} L_{nk}^{(i)} = b\Big)[1 + O(N^{-1})] + O\Big(\sum_b{}^* N_{N2}(b)/N_k\Big), \tag{7}$$

此处求和的范围为

$$\{k(N+1)/2 + a_1\sigma_k \leqslant b \leqslant k(N+1)/2 + a_2\sigma_k, b \text{ 为正整数}\}, \tag{8}$$

而 $a_1 < a_2$ 为常数. 易见对 b 一致地有 $B_{N2}(b) = O(N^{k-2})$，因而 $O\Big(\sum_b{}^* B_{N2}(b)/N_k\Big) = O(N^{-1}) \to 0$，当 $N \to \infty$(因满足(8)式的 b 只有$O(N)$个). 又按 $k=1$ 的情况，有

$$[L_{N1}^{(i)} - (N+1)/2]/\sqrt{(N^2-1)/12} \xrightarrow{L} R(-\sqrt{3},\sqrt{3}),\quad i=1,\cdots,k,$$

故

$$\left(\sum_{i=1}^{k} L_{N1}^{(i)} - k(N+1)/2\right)/\sqrt{k(N^2-1)/12}$$

$$\xrightarrow{L} k \text{ 个 iid. } R(-\sqrt{3/k},\sqrt{3/k}) \text{和之分布} \quad (\text{记为 } F).$$

因$[k(N^2-1)/12]/\sigma_k{}^2 \to 1$,有

$$\left[\sum_{i=1}^{k} L_{N1}{}^{(i)} - k(N+1)/2\right]/\sigma_k \xrightarrow{L} F,$$

此与(7)式结合,并注意到 $O\left(\sum_b{}^* B_{N2}(b)/N_k\right)\to 0$,即得所要证的结果.

本题说明:当定理 6.6 的条件不满足时,$(L_N - \mathrm{E}L_N)/\sqrt{\mathrm{Var}(L_N)}$仍可有极限分布,但不必为正态.

b. 取 $A_N=\{1,2,\cdots,N\}$,$C_{2N-1}=\{0,\cdots,0,1\}$,$C_{2N}=\{0,\cdots,0,1,1\}$,$N=1,2,\cdots$. 再利用 a.

注　本题这两个反例中 C_N都不满足条件N.可以举出本题 a,b 情况的例子(即$(L_N-\mathrm{E}L_N)/\sqrt{\mathrm{Var}L_N}$收敛于非正态或无极限),其中 A_N,C_N都满足条件N,但要麻烦些.见定理 6.6 证明后面所引本书作者的一项工作.

40. **a**. 充分性平凡.必要性:令 $A_{2N+1}=(-1/\sqrt{2N},\cdots,-1/\sqrt{2N},0,1/\sqrt{2N},\cdots,1/\sqrt{2N})$,$A_{2N}=(a_{2N,1},\cdots,a_{2N,2N})$,其中

$$-a_{2N,1} = a_{2N,2N} = \ln N/(\sqrt{N}b_N),$$

$$a_{2N,i} = i/(N^{3/2}b_N),\quad i=2,\cdots,N$$

$$= (i+1-N)/(N^{3/2}b_N),\quad i=N+1,\cdots,2N-1,$$

$$b_N{}^2 = 2(\ln N)^2/N + 2N^{-3}(2^2+\cdots+N^2).$$

易验证 A_N 满足条件 W,但 $\max\limits_{1\leqslant i\leqslant N}|a_{Ni}|$ 不是 $O(N^{-1/2})$. **b**. 平凡. **c**. 设 $\max\limits_{1\leqslant i\leqslant N}|a_{Ni}|=O(d_N)$ 是充分条件,则据 b,$d_N=o(N^{-\varepsilon})$ 对任何$\varepsilon<1/2$.因此按 a 中作出的 A_n(但对 A_{2N},把 $\ln N/(\sqrt{N}b_N)$ 改为 d_N/b_N,$b_N{}^2$ 的定义相应修

改）应满足 W.注意 $b_N \to 1$. 现取$\widetilde{A}_N$：$\widetilde{A}_{2N+1} = A_{2N+1}$，而$\widetilde{A}_{2N}$与$A_{2N}$不同之处，在于

$$-\widetilde{a}_{2N,1} = \widetilde{a}_{2N,2N} = d_N \ln N / \widetilde{b}_N,$$
$$\widetilde{a}_{2N,i} = b_N a_{2N,i} / \widetilde{b}_N, \quad i = 2, \cdots, 2N-1,$$

$\widetilde{b}_N$相应定义使 $\sum_{i=1}^{2N} \widetilde{a}_{2N,i}{}^2 = 1$. 往证$\widetilde{A}_N$ 满足 W.这只需证

$$\sum_{i=1}^{N} (iN^{-3/2})^r / N = O(N^{-r/2}), \quad d_N{}^r \ln^r N / N = O(N^{-r/2}), \tag{9}$$

前一式显然，后一式是因为既然 A_N满足 W，应有

$$d_N{}^r / N = O(N^{-r/2}),$$

即 $d_N = O(N^{-1/2+1/r})$. 由于此式对 $r=2,3,\cdots$ 都成立，故 $d_N \ln N = O(N^{-1/2+1/r})$对 $r=2,3,\cdots$都成立，这证明了(9)式的后一式.

因此，$\widetilde{A}_N = \{\widetilde{a}_{N1}, \cdots, \widetilde{a}_{NN}\}$ 满足 W，但不满足 $\max\limits_{1 \leqslant i \leqslant N} |\widetilde{a}_{Ni}| = O(d_N)$，即 $O(d_N)$ 非必要.证毕.

注　与条件 N 比较是有趣的：条件 N 可转化为对 $\max\limits_{1 \leqslant i \leqslant N} |a_{Ni}|$ 的数量级的要求，而条件 W 则不行.

41. **a**. 平凡.只需注意，若 $i_{j_k} = k, k = 1, \cdots, n$，则$(j_1, \cdots, j_n)$为$(1, \cdots, n)$之一置换，而 $P(R_1 = i_1, \cdots, R_n = i_n) = P(X_{j_1} < \cdots < X_{j_n}) 1/n!$. **b**. 先考虑一特例：$F$ 只在 0 点处有跳跃.以 U_i记$R(0,1)$变量，$U_1, \cdots, U_n$ iid.，令

$$Y_i = X_i, X_i < 0;\ Y_i = X_i + U_i,\ X_i = 0;\ Y_i = X_i + 1,\ X_i > 0$$

(这等于把整个分布在 0 点处剪开，把右段推出 1，留下一个区间(0,1)给原来的 0).容易看出：$Y_1, \cdots, Y_n$ iid.，公共分布连续，且 Y_i(在 $Y_1, \cdots, Y_n$中的)秩，正是经随机法后，X_i在$(X_1, \cdots, X_n)$中的秩，于是得证.

对一般情况，由此特例之启发，把第 k 个跳跃点右侧右推 $1/2^k$：令 $U_{ij}(i, j = 1, 2, \cdots)$iid.，$\sim R(0,1)$.以$\{a_1, a_2, \cdots\}$记 F 之全部跳跃点，令

$$Y_i = \begin{cases} X_i + \sum\limits_{k=1}^{\infty} Z^{-k} I(a_k < X_i), & \text{当 } X_i \overline{\in} \{a_1, a_2, \cdots\}, \\ X_i + \sum\limits_{k=1}^{\infty} 2^{-k} I(a_k < X_i) + 2^{-k_0} U_{ik_0}, & \text{当 } X_i = a_{k_0}, \end{cases}$$

则上述特殊情况的论证在此全成立.

42. **a**. 记 $F(\{a_i\}) = p_i(i \geqslant 1)$. 对 n 表为若干个自然数和 $n = n_1 + \cdots + n_k$, 由 $X_1, \cdots, X_n$ 为 iid. 得

$$\begin{aligned} & P(\bar{R}_{(i_1)} = \cdots = \bar{R}_{(i_{n_1})} = (n_1 + 1)/2;\ \bar{R}_{(i_j)} = n_1 + (n_2 + 1)/2, \\ & \quad n_1 + 1 \leqslant j \leqslant n_1 + n_2; \cdots; \bar{R}_{(i_j)} n - (n_k - 1)/2, \\ & \quad n - n_k + 1 \leqslant j \leqslant n) \\ & \quad = \sum{}^* p_{j_1}{}^{n_1} \cdots p_{j_k}{}^{n_k}, \end{aligned}$$

$\sum{}^*$ 求和范围为:一切满足条件 $a_{j_1} < \cdots < a_{j_k}$ 的 $(j_1, \cdots, j_k)$.

b. 考察一个特例看如何算. 设 $F(X=0) = p_2, F(X=1) = p_4, F(X<0) = p_1, F(0<X<1) = p_3, F(X>1) = P_5$. 又设 $n=6$. 要计算

$$\begin{aligned} p &= P(\bar{R}_{(1)} = \bar{R}_{(2)} = 1.5, \bar{R}_{(i)} = i, i = 3,4,5,6) \\ &= P(X_1 = X_2 < X_3 < X_4 < X_5 < X_6). \end{aligned}$$

$X_1 = X_2$ 的公共值可为 0 或 1:

$$\begin{aligned} q_1 &= P(X_1 = X_2 = 0, 0 < X_3 < \cdots < X_6, X_i \neq 1, i = 3,4,5,6) \\ &= p_2{}^2(p_3 + p_5)^4/4!. \end{aligned}$$

令 $q_i = P(X_1 = X_2 = 0, 0 < X_3 < \cdots < X_6, X_i = 1), i = 3, \cdots, 6$, 易算出 $q_3 = p_2{}^2 p_4 p_5{}^3/3!$, $q_4 = p_2{}^2 p_3 p_4 p_5{}^2/2$, $q_5 = p_2{}^2 p_3{}^2 p_4 p_5/2$, $q_6 = p_2{}^2 p_3{}^3 p_4/3!$, 而 $X_1 = X_2 = 1$ 部分的概率为 $p_4{}^2 p_5{}^4/4!$. 由此得出

$$p = q_1 + q_3 + \cdots + q_6 + p_4{}^2 p_5{}^4/24.$$

其余情况条分理析,方法一仍旧贯. 不难想象,在众多跳跃点和 n 较大时,表达式将极繁复.

43. **a**. $i=1$ 的情况平凡,结果为 $1+(n-1)F(x)$. $i>1$ 的情况也平凡,只需利用 $i=1$ 的结果,就 $y<x$ 和 $y>x$ 两种情况,算出 $\mathrm{E}(R_i \mid X_1 = x, X_i = y)$, 再对 y 积分,结果为 $n/2+1-F(x)$. **b**. 记 $F(x) = f, G(x) = g$. 有

$$\begin{aligned} & P(R_1 = k \mid X_1 = x) \\ & \quad = \sum_{r+s=k-1} \binom{m-1}{r} f^r (1-f)^{m-1-r} \binom{n}{s} g^s (1-g)^{n-s} \end{aligned}$$

$$= (1-f)^{m-1}(1-g)^n \sum_{r+s=k-1} \binom{m-1}{r} \left(\frac{f}{1-f}\right)^r \left(\frac{g}{1-g}\right)^s$$

$$= (1-f)^{m-1} g^{k-1} (1-g)^{n-k+1} \sum_{r=0}^{k-1} \binom{m-1}{r} \binom{n}{k-1-r} \left[\frac{f(1-g)}{(1-f)g}\right]^r$$

$$= \binom{m+n-1}{k-1} g^{k-1}(1-g)^{n-k+1} \mathrm{E}(a^{\xi}),$$

其中 ξ 有超几何分布 $HG(m+n-1, n, k-1)$，而 $a = \frac{f(1-g)}{(1-f)g}$. 要求无条件分布，则要算积分

$$\int_{-\infty}^{\infty} F^r(x)[1-F(x)]^{m-1-r} G^{k-1-r}(x)[1-G(x)]^{n-k+1+r} \mathrm{d}F(x).$$

这一般算不出有限形式，对 $G \equiv F$，算出 $P(X_1 = k) = (m+n)^{-1}$，如所预料. 对 $G(x) = F^h(x)$ 或 $1-[1-F(x)]^h$（h 为自然数）的情况，也易算出有限的结果.

44. 对 $\mathrm{E}Y$，显见 $\sum_{i=1}^{n} a_{ni} = 0$，$\sum_{i=1}^{n} a_{ni}{}^2 = n$，$\max_{1 \leqslant i \leqslant n} |a_{ni}| = a_{nn} = \int_{-\infty}^{\infty} x \mathrm{d}\Phi^n(x) = n\int_{-\infty}^{\infty} x\Phi^{n-1}\mathrm{d}\Phi(x) = n\int_0^1 \Phi^{-1}(t)t^{n-1}\mathrm{d}t = n\int_0^1 \Phi^{-1}(t)(t^{n-1} - n^{-1})\mathrm{d}t$. 有

$$\left(\int_0^1 \Phi^{-1}(t)(t^{n-1} - n^{-1})\mathrm{d}t\right)^2 \leqslant \int_0^1 [\Phi^{-1}(t)]^2 \mathrm{d}t \int_0^1 (t^{n-1} - n^{-1})^2 \mathrm{d}t$$
$$= (n-1)^2/[n^2(2n-1)],$$

$\Big($此处用了 $\int_0^1 \Phi^{-1}(t)\mathrm{d}t = 0$ 及 $\int_0^1 [\Phi^{-1}(t)]^2 \mathrm{d}t = 1$，$\Phi^{-1}$ 为 $N(0,1)$ 的分布 Φ 的反函数.$\Big)$ 由此推出 $\max_{1 \leqslant i \leqslant n} |a_{ni}| = O(\sqrt{n})$，因而

$$\max_{1 \leqslant i \leqslant n} |a_{ni}| \Big/ \sum_{i=1}^{n} a_{ni}{}^2 = O(N^{-1/2}),$$

再利用习题 40，即知 A_n 满足条件 W.

对 van der Waerden 检验，$a_{ni} = \Phi^{-1}\left(\frac{i}{n+1}\right)$，由对称性易知 $\sum_{i=1}^{n} a_{ni} = 0$. 记 $\Phi(1) = c\ (1/2 < c < 1)$，则当 $\left|\frac{i}{n+1} - \frac{1}{2}\right| \geqslant c$ 时，有 $\left|\Phi^{-1}\left(\frac{i}{n+1}\right)\right| \geqslant 1$，故

当 n 大时

$$\sum_{i=1}^{n} a_{ni}^{2} \geqslant \sum_{i=1}^{n} a_{ni}^{2} I\left(\left|\frac{i}{n+1}-\frac{1}{2}\right| \geqslant c-1/2\right) \approx 2(1-c)n.$$

另一方面，$\max\limits_{1\leqslant i\leqslant n} |a_{ni}| = a_{nn} = \Phi^{-1}\left(\frac{n}{n+1}\right)$，暂记为 a，则 $1-\Phi(a)=(n+1)^{-1}$. 另一方面，利用公式 $1-\Phi(x)\approx \frac{1}{\sqrt{2\pi}x}\mathrm{e}^{-x^2/2}$，知 $1-\Phi(\sqrt{2\ln n}) \approx \frac{1}{2\sqrt{\pi}\sqrt{\ln n}}\mathrm{e}^{-\ln n} < (n+1)^{-1}$，当 n 充分大. 故 $\max\limits_{1\leqslant i\leqslant n} |a_{ni}| = O(\sqrt{\ln n})$. 再用习题 40 即得.

45. 设 $g(R_1,\cdots,R_m,S_1,\cdots,S_n)$ 为 θ 之一无偏估计，记

$$R = \{R_{(1)},\cdots,R_{(m)}\},\quad S = \{S_{(1)},\cdots,S_{(n)}\},$$

$R_{(1)}<\cdots<R_{(m)}$ 是 $R_1,\cdots,R_m$ 的按大小排列，S 类似. 不难证明：存在只依赖于 (R,S) 的、θ 的无偏估计 $h(R,S)$. 事实上，可取

$$h(R,S) = (m!n!)^{-1}\sum{}^{*} g(R_{i_1},\cdots,R_{i_m},S_{j_1},\cdots,S_{j_n}),$$

这里表示对 $(1,\cdots,m)$ 的一切置换 $(i_1,\cdots,i_m)$ 及 $(1,\cdots,n)$ 的一切置换 $(j_1,\cdots,j_n)$ 求和.

由于 h 只取有限个值，而当 $\theta\to\infty$ 时，有

$$P_\theta(h(R,S) = h(\{1,\cdots,m\},\{m+1,\cdots,m+n\}))\to 1,$$

故有 $\lim\limits_{\theta\to\infty}\mathrm{E}_\theta(h(R,S)) = h(\{1,\cdots,m\},\{m+1,\cdots,m+n\})$，因而当 θ 充分大时不能有 $\mathrm{E}_\theta(h(R,S))=\theta$. 矛盾 .

后一问立即由已证结果及 $\mathrm{E}_\theta g(R_1,\cdots,S_n)$ 为 θ 的解析函数推出，因为 $\mathrm{E}_\theta g(R_1,\cdots,S_n)$ 对任何实 θ 存在有限，由此可知在 θ 为复数时也有意义且为 θ 在复平面上的解析函数.

注　本题前半的断言没用到 $F\sim N(0,1)$，对 F 为任何连续分布都对. 稍微复杂一点的证法，可证明后半也如此. 细节留给读者.

46. 令 $\xi_i = I(S_i > R_i)(1\leqslant i\leqslant n)$. 显然，$\xi_i = I(Y_i > X_i)$，因此 $\xi_1,\cdots,\xi_n$ iid.，$\mathrm{E}(\xi_i) = \int_{-\infty}^{\infty} F(x+\theta)\mathrm{d}F(x) \equiv h(\theta)$. 由 $0<F(x)<1$ 及 F 连续易证：$h(\theta)$ 在 $-\infty<\theta<\infty$ 连续严增且 $h(-\infty)=0$，$h(\infty)=1$. 以 h^{-1} 记 h 的反

函数,$0<t<1$. 记 $\bar{\xi}_n=\sum_{i=1}^{n}\xi_i/n$. 作估计

$$g(R_1,\cdots,R_n,S_1,\cdots,S_n)=\begin{cases}0, & \bar{\xi}_n=0 \text{ 或 } 1,\\ h^{-1}(\bar{\xi}_n), & 0<\bar{\xi}_n<1,\end{cases}$$

则易见 g 为 θ 的相合估计.

条件 $0<F(x)<1$ 不可少. 原因何在请读者思考一下(理由其实是平凡的).

47. a. 平凡,与 W 检验的计算相似且更简单,平凡. **b.** T/n 是 $\int_{-\infty}^{\infty}F(x+\theta)\mathrm{d}F(\theta)$ 之无偏估计,而 W 检验所用的此量的无偏估计为 $\sum_{i=1}^{m}\sum_{j=1}^{n}I(Y_j>X_i)/(mn)$.后者为 MVUE,估计的较高效率决定了以之为基础的检验也有较高效率,理有固然.

第 7 章

1. a. 用第 1 章习题 18(3)°. **b.** 固定 $\theta_1=\theta_2$;$\sigma_1=1$ 而令 $\sigma_2\to 0$,则 $T\to t_{m-1}$ 依分布,故 $P(0\in J)\to P(|t_{m-1}|\leqslant t_{m+n-2}(\alpha/2))$. 因 $m+n-2>m-1$,有 $t_{m+n-2}(\alpha/2)<t_{m-1}(\alpha/2)$,知当 σ_2 充分小时 $P(0\in J)<1-\alpha$,故 J 的置信系数达不到 $1-\alpha$. 现记 $W=[(\bar{Y}-\bar{X})-(\theta_2-\theta_1)]/d$, $V=Q/d$, $d=\sqrt{\sigma_1{}^2/m+\sigma_2{}^2/n}$. W,V 独立, $W\sim N(0,1)$, $V^2>\frac{n}{(m+n)(m-1)}\chi_{m-1}{}^2$ 当 $\sigma_1\geqslant\sigma_2$, $V^2>\frac{m}{(m+n)(n-1)}\chi_{n-1}{}^2$ 当 $\sigma_1<\sigma_2$. 因此知存在 $c>0$,使 $P(V>1)\geqslant c$ 对一切 σ_1,σ_2. 现有(记 $h=t_{m+n-2}(\alpha/2)$)

$$\begin{aligned}P(\theta_2-\theta_1\in J)&\geqslant\int_1^{\infty}[\Phi(th)-\Phi(-th)]g(t)\mathrm{d}t\\&\geqslant c[\Phi(h)-\Phi(-h)]>0,\end{aligned}$$

此处 $\Phi \sim N(0,1)$，g 为 Q/d 之密度. 此式对一切 σ_1，σ_2 成立，证明了 J 的置信系数非 0.

2. **a**. 只需注意，$[\overline{Y}-\overline{X}-(\theta_2-\theta_1)]/\sigma$ 的分布与 Q/σ 的分布都与参数无关且二者独立. T 的分布的对称性显然，严降性由商的密度公式及 $\mathrm{e}^{-x^2/2}$ 在 $x>0$ 处严降得出. **b**. 记 $a=\dfrac{m+n}{mn(m+n-2)}$，$b=\dfrac{1}{m(m-1)}$，$c=\dfrac{1}{n(n-1)}$，由于 $m\neq n$（否则 T 与两样本 t 统计量一致，不必论），必有 $a>b$ 或 $a>c$. 为确定计设为前者，且 $b<c(n<m)$，由此推出 $c_0<\sqrt{a/b}\,t_{m+n-2}(\alpha/2)$. 两样本 t 区间之长为 $|J_2|=2t_{m+n-2}(\alpha/2)\sqrt{a}\sqrt{s_1{}^2+s_2{}^2}$，$s_1{}^2=\sum\limits_{i=1}^{m}(X_i-\overline{X})^2$，$s_2{}^2=\sum\limits_{i=1}^{n}(Y_i-\overline{Y})^2$，而基于 T 之区间估计，长为 $|J_1|=2c_0\sqrt{bs_1{}^2+cs_2{}^2}$. 当 $s_2\sim 0$ 时，分别有 $|J_2|\sim 2t_{m+n-2}(\alpha/2)\sqrt{a}s_1$，$|J_1|\sim 2c_0\sqrt{b}s_1$. 由于 $c_0<\sqrt{a/b}$，这时将有 $|J_1|<|J_2|$. 也可找出样本使 $|J_1|>|J_2|$，但可由下文所证结果推出.

为证 $\mathrm{E}|J_1|>\mathrm{E}|J_2|$，注意由统计量 T 的分子分母独立，分子为正态分布及正态分布密度关于 0 对称且在正实轴严降，易证：区间 J_1 包含任一点 $a\neq\theta_2-\theta_1$ 的概率，小于其包含 $\theta_2-\theta_1$ 的概率，因此 J_1 为一无偏区间估计. 但 J_2 为唯一的 UMAU 区间估计（按定理 5.8 的证明，可知以 J_2 为接受域的、$\theta_1=\theta_2\leftrightarrow\theta_1\neq\theta_2$ 的检验，其在 $\theta_1\neq\theta_2$ 处的功效，总大于以 J_1 为接受域的检验的功效）. 按定理 7.4 的证明，推出 $\mathrm{E}|J_1|>\mathrm{E}|J_2|$. 根据此式，必存在样本，使 $|J_1|>|J_2|$.

3. **a**. 由于 $\dfrac{\overline{X}-\theta}{\sigma}\dfrac{\sigma}{f(s)}$ 的分布与 σ 无关，故 $\left|\dfrac{\overline{X}-\theta}{\sigma}\right|\dfrac{\sigma}{f(s)}$ 的分布也与 σ 无关，故 $\ln\left|\dfrac{\overline{X}-\theta}{\sigma}\right|+\ln\dfrac{\sigma}{f(s)}$ 的分布也与 θ 无关，因而 $\mathrm{E}_\sigma\left(\ln\dfrac{f(s)}{\sigma}\right)$ 的值 c_1 与 σ 无关. 找 $c_2>0$，使 $\mathrm{E}_\sigma\left(\ln\dfrac{c_2 s}{\sigma}\right)=c_1$，则 $\mathrm{E}_\sigma\left(\ln\dfrac{f(s)}{c_2 s}\right)=0$ 对一切 σ. 由完全性知 $f(s)=c_2 s$. **b**. 例如，取 $f(X_1,\cdots,X_n)=\sum\limits_{i=1}^{n}|X_i-\overline{X}|$. f 与 $\overline{X}$ 的独立性据第 1 章习题 19. f/σ 的分布显然与 θ，σ 无关. 因为区间估计 $\overline{X}\pm cf$ 无偏（理由与上题 b 中 J_1 的无偏性同），而 t 区间是唯一的 UMA 区间估计，故其平均长大于 t 区间平均长.

4. 与上题类似.

5. **a**. 记 $U=[(\bar{Y}-\bar{X})-(\theta_2-\theta_1)]/\sqrt{\sigma_1{}^2/m+\sigma_2{}^2/n}$，$A=t_1{}^2s_1{}^2/[m(m-1)]+t_2{}^2s_2{}^2/[n(n-1)]$，有 $U\sim N(0,1)$. 设 $\sigma_1{}^2/m\geqslant\sigma_2{}^2/n$，则

$$\begin{aligned}P(|U|\leqslant\sqrt{2A}/\sqrt{\sigma_1{}^2/m+\sigma_2{}^2/n})&\geqslant P(|U|\leqslant\sqrt{2A}/\sqrt{2\sigma_1{}^2/m})\\&\geqslant P(|U|\leqslant\sqrt{2t_1{}^2s_1{}^2/[m(m-1)]}/\sqrt{2\sigma_1{}^2/m})\\&\geqslant P(|U|\geqslant t_1\sqrt{s_1{}^2/[(m-1)\sigma_1{}^2]})\\&=1-\alpha,\end{aligned}$$

$\sigma_1{}^2/m<\sigma_2{}^2/n$ 的情况类似处理.

b. 记 $\lambda=\sigma_1{}^2/m+\sigma_2{}^2/n$. 有

$$P(A)=1-\alpha/2,\quad A=\{|\bar{Y}-\bar{X}|^2/\lambda\leqslant\tilde{t}_1{}^2s_1{}^2/[(m-1)\sigma_1{}^2]\},$$

$$P(B)=1-\alpha/2,\quad B=\{|\bar{Y}-\bar{X}|^2/\lambda\leqslant\tilde{t}_2{}^2s_2{}^2/[(n-1)\sigma_2{}^2]\}.$$

故 $P(A\cap B)\geqslant1-\alpha$. 而当 $A\cap B$ 发生时，有

$$\begin{aligned}|\bar{Y}-\bar{X}|^2/\lambda&\leqslant\frac{1}{\lambda}\frac{\sigma_1{}^2}{m}\tilde{t}_1{}^2s_1{}^2/[(m-1)\sigma_1{}^2]+\frac{1}{\lambda}\frac{\sigma_2{}^2}{n}\tilde{t}_2{}^2s_2{}^2/[(n-1)\sigma_2{}^2]\\&=\frac{1}{\lambda}\left[\tilde{t}_1{}^2\frac{s_1{}^2}{m(m-1)}+\tilde{t}_2{}^2\frac{s_2{}^2}{n(n-1)}\right],\end{aligned}$$

于是得证. 查 t 分布表，对 $\alpha=0.05$ 或更小，$\tilde{t}_i/t_i$ 之值，在 m,n 为 10 左右或更大时，约为 1.1. 当 $\alpha=0.05$ 而 $m,n\to\infty$ 时，此比值→1.143，而在 $\alpha=0.01$ 时→1.091. 可见在通常情况下，后一置信区间远优于前者.

6. 把一切满足 $\sum_{i=1}^{k}c_i=0$ 的 $(c_1,\cdots,c_k)$ 之集记为 A. 为证本题，只需证：对任意给定的 k 个数 $y_1,\cdots,y_k$，有

$$\{|y_i-y_i|\leqslant d,1\leqslant i<j\leqslant k\}$$

$$\Leftrightarrow\quad\left\{\left|\sum_{i=1}^{k}c_iy_i\right|\leqslant d\sum_{i=1}^{k}|c_i|/2\text{ 对一切 }(c_1,\cdots,c_k)\in A\right\}.$$

设右边成立，则取 $c_i=-c_j=1$，其他 $c_r=0$，得左边. 现设左边成立，则 $y_1,\cdots,y_k$ 全落在一长不超过 d 的区间 $[a-d/2,a+d/2]$ 内，即 $y_i=a+z_i$，$|z_i|\leqslant d/2$. 故

$$\left|\sum_{i=1}^{k} c_i y_i\right| = \left|\sum_{i=1}^{k} c_i(a + z_i)\right| = \left|\sum_{i=1}^{k} c_i z_i\right| \leqslant \sum_{i=1}^{k} |c_i| d/2,$$

对一切$(c_1,\cdots,c_k)\in A$.

7. 设$X\sim N(\theta,1)$. 为作$\theta=\theta_0\leftrightarrow\theta\neq\theta_0$的水平$\alpha$无偏检验,取接受域$A(\theta_0)=\{x:|x-\theta_0|\leqslant u_{\alpha/2}+c|\theta_0|\}$,$c\in(0,1)$与$\theta_0$无关(按第一种定义,此是水平$\alpha$无偏检验,按第二种定义则不是),对此$A(\theta_0)$易算出

$$S(x) = \begin{cases} \left[\dfrac{x-u_{\alpha/2}}{1-c}, \dfrac{x+u_{\alpha/2}}{1-c}\right], & |x| \leqslant u_{\alpha/2}, \\ \left[\dfrac{x-u_{\alpha/2}}{1+c}, \dfrac{x+u_{\alpha/2}}{1-c}\right], & x > u_{\alpha/2}, \\ \left[\dfrac{x-u_{\alpha/2}}{1-c}, \dfrac{x+u_{\alpha/2}}{1+c}\right], & x < -u_{\alpha/2}. \end{cases}$$

故$P_0(0\in S(X))=P_0(|X|\leqslant u_{\alpha/2})=1-\alpha$. 但当$\theta>0$充分小,且$c$很接近1时,有

$$\begin{aligned} P_0(\theta \in S(X)) &= P_0(-u_{\alpha/2} + (1-c)\theta \leqslant X \leqslant u_{\alpha/2} + (1+c)\theta) \\ &> 1-\alpha = P_0(0 \in S(X)), \end{aligned}$$

故$S(X)$不是无偏置信区间.

反面的例子比较难举,只好用悬空架构的方式. 设样本$X\sim f(x,\theta)\mathrm{d}x$,$\theta\in\mathbb{R}^1$,当$\theta\neq 0$时

$$f(x,\theta) = \begin{cases} 1, & \text{当 } \theta \leqslant x \leqslant \theta+1-\alpha, \\ 1/2, & \text{当 } \theta-\alpha < x < \theta \text{ 及 } \theta+1-\alpha < x < \theta+1, \\ 0, & \text{其他}, \end{cases}$$

而

$$f(x,0) = \begin{cases} 1+\varepsilon, & \text{当 } 0 \leqslant x \leqslant 1-\alpha, \\ (2d)^{-1}[1-(1-\alpha)(1+\varepsilon)], & \text{当 } -d < x < 0 \text{ 及 } 1-\alpha < x < 1-\alpha+d, \\ 0, & \text{其他}, \end{cases}$$

这里取$\alpha>0$,$\varepsilon>0$使$0<(1-\alpha)(1+\varepsilon)<1$,$(1-\alpha)(1+3\varepsilon)>1$. 选择$d$使$(2d)^{-1}[1-(1-\alpha)(1+\varepsilon)]<1+\varepsilon$,即$d>(2+2\varepsilon)^{-1}[1-(1-\alpha)(1+\varepsilon)]$. 这样,对每个$\theta$,$f(x,\theta)$在$\theta\leqslant x\leqslant\theta+1-\alpha$内之值,大于其在此区间外之值.

现引进 $\theta=\theta_0 \leftrightarrow \theta \neq \theta_0$ 的检验 ϕ_{θ_0}，有接受域 $A(\theta_0)=\{x:\theta_0 \leqslant x \leqslant \theta_0+1-\alpha\}$. 易见其有水平 α，但非无偏，因

$$P_0(X \in A(d)) = P_0(d \leqslant X \leqslant d+1-\alpha)$$
$$= (1+\varepsilon)(1-\alpha-d)+2^{-1}[1-(1-\alpha)(1+\varepsilon)].$$

取 d 略大于 $[2(1+\varepsilon)]^{-1}[1-(1-\alpha)(1+\varepsilon)]$，可使上式 $>1-\alpha$. 又在得出上式时，需要 $d<1-\alpha$，由于 $(1-\alpha)(1+3\varepsilon)>1$. 易见当 d 略大于 $[2(1+\varepsilon)]^{-1}[1-(1-\alpha)(1+\varepsilon)]$ 时，确有 $d>1-\alpha$. 总之，这样取 d，可使 $P_0(X\in A(d))>1-\alpha$，而 $P_d(X\in A(d))=1-\alpha$，因而检验 ϕ_d 不是无偏. 但是，由 $A(\theta)$ 所产生的置信区间

$$S(x) = \{\theta: x \in A(\theta)\} = [x-(1-\alpha), x]$$

为 $1-\alpha$ 无偏置信区间，此因

$$P_\theta(\theta \in S(X)) = P_\theta(\theta \leqslant X \leqslant \theta+1-\alpha) \geqslant 1-\alpha$$

(只在 $\theta=0$ 时为不等号). 对任何 $\theta' \neq \theta$，$P_\theta(\theta' \in S(X)) = P_\theta(\theta' \leqslant X \leqslant \theta'+1-\alpha)$. 由 $f(x,\theta)$ 的形式看出，此值不能超过 $P_\theta(\theta \leqslant X \leqslant \theta+1-\alpha)=P_\theta(\theta \in S(X))$，这证明了 $S(X)$ 的无偏性. 因此，$1-\alpha$ 无偏置信区间 $S(X)$ 并不对应水平 α 无偏检验.

注　容易证明：只在 0 的某个邻域 $|\theta_0|<a$（a 比 d 大一点点）内，检验 ϕ_{θ_0} 才非无偏. 循着本例的想法，略加修改，可造出 $1-\alpha$ 置信区间 $S(X)$，其对应的接受域 $A(\theta_0)$ 对每个 θ_0 皆非无偏.

8. a. 分两种情况：自然参数空间 $\Theta=(a,b)$，$b<\infty$ 和 $\Theta=(a,\infty)$. 先考虑前者. 取 $b-\varepsilon\in\Theta$，则 $\int_{-\infty}^{t} e^{(b-\varepsilon)t} d\mu^T \equiv M < \infty$，故 $\int_{-\infty}^{t} e^{\theta t} d\mu^T \leqslant e^{\varepsilon|t|}M$ 对一切 $\theta\in\Theta$. 因 $b \overline{\in} \Theta$，有 $\lim\limits_{\theta\uparrow b}\int_{-\infty}^{\infty} e^{\theta t} d\mu^T = \infty$，故

$$P_\theta(T \leqslant t) = \int_{-\infty}^{t} e^{\theta t} d\mu^T \Big/ \int_{-\infty}^{\infty} e^{\theta t} d\mu^T \to 0, \quad 当 \theta \uparrow b, \tag{1}$$

当 θ 充分接近 b 时，有 $P_\theta(T\leqslant t)<1-\alpha$，故不可能对一切 θ 有 $P_\theta(T\leqslant t)>1-\alpha$.

若 $\Theta=(a,\infty)$，记 $T(x)=t$. 因 $\mu^T(T>t)>0$，可找到 $\varepsilon>0$ 使 $\mu^T(T>t+\varepsilon)\equiv d>0$. 对固定 θ_0 有 $\int_{-\infty}^{t} e^{\theta_0 t} d\mu^T \equiv M < \infty$，故当 $\theta>\theta_0$ 时有 $\int_{-\infty}^{t} e^{\theta t} d\mu^T \leqslant e^{(\theta-\theta_0)t}M$，而 $\int_{-\infty}^{\infty} e^{\theta t} d\mu^T \geqslant \int_{t+\varepsilon}^{\infty} e^{\theta t} d\mu^T \geqslant e^{\theta(t+\varepsilon)}d$，故仍得(1)式当 $\theta\to\infty$. 左端的

情况类似处理.

b. 设 Θ 右端延伸至 $a<\infty$ 不含 a,或 $a=\infty$. 以 h 记 μ^T 的支撑的上确界(若 $h<\infty$,必有 $a=\infty$). 如果当 $\theta\uparrow a$ 时,$C_1(\theta)$ 不趋于 h,则有两种可能:① $C_2(\theta)\uparrow h$. 这时,按 a 中的证明,有 $P_\theta(C_1(\theta)\leqslant T\leqslant C_2(\theta))\to 1$ 当 $\theta\uparrow a$. ② $C_2(\theta)\uparrow d<h$. 这时有 $P_\theta(C_1(\theta)\leqslant T\leqslant C_2(\theta))\to 0$ 当 $\theta\uparrow a$. 故当 θ 充分接近 a 时,$P_\theta(C_1(\theta)\leqslant T\leqslant C_2(\theta))$ 不可能等于 $1-\alpha$,与 $[C_1(\theta),C_2(\theta)]$ 的定义矛盾. 故必有 $C_1(\theta)\uparrow h$ 当 $\theta\uparrow a$. 类似地处理左端.

对一般的 $C(\theta)e^{Q(\theta)T(X)}d\mu$,结论完全一样. 因为 $Q(\theta)$ 的自然参数空间为开集,与 θ 的自然参数空间为开集是等价的(因假定了 Q 连续严增).

9. 平凡.

10. 平凡. 因为在 T 的分布连续时,$\theta=\theta_0\leftrightarrow\theta=\theta_1$ 的 UMP 检验是非随机化的. 由此即推出:即使在非随机化检验类中,$\theta=\theta_0\leftrightarrow\theta\neq\theta_0$ 的 UMP 检验也不存在.

11. 由 $\beta_{\phi^*}(\theta)\geqslant\beta_\phi(\theta)(\theta\in K)$ 知,ϕ^* 也是水平 α 无偏,故在 $\theta\in K$ 时不能有 $\beta_{\phi^*}(\theta)>\beta_\phi(\theta)$,因 ϕ 为 UMPU. 区间估计的反例,可举 $X_1,\cdots,X_n$ iid., $\sim\theta e^{-\theta x}I(x>0)dx$. 检验与置信区间的性质不必总对应,本题是一例.

12. **a**. 平凡. **b**. 据习题 8 的证明,对任何 $t<b$,有 $\lim\limits_{\theta\to\infty}P_\theta(t\leqslant T\leqslant b)=1$,于是得证. **c**. 定义一族分布 $\widetilde{P}_\psi$,要分两种情况:① μ^T 连续. 这时

$$\widetilde{P}_\psi=P_{\operatorname{tg}\psi},\psi<\pi/2;\quad \widetilde{P}_{\pi/2}(T=b)=1.$$

② μ^T 为 $\{b,b-1,b-2,\cdots\}$ 上的计数测度,这时 P_θ 理解为 $T+U$ 之分布,或者说,μ^T 已改为 dt. 则有

$$\widetilde{P}_\psi=P_{\operatorname{tg}\psi},\psi<\pi/2;\quad \widetilde{P}_{\pi/2}:(b,b+1)\text{ 上的均匀分布}.$$

不论是何种情况,容易验证,$\widetilde{P}_\psi$ 仍为 MLR 族,故如 t 是抽自 $\widetilde{P}_\psi$ 的样本,ψ 的 $1-\alpha$ 置信上界 $\bar{\psi}(t)$ 存在,它与原模型 P_θ 中 θ 的 $1-\alpha$ 置信下界的关系是:若 $t<b$,则 $\bar{\psi}(t)=a\cot\bar{\theta}(t)$,且这时方程 $F(t,\theta)=\alpha$ 与方程 $\widetilde{F}(t,\psi)=\alpha$($\widetilde{F}$ 是 $\widetilde{P}_\psi$ 分布函数)同时有解或同时无解;若 $t=b$,则在情况①时,这在 P_θ 下不会出现,在 $\widetilde{P}_\psi$ 下唯有 $\psi=\pi/2$ 才出现,故取 $\bar{\psi}(b)=\pi/2$. 若在情况②,则二者无区别. **d**. 平凡.

13. 如果 μ^T 的支撑是 $\{\cdots,n,n+1,\cdots\}$,则按习题 8 的证明,对任何 t 有 $P_\theta(T\leqslant t)\to 0$ 当 $\theta\uparrow c$,c 是自然参数空间 Θ 的上确界,这时不可能发生对一切 θ 都有 $F(t,\theta)=1-\alpha$ 的情况. 若 μ^T 的支撑为 $\{\cdots,b-1,b\}$,则当 $t\geqslant b+1-\alpha$ 时

$$P_\theta(T \leqslant t) = \sum_{i=a}^{b-1} P_\theta(T = i) + P_\theta(T = b)(t - b)$$
$$> \sum_{i=a}^{b-1} P_\theta(T = i)(1 - \alpha) + P_\theta(T = b)(1 - \alpha)$$
$$= 1 - \alpha$$

对一切 θ,故方程 $F(t,\theta) = 1 - \alpha$ 无解. 若 $t < b + 1 - \alpha$,则

$$P_\theta(T \leqslant t) = \sum_{i=a}^{b-1} P_\theta(T = i) + P_\theta(T = b)(1 - \alpha - \varepsilon), \quad \text{对某 } \varepsilon > 0,$$

如习题 8 的证明,当 $\theta \uparrow c$ 时有 $\sum_{i=a}^{b-1} P_\theta(T = i) \to 0$, 故当 θ 充分接近 c 时,有 $P_\theta(T \leqslant t) < 1 - \alpha$,因此不会总有 $P_\theta(T \leqslant t) > 1 - \alpha$. 对 μ^T 支撑的左端论证相似.

14. 任给 $1 - \alpha > 0$,设分布 F 为

$$F(\{0\}) = p, \quad F(\{1\}) = 1 - p, \quad 0 < p < 1, p^n > \alpha,$$

$\theta(F) > 0$. 样本 $X_1, \cdots, X_n$ 全取 0 的概率 $> \alpha$,而当 $X_1 = \cdots = X_n = 0$ 时,有 $J_n = [0,0]$,不包含 $\theta(F)$. 故

$$P_F(\theta(F) \in J_n) \leqslant 1 - P_F(X_1 = \cdots = X_n = 0) < 1 - \alpha,$$

这证明了对任给的 $1 - \alpha > 0$, J_n 的置信系数小于 $1 - \alpha$,因而只能为 0.

此例略加修改,可用以证明:即使要求 F 有密度,本题结论仍成立.

15. 记 $n\hat{\theta}_n = \xi_n$, $\tilde{J}_n$ 可写为

$$\tilde{J}_n = \frac{1}{n + c^2}\left(\xi_n + \frac{c^2}{2} \pm c\sqrt{\xi_n(1 - \hat{\theta}_n) + c^2/4}\right), \quad c = u_{\alpha/2},$$

$\tilde{J}_n$ 的左端 $\geqslant \eta_n = \frac{1}{n + c^2}(\xi_n + c^2/2 - c\sqrt{\xi_n + c^2/4})$. 易证 η_n 是 ξ_n 的严增函数,故如 $\theta < \frac{1}{n + c^2}(1 + c^2/2 - c\sqrt{1 + c^2/4})$,则

$$P_\theta(\theta \in \tilde{J}_n) \leqslant P_\theta(\xi_n = 0).$$

取 $\theta = \lambda/n$. 由于当 $n \to \infty$ 时, ξ_n 收敛于 Poisson 分布 $\mathscr{P}(\lambda)$ 因此,只要

$$\lambda < \frac{n}{n + c^2}(1 + c^2/2 - c\sqrt{1 + c^2/4}),$$

则 $\mathscr{P}_{\lambda/n}(\lambda/n\in\tilde{J}_n)\leqslant\mathscr{P}_{\lambda/n}(\xi_n=0)\to e^{-\lambda}$. 由此可知

$$\limsup_{n\to\infty}(1-\alpha_n)\leqslant\exp(-1-c^2/2+c\sqrt{1+c^2/4})\equiv h(c).$$

例如,当 $\alpha=0.05$ 时 $c=1.96$,而上式 $h(c)$ 为 0.838,小于渐近水平 0.95.

若 α 很小,则 c 很大,有 $h(c)<\exp(-1/c^2+2/c^4)$,而 $\alpha=2[1-\Phi(c)]<\frac{2}{\sqrt{2\pi}c}\exp(-c^2/2)$. 由此易知当 α 很小,即 c 很大时,$h(c)<1-\alpha$.

当 c 较小时 $h(c)<1-\alpha$ 不再成立. 如当 $c=0.98$ 时,$h(c)=0.6778$ 而 $1-\alpha=0.6730$.

以上两题都说明:“渐近置信系数”与“置信系数渐近值”,即使在常见例中,也不是一回事.

16. 平凡:$\lim_{n\to\infty}\inf\inf_{\theta}h_n(\theta)\leqslant\inf_{\theta}\lim_{n\to\infty}\inf h_n(\theta)$.

17. 所谓随机化区间估计,就是对每个样本 X,给定了 a-b 平面上集合$\{a\leqslant b\}$内的一个概率测度 Q_x. 有了样本 x 后,该置信区间能包含参数 θ_0 的(条件)概率,就是 $Q_x(\{a\leqslant\theta_0\leqslant b\})$. 这样就唯一地决定了 $\theta=\theta_0$ 的一族检验$\{\varphi_{\theta_0},\theta_0\in\Theta\}$,其中 $\varphi_{\theta_0}(x)=1-Q_x(\{a\leqslant\theta_0\leqslant b\})$.

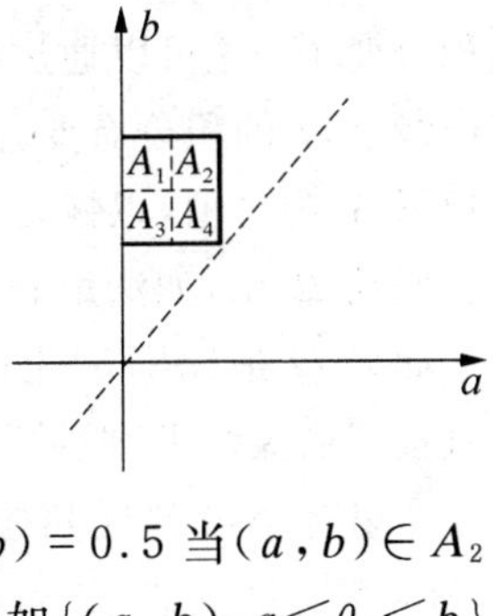

因此,为要证明一族检验$\{\varphi_{\theta_0}:\theta_0\in\Theta\}$不能唯一决定一个(随机化)置信区间,只需证明:仅知道集合$\{(a,b):a\leqslant\theta_0\leqslant b\}$的测度(对一切 θ_0)$Q_x(\{a\leqslant\theta_0\leqslant b\})$,不足以决定测度 Q_x. 这很显然,例如,Q_x 是正方形 $A=\{(a,b):0\leqslant a<1,1\leqslant b<2\}$内的均匀分布,把 A 分成相等的四个正方形 $A_1,\cdots,A_4$(如图). 定义 $f(a,b)=1.5$,当$(a,b)\in A_1\cup A_4$;$f(a,b)=0.5$ 当$(a,b)\in A_2\cup A_3$;在其他处为 0. 所得的分布与原来的不同,但对形如$\{(a,b):a\leqslant\theta_0\leqslant b\}$的集合,有同样的概率.

注 作为一个纯测度问题,可以再引申一下.

如果找不出集$\{a\leqslant b\}$内的一个其边与坐标轴平行的矩形 A,使 $\inf\{f(a,b):(a,b)\in A\}>0$,则上述修改法不可行. 但不论 f 如何,甚至在没有密度的场合,也总有办法修改. 今就有密度 f 的场合指明其想法.

观图(a),$Q(A)=\int_A f\,\mathrm{d}a\mathrm{d}b$ 之值,取决于 f 在图中“横线”l_1 和“竖线”l_2 上

的积分. 因这种积分决定了 f 在无穷三角形 BCD 与 ECF 上的积分,因而决定了 $\int_A f\mathrm{d}a\mathrm{d}b$. 所以,若修改 f(使变为一不同密度),但保持 f 在横、竖线上之积分不变,则改动后的 f,在 A 这种形式的集合上的积分不变.

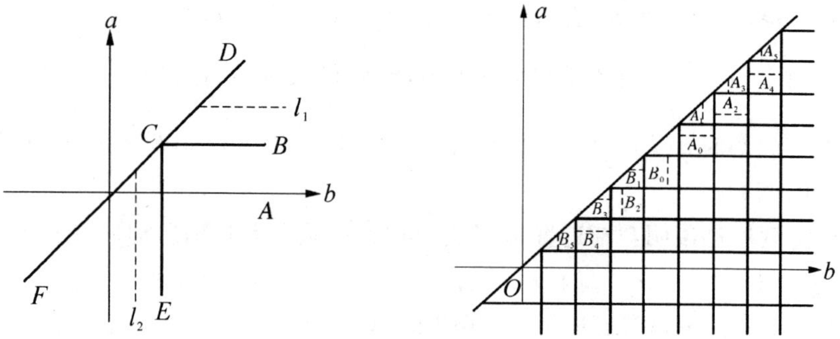

(a) (b)

图(b)中 A_0块内标出一条横虚线,表示在 A_0内修改 f,但不改变 f 在这虚线上的积分(对 A_0内每条横线都这样做). B_0内竖虚线的意义类似. 经过这一修改,穿过 A_0的任一条无穷横线上,f 的积分不变,但穿过 A_0的无穷竖线上,f 的积分变了. 这可以通过修改 f 在 A_1内之值来恢复. 但这样一来,穿过 A_1的无穷横线上,f 的积分有变,这可通过修改 f 在 A_2内之值来恢复,然后再修改 f 在三角形 A_3内之值,以恢复 f 在每条穿过 A_3的无穷竖线上的积分……至于下方,则自变动 B_0始,如法炮制.

如果 Q 是$\{a\leqslant b\}$上的一般概率测度,则给定 a 或 b,正则条件概率存在,可以直接在横竖线上"搬动"条件测度来实行修改,而不改变 $Q(a\leqslant\theta_0\leqslant b)$之值.

这里有个可测性问题. 例如,修改 $f\mathrm{d}a\mathrm{d}b$ 为 $f^*\mathrm{d}a\mathrm{d}b$. 修改后的 f^* 应为 Borel 可测. 这不难,因为上述修改不难具体写出,而看出"手术"是 Borel 可测的.

18. a. 令 $\widetilde{P}_\theta=(k+1-\theta)P_k+(\theta-k)P_{k+1},k\leqslant\theta<k+1,k=0,1,\cdots$. 分别以$\{a\}_1$和$\{a\}_2$记小于 a 的最大整数及不小于 a 的最小整数. 设 $\underline{\theta}(X)$是在模型Ⅰ:$\{\widetilde{P}_\theta,\theta\in\widetilde{\Theta}\}$之下,$\theta$ 的$(1-\alpha)$UMA 下界. 往证:$\{\underline{\theta}(X)\}_2$是在模型Ⅱ:$\{P_\theta,\theta\in\Theta\}$之下,$\theta$ 的 UMA 下界. 事实上,设 $\theta(X)$是在模型Ⅱ之下,θ 的任一 $1-\alpha$ 下界. 记 $S(X)=(\{\theta(X)\}_1,\infty)$,易证 $S(X)$是在模型Ⅰ之下,θ 之一 $1-\alpha$ 下界. 此因由 $S(X)$的构造可知,若 θ 为整数,则 $\theta\geqslant\theta(X)\Rightarrow\theta\in S(X)$,故 $\widetilde{P}_\theta(\theta\in S(X))\geqslant P_\theta(\theta\geqslant\theta(X))\geqslant1-\alpha$. 若 $k<\theta<k+1$,则由 $S(X)$的构造,有 $k\geqslant\theta(X)$

$\Rightarrow\{\theta(X)\}_1\leqslant k-1\Rightarrow\theta\in S(X)$，而 $k+1\geqslant\theta(X)\Rightarrow\{\theta(X)\}_1\leqslant k\Rightarrow\theta\in S(X)$. 故

$$\begin{aligned}\widetilde{P}_\theta(\theta\in S(X))&\geqslant(k+1-\theta)P_k(k\geqslant\theta(X))\\&\quad+(\theta-k)P_{k+1}(k+1\geqslant\theta(X))\\&\geqslant 1-\alpha,\end{aligned}$$

如所欲证.

由于 $\underline{\theta}(X)$ 是 θ 的 $(1-\alpha)$UMA 下界，而 $S(X)$ 是 θ 的 $1-\alpha$ 下界，故对任何 $k'<k$，k'，k 为整数，有

$$P_k(\underline{\theta}(X)\leqslant k')\leqslant P_k(S(X)<k').$$

但 $\underline{\theta}(X)\leqslant k'\Leftrightarrow\{\underline{\theta}(X)\}_2\leqslant k'$，而 $S(X)<k'\Leftrightarrow\theta(X)\leqslant k'$，故上式转化为 $P_k(\{\underline{\theta}(X)\}_2\leqslant k')\leqslant P_k(\theta(X)\leqslant k')$，对任何整数 $k'<k$. 这证明了所说的断言.

b. 若 $\mathrm{d}P_\theta(x)=p(T(x),\theta)\mathrm{d}\mu(x)$，令 $\tilde{p}(T(x),\theta)=(k+1-\theta)p(T(x),k)+(\theta-k)p(T(x),k+1)(k\leqslant\theta<k+1)$. 易见 $p(T,\theta)$MLR$\Rightarrow\tilde{p}(T,\theta)$MLR.

19. 利用以下容易证明的事实：$(U+V-\theta_1-\theta_2)/(U-V)$ 的分布与 θ_1，θ_2 无关，其密度记为 f，找 $a<b$，使 $b-a$ 尽可能小而 $\int_a^b f(x)\mathrm{d}x=1-\alpha$，则 $[(U+V)/2-b(U-V)/2,(U+V)/2-a(U-V)/2]$ 为 $1-\alpha$ 置信区间，且是用这一方法决定的 $1-\alpha$ 置信区间中最短的.

20. 本题是基于第 5 章的习题 15 和 21. 习题 15 证明了 $\theta_2/\theta_1\geqslant1\leftrightarrow\theta_2/\theta_1<1$ 有 UMP 检验，其证明对 $\theta_2/\theta_1=k\leftrightarrow\theta_2/\theta_1>k$ 及 $\theta_2/\theta_1=k\leftrightarrow\theta_2/\theta_1<k$ 仍有效（$k>0$任意）. 习题 21 证明了 $\theta_2/\theta_1=1\leftrightarrow\theta_2/\theta_1=1$ 没有 UMP 检验，但有 UMPU 检验（1 改为任意 $k>0$，证明仍有效），因此 θ_2/θ_1 没有 UMA 置信区间，但有 UMAU 置信区间.

所求出的 UMA 置信下界有 $\theta_2/\theta_1\geqslant c\max\limits_{1\leqslant i\leqslant n}Y_i/\max\limits_{1\leqslant i\leqslant m}X_i$ 的形式，而 UMAU 置信区间则有 $[c_1W,c_2W]$ 的形式，$W=\max\limits_{i\leqslant i\leqslant n}Y_i/\max\limits_{1\leqslant i\leqslant m}X_i$. 不难算出，$\theta_1W/\theta_2$ 的密度与 θ_1，θ_2 无关且有形式

$$f(x)=\begin{cases}mnx^{m-1}/(m+n), & 0<x\leqslant1,\\ mnx^{-n-1}/(m+n), & x>1.\end{cases}$$

由此不难算出：在一切形如 $[c_1W,c_2W]$ 的 $1-\alpha$ 置信区间中，长度一致最小者，其中 c_1，c_2 由方程

$$n(1-c_1{}^m)+m(1-c_2{}^{-n})=(m+n)(1-\alpha),\quad c_2=c_1{}^{-(m-1)/(n+1)}$$

决定. 具体计算表明:这样得出的$[c_1 W, c_2 W]$没有无偏性. 这是一个例子,表明 UMAU 区间可以不是可容许的(即存在着置信水平 $1-\alpha$ 的区间估计,其长度一致小于它).

21. **a,b**. 在 $k=0$ 的情况,用第 5 章习题 5. 对 $k>0$,容易证明 $\theta=\theta_0\leftrightarrow\theta>\theta_0$ 及 $\theta=\theta_0\leftrightarrow\theta<\theta_0$ 的 UMP 检验都不存在,故 θ 的 UMA 置信界不存在,更谈不上 UMA 置信区间. 但是,易见 $\min\limits_{1\leqslant i\leqslant n} X_i-\theta$ 的分布与 θ 无关. 在这个基础上不难作出 θ 的相似置信区间与置信界. **c**. 根据第 5 章习题 5.

22. 找统计量(T_1, T_2),满足条件

$$T_1(cx_1+d,\cdots,cx_n+d)=cT_1(x_1,\cdots,x_n)+d,$$

$$T_2(cx_1+d,\cdots,cx_n+d)=cT_2(x_1,\cdots,x_n)$$

(这用到 $n\geqslant 2$,不然 $T_2=\text{const}$). 对任何 $c>0$ 及 $d\in\mathbb{R}^1$,又 $T_2>0$. 易见$(T_1-\theta)/T_2$及 T_2/σ 的分布都与(θ,σ)无关,因此以之为基础,不难作出 θ 和 σ 的相似置信区间与置信界.

至于 T_1, T_2的具体选择,要看 f 的形式. 例如 f 为正态时,一个好的选择是 $T_1=\bar{X}, T_2=S$. 在任何情况下总可用的一种选择是 $T_1=X_{(m)}, T_2=X_{(m_2)}-X_{(m_1)}$,此处 $X_{(1)}\leqslant\cdots\leqslant X_{(n)}$为次序统计量,而 $m_2>m_1$. 在这里,m_1, m_2的选择很有关系(选择不好,置信区间会变长,涉及的分布推导也很繁复).

23. 如果集 A 在任何有限区间内没有极限点,则可以把$\{a_i\}$按大小排列为 $-\infty<\cdots<a_{-1}<a_0<a_1<\cdots$. 取随机变量 U_k 与 T 独立,$U_k\sim R(0, a_{k+1}-a_k)(k=0,\pm1,\cdots)$,以$\tilde{T}$代 T,其中$\tilde{T}=T+U_k$当$T=k$. $\tilde{T}$对于测度 μ 有概率密度

$$\tilde{f}(\tilde{t})=\mu(\{a_k\})\mathrm{d}t/(a_{k+1}-a_k),\quad 当\,\tilde{t}\in[a_k, a_{k+1}), k=0,\pm1,\cdots,$$

容易看出由$\tilde{T}$之值可还原出 T 之值,因而一切如旧.

如果集 A 有一个有限的极限点,则此法不能奏效. 确切地说,不可能找到一个其分布已知的随机向量 U 及已知函数 g,使$\tilde{T}=g(T, U)$有连续分布,为 MLR,且由$\tilde{T}$可唯一决定 T. 严格的论证涉及复杂的数学问题.

24. 找一个非异方阵 A,其第一行为 c. 用 $\varphi=A\theta$ 代 θ,将分布写为 $\tilde{C}(\varphi)\mathrm{e}^{\varphi'\tilde{T}(x)}\mathrm{d}\mu(x)$,其中$\tilde{T}=(A')^{-1}T$. 这时要估计的 $c'\theta$ 成为 φ 的第一分量.

按定理 5.8 结合定理 7.2,可找到 φ 即 $c'\theta$ 的 UMAU 置信区间及置信上、下界.

25. **a**. 设存在 $\theta\neq\theta'$ 及 $A\in\mathscr{B}_x$,使 $P_\theta(A)P_{\theta'}(A)>2\varepsilon>0$,且 $P_\theta\ll P_{\theta'}$ 于 A 上. 由此可知

$$\inf\{P_{\theta'}(\widetilde{A}):\widetilde{A}\subset A,P_\theta(A)\geqslant\varepsilon\}\geqslant 2\varepsilon'>0,\quad \text{不妨设 }\varepsilon'<\varepsilon,\tag{1}$$

往证:不存在 θ 的一置信区间,其长超过 $l=|\theta-\theta'|/2$,且置信水平为 $1-\varepsilon'$. 若不然,设 J 为这样一个置信区间,则由其置信水平为 $1-\varepsilon'$ 可知

$$P_\theta(A_1)\geqslant\varepsilon,\quad A_1=\{x:x\in A,\theta\in J(x)\}.$$

由(1)式知 $P_{\theta'}(A_1)\geqslant 2\varepsilon'$,再由 J 的置信水平为 $1-\varepsilon'$ 有

$$P_{\theta'}(A_2)\geqslant\varepsilon',\quad A_2=\{x:x\in A_1,\theta'\in J(x)\},$$

于是在集 A_2 上 $|J(x)|\geqslant|\theta-\theta'|>l$,而 $P_{\theta'}(A_2)>0$,与 J 之长 a.s. 不超过 l 不合.

b. 记 $h(\theta)=(1+e^{-\theta})^{-1}(-\infty<\theta<\infty)$. 定义 $P_\theta(x,y)$ 如下:当 $\theta\geqslant 0$ 时,P_θ 全集中在直线 $x=h(\theta)$ 上,且在此直线上有密度 $C(\theta)\exp(-(y-h(\theta))^2/2)\cdot I\left(0<y<\frac{1}{2}\right)\mathrm{d}y$. 当 $\theta<0$ 时,P_θ 全集中在直线 $y=h(\theta)$ 上,且在此直线上有密度 $\widetilde{C}(\theta)\exp(-(x-h(\theta))^2/2)I(1/2\leqslant x<1)\mathrm{d}x$(如图).

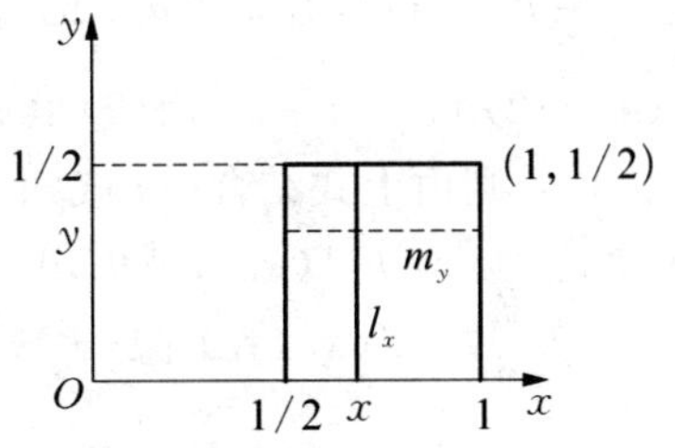

l_x: P_θ 的支撑,$\theta\geqslant 0$, $x=h(\theta)$
m_y: P_θ 的支撑,$\theta<0$, $y=h(\theta)$

找 $\varepsilon>0$ 充分小. 找 $\theta_1>0,\theta_2<0$,使 $h(\theta)\geqslant 1/2+\varepsilon$ 当 $\theta\geqslant\theta_1$,$h(\theta)\leqslant 1/2-\varepsilon$ 当 $\theta\leqslant\theta_2$. 记

$$l=(\theta_1+|\theta_2|)/2,$$

由于所给密度在正方形 $\{1/2\leqslant x<1,0<y<1/2\}$ 内有上界和非 0 下界,故存在 $\eta(\varepsilon)>0$,使当 $m(B)\leqslant\eta(\varepsilon)$ 时,有

$$\begin{aligned}&\int_B C(\theta)\exp(-(y-h(\theta))^2/2)\mathrm{d}y<1-\varepsilon,\quad\theta\geqslant 0,\\&\int_B\widetilde{C}(\theta)\exp(-(x-h(\theta))^2/2)\mathrm{d}x<1-\varepsilon,\quad\theta<0,\end{aligned}\tag{2}$$

$m(B)$ 为 B 的 L 测度. 当 ε 下降时,$\eta(\varepsilon)$ 非降,当 $\varepsilon\downarrow 0$ 时,$\eta(\varepsilon)\uparrow 1/2$,令

$$A_1 = \left\{\frac{1}{2} + \varepsilon < x < 1, 0 < y < 1/2 - \varepsilon\right],$$

$$D = \{(x, y):(x, y) \in A, \theta_x \in J(x, y)\}.$$

因 J 有置信水平 $1-\varepsilon$，故对任何 $\theta > \theta_1$，当 $x = h(\theta)$ 时有 $P_\theta(\theta \in J(x, y)) \geqslant 1-\varepsilon$. 由(2)式知

$$m(\{y:(x, y) \in D\}) > \eta(\varepsilon),$$

故

$$m(\{y:(x, y) \in D \cap A_1\}) > \eta(\varepsilon) - \varepsilon, x \in (1/2 + \varepsilon, 1).$$

由 Fubini 定理知 $m(D \cap A_1) > [\eta(\varepsilon) - \varepsilon]/2$. 再用 Fubini 定理，知存在 $y_0 \in (0, 1/2 - \varepsilon)$，使

$$m(\{x:(x, y_0) \in D \cap A_1\}) > \eta(\varepsilon) - \varepsilon. \tag{3}$$

记 $\theta_0 = h^{-1}(y_0)$，有 $\theta_0 < \theta_2$. 记 $B = \{x:\theta_0 \in J(x, y_0)\}$，则 $\int_B \widetilde{C}(\theta_0)\exp(-(x - h(\theta_0))^2/2)\mathrm{d}x \geqslant 1-\varepsilon$. 由(2)式知 $m(B) > \eta(\varepsilon) - \varepsilon$，取 $\varepsilon > 0$ 充分小，使 $\eta(\varepsilon) - \varepsilon > 1/4$，则由上式结合(3)式知 $B \cap \{x:(x, y_0) \in D \cap A_1\}$ 非空. 找 x_0 属于此集，记 $\theta_0{}' = h^{-1}(x_0)$，则 $\theta_0, \theta_0{}'$ 都在 $J(x_0, y_0)$ 内. 因 $(x_0, y_0) \in A_1$，有 $\theta_0 < \theta_2$，$\theta_0{}' > \theta_1$，故 $|J(x_0, y_0)| \geqslant \theta_1 + |\theta_2| > l$，与 J 之长不超过 l 矛盾.

26. 以 Wilcoxon 秩和 $T = \sum_{i=1}^{n} R_i$ 为例. $T + U$ 的分布函数 $G(\theta, t)$ 满足定理 7.2 的全部条件，这些都不难基于 F 的连续性去证明，只举其中一条较复杂的为例，即满足 $G(\theta, C(\theta)) = 1-\alpha$ 的 $C(\theta)$ 唯一且是 θ 的严增函数. 唯一性明显，因对 $k = n(n+1)/2, n(n+1)/2+1, \cdots, n(2N-n+1)/2$ 都有 $P_\theta(T = k) > 0$ $(N = m+n)$. 严增的证法如下：设 $X_1, \cdots, X_m, Y_1, \cdots, Y_n$ iid.，$\sim F(x)$. 设 $\theta' < \theta''$，记

$$Y_i{}' = Y_i + \theta', \quad Y_i{}'' = Y_i + \theta'', \quad i = 1, \cdots, n.$$

以 $R_i{}'(R_i{}'')$ 记 $Y_i{}'(Y_i{}'')$ 在 $X_1, \cdots, Y_n{}'(X_1, \cdots, X_n{}'')$ 中的秩，$R_{(1)}{}' < \cdots < R_{(n)}{}'$ $(R_{(1)}{}'' < \cdots < R_{(n)}{}''$ 为排序). 因 $\theta' < \theta''$，显见 $R_{(i)}{}' \leqslant R_{(i)}{}''$ $(i = 1, \cdots, n)$，故对固定的 k 有 $P_{\theta'}(T \leqslant k) \geqslant P_{\theta''}(T \leqslant k)$，当 $n(n+1)/2 \leqslant k < n(2N-n+1)/2$ 时成立严格不等号. 事实上，由对分布 F 的假定可知，可找到 $a < b < a_1 < b_1$，使 $a_1 - b > \theta'$（不妨设 $\theta' > 0$），$b_1 - a < \theta''$，且 $F(b) - F(a) > 0$，$F(b_1) - F(a_1) > 0$.

考虑事件

$$E = \{Y_i \in (a,b), 1 \leqslant i \leqslant n; X_i \in (a_1,b_1), 1 \leqslant i \leqslant m\},$$

有 $P(E)=0$. 若$(X_1,\cdots,X_m,Y_1,\cdots,Y_n)\in E$,则由上述 a,b,a_1 和 b_1 的取法知

$$\sum_{i=1}^{n} R_i' = n(n+1)/2,$$

故 $T \leqslant k$;而

$$\sum_{i=1}^{n} R_i'' = n(2N-n+1)/2 > k.$$

故 $P_{\theta''}(T\leqslant k)\leqslant p_{\theta'}(T\leqslant k)-P(E)<P_{\theta'}(T\leqslant k)$,因而证明了上述断言. 由此性质即推出 $C(\theta)$为 θ 的严增函数,据定理 7.2,可作出 θ 的 $1-\alpha$ 相似置信区间. 当然,$G(\theta,t)$和 $C(\theta)$都不易计算,使这个方法难于施行.

27. 要用到以下的事实:若 ϕ 和 ϕ_1 都是 $\theta=\theta_0\leftrightarrow\theta\neq\theta_0$ 的水平 α 检验,ϕ 为 UMP 而 ϕ_1 不是,则

$$\text{“}\beta_{\phi_1}(\theta)<\beta_{\phi}(\theta) \text{ 当 } \theta<\theta_0\text{”} \quad 或 \quad \text{“}\beta_{\phi_1}(\theta)<\beta_{\phi}(\theta) \text{ 当 } \theta>\theta_0\text{”} \qquad (4)$$

二者至少成立其一. 这因为,对每个 $\theta_1\neq\theta_0$,ϕ 都是 $\theta=\theta_0\leftrightarrow\theta=\theta_1$ 的 UMP 检验,而当 ϕ_1 非 UMP 时,或者对所有的 $\theta_1>\theta_0$,或者对所有的 $\theta_1<\theta_0$,ϕ_1 不是 $\theta=\theta_0\leftrightarrow\theta=\theta_1$ 的 UMP 检验.

令 $D=\{x:x>0,A(x)>x\}$. 往证 $|D|=0$,若不然,则对某个 $\varepsilon>0$,$D_\varepsilon=\{x:x>0,A(x)>x+\varepsilon\}$有正的 L 测度,故有一个大于 0 的全密点 a. 因此对充分小的 $\varepsilon_1>0$,$|D_\varepsilon\cap(a,a+\varepsilon_1)|$及$|D_\varepsilon\cap(a-\varepsilon_1,a)|$中至少有一个非 0,不妨设为前者. 则对$(a+\varepsilon_1,a+2\varepsilon_1)$内的 θ,当 $x\in D_\varepsilon\cap(a,a+\varepsilon_1)$时,$[A(x),B(x)]$不能包含 θ. 因此,对区间$(a+\varepsilon_1,a+2\varepsilon_1)$内的 θ_0,由置信区间$[A(x),B(x)]$导出的$\{\theta=\theta_0\leftrightarrow\theta\neq\theta_0\}$的检验 ϕ_1,在集合 $D_\varepsilon\cap(a,a+\varepsilon_1)$上异于 $\theta=\theta_0\leftrightarrow\theta\neq\theta_0$ 的 UMP 检验 ϕ. 按前述,(4)式中两个断言至少成立一个. 再由定理 7.4 的证明过程看出,对这种 θ_0 将有 $\mathrm{E}_{\theta_0}(B(X)-A(X))>(\alpha^{-1}-1)\theta_0/2$,与假设矛盾. 因此证明了 $A(x)\leqslant x$ a.e. $L(x>0)$.

下一步是证明 $\widetilde{D}=\{x:B(x)-A(x)<(\alpha^{-1}-1)x\}$是 L 测度为 0 的. 因若不然,则将存在 $\varepsilon>0$,使对任给 $\varepsilon_1>0$,存在区间$(a,a+\varepsilon_1)$,满足

$$|F| \equiv |\{x : a < x < a + \varepsilon_1, B(x) - A(x) - (\alpha^{-1} - 1)x < -\varepsilon\}| > 0.$$

取 ε_1 使 $\varepsilon_1/\alpha < \varepsilon/3$，则不难推出：对 $(\alpha/a - \varepsilon/2, \alpha/a)$ 内的 θ_0，当 $x \in F$ 时 $[A(x), B(x)]$ 不包含 θ_0. 因此，对这样的 θ_0，由置信区间 $[A(x), B(x)]$ 导出的 $\{\theta = \theta_0 \leftrightarrow \theta \neq \theta_0\}$ 的检验 ϕ，在集 F 上异于 UMP 检验 ϕ. 按前述推理即导出矛盾，故证明了

$$B(x) - A(x) \geqslant (\alpha^{-1} - 1)x \quad \text{a.e.}\ L, \quad x > 0,$$

再结合 $\mathrm{E}_\theta(B(X) - A(X)) = (\alpha^{-1} - 1)\theta/2$，知上式的不等号可改为等号. 由此出发，结合已证的 $A(x) \leqslant x$ a.e. L，仿照上述推理，即可证明 $A(x) = x$ a.e. L. 这样完成了本题的证明.

28. 平凡. 一个容易的反例是：样本 $X \sim R(0, \theta)(1 \leqslant \theta \leqslant 2)$. $[x, \alpha^{-1}x]$ 仍为 $(1-\alpha)$UMA置信区间，但其平均长度大于置信区间 $[\max(x, 1), \max(\alpha^{-1}x, 2)]$，后者仍有置信系数 $1-\alpha$.

29. 令 $T = \sqrt{n}\,\bar{X}/S$，$S = \left[\sum_{i=1}^{n}(X_i - \bar{X})^2/(n-1)\right]^{1/2}$，有 $T \sim t_{n-1,\delta}$，$\delta = \sqrt{n}a/\sigma$. 以 $c_1(\delta)$ 和 $c_2(\delta)$ 分别记 $t_{n-1,\delta}$ 的上、下 $\alpha/2$ 分位点，则

$$P_{\theta,\sigma}(c_2(\delta) \leqslant T \leqslant c_1(\delta)) = 1 - \alpha.$$

不难证明：$c_1(\delta)$ 和 $c_2(\delta)$ 都是 δ 的连续函数. $c_i(-\infty) = -\infty$，$c_i(\infty) = \infty (i = 1, 2)$. 又由第 1 章习题 23 知 $c_1(\delta)$，$c_2(\delta)$ 都是 δ 的严增函数. 由以上这些条件知，$c_1(\delta)$，$c_2(\delta)$ 的反函数存在并定义在 $\mathbb{R}^1$，故由上式可以解出

$$P_{\theta,\sigma}(c_1^{-1}(T) \leqslant \delta \leqslant c_2^{-1}(T)) = 1 - \alpha,$$

因而 $[c_1^{-1}(T)/\sqrt{n}, c_2^{-1}(T)/\sqrt{n}]$ 就是 a/σ 的 $1-\alpha$ 相似置信区间. 如要求置信上、下界，则分别取 $t_{n-1,\delta}$ 的上、下 α 分位点 $\bar{c}(\delta)$ 和 $\underline{c}(\delta)$，由

$$P_{\theta\sigma}(T \geqslant \underline{c}(\delta)) = 1 - \alpha, \quad P_{\theta,\sigma}(T \leqslant \bar{c}(\delta)) = 1 - \alpha,$$

解出

$$P_{\theta,\sigma}(\delta \leqslant \underline{c}^{-1}(T)) = 1 - \alpha, \quad P_{\theta,\sigma}(\delta \geqslant \bar{c}^{-1}(T)) = 1 - \alpha,$$

而得到 $\underline{c}^{-1}(T)$ 和 $\bar{c}^{-1}(T)$ 分别是 a/σ 的 $1-\alpha$ 相似置信上、下界.

30. 考虑 n 为奇数 $2m+1$ 的情况. $\hat{m}_n - \theta$ 有密度

$$\psi(x) = (2m+1)\binom{2m}{m}\{\Phi(x)[1-\Phi(x)]\}^m\varphi(x),$$

Φ,φ 为 $N(0,1)$ 的分布、密度，而 $\bar{X}-\theta$ 有密度

$$\psi_0(x) = \frac{\sqrt{2m+1}}{\sqrt{2\pi}}\exp\left(-\frac{1}{2}(2m+1)x^2\right).$$

记 $p(x) \equiv \psi(x)/\psi_0(x)$，有

$$\frac{\mathrm{d}(\ln p(x))}{\mathrm{d}x} = m\left\{\frac{\varphi(x)[1-2\Phi(x)]}{\Phi(x)[1-\Phi(x)]} + 2x\right\},$$

此式在 $0 \leqslant x \leqslant 1.3$ 时 >0，此因 $1-2\Phi(x) > \frac{2}{\sqrt{2\pi}}x$，故只需证 $\Phi(x)[1-\Phi(x)]e^{x^2/2} > (4\pi)^{-1}$ 当 $0 \leqslant x \leqslant 1.3$. 但 $\Phi(1.3)[1-\Phi(1.3)] > 0.89 \times 0.11 = 0.0979 > (4\pi)^{-1}$，故得证. 这表明：$\psi(x)/\psi_0(x)$ 在 $0 \leqslant x \leqslant 1.3$ 内上升. 又由 Stirling 公式

$$p(x) > \frac{1}{\sqrt{2\pi}}2\sqrt{\frac{2m}{2m+1}}e^{-1/(6m)}\{4\Phi(x)[1-\Phi(x)]e^{x^2}\}^m.$$

(Stirling 公式：$\sqrt{2\pi}n^{n+1/2}e^{-n} < n! < \sqrt{2\pi}n^{n+1/2}e^{-n+1/(12n)}$) 往证

$$4\Phi(x)[1-\Phi(x)]e^{x^2} > \sqrt{3\pi}/2, \quad 当\ x \geqslant 1.3, \tag{5}$$

实际计算，知 $4\Phi(1.4)[1-\Phi(1.4)]e^{(1.3)^2} > 1.6 > \sqrt{3\pi}/2$. 故知(5)式在 $1.3 \leqslant x \leqslant 1.4$ 对. 又计算知 $4\Phi(1.5)[1-\Phi(1.5)]e^{(1.4)^2} > 1.7 > \sqrt{3\pi/2}$，故上式在 $1.4 \leqslant x \leqslant 1.5$ 对. 而在 $x \geqslant 1.5$ 时 $1-\Phi(x) > \frac{1}{\sqrt{2\pi}}\left(\frac{1}{x}-\frac{1}{x^3}\right)e^{-x^2/2} > \frac{0.55}{\sqrt{2\pi}}e^{-x^2/2}/x$，且 $e^{x^2/2}/x$ 在 $x \geqslant 1.5$ 非降，故当 $x \geqslant 1.5$ 时

$$4\Phi(x)[1-\Phi(x)]e^{x^2} > \frac{2.2}{\sqrt{2\pi}}\Phi(1.5)e^{1.125}/1.5 > 1.6 > \sqrt{3\pi/2},$$

这证明了(5)式. 结合以上结果知，$\psi(x)/\psi_0(x)$ 在 $0 \leqslant x \leqslant 1.3$ 处上升至大于 1，以后一直保持大于 1，故存在 $x_0 \in (0,1.3)$，使 $\psi(x) < \psi_0(x)$ 当 $0 \leqslant x \leqslant x_0$，$\psi(x) > \psi_0(x)$ 当 $x > x_0$. 由此知对任何 $c > 0$ 有 $\int_c^\infty \psi(x)\mathrm{d}x > \int_c^\infty \psi_0(x)\mathrm{d}x$，而由此得 $c_n > u_{\alpha/2}$，如所欲证.

n 为偶数时，$\hat{m}_n$的密度表达式很复杂，证明要麻烦很多.

31. 据第 5 章习题 5(该题论证适用于此处)，$\theta=\theta_0 \leftrightarrow \theta \neq \theta_0$有 UMP 检验，其接受域为

$$T \leqslant H(\theta_0) \leqslant T/c_n, \quad T = \max_{1 \leqslant i \leqslant n} H(X_i), \quad c_n = 1-\alpha^{1/n},$$

$\alpha \in (0,1)$为检验的水平. 由于 H 连续、严增，上式可写为 $H^{-1}(T) \leqslant \theta_0 \leqslant H^{-1}(T/c_n)$. 故$[H^{-1}(T), H^{-1}(T)/c_n]$就是 θ 的$(1-\alpha)$UMA 置信区间. 类似地，θ 的$(1-\alpha)$UMA 置信上、下界分别是 $H^{-1}(T/c_n)$及 $H^{-1}(T/(1-\alpha)^{1/n})$.

记 $T_1 = \lim_{1 \leqslant i \leqslant n} H(X_i)$，则$(T-T_1)/H(\theta_0)$有概率密度为

$$w(x) = n(n-1)x^{n-2}(1-x)I(0<x<1).$$

取 b_n，使 $\int_{b_n}^1 w(x)\mathrm{d}x = 1-\alpha$，则 $b_n \leqslant (T-T_1)/H(\theta_1) \leqslant 1$ 有概率 $1-\alpha$，由此得到 θ 的另一个 $1-\alpha$ 置信区间：$[H^{-1}(T-T_1), H^{-1}((T-T_1)/b_n)]$. 当 T 大而 $T-T_1$ 很小时，这区间比上面求得的 UMA 区间要短一些.

在解本题时，利用了 $H(X_i)/H(\theta) \sim R(0,1)$这个事实，以转化到均匀分布去处理.

32. 记 $T = \sum_{i=1}^n (X_i-\theta)^2, S^2 = \sum_{i=1}^n (X_i-\bar{X})^2/n, c = \chi_n{}^2(\alpha)$. 有 $P_\theta(T \leqslant c) = 1-\alpha$. 而 $T \leqslant c \Leftrightarrow c/n - s^2 \geqslant |\bar{X}-\theta|^2$，令

$$J(x) = \begin{cases} [\bar{X}-(c/n-s^2)^{1/2}, \bar{X}+(c/n-s^2)^{1/2}], & \text{当 } s^2 \leqslant c/n, \\ [\bar{X}, \bar{X}], & \text{当 } s^2 > c/n. \end{cases}$$

不难看出，对任何固定的 θ，有

$$\theta \in J(x) \quad \Leftrightarrow \quad T \leqslant c \text{ a.s. } P_\theta,$$

由此知 J 为 θ 的 $1-\alpha$ 相似置信区间，其平均长

$$\mathrm{E}_\theta \mid J(X) \mid = 2n^{-1/2}\int_0^c k_{n-1}(x)\sqrt{c-x}\,\mathrm{d}x$$

为一常数，此处 k_{n-1} 为 $\chi_{k-1}{}^2$ 的密度，$c = \chi_n{}^2(\alpha)$. 按定理 7.1，此值不小于 $2u_{\alpha/2}/\sqrt{n}$. 用纯分析的方法证明这一点并非轻而易举.

33. **a,b**. 为使 $P_1(1 \in J(X)) \geqslant 1-\alpha$，在$(0,1)$内使 $J(x)=[1-c,1]$的 x 之

集 A,其 L 测度 $m(A_1)\geqslant 1-\alpha$. 为使对任意小的 $\varepsilon>0$ 有 $P_{1-c-\varepsilon}(1-c-\varepsilon\in J(X))\geqslant 1-\alpha$,在 $(0,1)$ 内使 $J(x)=[1-2c,1-c]$ 的 x 之集 A_2,其 L 测度 $m(A_2)\geqslant(1-c)(1-\alpha)\cdots$,这样下去,类似地得到

$$P(A_i)\geqslant[1-(i-1)c](1-\alpha),$$

$$A_i=\{x:0<x<1\},\quad J(x)=[1-ic,1-(i-1)c],$$

到 $i=k$ 为止. 因 $A_1,\cdots,A_k$ 两两无公共点,故

$$1-m\left(\bigcup_{i=1}^{k}A_i\right)\leqslant\alpha-(1-\alpha)[(1-c)+(1-2c)+\cdots+(1-(k-1)c)]$$

$$=\alpha-(1-\alpha)\left[k-1-\frac{k(k-1)}{2}c\right],$$

对充分小的 $\varepsilon>0$,有

$$P_{1-kc-\varepsilon}(1-kc-\varepsilon\in J(X))$$

$$\leqslant[\alpha-(1-\alpha)(k-1)(2-kc)/2]/(1-kc-\varepsilon),$$

此值必须 $\geqslant 1-\alpha$,对任何 $\varepsilon>0$. 因此得出(令 $\varepsilon\to 0$)$1-\alpha\leqslant 2/[(k+1)(2-kc)]$,如所欲证. 此值确能达到,只需如下定义 $J(x)$:$J(x)=[1-c,c]$ 当 $\alpha<x<1$,$J(x)=[1-2c,1-c]$ 当 $\alpha-(1-\alpha)(1-c)<x\leqslant\alpha,\cdots,J(x)=[1-ic,1-(i-1)c]$ 当 $\alpha-(1-\alpha)\sum_{j=1}^{i-1}(1-jc)<x\leqslant\alpha-\sum_{j=1}^{i-2}(1-jc)\ (i=3,\cdots,k)$,而 $J(x)=[0,1-kc]$ 当 $0<x\leqslant\alpha-(1-\alpha)\sum_{j=1}^{k-1}(1-jc)$.

习题 a 相当于 $k=2$ 的情况. 以 $c=1/3,k=2$ 代入,得 $1-\alpha\leqslant 1/2$. 使 $1-\alpha=1/2$ 的 $J(x)$ 为

$$J(x)=\begin{cases}[2/3,1], & \text{当 } 1/2<x<1,\\ [1/3,2/3], & \text{当 } 1/6<x\leqslant 1/2,\\ [0,1/3], & \text{当 } x\leqslant 1/6.\end{cases}$$

水平 1/2 的 UMA 置信区间为 $J^*(x)=[x,\min(2x,1)]$. 当 $1/3<x<2/3$ 时,$J^*(X)$ 比 $J(X)$ 要长一些.

注　循着上面的想法,不难对一般的样本量 n 解决 c 与 $1-\alpha$ 的关系问题,公式也不复杂. 更进一步,习题 31 其中 h 单调且限制 $0<\theta\leqslant a$ 的情况问题的解

也不难得出. 有兴趣的读者可以一试.

34. 由 Scheffe 定理知

$$\lim_{\theta\to\theta'}\int_{\mathbb{R}^n} | f(x,\theta) - f(x,\theta') | \mathrm{d}x = 0, \tag{6}$$

由此可知,不能有 $P_\theta(J(X)=\theta)=1$ 对一切 $\theta\in\mathbb{R}^1$. 因若不然,则由 J 的置信系数 $1-\alpha>0$ 可知

$$\int_{A_\theta} f(x,\theta)\mathrm{d}x \geqslant 1-\alpha,\quad A_\theta = \{x: J(x) = [\theta,\theta]\},$$

找 $\varepsilon>0$ 充分小,使当 θ',θ'' 都属于 $(-\varepsilon,\varepsilon)$ 时,有

$$\int_{\mathbb{R}^n} | f(x,\theta') - f(x,\theta'') | \mathrm{d}x < (1-\alpha)/2.$$

在 $(-\varepsilon,\varepsilon)$ 中取 $N>2/(1-\alpha)$ 个不同点 $\theta_1,\cdots,\theta_N$. 由上式,有

$$\begin{aligned}\int_{A_{\theta_i}} f(x,0)\mathrm{d}x &\geqslant \int_{A_{\theta_i}} f(x,\theta_i)\mathrm{d}x - \int_{A_{\theta_i}} | f(x,\theta_i) - f(x,0) | \mathrm{d}x \\ &\geqslant (1-\alpha)/2,\end{aligned}$$

因 $A_{\theta_1},\cdots,A_{\theta_N}$ 无公共点,将有 $\int_{\bigcup_{i=1}^N A_{\theta_i}} f(x,0)\mathrm{d}x \geqslant N(1-\alpha)/2 > 1$, 这不可能.

因此,可找到 θ_0,使 $P_{\theta_0}(|J(X)|>0)>0$. 故当 M 充分大时,有 $P_{\theta_0}(|J(X)|>0, J(X)\subset[-M,M])>0$. 存在 $\varepsilon>0$ 充分小,使

$$\begin{aligned}&\theta',\theta''\in[-M,M],\ |\theta'-\theta''|\leqslant\varepsilon \\ &\Rightarrow \left|\int_{\mathbb{R}^n} | f(x,\theta') - f(x,\theta'') | \mathrm{d}x < \alpha/3.\right.\end{aligned} \tag{7}$$

把 $J(X)$ 记为 $[A(x),B(x)]$. 存在 $(a,b)\subset[-M,M]$, $0<b-a<\varepsilon$ 使

$$P_{\theta_0}(| J(X) | > 0,\quad B(X)\in(a,b)) > 0,$$

找 $\{x: |J(x)|>0, B(x)\in(a,b)\}$ 的子集 D,使 $P_{\theta_0}(D)>0$ 且 $P_a(D)<\alpha/3$. 作区间估计 J^* 如下:以 $C(x)$ 记包含 $J(x)\cup(a,b)$ 的闭区间:

$$J^*(X) = \begin{cases}[A(x),a], & x\in D,\\ C(x), & x\overline{\in} D,\end{cases}$$

考虑 $P_\theta(\theta\in J^*(X))$. 当 $\theta\overline{\in}(a,b)$时,有 $P_\theta(\theta\in J^*(X))\geqslant P_\theta(\theta\in J(X))\geqslant 1-\alpha$. 对 $\theta\in(a,b)$,有 $P_\theta(\theta\in J^*(X))=1-P_\theta(D)\geqslant 1-P_a(D)-|P_a(D)-P_\theta(D)|$. 按(7)式有 $|P_a(D)-P_\theta(D)|<\alpha/3$, 又 $P_a(D)<\alpha/3$, 故仍有 $P_\theta(\theta\in J^*(X))\geqslant 1-\alpha$. 这证明 J^* 有置信系数 $1-\alpha$,但

$$P_{\theta_0}(|J^*(X)|<|J(X)|)=P_{\theta_0}(D)>0,$$

因此 $J(x)$之长并不以概率 $1(P_{\theta_0})$不大于 $J^*(X)$之长.

注　本题及后面习题 53 说明,从长度这方面考察,区间估计难得具有什么优良性质. Minimax 准则是其一种可能,但也是只在几个很特殊的情况中.

35. **a**. 平凡. **b**. 平凡,结果为 $X\pm u_{(1-\beta)/2}+u_{(1-\gamma)/2}$. 后一问题:记 $c=u_{(1-\beta)/2}+u_{(1-\gamma)/2}$. 考察集$\{x:\Phi(x+c)-\Phi(x-c)\geqslant\beta\}$,易见它是一个以 0 为中点的闭区间$[-b,b]$. 由于 $\Phi(u_{(1-\gamma)/2}+c)-\Phi(u_{(1-\gamma)/2}-c)>\Phi(u_{(1-\beta)/2})-\Phi(-u_{(1-\beta)/2})=\beta$,故 $d>u_{(1-\gamma)/2}$,所以

$$P(\Phi(X+c)-\Phi(X-c)\geqslant\beta)=P(|X|\leqslant d)>\gamma.$$

由于上式左边是 c 的连续函数,且当 $c\downarrow 0$ 时有极限 0,故存在 $c'\in(0,c)$,使 $P(\Phi(X+c')-\Phi(X-c')\geqslant\beta)=\gamma$. 即 $X\pm c'$为(β,γ)容忍区间,它比区间 $X\pm c$ 短.

36. **a**. 记 $M=\max\limits_{1\leqslant i\leqslant n}X_i$,寻求形如$[aM,bM]$的容忍区间,不妨试探性地设 $a\in(0,1)$. 则

$$F_\theta(bM)-F_\theta(aM)=\begin{cases}1-aM/\theta, & bM\geqslant\theta,\\ (b-a)M/\theta, & bM<\theta.\end{cases}$$

因此

$$P_\theta(F_\theta(bM)-F_\theta(aM)\geqslant\beta)=P(b^{-1}\leqslant M/\theta\leqslant a^{-1}(1-\beta)).$$

取 $a=1-\beta$,上式成为 $1-b^{-n}$. 为使它等于 γ,应取 $b=(1-\gamma)^{-1/n}$. 不难证明: a,b 的其他取法不会导致更短的区间,即更小的 $b-a$.

b. 试探性地找形如$[\lambda_1 s_n,\lambda_2 s_n]$的解,有

$$F_\theta(\lambda_2 S_n)-F_\theta(\lambda_1 S_n)=\mathrm{e}^{-\lambda_1\theta s_n}-\mathrm{e}^{-\lambda_2\theta s_n}.$$

由于 $2\theta s_n\sim\chi_{2n}{}^2$,有

$$P_\theta(F_\theta(\lambda_2 s_n)-F_\theta(\lambda_1 s_n)\geqslant\beta)=P(\mathrm{e}^{-\lambda_1\xi/2}-\mathrm{e}^{-\lambda_2\xi_2/2}\geqslant\beta),$$

此式牵涉两个参数 λ_1,λ_2,不好处理. 取 $\lambda_1=\lambda,\lambda_2=\lambda^{-1}(0<\lambda<1)$,来定 λ. 注意 $e^{-\lambda x/2}-e^{-\lambda^{-1}x/2}$ 作为 $x(\geqslant 0)$ 的函数,先升后降,故集 $\{x:e^{-\lambda x/2}-e^{-\lambda^{-1}x/2}\geqslant\beta\}$ 为一与 λ 有关的闭区间 $[a(\lambda),b(\lambda)]$. 因此问题归结为找 λ,使 $K_{2n}(b(\lambda))-K_{2n}(a(\lambda))=\gamma,K_{2n}\sim\chi_{2n}{}^2$. 如有精细的 χ^2 分布表此问题不难解决,当 n 甚大时,可用正态逼近 $\chi_{2n}{}^2$.

37. **a**. 平凡. **b**. 据此结果,可考虑用 $cX_{(m-1)}+(1-c)X_{(m)}$ 作为容忍上限. 这样做,γ 值就没有十足把握,可以比设定的小一点或大一点. 若 n 较大,则 $X_{(m-1)}$ 和 $X_{(m)}$ 相距 F 的 β 分位点 a 不远,而 F 在 a 附近变化平缓,则误差不致显著.

38. 以 F_n 记 $X_1,\cdots,X_n$ 的经验分布,$\Delta_n=\sup_x|F_n(x)-F(x)|$. 按 Glivenko 定理,对任给自然数 N,存在自然数 $n(N)$,使当 $n\geqslant n(N)$ 时,有

$$P(\sup_{k\geqslant n}\Delta_k<N^{-1})>1-N^{-1},$$

且 $n(N)$ 可以定出来,因 Δ_n 的分布与 F 无关,只要 F 连续,记

$$I_{1m}=[a(\beta)-1/m,a(\beta)+1/m],$$

$$I_{2m}=[b(\beta)-1/m,b(\beta)+1/m],$$

$$c_m\equiv\beta-\sup\{F(b)-F(a):b-a\leqslant b(\beta)-a(\beta),a\overline{\in}I_{1m}\text{ 或 }b\overline{\in}I_{2m}\}.$$

按对 F 的假定,有 $c_m>0$. 找 N 充分大,使 $c_m>\frac{4}{N}$. 对 $n(N)\leqslant n<n(N+1)$,作容忍区间 $[T_1(X_1,\cdots,X_n),T_2(X_1,\cdots,X_n)]$ 如下:先找最短的区间 $l=[t_1,t_2]$,使 l 中包含 $\geqslant[n(\beta-2/N)]$ 个样本点,然后找最小的 $d>0$,使 $[t_1-d,t_2+d]$ 中含 $\geqslant[n+(\beta+2/N)]+1$ 个样本点,即以 $[t_1-d,t_2+d]$ 作为 $[T_1,T_2]$.

先证 $[T_1,T_2]$ 为 (β,γ) 容忍区间. 按条件,$F_n(T_2)-F_n(T_1)\geqslant\beta+2N$,故在 $\Delta_n<1/N$ 时,有 $F(T_2)-F(T_1)\geqslant\beta+2/N-2\Delta_n\geqslant\beta$,因而 $P(F(T_2)-F(T_1)\geqslant\beta)\geqslant P(\Delta_n<1/N)\geqslant 1-1/N\geqslant\gamma$,当 n(因而 N)充分大(对较小的 n,可另外定义 $[T_1,T_2]$,例如用次序统计量,使之为 (β,γ)).

次证 $T_1\to a(\beta),T_2\to b(\beta)$ a.s.. 这要回到上面定义的最短区间 $l=[t_1,t_2]$. 因为当 $\Delta_n<1/N$ 时,有

$$F_n(b(\beta))-F_n(a(\beta))\geqslant\beta-2\Delta_n\geqslant\beta-2/N,$$

故知区间 $[a(\beta),b(\beta)]$ 至少含 $[n(\beta-2/N)]$ 个样本点. 由此,据 c_m 的定义,易

知 l 的端点不可能在 I_{1m} 和 I_{2m} 外. 因为,若不然,则当这区间长不超过 $b(\beta)-a(\beta)$ 时,它含的 F 概率不超过 $\beta-c_m$,故所含 F_n 概率不超过 $\beta-c_m+2\Delta_n<\beta-4/N+2/N=\beta-2/N$,因而这种区间所含样本点数达不到 $[n(\beta+2/N)]+1$,这就证明了上述论断. 这表明

$$\Delta_n < 1/N \quad \Rightarrow \quad t_1 \in I_{1m}, t_2 \in I_{2m},$$

由此可知

$$\begin{aligned} &P(|t_1-a(\beta)| \leqslant 1/m, |t_2-b(\beta)| \leqslant 1/m, n \geqslant n(N)) \\ &\geqslant P(\Delta_n < N^{-1}, n \geqslant n(N)) \\ &\geqslant 1-N^{-1} \to 0, \quad N \to \infty, \end{aligned}$$

这证明了 $t_1 \to a(\beta)$, $t_2 \to b(\beta)$ a.s.. 故只需证 $d \to 0$ a.s.. 为此找 $\varepsilon_N>0$ 最小使 $F(b(\beta)+\varepsilon_N)-F(a(\beta)-\varepsilon_N)=\beta+5/N$,则 $\lim\limits_{N\to\infty}\varepsilon_N=0$,因而在 $\Delta_n<1/N$ 时

$$F_n(b(\beta)+\varepsilon_N)-F_n(a(\beta)-\varepsilon_N) \geqslant \beta+5/N-2\Delta_n > \beta+3/N.$$

由于 $n \geqslant n(N) \geqslant N$,有 $[n(\beta+3/N)] \geqslant [n(\beta+2/N)]+1$. 这表明 $d \leqslant 2/m+\varepsilon_N$,因而 $P(d \leqslant 2/m+\varepsilon_N, n \geqslant n(N)) \geqslant P(\Delta_n<N^{-1}, n \geqslant n(N)) \geqslant 1-N^{-1} \to 0$,而证明了 $d \to 0$ a.s..

39. 设 $J(x)$ 为一容忍上限,存在 $M<\infty$,使 $A \equiv \{x: 1 \leqslant x \leqslant 2, J(x) \leqslant M\}$ 的 L 测度 $c>0$. 找 $N>\max(M,2)$,作概率分布 F_0 如下:在集 A 上 F_0 有密度 $(\beta-\varepsilon)/c$,在 $(N,N+1)$ 上有 ε/c,在 $(N+1,N+2)$ 上为 $1-\beta$,其他处为 0,则 $P_{F_0}(F_0(J(X)) \geqslant \beta) \leqslant 1-P_{F_0}(X \in A)=1-\beta+\varepsilon$,即 $\gamma \leqslant 1-\beta+\varepsilon$ 对任给 $\varepsilon>0$,故当 $\gamma>1-\beta$,J 不是 (β,γ) 容忍上限. $n>1$ 的情况困难得多.

40. **a**. 由图(a)不难看出:对 $a>0$(在 $d(a)$ 能定义的范围内,下同)有 $d(a)>1$,且在 $0<a<c$ 内 $d(a)$ 上升. 后一断言是因为:$\varphi(x)=\exp(-x^2/2)$ 在 $c-a'<x<c-a$ 内之值大于它在 $c-a<x<c$ 内之值,而其在 $-c-d'a'<x<-c-da$ 内之值($d'=d(a')$)则小于它在 $-c-da<x<-c$ 内之值,而 $\int_{c-a'}^{c-a}\varphi(x)\mathrm{d}x=\int_{-c-d'a'}^{-c-da}\varphi(x)\mathrm{d}x$. 因此,必有

$$\begin{aligned} &[(-c-da)-(-c-d'a')]/[(c-a)-(c-a')] \\ &> [-c-(-c-da)]/[c-(c-a)], \end{aligned}$$

即$(d'a'-da)/(a'-a)>d$. 因$a'>a$,必有$d'>d$.

记$d(c)=h$,上已证明$h>1$. 现往证$d(a)>h_0\equiv\min(h,e^{2c^2})>1$. 设若不然,则存在$a$,使$d(a)=d=h_0$,且对任给$\varepsilon>0$,存在$a'\in(a,a+\varepsilon)$,使$d(a')=d'<h_0$. 但由图(b)看出,因$d(a)>1$,当$a'>a$但$a'-a$很小时,区间$I_1\equiv(c-a',c-a)$内任一点与$I_2\equiv(-c-d'a',-c-da)$内任一点的距离大于$2c$,而这两个区间都在0的同一侧. 由此可知,$\varphi(x_1)/\varphi(x_2)>e^{2c^2}$当$x_1\in I_1$,$x_2\in I_2$,因而

$$(d'a'-da)/(a'-a)>e^{2c^2}.$$

故$d'a'=(d'a'-da)+da>h_0(a'-a)+h_0a=h_0a'$,而$d'=d(a')>h_0$,矛盾. 这证明了所要的结果.

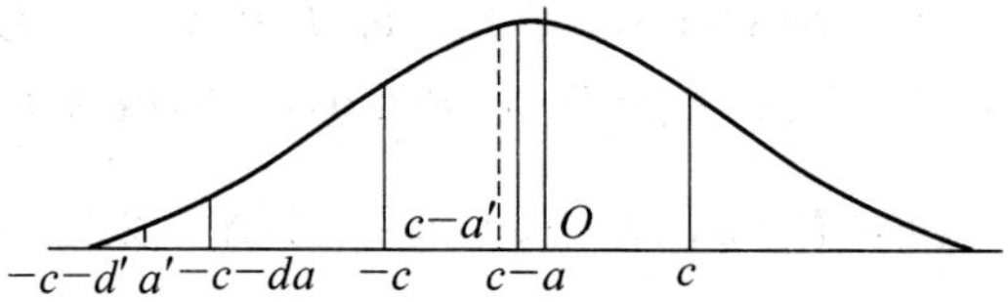

(a)

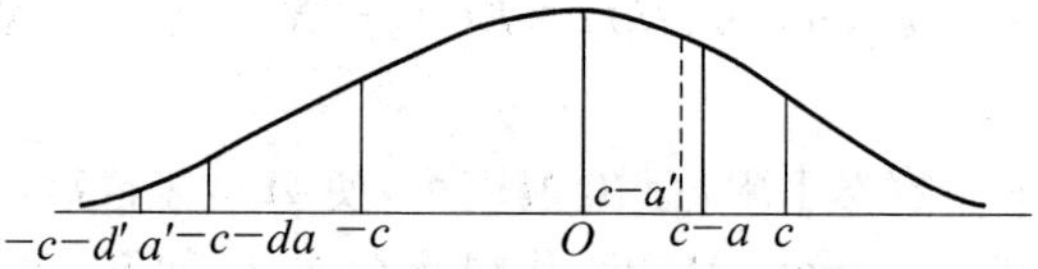

(b)

b. 记$\inf\limits_{a\geqslant a_0}d(a)=d^*>1$(由 a),则依归纳法有$d_n\geqslant(d^*)^n$,故$c-d_na_0\leqslant c-(d^*)^na_0$最终会小于$u_\alpha$.

41. 把区间估计$[\bar{X}-u_{\alpha/2}/\sqrt{n},\bar{X}+u_{\alpha/2}/\sqrt{n}]$记为$J^*(x)$. 按假定,存在$d>0$,使$|J(x)|\leqslant|J^*(x)|$对一切$x\in\mathbb{R}^n$且

$$m(\{x:|J(x)|<2a-2d\})>0,\quad a=2u_{\alpha/2}/\sqrt{n}.$$

取集$B\equiv\{x:|J(x)|<2a-2d\}$的一全密点$b=(b_1,\cdots,b_n)$,记$\theta_0=\sum\limits_{i=1}^n b_i/n$,记$S(\varepsilon)=\{x:\|x-b\|\leqslant\varepsilon\}$,找$\varepsilon>0$充分小,使

$$x\in S(\varepsilon)\quad\Rightarrow\quad\left|\sum_{i=1}^n x_i/n-\theta_0\right|\leqslant d,x=(x_1,\cdots,x_n).$$

按 b 为全密点,有 $m(B\cap S(\varepsilon))\equiv c>0$. 记 $\theta_1=\theta_0-a+d,\theta_2=\theta_0+a-d$. 对 $B\cap S(\varepsilon)$ 内的 $x,J(x)$ 不能同时包含 θ_1 和 θ_2,故必存在其中之一,例如 θ_1,使

$$m(\{x:x\in B\cap S(\varepsilon),\theta_1\overline{\in}J(x)\})\geqslant c/2.$$

但当 $x\in S(\varepsilon)$ 时有 $\theta_1\in J^*(x)$,由此可知

$$\begin{aligned}P_{\theta_1}(\theta_1\in J(x))&\leqslant P_{\theta_1}(\theta_1\in J^*(x))-P_{\theta_1}(x:x\in B\cap S(\varepsilon),\theta_1\overline{\in}J(x))\\&=1-\alpha-c/2<1-\alpha.\end{aligned}$$

42. 先设 $B(x)\equiv A(x)-c,c=2a$. $A(x)-c\leqslant\theta\leqslant A(x)$. 因 $A(x)$ 严增,等价于 $A^{-1}(\theta)\leqslant x\leqslant A^{-1}(\theta+c)$,对任何 $h<u_{1-\alpha}$,以 $D(h)$ 记由关系式 $(\sqrt{2\pi})^{-1}\int_h^t e^{-x^2/2}dx=1-\alpha$ 所定义的 t,则有

$$A^{-1}(\theta)+D(A^{-1}(\theta)-\theta)\leqslant A^{-1}(\theta+c),\tag{8}$$

(此式是由于 $A^{-1}(\theta)-\theta\leqslant x-\theta\leqslant A^{-1}(\theta+c)-\theta,X-\theta\sim N(0,1)$,以及 J 的置信水平 $\geqslant 1-\alpha$.)由这关系式,$A^{-1}(\theta)$ 之值在 $0\leqslant\theta<c$ 内可任意定,一经定下,在此区间外即受到上述不等式的制约. 一种可能是令

$$A^{-1}(\theta)=\theta-c/2\quad 且\quad (8)\text{ 式取等号}.$$

不难验证,这导致 $J(x)=[x-c/2,x+c/2]$. 往下证明,这是唯一的一种可能. 设若不然,对某个 $\theta_0\in[0,1)$,有 $A^{-1}(\theta_0)=\theta_0-c/2+g,g>0$. 按习题 40,存在 $h_0>1$,使 $D(A^{-1}(\theta_0)-\theta_0)\geqslant c+(h_0-1)g$. 按(8)式,有

$$A^{-1}(\theta_0+c)\geqslant\theta_0+c-c/2+h_0g,$$

$$A^{-1}(\theta_0+c)-(\theta_0+c)\geqslant -c/2+h_0g,$$

按习题 40,$D(A^{-1}(\theta+c)-(\theta_0+c))\geqslant D(h_0g)\geqslant c+(h_0-1)h_0g$. 再用(8)式,得

$$A^{-1}(\theta_0+2c)\geqslant\theta_0+2c-c/2+h_0^2g,$$

循此以往,得到 $A^{-1}(\theta_0+nc)\geqslant\theta_0+nc-c/2+h_0^ng$. 在 n 充分大时,$-c/2+h_0^ng$ 会大于 $u_{1-\alpha}$ 而使 $D(A^{-1}(\theta_0+nc)-(\theta_0+nc))$ 无法定义,因而这种 $A^{-1}(\theta)$ 无法在全 $\mathbb{R}^1$ 上定义.

如果 $g<0$,则把(8)式反向(往 θ 小的方向)推广,同样得出 A^{-1} 无法定义的

结果. 这证明了$|J(x)|\equiv c=2a$的情况.

在一般情况,令$\tilde{J}(x)=[A(x)-c,A(x)]$. 因$|J(x)|\leqslant c$,故总有$J(x)\subset\tilde{J}(x)$. 因$J$的置信水平$\geqslant 1-\alpha$,故$\tilde{J}$亦然,故按习题41有$\tilde{J}(x)=[x-a,x+a]$. 这样一来,$J(x)\subset[x-a,x+a]$. 如果$m(\{x:|J(x)|<2a\})>0$,则由习题41,将与$J$的置信水平$\geqslant 1-\alpha$矛盾,故必有$|J(x)|=2a$ a.s.,即$J(x)=[x-a,x+a]$ a.s.. 再由$A(x)$严增得$J(x)\equiv[x-a,x+a]$. 证毕.

注　本题是Joshi一个结果的特例:若$X_1,\cdots,X_n$ iid.,$\sim N(\theta,1)$,$J(x)$为θ的-$(1-\alpha)$置信区间,满足$|J(x)|\leqslant 2u_{\alpha/2}/\sqrt{n}$ a.e. L,则$J(x)=[\bar{X}-u_{\alpha/2}/\sqrt{n},\bar{X}+u_{\alpha/2}/\sqrt{n}]$(见Ann. Math. Statist.,1966:629).

43. $A(x)\leqslant\theta\leqslant B(x)$,设$A,B$皆严增,可写为$B^{-1}(\theta)\leqslant x\leqslant A^{-1}(\theta)$或$B^{-1}(\theta)-\theta\leqslant x-\theta\leqslant A^{-1}(\theta)-\theta$. 因此,用习题41证明中所定义的函数$D$,有

$$B^{-1}(\theta)+D(A^{-1}(\theta)-\theta)=A^{-1}(\theta).$$

令$A^{-1}(\theta)-\theta=C(\theta)$,$C(\theta)$为某一定义在$\mathbb{R}^1$上的严增连续函数,$C(\theta)>u_{\alpha/2}$对一切$\theta\in\mathbb{R}^1$. 则$D(A^{-1}(\theta)-\theta)=D(C(\theta))$处处有定义且为$\theta$的严增连续函数. 现有

$$A^{-1}(\theta)=\theta+C(\theta),\quad B^{-1}(\theta)=\theta+C(\theta)-D(C(\theta)).$$

易见$D'(h)\leqslant 1$当$h>u_{\alpha/2}$,于是$B^{-1}(\theta)$的导数大于0,因而A,B都连续严增. 显见$A^{-1}(-\infty)=B^{-1}(-\infty)=-\infty$,$A^{-1}(\infty)=\infty$. 又$D(C(\theta))$总小于$u_{1-\alpha}$,因而$B^{-1}(\infty)=\infty$. 这样,$A^{-1}(\theta)$和$B^{-1}(\theta)$的反函数,即$A(\theta)$,$B(\theta)$,可在$\mathbb{R}^1$上定义且为连续严增.

这样,因为$C(\theta)$的可能选择有无穷种,存在着无穷多个$[A(x),B(x)]$,A,B皆连续严增,使$P_\theta(A(x)\leqslant\theta\leqslant B(x))=1-\alpha$,$\theta\in\mathbb{R}^1$. 这一结论稍觉有些出人意料.

44. 由于F连续,不难看出:对任给$l>0$,可找到三点$a_1<a<a_2$,使$a_2-a_1=l/2$,且$F(a_1)<F(a)=p<F(a_2)$. 令$\hat{\theta}_n=X_{([np])}$,$X_{(1)}\leqslant\cdots\leqslant X_{(n)}$为$X_1,\cdots,X_n$的次序统计量,作区间估计$J(x)=[\hat{\theta}_n-a-l/2,\hat{\theta}_n-a+l/2]$,其长为$l$,而

$$\begin{aligned}P_\theta(\theta\in J(X))&=P_\theta(a+\theta-l/2\leqslant\theta_n\leqslant a+\theta+l/2)\\&=P_0(a-l/2\leqslant\theta_n\leqslant a+l/2).\end{aligned}$$

因为 $a_2-a_1=l/2$ 而 $a_1<a<a_2$，有 $a-l/2\leqslant a_1$，故 $F(a-l/2)\leqslant F(a_1)<p$. 同理 $F(a+l/2)>p$. 由大数律知，当 n 充分大时

$$P_0(\theta_n<a-l/2)\leqslant\alpha/2,\quad P_0(\theta_n>a+l/2)\leqslant\alpha/2,$$

因而 $P_0(a-l/2\leqslant\theta_n\leqslant a+l/2)\geqslant 1-\alpha$，证毕.

45. 仍成立，平凡. 设 $\{a_i\}$ 为 F 的跳跃点集，存在 $a\in\{a_i\}$，使 $F(\{a\})=\max\limits_{i\geqslant 1}F(\{a_i\})$. 如果这样的 a 有多个，选 a 为其最小者. 定义 $\theta_n=\min\limits_{b}\{|\#(\{X_i=b,1\leqslant i\leqslant n\})-nF(\{a\})|\leqslant n^{2/3}$（$\#(A)$为集 A 所含元素个数)，作区间估计 $J(x)=[\theta_n-a-0,\theta_n-a+0]$（长为 0）. 由大数律，易见 $P_\theta(\theta\in J(X)]\to 1$ 当 $n\to\infty$ 对 $\theta\in\mathbb{R}^1$ 一致（事实上 $P_\theta(\theta\in J(X))$ 与 θ 无关).

46. **a**. 令 $\theta_i=a+3iL(i=1,\cdots,N)$ 待定. 设 $[A(x),B(x)]=J(x)$ 是 θ 的 $-(1-\alpha,L)$ 估计. 必要时延长 $J(x)$，可设 $J(x)=[\theta_n-L/2,\theta_n+L/2]$，因而有

$$\begin{aligned}1-\alpha&\leqslant P_{\theta_i}(\theta_n-L/2\leqslant\theta_i\leqslant\theta_n+L/2)\\&=P_{\theta_i}(\theta_i-L/2\leqslant\theta_n\leqslant\theta_i+L/2).\end{aligned}$$

注意集 $S_i=\{x:\theta_i-L/2\leqslant\theta_n(x)\leqslant\theta_i+L/2\}$ 无公共点. 不难证明：当 $a\to\infty$ 时，有

$$\sup\{|P_{\theta_i}(A)-P_{\theta_1}(A)|:A\in\mathscr{B}_n\}\to 0,\tag{9}$$

$\mathscr{B}_n$ 为 $\mathbb{R}^n$ 中一切 Borel 集的 σ 域. 事实上，记 $A_i=(0,\theta_i)^n$，则

$$\begin{aligned}|P_{\theta_i}(A)-P_{\theta_1}(A)|&\leqslant|P_{\theta_i}(A\cap A_1)-P_{\theta_1}(A\cap A_1)|+P_{\theta_i}(A_i-A_1)\\&\leqslant(\theta_1{}^{-n}-\theta_i{}^{-n})\theta_1{}^n+\theta_i{}^{-n}(\theta_i{}^n-\theta_1{}^n)\to 0,\end{aligned}$$

因

$$\lim_{a\to\infty}\theta_i/\theta_1=1,$$

这证明了(9)式. 由(9)式知，当 a 充分大时，有

$$1-\alpha\leqslant P_{\theta_i}(S_i)\leqslant P_{\theta_1}(S_i)+1/N,$$

故 $P_{\theta_1}(S_i)\geqslant 1-\alpha-1/N$. 由于 $S_1,\cdots,S_N$ 两两无公共点，有（a 充分大时）

$$1\geqslant\sum_i^N P_{\theta_1}(S_i)\geqslant N(1-\alpha)-1.$$

因 $1-\alpha>0$，取 $N>2/(1-\alpha)$，再取 a 充分大，由上式得出矛盾. **b**. 证法完全类似. 由于 $\theta e^{-\theta x}I(x>0)dx$ 的支撑无限，细节上有些非本质出入.

推而广之，可对一般刻度参数族 $\theta^{-1}f(x/\theta)dx$，$\theta>0$，证明同一结论.

c. 取 $\theta_i=3iL(i=1,\cdots,N)$，用同样的证法处理. 记 $A_i=\{x=(x_1,\cdots,x_n):(\theta_i+\sigma_i x_1,\cdots,\theta_i+\sigma_i x_n)\in S_n, i=1,\cdots,N\}$（$S_i$ 见 a 题）. 注意到 $P_{\theta_i,\sigma^2}(X\in S_i)=P_{0,1}(X\in A_i)$，$P_{\theta_1,\sigma^2}(X\in S_i)=P_{(\theta_1-\theta_i)/\sigma,\sigma^2}(X\in S_i)$，以及 $\sup\{|P_{\delta,1}(B)-P_{0,1}(B)|:B\in\mathscr{B}_n\}\to 0$ 当 $\delta\to 0$.

同定理 7.6：设存在 θ 的 $(1-\alpha,l)$ 估计 $[\theta_n-l/2,\theta_n+l/2]\equiv J(x)$. 取 σ_0 充分大，使 $2\sigma_0 u_{\alpha/2}/\sqrt{n}>l$. 按定理 7.6，在 θ 的一切置信系数不小于 $1-\alpha$ 的区间估计 $\tilde{J}(x)$ 的类中，唯有 $[\bar{X}_n-\sigma_0 u_{\alpha/2}/\sqrt{n},\bar{X}_n+\sigma_0 u_{\alpha/2}/\sqrt{n}]$ 使 $\sup\limits_\theta E|\tilde{J}(X)|$ 达到最小. 故应有 $\sup\limits_\theta E|J(X)|\geqslant 2\sigma_0 u_{\alpha/2}/\sqrt{n}>l$，这与 $|J(x)|\equiv l$ 矛盾.

前一证明可推广到一般位置刻度参数族 $F\left(\dfrac{x-\theta}{\sigma}\right)$（$\theta\in R_1,\sigma>0$，$F$ 有密度）的情形，后一证法不行.

47. 设 $X_1,\cdots,X_n$ iid.，$\sim N(\theta,\sigma^2)$，$\theta\in\mathbb{R}^1$，$\sigma>0$，要作 $g(\sigma)=\ln\sigma$ 的区间估计. 当 $n=2$ 时，$|X_1-X_2|/\sigma$ 的分布与 (θ,σ) 无关，该分布连续且其支撑为 $(0,\infty)$，故存在常数 $b>1$，使 $P(b^{-1}\leqslant(X_1-X_2|/\sigma\leqslant b))=1-\alpha$. 此可写为

$$P(-\ln b\leqslant \ln|X_1-X_2|-\ln\sigma\leqslant \ln b)=1-\alpha,$$

因此，令 $l=2\ln b$，$[\ln|X_1-X_2|-l/2,\ln|X_1-X_2|+l/2]$ 为 $(1-\alpha,l)$ 估计，$n=1$ 的情况较麻烦.

设 $n=1$，且对某个 $1-\alpha>0$ 及 $l<\infty$，$J(x)\equiv[\hat{\sigma}(x)-l/2,\hat{\sigma}(x)+l/2]$ 为 $\ln\sigma$ 的 $(1-\alpha,l)$ 估计. 找 h 充分大，使

$$m(\{x:\hat{\sigma}(x)\geqslant -h\})>0,$$

因而集 $\{x:\hat{\sigma}(x)\geqslant -h\}$ 有全密点 b. 任给 $\delta>0$，当 $q_0>0$ 充分小时，有

$$m(\{x:\hat{\sigma}(x)<-h,|x-b|<q\})/2q<\delta,\quad 0<q<q_0. \tag{10}$$

取 $\varepsilon>0$ 充分小，$k>0$ 充分大，使

$$\int_{-\varepsilon/2}^{\varepsilon/2}\varphi_{0,1}(x)dx<(1-\alpha)/2,\quad \int_{|x|>k}\varphi_{0,1}(x)dx<(1-\alpha)/2, \tag{11}$$

$\varphi_{\theta,\sigma}$ 为 $N(\theta,\sigma^2)$ 的密度.

找 a 充分大，使 $a>e^{3l}$，$a>\exp(l/2+h)$，$k/(a-1)<q_0$. 令 $\sigma_i=a^i(i=1,2,\cdots)$，$I_i=[-i\ln a-l/2,-i\ln a+l/2](i=1,2,\cdots)$. 由 a 的选择知，I_1，I_2，…两两无公共点，且 I_i 内之点小于 $-h$，记 $\Delta=k/(a-1)$.

现设 $X\sim N(b,\sigma_i^{-2})$. 为使 $g(\sigma_i^{-1})=-i\ln a\in J(x)$，$x$ 必满足 $\hat{\sigma}(x)\in I_i$. 记 $A_{1i}=\{x:\hat{\sigma}(x)\in I_i,|x-b|\geqslant\Delta\}$，$A_{2i}=\{x:\hat{\sigma}(x)\in I_i,|x-b|<\Delta\}$，有

$$P_{b,\sigma_i^{-1}}(A_{1i})\leqslant\int_{|x|>k}\varphi_{0,1}(x)\mathrm{d}x<(1-\alpha)/2,$$

为使 $P_{b,\sigma_i^{-1}}(A_{1i}\cup A_{2i})\geqslant 1-\alpha$，必须 $P_{b,\sigma_i^{-1}}(A_{2i})>(1-\alpha)/2$. 按(11)式的第一式，这必须 $m(A_{2i})\geqslant\varepsilon/a^i$. 由于 $A_{2i}(i=1,2,\cdots)$两两无公共点，应有

$$m\Big(\bigcup_{i=1}^{\infty}A_{2i}\Big)\geqslant\varepsilon/(a-1). \tag{12}$$

而按(10)式，考虑到 Δ 的选择，应有 $m\Big(\bigcup_{i=1}^{\infty}A_{2i}\Big)\leqslant 2\Delta\delta=2k(a-1)^{-1}\delta$. 若取 $\delta=\varepsilon/4k$（回顾 δ 可取得任意小，而 ε,k 都是随 $1-\alpha$ 而定下的），将与(12)式矛盾. 证毕.

48. 设若不然，对某个概率测度 $\mathrm{d}\xi(\theta)$，将有

$$(2\pi)^{-n/2}\int_{\overline{X}-u_{\alpha/2}/\sqrt{n}}^{\overline{X}+u_{\alpha/2}/\sqrt{n}}\exp\Big(-\frac{1}{2}\sum_{i=1}^{n}(x_i-\theta)^2\Big)\mathrm{d}\xi(\theta)$$

$$\geqslant h(x)(2\pi)^{-n/2}\int_{-\infty}^{\infty}\exp\Big(-\frac{1}{2}\sum_{i=1}^{n}(x_i-\theta)^2\Big)\mathrm{d}\xi(\theta),$$

此处 $h(x)\geqslant 1-\alpha$. 此式可写为（令 $\sqrt{n}\bar{x}=y$，$\sqrt{n}\theta=\theta'$ 再把 θ' 改回为 θ. $\mathrm{d}\tilde{\xi}(\theta)=\mathrm{d}\xi(\theta/\sqrt{n})$，$\tilde{h}(y)=h(y/\sqrt{n})/(1-\alpha)$），

$$\frac{1}{1-\alpha}\int_{y-u_{\alpha/2}}^{y+u_{\alpha/2}}\varphi(y-\theta)\mathrm{d}\tilde{\xi}(\theta)\geqslant\tilde{h}(y)\int_{-\infty}^{\infty}\varphi(y-\theta)\mathrm{d}\tilde{\xi}(\theta),$$

$\tilde{h}(y)\geqslant 1$. 必有 $\tilde{h}(y)=1$ 且上式成立等号，a.e. L 于 $y\in L_1$. 不然，左边对 y 在 $\mathbb{R}^1$ 上积分为 1 而右边积分大于 1，矛盾. 这样，有

$$\int_{-\infty}^{\infty}\varphi_0(y-\theta)\mathrm{d}\tilde{\xi}(\theta)=\int_{-\infty}^{\infty}\varphi(y-\theta)\mathrm{d}\tilde{\xi}(\theta)\ \text{a.e.}\ L,\quad y\in\mathbb{R}^1, \tag{13}$$

此处 $\varphi(u)=\frac{1}{\sqrt{2\pi}}e^{-u^2/2}$，$\varphi_0(u)=\varphi(u)I(|u|<u_{\alpha/2})$. 以 η_0，η_1 和 η 记独立随机变量，分别具分布 $\varphi_0(x)\mathrm{d}x$，$\varphi(x)\mathrm{d}x$，和 $\mathrm{d}\tilde{\xi}$，f_0，f_1 和 f 分别为其特征函数. 由(13)式得 $f_0(t)f(t)=f_1(t)f(t)$，故 $f_0(t)=f_1(t)$ 在 0 的邻域内成立. 由于 f_0，f_1（当把 t 视为复变数时）是解析函数，由此将得 $f_0=f_1$，因而 η_0，η_1 同分布. 这当然不可能，因而证明了所说的结果.

49. 设样本 $X_1,\cdots,X_n$ iid.，$\sim P_\theta$. P_θ定义为

$$P_\theta(\{\theta\})=1/2,\quad \mathrm{d}P_\theta(x)=\frac{1}{2\theta}\mathrm{d}x,\quad 0<x<\theta.$$

找 n 充分大，使$(n+1)2^{-n}<\alpha$. 作 θ 的区间估计如下：当存在 a 使 $\#(\{i:1\leqslant i\leqslant n,X_i=a\})\geqslant 2$ 时，令 $J(x)=[a-0,a+0]$（长为 0），否则令 $J(x)=[0-0,0+0]$. 显然有 $P_\theta(\theta\in J(x))=1-2^{-n}(n+1)>1-\alpha$. 另一方面，对 θ 的任一点估计 $\hat{g}$，有

$$\mathrm{E}_\theta(\hat{g}-\theta)^2\geqslant\frac{1}{(2\theta)^n}\int_0^\theta\cdots\int_0^\theta[\hat{g}(x_1,\cdots,x_n)-\theta]^2\mathrm{d}x_1\cdots\mathrm{d}x_n,$$

但在第 2 章习题 31 已证明

$$\sup_{\theta>0}\frac{1}{\theta^n}\int_0^\theta\cdots\int_0^\theta[\hat{g}(x_1,\cdots,x_n)-\theta]^2\mathrm{d}x_1\cdots\mathrm{d}x_n=\infty,$$

明所欲证.

50. **a**. 平凡；平凡（例 7.9 即为一例，计算一下）. **b**. 有（初一看有些出人意表），全成立等号的例子是：$\mathrm{d}P_\theta(x)=f_\theta(x)\mathrm{d}x$，$\theta\in(0,1/2)\cup(1/2,1)$，而

$$f_\theta(x)=\begin{cases}\frac{3}{4\theta}, & 0<x<\theta,\\ \frac{1}{4\theta}, & 1-\theta<x<1,\end{cases}\quad 当\ 0<\theta<1/2;$$
$$f_\theta(x)=\begin{cases}\frac{1}{4-2\theta}, & 0<x<1-\theta,\\ \frac{3}{4-2\theta}, & \theta<x<1,\end{cases}\quad 当\ 1/2<\theta<1, \tag{14}$$

先验分布是

$$d\xi(\theta) = [(2-4\theta)I(0<\theta<1/2) + (4\theta-2)I(1/2<\theta<1)]d\theta.$$

令 $1-\alpha=3/4$,取区间估计

$$J(x) = \begin{cases} [x,1/2], & \text{当 } 0<x\leqslant 1/2, \\ [1/2,x], & \text{当 } 1/2<x<1. \end{cases}$$

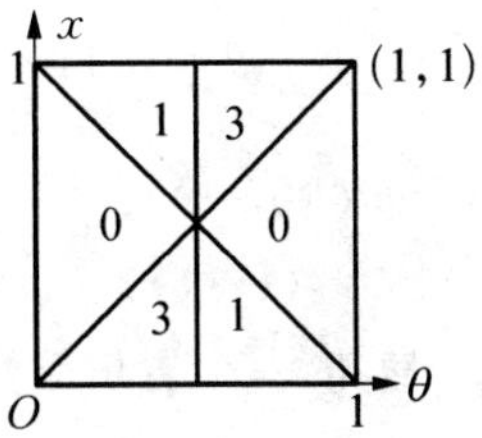

此例乍看有些茫然,实则从图看即可了然于心.图中给出了(θ,X)联合密度在各处的取值,由此导出(14)式并启示 $J(x)$的配置.此图是构造本例的 trick 所在,是先有图后有表达式(14).其所以去掉 $\theta=1/2$,是因为若不去掉它,则 $P_{1/2}(1/2\in J(X))=1$,而右边等号将不成立.加入 $\theta=1/2$ 得到"右不等左等"的例.也可构造出"右等左不等"的例子,留给读者.

51. **a**. 给定 $1-\alpha>0$. 指定 $a<u_{\alpha/2}/(1-\alpha)$,令 $h(\theta)=\exp((\theta-a)^2/2)$当 $a\leqslant\theta\leqslant 0$. 把 h 对称延拓到$(0,-a)$,再连续对称地延拓于 $\mathbb{R}^1$使之在 0 为单峰,使 $\int_{-\infty}^{\infty} h(\theta)d\theta<\infty$,以 $h(\theta)\Big/\int_{-\infty}^{\infty} h(t)dt$ 作为先验密度,记为 $h_1(\theta)$.

当样本为 a 时,$h_1(\theta)\exp(-(a-\theta)^2/2)$ 在$[a,-a]$内为常数 c,而在$[a,-a]$外小于 c. 因为 $2|a|>u_{\alpha/2}/(1-\alpha)$,可知对任何其长为 $2u_{\alpha/2}$的区间 I,都有

$$\int_I h_1(\theta)\exp\left(-\frac{1}{2}(a-\theta)^2\right)d\theta<(1-\alpha)\int_{-\infty}^{\infty} h_1(\theta)\exp\left(-\frac{1}{2}(a-\theta)^2\right)d\theta,$$

这表明若 $J(x)$为最短严格$(1-\alpha)$Bayes 置信区间,则$|J(a)|>2u_{\alpha/2}$. 由于$|J(x)|$显然是 x 的连续函数,故在 a 的邻域内有$|J(x)|>2u_{\alpha/2}$,这些 x 的集其概率大于 0.

b. 据 h 为单峰,不难证明:可找到 $c,d,d=c+2u_{\alpha/2}$,使 $h(\theta_1)\geqslant h(\theta_2)$当 $\theta_1\in(c,d)$,$\theta_2\overline{\in}[c,d]$(这不依赖 h 连续). 令 $x_0=(c+d)/2$,显然有

$$\int_c^d h(\theta)\exp\left(-\frac{1}{2}(x_0-\theta)^2\right)d\theta\Big/\int_{-\infty}^{\infty} h(\theta)\exp\left(-\frac{1}{2}(x_0-\theta)^2\right)d\theta$$

$$>\int_c^d \exp\left(-\frac{1}{2}(x_0-\theta)^2\right)d\theta\Big/\int_{-\infty}^{\infty} \exp\left(-\frac{1}{2}(x_0-\theta)^2\right)d\theta=1-\alpha,$$

因而$|J(x_0)|<2u_{\alpha/2}$. 由连续性知,在 x_0的邻域内也有$|J(x)|<2u_{\alpha/2}$.

注　若不限制 h 为单峰,有否可能 $|J(x)|$ 总 $\geqslant 2u_{\alpha/2}$ 且 $\{x:|J(x)|>2u_{\alpha/2}\}$ 的 L 测度大于 0? 直观上觉得不行,还不知如何证明.

52. θ 只取 ± 1 两值,而 X 分布为

$$\theta = 1:\quad f_1(x) = c\ \exp\left(-\frac{1}{2}(x-1)^2\right)I(|x|<1),$$

$$\theta = -1:\ f_{-1}(x) = c\ \exp\left(-\frac{1}{2}(x+1)^2\right)I(|x|<1),$$

$c=[\Phi(2)-1/2]^{-1}$. 取 $1-\alpha=\Phi(1)-\Phi(-1)=0.6826$,先验分布 $\xi(\{1\})=\xi(\{-1\})=1/2$.

易知:一个置信系数 $1-\alpha$ 的 Neyman 置信区间为

$$J^*(x)=\begin{cases}[1,1], & \text{当 } 0\leqslant x<1,\\ [-1,1], & \text{当 } -1<x<0,\end{cases}$$

其长恒为 0. 但

$$\max(\mathrm{e}^{-(x-1)^2/2},\mathrm{e}^{-(x+1)^2/2})/[\mathrm{e}^{-(x-1)^2/2}+\mathrm{e}^{-(x+1)^2/2}]=(1+\mathrm{e}^{-2|x|})^{-1},$$

当 $|x|<0.3828$ 时有 $(1+\mathrm{e}^{-2|x|})^{-1}<0.6826$. 对这种 x, $J(x)$ 必须涵盖 ± 1 两点,因而 $|J(x)|=2$. 为构造 θ 连续取值的例子,可以此为基础略加修改如下: $\theta\in(-1-\varepsilon,-1+\varepsilon)\cup(1-\varepsilon,1+\varepsilon)$, $f_\theta(x)=c\ \exp\left(-\frac{1}{2}(x-\theta)^2\right)I(\theta-2<x<\theta)$ 当 $|\theta-1|<\varepsilon$, $f_\theta(x)=c\ \exp\left(-\frac{1}{2}(x-\theta)^2\right)I(\theta<x<\theta+2)$, $\mathrm{d}\xi(\theta)$ 有密度 $(4\varepsilon)^{-1}$ 于 $(-1-\varepsilon,-1+\varepsilon)\cup(1-\varepsilon,1+\varepsilon)$ 内,其他处为 0. 则 θ 的一个置信系数 $1-\alpha$ 的 Neyman 区间估计 $J^*(x)$ 为

$$J^*(x)=\begin{cases}[1-\varepsilon,1+\varepsilon], & \text{当 } \varepsilon\leqslant x\leqslant 1+\varepsilon,\\ [-1-\varepsilon,-1+\varepsilon], & \text{当 } -1-\varepsilon\leqslant x\leqslant -\varepsilon,\\ [-1+x,1+x], & \text{当 } |x|<\varepsilon.\end{cases}$$

有 $|J^*(x)|=2\varepsilon$ 当 $|x|\geqslant\varepsilon$, $|J^*(x)|=2$ 当 $|x|<\varepsilon$. 但是,当 $\varepsilon>0$ 充分小时,由上例,基于连续性的考虑,当 $|x|\leqslant\varepsilon$ 时, $J(x)$ 应包含 $(-1-\varepsilon,-1+\varepsilon)$ 或 $(1-\varepsilon,1+\varepsilon)$ 的全部以及另一区间之一,故 $|J(x)|>2$. 而当 $|x|>\varepsilon$ 时, $J(x)$ 也必须包含上述两区间之一,故 $|J(x)|\geqslant 2\varepsilon$,因此总有 $|J(x)|\geqslant|J^*(x)|$ 且在 $|x|\leqslant\varepsilon$ 时成立严格不等号.

本例优于开始那个例子之处在于，$J(x)$的 Bayes 置信系数严格地为 $1-\alpha$，而上例则被迫为 1.

本题的 idea 在于让先验分布分成两个截然分开的部分，以迫使 Bayes 区间增加跨度. 但这一分散也同样使 Neyman 置信区间变长了，这就要看看能否在夹缝中挤出一点余地.

53. **a**. 平凡. **b**. $E_0|J(X)| = 2n^{-1/2}[(1-\alpha)u_\alpha + (2\pi)^{-1/2}\exp(-u_\alpha^2/2)]$，用第 1 章习题 25.

54. 算出后验分布为

$$D\left(\lambda_1 + s^2 + \frac{n\tau\bar{X}^2}{\tau(n\tau+1)}, \lambda_2 + n + 1, \frac{n\tau\bar{X}}{n\tau+1}, \frac{\tau}{n\tau+1}\right),$$

故 Bayes 区间估计有 $\frac{n\tau\bar{X}}{n\tau+1} \pm c$ 的形式，c 与样本有关，故不妨写为 $\frac{n\tau\bar{X}}{n\tau+1} \pm \left[\lambda_1 + s^2 + \frac{n\tau\bar{X}^2}{\tau(n\tau+1)}\right]^{1/2} d$ 的形式，d 选择之，使后验风险

$$2\left\{m\int_0^\infty\left[1-\Phi\left(\frac{d}{\sigma}\sqrt{\frac{n\tau+1}{\tau}}\right)\right]C(1,\lambda_2+n+1)e^{-1/(2\sigma^2)}\sigma^{-(\lambda_2+n+2)}d\sigma\right.$$
$$\left.+\left(\lambda_1+s^2+\frac{n\tau\bar{X}^2}{\tau(n\tau+1)}\right)^{1/2} d\sqrt{2}\cdot\Gamma\left(\frac{\lambda_2+n+1}{2}\right)\Big/\Gamma\left(\frac{\lambda_2+n+2}{2}\right)\right\} \tag{15}$$

达到最小. 记 $g(t) = mg_1(t) + lt\sqrt{2}\Gamma\left(\frac{n+1}{2}\right)\Big/\Gamma\left(\frac{n+2}{2}\right)$，$l = E(\sqrt{\chi_{n-1}^2})$，而

$$g_1(t) = \int_0^\infty\left[1-\Phi\left(\frac{\sqrt{n}t}{\sigma}\right)\right]C(1,n+1)e^{-1/(2\sigma^2)}\sigma^{-(n+2)}d\sigma.$$

记 $t_m: g(t_m) = \inf_{t>0} g(t)$. 找适当的 $m>0$，使

$$t_m = t_{n-1}(\alpha/2)/\sqrt{n(n-1)}.$$

这种 m 必定存在，此因 $0>g_1'(t)\uparrow 0$ 当 $t\uparrow\infty$（参考定理 7.6 的证明）. 取区间估计 $\bar{X} \pm t_{n-1}(\alpha/2)s/\sqrt{n(n-1)}$，其风险为一常数 $R = 2g[t_{n-1}(\alpha/2)/\sqrt{n(n-1)}]$. 下一步就是证明：在先验分布 $D(\lambda_1,\lambda_2,0,\tau)$之下的 Bayes 解，即

$$\frac{n\tau\bar{X}}{n\tau+1} \pm d(\lambda_1,\lambda_2,\tau)\left[\lambda_1+s^2+\frac{n\tau\bar{X}^2}{\tau(n\tau+1)}\right]^{1/2},$$

其 Bayes 风险的上极限(当 $\lambda_1 \downarrow 0, \lambda_2 \downarrow 0, \tau \to \infty$)不超过 R,此处 $d(\lambda_1, \lambda_2, \tau)$ 为使(15)式达到最小的 d. 这证明不难,只需注意到,当 $\lambda_1 \downarrow 0, \lambda_2 \downarrow 0, \tau \to \infty$ 时,函数(15)式在 $d \geqslant 0$ 处对 d 一致地收敛于 $g(d)$. 最后还剩下一点是证明当 $\lambda_1 \downarrow 0$, $\lambda_2 \downarrow 0, \tau \to \infty$ 时

$$\mathrm{E}^* \left(\sigma^{-1}\left(\lambda_1 + s^2 + \frac{n\tau \overline{X}^2}{\tau(n\tau+1)}\right)^{1/2}\right) \to l,$$

这里 E^* 表示在先验分布 $D(\lambda_1, \lambda_2, \tau)$ 下求期望. 这一步容易,留给读者完成(可利用

$$S \leqslant \left[\lambda_1 + s^2 + \frac{n\tau \overline{X}^2}{\tau(n\tau+1)}\right]^{1/2} \leqslant s + \sqrt{\lambda_1} + \tau^{-1/2} \mid \overline{X} \mid,$$

而 $\mathrm{E}(|\overline{X}|/\sigma) \leqslant |\theta|/\sigma + 1/\sqrt{n}$).

55. 与定理 7.6 的证明类似.

56. 先取 $n=2$ 的情况. 记 $\varphi(t) = \mathrm{e}^{-t^2/2}$,所要求证明的事实可归结为:若 a, b, c 都大于 0 且 $\left(\int_{-c}^{c} \psi \mathrm{d}t\right)^2 = \int_{-a}^{a} \psi \mathrm{d}t \int_{-b}^{b} \psi \mathrm{d}t$, 则 $ab > c^2$ 且等号当且仅当 $a = b = c$ 时成立. 这可以转化为下述等价的命题:当 $ab = c^2$ 时,必有

$$\left(\int_0^c \psi \mathrm{d}t\right)^2 \geqslant \int_0^a \psi \mathrm{d}t \int_0^b \psi \mathrm{d}t,$$

等号只在 $a = b = c$ 时成立. 不妨设 $a \geqslant b$,故 $a \geqslant c$.

记 $f(a) = \int_0^a \mathrm{e}^{-t^2/2} \mathrm{d}t \int_0^{c^2/a} \mathrm{e}^{-t^2/2} \mathrm{d}t, a \geqslant c$. 有

$$f'(a) = \mathrm{e}^{-a^2/2} \int_0^{a^{-1}c^2} \mathrm{e}^{-t^2/2} \mathrm{d}t - \frac{c^2}{a^2} \mathrm{e}^{-c^4/(2a^2)} \int_0^a \mathrm{e}^{-t^2/2} \mathrm{d}t,$$

只需证当 $a > c$ 时有 $f'(a) < 0$. 令 $x = a^2/c^2$,转化为

$$x \mathrm{e}^{-c^2 x/2} \int_0^{c/\sqrt{x}} \mathrm{e}^{-t^2/2} \mathrm{d}t < \mathrm{e}^{-c^2/(2x)} \int_0^{c\sqrt{x}} \mathrm{e}^{-t^2/2} \mathrm{d}t, \quad x > 1.$$

记 $h(x) =$ 右 $-$ 左. 因 $x > 1$,有 $\mathrm{e}^{-c^2 x/2} < \mathrm{e}^{-c^2/(2x)}$. 把其中的一个 $\mathrm{e}^{-c^2/(2x)}$ 换为 $\mathrm{e}^{-c^2 x/2}$,经计算得

$$h'(x) > \frac{c}{\sqrt{x}} \mathrm{e}^{-c^2/(2x)} \mathrm{e}^{-c^2 x/2} + \left(\frac{c^2}{2x^2} + \frac{c^2}{2} x\right) \mathrm{e}^{-c^2 x/2} \int_0^{c\sqrt{x}} \mathrm{e}^{-t^2/2} \mathrm{d}t$$

$$-\mathrm{e}^{-c^2x/2}\int_0^{c/\sqrt{x}}\mathrm{e}^{-t^2/2}\mathrm{d}t$$

$$>\left(\frac{c^2}{2x^2}+\frac{c^2}{2}x-1\right)\mathrm{e}^{-c^2x/2}\int_0^{c/\sqrt{x}}\mathrm{e}^{-t^2/2}\mathrm{d}t+\frac{c}{\sqrt{x}}\mathrm{e}^{-c^2/(2x)}\mathrm{e}^{-c^2x/2}.$$

若 $\frac{c^2}{2x^2}+\frac{c^2}{2}x>1$，则上式>0. 否则，利用 $\int_0^{c/\sqrt{x}}\mathrm{e}^{-t^2/2}\mathrm{d}t<c/\sqrt{x}$，得

$$h'(x)>\frac{c}{\sqrt{x}}\mathrm{e}^{-c^2x/2}\left(\frac{c^2}{2x^2}+\frac{c^2}{2}x+\mathrm{e}^{-c^2x/2}-1\right)>0,$$

此处又用了 $\mathrm{e}^{-c^2x/2}<\mathrm{e}^{-c^2/(2x)}$，并注意 $\mathrm{e}^{-a}>1-a$ 当 $a>0$.

证明了 $n=2$ 的情况，一般 n 显然. 因若 $1-\alpha_1,\cdots,1-\alpha_n$ 不全相同而 $n>2$，则固定 $1-\alpha_3,\cdots,1-\alpha_n$（设 $\alpha_1\neq\alpha_2$），由已证部分，将 α_1,α_2 调至相同，可降低 $\prod_{i=1}^n u_{\alpha_i/2}$ 之值. 由此可知，$\prod_{i=1}^n u_{\alpha_i/2}$ 的最小值必在且只在 $\alpha_1,\cdots,\alpha_n$ 全相同时达到.

后一断语显然，因若记

$$S_1=\left\{\sum_{i=1}^n x_i{}^2\leqslant\chi_n{}^2(\alpha)\right\},\quad S_2=\{|x_i|\leqslant a_i,1\leqslant i\leqslant n\},$$

而 $\int_{S_1}\varphi\mathrm{d}t=\int_{S_2}\varphi\mathrm{d}t$，$\varphi(t)=(2\pi)^{-n/2}\exp\left(-\frac{1}{2}t't\right)$，记 $A=S_1-S_2$，$B=S_2-S_1$，有 $\int_A\varphi\mathrm{d}t=\int_B\varphi\mathrm{d}t$. 因 $\varphi(t)>\varphi(\tilde{t})$ 当 $t\in A$ 而 $\tilde{t}\in B$，知 A 的体积必小于 B 之体积，即 S_1 的体积小于 S_2 的体积.

注　由后一结果得到 $[\pi\chi_n{}^2(\alpha)]^{1/2}\left[\Gamma\left(\frac{n}{2}+1\right)\right]^{-1/n}<u_{(1-(1-\alpha)^{1/n})/2}$.

57. a. 问题归结为在条件 $(1-\alpha_1)(1-\alpha_2)=1-\alpha$ 的限制下，使 $(\alpha_1{}^{-1/n}-1)\cdot(\alpha_2{}^{-1/n}-1)$ 最小. 令 $x=\alpha_1{}^{1/n}$，$y=\alpha_2{}^{1/n}$，转化为在 $(1-x^n)(1-y^n)=\mathrm{const}$ 的限制下，使 $(x^{-1}-1)(y^{-1}-1)$ 最小（$0<x<1,0<y<1$）. 这可以用乘数法解决，证明必须 $x=y$ 即 $\alpha_1=\alpha_2$. 这个证法还不能严格地肯定达到最小值. 可以这样证：在 $(1-x^n)(1-y^n)=\mathrm{const}$ 之下有 $\mathrm{d}y/\mathrm{d}x=-x^{n-1}(1-y^n)/[y^{n-1}(1-x^n)]$，而在 $(x^{-1}-1)(y^{-1}-1)=\mathrm{const}$ 的限制下则有 $\mathrm{d}y/\mathrm{d}x=-y(1-y)/[x(1-x)]$. 设 $x<y$，则有

$$\frac{y(1-y)}{x(1-x)}\bigg/\frac{x^{n-1}(1-y^n)}{y^{n-1}(1-x^n)}=\frac{y^n}{x^n}\frac{1+x+\cdots+x^{n-1}}{1+y+\cdots+y^{n-1}}\equiv k(x,y)>1,$$

这表明若 $x<y$，x 增加一个很小的量 Δx 到 $x+\Delta x$，相应地 y 减为 $y-\Delta y$ 以维持 $(1-x^n)(1-y^n)=\text{const}$，则 y 近似地须减为 $y-k\Delta y$ 以维持 $(x^{-1}-1)\cdot(y^{-1}-1)$ 不变. 现 y 只缩到 $y-\Delta y$，故 $(x^{-1}-1)(y^{-1}-1)$ 下降. 这表明，只要 $x<y$，就可以在维持 $(1-x^n)(1-y^n)$ 不变的条件下使 $(x^{-1}-1)(y^{-1}-1)$ 下降. 由对称性，这结论对 $x>y$ 也对. 故当且仅当 $x=y$，即 $\alpha_1=\alpha_2$ 时，达到最小值.

b. 这相当于找 c，使 $P(c\leqslant\xi+\eta\leqslant 2)=1-\alpha$，此处 ξ,η iid.，有密度 $nx^{n-1}I(0<x<1)\mathrm{d}x$. 简单计算给出 $c=\left[\binom{2n}{n}\alpha\right]^{1/2n}$.

c. 若找 S_1，使 $P((\xi^{-1},\eta^{-1})\in s_1)=1-\alpha$，则得到 (θ_1,θ_2) 的 $1-\alpha$ 置信域 $S(X,Y)=\{(M_Xu,M_Yv):(u,v)\in S_1\}$. 其面积 $|S(X,Y)|=M_XM_Y|S_1|$. 故要使 $|S_1|$ 尽量小. 令 (ξ^{-1},η^{-1}) 有联合密度

$$g(u,v)=n^2(uv)^{-(n+1)}I(u>1,v>1)\mathrm{d}u\mathrm{d}v.$$

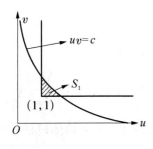

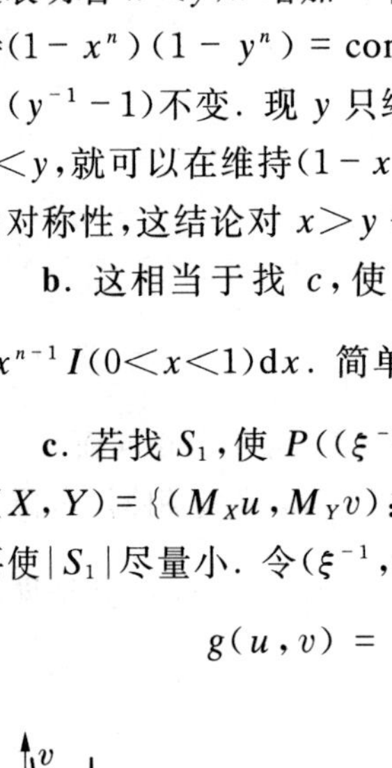

故要把 uv 小值纳入 S_1，如图中阴影部分所示，c 由关系式

$$c^{-n}+nc^{-n}\ln c=\alpha$$

确定，而 $|S_1|=c\ln c-c+1$.

d. 不可，且不说还有些置信域不必基于 (M_x, M_y)，即使在基于 (M_x,M_y) 的置信域类中，它的面积也不可能对一切样本一致最小. 这在理论上由习题 34 保证，也有习题 53 的印证. 另外，直接看，可以把 S_1 取得与 (θ_1,θ_2) 有关：$S_1=S_1(\theta_1,\theta_2)$. 这时，由 $(\theta_1/M_x,\theta_2/M_y)\in S_1(\theta_1,\theta_2)$ 所确定的置信域，即由上述关系解出的 $(\theta_1,\theta_2)\in S_2(M_x,N_y)$，对某些 (M_x,M_y) 可以有比 c 中决定的置信域更小的面积.

e. 取损失函数 $L(\theta_1,\theta_2,S)=|S|/\theta_1\theta_2+mI(\theta_1,\theta_2)\overline{\in}S$. 取先验分布 $C(\lambda_1,\lambda_2)\mathrm{e}^{-\lambda_1(\theta_1^{-1}+\theta_2^{-1})}(\theta_1\theta_2)^{-1-\lambda_2}I(\theta_1>0,\theta_2>0)\mathrm{d}\theta_1\mathrm{d}\theta_2$，仿定理 7.6 的证法，可证得 c 中决定的置信域为 Minimax 的. 或者，取先验分布 $(\lambda^2)^{-1}I(0<\theta_1,\theta_2<\lambda)\mathrm{d}\theta_1\mathrm{d}\theta_2$，令 $\lambda\to\infty$ 也可以. 证明是平凡的，但有些繁琐.

注　(1) 循着解题中的想法，对 X,Y 样本量不同的情况也易处理. 有趣的

是，当 X,Y 样本量不同时，题 a 中的解不是 $\alpha_1=\alpha_2$. 这与习题 56 不同，在习题 56，即使每个总体 $N(\theta_i,1)$ 抽取的样本量不同，问题的解不受影响.

(2) 由本题看出，在多个参数场合，使置信域面积小不见得有多大意义. 置信域形式之规则在应用上当然更受重视.

58. 取 $\varepsilon>0$ 充分小，使若 $|I|\leqslant\varepsilon$，则 $\int_I f\mathrm{d}x\leqslant\alpha/2$. 找 c 充分大，使 $\int_{-c\varepsilon}^{c\varepsilon}f\mathrm{d}x\geqslant1-\alpha/2$. 令 $Y=(X-\theta)/X$，来计算 $P(|Y|\leqslant c)$. 令 $\widetilde{X}=(X-\theta)/\sigma$，$\widetilde{X}$ 有密度 f，而 $Y=\widetilde{X}/(\widetilde{X}-\theta/\sigma)$，故由 ε 及 c 的选择，有

$$\begin{aligned}P_{\theta,\sigma}(|Y|>c)&\leqslant P_{\theta,\sigma}(|\widetilde{X}-\theta/\sigma|\leqslant\varepsilon)\\&\quad+P_{\theta,\sigma}(|\widetilde{X}-\theta/\sigma|>\varepsilon,|Y|>c)\\&\leqslant\alpha/2+P_{\theta,\sigma}(|\widetilde{X}|>c\varepsilon)\\&\leqslant\alpha/2+\alpha/2=\alpha,\end{aligned}$$

因而 $P_{\theta,\sigma}(|Y|\leqslant c)\geqslant1-\alpha$，即 $P_{\theta,\sigma}(|(X-\theta)/X|\leqslant c)\geqslant1-\alpha$. 因而 $[X-c|X|,X+c|X|]$ 有置信系数不小于 $1-\alpha$.

注 总体有密度的条件不必要. 只要有处处连续的分布，上面论证就有效.

59. **a**. 当 $\alpha>\alpha_0$ 时，θ 的 $1-\alpha$ 置信区间存在的证明与上题相似，只有一个细节上的不同，设参数值为 (θ,σ). 当 $\widetilde{X}=0$ 时有 $X=\theta$，而区间 $[X-c|X|,X+c|X|]$ 在 $X=\theta$ 时，必包含点 θ. 因此，即使 0 为 F 的跳跃点也不足虑. 这是在计算 α_0 时把 $a_k=0$ 排除在外的原因. 其次是注意到：任给 $\delta>0$ 必存在 $\varepsilon>0$，使当区间 I 之长不超过 ε 时，有 $F(\{I-\{0\}\})<\alpha_0+\varepsilon$.

现设 $\alpha<\alpha_0$. 设 $[A(x),B(x)]$ 为 θ 的一区间估计，取定 x_0，记 $b=\max(|A(x_0)|,|B(x_0)|)$. 找 $a\neq0$ 使 $F(\{a\})=\alpha_0$. 取 θ_0，使

$$\theta_0<\min(x_0,-b)\text{ 当 }a>0,\quad\theta_0>\max(x_0,b)\text{ 当 }a<0.$$

照这个取法，必存在 $\sigma_0>0$，使 $\sigma_0a+\theta_0=x_0$，有

$$\begin{aligned}P_{\theta_0,\sigma_0}(\theta_0\in[A(x),B(x)])&\leqslant1-P_{\theta_0,\sigma_0}(X=x_0)\\&=1-P_{0,1}(X=a)=1-F(\{a\})\\&=1-\alpha_0,\end{aligned}$$

故置信系数达不到 $1-\alpha$.

达到 $1-\alpha$ 的一个例子是：对某个使 $F(\{a\})=\alpha$ 的 a，在 a 的某邻域内除 a 外，无 F 的支撑点，且 F 的支撑集有界. 达不到 $1-\alpha$ 的一个例子是：F 在集 $\{a_k\}$

外有处处大于 0 的密度 $f(x)\mathrm{d}x$. 论证与前述相似.

b. 仍以$\{a_k\}$记 F 的跳跃点集. 记 $\alpha_0=\max(F(\{a_k\}),k\geqslant 1)$,则当 $1-\alpha<1-\alpha_0$ 时,σ 的 $1-\alpha$ 置信区间存在,当 $1-\alpha>1-\alpha_0$ 时不存在;$1-\alpha=1-\alpha_0$ 时,两种可能性都存在.

先设 $1-\alpha<1-\alpha_0$. 找 $\varepsilon>0$ 充分小,使当区间 I 之长 $|I|\leqslant 2\varepsilon$ 时,$F(I)<\alpha$. 由 α_0 的定义及 $\alpha>\alpha_0$,知这种 ε 存在. 现取区间估计$[0,|X|/\varepsilon]$,有

$$P_{\theta,\sigma}(\sigma\leqslant|X|/\varepsilon)=P_{0,1}(\varepsilon\leqslant|X+\theta/\sigma|)$$

$$=1-F(-\theta/\sigma-\varepsilon,-\theta/\sigma+\varepsilon)>1-\alpha,$$

如所欲证. 若 $\alpha<\alpha_0$,取 a,使 $F(\{a\})=\alpha_0$. 记 $B(0)=c$,找 $\sigma_0>c$ 并取 θ_0 使 $\sigma_0 a+\theta_0=0$,则

$$P_{\theta_0,\sigma_0}(\sigma_0\in[A(X),B(X)])=P_{0,1}(\sigma_0\in[A(\sigma_0X+\theta_0),B(\sigma_0X+\theta_0)])$$

$$\leqslant 1-P_{0,1}(X=a)=1-\alpha_0<1-\alpha,$$

因而 σ 的 $1-\alpha$ 置信区间不存在. 与 θ 的情况不同之处是:α_0 的定义中不排除 0(若 0 是 F 的跳跃点,则它与其余跳跃点有同等作用).

$1-\alpha_0$ 置信区间存在与不存在的例子也与 θ 的情况相似.

c. 找 $\varepsilon>0$ 使集 $E=\{x:A(x)>\varepsilon\}$的 L 测度大于 0. 找 E 的全密点 θ_0. 找 $\varepsilon_1>0$ 充分小,使当$|A|\leqslant 2\varepsilon_1$ 时 $\int_A f\mathrm{d}x<(1-\alpha)/2$. 找 $l>0$ 充分大,使$\int_{|x|\geqslant l}f\mathrm{d}x<(1-\alpha)/2$,$1-\alpha$ 为给定的置信水平,找 $\varepsilon_2>0$ 充分小,使

$$|\{x:x\overline{\in}E,|x-\theta_0|\leqslant\eta\}|/2\eta<\varepsilon_1,\quad 0<\eta<\varepsilon_2. \tag{16}$$

现取 σ_0,使 $0<\sigma_0<\varepsilon$ 且 $\sigma_0 l<\varepsilon_2$. 则

$$\begin{aligned}&P_{\theta_0,\sigma_0}(\sigma_0\in[A(X),B(X)])\\&\leqslant P_{\theta_0,\sigma_0}(\sigma_0\geqslant A(X))\\&=P_{0,1}(\sigma_0\geqslant A(\sigma_0X+\theta_0))\\&\leqslant P_{0,1}(|X|\geqslant l)+P_{0,1}(|X|\leqslant l,\sigma_0X+\theta_0\overline{\in}E).\end{aligned}$$

因为 $\sigma_0 l < \varepsilon_2$，按(16)式有

$$|\{y: y \overline{\in} E, |y-\theta_0| \leqslant \sigma_0 l\}|/(2\sigma_0 l) < \varepsilon_1,$$

因此

$$\{x: |x| \leqslant l, \sigma_0 x + \theta_0 \overline{\in} E\} \subset \{x: x \in G\}, \quad |G| \leqslant 2\varepsilon_1.$$

因此

$$P_{\theta_0,\sigma_0}(\sigma_0 \in [A(X), B(X)]) \leqslant P_{0,1}(|X| \geqslant l) + P_{0,1}(X \in G).$$

按 ε_1 和 l 的取法，右端两项各小于 $(1-\alpha)/2$，于是 $[A(X), B(X)]$ 的置信水平小于 $1-\alpha$. 这证明了：σ 的任何区间估计不能有大于 0 的置信系数.

注 $A(X)>0$ 的条件可以减弱为 $|\{x: A(x)>0\}|>0$. 又对一般分布 F（不必对 L 测度有密度），条件为 $F(\{x: A(x)>0\})>0$：凡满足这条件的，σ 的置信区间 $[A(x), B(x)]$，只能有置信系数 0.

60. **a**. 前一断言显然，因若 θ 有一致相合点估计 $\hat{\theta}_n = \hat{\theta}_n(X_1, \cdots, X_n)$，则 $\sup\limits_{\theta} P_\theta(|\hat{\theta}_n - \theta| > \varepsilon) \to 0$ 对任何 $\varepsilon > 0$. 于是可找出一串 $\varepsilon_n \downarrow 0$，使 $\sup\limits_{\theta} P_\theta(|\hat{\theta} - \theta| > \varepsilon_n) \to 0$，因而置信区间 $[\hat{\theta}_n - \varepsilon_n, \hat{\theta}_n + \varepsilon_n]$ 的置信系数趋于 1，而长 $2\varepsilon_n \to 0$. 后一断言也平凡：若 $[A_n(X_1, \cdots, X_n), B_n(X_1, \cdots, X_n)]$ 是 θ 之一相合区间估计，则易验证：A_n，B_n，或其间的任一点，例如 $(A_n + B_n)/2$，都是 θ 的相合点估计.

b. 第一断言的反例是 $X_1, \cdots, X_n$ iid，$\sim N(\theta, \sigma^2)$，估计 θ. t 区间估计 $\bar{X}_n \pm t_{n-1}(\alpha_n/2) s_n/\sqrt{n}$ 是相合区间估计，此处 $S_n = \left[\dfrac{1}{n-1}\sum\limits_{i=1}^{n}(X_i - \bar{X}_n)^2\right]^{1/2}$，而 α_n 选择之使 $\alpha_n \downarrow 0$，但 $t_{n-1}(\alpha_n/2)/\sqrt{n} \to 0$. θ 的一致相合点估计不存在. 因若不然，则在 n 充分大时，会存在 θ 的固定长而置信系数 >0 的区间估计，而与习题 46 矛盾.

第二断言的反例略难构思一点. 设 $X_1, \cdots, X_n$ iid.，$\sim P_\theta$. P_θ 定义为：$P_\theta \sim N(0,1)$ 当 $\theta \geqslant 0$，$P_\theta \sim N\left(1 + \dfrac{1}{1+|\theta|}, \dfrac{|\theta|}{1+|\theta|}\right)$ 当 $\theta < 0$. θ 的一个相合点估计 $\hat{\theta}_n$ 如下：记 $\bar{X}_n$，S_n 如前，若 $S_n > 1 - n^{-1/3}$，令 $\hat{\theta}_n = \bar{X}_n$；否则，令

$$\hat{\theta}_n = \begin{cases} 1 - (\bar{X}_n - 1)^{-1}, & 1 < \bar{X}_n < 2, \\ 0, & \text{其他}. \end{cases}$$

$\hat{\theta}_n$的相合性请读者验证. 现设$[A_n(X_1,\cdots,X_n),B_n(X_1,\cdots,X_n)]$为$\theta$的区间估计,其置信系数$1-\alpha_n\to 1$. 记

$$S_{n\theta}=\{(x_1,\cdots,x_n):\theta\in[A_n(x_1,\cdots,x_n),B_n(x_1,\cdots,x_n)]\},$$

以$f_{n\theta}$记在P_θ下$(X_1,\cdots,X_n)$的密度,则$f_{n\theta}\to f_{n1}$当$\theta\to-\infty$,故当$-\theta$充分大时,有(Scheffe定理)$\int_{\mathbb{R}^n}|f_{n\theta}-f_{n1}|\,\mathrm{d}x<\alpha_n/2$,因而$|P_1(S_{n\theta})-P_\theta(S_{n\theta})|<\alpha_n/2$. 设$n$充分大使$\alpha_n<1/4$,则$P_\theta(S_{n\theta})\geqslant 1-1/4=3/4$(对上述$-\theta$充分大的$\theta$),因而有$P_1(S_{n\theta})>3/4-1/8=5/8$. 由于$P_1(S_{n1})\geqslant 3/4$,故

$$P_1(S_{n\theta}\cap S_{n1})\geqslant 5/8+3/4-1=3/8,$$

而对$S_{n\theta}\cap S_{n1}$内的$(x_1,\cdots,x_n)$,$[A_n(x_1,\cdots,x_n),B_n(x_1,\cdots,x_n)]$同时涵盖$\theta$和1两点,而$\theta<0$,故

$$P_1(B_n-A_n\geqslant 1)\geqslant 3/8.$$

这证明"$B_n-A_n\to 0$ in pr. P_1"不真,因而θ的相合区间估计不存在.

61. 考虑集合$\{\theta\leqslant\theta_0,\sigma\leqslant\sigma_0\}$的信任概率,为此要找出与此集合相应的、(7.33)式中的A. 因$\xi=\sqrt{n}(\bar{X}-\theta)/\sigma,\eta=s/\sigma$,由$\theta\leqslant\theta_0$有$\xi\geqslant\sqrt{n}(\bar{X}-\theta_0)/\sigma=\sqrt{n}(\bar{X}-\theta_0)\eta/s,\eta\geqslant s/\sigma_0$,故

$$A=\{(\xi,\eta):\xi\geqslant\sqrt{n}(\bar{X}-\theta_0)\eta/s,\eta\geqslant s/\sigma_0\}.$$

利用ξ,η独立,有

$$\begin{aligned}P_{\text{信任}}(\theta\leqslant\theta_0,\sigma\leqslant\sigma_0)&=\iint_A f(\xi,\eta)\,\mathrm{d}\xi\,\mathrm{d}\eta\\&=\int_{s/\sigma_0}^{\infty}\left[1-\Phi\left(\frac{\sqrt{n}(\bar{X}-\theta_0)\eta}{s}\right)c_n\eta^{n-2}\exp\left(-\frac{n-1}{2}\eta^2\right)\right]\mathrm{d}\eta,\end{aligned}$$

在积分号下对θ_0求导,然后对这积分求对σ_0的导数,即得信任密度在(θ_0,σ_0)点之值,结果与(7.34)式一致.

62. 记$M_x=\max_i X_i,M_y=\max_i Y_i,\xi=M_x/\theta_1,\eta=M_y/\theta_2$. 则$\xi,\eta$独立,分别有密度$m\xi^{m-1}I(0<\xi<1)$和$n\eta^{n-1}I(0<\eta<1)$. 现有

$$\theta_2-\theta_1=M_y/\eta-M_x/\xi,$$

M_x, M_y 视为常数. M_x/ξ 和 M_y/η 分别有密度 $M_x u^{-2} I(u > M_x)$ 和 $M_y v^{-2} I(v > M_y)$. 由此即不难求出 $\theta_2 - \theta_1$ 的信任分布,以决定 $\theta_2 - \theta_1$ 的信任区间.

注　用第 5 章习题 15,20 的方法,把该两题推广到检验 $\theta_2 - \theta_1 \leqslant a \leftrightarrow \theta_2 - \theta_1 > a$, $\theta_2 - \theta_1 \geqslant a \leftrightarrow \theta_2 - \theta_1 < a$ 以及 $\theta_2 - \theta_1 = a \leftrightarrow \theta_2 - \theta_1 \neq a$ 的情形,可证前两个问题有相似 UMP 检验,后一问题有相似 UMPU 检验但无相似 UMP 检验. 由此可作出在 Neyman 意义下,$\theta_2 - \theta_1$ 的 UMA 置信界,以及 UMAU 置信区间,其计算比用信任推断法要简单些.

第 8 章

1. 一般地,设方程 $Ax = b$ 有解. 记 $x_0 = A^+ b$,则 $Ax = b$ 的通解为 $x_0 + (I - A^+ A)Z$,Z 任意. 有

$$\| x_0 + (I - A^+A)Z \|^2 = \| x_0 \|^2 + \| (I - A^+A)Z \|^2 + 2Z'(I - A^+A)'x_0.$$

因 A^+A 对称,有 $(I - A^+A)' = I - A^+A$,而 $x_0 = A^+ b$,故 $2Z'(I - A^+A)'x_0 = 2Z'(A^+ - A^+AA^+)b = 2Z'(A^+ - A^+)b = 0$,因而 $\| x_0 + (I - A^+A)Z \|^2 \geqslant \| x_0 \|^2$,如所欲证.

2. **a**. 当 $c'\beta$ 可估时,有 $c'\hat{\beta} = c'\beta + \sum_{i=1}^n b_i e_i$, $(b_1, \cdots, b_n)' = c'S^- X'$. 因为 $\operatorname{med}\left(\sum_{i=1}^n b_i e_i\right) = 0$, 故 $c'\hat{\beta}$ 中位无偏. **b**. $a'Y$ 中位无偏充要条件为 $a'X = c'$,故问题转化为

$$\min \mathrm{E}\left|\sum_{i=1}^n a_i e_i\right|,\quad \text{约束 } a'X = c'.$$

此问题必有解,因为 $\lim_{\|a\| \to \infty} \mathrm{E}\left|\sum_{i=1}^n a_i e_i\right| = \infty$. 事实上,记 $h \equiv \min\left(\mathrm{E}\left|\sum_{i=1}^n a_i e_i\right| : \|a\| = 1\right)$,显见 $h > 0$,故 $\mathrm{E}\left|\sum_{i=1}^n a_i e_i\right| \geqslant \|a\| h \to \infty$ 当

$\|a\| \to \infty$. 又 $\mathrm{E}\left|\sum_{i=1}^{n} a_i e_i\right|$ 为 a 的连续函数,故得证. 此解当 e_i 为正态时就是 LSE,但当 e_i 为均匀分布 $R(-\sigma,\sigma)$ 时则不是,这从当 $e_i \sim R(-\sigma,\sigma)$ 时,$\mathrm{E}\left|\sum_{i=1}^{n} a_i e_i\right|$ 不是 $\|a\|$ 的函数看出(例如,$\left(\frac{1}{\sqrt{2}},\frac{1}{\sqrt{2}},0,\cdots,0\right)$ 和 $(1,0,\cdots,0)$ 这两个 a 给出不同的值). **c**. 由 b 显然. 例如,把 e_i 的公共分布限制在分布族 $\{F:F$ 有均值 $0,F$ 为正态或均匀$\}$.

3. $1^\circ \Rightarrow 2^\circ$ 显然. 若 2° 成立,则 $c'\beta$ 显然只通过 $X\beta$ 依赖 β,即由 $\mathrm{E}(Y)$ 唯一决定(在 e 的分布定下的前提下),故 $2^\circ \Rightarrow 3^\circ$. 由 3° 知 $c \in \mu(X)$,即 $c = X'a$,故 $c'\hat{\beta} = a'XS^- X'Y$,与 S^- 选择无关(因 $XS^- X'$ 为向 $\mu(X)$ 的投影阵),故最后 $3^\circ \Rightarrow 4^\circ$,$\hat{\beta}$ 的通解为 $\tilde{\beta}_{(0)} + (I - S^- S)Z$,若 $c'\hat{\beta}$ 与 $\hat{\beta}$ 的选择无关,必有 $c'(I - S^- S) = 0$,即 $c' = c'S^- S = (c'S^- X')X \equiv a'X$,即 $c \in \mu(X)$,而 $a'Y$ 为 $c'\beta$ 的无偏估计,故 $4^\circ \Rightarrow 1^\circ$.

4. $1^\circ \Rightarrow 2^\circ$ 显然. 若 2° 成立,则在 $H\beta = 0$ 时 $c'\beta$ 只与 $X\beta$ 有关,因而 $\begin{pmatrix} X \\ H \end{pmatrix}\beta = 0 \Rightarrow c'\beta = 0$,由此知存在 a,b 使 $c' = a'X + b'H$,故 $2^\circ \Rightarrow 3^\circ$. 现设 $c' = a'X + b'H$,则 $c'\beta = a'X\beta + b'H\beta$,故当 $H\beta = 0$ 时 $c'\beta = a'X\beta$,即 $c'\beta$ 只依赖 $X\beta = \mathrm{E}(Y)$,故 $3^\circ \Rightarrow 4^\circ$. 为证 $4^\circ \Rightarrow 5^\circ$,先注意 $4^\circ \Rightarrow 3^\circ$,理由与 $2^\circ \Rightarrow 3^\circ$ 同,故由 4° 知 $c' = a'X + b'H$,而 $c'\hat{\beta} = a'X\hat{\beta} + b'H\hat{\beta} = a'X\hat{\beta}$,但 $X\hat{\beta}$ 是 Y 在空间 $\{X\beta : H\beta = 0\}$ 内的投影,与 $\hat{\beta}$ 的取法无关,故 $c'\hat{\beta} = a'X\hat{\beta}$ 也与 $\hat{\beta}$ 的取法无关,这证明了 $4^\circ \Rightarrow 5^\circ$. 为证 $5^\circ \Rightarrow 1^\circ$,写出(8.42)式的通解

$$\begin{pmatrix} \hat{\beta} \\ \hat{\lambda} \end{pmatrix} = \begin{pmatrix} \hat{\beta}_{(0)} \\ \hat{\lambda}_{(0)} \end{pmatrix} + \left[I - \begin{pmatrix} S & -H' \\ H & 0 \end{pmatrix}^- \begin{pmatrix} S & -H' \\ H & 0 \end{pmatrix} \right] \begin{pmatrix} Z_{(1)} \\ Z_{(2)} \end{pmatrix}.$$

若 $c'\hat{\beta}$ 与 $\hat{\beta}$ 取法无关,则有

$$(c' \vdots 0') \left[I - \begin{pmatrix} S & -H' \\ H & 0 \end{pmatrix}^- \begin{pmatrix} S & -H' \\ H & 0 \end{pmatrix} \right] = 0.$$

记 $c' \begin{pmatrix} S & -H' \\ H & 0 \end{pmatrix} = (\tilde{a}' \vdots b')$,由上式得 $c' = \tilde{a}'S + b'H \equiv a'X + b'H$,其中 $a = \tilde{a}X'$,由此知 $\mathrm{E}(a'Y) = c'\beta$ 当 $H\beta = 0$,即 $5^\circ \Rightarrow 1^\circ$.

5. 考虑只有常数项的线性模型 $Y_i = \beta + e_i (1 \leqslant i \leqslant n)$. 若 $e_i \sim R(-\sigma,\sigma)$,$\beta$

的 LSE，即 $\overline{Y}$，非 MVUE. 若 e_i 分布族为一切均值为 0，方差非 0 有限的分布族，则 LSE 为 MVUE. 这两个例子对一般模型(8.5)仍有效，但证明要复杂些.

6. 由 $\begin{pmatrix} B & C \\ C & D \end{pmatrix}\begin{pmatrix} B_1 & C_1 \\ C_1 & D_1 \end{pmatrix} = \begin{pmatrix} I & 0 \\ 0 & I \end{pmatrix}$ 得三个等式，解之即得. 为证后一结果，直接验证 $(A + a'a)(A^{-1} - A^{-1}aa'A^{-1}/(1 + a'A^{-1}a)) = I$.

7. **a**. 例如，算 $\hat{\beta}_1$ 的方差，记 $S = \begin{pmatrix} m & C \\ C' & D \end{pmatrix}$ $(m \leqslant n)$，按上题，S^{-1} 的 (1,1) 元为 $(m - CD^{-1}C')^{-1}$. 因 $m \leqslant n$，$CD^{-1}C' \geqslant 0$，知它 $\leqslant n^{-1}$，故得证. **b**. 由 a 知，欲使 $\mathrm{Var}(\hat{\beta}_1) = \sigma^2/n$，必须 $C = 0$，$m = n$. $m = n$ 表示 X 第 1 列各元只能为 ± 1 且与其他各列正交. 因此，欲使 $\mathrm{Var}(\hat{\beta}_i) = \sigma^2/n$ $(1 \leqslant i \leqslant n)$，必须只需 X 各元为 ± 1 且各列正交，这种方阵称为 Hadamard 方阵. 对 $n = 8 = 2^3$，先按 $(\pm 1, \pm 1, \pm 1)$ 排出三列 A, B, C，外加一列全为 1，如下图. 再算 AB(把 A, B 两列同位元

	A	B	C	AB	AC	BC	ABC
1	1	1	1	1	1	1	1
1	1	1	−1	1	−1	−1	−1
1	1	−1	1	−1	1	−1	−1
1	1	−1	−1	−1	−1	1	1
1	−1	1	1	−1	−1	1	−1
1	−1	1	−1	−1	1	−1	1
1	−1	−1	1	1	−1	−1	1
1	−1	−1	−1	1	1	1	−1

相乘)，AC, BC, ABC 各列，共得 8 列，显然是 Hadamard 方阵. 对一般 $n = 2^m$，先按 $(\pm 1, \pm 1, \cdots, \pm 1)$ 列出 $A_1, \cdots, A_m$ 各列，加上全为 1 的 1 列，再算 $A_{i_1} \cdots A_{i_k}$ 各列 $(1 \leqslant i_1 < \cdots < i_k \leqslant m, 1 \leqslant k \leqslant m)$，总共得 $1 + \sum_{k=1}^{m} \binom{m}{k} = 2^m = n$ 列. **c**. 平凡. **d**. 设 $n = 2m$，m 为奇数. 拿前三列来看，调动次序，不妨设前两列同位元构成的对子依次是 $(1,1), \cdots, (1,1), (-1,-1), \cdots, (-1,-1), (1,-1), \cdots, (1,-1), (-1,1), \cdots, (-1,1)$. 把 $(1,1), (-1,-1)$ 两种对子称"前半段"，其余称"后半段"，由 1,2 列正交知，前、后段各有 m 个对子，现记前 3 列各元为 x_{i1}，x_{i2}，x_{i3} $(1 \leqslant i \leqslant n)$，记

$$\sum_{\text{前半段}} x_{i1}x_{i3} = a, \quad \sum_{\text{后半段}} x_{i1}x_{i3} = b, \quad \sum_{\text{后半段}} x_{i2}x_{i3} = -b.$$

则由各列正交知，$a+b=0$，$a-b=0$，故 $b=0$. 但 $x_{i1}x_{i3}=\pm 1$ 而后半段个数 m 为奇数，这不可能.

注　此处证明了更强的结果：若 n 不为 4 的倍数，不要说 n 阶 Hadamard 阵，即使 3 列也作不成.

8. n 为偶数时显然. n 为奇数时分几步进行：① 证明至多只能有一个 x_i 在 (a,b) 内（若 x_1，x_2 都在 (a,b) 内，且 $x_1<x_2$. 找 $\Delta>0$ 充分小，以 $x_1-\Delta$ 代 x_1，$x_2+\Delta$ 代 x_2，可使 $\sum(x_i-\bar{x})^2$ 增加）. ② 若只有 x_1 在 (a,b) 内，设 $x_2,\cdots,x_n$ 中，等于 a，b 的个数分别为 n_1 和 n_2，证明：若 $n_1\leqslant n_2$，改 x_1 为 a，若 $n_1>n_2$，则改 x_1 为 b，可使 $\sum(x_i-\bar{x})^2$ 增加. ③ 故可设 $x_i=a$ 或 b 对一切 i. 直接计算，只在等于 a 的个数为 $(n\pm 1)/2$ 时，$\sum(x_i-\bar{x})^2$ 达到最大.

9. **a**. $H\hat{\beta}=HS^-X'Y$，有 $\mathrm{Cov}(H\hat{\beta})=HS^-X'XS^-H'\sigma^2$，因 $H\beta$ 可估，有 $H=AX$，故 $\mathrm{Cov}(H\hat{\beta})=AXS^-X'XS^-H'\sigma^2$. 利用 $XS^-X'X=X$，有 $\mathrm{Cov}(H\hat{\beta})=HS^-H'\sigma^2$. **b**. 由 a 知，$c'\hat{\beta}=0\Rightarrow\mathrm{Var}(c'\hat{\beta})=0\Rightarrow c'S^-c=0$，因 $c'\beta$ 可估，有 $c'=a'X$，故 $a'XS^-X'a=0$. 因 XS^-X' 为 $\mu(X)$ 的投影阵，上式表明 $a\perp\mu(X)$ 因而 $c'=a'X=0$，与 $c\neq 0$ 矛盾. **c**. 若存在 c' 使 $c'H\hat{\beta}=0$，则按 b，必有 $c'H=0$，再由 H 各行线性无关得 $c=0$.

10. 化归模型(8.16)后，$c'\beta$ 是否可估，就取决于 $(c',0)'$ 是否属于 $\mu(\tilde{X})$，其中

$$\tilde{X}=\begin{pmatrix}1 & (x_1-\bar{x})'\\ \vdots & \vdots\\ 1 & (x_n-\bar{x})'\end{pmatrix}$$

这只与 $(x_1-\bar{x},\cdots,x_n-\bar{x})'$ 有关.

11. **a**. 以 $\dim(A)$ 记线性空间 A 的维数. 有

$$\dim\{X\beta : H\beta=0\}=\dim\left\{\begin{pmatrix}X\\H\end{pmatrix}\beta : H\beta=0\right\}.$$

不妨设 H 各行线性无关. 取 H_1，使 $\begin{pmatrix}H\\H_1\end{pmatrix}$ 为满秩方阵. 令 $P=\begin{pmatrix}H\\H_1\end{pmatrix}^{-1}$，则 $HP=(I\ \vdots\ 0)$. 记 $XP=(X_1\ \vdots\ X_2)$，则

$$\left\{\begin{pmatrix}X\\H\end{pmatrix}\beta : H\beta = 0\right\} = \left\{\begin{pmatrix}X\\H\end{pmatrix}P\beta : HP\beta = 0\right\}$$

$$= \left\{\begin{pmatrix}X_1 & X_2\\I & 0\end{pmatrix}\beta : (I \vdots 0)\beta = 0\right\}$$

$$= \left\{\begin{pmatrix}x_2\\0\end{pmatrix}\theta : \theta \text{ 任意}\right\}.$$

因此 $\dim\left\{\begin{pmatrix}X\\H\end{pmatrix}\beta : H\beta = 0\right\} = \text{rank}(X_2)$. 又

$$\text{rank}\begin{pmatrix}X\\H\end{pmatrix} = \text{rank}\left(\begin{pmatrix}X\\H\end{pmatrix}P\right) = \text{rank}\begin{pmatrix}X_1 & X_2\\I & 0\end{pmatrix} = \text{rank}(X_2) + \text{rank}(H),$$

结合以上诸式即得证. **b**. 为要求约束 $H\beta = 0$ 不过紧,应有 $\dim\{X\beta : H\beta = 0\} = \text{rank}(X)$. 由 a,有 $\text{rank}\begin{pmatrix}X\\H\end{pmatrix} = \text{rank}(X) + \text{rank}(H)$. 为约束 $H\beta = 0$ 不过松,$\begin{pmatrix}X\\H\end{pmatrix}\beta = \begin{pmatrix}a\\0\end{pmatrix}$ 至多只能有一解,故应有 $\text{rank}\begin{pmatrix}X\\H\end{pmatrix} = p$($X$ 的列数),因此条件为

$$p = \text{rank}\begin{pmatrix}X\\H\end{pmatrix} = \text{rank}(X) + \text{rank}(H).$$

写成空间的形式,为 $\mu(X') \oplus \mu(H') = R_p$.

12. $\text{E}(\hat{\beta}'A\hat{\beta}) = \sum_{i,j} a_{ij}\text{E}(\hat{\beta}_i\hat{\beta}_j) = \sum_{ij} a_{ij}[\beta_i\beta_j + \sigma^2\text{Cov}(\hat{\beta}_i, \hat{\beta}_j)] = \beta'A\beta + \sigma^2\text{tr}(S^{-1}A)$. 故只在 $\text{tr}(S^{-1}A) = 0$ 时,$\hat{\beta}'A\hat{\beta}$ 才是 $\beta'A\beta$ 的无偏估计. 若此条件不满足,修正为 $\hat{\beta}'A\hat{\beta} - \hat{\sigma}^2\text{tr}(S^{-1}A)$ 即可.

13. $c'\beta$ 的无偏估计可表为 $a_0'Y + a'Y$,其中 $a_0'Y = c'\beta$,而 $a'Y$ 为 0 的无偏估计,其充要条件为 $a \in \mu^{\perp}(X)$. $\mu^{\perp}(X)$ 的维数为 $n - r$, $r = \text{rank}(X)$. 在 $\mu^{\perp}(X)$ 中找 $n - r$ 个线性无关的向量 $a_1, \cdots, a_{n-r}$,往证:$n - r + 1$ 个估计

$$a_0'Y,\ (a_0 + a_1)'Y,\ \cdots,\ (a_0 + a_{n-r})'Y$$

线性无关,且 $c'\beta$ 的任一无偏估计必为它们的线性组合. 后者显然. 为证前者,设 $c_0a_0 + \sum_{i=1}^{n-r} c_i(a_0 + a_i) = (c_0 + \cdots + c_{n-r})a_0 + \sum_{i=1}^{n-r} c_ia_i = 0$. 若 $b = c_0 + \cdots + c_{n-r} \neq 0$,则有 $a_0 = -\sum_{i=1}^{n-r}\frac{c_i}{b}a_i$,而 $a_0'Y = -\sum_{i=1}^{n-r}\frac{c_i}{b}a_i'Y$. 右边的期望

为 0,而左边期望为 $c'\beta$,故 $c'\beta\equiv 0$,因而 $c=0$,与假定矛盾,故 $b=0$,因而 $\sum_{i=1}^{n-r} c_i a_i=0$. 由 $a_1,\cdots,a_{n-r}$ 线性无关知 $c_1=\cdots=c_{n-r}=0$,再由 $b=0$ 知 $c_0=0$. 这证明了线性无关性. 因此,一共最多有 $n-r+1$ 个线性无关的线性无偏估计.

14. $\mathrm{E}(\tilde{\beta}_{(1)})=\mathrm{E}((X_{(1)}'X_{(1)})^{-1}X_{(1)}'Y)=(X_{(1)}'X_{(1)})^{-1}X_{(1)}'(X_{(1)}\ X_{(2)})\beta=(I\ A)\beta=\beta_{(1)}+A\beta_{(2)}$, $A=(X_{(1)}'X_{(1)})^{-1}X_{(1)}'X_{(2)}$. 欲 $\tilde{\beta}_{(1)}$ 为无偏,充要条件为 $X_{(1)}'X_{(2)}\beta_{(2)}=0$. 这在以下两种情况下出现:① $\beta_{(2)}=0$. 这表明模型 $Y=X_{(1)}\beta_{(1)}+e$ 本来就正确. ② $X_{(1)}'X_{(2)}=0$. 从设计的观点看,这表明 $\beta_{(1)},\beta_{(2)}$ 这两部分效应有可加性,一者的估计不受另者有无的干扰.

15. **a**. 因 $A_{11}>0$, A_{11}^{-1} 存在. 易见

$$\begin{pmatrix} I & 0 \\ -A_{21}A_{11}^{-1} & I \end{pmatrix}\begin{pmatrix} A_{11} & A_{12} \\ A_{21} & A_{22} \end{pmatrix}\begin{pmatrix} I & -A_{11}^{-1}A_{12} \\ 0 & I \end{pmatrix}=\begin{pmatrix} A_{11} & 0 \\ 0 & B \end{pmatrix}.$$

由此得出

$$\begin{pmatrix} A_{11} & A_{12} \\ A_{21} & A_{22} \end{pmatrix}^{-1}=\begin{pmatrix} I & -A_{11}^{-1}A_{12} \\ 0 & I \end{pmatrix}\begin{pmatrix} A_{11}^{-1} & 0 \\ 0 & B^{-1} \end{pmatrix}\begin{pmatrix} I & 0 \\ -A_{21}A_{11}^{-1} & I \end{pmatrix}.$$

把右边矩阵乘出即得所要结果. **b**. 由 a 有

$$\begin{aligned}\mathrm{Cov}\begin{pmatrix} \hat{\beta}_{(1)} \\ \hat{\beta}_{(2)} \end{pmatrix} &= \sigma^2\begin{pmatrix} X_{(1)}'X_{(1)} & X_{(1)}'X_{(2)} \\ X_{(2)}'X_{(1)} & X_{(2)}'X_{(2)} \end{pmatrix}^{-1} \\ &= \sigma^2\begin{pmatrix} (X_{(1)}'X_{(1)})^{-1}+(X_{(1)}'X_{(1)})^{-1}X_{(1)}'X_{(2)}B^{-1}X_{(2)}'X_{(1)}(X_{(1)}'X_{(1)})^{-1} & * \\ * & * \end{pmatrix}\end{aligned}$$

其中 $B=X_{(2)}'X_{(2)}-X_{(2)}'X_{(1)}(X_{(1)}'X_{(1)})^{-1}X_{(1)}'X_{(2)}$. 因此

$$\begin{aligned}\mathrm{Cov}(\hat{\beta}_{(1)}) &= \sigma^2(X_{(1)}'X_{(1)})^{-1}+\sigma^2AB^{-1}A \\ &= \mathrm{Cov}(\tilde{\beta}_{(1)})+\sigma^2AB^{-1}A',\end{aligned}$$

其中 A 见习题 14. 由于 $AB^{-1}A'\geqslant 0$,知 $\mathrm{Cov}(\hat{\beta}_{(1)})\geqslant\mathrm{Cov}(\tilde{\beta}_{(1)})$,等号当且仅当 $A=0$,或等价地,$X_{(1)}'X_{(2)}=0$,与习题 14 所得一样. 这说明当两部分的设计正交时,一部分的去留不影响另一部分的估计及其精度.

注　用模型 $X_{(1)}\beta_{(1)}$ 代替 $X\beta$,等于舍弃一部分自变量. 上题及本题描述了在舍弃一部分自变量时,对估计剩下的自变量的回归系数的两种相互矛盾的影响:估计有了偏差(不好的一面),但估计的协方差阵缩小了(好的一面). 综合起

来，估计的均方误差可能上升，也可能下降. 若是后者，则说明精简一些次要的自变量，确能带来收益. 说明在建立线性回归模型时，不一定自变量收进来得愈多愈好.

16. **a**. 若 $n>m$，则 $\mathrm{E}|\xi_n-\xi_m|^2=\sigma^2\sum_{m+1}^{n}a_i^2\to 0$ 当 $m,n\to\infty$ 因此 ξ_n 均方收敛，故必依概率收敛(到 ξ). ξ 不能为 0，事实上，任意固定 N. 记 $\eta_n=\sum_{N+1}^{n}a_ie_i$，则由 Fatou 引理，$\mathrm{E}(\sum_{N+1}^{\infty}a_ie_i)^2=\mathrm{E}(\lim_{n\to\infty}\eta_n^2)\leqslant\lim_{n\to\infty}\mathrm{E}(\eta_n^2)=\sigma^2\sum_{N+1}^{\infty}a_i^2$. 若 $\xi=0$，则 $\sum_{i=1}^{N}a_ie_i=-\sum_{N+1}^{\infty}a_ie_i$，故

$$\sigma^2\sum_{i=1}^{N}a_i^2=\mathrm{E}\Big(\sum_{i=1}^{N}a_ie_i\Big)^2=\mathrm{E}\Big(\sum_{N+1}^{\infty}a_ie_i\Big)^2\leqslant\sigma^2\sum_{N+1}^{\infty}a_i^2.$$

因 $\sum_{i=1}^{\infty}a_i^2<\infty$，上式令 $N\to\infty$ 将得 $\sum_{i=1}^{\infty}a_i^2\leqslant 0$，与 $a_1,a_2,\cdots$ 不全为 0 矛盾.

b. 有 $\hat{\beta}_n=S_n^{-1}\sum_{i=1}^{n}a_ie_i+\beta$. 若 $S_n\uparrow S<\infty$ 而 $\hat{\beta}_n$ 相合，则将有 $\sum_{i=1}^{\infty}a_ie_i=0$，与 a 矛盾.

17. **a**. 由 $\sum_{i=1}^{n}h_{ni}^2\to c<\infty$ 知，对固定的 $i=1,2,\cdots$，序列 $\{h_{ni}:n\geqslant i\}$ 有界. 用对角线方法，可抽出 n 的子列 $\{n'\}$，使 $\lim_{n'\to\infty}h_{n'i}=h_i$ 存在有限. 不妨设 $\{n'\}$ 就是 $\{n\}$. 易见 $\sum_{i=1}^{\infty}h_i^2=c$. 此因一方面对固定的 k，有 $\sum_{i=1}^{k}h_{ni}^2\leqslant\sum_{i=1}^{n}h_{ni}^2$ 当 $n\geqslant k$，令 $n\to\infty$ 得 $\sum_{i=1}^{\infty}h_i^2\leqslant\lim_{n\to\infty}\sum_{i=1}^{n}h_{ni}^2=c$. 另一方面，按假定 $\sum_{i=1}^{k}h_{ni}^2\geqslant\sum_{i=1}^{k}h_{ki}^2$，令 $n\to\infty$ 有 $\sum_{i=1}^{\infty}h_i^2\geqslant\sum_{i=1}^{k}h_i^2\geqslant\sum_{i=1}^{k}h_{ki}^2$，对任何 k. 令 $k\to\infty$ 得 $\sum_{i=1}^{\infty}h_i^2\geqslant c$，二者结合，得 $\sum_{i=1}^{\infty}h_i^2=c$. 因 $0<c<\infty$，按上题，有 $\xi\equiv\sum_{i=1}^{\infty}h_ie_i$ 不 a.s. 为 0. 往证 $\xi_n\equiv\sum_{i=1}^{n}h_{ni}e_i\to\xi$ in pr. 固定 N，往证 $\sup\Big\{\sum_{i=N+1}^{n}h_{ni}^2:n\geqslant N+1\Big\}\equiv b_N\to 0$ 当 $N\to\infty$. 事实上，$\sum_{i=N+1}^{n}h_{ni}^2=\sum_{i=1}^{N}h_{ni}^2-\sum_{i=1}^{N}h_{ni}^2$，当 N 很大因而 n

很大时，右边第一项接近 c，第二项接近 $\sum_{i=1}^{N} h_i^2$，也接近 c. 现有

$$\mathrm{E}\mid \xi_n - \xi \mid^2 = \mathrm{E}\Big(\sum_{i=1}^{N}(h_{ni} - h_i)e_i + \sum_{i=N+1}^{n}(h_{ni} - h_i)e_i + \sum_{i=n+1}^{\infty} h_i e_i\Big)^2$$

$$= \sigma^2\Big[\sum_{i=1}^{N}(h_{ni} - h_i)^2 + \sum_{i=N+1}^{n}(h_{ni} - h_i)^2 + \sum_{i=n+1}^{\infty} h_i^2\Big]$$

$$\equiv \sigma^2(A_1 + A_2 + A_3).$$

当 $n \to \infty$ 时，$A_1 \to 0, A_3 \to 0$，又 $A_2 \leqslant 2\Big(\sum_{i=N+1}^{n} h_{ni}^2 + \sum_{i=N+1}^{n} h_i^2\Big) \leqslant 2\Big(b_N + \sum_{i=N+1}^{\infty} h_i^2\Big)$，取 N 充分大可使此项任意小，这证明了 a.

b. 易见若记 $a_{jn} = (x_{1j}, \cdots, x_{nj})'(1 \leqslant j \leqslant p)$，$\mathscr{M}_n = \mathscr{M}(a_{2n}, \cdots, a_{pn})$，$g_n$ 为 a_m 向 $\mathscr{M}_n$ 的投影，则 $(h_{n1}, \cdots, h_{nn})' = a_{1n} - g_n$，这由 LSE 的残差公式看出. 由此可知，若 $n > k$，则 $\sum_{i=1}^{k} h_{ki}^2 = \| a_{1k} - g_k \|^2$，而 $\sum_{i=1}^{k} h_{ni}^2 = \| a_{1k} - t_k \|^2$，其中 $t_k \in \mathscr{M}_k$，因此 $\sum_{i=1}^{k} h_{ki}^2 \leqslant \sum_{i=1}^{k} h_{ni}^2 \cdot \Big(\sum_{i=1}^{n} h_{ni}^2\Big)^{-1} = S_n^{-1}$ 的(1,1)元由习题6a得出. 事实上，$\sum_{i=1}^{n} h_{ni}^2 = \sum_{i=1}^{n} x_{i1}^2 - K_n' H_n^{-1} K_n$，而据习题6a，右边的倒数正是 S_n^{-1} 的(1,1)元.

c. 有 $\hat{\beta}_n = \beta + S_n^{-1} \sum_{i=1}^{n} x_i e_i$，记 $a = \sum_{i=1}^{n} x_{i1}^2$，用习题 6a，有

$$S_n^{-1} = \begin{pmatrix} (a - K_n' H_n^{-1} K_n)^{-1} & -a^{-1} K_n' (H_n - a^{-1} K_n K_n')^{-1} \\ * & * \end{pmatrix}.$$

又 $\sum_{i=1}^{n} x_i e_i = \begin{pmatrix} \sum_{i=1}^{n} x_{i1} e_i \\ \sum_{i=1}^{n} T_i e_i \end{pmatrix}$. 于是

$$\hat{\beta}_{1n} = \beta_1 + \sum_{i=1}^{n} \Big[\frac{x_{i1}}{a - K_n' H_n^{-1} K_n} - \frac{K_n' (H_n - a^{-1} K_n K_n')^{-1} T_i}{a}\Big] e_i.$$

因为

$$K_n'(H_n - a^{-1}K_nK_n')^{-1}/a$$

$$= (1 - a^{-1}K_n'H_n^{-1}K_n)K_n'(H_n - a^{-1}K_nK_n')^{-1}/(a - K_n'H_n^{-1}K_n)$$

$$= K_n'(I - a^{-1}H_n^{-1}K_nK_n')[H_n(I - a^{-1}H_n^{-1}K_nK_n')]^{-1}/(a - K_n'H_n^{-1}K_n)$$

$$= K_n'H_n^{-1}/(a - K_n'H_n^{-1}K_n),$$

故由 h_{ni} 的定义及 b 得

$$\hat{\beta}_{1n} - \beta_1 = \sum_{i=1}^{n}(x_{i1} - K_n'H_n^{-1}T_i)e_i/(a - K_n'H_n^{-1}K_n)$$

$$= \sum_{i=1}^{n} h_{ni}e_i \Big/ \sum_{i=1}^{n} h_{ni}^2.$$

d. 由 b,c 立即推出. **e**. 找向量 $c_2,\cdots,c_p$,使方阵

$$D = \begin{pmatrix} c' \\ c_2' \\ \vdots \\ c_p' \end{pmatrix}$$

为满秩. 令$\tilde{\beta} = D\beta$,把模型 $Y = X\beta + e$ 转换为 $Y = \tilde{X}\tilde{\beta} + e = (XD^{-1})\tilde{\beta} + e$. 对此模型,$c'\beta$ 为$\tilde{\beta}$的第一分量,而其矩阵$\tilde{X}'\tilde{X} = (D^{-1})'S_nD^{-1}$,而$(\tilde{X}'\tilde{X})^{-1}$的(1,1)元为 $DS_n^{-1}D'$的(1,1)元,即 $c'S_n^{-1}c$. 故由 d 立即得出所要的结论.

注 以上证明假定了 S_n^{-1}存在. 稍加修改,可去掉这条件,只要 $c'\beta$ 可估即可($c'S_n^{-1}c$ 改为$c'S_n^{-}c$).

18. 例如,$Y_i = i^{-1}\beta + e_i(i = 1,2,\cdots,e_i)$独立,分布为

$$P(e_i = 0) = 1 - i^{-1},$$

$$P(e_i = \sqrt{i}) = P(e_i = -\sqrt{i}) = 1/(2i), \quad i \geqslant 1.$$

有 $\mathrm{E}e_i=0,\mathrm{Var}(e_i)=1$，与 i 无关. 因 $S_n=\sum_{i=1}^{n}i^{-2}$ 不趋于 ∞，故 β 的 LSE 不为相合，现考虑估计 nY_n. 有

$$nY_n = n(n^{-1}\beta+e_n)=\beta+ne_n,$$

而 $P(ne_n=0)=P(e_n=0)=1-n^{-1}\to 1$，故 $nY_n\to\beta$ in pr..

19. 有 $\hat{\alpha}_n=\bar{Y}_n-\bar{x}_n\hat{\beta}_n=\alpha+\bar{x}_n(\beta-\hat{\beta}_n)$. 故为要 $\hat{\alpha}_n$ 相合，只需 $\bar{x}_n(\hat{\beta}_n-\beta)\to 0$ in pr. 就行. 因 $\mathrm{E}(\hat{\beta}_n-\beta)=0$，只需证

$$\mathrm{Var}(\bar{x}_n(\hat{\beta}_n-\beta))=\sigma^2\bar{x}_n^2\Big/\sum_{i=1}^{n}(x_i-\bar{x}_n)^2\to 0.$$

由 $\hat{\beta}_n$ 相合知 $\sum_{i=1}^{n}(x_i-\bar{x}_n)^2\to\infty$. 由此易推出上式.

注　此结果对 β 为 $p>1$ 维时也成立，关键在于证明以下的矩阵结果：记 $T_n=\sum_{i=1}^{n}(x_i-\bar{x}_n)(x_i-\bar{x}_n)'$. 则当 $T_n^{-1}\to 0$ 时，有 $\bar{x}_n'T_n^{-1}\bar{x}_n\to 0$.

20. 例如，设 $Y_i=x_i\beta+e_i$，β 为一维，$x_i=1/\sqrt{i}\,(i=1,2,\cdots)$. 设 $e_1,e_2,\cdots$ iid.，其公共分布有密度 $f(x)=\mathrm{const}\cdot\dfrac{\ln|x|}{|x|^3}I(|x|>1)$. 则 $\mathrm{E}e_1=0$，$\mathrm{E}|e_1|^{2-\varepsilon}<\infty$ 对任何 $\varepsilon>0$，但 $\mathrm{E}|e_1|^2=\infty$，β 的 LSE 为 $\hat{\beta}_n=\beta+S_n^{-1}\sum_{i=1}^{n}x_ie_i$，有 $P(|e_i|>S_n/x_i)\geqslant P(|e_i|>\sqrt{i}\ln n)\geqslant\mathrm{const}\cdot\ln i/(i\ln^2 n)$，故 $\sum_{i=1}^{n}P(|e_i|>S_n/x_i)\geqslant\mathrm{const}\cdot\ln^{-2}n\cdot\sum_{i=1}^{n}\ln i/i\to$ 某常数 $a>0$. 故按所引结果，$S_n^{-1}\sum_{i=1}^{n}x_ie_i$ 不依概率收敛于 0，而 $\hat{\beta}_n$ 不为弱相合. 但 $S_n=\sum_{i=1}^{n}i^{-1}\to\infty$ 当 $n\to\infty$.

注　进一步研究表明，在 e_i iid. 但只有 $r(1\leqslant r<2)$ 阶矩时，要求 $S_n^{-1}\to 0$ 有一定速度可保证 $\hat{\beta}_n$ 弱相合，例如，要求 $S_n^{-1}=O(n^{-(2-r)/r})$. 但这不是必要条件. 充要条件不只与 S_n 有关，其详可参看作者的文章(《中国科学》A 辑，1995：349～358).

21. a 是概率论中周知结果，b，c 平凡(用 Schwartz 不等式，有 $b_{ni}^2\leqslant\|a\|^2x_iS_n^{-1}x_i$，故 $\max_{1\leqslant i\leqslant n}b_{ni}^2\leqslant\|a\|^2d_n\to 0$).

22. 把 X 写为 $(X_{(1)}\ \vdots\ X_{(2)})$，$X_{(1)}$ 有 $k-1$ 列. 则

$$S = X'X = \begin{pmatrix} X_{(1)}'X_{(1)} & X_{(1)}'X_{(2)} \\ X_{(2)}'X_{(1)} & X_{(2)}'X_{(2)} \end{pmatrix} \equiv \begin{pmatrix} B & C \\ C' & D \end{pmatrix},$$

$$X'Y = \begin{pmatrix} X_{(1)}' & Y \\ X_{(2)}' & Y \end{pmatrix} \equiv \begin{pmatrix} \xi_1 \\ \xi_2 \end{pmatrix}.$$

先假定 X 满秩,则 S^{-1}存在. 由

$$\text{RSS} = Y'Y - (\xi_1', \xi_2')\begin{pmatrix} B_1 & C_1 \\ C_1' & D_1 \end{pmatrix}\begin{pmatrix} \xi_1 \\ \xi_2 \end{pmatrix},$$

$$\begin{pmatrix} B_1 & C_1 \\ C_1 & D_1 \end{pmatrix} = \begin{pmatrix} B & C \\ C' & D \end{pmatrix}^{-1},$$

$$\text{RSS}_H = Y'Y - \xi_1'B^{-1}\xi_1,$$

有 $\text{RSS}_H - \text{RSS} = \xi_1'(B_1 - B^{-1})\xi_1 + 2\xi_1'C_1\xi_2 + \xi_2'D_1\xi_2$. 另一方面,有 $a \equiv (\hat{\beta}_k, \cdots, \hat{\beta}_p)' = C_1'\xi_1 + D_1\xi_2$. 因为由习题 6a 有 $B = (B_1 - C_1D_1C_1')^{-1}$,有

$$\begin{aligned} a'D_1^{-1}a &= \xi_1'C_1D_1^{-1}C_1'\xi_1 + 2\xi_1'C_1D_1^{-1}D_1\xi_2 + \xi_2'D_1D_1^{-1}D_1\xi_2 \\ &= \xi_1'(B_1 - B^{-1})\xi_1 + 2\xi_1'C_1\xi_2 + \xi_2'D_1^{-1}\xi_2 \\ &= \text{RSS}_H - \text{RSS}. \end{aligned}$$

X 非列满秩的情况,用四块广义逆,通过类似但更麻烦的论证,也可证明同一结果. 另一种不涉及繁复计算的方法,是巧妙地利用极限过渡.

设 $C\beta$,其中 $C' = (c_1 \vdots \cdots \vdots c_k)$,在模型 $Y = X\beta + e$ 下可估,则存在矩阵 A,使 $C = AX$. 找一串矩阵 $H_m \to 0$,满足条件:$X + H_m$ 列满秩,$AH_m = 0$,这种矩阵的存在显然,记 $X_m = X + H_m$,则 $C = AX_m$. 在模型 $Y = X_m\beta + e$ 之下,$C\beta$ 的 LSE 为

$$C\hat{\beta}_m = AX_mS_m^{-1}X_m'Y, \quad S_m = X_m'X_m.$$

$X_mS_m^{-1}X_m$是向 $\mathscr{M}(X_m)$的投影阵,$X_mS_m^{-1}X_m'Y$ 为 Y 向 $\mu(X_m)$的投影. 因为 $X_m \to X$,有 $\mathscr{M}(X_m) \to \mu(X)$,故 $X_mS_m^{-1}X_m'Y \to XS^- X'Y$,而 $C\hat{\beta}_m \to AXS^- X'Y = CS^- X'Y = C\hat{\beta}$,即模型 $Y = X\beta + e$ 之下 $C\beta$ 的 LSE. 故 $\text{Cov}(C\hat{\beta}_m) \to \text{Cov}(C\hat{\beta})$. 显然,在模型 $Y = X\beta + e$ 和 $Y = X_m\beta + e$ 之下的 RSS, RSS_H,

RSS_m，RSS_{mH}，满足 $\mathrm{RSS}_m \to \mathrm{RSS}$，$\mathrm{RSS}_{mH} \to \mathrm{RSS}_H$（这由残差平方和系由 Y 对有关空间的投影所决定这一点看出）．由已证的部分，有 $\mathrm{RSS}_{mH} - \mathrm{RSS}_m = (C\hat{\beta}_m)'[\mathrm{Cov}(C\hat{\beta}_m)/\sigma^2]^{-1}(C\hat{\beta}_m)$，令 $m \to \infty$，知此式去掉 m 后仍成立．于是完成了证明．

上述推理行文上看去像是啰嗦，但在概念上，只不过脑子里一闪念．证明最后用到了在 X 列满秩情况下，对一般线性假设 $C\beta=0$ 的公式

$$\mathrm{RSS}_C - \mathrm{RSS} = (C\hat{\beta})'[\mathrm{Cov}(C\hat{\beta})/\sigma^2]^{-1}(C\hat{\beta})$$

可以通过适当变换，化归 $C\beta=(\beta_k,\cdots,\beta_p)'$ 的情形，见习题 17e 的解．

23．计算 $\mathrm{Var}(\hat{\alpha}+x\hat{\beta})$．(8.59)式左边（乘上 σ^2）是一种结果．另一种算法是：$\hat{\alpha}+x'\hat{\beta} = \bar{Y} + (x-\bar{x})'\hat{\beta}$，因 $\mathrm{Cov}(\bar{Y},\hat{\beta})=0$，有 $\mathrm{Var}(\bar{Y}+(x-\bar{x})'\hat{\beta}) = \mathrm{Var}(\bar{Y}) + (x-\bar{x})'\mathrm{Cov}(\hat{\beta})(x-\bar{x}) = \sigma^2/n + (x-\bar{x})'S_0{}^{-1}(x-\bar{x})$．用矩阵算法，则注意 $S = \begin{pmatrix} n & n\bar{x}' \\ n\bar{x} & A \end{pmatrix}$，$A = \sum\limits_{i=1}^{n} x_i x_i'$，用习题 6a 算出 S^{-1}再化简即可．

24．取 $c = X'a$，则 $c'\beta$ 可估．其 LSE 为 $c'\hat{\beta} = a'XS^- X'Y$．$XS^- X'a$ 为a 在 $\mathscr{M}(X)$的投影，因 $a \in \mathscr{M}(X)$，故 $XS^- X'a = a$，因此 $c'\hat{\beta} = (XS^- X'a)'Y = a'Y$，明所欲证．

25．记 $c_i = \sqrt{d \cdot F_{d,n-p}(\alpha)}\, s(l_i'S^{-1}l_i)^{1/2}$．找 $\varepsilon>0$，使 $c_1 + c_2 - 2\varepsilon > \sqrt{d \cdot F_{d,n-p}(\alpha)}\, s[(l_1+l_2)'S^{-1}(l_1+l_2)]^{1/2}$．只要 l_1，l_2线性无关，这种 ε 总存在(?)．则当 $\hat{\beta}$ 属于集

$\{a:|l_i'(\beta-a)| \leqslant c_i, 3\leqslant i\leqslant d, l_i'(a-\beta)\in[c_i-\varepsilon, c_i], i=1,2\} \equiv A$

时，有 $l_i'\beta \in l_i'\hat{\beta} \pm c_i (1\leqslant i\leqslant d)$，但并非对一切 $l \in \mathscr{M}(l_1,\cdots,l_d)$都有 $l'\beta \in l'\hat{\beta} \pm c_l$．事实上，$l = l_1 + l_2$这就不成立．因此 $P(|l_i'(\hat{\beta}-\beta)|\leqslant c_i, 1\leqslant i\leqslant d) \geqslant 1-\alpha + P(\hat{\beta}\in A)$，而后一项大于 0．

26．记 $\xi_i = l_i'(\hat{\beta}-\beta)/(l_i'S^{-1}l_i)^{1/2} (1\leqslant i\leqslant d)$，$\xi = (\xi_1,\cdots,\xi_d)'$，则易见 ξ/s 的分布与β 及σ 都无关且其分布有密度，这可视为一种多维 t 分布．因此存在 $c\in(0,\infty)$，使 $P(|\xi_i/s|\leqslant c, 1\leqslant i\leqslant d) = 1-\alpha$．因而同时区间估计 $l_i'\hat{\beta} - c\sqrt{l_i'S^{-1}l_i} \leqslant l_i'\beta \leqslant l_i'\beta + c\sqrt{l_i'S^{-1}l_i}$ $(1\leqslant i\leqslant d)$，具有精确的联合置信系数 $1-\alpha$．

注　若要把这个方法付诸实施，比方说对 $l_i'\beta = \beta_i (1\leqslant i\leqslant p)$的特例，就必

须对 $\max\limits_{1\leqslant i\leqslant p}|\xi_i|/s$ 造表，其中 $(\xi_1,\cdots,\xi_p)\sim N(0,\Lambda)$，$(\xi_1,\cdots,\xi_p)$ 与 s 独立，$(n-p)s^2\sim\chi_{n-p}{}^2$，$\Lambda$ 为一 p 阶正定阵，其主对角元为 1. 这涉及大量参数，在操作上难于实行.

27. 记 $\Lambda=(HS^- H')^{-1}$，$\xi=H(\hat{\beta}-\beta)/s$，则 ξ 有密度

$$g(t)=\text{const}\cdot\int_0^\infty s^p\exp\left(-\frac{1}{2}s^2t'\Lambda t\right)f(s)\mathrm{d}s,$$

这里 $f(s)$ 是 $\left(\frac{1}{n-r}\chi_{n-r}{}^2\right)^{1/2}$ 的密度函数. 由此看出，ξ 的密度 $g(t)$ 是 $t'\Lambda t$ 的严降函数. 这样，如果在 $\mathbb{R}^p$ 中有两个区域 $A=\{t:t'\Lambda t\leqslant c\}$ 及 B，使 $\int_A g\mathrm{d}t=\int_B g\mathrm{d}t$，则必有 $|B|\geqslant|A|$（$|B|$：B 的体积），等号当且仅当 $A=B$.

28. 平凡.

29. 以 $\widetilde{P}$ 记 $(Y_1,\cdots,Y_n)$ 的概率测度. 在 $\mathbb{R}^p$ 中找一个体积为 1 的有界集 A，以 L 记其上的 Lebesgue 测度. 记 $P^*=\widetilde{P}\times L$，它是 $\mathbb{R}^n\times A$ 上的概率测度. 对任给 $\varepsilon>0$ 可找到 $M_\varepsilon<\infty$，使 $P^*(D_\varepsilon)>1-\varepsilon$，其中

$$D_\varepsilon=\{(Y,x_0):Y\in\mathbb{R}^n,x_0\in A,|A(Y,x_0)|\leqslant M_{\varepsilon'}|B(Y,x_0)|\leqslant M_\varepsilon\}.$$

记 $G(Y)=\{x_0:x_0\in A,(Y,x_0)\in D_\varepsilon\}$，用 Fubini 定理，由 $P^*(D_\varepsilon)>1-\varepsilon$，易见 $H=\{Y:L(G(Y))\geqslant 1/2\}$ 满足 $\widetilde{P}(H)\geqslant 1-2\varepsilon$，记 $M=M_\varepsilon+\sup\limits_{x_0\in A}|x_0'\beta|$，$\frac{1}{\sqrt{2\pi}\sigma}\int_{-M}^{M}\mathrm{e}^{-t^2/(2\sigma^2)}\mathrm{d}t=h$. 因为当 $L(G(Y))>0$ 时，$G(Y)$ 中必包含无穷个 x_0，对 $Y\in H$ 有

$$\begin{aligned}&P(Y_0\in[A(Y,x_0),B(Y,x_0)]:x_0\in\mathbb{R}^p\mid Y)\\&\leqslant P(Y_0\in[A(Y,x_0),B(Y,x_0)]:x_0\in G(Y))\\&\leqslant h^{\#(G(Y))}=0.\end{aligned}$$

$\#(C)$ 为集 C 中所含点数. 由此可知

$$P(Y_0\in[A(Y,x_0),B(Y,x_0)]:x_0\in\mathbb{R}^p)\leqslant\widetilde{P}(Y\overline{\in}H)\leqslant 2\varepsilon.$$

因 $\varepsilon>0$ 可取得任意小，故上式左边为 0.

30. 在 x_i 点处的预测方差为 $\sigma^2x_iS^{-1}x_i+\sigma^2$，其和为 $\sigma^2\left(n+\sum\limits_{i=1}^n x_iS^{-1}x_i\right)$，

有 $\sum_{i=1}^{n} x_i S^{-1} x_i = \sum_{i=1}^{n} \mathrm{tr}(x_i S^{-1} x_i) = \sum_{i=1}^{n} \mathrm{tr}(S^{-1} x_i x_i') = \mathrm{tr}\left(\sum_{i=1}^{n} S x_i x_i'\right) =$ $\mathrm{tr}(SS^{-1}) = \mathrm{tr}(I_p) = p$，于是得证. 对带常数项的情况，$x_i$ 点处预测方差为 $\sigma^2[1+n^{-1}+(x_i-\bar{x})'S_0{}^{-1}(x_i-\bar{x})]$，其中 $S_0 = \sum_{i=1}^{n}(x_i-\bar{x})(x_i-\bar{x})'$. 仿照上述算法得，其和为 $\sigma^2(n+1+p)$. 因这时连常数项有 $p+1$ 个参数，故此结果实质上是前一结果的特例.

31. 把从矩阵 X 中去掉 x_i' 那一行所得矩阵记为 $X_{(i)}$，则 $\hat{\beta}_{(i)} = [X_{(i)}'X_{(i)}]^{-1}X_{(i)}'Y$，有 $X_{(i)}'X_{(i)} = X'X - x_i x_i'$. 故由习题 6b，并记 $S = X'X$，$S_i = X_{(i)}'X_{(i)}$，有

$$S^{-1} = S_i{}^{-1} - S^{-1}x_i x_i' S^{-1}/(1-h_{ii}).$$

此式右乘 x_i，并注意 $x_i'S^{-1}x_i = h_{ii}$，易得 $S^{-1}x_i = (1-h_{ii})S_i{}^{-1}x_i$. 现记 $Y_{(i)}$ 为从 $Y=(Y_1,\cdots,Y_n)'$ 中删去 Y_i 所得的向量，有

$$\begin{aligned}
\hat{\beta} &= S^{-1}X_{(i)}'Y_{(i)} + S^{-1}x_i Y_i \\
&= \hat{\beta}_{(i)} - \frac{S^{-1}x_i x_i' S^{-1}}{1-h_{ii}} X_{(i)}'Y_{(i)} + S^{-1}x_i Y_i \\
&= \hat{\beta}_{(i)} - S^{-1}x_i x_i' S_i{}^{-1}X_{(i)}'Y_{(i)} + S^{-1}x_i Y_i .
\end{aligned}$$

记 $\Delta = Y_i - x_i'\hat{\beta}_{(i)}$，把 $\hat{\beta}_{(i)}$ 移到左边，两边左乘 x_i'，有

$$\Delta_i - \delta_i = -h_{ii}x_i'\hat{\beta}_{(i)} + h_{ii}Y_i = h_{ii}\Delta_i .$$

由此得 $\Delta_i = \delta_i/(1-h_{ii})$，如所欲证.

32. 沿用上题记号，有

$$\begin{aligned}
(n-p-1)\hat{\sigma}_{(i)}{}^2 &= \sum_{j=1,\neq i}^{n}[Y_j - x_j'\hat{\beta}_{(i)}]^2 \\
&= \sum_{j=1}^{n}[(Y_j - x_j'\hat{\beta}) + (x_j'\hat{\beta} - x_j'\hat{\beta}_{(i)})]^2 - [Y_i - x_i'\hat{\beta}_{(i)}]^2.
\end{aligned}$$

按上题，有 $x_j'\hat{\beta} - x_j'\hat{\beta}_{(i)} = -x_j'S^{-1}x_i \cdot x_i'\hat{\beta}_{(i)} + x_j'S^{-1}x_i Y_i$. 记 $H = X(X'X)^{-1}X' = (h_{ij})$，有 $x_j'\hat{\beta} - x_j'\hat{\beta}_{(i)} = -h_{ji}[x_i'\hat{\beta}_{(i)} - Y_i] = h_{ji}\Delta_i$，因此，利用 $\Delta_i = \delta_i/(1-h_{ii})$，有

$$(n-p-1)\hat{\sigma}_{(i)}^{2}=\sum_{j=1}^{n}[\delta_j+h_{ij}\delta_i/(1-h_{ii})]^2-\delta_i^2/(1-h_{ii})^2.$$

右边第一项展开求和,结果为

$$(n-p)\hat{\sigma}^2+2\sum_{j=1}^{n}h_{ij}\delta_j\cdot\delta_i/(1-h_{ii})+\sum_{j=1}^{n}h_{ij}^2\delta_i^2/(1-h_{ii})^2.$$

易见 $\sum_{j=1}^{n}h_{ij}\delta_j=0$,因为它是 $H(Y-X\hat{\beta})$ 的第 i 元,而

$$H(Y-X\hat{\beta})=XS^{-1}X'(Y-X\hat{\beta})=X\hat{\beta}-X\hat{\beta}=0,$$

又 $\sum_{j=1}^{n}h_{ij}^2=h_{ii}$,因为它是 $HH'=XS^{-1}X'XS^{-1}X'=XS^{-1}X'=H$ 的(i,i)元,综合以上,得

$$\begin{aligned}(n-p-1)\hat{\sigma}_{(i)}^{2}&=(n-p)\hat{\sigma}^2-\delta_i^2/(1-h_{ii})\\&=(n-p)\hat{\sigma}^2-r_i^2\hat{\sigma}^2\\&=(n-p-r_i^2)\hat{\sigma}^2,\end{aligned}$$

如所欲证.

33. **a**. 先证充分性. 记 $c=b-a$. 因 $a'Y$ 为 LSE,有 $a'\in\mathscr{M}(X)$. 由 $\mathrm{E}(c'Y)=c'X\beta=0$知 $c\perp\mathscr{M}(X)$. 故应有 $a'Gc=0$,因而

$$\begin{aligned}\mathrm{Var}(b'Y)&=\mathrm{Var}(a'Y+c'Y)\\&=\mathrm{Var}(a'Y)+\mathrm{Var}(c'Y)+2\sigma^2a'Gc\\&=\mathrm{Var}(a'Y)+\mathrm{Var}(c'Y).\end{aligned}$$

因 $b'Y$ 为 BLUE,应有 $\mathrm{Var}(b'Y)\leqslant\mathrm{Var}(a'Y)$,故 $\mathrm{Var}(c'Y)=0$,即 $\sigma^2c'Gc=0$. 因 $G>0$,知 $c=0$,即 $a'Y=b'Y$. 反之,若存在 $a\in\mathscr{M}(X)$及 $d\in\mathscr{M}^{\perp}(X)$使 $a'Gd\neq0$,则由 $a\in\mathscr{M}(X)$,知 $a'Y$ 为某个可估函数$c'\beta$ 的 LSE(习题 24). 由 $d\perp\mathscr{M}(X)$,知 $d'Y$ 为 0 的无偏估计,且 $\mathrm{Cov}(a'Y,d'Y)\neq0$. 由第 2 章的结果,知存在充分小的 λ 使$(a+\lambda d)'Y$(仍为 $c'\beta$ 的无偏估计)的方差小于 $a'Y$ 的方差,故 $c'\beta$ 的 BLUE 不重合于其 LSE.

b. 先证充分性,设 $a\in\mathscr{M}(X)$,$c\perp\mathscr{M}(X)$,则 $Ga\in\mathscr{M}(X)$. 故$(Ga)'c=0$,即 $a'Gc=0$,因此 a 中的充分条件满足. 为证必要性,设存在 $a\in\mathscr{M}(X)$使 $Ga\overline{\in}\mathscr{M}(X)$. 因 $Ga\overline{\in}\mathscr{M}(X)$,必存在 $c\perp\mathscr{M}(X)$使$(Ga)'c\neq0$,即 $a'Gc\neq0$,因此上题的必要条件不满足. **c**. 在 $\mathscr{M}(X)$中找基底 $\alpha_1,\cdots,\alpha_r$,并在 $\mathscr{M}^{\perp}(X)$中找 $n-r$

个向量 $\alpha_{r+1},\cdots,\alpha_n$，使 $\alpha_1,\cdots,\alpha_n$ 构成 $\mathbb{R}^n$ 之一基底，令 $P=(\alpha_1 \vdots \cdots \vdots \alpha_n)$. 设 Λ 为 n 阶对角阵，其主对角元都 >0. 则 $G=P\Lambda P'$ 满足所述条件，且显然 $G>0$.

34. **a**. 必须证明，矩阵

$$A=\left(\begin{array}{c:cccc:cccc}
1 & 1 & 0 & \cdots & 0 & 1 & 0 & \cdots & 0 \\
1 & 1 & 0 & \cdots & 0 & 0 & 1 & \cdots & 0 \\
\cdots & \cdots & \cdots & \cdots & \cdots & \cdots & \cdots & \cdots & \cdots \\
1 & 1 & 0 & \cdots & 0 & 0 & 0 & \cdots & 1 \\
\hdashline
\cdots & \cdots & \cdots & \cdots & \cdots & \cdots & \cdots & \cdots & \cdots \\
\cdots & \cdots & \cdots & \cdots & \cdots & \cdots & \cdots & \cdots & \cdots \\
\hdashline
1 & 0 & 0 & \cdots & 1 & 1 & 0 & \cdots & 0 \\
1 & 0 & 0 & \cdots & 1 & 0 & 1 & \cdots & 0 \\
\cdots & \cdots & \cdots & \cdots & 1 & 0 & 0 & \cdots & 0 \\
1 & 0 & 0 & \cdots & 1 & 0 & 0 & \cdots & 0 \\
1 & 0 & 0 & \cdots & 1 & 0 & 0 & \cdots & 1 \\
\hdashline
0 & 1 & 1 & \cdots & 1 & 0 & 0 & \cdots & 0 \\
0 & 0 & 0 & \cdots & 0 & 1 & 1 & \cdots & 1
\end{array}\right)$$

的秩为 $I+J+1$，且最后两列不能通过前 IJ 列线性表出. 为证第一断言，以 c_0，$c_1,\cdots,c_I,d_1,\cdots,d_J$ 分别乘 A 之第 $1,2,\cdots,I+J+1$ 列，令其和为 0，则有

$$c_0+c_i+d_j=0, 1\leqslant i\leqslant I, 1\leqslant j\leqslant J;\quad \sum_{i=1}^{I}c_i=0, \sum_{i=1}^{J}c_j=0.$$

由前一组等式知 $c_1=\cdots=c_I$，$d_1=\cdots=d_J$，结合后一组等式知 $c_i=d_j=0$，因而 c_0 也为 0，这证明了 A 的 $I+J+1$ 个列线性无关，故有秩 $I+J+1$. 对后一断言，若存在 $c_{11},\cdots,c_{1J},\cdots,c_{I1},\cdots,c_{IJ}$，使以它们依次乘 A 之前 IJ 行相加，其和为 A 的第 $IJ+1$，则易见

$$\sum_i\sum_j c_{ij}=I,\quad \sum_j c_{ij}=1,\quad 1\leqslant i\leqslant I.$$

由后一组等式得 $\sum\limits_i\sum\limits_j c_{ij}=0$，与前一等式矛盾. **b**. 由于 a，在对此模型解方程组(8.42)时，可令其中的 λ 为 0，这样，计算对 $\mathscr{M}$，a_i，b_j 的偏导数并命之为 0，得

$$\sum_{i=1}^{I}\sum_{j=1}^{J}\xi_{ij} = 0,\quad \sum_{j=1}^{J}\xi_{ij} = 0,\quad 1\leqslant i\leqslant I;$$

$$\sum_{i=1}^{I}\xi_{ij} = 0,\quad 1\leqslant j\leqslant J,\quad \xi_{ij} = Y_{ij} - \mathscr{M} - a_i - b_j,$$

由此，结合约束 $\sum_{i=1}^{I}a_i = \sum_{i=1}^{J}b_j = 0$，易解得 $\hat{\mu} = \bar{Y}$，$\hat{a}_i = Y_{i\cdot} - \bar{Y}$，$b_j = Y_{\cdot j} - \bar{Y}$，从而算出 SS_e. 要算 SS_1，在 $a_1 = \cdots = a_I$ 之下，解方程组

$$\sum_{i=1}^{I}\sum_{j=1}^{J}(Y_{ij} - \mu - b_j) = 0,\quad \sum_{i=1}^{I}(Y_{ij} - \mu - b_j) = 0,\quad 1\leqslant j\leqslant J,$$

结合约束 $\sum_{i=1}^{J}b_j = 0$，解出 μ, b_j 如前（这显示设计的正交性：μ, b_j 之 LSE 不因 a_i 是否出现而异），由此就不难算出 SS_1，如前文中所示.

35. **a**. 举例而言，从设计矩阵中挑出两列 ξ 和 η：ξ 列管 α_{11}，η 列管 α_{21}. 按表的正交性，ξ 列中有 c 个 1，$(n_1-1)c$ 个 0，η 列有 d 个 1，$(n_2-1)d$ 个 0. 经中心化后，ξ 列中有 c 个 $1-{n_1}^{-1}$，$(n_1-1)c$ 个 $-{n_1}^{-1}$，η 列中有 d 个 $1-{n_2}^{-1}$，$(n_2-1)d$ 个 $-{n_2}^{-1}$，且 ξ 列中那 c 个 $1-{n_1}^{-1}$ 的位置中，有 d/n_2 个 $1-{n_2}^{-1}$，$(d-d/n_2)$ 个 $-{n_2}^{-1}$，而 ξ 列那 $(n_1-1)c$ 个 $-{n_1}^{-1}$ 可分成 n_1-1 组，每组在 η 列中对应的数的情况亦如上，因此，ξ,η 两列各对应数之积之和为

$$\begin{aligned}&(1-{n_1}^{-1})[d(1-{n_2}^{-1})/n_2 + (-{n_2}^{-1})(d-d/n_2)]\\&\quad + (n_1-1)(-{n_1}^{-1})[d(1-{n_2}^{-1})/n_2 + (-{n_2}^{-1})(d-d/n_2)] = 0.\end{aligned}$$

这证明了所说的结果. **b**. 设该正交表有 k 列，各列最大元分别为 $n_1,\cdots,n_k$，行数为 n. 如果第 t 行中各列的数字依次为 $t_1,\cdots,t_k$，则定义一个 $N(0,1)$ 变量 $Y_{t_1,\cdots,t_k}$，设所定义的 n 个 Y 独立，考虑

$$\begin{aligned}Y_{t_1,\cdots,t_k} - \bar{Y} &= (Y_{t_1\cdots} - \bar{Y}) + (Y_{t_2\cdots} - \bar{Y}) + \cdots + (Y_{\cdots t_k} - \bar{Y})\\&\quad + (Y_{t_1,\cdots,t_k} - Y_{t_1\cdots} - \cdots - Y_{\cdots t_k} + (k-1)\bar{Y}).\end{aligned}$$

此处，例如，$Y_{t_1\cdots}$ 为 $\sum_{t_2=1}^{n_2}\cdots\sum_{t_k=1}^{n_k}Y_{t_1,\cdots,t_k}/(n_2\cdots n_k)$，$\bar{Y}$ 为 n 个 Y 值之平均. 由设计之正交性，易证右边 $k+1$ 项相互独立，平方和为

$$\sum_{t_1,\cdots,t_k}(Y_{t_1,\cdots,t_k}-\overline{Y})^2 = n_2\cdots n_k\sum_{t_1=1}^{n_1}(Y_{t_1,\cdots,t_k}-\overline{Y})^2+\cdots$$

$$+ n_1\cdots n_{k-1}\sum_{t_k=1}^{n_k}(Y_{t_1,\cdots,t_k}-\overline{Y})^2$$

$$+ \sum_{t_1,\cdots,t_k}[Y_{t_1,\cdots,t_k}-\cdots+(k-1)\overline{Y}]^2.$$

把上式写为

$$Q = Q_1+\cdots+Q_k+Q_0.$$

则由诸 Y iid.，$\sim N(0,1)$知，$Q\sim\chi_{n-1}{}^2$，$Q_i\sim\chi_{n_i-1}{}^2(1\leqslant i\leqslant k)$，$Q_1,\cdots,Q_k,Q_0$ 独立. 故由 1.4 节“幂等阵与 χ^2分布的关系”知，Q_0也有 χ^2分布 $\chi_{n_0-1}{}^2$，且

$$n-1=\sum_{i=1}^{k}(n_i-1)+(n_0-1),$$

故 $\sum_{i=1}^{k}(n_i-1)\leqslant n-1$，如所欲证.

注　Q_0可以为 0，这时 $n-1=\sum_{i=1}^{k}(n_i-1)$. 这种正交表称为完全的. 又本题也很容易用纯代数的方法去证明.

36. **a**. 记 $X=(X_1\vdots\cdots\vdots X_k)$，$\mu=\mu(X)$，$r=\text{rank}(X)$，$\mu_i=\mu(X_1\vdots\cdots X_{i-1}\vdots X_{i+1}\vdots\cdots X_k)$，$N_i$为$\mu_i$在$\mu$ 内的正交补. 所要证明的事实可表为：对 $Y\in\mu$，以 Y_i记 Y 在N_i内的投影. 若对任何 $Y\in\mu$，有

$$\|Y\|^2=\|Y_1\|^2+\cdots+\|Y_k\|^2,$$

则必有 $N_i=\mu(X_i)(1\leqslant i\leqslant k)$. 首先，记 r_i为N_i的维数，必有 $r_1+\cdots+r_k=r$. 事实上，首先，$\sum_{i=1}^{k}r_i\equiv r'$ 不能大于r，因若 $r'>r$，则必存在 $i\neq j$，使 $N_i\cap N_j$不仅由 0 向量构成，在 $N_i\cap N_j$中取一非 0 向量 Y，则 $\|Y\|^2=\sum_{i=1}^{k}\|Y_i\|^2$ 将不成立. 其次，r'不能小于r，因若不然，$\mu(N_1\cup\cdots\cup N_k)$为 μ 的真子空间. 在 μ 中取一非 0 向量 Y 垂直于$M(N_1\cup\cdots\cup N_k)$，上式也将不成立，故 $r'=r$.

其次，对任何 $i\neq j$，必有 $N_i\perp N_j$. 不然，从 N_i中取向量Y 不正交于N_j，上

式将不成立. 因此, $N_i \perp \mu(\bigcup_{j\neq i} N_j)$, 但后者与 $\mu(X_i)$ 正交, 故由 $r' = r$ 知 $\mu(X_i) \subset N_i$. 但 $\sum_{i=1}^{k} r(X_i) \geqslant r$, 知必有 $\mu(X_i) = N_i$, 证毕.

b. 由 β 可估知, X_2 的任一列不能通过 $X = (X_1 \vdots X_2)$ 的其他各列线性表出, 由此可知, $X_2'P$ 各行线性无关, 事实上, 以 u_i' 记 X_2' 的第 i 行, u_i 在 $\mu^{\perp}(X_1)$ 内的投影(即 Pu_i)记为 v_i, 则 $v_1, \cdots, v_r$ 必线性无关(r 为 X_2 的列数). 事实上, 记 $w_i = u_i - v_i$. 若存在不全为 0 的常数 $c_1, \cdots, c_r$, 使 $\sum_{i=1}^{r} c_i v_i = 0$, 则 $\sum_{i=1}^{r} c_i u_i - \sum_{i=1}^{r} c_i w_i = 0$. 但 $w_i \in \mu(X_1)$, 故 $\sum_{i=1}^{r} c_i w_i \in \mu(X_1)$, 因而由 $\sum_{i=1}^{r} c_i u_i - \sum_{i=1}^{r} c_i w_i = 0$ 知, 某个 u_i 可通过 $(X_1 \vdots X_2)$ 中除 u_i 外其他各列向量线性表出, 而这如前指出, 与 β 的可估矛盾.